家居用品 > 玻璃茶几

参照本书第 4 页

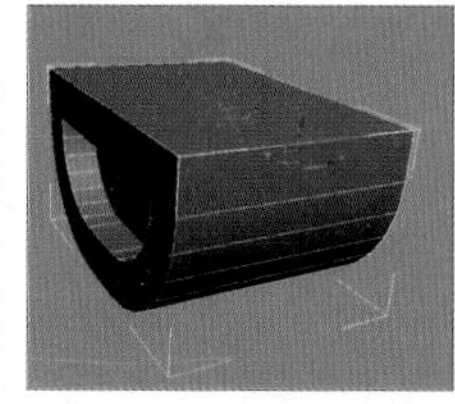
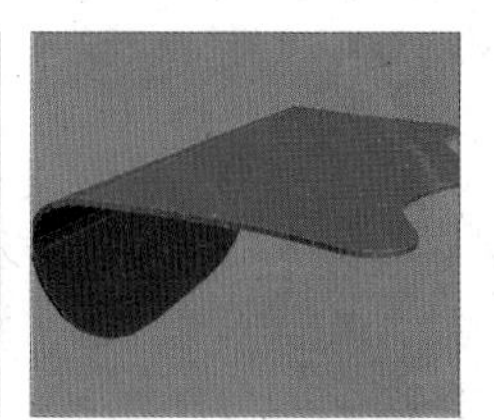

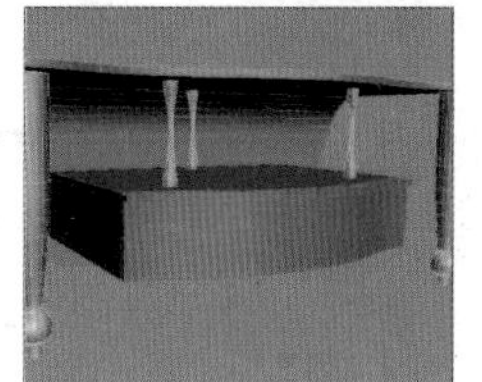

家居用品 > 异形沙发

参照本书第 14 页

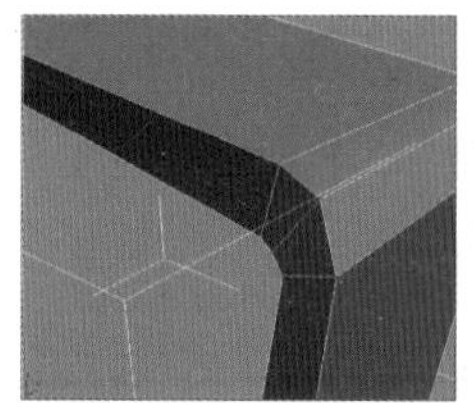
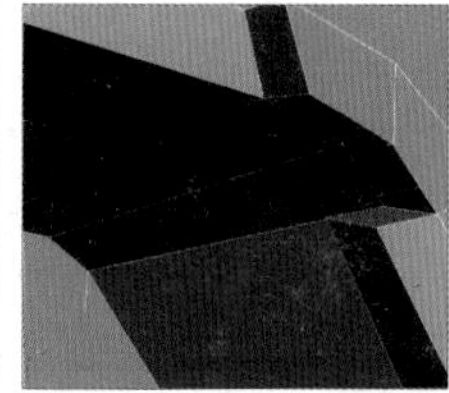
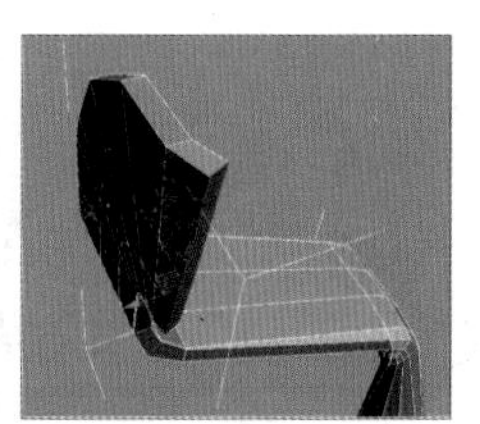

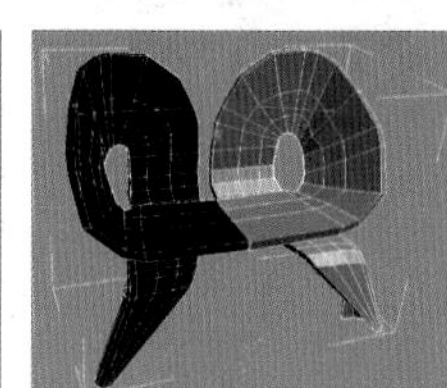
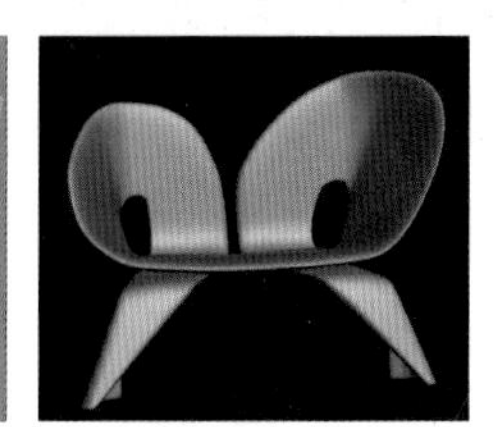

家居用品 > 吧椅

参照本书第 26 页

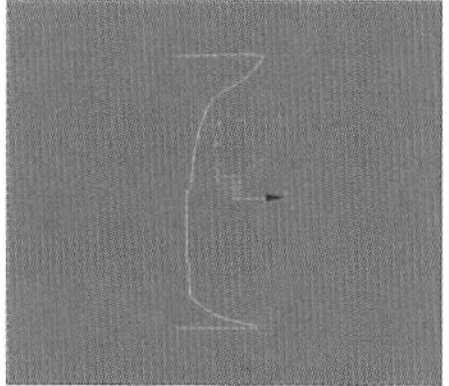

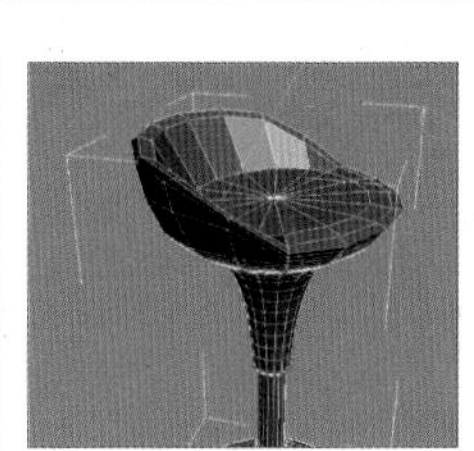
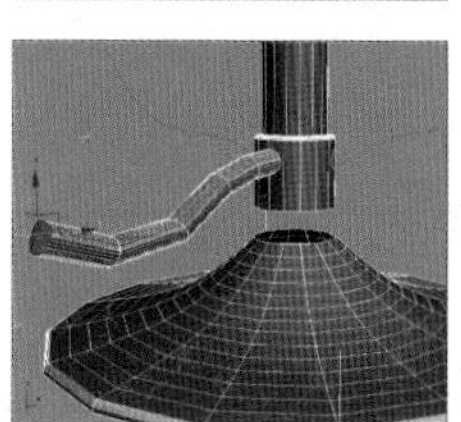

灯具设计 > 射灯

参照本书第 72 页

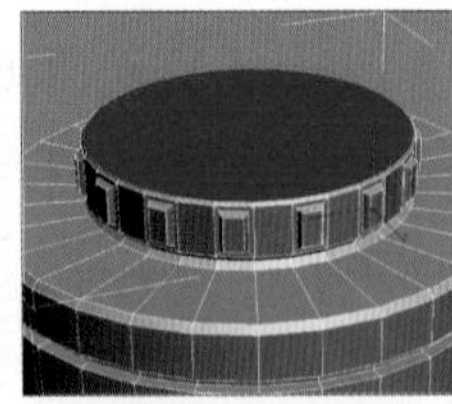

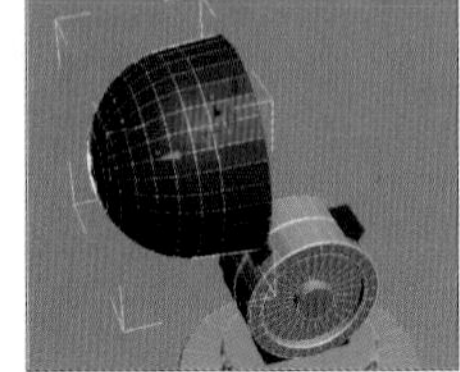

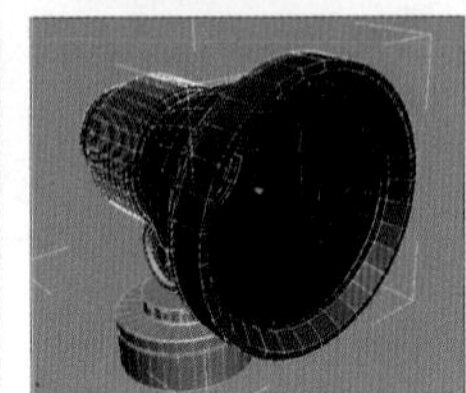

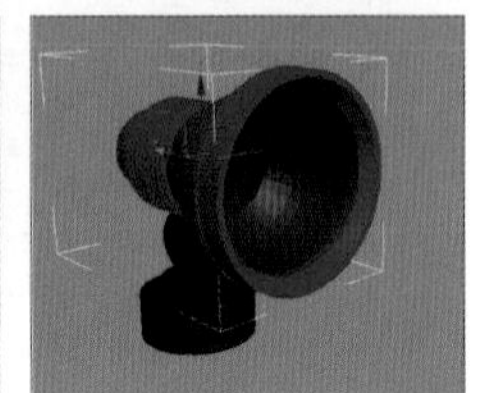

灯具设计 > 吊灯

参照本书第 85 页

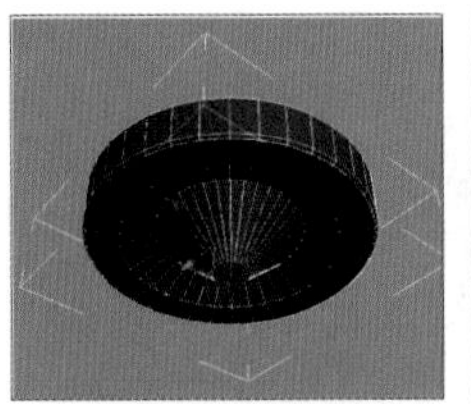

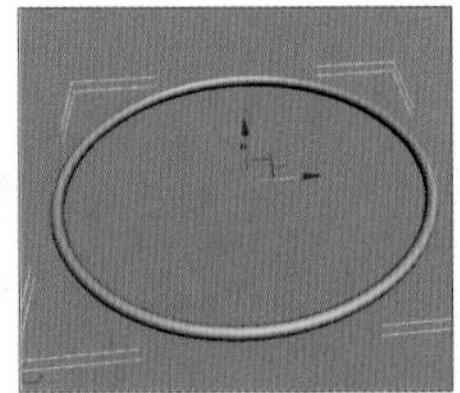

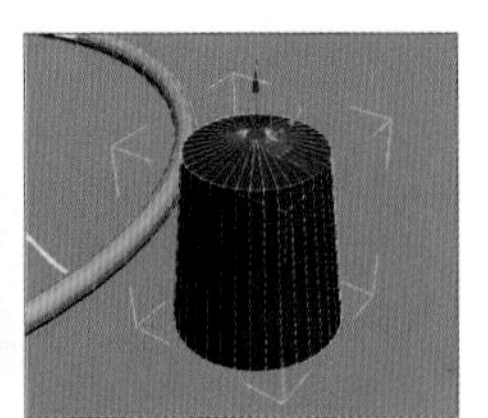

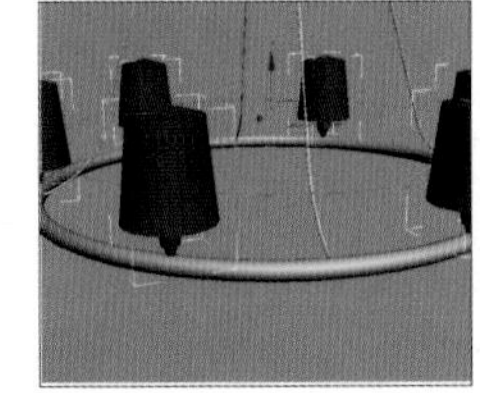

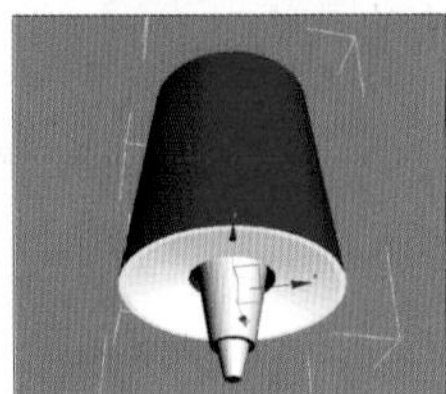

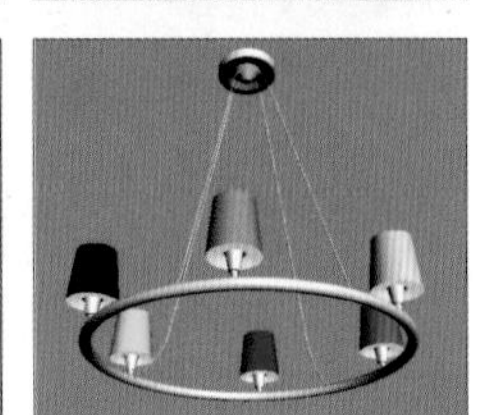

工业设计 > U 盘

参照本书第 108 页

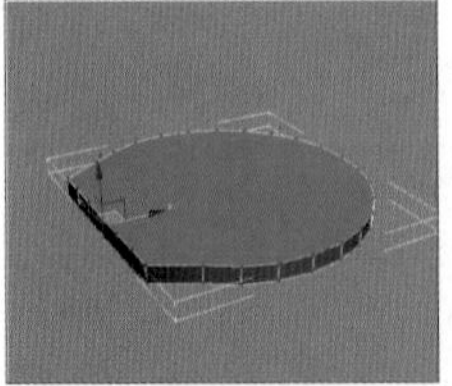

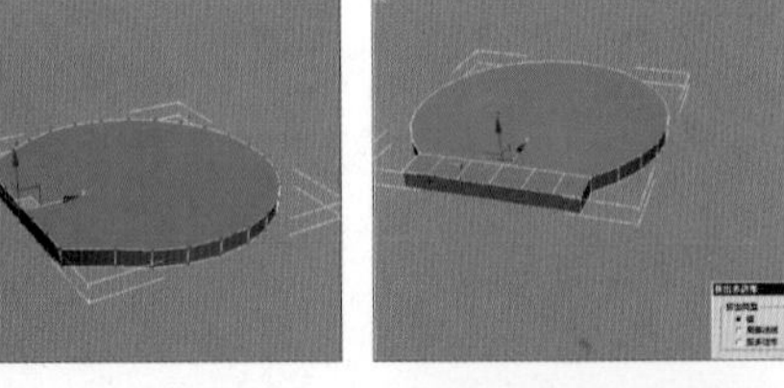

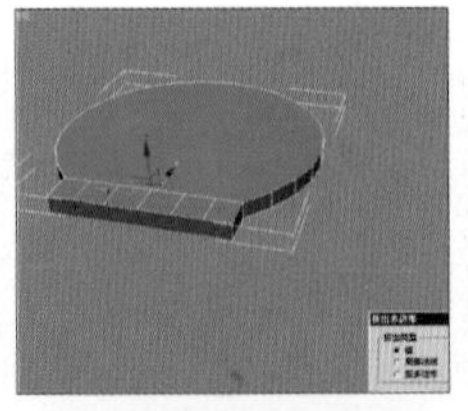

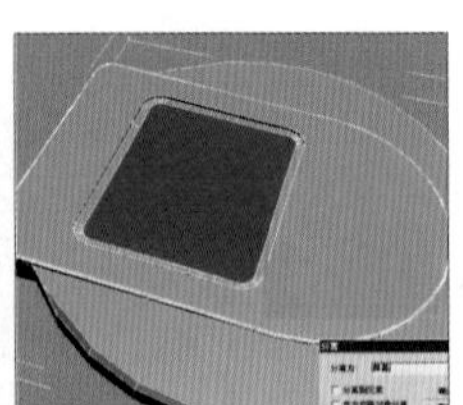

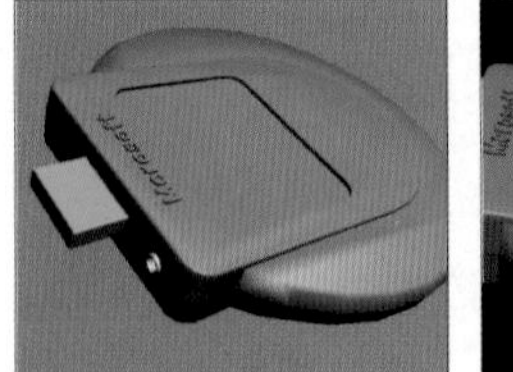

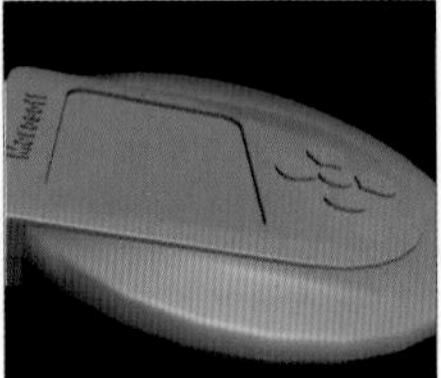

工业设计 > 显示器

参照本书第 130 页

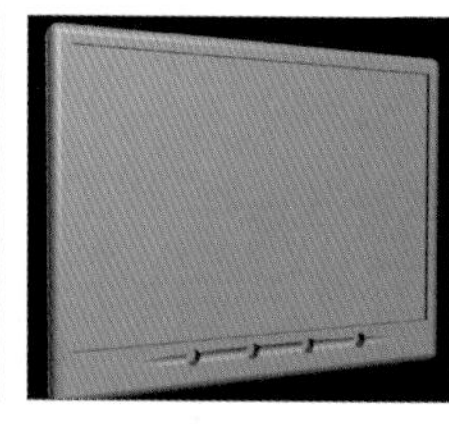

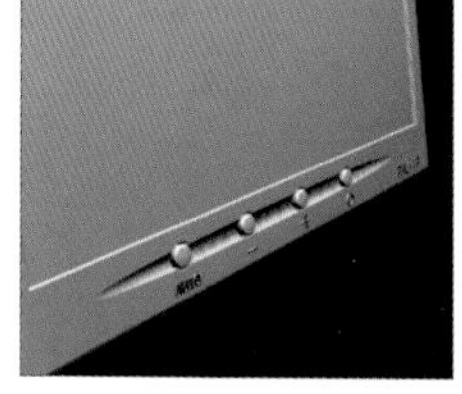

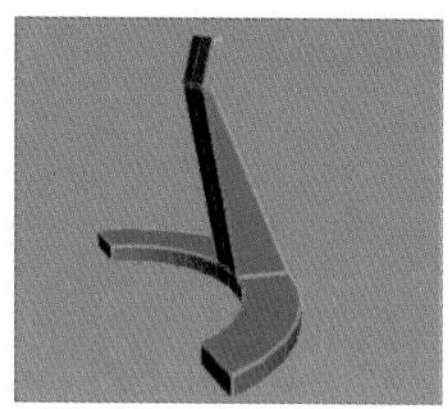

工业设计 > 高压电检仪

参照本书第 148 页

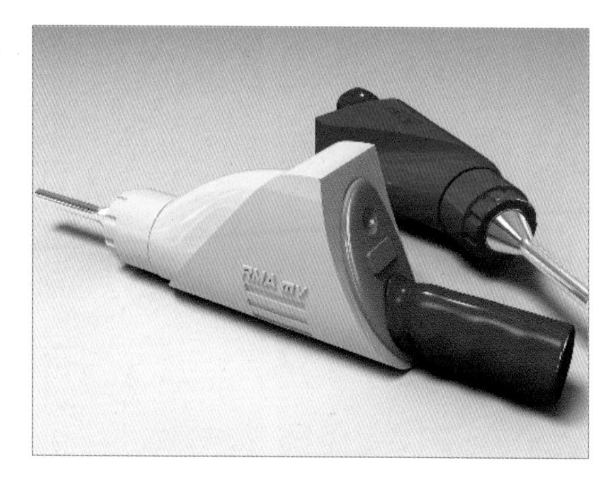

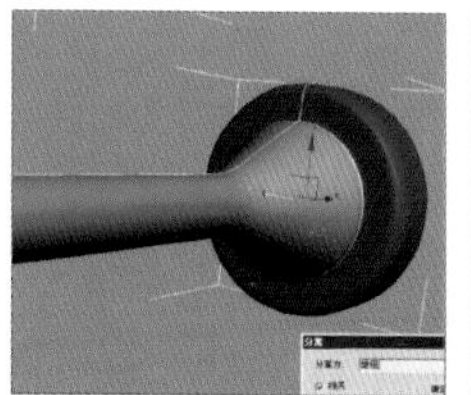

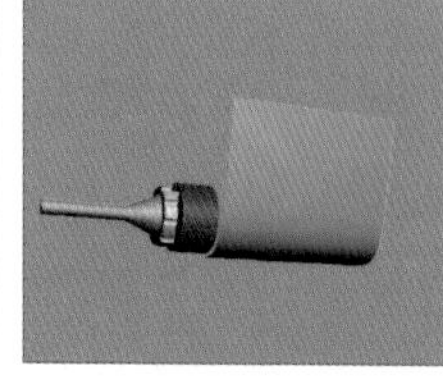

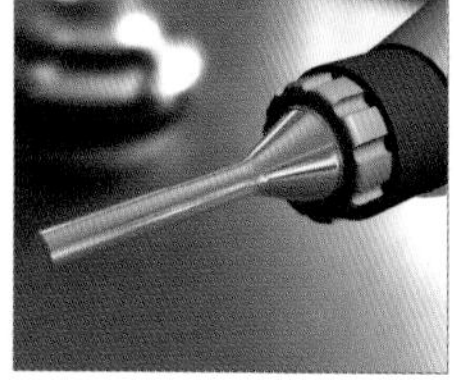

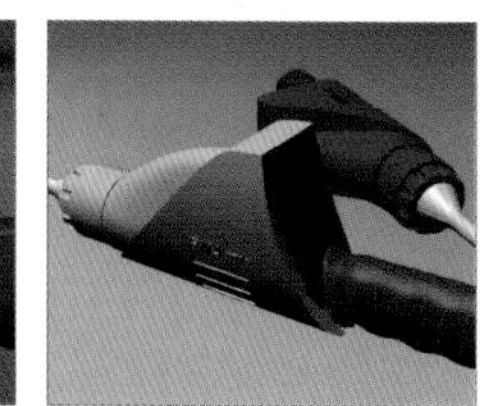

工业设计 > 易拉罐冷藏器

参照本书第 175 页

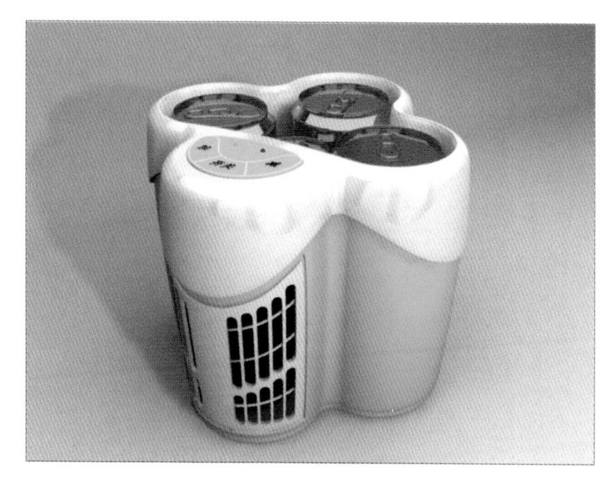

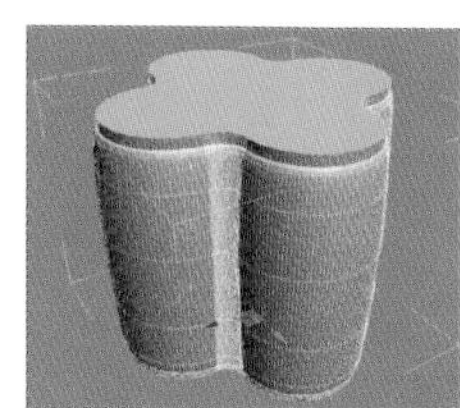

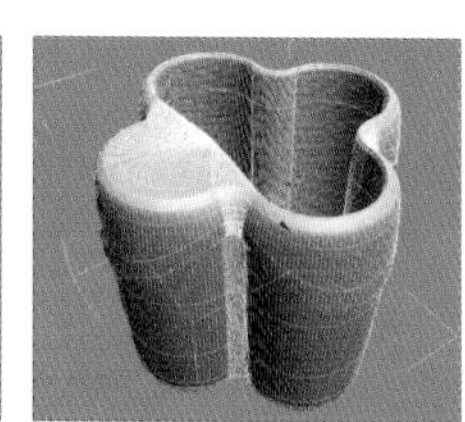

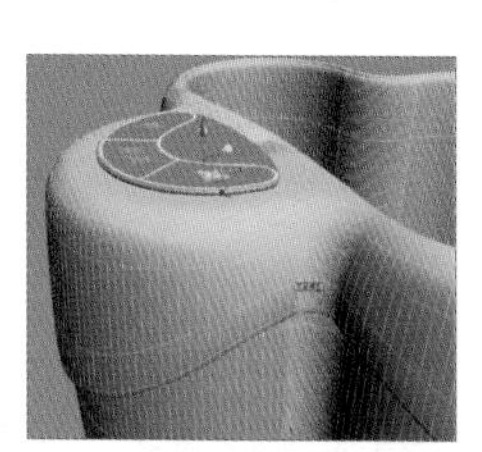

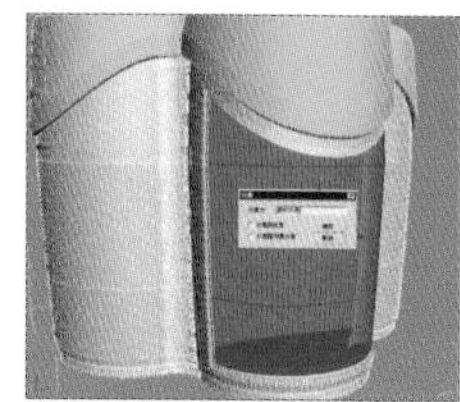

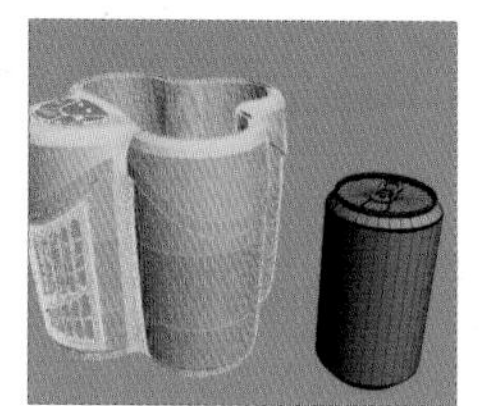

工业设计 > 电饭锅

参照本书第 218 页

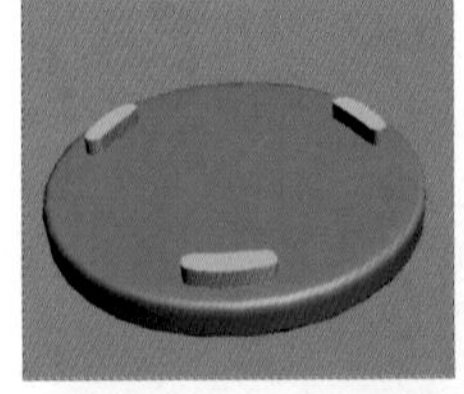
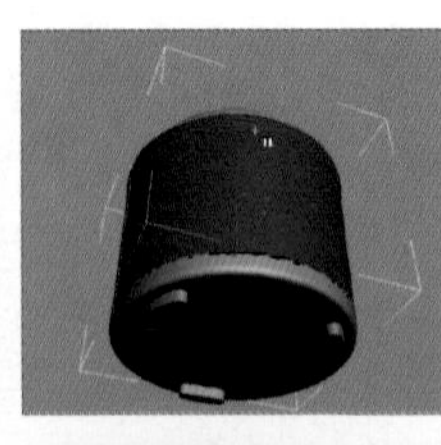

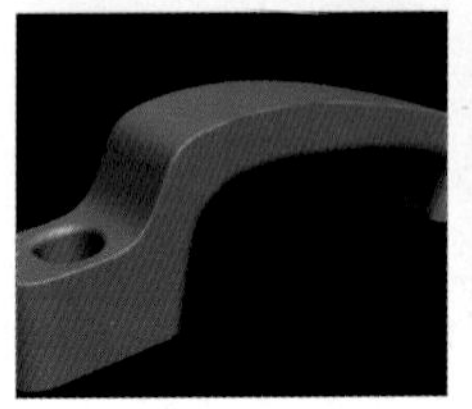
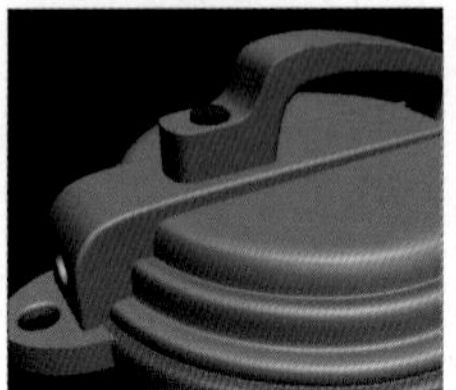

工业设计 > 心脏检测仪

参照本书第 250 页

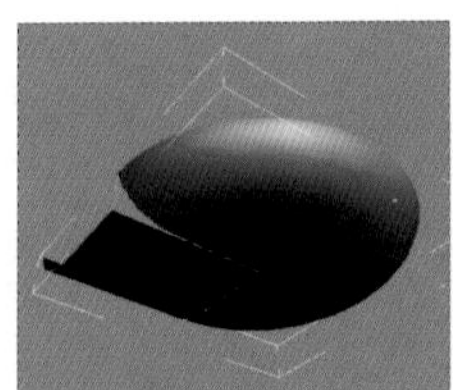
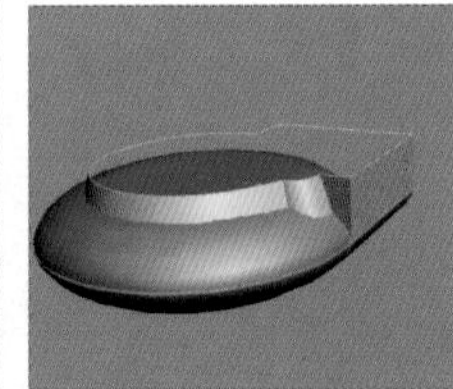
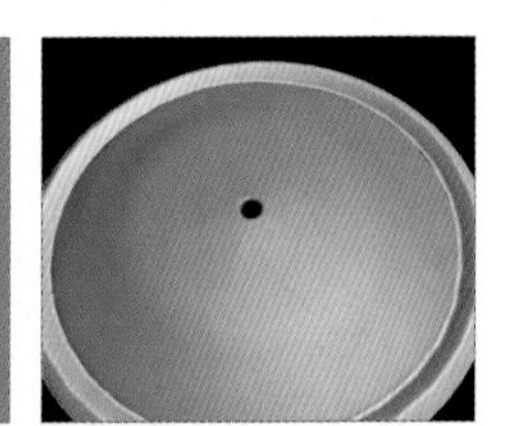
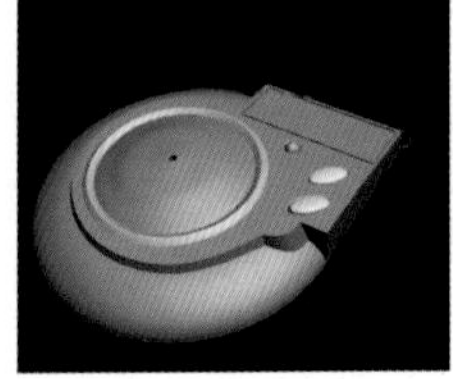

工业设计 > 消防栓

参照本书第 284 页

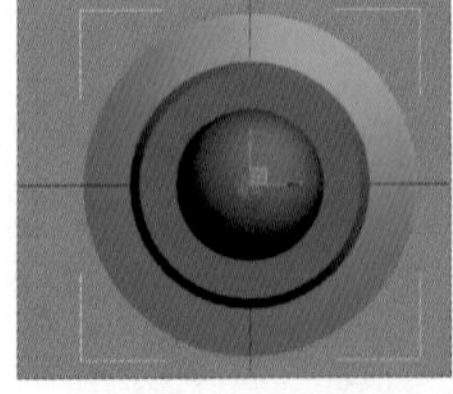

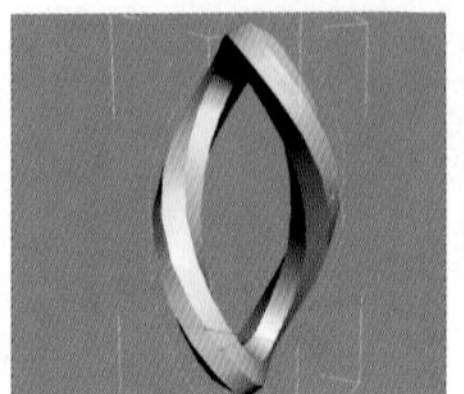
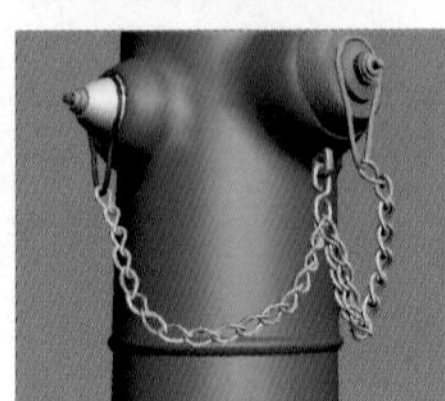

工业设计 > 风筒

参照本书第 312 页

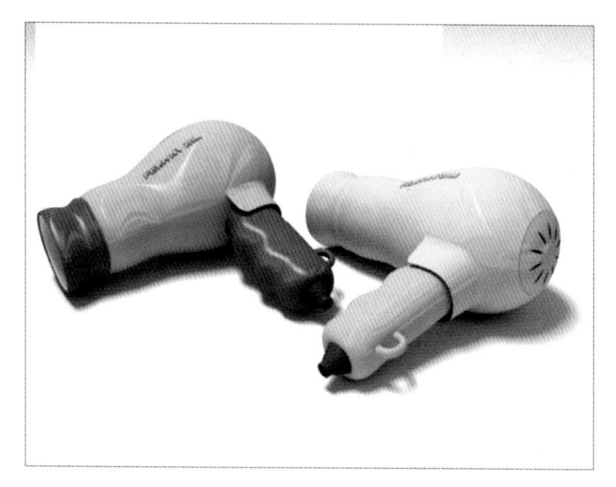
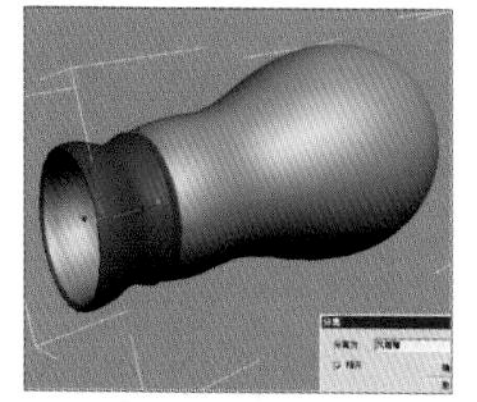
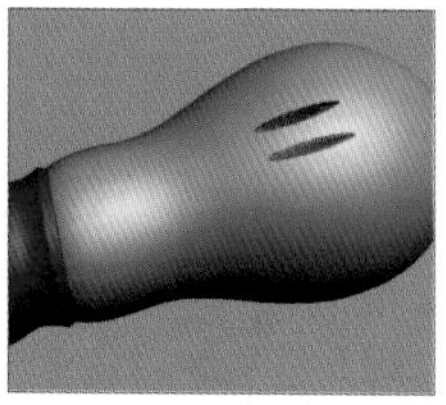
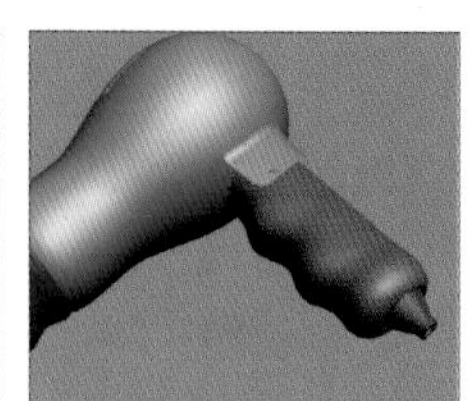
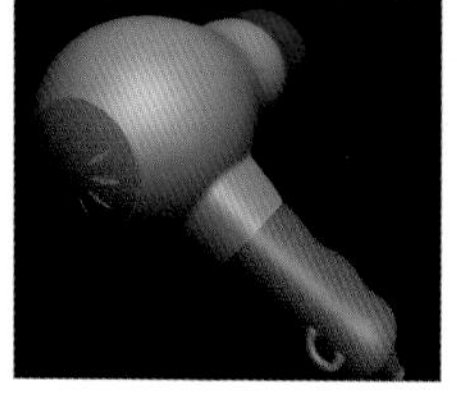

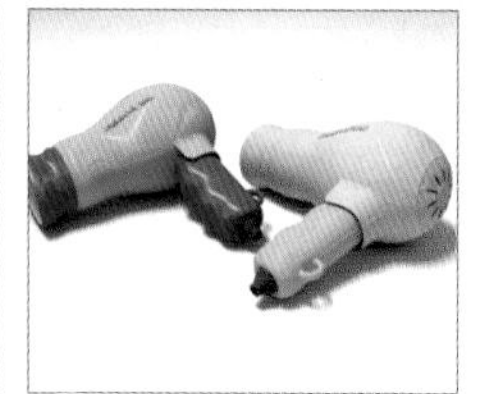

工业设计 > 儿童椅

参照本书第 332 页

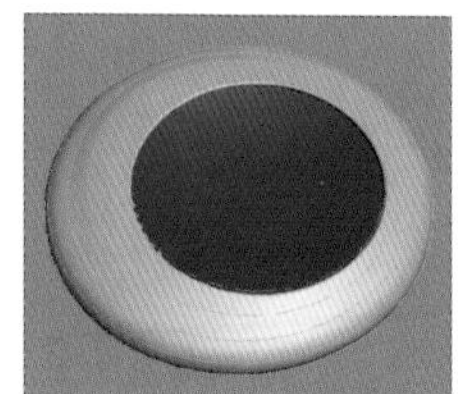
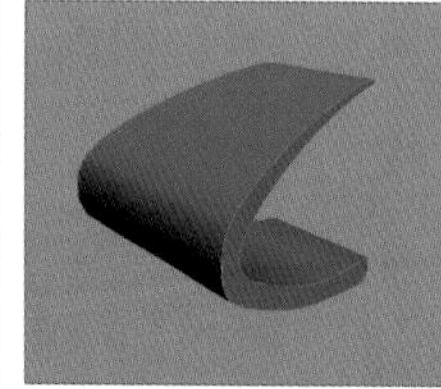

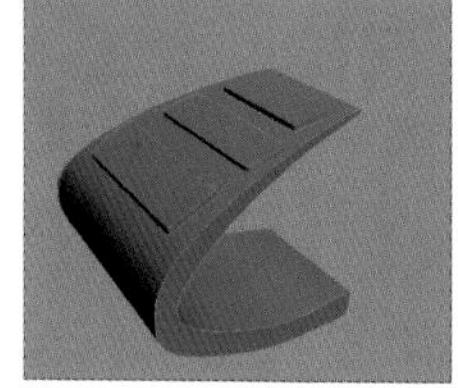
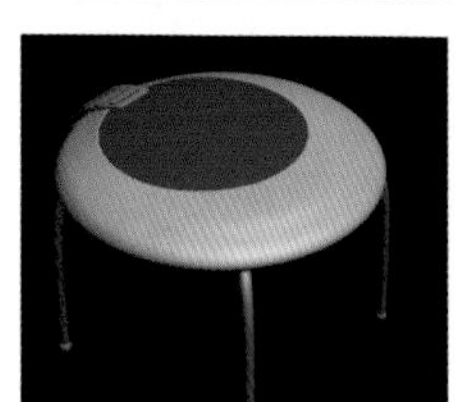
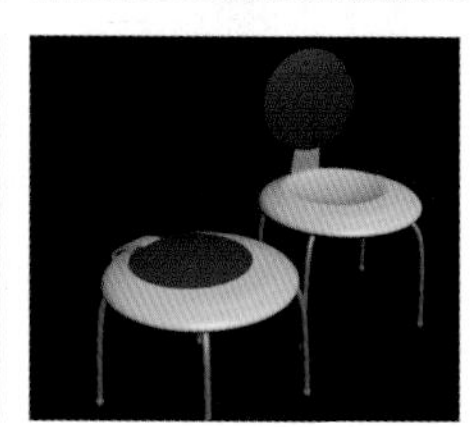

工业设计 > 吸尘器

参照本书第 354 页

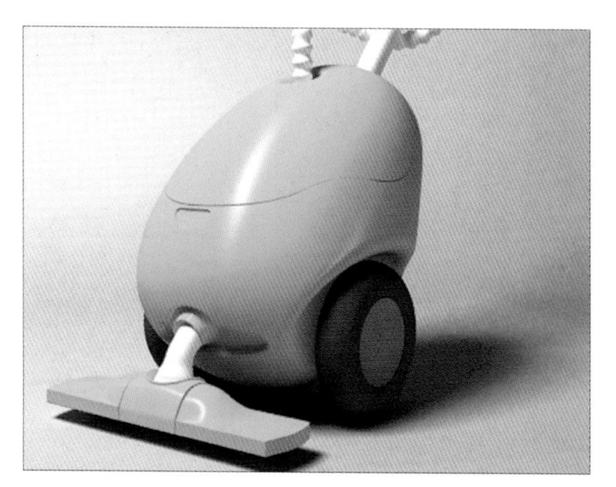
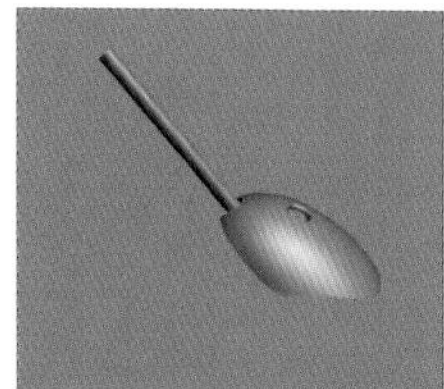
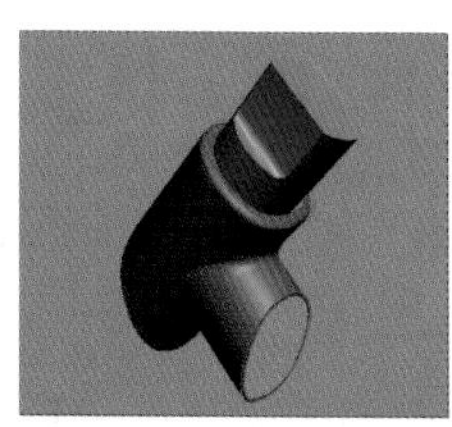
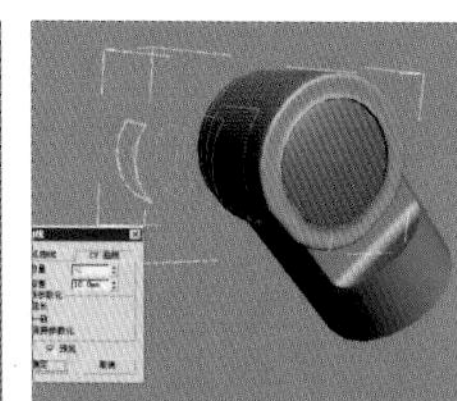
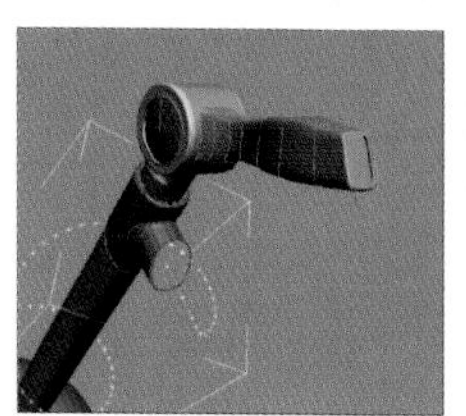
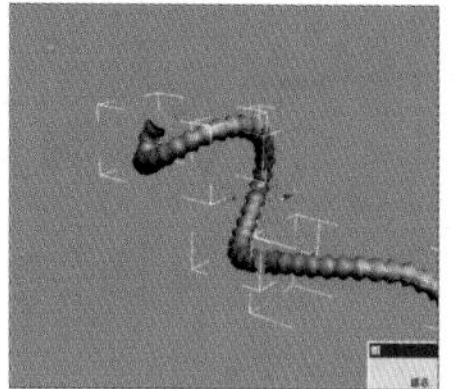
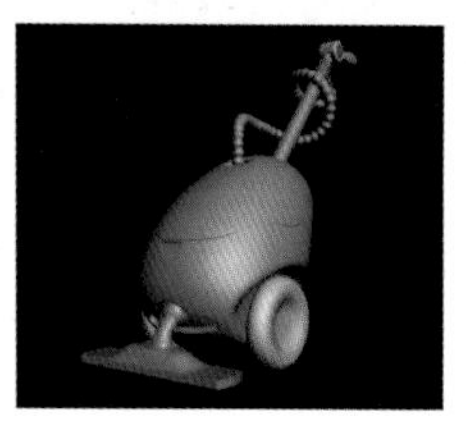

室内外设计 > 别墅

参照本书第 456 页

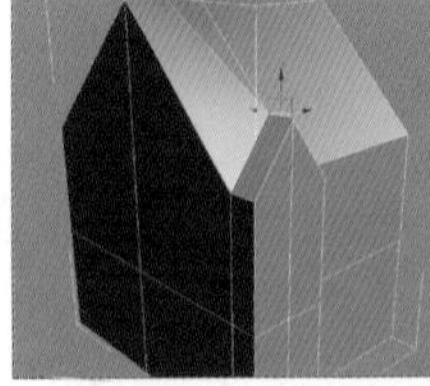
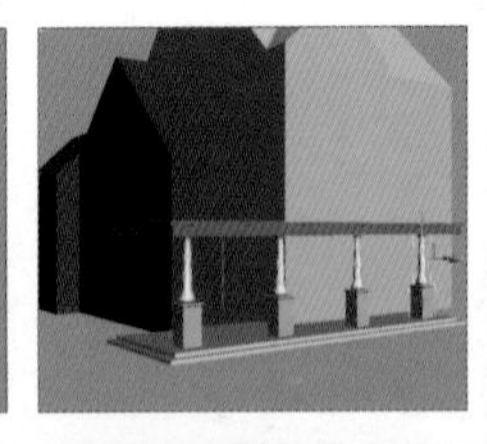

室内外设计 > 餐厅

参照本书第 482 页

室内外设计 > 客厅

参照本书第 502 页

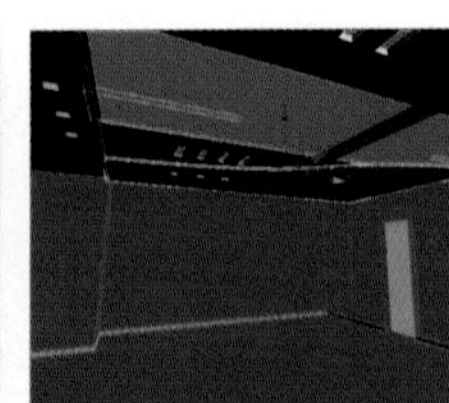

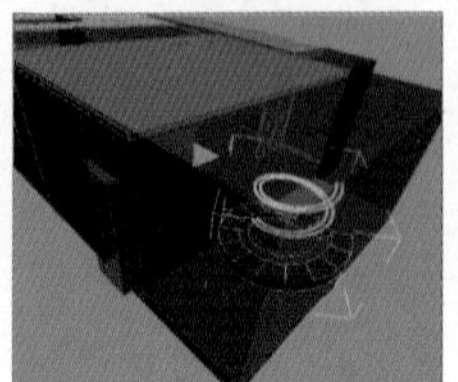

室内外设计>经典卧室

参照本书第 524 页

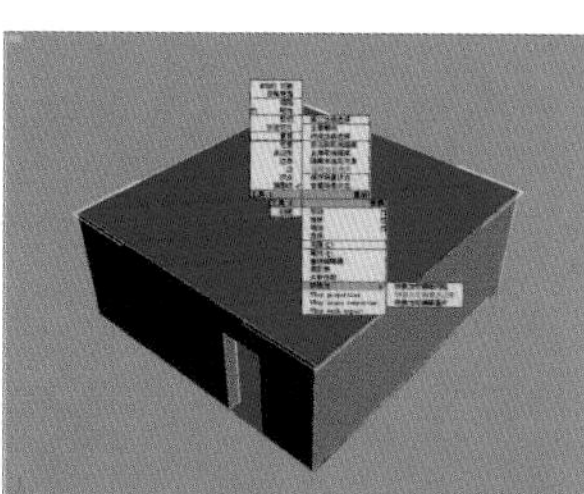

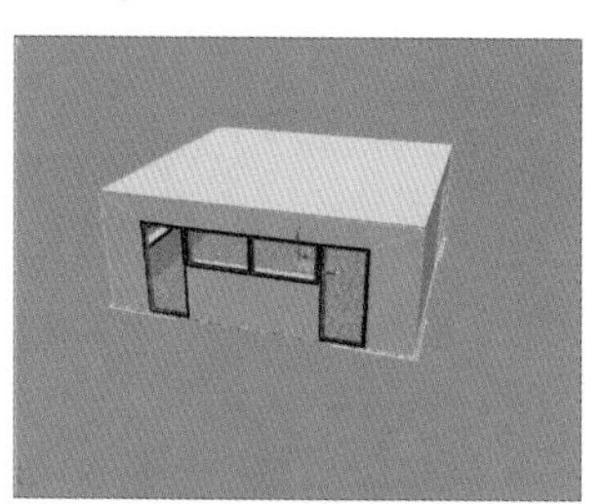

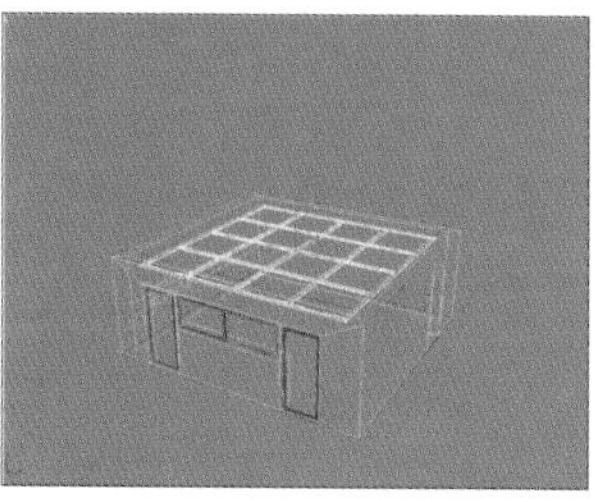

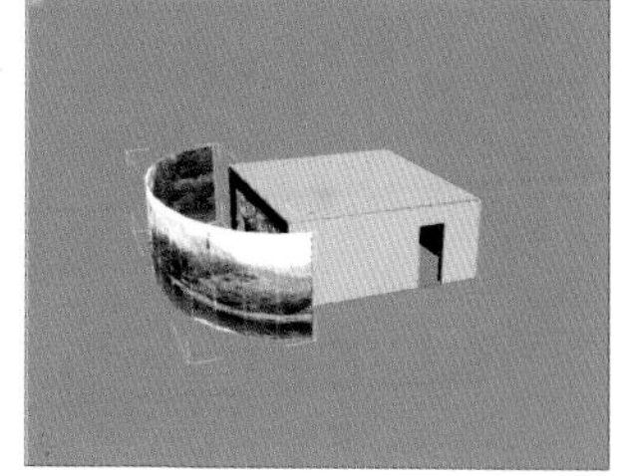

室内外设计 > 展示设计

参照本书第 407 页

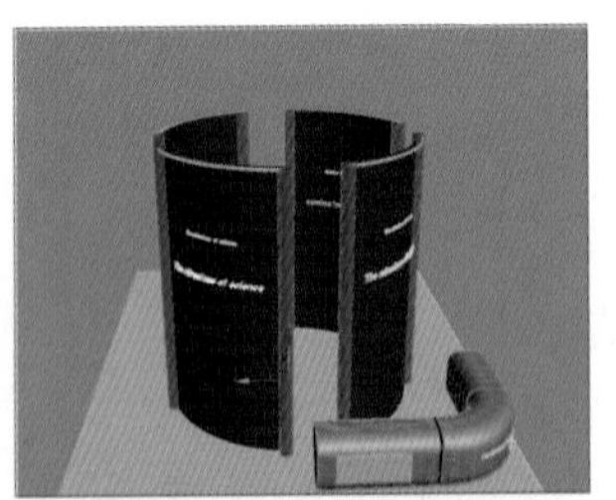

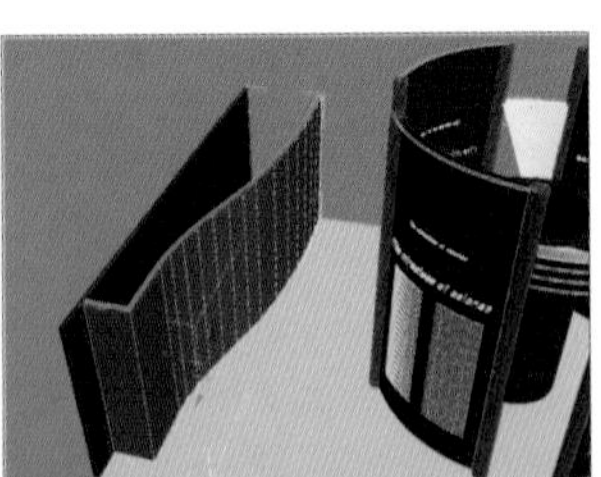

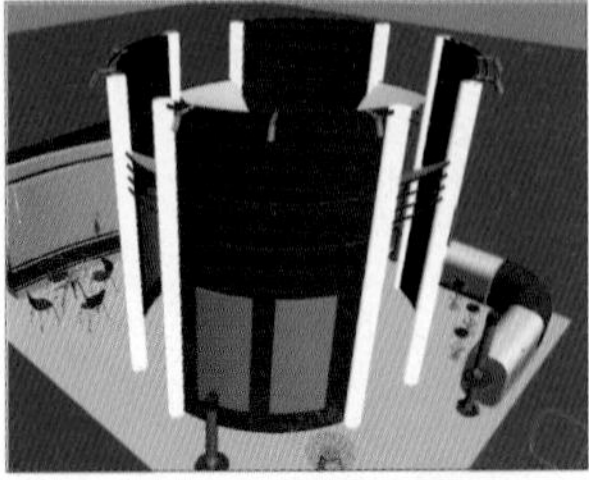

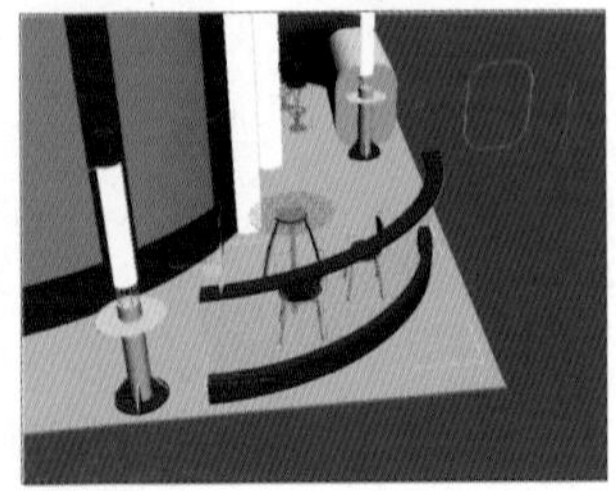

3ds Max 9

完全手册+特效实例

新知互动/编著

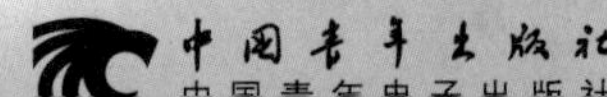

中国青年出版社
中国青年电子出版社

律师声明

图书在版编目（CIP）数据

3ds Max 9完全手册＋特效实例 / 新知互动编著. —北京：中国青年出版社，2008
ISBN 978-7-5006-7859-5
I.3... II.新... III.三维－动画－图形软件，3DS MAX IV.TP391.41
中国版本图书馆CIP数据核字（2008）第011258号

3ds Max 9 完全手册＋特效实例
新知互动 编著

出版发行：中国青年出版社
地 址：北京市东四十二条21号
邮政编码：100708
电 话：（010）59521188
传 真：（010）59521111
企 划：中青雄狮数码传媒科技有限公司

责任编辑：肖 辉 邸秋罗
封面设计：于 靖

印 刷：北京嘉彩印刷有限公司
开 本：889×1194 1/16
印 张：35.75
版 次：2009年4月北京第2版
印 次：2009年4月第1次印刷
书 号：ISBN 978-7-5006-7859-5
定 价：39.90元（附赠1CD）

本书如有印装质量等问题，请与本社联系 电话：(010) 59521188
读者来信：reader@cypmedia.com
如有其他问题请访问我们的网站：www.21books.com

3ds Max 9

完全手册+特效实例

新知互动/编著

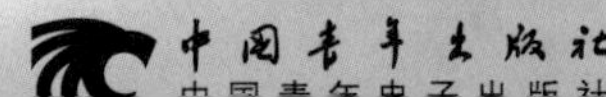

图书在版编目（CIP）数据

3ds Max 9完全手册＋特效实例 / 新知互动编著. —北京：中国青年出版社，2008

ISBN 978-7-5006-7859-5

I.3... II.新... III.三维－动画－图形软件，3DS MAX IV.TP391.41

中国版本图书馆CIP数据核字（2008）第011258号

3ds Max 9 完全手册＋特效实例

新知互动 编著

出版发行：中国青年出版社

地　　址：北京市东四十二条21号

邮政编码：100708

电　　话：（010）59521188

传　　真：（010）59521111

企　　划：中青雄狮数码传媒科技有限公司

责任编辑：肖　辉　邸秋罗

封面设计：于　靖

印　　刷：北京嘉彩印刷有限公司

开　　本：889×1194 1/16

印　　张：35.75

版　　次：2009年4月北京第2版

印　　次：2009年4月第1次印刷

书　　号：ISBN 978-7-5006-7859-5

定　　价：39.90元（附赠1CD）

本书如有印装质量等问题，请与本社联系　电话：(010) 59521188

读者来信：reader@cypmedia.com

如有其他问题请访问我们的网站：www.21books.com

PREFACE 前言

《3ds Max 9完全手册＋特效实例》是一本专业的应用教材，全书内容分为完全手册和特效实例两个部分。手册的内容以理论为主同时辅以实例，以满足初级和中级读者的学习需求；特效实例的内容完全以实例为主，难度偏中上，对初学者来说无疑是一种挑战，同时也是迅速晋级的好教程；对于已经掌握3ds Max的高级读者也具有一定的指导价值。

在充分借鉴前人宝贵经验的基础上，本书推陈出新，形成了自身独特的风格和特点。

知识点系统全面：基础知识部分全书共分13章，包含了初识3ds Max、自定义界面、对象及文件的基本操作、图形及其编辑、几何体及修改器、复合对象、高级建模、材质与贴图、灯光与摄影机、渲染、环境与镜头特效、粒子系统与空间扭曲和基础动画等内容，具有很强的参考价值；便于读者在遇到问题时进行快速查找。特效实例部分共包含24个实例，分为6个模块，分别为家居用品、洁 具设计、灯具设计、文具设计、工业设计和室内外设计模块，使读者可以通过练习，进一步巩固学到的知识。

结构清晰，版式新颖：本书版式新颖，全书的内容以手册和实例的形式出现，同时在手册和实例的行文中配合技巧提示，便于读者迅速掌握并归纳总结知识点；同时，使读者对本书的基本结构有一个清楚的了解，便于以后的学习与记忆。

在手册中配合实例对知识点进行讲解，通俗易懂的语言，详细的操作步骤使读者在学习的过程中感到轻松；笔者注重知识点与实例的紧密结合，这样读者可以在操作步骤中完成知识点的学习，使学习的难点得到最大限度的降低。

实例建模的技巧性强：NURBS与多边形建模经常被用来创建动画角色、人体、动物和工业产品等模型，这两种建模方式要求制作人员对软件的熟练程度高，空间的想象能力强。本书实例的建模方式基于这两种比较高端的建模方式进行操作，旨在引领读者在阅读本书并根据笔者的制作思路进行认真的练习后，在模型及材质等方面达到一个全新的水平。

本书内容全面、结构清晰、语言流畅、实例丰富，适合于3ds Max爱好者阅读，还可以作为各种电脑培训学校及大中专院校相关专业的教材，也是从事装饰和动画设计制作人员的参考用书。

随书附赠的配套光盘内含书中所有实例的全部贴图素材和场景文件，是读者在学习过程中不可或缺的好帮手。

由于时间仓促，加上水平有限，书中难免出现不足和疏漏之处，敬请广大读者予以指正。

作 者

2008年5月

CONTENTS | 目录

特效实例

完全手册

特效实例

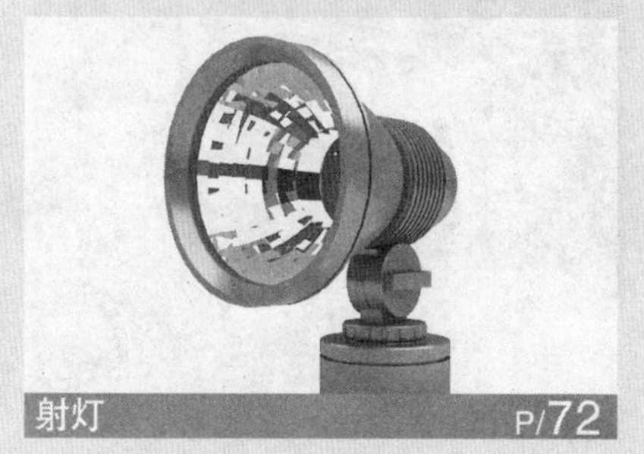

CONTENTS | 目 录

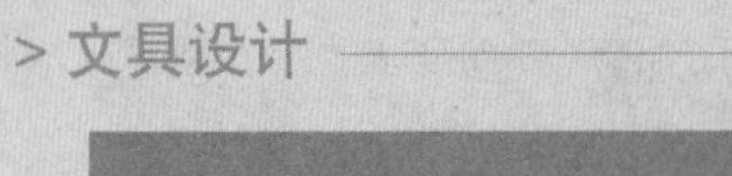

特效实例

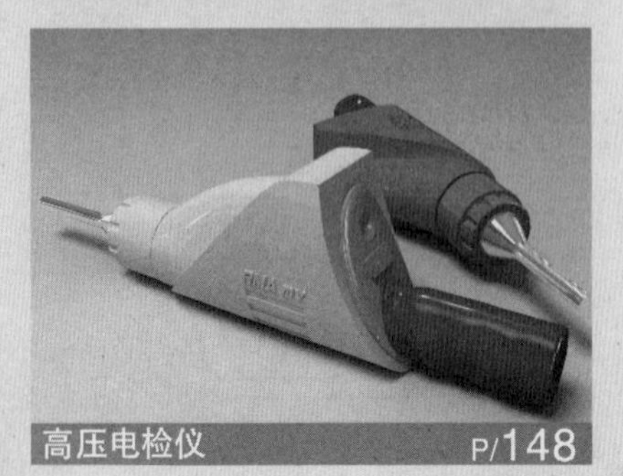

完全手册

特效实例

CONTENTS | 目 录

特效实例

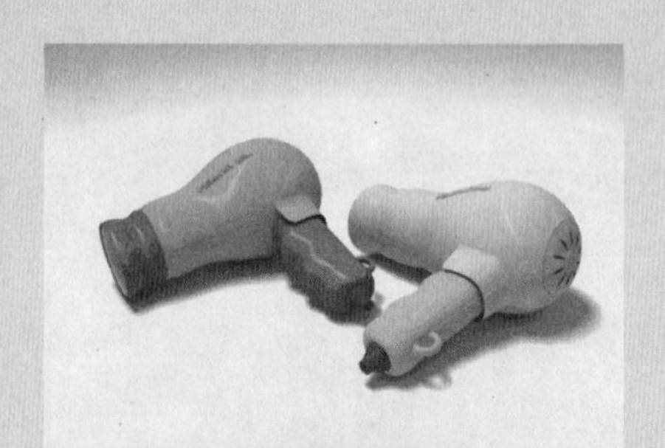
风筒 P/312

儿童椅 P/332

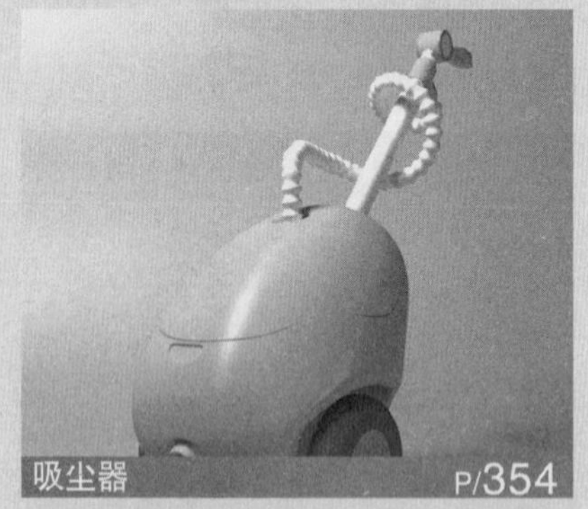
吸尘器 P/354

展示设计 P/407

完全手册

特效实例

[3ds Max 9]

完全手册+特效实例

[Chapter]

初识3ds Max

3ds Max是当前PC机上最流行的、使用最广泛的三维动画软件之一。它以运行速度快，渲染图片质量高等优点受到世界上绝大多数用户的青睐。经过几次重大的改版和不断的升级，3ds Max从其他的三维软件当中脱颖而出，成为一款当今世界上一流的三维软件之一。3ds Max 9的隆重上市，更是为数字艺术家提供了新一代游戏开发、可视化设计以及电影电视视觉特效制作的强大工具。

最终效果

01 在“创建”命令面板中单击“图形”按钮，然后单击“对象类型”卷展栏中的 矩形 按钮，在前视图中创建一个长度为410，宽度为670的矩形，如下图所示。

02 右击视图，在弹出的菜单中选择“转换为>转换为可编辑样条线”命令，将矩形转换为可编辑的样条线，如下图所示。

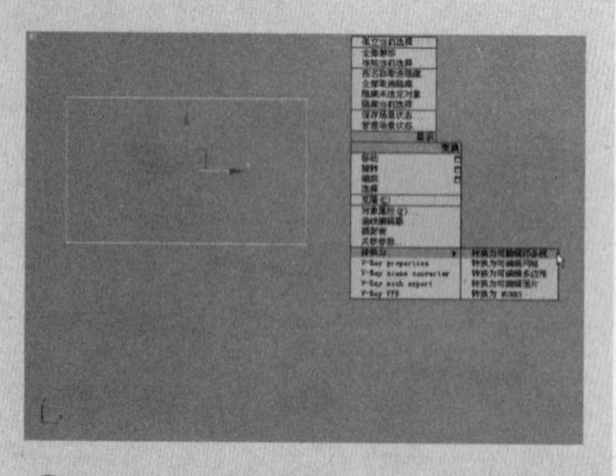

03 按下键盘中的数字键2，进入到“线段”层次，然后将矩形底部与右侧的垂直边选中并删除，如下图所示。

1.1 3ds Max发展历程

3ds Max目前是全球拥有用户最多的三维设计软件，其应用范围涵盖了建筑装潢设计、影视片头包装、电影电视特技、三维动画以及游戏开发等领域。

3ds Max在三维设计领域拥有悠久的历史，最早出现的是运行在DOS环境下的3D Studio。在1996年推出了全新的面向Windows操作系统的3D Studio Max 1.0，这个全新的版本继承了3D Studio的很多功能并加入了修改器堆栈，进行了本质的提升。

1997年推出了3D Studio Max 2.0，这一次升级可以说是飞跃式的，相对于旧版本进行了上千处的改进，尤其是增加了光线追踪材质等功能。随后的几年里，3D Studio Max先后升级到2.5、3.0、3.1、4.0版本，在PC机上可谓独领风骚。到了4.0版本时，其所属的公司发生了变化，由原来的Kinetix公司变为Discreet公司，3D Studio Max的名称也精简为3ds Max。

2003年首次推出3ds Max 6.0版本，时隔一年又隆重推出3ds Max 7.0版本，此次的升级，软件本身的功能已经达到了空前的境地，多边形建模的功能得到了极大的提高；同时，软件与Mental Ray渲染器完美的结合，使3ds Max 7.0的渲染效果完全达到了影视级别的要求。2005年3ds Max 8.0首次亮相，在材质、建模和动画方面已经有了长足的改进。

最新版本3ds Max 9非常注重提升软件的核心表现，并且加强工作流程的效率。新版本对新的64位技术做了特别的优化，同时提升了核心动画和渲染工具的功能。对共享资源更为紧凑的控制、对工程资源的跟踪和对工作流程的个性化设置都使得整个的创作更加的快速。

1.2 3ds Max 9的新特性

最新版本3ds•Max 9增加了许多出色的新特性，在贴图、渲染、建模、场景和项目管理以及动画等方面有了更加人性化的改进，具体新增特性如下。

常规改进

- 启动界面：3ds•Max 9的启动界面与以前的版本相比，发生了革命性的变化，新界面更能给人以神秘感，如图1-1所示。

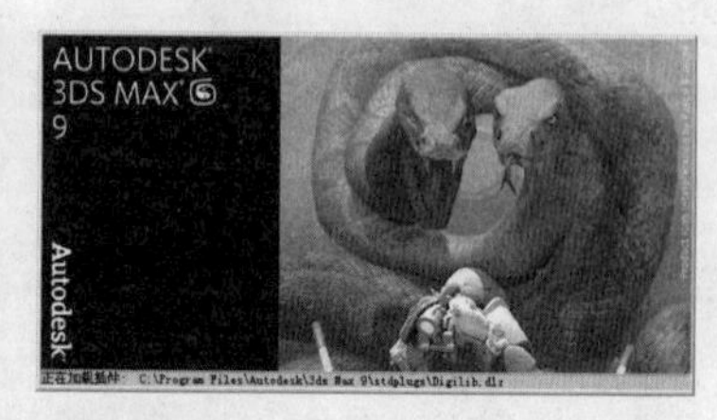

图1-1 3ds•Max 8启动界面与3ds Max 9启动界面

- 增强的核心性能：能够最大程度地提高用户的工作效率，简化工作流程。例如，当使用网格密度和在高分辨率和低分辨率位图代理之间进行切换时，可以快速进行视口交互切换；同时交互的使用是视口统计的新功能，不仅会在视口中显示整个场景的信息，还会显示当前选择的信息，包括当前的帧速率，多边形、面、边和顶点的数量，并且该显示自动实时更新，如图1-2所示。

图1-2　新旧版本显示信息对比

- 简化的线框显示：新的"隐藏线"显示对象的方法通过简化线框视口显示提高了视图的更新速度，尤其在观察复杂的对象的时候，更能显示隐藏线的优势，如图1-3所示。

图1-3　新版本线框显示更为简化

- 可扩展内存：3ds•Max 9提供64位版本，此版本可以配置比以前版本更大的内存，因此可以处理更多的数据。
- 广泛的支持：3ds•Max 9支持所有DirectX明暗器，并且显示性能增强。用户可以将cgfx文件加载到DX材质，并使它们显示在视口中。

动画图层的功能

3ds•Max 9中添加了动画图层的功能，可以在不同的层中放置不同的动画，这极大地增强了动画的可操控性，能让用户轻松地完成一些扭曲变形（如表情动画）和其他的一些复杂动画效果，还可以根据动画的需要进行层的开关以及层与层之间的动画的混合，并且可以在不修改动画关键帧的情况下对动画的整体范围和动画强度进行修改。

3ds Max 9步迹动画功能有所加强，通过步迹动画功能的新特性用户可以更轻松地制作并重新定义角色动画。例如，可以移动关键点以使

04 按下键盘中的数字键1，进入到"顶点"层次，在"几何体"卷展栏中单击 圆角 按钮，在矩形的左上角顶点上单击并向上拖动鼠标，对拐角的顶点进行圆角操作，圆角的数值为112，如下图所示。

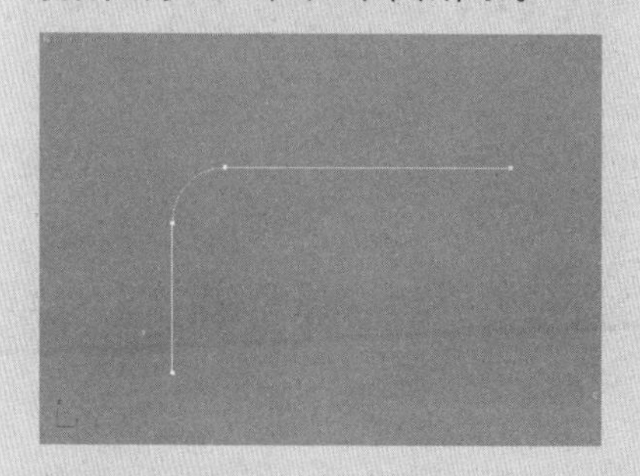

05 按下键盘中的数字键3，进入到"样条线"层次，在"几何体"卷展栏 轮廓 按钮右侧的数值框中输入10，然后按Enter键确认，此时矩形产生轮廓效果，如下图所示。

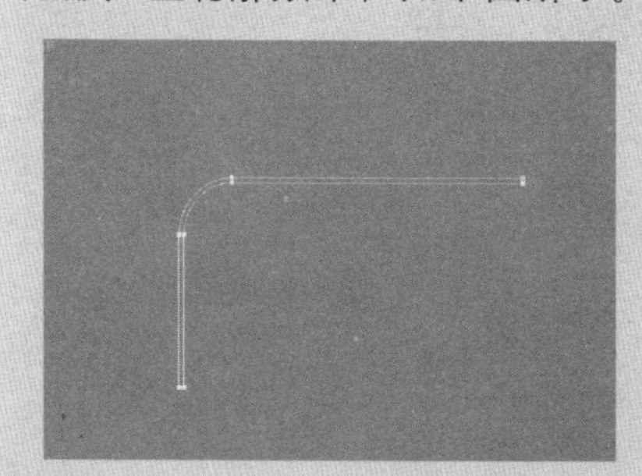

06 在"修改器列表"下拉列表中选择"挤出"修改器，然后在"参数"卷展栏中将挤出的"数量"设置为1100，此时矩形生成带有厚度的实体，将其命名为"茶几面"，如下图所示。

07 按下键盘中的S键，启用捕捉功能，然后在左视图中利用矩形工具捕捉茶几面的左上角至右下角创建一个矩形，如下图所示。

08 将矩形转换为可编辑的样条线，进入到“顶点”层次，对矩形底部的顶点进行圆角操作，当圆角的顶点不再变化时释放鼠标，此时矩形的底部出现圆滑的效果，如下图所示。

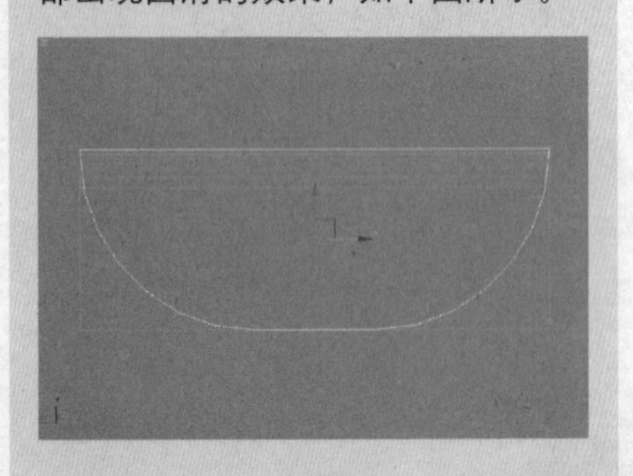

09 进入到“样条线”层次，然后执行轮廓操作，使产生的轮廓能够将茶几面包含在内为宜，如下图所示。

它们相互交叉，并在负帧工作。此操作可以在调整步迹动画时节省大量步骤，在反转动画时尤其有用，因为用户可以反向缩放动画的范围。

增强的点缓存工具

主要体现在以下几个方面，首先是增加了可以调节点缓存的回放范围；其次是可以回放动画缓存帧和缓存文件；并且在界面上也做了相应的调整。在读取一段缓存文件的时候，可以使动画进行慢放、停止和倒放等操作。

布料功能的提升

更新了操作方式，在旧版本中修改衣服外形的操作要回到最底部的层级进行，但在新版的3ds Max中，可以直接通过在现有层级上，添加Edit Mesh等网格编辑的修改器，直接修改外形，然后再进行布料的计算，使衣服的制作更加直观方便，并在衣服的属性当中添加了Cling（黏度）的参数，用来模拟衣服被打湿的效果。

增强的毛发编辑

在新版的3ds Max中，对毛发的梳理不需要在单独的窗口内进行了，在视图中就可以直接梳理，在视图中还能够实时地显示毛发的颜色和形态。如将默认的扫描线渲染器切换为Mental Ray渲染器的话，Mental Ray渲染器还提供了多种毛发材质以供选择。

大幅优化多边形的显示及计算

3ds Max 9能更有效率地分析和计算大型场景（如超过两千万个面的场景），这种提高主要源于Mental Ray渲染器能够极大地减少数据转换的时间。同时还增加了Hidden Line显示模式，使视图中的显示更加专业化。

增强的刚体碰撞计算速度

3ds Max 9中的HAVOK动力学引擎由原来的1.5版本升级到了最新的3.2版本，新版本增加了一个强大的多线程计算模拟器，极大地提高了刚体碰撞的计算速度。

增强的渲染功能

Mental Ray 3.5软件为3ds•Max 9添加了强大的渲染功能，使用太阳和天空解决方案来创建照片级真实感太阳光、天光以及可以看到太阳的天空，如图1-4所示。

图1-4　天空效果

新的Mental Ray 建筑和设计材质提高了建筑渲染的图像质量，加快了工作流程，提升了整体性能，并且让设计人员和建筑师们更轻松地制作各种效果，如圆角、模糊反射、被霜覆盖的玻璃以及有光泽的曲面等，如图1-5所示。新的 Mental Ray 汽车颜料材质是重新创建独特的新型汽车外形和感觉的理想工具，如图 1-6 所示。

图1-5　模糊反射

图1-6　车漆效果

贴图

使用“UVW 展开”修改器中新的“快速平面贴图”功能，用户只需要单击鼠标便可以访问最常用的高级贴图工具。

建模

新的ProBoolean 与 ProCutter 复合对象增加了传统的布尔对象的数量（包括改进了的工作流程），提供了更好的生成网格的质量以及在平滑动画时用于圆形边的整合的百分数和四边形网格。

直接在视口中使用标准的导航工具和选择工具来创建、操控和设计“头发和毛发”。

用户可以使用布料中的新功能来系紧腰围、缩短褶边，并且在堆栈中缝制衣服。另外，用户不需要编辑原始图案便可以做出合适的衣服。

场景和项目管理

用户可以通过使用视口中自动集成的位图代理新功能来降低内存需求

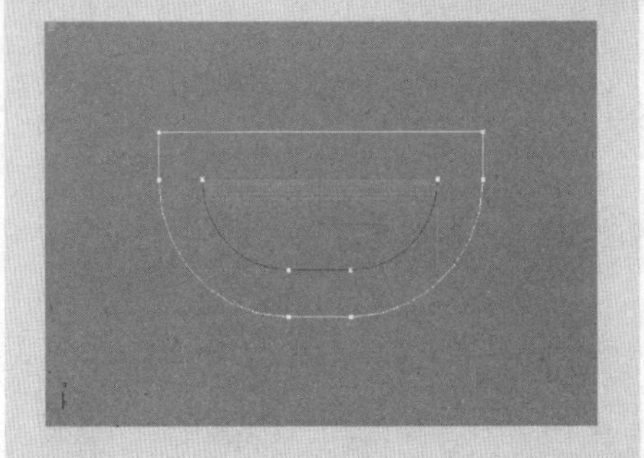

⑩ 在“修改器列表”下拉列表中选择“挤出”修改器，然后在“参数”卷展栏中将挤出的数量设置为1100，此时矩形生成带有厚度的实体，将其与茶几面完全相交，如下图所示。

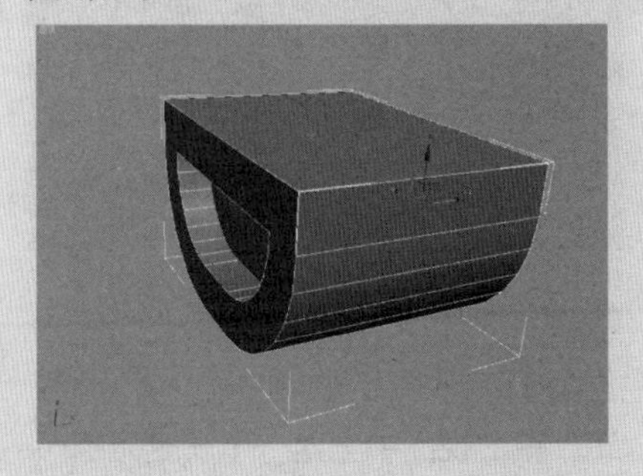

⑪ 在视图中选中茶几面，然后执行布尔运算操作，运算后矩形将消失，同时茶几面与矩形相交的部分将被剪掉，如下图所示。

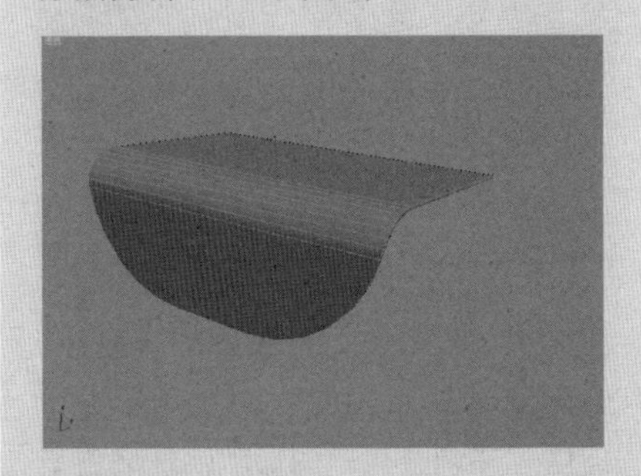

⑫ 在顶视图中创建一个矩形，矩形的长度与茶几面的长度基本一致，然后将其转换为可编辑样条线，进入到“顶点”层次，在矩形上细化出顶点并对矩形的形状进行调整，如下图所示。

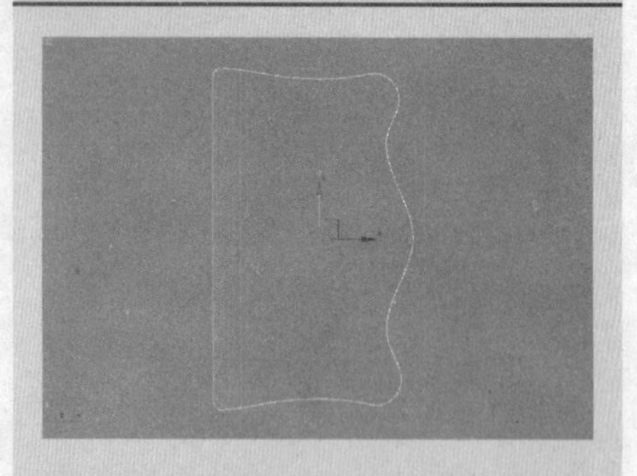

⑬ 使用与步骤09~步骤11相同的方法对茶几面进行设置，如下图所示。

⑭ 在“创建”命令面板中的“对象类型”卷展栏中单击 矩形 按钮，在前视图中创建一个长度为405，宽度为10的矩形，如下图所示。

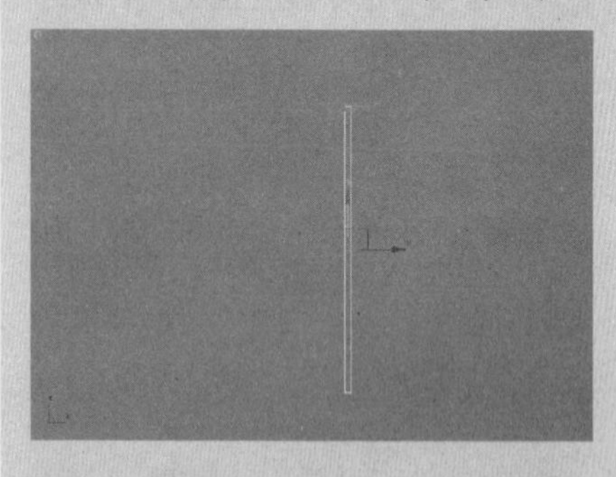

⑮ 将矩形转换为可编辑的样条线，进入到“顶点”层次，对矩形进行细化，并调整矩形的形状，使之生成茶几腿的截面图形，如下图所示。

（即使是渲染时也可以执行此操作）。在最终渲染时就可以很轻松地恢复至原始的最大分辨率纹理贴图。

用户可以使用“配置用户路径”对话框来为当前的项目文件夹设置绝对或相对的单独路径。

1.3 3ds Max 9工作界面

3ds Max 9的工作界面主要由菜单栏、视图、命令面板和基本控件组成。其中基本控件集合了工具栏、状态栏和提示行等各种工具，如图1-7所示。

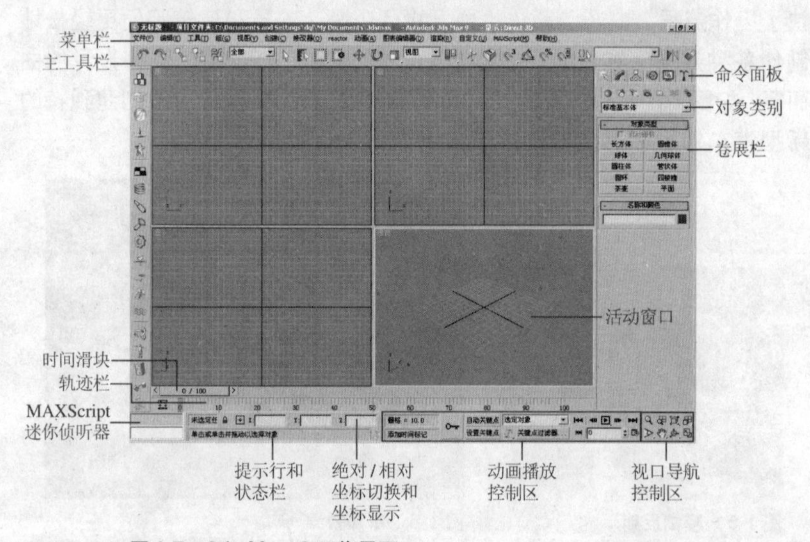

图1-7 3ds Max 9工作界面

1.3.1 菜单栏

菜单栏位于用户界面标题栏下面，菜单名表明了该菜单中所含命令的主要用途。3ds Max 9的菜单栏包含14个菜单。

- “文件”菜单：包含有关文件的操作命令。
- “编辑”菜单：包含对当前对象进行编辑的相关命令。
- “工具”菜单：包含许多与主工具栏按钮功能相同的选项。
- “组”菜单：包含管理组合对象的命令。
- “视图”菜单：包含设置和控制视口的命令。
- “创建”菜单：包含创建对象的命令。
- “修改器”菜单：包含修改对象的命令。
- “Reactor”菜单：包含与Reactor动力学产品有关的一组命令。
- “动画”菜单：包含设置对象动画和约束对象的命令。

- “图表编辑器”菜单：用户可以使用图形方式编辑对象和动画。包含“轨迹视图”和“图解视图”，“轨迹视图”允许用户在“轨迹视图”窗口中打开和管理动画轨迹。“图解视图”提供给用户另一种方法在场景中编辑和导航对象。
- “渲染”菜单：包含渲染、Video Post、光能传递和环境等命令。
- “自定义”菜单：让用户可以自定义用户界面。
- “MAXSpript”菜单：包含编辑 MAXScript（内置脚本语言）的命令。
- “帮助”菜单：该菜单中含有对软件本身的介绍。

单击菜单名时，菜单将以下拉列表的方式列出所包含的选项。

菜单名右侧都有带下划线的字符，按住 Alt 键的同时按该字符键即可打开相应的下拉菜单。打开的下拉菜单中命令名称后的省略号（…）表明执行该命令将弹出一个对话框。命令名称后面的向右三角形表明指向该命令将打开一个级联菜单。如果命令有键盘快捷键，则将显示在命令名称的右侧。

1.3.2 主工具栏

3ds Max 中的很多命令均可由工具栏上的按钮来实现。在默认情况下将显示主工具栏。主工具栏位于界面的上部，用户可以按照需要将它放置在其他位置。

被隐藏的几个工具栏为附加工具栏，包含轴约束、层、附加、渲染快捷方式、捕捉和笔刷预设等。要启用上述隐藏的工具栏，通过右键单击主工具栏的空白区域，然后从弹出的快捷菜单中选择相应的工具栏命令即可。

通过主工具栏用户可以快速访问 3ds Max 中很多常用工具。右键单击“移动”、“旋转”或“缩放”按钮可打开对应的“××变换输入”对话框。浮动状态下的主工具栏如图 1-8 所示。

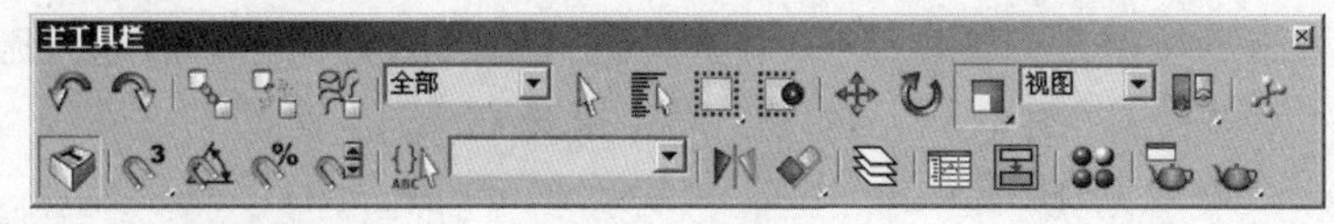

图 1-8　主工具栏

撤销工具组

- “撤销”按钮：可取消上一次操作。右击“撤销”按钮，将显示最近操作的列表，从中可以选择撤销的层级。在“编辑”下拉菜单中也有撤销命令。在默认情况下，可以撤销 20 步操作，不过，这个参数是可以调整的，通过执行菜单栏中的“自定义>首选项”命令，在弹出的“首选项设置”对话框中的“场景撤销”选项组中进行设置即可，如图 1-9 所示。

家居用品>
玻璃茶几
01

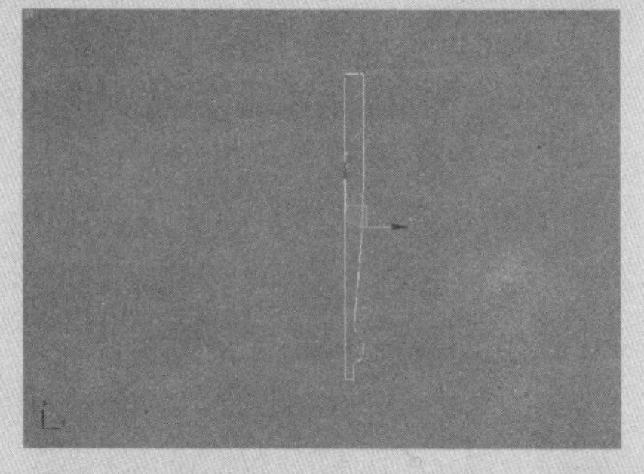

16 在“修改器列表”下拉列表中选择"车削"修改器，然后在"参数"卷展栏中分别单击 Y 和 最小 按钮，此时矩形旋转生成实体，并将其命名为"桌腿"，如下图所示。

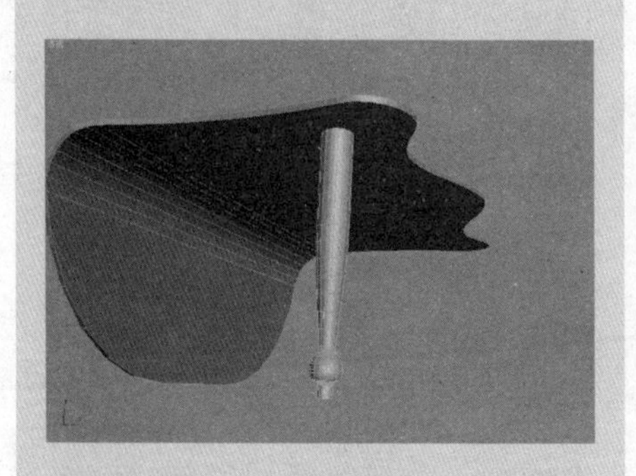

17 将桌腿转化为可编辑多边形对象，进入到"多边形"层次，在视图中选中桌腿顶部一个底部的表面，单击“编辑几何体”卷展栏中的 分离 按钮，在弹出的“分离”对话框中将分离的表面命名为“不锈钢”，如下图所示。

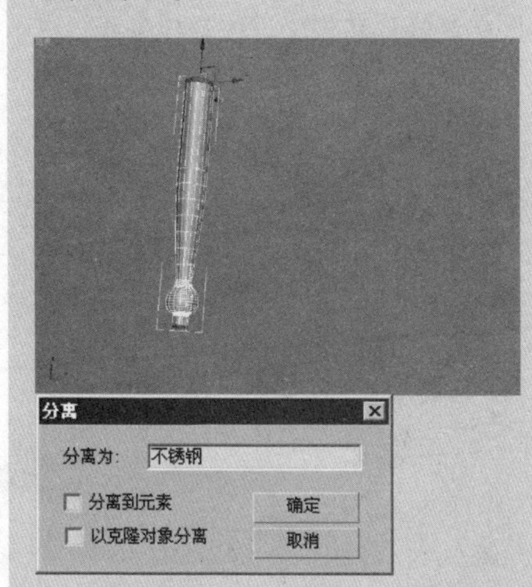

18 按住Shift键，在顶视图中将桌腿以及不锈钢沿Y轴拖动，在桌面的右上角位置释放鼠标，此时在弹出的"克隆选项"对话框中使用默认设置，按下Enter键确认，这样就复制了一个桌腿，如下图所示。

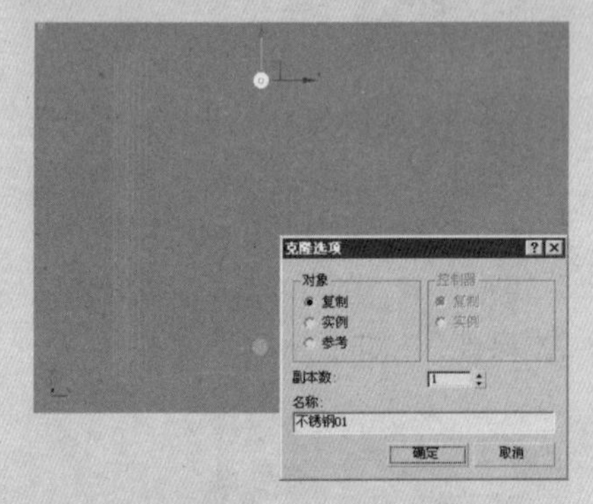

19 在"创建"命令面板中的"对象类型"卷展栏中单击 矩形 按钮，在顶视图中创建一个长度为600，宽度为410的矩形，如下图所示。

20 将矩形转换为可编辑样条线，进入到"顶点"层次，在矩形右侧的边上细化出1个顶点，然后将该顶点沿X轴方向移动一段距离，如下图所示。

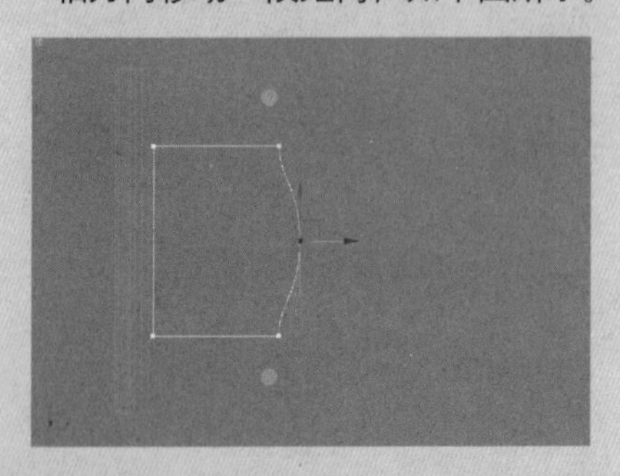

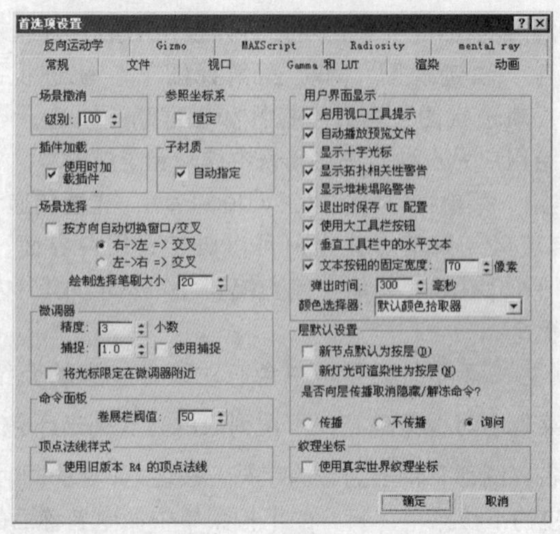

图 1-9 "首选项设置"对话框

● "重做"按钮：单击"重做"按钮可取消上次"撤销"的操作。

链接绑定工具组

● "选择并链接"按钮：单击"选择并链接"按钮可以将两个对象链接，定义它们之间的子和父层次关系。

● "断开当前选择链接"按钮：该按钮的功能与"选择并链接"按钮的功能正好相反。解除链接的时候首先在视图窗口中选中被链接的对象，然后在主工具栏中单击"断开当前选择的链接"按钮即可。

● "绑定到空间扭曲"按钮：制作粒子动画的时候经常需要将粒子系统，如"粒子云"、"超级喷射"等对象绑定到"导向板"、"重力"等空间对象上，从而使用空间对象的参数控制粒子系统的变换。

选择工具组

● 选择过滤器：系统为了便于用户进行选择，在"选择过滤器"下拉列表中设置了10种选择过滤对象的方式，分别是"几何体"、"图形"、"灯光"、"摄影机"、"辅助对象"、"扭曲"、"组合"、"IK链对象"、"骨骼"和"点"。

● "选择对象"按钮：这个按钮的功能是在视图窗口中选择对象，但不能对选中的对象进行移动、旋转等操作。这样用户可以在选择对象的时候避免因为错误操作将对象的位置移动。

● "按名称选择"按钮：单击这个按钮后，系统将弹出"选择对象"对话框，用户可以在对话框中选择视图窗口中的对象。在对话框的右侧提供了选择过滤对象的方式，用户可以根据实际情况使用相应的过滤方式。根据名称选择对象，使用户的选择工作变得更加准确、便捷。

- “矩形选择区域”按钮：按住“矩形选择区域”按钮不放，弹出的下拉列表中包含“圆形选择区域”按钮、“围栏选择区域”按钮、“套索选择区域”按钮和“绘制选择区域”按钮。系统默认激活的是“矩形选择区域”，如果用户需要使用其他类型的选择方式，可以按住“矩形选择区域”按钮，然后将光标拖至将要使用的选择方式类型按钮上，松开鼠标键即可。一般来说，确定一种选择方式后，还要和“窗口/交叉”工具配合使用。

  圆形和矩形选择区域的选择方式相似，只需在视图窗口中拖动出一个选择区域即可进行对象的选择，鼠标的拖动方向不影响对对象的选择。

  使用“围栏选择区域”、“套索选择区域”和“绘制选择区域”工具可以得到不规则的选择区域，这样就使用户在选择对象时更加灵活方便。
- “窗口/交叉”按钮：在“窗口”状态下，只有完全位于选择区域中的对象才能够被选中；在“交叉”状态下，与选择区域相交的或完全在选择区域中的对象都被选中。单击“窗口/交叉”按钮，可以在“窗口”和“交叉”状态间转换。
- “选择并移动”按钮：在主工具栏中单击“选择并移动”按钮，然后在视图窗口中单击要选择的对象，这样目标对象就被选中，并高亮显示，同时，在对象的上面出现一个坐标架，如图1-10所示。拖动坐标架的X轴或Y轴可以水平或者垂直移动对象。
- “选择并旋转”按钮：使用“选择并旋转”工具在视图窗口中单击要进行旋转的对象，此对象高亮显示的同时在对象的上面出现一个旋转框，在旋转框中有4种颜色的弧线，分别是黄、蓝、绿和灰。使用鼠标拖动“黄色”、“蓝色”弧线，对象将分别沿着X轴、Y轴旋转，拖动“绿色”和“灰色”弧线对象将沿着Z轴旋转，如图1-11所示。

图1-10 显示坐标架

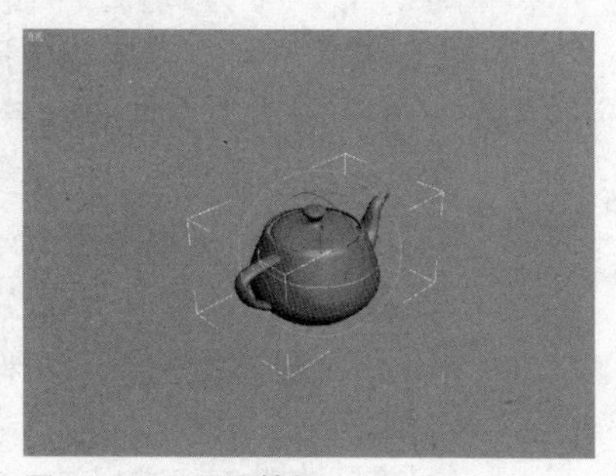

图1-11 显示旋转框

21 在“修改器列表”下拉列表中选择“挤出”修改器，然后在“参数”卷展栏中将挤出的“数量”设置为120，此时矩形生成带有厚度的实体，将其命名为“抽屉”，如下图所示。

22 将抽屉转化为可编辑多边形，进入到“多边形”层次，选中抽屉顶部的表面，然后右击视图在弹出的菜单中单击“挤出”命令左侧按钮，在弹出的“挤出多边形”对话框中将“挤出高度”设置为12，按下Enter键确认，如下图所示。

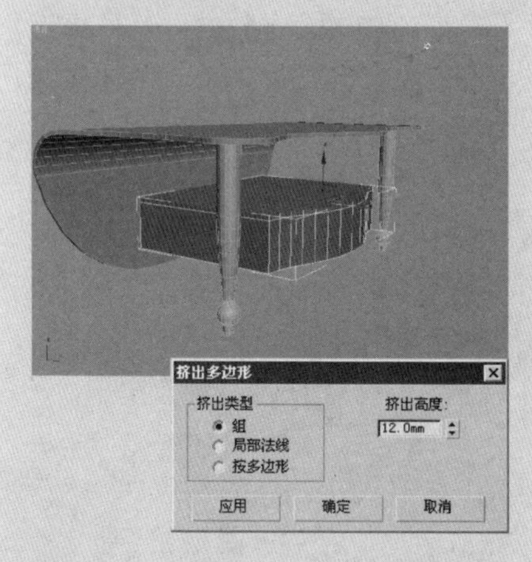

23 使用相同的方法对抽屉的前部表面执行挤出操作，将“挤出高度”设置为12，然后再将抽屉前面上部的表面向外挤出12，形成抽屉沿效果，如下图所示。

❷❹ 选中抽屉沿底部的表面，然后执行分离操作，将分离的对象命名为“抽屉门”，如下图所示。

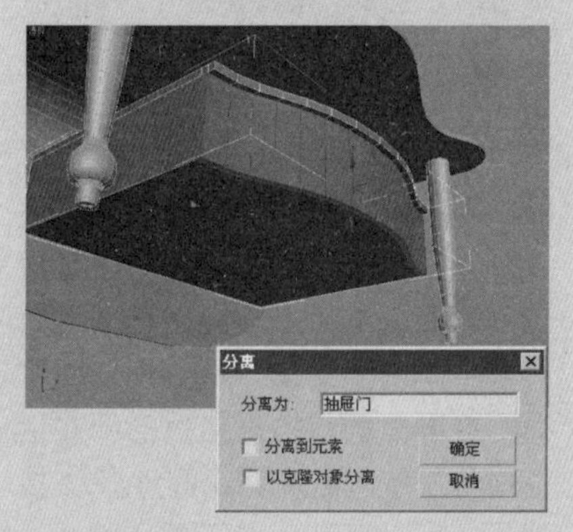

❷❺ 在前视图中创建一个长度为405，宽度为12的矩形，将其转换为可编辑样条线，进入到“线段”层次，选中矩形右侧的线段，然后右击视图，在弹出的菜单中选择“拆分”命令，如下图所示。

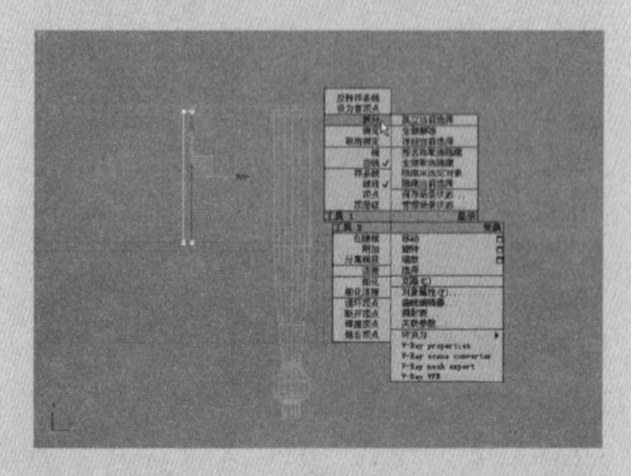

❷❻ 进入到“顶点”层次，然后将拆分操作得到的顶点向左移动一段距离，使矩形右侧形成理想的弧形，如下图所示。

- “选择并均匀缩放”按钮：单击该按钮，然后在视图中单击要编辑的对象，此时对象高亮显示并在对象的上面出现一个坐标架，在坐标架的转折部位有一个黄色的三角形。当使用鼠标拖动坐标架的X轴时，向左拖动鼠标，对象在X轴的方向被缩小；向右拖动，对象在X轴的方向被放大。当使用鼠标拖动坐标架的Y轴时，向上拖动鼠标在Y轴的方向对象被放大；向下拖动对象在Y轴的方向被缩小。在黄色三角形区域中向上拖动鼠标时，对象以自身的中心为中心进行等比例放大，反之等比例缩小。按住“选择并均匀缩放”按钮不放，系统将弹出隐含的按钮，分别是“选择并非均匀缩放”按钮和“选择并挤压”按钮，其中“选择并非均匀缩放”按钮的使用方法与功能和“选择并均匀缩放”按钮类似；“选择并挤压”工具可将挤压对象在一个轴上按比例缩小，同时在另外两个轴上均匀地按比例增大，同时保持对象的原始体积。以茶壶对象为例，在透视图中沿Z轴进行挤压后的前后效果分别如图1-12和图1-13所示。

图1-12　挤压前效果

图1-13　挤压后效果

坐标工具

- 参考坐标系：使用“参考坐标系”下拉列表中的选项，可以指定变换（移动、旋转和缩放）所用的坐标系。下拉列表中的选项分别是“视图”、“屏幕”、“世界”、“父对象”、“局部”、“万向”、“栅格”和“拾取”。　在“屏幕”坐标系中，所有视图都使用视口屏幕坐标。

◆ “视图”坐标系：是系统默认的坐标系，它是“世界”和“屏幕”坐标系的混合体。在“视图”坐标系中所有正交视图都使用“屏幕”坐标系，而透视视图使用“世界”坐标系。在“视图”坐标系中，所有激活的正交视图中的X、Y和Z轴都相同，X轴始终向右，Y轴始终向上，Z轴始终垂直于屏幕指向用户。

◆ “屏幕”坐标系：选择该坐标系将在活动视图中使用该坐标系，X轴为水平方向，正向朝右，Y轴为垂直方向，正向朝上，Z轴为深度方向，正向指向用户。因为“屏幕”坐标系模式取决于其他的活动视口，所以非活动视口中的三轴架上的X、Y和Z标签显示当前活动视口的方向。例如，以透视图为当前视图的情况下，其他视图的坐标轴均以透视图为基准，如图1-14所示。

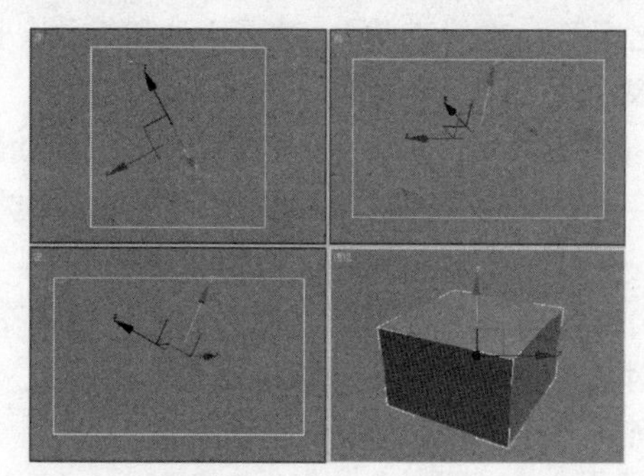

图1-14 “屏幕”坐标系

- “世界”坐标系：世界坐标系从前视图看，X轴正向朝右，Z轴正向朝上，Y轴正向指向背离用户的方向。在顶视图中X轴正向朝右，Z轴正向朝向用户，Y轴正向朝上，“世界”坐标系始终固定。在“世界”坐标系下，各个视图的坐标轴方向如图1-15所示。

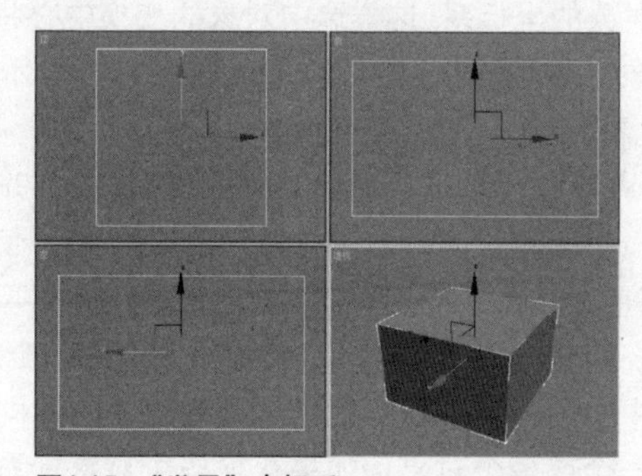

图1-15 “世界”坐标系

技巧 提示

一般来说，设置坐标系的时候要首先选择变换工具，然后再指定坐标系。执行菜单栏中的“自定义>首选项”命令，在“常规”选项卡的“参照坐标系”选项组中勾选“恒定”复选框后，坐标系将不能被更改。

- “父对象”坐标系：使用选定对象的父对象的坐标系。如果对象未链接至特定对象，则其为世界坐标系的子对象，其父坐标系与世界坐标系相同。
- “局部”坐标系：使用选定对象的坐标系。对象的局部坐标系位于其轴点中心。使用“层次”命令面板上的选项，可以相对于对象调整局部坐标系的位置和方向。

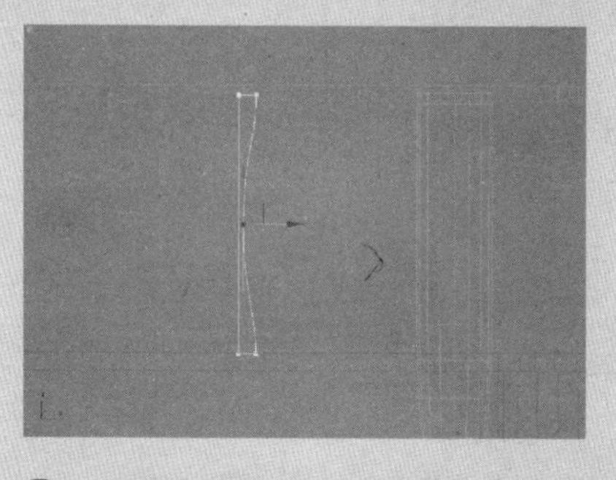

27 执行车削操作，将矩形旋转生成实体，使用关联复制的方式将生成实体的矩形复制2个，分别放置在抽屉的上面，使之形成三角形分布，如下图所示。

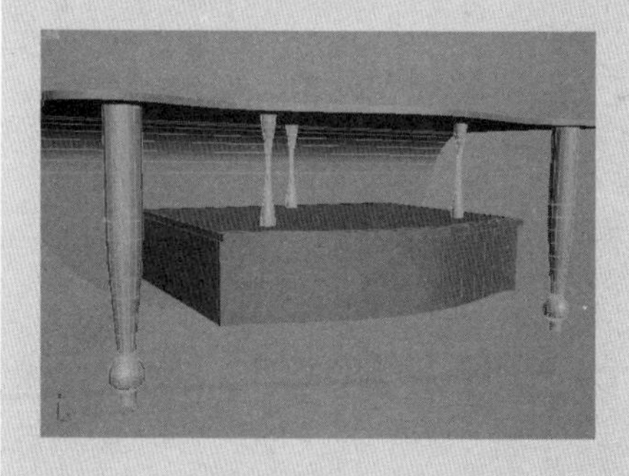

28 创建一个简单的场景，并为场景中的对象指定适当的材质，渲染后的效果如下图所示。

01 在顶视图中创建一个长度为450，宽度为300，高度为25的长方体，如下图所示。

02 在“修改”命令面板的“修改器列表”下拉列表中选择“编辑多边形”选项，按下键盘中的数字键1，切换到“顶点”层次，在顶视图中对长方体的顶点进行调整，使长方体形成倾斜的四边形，如下图所示。

03 在左视图中将长方体左侧的顶点向上移动一段距离，该距离在20左右，如下图所示。

◆“万向”坐标系：它与“局部”坐标系类似，但其3个旋转轴互相之间不一定成直角。对于移动和缩放变换，“万向”坐标与“父对象”坐标相同。

◆“栅格”坐标系：3ds Max 系统提供了一种辅助对象——栅格，它具有普通对象的属性，与视图窗口中的栅格类似，用户可以设置它的长度、宽度和间距。执行菜单栏中的“创建>辅助对象>栅格”命令，就可以像创建其他对象那样在视图中创建一个栅格对象。当用户选择“栅格”坐标系后，栅格对象的空间位置确定了当前创建对象的坐标系统。

技巧·提示

创建的栅格对象必须处于激活状态后，才能够被用作其他对象的参考坐标系统。在视图中选中栅格对象，右击，在弹出的菜单中选择“激活栅格”命令。

◆“拾取”坐标系：在该坐标模式下，选中的对象将使用场景中另一个对象的坐标系。这样选中对象的变换中心将自动移动到拾取的对象上。同时选中“对象”的名称将显示在“参考坐标系”列表中。

● “使用轴点中心”按钮：在该按钮上按住鼠标并停留片刻，系统将弹出隐含的“使用选择中心”按钮和“使用变换坐标中心”按钮。在“使用轴点中心”变换模式下，选中的对象可以围绕其各自的轴点旋转或缩放（一个或多个对象）。在“使用选择中心”模式下，可以围绕选中对象的共同几何中心旋转或缩放一个或多个对象。如果变换多个对象，系统将计算所有对象的平均几何中心，并将此几何中心用作变换中心。在“使用变换坐标中心”变换模式下，可以围绕当前坐标系的中心旋转或缩放一个或多个对象。当使用“拾取”功能将其他对象指定为坐标系时，坐标中心是该对象轴点的位置。

● “选择并操纵”按钮：使用“选择并操纵”工具可以在视口中拖动“操纵器”，来编辑某些对象、修改器及控制器的参数。

捕捉工具

● “3D 捕捉”按钮：3D 捕捉方式是系统的默认设置，在这种捕捉方式下单击鼠标可以直接捕捉到视图窗口中的任何几何体。可以通过单击主工具栏上的“3D 捕捉”按钮启用捕捉，也可以按键盘中的“S”键进行捕捉开关的切换。右击该按钮系统将弹出“栅格和捕捉设置”对话框，如图1-16所示。

● “2D 捕捉”按钮：该捕捉方式仅捕捉到激活栅格和栅格平面上的对象，但忽略Z轴或垂直方向上的捕捉。

● “2.5D 捕捉”按钮：该捕捉方式仅捕捉活动栅格上对象投影的

顶点或边，例如将创建的长方体在前视图中向下移动一段距离，使栅格位于长方体中间，然后在顶视图中使用线捕捉长方体的顶点绘制一个长方形，绘制完成后的长方形位于栅格平面上，如图1-17所示。

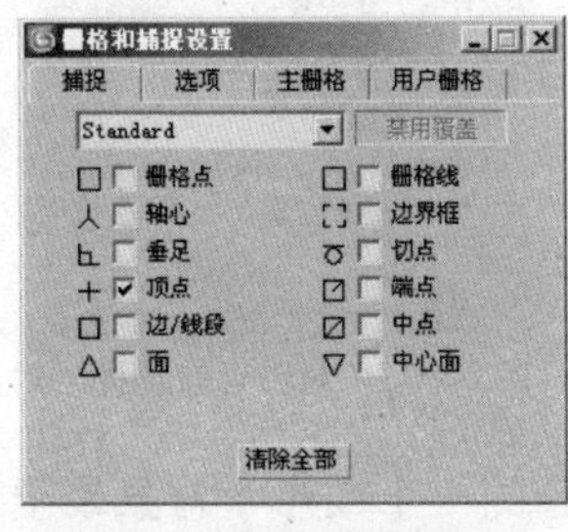

图1-16 栅格和捕捉设置

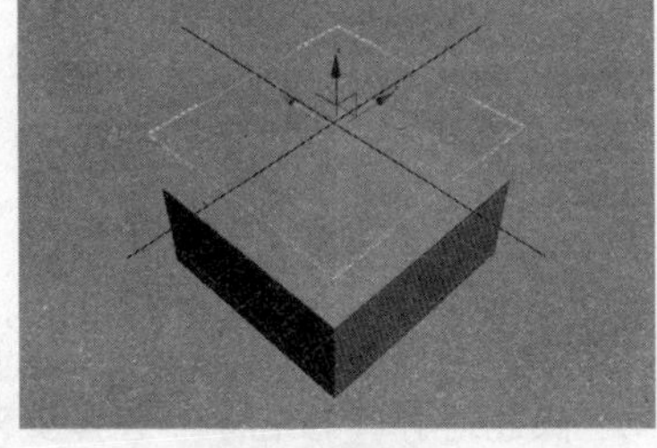

图1-17 应用2.5D捕捉

- “角度捕捉切换”按钮：启用“角度捕捉切换”工具后，角度捕捉影响场景中所有对象的旋转变换。右键单击“角度捕捉切换”按钮，弹出“栅格和捕捉设置”对话框，切换到“选项”选项卡。设置“通用”选项组中的“角度”值为45，然后在视图窗口中旋转对象，发现旋转的角度增量为45。
- “百分比捕捉切换”按钮：“百分比捕捉切换”通过指定的百分比增加对象的缩放。打开“栅格和捕捉设置”对话框，在“选项”选项卡的“通用”选项组中可以设置捕捉百分比增量。
- “微调器捕捉切换”按钮：该按钮用于设置3ds Max中所有微调器每次单击增加或减少的值。右击该按钮，系统弹出“首选项设置”对话框，在该对话框中用户可以设置微调捕捉的相关参数。

选择集工具

- “编辑命名选择集”按钮：单击“编辑命名选择集”按钮，系统将弹出“命名选择集”对话框。在这个对话框中可以对各个选择集中的子对象进行重新编组，另外，用户还可以在视图窗口中选中其他的对象，并将其添加到当前的编组中。
- “命名选择集”列表：使用“命名选择集”下拉列表可以命名选择集，并重新调用选择以便日后使用。

镜像与对齐工具

- “镜像”按钮：单击该按钮，系统将弹出“镜像”对话框，使用该对话框可以镜像克隆选择的目标对象，用户可以在“克隆当前选择”选项组中选择“复制”、“实例”或“参考”选项，具体设置视实际情况而定，如图1-18所示。
- “对齐”按钮：单击该按钮，然后选择目标对象，系统将弹出“对齐当前选择”对话框，如图1-19所示，使用该对话框可将当前选择与目标选择对齐。目标对象的名称将显示在“对齐当前选择”对话框的标题栏中。

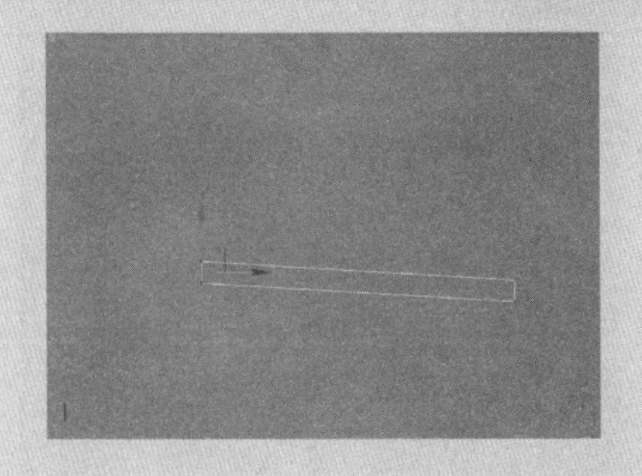

04 按下键盘中的数字键4，切换到“多边形”层次，在视图中选中长方体高度方向上最窄的表面，然后右击视图，在弹出的菜单中单击“挤出”命令左侧的“设置”按钮，在弹出的“挤出多边形”对话框中将“挤出高度”设置为20，如下图所示。

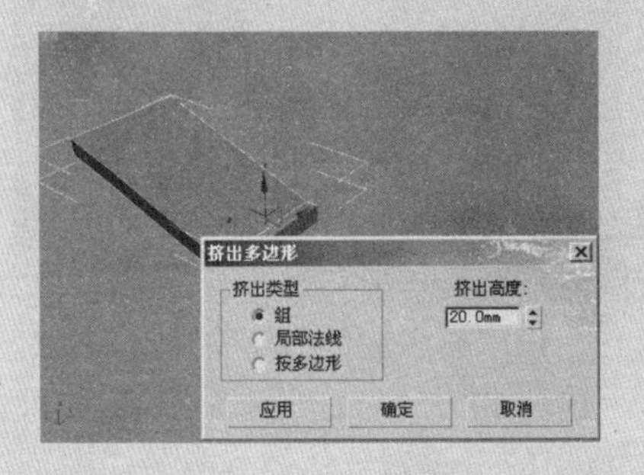

05 按下键盘中的数字键1，切换到“顶点”层次，在视图中选中挤出表面末端的顶点，将其向下移动260左右，然后将移动后的顶点位于同一个平面上，如下图所示。

06 调整转折位置下部的顶点，使转折位置处的垂直表面形成大约45°角的连接状态，这样能够保证侧面表面宽度基本一致，如下图所示。

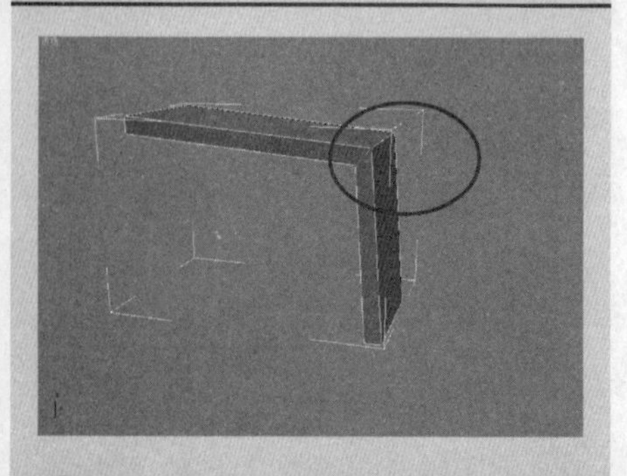

07 将长方体底部右侧的顶点向左移动，使之与左侧的顶点距离大约在35左右，这个宽度就是沙发腿前面的宽度，如下图所示。

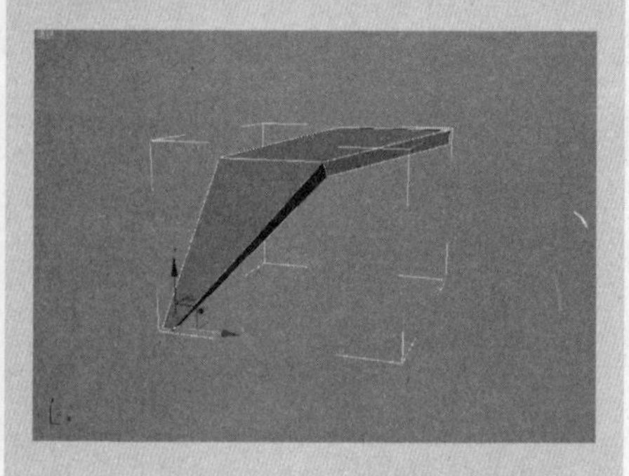

08 按下键盘中的数字键2，切换到“边”层次，在“修改”命令面板中的“编辑几何体”卷展栏中单击 切割 按钮，然后围绕转折位置的表面切割出两组边，每组边必须首尾相连，如下图所示。

09 调整转折位置的顶点，使转折位置的表面产生圆滑的过渡。同时不要改变侧面的宽度，如下图所示。

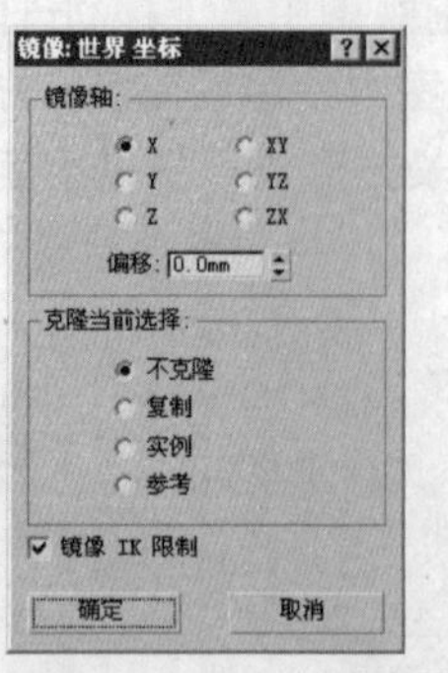

图1-18 “镜像:世界坐标”对话框

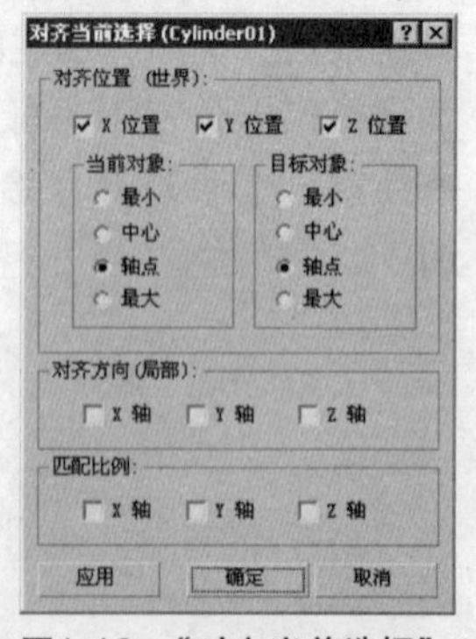

图1-19 “对齐当前选择”对话框

- “快速对齐”按钮：选择要对齐的一个或多个对象或子对象。使用快捷键“Shift+A”，或执行菜单栏中的“工具>快速对齐”命令，此时光标将变为“闪电”符号。单击目标对象时，将会显示十字线符号。
- “法线对齐”按钮：该对齐方式基于法线方向将两个对象对齐。选择源对象，单击“法线对齐”按钮，在源对象（棱锥）表面上单击，光标的蓝色箭头指示当前法线，如图1-20所示。在目标对象（方体）表面上单击鼠标，单击位置出现绿色箭头指示当前法线，如图1-21所示。释放鼠标，源对象上用户定义的法线自动与目标对象法线对齐，并将显示“法线对齐”对话框，用户可以在这个对话框中进行具体的设置。

图1-20 蓝色箭头指示源对象法线

图1-21 绿色箭头指示目标对象法线

- “放置高光”按钮：使用该按钮可将灯光或对象对齐到另一对象，以便可以精确定位其高光或反射。确保要渲染的视口处于活动状态，选择灯光对象。单击“放置高光”按钮，然后在目标对象上拖动鼠标，发现灯光的高光跟随光标移动。当高光显示在指定的面时，释放鼠标。此时，灯光具有新的位置和方向。
- “对齐摄影机”按钮：使用该对齐方式可以将摄影机与选定面的法线对齐，与“放置高光”类似。在进行对齐操作之前，用户要选择视图中的摄影机，然后单击主工具栏中的“对齐摄影机”按钮，在任意视图中的目标对象上拖动鼠标，此时选择的面法线在光标下显示为蓝色箭头，释放鼠标后，摄影机将自动与目标对象上用户指定的法线对齐。

- “对齐到视图”按钮：单击该按钮，系统将弹出“对齐到视图”对话框，用户可以将选定对象的局部轴与当前视口对齐。勾选“翻转”复选框，可以用来翻转针对Z轴的选择。此对话框中的所有设置都会在视口中更新，因此可以在接受之前预览效果。

图层、曲线编辑器和图解视图

- “层管理器”按钮：单击该按钮，系统将弹出“层”对话框，如图1-22所示，在对话框中用户可以查看和编辑场景中所有层的设置，以及与其相关联的对象。使用此对话框，可以指定光能传递解决方案中的名称、可见性、渲染性、颜色，以及对象和层的包含等。

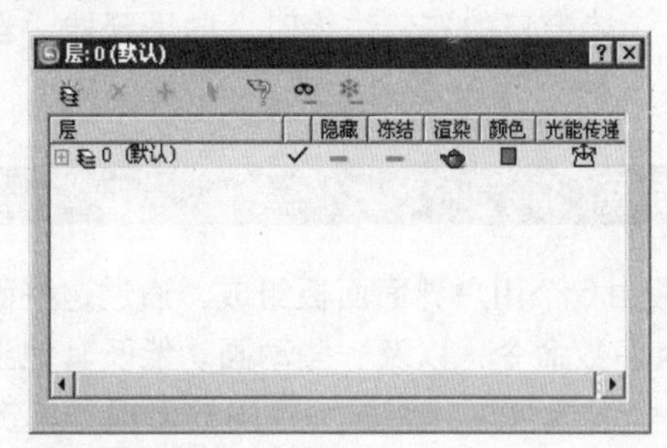

图1-22 “层”对话框

- “曲线编辑器”按钮：单击该按钮，系统将会弹出“轨迹视图—曲线编辑器”对话框，如图1-23所示。用户可以利用图表上的功能曲线来设置对象的运动。该模式可以使运动的插值及软件在关键帧之间创建的对象变换直观化。使用曲线上找到的关键点的切线控制柄，可以轻松查看和控制场景中各个对象的运动和动画效果。

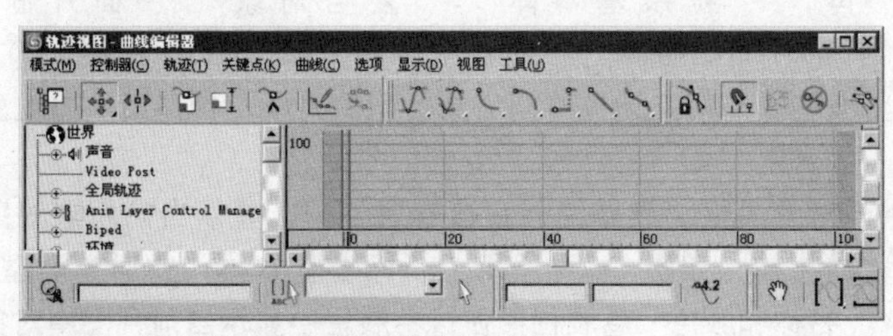

图1-23 “轨迹视图—曲线编辑器”对话框

- “图解视图”按钮：是基于节点的场景图，通过它可以访问对象属性、材质、控制器、修改器、层次和不可见场景关系，用户使用“图解视图”可浏览拥有大量对象的复杂层次或场景。
- “材质编辑器”按钮：单击该按钮，系统将弹出“材质编辑器”对话框，有关“材质编辑器”的知识在后面的章节将进行详细的讲解。

⑩ 在视图中选中沙发腿左侧的表面，然后执行挤出操作，在弹出的“挤出多边形”对话框中将“挤出高度”设置为20，按Enter键结束挤出操作，如下图所示。

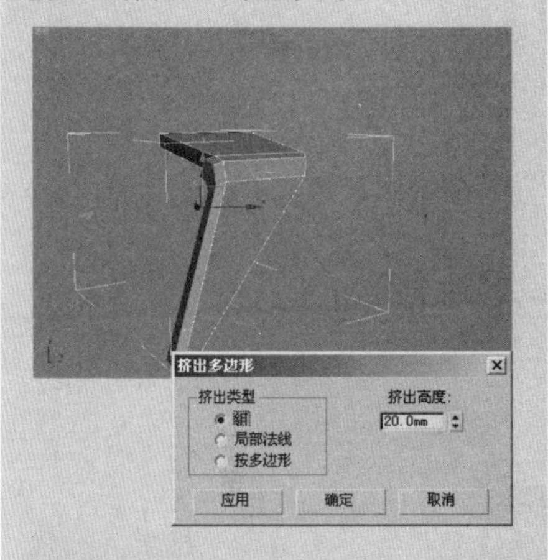

⑪ 经过上一步的挤出操作，在沙发腿的左侧形成了护翼，使用同样的方法将沙发腿护翼底部背面的表面向外挤出20，如下图所示。

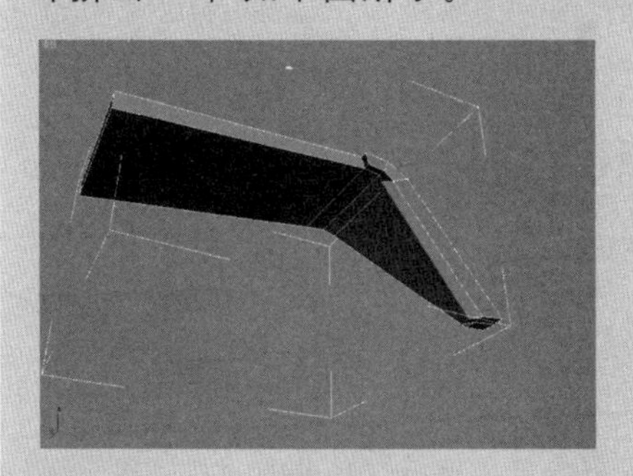

⑫ 将挤出表面的顶部表面向外挤出一定的高度，然后将挤出部分朝向护翼的表面删除，如下图所示。

⑬ 将护翼与上一步删除表面对应的表面删除，然后使用目标焊接的方式将开口位置的顶点进行一一对应地焊接，使用同样的方式对焊接顶点后的顶部表面挤出，并与护翼进行焊接，同时调整护翼后面的顶点使护翼后面表面共面，如下图所示。

⑭ 切换到“多边形”层次，然后将护翼后侧上部的表面向外挤出，使之与沙发腿后部的表面平齐，如下图所示。

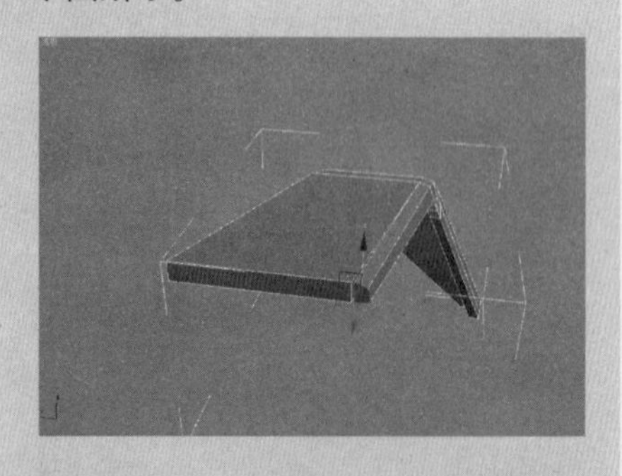

⑮ 使用目标焊接的方式将挤出表面内侧的顶点与沙发腿对应的顶点焊接在一起，同时将焊接后顶点右侧的顶点向焊接后顶点靠拢一些，使侧面虚拟形成楔形，如下图所示。

渲染工具

- “渲染场景”按钮：可以基于3D场景创建2D图像或动画。从而可以使用所设置的灯光、所应用的材质及环境设置（如背景和大气）对场景进行输出。“渲染场景”对话框具有多个选项面板。选项面板的数量和名称因用户指定的渲染器而异。
- “快速渲染（产品级）”按钮：单击该按钮，系统将使用当前产品级渲染设置来渲染场景，而无需显示“渲染场景”对话框。快度渲染（产品级）以扫描线渲染方式渲染当前视图。
- “快速渲染（ActiveShade）”按钮：单击该按钮，系统将对当前的视图进行草图级别的渲染，它的渲染方式是在渲染的开始阶段从渲染窗口中的左上角发出一条红色的线，并逐渐向右侧延伸，到达渲染窗口的右侧边缘时，向下延伸，当它延伸到渲染窗口的底部时，渲染迅速完成。

1.3.3 命令面板

“命令”面板由6个用户界面面板组成，通过这些面板用户可以访问3ds Max的大多数命令，以及一些动画功能及其他工具。在命令面板中每次只有一个面板可见，要显示不同的面板，单击“命令”面板顶部的选项卡标签即可。

“创建”命令面板

- “几何体”按钮：单击该按钮，系统将显示“几何体”面板。该面板包含“对象类型”下拉列表、“对象类型”卷展栏、“名称和颜色”卷展栏以及当前物体的颜色图标。
  - ◆ “对象类型”下拉列表：在下拉列表中系统提供了“标准基本体”、“扩展基本体”、“复合对象”、“面片栅格”、“NURBS曲面”、“动力学对象”和“AEC扩展”等11种类型。当用户选择不同对象类型的时候，创建面板将发生相应的变化。
  - ◆ “对象类型”卷展栏：在该卷展栏中，显示当前所选对象类型的物体，如图1-24所示为“标准基本体”的对象类型。
  - ◆ “名称和颜色”卷展栏：在该卷展栏中显示当前视图中对象的名称。另外，用户可以在这个卷展栏中对当前对象进行重新命名，如图1-25所示。
  - ◆ 当前对象的颜色图标：这个图标显示当前对象的颜色，用户若改变对象的颜色，可以单击这个图标，在弹出的“对象颜色”对话框中选择一种颜色，再单击“确定”按钮，这样当前对象的颜色即可转变为用户指定的颜色。

对象类型	
自动栅格	
长方体	圆锥体
球体	几何球体
圆柱体	管状体
圆环	四棱锥
茶壶	平面

名称和颜色
Box01

图1-24 “对象类型”卷展栏　图1-25 “名称和颜色”卷展栏

- “图形”按钮：单击该按钮，系统将在命令面板中显示“图形”面板，该面板的设置与“几何体”面板类似。在“对象类型”下拉列表中系统提供了“样条线”、“NURBS 曲线”和“扩展样条线”3 种类型的曲线。如图 1-26 所示为“样条线”的“对象类型”卷展栏。

对象类型	
自动栅格	
开始新图形	
线	矩形
圆	椭圆
弧	圆环
多边形	星形
文本	螺旋线
截面	

图1-26 “样条线”类型

- “灯光”按钮：单击该按钮，系统将在命令面板中显示“灯光”面板，在这个面板中系统提供了两种灯光类型，即“标准”灯光和“光度学”灯光。其中“标准”灯光包含 8 种类型，如图 1-27 所示；“光度学”灯光包含 10 种类型，如图 1-28所示。

对象类型	
自动栅格	
目标聚光灯	自由聚光灯
目标平行光	自由平行光
泛光灯	天光
mr 区域泛光灯	mr 区域聚光灯

对象类型	
自动栅格	
目标点光源	自由点光源
目标线光源	自由线光源
目标面光源	自由面光源
IES 太阳光	IES 天光
mr Sky	mr Sun

图1-27 “标准”灯光类型　图1-28 “光度学”灯光类型

- “摄影机”按钮：单击该按钮，系统将在命令面板中显示“摄影机”面板。在这个面板中系统提供了“目标”和“自由”两种摄影机。
- “辅助对象”按钮：辅助对象起辅助、支持的作用。在“辅助对象”面板上的“对象类型”下拉列表中包含“标准”、“大气装置”、“摄影机匹配”、“集合引导物”、“操纵器”、“粒子流”、“VRML97”和“Reactor”等 8 种辅助对象，如图 1-29 所示为“标准”的对象类型。

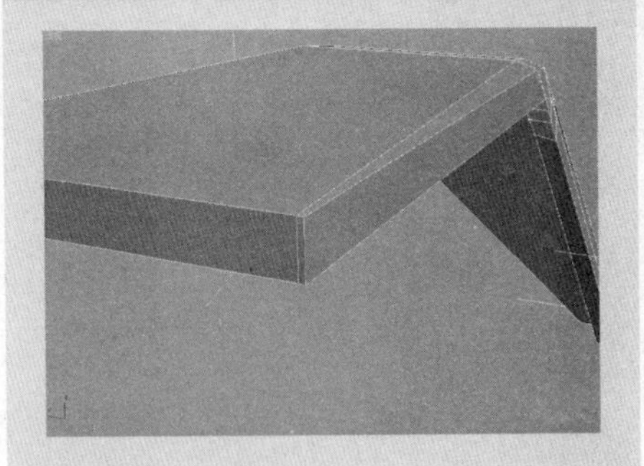

⑯ 将沙发腿护翼底部后侧的顶点向后移动使之与护翼顶部对齐，然后将其向内侧移动一段距离，使沙发腿的脚部形成稳定锐角三角形，如下图所示。

⑰ 按下键盘中的数字键 2，切换到“边”层次，在“修改”命令面板中的“编辑几何体”卷展栏中单击 切割 按钮，然后在护翼后侧表面上纵向切割出两组边，每组边必须首尾相连，如下图所示。

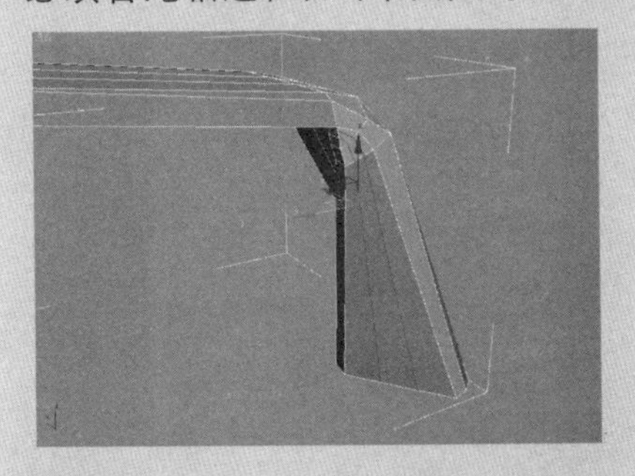

⑱ 按下键盘中的数字键 1，切换到“顶点”层次，调整沙发腿底部的顶点，使沙发脚的截面图形呈 C 形，如下图所示。

⑲ 按下键盘中的数字键4，切换到“多边形”层次，然后将沙发脚底部的表面向外挤出5，如下图所示。挤出的高度不要太高，否则在添加“网格平滑”修改器的时候，沙发脚的底部将不会产生既有圆滑又有棱角的效果。

⑳ 将沙发腿后面的垂直表面向外依次挤出3次，高度均为30，调整挤出表面顶点，使沙发后面表面向上翘起以形成沙发靠背的底部，如下图所示。

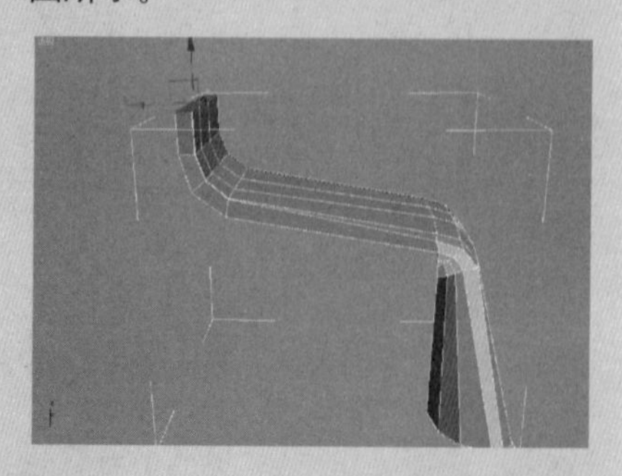

㉑ 继续将靠背位置的顶部的表面向外挤出，然后使用“选择并旋转”工具将挤出表面顺时针旋转一定的角度，如下图所示。

- “空间扭曲”按钮：单击该按钮后，在命令面板上将显示“空间扭曲”面板。空间扭曲是影响其他对象外观的不可渲染对象。空间扭曲的行为方式类似于修改器，创建空间扭曲对象时，视口中会显示一个线框来表示。在“空间扭曲”面板中系统提供“力”、“导向器”、“几何/可变形”、“基于修改器”、“粒子和动力学”和“Reactor”6种空间扭曲类型，如图1-30所示。

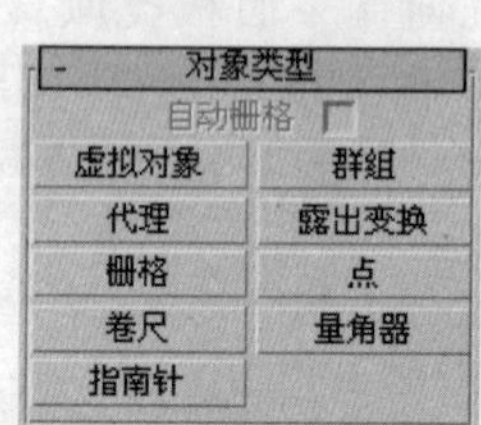

图1-29 “标准”类型

图1-30 “空间扭曲”对象类型

- “系统”按钮：系统将对象、链接和控制器组合在一起，以生成拥有行为的对象及几何体。使用“系统”面板可以帮助用户简化创建动画的程序，缩短制作周期。“系统”面板提供了5种工具，分别是骨骼、环形阵列、太阳光、日光和Biped。

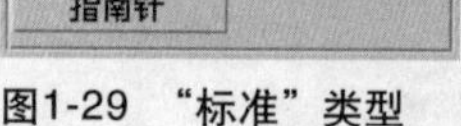

“修改”命令面板

场景中的每个对象，都具有可调整的参数，用户可以在“修改”命令面板中修改这些参数，“修改”命令面板如图1-31所示。

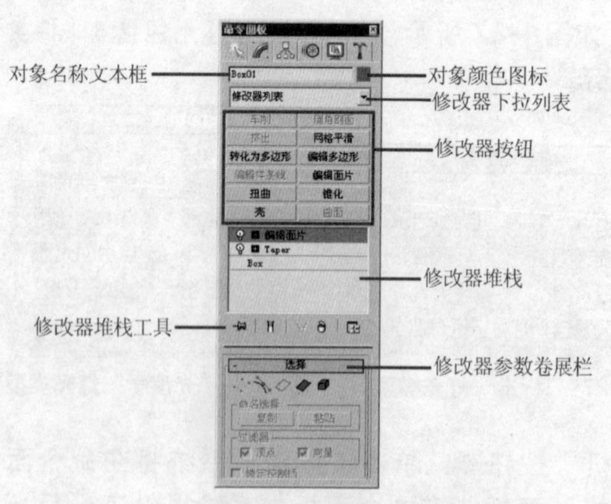

图1-31 “修改”命令面板

- 对象名称文本框：在这个文本框中显示当前对象的名称，同时用户可以在这个文本框中对当前的对象进行命名和重命名。
- 当前对象的颜色图标：用户若想修改当前对象的颜色，可以通过单击该图标，然后在弹出的“对象颜色”对话框中选择颜色。

- 修改器下拉列表：在这个下拉列表中包含了系统提供的一系列修改命令，并且这些命令以字母顺序列出。用户可以通过单击右侧的下拉按钮展开列表，或者直接在修改器列表文本框中单击。
- 修改器按钮区域：在该区域中修改器以按钮的形式显示。
- 修改器堆栈列表框和修改器堆栈工具：用户通过修改器堆栈可以在对象应用修改器之间进行切换。
- 修改器对应的参数面板：当用户在“修改器堆栈”中选择一个修改器后，系统将自动显示与之对应的参数面板。

修改器堆栈

- 修改器堆栈列表框：默认位于名称文本框和颜色图标下面。修改器堆栈列表框中包含了用户使用的修改器累积的历史记录。堆栈列表框的底部是场景中当前编辑的对象。对象的上面是用户应用到该对象的修改器，按照从下到上的顺序排列，此顺序也是用户使用修改器的顺序。在堆栈列表框中用户可以排列修改器的顺序，使用鼠标拖动窗口中的一个修改器，将其移动到指定的修改器下面，此时目标修改器的下面将出现一个蓝条，释放鼠标后拖动的修改器就被放置在这个修改器的下面，如图1-32所示。
- 修改器堆栈右键菜单：在修改器堆栈列表框中可以使用右键菜单（如图1-33所示）对修改器进行复制、剪切、粘贴、塌陷、显示所有子树、隐藏所有子树、在视口中关闭窗口和在渲染器中关闭窗口等操作。

图1-32　修改器堆栈列表框

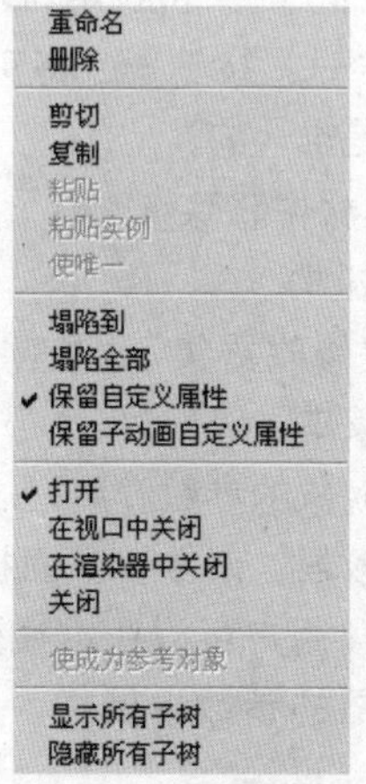

图1-33　修改器堆栈右键菜单

在修改器堆栈列表框中选中某个修改器，然后单击鼠标右键，在弹出的快捷菜单中选择“在视口中关闭”命令，此时，在视图中当前的对象不显示关闭的修改器对自身的影响。但是在渲染后，当前对象仍然受到关闭的修改器的影响（在渲染视口中关闭的作用与在视口中关闭的作用相反）。

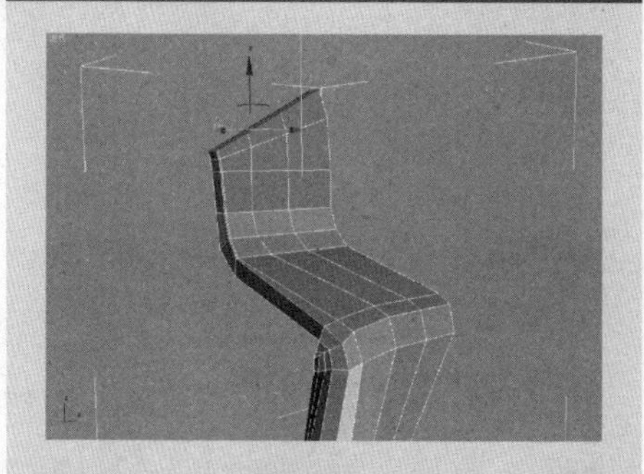

㉒ 继续进行挤出与旋转表面的操作，直到旋转后的表面位于垂直位置，此时就产生了靠背的高度，注意该高度在450左右，如下图所示。

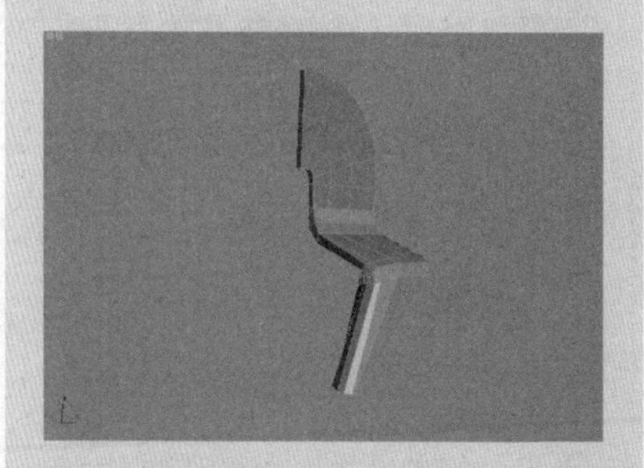

㉓ 将靠背侧面的表面继续向外挤出，同时使用“选择并旋转”工具将挤出表面以Z轴顺时针旋转一定的角度，如下图所示。

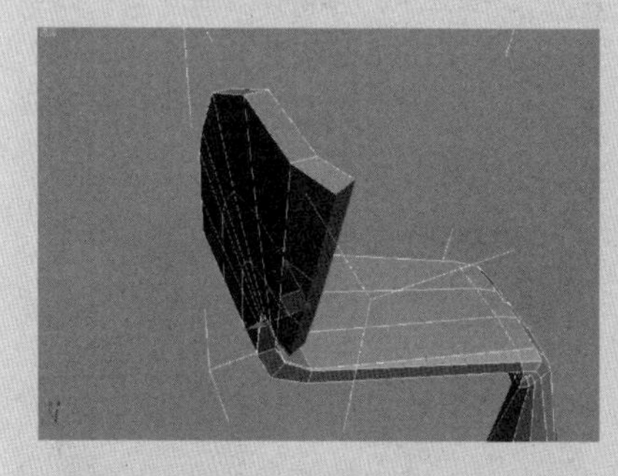

㉔ 使用步骤21～步骤23的方法对靠背进行编辑，使每一步挤出的表面形成圆滑的过渡，同时也形成了座垫的左侧，如下图所示。

25 按下键盘中的数字键1，切换到“顶点”层次，然后对座垫右侧的顶点进行调整，使之位于同一个垂直平面上，如下图所示。

26 将前视图设置为当前视图，单击主工具栏中的“镜像”按钮，系统将弹出“镜像:屏幕 坐标”对话框，在该对话框的“克隆当前选择”选项区域中选中“复制”单选按钮，按Enter键结束克隆操作，然后将复制后的沙发腿移动到对称的一侧，如下图所示。

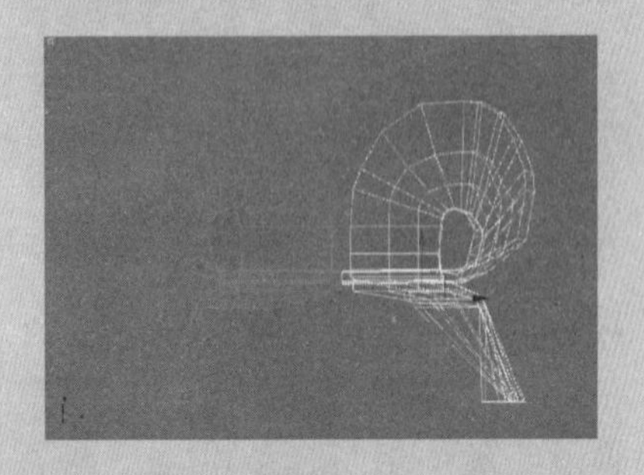

27 在“修改”命令面板中的“编辑几何体”卷展栏中单击按钮，然后在视图中单击镜像复制后的沙发腿，此时两个对象附加在一起，如下图所示。

在堆栈列表框中，每个修改器的左侧都是一个灯泡图标，即修改器的启用/禁用状态图标。当灯泡显示为白色时，修改器将对当前的对象起作用；当灯泡图标显示为灰色时，系统将禁用修改器。单击即可切换修改器的启用/禁用状态，此时视图中修改器约束的对象也随之发生变化，如图1-34所示。

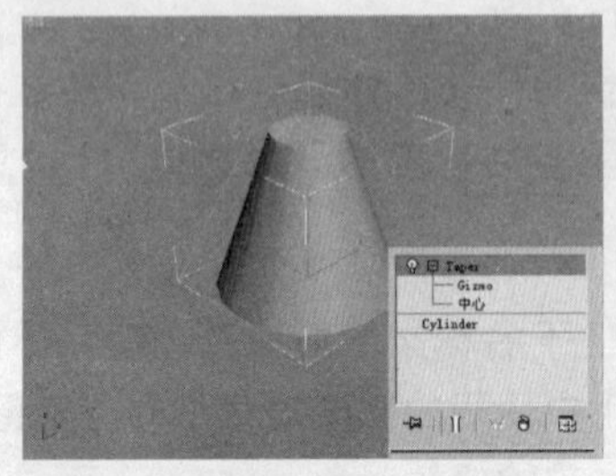

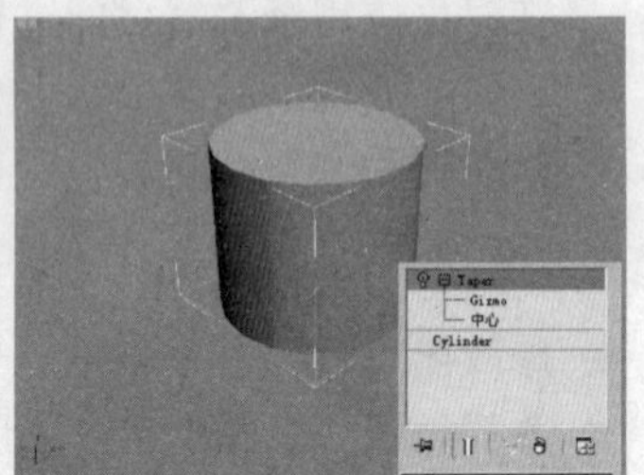

图1-34 修改器启用/禁用效果

- 修改器堆栈工具：修改器堆栈工具包含“锁定堆栈”、“显示最终结果”、“使惟一”、“从堆栈中移除修改器”和“配置修改器集”。
  - ◆“锁定堆栈”按钮：将堆栈锁定到当前选中的对象，从而无论用户在之后如何选择，都可以与该对象一同保留。整个“修改”面板同时将锁定到当前对象。锁定堆栈非常适用于在保持已修改对象的堆栈不变的情况下变换其他对象。
  - ◆“显示最终结果”按钮：显示在堆栈中所有修改完毕后出现的选定对象，与用户在堆栈中的当前位置无关。禁用此切换选项之后，对象将显示为对堆栈中的当前修改器所做的最新修改。
  - ◆“使惟一”按钮：将实例化修改器转化为副本，它对于当前对象是惟一的。
  - ◆“从堆栈中移除修改器”按钮：删除当前修改器或取消绑定当前空间扭曲。
  - ◆“配置修改器集”按钮：单击此按钮系统将弹出“修改器集”下拉菜单。
- 当前对象的参数卷展栏：如果用户为场景中当前的对象添加了其他修改器，对象参数面板位置将显示对应修改器的参数卷展栏。另外，用户可以在堆栈列表框中单击相应的修改器，以显示该修改器的参数卷展栏。

配置修改器按钮

在系统默认的情况下，界面上没有修改器按钮区域，要显示修改器按钮，需要用户进行设置。修改器按钮区域最多可以显示32个按钮。这些按钮是向堆栈添加修改器的捷径。

自定义按钮集的操作步骤如下。

Step 01 单击“配置修改器集”按钮，在弹出的下拉菜单中选择“显示按钮”、“显示列表中的所有集”命令（这两个选择操作不能同时完成，必须分两次进行），再次单击“配置修改器集”按钮，在弹出的下拉菜单中选择“配置修改器集”命令，此时系统将弹出“配置修改器集”对话框，如图1-35所示。

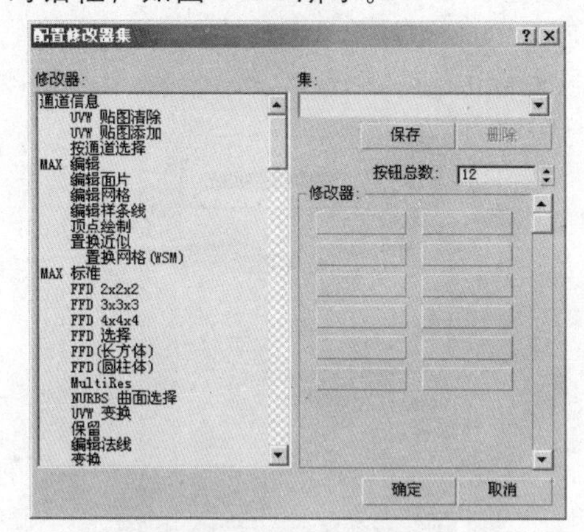

图1-35　“配置修改器集”对话框

Step 02 在“配置修改器集”对话框中的“按钮总数”右侧的数值框中输入10，然后在该数值框下面的“修改器”选项组中将出现相应数目的按钮，如图1-36所示。

Step 03 将对话框左侧的“修改器”列表框中的修改器拖到右侧“修改器”按钮上，或者高亮显示一个按钮（用户单击某个按钮后，该按钮周围将出现黄色边框），然后双击“修改器”列表框中的修改器名称，这样就可以将对应的修改器添加到按钮上，如图1-37所示（双击指定的修改器后，黄色边框将移动到下一个按钮）。如果用户想要把修改器按钮上的修改器去掉，在该按钮上单击并拖到左侧的“修改器”列表框中即可。

图1-36　设置按钮总数

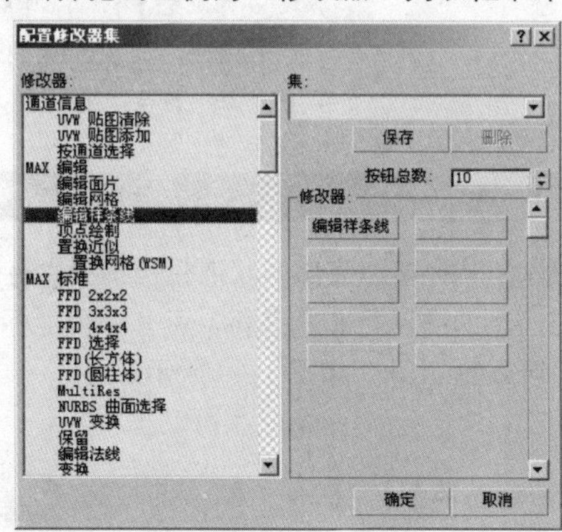

图1-37　映射修改器

Step 04 保存设置。在对话框中的“集”文本框中输入修改器按钮集的名称，例如“修改器-1”，然后单击 保存 按钮，打开“集”下拉列表后，可以看到用户设置的修改器按钮集名称和系统提供的修改器按钮集名称，如图1-38所示。

家居用品>
异形沙发
02

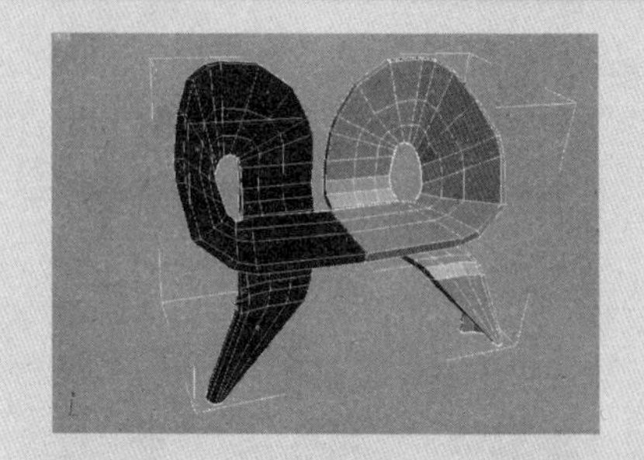

28 附加后的对象左侧表面出现了黑色，表示对象左侧表面发生了翻转，与右侧表面不统一。按下键盘中的数字键4，切换到“多边形”层次，选中左侧的表面，然后在“修改”命令面板中的“修改器列表”下拉列表中选择“法线”修改器，此时模型的表面正常显示，如下图所示。

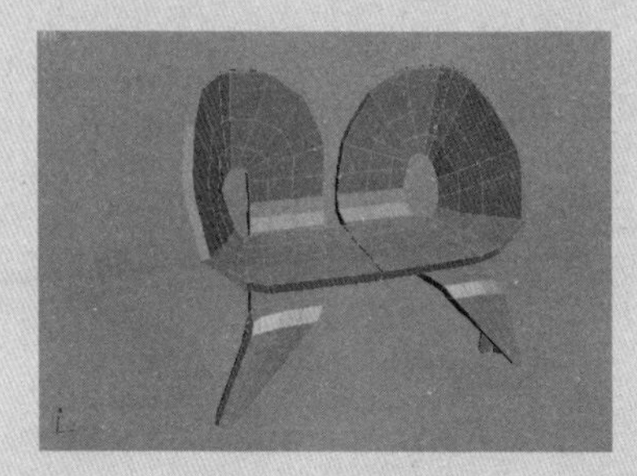

29 按下键盘中的数字键1，切换到“顶点”层次，使用目标焊接的方式将坐垫中间顶点进行对应的焊接（必须将坐垫中间的表面删除，否则在添加“涡轮平滑”修改器的时候，坐垫接缝处将出现错误。），如下图所示。

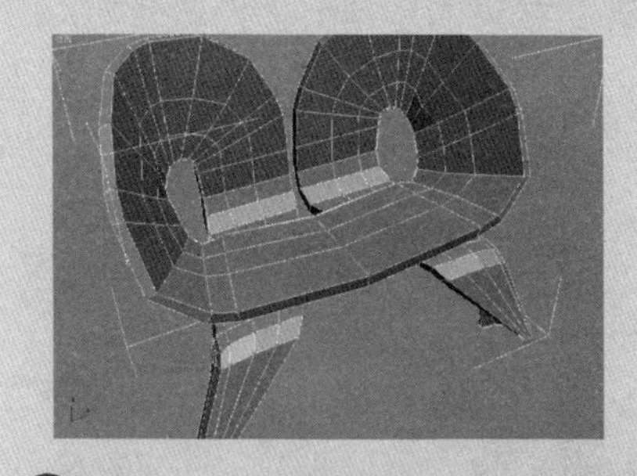

30 在“修改”命令面板中的“修改器列表”下拉列表中选择“涡轮平滑”修改器，在“涡轮平滑”卷展

栏中将“迭代次数”设置为3，此时沙发表面变得很光滑，如下图所示。

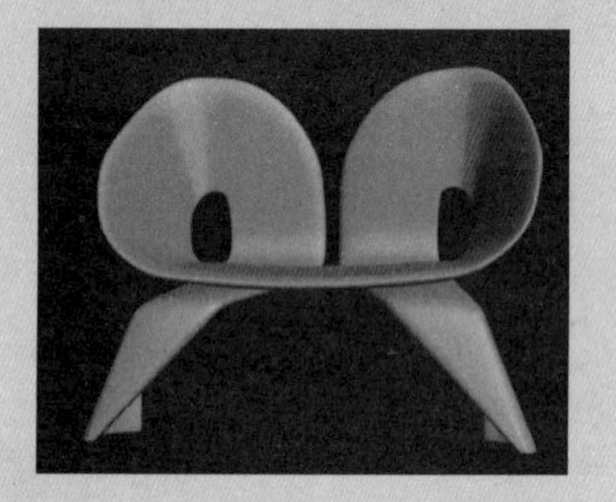

31 为沙发添加“FFD 4×4×4”修改器，切换到“控制点”层次，将沙发右侧的控制点向右上方移动，使沙发右侧更高一些，如下图所示。

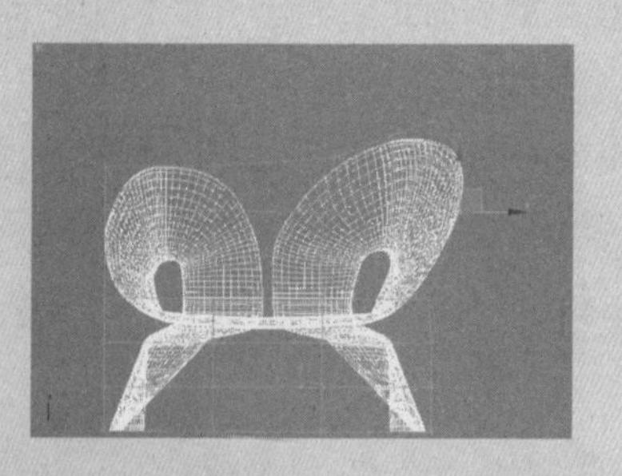

32 按下Shift+Q组合键，对透视图进行渲染，从渲染后的图中可以观察到沙发的右侧变高了（如果感觉沙发的右侧还需要调整，可以再次添加一个“FFD 4×4×4”修改器，然后在该修改器的“控制点”层次进行调整，这样可以在上一次调整结果的基础上进行编辑），如下图所示。

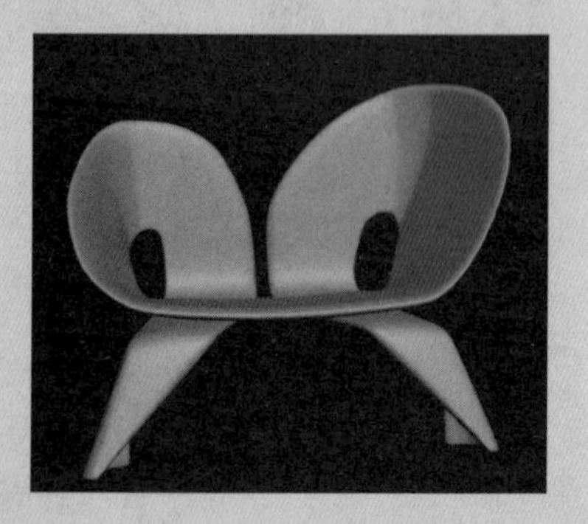

Step 05 通过“集”下拉列表，用户可以选择其他的修改器按钮集组合，此时下面的修改器按钮区域将出现对应的修改器按钮组合。如果要找回用户自己的设置，只需在“集”下拉列表中选择用户命名的修改器按钮集的名称即可。

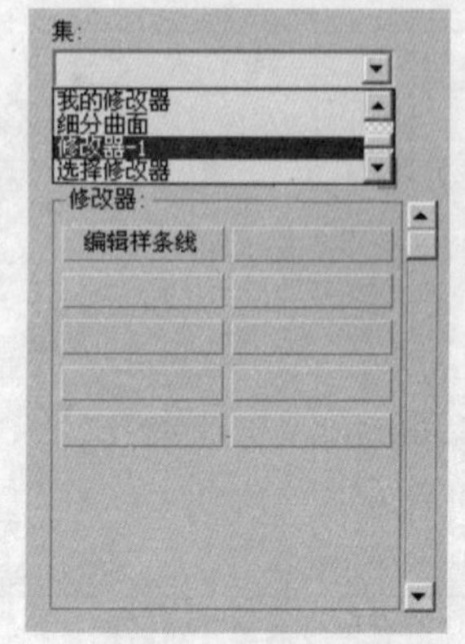

图1-38 自定义修改器集名称

Step 06 设置完成后，单击“配置修改器集”对话框中的“确定”按钮，或者按回车键确认，否则用户的设置不能被保存。此时在“修改”面板上的修改器按钮区域上出现了用户设置的修改器按钮，如图1-39所示。

修改器列表

编辑样条线	编辑网格
FFD 4x4x4	车削
倒角	倒角剖面
挤出	UVW 贴图
法线	网格平滑

图1-39 修改器按钮

1.3.4 状态栏

3ds Max窗口底部的状态栏包括提供有关场景和活动命令的提示和状态信息的提示行和状态行，还有一个坐标显示区域以及MAXScript迷你侦听器窗口等，如图1-40所示。

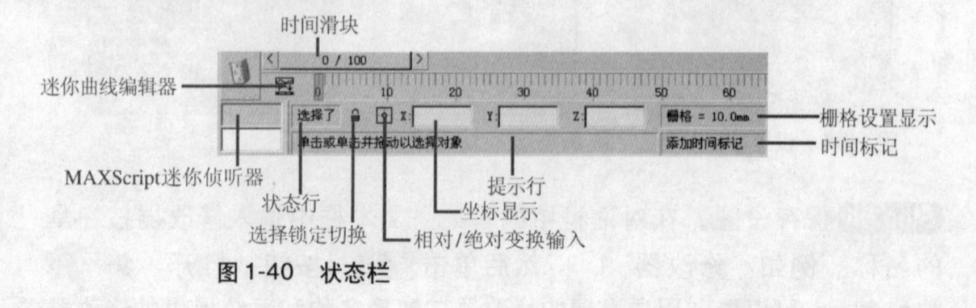

图1-40 状态栏

- MAXScript 迷你侦听器：“MAXScript 迷你侦听器”包含“宏录制器”和“脚本”两个窗口。粉红色的窗口是“宏录制器”窗口。启用“宏录制器”时，录制下来的所有内容都将显示在粉红窗口中。“迷你侦听器”中的粉红色行表明该条目是进入“宏录制器”窗口的最新条目。白色窗口是“脚本”窗口，可以在这里创建脚本。在侦听器白色区域中输入的最后一行将显示在“迷你侦听器”的白色区域中。使用箭头键在“迷你侦听器”中滚动显示。用户可以直接在“迷你侦听器”的白色区域中进行设置，命令将在视口中执行。
  右击“迷你侦听器”白色窗口，在弹出的快捷菜单中选择“打开侦听器窗口”命令，可以打开浮动“MAXScript 侦听器”窗口，如图1-41所示。在该窗口显示了最近记录下的20条命令，用户可以选择其中的任何一条，按下Enter键执行。

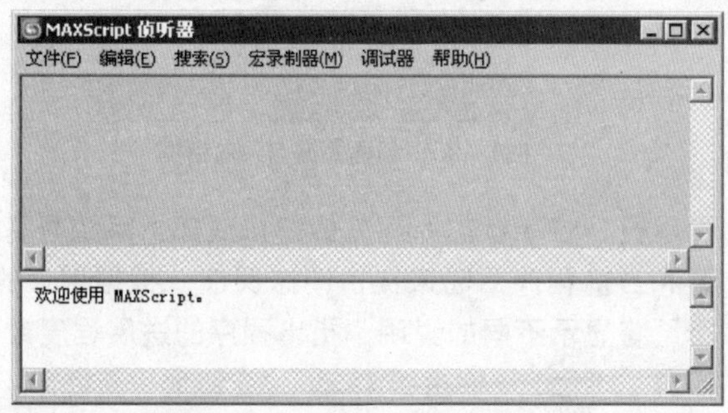

图1-41 “MAXScript 侦听器”窗口

- 迷你曲线编辑器：单击该按钮可在时间滑块和轨迹栏中显示轨迹视图曲线编辑器，如图1-42所示。显示曲线时，可以单击左上方的“关闭”按钮，返回到时间滑块和轨迹栏视图。

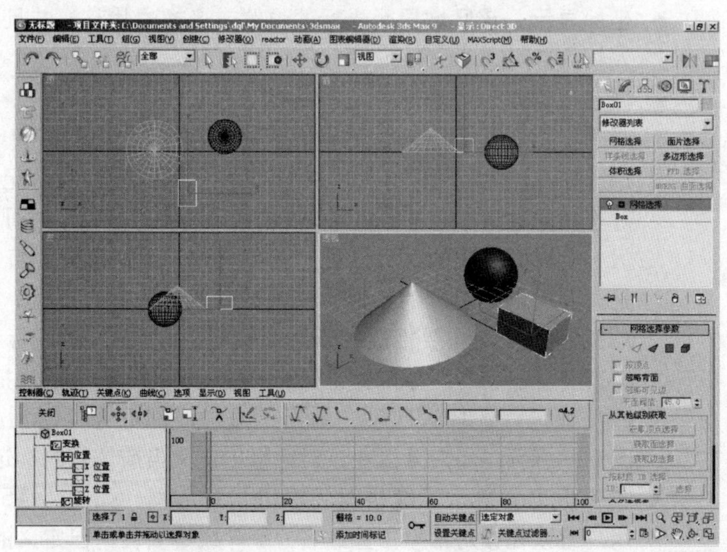

图1-42 显示轨迹视图曲线

33 在顶视图中创建一段圆弧，圆弧的长度与沙发脚之间的距离相当，将圆弧转化为可编辑样条线，按下键盘中的数字键3，切换到“样条线”层次，执行轮廓操作，轮廓数量与沙发脚的宽度略小一点，然后将其挤出25，该造型作为沙发的底座，如下图所示。

34 在视图中创建一个简单的场景，并为沙发指定适当的材质，按下Shift+Q组合键，对透视图进行渲染，最终效果如下图所示。

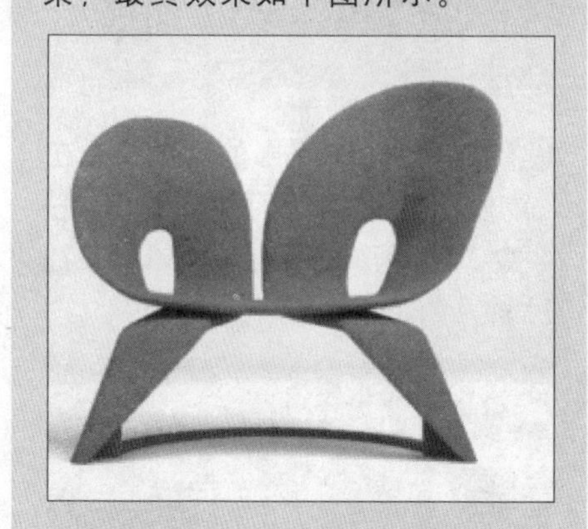

01 在“创建”命令面板单击“图形”按钮，单击“对象类型”卷展栏中的 矩形 按钮，在前视图中创建一个长度为550，宽度为175的矩形，如下图所示。

02 右击视图在弹出的菜单中单击“转换为>转换为可编辑样条线”命令，将矩形转换为可编辑样条线对象，如下图所示。

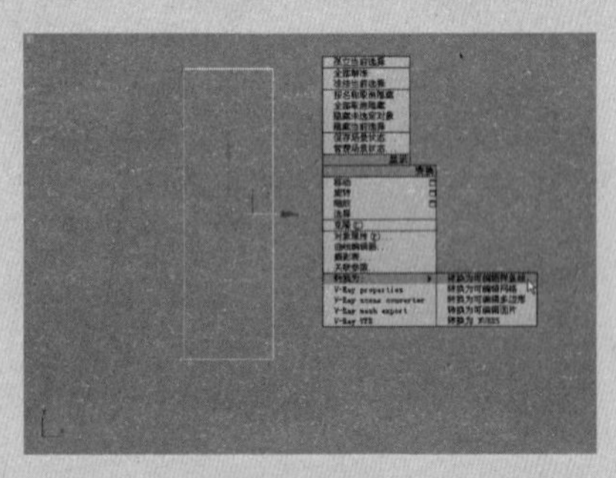

03 按下键盘中的数字键1，切换到“顶点”层次，框选矩形的所有顶点，右击视图，在弹出的菜单中选择“角点”命令，如下图所示。

- 状态行：显示选定对象的类型和数量，“状态行”位于屏幕的底部，提示行上面。如果选定多个对象，并且都属于同一类型，在“状态行”中将显示对象的类型和数量，例如“5个摄影机，3个长方体”。如果选择不同类型的多个对象，则“状态行”显示数量和单词objects，例如“6 objects”。
- 时间滑块：显示当前帧并可以通过它移动到活动时间段中的任何帧上，如果“时间滑块”位于某个关键帧上，右键单击滑块栏，系统将打开“创建关键点”对话框，如图1-43所示，在该对话框中用户可以创建位置、旋转或缩放关键点，而无需使用“自动关键点”按钮。

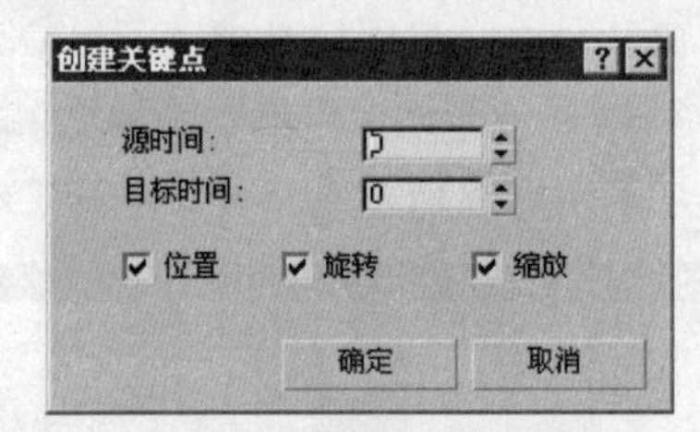

图1-43 “创建关键点”对话框

- 提示行：位于状态行下方的窗口底部，系统将基于当前光标位置和当前程序活动来提供动态反馈。根据用户的操作，“提示行”将显示不同的说明，指出程序的进展程度或下一步的具体操作。例如，单击“移动”按钮时，“提示行”显示“单击并拖动以选择并移动对象”。当光标放置在工具栏的任意图标上时，工具提示也显示在“提示行”中。
- 选择锁定切换：可在启用和禁用选择锁定之间进行切换。如果锁定选择，则不会在复杂场景中意外选择其他内容。
- 坐标显示：该区域显示光标的位置或变换的状态，并且可以输入新的变换值。
- 栅格设置显示：显示栅格方格的大小。
- 时间标记：时间标记是文本标签，可以指定给任何时间点。通过选择标记名称可以轻松跳转到动画中的任意点。该标记可以相对于其他时间标记进行锁定，以便移动一个时间标记时可以更新另一个时间标记的时间位置。时间标记不附加到关键帧上，这是命名动画中出现的事件，并浏览它们最简单的方式。如果移动关键帧，就需要相应更新时间标记。右击“时间标记”窗口，将弹出含有“添加标记”和“编辑标记”选项的快捷菜单。
  - ◆ 添加标记：选择该选项，弹出“添加时间标记”对话框，如图1-44所示，用户可以在该对话框中定义当前位置的标记名称。
  - ◆ 编辑标记：显示“编辑时间标记”对话框，如图1-45所示，用户可以在该对话框中重命名、删除或编辑任何已定义的标记。

图1-44 “添加时间标记”对话框　　图1-45 “编辑时间标记”对话框

- 偏移/绝对模式变换输入：变换对象时，用户可以在“坐标显示”字段中直接输入坐标。可以在“绝对”或“偏移”这两种模式下进行此操作。
  - “绝对”模式：使用世界空间坐标进行变换。
  - “偏移”模式：相对于其现有坐标进行变换。

  单击“绝对”按钮或“偏移”按钮可以在两种模式之间切换。当用户在“坐标显示”字段X、Y、Z轴中进行输入时，可以使用Tab键从一个坐标字段转到另一个坐标字段。

1.3.5 四元菜单

当用户在活动视口中单击鼠标右键时，将在光标所在的位置上显示一个四元菜单，如图1-46所示。四元菜单最多可以显示4个带有各种命令的区域。可以在“自定义用户界面”对话框的“四元菜单”面板进行设置。使用四元菜单可以查找和激活大多数命令，而不必在视口和命令面板上的卷展栏之间来回移动。

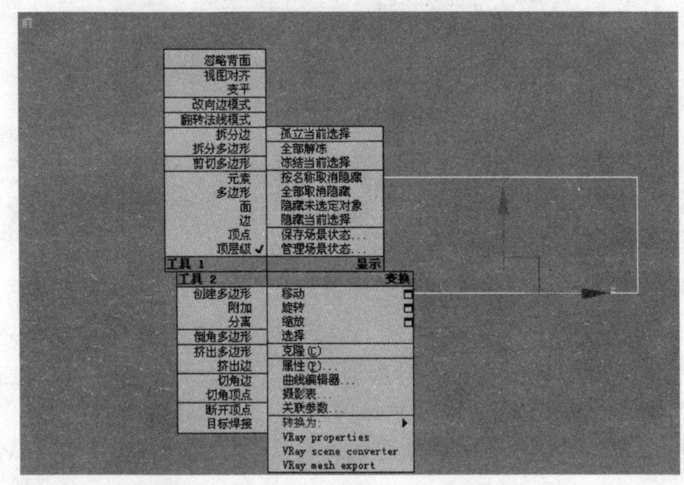

图1-46 四元菜单

家居用品> 03
吧椅

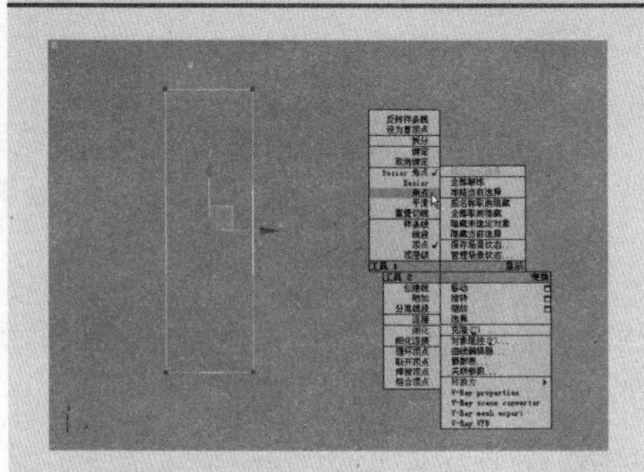

04 右击视图，在弹出的菜单中选择“细化”命令，然后在矩形的右侧线段上单击增加14个顶点，右击结束细化操作，如下图所示。

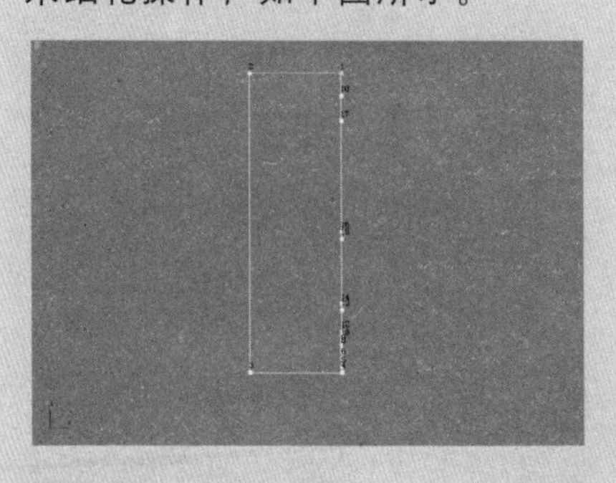

05 单击主工具栏中的“选择并移动”按钮对顶点进行调整，使矩形呈现酒吧椅的大致轮廓，如下图所示。

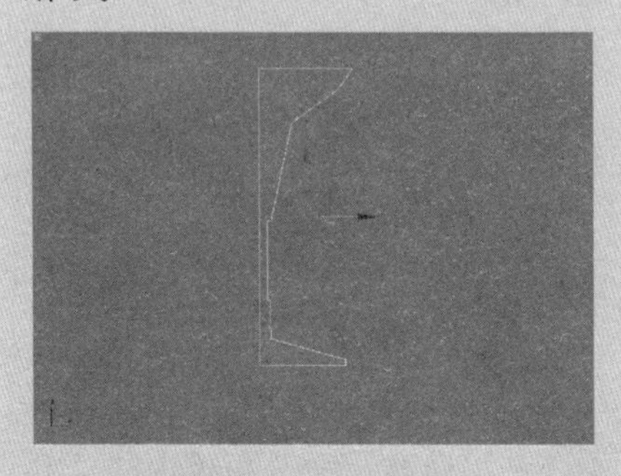

06 在视图中选中编号为17、18的顶点，右击视图，在弹出的菜单中选择Bezier命令，将这两个顶点转化为Bezier类型的顶点，然后对这两个顶点的控制句柄进行调整，使经过这两个顶点的线段变得圆滑一些，如下图所示。

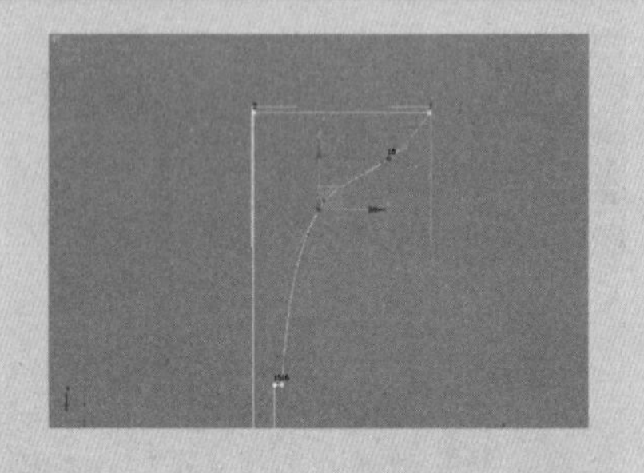

07 在编号为16、17的两个顶点之间增加两个顶点，此时原来的17、18号顶点的编号将会向后顺延两位，如下图所示。

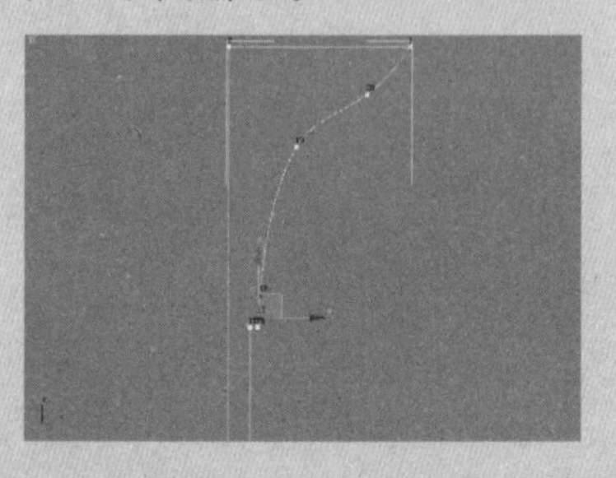

08 在编号为5、6的两个顶点之间增加1个顶点，此时增加的顶点编号将变为6，将该顶点向下移动一段距离，然后调整该顶点的控制句柄使经过该顶点的线段向下弯曲，如下图所示。

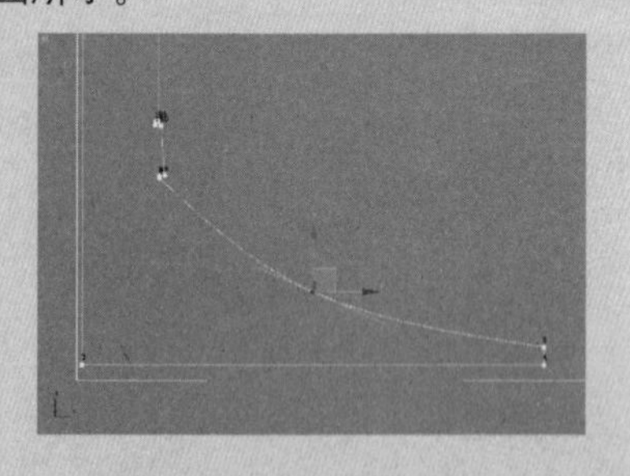

09 在“修改”命令面板中的“几何体”卷展栏中单击 圆角 按钮，然后在视图单击并向上拖动5号顶点，同时观察“圆角”按钮右侧“数值框”的数值变化，在该数值在2.8左右的时候释放鼠标，此时该顶点位置的线段产生了圆滑效果，使用同样的方法对另外几处顶点进行处理，如下图所示。

默认四元菜单右侧的两个区域，显示可以在所有对象之间共享的通用命令。左侧的两个区域包含特定上下文命令。使用上述每个菜单都可以方便地访问命令面板上的各个功能。通过单击区域标题，还可以重复上一个四元菜单命令。

四元菜单的内容取决于所选择的内容，以及在“自定义用户界面”对话框的“四元菜单”选项面板中选择的自定义选项。可以将菜单设置为只显示可用于当前选择的命令，所以选择不同类型的对象将在区域中显示不同的命令。因此，如果未选择对象，则将隐藏所有特定对象的命令。如果一个区域的所有命令都被隐藏，则不显示该区域。

级联菜单采用与右键快捷菜单相同的方式显示子菜单。在展开时，包含子菜单的菜单项将高亮显示。当在子菜单上移动光标时，子菜单将高亮显示。

四元菜单中的一些选项旁边有一个小图标。单击此图标即可打开一个对话框，可以在此设置该命令的参数。

要关闭菜单，请右键单击屏幕上的任意位置或将光标移离菜单，然后单击鼠标左键。要重新选择最后选中的命令，单击最后菜单项的区域标题即可。显示区域后，选中的最后菜单项将高亮显示。

动画四元菜单

按住Alt键同时单击鼠标右键，系统将弹出四元菜单，它提供对动画进行设置的命令，如图1-47所示。

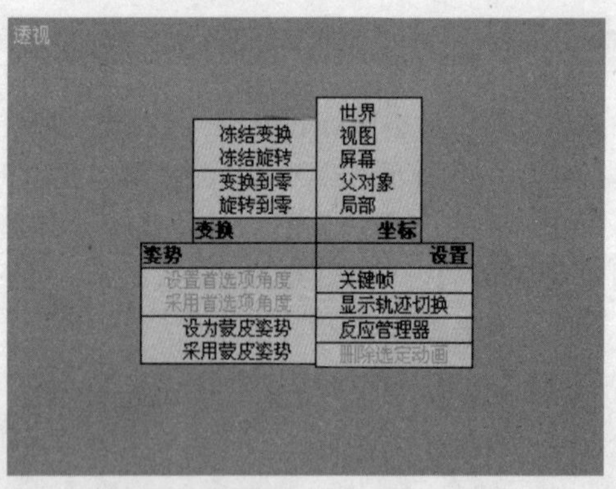

图1-47　动画四元菜单

- “坐标”区域命令：可以更改活动的参考坐标系统。
- “设置”区域命令：包含关键帧、显示轨迹切换、反应管理器和删除选定动画命令。
- ◆ 关键帧：设置当前帧处的关键点。不必启用“设置关键点”或“自动关键点”。
- ◆ 显示轨迹切换：切换轨迹的显示。
- ◆ 反应管理器：打开“反应管理器”对话框。
- ◆ 删除选定动画：删除所有选定对象的任何现有动画关键点，以及任何子对象动画。每个对象将在使用此命令的帧处保持其状态。

- “姿势”区域命令：包含设置首选项角度、采用首选项角度、设为蒙皮姿势和采用蒙皮姿势命令。
- 设置首选项角度：对于已应用历史独立型(HI) IK的层次，为此链中的每一个骨骼设置首选角度。
- 采用首选项角度：对于已应用历史独立型(HI) IK的层次，复制每一个骨骼的X、Y和Z轴首选角度通道，并将它们放入FK旋转子控制器。
- 设为蒙皮姿势：将选定对象的当前位置、旋转和比例作为蒙皮姿势进行存储。
- 采用蒙皮姿势：使选定对象采用已存储的蒙皮姿势。

- “变换”区域命令：此区域中的命令主要作为角色动画的辅助方法。使用“冻结变换”命令可设置角色的初始姿势，使用“变换到零”命令可返回到初始姿势。
    - 冻结变换：将对象的变换值设置为零，实际上并不移动对象。
    - 冻结旋转：将对象的旋转值设置为零，实际上并不移动对象。
    - 变换到零：将对象变换回由“冻结变换”命令创建的零姿势。只有曾经调用过“冻结变换”或“冻结旋转”命令，“变换到零”命令才起作用。
    - 旋转到零：将对象变换回由“冻结旋转”命令创建的零姿势。只有曾经调用“冻结变换”或“冻结旋转”，“旋转到零”命令才起作用。

其他四元菜单

当以某些模式（如ActiveShade、编辑 UVW、轨迹视图）执行操作或按Shift、Ctrl或Alt键的任意组合，同时右键单击任何标准视口时，可以使用一些专门的四元菜单。

- ActiveShade四元菜单：提供了许多常用的命令，如“渲染”、“绘制区域”、“更新”以及访问材质编辑器，如图1-48所示。同样，“展开UVW”四元菜单包含许多常用的UVW命令。

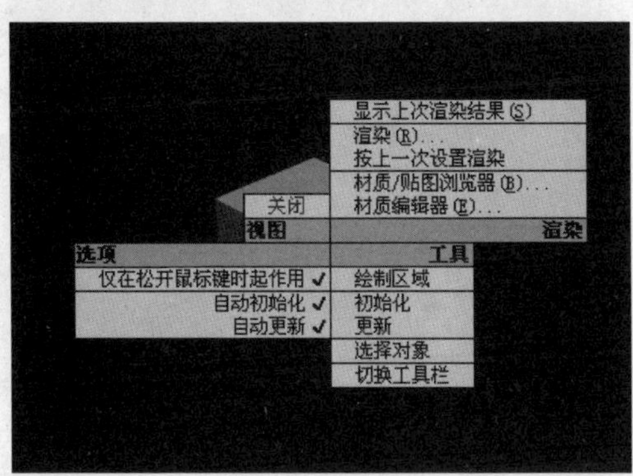

图1-48 ActiveShade四元菜单

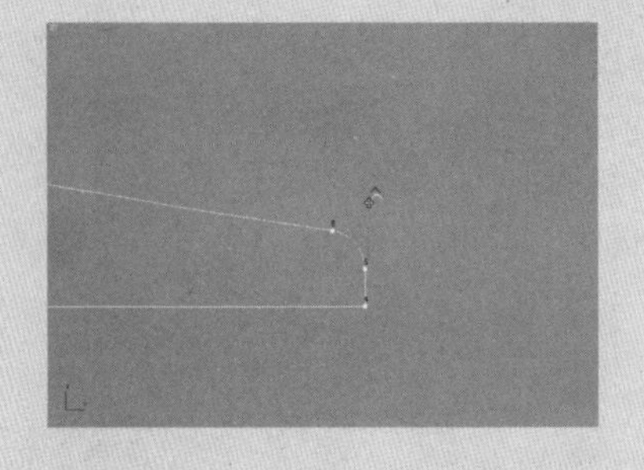

⑩ 右击视图，在弹出的菜单中选择“细化”命令，然后在矩形的顶部线段靠近右侧单击增加1个顶点，右击结束细化操作，如下图所示。

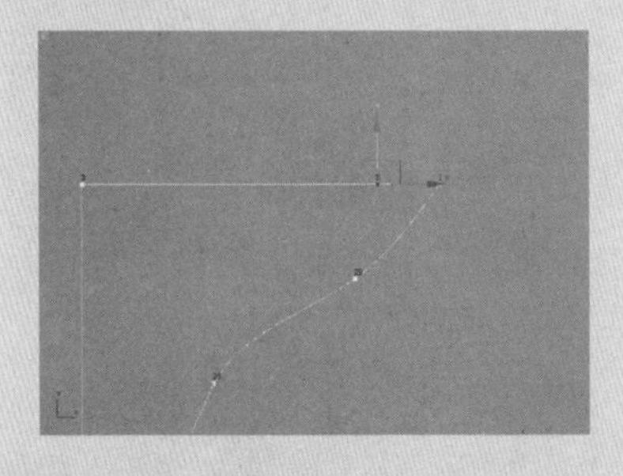

⑪ 将其向上移动一段距离（不要将增加的顶点转化为Bezier类型），如下图所示。

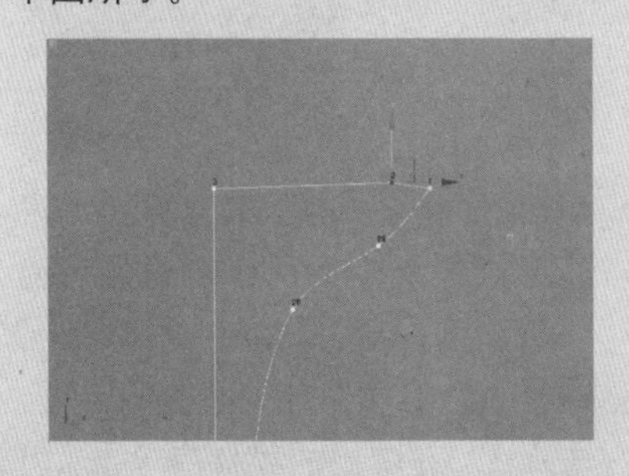

⑫ 按下键盘中的数字键2，切换到“线段”层次，然后将矩形左侧垂直的线段删除，如下图所示。

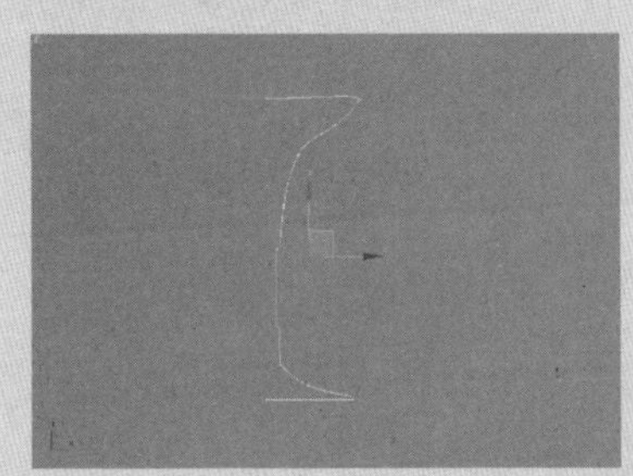

⑬ 在“修改”命令面板的“修改器列表”下拉列表中选择“车削”修改器，此时截面图形旋转生产实体，如下图所示。

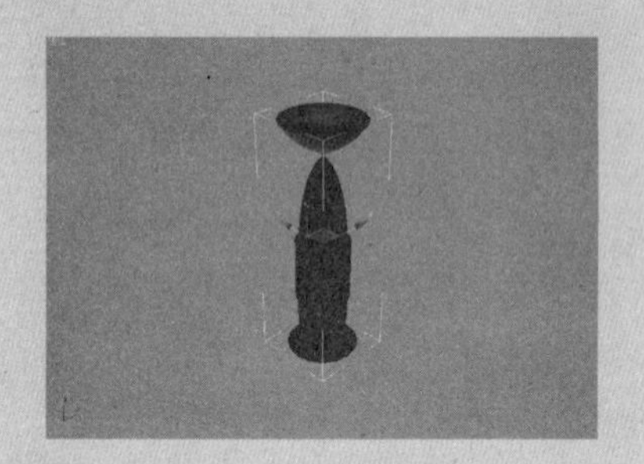

⑭ 在“修改”命令面板中的“参数”卷展栏中单击“方向”选项区域中的 Y 按钮和“对齐”选项区域中的 最小 按钮，此时旋转后的对象正常显示，如下图所示。

⑮ 将酒吧椅基本模型转化为可编辑多边形对象，按下键盘中的数字键2，切换到“边”层次，然后在视图中选中酒吧椅顶部中间的环形边，右击视图，在弹出的菜单中单击“切角”命令左侧的“设置”按钮，在弹出的“切角边”对话框中将“切角量”设置为15，如下图所示。

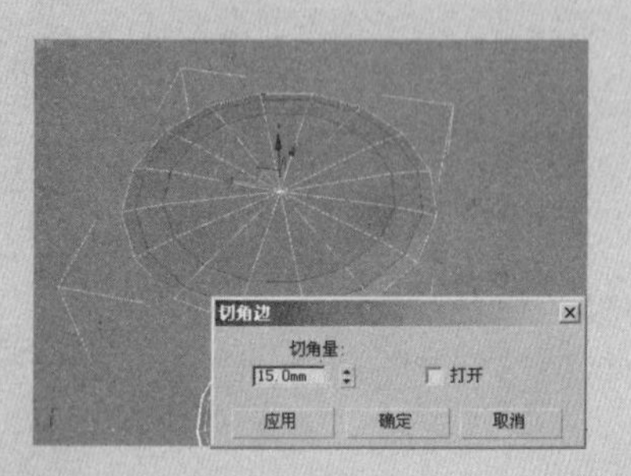

如果按Shift、Ctrl或Alt的任意组合键，同时右键单击视口，可以使用更多的四元菜单。在某种状态下一些菜单没有命令。

可以在“自定义用户界面”对话框上的“四元菜单”面板中，创建或编辑四元菜单设置列表中的任何菜单，但是无法将其删除。

- 展开UVW四元菜单：右键单击“编辑UVW”对话框时弹出此菜单，弹出的菜单可以快速访问许多常用的UVW操作命令。
- 轨迹视图关键点四元菜单：右键单击“轨迹视图”对话框时弹出此菜单。使用此菜单可以快速访问常见关键点操作，如移动、添加、缩放和减少关键点。
- Shift+右击四元菜单：可以访问捕捉选项和设置。
- Ctrl+右击四元菜单：提供几个建模工具，用于创建和编辑几何体，包括标准基本体和可编辑几何体等。
- Shift+Alt+右击四元菜单：包含许多Reactor命令，如图1-49所示。

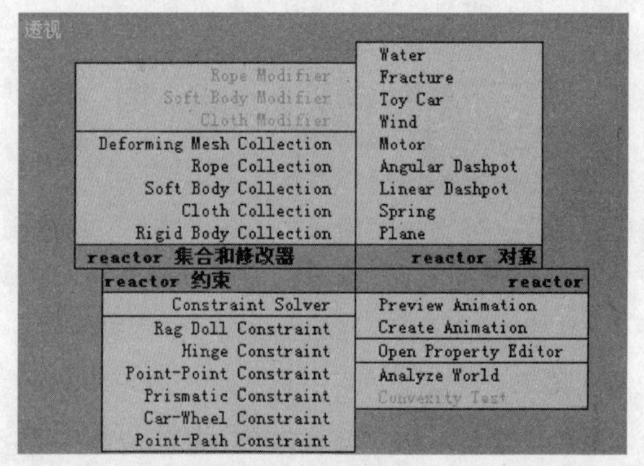

图1-49 Shift+Alt+右击四元菜单

- Ctrl+Alt+右击四元菜单：提供几个照明和渲染命令，如图1-50所示。使用默认操作可以创建和编辑灯光、渲染场景、访问“材质编辑器”、渲染效果和环境效果。

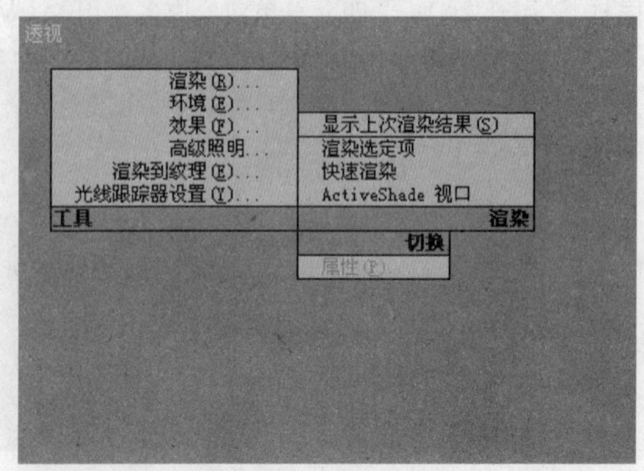

图1-50 Ctrl+Alt+右击四元菜单

另外，只有在使用轨迹视图时才能出现“轨迹视图”四元菜单。

1.3.6 视图控制区

视图控制区域中的按钮是用来控制视图显示和导航的一些按钮。视图导航按钮的状态取决于当前活动视图。透视视图、正交视图、摄影机视图和灯光视图都拥有特定的控制按钮。正交视图包括用户视图及顶视图、前视图等。所有视图中的“所有视图最大化显示”按钮和“最大化视口切换”按钮都包括在“透视和正交”视图控制按钮中。

系统默认状态下的视图控制区的按钮类型如图1-51所示。

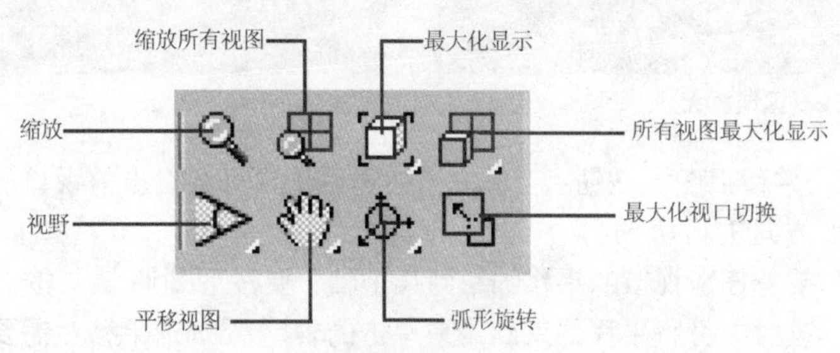

图1-51 视图控制区按钮

- “缩放”按钮：单击这个按钮后在“透视”或“正交”视口中拖动鼠标时，可以对视图进行缩放，向下拖动鼠标视图被缩小，向上拖动鼠标视图被放大。微软智能鼠标还可以通过滚动滚轮在活动视口中进行缩放，缩放中心就是当前光标位置。
- “缩放所有视图”按钮：使用“缩放所有视图”按钮可以同时缩放所有视口。在默认情况下，以视口中心进行缩放。

单击“缩放所有视图”按钮后，该按钮将黄色高亮显示。在视口中拖动鼠标可以对所有视口进行缩放，向上拖动可将视口放大；向下拖动可缩小视口。按下Esc键或者在视口中单击右键可将该按钮弹起。

按住Shift键，然后单击“缩放所有视图”按钮，在视口中进行拖动即可缩放“透视”视口以外的所有视口。

- “最大化显示”按钮：该按钮的作用是将所有可见的对象在活动视口中居中显示。当在单个视口中查看场景的每个对象时，使用这个控件非常方便。按住该按钮并停留片刻，系统弹出隐含的“最大化显示选定对象”按钮。
- “最大化显示选定对象”按钮：该按钮的作用是将选定对象或对象集在活动视口中居中显示。当用户要查看的小对象在复杂场景中找不到时，使用该按钮非常方便。
- “所有视图最大化显示”按钮：该按钮的作用是将所有可见对象在所有视口中居中显示。

16 按下键盘中的数字键1，切换到“顶点”层次，然后在视图中选中酒吧椅左侧顶部3层顶点（不包括核心位置的顶点），如下图所示。

17 单击主工具栏中的“选择并移动”按钮将选中的顶点向上移动一段距离，如下图所示。

18 对酒吧椅的顶点继续进行调整，使模型网格的分布呈现均匀的状态，注意在靠背的顶部边缘布线要密集一些，这样在进行光滑处理后，能够保持一定的棱角，如下图所示。

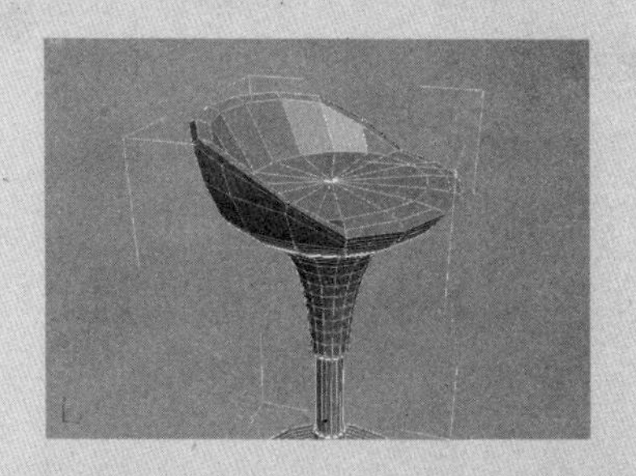

19 按下键盘中的数字键4，切换到“多边形”层次，然后在视图中选中酒吧椅下部的部分表面，单击“编辑几何体”卷展栏中的 分离 按钮，在弹出的“分离”对话框中将分离的对象命名为“支架”，如下图所示。

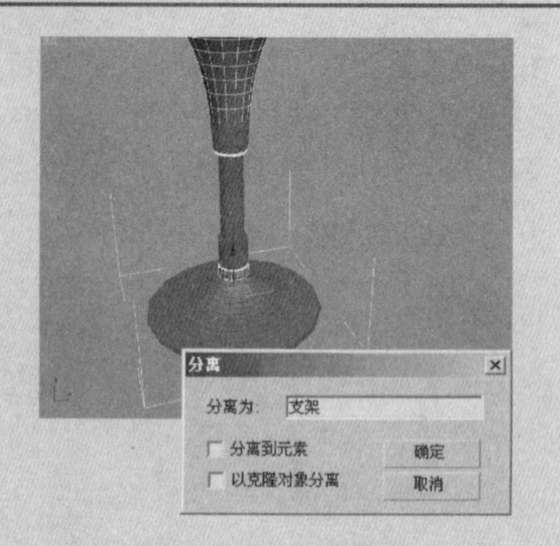

⑳ 在“修改”命令面板中的“修改器列表”下拉列表中选择“网格平滑”修改器，在“细分量”卷展栏中将“迭代次数”设置为2，此时酒吧椅表面变得很光滑，如下图所示。

㉑ 在“创建”命令面板单击“图形”按钮，单击“对象类型”卷展栏中的 线 按钮，在前视图中创建一条折线，如下图所示。

㉒ 切换到“顶点”层次，然后对折线的顶点进行圆角处理，使之变得光滑一些，同时注意折线的顶部与支架底部的距离大约在200左右，如下图所示。

- “所有视图最大化显示选定对象”按钮：将选定对象或对象集在所有视口中居中显示。
- “缩放区域”按钮：单击该按钮后，用户可以放大在视口内拖动的矩形区域，如图1-52所示。该工具不可用于摄影机视口。

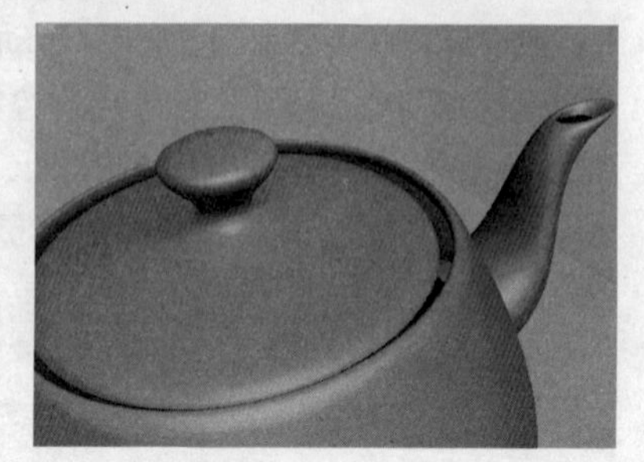

图1-52 区域放大

- “平移视图”按钮：单击该按钮后用户可以在当前视口的任意方向进行移动。

  要将任意视口的平移约束到某个轴，要按下Shift键。按下Shift键时，可将平移约束到用户单击的轴。要加速平移，需要按下Ctrl键。还可以通过按住鼠标的中键，同时在视口中拖动来进行平移。从而无需启用“平移”按钮即可进行平移。
- “弧形旋转”按钮：按住该按钮并停留片刻，系统将弹出隐含的“弧形旋转选定对象”按钮和“弧形旋转子对象”按钮，使用这些按钮用户可以对视口进行旋转。视图旋转“轨迹球”将显示为黄色圆圈，其控制柄位于象限点上。在轨迹球上拖动光标可产生不同类型的视图旋转。光标的变化指出将要执行的旋转类型。拖动控制柄，用户可以保持以水平方向或垂直方向进行旋转。

> 按Esc键或在视口中右键单击可以弹起“弧形旋转”按钮。要将旋转约束到单个旋转轴时，可以按下Shift键，旋转将约束到用户旋转时选择的轴。

- “最大化视口切换”按钮：使用“最大化视口切换”按钮可使当前视口在正常大小和全屏大小之间进行切换。键盘快捷键为Alt+W。

当视口转换为摄影机视口的时候，视图控制区域的按钮将发生一些变化。

- “推拉摄影机”按钮：当“摄影机”视口处于活动状态时，此按钮将代替“缩放”按钮。单击该按钮后系统将弹出隐含的“推拉目标”按钮和“推拉摄影机+目标”按钮。使用这些按钮可以沿着摄影机的主轴移动摄影机或其目标。

◆ “推拉摄影机”按钮：只将摄影机移向或移离其目标。如果移过目标，摄影机将翻转180°并可以继续远离其目标。

◆ “推拉目标”按钮：只将目标移向或者移离摄影机。在摄影机视口看不到变化，除非用户将目标推拉到摄影机的另一侧，摄影机视图此时将进行翻转。

◆ “推拉摄影机＋目标”按钮：同时将目标和摄影机移动。

● “透视”按钮：对于目标摄影机和自由摄影机，“透视”执行FOV和推拉的组合。“透视”增加了透视张角量，同时保持场景的构图。当“摄影机”视口处于活动状态时，“缩放所有视图”按钮将替换为此按钮。透视调整时，按下Ctrl键可加速透视调整的效果。

技巧·提示

该按钮处于启用状态时将变为黄色。在摄影机视口中拖动可同时更改FOV和摄影机位置。向上拖动将摄影机移近目标点，扩大FOV范围及增加透视张角量。向下拖动将摄影机移离其目标点，缩小FOV范围及减少透视张角量。按下Esc键或者在视口中右击可将该按钮弹起。

● “侧滚摄影机”按钮：单击该按钮后目标摄影机将围绕其视线旋转，自由摄影机将围绕其局部Z轴旋转。该按钮处于启用状态时将高亮显示。水平拖动以侧滚该视图。按下Esc键或者在视图中单击右键可将该按钮弹起。

● “视野”按钮：调整视野的效果与调整摄影机上的镜头类似，视野越大，可以看到的场景就越多，但透视会扭曲，这与使用广角镜头相似。视野越小，看到的场景就越少，而透视会展平，这与使用长焦镜头类似。

单击“视野”按钮，此时该按钮处于启用状态并以黄色高亮显示。在摄影机视口中拖动鼠标可以调整视野角度。向下拖动将扩大视野角度，减小镜头长度，显示更多的场景并且扩大透视图范围。向上拖动将缩小视野角度，增加镜头长度，显示更少的场景并且使透视图展平。按下Esc键或者在视口中单击右键可将该按钮弹起。

按住“平移摄影机”按钮并停留片刻，将弹出隐含的“穿行”按钮，单击该按钮，在摄影机视图中拖动鼠标可以使摄影机的目标围绕摄影机旋转。

● “环游摄影机”按钮：单击该按钮后，用户可以在摄影机视口中拖动鼠标，使摄影机围绕目标进行旋转。在开始旋转前，按住Shift键，可以将旋转约束到单个轴。要加速旋转，需要在旋转之前按住Ctrl键。

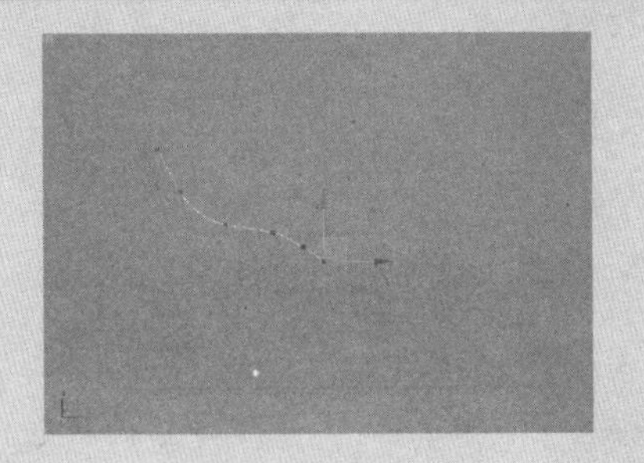

23 在“创建”命令面板单击“图形”按钮，单击“对象类型”卷展栏中的 圆 按钮，在前视图中创建一个半径为9的圆形，圆形的中心与支架的轴心对齐，如下图所示。

24 选中折线与圆形，然后进行环形阵列操作，阵列的角度为360，数量为3，如下图所示。

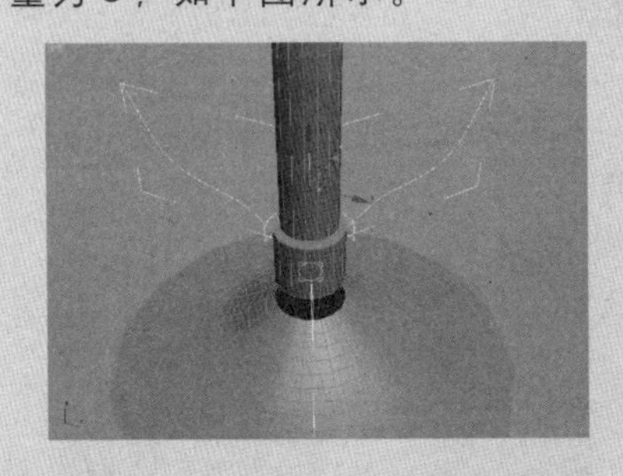

25 确认支架处于选中状态，在“创建”命令面板中展开“对象类型”下拉列表并选择“复合对象”选项，在“对象类型”卷展栏中单击 图形合并 按钮，单击“拾取操作对象”卷展栏中的 拾取图形 按钮，然后在视图中拾取所有的圆形，此时圆形将映射到支架的表面上，如下图所示。

按住“环游摄影机”按钮不放并停留片刻，系统将弹出“摇移摄影机”按钮。单击该按钮后，用户将使目标围绕其目标摄影机进行旋转。对于自由摄影机，将围绕局部轴旋转摄影机。

如果当前视口转换为灯光视口，在视图控制区域将出现相应的控制按钮。灯光控制区域中的其他按钮的功能与摄影机视口控制按钮基本相同。

- “灯光聚光区”按钮：使用“灯光聚光区”按钮，用户可以调整灯光聚光区的角度。加宽聚光区可创建更亮的灯光。单击此按钮，然后在灯光视口中移动鼠标可使聚光区锥体变窄或变宽（聚光区锥体显示为蓝色，衰减区锥体显示为灰色）。在移动鼠标的同时按住Ctrl键可锁定聚光区和衰减区锥体的初始分隔角度。向下拖动可加宽（增加）聚光区角度并照亮更多的场景。聚光区将随着角度增大而在衰减区内部扩大。默认情况下，聚光区可能比衰减区锥体小。拖动时按住Shift键可覆盖默认值。这样在聚光区锥体增大时衰减区锥体也将随之增大。向上拖动可减小（减少）聚光区角度并照亮更少的场景。拖动时按住Ctrl键可锁定聚光区和衰减区锥体的初始分隔角度。按下Esc键或者右击可弹起该按钮。

用户不能将聚光区的大小调整为比衰减区大，因为这样将改变衰减区的值。同样，当减小衰减区时，也不能比聚光区小。要覆盖聚光区和衰减区参数的分隔，并使参数之间互相影响，需按住Shift键。

1.3.7 动画控制区

动画控制区位于状态栏和视图控制区之间，通过该区域中的按钮，用户可以进行动画时间的配置、设置并编辑关键帧、设置关键点动画模式和自动关键点动画模式等操作。动画控制区域如图1-53所示。

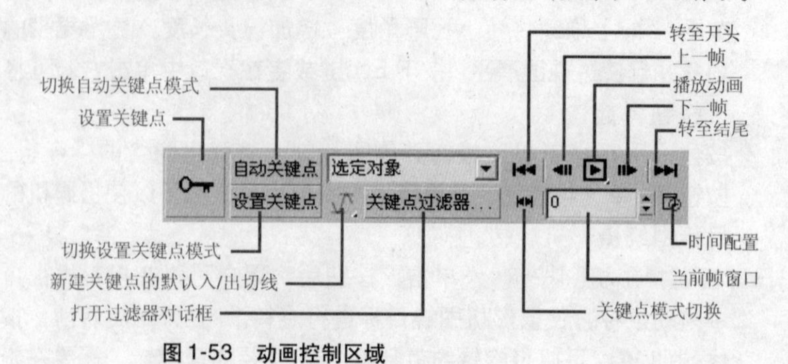

图1-53 动画控制区域

03 家居用品>

吧椅

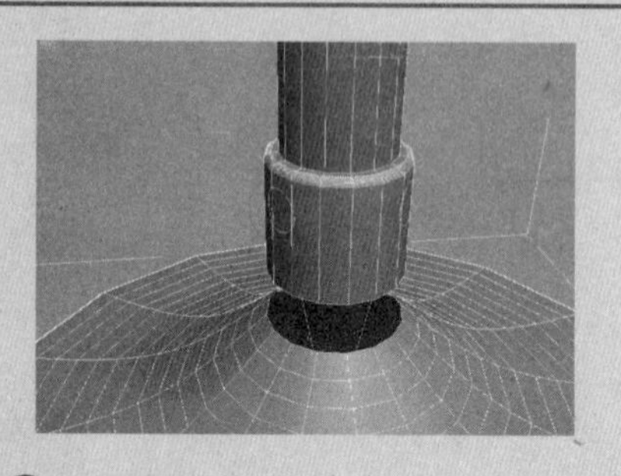

㉖ 将支架再次转换为多边形对象，选中一个圆形的表面，在“编辑几何体”卷展栏中单击 沿样条线挤出 按钮右侧的设置按钮，在弹出的对话框中单击“拾取样条线”按钮，在视图中拾取折线，此时选中的表面沿样条线挤出，如下图所示。

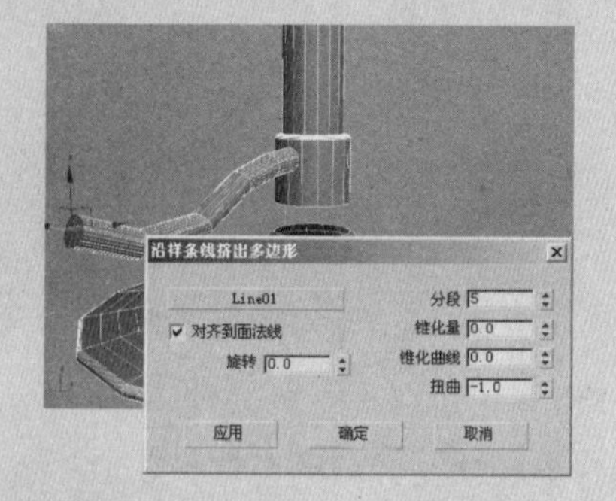

㉗ 调整挤出后表面上的顶点，使其与样条线的形状吻合，然后将末端的顶点在Z轴上进行平面化处理，如下图所示。

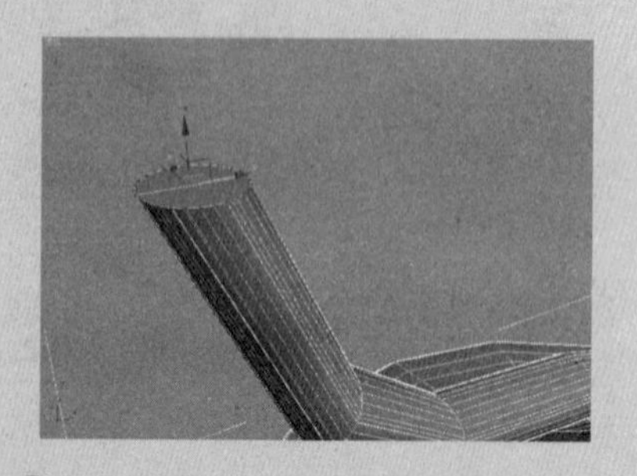

㉘ 切换到“多边形”层次，然后将沿样条线挤出表面的末端选中，执行挤出操作，将挤出的高度设置为5左右，这样在添加“网格平滑”修改器后，末端将带有圆滑的棱角效果，如下图所示。

- “设置关键点”按钮：单击该按钮后它将变成红色闪烁一下，此时已经设置了一个关键点，关键点出现在“轨迹视图”对话框中的轨迹和标尺上。移动时间滑块然后重复单击该按钮设置关键点。
- “自动关键点模式”按钮：“自动关键点“按钮处于启用状态时，所有运动、旋转和缩放的更改都设置成关键帧。并且处于启用状态时，该按钮和活动视口的轮廓是红色的，同时时间滑块滑动区域也为红色。这是系统提示用户当前窗口处于动画模式中。
- “切换设置关键点模式”按钮：“自动关键点”按钮可以配合使用“切换设置关键点模式”按钮和“关键点过滤器”按钮，来为所选对象的独立轨迹创建关键点。“切换设置关键点模式”按钮可以控制关键点的内容以及关键点的时间，它可以设置变换对象的角度等，如果用户满意可以使用该角度创建关键点。若移动到另一个时间点而没有设置关键点，那么该角度设置将被放弃。如果没有启用“自动关键点”模式，那么使用“设置关键点”按钮创建的关键点将不被记录为动画。
- “新建关键点的默认入/出切线”按钮：单击并按住该按钮后，系统将提供使用“设置关键点”模式或“自动关键点”模式创建动画关键点默认切线类型的快速方法（更改切线类型不影响现有关键帧，只对新关键帧有效）。

  当设置默认切线类型时，内切线和外切线都设置为与此类型相匹配。如果通过“首选项设置”对话框“动画”选项面板的“控制器默认设置”组设置了不同的内切线和外切线，该按钮图标将变为一个问号字符（设置默认切线类型将保存在 3ds max.ini 文件中，当场景重置或改变后可通过该文件还原）。
- “关键点过滤器”按钮：单击该按钮，系统将弹出“设置关键点过滤器”对话框，如图1-54所示，在该对话框中可以有选择地指定某些轨迹，也可以设置关键点。

设置关键点过滤器

- 全部 ☐
- 位置 ☑
- 旋转 ☑
- 缩放 ☑
- IK 参数 ☑
- 对象参数 ☐
- 自定义属性 ☐
- 修改器 ☐
- 材质 ☐
- 其他 ☐

图1-54 “设置关键点过滤器”对话框

家居用品>
吧椅
03

29 使用步骤26～步骤28的方法对另外两个圆形表面进行同样的处理，效果如下图所示。

30 为支架添加“网格平滑”修改器，并将“迭代次数”设置为2；按Shift+Q键渲染透视图，从渲染的效果可以看到支架的表面很光滑，如下图所示。

31 在顶视图中创建一个半径1为166.5、半径2为10的圆环，并令其与支架上沿样条线挤出部分的顶部对齐，如下图所示。

32 在视图中创建一个简单的场景，包括一个摄影机、VRay灯光和作为地面和墙的对象，如下图所示。

33 制作不锈钢材质。按下键盘中的M键打开“材质编辑器”对话框，在该对话框中选择一个未用的示例球，单击该对话框中的 Standard 按钮，在弹出的“材质/贴图浏览器”对话框中双击VRaymtl选项，如下图所示。

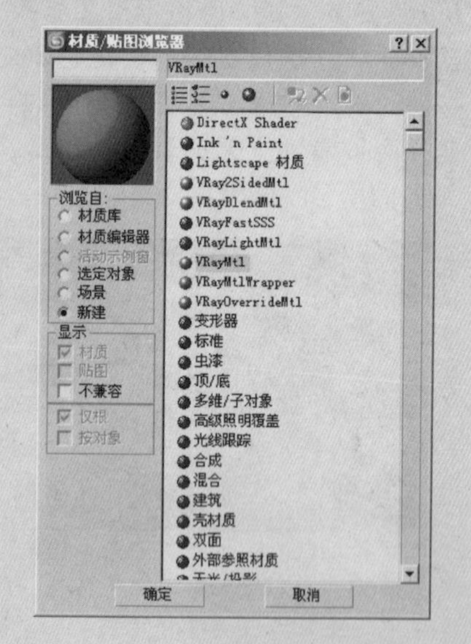

34 此时在“材质编辑器”对话框中出现了VRay渲染器特有的Basic Parameters卷展栏，在该卷展栏中单击Reflection选项区域中的Reflect右侧的颜色图标，在弹出的“颜色选择器：Diffuse”对话框中将颜色设置为灰色（R：161，G：161，B：161），并将Subdivs设置为10，如下图所示。

◆ 全部：用户可以对所有轨迹设置关键点的快速方式。勾选“全部”复选框后，其他选项都不能再勾选。启用“全部”过滤器，单击“切换设置关键点模式”按钮可将所有关键帧保持原样，也可以通过勾选“时间配置”对话框上的“使用轨迹栏”复选框在所有可设置关键点的轨迹上设置关键点。
◆ 位置：用户可以创建位置关键点。
◆ 旋转：用户可以创建旋转关键点。
◆ 缩放：用户可以创建缩放关键点。
◆ IK参数：用户可以设置反向运动学参数关键帧。
◆ 对象参数：用户可以设置对象参数关键帧。
◆ 自定义属性：用户可以设置自定义属性关键帧。
◆ 修改器：用户可以设置修改器关键帧。需要注意的是，当勾选“修改器”复选框时，应当同时勾选“对象参数”复选框，这样可以设置gizmo关键帧。
◆ 材质：用户可以设置材质属性关键帧。
◆ 其他：用户可以通过单击“设置关键点”按钮设置其他未归入上列类别的参数关键帧。它们包括辅助对象属性及跟踪目标摄影机和灯光的注视控制器等。

- “转至开头”按钮：可以将时间滑块移动到活动时间段的第一帧。用户可以在“时间配置”对话框的“开始时间”和“结束时间”数值框中设置活动时间段。
- “上一帧”按钮：将时间滑块向后移动一帧。
- “播放动画”按钮：系统将在活动视口中播放动画。如果单击另一个视口使其处于活动状态，则动画将在该视口中继续播放。在播放动画时，“播放动画”按钮将变为“停止动画”按钮。通过在“时间配置”对话框中禁用“仅活动视口”复选框，可以在所有的视口中同时播放动画。
- “下一帧”按钮：用户可将时间滑块向前移动一帧。
- “转至结尾”按钮：用户可将时间滑块移动到活动时间段的最后一帧。在“时间配置”对话框的“开始时间”和“结束时间”数值框中可以设置活动时间段。
- “关键点模式切换”按钮：单击“关键点模式切换”按钮后，用户可以在动画中的关键帧之间直接跳转。在默认情况下，“关键点模式切换”使用在时间滑块下面的轨迹栏中可见的关键点。其他选项可在“时间配置”对话框“关键点步幅”选项区域中进行设置。

技巧·提示

“关键点步幅”选项区域将其限制为仅能移动至变换关键点。勾选“关键点步幅”选项区域中的“使用轨迹栏”复选框后，启用“关键点模式切换”按钮后可以跳转到任何类型的关键帧上。当“使用轨迹栏”复选框禁用时，如果启用“关键点模式切换”按钮用户只能在变换类型的关键点间进行切换。

- “时间配置”按钮：单击该按钮后，系统将弹出“时间配置”对话框，如图1-55所示，该对话框提供了帧速率、时间显示、播放和动画的设置。在该对话框中单击 重缩放时间 按钮，将弹出“重缩放时间”对话框，如图1-56所示，在该对话框中可以设置时间的长度。

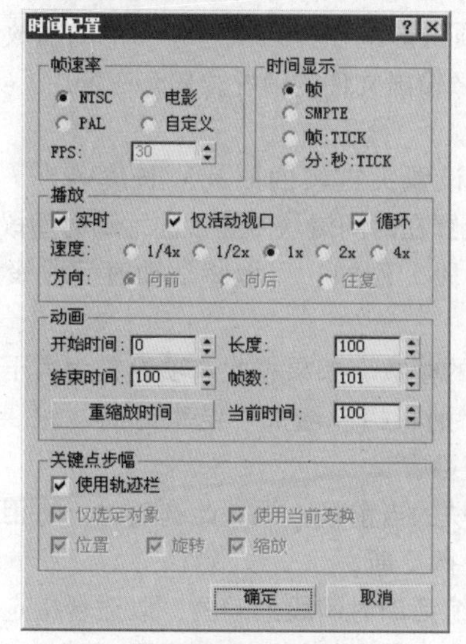

图1-55　“时间配置”对话框

图1-56　“重缩放时间”对话框

“时间配置”对话框中各选项的功能如下。

- “帧速率”选项区域：包含4个单选按钮，分别是NTSC、电影、PAL和自定义，可用于在每秒帧数（FPS）字段中设置帧速率。前3个单选按钮可以强制所做的选择使用标准FPS。使用“自定义”按钮可通过调整微调按钮来指定自己的FPS。FPS（每秒帧数）是指采用每秒帧数来设置动画的帧速率。视频使用30 fps的帧速率，电影使用24 fps的帧速率，而Web和媒体动画则使用更低的帧速率。
- “时间显示”选项区域：指定时间滑块及整个程序中显示时间的方法。有帧数、SMPTE、分钟数、秒数和刻度数等可供选择。SMPTE是电影工程师协会的标准，用于测量视频和电视产品的时间。
- “播放”选项区域：可设置关键帧的插放速度等。

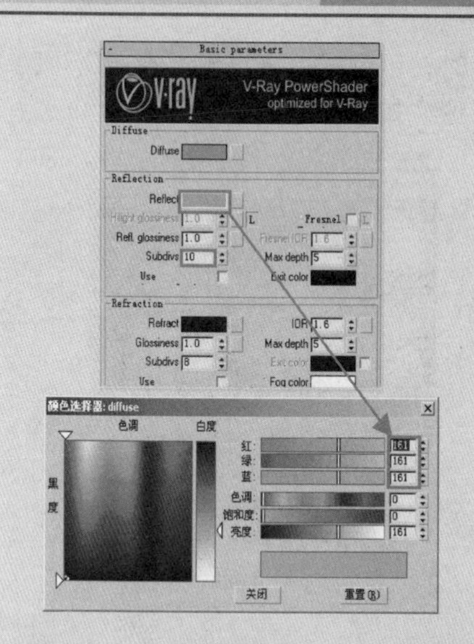

35 将不锈钢材质指定给支架和圆环对象，渲染摄影机视图，从渲染后的图像中可以看到不锈钢的反射的效果偏黑，与现实环境中的效果有点差距，如下图所示。

36 按下键盘中的数字键8，打开“环境和效果”对话框，在该对话框中单击“背景”选项区域中的“环境贴图”按钮，在弹出的“材质/贴图浏览器”对话框中双击VRayHDRI选项，然后将其拖到“材质编辑器”对话框中的一个未用示例球上，单击“材质编辑器”对话框Parameters卷展栏中的 Browse 按钮，打开本书配套光盘中的empty_room _03_ pano_small.hdr文件，此

时在示例球上将出现选择 HDRI 图像，如下图所示。

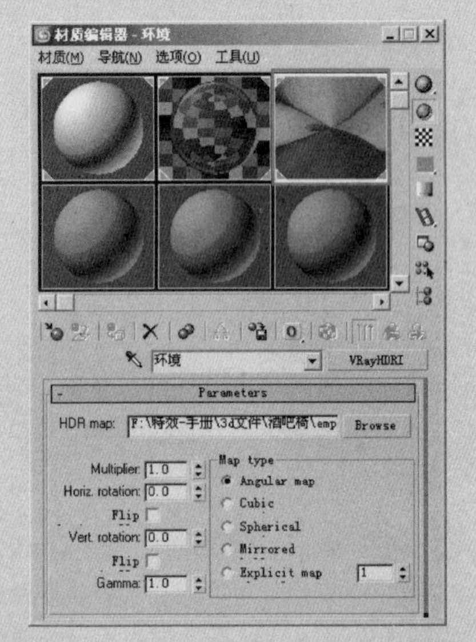

37 按Shift+Q键对摄影机视图进行渲染，从渲染的效果可以看到不锈钢已经反射了用户指定的环境贴图，同时场景的亮度有所增加，如下图所示。

38 将不锈钢材质复制到另外一个示例球上，并将复制后的材质命名为"座垫"，然后将该材质的反射数值降低，将表面色设置为红色，并将渲染的精度提高一些，渲染后的最终效果如下图所示。

实时：可使视口播放跳过帧，以便与当前"帧速率"设置保持一致。有5种播放速度可供选择，分别是1/4x、1/2x、1x、2x和4x，1x是正常速度，1/2x是半速，以此类推。速度设置只影响在视口中的播放。

仅活动视口：可以使播放只在活动视口中进行。禁用该选项之后，所有视口都将显示动画。

循环：控制动画是只播放一次还是重复播放。当启用时，重复播放，直至单击动画控制按钮或时间滑动通道使其停止。当禁用时，动画播放一次然后停止。单击"播放动画"按钮将倒回至第一帧，然后重新播放。

方向：将动画设置为向前播放、向后播放或往复播放（向前然后反转、重复）。该选项只影响在交互式渲染器中的播放。并不适用于渲染到任何图像输出文件的情况。只有在禁用"实时"后才可以使用这些选项。

- "动画"选项区域：可设置关键帧的时间、长度等。

开始时间/结束时间：设置在时间滑块中显示的活动时间段。选择0帧前后的任何时间段。例如，可以将活动时间段设置为从-50到250。

长度：显示活动时间段的帧数。如果将此选项设置为大于活动时间段总帧数的数值，则将相应增加"结束时间"段。

帧数：系统将渲染的帧数。

当前时间：指定时间滑块的当前帧。调整此选项时，将相应移动时间滑块，视口将进行更新。

重缩放时间：拉伸或收缩活动时间段的动画，以适合指定的新时间段。重新定位所有轨迹中全部关键点的位置。因此，将在较大或较小的帧数上播放动画，以使其更快或更慢。

- "关键点步幅"选项区域：该选项区域中的控件可用来配置启用"关键点模式切换"时所使用的方法。

使用轨迹栏：使关键点模式能够遵循轨迹栏中的所有关键点。其中包括除变换动画之外的任何参数动画。

"使用轨迹栏"处于启用状态时，以下选项不可用。

- 仅选定对象：在使用"关键点步幅"模式时只考虑选定对象的变换。如果禁用此选项，则将考虑场景中所有（未隐藏）对象的变换。默认设置为启用。
- 使用当前变换：禁用"位置"、"旋转"和"缩放"，并在"关键点模式切换"中使用当前变换。例如，如果在工具栏中选中"旋转"按钮，则将在每个旋转关键点处停止。如

果这 3 个变换按钮均为启用，则“关键点模式切换”将考虑所有变换。

- 位置、旋转、缩放：指定“关键点模式切换”所使用的变换。

[3ds Max 9]
完全手册+特效实例

2 [Chapter]

自定义界面

用户可以重新排列3ds Max用户界面的组件，包括菜单栏、工具栏和命令面板等。也可以动态调整窗口的大小，控制工具栏的显示与隐藏，创建用户自己的键盘快捷键、自定义工具栏和四元菜单，自定义用户界面中使用的颜色等。

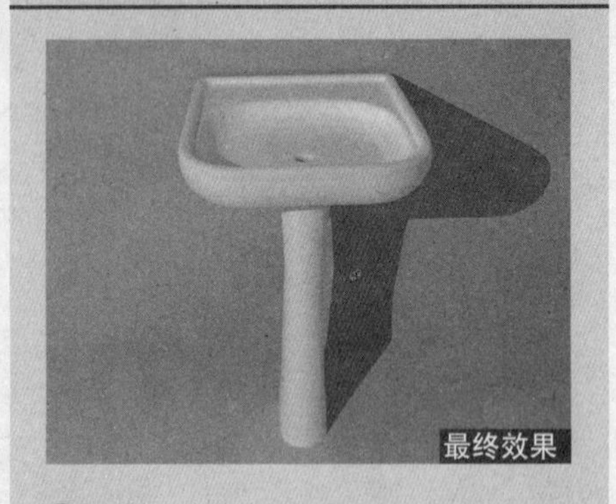

01 在“创建”命令面板中单击“图形”按钮，然后在“对象类型”卷展栏单击 矩形 按钮，在顶视图中创建一个边长为480的正方形，如下图所示。

02 右击视图，然后在弹出的菜单中选择“转换为>转换为可编辑样条线”命令，将矩形转换为可编辑样条线对象，如下图所示。

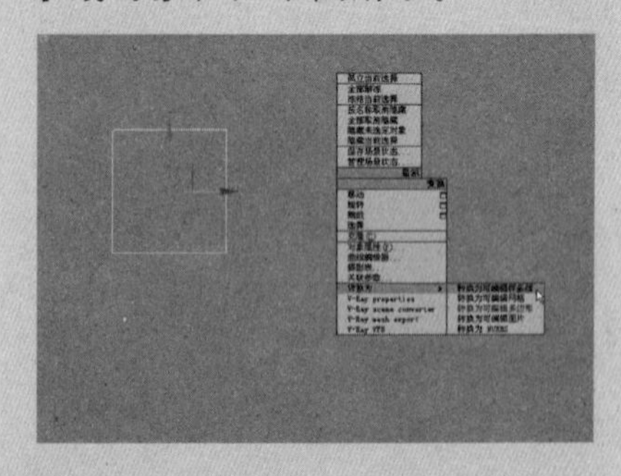

03 按下键盘中的数字键2，切换到“线段”层次，然后在视图中选中水平的两条边，右击视图在弹出的菜单中选中“拆分”命令，此时在这两条边的中点上出现了两个顶点，如下图所示。

2.1 自定义右键快捷菜单

在工具栏的空白区域单击右键，将弹出如图2-1所示的快捷菜单。当光标直接位于“命令”面板选项卡的上方、下方或右侧时，右键单击命令面板，也将显示该菜单。

使用此菜单可以启用和禁用各种用户界面元素的显示、自定义工具栏的显示，以及停靠或浮动命令面板等。

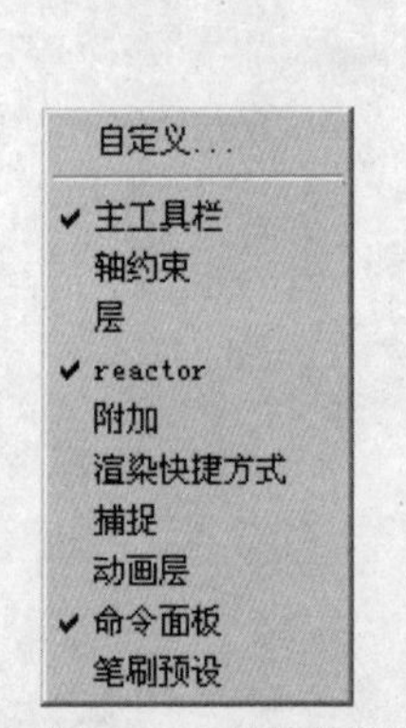

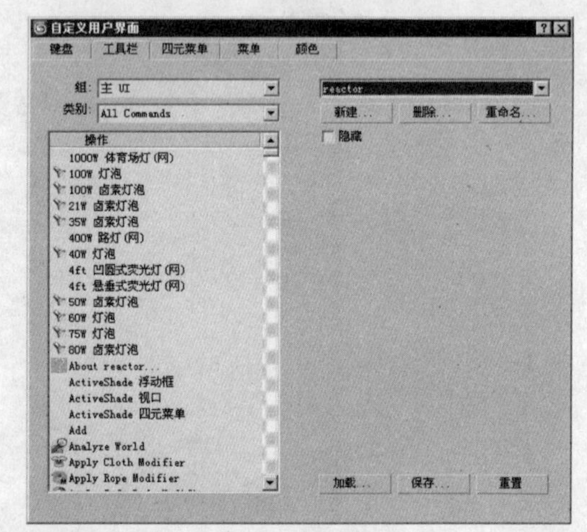

图2-1 右键快捷菜单　图2-2 “自定义用户界面”对话框

右键快捷菜单功能

- 自定义：单击该选项，弹出“自定义用户界面”对话框，如图2-22所示，可以在此对话框中将命令和宏脚本添加到新的和现有的工具栏中。
- 命令面板：切换显示/隐藏“命令面板”。在默认情况下，显示该面板。
- 主工具栏：切换显示/隐藏“主工具栏”。在默认情况下，显示该工具栏。
- 轴约束：切换显示/隐藏“轴约束”工具栏。在默认情况下，不显示此工具栏。
- 层：切换显示/隐藏“层”工具栏。在默认情况下，不显示该工具栏。
- Reactor：显示/隐藏切换“reactor”工具栏。在默认情况下，不显示该工具栏。
- 附加：切换显示/隐藏“附加”工具栏。在默认情况下，不显示该工具栏。
- 渲染快捷方式：切换显示/隐藏“渲染快捷方式”工具栏。在默认情况下，不显示该工具栏。
- 捕捉：切换显示/隐藏“捕捉”工具栏。在默认情况下，不显示该工具栏。

2.2 显示UI与锁定

右键单击时若光标位于"命令"面板右侧，快捷菜单也可显示以下选项。

- 停靠：将活动项停靠在指定的位置，如顶部、底部、左侧或者右侧。
- 浮动：浮动活动项，该选项只适用于停靠的项。

执行"自定义>显示UI"命令，可在"显示UI"子菜单中添加或移除UI（用户界面）元素，这样可以按工作需要自定义屏幕。可以通过从菜单选择元素来按需求启用或禁用这些元素，从而能够最大限度地提高工作区效率。设置存储在maxstart.cui文件中，因此在关闭或重新启动3ds Max之后，这些设置仍然保留。

当执行菜单栏中的"自定义>显示UI"命令后，用户可以在"显示UI"子菜单中选择UI元素，如图2-3所示。如果元素当前处于显示状态，那么"显示UI"菜单将在UI元素旁边显示一个复选标记。启用和禁用UI元素的键盘快捷键将显示在"显示UI"子菜单中相应UI元素的右侧。可以使用"显示UI"子菜单隐藏或显示下列UI元素，命令面板、浮动工具栏（显示"轴约束"工具栏、"层"工具栏和"附加"工具栏等）、主工具栏和轨迹栏。

✔ 显示命令面板(C)
显示浮动工具栏(F)
✔ 显示主工具栏(M) Alt+6
✔ 显示轨迹栏(B)

图2-3 "显示UI"子菜单

2.3 自定义UI和默认切换器

执行菜单栏中的"自定义>锁定UI布局"命令后，通过拖动界面元素不能修改用户界面布局(但是仍然可以使用右键快捷菜单来改变用户界面布局)。使用该命令可以防止意外地更改用户界面或发生误操作。

不同的设计者习惯以不同的方式使用3ds Max。执行"自定义>自定义UI与默认设置切换器"命令，打开对话框，在该对话框中可以快速更改程序的默认值和UI方案，以更适合用户的工作类型。"工具选项的初始设置"控制3ds Max中各种功能的默认设置，而"用户界面方案"控制3ds Max界面的外观。

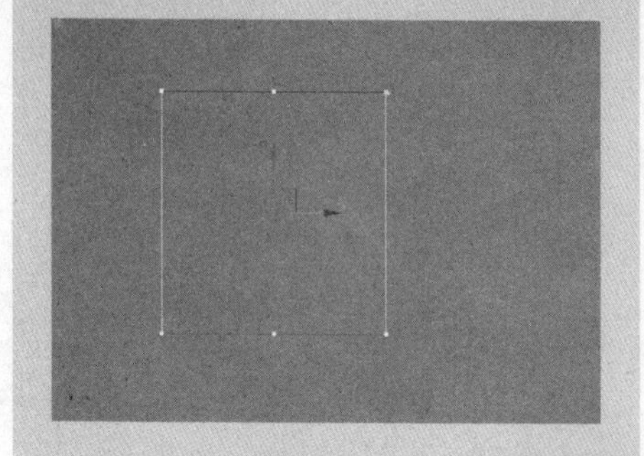

04 切换到"顶点"层次，然后将矩形的所有顶点转换为角点类型，选中矩形右侧的两个顶点，按Delete键将其删除，如下图所示。

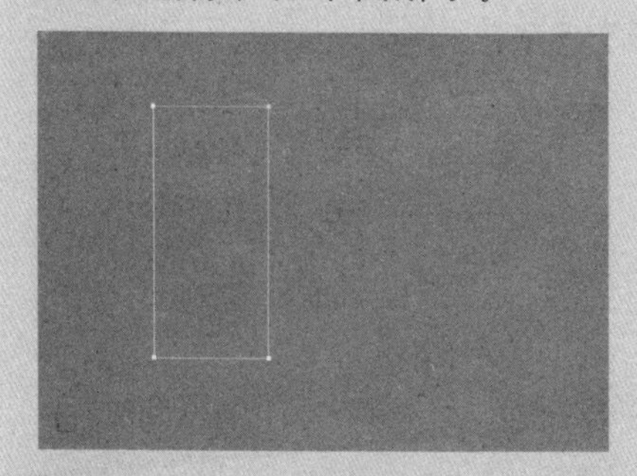

05 在"修改"命令面板中的"修改器列表"下拉列表中选择"挤出"修改器，在"参数"卷展栏中将挤出的数量设置为150，如下图所示。

06 将矩形转换为可编辑多边形对象，按下键盘中的数字键4，切换到"多边形"层次，然后将矩形右侧的表面删除，如下图所示。

在该对话框中显示3ds Max附带的四个默认设置集和两个UI方案的详细说明。如果要创建自己的默认值或UI方案，这些默认值或UI方案将出现在列表中，但是，无法编辑自定义默认设置集或UI方案的总体说明。

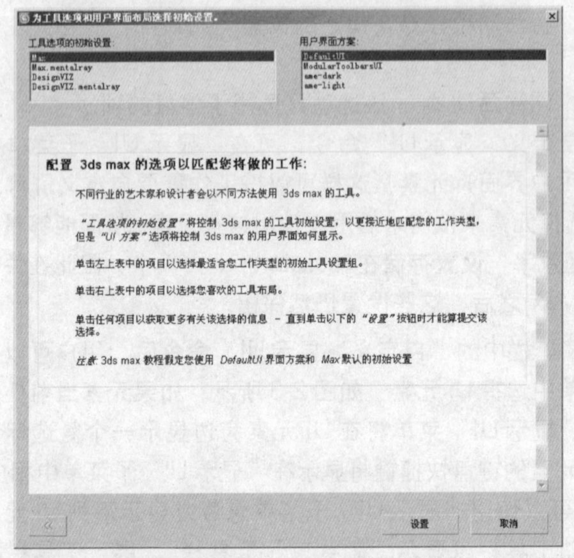

图2-4 “为工具选项和用户界面布局选择初始设置”对话框

对话框中选项的含义

- “工具选项的初始设置”列表框：该列表框中包含了3ds Max系统各种工具的不同的默认设置集。3ds Max附带的4个默认设置集如下。
  - Max：包含一般动画使用的默认设置集（不带有mental ray渲染器）。
  - Max.mentalray：包含一般动画的设置集（带有mental ray渲染器）。
  - DesignVIZ：包含可视化设计所使用的设置集（不带有mental ray渲染器）。
  - DesignVIZ.mentalray：包含可视化设计使用的设置集（带有mental ray渲染器）。

高亮显示任何一个集，以查看该选项设置的详细说明。在应用新的默认值之前，必须重新启动3ds Max。

- “用户界面方案”列表框：此列表框中包含UI文件夹中已定义的所有UI方案。3ds Max附带两个UI方案即DefaultUI和ModularToolbarsUI，后者具有可以分解为更小工具栏的主工具栏。高亮显示列表框中的UI方案名，以查看界面的说明和图像。此列表框还包含使用“保存自定义UI方案”对话框保存的所有UI方案。但是，没有显示这些方案的说明或图像。在应用默认值之前，必须重新启动3ds Max。

07 切换到“边”层次，将前部左侧的垂直边选中并进行切角操作，“切角量”为70，然后再次进行切角操作，“切角量”为30左右，如下图所示。

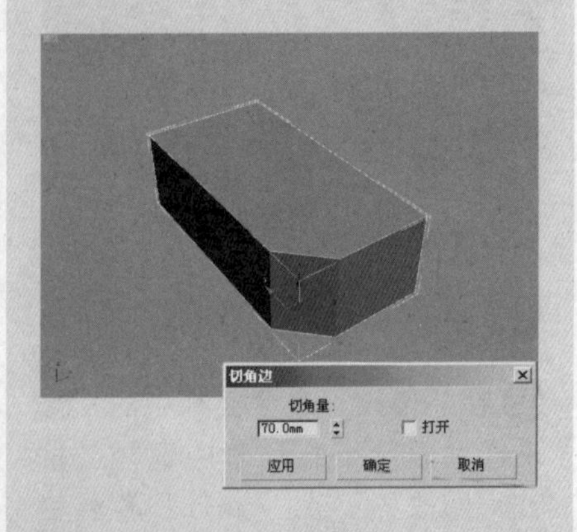

08 切换到“多边形”层次，选中顶部的表面，然后执行倒角操作，将挤出的高度设置为0，轮廓量为-25，如下图所示。

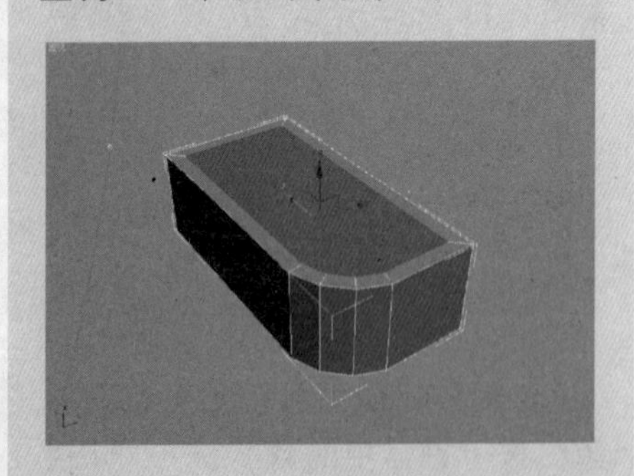

09 按Alt+C组合键在倒角表面右侧的两条水平边右端切割出两条边，使面积较大的表面的边与右侧垂直边相接触，然后将多余的边移除，如下图所示。

2.4 “自定义用户界面”对话框

使用“自定义用户界面”对话框可以创建一个完全自定义的用户界面，包括快捷键、四元菜单、菜单、工具栏和颜色，也可以通过选择代表此工具栏上的命令或脚本的文本或图标按钮来添加命令和宏脚本。

大多数3ds Max用户界面中的命令都在此对话框中显示为操作项目。操作项目仅仅是命令，用户可以指定给键盘快捷键、工具栏、四元菜单或菜单等。

执行菜单栏中的“自定义>自定义用户界面”命令，系统将弹出“自定义用户界面”对话框，如图2-5所示。

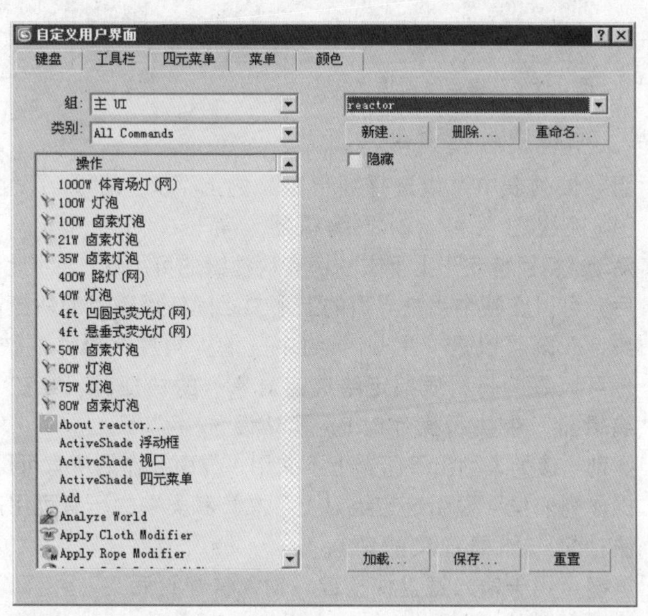

图2-5　“自定义用户界面”对话框

2.4.1 “键盘”面板

使用“键盘”面板，如图2-6所示，用户可以创建自己的键盘快捷键。可以为软件中可用的大多数命令指定快捷键，还可以为多个命令指定相同的快捷键，只要这些命令出现在不同的上下文中即可。例如，在Video Post组中，Ctrl+S组合键将指定给“添加场景事件”操作；然而，在主UI组中，该快捷键将指定给“保存文件”操作。

使用键盘快捷键时，软件首先查找特定于上下文的快捷键，如果找不到，可查找主UI快捷键中的适当命令。

⑩ 按Alt+C组合键在顶部角表面切割出C形的边，注意，在拐角位置的点数最好与外测的点数对应，这样便于在后期的布线工作，如下图所示。

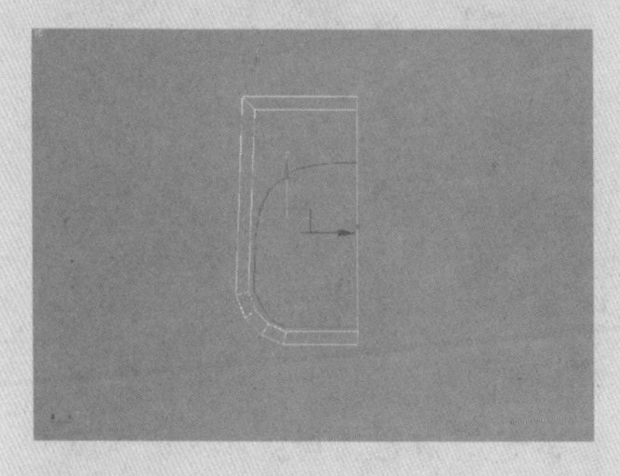

⑪ 切换到“多边形”层次，然后对C形表面进行倒角操作，使该位置的表面形成圆滑的凹陷效果，如下图所示。

⑫ 将凹槽右侧的表面删除，因为现在的模型是洗脸盆的一半，最后还需要将它进行复制，并进行焊接顶点的操作，所以必须将该位置的表面删除，如下图所示。

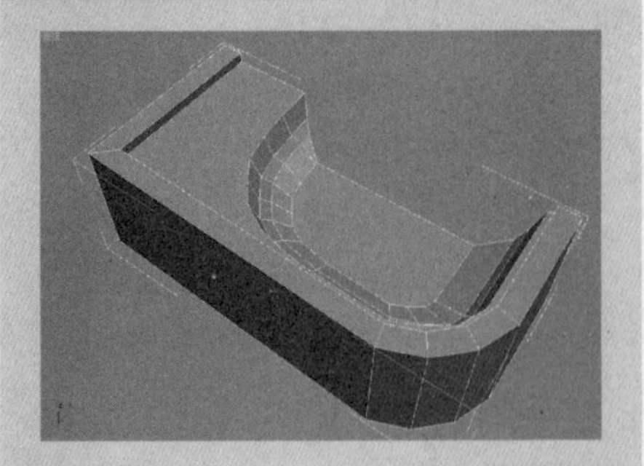

⑬ 切换到“顶点”层次，并将倒角后表面右侧的顶点与右侧底部边的垂直方向对齐，如下图所示。

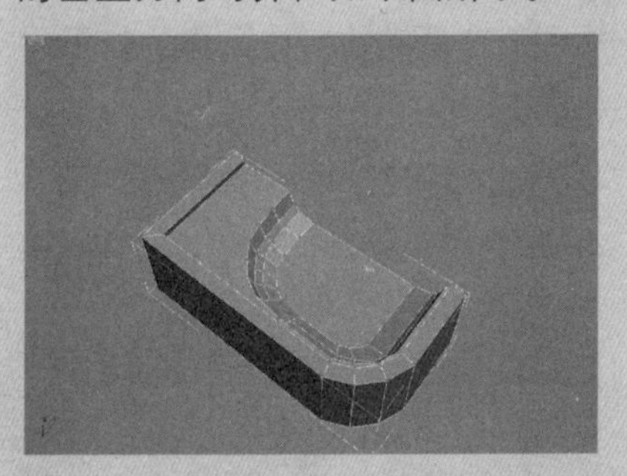

⑭ 对凹槽的边缘和洗脸盆外侧顶部的边缘进行切角操作，切角量不宜过大，否则在光滑后将失去棱角效果；过小，棱角的光滑效果将会减弱，如下图所示。

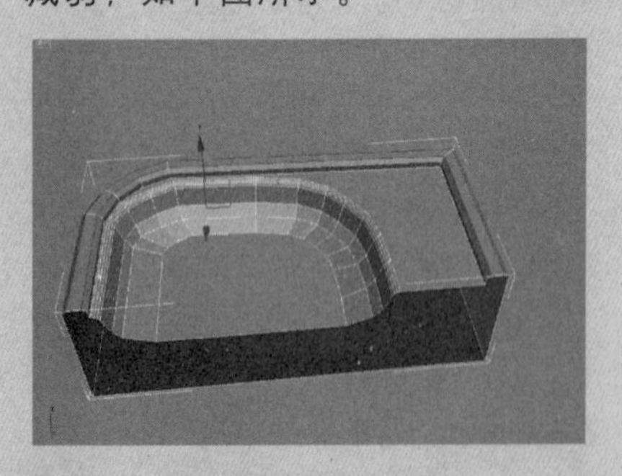

⑮ 按Alt+C组合键，然后对洗脸盆表面没有贯通边之间进行切割，同时在凹槽上部表面进行合理布线，如下图所示。

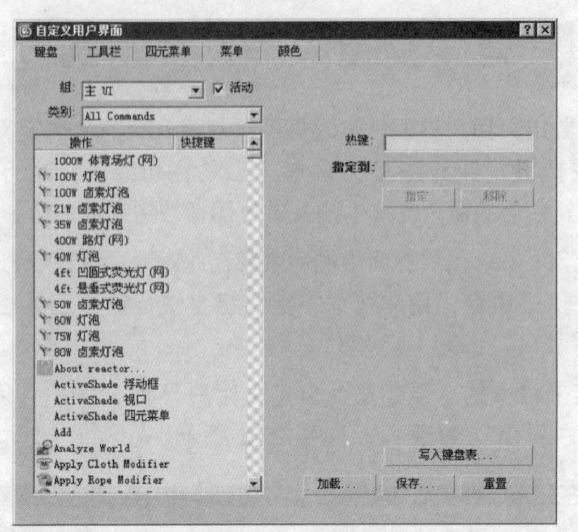

图2-6 “键盘”面板

“键盘”面板中各选项含义

- 组：该列表中可以选择要自定义的上下文，例如，“主UI”、“轨迹视图”和“材质编辑器”等。
- 活动：切换特定于上下文的键盘快捷键的可用性。启用此选项之后，可以在整个用户界面的上下文之间使用重复的快捷键。例如，A既可以是“主UI”组中“捕捉角度”操作的快捷键，也可以是“将材质指定给选定对象”的快捷键（当在“材质编辑器”中执行操作时）。默认设置为启用。
- 类别：该列表列出了所选上下文用户界面操作的所有可用类别。
- 操作列表框：显示选定组（上下文）和类别的所有可用操作和快捷键（如果定义的话）。
- 热键：用于输入键盘快捷键。输入快捷键后，“指定到”选项处于激活状态。
- 指定到：如果输入的某个快捷键已指定，则显示指定该快捷键的操作。
- 指定：当在“热键”文本框中输入键盘快捷键时激活此按钮。单击“指定”按钮之后，快捷键信息被传输到该对话框左侧的“操作”列表框中。
- 移除：单击该按钮，移除对话框左侧的“操作”列表框中选定操作的所有快捷键。
- 写入键盘表：单击该按钮弹出“保存文件为”对话框。使用此选项可将对键盘快捷键所做的任何更改保存为可以打印的TXT文件。
- 加载：单击该按钮弹出“加载快捷键文件”对话框。使用此选项可将自定义快捷键从KBD文件加载到场景中。
- 保存：单击该按钮弹出“保存快捷键文件为”对话框。使用此选项可将对快捷键所做的任何更改保存为KBD文件。

● 重置：将对快捷键所做的任何更改重置为默认设置（defaultui.kbd）。

2.4.2 “工具栏”面板

用户可以在如图2-5所示的“工具栏”面板中编辑现有工具栏或创建自定义工具栏，还可以在现有工具栏中添加、移除和编辑选项，或删除整个工具栏。另外，使用3ds Max命令或脚本也可以创建自定义工具栏。

“工具栏”面板中各选项含义

● 组：该列表中可以选择要自定义的上下文，例如，“主UI”、“轨迹视图”和“材质编辑器”等。
● 类别：该列表列出了所选上下文用户界面操作的所有可用类别。
● 操作列表框：显示所选组和类别的所有可用操作。
● 工具栏列表框：显示一个下拉列表框，从该列表框中可选择“轴约束”、“附加”、“层”和“Reactor”等工具栏选项，以及使用“新建”按钮创建的任何其他工具栏。
● 新建：单击该按钮将弹出“新建工具栏”对话框。输入要创建的工具栏的名称，然后单击“确定”按钮。新工具栏作为小浮动框在视口中出现，如图2-7所示。

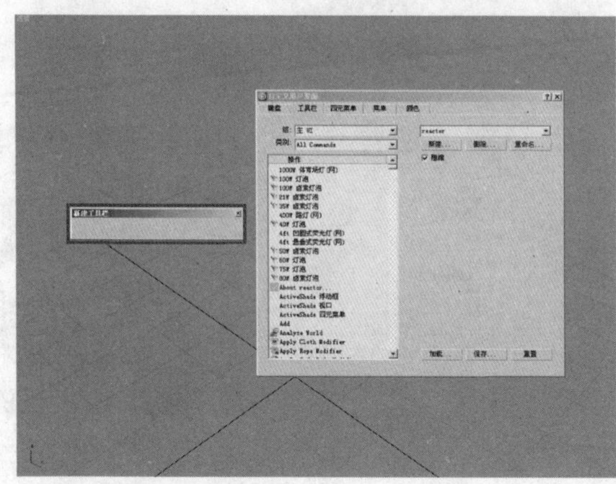

图2-7 新建的工具栏面板

创建新工具栏后，有三种方法可以添加命令。

方法一：从“自定义用户界面”对话框“工具栏”面板的“操作”列表框中拖动到工具栏上。

方法二：按住Ctrl键的同时从其他工具栏上拖动按钮到新工具栏。这样会在新工具栏上创建此按钮的一个副本。

方法三：按住Alt键的同时从其他工具栏上拖动按钮到新工具栏。这样会将按钮从原工具栏移动到新工具栏上。

● 删除：单击该按钮可删除“工具栏”列表框中显示的工具栏选项。

16 切换到“边”层次，选中侧面所有的垂直边，然后执行连接操作，将连接的数量设置为2，如下图所示。

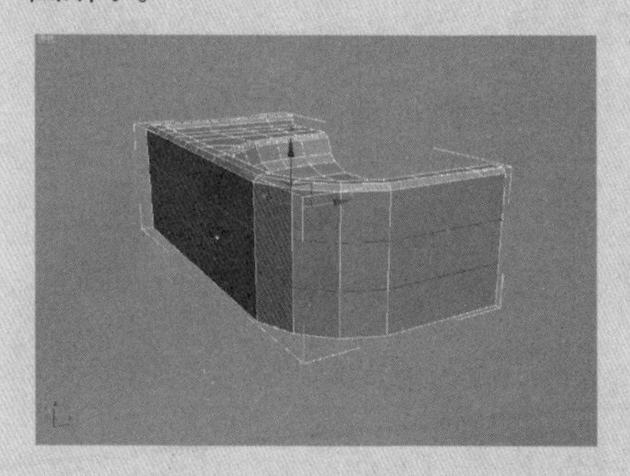

17 调整洗脸盆侧面和底部的顶点，使洗脸盆的底部转折处变得圆滑一些，如下图所示。

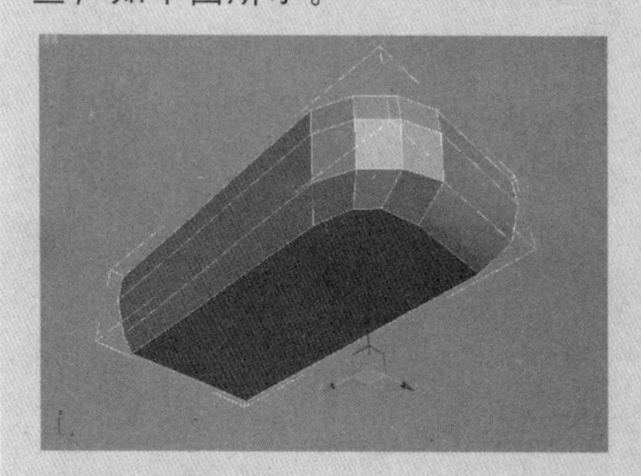

18 切换到“边”层次，然后对洗脸盆底部和侧面进行布线，注意，所切割处的边要首尾贯通，并且密度不要过大，如下图所示。

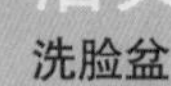

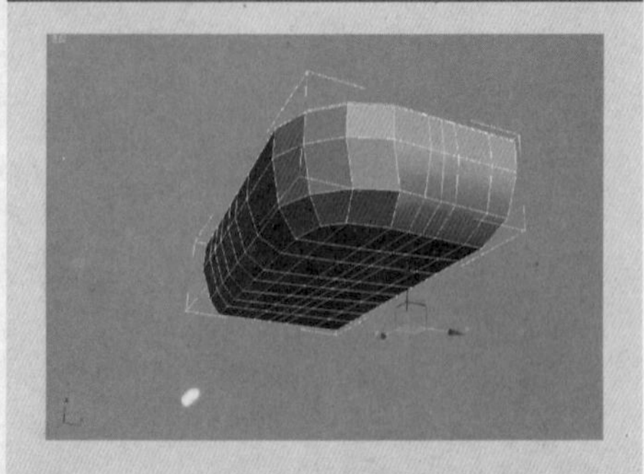

⑲ 在凹槽的中心靠右的位置切割出一个半圆形的边和向外辐射的边，如下图所示。

⑳ 将半圆形的表面向下挤出 30，并将挤出后的表面删除，同时对半圆形口的位置进行两次切角操作，切角量分别为 4 和 1.8，如下图所示。

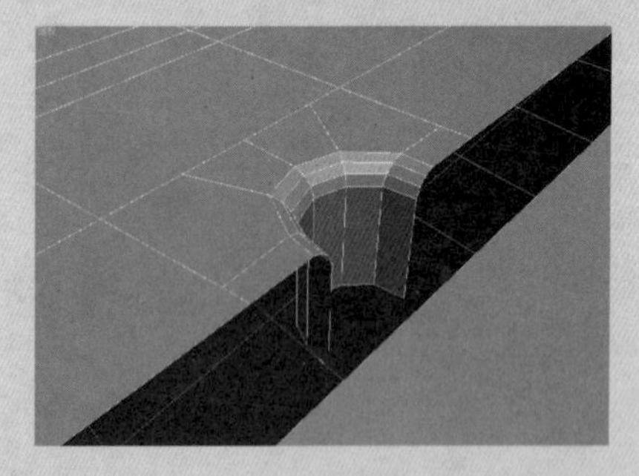

㉑ 将洗脸盆镜像复制一个，然后将接缝位置的顶点焊接在一起（必须进行附加操作），光滑后的效果如下图所示。

- 重命名：单击该按钮将弹出“重命名工具栏”对话框。在“工具栏”列表框中选择工具栏选项，打开“重命名工具栏”对话框即可更改工具栏名称。
- 隐藏：切换工具栏列表框中活动工具栏的显示。
- 加载：单击该按钮将弹出“加载用户界面文件”对话框。允许加载自定义用户界面文件到场景中。
- 保存：单击该按钮将弹出“保存 UI 文件为”对话框。允许保存对用户界面所做的任何修改为 .cui 文件。
- 重置：将对用户界面所做的任何修改重置为默认设置（defaultUI.cui）。

2.4.3 “四元菜单”面板

在如图 2-8 所示的“四元菜单”面板中可以自定义四元菜单，还可以创建用户自己的四元菜单集，或编辑现有的四元菜单集。在“四元菜单”面板上，可以自定义菜单标签、功能、布局和快捷键。高级四元菜单选项用于修改四元菜单系统的颜色和行为，也可以保存和加载自定义菜单集。

在默认情况下单击右键就可以弹出“四元菜单”，如图 2-9 所示。

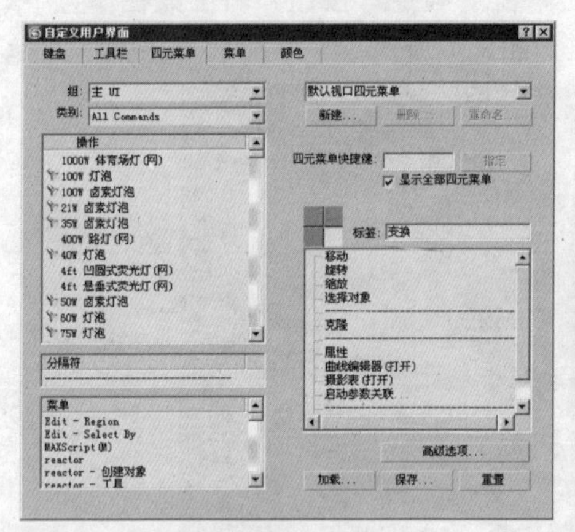

图2-8 “四元菜单”面板

图 2-9 四元菜单

“四元菜单”面板中各选项含义

- 组：从该列表中可以选择要自定义的上下文，例如，“主 UI”、“轨迹视图”和“材质编辑器”等。
- 类别：该下拉列表中包含所选上下文可用的用户界面操作类别。
- 操作列表框：显示所选组和类别的所有可用操作。要向某个特定的四元菜单集添加选项时，选择该选项并将其拖动到位于该对话框右侧的四元菜单列表框中即可。右键单击该列表框中的任意选项，便可以编辑定义这项操作的宏脚本（如果有这样的脚本存在）。
- 分隔符列表框：显示一条分隔线，用来分开四元菜单中菜单项的各个组。要向某个特定的四元菜单集添加分隔符时，选择分隔符并将其拖动到位于该对话框右侧的四元菜单列表框中即可。

- 菜单列表框：显示所有的 3ds Max 菜单名称。要向某个特定的四元菜单集添加一个菜单时，选择菜单并将其拖动到位于该对话框右侧的四元菜单列表框中即可。在此列表框中右键单击任意一个菜单可以删除、重命名或新建一个新菜单或清空菜单。
- 四元菜单集列表框：显示可用的四元菜单集。
- 新建：单击该按钮将弹出“新建四元菜单集”对话框。输入要创建的四元菜单集名称，然后单击“确定”按钮。新的四元菜单集将显示在“四元菜单集”列表框中。
- 删除：删除“四元菜单集”列表框中显示的条目。
- 重命名：单击该按钮将弹出“重命名四元菜单集”对话框。从“四元菜单集”列表框中选择一个四元菜单集便可以激活“重命名”按钮。单击“重命名”按钮，更改四元菜单集的名称，然后单击“确定”按钮以更改该名称。
- 四元菜单快捷键：定义显示四元菜单集的键盘快捷方式。输入快捷键并单击“指定”按钮来进行更改。
- 显示全部四元菜单：启用此选项之后，在视口中单击右键显示所有的四元菜单。禁用此选项之后，在视口中单击右键，一次只显示一个四元菜单。
- 标签：显示高亮显示的四元菜单的标签（该标签的左侧显示为黄色）。
- 四元菜单列表框：显示当前选中四元菜单及四元菜单集的菜单选项。要添加菜单和命令，将选项从“操作”和“菜单”列表框中拖动到此列表框即可。包含在四元菜单中的项目只有可用时才显示。例如，如果四元菜单包含“轨迹视图”选项，那么只有在打开四元菜单并选中一个对象时，才会显示该命令。如果打开四元菜单时没有可用的命令，那么将不显示该四元菜单。

在四元菜单列表框中右击任意选项弹出的快捷菜单中包含以下几个可用的操作选项。

- ◆ 删除菜单项：从四元菜单中删除选中的操作、分隔符或菜单项。
- ◆ 编辑菜单项名称：打开“编辑菜单项名称”对话框。必须选中“自定义名称”复选框才能编辑菜单名。在“名称”文本框中输入想要的名称，然后单击“确定”按钮，则在四元菜单下拉列表框中菜单项的名称发生更改，但在四元菜单列表框中却没有发生更改。
- ◆ 展开子菜单：在四元菜单的顶层显示所有子菜单的内容。选中此选项时，菜单名后面将是字符串[FLAT]。
- ◆ 编辑宏脚本：在 MAXScript 编辑器窗口中打开所选操作的宏脚本。
- 高级选项：单击该按钮，打开“高级四元菜单选项”对话框。

㉒ 在顶视图中创建一个长度为135，宽度为100的矩形，将其转换为可编辑样条线对象，然后对矩形的4个顶点进行圆角处理，下面圆角的数值大一些，如下图所示。

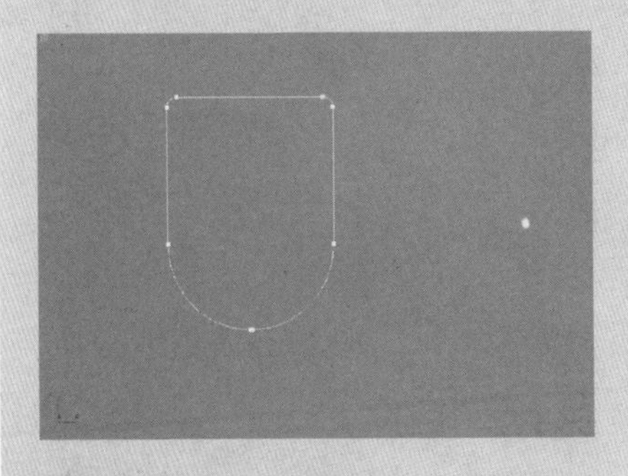

㉓ 按下键盘中的数字键3，切换到“样条线”层次，然后执行轮廓操作，轮廓数量为10，如下图所示。

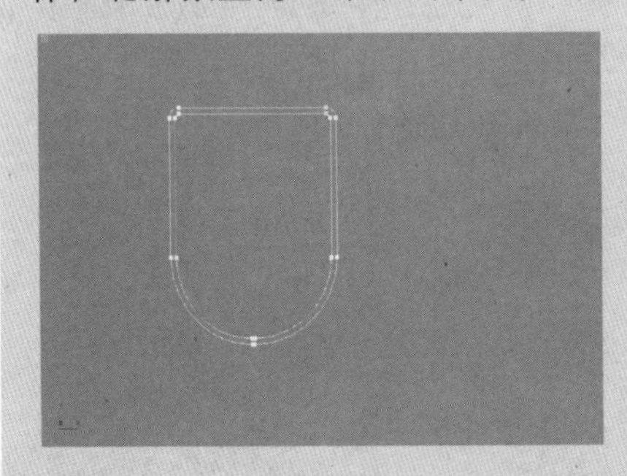

㉔ 为矩形添加“挤出”修改器，然后在“修改”命令面板中的“参数”卷展栏将挤出的数量设置为700，分段为5，如下图所示。

- 加载：单击该按钮将弹出“加载菜单文件”对话框，可以向场景中加载自定义的菜单文件。
- 保存：单击该按钮将弹出“保存菜单文件为”对话框。可以将对四元菜单所做的更改保存为 MNU 文件。
- 重置：将对四元菜单的更改重置为默认设置（defaultui.mnu）。

2.4.4 “菜单”面板

使用如图2-10所示的“菜单”面板用户可以自定义软件中使用的菜单；可以编辑现有菜单或创建自己的菜单；还可以自定义菜单标签、功能和布局。

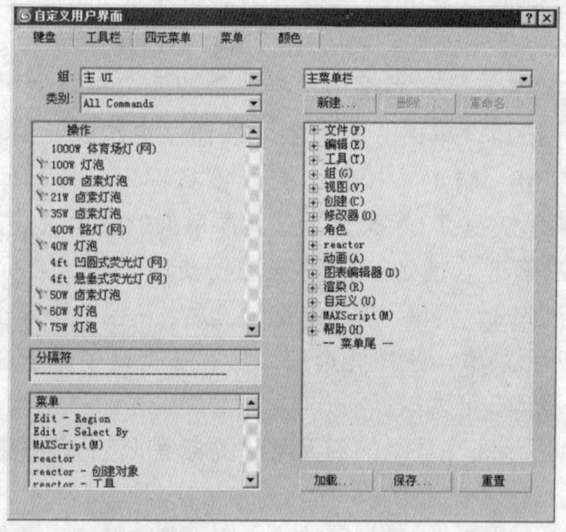

图2-10 “菜单”面板

“菜单”面板中各选项含义

- 组：从该列表中可以选择要自定义的上下文，例如：主 UI、轨迹视图和材质编辑器等。
- 类别：显示一个下拉列表，其中包含所选上下文可用的用户界面操作类别。
- 操作列表框：显示所选组和类别的所有可用操作。要向某个特定的菜单添加选项时，选择该选项并将其拖动到位于该对话框右侧的菜单列表框中即可。右键单击该列表框中的任意选项，便可以编辑定义该选项的宏脚本（如果有这样的脚本存在）。
- 分隔符列表框：显示一条分隔线，用来分开菜单项的各个组。要向某个特定的菜单添加一个分隔符，选择分隔符并将其拖动到位于该对话框右侧的菜单列表框中即可。
- 菜单列表框：显示所有菜单的名称。要将一个菜单添加到另一个菜单（显示于“菜单下拉列表”中）中，选择菜单并将其拖动到位于该对话框右侧的菜单列表框即可。在此列表框中右击任意菜单可以删除、重命名或新建一个新菜单或清空菜单。
- 菜单下拉列表：显示默认菜单及创建或加载的任何新菜单。

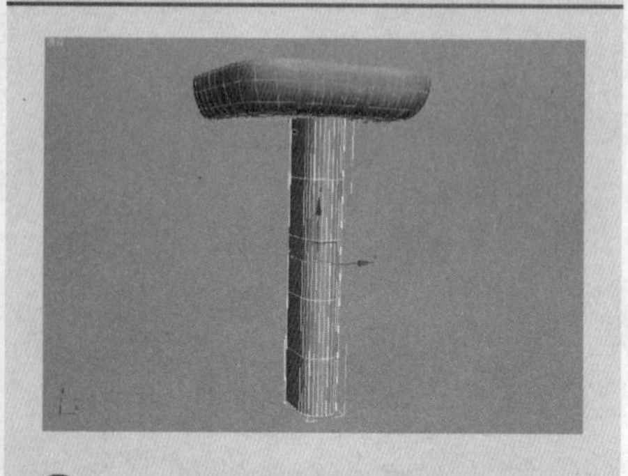

㉕ 将挤出后的对象转换为可编辑多边形对象，切换到“顶点”层次，然后使用“选择并均匀缩放”工具对顶点进行缩放处理，使整个模型在两端变粗，中间变细一些，如下图所示。

㉖ 在视图中创建一个简单的场景，并为洗脸盆指定适当的材质，渲染后的效果如下图所示。

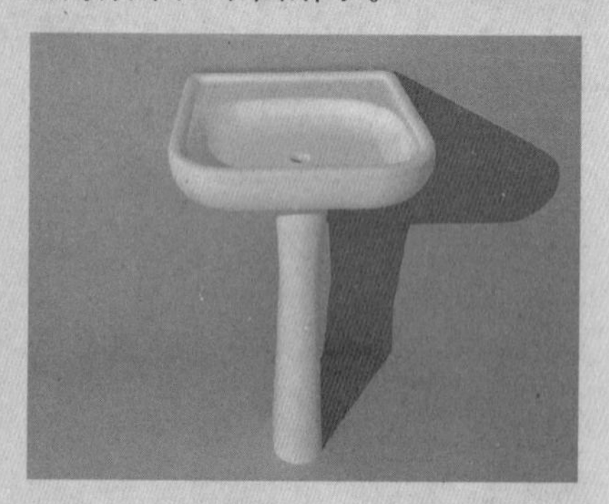

- 新建：单击该按钮将弹出“新建菜单”对话框，输入要创建的菜单名称，然后单击“确定”按钮，新菜单将显示在此对话框左侧的菜单列表框中，也显示在“菜单下拉列表”中。
- 删除：删除菜单下拉列表中显示的选项。
- 重命名：单击该按钮将弹出“编辑菜单项名称”对话框。在菜单下拉列表中选择任意选项并单击“重命名”按钮，在弹出的对话框中更改其名称，单击“确定”按钮即可。
- 菜单窗口：显示菜单下拉列表中当前选中菜单的菜单选项。要添加菜单和命令（操作），只需选中选项并将其从“操作”和“菜单”列表框中拖动到此窗口即可。

在菜单列表框中右击任意选项，在弹出的快捷菜单中包含如下几个可用的操作。

- ◆ 删除菜单项：从菜单中删除选中的操作、分隔符或菜单项。
- ◆ 编辑菜单项名称：打开“编辑菜单项名称”对话框。必须选中“自定义名称”复选框才能编辑菜单名。在“名称”文本框中输入想要的名称，然后单击“确定”按钮即可。在菜单下拉列表中该项的名称发生更改，但在菜单窗口中却没有发生更改。如果在自定义名称的一个字母前加上一个“&”字符（逻辑“与”符号），该字母将作为菜单的快捷键。
- ◆ 编辑宏脚本：在 MAXScript 编辑器窗口中打开所选操作的脚本。
- 加载：单击该按钮将弹出“加载菜单文件”对话框，可以向场景中加载自定义的菜单文件。
- 保存：单击该按钮将弹出“保存菜单文件为”对话框，可以将对菜单所做的更改保存为 .mnu 文件。
- 重置：将对菜单所做的更改重置为默认设置（defaultui.mnu）。

使用菜单面板中的工具给软件添加的菜单，会显示在软件的主菜单栏中，并且可以随意地添加其子菜单中的各个命令，如图2-11所示。

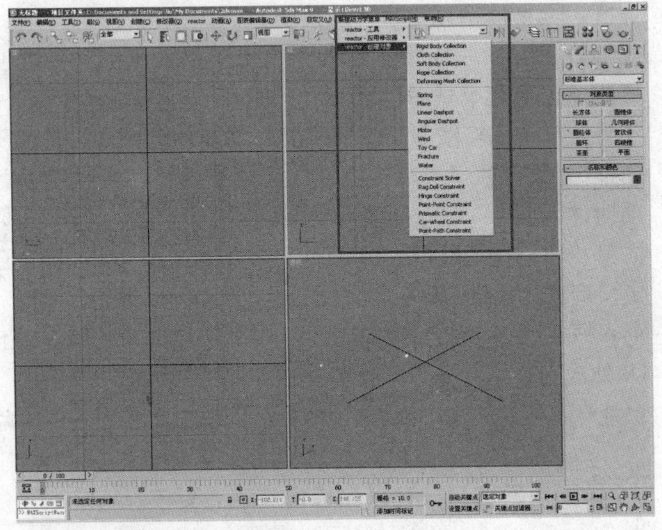

图2-11 在菜单栏中新建菜单

01 在“创建”命令面板中单击“几何体”按钮，在“对象类型”卷展栏中单击“圆柱体”按钮，如下图所示。

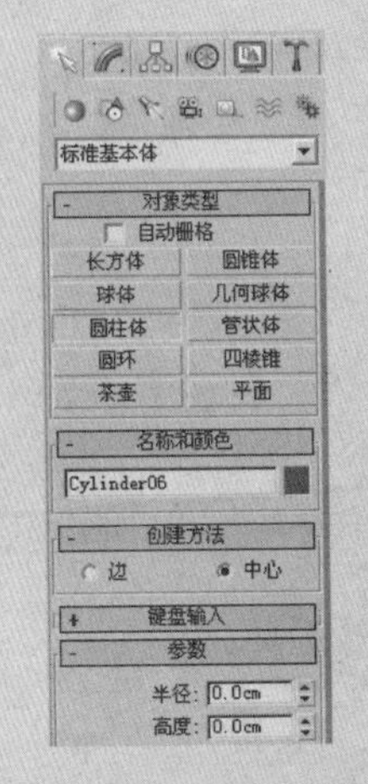

02 在透视图中创建一个圆柱体，半径为2，高度为7，重命名为“身体部分”，如下图所示。

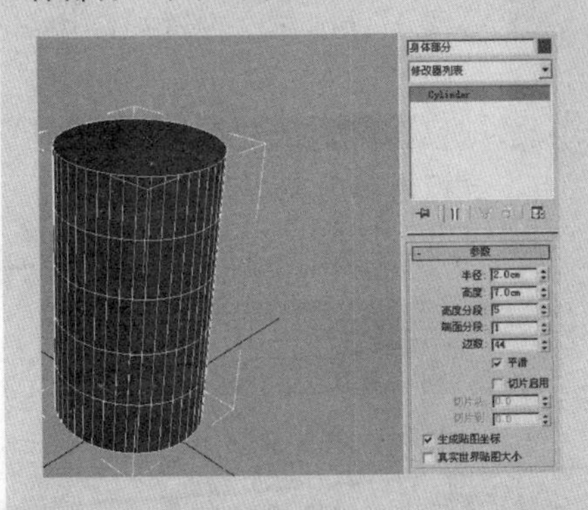

03 将透视图设置为当前视图，单击鼠标右键，在弹出的菜单中执行“转换为>转换为可编辑网格”命令，如下图所示。

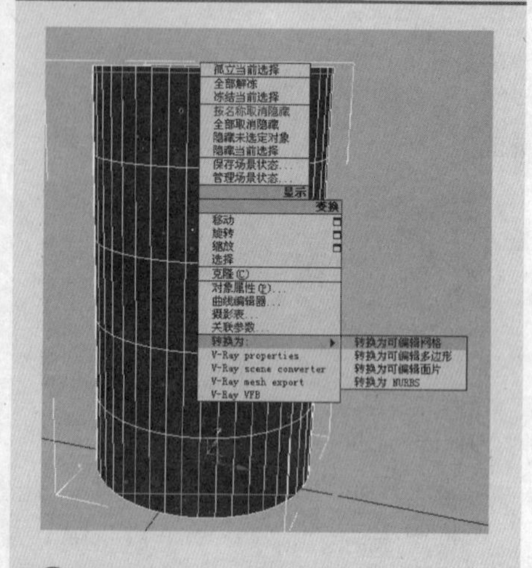

04 在“修改”命令面板的“选择”卷展栏中单击“面级别”按钮，在透视图中选择圆柱体的底面，如下图所示。

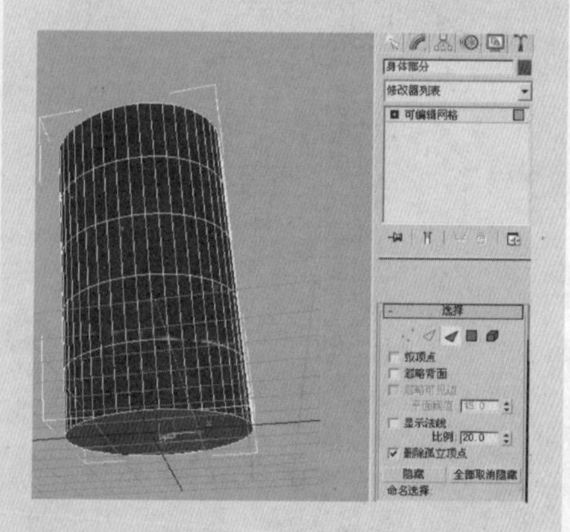

05 在“编辑几何体”卷展栏中，选择 倒角 按钮，在透视图中，单击选中的面将其进行挤出，然后释放鼠标，调整好倒角的角度，再单击鼠标左键就完成了倒角，如下图所示。

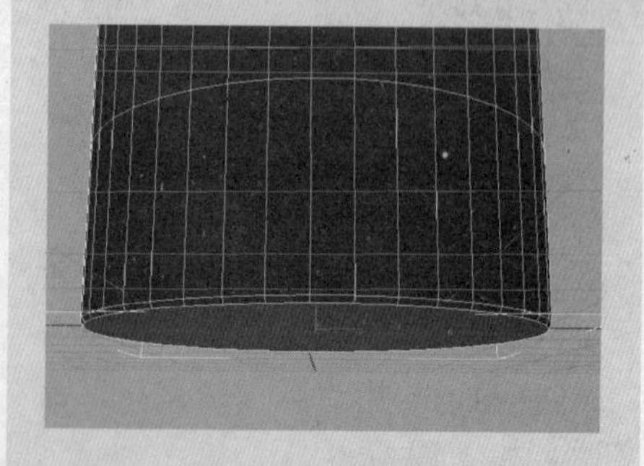

2.4.5 “颜色”面板

使用如图2-12所示的“颜色”面板可以自定义软件界面的外观。调整界面中几乎所有元素的颜色，自由设计自己独特的风格。

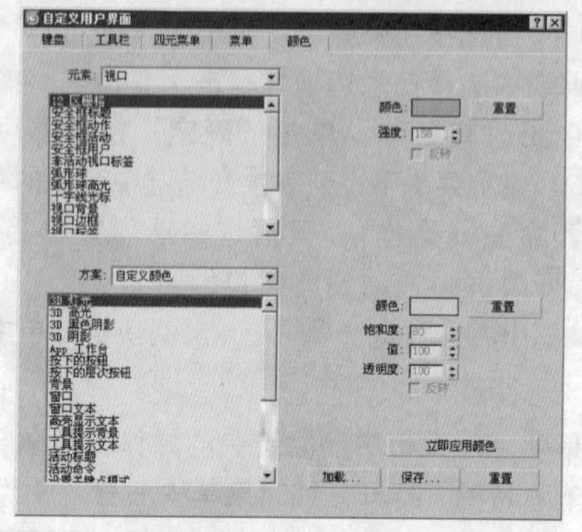

图2-12 “颜色”面板

四元菜单的颜色不能从“颜色”面板中自定义，用户可以单击“四元菜单”面板中的“高级选项”按钮，在弹出的“高级四元菜单选项”对话框定义四元菜单的颜色。

“颜色”面板中各选项含义

- 元素：从该列表中可以选择如下分组，包括轨迹栏、几何体、视口、对象、图解视图、轨迹视图、操纵器和栅格等。
- UI元素列表框：显示选定用户界面类别的可用元素列表。
- 颜色：显示选定类别和元素的颜色。单击该选项后的色块将弹出“颜色选择器”，可以更改颜色。选择新的颜色后，单击“立即应用颜色”按钮以在界面中进行更改。
- 重置：单击该按钮将颜色重置为默认值。
- 强度：设置栅格线显示的灰度值。0为黑色，255为白色。此选项仅当从“栅格”元素中选择“由强度设置”选项时才可用。这将影响视口中栅格线的强度。
- 反转：反转栅格线显示的灰度值。深灰色会变成浅灰色，反之亦然。此选项仅当从“栅格”元素中选择“由强度设置”选项时才可用。
- 方案：可以选择是将主UI颜色设置为默认Windows颜色还是自定义颜色。如果选择了“使用标准Windows颜色”，“UI外观”列表框中的所有元素将都被禁用，并且不能自定义UI的颜色。
- UI外观列表框：显示可以更改的所有用户界面中的元素。
- 颜色：显示选定UI外观选项的颜色。单击此选项右侧的色块弹出“颜色选择器”，可以更改颜色。选择新的颜色后，单击“立即应用颜色”按钮以在界面中进行更改。

- 重置：重置选定的UI外观选项。
- 饱和度：在UI中设置启用或禁用图标的饱和度比例。饱和度越高，颜色就越明亮。此选项只有在UI外观列表框中选中“图标：启用”或“图标：禁用”选项时才可用。
- 值：在UI中设置启用或禁用图标的值比例。此选项只有在UI外观列表框中选中“图标：启用”或“图标：禁用”选项时才可用。
- 透明度：在UI中设置启用或禁用图标的透明度值比例。值越大，图标就越不透明。此选项只有在UI外观列表框中选中“图标：启用”或“图标：禁用”选项时才可用。
- 反转：在UI中反转启用或禁用图标显示的RGB值。此选项只有在UI外观列表框中选中“图标：启用”或“图标：禁用”选项时才可用。
- 立即应用颜色：单击该按钮可以将默认的颜色立刻更改为当前设置的颜色。
- 加载：单击该按钮将弹出“加载颜色文件”对话框，可以将自定义的颜色文件加载到场景中。
- 保存：单击该按钮将弹出“保存颜色文件为”对话框，可以将对用户界面颜色所做的任何更改保存为CLR文件。
- 重置：单击该按钮将对颜色所做的任何更改重置为默认设置(defaultui.clr)。

可以根据各人爱好进行软件面板颜色的随意设置，但考虑到眼睛的保护用户最好使用灰色和黑色，其效果如图2-13所示。

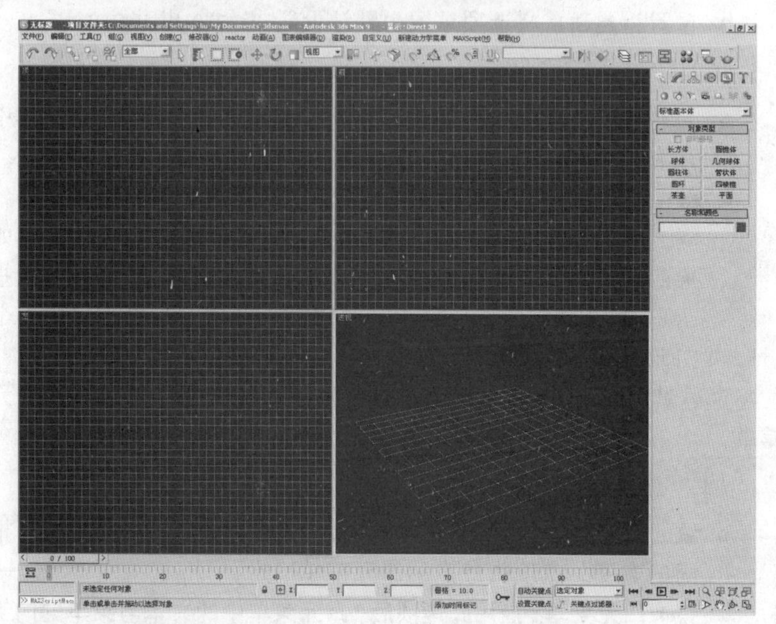

图2-13 设置软件界面颜色

技巧·提示

上一步创建的倒角实际上是给圆柱体增加了一个转折方向，这个转折方向的面可以比原来的面大，也可以比原来的小，上一步的制作是对面进行了缩小，倒角工具用得比较多，且易学。

06 选中圆柱体的最底面，使用前面介绍的方法，只是将倒角的角度调整得再大一些，对其再次进行“倒角”操作，如下图所示。

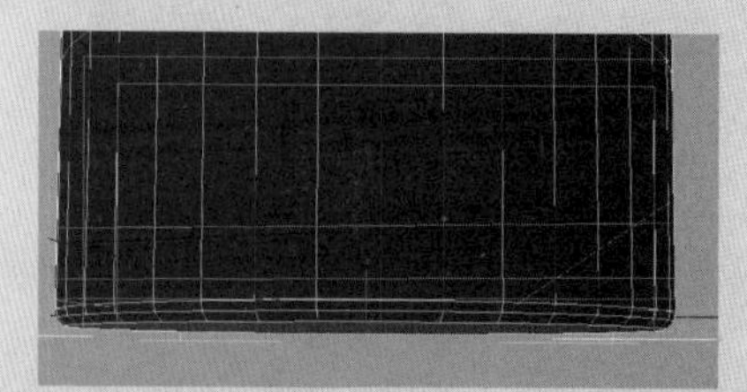

07 仍然选择物体最底面，对其进行倒角，这次的“倒角”和上两次不太一样，不需要挤出，要其在同一面上进行收缩。先弹起“倒角”按钮，选中物体最底面，在“倒角”按钮右侧的数值框中输入“-0.8”，再单击 倒角 按钮，这样就完成了倒角，如下图所示。

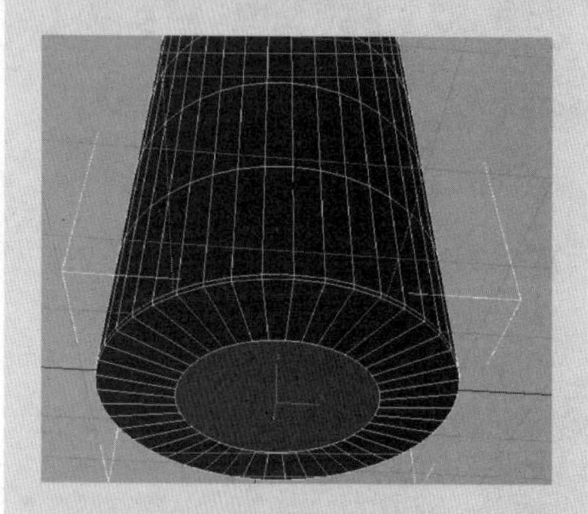

08 选中上一步倒角出来的面，对其进行倒角，可参照步骤5的方法进行，如下图所示。

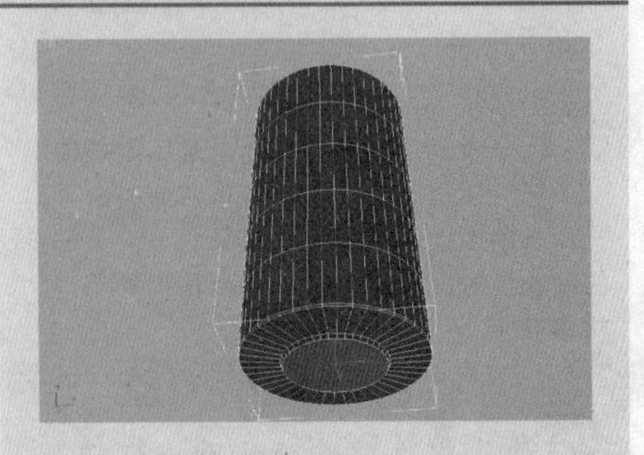

09 选中最底面，对其进行倒角，可参照步骤5的方法进行倒角，如下图所示。

10 选中最底面，对其进行倒角，这次的倒角是不需挤出，可参照步骤7的方法进行，如下图所示。

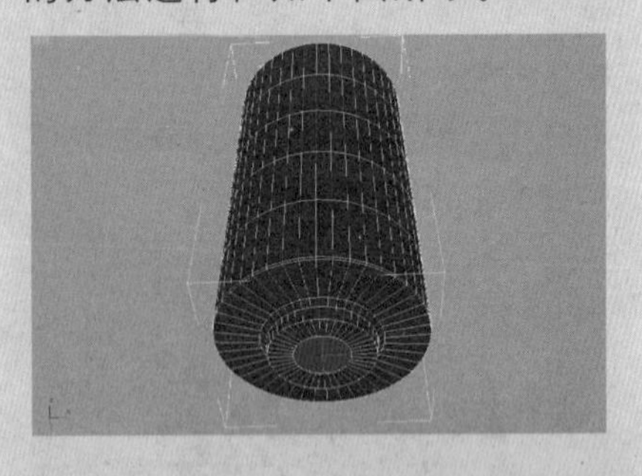

11 选中最底面，单击“编辑几何体”卷展栏中的 挤出 按钮，将光标放在选中的面上，按住鼠标左键不放，对其进行挤出，因为这是水龙头的出水口，所以让这个面缩到里面去，如下图所示。

2.4.6 高级四元菜单选项

使用“高级四元菜单选项”对话框，用户可以自定义四元菜单的大小和颜色，也可以自定义其他四元菜单的行为，如重新定位、输入字体和光标行为。

在“自定义用户界面”对话框“四元菜单”面板中单击 高级选项... 按钮，系统将弹出“高级四元菜单选项”对话框，如图2-14所示。

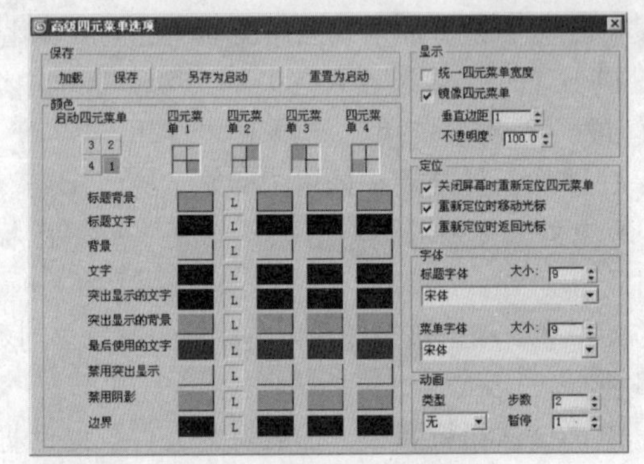

图2-14 “高级四元菜单选项”对话框

“高级四元菜单选项”对话框中各选项含义

(1)“保存”选项区域

- 加载：用于加载四元菜单选项（.qop）文件。
- 保存：将设置保存到.qop文件中。
- 另存为启动：将当前设置另存为启动设置。
- 重置为启动：将选项重置为默认设置（defaultui.qop）。

(2)“颜色”选项区域

- 启动四元菜单：在打开四元菜单时，选择光标在哪个四元菜单中开始。
- 颜色列表：列出了四元菜单可自定义的元素，并按区域进行分隔。单击色样可以打开“颜色选择器：选择颜色”对话框。如果四元菜单元素的颜色被锁定（由一个按下的“L”按钮所指示），每个分隔的四元菜单将共享同一颜色，当更改其中一个四元菜单中的颜色时，所有四元菜单的颜色将会更改。

通过禁用选定四元菜单元素的锁定按钮，可以分别自定义每个四元菜单。

(3)“显示”选项区域

- 统一四元菜单宽度：启用此选项后，所有显示的四元菜单将有相同的宽度。宽度由最宽的四元菜单确定。
- 镜像四元菜单：启用此选项后，四元菜单中的文本与菜单的内侧边缘对齐；而右侧四元菜单中的文本为左对齐，左侧四元菜单中的文本为右对齐。禁用此选项后，四元菜单中的所有文本都为左对齐。

- 垂直边距：设置四元菜单中命令之间的垂直间距。
- 不透明度：设置四元菜单的不透明度。在 Windows NT 上运行的系统中，不透明度不可用。

(4)"定位"选项区域

- 关闭屏幕时重新定位四元菜单：当部分菜单项在屏幕边缘外打开时，可以自动调整四元菜单的位置。移动菜单以便整个菜单都显示在屏幕上。
- 重新定位时移动光标：调整四元菜单的位置后，将光标移动到新位置。
- 重新定位时返回光标：从四元菜单中选中操作后，光标将返回到屏幕上最初进行右击的位置。

(5)"字体"选项区域

- 标题字体：设置四元菜单标题字体。
- 大小：设置四元菜单标题字号的大小。
- 菜单字体：设置四元菜单内文本字体。
- 大小：设置四元菜单内文本字号的大小。

(6)"动画"选项区域

- 类型：设置四元菜单的动画类型，包含以下选项。
- ◆ 无：单击右键将立即显示四元菜单。
- ◆ 拉伸：按顺时针方式打开，一次扩展一个四元菜单。关闭与打开类似，以逆时针的方式关闭，一次收缩一个四元菜单。
- ◆ 淡入淡出：四元菜单通过从透明到不透明的淡入打开，通过从不透明到透明的淡出关闭。
- 步数：用于完成四元菜单动画显示的帧数。该值越大，过渡（由小到大，由透明到不透明等）越平缓。
- 暂停：四元菜单动画显示期间，动画帧之间的时间。该值越大，四元菜单的动画显示越慢。

使用"高级四元菜单选项"对话框可以将四元菜单定义为适合用户自己使用的菜单，包括颜色字体等，如图2-15所示。

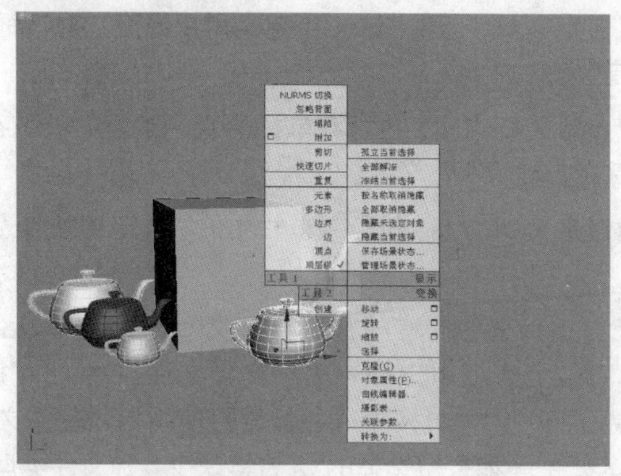

图2-15 设置后的四元菜单

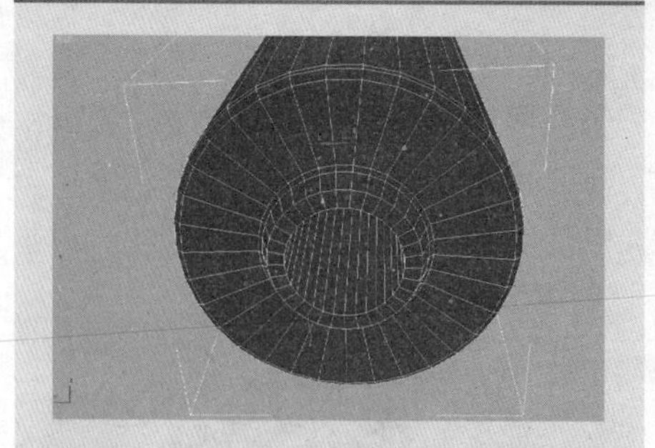

⑫ 选中"身体部分"的顶面，在前视图中选择比较方便，在前视图中进行框选，如下图所示。

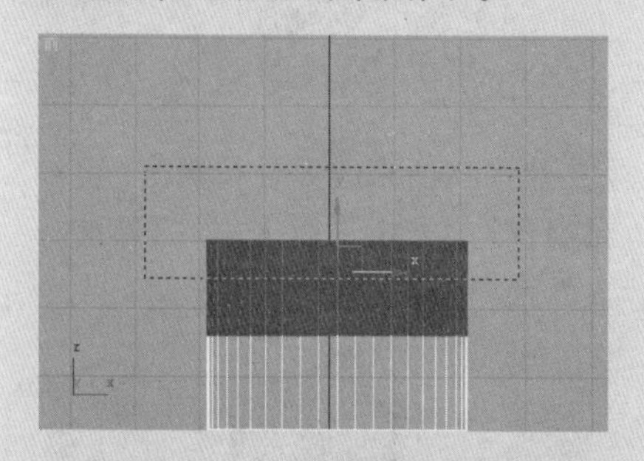

⑬ 多选了Y轴上的一部分面，按住Alt键，对多选的面进行框选，这就减去了多选的面，如下图所示。

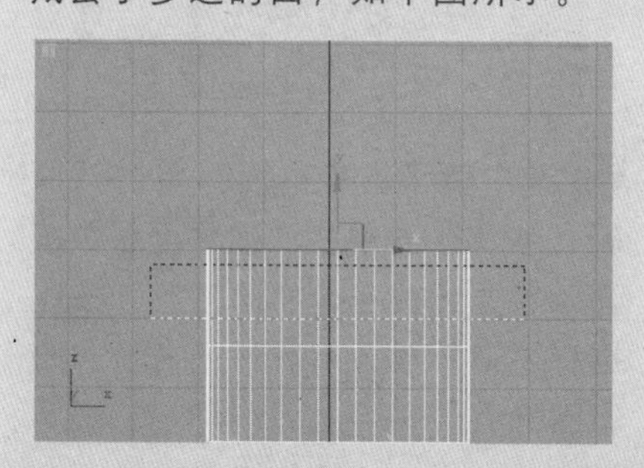

⑭ 对选中的面进行倒角，可参照步骤7的方法进行倒角，如下图所示。

2.5 保存和加载自定义用户界面

用户可以通过保存和加载自定义用户界面（UI）方案来自定义工作区。

自定义 UI 方案保存为下列 6 种类型的文件。

- .cui：存储工具栏和面板布局。
- .clr：存储所有颜色设置（四元菜单颜色除外）。
- .mnu：存储菜单栏和四元菜单内容。
- .qop：存储四元菜单的颜色、布局和行为。
- .kbd：存储键盘快捷键指定。
- .ui：存储图标方案（标准或 2D 黑白色）。

可以在“自定义用户界面”对话框的各个面板中分别加载和保存这些文件，也可以使用“加载自定义 UI 方案”对话框来一次加载整个 UI 方案文件组，或者使用“保存自定义 UI 方案”对话框来保存当前的 UI 方案。

在默认情况下，3ds Max\UI 文件夹中有两组 UI 方案：maxstart 和 defaultUI 。启动时，3ds Max 默认使用 maxstart 文件系列；如果该方案不存在，则使用 defaultui 文件系列。

不要以 defaultUI 为开头字母保存任何文件，因为这样做会永久性地覆盖默认 UI 方案。

2.5.1 加载自定义 UI 方案

在“加载自定义 UI 方案”对话框中，用户可以指定要加载的自定义 UI 方案的基本文件名，还可以从该对话框中选择任何类型 UI 方案文件，软件将加载其他与基本文件名相同的任何 UI 方案文件。另外，用户也可以使用自定义 UI 和默认切换器加载自定义 UI 方案。

加载自定义 UI 方案

Step 01 设置自定义 UI 方案。在“自定义用户界面”对话框中选择选项，设置自定义 UI 方案。

Step 02 保存自定义 UI 方案。执行菜单栏中的“自定义 > 保存自定义 UI 方案”命令保存自定义 UI 方案。

Step 03 加载自定义 UI 方案。执行菜单栏中的“自定义 > 加载自定义 UI 方案”命令。

Step 04 选择自定义文件。在“加载自定义 UI 方案”对话框中，从“文件类型”下拉列表框中选择一类自定义文件（.cui、.mnu、.clr、.kbd、.qop 或.ui）。软件将搜索（并加载）使用相同基本文件名的其他类型 UI 方案文件。如果所选择的 UI 方案缺少 6 种文件类型之一，那

⑮ 选中倒角出来的面，单击“编辑几何体”卷展栏中的 挤出 按钮，将光标放在选中的面上，按住鼠标左键不放，对其进行挤出，如下图所示。

⑯ 选中挤出来的面进行倒角，可参照步骤7的方法进行倒角，只是这次的面是向外扩，如下图所示。

⑰ 选中倒角出来的面，单击“编辑几何体”卷展栏中的 挤出 按钮，将光标放在选中的面上，按住鼠标左键不放，对其进行挤出，如下图所示。

⑱ 选中顶部的面进行倒角，可参照步骤 5 的方法进行，如下图所示。

么缺少的类型文件对应的用户界面部分将不会更改。

在一般情况下软件的UI方案共有4种，分别为“Default UI”、“ModularToolbars UI”、“ame-dark”和“ame-light”4种方案，4种方案中“ame-dark”界面最特别，其图标完全都是二维图标，并且是黑色界面，如图2-16所示。

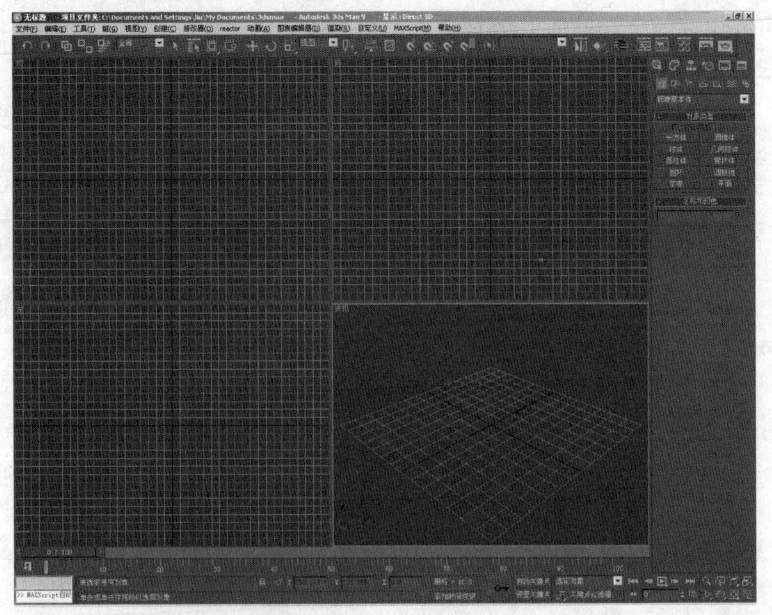

图2-16 ame-dark界面

恢复默认的UI方案

如果用户启动了3ds Max而不熟悉其用户界面布局，可以随时恢复为默认的UI方案。

执行菜单栏中的“自定义>加载自定义UI方案”命令，从弹出的“加载自定义UI方案”对话框中，选择defaultui.cui文件并单击“打开”按钮。

所有默认的UI文件都以基本文件名defaultui开头。当选择defaultui.cui后，会加载所有默认的UI方案文件。

2.5.2 还原为启动布局

执行“自定义>还原为启动布局”命令，系统可以自动加载_startup.ui，该文件可以将用户界面返回到启动设置。启动程序时，将自动创建临时系统文件。

如果在“首选项”对话框的“常规”面板中已启用“退出时保存UI配置”选项，则在退出此程序时，当前UI文件将被覆盖。

执行菜单栏中的“自定义>还原为启动布局”命令，可以将用户界面返回到启动设置，UI元素将按照原来的顺序重新排列。

19 再选中顶部的面进行倒角，可参照步骤5的方法进行，如下图所示。

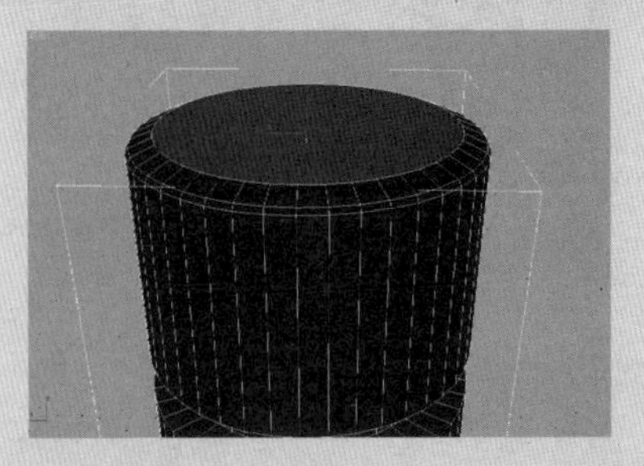

20 这样身体部分就制作完成了，效果如下图所示。

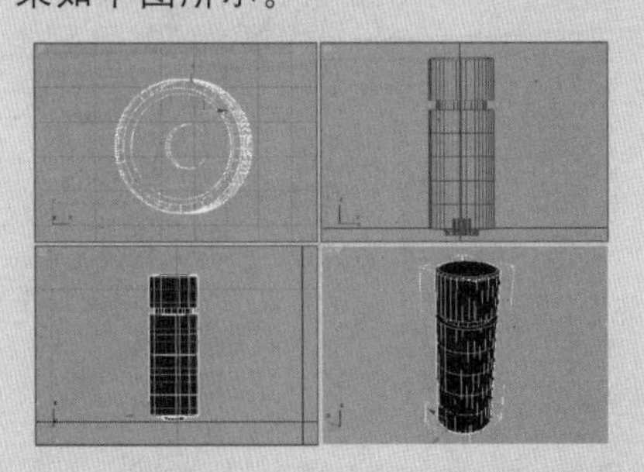

21 在“创建”命令面板中单击“几何体”按钮，在“对象类型”卷展栏中单击“圆柱体”按钮，如下图所示。

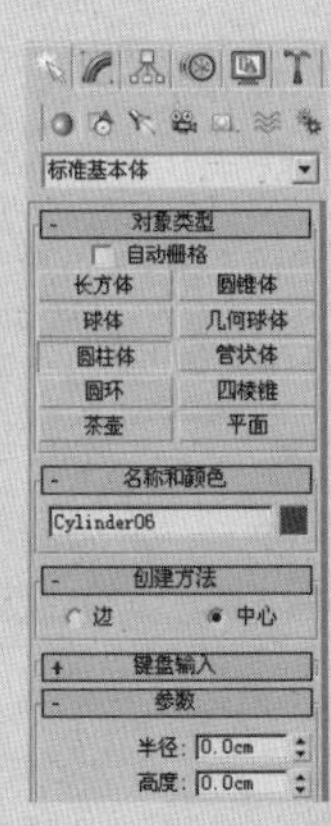

㉒ 在透视图中创建一个圆柱体，半径为1.5，高度为7，重命名为“底座”，如下图所示。

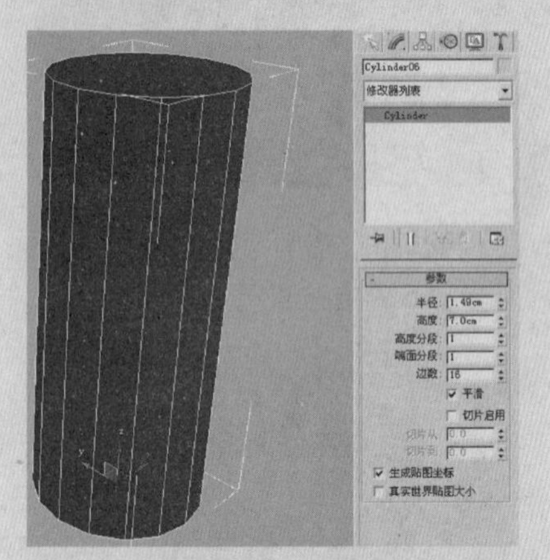

㉓ 将透视图设置为当前视图，单击鼠标右键，在弹出的菜单中执行“转换为>转换为可编辑网格”命令，如下图所示。

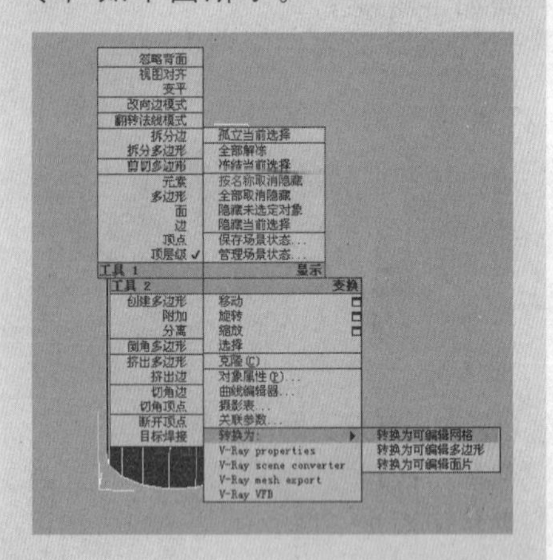

㉔ 切换到“面”级别，选中底部的面，进行倒角，经过3次倒角，效果如下图所示。

2.6 视口配置

执行菜单栏中的“自定义>视口配置”命令，系统将弹出“视口配置”对话框，用户可以使用此对话框上的控件设置视口控制选项。

所有配置选项都用.max文件保存。要配置文件的启动设置，用户可以保存一个maxstart.max文件。如果该文件已存在，则3ds Max将在加载或重置该软件时，使用它来确定视口配置和设置。

“视口配置”对话框中包含6个选项面板：渲染方法、布局、安全框、自适应降级切换、区域和统计数据。

2.6.1 “渲染方法”面板

在“视口配置”对话框的“渲染方法”选项面板中，可以设置当前视口或所有视口的渲染方法，如图2-17所示。

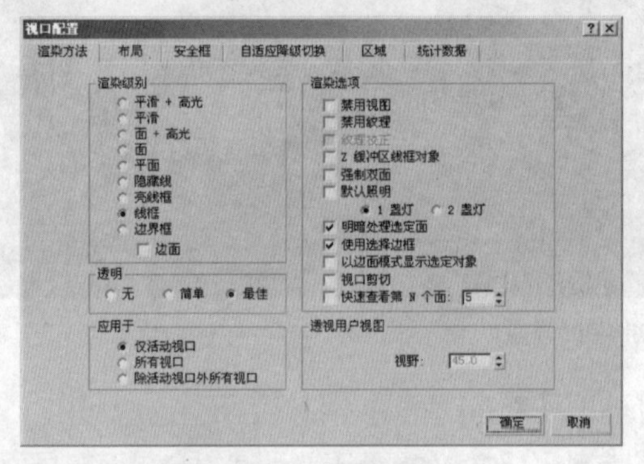

图2-17 “渲染方法”选项面板

“渲染方法”面板中各选项含义

（1）“渲染级别”选项区域

该选项区域中的参数决定软件显示对象的方式。

- 平滑＋高光：使用平滑着色渲染对象，并显示反射高光。
- 平滑：只使用平滑着色渲染对象。
- 面＋高光：使用平面着色渲染对象，并显示反射高光。
- 面：将多边形作为平面进行渲染，但是不使用平滑或高亮显示进行着色。
- 平面：系统将忽略环境光或光源对物体的影响。它是检查渲染到纹理创建的位图结果的最佳方法。
- 隐藏线：该显示模式下，在场景中的所有模型物体将呈现黑色线框显示，效果如图2-18所示。

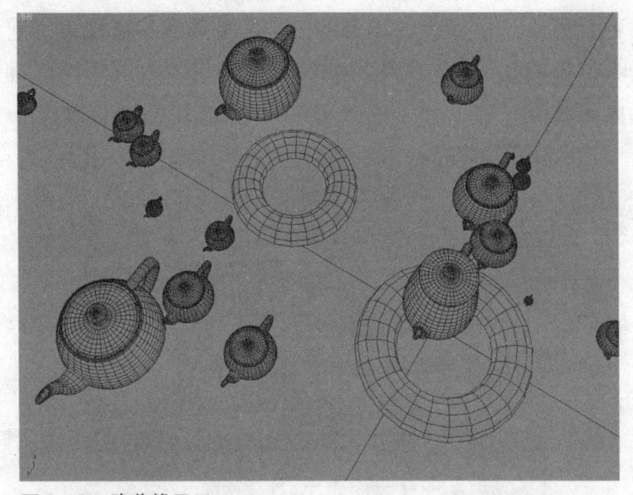

图2-18　隐藏线显示

- 亮线框：将对象作为线框，使用平面着色进行渲染。
- 线框：将对象绘制作为线框，并不应用着色。
- 边界框：将对象绘制作为边界框，并不应用着色。边界框的定义是将对象完全封闭的最小框。
- 边面：只有在当前视口处于着色模式时（如平滑、平滑＋高光显示、面＋高光显示或面）才可以使用该选项。在这些模式下勾选“边面”复选框之后，将沿着着色曲面出现对象的线框边缘。这对于在着色显示中编辑网格非常有用。

边是通过对象线框颜色显示的，而表面则是通过材质颜色显示（如果指定材质），从而可以创建着色表面和线框边之间的对比色。可以在“显示”命令面板的“显示颜色”卷展栏中切换这些线框。

（2）“透明”选项区域

- 无：已指定透明度的对象以完全不透明的形式出现，而不考虑透明度设置。
- 简单：已指定透明度的对象使用“屏栅门”透明效果进行显示。
- 最佳：已指定透明度的对象使用双通道透明效果进行显示。该选项与渲染透明度效果最接近，但是比其更平滑。

（3）“应用于”选项区域

可以将当前设置仅应用于活动视口，或应用于所有视口，或应用于除活动视口之外的所有视口。

（4）“渲染选项”选项区域

使用这些功能可以修改着色模式或线框模式。它们仅作用于视口渲染器，对扫描线渲染器不起作用。

- 禁用视图：禁用在“应用于”选项区域所选择的视口，在所选视口的左上方将会出现“禁用”字样，如图2-19所示。禁用视口的行为与其他任何处于活动状态的视口一样。然而，当

25 再对它们两个的位置进行适当移动，如下图所示。

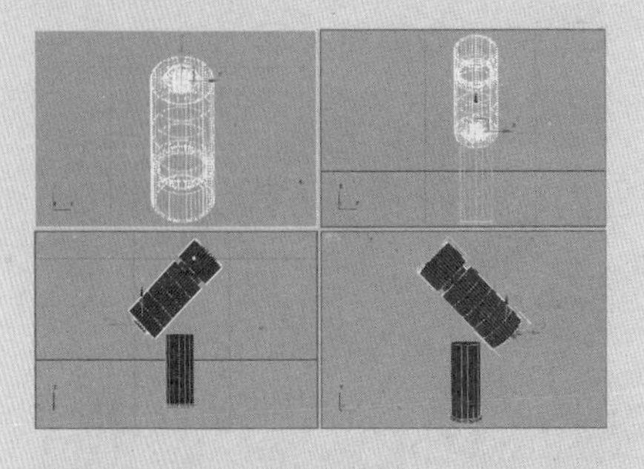

26 选中底座，切换到“点”级别，再选中顶部的点，进行移动，如下图所示。

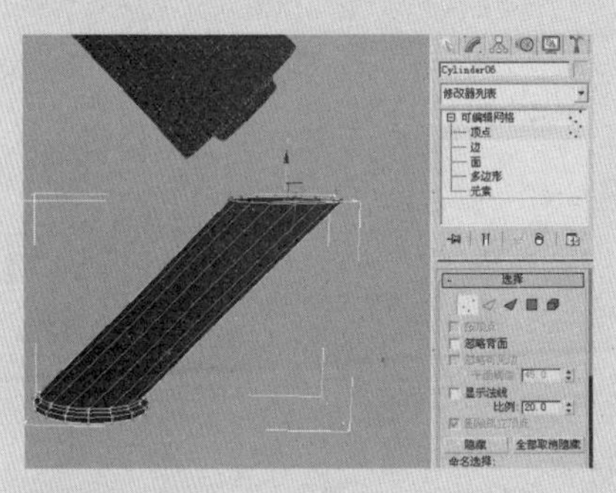

27 使用“选择并旋转”工具对顶部的点进行旋转，如下图所示。

28 对它们两个的位置再次进行移动，效果如下图所示。

㉙在视图中创建一个简单的场景，并为洗脸池指定适当的材质，渲染后的效果如下图所示。

更改另一个视口中的场景时，在下次激活禁用视口之前不会更改其中的视图。使用此功能可以在处理复杂几何体时加速屏幕重画速度。

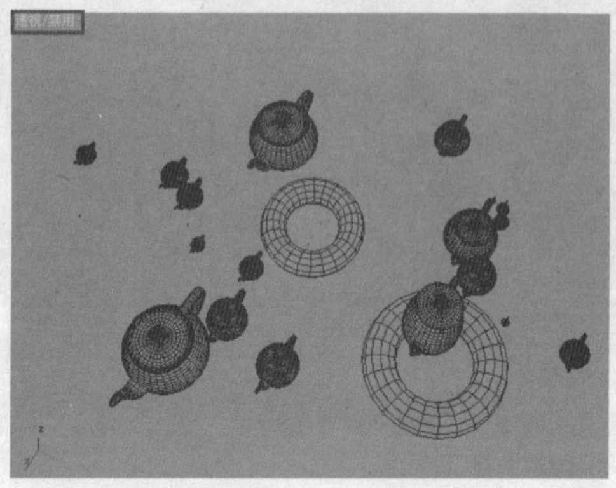

图2-19 禁用视图

- 禁用纹理：选择此选项可禁用指定给对象的纹理贴图显示。禁用此项可显示指定给对象的贴图。
- 纹理校正：使用像素插值重画视口（更正透视）。当用户由于一些原因，要强制视口进行重画之前，重画的图像将保持不变。仅当对视口进行着色，并且至少显示一个对象贴图时，此命令才生效。
- Z缓冲区线框对象：按照场景深度顺序绘制线框，否则可能以无序方式绘制线框，以加快视口显示速度。通常只有在子对象选择由通过无序方式绘制的线“隐藏”时才需要启用此选项。例如，虽然选中了方框的正面，但是它们并未以红色高亮显示，因为后面的白线可能是最后绘制的。只有在发现选择变模糊或需要从后往前重新绘制视口时，才能够激活此选项。
- 强制双面：设置为渲染双面。禁用此选项将只渲染法线朝向观察者的面。通常，需要禁用此选项才能加快重画时间。如果需要查看对象的内部及外部，或如果已导入面法线未正确统一的复杂几何体，则可能要启用此选项。
- 默认照明：启用此选项可使用默认照明。禁用此选项可使用在场景中创建的照明。如果场景中没有照明，则将自动使用默认照明，即使此复选框已禁用也是如此。默认设置为启用。

  有时，用户在场景中创建的照明会使对象在视口中难以显现。使用默认照明可以在均匀的照明状态下显示对象。用户可以选择1个或2个光源（默认）。

◆ ①盏灯：在自然照明损失很小的情况下提供重画速度，提高20%的过肩视角光源。

◆ ②盏灯：提供更自然的照明，但是会降低视口性能。

- 明暗处理选定面：启用此选项之后，将以红色状态显示视口中选定的面，从而在“着色模式”为“平滑 + 高光”显示时可以看到所选的面，如图 2-20 所示。

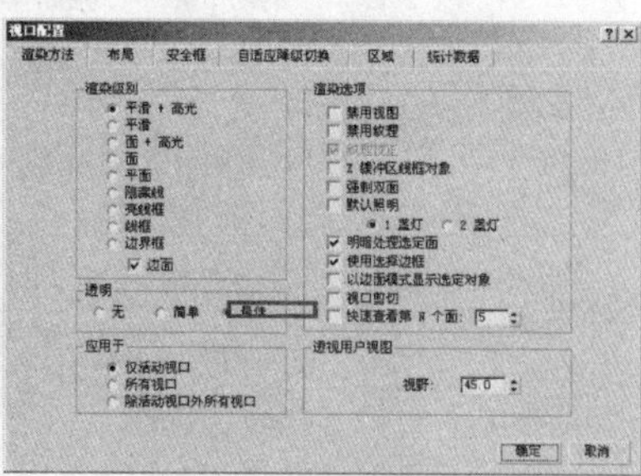

图 2-20　明暗处理选定面

- 使用选择边框：在视口显示中切换白色选择边框的显示。在复杂场景中，当多个选择边框的显示使选定对象的所需视图变得模糊时，最好禁用此选项。
- 以边面模式显示选定对象：当视口处于着色模式时（如平滑、平滑 + 高光、面 + 高光或面），切换选定对象高亮显示边的显示。在这些模式下启用该选项之后，将沿着着色曲面出现选定对象的线框边缘。这对于选择多个对象或小对象非常有用。
- 视口剪切：启用该选项之后，交互设置视口显示的近距离范围和远距离范围。位于视口边缘的两个箭头用于决定剪切发生的位置。标记与视口的范围相对应，下标记是近距离剪切平面，而上标记设置远距离剪切平面。这并不影响渲染到输出，只影响视口显示。
- 快速查看第 N 个面：启用该选项之后，可以通过显示较少的面来加快屏幕重画速度。“第 N 个面”数值框可设置“快速查看”模式处于活动状态时显示的面数。

（5）“透视用户视图”选项区域

- 视野：设置“透视”视口的视野角度。当其他任何视口类型处于活动状态时，此选项不可用。

2.6.2 “布局”面板

在“视口配置”对话框的“布局”选项面板中，用户可以指定视口的划分方法，并向每个视口分配特定类型的视图。

将布局保存为 .max 文件，这样就可以在单独的场景文件中存储不同的布局。加载所需的文件，然后将其他文件的内容进行合并，以保持布局。

通过 MAXScript，用户可以使用一些命令将当前布局设置为 14 个可用设置之一。还可以激活任何视口，然后设置视图类型，从而可以创建宏并自定义用户界面按钮，以设置选择的任何布局。

01 在“创建”命令面板中单击“图形”按钮，然后在“对象类型”卷展栏单击 圆 按钮，在顶视图中创建一个半径为 1400 的圆形，如下图所示。

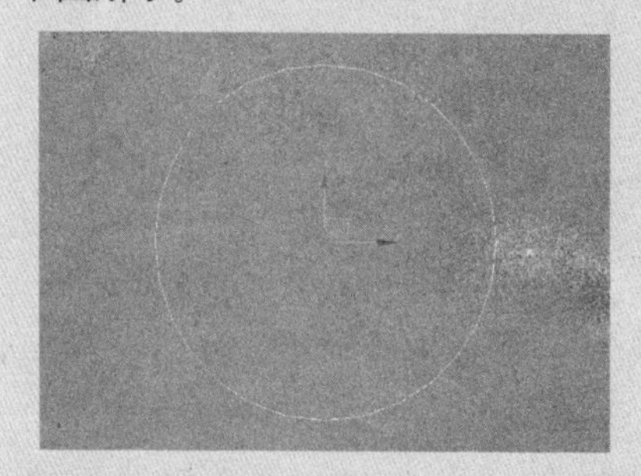

02 在“对象类型”卷展栏中单击 矩形 按钮，在顶视图中创建一个边长为 1400 的正方形，如下图所示。

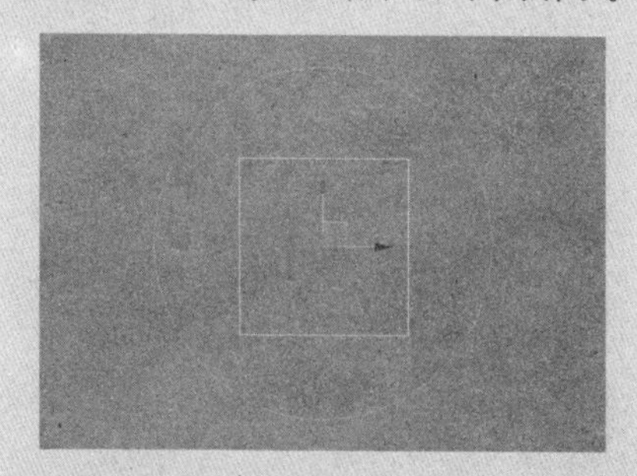

03 右击主工具栏中的“选择并旋转”按钮，然后在弹出对话框的“绝对：世界”选项区域中 Z 轴右侧输入 45，按 Enter 键结束旋转操作，此时矩形逆时针旋转了 45°，如下图所示。

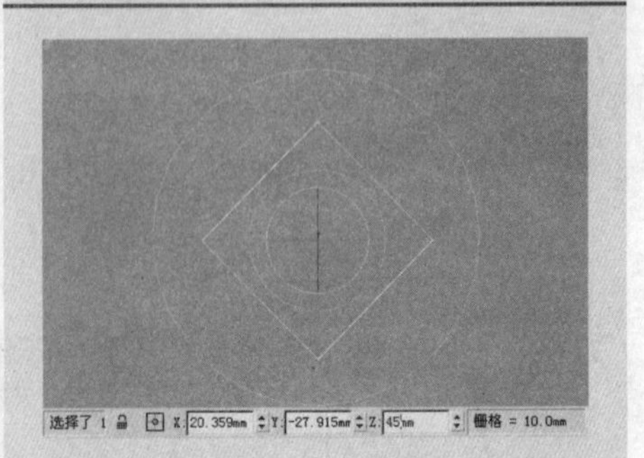

04 激活主工具栏中的“捕捉开关”按钮，右击该按钮，在弹出的“栅格和捕捉设置”对话框中将捕捉的方式设置为“顶点”和“轴心”，如下图所示。

栅格和捕捉设置
捕捉 | 选项 | 主栅格 | 用户栅格
Standard | 禁用覆盖
栅格点 | 栅格线
轴心 | 边界框
垂足 | 切点
顶点 | 端点
边/线段 | 中点
面 | 中心面
清除全部

05 首先捕捉矩形顶部的顶点，然后按下Alt+S组合键将捕捉方式循环到“轴心”方式，再移动鼠标捕捉圆形的轴心，当光标接触圆形的时候，系统将显示出圆形的轴心，释放鼠标后矩形顶点自动与圆形的轴心对齐，如下图所示。

06 右击视图，然后在弹出的菜单中选择“转换为>转换为可编辑样条线”命令，将矩形转换为可编辑样条线对象，如下图所示。

“布局”选项面板如图 2-21 所示。

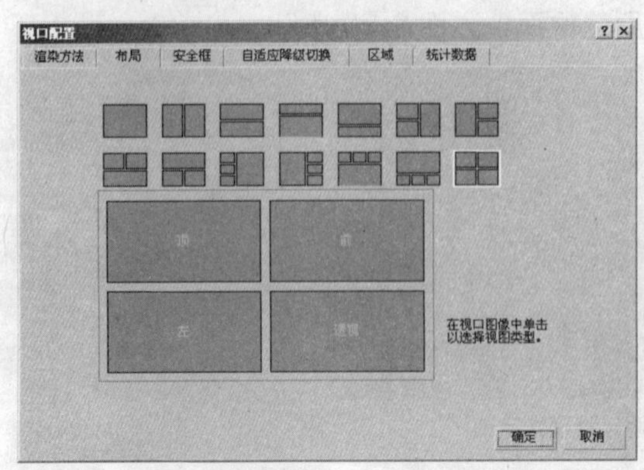

图2-21 “布局”选项面板

“布局”选项面板包括两个常规区域。顶部是代表划分方法的图标。下面是表示当前所选布局的预览效果。单击图标以选择划分方法，然后即可预览其效果。

要在不同的布局中指定特定视图，需要右击预览区中视口的标签，从弹出的快捷菜单中选择视口类型。

2.6.3 “安全框”面板

在“安全框”选项面板中，用户可以设置“安全框”在视图中的显示状态。

使用“安全框”选项面板可以查看视口中渲染输出的比例。当对不匹配视口纵横比的输出进行渲染时，这一选项特别有用。

“安全框”的主要目的是表明显示在 TV 监视器上的工作的安全区域。可能边框会占图像 10% 的区域，目的是不希望重要的对象或动作落到“动作安全区”之外。落在“标题安全区”之外的高对比度标题可能会由于 TV 屏幕的边框而渗出或被遮住。

当使用匹配视口或匹配渲染输出中的任意选项在视口中显示“安全框”，并指定位图图像作为视口背景时，图像将被限制在安全框的“活动区域”中并匹配渲染的背景。用户可以切换当前视口安全框的打开或关闭状态，并使用“视口配置”对话框“安全框”选项面板来调整参数。

当“安全框”显示在视口中并将位图图像指定为背景，同时显示背景时，图像限定在安全框的“活动区域”中。如果在渲染中使用了背景图像，那么应确保渲染输出的尺寸匹配背景图像尺寸，这可以避免扭曲。

“安全框”选项面板如图 2-22 所示。

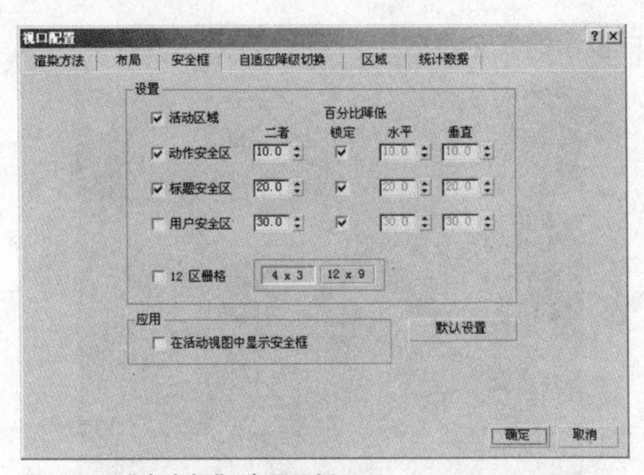

图2-22 “安全框”选项面板

“安全框”选项面板中各参数含义

(1)“设置”选项区域

- 活动区域(黄色):该区域将被渲染,而不考虑视口的纵横比或尺寸。
- 动作安全区(绿色):在该区域内包含渲染动作是安全的。“锁定”复选框可以锁定动作框的纵横比。勾选“锁定”复选框时,使用“二者”数值框来设置在安全框中修剪的活动区域百分比。取消勾选“锁定”复选框时,可以使用“水平”和“垂直”数值框来分别设置这些参数。默认设置为10%。
- 标题安全区(青色):在该区域中包含标题或其他信息是安全的。正确使用时,该区域比“动作”框小。“锁定”复选框可以锁定“标题”框的纵横比。勾选“锁定”复选框时,使用“二者”数值框来设置与动作框相关的标题框的百分比大小。取消勾选“锁定”复选框时,可以使用“水平”和“垂直”数值框来分别设置这些参数。“活动区域”的默认设置为20%。
- 用户安全区:显示可用于任何自定义要求的附加安全框。“锁定”复选框可以锁定“用户”框的纵横比。勾选“锁定”复选框时,使用“二者”数值框来设置与动作框相关的用户框的百分比大小。取消勾选“锁定”复选框时,可以使用“水平”和“垂直”数值框来分别设置这些参数。“活动区域”的默认设置为30%。
- 12区栅格:在视口中显示单元(或区)的栅格。这里“区”是指栅格中的单元,而不是扫描线区。通过“12区栅格”可以在视图中更加直观地对物体进行移动。
- 4 x 3/12 x 9:在12或108单元的矩阵中进行选择。

(2)“应用”选项区域

- 在活动视图中显示安全框:切换当前视口框显示的开启或关闭。该选项与视口右键快捷菜单中的“显示安全框”选项一致。
- 默认设置:将所有值重置为默认值。

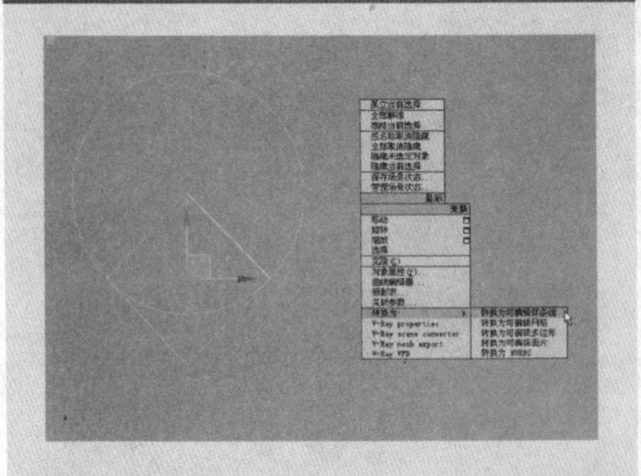

07 切换到“修改”命令面板,单击“几何体”卷展栏中的 附加多个 按钮,在弹出的“附加多个”对话框中选择“圆形”选项,按Enter键确认,此时矩形与圆形附加为一个整体,如下图所示。

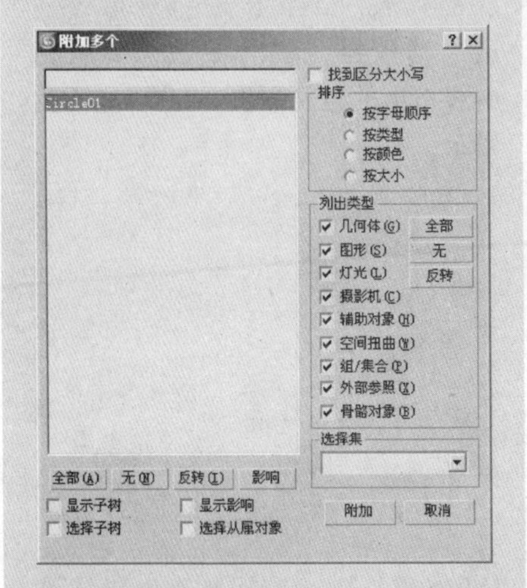

08 按下键盘中的数字键3,切换到“样条线”层次,单击“几何体”卷展栏中的 修剪 按钮,再单击扇形区域以外的所有线段,这样就将单击的线段修剪掉,如下图所示。

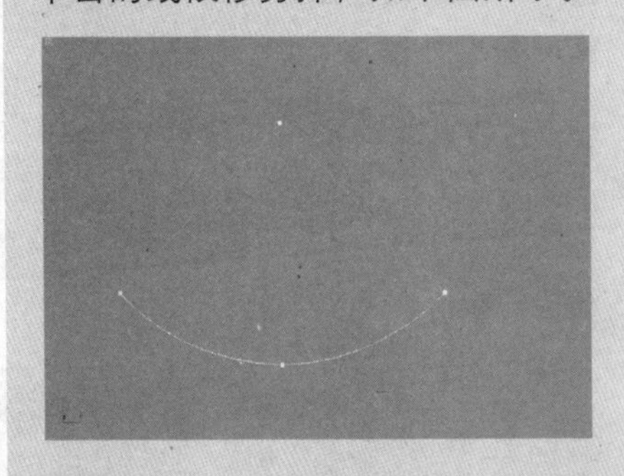

09 按下键盘中的数字键1，切换到“顶点”层次，选中所有的顶点，右击视图，然后在弹出的菜单中选择“焊接顶点”命令，如下图所示。

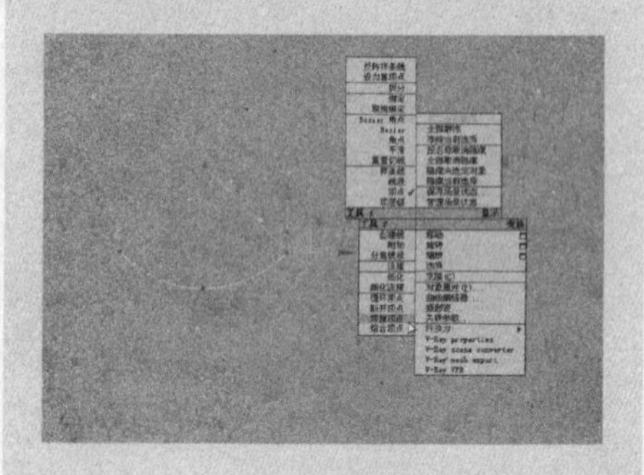

10 在”修改“命令面板中的”修改器列表“下拉列表中选择“挤出”修改器，在”参数”卷展栏中将挤出的数量设置为500，如下图所示。

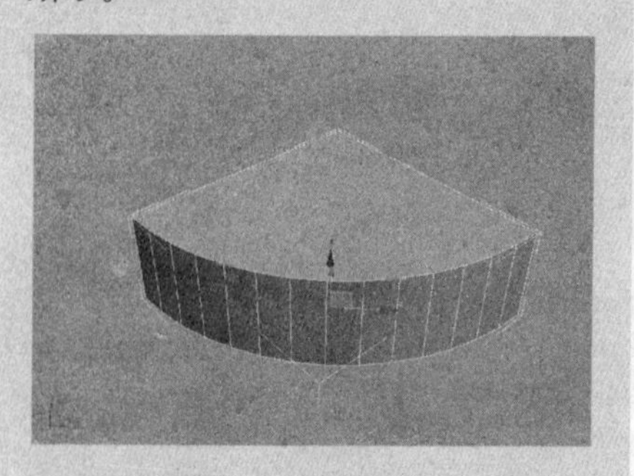

11 为浴缸添加“编辑多边形”修改器，按下键盘中的数字键2，切换到“边”层次，按Alt+C键切换到切割多边形模式，然后捕捉浴缸顶部表面轴心和圆弧的中点切割出一条边，同样在底部的表面上对应的位置切割出一条边，如下图所示。

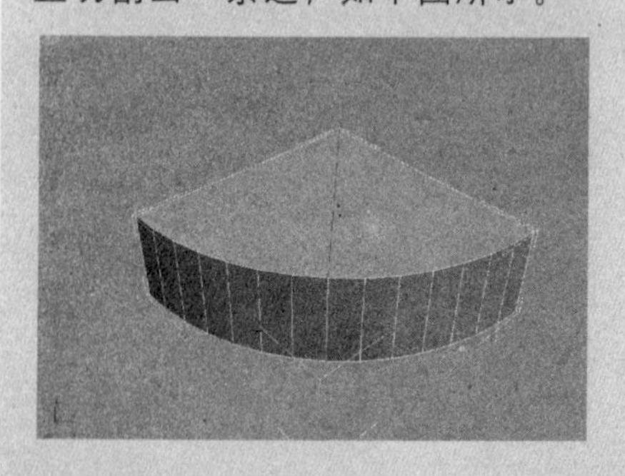

在视图中显示的安全框效果如图2-23所示。

图2-23　显示安全框效果

2.6.4 “自适应降级切换”面板

在“视口配置”对话框的“自适应降级切换”选项面板中，用户可以调整自适应视口重画方法。自适应降级设置可以以max文件格式进行保存，”自适应降级切换“选项面板如图2-24所示。

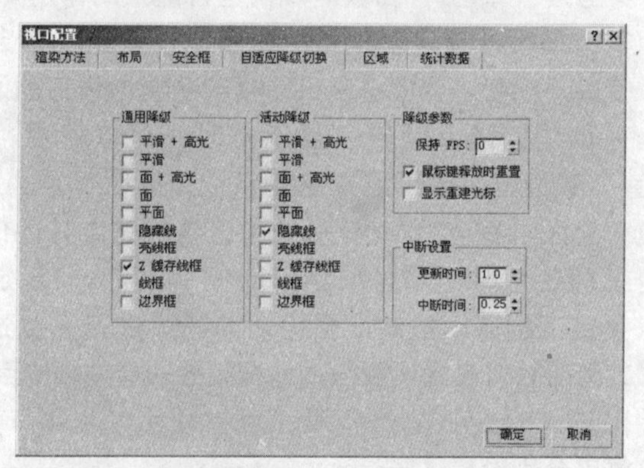

图2-24　“自适应降级切换”选项面板

“自适应降级切换”面板中各参数含义

(1)“通用降级”和“活动降级”选项区域

选择选项区域中的复选框表明在必要的降级期间渲染模式所经过的步骤。在“通用降级”选项区域中选定的对象影响所有非活动视口，而在“活动降级”选项区域中选定的对象仅影响活动视口。

(2)“降级参数” 选项区域

- 保持FPS：FPS是每秒钟填充图像的帧数。每秒钟帧数愈多，显示的动画愈流畅。
- 鼠标键释放时重置：释放鼠标时重置渲染级别。如果启用此选项，程序将尝试在降级设置中选定的渲染级别，以获得最佳性能，同时仍然保持播放速率。如果禁用此选项，渲染级别将立即降至上一个最小值。
- 显示重建光标：显示在重新计算视口渲染级别时显示的光标。

(3)“中断设置” 选项区域

- 更新时间：设置在视口渲染期间更新的间隔。在屏幕上，将以每一个间隔绘制新的渲染部分。如果设置为0，则在渲染完成之前不会绘制任何内容。
- 中断时间：设置在视口渲染期间程序检查鼠标按键事件的时间间隔。值越小鼠标释放的速度就越快，因此可以在其他位置使用鼠标而不必等待其“清醒”。

在自适应降级状态，在视口中编辑场景中的物体时（移动或者放大物体），场景中的物体将由着色状态转换为外框状态，在完成操作之后才恢复原状，该状态可以大大地提高3ds Max的运算速度和显示速度，在进行大型场景的编辑时经常用到该状态，如图2-25所示。

图2-25 自适应效果

2.6.5 “区域”面板

在“视口配置”对话框的“区域”选项面板中，用户可以指定“放大区域”和“子区域”的默认设置选择矩形大小，以及设置虚拟视口的参数，”区域“选项面板如图2-26所示。

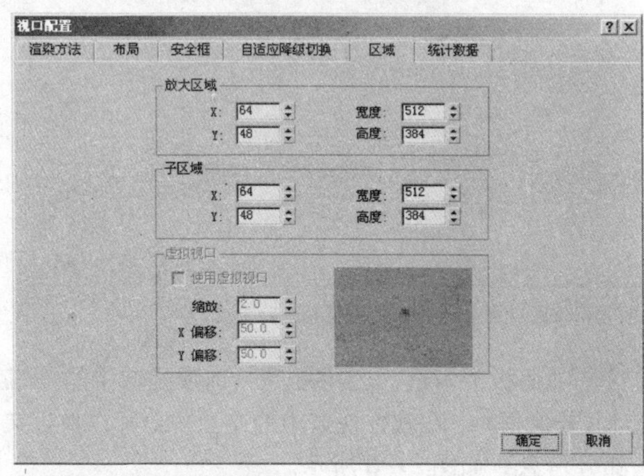

图2-26 “区域”选项面板

⑫ 在视图中选中一个右侧的边，按Delete键将其删除，如下图所示。

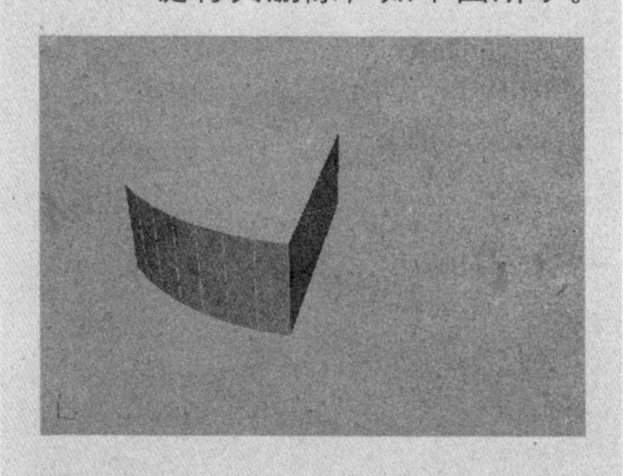

⑬ 切换到“边”层次，在视图中选中所有垂直边，执行“连接”操作，将连接的数量设置为1，此时在选中边的中点位置出现了水平的边，如下图所示。

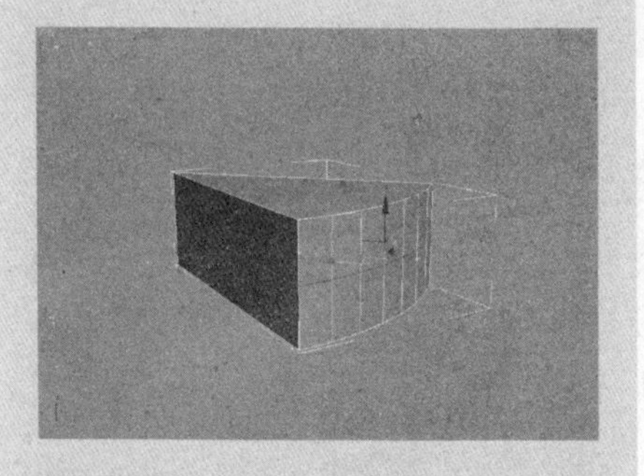

⑭ 将连接后的边向上移动35mm左右的距离，然后选中一个正面底部的表面，执行“挤出”操作，将挤出的高度设置为35mm，如下图所示。

⑮ 按下键盘中的数字键2，切换到"边"层次，然后按Alt+C键切换到切割边状态，在顶部切割出一条C形边，如下图所示。

⑯ 按下键盘中的数字键4，切换到"多边形"层次，在视图中选中一个顶部C形表面，然后将它向下挤出170左右，如下图所示。

⑰ 按下键盘中的数字键2，切换到"边"层次，然后按Alt+C键切换到切割边状态，在靠近浴缸拐角一侧切割出一条波浪形的边，如下图所示。

使用"虚拟视口"选项可以放大当前视口的子区域，从而创建能够执行任何标准导航的"虚拟视口"，而不是放大一个区域。只有在使用Open GL驱动程序时才可以启用此功能。如果使用的是软件驱动程序，则将禁用这些控件。

用户可以在任何类型的视口上使用虚拟视口，但是其主要设计用于放大摄影机视图。从而使用户能够执行特写任务，而不会扭曲几何体和位图背景之间的关系。由于实际上缩放的是视口图像本身，因此视口标签可能被隐藏，但是仍然可以通过右击视口的左上角区域来显示菜单。此操作利用Open GL驱动程序中的缩放功能，因此该软件不计算内部的显示变化。

"虚拟视口"选项区域中的参数在默认的情况下处于禁用状态，显示器使用的是Open GL驱动程序时该选项区域中的参数才能被激活。

- 使用虚拟视口：启用虚拟视口。在此对话框中显示缩小的视口图像，以及代表虚拟视口的白色缩放矩形。
- 缩放、X偏移和Y偏移：调整虚拟视口的大小和位置，还可以在图像中的任何位置上拖动白色窗口。

2.6.6 "统计数据"面板

在"视口配置"对话框的"统计数据"选项面板中，用户可以根据个人要求设置统计数据的类型，并且可以在视图中将各个数据在左上角进行显示，"统计数据"选项面板如图2-27所示。

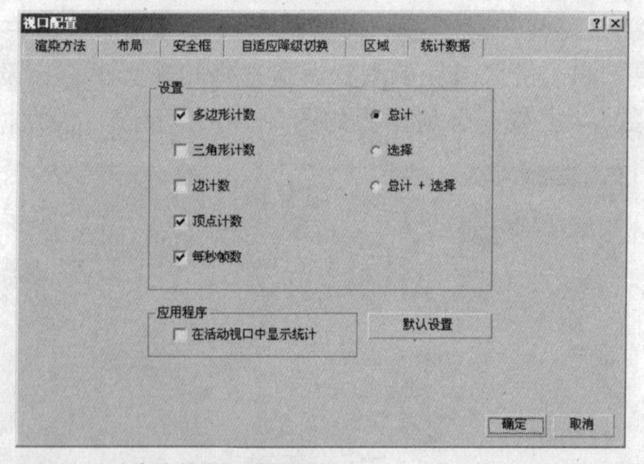

图2-27 "统计数据"选项面板

当在该选项面板中勾选"应用程序"选项区域中的"在活动视口中显示统计"复选框时，在软件视口中的左上角处将以黄色文本显示场景中的一部分信息，如图2-28所示。

图2-28 显示信息

（1）“设置”选项区域

- 多边形计数：允许显示多边形数。
- 三角形计数：允许显示三角形数。
- 边计数：允许显示边数。
- 顶点计数：允许显示顶点数。
- 每秒帧数：允许显示 FPS 计数。
- 总计：只显示整个场景的统计信息。
- 选择：只显示当前选定场景的统计信息。
- 总计 + 选择：显示整个场景和当前选定场景的统计信息。

（2）“应用程序”选项区域

- 在活动视口中显示统计：允许显示统计信息。
- 默认设置：使所有选项恢复原始设置。

2.7 配置路径

用户可以在“配置用户路径”对话框中为位图、场景等指定路径。此外，“配置系统路径”对话框用于保存、加载和合并路径配置文件，使内容创建集合很容易为所有要使用的集合成员设置相同的文件夹。

3ds Max 系统使用路径定位不同种类的用户文件，包括场景、图像、DX9 效果（FX）、光度学和 MAXScript 文件。执行菜单栏中的“自定义>配置用户路径”命令，在打开的“配置用户路径”对话框中自定义这些路径。这个命令在添加新文件夹时非常有用，它有助于组织场景、图像、插件和备份等。

通过“配置用户路径”对话框可以保存、加载和合并采用 MXP（最大路径）文件管理的路径。

执行菜单栏中的“自定义>配置用户路径”命令，系统将弹出“配置用户路径”对话框，如图 2-29 所示。

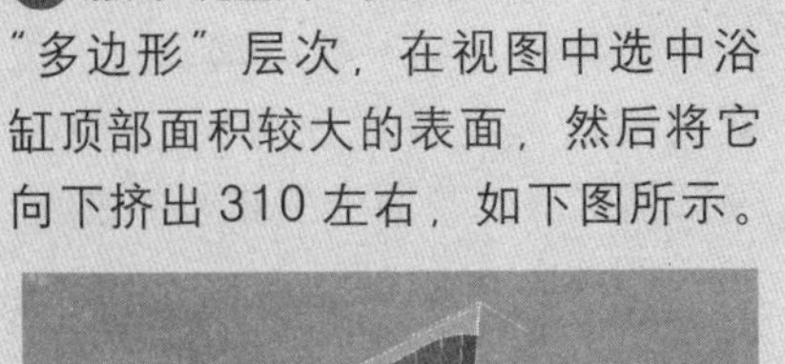

⑱ 按下键盘中的数字键 4，切换到“多边形”层次，在视图中选中浴缸顶部面积较大的表面，然后将它向下挤出 310 左右，如下图所示。

⑲ 在浴缸顶部表面上切割出边，使内外对应垂直边能够首尾相连，如果不存在对应的垂直边，用户可以自行切割出来，这样在添加“网格平滑”修改器的时候，浴缸边缘将不会发生扭曲或者错误，如下图所示。

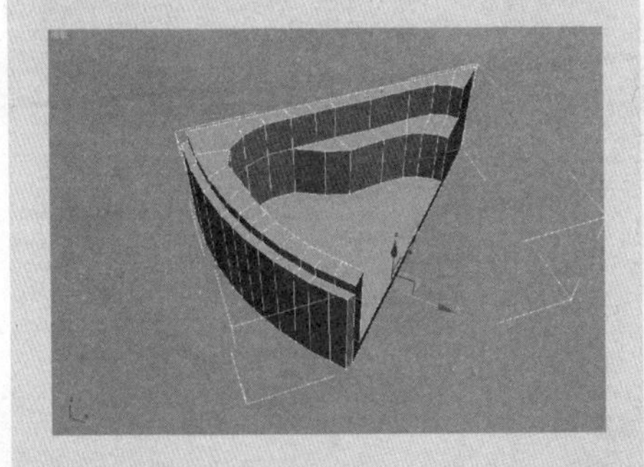

⑳ 在浴缸内侧靠近边缘的位置切割出一系列水平边，这样能够避免平滑后的模型内部扶手位置的表面产生扭曲，如下图所示。

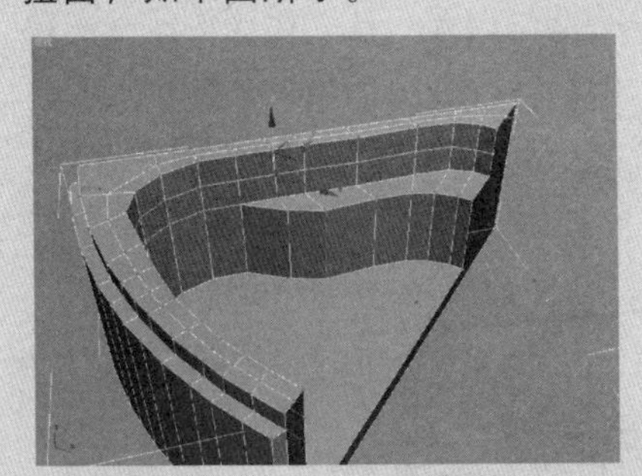

㉑ 将扶手的上部表面删除，然后重新进行封口，同时在凹槽转折的位置切割出边，并对顶点进行调整，使凹槽的底部表面产生圆滑的过渡，如下图所示。

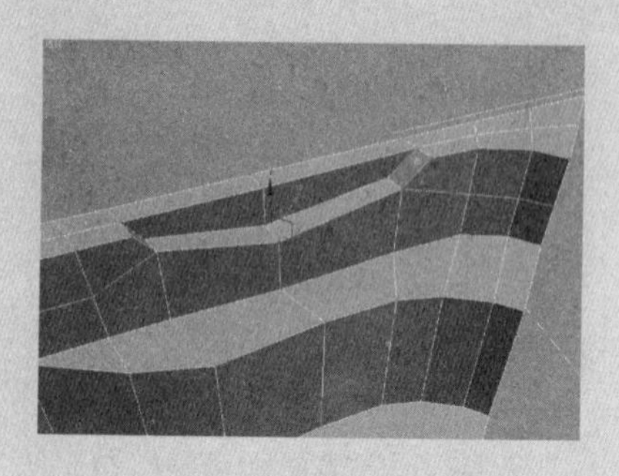

㉒ 在浴缸拐角顶部的表面向上挤出两次，每次的高度大约在20左右，然后调整挤出部分的顶点，使挤出部分两端的棱角圆滑一些，如下图所示。

㉓ 切换到“边”层次，然后选中扶手边缘的边，包括与之在同一高度的水平边，执行“切角”操作，切角量大约为5左右，这样在进行平滑的时候，扶手边缘能保留一定的棱角，如下图所示。

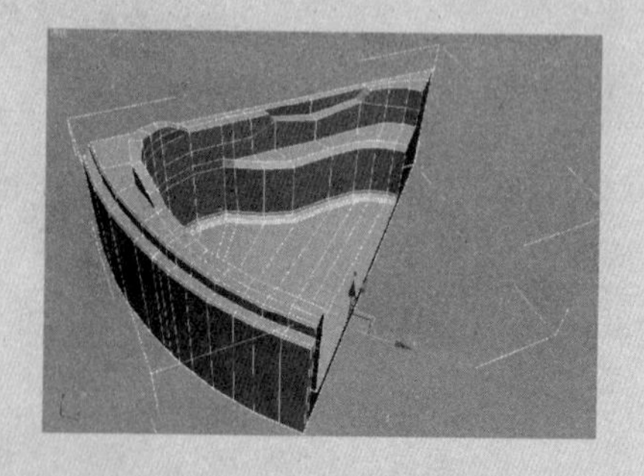

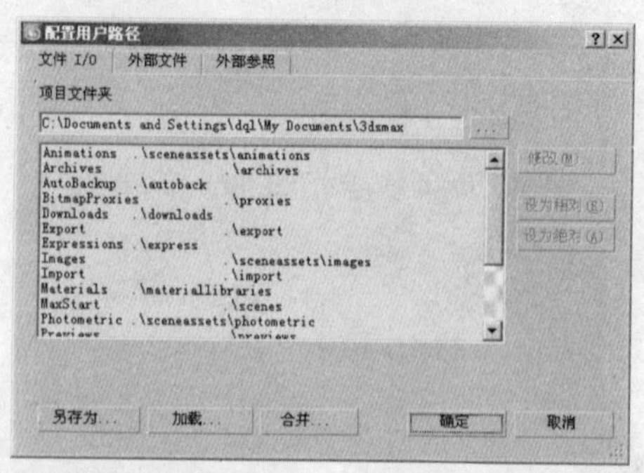

图2-29 “配置用户路径”对话框

“配置用户路径”对话框包含3个选项面板：文件I/O、外部文件和外部参照。

“配置用户路径”对话框命令按钮

- 修改：用于更改高亮显示的路径。
- 删除：用于删除高亮显示的路径。
- 添加：用户添加新路径。在“文件I/O”选项面板中不可用。
- 上移/下移：用于在列表中更改高亮显示的路径位置以改变其搜索优先级。只适用于“外部文件”和“外部参照”选项面板。
- 另存为：用户将路径配置保存为MXP文件，便于与团队成员共享。
- 加载：从MXP文件加载路径配置。加载的配置完全替换现有的配置。
- 合并：从MXP文件合并路径配置。合并的配置添加只在新文件中存在的路径，并替换任何现有的路径。

  例如，如果“文件 I/O”选项面板“场景”路径设置为C:\3dsmax9\scenes，合并“场景”路径设置为 UNC 路径 \\scene _server\max\scenes 中的路径配置文件，用最新的路径替换以前的路径。
- 确定：退出对话框并保存任何更改。
- 取消：退出对话框，但不保存更改。

修改路径操作步骤

Step 01 在“配置用户路径”对话框的“外部文件”选项面板中的路径列表中单击路径选项令其高亮显示，如图2-30所示。

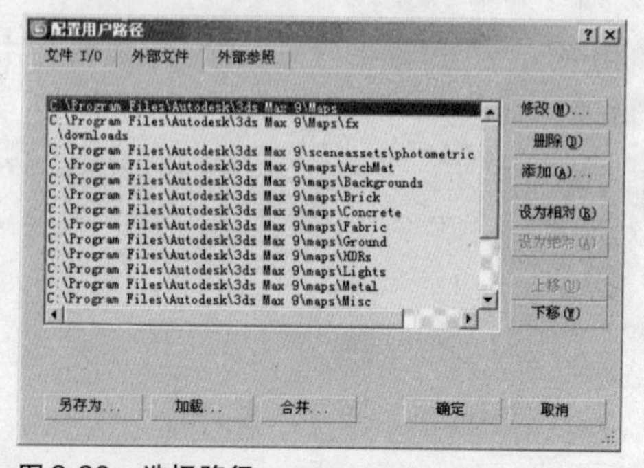

图2-30 选择路径

Step 02 单击 修改(M)... 按钮，此时系统将弹出“选择新的外部文件路径”对话框，如图2-31所示。

图2-31 指定新路径

Step 03 在“选择新的外部文件路径”对话框“路径”文本框中输入路径，或者进行浏览以查找路径。

Step 04 单击 使用路径 按钮，新的路径将立即生效。

创建共享用户路径

Step 01 在“配置用户路径”对话框中设置所有必需的用户路径。

Step 02 单击 另存为... 按钮，然后在弹出的“保存路径到文件”对话框保存路径配置为 .mxp 文件，如图2-32所示。这样就可以使路径配置文件适用于其他环境。

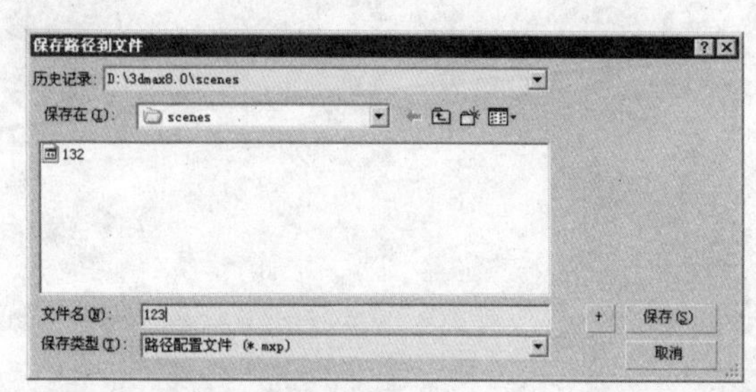

图2-32 “保存路径到文件”对话框

Step 03 打开“配置用户路径”对话框，单击“加载”或“合并”按钮打开路径配置文件，新的路径配置与每个团队机器上的配置相同。单击“加载”按钮消除现有的路径配置，单击“合并”按钮只覆盖当前配置并新配置存在的路径。

24 将浴缸进行镜像复制，为了保证接缝位置的顶点完全吻合，在镜像之前可以将左侧浴缸模型的绝对坐标均设置为0，还要注意一点，必须将接缝位置的顶点进行对应的焊接。平滑处理后的效果如下图所示。

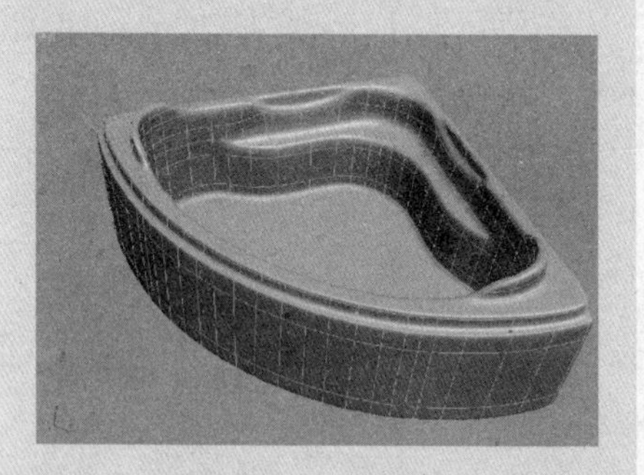

25 在视图中创建一个简单的场景，并为浴缸指定适当的材质，渲染后的最终效果如下图所示。

[3ds Max 9]
完全手册+特效实例

[Chapter] 3

对象及文件的基本操作

对象及文件的基本操作是 3ds Max 系统中最基本的操作，本章将对文件和对象相关的操作进行详细的阐述，为以后章节的学习打下基础。

07 灯具设计>
射灯

01 在“创建”命令面板中单击“几何体”按钮，打开创建几何体命令面板，如下图所示。

02 在“对象类型”卷展栏中单击 圆柱体 按钮，在透视图中创建一个“半径”为43，“高度”为35，“高度分段”为1，“边数”为30的圆柱体，如下图所示。

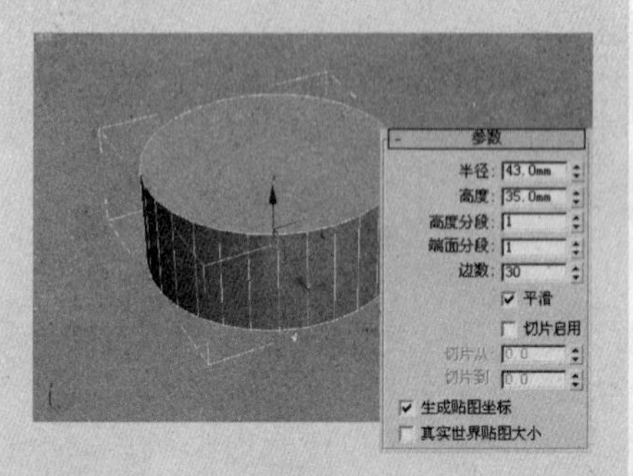

03 执行右键快捷菜单“转换为>转换为可编辑多边形”命令，将其转换为可编辑多边形，如下图所示。

3.1 对象的基本操作

3ds Max中的大多数操作都是对场景中的选定对象而言的，只有在视口中处于选中状态的对象，才能为其指定修改器，并对其进行编辑。

本节除了要介绍使用鼠标和键盘选择单个和多个对象的方法外，还要介绍命名选择集的使用及其他有助于管理对象选择的功能，例如隐藏、冻结对象及层等。

3.1.1 直接选择

使用主工具栏上的“选择对象”、“选择并移动”、“选择并旋转”、“选择并缩放”和“选择并操纵”按钮可以在场景中直接选择对象。

下面就以“选择对象”按钮为例进行阐述。

Step 01 单击主工具栏中的“选择对象”按钮，该按钮将变为黄色，表明其处于激活状态。在视图中单击长方体，此时在透视视图中长方体四周出现白色的边，在其他视口中白色高亮显示，如图3-1所示。

Step 02 在透视视图中单击圆柱体，发现该物体四周出现白色边框，而长方体恢复原来的状态，此时表明圆柱体被选择，另外，圆柱体虽然被选择，但是坐标变换支架却处于禁用状态，如图3-2所示。

Step 03 在视图空白处单击鼠标，此时发现当前对象的选择状态被取消，选择圆柱体并按住Ctrl键，然后单击长方体，会发现它们都被选择。

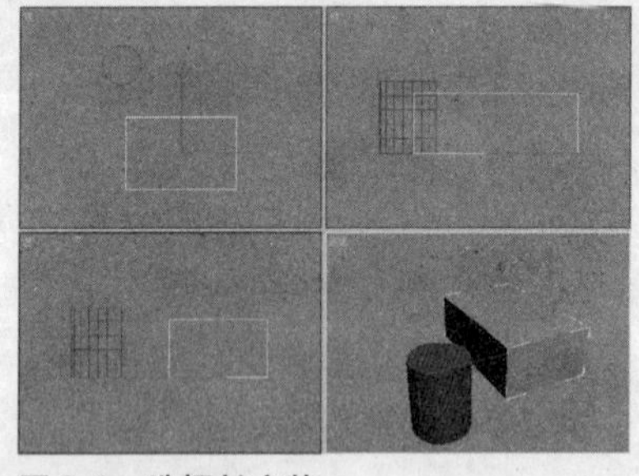
图3-1　选择长方体

图3-2　坐标支架的禁用状态

3.1.2 区域与窗口/交叉选择

“选择区域”弹出按钮提供了可用于按区域选择对象的5种方法：“矩形”、“圆形”、“围栏”、“套索”和“绘制”。

“窗口/交叉”切换按钮位于工具栏中，按区域选择对象时用户可以在“窗口”和“交叉“模式间切换。在“窗口”模式中，只能对所选内容内的对象进行选择。在“交叉”模式中，可以选择区域内的所有对象，以及与区域边界相交的任何对象。

如果在指定区域时按住 Ctrl 键，选择的对象将被添加到当前选择中。反之，如果在指定区域时按住 Alt 键，选择的对象将从当前选择中移除。

Step 01 系统默认的选择模式为“窗口”。当“窗口/交叉”按钮处于激活状态时，单击主工具栏中的“选择对象”按钮，然后在顶视图中绘制一个矩形区域，如图3-3所示。释放鼠标后，在视口中只有圆柱和长方体被选择，而茶壶和球体没有被选择，虽然茶壶与矩形选择区域相交，如图3-4所示。

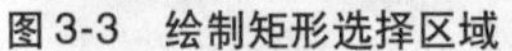

图3-3　绘制矩形选择区域

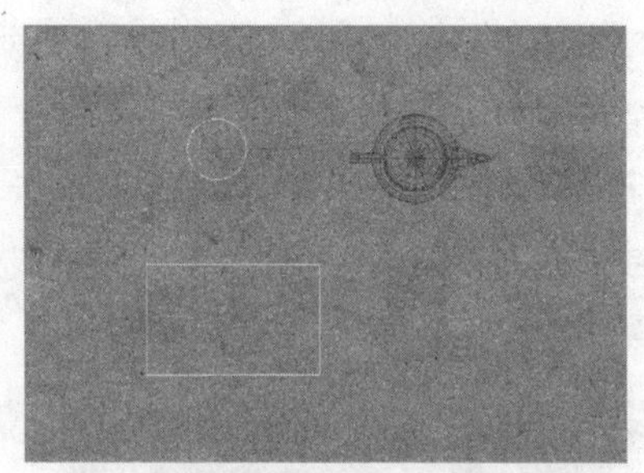

图3-4　矩形选择区域中的对象被选择

Step 02 单击主工具栏中的“窗口/交叉”按钮，此时该按钮显示为，单击主工具栏中的“选择对象”按钮，然后在顶视图中拖出一个矩形区域，如图3-5所示。释放鼠标后，发现圆柱、长方体和茶壶被选择，如图3-6所示。

图3-5　绘制交叉窗口

图3-6　与选择区域相交的对象均被选择

Step 03 选择茶壶按住 Ctrl 键，然后在视图中拖曳出一个矩形区域，在这个区域中只有球体，释放鼠标后发现茶壶被加入到当前的选择集中。

Step 04 按住键盘中的 Alt 键，然后在视图中拖曳出一个矩形区域，释放鼠标后发现与矩形区域相交或处于矩形区域中的对象被取消选择。

“圆形选择区域”、“围栏选择区域”、“套索选择区域”和“绘制选择区域”的使用方法与“矩形选择区域”按钮类似，但是它们具有很强的灵活性，在此就不再赘述了。

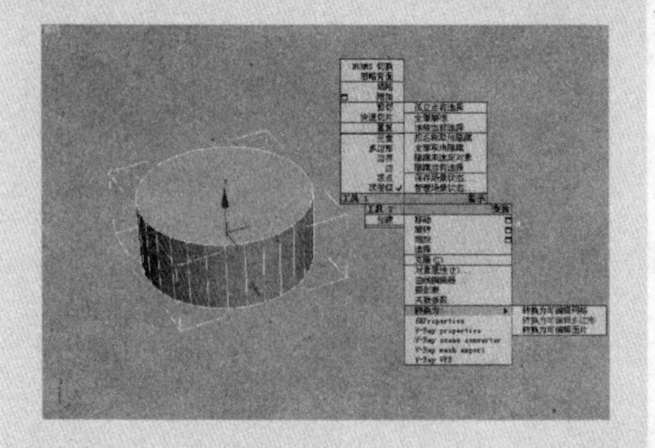

04 按数字键2，切换到“边”子层级中，选择圆柱体顶部和底部的边，如下图所示。

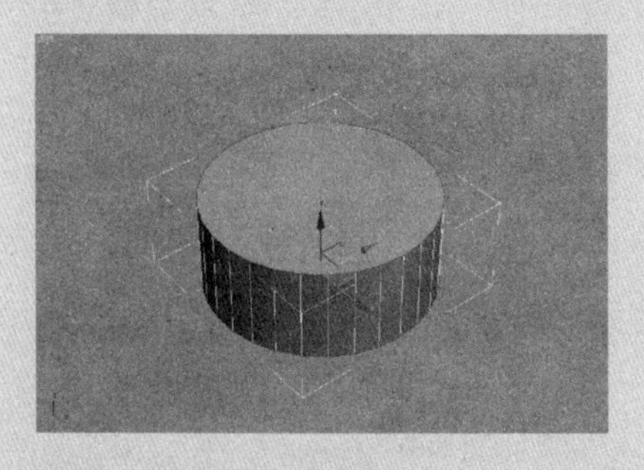

05 在“修改”命令面板中的“编辑边”卷展栏中单击 切角 右侧的“设置”按钮，在弹出的“切角边”对话框中设置“切角量”为1，效果如下图所示。

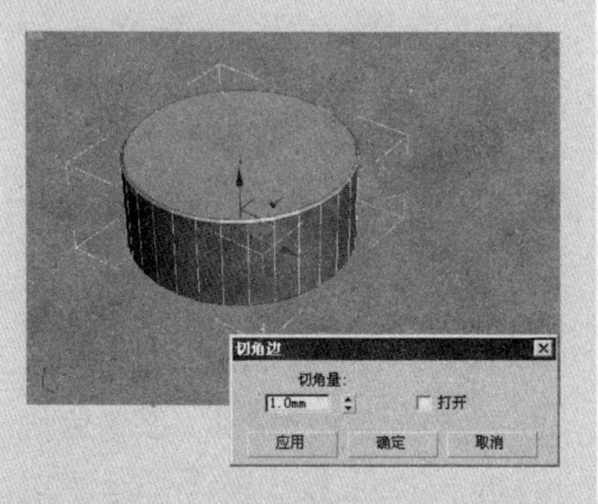

06 在“边”子层级中选择圆柱体中间的边，在“编辑边”卷展栏中单击 连接 按钮右侧的“设置”按钮，在弹出的“连接边”对话框中设置“分段”为2，设置“收缩”值为-70，设置“滑块”值为380，如下图所示。

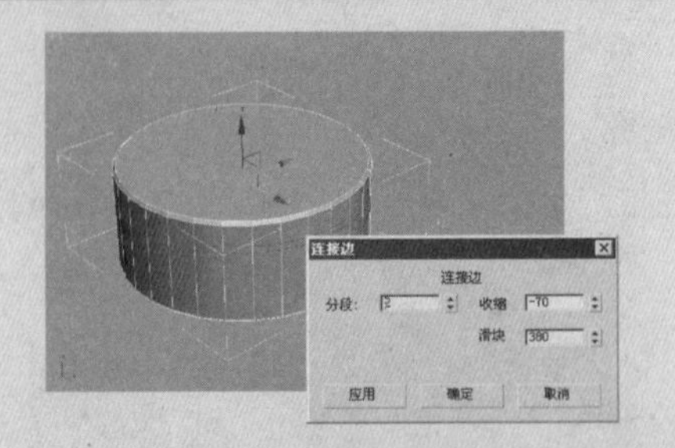

07 按数字键4切换到“多边形”子层级中，选择连接边而产生的多边形，并进行“挤出”设置，设置“挤出类型”为“局部法线”，设置“挤出高度”为-2，如下图所示。

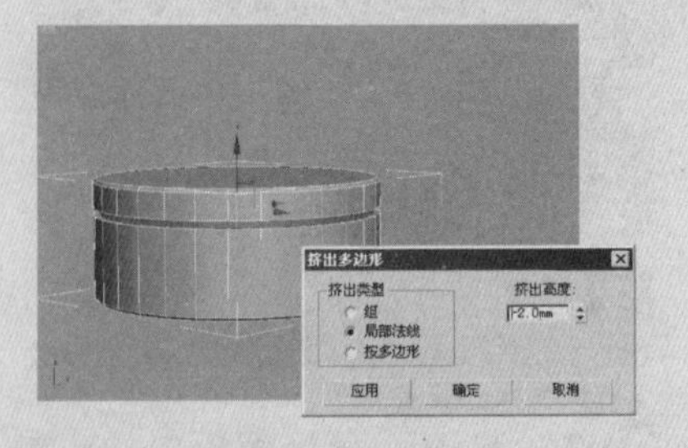

08 选择圆柱体顶端的多边形面，在“编辑多边形”卷展栏中，进行 倒角 设置，设置“高度”为0，“轮廓量”为-15，如下图所示。

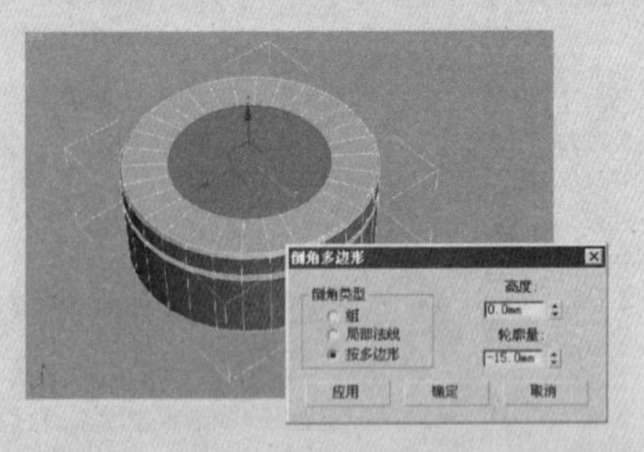

09 再次进行倒角设置，设置倒角“高度”为1，“轮廓量”为-1，效果如下图所示。

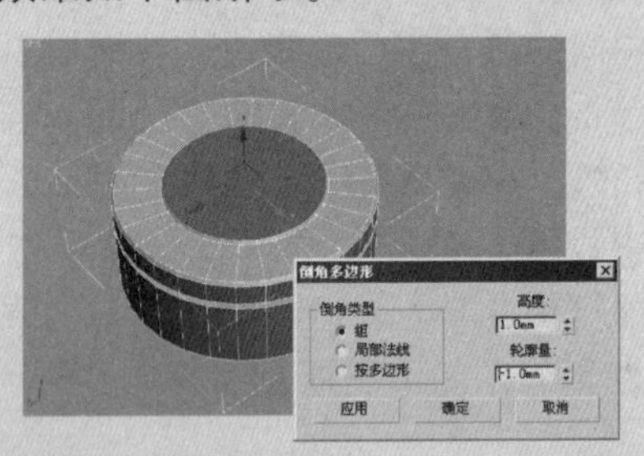

3.1.3 通过颜色和名称选择

使用“按颜色选择”功能可以选择与选定对象具有相同颜色的所有对象，系统将按线框颜色进行选择，而不是按与对象相关联的材质进行选择。

使用“按名称选择”功能，用户可以从场景中所有对象的列表中选择对象，这样就使选择操作更加简单。

（1）按颜色选择对象具体操作

Step 01 在视图中创建一个简单的场景，该场景包含有一个长方体、一个球体、一个四棱锥和一个茶壶，如图3-7所示。

Step 02 在视图中选择球体，然后在命令面板中单击“名称和颜色”卷展栏右侧的颜色图标，此时系统将弹出“对象颜色”对话框，如图3-8所示。

图3-7　创建场景

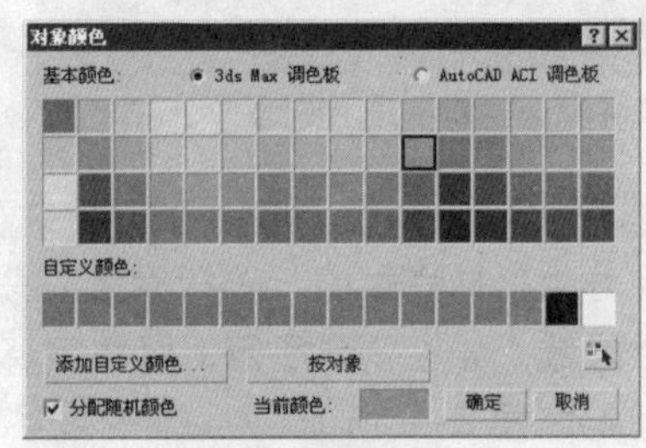

图3-8　“对象颜色”对话框

Step 03 在“对象颜色”对话框中单击“按颜色选择”按钮，系统将弹出“选择对象”对话框，在对话框中与球体使用相同线框颜色的对象均被选中，如图3-9所示。

Step 04 按Enter键关闭“选择对象”对话框，此时在视图中球体和长方体都被选中，如图3-10所示。

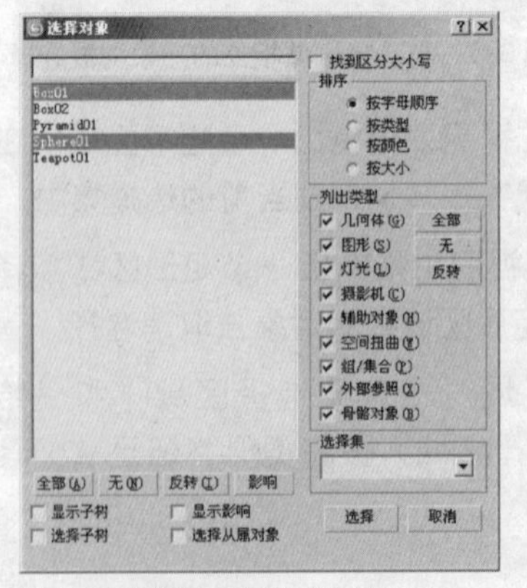

图3-9　“选择对象”对话框

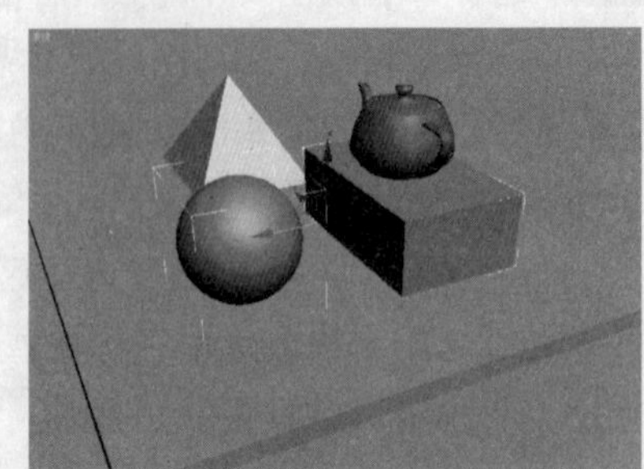

图3-10　相同线框颜色的对象均被选中

技巧·提示

如果场景非常复杂，并且用户要查看的对象嵌套在其他对象当中，此时使用“按颜色选择”方式进行选择非常方便。另外用户可以在“选择对象”对话框中进行具体的选择（按住Ctrl键，然后单击其他对象使其加入或者退出当前的选择集）。

（2）按名称选择对象的操作步骤

Step 01 单击主工具栏中的“按名称选择”按钮，或者按H键，系统将弹出“选择对象”对话框，如图3-11所示。

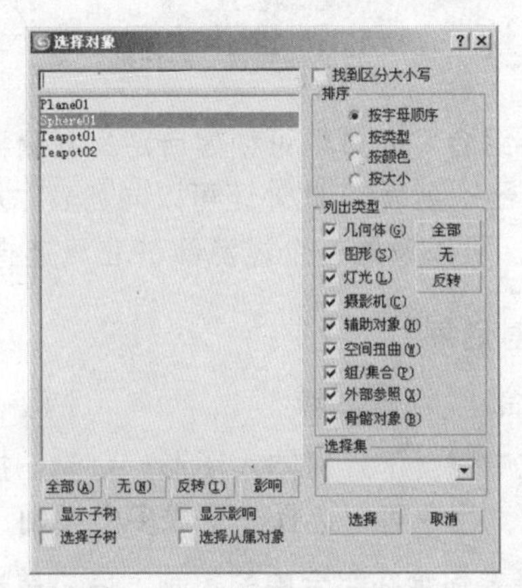

图3-11　“选择对象”对话框

Step 02 在对话框中选择用户想要选择的对象，然后单击“选择”按钮关闭对话框，这样在视口中这些对象将被选择（在对话框中可以按住Ctrl键，然后单击其他对象使其加入或者退出当前的选择集）。

3.1.4 选择过滤器

使用主工具栏中的“选择过滤器”列表，用户可以限制选择对象的类型和组合，如图3-12所示。例如，如果选择“灯光”，则使用选择工具只能选择灯光，其他对象不会响应。

图3-12　“选择过滤器”列表

从下拉列表中选择“组合”，可通过“过滤器组合”对话框使用多个过滤器，如图3-13所示。

⑩ 再次进行倒角设置，设置“倒角高度”为1，“轮廓量”为1，效果如下图所示。

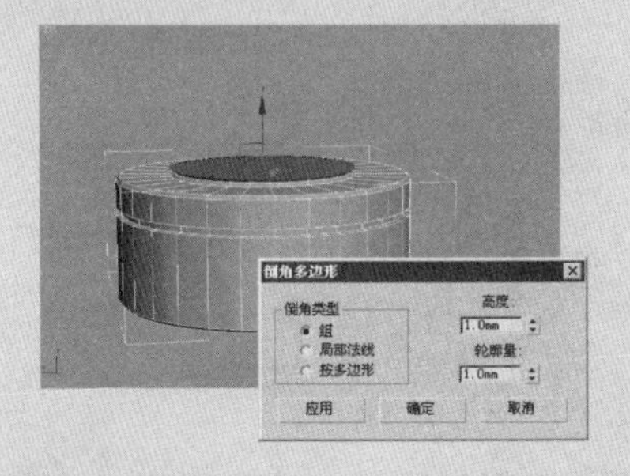

⑪ 在“编辑多边形”卷展栏中对顶端的多边形面进行挤出设置，设置挤出“高度”为8，如下图所示。

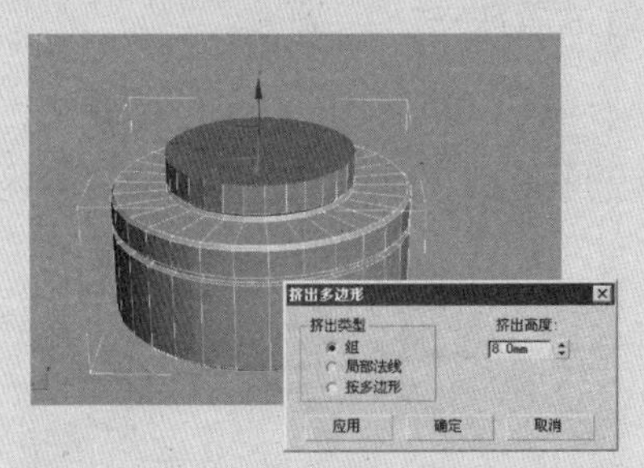

⑫ 在挤出的多边形中进行间隔选择多边形面，如下图所示。

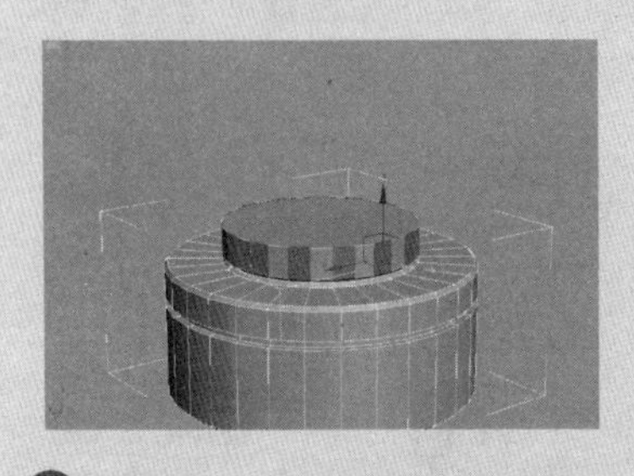

⑬ 在“编辑多边形”卷展栏中给选择的多边形进行 倒角 设置，设置倒角“高度”为0，“轮廓量”为-0.8，如下图所示。

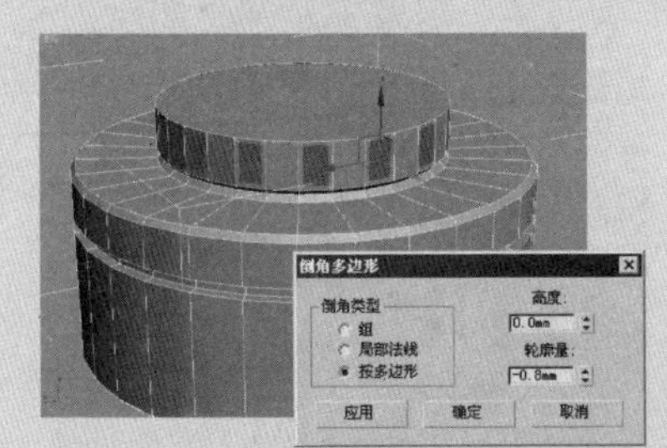

⑭ 再次进行倒角设置，设置倒角“高度”为1，设置“轮廓量”为-0.5，如下图所示。

⑮ 选择其顶部的多边形面，再次进行倒角设置，设置倒角“高度”为3.5，设置“轮廓量”为-0.5，如下图所示。

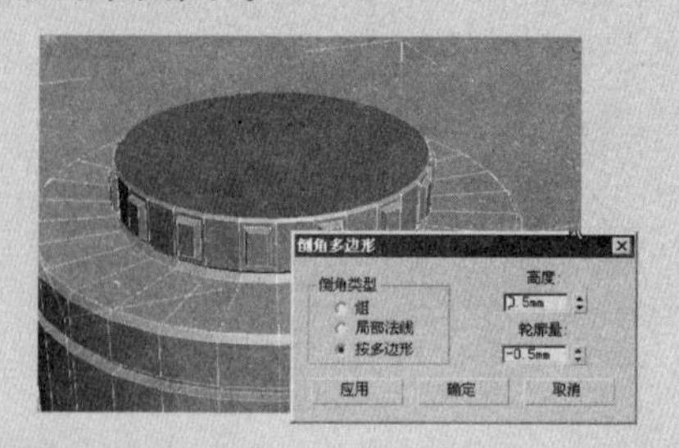

⑯ 选择所有的多边形面，在“多边形属性”卷展栏中设置平滑度为30，将其命名为“底座”，如下图所示。

⑰ 在底座顶部创建一个“长度”为38，“宽度”为31，“高度”为16的长方体，放置位置如下图所示。

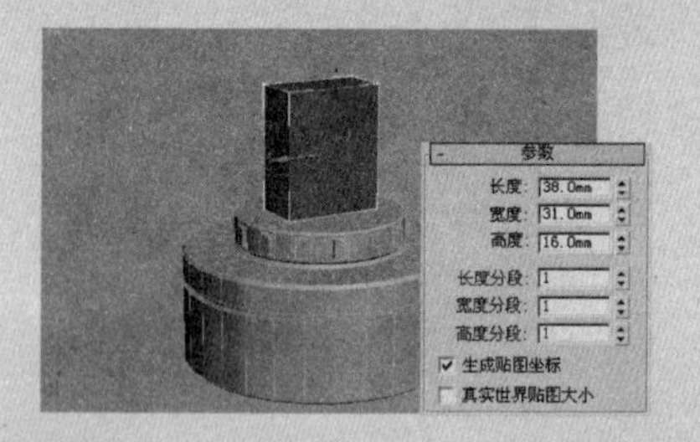

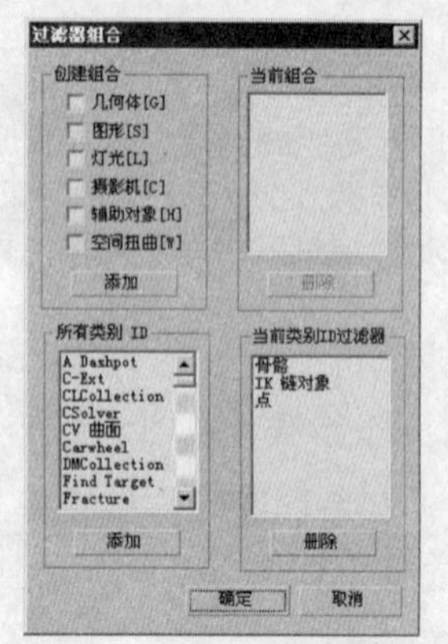

图3-13 “过滤器组合”对话框

使用“过滤器组合”对话框可创建自定义对象类别组合，并将其添加到“选择过滤器”列表。此外还可以向列表添加特定类型的对象或类别ID。例如，可以设置一个过滤器，它只选择长方体对象。

“过滤器组合”对话框

(1)“创建组合” 选项区域

在该选项区域中包含了几何体、图形、灯光、摄影机、辅助对象和空间扭曲等对象，用户可以选择一个或多个类别。

- 添加：选择要包含在组合中的类别之后，单击此按钮可将该类别（以类别首字母标记）放置在“当前组合”列表框中，以及“选择过滤器”列表的底部。

(2)“当前组合” 选项区域

- “当前组合”列表框：列出当前组合。要删除一个或多个组合时，请选择该组合，然后单击“删除”按钮。
- 删除：在“当前组合”列表框中选择一个或多个组合后，单击此按钮可删除这些组合。

(3)“所有类别ID” 选项区域

- “所有类别ID”列表框：列出可添加至自定义过滤器的所有可用类别，用于显示和选择。突出显示要添加的类别，然后单击“添加”按钮即可。
- 添加：选择要包含在“过滤器列表”中的类别之后，单击此按钮可将该类别放置在“当前类别ID过滤器”列表框中，以及“选择过滤器”列表的底部。

(4)“当前类别ID过滤器” 选项区域

- “当前类别ID过滤器”列表框：列出过滤器的当前类别。要删除类别，需要选择要删除的类别，然后单击“删除”按钮。
- 删除：在“当前类别ID过滤器”列表框中选择类别后，单击此按钮可删除该类别。

创建组合过滤器

Step 01 展开“选择过滤器”列表，然后选择“组合”选项。

Step 02 在“过滤器组合”对话框中的“创建组合”选项区域中启用一个或多个复选框。

Step 03 单击“添加”按钮，指定的组合将以每个选定类别首字母组合的形式显示在右侧的“当前组合”列表框中，如图3-14所示。

Step 04 单击“确定”按钮后，新组合项目将显示在“选择过滤器”列表的底部，如图3-15所示。这些组合存储在3ds Max.ini文件中，如果该文件配置到其他用户的3ds Max系统中，这些组合同样可以运用。

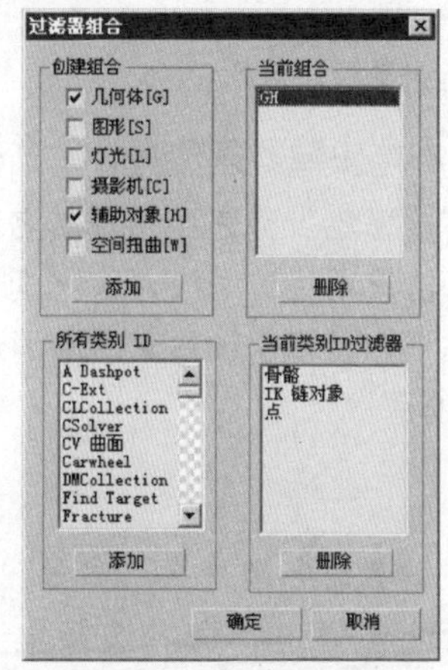

图3-14 添加过滤组合

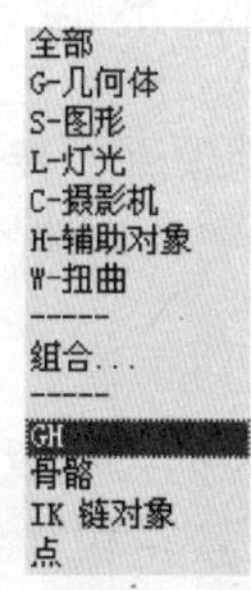

图3-15 选择列表中的新增项目

3.1.5 选择集

用户可以将当前选择的对象集合进行命名，然后根据需要随时选择这些集合，并可以通过“编辑命名选择集”对话框对所有命名的选择集进行编辑。

“命名选择集”列表

使用“命名选择集”列表可以命名选择集，并重新调用选择方便以后使用。关于编辑命名子对象选择的方法，如果命名选择集的所有对象已从场景中删除，或者如果其所有对象已从“命名选择集”对话框的命名集中移除，则该命名选择集将从列表中移除。对象层级和子对象层级的命名选择均区分大小写。

用户可以将子对象命名选择从堆栈中的一个层级传输到另一个层级。使用“复制”和“粘贴”功能可以将命名选择从一个修改器复制到另一个修改器。

当处于特定子对象层级（例如，顶点）时，可以进行选择并在主工具栏的“命名选择集”文本框中命名这些选择。当用户需要选择命名过的选择集中的对象时，只需在“命名选择集”列表中选择该选择集即可。

⑱ 将其转换为可编辑多边形，按数字键4，切换到“多边形”子层级中选择其顶端的多边形面，在“修改”命令面板中进行挤出设置，如下图所示。

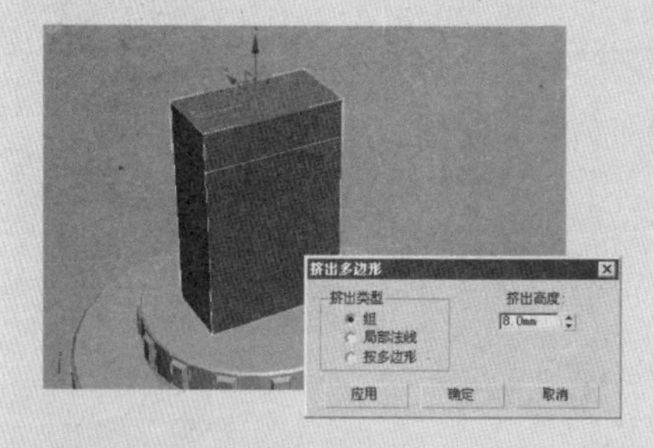

⑲ 使用“选择并均匀缩放”工具，沿Y轴进行放大，如下图所示。

⑳ 选择该模型的4个棱角处的边，进行 切角 设置，如下图所示。

㉑ 创建一个“半径”为23，“高度”为28的圆柱体，并将其放置在底座的顶部，如下图所示。

㉒ 执行右键快捷菜单“转换为>转换为可编辑多边形”命令，将其转换为可编辑多边形，切换到“边”子层级中，选择圆柱体中部的边，进行连接设置，如下图所示。

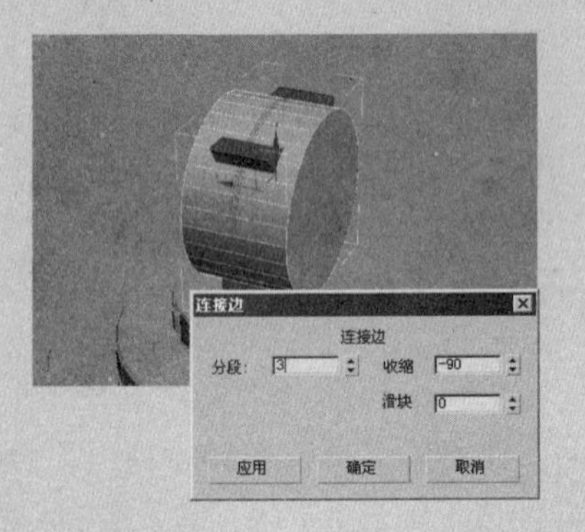

㉓ 选择中间的边，使用“选择并缩放”工具将其缩小一定的比例，作为旋转轴之间的接口，然后将两边的多边形进行分离，如下图所示。

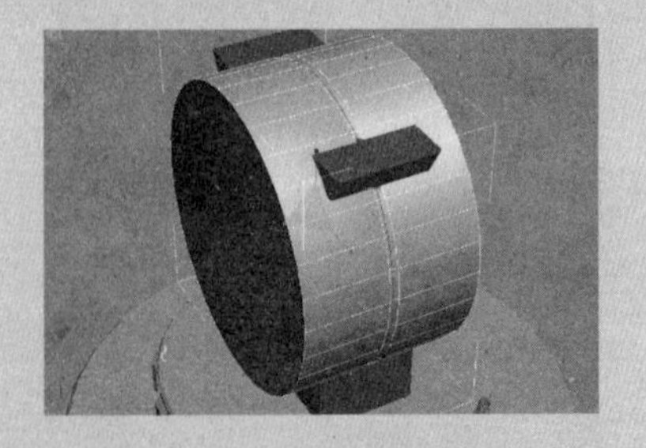

㉔ 使用相同的制作方法，将圆柱体另一侧的多边形进行倒角和挤出，作为旋转轴，如下图所示。

㉕ 选择其两端的边，在“编辑边”卷展栏中进行切角设置，如下图所示。

技巧·提示

只能在相同类型的子对象层级之间传输命名选择。也就是说，用户可以将命名选择从一个顶点子对象传输到另一个顶点子对象，但不能将其传输到面或边子对象层级。必须在处理如几何体对象的修改器之间传输选择。可以在可编辑网格和网格选择修改器之间进行复制和粘贴，但不能在网格选择修改器和可编辑样条线之间进行复制和粘贴。

只要处于相同的层级而且两个修改器处理相同类型的几何体，用户就可以在两个不同对象中的两个修改器之间进行复制和粘贴。如果在创建命名选择后更改网格的拓扑（例如删除一些顶点），则命名选择将有可能不再选择相同的几何体。

创建命名选择集

Step 01 选择要包括在集中的对象。

Step 02 在“命名选择集”文本框中输入集的名称，并按 Enter 键。

要访问选择时，从“命名选择集”列表中选择其名称即可。 要选择单个项目，可以在列表中单击该项目。 要选择多个项目，按住 Ctrl 键的同时选择其他项目。 要在选择了多个项目之后取消选择一个项目，按住 Alt 键然后单击要取消的项目。

“命名选择集”对话框

执行菜单栏中的“编辑>编辑命名选择集”命令，或者单击“编辑命名选择集”按钮，系统将弹出“命名选择集”对话框，如图3-16所示。通过该对话框用户可以直接从视口创建命名选择集或选择对象添加到选择集（或从中移除），还可以组织当前的命名选择集、浏览它们的成员、删除或创建新集，或者确定特定对象所属的命名选择集。

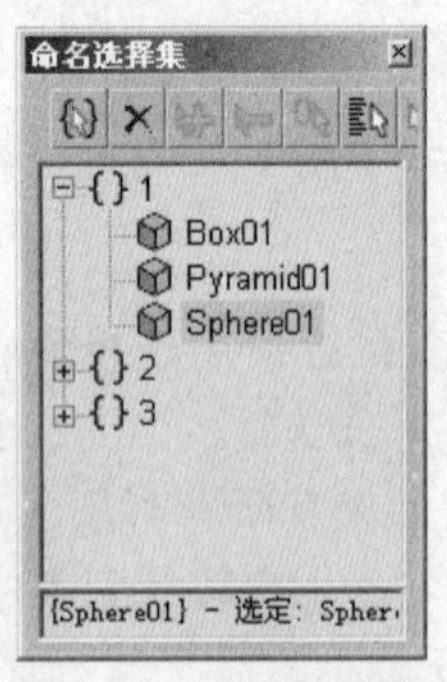

图3-16 “命名选择集”对话框

在“命名选择集”对话框中，会显示所有当前命名选择集。通过单击加号或减号图标，可以分别展开或折叠各个集的对象列表。

对话框顶部的一排按钮用于创建或删除集、在集中添加或删除对象、选择对象（单独地或作为选择集），并查看特定对象所属的命名选择集。

- 创建“新集”按钮：创建新的选择集，包括作为成员的所有当前选定的对象，如果没有选定对象，将创建空集。
- “删除”按钮：移除选定对象或选择集，不会删除对象，而只是破坏命名集。
- “添加选定对象”按钮：向选定的命名选择集中添加当前选定对象。
- “减去选定对象”按钮：从选定的命名选择集中移除当前选定对象。
- “选择集内的对象”按钮：选择当前命名选择集中的所有成员。
- “按名称选择对象”按钮：打开“选择对象”对话框，从中可以选择一组对象。然后，可以在任何命名选择集中添加或移除选定对象。
- “高亮显示选定对象”按钮：高亮显示所有包含当前场景选择的命名选择集。
- 状态栏：显示当前命名选择集，以及场景中当前选定对象。如果选择了多个对象，则会显示选定对象的数量。

“命名选择集”对话框右键菜单如图3-17所示。

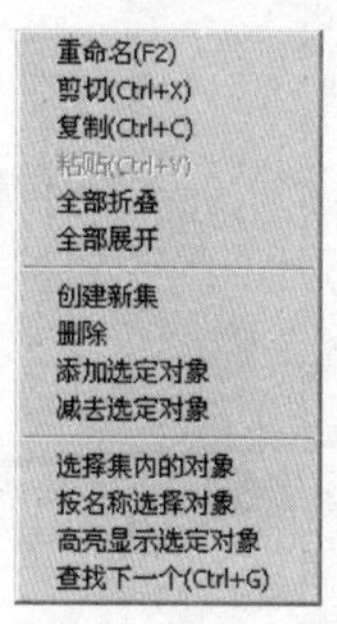

图3-17　“命名选择集”对话框右键菜单

- 重命名：用于重命名选定集或对象。通过按F2键可以重命名对象或集。
- 剪切：移除选定对象或集，并将其存储在缓冲区中以便粘贴，类似于Windows中的“剪切”命令。通过按键盘上的Ctrl+X组合键可以剪切对象或集。
- 复制：复制选定对象或集，并将其存储在缓冲区中以便粘贴，类似于Windows中的“复制”命令。通过按Ctrl+C组合键可以复制对象或集。
- 粘贴：将被剪切或复制的对象或集添加到另一个集中。通过按Ctrl+V组合键可以粘贴对象或集。
- 全部折叠：折叠所有展开的选择集。
- 全部展开：展开所有折叠的选择集。
- 创建新集：创建新的选择集，包括作为成员的所有当前选定的对象。
- 删除：移除选定对象或选择集。
- 添加选定对象：向选定的命名选择集中添加当前选定对象。
- 减去选定对象：从选定的命名选择集中移除当前选定对象。

26 使用与步骤16相同的方法选择所有的多边形并进行平滑设置，将其命名为旋转轴，如下图所示。

27 在支架的另一侧创建一个大小适当的长方体，并将其转换为可编辑多边形，对边进行切角设置，作为旋钮，如下图所示。

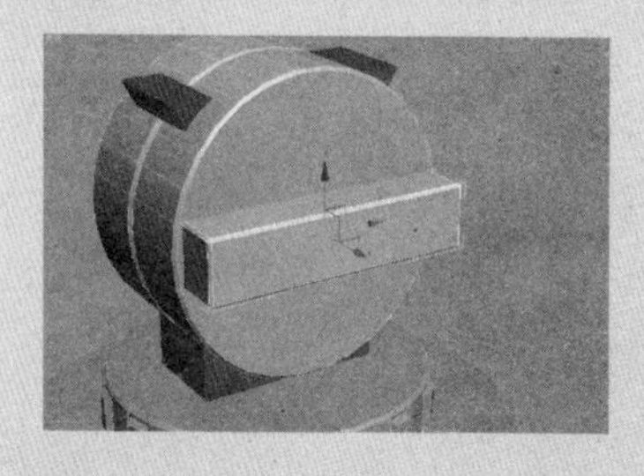

28 在旋转轴的上部创建一个“半径”为32的球体，并放置在如下图所示位置。

29 将其转换为可编辑多边形，切换到球体“多边形”子层级中，将球体前面一半的多边形面进行删除，如下图所示。

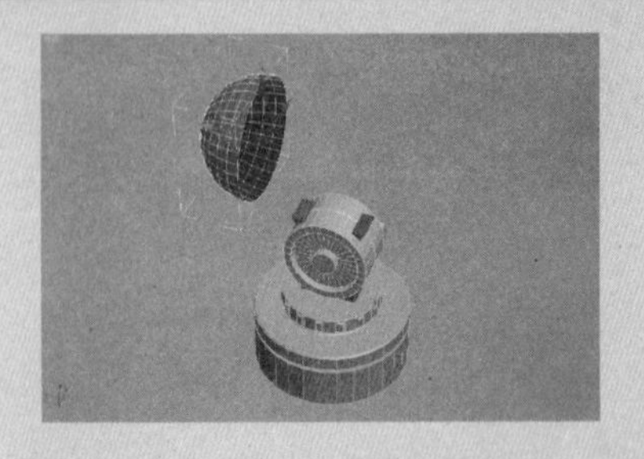

30 切换到“边”子层级中选择球体开口处的边，配合Shift键和“选择并移动”工具沿Y轴向外移动，延长多边形面，并用“选择并均匀缩放”工具调节其形状，如下图所示。

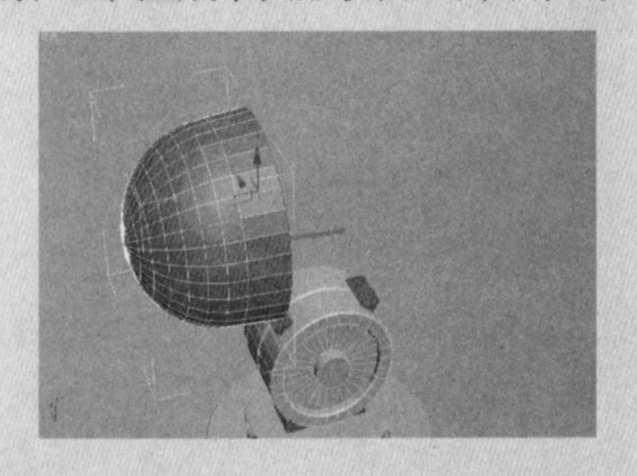

31 使用相同的方法创建其他的多边形面，创建出射灯的外壳，如下图所示。

32 使用相同的方法，使用Shift键配合“选择并移动”工具和“选择并均匀缩放”工具延长多边形并缩放出射灯灯头，如下图所示。

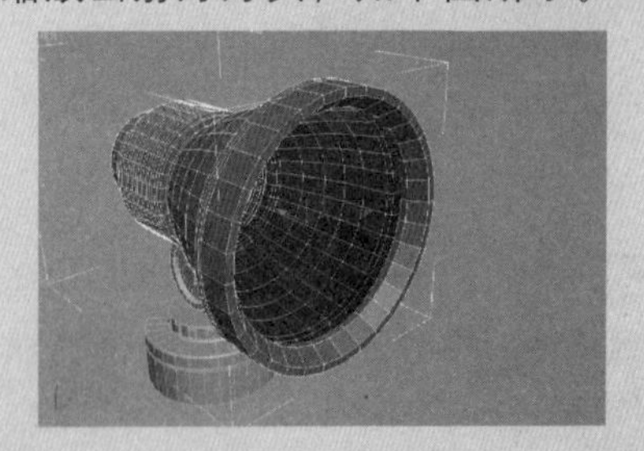

- 选择集内的对象：选择当前命名选择集中的所有成员。
- 按名称选择对象：打开“选择对象”对话框，将此处选择的所有对象添加到当前命名选择集中。
- 高亮显示选定对象：高亮显示所有包含当前场景选择的命名选择集。
- 查找下一个：与“高亮显示选定对象”命令配合使用时，可在包含选定对象的选择集之间切换，可以使用Ctrl+G组合键在集之间切换。

“编辑命名选择”对话框

“编辑命名选择”对话框，如图3-18所示，可用于管理子对象的命名选择集。该对话框与“命名选择集”对话框不同，要在3ds Max中的其他领域内工作，必须将其关闭。此外，用户只能使用现有的命名子对象选择，不能使用该对话框创建新选择。

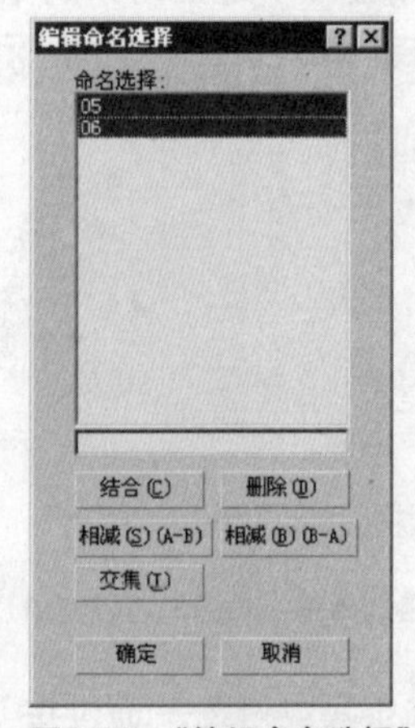

图3-18 “编辑命名选择”对话框

此对话框列出了处于当前子对象层级的所有命名选择。可以使用对话框中的按钮来删除、合并和编辑所列项。使用标准鼠标加键盘方法（使用Ctrl或Shift键）高亮显示列表项，并指定它们以进行后续操作。

- “命名选择”列表框：可以在列表框中单击要重命名的集，然后在紧靠列表框的下一行窗口中编辑其名称。
- 结合：将高亮显示在选择集中的所有对象结合为一个新选择集。选择两个或多个选择集，然后单击“结合”按钮并输入该选择集的新名称。使用“删除”按钮删除原始集。
- 删除：从“命名选择”列表框中删除所有高亮显示项。这仅会对选择集产生影响，而对其参考的子对象没有影响。
- 相减（A-B）：从一个选择集中移除包含在另一个选择集中的子对象。在“命名选择”列表框中选择一项，然后选择另一项。在窗口中，顶部的高亮显示项为操作对象A，底部的高亮显示项为操作对象B（无论其选择的顺序如何）。单击“相减（A-

B）”按钮可从顶部项目的子对象中减去底部项目的子对象。在这两个选择集之间必须有重叠部分，此命令才能生效。

- 相减（B-A）：从底部项目的子对象中减去顶部选定项目的子对象。
- 交集：创建仅由所有高亮显示选择集共有的子对象组成的选择集。在“命名选择”列表框中高亮显示两个或多个项目，单击“交集”按钮。在对话框中，输入新集名称，然后单击“确定”按钮。

3.1.6 编辑命令

“编辑”菜单上包含了“撤销选择”、“重做”、“暂存”、“取回”和“删除”等命令，用户可以使用这些命令对选择对象进行基本编辑操作，其命令菜单位于软件的菜单栏中，如图3-19所示。

撤消(U) 选择	Ctrl+Z
重做(R)	Ctrl+Y
暂存(H)	Alt+Ctrl+H
取回(F)	Alt+Ctrl+F
删除(D)	[Delete]
克隆(C)	Ctrl+V
移动	W
旋转	E
缩放	
变换输入(T)...	F12
全选(A)	Ctrl+A
全部不选(N)	Ctrl+D
反选(I)	Ctrl+I
选择方式(B)	▸
区域(G)	▸
编辑命名选择集...	
对象属性(P)...	

图3-19 “编辑”菜单

“撤销”和“重做”与标准Windows应用程序中的相应命令相同。在默认主工具栏上也提供有这些命令。3ds Max还提供了命令的历史记录。右击“撤销”或“重做”按钮，将显示可撤销或重做的命令列表。并不是所有操作都可使用“撤销”来取消。视图更改（如平移和缩放）具有单独的“撤销”和“重做”命令。

“暂存”和“取回”命令可作为“撤销”和“重做”命令的替代方式。“暂存”可保存场景的当前状态。“暂存”后，可以稍后使用“取回”命令还原该状态。有时，要进行一项危险操作时，系统将会提示用户先“暂存”。

3.1.7 组

分组可将两个或多个对象组合为一个分组对象，将对象分组后，可以将其视为场景中的单个对象。可以单击组中任意对象来选择组对象。创建组时，其所有成员对象都被严格链接至一个不可见的虚拟对象。该组对象使用这个虚拟对象的轴点和本地变换坐标系。可将组进行嵌套，

33 使用相同的方法创建出射灯的内灯芯，然后切换到多边形“边界”子层级中，并将其圆形开口进行封口，如下图所示。

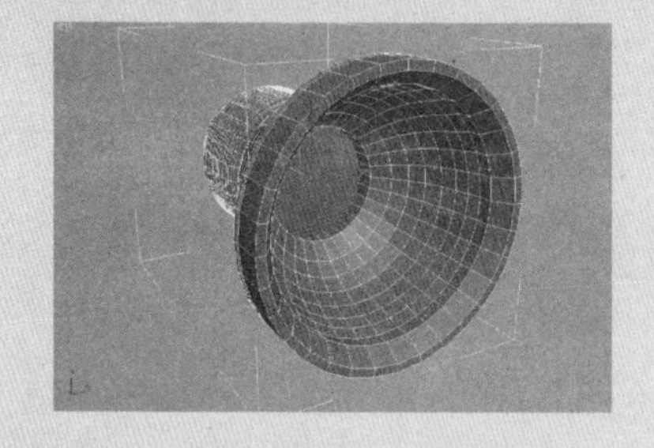

34 将除了灯芯多边形以外的所有的多边形面进行数值为50的平滑，如下图所示。

35 创建一个圆柱体放置在灯头部位作为灯玻璃，如下图所示。

36 创建一个弧形的多边形面，作为背景，如下图所示。

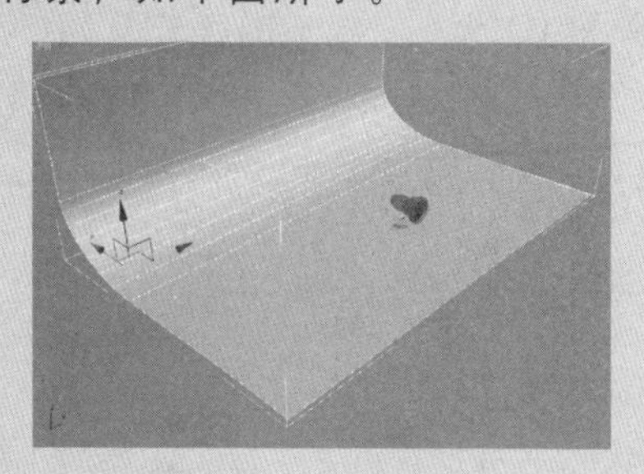

37 制作材质。给场景中的弧形背景制作一个纯白色材质，并指定给弧形背景，如下图所示。

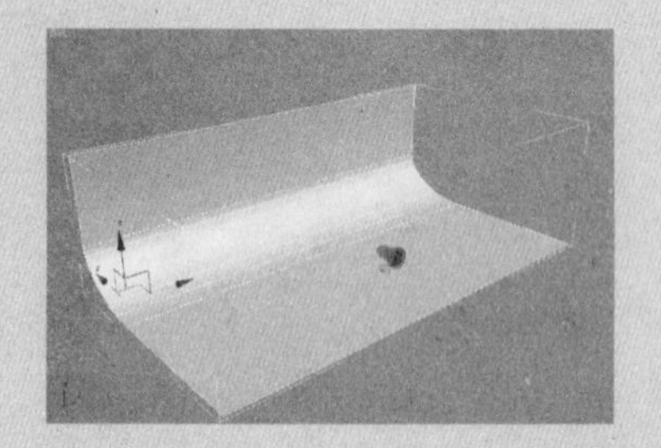

38 在“材质编辑器”中调节一个黑色带有一定反射的VR材质，并将该材质指定给底座等模型物体，如下图所示。

39 在“材质编辑器”中调节一个半透明的玻璃材质，并指定给灯头玻璃，如下图所示。

40 将灯头多边形的多边形进行多边形的材质ID分配，设置内侧ID为1，外侧ID为2，如下图所示。

即组可以包含其他组，包含的层次不限。组名称与对象名称相似，只是组名称由组对象携带。在“选择对象”对话框中的列表框中，组名称显示在方括号中，例如 [组01]，如图3-20所示。

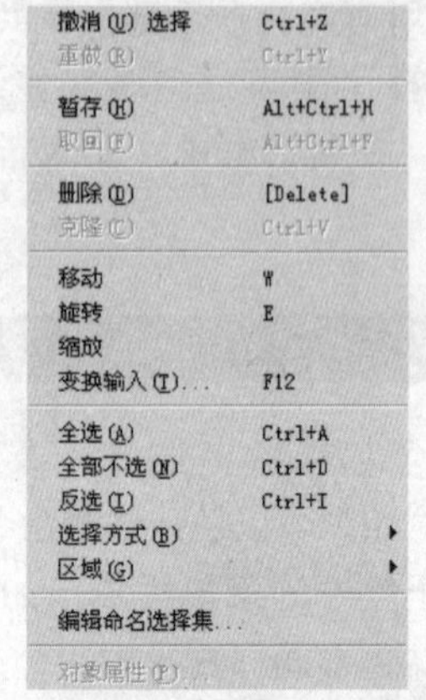

图3-20 组名称的显示形式

访问组中的对象

用户可以打开和关闭组来访问组中包含的单个对象，而无须分解组。这些命令可以维护组的完整性。打开主工具栏中的“组”菜单，菜单项可对组进行操作。

- 打开：暂时打开组，以便可以访问其成员对象。打开组时，可以将对象（或嵌套的组）视为单个对象，可以对其进行变换、应用修改器以及访问它们的修改器堆栈。打开组的时候，该组对象的周围出现一个粉色的边界框，如图3-21所示。

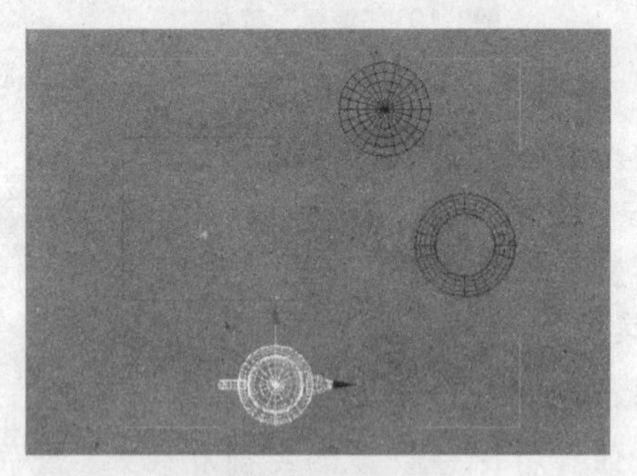

图3-21 打开组时的状态

- 关闭：完成对单个对象的处理之后，还原该组。

分解组

通过解组或炸开组可将其永久分解。这两个命令都可以分解组，但针对不同的级别进行分解。

- 解组：到达组层次的下一层级。该命令会将当前组分离为其组件对象（或组），然后删除组虚拟对象。

● 炸开：与“解组”类似，但同时会分解所有嵌套的组，只保留独立对象。解组或炸开组时，组内的对象会丢失所有不在当前帧上的组变换。但是，对象会保留所有单个动画。

要变换或修改组中的对象，必须先将其从组中暂时或永久性地移除。使用“打开”命令完成此项操作。

附加组步骤

Step 01 选择一个或多个组。

Step 02 执行菜单栏中的“组>附加”命令。

Step 03 在视图中选择其他的组。

这样就使选定对象成为现有组的一部分。要将对象附加至打开的组，需要单击粉红色边界框。

分离组步骤

Step 01 在视图中选择组。

Step 02 执行菜单栏中的“组>打开”命令，并选择要进行分离的对象，如图3-22所示。

Step 03 执行菜单栏中的“组>分离”命令，此时选定对象成为独立的对象，它不再是该组的成员，如图3-23所示。

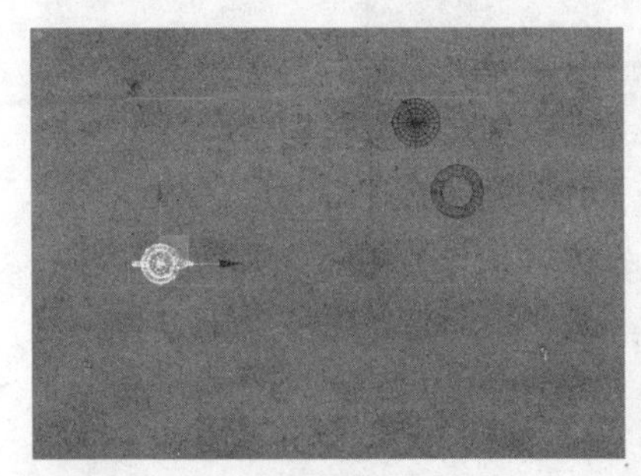

图3-22　选择要分离的对象

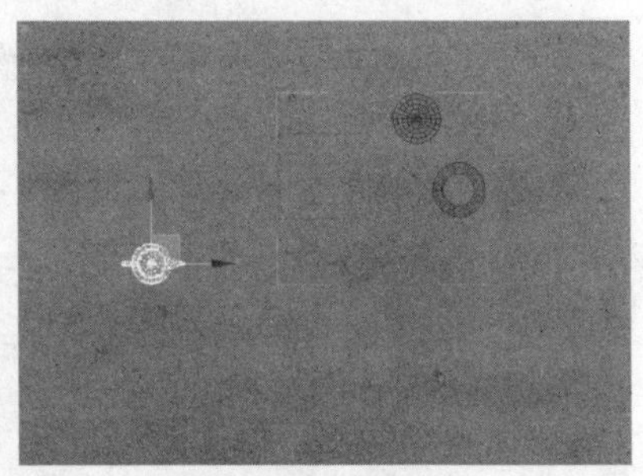

图3-23　分离后的状态

3.1.8 对象的冻结与隐藏

可以冻结一个或多个选定对象。这是将对象“暂存”的常用方法。

也可以冻结所有未选定的对象。使用此方法可以只让选定对象处于活动状态，这在杂乱的场景中非常有用。例如，在该场景中希望确保其他任何对象不受影响。

用户可以隐藏场景中的任何对象，这些对象将从视图中消失，使得选择其余对象更加容易，隐藏对象还可以加速系统重画。在需要的时候，可以同时取消隐藏所有对象，或按单个对象名称取消隐藏所有对象。也可以按类别过滤这些名称，以便只列出特定类型的隐藏对象。

41 在“材质编辑器”中制作一个“多维/子对象”材质，将材质ID为1的子材质设置为白色材质，材质ID为2的子材质设置为与底座材质相同的材质，并将材质指定给灯头，如下图所示。

42 创建灯光。在灯光创建命令面板中将灯光创建类型设置为“VRay”，在“对象类型”卷展栏中单击 VRayLight 按钮，在顶视图中创建适当的灯光，如下图所示。

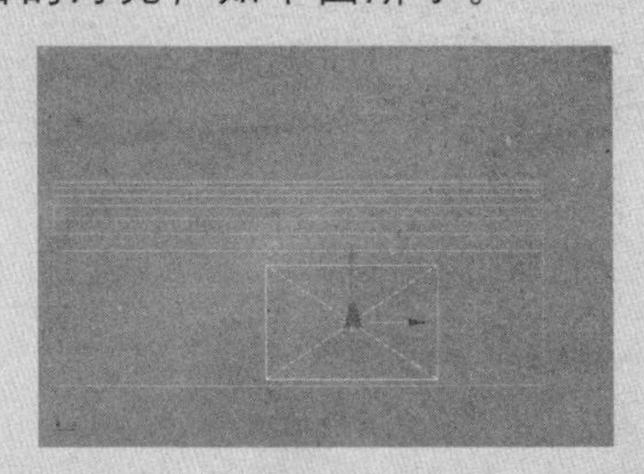

43 使用“选择并移动”工具配合”选择并旋转”工具调节灯光位置和高度，并在“Parameters”卷展栏中勾选“Invisibl”复选框，如下图所示。

44 在“创建”命令面板中的“摄影机”创建面板中单击 目标 按钮，在顶视图中创建目标摄影机，并在各个视图中调节其位置和高度，如下图所示。

45 在渲染场景命令面板中，开启GI全局光照明、设置光子贴图采样级别、抗锯齿类型以及天光参数等参数，如下图所示。

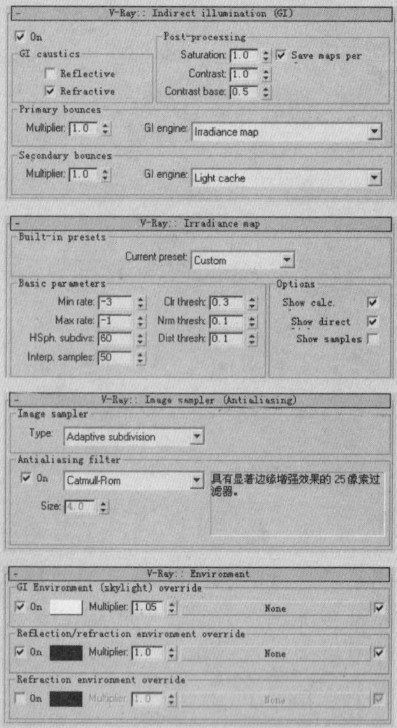

46 设置输出尺寸后单击 渲染 按钮，进行最终渲染，最终效果如下图所示。

冻结和解冻对象

用户可以冻结场景中的对象，在默认情况下，无论是线框模式还是渲染模式，冻结对象都会变成深灰色。这些对象仍保持可见，但无法选择，因此不能直接进行变换或修改。冻结功能可以防止对象被意外编辑，并可以加速系统重画。

在主菜单栏中，单击“编辑>对象属性“命令，打开“对象属性”对话框，在“常规”选项卡中勾选“以灰色显示冻结对象”复选框，在视口中，可使冻结的对象保留其平常颜色或纹理。如图3-24所示。

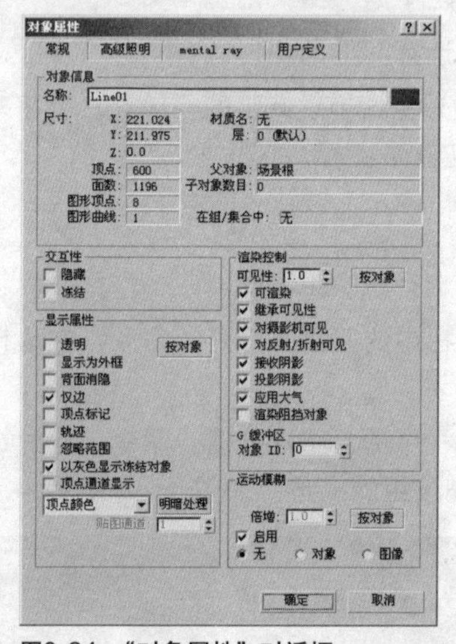

图3-24 “对象属性”对话框

冻结对象与隐藏对象相似。冻结时，链接对象、实例对象和参考对象会如同其解冻时一样表现。冻结的灯光和摄影机及所有相关联视口处于正常状态，可以继续工作。

冻结对象的方式

- 使用”对象属性“对话框：选中要冻结的对象，执行菜单栏中的”编辑>对象属性”命令，在弹出的“对象属性”对话框中的“交互性”选项区域中勾选“冻结”复选框。
- 右键菜单：选中要冻结的对象并右击，然后在弹出的快捷菜单中选择“冻结当前选择”命令。
- “冻结”卷展栏：在“显示”命令面板中的“冻结”卷展栏中选择不同的方式进行冻结。
- 使用“层”对话框：在工具栏中单击“层管理器”按钮，在弹出的“层”对话框中单击“冻结”图标，可以冻结/解冻该列表中的图层中的对象。

要访问“隐藏”选项的方式

可以隐藏一个或多个选定对象，也可以隐藏所有未选定的对象，还可以按名称隐藏对象或取消隐藏对象，也可以显示所有对象。

- 使用“层”对话框：单击主菜单栏中的“层管理器”按钮，在打开的“层”对话框中，可以隐藏图层中的对象。
- “显示”卷展栏：在“显示”命令面板中的“隐藏”卷展栏中选择隐藏的方式。
- 使用“显示浮动框”对话框：执行菜单栏中的“工具>显示浮动框”命令，在弹出的“显示浮动框”对话框中选择与“隐藏”相关的选项，它还包括“冻结”选项，如图3-25所示。

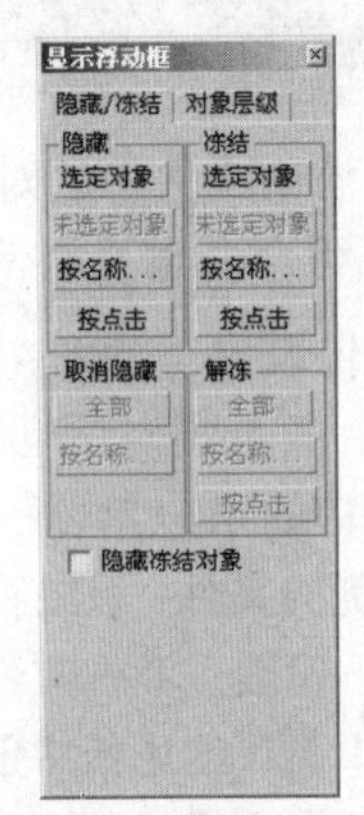

图3-25 “显示浮动框”对话框

- 使用“对象属性”对话框：执行菜单栏中的“编辑>对象属性”命令，在弹出的“对象属性”对话框中的“交互性”选项区域中勾选“隐藏”复选框。
- 右键菜单：右键单击活动视口，然后从四元菜单 “显示”区域选择“隐藏”或“取消隐藏”命令。

3.1.9 孤立当前选择

“孤立当前选择”可在暂时隐藏场景其余对象的基础上来编辑单一对象或一组对象，这样可防止在处理选定对象时选择其他对象，专注于需要看到的对象，无需为周围的环境分散注意力。启用“孤立当前选择”功能时，孤立的对象选择在所有视口中居中放置。

当孤立的当前选择包含多个对象时，可以选择这些对象的子集，然后再选择“孤立当前选择”命令，这会孤立子集。

当孤立工具处于活动状态时，系统会显示标有“警告：已孤立的当前选择”的对话框，如图3-26所示。单击该对话框中的黄色区域，退出对象的孤立显示模式，此时视图会还原到用户选择“孤立当前选择”之前的状态。

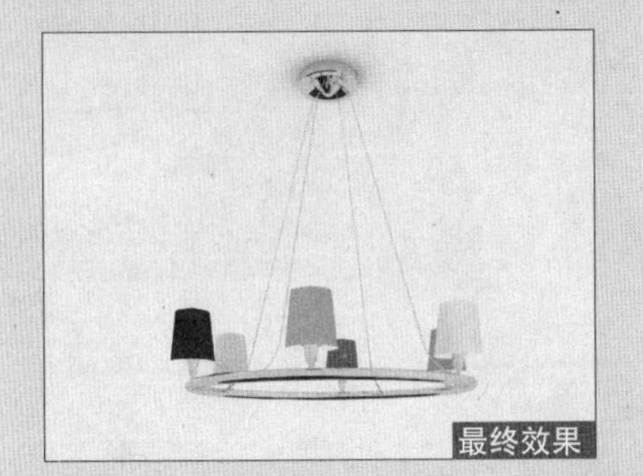

01 在“创建”面板的“几何体”命令面板中单击 圆柱体 按钮，在透视图中创建一个“半径”为13，“高度”为4.5，“高度分段”为1，“边数”为36的圆柱体，如下图所示。

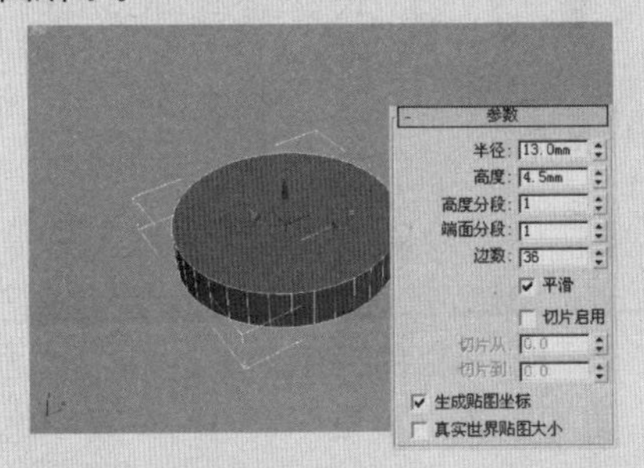

02 执行右键快捷菜单“转换为>转换为可编辑多边形”命令，将其转换为可编辑多边形，按数字键2切换到“边”子层级中，选择圆柱体顶部和底部圆柱体上的边，如下图所示。

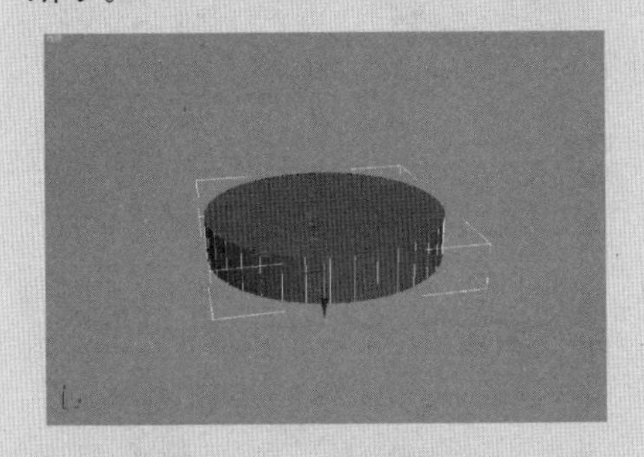

03 在“修改”命令面板中的“编辑边”卷展栏中单击 切角 右侧的“设置”按钮，在弹出的“切角边”对话框中设置“切角量”为3.3，效果如下图所示。

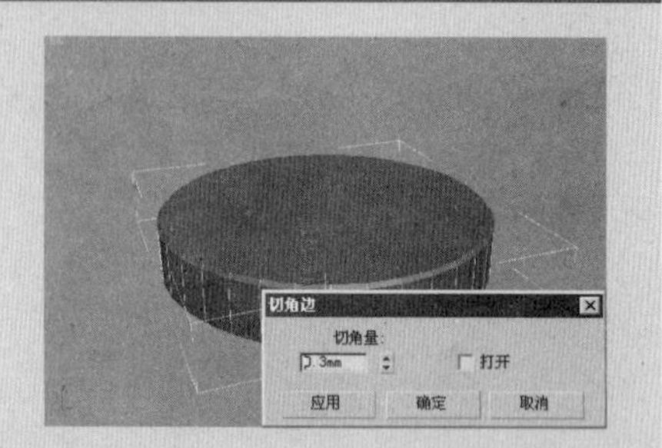

04 按数字键4切换到“多边形”子层级中，选择其底部的多边形面，如下图所示。

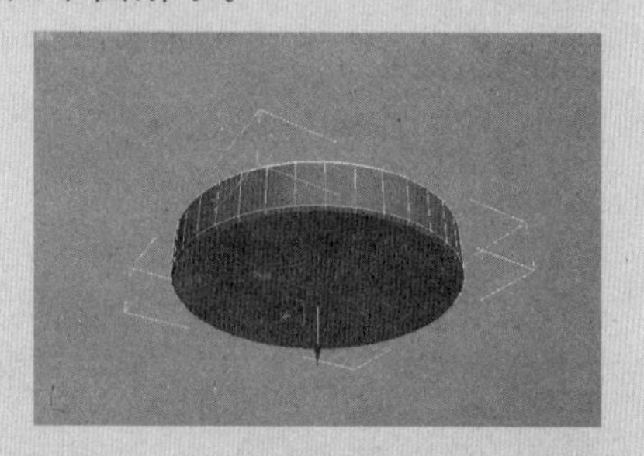

05 在“编辑多边形”卷展栏中单击 倒角 按钮右侧的“设置”按钮 ，在弹出的“倒角多边形”对话框中设置“高度”为0，设置“轮廓量”为-3，如下图所示。

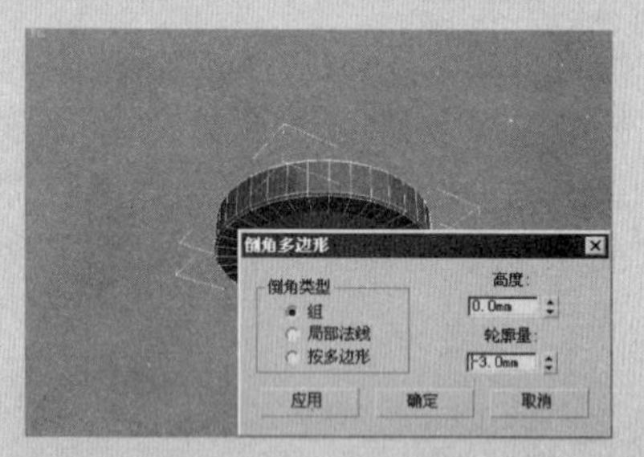

06 在“倒角多边形”对话框中单击 应用 按钮，设置倒角“高度”为-1.5，设置“轮廓量”为-3，如下图所示。

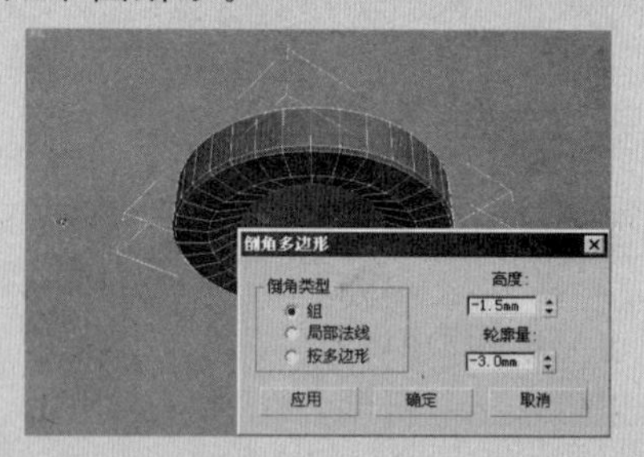

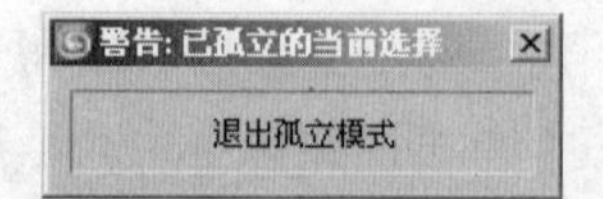

图3-26 “警告：已孤立的当前选择”对话框

“孤立当前选择”只对对象层级起作用。当处于子对象层级时，无法使用该功能。如果在处理孤立的对象时进入子对象层级，可以单击“退出孤立模式”，但不能孤立子对象。

3.2 文件合并及其他操作

使用“合并”命令可以将其他场景文件中的对象引入到当前场景中。如果要将整个场景与其他场景组合，也可以使用合并命令。

执行菜单栏中的“自定定>单位设置“命令，在“单位设置”对话框中单击”系统单位设置“按钮，在弹出对话框的“系统单位比例”选项区域中，如果勾选“考虑文件中的系统单位”复选框，当合并的对象来自一个具有不同场景单位比例的文件，系统将会对其进行缩放以便在新场景中保持正确的大小。若不勾选“考虑文件中的系统单位”复选框（不推荐使用），在1个单位为1英尺的场景中创建半径为100英尺的球体，将在1个单位为1英寸的场景中成为100英寸的球体。

3.2.1 文件的合并

通用的合并操作流程是执行”文件>合并“命令后，选择合并文件的路径，然后选择要合并的项目，在一般情况下还需要解决同名对象及材质的冲突问题。

合并文件

Step 01 执行菜单栏中的“文件>合并”命令，在弹出的“合并文件”对话框中选择要合并的文件，然后单击“打开”按钮，如图3-27所示。

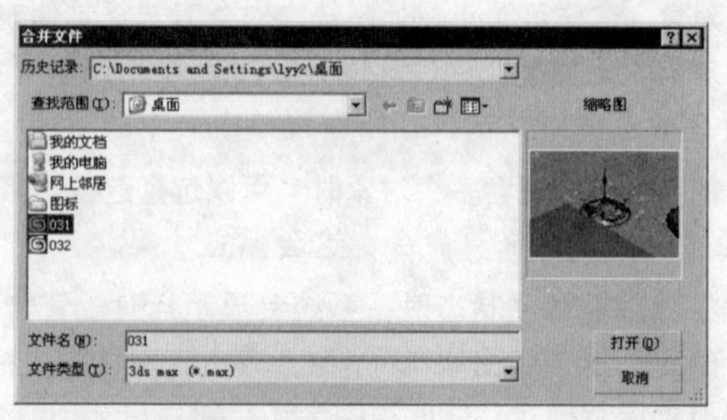

图3-27 “合并文件”对话框

Step 02 在“合并”对话框中选择所有对象，如图3-28所示。

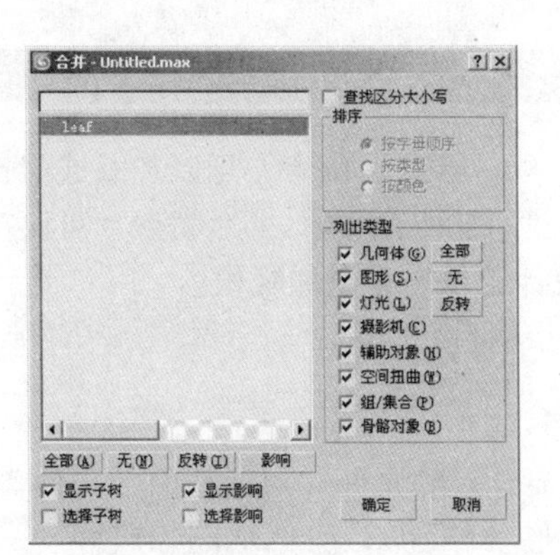

图3-28 “合并”对话框

Step 03 在一般情况下，如果合并的文件中与当前场景中的对象有重复名称的对象时，系统将弹出“重复名称”对话框，如图3-29所示。在该对话框中建议用户勾选“应用于所有重复情况”复选框，单击 合并 按钮。

Step 04 如果一个或多个要合并的材质与打开库中的材质同名，则将显示“重复材质名称”对话框，如图3-30所示。 用户可根据实际情况对合并的材质进行选择，用户知道已获得几个重复材质并且不需要经常提醒时，可勾选”应用于所有重复情况“复选框。

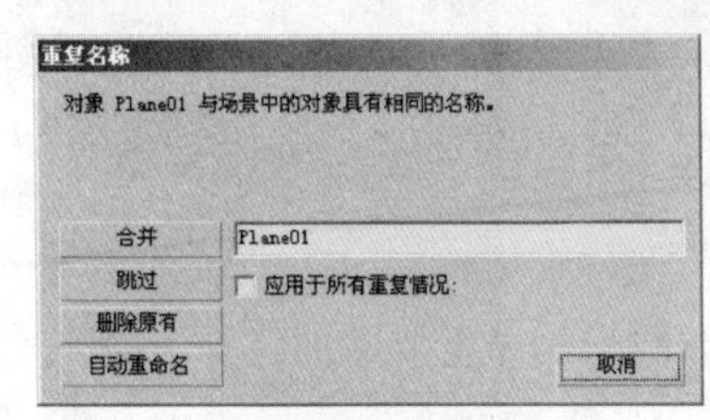

图3-29 “重复名称”对话框

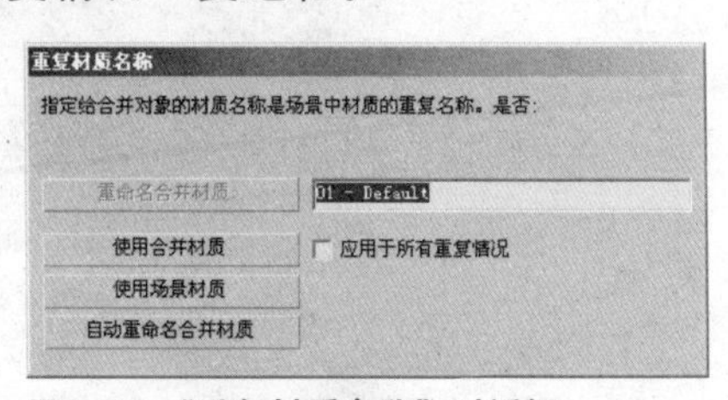

图3-30 “重复材质名称”对话框

“重复名称”对话框参数

- 对象名：该文本框显示重复对象名。在将其与当前场景合并之前，用户可以编辑合并对象的名称以使其成为惟一。
- 应用于所有重复情况：系统将带有重复名称的所有合并对象视为与当前场景中同名对象可以共存的对象，并且不显示进一步的警告消息。 如果编辑材质名，则此复选框不可用。
- 合并：将对象合并到场景中。
- 跳过：跳过对象，并且不将其合并到场景中。
- 删除原有：删除场景中与合并对象同名的对象。
- 自动重命名：单击该按钮可按照3ds Max自动重命名原则，自动合并对象的名称，比如合并对象的名称为Box05，合并后的名称将自动命名为Box06，场景中的同名对象的名称不变。
- 取消：取消合并操作。

07 再次进行倒角设置，设置倒角“高度”为4.5，设置“轮廓量”为-5，并将其命名为“底座”，效果如下图所示。

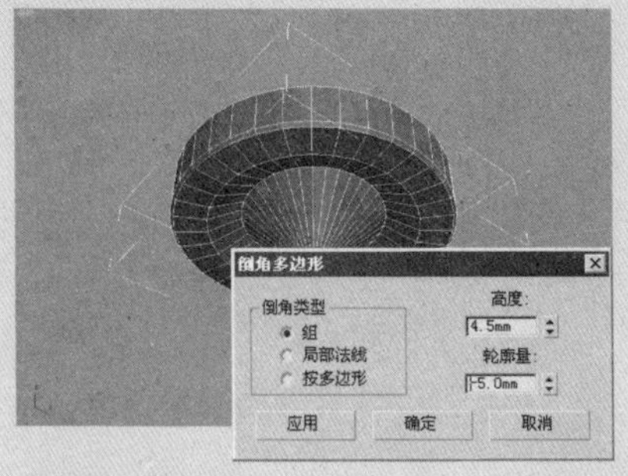

08 在“创建”命令面板中单击“图形”按钮，在“对象类型”卷展栏中单击 线 按钮，在前视图中创建一条带有弧形的由底座延伸出来的样条线，如下图所示。

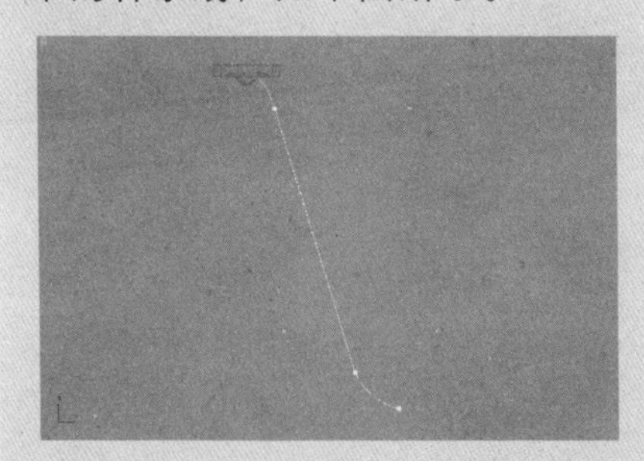

09 在“修改”命令面板中的“渲染”卷展栏中，分别勾选“在渲染中启用”和“在视口中启用”复选框并设置径向“厚度”为0.5，如下图所示。

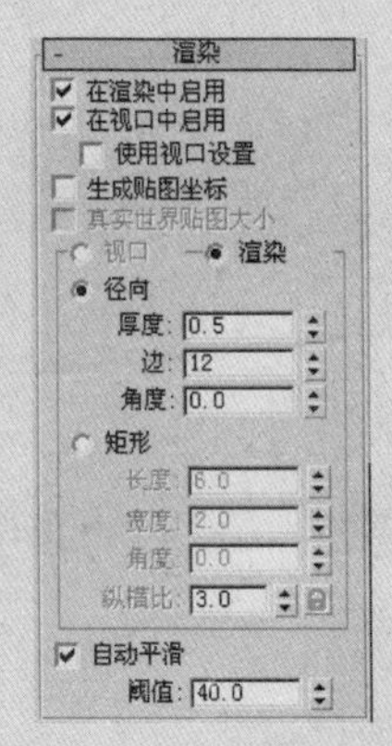

⑩ 在命令面板中单击“层次”按钮，在“调整轴”卷展栏中单击“仅影响轴”按钮，将其重心对齐到底座的中心，如下图所示。

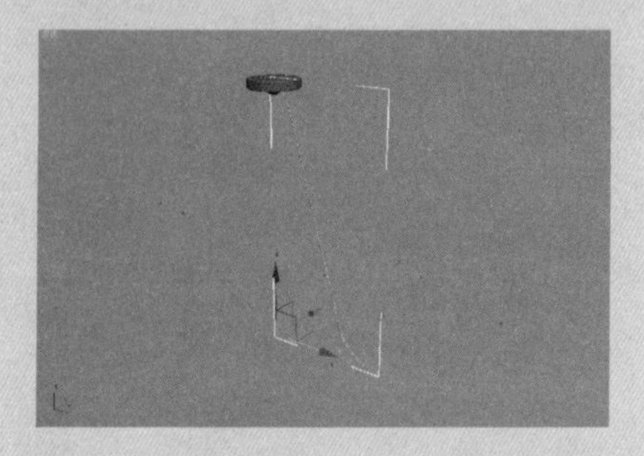

⑪ 退出“仅影响轴”状态，使用“选择并旋转”工具，配合Shift键旋转90°并进行复制，在“克隆选项”对话框中设置“副本数”为3，如下图所示。

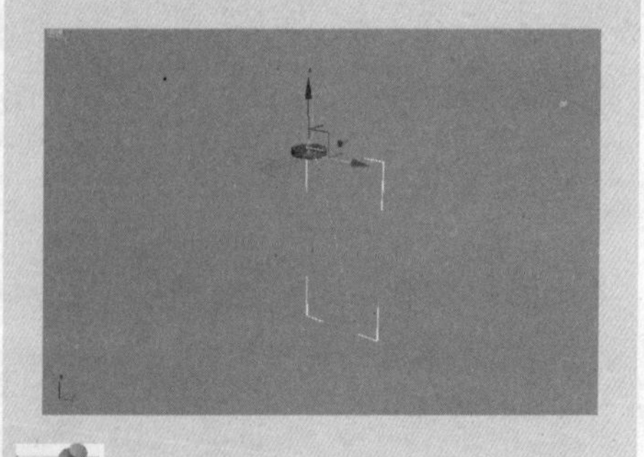

在进行复制时可以打开“角度捕捉开关”按钮，该开关可以使用户很方便地旋转场景物体角度。

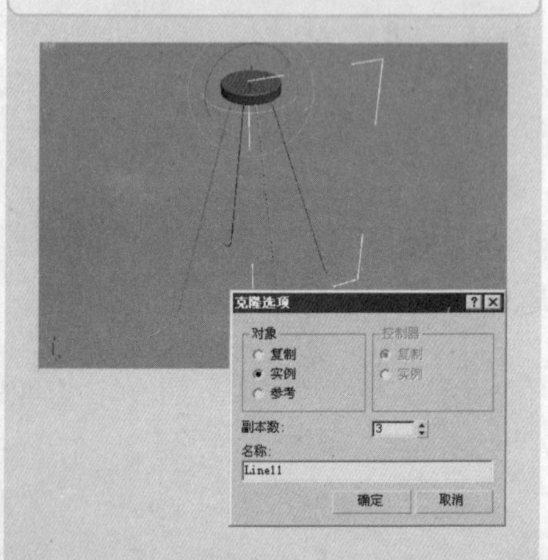

3.2.2 文件的导入、导出

使用“导入”和“导出”命令，可以加载或导出不是3ds Max场景文件的其他格式的文件。这样，文件资源就可以在不同的系统中进行共享，从而使设计工作变得更加轻松。

导入CAD文件的操作步骤如下。

Step 01 执行菜单栏中的“文件>导入”命令。

Step 02 在“选择要导入的文件”对话框的“文件类型”下拉列表中选择AutoCAD图形（*.DWG、*.DXF）选项。

Step 03 选择要导入的文件，单击“打开”按钮。

Step 04 在弹出的“AutoCAD DWG/DXF导入选项”对话框中设置选项。

“AutoCAD DWG/DXF导入选项”对话框如图3-31所示。

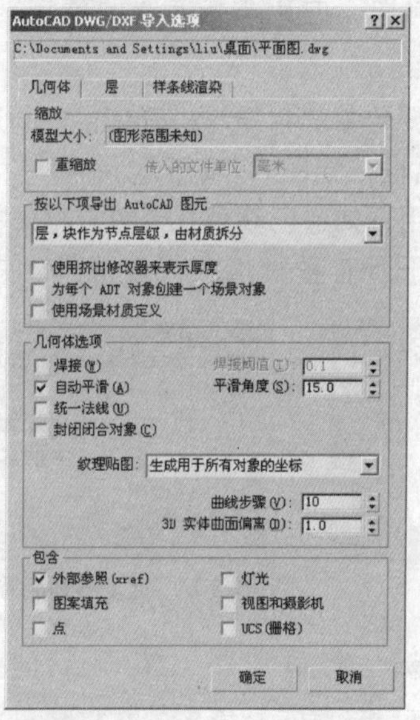

图3-31 “AutoCAD DWG/DXF导入选项”对话框

“几何体”选项面板

（1）“缩放”选项区域

- 模型大小：对传入的几何体进行计算，以确定其边框的大小。此字段基于3个因素显示场景范围，即传入的文件单位，3ds Max中的系统单位和3ds Max中的显示单位。
- 重缩放：按照与选定单位类型相对应的比例因子缩放导入的几何体。

如果在图形中没有指定单位，下拉列表将显示空白。在这种情况下，如果“导入”按钮被激活并且勾选“重缩放”复选框，将提示为“传入的文件单位”选择一个值，然后返回到“AutoCAD DWG/DXF导入选项”对话框。

- 传入的文件单位：该下拉列表显示传入文件中的基本单位。

(2)“按以下项导出Auto CAD图元”选项区域

- 按层合并对象：启用此选项后，AutoCAD 系统中指定层上的任何对象都将成为单个“可编辑网格”或“可编辑样条线”的一部分。每个导入对象的名称基于 AutoCAD 对象的层。导入的对象名称前缀为“Layer:”，后面跟随该层的名称。例如，在导入到 3ds Max 后，所有层 WALLS 上的 AutoCAD 对象都变成了名叫 Layer：Walls 的“可编辑网格”的一部分。
- 使用挤出修改器来表示厚度：启用该项之后，用户可以访问此修改器的参数并更改高度分段、封口选项和高度值。禁用此项后，具有厚度的对象直接转换为网格。
- 为每个 ADT 对象创建一个场景对象：将 Architectural Desktop（ADT）对象作为单个对象导入而不将其分隔成其成分组件。

(3)“几何体选项”选项区域

- 焊接：根据“焊接阈值”来设置是否焊接转换对象的重合顶点。焊接在重合顶点对象的结合处和统一法线间进行平滑。
- 焊接阈值：设置用以确定顶点是否重合的距离。如果两个顶点之间的距离小于或等于“焊接阈值”，顶点将焊接在一起。
- 自动平滑：根据“平滑角度”值来指定平滑组。平滑组用于确定是否将对象上的面渲染为平滑的曲面或在它们的边上显示缝以创建面状外观。
- 平滑角度：控制在两个相邻的面之间是否发生平滑。如果两个面法线之间的角度小于或等于平滑角，面将被平滑。
- 统一法线：分析每个对象的面法线并在必要的地方翻转法线，来使它们都从对象的中心指向外部。如果导入的几何体没有正确地焊接，或是软件不能确定对象的中心，法线就有可能指向错误的方向。使用“编辑网格”或“法线”修改器以翻转法线。禁用“统一法线”时，将按照绘图文件中的面顶点顺序计算法线。实体对象的面法线已经统一。在导入实体对象模型时，需要禁用“统一法线”。
- 封闭闭合对象：将“挤出”修改器应用到所有闭合对象中，并启用修改器的“封口始端”和“封口末端”选项。对于不具有厚度的闭合实体，“挤出”修改器“数量”值设置为0。封口使具有厚度的闭合实体显示为实体，而使没有厚度的闭合实体显示为平面。禁用“封闭闭合对象”后，对于具有一定厚度的闭合实体，将禁用“挤出”修改器的“封口始端”和“封口末端”选项。任何修改器都不适用于没有厚度的闭合实体，但是圆、轨迹和实体除外。如果禁用“使用挤出修改器来表示厚度”，挤出修改器不会应用到闭合对象上。
- 纹理贴图：纹理贴图设置存储纹理贴图材质的 UVW 坐标，对大型模型的加载时间影响较为显著。

⑫ 在“创建”面板的“几何体”命令面板中，单击“对象类型”卷展栏中的 圆环 按钮，在场景中创建一个“半径1”为60，“半径2”为2，“分段”为60的圆环，如下图所示。

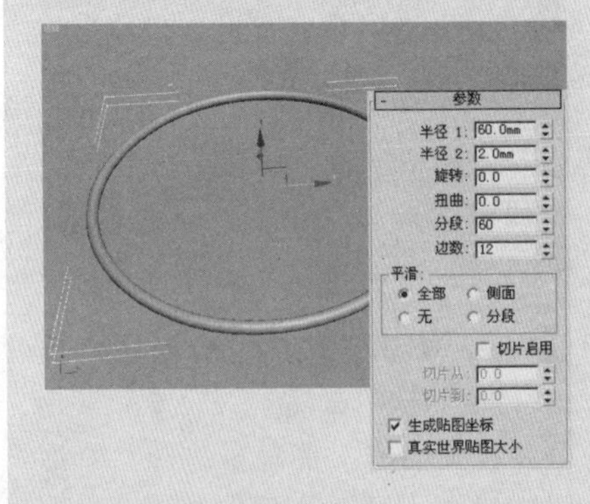

⑬ 使用“选择并移动”工具将圆环调节到如下图所示位置。

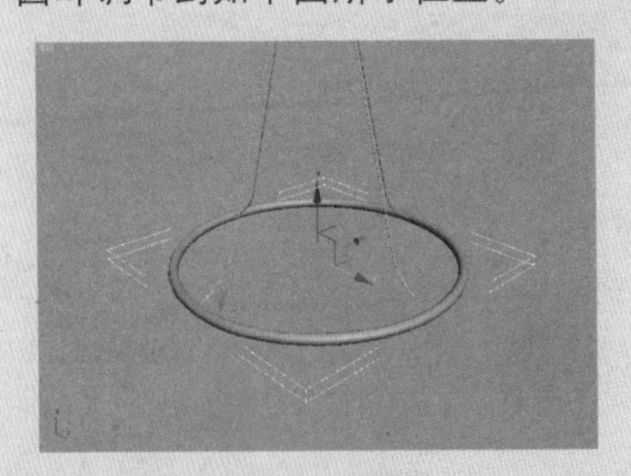

⑭ 在“创建”面板的“几何体”命令面板中的“对象类型”卷展栏中单击 圆锥体 按钮在场景中创建一个“半径1”为9，“半径2”为7，“高度”为19，“高度分段”为1，“边数”为36的圆锥体，如下图所示。

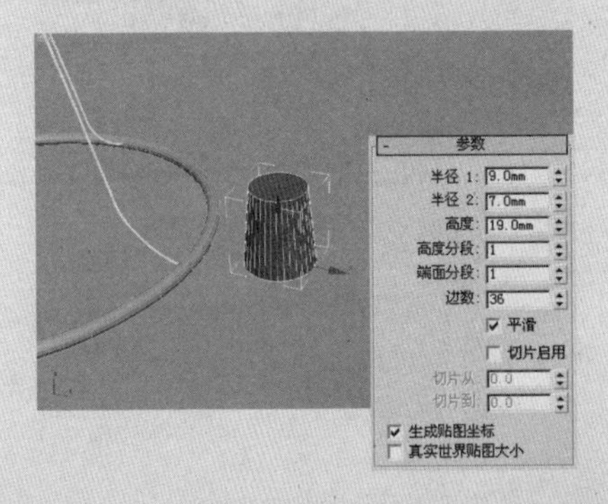

⑮ 选择圆锥体，执行右键快捷菜单“转换为>转换为可编辑多边形”命令，选择圆锥体顶部的多边形面，如下图所示。

⑯ 在“编辑多边形”卷展栏中单击 倒角 按钮右侧的“设置”按钮 ，在弹出的“倒角多边形”对话框中设置倒角“高度”为1.5，设置“轮廓量”为-6，如下图所示。

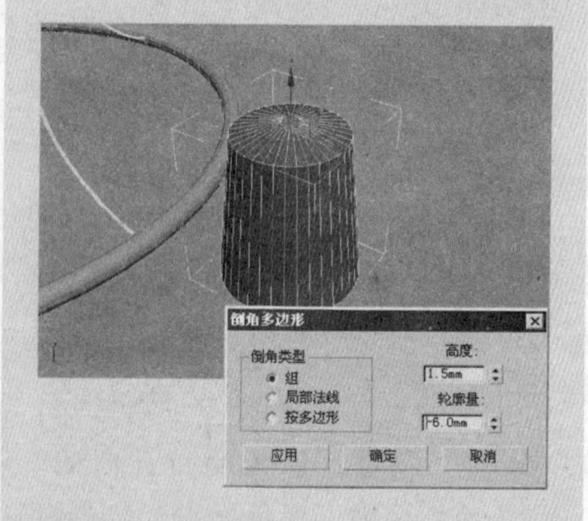

⑰ 选择其下面的多边形面，再次进行倒角设置，设置倒角“高度”为0，设置“轮廓量”为-0.5，效果如下图所示。

- ◆ 无贴图坐标：使用“无贴图坐标”时，文件链接管理器将不会生成所链接网格对象的纹理坐标。
- ◆ 生成用于所有对象的坐标：导入图形时，该选项强迫所有对象生成UVW坐标。该选项告知DWG/DXF导入器创建UVW坐标，但在坐标生成时增加了加载时间。
- ● 曲线步骤：调整在导入绘图时，弧或曲线显示的平滑程度，值越大，曲线就越平滑。默认设置为10。
- ● 3D实体曲面偏离：指定从3ds Max曲面网格到参数3D实体曲面之间允许的最大距离。数值越小，曲面越精确，面数也越多；值越大，曲面越不精确，面数也越少。

(4)“包含”选项区域

此选项区域可以在输入进程期间切换绘图文件特定部分的包含对象。

- ● 外部参照（xref）：将附加的xref导入到绘图文件。
- ● 图案填充：从绘图文件导入图案填充。使用此选项可以将填充图案中的每一条线或点作为定义该图案填充的VIZ块的单独组件进行存储，从而可以在场景中创建大量对象。
- ● 点：从绘图文件导入点。导入的点对象在3ds Max中显示为点辅助对象。
- ● 灯光：从绘图文件导入灯光。
- ● 视图和摄影机：从绘图文件导入已命名的视图，并将其转化为3ds Max摄影机。
- ● UCS（栅格）：从绘图文件导入用户坐标系（UCS），并将其转化为3ds Max栅格对象。

“层”选项面板

“层”选项面板与层管理器非常相似，如图3-32所示，层名称与在绘图文件中指定的名称相同。

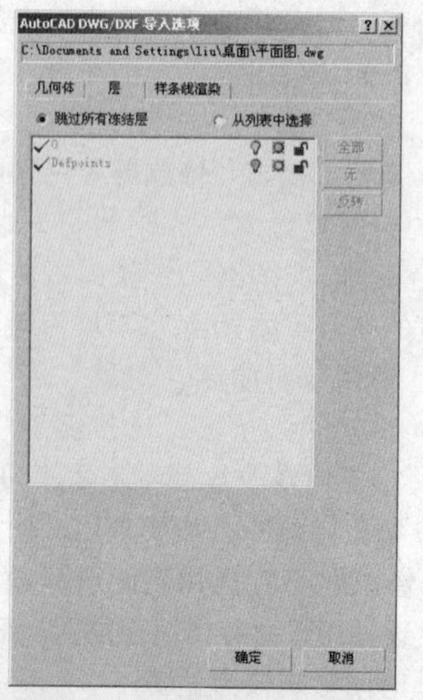

图3-32 “层”选项面板

- 跳过所有冻结层：在冻结层上进行对象的导入。
- 从列表中选择：用于选择导入的特定层。层名称旁边的复选标记表明所选的层。
- 全部：只有在启用“从列表选择”时，“全部”按钮才处于活动状态，从而使用户可以迅速选择列表中的所有层。
- 无：只有在启用“从列表选择”时，“无”按钮才处于活动状态，从而可以取消选择所有已选中的层。
- 反转：只有在启用“从列表选择”时，“反转”按钮才处于活动状态。单击此按钮可反转选择集，将取消选择当前选定的层，并选中未选定的层。
- 层列表：该列表中显示所有组成图形的层，并显示其状态，如隐藏、显示或冻结、解冻。

“样条线渲染”选项面板

此选项面板上的控件在名称和操作方式上与可编辑样条线“渲染”卷展栏上的控件相同，如图3-33所示。

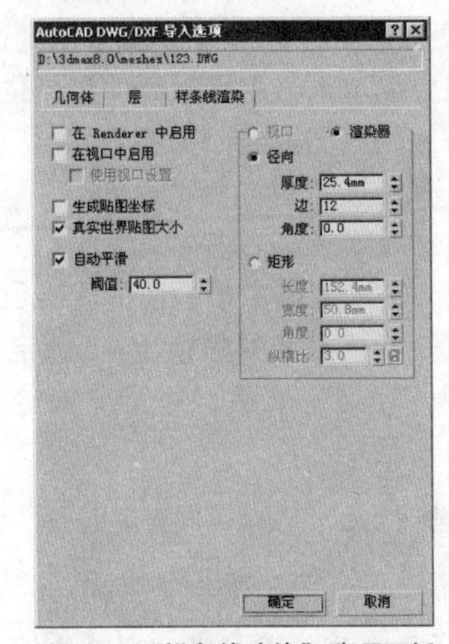

图3-33 “样条线渲染”选项面板

- 在 Renderer 中启用：启用该选项后，使用为渲染器设置的径向或矩形参数将图形渲染为 3D 网格。
- 在视口中启用：启用该选项后，使用为渲染器设置的径向或矩形参数将图形作为 3D 网格显示在视口中。
- 使用视口设置：用于设置不同的渲染参数，并显示“视口”设置所生成的网格。只有启用“在视口中启用”时，此选项才可用。
- 生成贴图坐标：启用此项可应用贴图坐标。默认设置为禁用状态。

3ds Max 在 U 向维度和 V 向维度中生成贴图坐标。U 坐标围绕样条线包裹一次；V 坐标沿其长度贴图一次。平铺是使用应用材质的“平铺”参数所获得的。

⑱ 再次进行倒角设置，设置倒角“高度”为－1，设置“轮廓量”为－5，效果如下图所示。

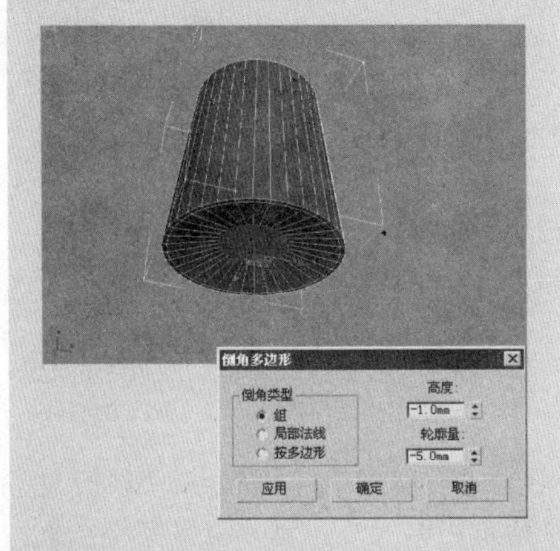

⑲ 在“编辑多边形”卷展栏中单击 挤出 按钮右侧的“设置”按钮 ▣，在弹出的“挤出多边形”对话框中设置“挤出高度”为－1，如下图所示。

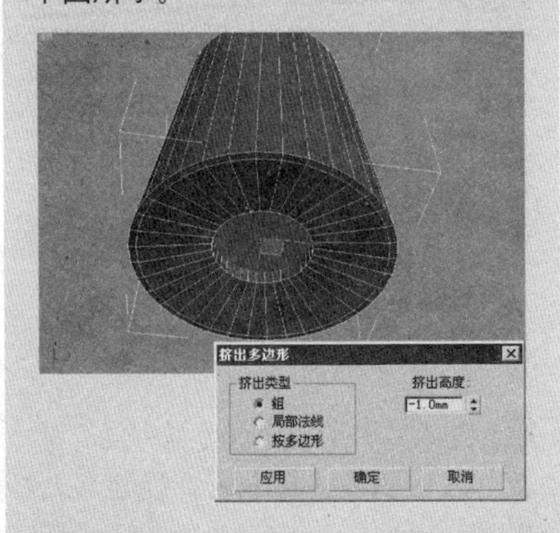

⑳ 使用相同的方法多次进行倒角和挤出设置，挤出和倒角出圆锥柄，并将其命名为”主灯“，如下图所示。

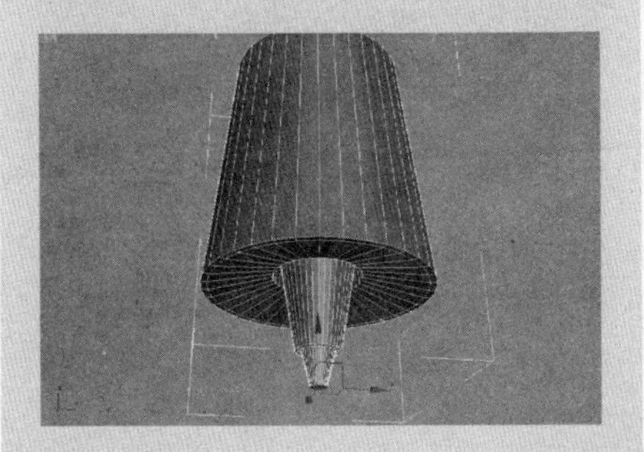

㉑ 在“创建”命令面板中单击“图形”按钮，在场景中创建一个与灯台大小相似的圆形，并放置在其上部，如下图所示。

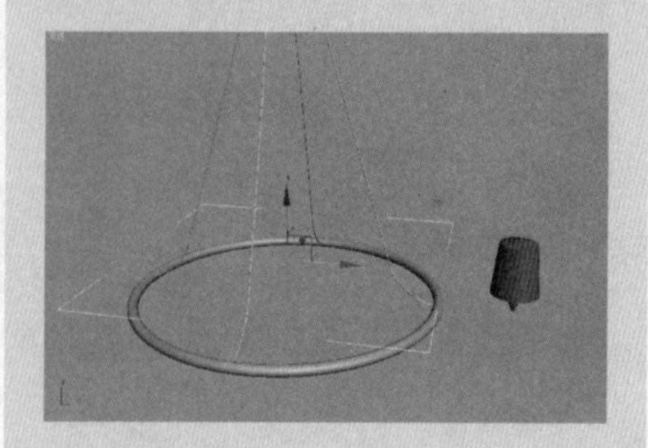

㉒ 在选择圆锥灯具的状态下执行主菜单栏中的“工具>间隔工具”命令，在弹出的“间隔工具”对话框中单击 拾取路径 按钮后在场景中拾取圆形图形，如下图所示。

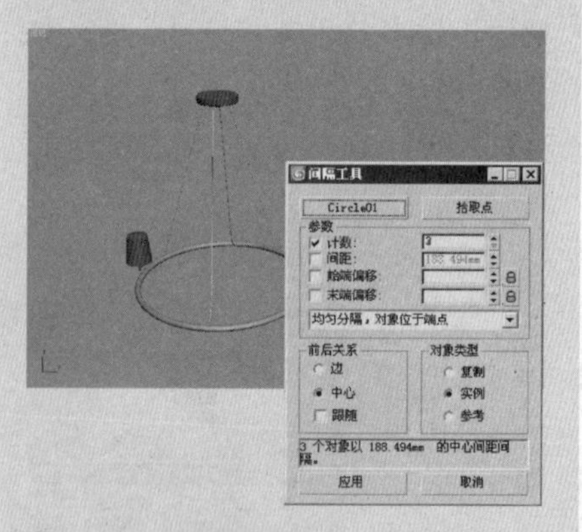

㉓ 在“间隔工具”对话框中的“计数”右侧的数值框中设置数量为7，单击 应用 按钮，效果如下图所示。

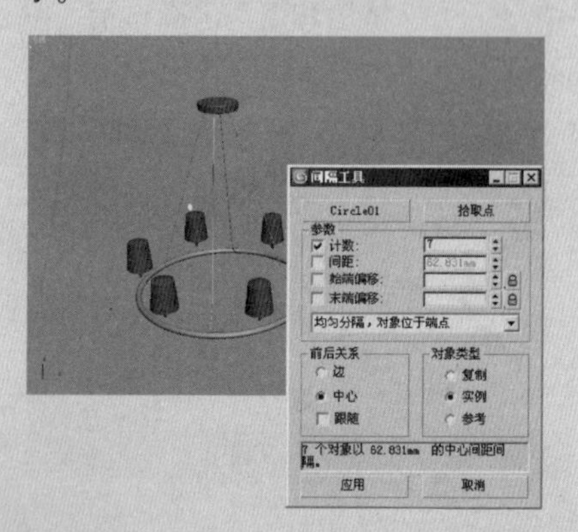

- 真实世界贴图大小：控制应用于该对象的纹理贴图材质所使用的缩放方法。缩放值由位于应用材质的“坐标”卷展栏中的“使用真实世界比例”设置控制。默认设置为启用。
- 自动平滑：如果启用“自动平滑”，则使用其下方的“阈值”设置指定的阈值，自动平滑该样条线。“自动平滑”基于样条线分段之间的角度设置平滑。如果它们之间的角度小于阈值角度，则可以将任何两个相接的分段放到相同的平滑组中。
- 阈值：以度数为单位指定阈值角。如果它们之间的角度小于阈值角度，则可以将任何两个相接的样条线分段放到相同的平滑组中。
- 视口：启用该选项为该图形指定径向或矩形参数，当启用“在视口中启用”时，它将显示在视口中。
- 渲染器：启用该选项为该图形指定径向或矩形参数，当启用“在视口中启用”时，渲染或查看后它将显示在视口中。
- 径向：将3D网格显示为圆柱形对象。
  - ◆ 厚度：指定视口或渲染样条线网格的直径。默认设置为1.0。范围为0.0至100,000,000.0，样条线分别在厚度1.0和5.0进行渲染。
  - ◆ 边：在视口或渲染器中为样条线网格设置边数（或面数）。
  - ◆ 角度：调整视口或渲染器中横截面的旋转位置。
- 矩形：将样条线网格图形显示为矩形。
  - ◆ 长度：指定沿着局部Y轴的横截面大小。
  - ◆ 宽度：指定沿着局部X轴的横截面大小。
  - ◆ 角度：调整视口或渲染器中横截面的旋转位置。
  - ◆ 纵横比：设置矩形横截面的纵横比，“锁定”复选框可以锁定纵横比，启用“锁定”之后，将宽度锁定为宽度与长度之比为恒定比率的长度。

3ds Max 场景导出到“Lightscape 准备”（LP）文件操作

Step 01 执行菜单栏中的“文件>导出” 命令。

Step 02 在打开的“选择要导出的文件”对话框的“保存类型”下拉列表中选择“Lightscape 准备”（LP）”选项，如图3-34所示。

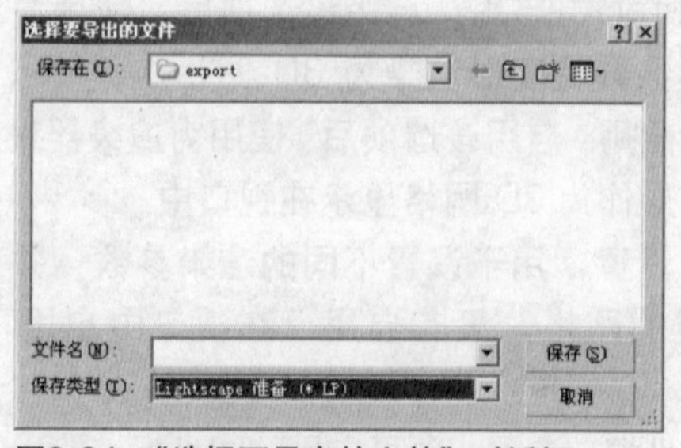

图3-34 “选择要导出的文件”对话框

Step 03 在“文件名”文本框中输入文件的名称，单击“保存”按钮。

Step 04 在打开的“导入 Lightscape 准备文件”对话框中设置相关选项，如图3-35所示。

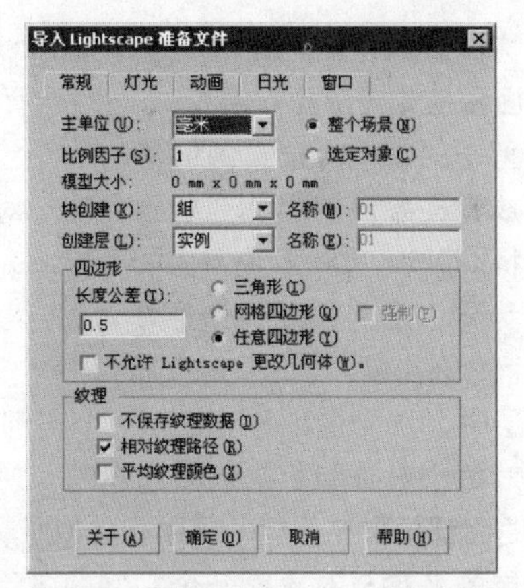

图3-35 “导入 Lightscape 准备文件”对话框

“常规”选项面板

- 主单位：确定场景使用的单位，它作为导出的 LP 文件中的显示单位，Lightscape 系统将使用该单位进行计量。如果场景使用通用单位（英寸），必须转化为实际单位，才能在 Lightscape 中渲染出真实的灯光效果。
- 比例因子：指定应用于整个模型的比例因子，它以全局调整导出模型的大小。默认设置为 1。
- 模型大小：使用当前“主单位”和“比例因子”设置来显示场景几何体的 X、Y 和 Z 范围。
- 整个场景和选定对象：使用这些单选按钮可以选择是导出场景中的所有对象，还是只导出选定对象。
- 块创建和名称：这些设置用来确定 LP 文件中创建块的方式，可供选择的选项如下。

◆ 对象：为每个对象创建一个 Lightscape 块，每个块的名称都取自该对象的名称；如果单个对象的不同实例使用了不同的材质，系统将为每个对象创建一个新块，以将正确的材质应用到该实例中。

◆ 组：为每个对象创建一个块，与“对象”选项一样，同时也为每个组创建一个块。

◆ 单个：为整个场景创建一个单个的块。所有对象的所有网格都驻留在这个块中。选中该设置后，“名称”文本框就可以使用。可以在该文本框中输入块的名称。默认设置为导出文件的名称。

◆ 无：不创建块，所有对象的所有网格都直接在 LP 文件中创建。

技巧 提示

如果场景使用对象实例，系统将场景中的实例对象创建为一个块，实例对象的几何体只导出一次，这样可以减小导出的 LP 文件；也可以使用组将灯光与代表照明设备的几何体组成一组，这样，可以在 Lightscape 中更容易移动和更改灯光。

24 使用“选择并移动”工具，选择所有的圆锥形灯，在视图中沿Z轴将其移动到灯台的上部，如下图所示。

25 创建一个半球体，并调节其位置到吊灯顶部，作为装饰背景，如下图所示。

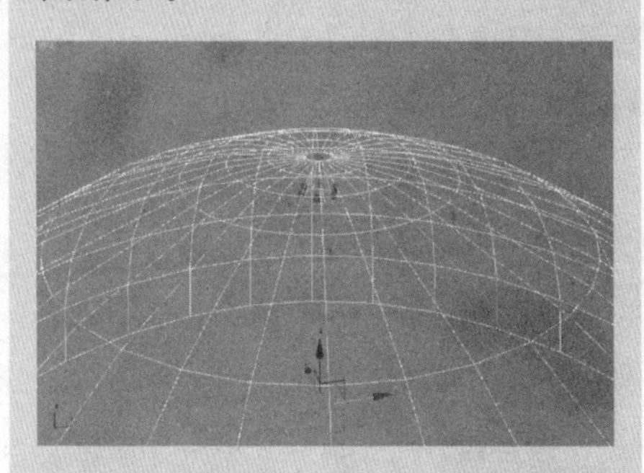

26 在“材质编辑器”中调节一个白色双面材质，并将其指定给半圆球体，如下图所示。

27 在“材质编辑器”中制作一个白色金属材质，并将其指定给场景中的台灯金属模型，如下图所示。

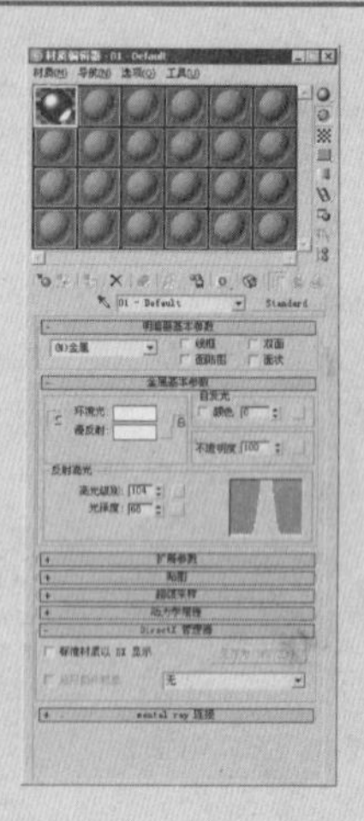

㉘ 在场景中分别选择圆锥模型，按数字键4切换到“多边形”子层级中，分别设置上部和底部的多边形材质ID，并在“材质编辑器”中调节一个多维/子对象材质，将其指定给场景中的模型，如下图所示。

㉙ 使用相同的方法，给其他的圆锥形灯设置材质ID，并设置不同的灯身颜色，最后效果如下图所示。

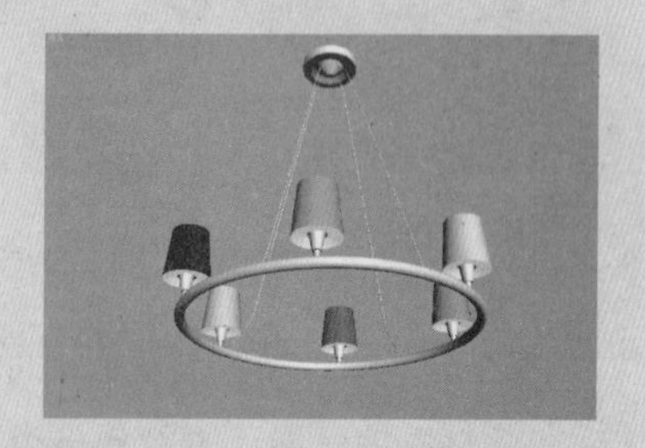

㉚ 在“创建”面板的“灯光”命令面板中将灯光创建类型设置为“VRay”，并在场景中创建一个类型为“Dome（圆形）”，“Multiplier”值为1的VR灯光，并将其调节到吊灯的侧面，如下图所示。

- 创建层和名称：这些设置允许用户选择 Lightscape 层的创建方式，以及曲面和块如何放置在层上。可供选择的选项如下。
- ◆ 实例：为模型中的每个对象实例创建的层，包括灯光。每个实例的曲面都放置在各自的层上，层的名称与对象实例的名称相同。如果要将 Lightscape 解决方案导回 3ds Max，此设置将非常有用，因为导入器将重新构造原始对象。
- ◆ 对象：为每个对象创建一个层。对象所有实例中的所有曲面都放置在对象的层中。层的名称与对象第一个实例的名称相同。
- ◆ 组：层是针对每个对象和每个组而创建的，属于一组的所有实例中的所有曲面都放置在该组的层中，其他所有曲面都放置在对象的层中，层的名称与对象第一个实例的名称相同。
- ◆ 单个：创建单个层，所有的曲面都放到该层上。当使用该设置后，“名称”文本框才可以使用。
- ◆ 材质：是针对每个导出材质而创建的。将基于指定给曲面的材质向层指定曲面。

(1)“四边形”选项区域

该选项区域可以为导出到 Lightscape 的几何体提供更多的控制。

- 长度公差：形成四边形表面时，该选项可以设置焊接顶点之间的距离，系统将焊接小于此距离的点。
- 三角形：选中该选项后，模型表面不形成四边形。
- 网格四边形：选中该选项后，只有在网格中的四边形才可以形成，但是仅当它满足 Lightscape 对四边形所使用的标准时，才会形成四边形。
- 强制：只有当选择“网格四边形”时才会启用该选项。如果启用该选项，那么即使不满足 Lightscape 的标准，网格中的四边形也会形成。
- 任意四边形：选中该选项后，就可以使用三角形来形成四边形，只要它们满足 Lightscape 对四边形所使用的标准，就可以形成平面或凸面四边形。
- 不允许 Lightscape 更改几何体：启用此选项之后，可以防止 Lightscape 在初始化时修改几何体。

(2)“纹理”选项区域

- 不保存纹理数据：避免纹理与材质一同导出。
- 相对纹理路径：指定是否将纹理路径名称作为相对或绝对路径输出。如果禁用此选项，则导出器将输出绝对纹理路径；启用此选项，则导出器将输出相对纹理路径。
- 平均纹理颜色：选择导出器将用于纹理贴图材质的材质颜色。如果禁用此选项，导出器将纹理贴图材质的颜色设置为3ds Max 材质的初始漫反射颜色；如果启用此选项，导出器将颜色设置为纹理贴图材质漫反射贴图的平均颜色。

“灯光”选项面板

在该选项面板中，用户可以设置场景中输出灯光的强度、目标距离、衰减、阴影等项目。“灯光”选项面板如图3-36所示。

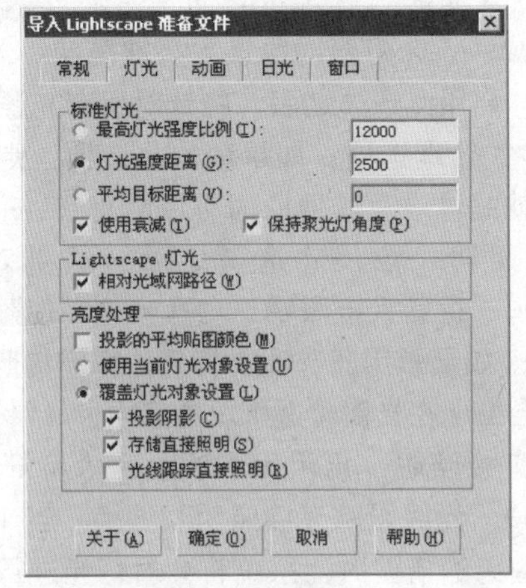

图3-36 “灯光”选项面板

(1)“标准灯光”选项区域

- 最高灯光强度比例：用户可以输入以坎迪拉为单位的强度比例。
- 灯光强度距离：用于匹配强度的距离，该距离单位始终遵循主单位设置。
- 平均目标距离：该距离是目标聚光灯与其目标之间的平均距离，并显示在右侧的文本框中，如果场景中没有目标聚光灯，则禁用此按钮。
- 使用衰减：定义灯光在衰减范围内进行衰减。
- 保持聚光灯角度：定义聚光灯角度从3ds Max转化为Lightscape灯光的变化方式。禁用此选项之后，Lightscape光束角度将设置为3ds Max强度是聚光灯强度一半的角度，以便与该光束角度上的Lightscape强度相匹配。启用此选项之后，Lightscape光束角度将设置为聚光区角度。聚光区角度上的3ds Max强度完全是聚光灯强度，这与光束角度上Lightscape强度有明显的区别。如果要为3ds Max中的聚光灯输入指定的Lightscape光束角度，则只需要启用此选项。

(2)“Lightscape 灯光”选项区域

- 相对光域网路径：如果场景包含带有Web分布的光度学灯光，则使用此选项。启用此选项之后，导出的光源定义只包含IES文件的相对路径，而绝对路径将添加到Lightscape文档路径列表中。禁用此选项之后，IES文件的绝对路径将出现在光源定义中。

(3)“亮度处理”选项区域

- 投影的平均贴图颜色：使用此选项可以平均处理纹理贴图颜色，并将其包含在导出灯光的过滤器颜色中。该选项只适用于位图纹理。

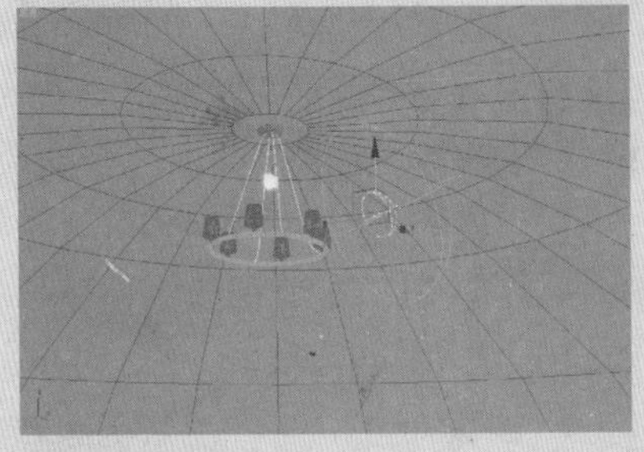

31 创建一个 目标 摄影机，调节其位置和角度，如下图所示。

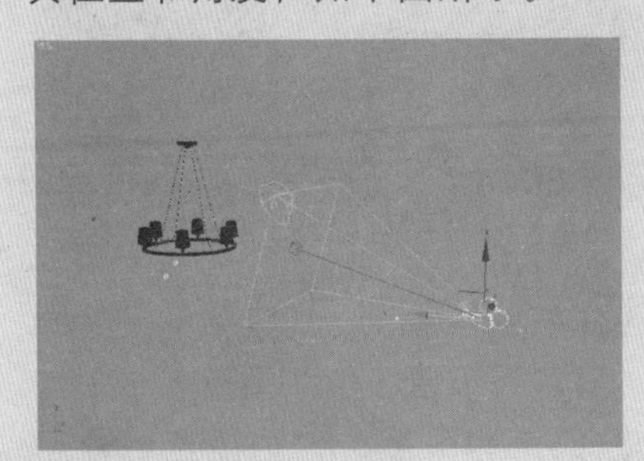

32 在“渲染场景”对话框中，开启GI全局光照明、设置光子贴图采样级别、抗锯齿类型以及天光参数等参数，然后设置输出尺寸后单击 渲染 按钮，进行最终渲染，最后效果如下图所示。

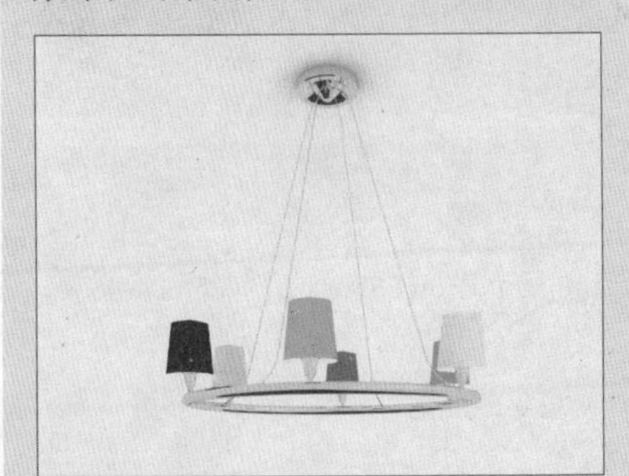

01 首先创建圆珠笔的笔盖。在“创建”命令面板单击“图形”按钮，在“对象类型”卷展栏中单击 线 按钮，在前视图中创建一条如下图所示的样条线。

02 按数字键1，切换到样条线的“顶点”子层级中，调节各个顶点的位置和弧度，作为笔盖的外轮廓，如下图所示。

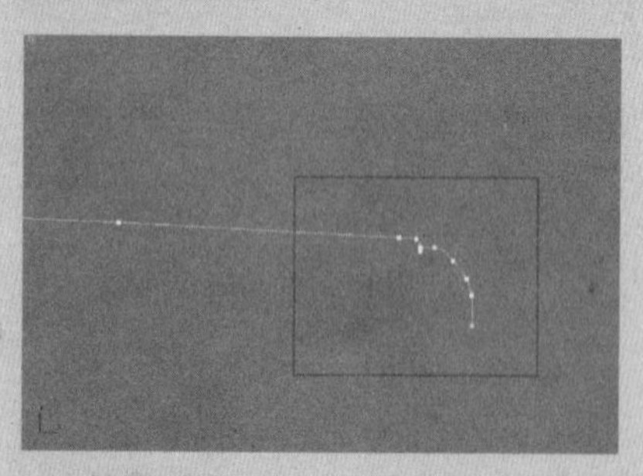

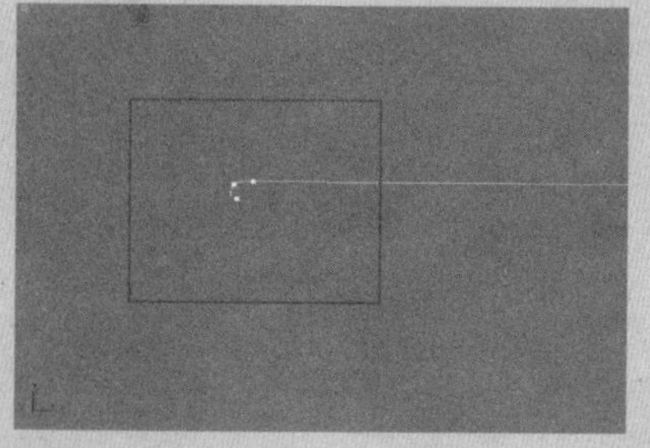

- 使用当前灯光对象设置：使用此选项可以使亮度处理设置基于3ds Max灯光对象的设置。如果计划将最终的Lightscape解决方案导回3ds Max，则可以使用此选项。
- 覆盖灯光对象设置：选择此选项可使用以下复选框来设置亮度处理选项。3ds Max灯光对象设置将被覆盖。

◆ 投影阴影：启用此选项之后，将针对所有光源启用Lightscape“投影阴影”处理选项。如果禁用此选项，则光能将分布到每个曲面，就好像没有其他曲面可以阻止它。

◆ 存储直接照明：启用此选项之后，将针对所有光源启用Lightscape“存储直接照明”切换，这会使照明存储在光能传递网格中。如果禁用此选项，将只计算间接照明，而灯光的直接照明不会出现在光能传递解决方案中。

◆ 光线跟踪直接照明：启用此选项之后，将针对所有光源启用Lightscape“光线跟踪直接照明”切换。当Lightscape光线跟踪用于渲染的模型时，系统将会对灯光进行采样，光线跟踪直接照明可以提高阴影的质量。

3.3 对象变换

使用移动、旋转和缩放工具可以更改对象的位置、方向或比例。本节将阐述与对象变换相关的知识，比如，使用变换Gizmo、使用轴约束和变换工具等。

3.3.1 三轴架和世界坐标轴

3ds Max系统为用户提供了对象变换时显示的三轴架和世界坐标轴，这样就使对象的变换更加直观。

三轴架

如果使用选择并移动、选择并旋转、选择并缩放工具选中视图中的对象，并且对象的变换Gizmo处于非活动状态时（按X键可在活动与非活动状态间切换），在选择对象上将会显示三轴架，如图3-37所示。

图3-37 显示三轴架

三轴架由 X、Y 和 Z 的三个轴组成，三轴架的方向显示了当前参考坐标系的方向，三条轴线的交点位置指示了变换中心的位置。

世界坐标轴

用户可以在每个视口的左下角查找到世界坐标轴，世界坐标轴的 X 轴为红色，Y 轴为绿色，Z 轴为蓝色，如图 3-38 所示。用户可以通过禁用“首选项设置”对话框“视口”选项面板上的“显示世界坐标轴”选项来切换所有视口中世界坐标轴的显示，如图 3-39 所示。

图 3-38　世界坐标轴

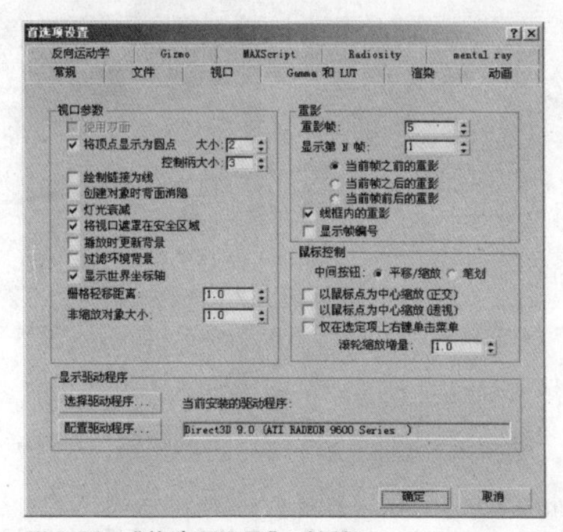

图 3-39　“首选项设置”对话框

3.3.2　变换 Gizmo 轴约束

“变换 Gizmo”图标显示在当前视图中选定的对象上，当用户进行手动变换操作时，通过它可以快速选择一个或两个轴，然后拖动鼠标沿该轴进行变换。此外，当移动或缩放对象时，可以使用两个轴之间的变换平面进行变换操作。使用 Gizmo 无须先在“轴约束”工具栏上指定一个或多个变换轴，同时还可以在不同变换轴和平面之间快速而轻松地进行切换。

03 在选择样条线的状态下，打开“修改”命令面板，在“修改器列表”下拉列表中选择“车削”修改器，效果如下图所示。

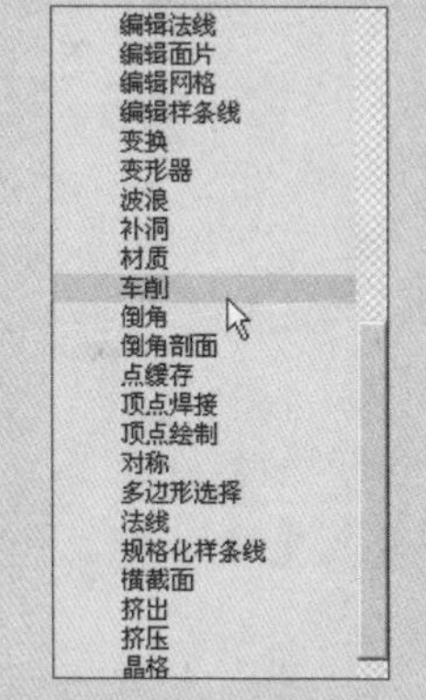

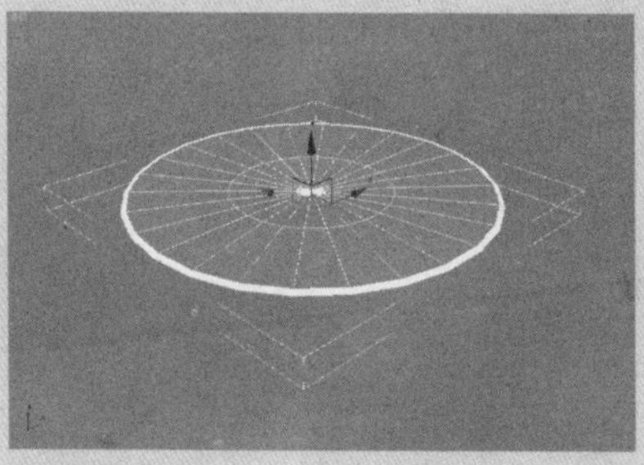

04 在“修改”命令面板中的“参数”卷展栏中，在“方向”选项区域中单击一下 X 按钮，效果如下图所示。

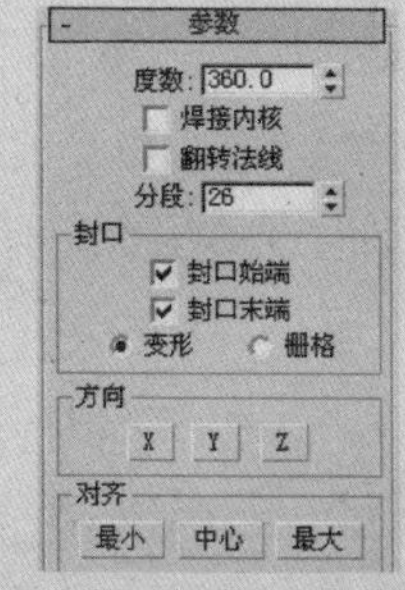

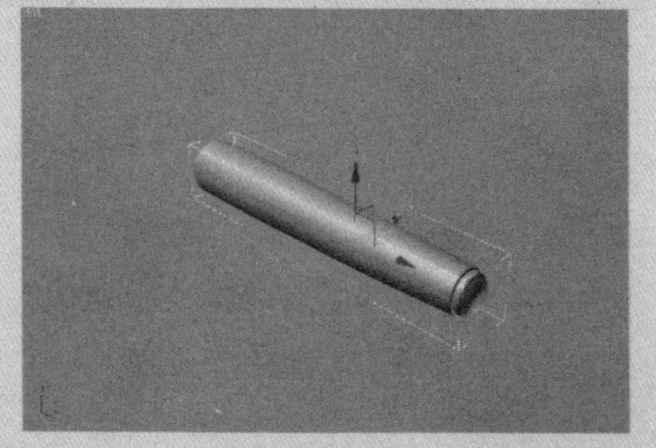

05 执行右键快捷菜单“转换为>转换为可编辑多边形”命令，按数字键4切换到“多边形”子层级中，选择笔头的3个多边形面，如下图所示。

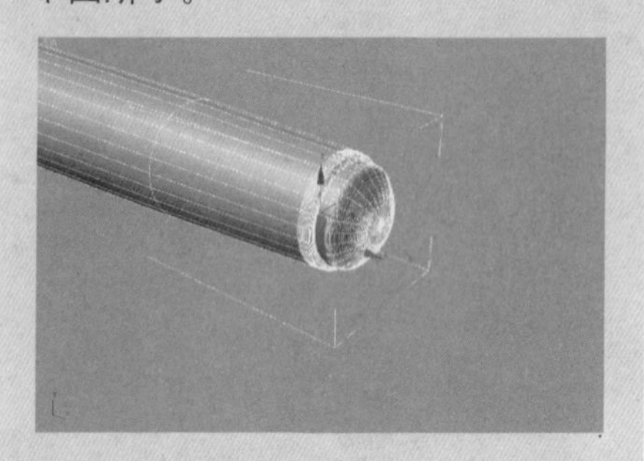

06 使用“选择并移动”工具将选择的多边形面向外进行移动，如下图所示。

07 在“编辑多边形”卷展栏中单击 挤出 按钮，将多边形进行挤出，如下图所示。

08 使用“选择并旋转”工具配合“选择并移动”工具将多边形移动并旋转一定的角度，如下图所示。

当选定一个或多个对象，并且工具栏上的任意变换按钮（选择并移动、选择并旋转或选择并缩放）处于活动状态时，会显示变换 Gizmo。每种变换类型使用不同的 Gizmo，移动 Gizmo、旋转 Gizmo 和缩放 Gizmo 分别如图3-40、图3-41和图3-42所示，在默认情况下，X 轴为红色，Y 轴为绿色，Z 轴为蓝色。

图3-40 移动 Gizmo

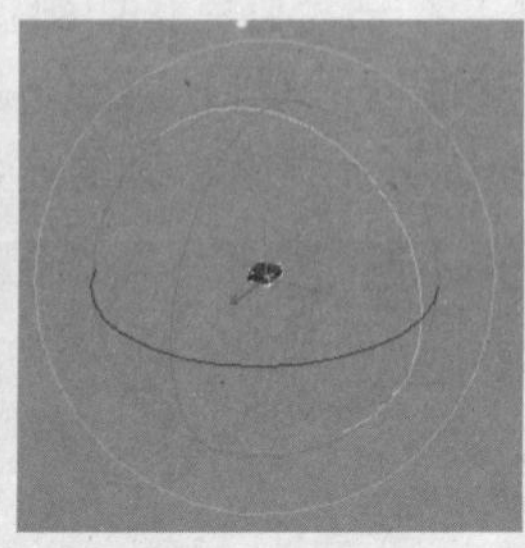

图3-41 旋转 Gizmo

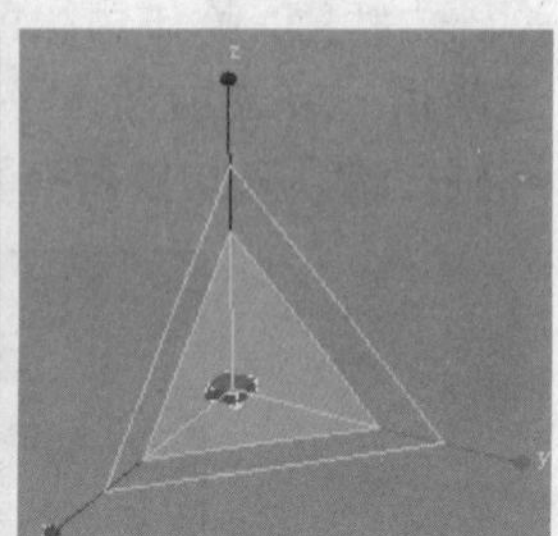

图3-42 缩放 Gizmo

在移动 Gizmo 显示的情况下，将光标放在任意轴上时，其变为黄色，如图3-43所示，表示该轴处于活动状态，用户可以沿该轴进行移动操作。类似的，将光标放在变换平面上，两个相关轴将变为黄色，如图3-44所示，此时用户可以沿着这两个轴向确定的平面进行移动操作。

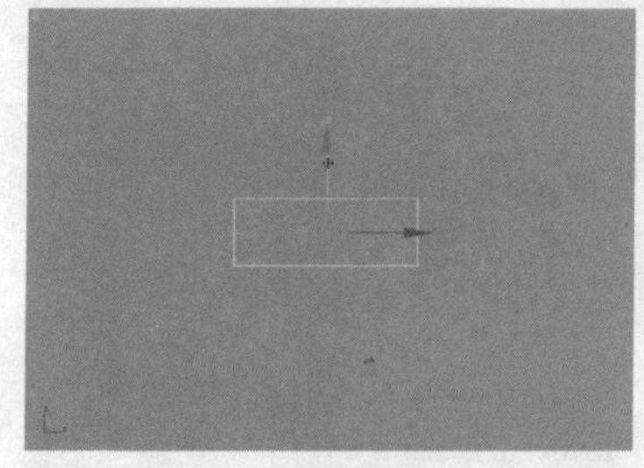

图3-43 当前活动轴向

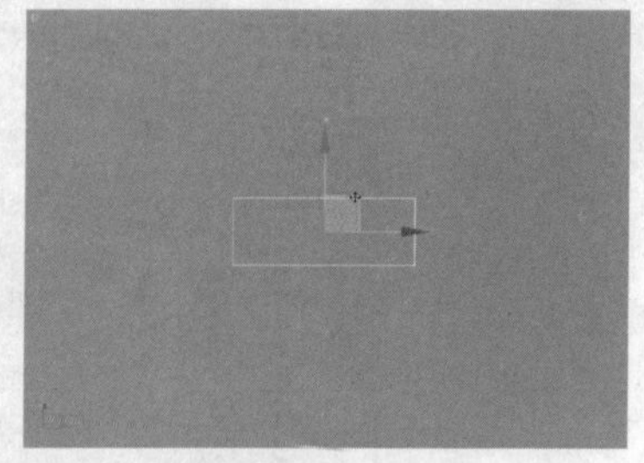

图3-44 当前活动变换平面

旋转 Gizmo 呈球型，用户可以围绕 X、Y 或 Z 轴或垂直于视口的轴自由旋转对象。轴控制柄是围绕该轴的圆形弧线。在任意轴控制柄的任意位置拖动鼠标，可以围绕该轴旋转对象。当围绕 X、Y 或 Z 轴旋转时，一个透明切片会以直观的方式显示旋转方向和旋转量。如果旋转大于 360°，则该切片会重叠，并且着色会变得越来越不透明，系统将显示数字数据，以表示精确的旋转角度，如图3-45所示。

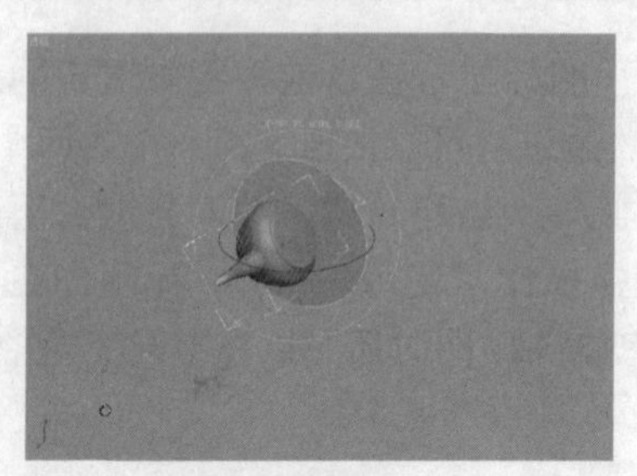

图3-45 显示旋转角度

进行缩放操作的时候，可以将光标放在缩放 Gizmo 平面控制柄或者某个轴向上，要执行“均匀”缩放，需要将光标在 Gizmo 中心处拖动；要执行“非均匀”缩放，可以在一个轴上拖动或拖动平面控制柄，例如选定了 YZ 平面控制柄的缩放 Gizmo 在 YZ 轴上进行的“非均匀”缩放，如图 3-46 所示，释放鼠标后，Gizmo 将恢复为其原始大小和形状，如图 3-47 所示。用户可以在“首选项设置”对话框的“Gizmo”选项面板上调整“缩放 Gizmo”的设置。

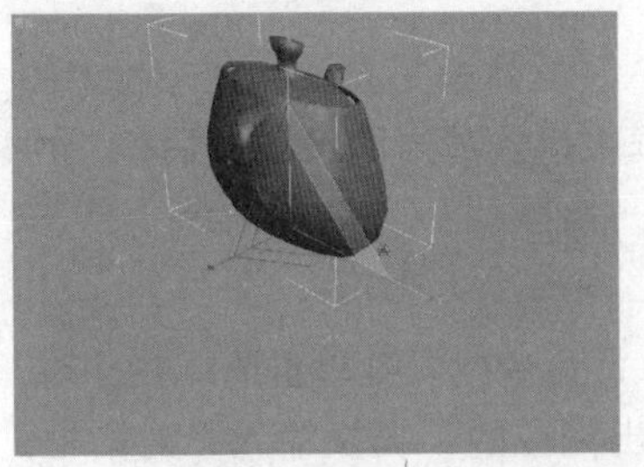

图 3-46 在 YZ 轴上进行的“非均匀”缩放

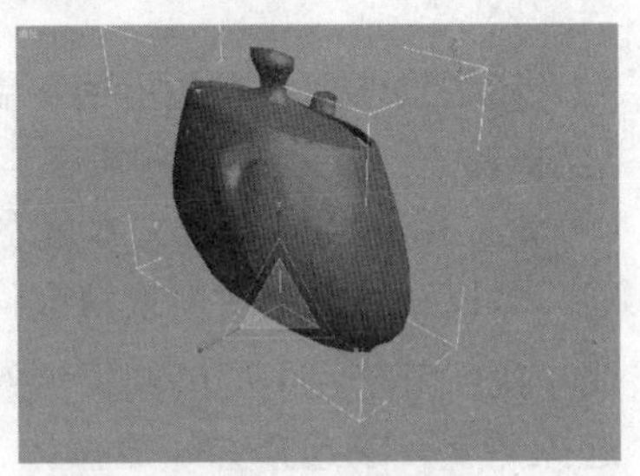

图 3-47 Gizmo 将恢复原状

3.3.3 轴约束

右键单击主工具栏上的空白区域在弹出的快捷菜单中选择“轴约束”命令，如图 3-48 所示，系统将弹出“轴约束”工具栏，如图 3-49 所示。

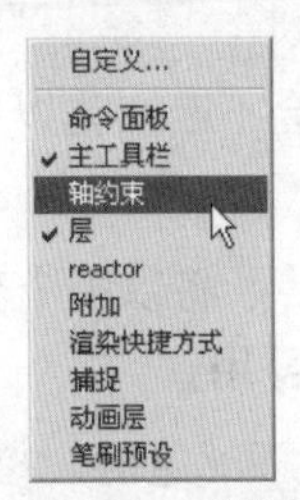

图 3-48 选择右键菜单命令

图3-49 “轴约束”工具栏

使用这些按钮，可以将变换约束到一个或两个轴，当启用工具栏上的某按钮时，变换将被约束到其指定的轴。例如，如果启用“限制到 X 轴”按钮，则只能围绕当前变换坐标系的 X 轴旋转对象。所限制到的一个或多个轴在视口中的三轴架图标中以红色高亮显示，或在变换 Gizmo 中以黄色高亮显示。例如，如果“限制到 YZ 平面”按钮处于活动状态，则只能沿 YZ 平面移动对象，只能沿 Y 和 Z 轴缩放对象，并可以围绕 Y 和 Z 轴（或两个轴的组合）旋转对象。

轴约束的键盘快捷键如下。

限制到 X 轴为 F5 键；

限制到 Y 轴为 F6 键；

09 按数字键 1 切换到多边形的“顶点”子层级中选择挤出多边形顶点并调节位置，如下图所示。

10 使用相同的方法对各个顶点进行挤出、缩放和调节位置，作为笔卡，如下图所示。

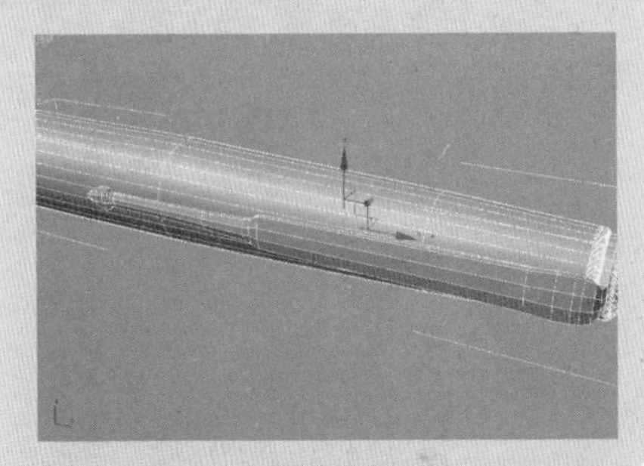

11 选择所有的多边形面，在“多边形属性”卷展栏中设置“自动平滑”为 45，效果如下图所示。

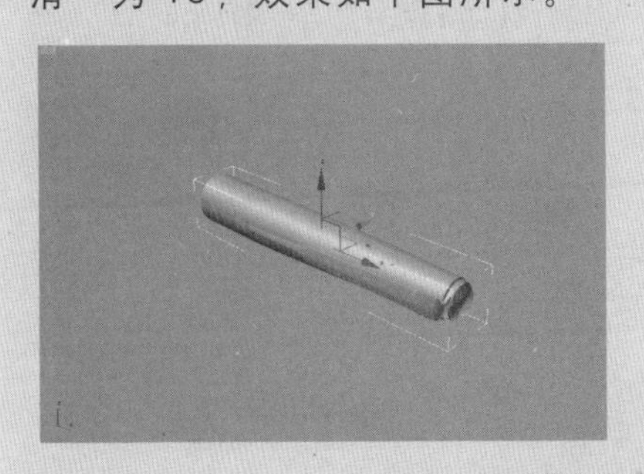

⑫ 再次创建一个样条线作为笔杆以及笔头的轮廓线，并且进行车削修改，如下图所示。

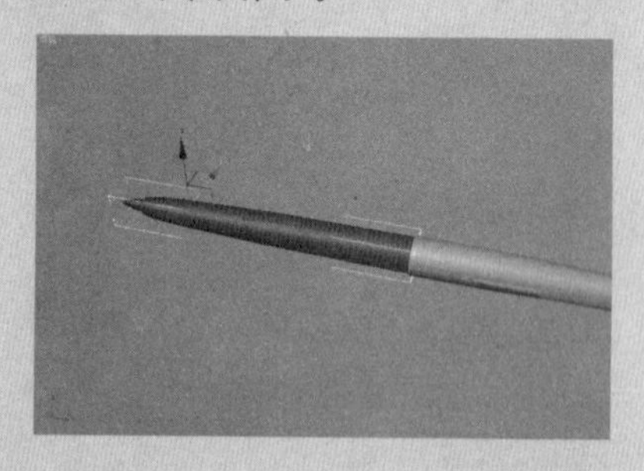

⑬ 创建一个简单的平面，并将笔模型放置在平面上部如下图所示。

⑭ 复制笔模型，调节位置和角度，使其参差放置在平面上，如下图所示。

⑮ 制作材质。在场景中选择笔头模型，将其转换为可编辑多边形并分配材质ID，如下图所示。

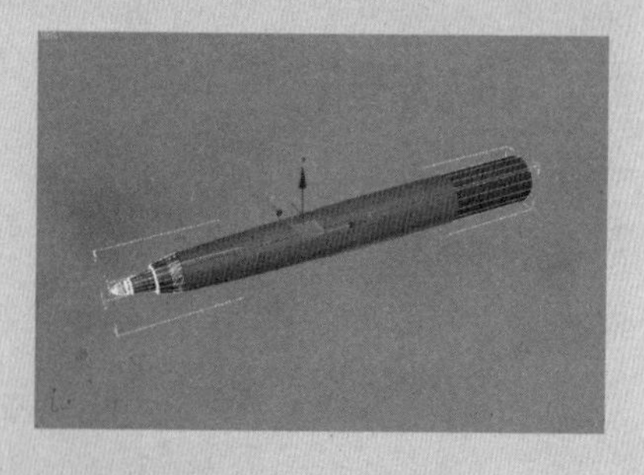

限制到Z轴为F7键；

限制到XY、YZ、XZ平面为F8键。

3.3.4 变换输入

使用“变换输入”可以确定对象进行移动、旋转和缩放变换的精确值，对于可以显示三轴架或变换Gizmo的所有对象，都可以使用“变换输入”。

还可以使用状态栏上的“变换输入”文本框。要使用状态栏上的“变换输入”文本框，只需在该文本框中输入适当的值，然后按Enter键应用变换。单击文本框左侧的“偏移/绝对模式变换输入”按钮，可以在输入绝对变换值或偏移值之间进行切换。

执行菜单栏中的“编辑>变换输入”命令或右键单击选择并移动、选择并旋转或选择并缩放按钮，则弹出相应的“变换输入”对话框。对话框的标题反映了活动变换。如果“旋转”处于活动状态，则对话框标题为“旋转变换输入”，并且其控件会影响旋转。如果“缩放”处于活动状态，则对话框标题为“缩放变换输入”，以此类推。可以在“变换输入”对话框中输入绝对变换值或偏移值。

在大多数情况下，“绝对”和“偏移”变换使用当前选定的参考坐标系。使用世界坐标系的“视图”，以及使用世界坐标系进行绝对移动和旋转的“屏幕”属于例外。此外，对于“绝对”变换，缩放始终使用局部坐标系，在该对话框中，标签会不断变化以显示所使用的参考坐标系。

如果在“局部”变换模式下选定了多个顶点，将以多个变换Gizmo结束。在这种情况下，只有“偏移”控件可用。

由于三轴架不能缩放，因此在子对象层级下“绝对”控件不可用，只有“偏移”控件可用。

“移动变换输入”对话框

在“移动变换输入”对话框中用户可以进行“绝对”和“偏移”两种模式的变换输入，这样就使对象的移动更加精确，如图3-50所示。

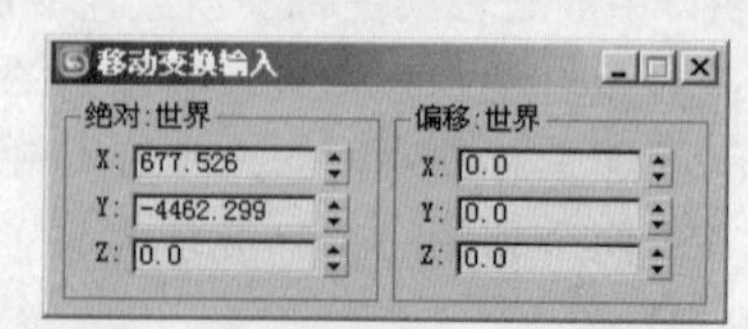

图3-50 “移动变换输入”对话框

(1)“绝对：世界”选项区域

- X、Y和Z：显示并接受位置、旋转和缩放沿所有每个轴的绝对值输入。由于世界比例通常是局部的，因此始终显示位置和旋转。

(2)“偏移：世界”选项区域

- X、Y 和 Z：显示并接受位置、旋转和缩放值沿每个轴的偏移输入。

每次操作后，显示的偏移值还原为 0.0。例如，如果在“旋转偏移”文本框中输入 45°，则按 Enter 键后，该软件将对象从上一个位置旋转 45°，将“绝对值”字段值增加 45°，并将“偏移”字段重置为 0.0。

“偏移”标签反映了活动的参考坐标系，“偏移”可以是“偏移：局部”、“偏移：父对象”等。

3.3.5 变换工具

使用变换工具可以根据特定条件变换选定的对象，其中一些工具可以创建对象的副本，例如，阵列、间隔、快照等。

阵列

执行菜单栏中的“工具>阵列”命令，系统将弹出“阵列”对话框，如图3-51所示。在该对话框中用户可以将当前选定对象进行一维、二维或者三维的副本排列。另外，通过启用“预览”功能，用户可以预览阵列效果，启用“预览”后，更改阵列设置将实时更新视口。

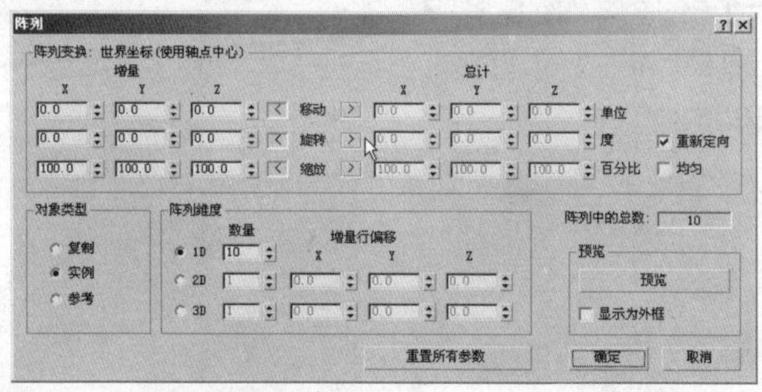

图3-51 “阵列”对话框

(1)“阵列变换”选项区域

增量

- 移动：指定沿 X、Y 和 Z 轴方向每个阵列对象之间的距离。
- 旋转：指定阵列中每个对象围绕 3 个轴中的任意轴旋转的度数。
- 缩放：指定阵列后所有对象沿某个轴中缩放的百分比总和。

总计

- 移动：指定或显示阵列后两个外部对象轴点之间的距离。
- 旋转：指定或显示对象某个轴进行阵列后，每个对象的旋转的角度的总和。
- 缩放：指定或显示每个阵列对象沿某个轴向缩放的百分比。
- 均匀：禁用 Y 和 Z 数值框，并将 X 轴数值应用于所有轴，形成均匀缩放。

⑯ 在“材质编辑器”中调节一个多维/子对象材质的不同颜色的金属材质，并将其指定给笔头，如下图所示。

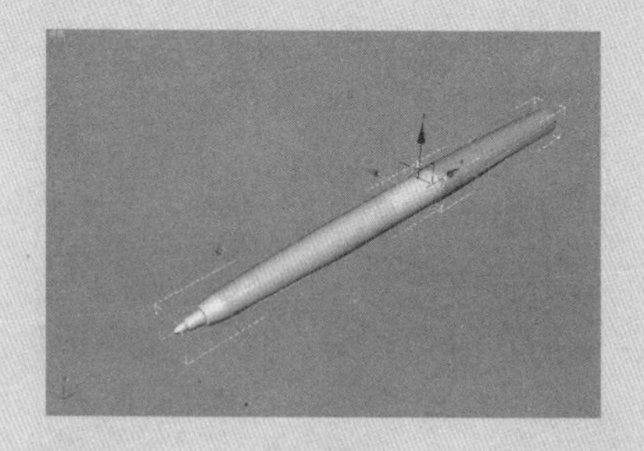

⑰ 制作一个金属材质，并将其指定给笔帽，并且将类似的材质指定给另一支笔，如下图所示。

⑱ 给创建的平面制作一个带有文字贴图的材质，并将其指定给平面，如下图所示。

⑲ 创建一个目标摄影机，并调节其角度和位置，如下图所示。

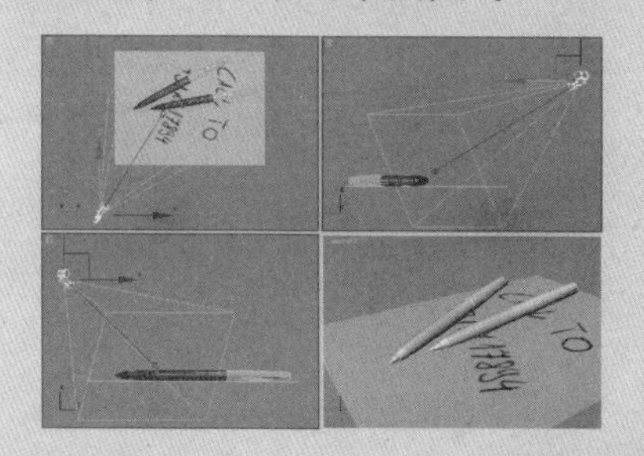

⑳ 在选择摄影机的状态下执行菜单栏中的“修改器>摄影机>摄影机校正”命令给摄影机添加一个摄影机校正，校正摄影机的焦距和焦点位置，如下图所示。

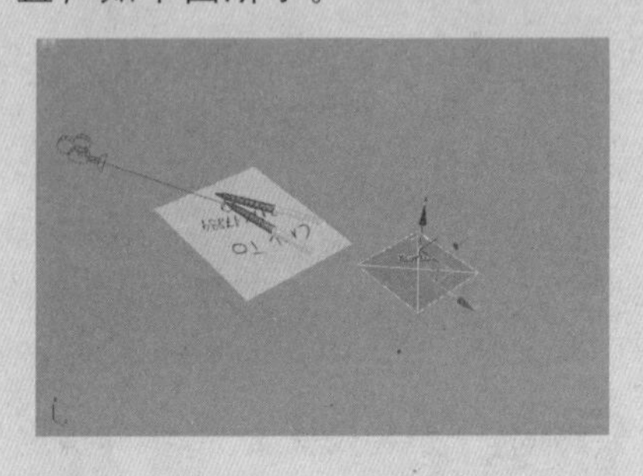

㉑ 在“创建”命令面板中将创建类型设置为“VRay”类型，在“对象类型”卷展栏中，单击 VRayPlane 按钮，在场景中创建一个平面图标，并与创建的平面处于同一个平面上，如下图所示。

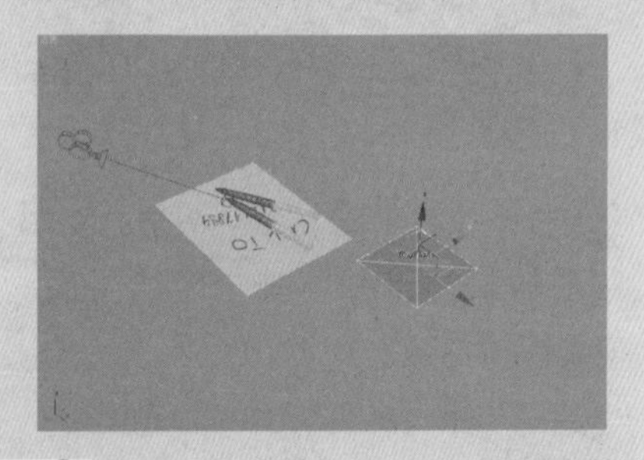

技巧·提示

VRplane是VR插件中自带的一个模拟图标，可以很逼真地模拟平面。

㉒ 在场景中创建一个目标聚光灯，并调节其位置，如下图所示。

- 重新定向：将生成的对象围绕世界坐标旋转的同时，使其围绕其局部轴旋转。禁用此选项时，对象会保持其原始方向。

(2)“对象类型”选项区域

- 复制：阵列后副本对象之间互相独立。
- 实例：阵列后副本对象之间互相关联。
- 参考：界于“复制”和“实例”之间。

(3)“阵列维度”选项区域

- 1D：创建一维阵列。
- 2D：创建二维阵列。
- 3D：创建三维阵列。
- 数量：指定在阵列维度的对象总数。
- X/Y/Z：指定沿阵列第三维的每个轴方向的增量偏移距离。
- 阵列中的总数：显示将创建阵列操作的实体总数，包含当前选定对象。如果用户排列了选择集，则对象的总数是此值乘以选择集的对象数的结果。
- 预览：切换当前阵列设置的视口预览。更改设置将立即更新视口。如果更新减慢拥有大量复杂对象阵列的反馈速度，则启用“显示为外框”复选框。
- 显示为外框：将阵列预览对象显示为边界框而不是几何体，如图3-52所示。图3-53是没有勾选“显示为外框”复选框的阵列效果。

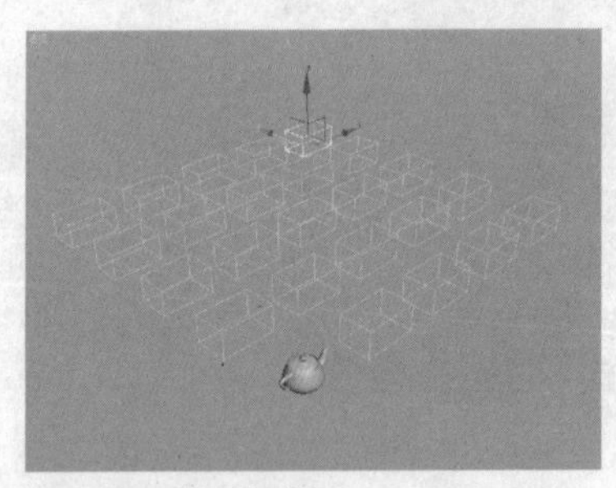

图3-52　边界框效果

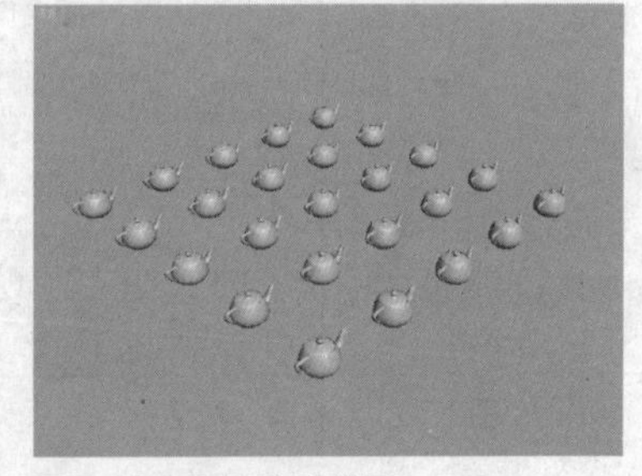

图3-53　默认阵列效果

- 重置所有参数：将所有参数重置为其默认设置。

创建5x4x3的对象阵列

Step 01 创建一个半径为20个单位的茶壶。

Step 02 执行菜单栏中的“工具>阵列”命令，在弹出的“阵列”对话框中的“增量”组中，将“移动”阵列方式对应的X轴距离设置为50。

Step 03 在“阵列维度”选项区域中，选中“3D”单选按钮，然后将“1D”的“数量”设置为5，将“2D”的“数量”设置为4，将“3D”的“数量”设置为3，这将创建一个相互间隔50个单位，一行为5个对象，共4行，并有3行5X4的对象矩阵，最终形成一个长方体阵列。

Step 04 在 2D 行中，将 Y 轴移动距离设置为 80，在 3D 行中，将 Z 轴移动距离设置为 100，如图 3-54 所示。

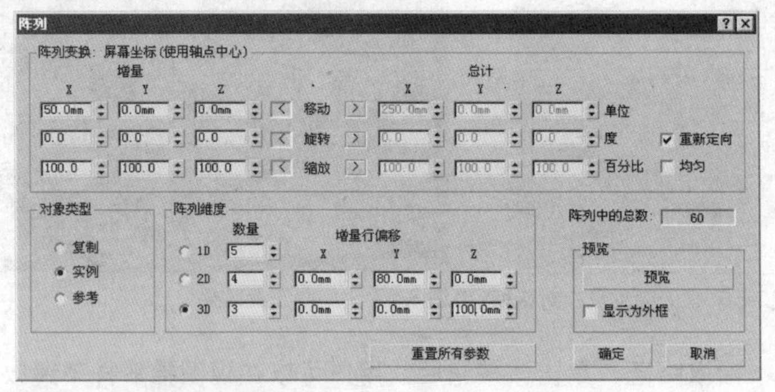

图 3-54 设置阵列参数

Step 05 阵列后的效果如图 3-55 所示。

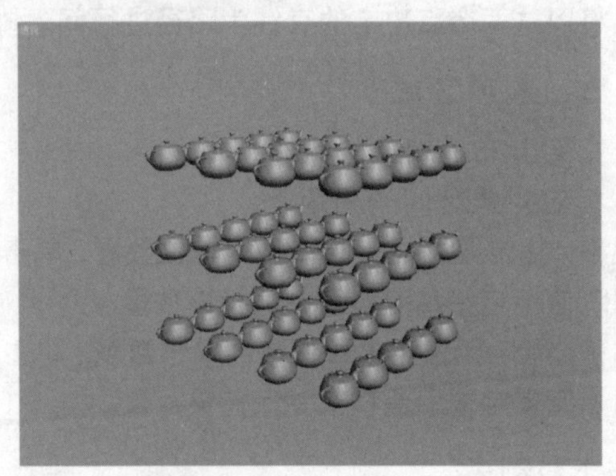

图 3-55 阵列后的效果

间隔工具

使用“间隔工具”可以基于当前选择沿样条线或一对点定义的路径分布对象。

分布的对象可以是当前选定对象的副本、实例或参考，通过拾取样条线或两个点可以定义对象间隔的路径。用户可以指定间隔对象之间间隔的方式，以及对象的轴点是否与样条线的切线对齐。

> 技巧 提示
>
> 可以使用包含多个样条线的复合图形作为分布对象的样条线路径。在创建图形之前，需要禁用“创建”命令面板上的“开始新图形”选项。然后再创建图形。该软件会将每个样条线添加到当前图形中，直到用户启用“开始新图形”按钮为止。如果选择复合图形以便间隔工具可以将它用作路径，则对象会沿复合图形的所有样条线进行分布。

执行菜单栏中的“工具>间隔工具”命令，系统将弹出“间隔工具”对话框，如图 3-56 所示。

使用“间隔工具”可以将物体沿着样条线进行平均分布，其效果如图 3-57 所示。

23 在选择灯光的状态下在“修改”命令面板中的“常规参数”卷展栏中的“阴影”选项区域中勾选“启用”复选框，开启阴影设置并将阴影类型设置为“VRayShadow”(VR阴影)，如下图所示。

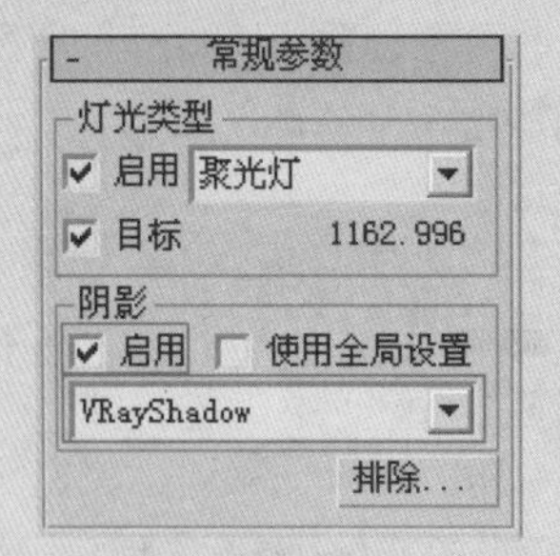

24 在“强度/颜色/衰减”卷展栏中将“倍增”值设置为0.4，并设置灯光颜色为纯白色，如下图所示。

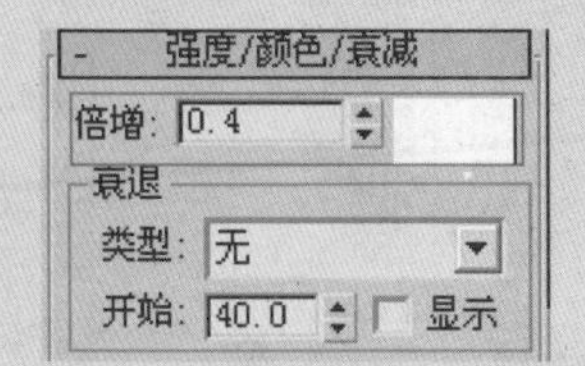

25 在“聚光灯参数”卷展栏中设置“聚光区/光束”值为20，设置“衰减区/区域”值为50，如下图所示。

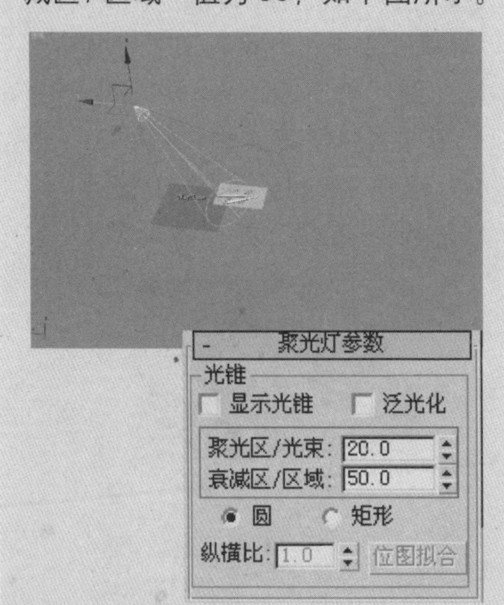

㉖ 在主菜单栏中执行“渲染>环境”命令，打开“环境和效果”对话框，在“环境”选项卡中的“背景”选项区域中单击 无 按钮，在弹出的“材质/贴图浏览器”对话框中选择“VRay HDRI”选项，将背景图像设置为VRay HDRI图像，如下图所示。

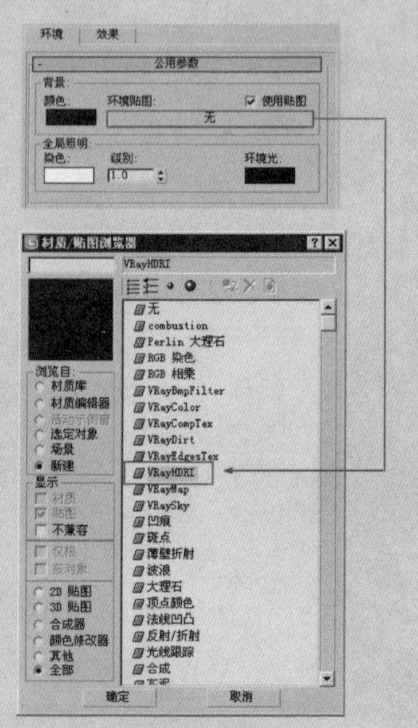

㉗ 打开“材质编辑器”对话框在“环境和效果”对话框中将环境贴图拖曳到“材质编辑器”中任意一个示例球上并使其关联，然后在“坐标”卷展栏中将“贴图”设置为“球形环境”类型，如下图所示。

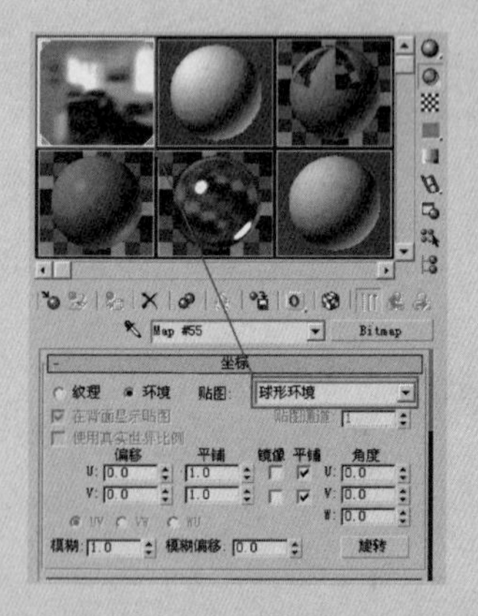

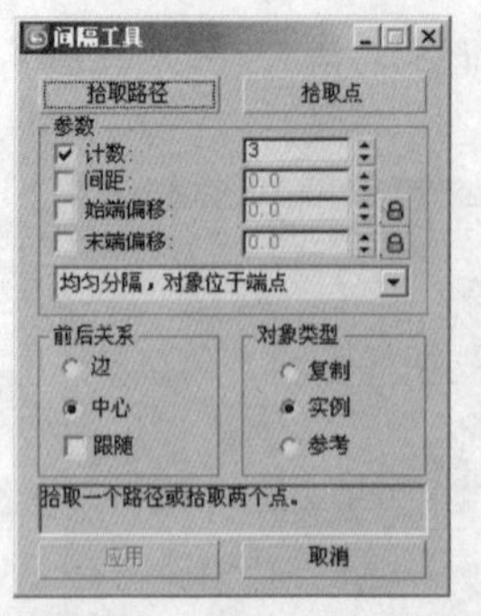

图3-56 “间隔工具”对话框

图3-57 间隔工具效果

- 拾取路径：单击该按钮后，用户可以在视图拾取样条线以作为对象间隔排列的路径。
- 拾取点：单击该按钮后，用户可以在视图中指定起点和终点，选定对象将以这两个点决定的直线为路径进行间隔排列。

（1）“参数”选项区域

- 计数：指定分布的对象的数量。
- 间距：指定对象之间的间距。
- 始端偏移：指定距路径始端偏移的单位数量。单击锁定图标，可针对间隔值锁定始端偏移值并保持该数量。
- 末端偏移：指定距路径末端偏移的单位数量。单击锁定图标，可针对间隔值锁定末端偏移值并保持该数量。

（2）分布下拉列表

- 自由中心：从路径始端开始，沿直线朝路径末端等距分布对象。样条线或一对点可定义路径。用户可以指定对象数量和间隔。
- 均匀分隔，对象位于端点：沿样条线分布对象，对象组以样条线的中间为中心。 间隔工具根据用户指定的对象数量均匀地填充样条线，并确定对象之间的间隔。如果用户指定了多个对象，则在样条线的端点始终存在对象。
- 居中，指定间距：沿路径分布对象，对象以路径的中间为中心，并使用用户指定的间隔量，间隔工具尝试沿路径长度尽可能多地将对象均匀填充路径。 路径端点是否有对象取决于路径长度及用户提供的间隔。
- 末端偏移：沿路径的相反方向分布用户指定数量的对象，用户可以设置末端的偏移数值和对象的间隔距离，末端不存在对象。
- 末端偏移，均匀分隔：在样条线或用户指定的起点和端点之间均匀分布用户指定数量的对象。
- 末端偏移，指定间距：在样条线末端用户设置的偏移位置开始到路径的起点之间， 间隔工具尝试尽可能多地将对象均匀填充该距离，在始端并非始终放有对象。
- 始端偏移：沿直线分布用户指定数量的对象，并且对象从用户指定的偏移距离处开始分布。

- 始端偏移，均匀分隔：在用户指定的距始端的偏移处开始，到样条线的末端，间隔工具尝试在始端或其偏移与末端之间将对象均匀地填充该距离，末端始终放有对象。
- 始端偏移，指定间距：在样条线起始一端用户设置的偏移位置开始到路径的末端之间，间隔工具尝试尽可能多地将对象均匀填充该距离，在始端并非始终放有对象。
- 指定偏移和间距：用户可以指定对象之间的间隔。如果指定距始端和末端的偏移，则该软件会在这两个偏移之间分布等距对象。在始端和末端并非始终放有对象。
- 指定偏移，均匀分隔：对象在用户指定的起点和端点偏移之间的路径上均匀地分布对象。
- 从末端间隔，无限的：用户可以设置对象在路径末端的偏移数值（并且系统将锁定末端偏移，以便使末端偏移与间隔相同），当前对象将从末端偏移位置开始朝着起点的方向进行无限数量的排列。
- 从末端间隔，指定数量：对象将路径等分，但路径末端无对象。
- 从末端间隔，指定间距：从末端开始，朝路径的始端分布尽可能多的等距对象。用户可以指定对象之间的间隔。系统将锁定末端偏移，以便末端偏移与间隔相同。
- 从始端间隔，无限的：从始端开始，朝路径的末端沿直线分布用户指定数量的对象，用户可以指定对象之间的间隔。
- 从始端间隔，指定数量：从始端开始，朝路径的末端分布用户指定数量的对象。间隔工具根据对象数量以及路径的长度来确定对象之间的间距，系统将锁定始端偏移，以便始端偏移与间隔相同。
- 从始端间隔，指定间距：从始端开始，朝路径的末端分布尽可能多的等距对象，用户可以指定对象之间的间隔。
- 指定间距，匹配偏移：沿路径分布尽可能多的等距对象，用户可以指定间隔。
- 均匀分隔，没有对象位于端点：沿路径分布用户指定数量的对象，间隔工具将确定对象之间的间隔。系统将锁定始端和末端偏移，以便这些偏移与间隔相同。

（3）“前后关系”选项区域

- 边：使用此选项指定通过各对象边界框的相对边确定间隔。
- 中心：使用此选项指定通过各对象边界框的中心确定间隔。
- 跟随：使用此选项可将分布对象的轴点与样条线的切线对齐。

（4）“对象类型”选项区域

确定由间隔工具创建的副本的类型，默认设置为“复制”。

- 复制：副本与原对象之间没有关联性。
- 实例：副本对象以及副本与原对象之间互相关联。
- 参考：调整副本对象时，原对象不发生变化，调整原对象时，副本跟着发生变化。

28 在“渲染场景”对话框中，开启GI全局光照明、设置光子贴图采样级别、抗锯齿类型以及天光参数等参数，如下图所示。

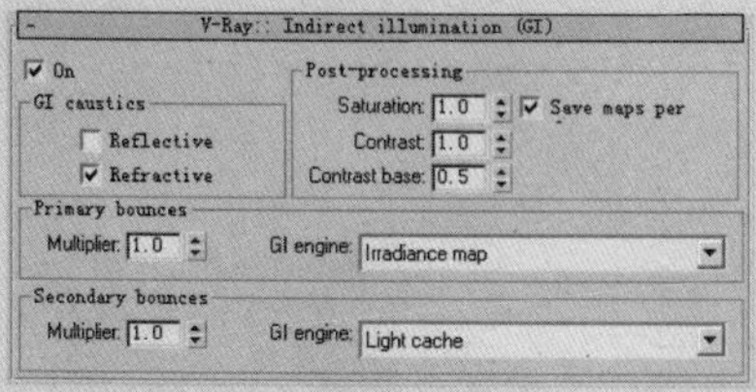

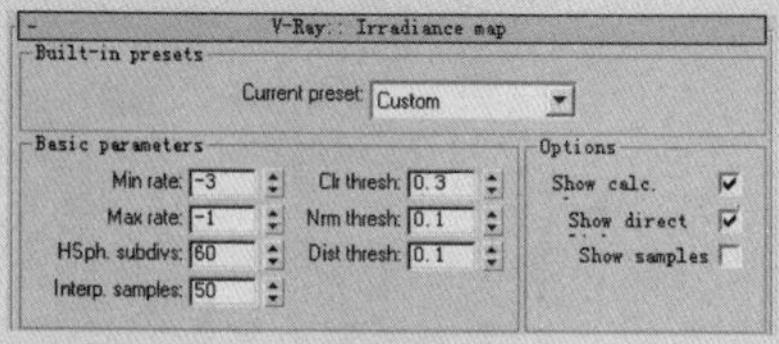

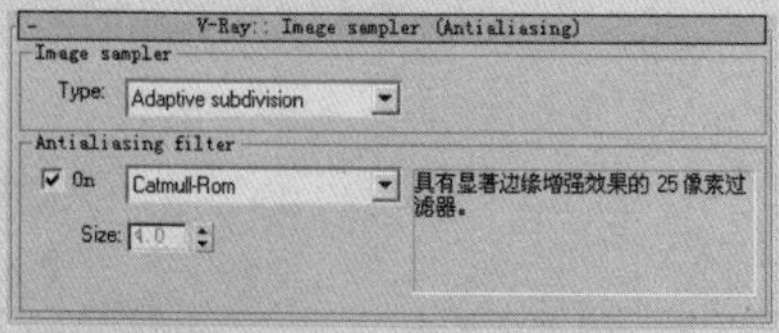

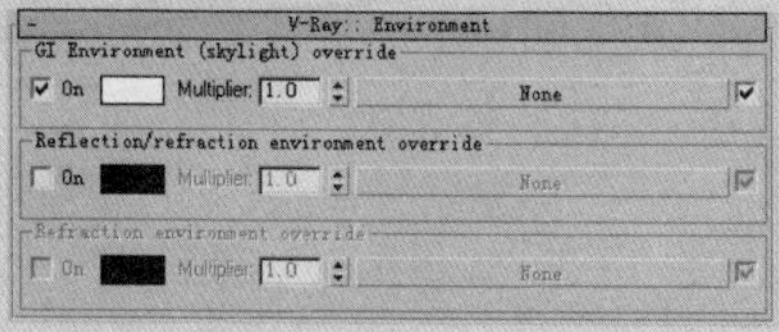

29 设置输出尺寸后单击 渲染 按钮，进行最终渲染，最终效果如下图所示。

[Chapter] 4

图形及其编辑

图形是一个由一条或多条曲线或直线组成的对象。图形虽然比较简单，但是配合某些修改器却可以制作出复杂的实体对象。另外，图形具有可渲染的属性，利用该属性可不必将图形转换为三维对象而直接进行渲染。

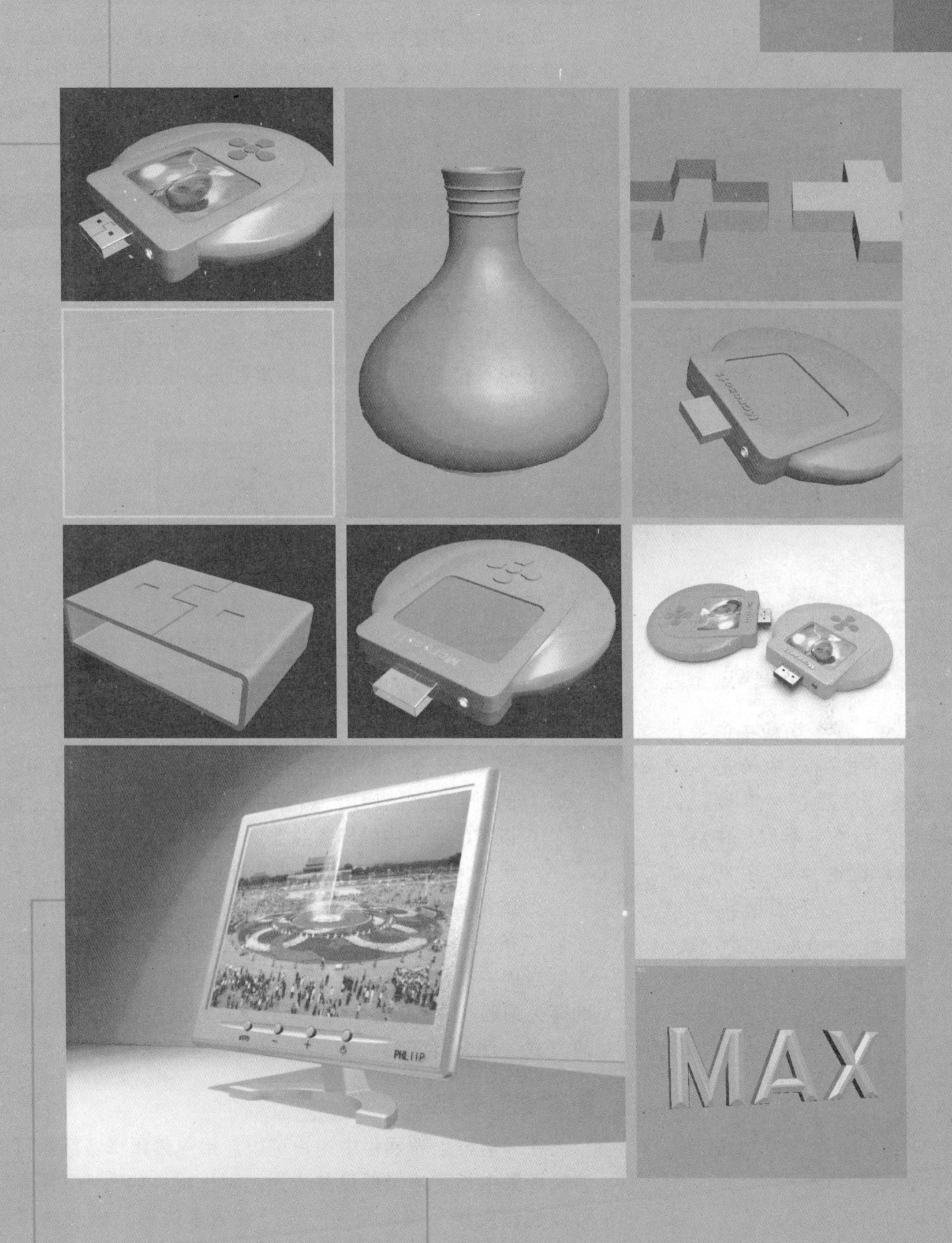
PHLIIP
MAX

最终效果

01 在“创建”命令面板中单击“图形”按钮，然后在“对象类型”卷展栏中单击 圆 按钮，在顶视图中创建一个半径为50的圆形，如下图所示。

02 在“修改”命令面板中的“修改器列表”下拉列表中单击“挤出”修改器，然后在“修改”命令面板中的“参数”卷展栏中将挤出的“数量”设置为6，并将其命名为“盘体”，如下图所示。

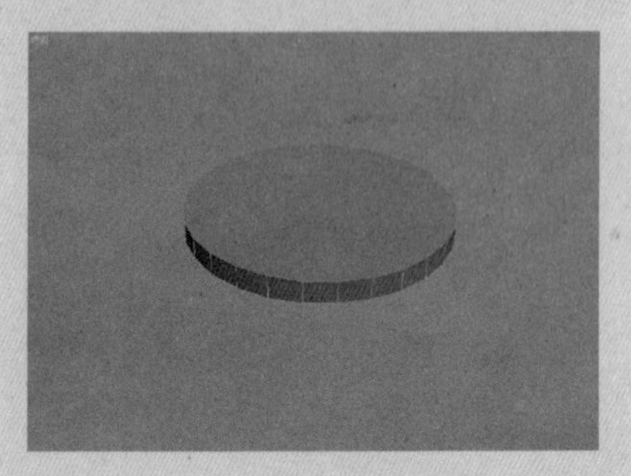

03 在“修改”命令面板中的“修改器列表”下拉列表中单击“编辑多边形”修改器，然后按数字键1，切换到“顶点”层次，在视图中选中“盘体”一侧的顶点，如下图所示。

4.1 图形

3ds Max 系统提供了样条线、扩展样条线和 NURBS 曲线 3 种基本类型的曲线。大多数默认的图形都是由样条线组成，使用这些样条线图形，用户可以进行放样、旋转生成曲面、挤出生成对象及定义运动路径等操作。

4.1.1 概述

系统提供了 11 种基本样条线图形对象和两种 NURBS 曲线。用户可以使用鼠标或通过键盘输入快速创建这些图形，然后将其组合，以便形成复杂的图形。要访问图形创建工具，可以在“创建”命令面板中单击“图形”按钮，此时，标准图形将会显示在“对象类型”卷展栏中，如图 4-1 所示。

对象类型	
自动栅格	
☑ 开始新图形	
线	矩形
圆	椭圆
弧	圆环
多边形	星形
文本	螺旋线
截面	

图 4-1　标准样条线

- 自动栅格：启用该选项后，创建的新对象将位于鼠标单击对象的表面上。
- 开始新图形：图形可以包含单条样条线，或者是包含多条样条线的复合图形。使用“开始新图形”按钮及该按钮左侧的复选框可以控制图形中的样条线数。“开始新图形”按钮旁边的复选框决定了何时创建新图形，当复选框处于启用状态时，程序会对创建的每条样条线都创建一个新图形；当复选框处于禁用状态时，样条线会添加到当前图形上，直到单击“开始新图形”按钮为止。

当用户在视图中创建了图形后，“创建”命令面板中将出现一系列的有关图形创建的参数卷展栏，在这些卷展栏中用户可以设置图形的创建方式，优化样条线，设置图形的可渲染属性等。

“渲染”卷展栏

在“渲染”卷展栏中用户可以启用或禁用样条线的可渲染性，在渲染场景中指定渲染厚度并应用贴图坐标，如图 4-2 所示。另外，还可以通过应用“编辑网格”或“编辑多边形”修改器将图形转化为可编辑网格或可编辑多边形对象。如果转换时禁用“在视口中启用”，则将生成闭合的图形，并且开放的图形将只包含顶点，没有边或面。如果转换时启用“在视口中启用”，则系统将使用视口设置进行网格的转换。

图4-2 “渲染”卷展栏

- 在渲染中启用：启用该选项后，在渲染的时候显示“渲染”组中的与用户的参数设置相关联的效果。
- 在视口中启用：图形在视图中显示用户设置相关参数后的效果。
- 使用视口设置：用于设置不同的渲染参数，并显示“视口”设置所生成的网格。
- 生成贴图坐标：启用此项后，系统将自动为图形生成适合的贴图坐标。默认设置为禁用状态。
- 真实世界贴图大小：控制应用于图形对象的纹理贴图材质所使用的缩放方法。缩放值由位于应用材质的“坐标”卷展栏中的“使用真实世界比例”设置控制。默认设置为禁用状态。
- 视口：选择该选项后，用户可以为图形指定径向或矩形参数，当启用“在视口中启用”选项时，图形的效果将显示在视口中。
- 渲染：选择启用该选项为该图形指定径向或矩形参数，当启用“在视口中启用”时，渲染后图形的效果将显示在视口中。
- 径向：将 3D 网格显示为圆柱形对象。
- 厚度：指定视口或渲染样条线网格的直径。默认设置为 1.0。范围为 0.0 至 100,000,000.0。
- 边：在视口或渲染器中为样条线网格设置边数（或面数）。例如，值为 4 表示一个方形横截面。
- 角度：调整视口或渲染器中横截面的旋转位置。
- 矩形：将样条线网格图形显示为矩形。
- 长度：指定沿着局部 Y 轴的横截面大小。
- 宽度：指定沿着局部 X 轴的横截面大小。
- 角度：调整视口或渲染器中横截面的旋转位置。
- 纵横比：设置矩形横截面的纵横比。“锁定”按钮可以锁定纵横比。启用“锁定”之后，将宽度锁定为宽度与长度之比为恒定比率的长度。
- 自动平滑：如果启用“自动平滑”，则使用其下方的“阈值”设置指定的阈值，自动平滑该样条线。“自动平滑”基于样条线分段之间的角度设置平滑。如果它们之间的角度小于阈值角度，则可以将任何两个相接的分段放到相同的平滑组中。

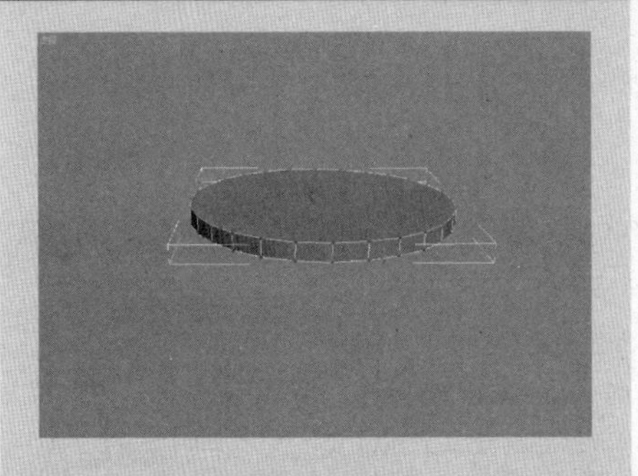

04 在“修改”命令面板中的“编辑几何体”卷展栏中单击 平面化 按钮，此时选中的顶点在X轴方向上位于一个平面上，如下图所示。

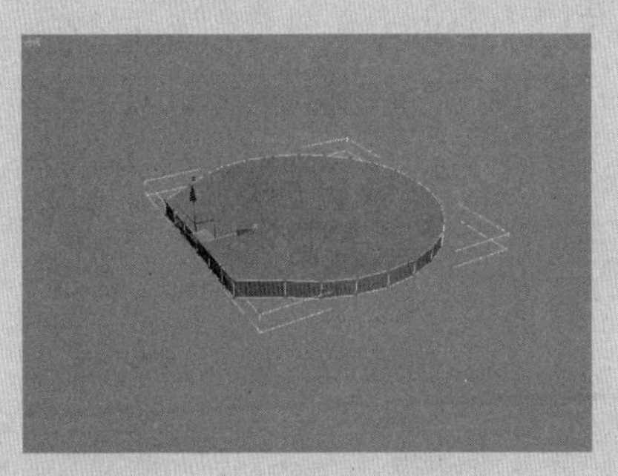

05 在顶视图中将选中顶点沿X轴方向移动一段距离，使“盘体”的外形圆滑一些，如下图所示。

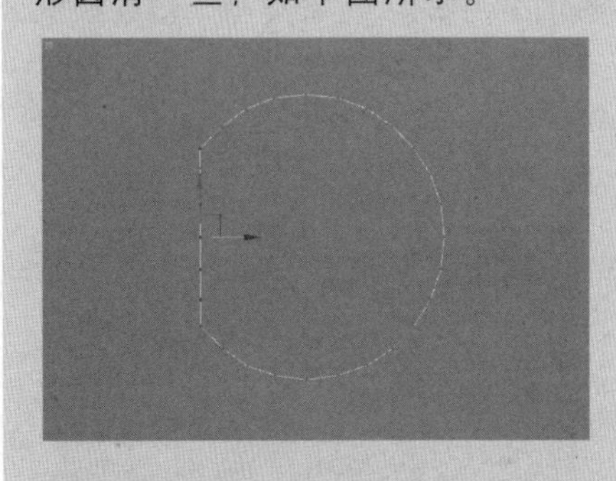

06 按数字键4，切换到“多边形”层次，然后在视图中选中顶点平面化后的表面，右击视图，在弹出的菜单中单击“挤出”命令左侧的“设置”按钮，如下图所示。

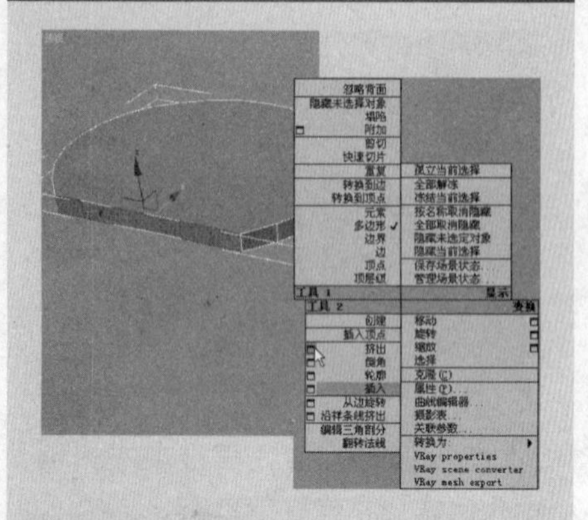

07 在系统弹出的“挤出多边形”对话框中将“挤出高度”设置为12，如下图所示。

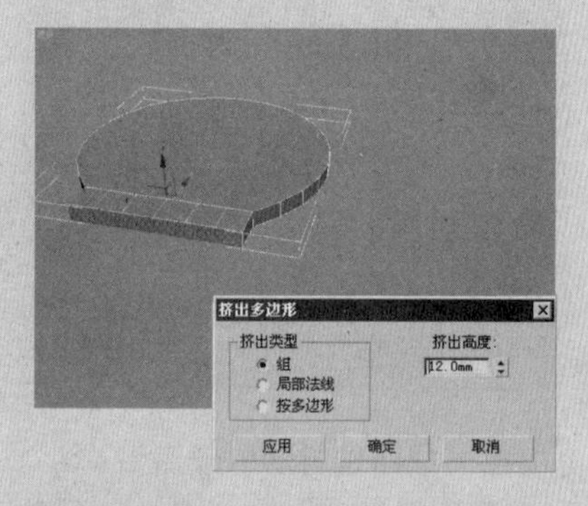

08 在“创建”面板的“图形”命令面板中的“对象类型”卷展栏中单击 矩形 按钮，然后在顶视图中创建一个“长度”为60，“宽度”为70的矩形，如下图所示。

09 单击主工具栏中的“捕捉开关”按钮，在“修改”命令面板中的“修改器列表”下拉列表中单击“编辑样条线”修改器，然后按数字键1，切换到“顶点”层次，在视图中选中矩形一侧的顶点，然后

- 阈值：以度数为单位指定阈值角。如果它们之间的角度小于阈值角度，则可以将任何两个相接的样条线分段放到相同的平滑组中。

“插值”卷展栏

在“插值”卷展栏中，用户可以控制样条线的光滑程度，如图4-3所示。

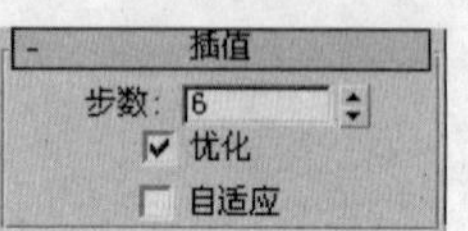

图4-3 “插值”卷展栏

- 步数：样条线上的每个顶点之间的划分数量称为步数。使用的步长越多，显示的曲线越平滑。
- 优化：启用此选项后，可以从样条线的直线线段中删除不需要的步长。启用“自适应”时，“优化”不可用。默认设置为启用。
- 自适应：启用此选项后，自适应设置每个样条线的步数，以生成平滑曲线。

“创建方法”卷展栏

许多样条线工具都有自己的“创建方法”卷展栏，如图4-4所示。在该卷展栏上，用户可以通过中心点或者通过对角线来定义样条线。

图4-4 “创建方法”卷展栏

- 边：第一次按鼠标会在图形的一边或一角定义一个点，然后拖动直径或对角线角点。
- 中心：第一次按鼠标会定义图形中心，然后拖动半径或角点。

文本和星形没有“创建方法”卷展栏，线形和弧形有独特的“创建方法”卷展栏。

“键盘输入”卷展栏

用户可以使用键盘输入的方式来创建大多数样条线。选择“圆环”对象，在“键盘输入”卷展栏包含初始创建点的X、Y、和Z坐标3个文本框和“半径1”、“半径2”两个选项，用户设置完参数后单击“创建”按钮即可创建一个符合用户要求的圆环对象，如图4-5所示。

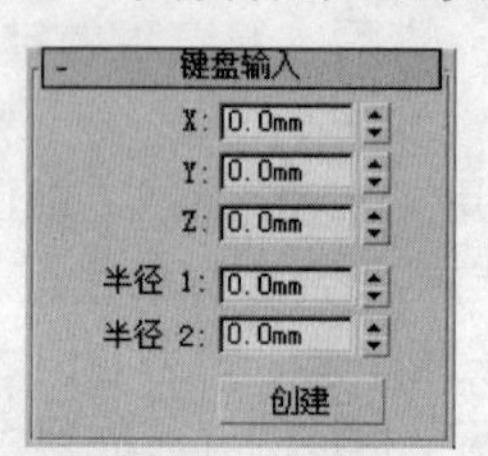

图4-5 圆环“键盘输入”卷展栏

4.1.2 线

通过图形间的组合可以得到较为复杂的图形，图形在模型的制作中扮演着重要的角色。使用“线”可创建自由形式样条线，比如，物体的截面图形，放样的路径等。它在三维制作的过程中使用频率是比较高的，其特点是：自由、灵活、操作简单。

“线”可以自动转换为可编辑样条线，因为“线”工具在“修改”面板上没有携带尺寸参数，当创建线时，“创建”面板会显示原始控件，如“插值”、“渲染”、“创建方法”和“键盘输入”卷展栏；创建线后，转到“修改”面板可以立即访问“选择”和“几何体”卷展栏来编辑顶点或图形的任意部分。

“创建方法”卷展栏

“线”的创建方法选项与其他样条线工具不同，利用该卷展栏中的选项可控制创建顶点的类型。

(1)“初始类型”选项区域

- 角：样条线在顶点的任意一边都是线性的。
- 平滑：通过顶点产生一条平滑，不可调整的曲线。由顶点的间距来设置曲率的数量。

(2)“拖动类型”选项区域

当拖动顶点位置时设置所创建顶点的类型。顶点位于第一次按下鼠标键的光标所在位置。 拖动的方向和距离仅在创建Bezier顶点时产生作用。

- 角：样条线在顶点的任意一边都是线性的。
- 平滑：通过顶点产生一条平滑，不可调整的曲线。由顶点的间距来设置曲率的数量。
- Bezier：通过顶点产生一条平滑，可调整的曲线。通过在每个顶点拖动鼠标来设置曲率的值和曲线的方向。

使用键盘创建线

Step 01 在“创建”命令面板中的“键盘输入”卷展栏中单击 添加点 按钮，此时在视图的坐标原点的位置出现了一个顶点，如图4-6所示。

Step 02 在X轴右侧的数值框中输入数值100，然后单击 添加点 按钮，此时在上一个顶点沿X轴的右侧距离为100的位置定位了第二个顶点，如图4-7所示。

捕捉“盘体”突起根部的顶点，使矩形的顶点与捕捉的顶点在一条直线上；使用同样的方法对另一侧进行处理，如下图所示。

10 按数字键2，切换到“分段”层次，然后在视图中选中矩形左侧的线段并将其删除，如下图所示。

11 按数字键1，切换到“顶点”层次，在视图中选中矩形左侧的顶点，然后在“几何体”卷展栏中单击 圆角 按钮，在视图中沿Y轴拖动鼠标直到顶点不再移动位置，如下图所示。

12 选中矩形右侧圆弧上的顶点，然后将其沿X轴移动一段距离；如下图所示。

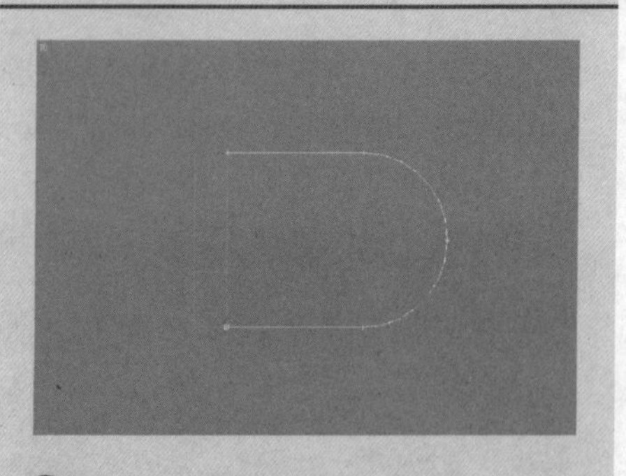

⑬ 在视图中选中“盘体”，然后在“创建”命令面板中单击“几何体”按钮，在对象类型下拉列表中选择“复合对象”选项。在“对象类型”卷展栏中单击 图形合并 按钮，然后在“拾取操作对象”卷展栏中单击 拾取图形 按钮，在视图中单击矩形，此时矩形的形状已经映射到“盘体”上，如下图所示。

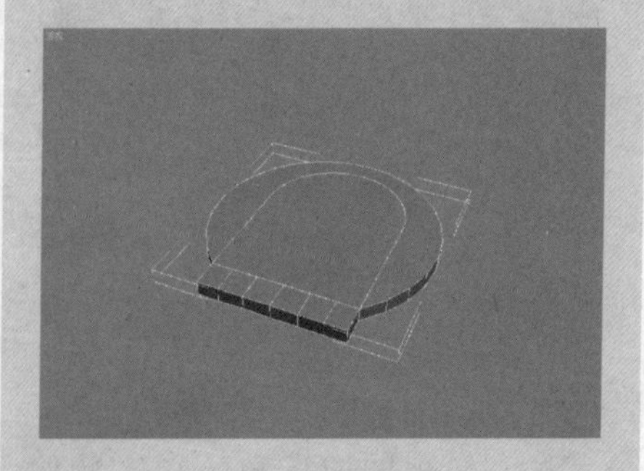

⑭ 在“修改”命令面板中的“修改器列表”下拉列表中单击“编辑多边形”修改器，然后按数字键4，切换到“多边形”层次，在视图中选中“盘体”合并后产生的图形中的表面，并将其删除，如下图所示。

图4-6 创建起点

图4-7 创建第二点

Step 03 在Y轴右侧的数值框中输入数值100，然后单击 添加点 按钮，此时在与X轴垂直的且经过第二个顶点的方向上距离为100的位置定位了第三个顶点，如图4-8所示。

Step 04 单击 关闭 按钮，将当前顶点与初始顶点相连接并且创建一个闭合的样条线，如图4-9所示。

图4-8 创建第三点

图4-9 闭合样条线

技巧·提示

在用鼠标创建样条线时，按住Shift键可将新的点与前一点之间的增量约束于90°角以内。使用“角点”的默认初始类型设置，然后单击鼠标可创建完全直线的图形。在用鼠标创建样条线时，按住Ctrl可将新点的增量约束于一个角度，此角度取决于当前“角度捕捉”设置。要设置该角度，打开“栅格和捕捉设置”对话框在“选项”选项卡中设置“角度”数值。

4.1.3 矩形和多边形

使用“矩形”可以创建正方形和矩形样条线；使用“多边形”可创建边数在100以内的闭合多边形样条线。

矩形

在创建矩形的时候，可以使用键盘输入的方式创建；也可以使用拖动鼠标的方式在视图中直接创建。按住Ctrl键，同时拖动鼠标可以将创建的矩形约束为正方形。

矩形的“参数”卷展栏，如图4-10所示。

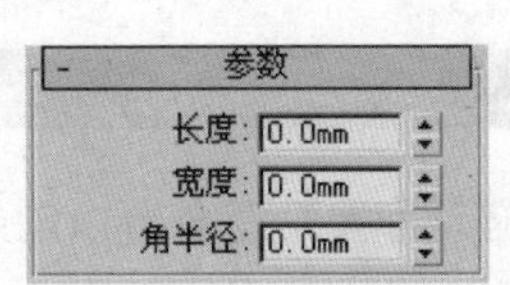

图4-10 矩形“参数”卷展栏

创建矩形之后，用户可以使用该卷展栏中的参数进行修改。

- 长度：指定矩形沿着局部 Y 轴的大小。
- 宽度：指定矩形沿着局部 X 轴的大小。
- 角半径：创建圆角效果。设置为 0 时，矩形为直角。

矩形的示例，如图 4-11、图 4-12 和图 4-13 所示。

图 4-11 正方形

图 4-12 圆角矩形

图 4-13 长方形

多边形

用户可以创建圆内接或者外切多边形，并且可以对多边形的圆周角进行圆角处理，在“参数”卷展栏中，用户可以对多边形参数进行修改，如图 4-14 所示。

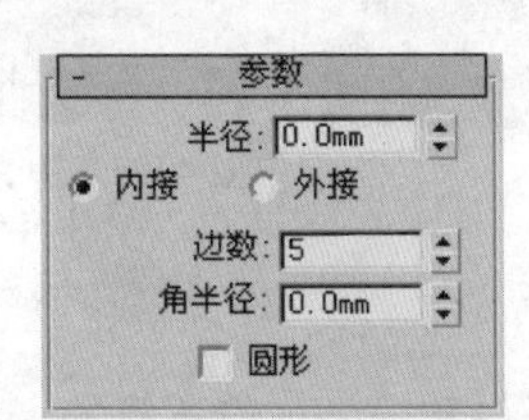

图4-14 多边形“参数”卷展栏

- 半径：指定多边形的半径。用户可使用内接、外接两种方法之一来指定半径。
- 内接：从中心到多边形各个角的半径。
- 外接：从中心到多边形各个边的半径。
- 边数：指定多边形使用的面数和顶点数。范围从 3 到 100。
- 角半径：指定应用于多边形角的圆角度数。设置为 0 指定标准非圆角。
- 圆形：启用该选项之后，将指定圆形“多边形”。

多边形示例，如图 4-15 和图 4-16 所示。

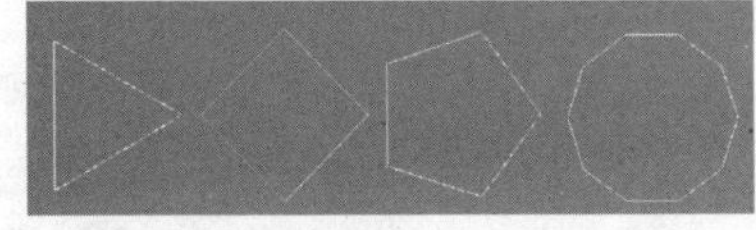

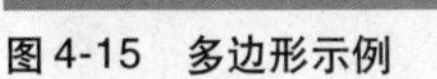

图 4-15 多边形示例

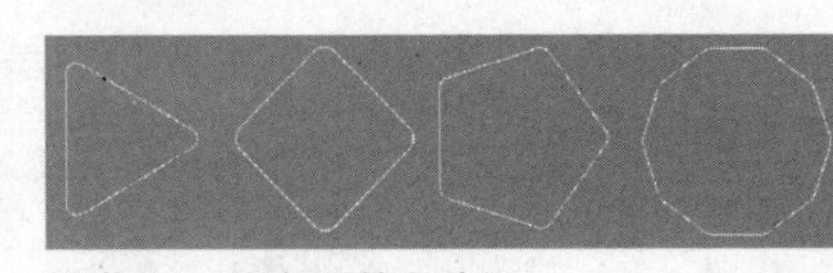

图 4-16 圆角后的多边形

⑮ 按数字键 3，切换到“边界”层次，然后在视图中单击孔洞的边缘，此时边界将红色高亮显示，如下图所示。

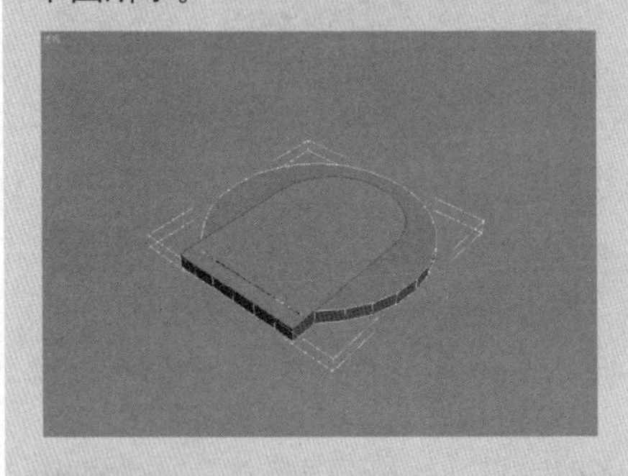

⑯ 在视图中右击，在弹出的菜单中选择“封口”命令，此时在边界区域中生成表面，如下图所示。

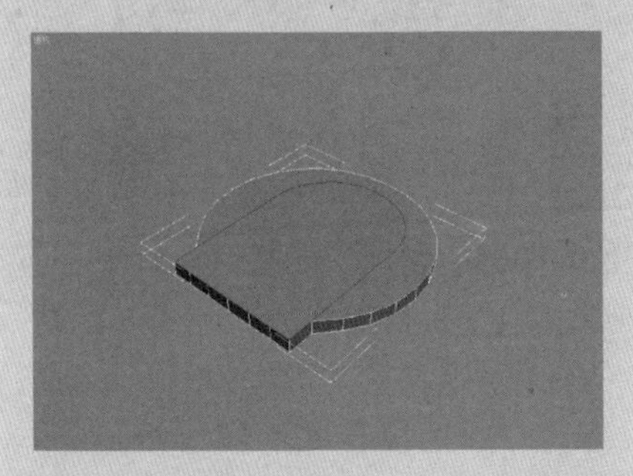

⑰ 按数字键 4，切换到“多边形”层次，在视图中选中上一步中创建的封口表面，然后右击视图，在弹出的菜单中单击“挤出”命令左侧的“设置”按钮，在弹出的“挤出多边形”对话框中将“挤出高度”设置为 1.5，如下图所示。

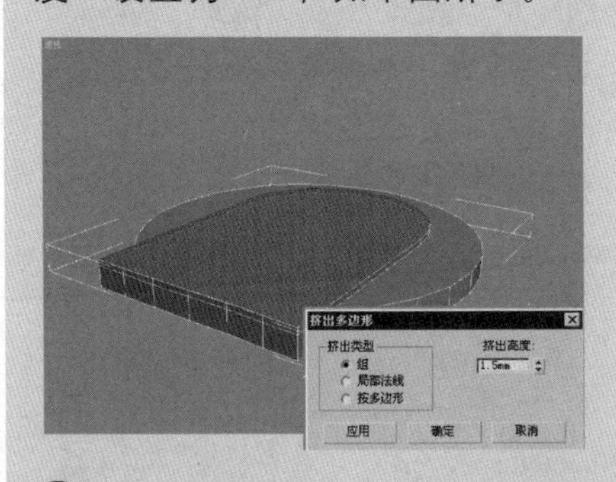

⑱ 在视图中选中“盘体”下部的表面，并将其删除，如下图所示。

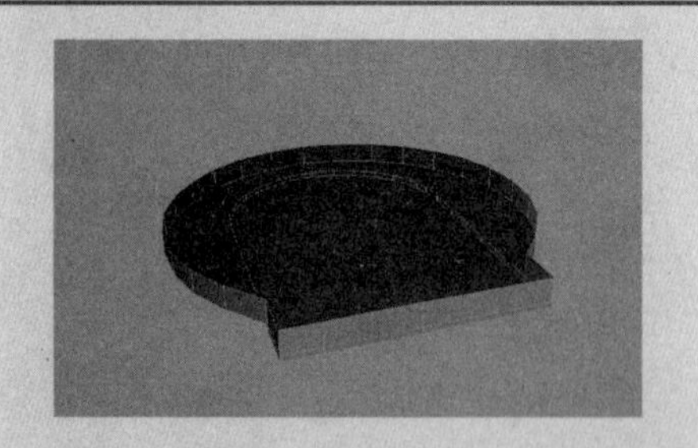

⑲ 在“修改”命令面板中的“修改器列表”下拉列表中选择“FFD（长方体）”修改器，然后在“修改”命令面板中的“FFD参数”卷展栏中单击 设置点数 按钮，在弹出的“设置FFD尺寸”对话框中将长、宽、高的点数均设置为2，如下图所示。

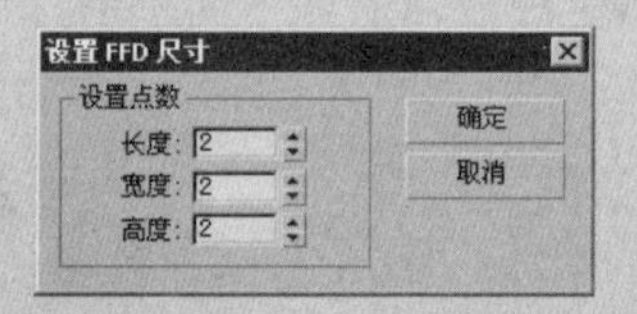

⑳ 按数字键1，切换到“控制点”层次，然后在前视图中选中右上角的控制点，并将其沿Y轴相反的方向移动一段距离，如下图所示。

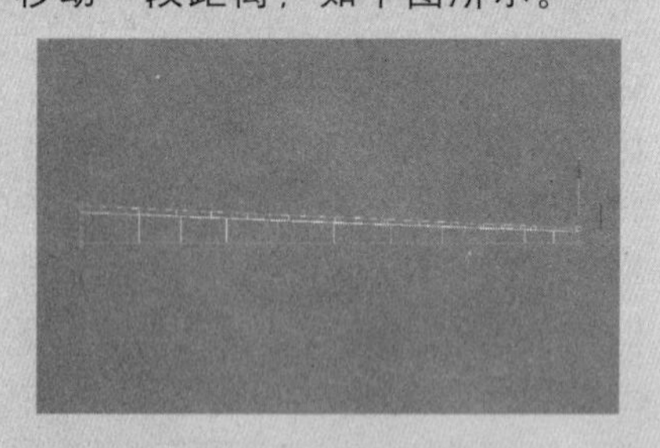

㉑ 为“盘体”再次添加“编辑多边形”修改器，并切换到“边”层次，然后在视图中选中“盘体”突起部分两侧的垂直边，如下图所示。

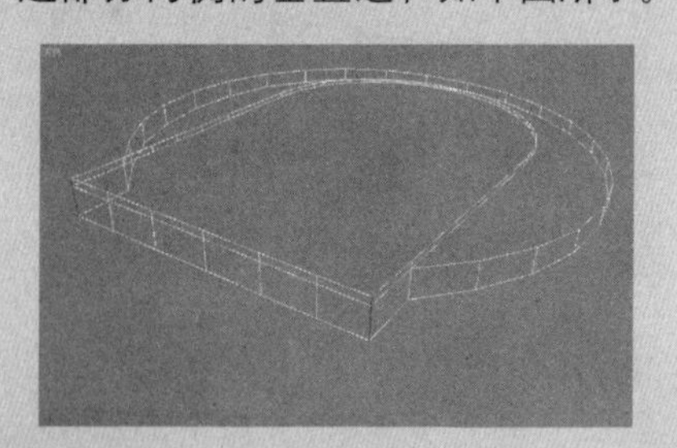

4.1.4 圆、椭圆、弧、圆环和星形

使用圆、椭圆、弧、圆环和星形工具可以创建具有光滑曲率的图形。

圆

圆形是由4个顶点和4条线段组成的闭合的样条线。圆的参数比较简单，除了具有“插值”、“渲染”、“键盘输入”3个样条线通用的卷展栏外，也具有自己的“参数”卷展栏，在该卷展栏中只有一个参数“半径”。

圆的创建方式有“边”和“中心”两种，在不同的创建方式下，即使创建的起点、半径相同，它们的位置却有很大的不同。“中心”是系统默认设置。

在前视图中以栅格的原点为起点分别以“中心”和“边”两种方式创建半径为100的圆形，它们的位置如图4-17和图4-18所示（创建的时候，均是水平拖动鼠标）。

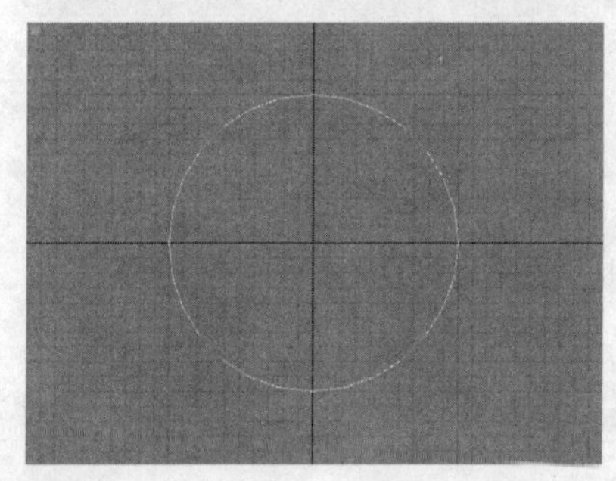

图4-17　中心方式

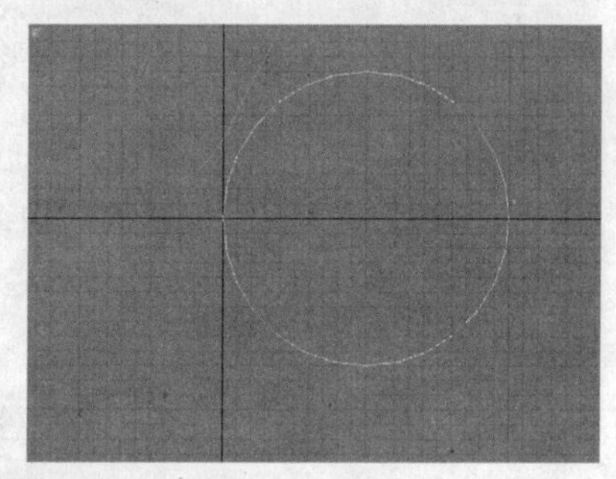

图4-18　边方式

椭圆

使用椭圆可以创建长轴和短轴数值不等的光滑曲线。如果长短轴数值相同，创建的曲线在外观上等同于圆形。

创建椭圆的图例如图4-19所示。

图4-19　椭圆不同长度、宽度的效果

用户可以在椭圆的“参数”卷展栏中对创建的椭圆进行修改，如图4-20所示。

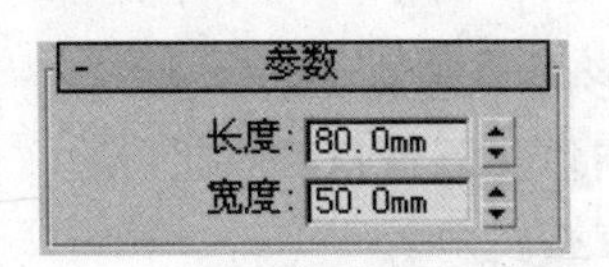

图4-20 椭圆“参数”卷展栏

- 长度：指定椭圆沿 Y 轴的长度。
- 宽度：指定椭圆沿 X 轴的长度。

弧

使用弧形可以创建由4个顶点组成的打开或者闭合的圆弧或者扇形。

创建圆弧

Step 01 在视图中单击并拖动鼠标来设置弧形的两个端点，如图4-21 所示。

Step 02 释放鼠标并移动鼠标，在适当的位置单击来指定两个端点之间弧形上的第三个点，创建的圆弧如图 4-22 所示。

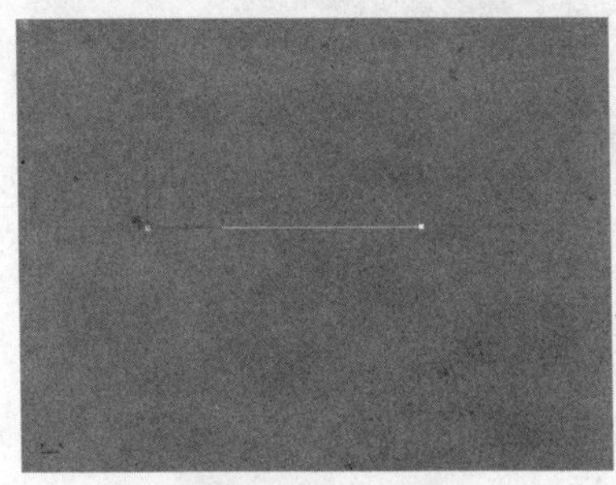

图 4-21 指定圆弧的两个端点

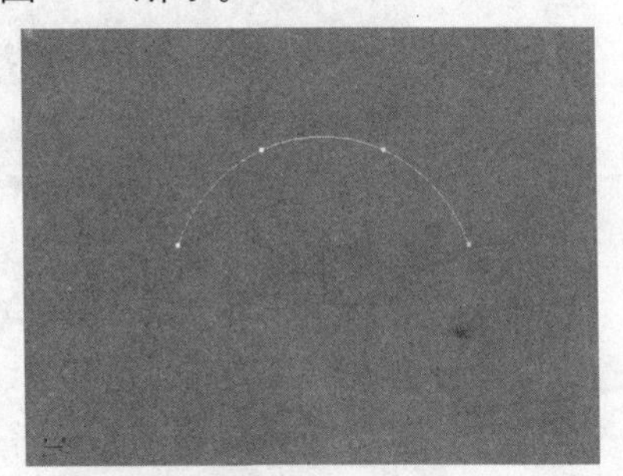

图 4-22 指定圆弧上第三点

在“创建方法”卷展栏中，用户可以设置创建圆弧的方式。在该卷展栏中有如下两种创建方式。

- 端点 - 端点 - 中央：首先以拖动鼠标的方式设置弧形的两端点，然后指定两端点之间圆弧上的第三点。
- 中间 - 端点 - 端点：首先指定弧形的中心点，拖动并释放鼠标以指定弧形的起点端点，然后指定弧形的另一个端点。

创建弧形后，可以使用“参数”卷展栏的参数进行修改，如图 4-23 所示。

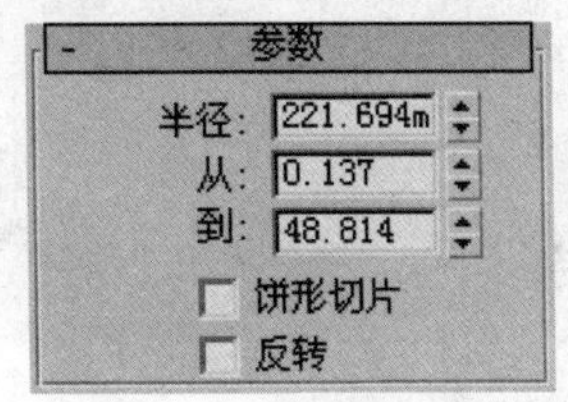

图4-23 圆弧“参数”卷展栏

22 右击视图，在弹出的菜单中单击“切角”命令左侧的“设置”按钮，在弹出的“切角边”对话框中将“切角量”设置为2.5；再次执行“切角”操作，设置“切角量”为0.9，如下图所示。

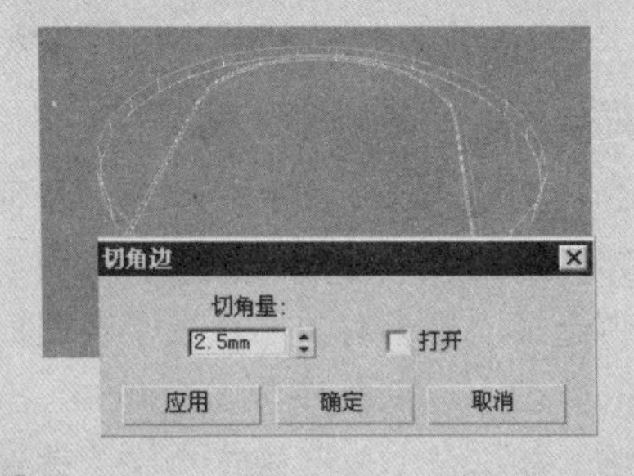

23 在视图中选中“盘体”顶部中间突起表面的边缘，然后执行两次倒角操作，倒角的数量分别为0.3和0.1，如下图所示。

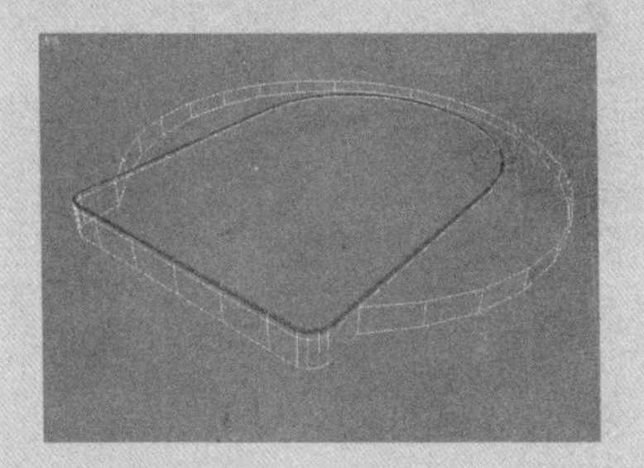

24 在视图中选中“盘体”顶部表面圆形表面圆周上的边（与突起位置相连的边不要选中），然后进行倒角操作，“倒角量”设置为1，如下图所示。

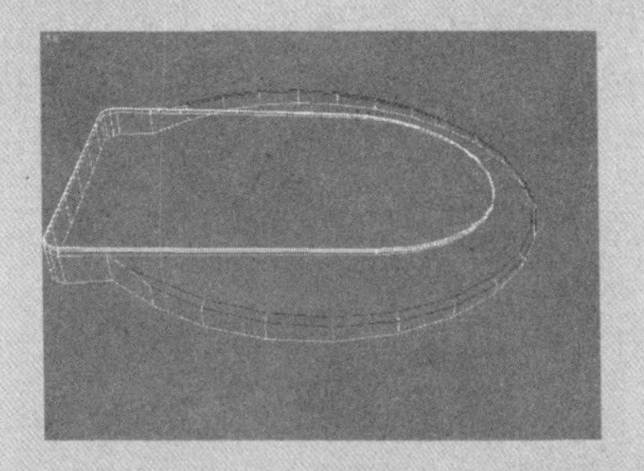

25 在顶视图中创建一个“长度”为48，“宽度”为42，“角半径”为4.5 的矩形，如下图所示。

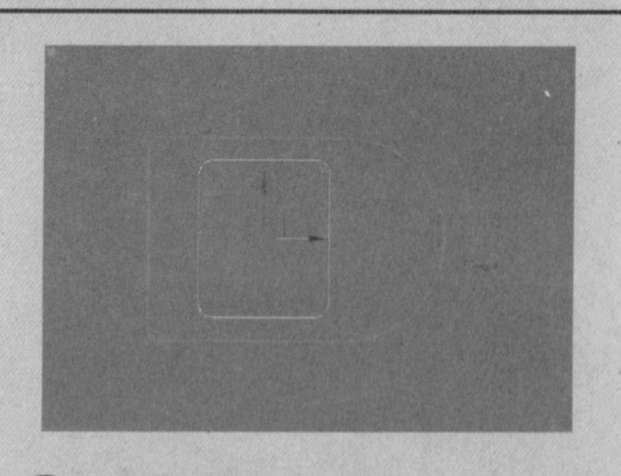

26 在视图中选中“盘体”，然后在“创建”命令面板中单击“几何体”按钮，在对象类型下拉列表中选择“复合对象”选项。在“对象类型”卷展栏中单击 图形合并 按钮，然后在“拾取操作对象”卷展栏中单击 拾取图形 按钮，在视图中单击矩形，此时矩形的形状已经映射到“盘体”上，如下图所示。

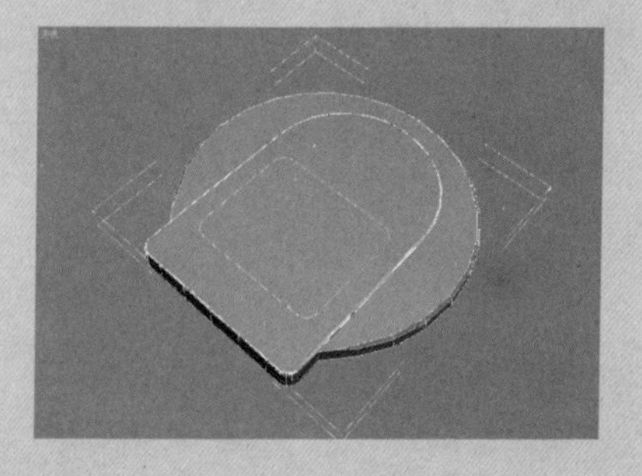

27 为“盘体”添加一个“编辑网格”修改器，并切换到“多边形”层次，然后在视图中选中矩形区域的表面，在“修改”命令面板中的“编辑几何体”卷展栏中的“挤出”按钮右侧的数值框中输入-1，然后单击 挤出 按钮，此时该多边形区域形成凹陷效果，如下图所示。

- 半径：指定弧形的半径。
- 从：以X轴正向作为测量角度的起始边，使用正数的角度数值来指定起点的位置。
- 到：以X轴正向作为测量角度的起始边，使用正数的角度数值来指定端点的位置。
- 饼形切片：启用此选项后，以扇形形式创建闭合样条线。起点和端点将中心通过直线连接起来，如图4-24所示。

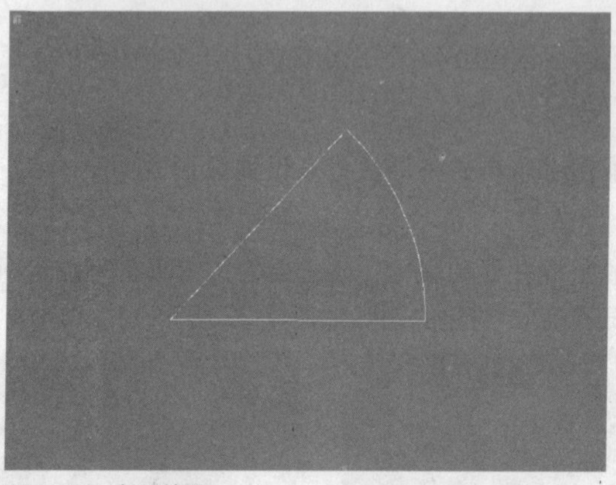

图4-24　扇形效果

- 反转：启用此选项后，反转弧形样条线的方向，并将第一个顶点放置在打开弧形的相反末端。如果弧形已转化为可编辑的样条线，可以使用“样条线”子对象层级上的“反转”编辑工具来反转方向。

圆环

使用“圆环”可以创建两个同心圆的形状，如图4-25所示，每个圆都由4个顶点组成。

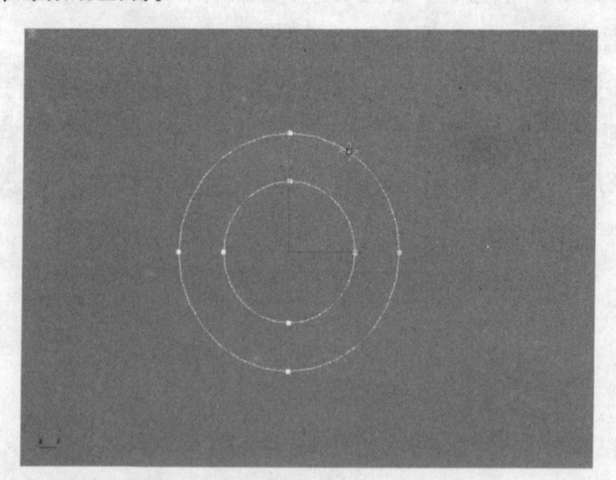

图4-25　圆环

在创建圆环的时候，拖动并释放鼠标按钮可定义第一个圆环，移动鼠标然后单击可定义第二个同心圆环。第二个圆形可以比第一个圆形大或小。

当“半径2”为0时，圆环的效果如图4-26所示；当“半径2”与“半径1”相等的时候，此时圆环在外观上为圆形。如果将圆环转化为可编辑样条线，并将圆环的顶点移开一点，可以发现在圆周上是重叠的两条曲线，如图4-27所示。

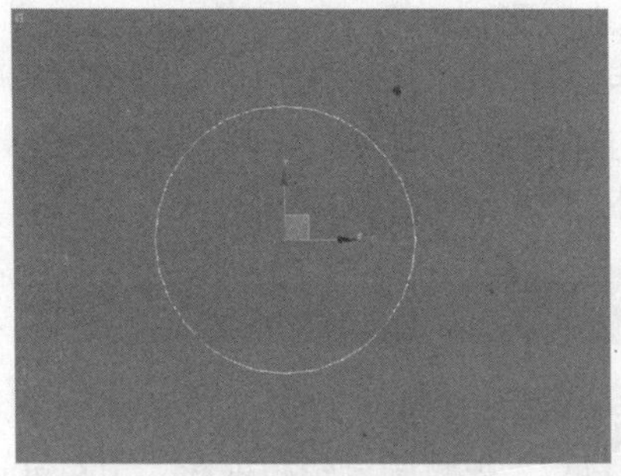

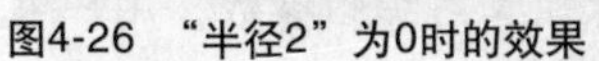

图4-26 “半径2”为0时的效果

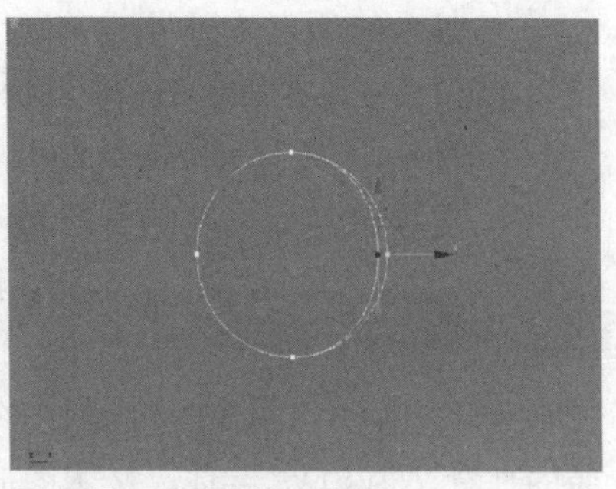

图4-27 半径相等时的效果

星形

使用“星形”可以创建具有很多点的闭合星形样条线，星形样条线使用两个半径来设置星形的尖锐程度。

星形样例如图4-28所示。

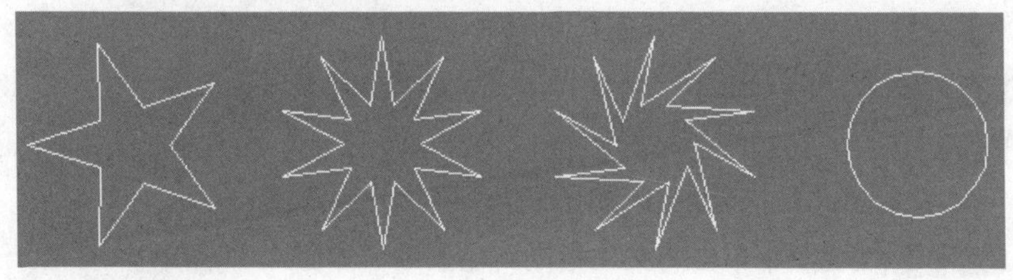

图4-28 星形样例

在视图中单击确定星形的中心，然后拖动并释放鼠标定义星形“半径1”的大小，移动鼠标，并在适当的位置单击定义星形“半径2”的大小。

创建星形之后，可以使用“参数”卷展栏中的参数进行修改，如图4-29所示。

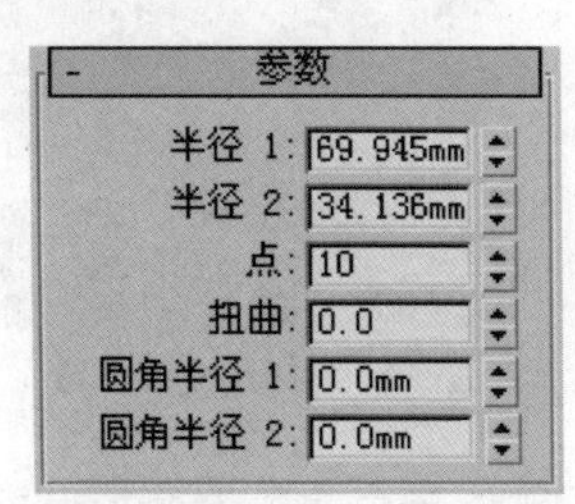

图4-29 星形“参数”卷展栏

28 在挤出后的表面处于选中状态的时候，将该表面挤出0.01。然后在“修改”命令面板中的“编辑几何体”卷展栏中的“倒角”按钮右侧的数值框中输入－1.8，然后单击 倒角 按钮，此时选中的表面向内收缩，如下图所示。

29 在“编辑几何体”卷展栏中单击 分离 按钮，然后在弹出的“分离”对话框中将分离的对象命名为“屏幕”，如下图所示。

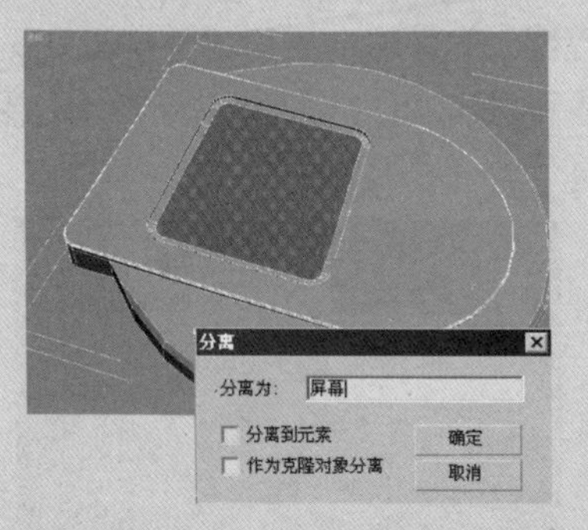

30 将与“屏幕”相邻的表面选中，并将其分离为“屏幕01”，如下图所示。

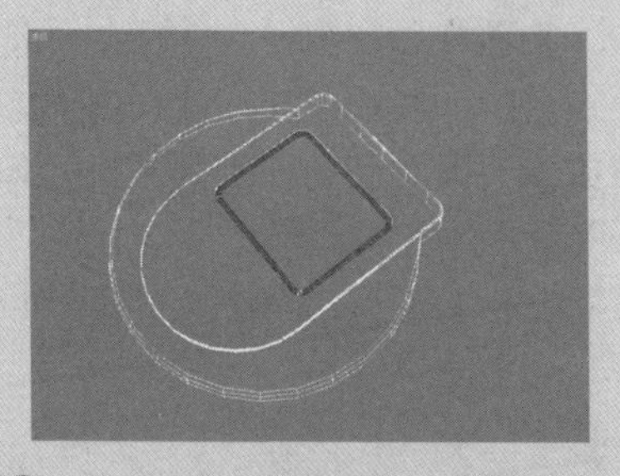

31 在“创建”命令面板中单击“图形”按钮，在“对象类型”卷展栏中单击 文本 按钮，在视图中

创建文本，在“修改”命令面板的“参数”卷展栏将字体的“大小”设置为6.75，字体为“汉仪黑咪体简”，在“文本”编辑窗口中将默认字符替换为Microsoft，此时视图中的文字跟着发生改变，并将文本绕Z轴旋转90°，如下图所示。

32 在视图中选中“盘体”，使用图形合并的方式将文本映射到“盘体”的表面，添加“编辑网格”修改器并切换到“多边形”层次，然后将文本区域的表面向外挤出0.5，然后将文本区域超出“盘体”的表面分离为“文本”，如下图所示。

33 按数字键1切换到“顶点”层次，在前视图中将“盘体”的底部顶点选中；然后使用“选择并均匀缩放”工具将其向外扩张一点，如下图所示。

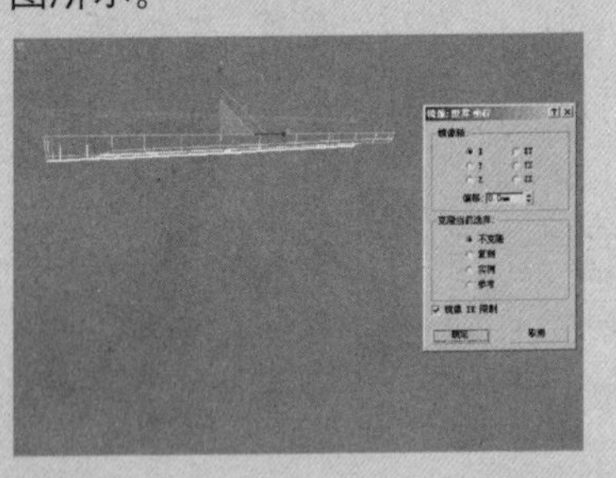

- 半径1：指定星形内部顶点（内谷）的半径。
- 半径2：指定星形外部顶点（外点）的半径。
- 点：指定星形上的点数。范围从3到100。星形所拥有的顶点数是定点数的两倍。一半的顶点位于一个半径上，形成外点，其余的顶点位于另一个半径上，形成内谷。
- 扭曲：围绕星形中心旋转顶点（外点）。从而将生成锯齿形效果。
- 圆角半径1：圆化星形的内部顶点（内谷）。
- 圆角半径2：圆化星形的外部顶点（外点）。

4.1.5 文本

使用“文本”来创建文本图形的样条线。文本可以使用系统中安装的任意Windows字体。文本图形将文本保持为可编辑参数，用户可以随时更改文本，如果文本使用的字体已从系统中删除，则3ds Max仍然可以正确显示文本图形。在编辑框中编辑文本字符串，必须选择可用的字体。场景中的文本只是图形，可以应用修改器，例如编辑样条线、弯曲和挤出等来编辑“文本”图形。

创建文本

Step 01 在“创建”命令面板中单击“图形”按钮。

Step 02 在“对象类型”卷展栏中单击 文本 按钮。

Step 03 在“参数”卷展栏中的“文本”文本框中输入ABC，并将字体设置为“华文新魏”，如图4-30所示。

Step 04 在视图中单击将文本指定到场景中，如图4-31所示。

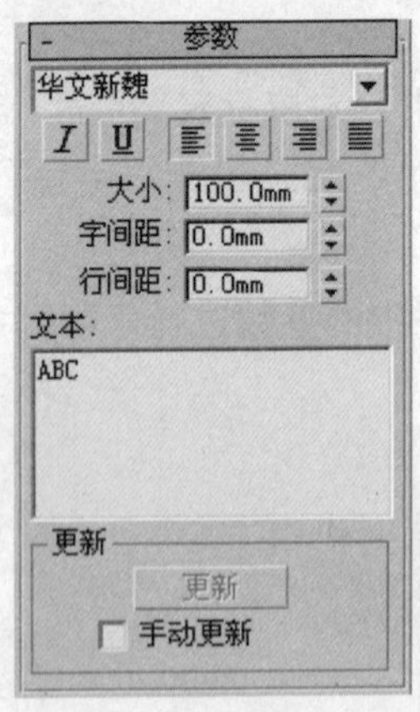

图4-30 输入字符

图4-31 指定文字位置

要输入特殊的Windows字符首先要按住Alt键，然后在数字小键盘上输入字符的数值（必须使用小键盘）。对于某些字符，必须先输入0，例如，0233会输入加上重音符的e，最后释放Alt键。

文本“参数”卷展栏中各选项的含义

- “斜体”按钮：切换斜体文本。
- “下划线”按钮：切换下划线文本。
- “左侧对齐”按钮：将文本对齐到边界框左侧。
- “居中”按钮：将文本对齐到边界框的中心。
- “右侧对齐”按钮：将文本对齐到边界框右侧。
- “对正”按钮：分隔所有文本行以填充边界框的范围。
- 大小：设置文本高度，其中测量高度的方法由活动字体定义。第一次输入文本时，默认尺寸是 100 单位。
- 字间距：调整字间距（字母间的距离）。
- 行间距：调整行间距（行间的距离）。只有图形中包含多行文本时才起作用。
- “文本”文本框：可以输入多行文本。在每行文本之后按 Enter 键可以开始下一行。

“更新”选项区域中的 选项可以选择手动更新选项，用于文本图形太复杂，不能自动更新的情况。

- 更新：更新视口中的文本来匹配“文本”文本框中的当前设置。仅当“手动更新”处于启用状态时，此按钮才可用。
- 手动更新：启用此选项后，输入“文本”文本框中的文本未在视口中显示，直到单击“更新”按钮时才会显示。

4.1.6 螺旋线

使用“螺旋线”可创建开口的平面或 3D 螺旋形样条线。

创建螺旋线

Step 01 在“创建”命令面板中单击“图形”按钮。

Step 02 在“对象类型”卷展栏中单击 螺旋线 按钮。

Step 03 在视图中单击并拖动鼠标可定义“螺旋线”的中心点和“半径 1”的大小。

Step 04 释放并滑动鼠标可定义“螺旋线”的端点和高度。

Step 05 移动鼠标，然后单击可定义“螺旋线”末端的“半径 2”大小。

螺旋线样例如图 4-32 所示。创建螺旋线之后，用户可以使用“参数”卷展栏中的参数进行修改，如图 4-33 所示。

34 确认“盘体”处于选中状态，右击前视图，然后单击主工具栏中的“镜像”按钮，在弹出的“镜像：屏幕坐标”对话框中将镜像的轴向设置为 Y 轴，在“克隆当前选择”选项区域中选中“复制”单选按钮，如下图所示。

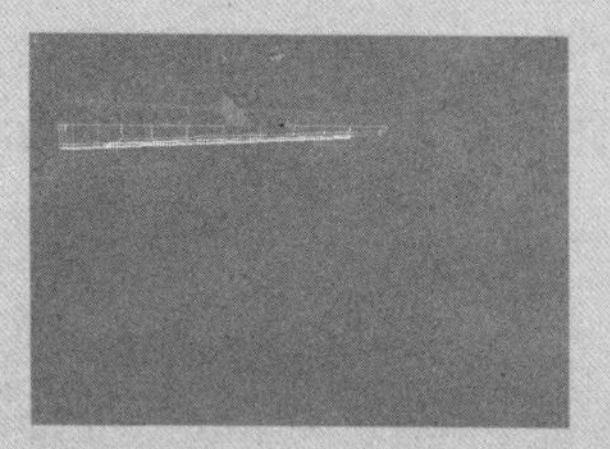

35 在视图中选中“盘体”，然后在“修改”命令面板中的“编辑几何体”卷展栏中单击 附加列表 按钮，在弹出的“附加列表”对话框中选择“盘体 01”，如下图所示。

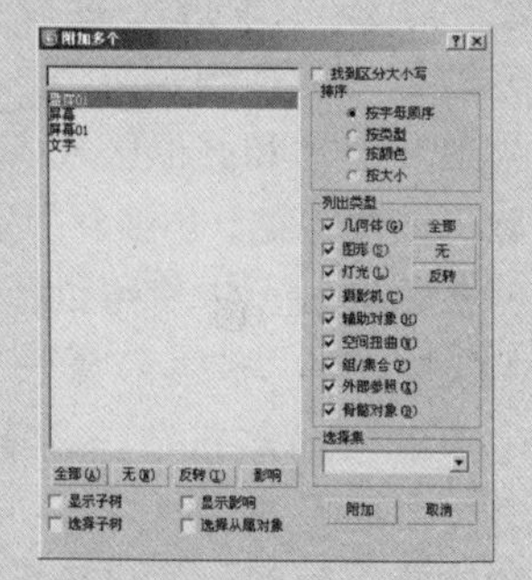

36 在左视图中创建一个“长度”为 5，“宽度”为 19，“角半径”为 0.6的矩形，以及一个半径为2.2的圆形。确认矩形处于选中状态，然后为其添加“编辑样条线”修改器，在“修改”命令面板中的“几何体”卷展栏中单击 附加 按钮，在视图中单击圆形，这样两个图形就附加为一个整体，如下图所示。

37 在视图中选中“盘体”，在“创建”命令面板中单击“几何体”按钮，在对象类型下拉列表中选择“复合对象”选项。在“对象类型”卷展栏中单击 图形合并 按钮，然后在“拾取操作对象”卷展栏中单击 拾取图形 按钮，在视图中单击附加后的图形，此时该图形已经映射到“盘体”表面上，如下图所示。

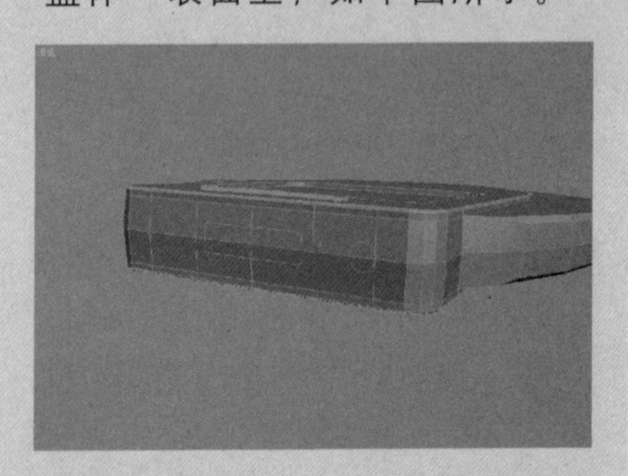

38 为“盘体”添加“编辑多边形”修改器，切换到“多边形”层次，然后将矩形和圆形区域内的表面删除；按数字键5切换到“元素”层次，然后在视图中使用鼠标框选整个模型，在“多边形属性”卷展栏中单击 自动平滑 按钮，对模型的表面进行自动平滑处理，按Shift+Q组合键渲染透视图，从渲染后的图片中可以看到模型的表面变得光滑了许多，如下图所示。

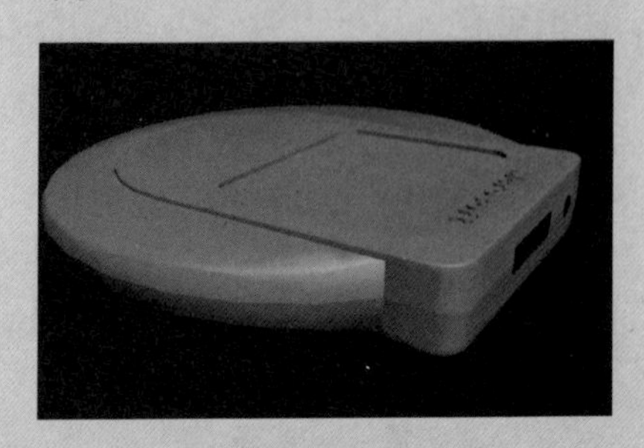

39 在“创建”命令面板中单击“图形”按钮，然后在“对象类型”卷展栏中单击 线 按钮，在前视图中绘制插孔的截面图形，如下图所示。

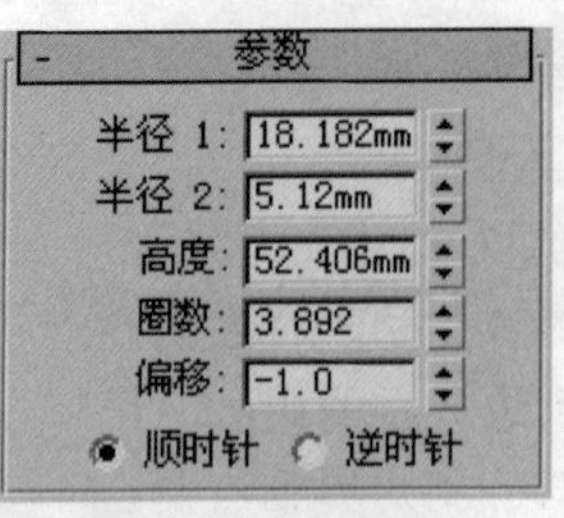

图 4-32 螺旋线样例

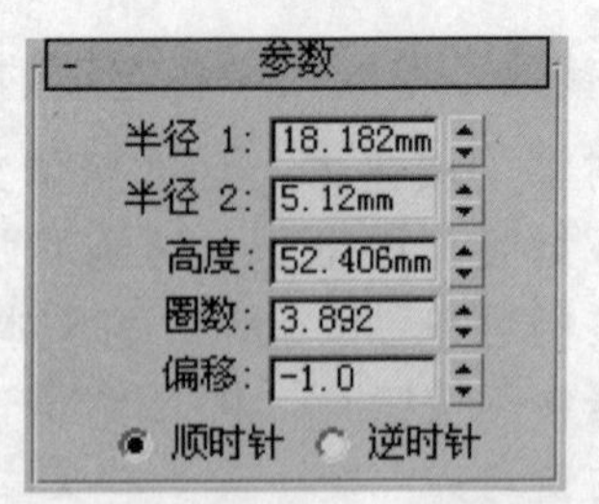

图4-33 螺旋线“参数”卷展栏

- 半径1：指定螺旋线起点的半径。
- 半径2：指定螺旋线终点的半径。
- 高度：指定螺旋线的高度。
- 圈数：指定螺旋线起点和终点之间的圈数。
- 偏移：强制在螺旋线的一端累积圈数。高度为 0.0 时，偏移的影响不可见。
- 顺时针/逆时针：方向按钮设置螺旋线的旋转是顺时针（CW）还是逆时针（CCW）。

偏移 -1.0 将强制向着螺旋线的起点旋转。
偏移 0.0 在端点之间平均分配旋转。
偏移 1.0 将强制向着螺旋线的终点旋转。

4.1.7 截面

“截面”是一种特殊类型的对象，当实体对象与它相交的时候，用户通过简单的操作可以得到实体对象与“截面”对象相交的横截面图形。截面图形位于“截面”对象上。

创建截面图形

Step 01 在“创建”命令面板中单击“图形”按钮。

Step 02 在“对象类型”卷展栏中单击 截面 按钮。

Step 03 在视图中单击并拖动鼠标创建一个截面对象，截面对象显示为一个简单的矩形，交叉线表示其中心。调整截面的位置使网格对象（本例以茶壶为例）位于截面对象相交或者与截面对象的延伸平面相交，网格对象上黄色线条显示截面平面与对象相交的位置，如图 4-34 所示。

在“修改”命令面板的“截面参数”卷展栏中单击 创建图形 按钮，此时系统将弹出“命名截面图形”对话框，在该对话框中将截面命名为“茶壶”，如图 4-35 所示。

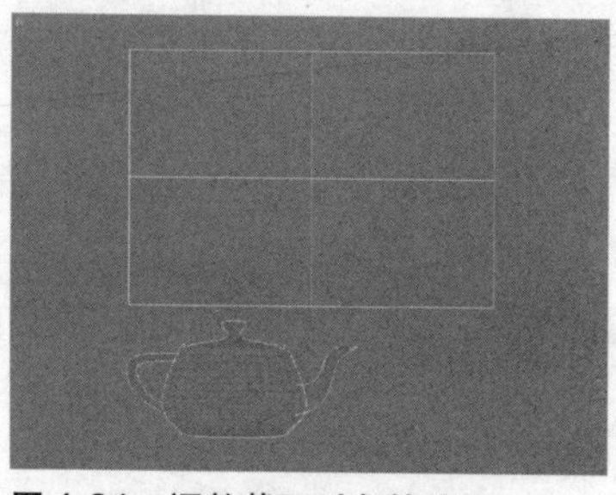

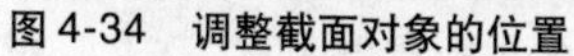

图 4-34　调整截面对象的位置

图 4-35　命名创建的截面图形

得到的横截面系统自动将其转化为可编辑样条线，如图4-36所示。参数面板如图 4-37 所示。

图 4-36　创建的横截面图形

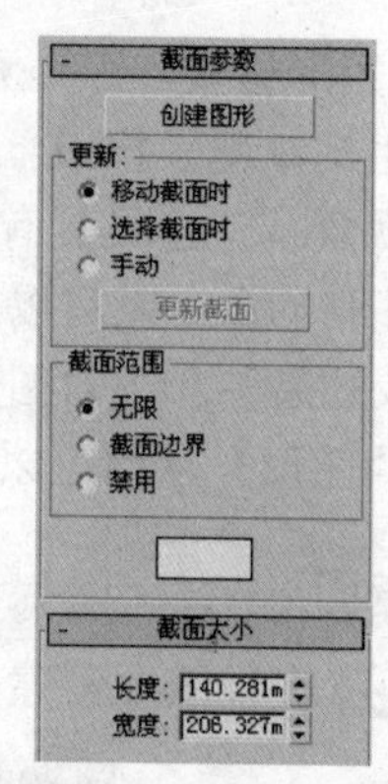

图 4-37　截面对象参数

"截面参数"和"截面大小"卷展栏

"截面参数"卷展栏中各选项含义如下。

- 创建图形：基于当前显示的相交线创建图形。单击该按钮系统将弹出一个对话框，可以在此对话框中命名创建的图形对象。

(1)"更新"选项区域

提供指定何时更新相交线的选项。

- 移动截面时：在移动或调整截面图形时更新相交线。
- 选择截面时：在选择截面图形，但是未移动时更新相交线。单击"更新截面"按钮可更新相交线。
- 手动：在单击"更新截面"按钮时更新相交线。
- 更新截面：在使用"选择截面时"或"手动"选项时，更新相交点，以便与截面对象的当前位置匹配。

技巧·提示

在使用"选择截面时"或"手动"时，用户可以使生成的横截面偏移相交几何体的位置。在移动截面对象时，黄色横截面线条将随之移动，单击"创建图形"按钮时，将在偏移位置上显示生成的新图形。

(2)"截面范围"选项区域

选择以下选项之一可指定截面对象生成的横截面的范围。

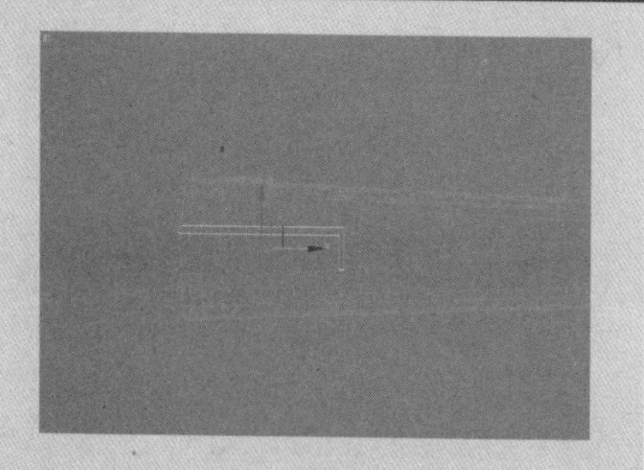

40 在"修改"命令面板中的"修改器列表"下拉列表中选择"车削"修改器，在"参数"卷展栏中的"方向"选项区域中单击 X 按钮，将车削生成的模型命名为"插孔"，然后将其与"盘体"前端的圆孔对齐，如下图所示。

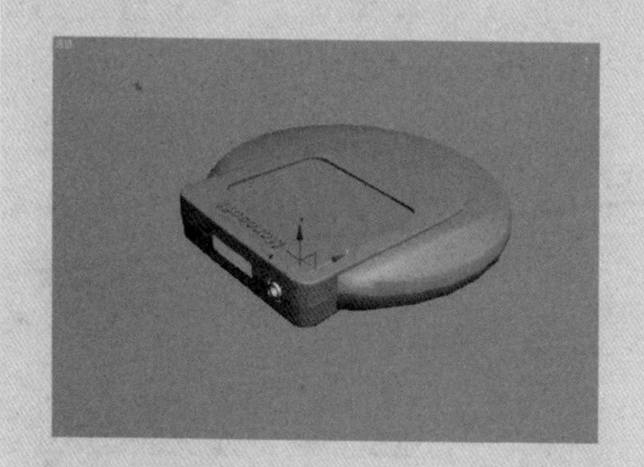

41 在左视图中创建一个"长度"为4.9，"宽度"为18.9，"角半径"为0.6的矩形，为这个矩形添加"挤出"修改器，并将"挤出高度"设置为12.5，将其命名为"接口"，如下图所示。

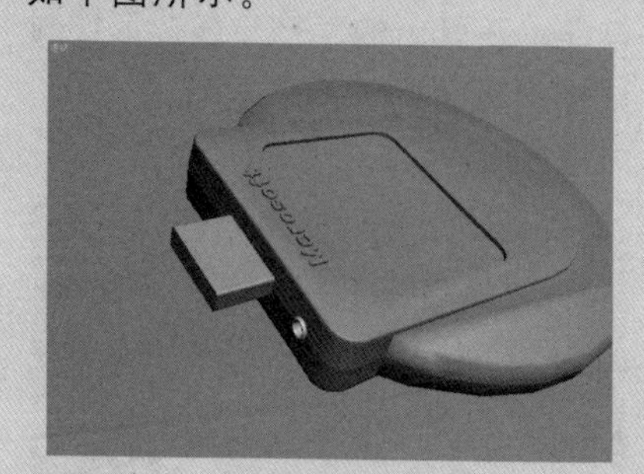

42 按Alt+Q组合键孤立显示"接口"，然后在视图中右击，在弹出的菜单中选择"转换为>转换为可编辑多边形"命令，如下图所示。

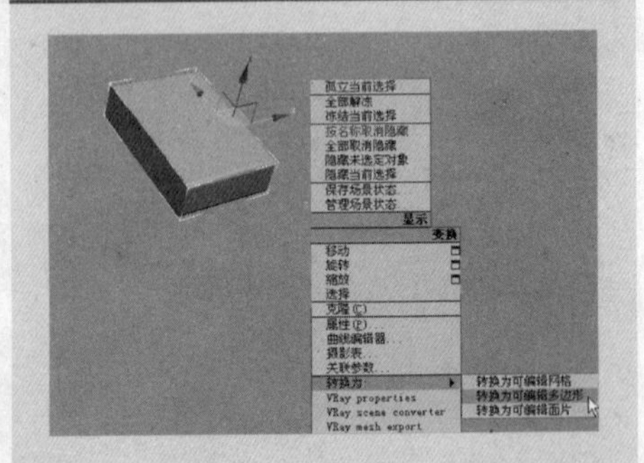

43 按数字键4，切换到“多边形”层次，然后在视图中选中“接口”前部的表面，在视图中右击，在弹出的菜单中单击“倒角”命令左侧的“设置”按钮，在弹出的“倒角多边形”对话框中，将挤出的“高度”设置为0，“轮廓量”为－0.45，如下图所示。

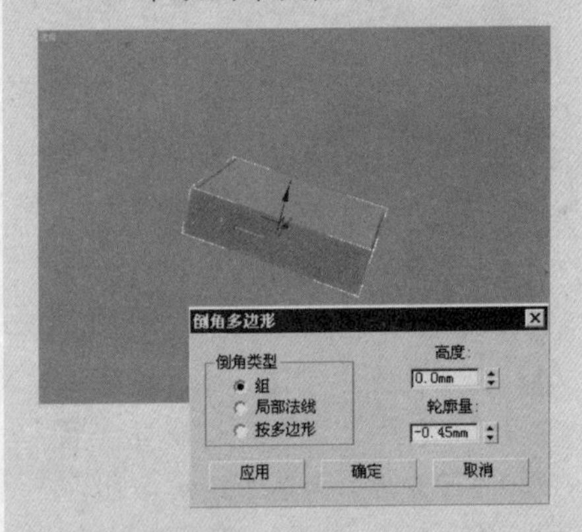

44 在视图中右击，在弹出的菜单中单击“挤出”命令左侧的“设置”按钮，在弹出的“挤出多边形”对话框中将挤出的高度设置为－10，如下图所示。

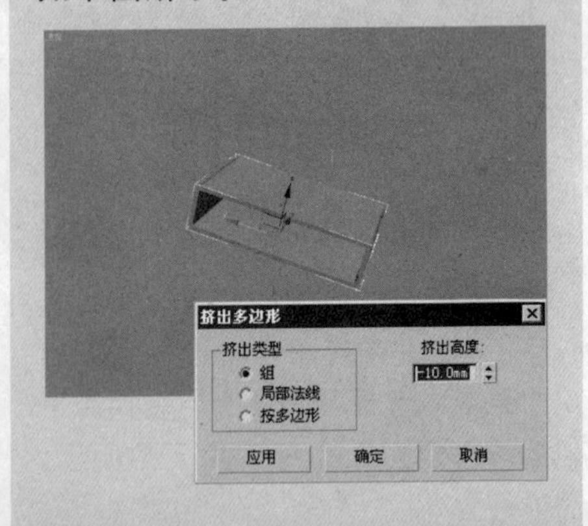

- 无限：截面平面在所有方向上都是无限的，从而使横截面位于其平面中的任意网格几何体上。
- 截面边界：只在截面图形边界内或与其接触的对象中生成横截面。
- 禁用：不显示或生成横截面。禁用“创建图形”按钮。
- 色样图标：单击此图标可设置“截面”对象与网格对象相交的图形的显示颜色。

“截面大小”卷展栏中各选项含义如下。

- 长度/宽度：调整显示截面矩形的长度和宽度。

4.1.8 图形检查工具

“图形检查”工具测试样条线和基于NURBS的图形和曲线的自相交；生成车削、挤出、放样或其他3D对象的自相交形状可能会造成破面现象。该工具具有“粘滞”性质，因为只要用户拾取一个用于检查的图形对象，就可以平移/缩放视口，而其将继续显示所拾取图形中的相交位置。如果对图形设置动画，则移动时间滑块将重新检查动画每帧上的图形，从而可以轻松地检查这些变化的图形。

检查图形

Step 01 在视图中创建一组图形，如图4-38所示。

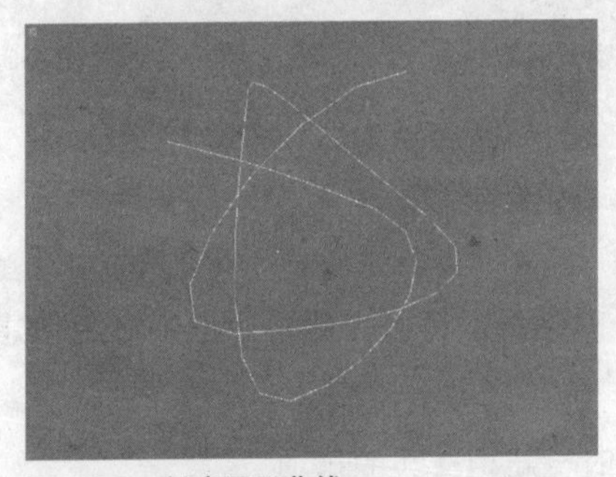

图4-38 创建图形曲线

Step 02 在“创建”命令面板中单击“工具”按钮，然后在展开的“工具”卷展栏中单击“更多”按钮，如图4-39所示。

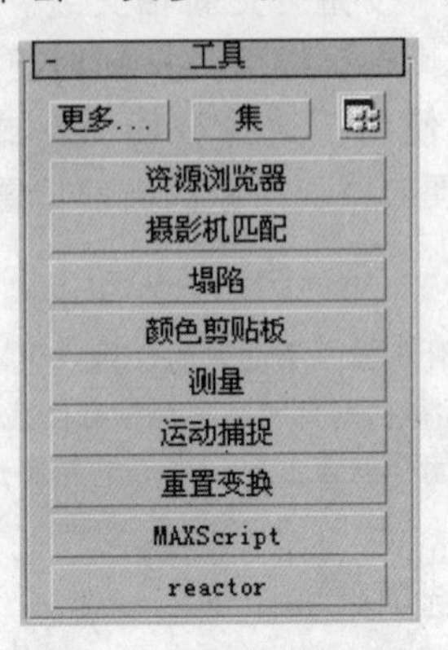

图4-39 “工具”卷展栏

Step 03 在系统弹出的“工具”对话框中双击“图形检查”选项，如图4-40所示。

Step 04 在“工具”命令面板中的“图形检查”卷展栏中单击 拾取对象 按钮，然后在视图中单击样条线，此时在样条线自相交的位置上出现了红色的标记，如图4-41所示。

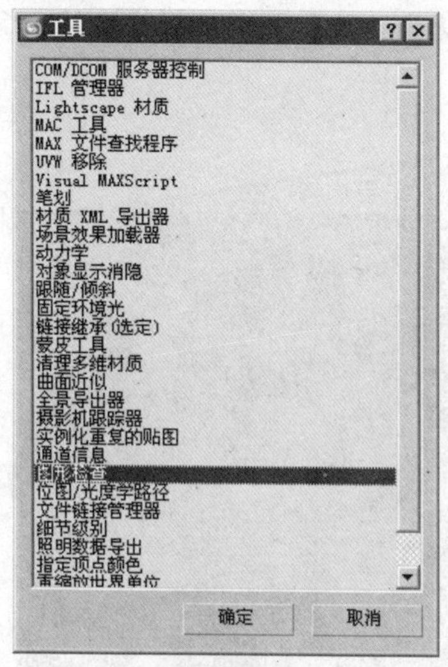

图4-40　“工具”对话框

图4-41　标记自相交点的位置

“图形检查”卷展栏

“图形检查”卷展栏如图4-42所示。

- 拾取对象：单击此按钮，然后单击此工具要检查的图形，系统将用红色框高亮显示此工具找到的相交点。该按钮下面的文本指出是否出现相交点。
- 关闭：关闭检查图形工具。

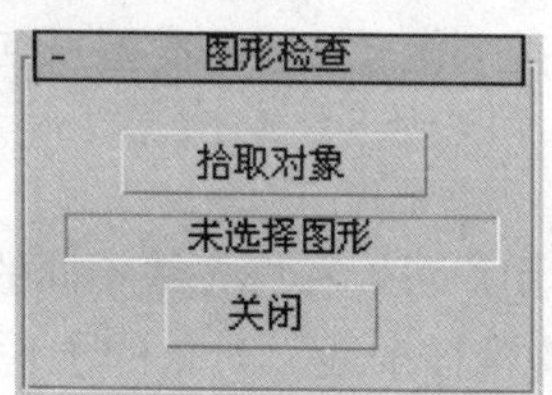

图4-42　“图形检查”卷展栏

4.2 可编辑样条线

“可编辑样条线”提供了样条曲线的3个子对象层级进行操纵的控件：“顶点”、“线段”和“样条线”。“可编辑样条线”中的功能与“编辑样条线”修改器中的功能相同。不同的是，将现有的样条线形状转化为可编辑的样条线时，将不再可以访问创建参数或设置它们的动画。但是，样条线的插值设置（步长设置）仍可以在可编辑样条线中使用。

45 在视图中选中“插口”内部的表面，然后在“修改”命令面板中的“编辑几何体”卷展栏中单击 分离 按钮，在弹出的“分离”对话框中将分离的对象命名为“插口内面”，如下图所示。

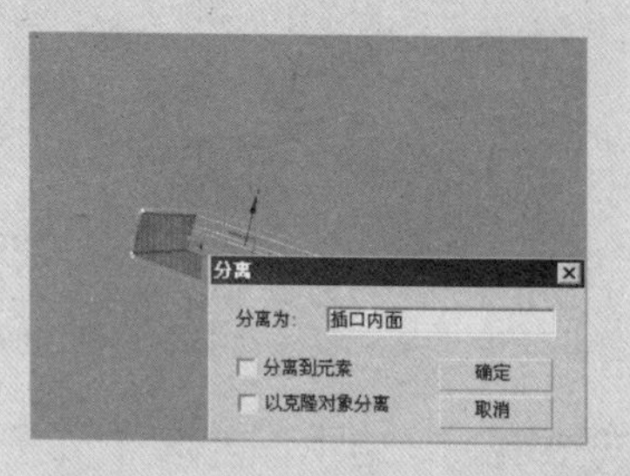

46 按数字键2，切换到“边”层次，然后在“修改”命令面板中的“编辑几何体”卷展栏中单击 切割 按钮，在“接口”表面上切割出4组互相垂直的边，如下图所示。

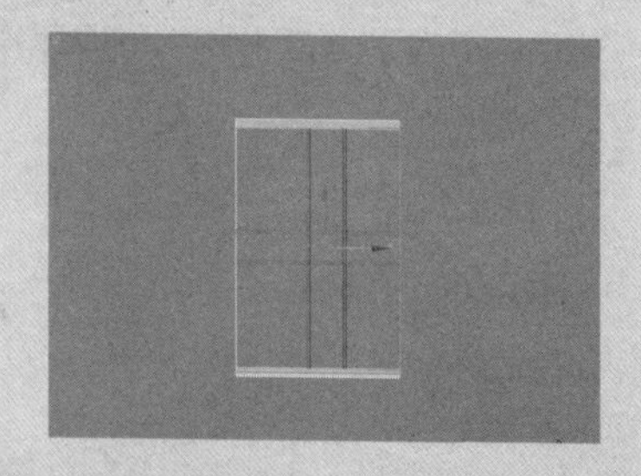

47 切换到“多边形”层次，在视图中选中要作为接缝的表面，右击视图，在弹出的菜单中单击“挤出”命令左侧的“设置”按钮，在弹出的“挤出多边形”对话框中将“挤出高度”设置为-0.18，然后将选中的表面分离为“接口内面-01”，如下图所示。

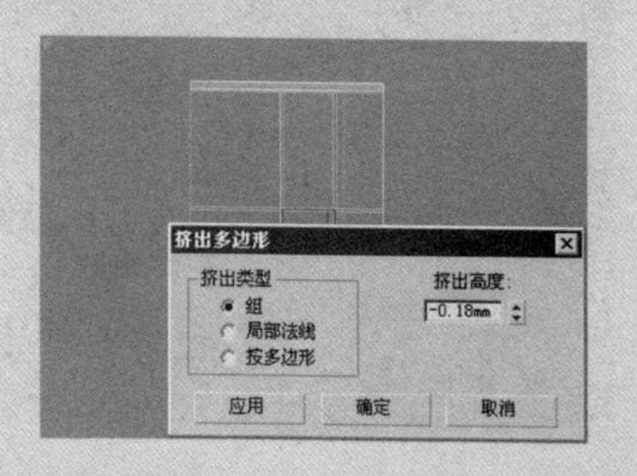

48 在顶视图中创建一个“长度”为2，“宽度”为1.5的矩形，然后将其复制一个，将这两个矩形调整到“接口”的中间位置，如下图所示。

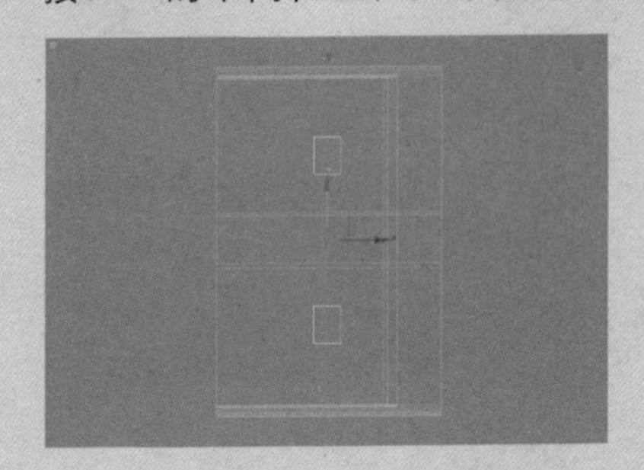

49 在视图中选中“盘体”，在“创建”命令面板中的单击“几何体”按钮，在对象类型下拉列表中选择“复合对象”选项。在“对象类型”卷展栏中单击 图形合并 按钮，然后将两个矩形映射到“接口”表面上，如下图所示。

50 为“接口”添加“编辑多边形”修改器，按数字键4，切换到“多边形”层次，然后将两个矩形内的表面挤出，“挤出高度”为-0.18，并将两个表面分离为“接口内面-02”，如下图所示。

将图形转化为可编辑样条线的方式

方法一：堆栈右键方式。创建或选择一个样条线，然后在“修改”命令面板中右键单击修改器堆栈中的样条线项，在弹出的快捷菜单中选择“可编辑样条线”命令，如图4-43所示。

方法二：视图右键方式。创建或选择一个样条线，然后右键单击该样条线，在弹出的菜单中选择“转化为>转化为可编辑样条线”命令，如图4-44所示。

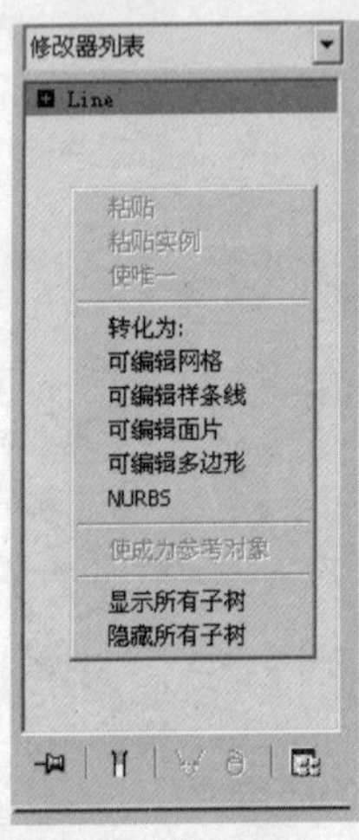

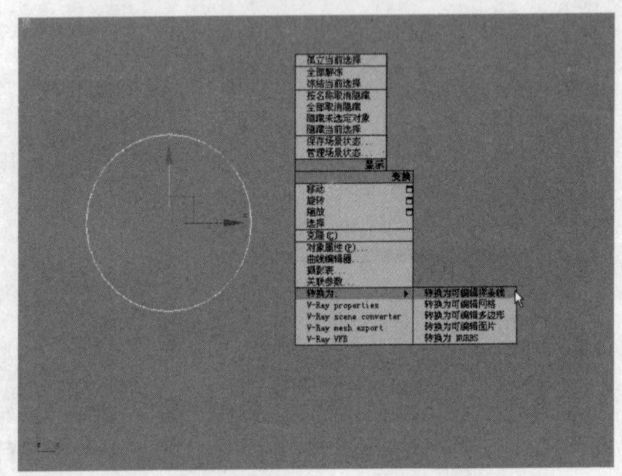

图4-43　堆栈右键方式　图4-44　视图右键方式

顶点

在“可编辑样条线”的“顶点”层级，用户可以选择一个和多个顶点并移动它们，或者进行顶点之间的焊接。如果顶点属于Bezier或Bezier角点类型，用户还可以移动和旋转控制柄，进而控制样条线的形状。用户可以使用切线复制、粘贴操作在顶点之间复制和粘贴控制柄，还可以使用四元菜单重置控制柄或在不同类型顶点之间切换。

“选择”卷展栏

在“选择”卷展栏中用户可以在样条线不同的子对象模式间进行切换。用户可以使用“可编辑样条线”对象的子对象层次提供的工具来编辑样条线的形状，如图4-45所示。

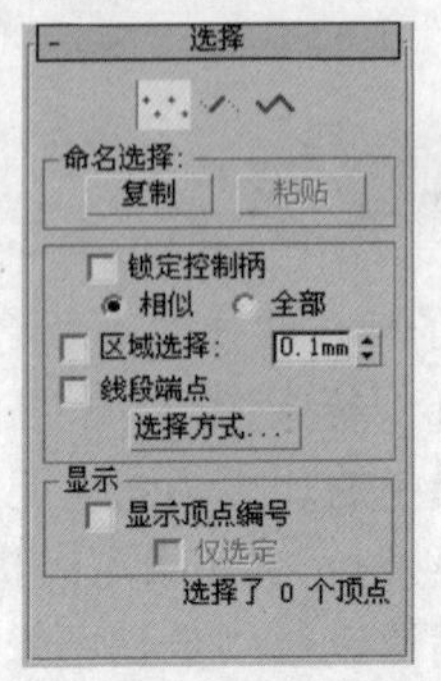

图4-45　“选择”卷展栏

- “顶点”按钮：单击该按钮可以进入“顶点”层次。
- “线段”按钮：单击该按钮可以进入“线段”层次。
- “样条线”按钮：单击该按钮可以进入“样条线”层次。

(1)“命名选择”选项区域

- 复制：将已命名的选择放入复制缓冲区。
- 粘贴：从复制缓冲区中粘贴已命名的选择。
- 锁定控制柄：在通常情况下用户每次只能变换一个顶点的切线控制柄，即使选择了多个顶点。使用“锁定控制柄”控件可以同时变换多个Bezier和Bezier角点控制柄。
- 相似：拖动传入向量的控制柄时，所选顶点的所有传入向量将同时移动。同样，移动某个顶点上的传出切线控制柄将移动所有所选顶点的传出切线控制柄。
- 全部：移动的任何控制柄将影响选择中的所有控制柄，无论它们是否已断裂。处理单个Bezier角点顶点并且想要移动两个控制柄时，可以使用此选项。

按住Shift键并单击控制柄可以“断裂”切线并独立地移动每个控制柄。要断裂切线，必须选择“相似”选项。

- 区域选择：允许用户自动选择所选顶点的特定半径中的所有顶点。在顶点子对象层级，启用“区域选择”复选框，然后在“区域选择”复选框右侧的文本框中设置半径。移动已经使用“连接复制”或“横截面”按钮创建的顶点时，可以使用此选项。
- 线段端点：通过单击线段选择顶点。在顶点子对象中，启用并选择接近用户要选择的顶点的线段。如果有大量重叠的顶点并且想要选择特定线段上的顶点时，可以使用此选项。经过线段时，光标会变成十字形状。通过按住Ctrl键，可以将所需对象添加到选择集中。
- 选择方式：选择所选样条线或线段上的顶点。首先在样条线的子对象中选择一个样条线或线段，然后启用“顶点”子对象，单击 选择方式... 按钮，然后在弹出的“选择方式”对话框中单击 样条线 或 线段 按钮，系统将自动选中所选样条线或线段上的所有顶点。

(2)“显示”选项区域

- 显示顶点编号：启用该选项后，程序将在任何子对象层级的所选样条线的顶点旁边显示顶点编号，如图4-46所示。
- 仅选定：启用该选项后，仅在所选顶点旁边显示顶点编号，如图4-47所示。

51 在“创建”命令面板中单击“图形”按钮，然后在“对象类型”卷展栏中单击 线 按钮，在顶视图中绘制花朵图形，如下图所示。

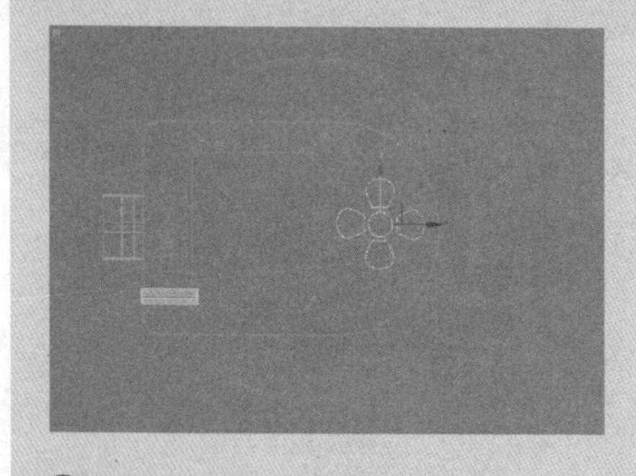

52 在“修改”命令面板中的“修改器列表”下拉列表中选择“挤出”修改器，然后在“参数”卷展栏中将“挤出高度”设置为0.8，将其命名为“装饰”，并将“装饰”旋转一定的角度，使之与“盘体”平行接触，如下图所示。

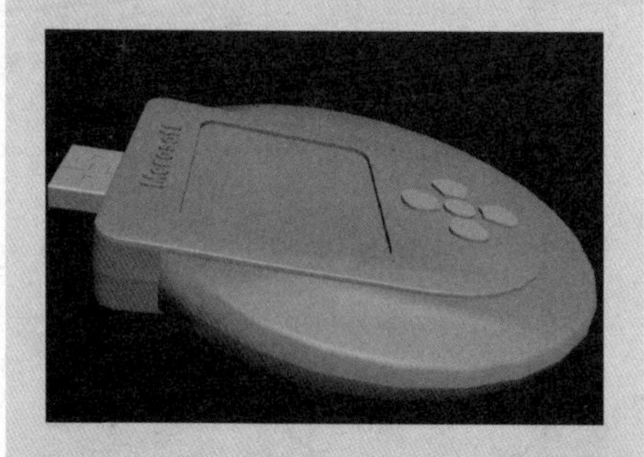

53 按M键打开“材质编辑器”对话框，在该对话框中选择一个未使用的示例球，在“Blinn基本参数”卷展栏中单击“环境光”右侧的颜色图标，在弹出的“颜色选择器：环境光颜色”对话框中将颜色设置为绿色(R：119，G：209，B：62)，如下图所示。

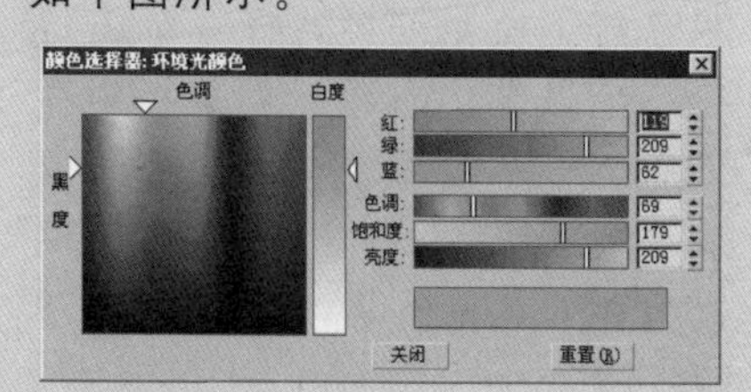

54 展开“贴图”卷展栏，然后单击“反射”右侧的 None 按钮，在弹出的“材质/贴图浏览器”对话框中双击“光线跟踪”选项，如下图所示。

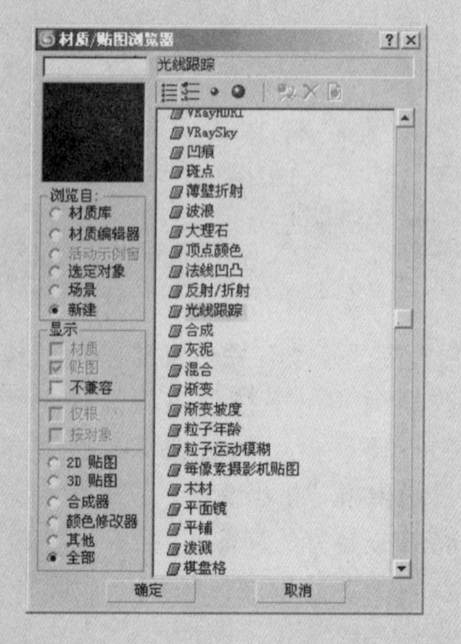

55 返回到“贴图”卷展栏，将“反射”通道的数量设置为5，在视图中选中“盘体”，然后单击“材质编辑器”对话框中的“将材质指定给选定对象”按钮，按Shift+Q组合键渲染透视图，如下图所示。

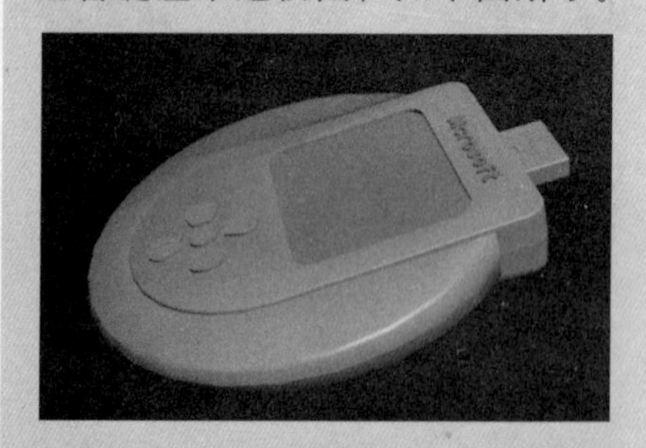

56 选择一个未用过的示例球，然后在“明暗器基本参数”卷展栏中的明暗器下拉列表中选择“金属”，在“金属基本参数”卷展栏中将“环境光”设置为黑色，“漫反射”为白色，并将“高光级别”设置为93，“光泽度”为69，如下图所示。

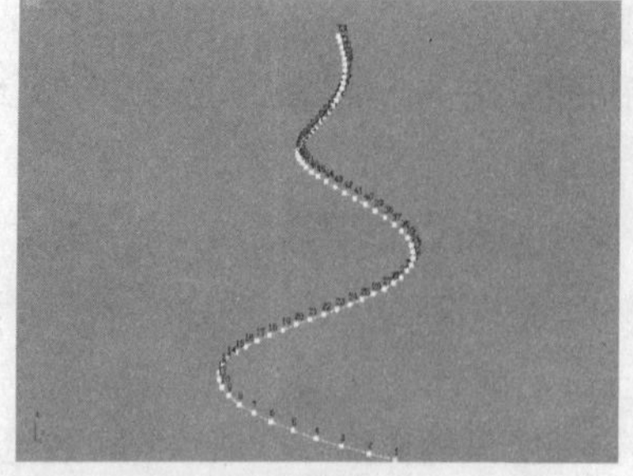

图4-46 显示顶点编号

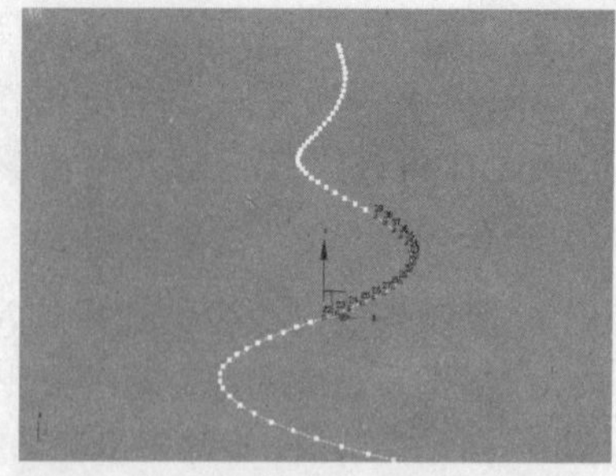

图4-47 显示选中顶点编号

- 选择信息：“选择”卷展栏底部是一个文本显示，提供有关当前选择的信息。如果选择了0个或更多子对象，文本将显示所选对象的编号。

顶点类型

右键单击选择中的任意顶点，从快捷菜单中选择一种顶点的类型。样条线有如下4种类型的顶点。

- 平滑：该种类型顶点连接的样条线具有平滑连续的效果，但是不具有可调整的控制句柄（平滑顶点处的曲率是由相邻顶点的间距决定的），如图4-48所示。
- 角点：该种类型顶点连接的曲线具有明显的转角效果，两个相邻的角点间的曲线为直线，如图4-49所示。

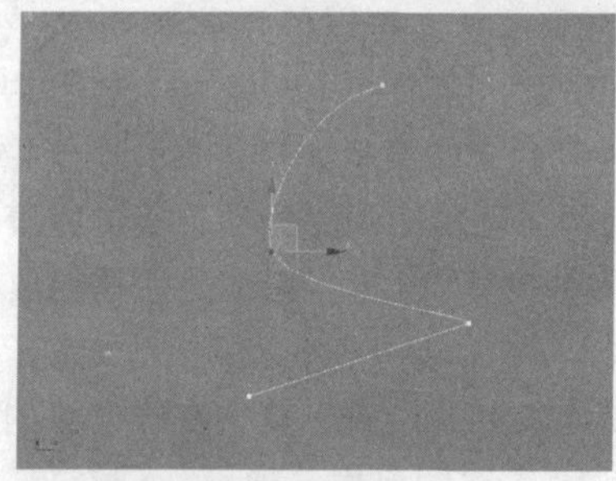

图4-48 平滑类型

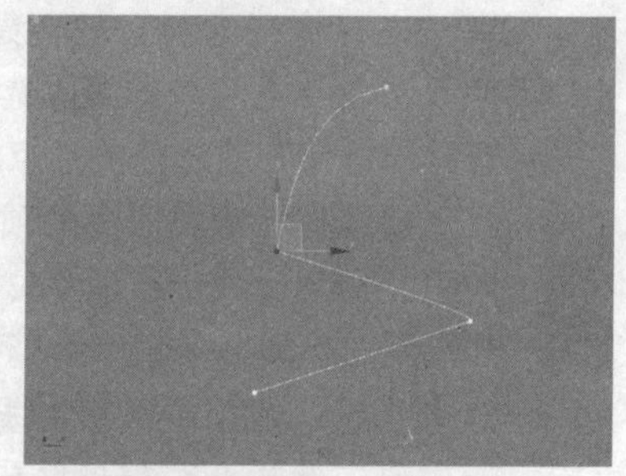

图4-49 角点类型

- Bezier：该类型顶点带有锁定连续切线控制柄，顶点处的曲率由切线控制柄的方向确定，如图4-50所示。
- Bezier 角点：该类型的顶点带有不连续的切线控制柄，用户可以分别调整顶点的控制句柄，从而使曲线在该顶点两侧具有不同的曲率，如图4-51所示。

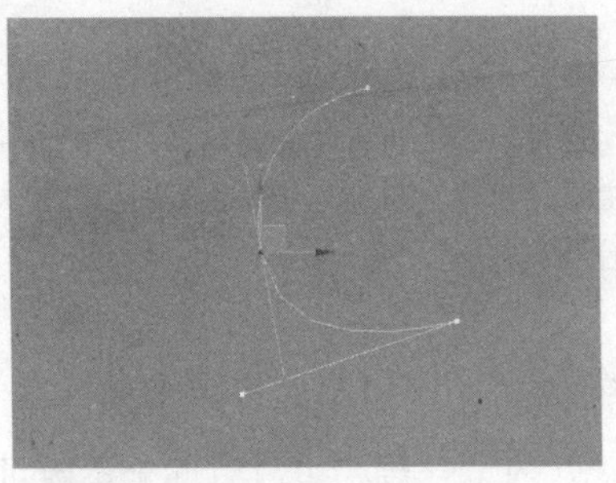

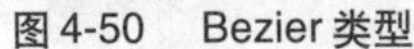

图 4-50　Bezier 类型

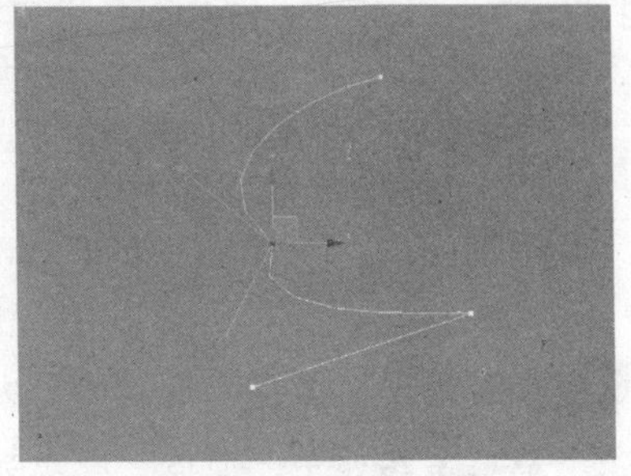

图 4-51　Bezier 角点类型

复制和粘贴顶点切线控制柄

Step 01 按数字键 1，进入到“顶点”层次，然后在视图中选择作为复制原对象的顶点。

Step 02 在“修改”命令面板中的“几何体”卷展栏中单击“切线”选项区域中的 复制 按钮，将光标移至要进行复制顶点的控制柄上，此时鼠标的右上方出现了复制图标，如图 4-52 所示，然后单击选中顶点的控制句柄。

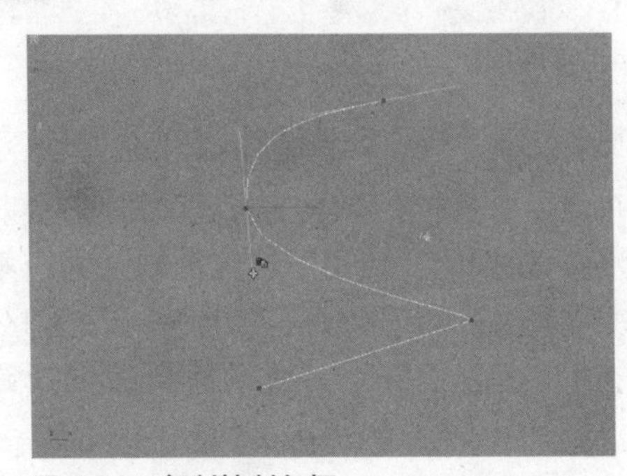

图 4-52　复制控制句柄

Step 03 单击“切线”选项区域中的 粘贴 按钮，将光标移至目标顶点的控制柄上，此时鼠标的右上方出现了粘贴图标，然后单击该顶点的控制句柄，粘贴后顶点的控制句柄与原顶点的控制句柄平行，如图 4-53 所示。

图 4-53　控制句柄平行

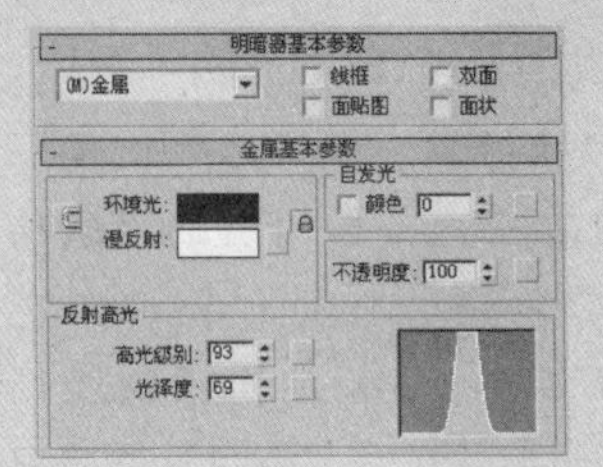

57 展开“贴图”卷展栏，然后单击“反射”右侧的 None 按钮，在弹出的“材质 / 贴图浏览器”对话框中双击“光线跟踪”选项，在“材质编辑器”对话框中的“光线跟踪器参数”卷展栏中的“背景”选项区域中单击 None 按钮，在弹出的“材质 / 贴图浏览器”对话框中双击“位图”选项，在弹出的“选择位图图像文件”对话框中选择附书光盘“实例文件\工业设计\10U 盘\金属 33.JPG”文件；在“坐标”卷展栏中将 U、V 的平铺数值均设置为 0.1，如下图所示。

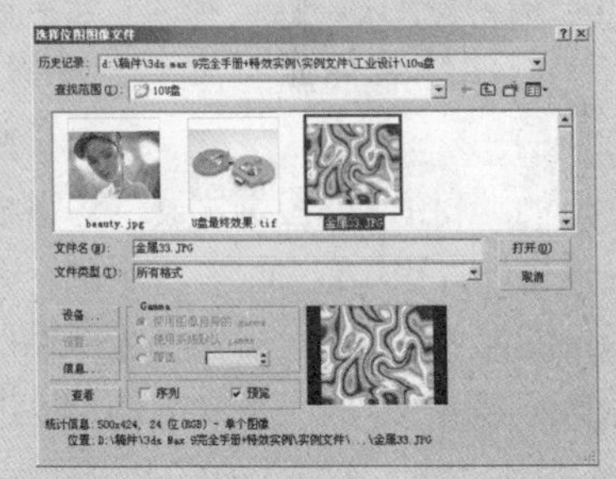

58 返回到“贴图”卷展栏，然后将“反射”通道的“数量”设置为 85，在视图中选中“文本”、“接口”和“插口”，并将当前的材质指定给它们，按 Shift+Q 组合键渲染透视图，如下图所示。

59 选择一个未用过的示例球，然后将“环境光”和“漫反射”均设置为黑色，并将当前的材质指定给“接口内面”、“插口内面-01”和“插口内面-02”。将该材质拖到另外一个未用的示例球上，并将其更名为“装饰”，然后将“环境光”和“漫反射”均设置为黑色（R：109，G：109，B：109），并将“高光级别”设置为79，“光泽度”为42，将该材质指定给“装饰”。渲染透视图，效果如下图所示。

60 选择一个未用的示例球，然后展开“贴图”卷展栏，单击“反射”右侧的 None 按钮，在弹出的“材质/贴图浏览器”对话框中双击“位图”选项，在弹出的“选择位图图像文件”对话框中选择附书光盘：“实例文件\工业设计\10U盘\beauty.jpg”文件，如下图所示。

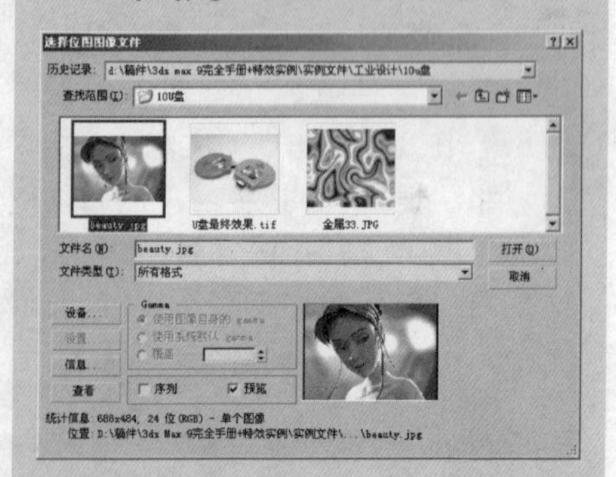

技巧 提示

控制柄很容易缩的非常小并与顶点重叠，这样会使选择和编辑控制柄的操作变的很困难，重置顶点控制柄切线以重新调整控制柄。右键单击并选择“重置切线”命令，这样可以将选中顶点的控制句柄进行重置。

样条线处于“顶点”层次时“几何体”卷展栏中的可用选项

当样条线处于“顶点”层次时，几何体卷展栏中只有部分参数可以使用，如图4-54所示。

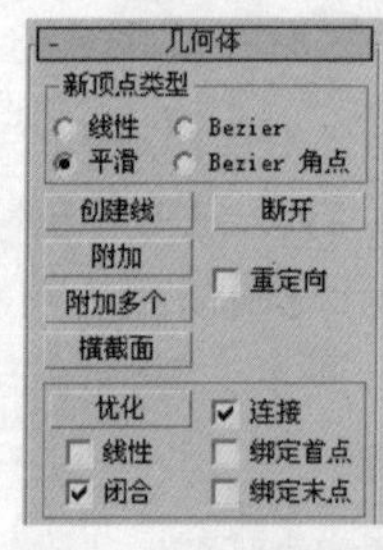

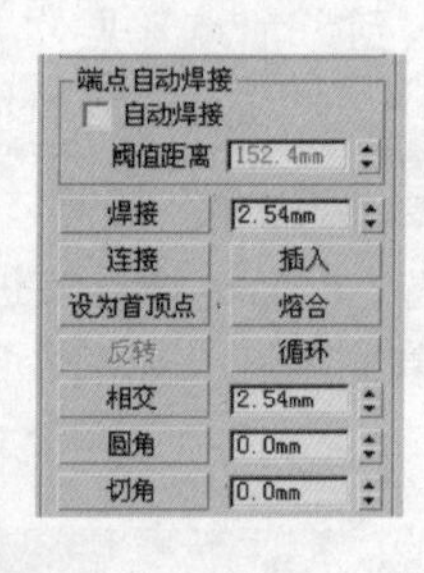

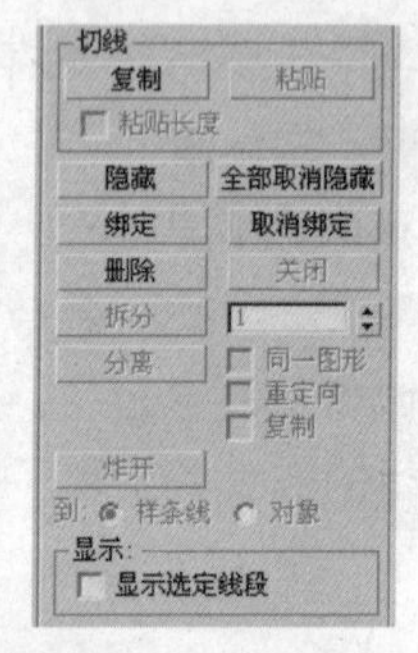

图4-54 可用参数

(1)“新顶点类型”选项区域

使用该选项区域中的参数可确定使用Shift键复制线段或样条线时创建的新顶点的切线。如果此后使用“连接复制”进行复制，连接原始和新线段或样条线的样条线上的顶点将具有用户在该选项区域中指定的顶点类型，此设置对使用“创建线”、“优化”等工具所建顶点不起作用。

- 线性：新顶点将具有“角点”特性。
- 平滑：新顶点将具有平滑曲线特性，选择该选项后，系统将自动焊接重叠的新顶点。
- Bezier：新顶点将具有Bezier特性。
- Bezier角点：新顶点将具有Bezier角点特性。
- 创建线：单击该按钮后，用户可以在原有的样条线基础上添加所需的多样条线，创建的样条线与原样条线是一个整体。要退出线的创建，右键单击或单击 创建线 按钮即可。
- 断开：将选定的顶点一分为二，样条线在该顶点位置被拆分。
- 附加：在视图中拾取其他的样条线并与选定的样条线成为一个整体。
- 附加多个：单击此按钮可以显示“附加多个”对话框，该对话框包含场景中的所有能够进行附加的图形对象，在该对话框中选择要附加到当前可编辑样条线的对象，然后单击“附加”按钮或按Enter键。
- 重定向：启用该选项后，使附加的样条线与选定的样条线在局部进行对齐。

- 横截面：在两个样条线外面创建样条线框架。选择一个形状，然后单击“横截面”按钮，接着选择第二个形状，系统将创建连接这两个形状的样条线，如图4-55所示。编辑样条线边框时，最好在选择顶点使用启用“区域选择”，这样可以保证在用户选择线框上的顶点时使该顶点位置的所有顶点一起被选中。
- 优化：允许用户在样条线上添加顶点，而不更改样条线的曲率。要完成顶点的添加，可以再次单击“优化”按钮，或在视口中右键单击。如果在优化操作之前已经启用“连接”，并且在添加顶点的过程中单击优化样条线的顶点时，系统将弹出“优化和连接”对话框，如图4-56所示，询问用户是否要优化或仅连接到顶点。如果选择“仅连接”选项，系统将不会创建顶点，它只是连接到现有的顶点。

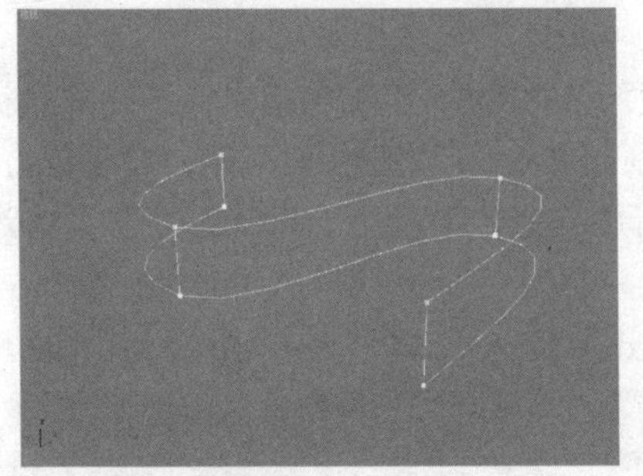
图4-55　创建截面

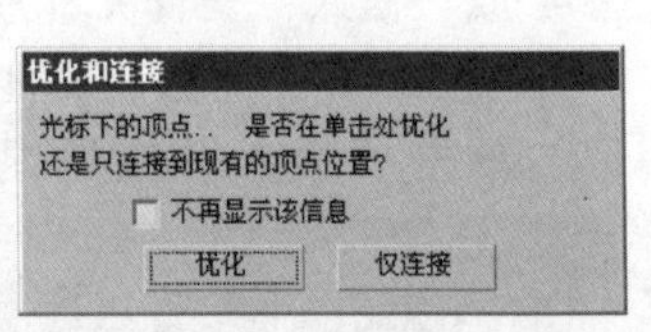

图4-56　“优化和连接”对话框

- 连接：启用该选项后，使用“优化”添加顶点完成后，系统将自动连接新顶点创建一个新的样条线子对象。要启用“连接”选项，必须在单击“优化”按钮之前启用该项。在启用“连接”选项之后，开始优化进程之前，用户可以启用以下选项的任何组合。
- 线性：启用后，新样条直线中的所有线段成为线性。禁用“线性”时，创建新样条线的顶点为“平滑”类型。
- 绑定首点：将优化操作中创建的第一个顶点绑定到所选线段的中心，绑定的首点为黄色，如图4-57所示。

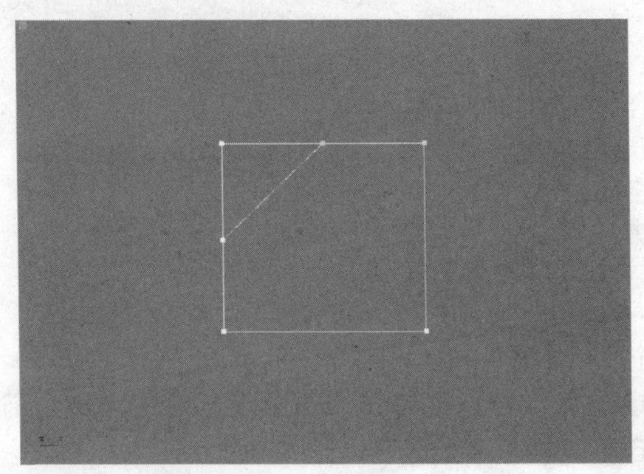
图4-57　绑定首点

61 返回到“贴图”卷展栏，在视图中选中“屏幕”，并将当前的材质指定给它，然后对透视图进行渲染，如下图所示。

62 选择一个未使用的示例球，然后将“环境光”和“漫反射”均设置为紫色（R：129，G：123，B：149），并将“高光级别”设置为60，“光泽度”为56，将该材质指定给“屏幕-01”。渲染透视图，效果如下图所示。

63 在视图中创建一个简单的场景，然后将制作完成的模型复制一个，并将复制后模型的盘体的颜色更换为橙色（R：232，G：100，B：61），渲染后的效果如下图所示。

- 闭合：启用该项后，连接新样条线中的第一个和最后一个顶点，创建一个闭合样条线。
- 绑定末点：将优化操作中创建的最后一个顶点绑定到所选线段的中心。

(2)“端点自动焊接”选项区域

- 自动焊接：启用“自动焊接”复选框后，系统将会自动焊接在与同一样条线的阈值距离内的顶点。
- 阈值距离：如果使用自动焊接，那么在阈值距离范围内的顶点可以自动焊接在一起。默认值为 6.0。
- 焊接：将两个端点顶点或同一样条线中的两个相邻顶点焊接为一个顶点。移近两个端点顶点或两个相邻顶点，选择两个顶点，然后单击“焊接”。如果这两个顶点在“焊接阈值”距离内将转化为一个顶点。
- 插入：插入一个或多个顶点，并可以简单地编辑样条线的形状，插入顶点前后的效果分别如图 4-58 和图 4-59 所示。右键单击完成“插入”操作并释放鼠标按键，此时，鼠标仍处于“插入”模式，用户可以在其他线段插入顶点，否则，再次右键单击或单击“插入”按钮退出“插入”模式。

图 4-58　插入顶点前

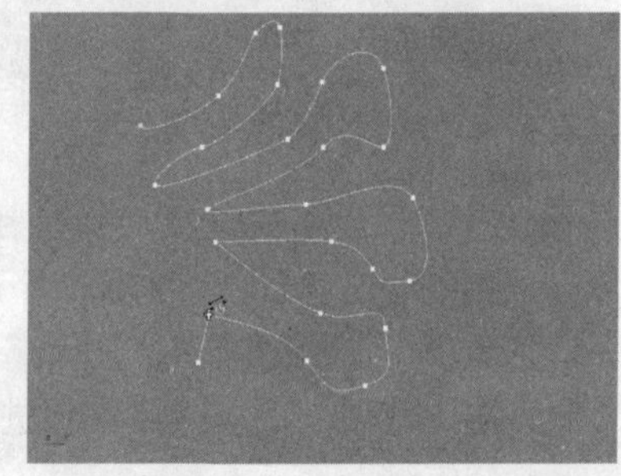

图 4-59　插入顶点后

- 设为首顶点：将选中的样条线顶点设置为起点。样条线的第一个顶点指定为四周带有小框的顶点。

第一点有特殊重要性，下面定义了如何使用第一点。
放样路径的起始位置。
放样形状最初的表皮对齐。
运动路径的开始，路径中的 0% 位置。
轨迹中第一个位置关键点。

- 熔合：将所有选定顶点移至它们的平均中心位置，“熔合”不会焊接顶点，它只是将它们移至同一位置，融合前后的效果如图 4-60 和图 4-61 所示。

11 工业设计>
显示器

01 在“创建”命令面板中单击“几何体”按钮，在对象类型下拉列表中选择“扩展基本体”选项，然后在“对象类型”卷展栏中单击 切角长方体 按钮，在前视图中创建一个“长度”为 300，“宽度”为 400，“高度”为 20，“圆角”为 9，“高度分段”为 2，“圆角分段”为 3 的切角长方体，如下图所示。

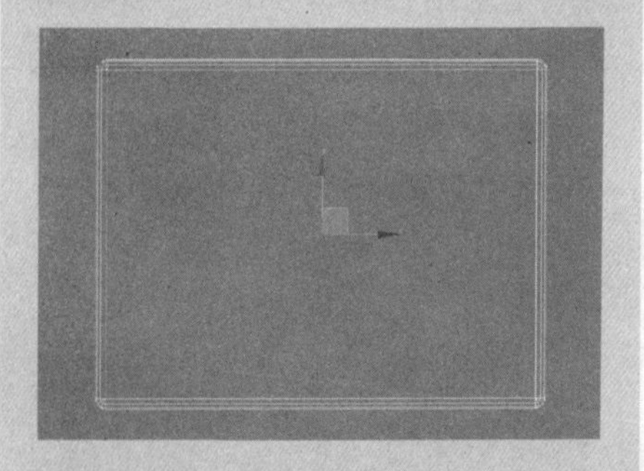

02 在视图中右击，在弹出的快捷菜单中选择“转换为>转换为可编辑多边形”命令，如下图所示。

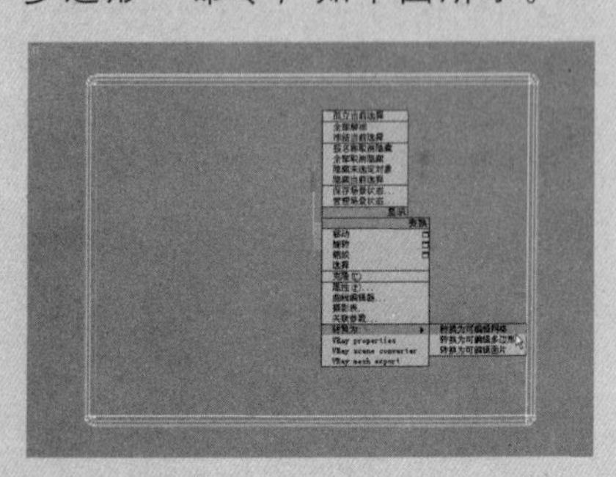

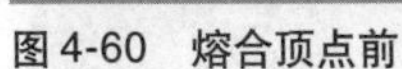
图 4-60 熔合顶点前

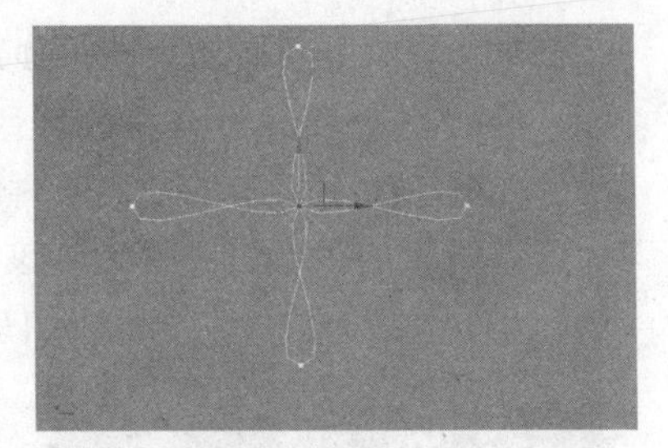
图 4-61 熔合顶点后的效果

- 循环：循环选择样条线的顶点，用户可以重复单击该按钮，直到选中想要选择的顶点。
- 相交：对于附加在一起的样条线，如果图形中有相交的线段，单击 相交 按钮，然后单击两条线段的相交点。这样就在两条线段的交点上分别添加了一个顶点。
- 圆角：单击该按钮，然后在线段会合的顶点上单击并拖动，这样可以在会合的线段上添加新的顶点，并使该顶点位置的曲线变得圆滑。
- 圆角量：调整此数值框（在“圆角”按钮的右侧）可以将圆角效果应用于所选顶点。
- 切角：使用该按钮在样条线某个顶点上单击并拖到鼠标，可以在该顶点的中间牵出一条直线，并且该直线跟随鼠标一起向远离顶点的方向移动。以矩形为例，切角前后的效果分别如图 4-62 和图 4-63 所示。

图 4-62 切角前的矩形

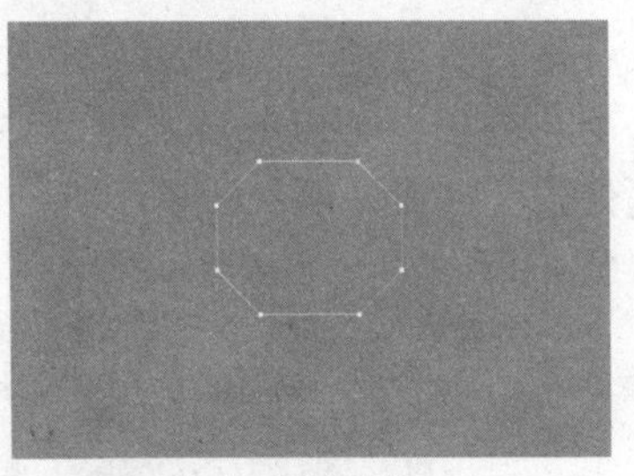
图 4-63 切角后的矩形

- 切角量：调整此数值框可以将切角效果应用于所选顶点。

(3)“切线”选项区域

使用此选项区域中的工具可以将一个顶点的控制柄复制并粘贴到另一个顶点。

- 复制：单击该按钮，然后选择一个顶点的控制柄，可以将所选控制柄切线复制到缓冲区。
- 隐藏：隐藏所选顶点和任何相连的线段。
- 全部取消隐藏：显示任意隐藏的子对象。
- 绑定：单击 绑定 按钮后，从当前选择的样条线中的端点顶点拖动到当前图形上的任何线段（但与该顶点相连的线段除外）。拖动之前，当光标在要绑定的顶点上时，会变成一个十字形光

如果将对象转换为可编辑多边形物体，系统将塌陷该对象的所有参数，这样在堆栈窗口中将不能找回编辑多边修改器以前的参数，建议读者使用“编辑多边形”修改器。

03 按数字键 1，切换到“顶点”层次，然后在左视图中选中左侧的顶点，按 Del 键将其删除，此时切角长方体只剩下右侧的一半，如下图所示。

04 按数字键 3 切换到“边界”层次，然后在视图中单击“切角长方体 01”的边界，此时该对象的开放边界被选中，并呈现红色，如下图所示。

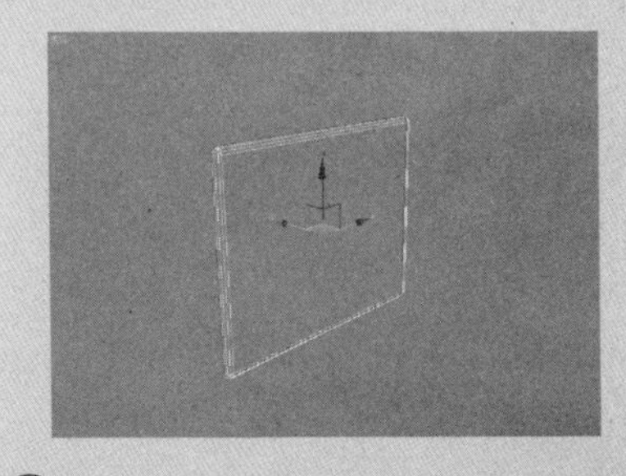

05 在视图中右击，在弹出的快捷菜单中选择“封口”命令，此时在边界上生成了新的表面，如下图所示。

06 按数字键4，切换到“多边形”层次，然后在视图中选中由边界生成的表面，在视图中右击，在弹出的快捷菜单中单击“倒角”左侧的“设置”按钮，在弹出的“倒角多边形”对话框中将“高度”设置为0，“轮廓量”为-4，按Enter键关闭该对话框，如下图所示。

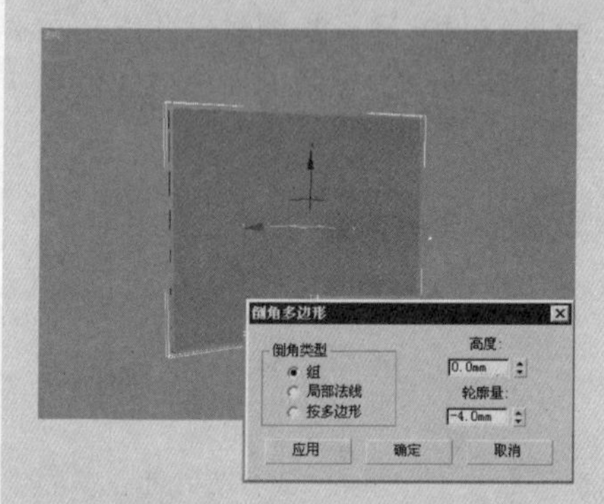

07 在视图中右击，在弹出的快捷菜单中单击“挤出”左侧的“设置”按钮，在弹出的“挤出多边形”对话框中将“挤出高度”设置为2，然后按Enter键关闭该对话框。此时选中的表面向外挤出2个单位的厚度，如下图所示。

08 右击左视图，然后单击主工具栏的“镜像”按钮，在弹出的“镜像：屏幕 坐标”对话框中的“镜像轴”选项区域中，将“偏移”设置为-13，在“克隆当前选择”选项区域中选中“复制”单选按钮，如下图所示。

标，在拖动过程中，会出现一条连接顶点和当前鼠标位置的虚线，当光标经过合格的线段时，会变成一个“连接”符号，如图4-64所示；在符合条件的线段上释放鼠标时，顶点会跳至该线段的中心，并绑定到该中心，如图4-65所示。

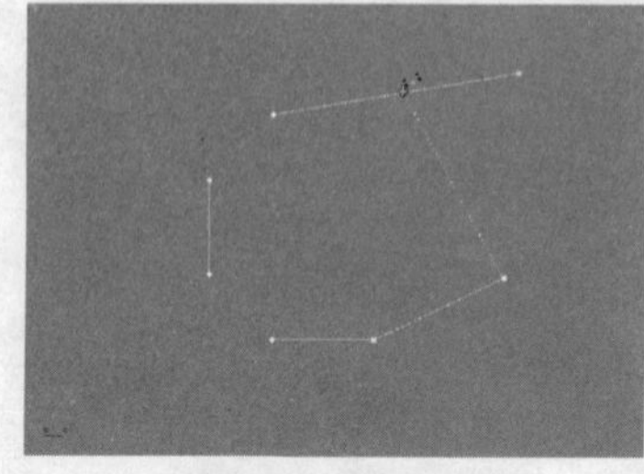

图4-64 光标的连接状态

图4-65 绑定后顶点的位置

- 取消绑定：断开绑定顶点与所附加线段的连接。选择一个或多个绑定顶点，然后单击“取消绑定”按钮。
- 删除：删除所选的一个或多个顶点，以及与每个要删除的顶点相连的那条线段。

（4）“显示”选项区域

- 显示选定线段：在“线段”层次选中样条线的某个线段，然后启用“显示选定线段”选项，如果此时切换到“顶点”子对象层级，所选线段仍然高亮显示为红色。

样条线处于“线段”层次时“几何体”卷展栏中可用选项

当样条线处于“线段”层次时，在“几何体”卷展栏中可用的选项与处于“顶点”层次时类似，有关的操作也大致相同，但样条线处于“线段”层次时多了拆分、分离和隐藏设置等可控制的选项，如图4-66所示。

隐藏	全部取消隐藏
绑定	取消绑定
删除	闭合
拆分	1
分离	□ 同一图形 ☑ 重定向 □ 复制

图4-66 “线段”层次特殊参数

- 隐藏：隐藏选定的线段。隐藏线段前后的效果如图4-67和图4-68所示。

图4-67 选择线段

图4-68 隐藏线段

- 全部取消隐藏：显示任意隐藏的子对象。
- 删除：删除当前形状中选定的线段。
- 拆分：对选中的线段按用户指定的顶点数进行细分。拆分前后的效果如图4-69所示。
- 分离：系统允许用户选择样条线中的几个线段，然后拆分（或复制）它们来创建一个新图形，如图4-70所示，包含同一图形、重定向和复制3个可用选项。

图4-69 拆分线段

图4-70 分离图形

- ◆ 同一图形：启用该选项后，系统将禁用"重定向"选项，并且使分离的线段保留为形状的一部分，而不是生成一个新形状。
- ◆ 重定向：分离的线段将会移动和旋转，使其与当前活动栅格的原点对齐。
- ◆ 复制：在选中线段位置复制线段。

"曲面属性"卷展栏

当样条线处于"线段"层次时，属性面板中增加"曲面属性"卷展栏，如图4-71所示。

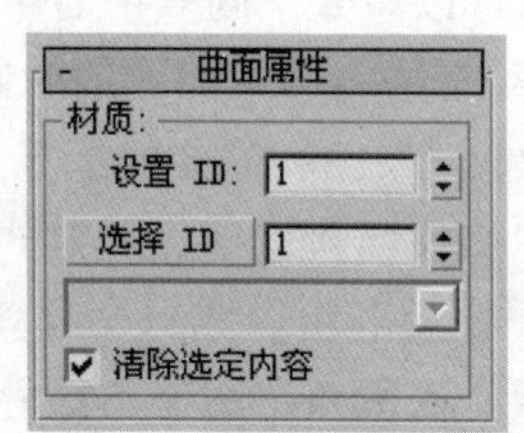

图4-71 "曲面属性"卷展栏

用户可以将不同的材质ID应用于样条线线段，然后可以将"多维/子对象"材质指定给此类样条线，放样、旋转或挤出时，必须启用"生成材质ID"和"使用图形ID"。

- 设置ID：系统允许用户将特殊材质ID编号指定给所选线段，用于多维/子对象材质和其他应用程序。
- 选择ID：根据相邻ID字段中指定的材质ID来选择线段或样条线。
- 按名称选择：如果向对象指定了多维/子对象材质，此下拉列表将显示子材质的名称。单击下拉按钮，然后从列表中选择材质。系统将自动选定指定了该材质的线段或样条线。如果没有为某个形状指定多维/子对象材质，名称列表将不可用。同样，如果

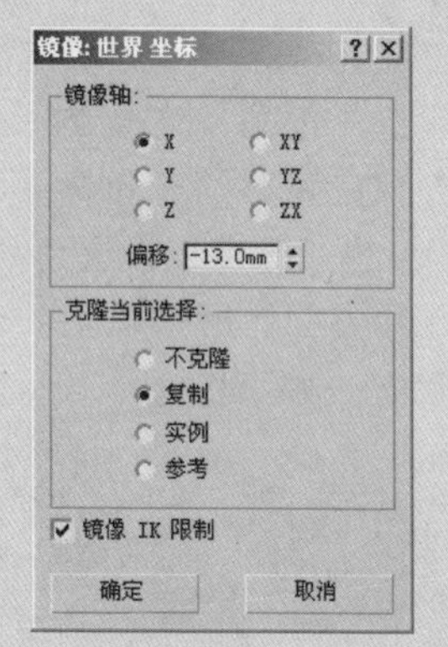

09 选择镜像前的切角长方体，按数字键4切换到"多边形"层次，在前视图中选中该对象前面的表面，在视图中右击，在弹出的快捷菜单中单击"倒角"左侧的"设置"按钮，在弹出的"倒角多边形"对话框中将"高度"设置为0，"轮廓量"设置为-8，然后按Enter键关闭该对话框，如下图所示。

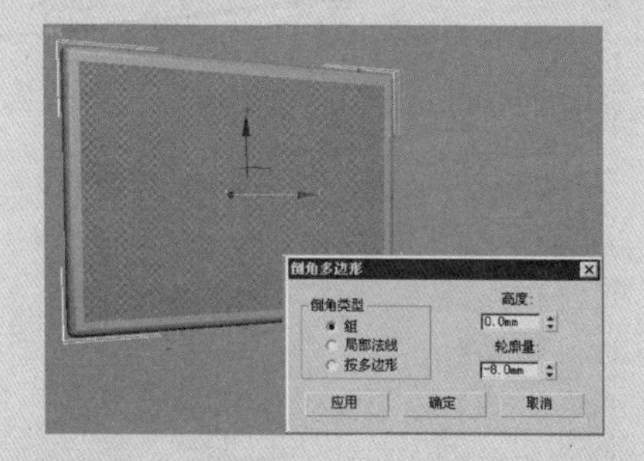

10 在视图中右击，在弹出的快捷菜单中单击"挤出"左侧的"设置"按钮，在弹出的"挤出多边形"对话框中将"挤出高度"设置为-3.8，然后按Enter键关闭该对话框，如下图所示。

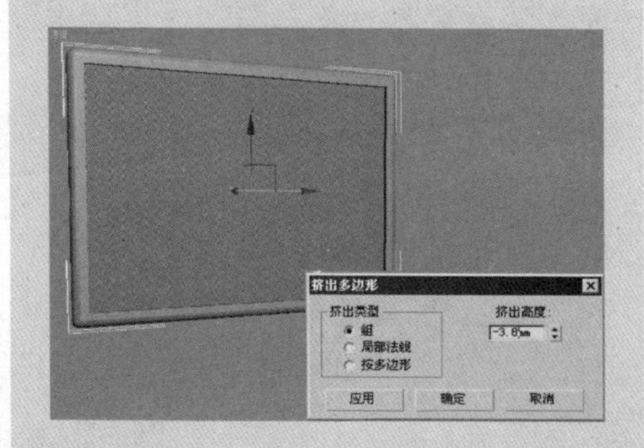

⑪ 在视图中右击，在弹出的快捷菜单中单击“倒角”左侧的“设置”按钮，在弹出的“倒角多边形”对话框中将“高度”设置为0，“轮廓量”为-3，然后按Enter键关闭该对话框，如下图所示。

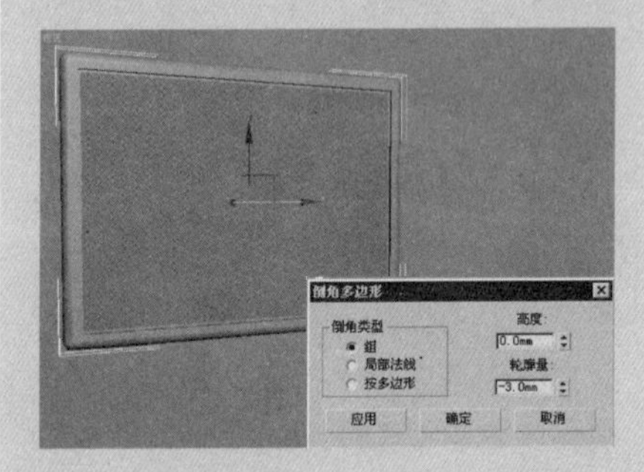

⑫ 按数字键1，切换到“顶点”层次，然后在前视图中选中“切角长方体”底部内侧的顶点，按F12键，然后在弹出的“移动变换输入”对话框中，在“偏移：屏幕”选项区域的Y轴右侧的数值框中输入26，按Enter键确认变换，如下图所示。

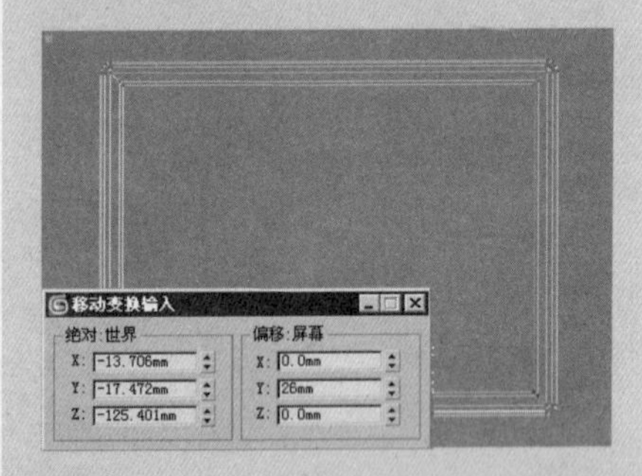

⑬ 在“创建”命令面板中单击“几何体”按钮，在对象类型下拉列表中选择“标准基本体”选项，然后在“对象类型”卷展栏中单击 圆柱体 按钮，在前视图中创建一个“半径”为6.8，“宽度”为380，“高度分段”为8的圆柱体，然后在其他视图中调整圆柱体的位置，使其位于“切角长方体01”的底部，如下图所示。

选择了多个应用了“编辑样条线”修改器的图形，名称列表也被禁用。

- 清除选定内容：启用后，选择新ID或材质名称将强制取消选择任何以前已经选定的线段或样条线。禁用后，将累积选定内容，因此新选择的ID或材质名称将添加到以前选定的线段或样条线集合中。默认设置为启用。

“样条线”层次的相关操作

- 反转：反转所选样条线顶点的顺序。如果样条线是开口的，第一个顶点将切换为该样条线的另一端，如图4-72所示。
- 轮廓：制作样条线放大或缩小的副本，如图4-73所示，所有侧边上的距离偏移量可以在 轮廓 按钮右侧的数值框中指定。选择一个或多个样条线，可以使用 轮廓 按钮右侧数值框的微调按钮动态地调整轮廓位置，或单击 轮廓 按钮，然后拖动样条线调整。如果样条线是开口的，生成的样条线及其轮廓将生成一个闭合的样条线。

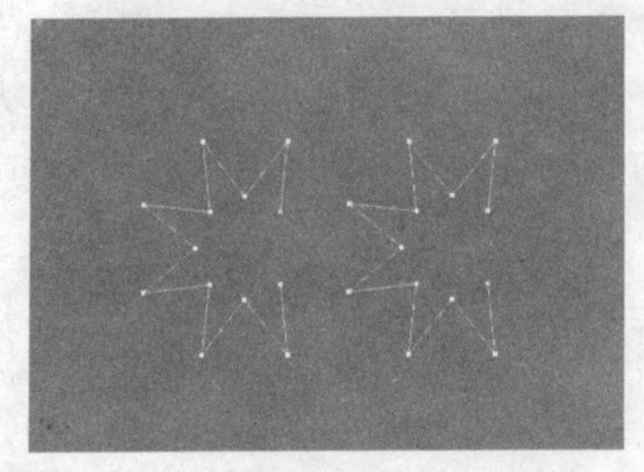

图4-72　反转顶点

图4-73　生成样条线轮廓

- 布尔：通过布尔可以将处于同一平面中的2D图形进行合并、相减或者交集运算。在进行布尔操作的时候首先要选择第一个样条线，并单击 布尔 按钮和需要的运算方式按钮，然后选择第二个样条线。布尔操作包含以下几种方式。
  - ◆ 并集：将两个重叠图形组合成一个样条线，在该样条线中，重叠的部分被删除，保留两个图形不重叠的部分，构成一个图形，如图4-74所示。
  - ◆ 差集：从第一个图形中减去与第二个图形重叠的部分，并删除第二个样条线中剩余的部分，如图4-75所示。

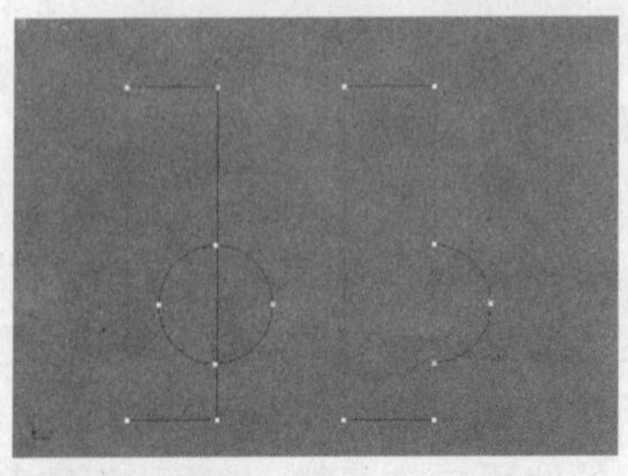

图4-74　并集

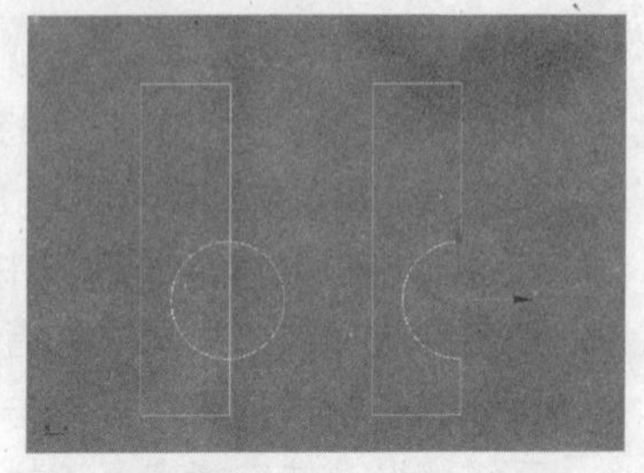

图4-75　差集

◆ 相交：仅保留两个图形的重叠部分，删除两者的不重叠部分，如图4-76所示。

- 镜像：沿长、宽或对角方向镜像样条线。首先单击要镜向的方向按钮以激活要镜像的方向，然后单击“镜像”按钮。
- 复制：选择该选项后，在镜像样条线时复制样条线。
- 以轴为中心：启用后，以样条线对象的轴点为中心镜像样条线，如图4-77所示。禁用后，系统以图形的几何体中心为中心镜像样条线。

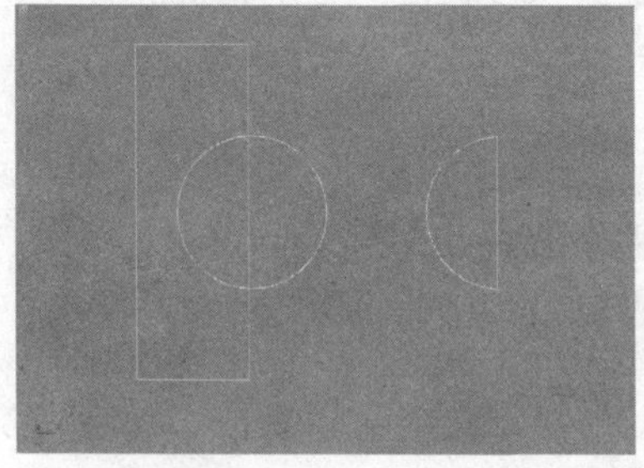

图4-76 交集

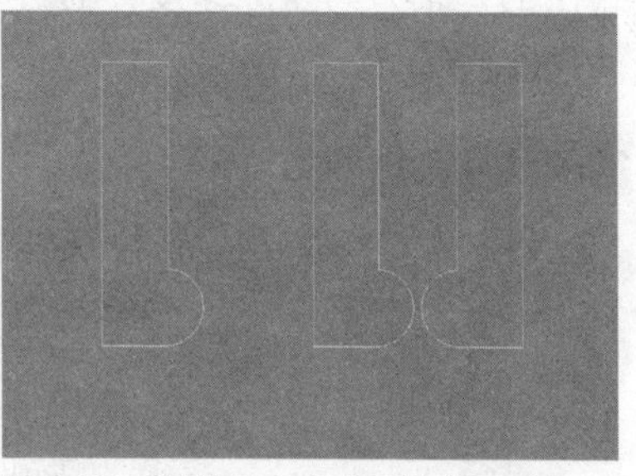

图4-77 以轴为中心水平镜像图形

- 修剪：使用“修剪”工具可以清理形状中的重叠部分，进行修剪操作的时候首先要单击 修剪 按钮，然后在视图中单击要移除的样条线部分，如果线段是一端打开并在另一端相交，该线段在交点与开口端之间的部分将被删除，如图4-78所示。
- 延伸：使用“延伸”可以清理形状中的开口部分，使端点接合在一个点上。要进行延伸操作，需要一条开口样条线。样条线最接近拾取点的末端会延伸直到它到达另一条相交的样条线。曲线样条线沿样条线末端的曲线方向延伸。如果样条线的末端直接位于边缘（相交样条线），它会沿此向更远方向寻找相交点，如图4-79所示。

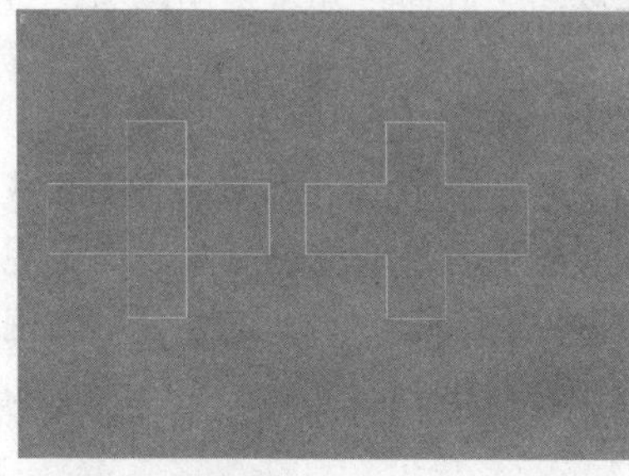
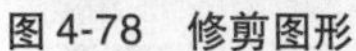

图4-78 修剪图形

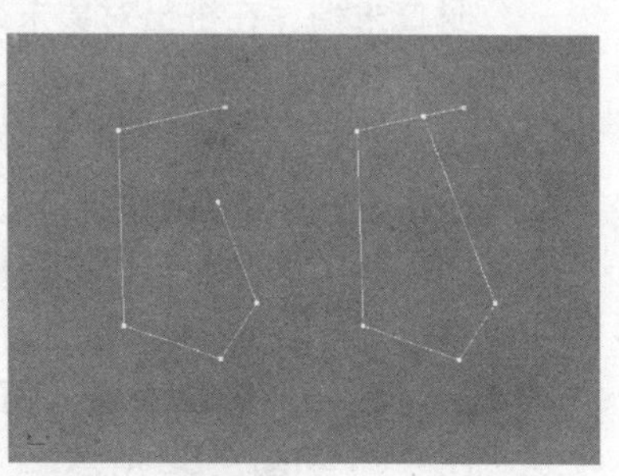

图4-79 延伸图线

- 无限边界：启用此选项后，系统将开口样条线视为无穷长。

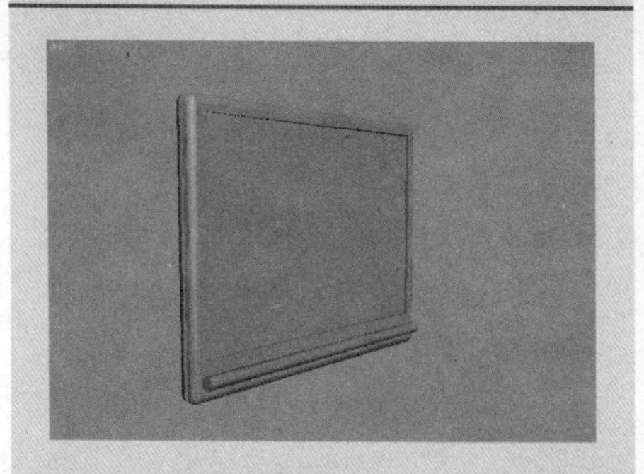

⑭ 确认圆柱体处于选中状态，然后在“修改”命令面板中的“修改器列表”下拉列表中选择“FFD4X4X4”修改器，按数字键1，切换到“控制点”层次，在顶视图中调整控制点，使圆柱体弯曲并与切角长方体01相交，如下图所示。

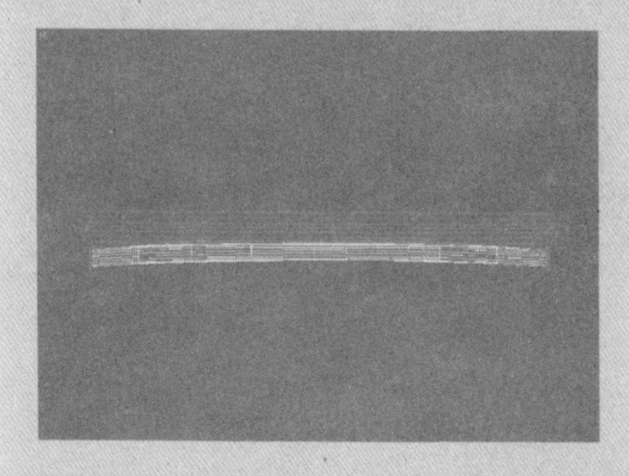

⑮ 在视图中选中“切角长方体01”，在“创建”命令面板中的对象类型下拉列表中选择“复合对象”选项，然后在“对象类型”卷展栏中单击 布尔 按钮，在“拾取布尔”卷展栏中单击 拾取操作对象 B 按钮，然后在视图中单击圆柱体，此时“切角长方体01”与圆柱体相交的位置出现了凹槽，如下图所示。

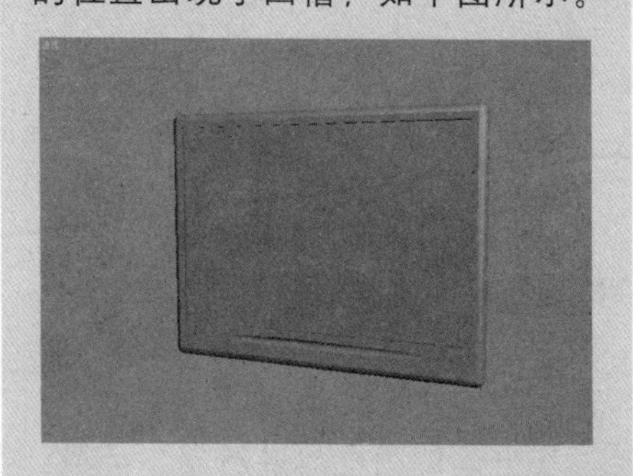

⑯ 在“创建”命令面板中单击“几何体”按钮，在对象类型下拉列表中选择“标准基本体”选项，然后在“对象类型”卷展栏中单击 圆柱体 按钮，在前视图中创建一个“半径”为6.7，“高度”为24的圆柱体，然后将圆柱体复制3个并将它们放置在“切角长方体01”的凹槽位置，如下图所示。

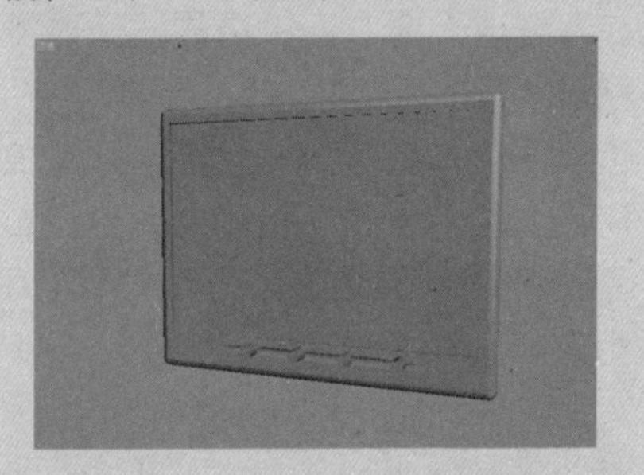

⑰ 在视图中选中一个圆柱体，然后在视图中右击，选择快捷菜单中的“转换为>转换为可编辑多边形”命令。在“修改”命令面板中的“编辑几何体”卷展栏中单击 附加 按钮右侧的“附加列表”按钮，然后在弹出的“附加列表”对话框中选择其他的圆柱体，按Enter键关闭对话框，如下图所示。

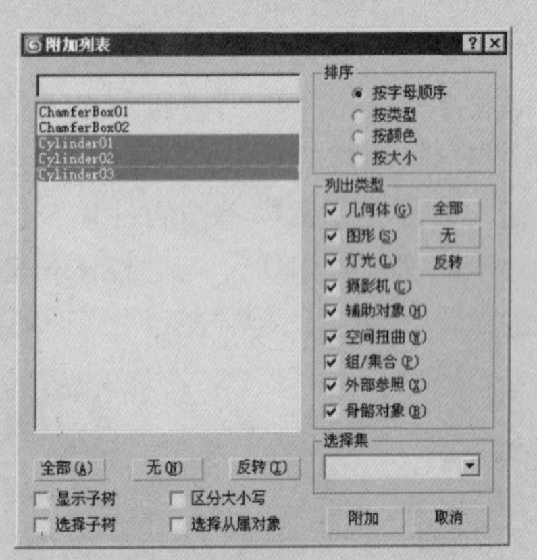

⑱ 附加后的圆柱体的名称以首先选中的对象名称进行命名。在视图中选中“切角长方体01”，然后与附加在一起的圆柱体进行布尔运算，

4.3 与图形一起使用的修改器

3ds Max 系统提供了一些与图形一起使用的修改器，例如，车削、倒角、倒角剖面和挤出等修改器。

4.3.1 挤出

将“挤出”修改器添加到当前图形中的时候，图形将在最初创建视图的Z轴方向生成厚度，通过“参数”卷展栏，可以调整挤出对象的数量。

挤出修改器参数

“挤出”修改器“参数”卷展栏如图4-80所示。

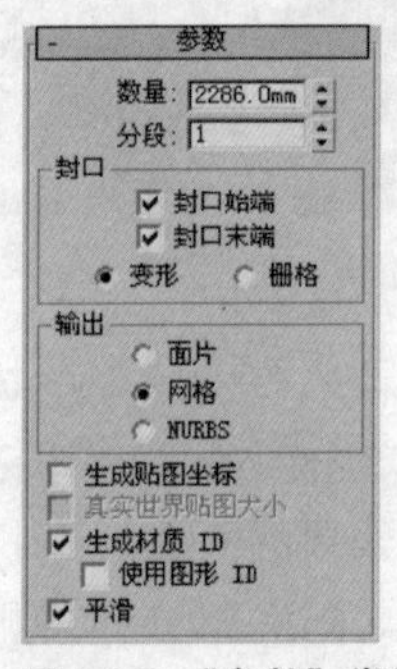

图4-80 “参数”卷展栏

- 数量：设置挤出的深度。
- 分段：指定挤出对象在高度上的细分数量。

（1）“封口”选项区域

- 封口始端：在挤出对象始端生成一个表面。
- 封口末端：在挤出对象末端生成一个表面，如果禁用此项，挤出的对象顶部为开口状态。
- 变形：在一个可预测、可重复模式下创建封口面。
- 栅格：在挤出对象的封口边界上产生一个由大小均等方形面构成的表面，这些面可以被其他修改器很容易地编辑。从表面上观察“栅格”和“变形”两种封口表面没有什么差异，但是使用“晶格”修改器后，两者的差别就明显地显示出来了，如图4-81和图4-82所示。

图4-81 “栅格”封口

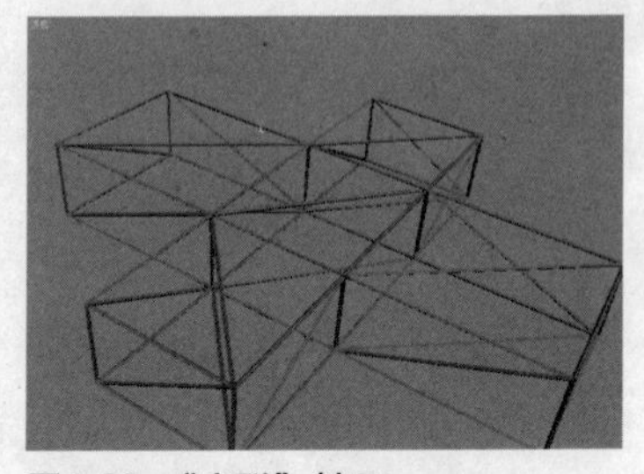

图4-82 “变形”封口

(2)“输出”选项区域

- 面片：产生一个可以直接转换为面片对象的物体。
- 网格：产生一个网格对象。
- NURBS：产生一个可以直接转换为 NURBS 对象的物体。
- 生成贴图坐标：将贴图坐标应用到挤出对象中，默认设置为禁用状态。启用此选项时，“生成贴图坐标”将应用到末端封口中，并在每一封口上放置一个 1 × 1 的平铺图案。
- 真实世界贴图大小：控制应用于该对象的纹理贴图材质所使用的缩放方法。缩放值由“材质编辑器”对话框中“坐标”卷展栏的“使用真实世界比例”设置控制，默认设置为启用。
- 生成材质 ID：将不同的材质 ID 指定给挤出对象侧面与封口。侧面 ID 为 3，封口 ID 为 1 和 2。
- 使用图形 ID：将材质 ID 指定给在挤出产生的样条线中的线段，或指定给在 NURBS 挤出产生的曲线子对象。
- 平滑：将平滑应用于挤出图形。

挤出文本

Step 01 单击“创建”命令面板中的“图形”按钮，然后在“对象类型”卷展栏中单击 文本 按钮，在“参数”卷展栏中将字体设置为“华文行楷”，字体“大小”设置为200，如图 4-83所示。

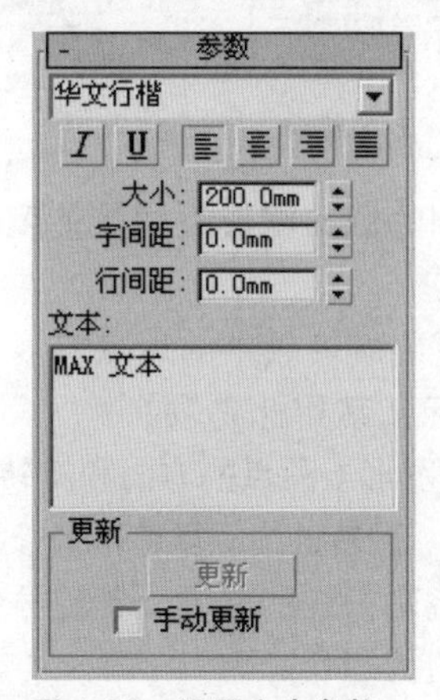

图 4-83　设置文本参数

Step 02 在前视图中单击，此时文本样条线将出现在视图中，如图 4-84 所示。

Step 03 在“修改”命令面板中的“修改器列表”下拉列表中选择“挤出”修改器，然后在“参数”卷展栏中将挤出数量设置为 25，此时文本具有了厚度，如图 4-85 所示。

运算后圆柱体的位置出现了圆孔，如下图所示。

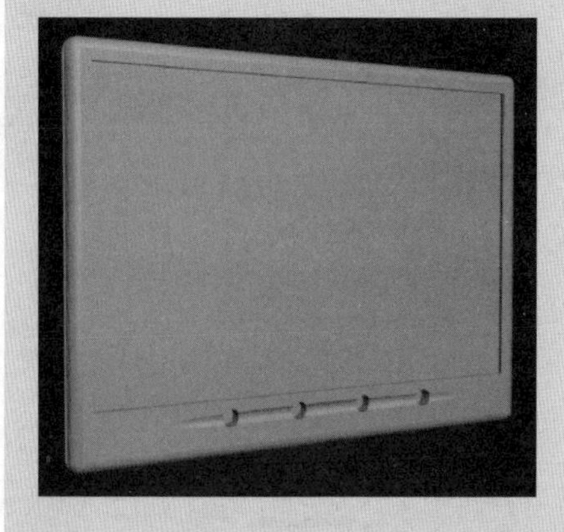

19 在“创建”命令面板中的对象类型下拉列表中选择“扩展基本体”选项，然后在“对象类型”卷展栏中单击 切角圆柱体 按钮，在前视图中创建一个“半径”为6，“度”为14，“圆角”为2，“高圆角分段”为4的切角圆柱体。将切角圆柱体复制3个，并放置在“切角长方体01”的圆孔中，如下图所示。

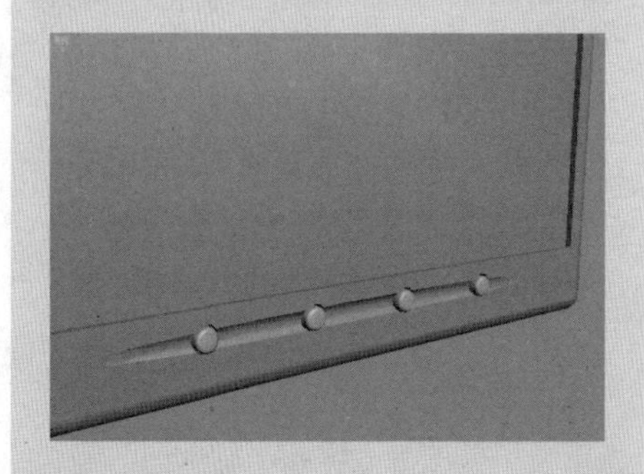

20 在视图中选中所有的切角圆柱体，然后执行菜单栏中的“组>成组”命令，在弹出的“组”对话框中将其命名为“按钮”，如下图所示。

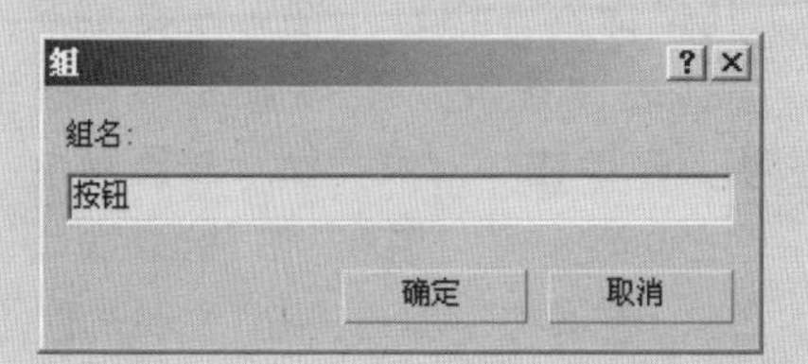

㉑ 在视图中选中“切角长方体01”，然后将其转换为可编辑多边形，切换到“多边形”层次，选中该对象中间的表面，然后单击“修改”命令面板中“编辑几何体”卷展栏中的 分离 按钮右侧的“设置”按钮，在弹出的“分离”对话框中将分离的对象命名为“屏幕”，如下图所示。

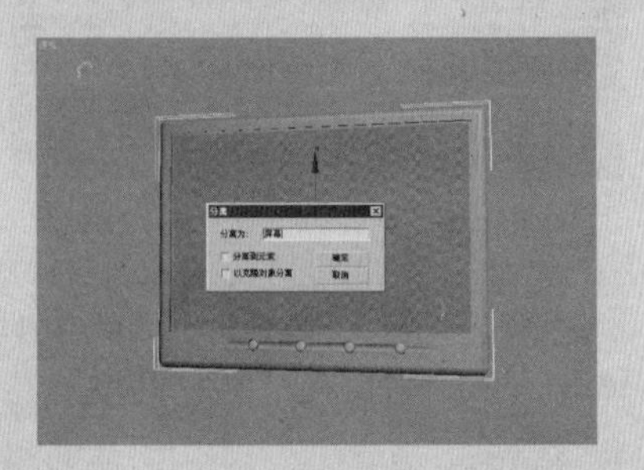

㉒ 在“创建”命令面板中单击“图形”按钮，然后在“对象类型”卷展栏中单击 文本 按钮，在“修改”命令面板中的文本编辑窗口中输入“PHLIIP”字符，将该字符的“字体”设置为“黑体”，“大小”为11。在前视图中单击创建文本，并将文本调整到“切角长方体01”的左下角，如下图所示。

㉓ 在“创建”命令面板中单击“几何体”按钮，在对象类型下拉列表中选择“扩展基本体”选项，然后在“对象类型”卷展栏中单击 图形合并 按钮，在"拾取操作对象"卷展栏中单击 拾取图形 按钮，然后在视图中单击文本，此时文本

图 4-84　在视图中指定文本

图 4-85　挤出文本

4.3.2 车削

通过车削可以旋转一个图形或 NURBS 曲线来创建 3D 对象。

车削修改器参数

“车削”修改器“参数”卷展栏如图 4-86 所示。

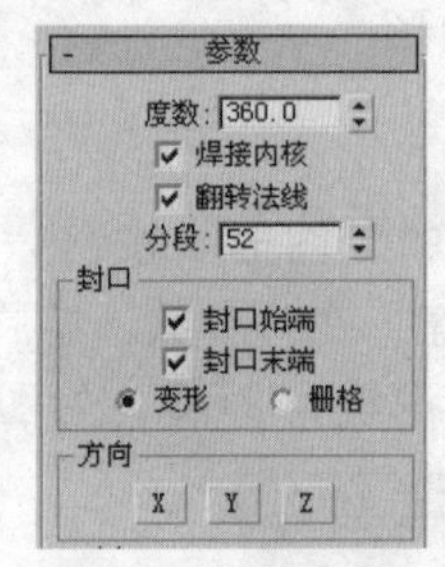

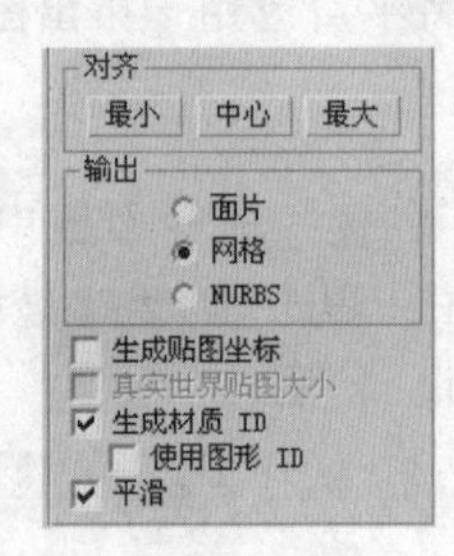

图 4-86　车削参数

- 度数：确定车削的截面图形绕轴旋转度数（范围为 0 到 360，默认值是 360）。
- 焊接内核：通过将旋转轴中的顶点焊接来简化网格。如果要创建一个变形目标，禁用此选项。
- 翻转法线：依赖图形上顶点的方向和旋转方向，旋转对象可能会内部外翻。切换“翻转法线”复选框来修正车削对象表面的方向。
- 分段：在截面绕轴扫过的曲面上创建插值线段，此参数也可设置动画。默认值为 16。

（1）“封口”选项区域

如果设置的车削对象旋转的角度小于 360°，它控制是否在车削对象内部创建封口。

- 封口始端：封口设置的旋转的角度小于 360° 的车削对象的始点，并形成闭合图形。
- 封口末端：封口设置的旋转的角度小于 360° 的车削的对象终点，并形成闭合图形。
- 变形：按照创建变形目标所需的可预见且可重复的模式排列封口面。渐进封口可以产生细长的面，而不像栅格封口需要渲染或变形。

- 栅格：在车削对象边界上以方形栅格创建封口面。此方法产生尺寸均匀的曲面，可使用其他修改器容易的将这些曲面变形。

(2)"方向"选项区域

- X /Y /Z：相对对象轴点，设置轴的旋转方向。

(3)"对齐"选项区域

- 最小/中心/最大：将旋转轴与图形的最小、中心或最大范围对齐。

(4)"输出"选项区域

- 面片：产生一个可以直接转换为面片对象中的物体。
- 网格：产生一个网格对象。
- NURBS：产生一个可以直接转换为 NURBS 对象中的物体。
- 生成贴图坐标：将贴图坐标应用到车削对象中，当车削截面旋转的角度小于 360 并启用"生成贴图坐标"时，系统将图坐标应用到末端封口中，并在每一封口上放置一个 1 × 1 的平铺图案。
- 真实世界贴图大小：控制应用于该对象的纹理贴图材质所使用的缩放方法。
- 生成材质 ID：将不同的材质 ID 指定给车削对象侧面与封口，侧面 ID 为 3，封口 ID 为 1 和 2 。默认设置为启用。
- 使用图形 ID：将材质 ID 指定给在车削产生的样条线中的线段，或指定给在 NURBS 车削产生的曲线子对象。仅当启用"生成材质 ID"时，"使用图形 ID"可用。
- 平滑：将平滑应用于车削图形。

创建车削对象

Step 01 单击"创建"命令面板中的"图形"按钮，然后在"对象类型"卷展栏中单击 线 按钮，在前视图中绘制如图 4-87 所示的图形。

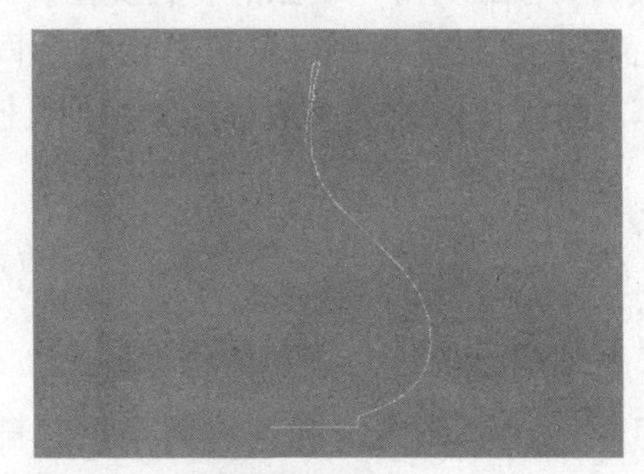

图 4-87　绘制截面图形

Step 02 在"修改"命令面板中的"修改器列表"下拉列表中选择"车削"修改器，此时车削对象的效果如图 4-88 所示。

的轮廓被映射在"切角长方体01"的表面上，如下图所示。

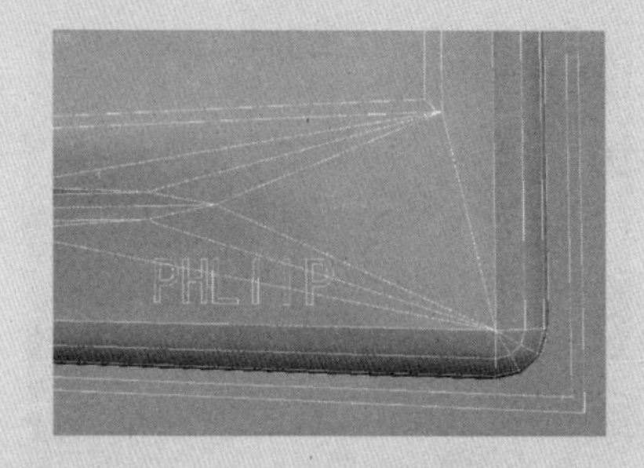

24 在"修改"命令面板中的"修改器列表"下拉列列表中选择"编辑多变形"修改器，然后按数字键 4，切换到"多边形"层次，此时文本区域中的表面自动处于选中状态，如下图所示。

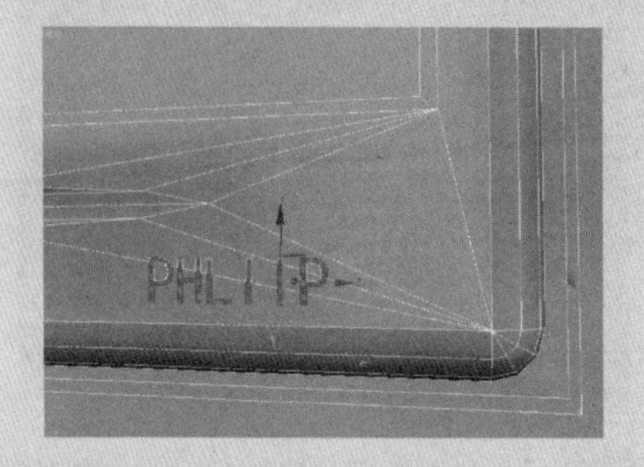

25 在视图中右击，在弹出的快捷菜单中单击"挤出"左侧的"设置"按钮，在弹出的"挤出多边形"对话框中将"挤出高度"设置为 2，然后按 Enter 键关闭该对话框。此时选中的表面向外挤出 2 个单位的厚度，如下图所示。

26 单击"修改"命令面板中"编辑几何体"卷展栏中的 分离 按钮右侧的"设置"按钮，在弹出

的“分离”对话框中将分离的对象命名为“符号表面”，如下图所示。

27 使用与步骤22~步骤26相同的方法制作其他的符号，如下图所示。

28 单击“创建”面板中的“图形”按钮，然后在“对象类型”卷展栏中单击 圆环 按钮，在顶视图中创建一个“半径1”为128，“半径2”为89的圆环，然后按Alt+Q组合键使圆环孤立显示，如下图所示。

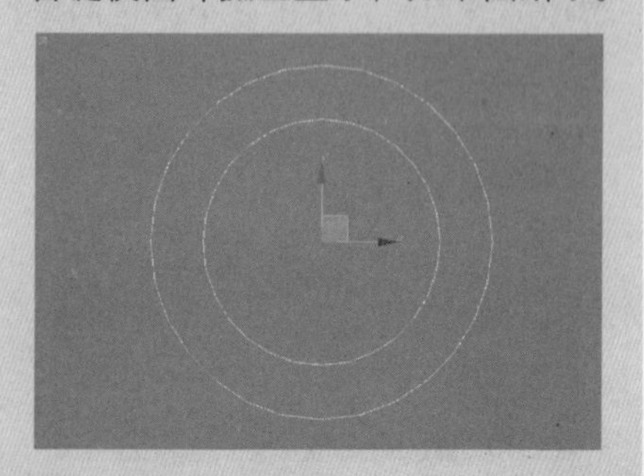

29 在顶视图中创建一条直线，并且与圆环相交，添加“编辑样条线”修改器，按数字键3，切换到“样条线”层次，在“修改”命令面

图4-88　添加“车削”修改器后的效果

Step 03 在“参数”卷展栏中分别单击“方向”和“对齐”选项区域中的 Y 和 最小 按钮，此时车削对象在局部Y轴以最小的方式进行对齐，效果如图4-89所示。

Step 04 此时车削对象的表面法线方向朝向模型内部，所以现在看起来有透明的感觉，在“参数”卷展栏中勾选“翻转法线”复选框纠正法线的方向，此时模型的表面正常显示，如图4-90所示。

图4-89　对齐车削截面

图4-90　翻转法线

4.3.3 倒角剖面

“倒角剖面”修改器使用两个图形生成模型，一个图形作为路径，另外的图形作为截面，它是倒角修改器的一种变量。如果删除原始倒角剖面，则倒角剖面失效。与提供图形的放样对象不同，倒角剖面只是一个简单的修改器，尽管此修改器与放样对象相似，但实际上两者还是有区别的。

倒角剖面

Step 01 在顶视图中创建一个作为倒角的剖面图形，如图4-91所示。

Step 02 在前视图中创建一个文本样条线用于倒角剖面，如图4-92所示。

图 4-91 创建倒角剖面图形

图 4-92 创建文本

Step 03 在视图中选中文本，然后在“修改”命令面板中的“修改器列表”下拉列表中选择“倒角剖面”修改器，此时文本的边界内形成了表面，如图 4-93 所示。

Step 04 在“修改”命令面板中的“参数”卷展栏中单击 拾取剖面 按钮，然后在视图中单击倒角剖面图形，此时倒角后的对象出现了破面现象，如图 4-94 所示。

图 4-93 添加“倒角剖面”修改器

图 4-94 倒角后的效果

Step 05 在“参数”卷展栏中勾选“避免线相交”复选框，此时倒角对象的表面正常显示，如图 4-95 所示。

Step 06 现在倒角后的文本在反向顺序上有倒角效果，现在需要调整倒角的方向。按数字键 1，进入到“剖面 Gizmo”层次，然后单击主工具栏中的“镜像”按钮，此时倒角文本在正常顺序上出现了倒角的效果，如图 4-96 所示。

图 4-95 表面正常显示

图 4-96 纠正后的文字倒角效果

板中的“几何体”卷展栏中单击 附加 按钮，然后在视图中单击圆环，这样它们就附加为一个整体，然后单击该卷展栏中的 修剪 按钮，对图形进行修剪，如下图所示。

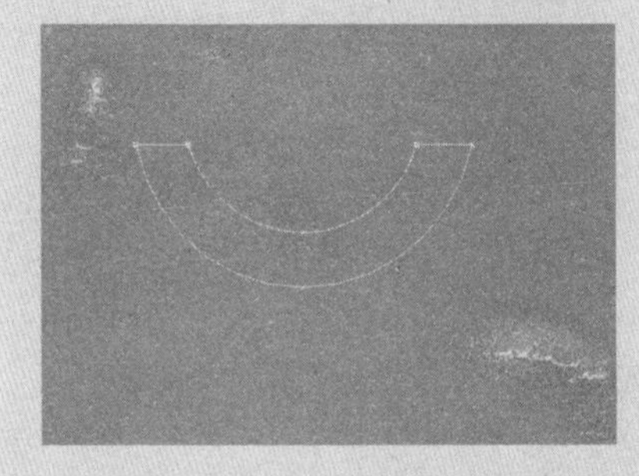

30 按数字键 1，切换到"顶点"层次，然后按 Ctrl + A 将顶点全部选中，右击视图，在弹出菜单中选择“焊接顶点”命令，如下图所示。

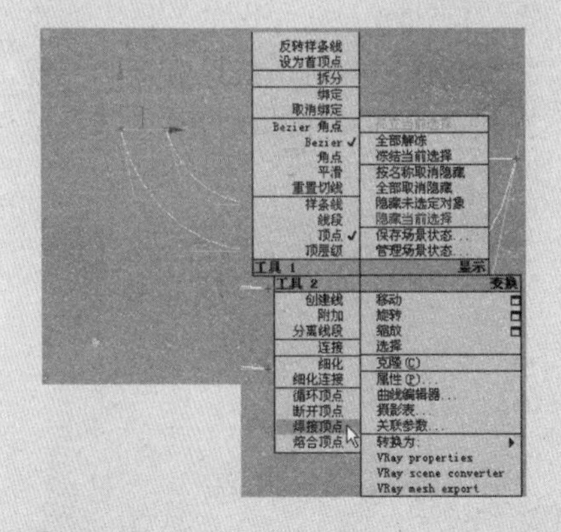

31 在“修改”命令面板中的“修改器列表”下拉列表中选择“挤出”修改器，然后在“参数”卷展栏中将挤出的“数量”设置为 15，此时图形具有了厚度，并将其命名为“底座”，如下图所示。

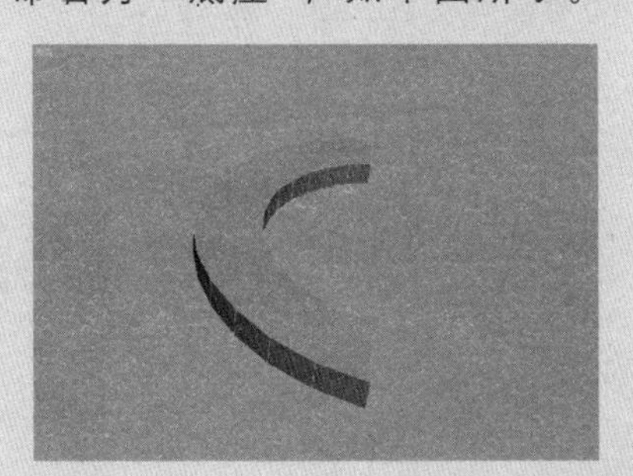

㉜ 将“底座”转换为可编辑多边形对象，切换到“顶点”层次，然后在“编辑几何体”卷展栏中单击 切割 按钮，在“底座”上纵向切割出两条边，如下图所示。

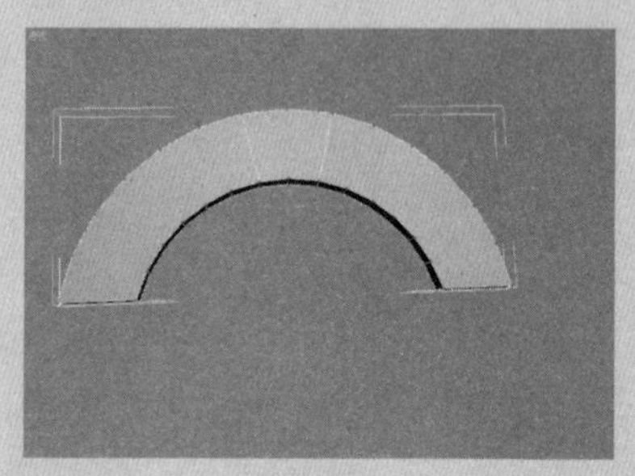

㉝ 按数字键4，切换到“多边形”层次，并选中切割出两条边之间的表面，在视图中右击，在弹出的快捷菜单中单击“挤出”左侧的“设置”按钮，在弹出的“挤出多边形”对话框中将“挤出高度”设置为130，然后按Enter键关闭该对话框，如下图所示。

㉞ 按数字键1，切换到“顶点”层次，然后在视图中将“底座”挤出的部分顶部的顶点向上拖动，使其向圆弧相反的方向靠拢，并使其顶部变得薄一些，如下图所示。

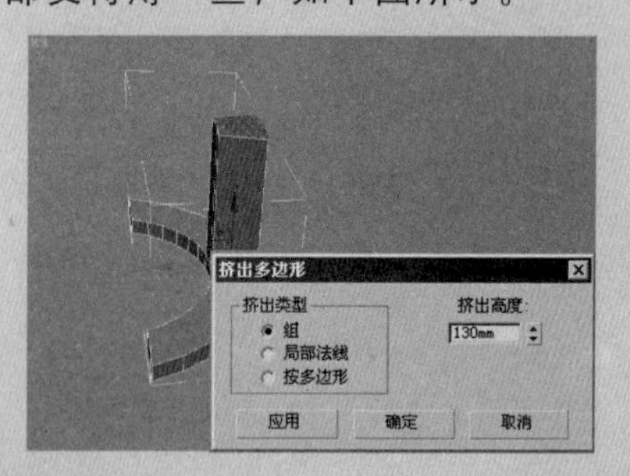

“倒角剖面”修改器的“参数”卷展栏如图4-97所示。

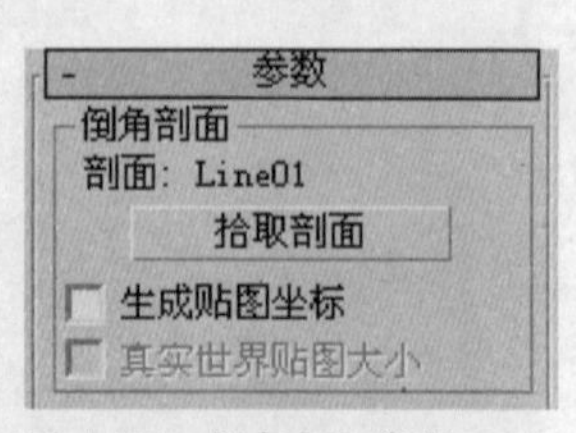

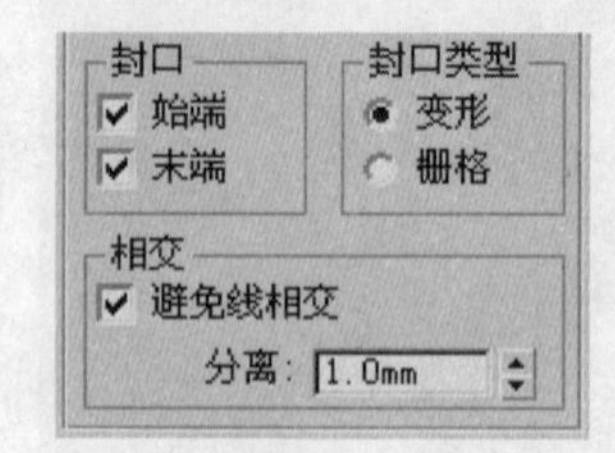

图4-97 倒角剖面参数

(1)“倒角剖面”选项区域

- 拾取剖面：在视图中拾取倒角剖面图形。
- 生成贴图坐标：指定UV坐标。
- 真实世界贴图大小：控制应用于该对象的纹理贴图材质所使用的缩放方法，缩放值由位于“材质编辑器”对话框中的“坐标”卷展栏中的“使用真实世界比例”设置控制，默认设置为启用。

(2)“封口”选项区域

- 始端：对倒角剖面图形的底部进行封口。
- 末端：对倒角剖面图形的顶部进行封口。

(3)“封口类型”选项区域

- 变形：选中一个确定性的封口方法，它为对象间的变形提供相等数量的顶点。
- 栅格：创建更适合封口变形的栅格封口。

(4)“相交”选项区域

- 避免线相交：防止倒角曲面自相交。
- 分离：设定侧面为防止相交而分开的距离。

4.3.4 倒角

“倒角”修改器将图形挤出为实体对象并在边缘应用平或圆的倒角，它可以将图形挤出为4个层次并对每个层次指定轮廓量。

倒角文本

Step 01 单击“创建”命令面板中的“图形”按钮，然后在“对象类型”卷展栏中单击 文本 按钮，在“参数”卷展栏中将字体设置为Arial，字体“大小”设置为200，并在“文本”文本框中输入Ahc..，如图4-98所示。

Step 02 在前视图中单击，此时，文本样条线将出现在视图中，如图4-99所示。

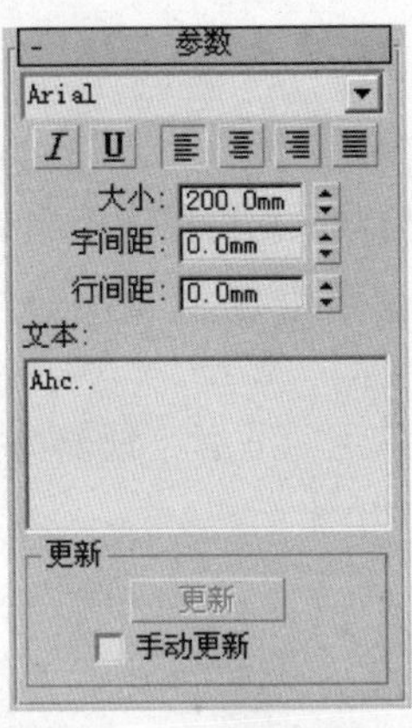

图 4-98 设置文本参数

图 4-99 在视图中指定文本

Step 03 在“修改”命令面板中的“修改器列表”下拉列表中选择“倒角”修改器，然后在“倒角值”卷展栏中勾选“级别2”和“级别3”复选框，将“级别1”的“高度”设置为3.5，“轮廓”设置为2.0，将“级别2”的“高度”设置为20，“轮廓”设置为0.0，将“级别3”的“高度”设置为3.5，“轮廓”设置为-2.0，如图4-100所示。

Step 04 此时文本具有了3个层次的厚度，如图4-101所示。

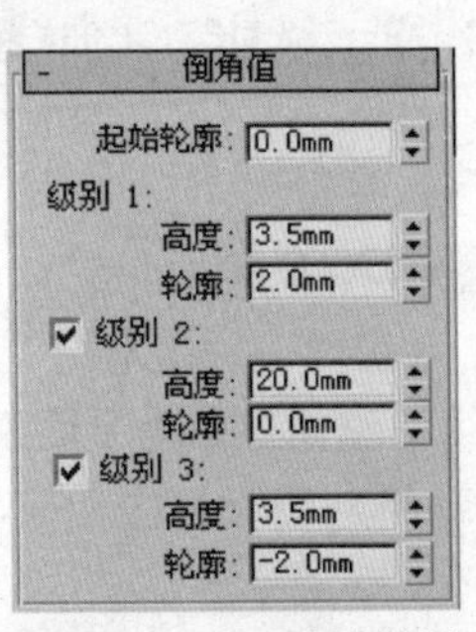

图 4-100 设置倒角参数

图 4-101 倒角后的效果

倒角参数

倒角对象具有两个可供用户设置的参数卷展栏，分别是“参数”和“倒角值”卷展栏，如图4-102和图4-103所示。

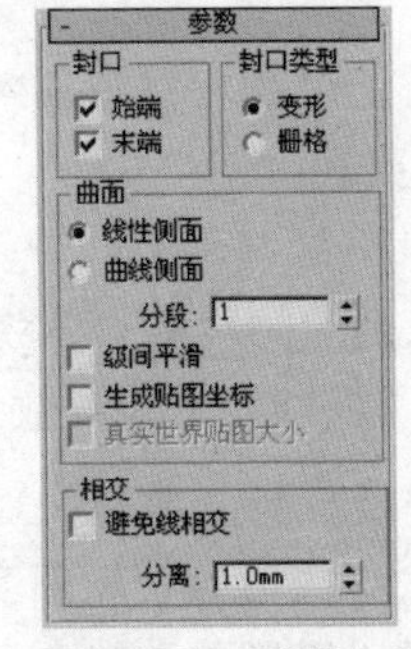

图4-102 “参数”卷展栏

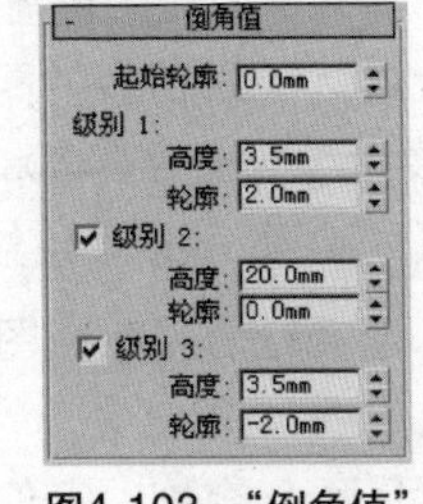

图4-103 “倒角值”卷展栏

35 按数字键4，切换到“多边形”层次，将倾斜部分的顶面挤出30，并将挤出的部分向圆弧的方向倾斜一定的角度，如下图所示。

36 按数字键2。进入到“边”层次，然后在视图中选中“底座”棱角处的边，如下图所示。

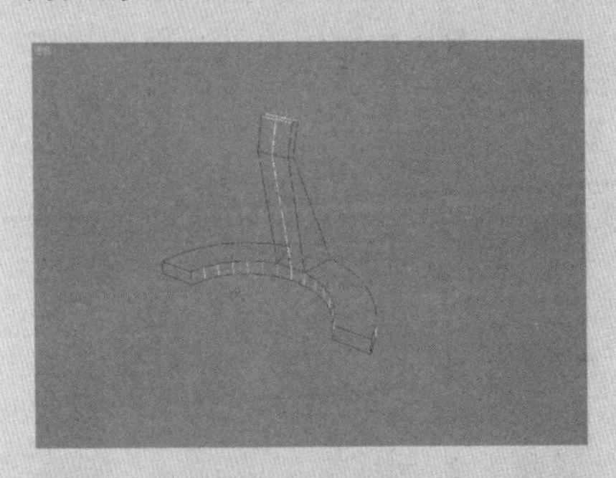

37 右击视图，然后在弹出的快捷菜单中单击“切角”左侧的“设置”按钮，在弹出的“切角边”对话框中将“切角量”设置为1.2，单击“应用”按钮，然后再执行一次切角操作，设置“切角量”为0.5，此时“底座”的棱角变得平滑了许多，如下图所示。

38 取消“底座”的孤立显示模式，按Ctrl + I组合键进行反选，然后将显示器的屏幕进行旋转，使其与“底座”顶部突出的部分的倾斜角度一致，如下图所示。

39 在透视图中适当调整透视角度，然后按Shift+Q组合键进行渲染，从渲染的图片中可以看到，显示器的总体效果已经很真实了，如下图所示。

40 在场景中创建简单的背景和灯光，并为显示器指定简单的材质，渲染后的效果如下图所示。

“参数”卷展栏中各选项的含义如下。

(1)“封口”选项区域

通过“封口”选项区域中的选项来确定倒角对象是否要在一端封口。

- 始端：在倒角对象的底部进行封口，禁用此项后，底部为打开状态。
- 末端：在倒角对象的顶部进行封口，禁用此项后，顶部为打开状态。

(2)“封口类型”选项区域

该选项区域中包含两个封口类型选项。

- 变形：创建适合的封口曲面。
- 栅格：创建栅格封口曲面。

(3)“曲面”选项区域

控制曲面侧面的曲率、平滑度和贴图。

开始的两个单选按钮设置级别之间使用的插值方法；“分段”数值框用来设置要插值的片断数目。

- 线性侧面：激活此项后，级别之间会沿着一条直线进行分段插值。
- 曲线侧面：激活此项后，级别之间会沿着一条Bezier曲线进行分段插值。
- 分段：在每个级别之间设置分段的数量。
- 级间平滑：控制是否将平滑组应用于倒角对象侧面，封口会使用与侧面不同的平滑组。启用此项后，对侧面应用平滑组，侧面显示为弧状；禁用此项后不应用平滑组，侧面显示为平面倒角。
- 生成贴图坐标：启用此项后，系统自动将贴图坐标应用于倒角对象。
- 真实世界贴图大小：控制应用于该对象的纹理贴图材质所使用的缩放方法。

(4)“相交”选项区域

防止从重叠的邻近边产生锐角。倒角操作最适合于弧状图形或图形的角大于90°。

- 避免线相交：防止轮廓彼此相交。它通过在轮廓中插入额外的顶点并用一条平直的线段覆盖锐角来实现。
- 分离：设置边之间所保持的距离，最小值为0.01。

“倒角值”卷展栏包含设置高度和4个级别的倒角量的参数，最后级别始终位于对象的上部，必须始终设置“级别1”的参数。

- 起始轮廓：设置轮廓从原始图形的偏移距离，非零设置会改变原始图形的大小。正值会使轮廓变大，负值会使轮廓变小。
- 级别1：包含两个参数，它们表示起始级别的改变。

- 高度：设置“级别1”在起始级别之上的高度，如图4-104所示。
- 轮廓：设置“级别1”的轮廓到起始轮廓的偏移距离，如图4-105所示。
- 级别2：在“级别1”之后添加一个级别。

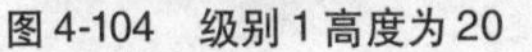

图4-104　级别1高度为20

图4-105　级别1轮廓为4.5

- 高度：设置“级别1”之上的高度。
- 轮廓：设置“级别2”的轮廓到“级别1”轮廓的偏移距离，将“级别2”的“高度”设置为20，“轮廓”为0，效果如图4-106所示。
- 级别3：在前一级别之后添加一个级别，如果未启用“级别2”，“级别3”添加于“级别1”之后。
- 高度：设置到前一级别之上的高度。
- 轮廓：设置“级别3”的轮廓到前一级别轮廓的偏移距离，将“级别3”的“高度”设置为20，“轮廓”为-4.5，效果如图4-107所示。

图4-106　级别2高度为20、轮廓为0

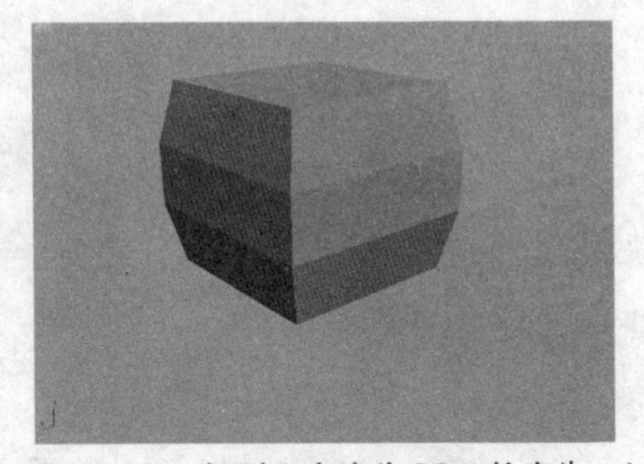

图4-107　级别3高度为20、轮廓为-4.5

[Chapter]

几何体及修改器

几何体是 3ds Max 系统中最基本的实体对象，系统包含标准几何体和扩展几何体两种类型。这些对象都有自己的参数，用户可以根据需要进行调整，另外，通过一些修改器可以对基本几何体进行更深层次的编辑。

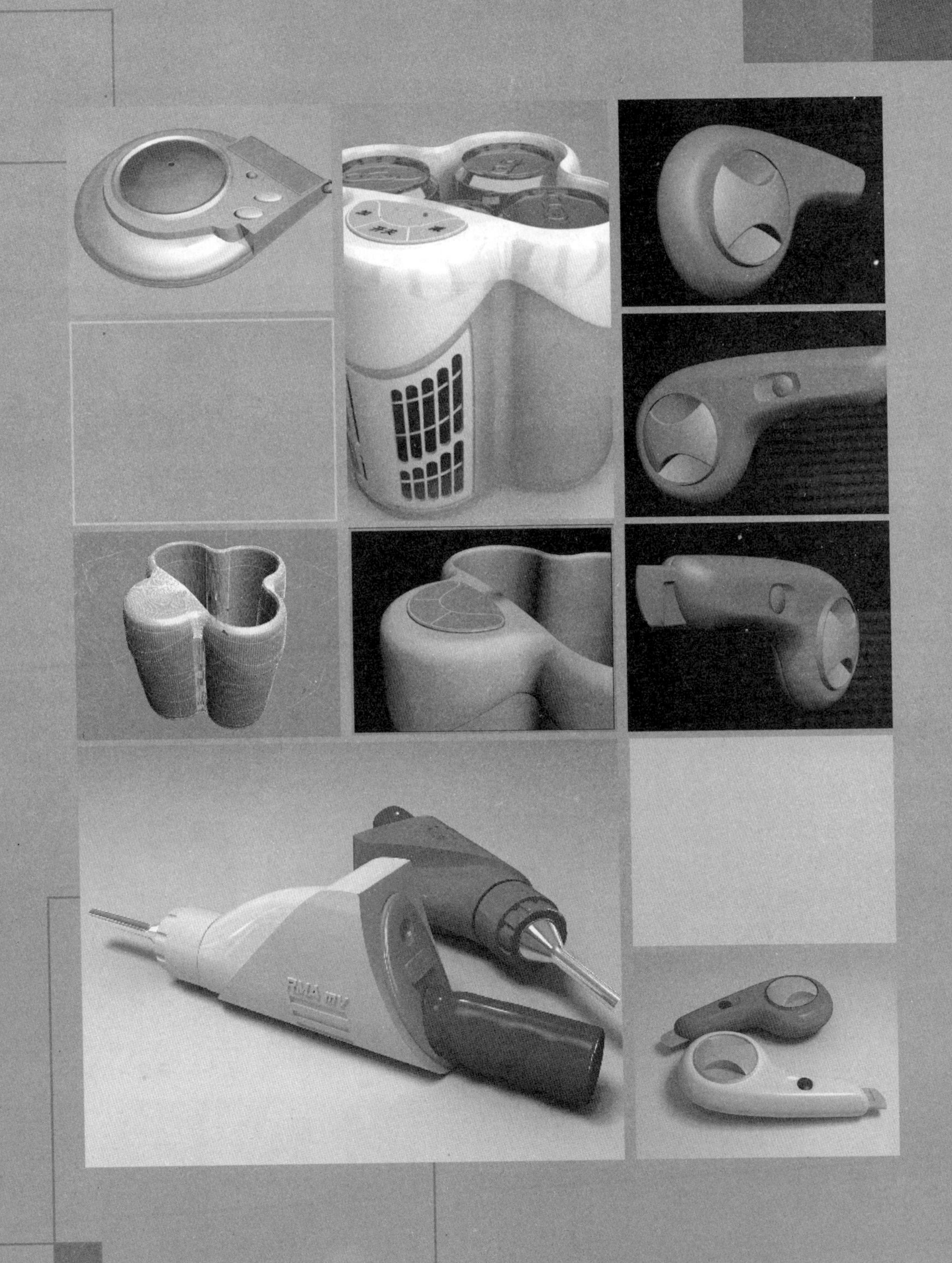

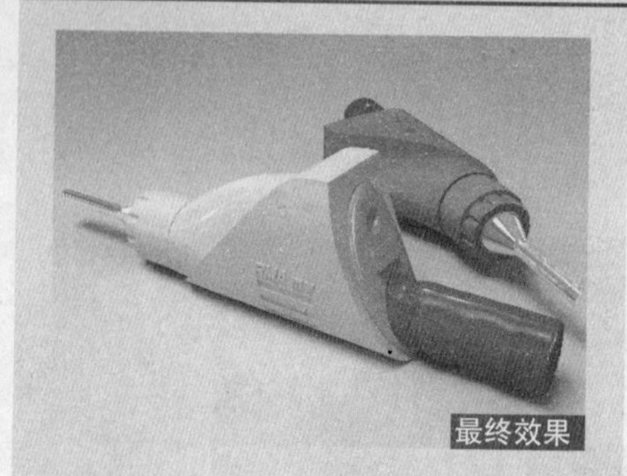
最终效果

01 单击“创建”命令面板中的“图形”按钮，在创建类型的下拉列表中单击“NURBS曲线”选项，然后在“对象类型”卷展栏中单击 CV 曲线 按钮，在前视图中绘制电检仪前部枪头和旋钮的截面图形，如下图所示。

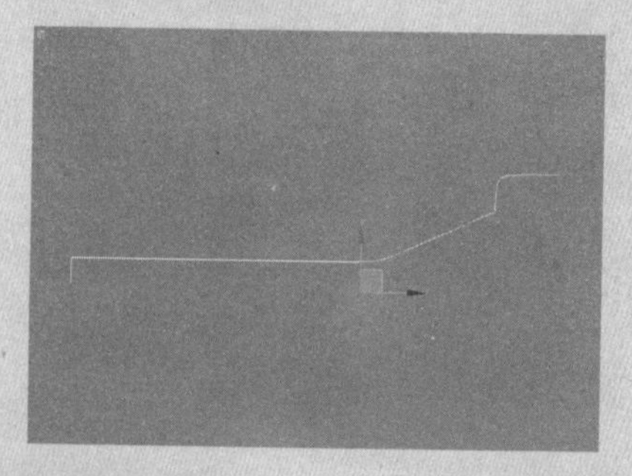

02 在“修改”命令面板中的“常规”卷展栏中单击“NURBS创建工具箱”按钮，然后在弹出的“NURBS”对话框中单击“创建车削曲面”按钮，然后在视图中单击CV曲线，系统将自动创建旋转曲面，将其命名为“枪头”，如下图所示。

5.1 标准几何体

在现实世界中几何体随处可见，比如篮球、管道、长方体、圆环和圆锥形冰淇淋杯这些对象。 在3ds Max系统中用户可使用单个基本几何体对现实环境中的物体进行模拟，还可以将基本体结合到更为复杂的对象中，并使用修改器进一步进行细化。

长方体生成最简单的基本体，但是，通过修改长方体的长度、宽度和高度可以制作出不同效果的对象，例如，薄板、厚板材和小块等。

5.1.1 长方体

创建长方体

Step 01 在“创建”命令面板中的“对象类型”卷展栏中单击 长方体 按钮，如图5-1所示。

- 对象类型

自动栅格

长方体	圆锥体
球体	几何球体
圆柱体	管状体
圆环	四棱锥
茶壶	平面

图5-1 单击“长方体”按钮

Step 02 在任意视图中单击并拖动鼠标可定义长方体的底部，如图5-2所示。释放鼠标以设置高度，高度随鼠标上下移动而变化，如图5-3和图5-4所示，单击后可以确定长方体的高度。

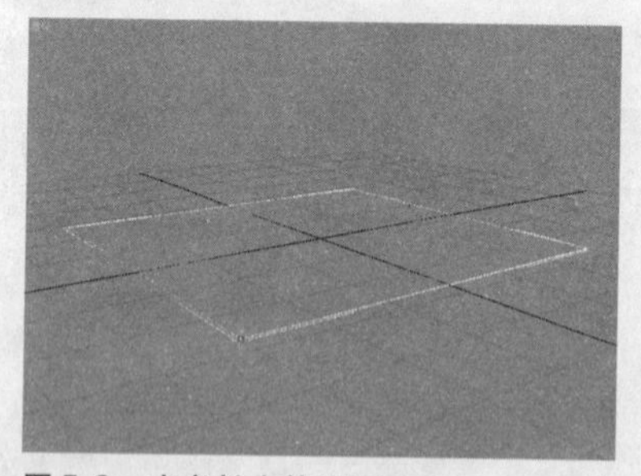
图5-2 定义长方体底面

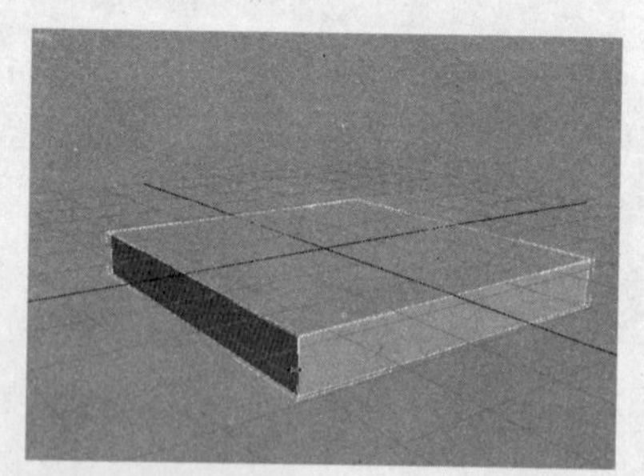
图5-3 高度为负值

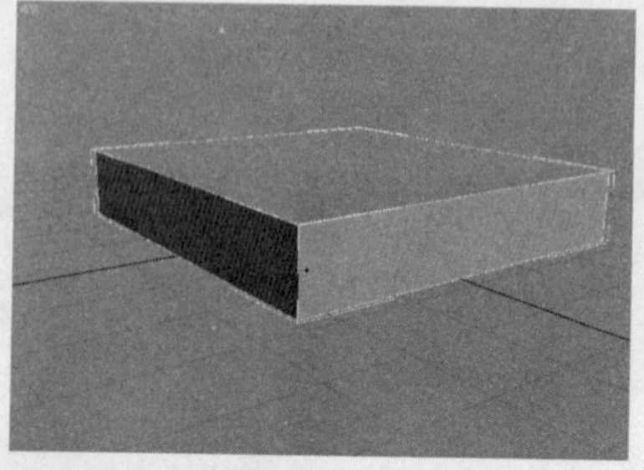
图5-4 高度为正值

长方体参数

长方体参数面板，如图5-5和图5-6所示。

“创建方法”卷展栏中各选项含义如下。

- 立方体：在创建的时候，系统约束长度、宽度和高度并使它们相等。创建的时候，从立方体中心开始。
- 长方体：创建的标准体具有不同的长度、宽度和高度。

“参数”卷展栏中各选项含义如下。在默认情况下，长方体的每个侧面上都有一个分段。

创建方法
立方体 长方体

图5-5 “创建方法”卷展栏

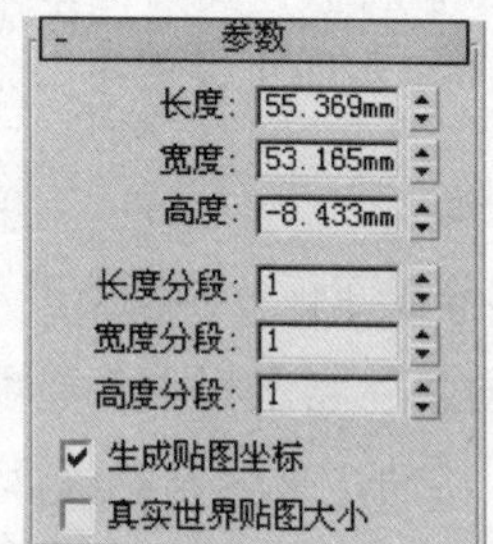

图5-6 “参数”卷展栏

- 长度、宽度、高度：设置长方体对象的长度、宽度和高度。在手动创建长方体时，这些参数将跟着发生动态的变化。
- 长度分段、宽度分段、高度分段：设置沿着对象每个轴的分段数量。在创建前后设置均可。在默认情况下，长方体的每个侧面是单个分段，默认设置为1,1,1，如果转至Z轴上弯曲长方体，可以将其“高度分段”参数设置为4或更高。
- 生成贴图坐标：生成将贴图材质应用于长方体的坐标，默认设置为启用。
- 真实世界贴图大小：控制应用于该对象的纹理贴图材质所使用的缩放方法。

5.1.2 圆锥体

执行菜单栏中的“创建>标准基本体>圆锥体”命令，或者单击“创建”命令面板上的 圆锥体 按钮，均可以创建直立或倒立的圆锥体，如图5-7所示。

图5-7 圆锥体样例

03 曲线经过旋转虽然生成了曲面，但是曲面的法线是朝向模型内部的，所以看起来有透明效果。按数字键1，切换到“曲面”层次，在视图中选中“枪头”的表面，然后在“曲面公用”卷展栏中勾选“翻转法线”复选框，此时模型表面正常显示，如下图所示。

04 按数字键3，切换到“曲线”层次，然后在前视图中将曲线沿Y轴移动一段距离使模型正常显示，如下图所示。

05 按数字键1，切换到“曲面”层次，然后在“曲面公用”卷展栏中单击 断开列 按钮，在“枪头”的底部将表面断开，如下图所示。

06 在视图中选中“枪头”底部的表面，然后单击“曲面公用”卷展栏中的 分离 按钮，在弹出的“分离”对话框中将分离的对象命名为“旋钮”，如下图所示。

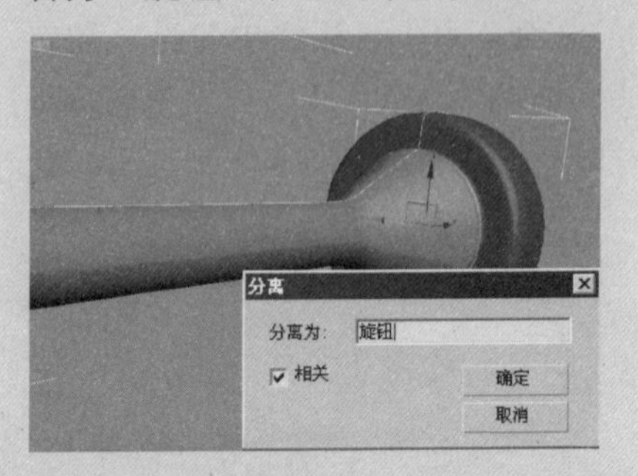

07 按Alt+Q组合键孤立“旋钮”，在“对象类型”卷展栏中单击 CV 曲线 按钮，在前视图中绘制弧形曲线，如下图所示。

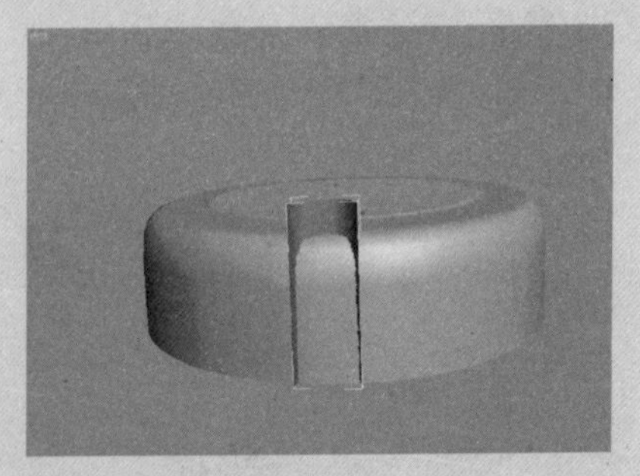

08 在“NURBS”对话框中单击“创建挤出曲面”按钮，在视图中单击并拖动Curve01，然后在“修改”命令面板中的“挤出曲面”卷展栏中将挤出的“数量”设置为55，并令挤出后的曲面与“旋钮”交叉并在底部对齐，如下图所示。

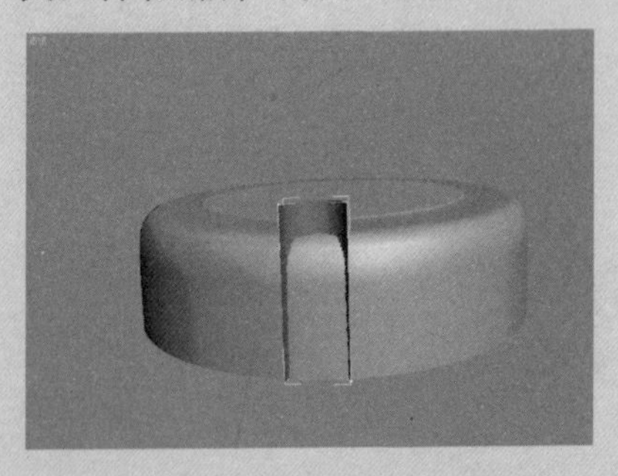

创建圆锥体

Step 01 在“创建”命令面板中的“对象类型”卷展栏中单击 圆锥体 按钮。

Step 02 在任意视图中单击并拖动鼠标以定义圆锥体底部的半径，然后释放鼠标即可设置半径。

Step 03 上下移动鼠标可定义高度，正数或负数均可，单击后可以将高度的数值固定下来。

Step 04 移动鼠标以定义圆锥体另一端的半径，对于尖顶圆锥体将该半径减小为0，单击即可设置第二个半径，并创建圆锥体。

圆锥体参数

圆锥体参数面板，如图5-8和图5-9所示。

“创建方法”卷展栏中各选项含义如下。

- 边：按照边来绘制圆锥体。通过移动鼠标可以更改中心位置。
- 中心：从中心开始绘制圆锥体。

“参数”卷展栏中各选项含义如下。

使用默认设置将生成24个面的平滑圆形圆锥体，其轴点位于底部的中心，具有5个高度分段和1个端面分段。要改善渲染，则增加平滑着色的圆锥体的高度分段数，尤其是尖顶圆锥体。

创建方法
边　中心

图5-8 “创建方法”卷展栏

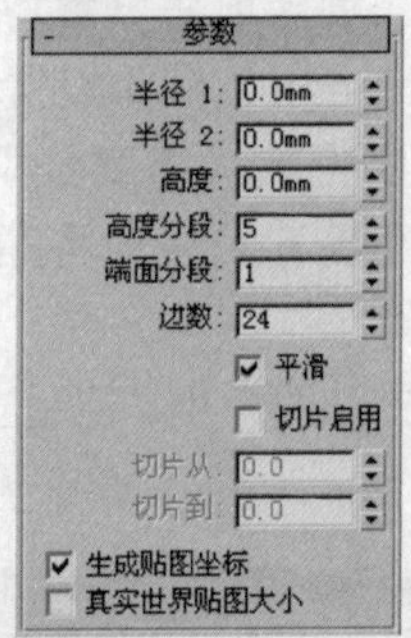

图5-9 “参数”卷展栏

- 半径1、半径2：设置圆锥体的第一个半径和第二个半径。

半径2为0，创建一个尖顶圆锥体。
半径1为0，创建一个倒立的尖顶圆锥体。
半径1比半径2大，创建一个平顶的圆锥体。
半径2比半径1大，创建一个倒立的平顶圆锥体。
如果半径1与半径2相同，则创建一个圆柱体；如果两个半径设置大小接近，则效果类似于将锥化修改器应用于圆柱体。

- 高度：设置沿着中心轴的高度。负值将在构造平面下面创建圆锥体。

- 高度分段：设置沿着圆锥体主轴的分段数。
- 端面分段：设置围绕圆锥体顶部和底部的中心的同心分段数。
- 边数：设置圆锥体周围边数。选中“平滑”时，较大的数值将着色和渲染为真正的圆。禁用“平滑”时，较小的数值将创建规则的多边形对象。
- 平滑：混合圆锥体的面，从而在渲染视图中创建平滑的外观。
- 切片启用：启用“切片”功能。默认设置为禁用状态。创建切片后，如果禁用“切片启用”选项，则将重新显示完整的圆锥体。
- 切片从、切片到：设置从局部 X 轴的零点开始围绕局部 Z 轴的度数。

当“切片从”和“切片到”这两个数值为正数值时将按逆时针移动切片的末端，如图 5-10 所示，负数值将按顺时针移动，如图 5-11 所示。这两个设置的先后顺序无关紧要，端点重合时，将重新显示整个圆锥体。

“生成贴图坐标”和“真实世界贴图大小”两个参数与长方体的含义相同，在此不再赘述。

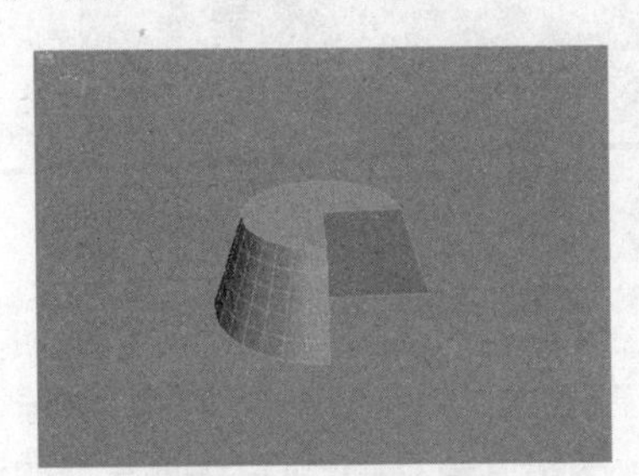
图5-10 “切片从”值为270

图5-11 “切片从”值为-270

5.1.3 球体

在3ds Max系统中可以创建完整的球体、半球体或球体的其他部分，还可以围绕球体的垂直轴对其进行“切片”处理。

创建球体

Step 01 在“创建”命令面板中的“对象类型”卷展栏中单击 球体 按钮。

Step 02 在任意视口中，拖动鼠标以定义半径。在拖动时，球体将在轴点上与其中心合并。

Step 03 释放鼠标可设置半径并创建球体。

创建半球

Step 01 创建球体。

Step 02 在“修改”命令面板中的“参数”卷展栏“半球”数值框

09 在“层次”命令面板中单击“调整轴”卷展栏中的 仅影响轴 按钮，此时 Curve01 将显示轴心图标，如下图所示。

10 单击主工具栏中的“对齐”按钮，在视图中单击“旋钮”，然后在弹出的“对齐当前选择（旋钮）”对话框中将当前选择对象的轴心与目标对象的中心在 X、Y、Z 轴向上对齐，如下图所示。

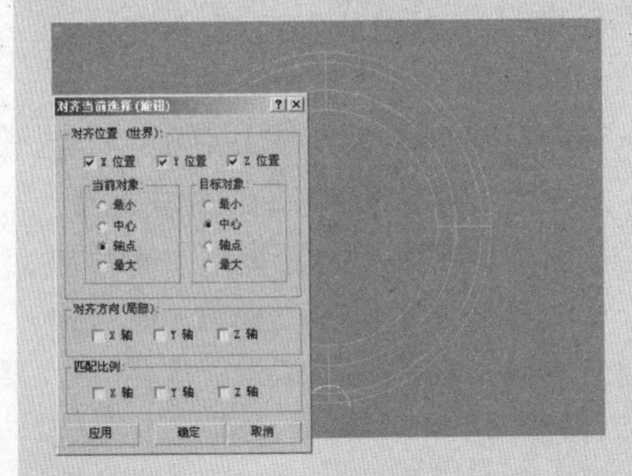

11 执行菜单栏中的“工具>阵列”命令，在弹出的“阵列”对话框中将阵列的数量设置为 10，阵列的角度为 360，阵列后的效果如下图所示。

⓬ 在视图中选中“底座”，然后在“修改”命令面板中的“常规”卷展栏中单击 附加多个 按钮，在弹出的“附加列表”对话框中选择所有阵列后的曲面，然后按Enter键确认操作，如下图所示。

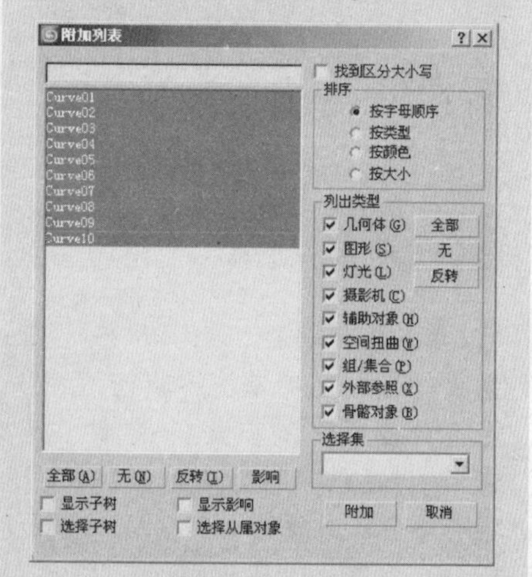

⓭ 附加后的部分曲面的法线将发生翻转现象，需要将这样表面的法线翻转过来。单击“NURBS”对话框中的“创建曲面-曲面相交曲线”按钮，然后单击“旋钮”和附加后的一个曲面，在“曲面-曲面相交曲线”卷展栏中勾选“修剪1”、“修剪2”和“翻转修剪2”复选框，此时“旋钮”在附加曲面的位置将出现一个凹槽，如下图所示。

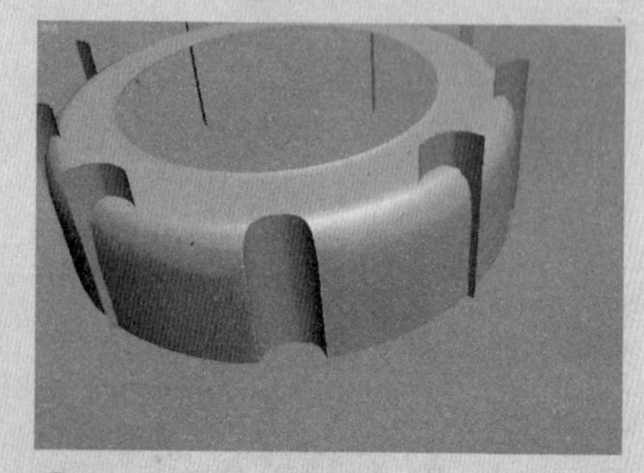

⓮ 使用相同的方法对其他位置的曲面进行处理，如下图所示。

中输入0.5，球体将精确缩小为上半部，即半球；如果使用“半球”的微调按钮进行调整，则球体的大小将进行动态更改。

球体参数

球体“参数”卷展栏使用默认设置可以生成轴点位于中心的32个分段的平滑球体，用户可以在“修改”命令面板中的“参数”卷展栏中对其参数进行修改，如图5-12所示。

- 半径：指定球体的半径。
- 分段：设置球体多边形分段的数目。
- 平滑：混合球体的面，从而在渲染视图中创建平滑的外观，禁用该项后，球体的表面有明显马赛克现象，如图5-13所示。

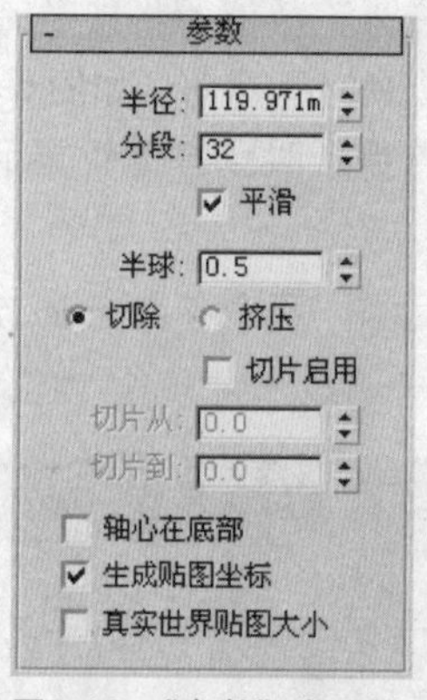

图5-12 “参数”卷展栏

图5-13 禁用“平滑”后的效果

- 半球：设置该值将从底部切割球体，以创建部分球体。半球数值的范围可以从0.0至1.0。默认值是0.0，可以生成完整的球体。设置为0.5可以生成半球，设置为1.0会使球体消失。

“切除”和“挤压”可切换半球的创建选项。

- 切除：通过在半球断开时将球体中的顶点数和面数“切除”来减少它们的数量。默认设置为启用。
- 挤压：保持原始球体中的顶点数和面数，将几何体向着球体的顶部“挤压”为越来越小的体积。
- 切片启用：使用“切片从”和“切片到”选项可创建部分球体。效果与将半圆形车削超过360°类似。
- 切片从：设置起始角度。
- 切片到：设置终止角度。

对于这两个设置，正数值将按逆时针移动切片的末端；负数值将按顺时针移动它。球体切片按以下方式将材质ID指定给切片球体：底部是1（当半球大于0.0时），曲面是2，切片曲面是3和4。

- 轴心在底部：轴点位于球体底部，如果禁用此选项，轴点将位于球体中心，默认设置为禁用状态。

几何球体

与标准球体相比，几何球体能够生成更规则的曲面，在指定相同面数的情况下，要比标准球体更平滑。与标准球体不同的是，几何球体没有极点，如图 5-14 所示。

几何球体与标准球体创建方法及参数基本相同，如图5-15所示。不同的是，几何球体没有切片功能，但是几何球体具有调整自身表面结构的参数。

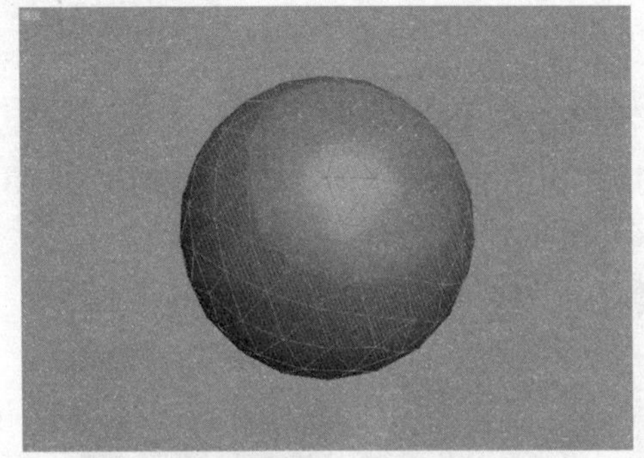

图 5-14　几何球体

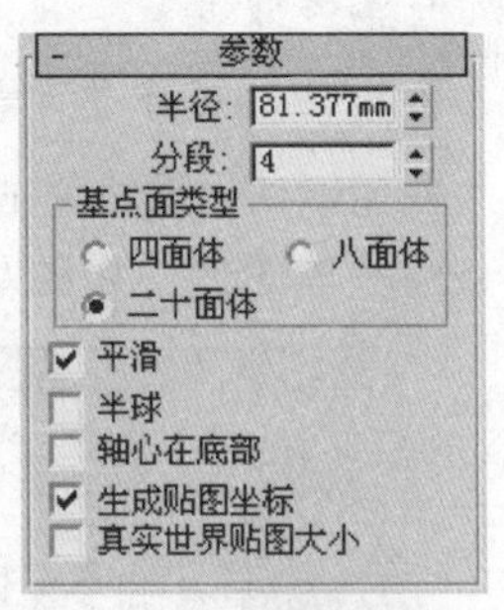

图 5-15　几何球体参数

“基点面类型”选项区域中各选项含义如下。

- 四面体：基于四面体拓展球体表面，当分段为 1 的时候，几何球体为一个四面体，如图 5-16 所示。
- 八面体：基于八面体拓展球体表面，当分段为 1 的时候，几何球体为一个八面体，如图 5-17 所示。

图 5-16　四面体

图 5-17　八面体

- 二十面体：基于 20 面的二十面体，球体表面都是大小相同的等边三角形，该项为默认设置。

5.1.4 圆柱体

圆柱体具有两个圆形顶面，连接两个顶面的侧面是具有光滑曲率的表面。

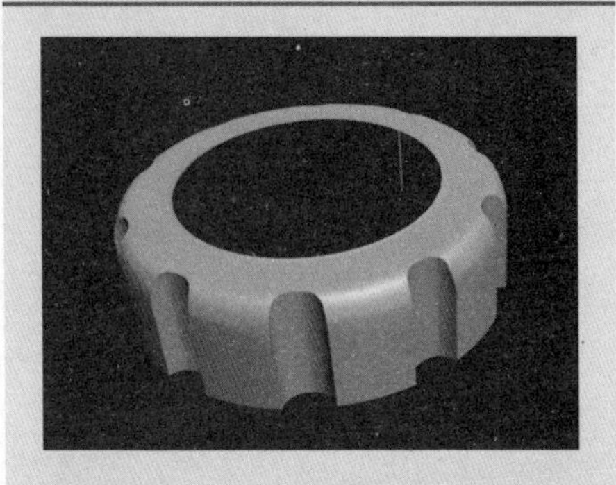

⑮ 单击“创建”命令面板中的“图形”按钮，在对象类型下拉列表中选择“NURBS 曲线”选项在“对象类型”卷展栏中单击 CV 曲线 按钮，在前视图中绘制电检仪“枪头”后侧连接体的截面图形，如下图所示。

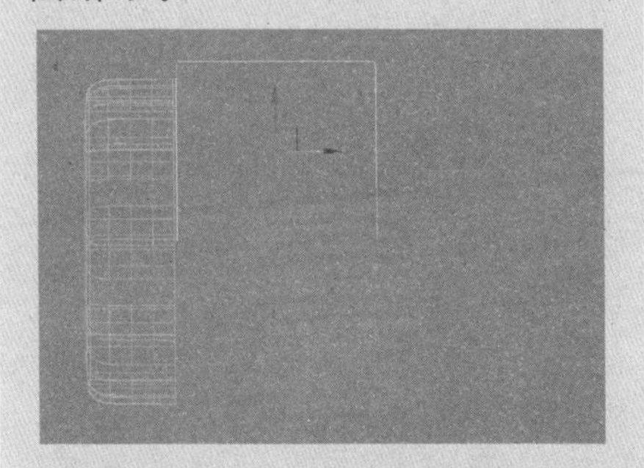

⑯ 在“修改”命令面板中的“常规”卷展栏中单击“NURBS 创建工具箱”按钮，在弹出的“NURBS”对话框中单击“创建车削曲面”按钮，然后在视图中单击 CV 曲线，系统将自动创建旋转曲面，并将其命名为“连接体”，如下图所示。

⑰ 单击“创建”命令面板中的“图形”按钮，在“NURBS曲线”类型的“对象类型”卷展栏中单击 CV 曲线 按钮，在左视图中绘制主体截面图形，如下图所示。

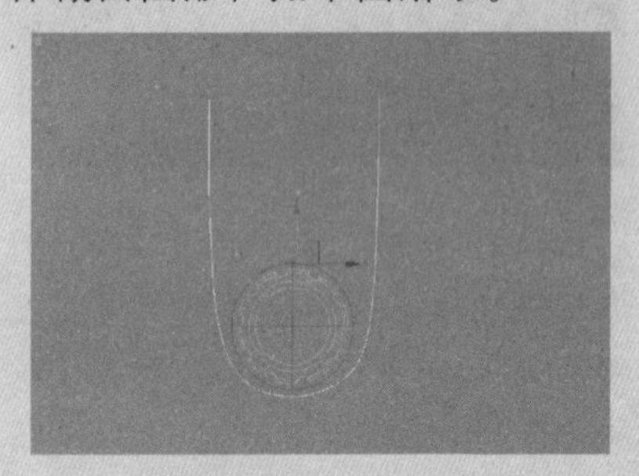

⑱ 在“NURBS”对话框中单击“创建挤出曲面”按钮，在视图中单击并拖动Curve01，然后在“修改”命令面板中的“挤出曲面”卷展栏中将挤出的“数量”设置为600，将挤出的表面命名为“主体”，如下图所示。

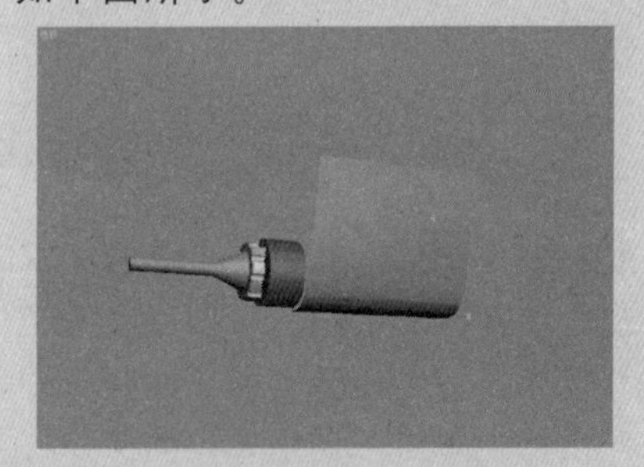

⑲ 单击“创建”命令面板中的“图形”按钮，在“NURBS曲线”类型的“对象类型”卷展栏中单击 CV 曲线 按钮，在前视图中绘制一条曲线，如下图所示。

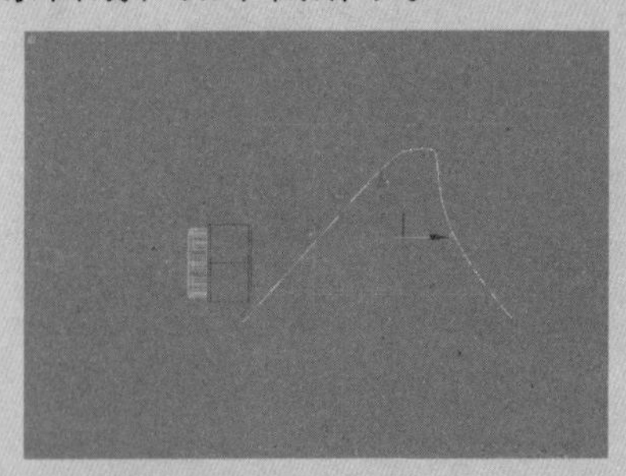

创建圆柱体

Step 01 在“创建”命令面板中的“对象类型”卷展栏中单击 圆柱体 按钮。

Step 02 在任意视口中拖动鼠标以定义底部的半径，然后释放鼠标即可设置半径。

Step 03 上移或下移鼠标可定义高度，正数或负数均可，单击即可设置高度，并创建圆柱体。

圆柱体参数

圆柱体的“参数”卷展栏，如图5-18所示。

使用默认设置将生成18个面的平滑圆柱体，其轴点位于底部的中心。圆柱体图例，如图5-19所示。

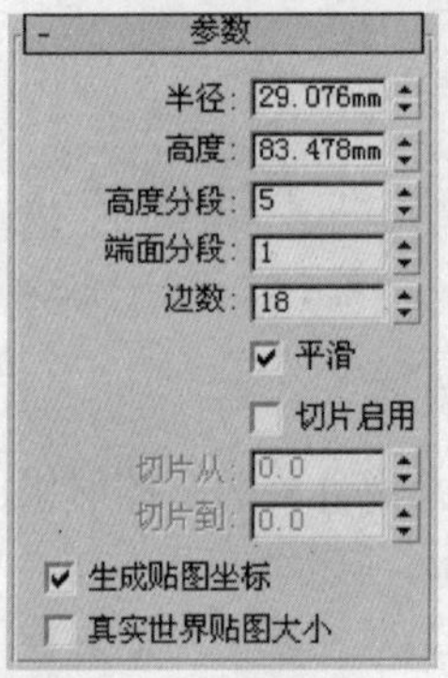

图5-18 圆柱体参数

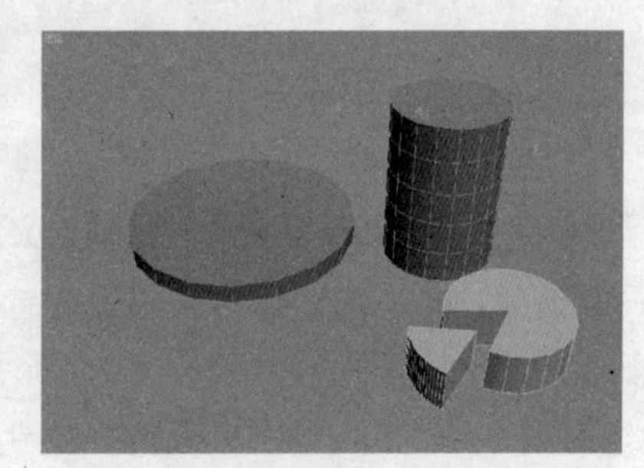

图5-19 圆柱体示例

- 半径：设置圆柱体的半径。
- 高度：设置圆柱体的高度。高度为负数时将在构造平面下面创建圆柱体。
- 高度分段：设置沿着圆柱体主轴的分段数量。
- 端面分段：设置围绕圆柱体顶部和底部的中心的同心分段数量。
- 边数：设置圆柱体周围的边数。启用“平滑”选项时，圆柱体的侧面将变得光滑。禁用“平滑”时，较小的数值将创建规则的多边形对象。
- 平滑：创建平滑的外观。
- 切片启用：启用“切片”功能，默认设置为禁用状态。创建切片后，如果禁用“切片启用”，则将重新显示完整的圆柱体。
- 切片从、切片到：设置切片从X轴的零点开始围绕局部Z轴旋转的度数。

“生成贴图坐标”和“真实世界贴图大小”两个参数与长方体的含义相同，在此不再赘述。

5.1.5 管状体

管状体可生成圆形和棱柱管道，管状体类似于中空的圆柱体。

创建管状体

Step 01 在“创建”命令面板中的“对象类型”卷展栏中单击 管状体 按钮。

Step 02 在任意视口中拖动鼠标以定义第一个半径，其既可以是管状体的内半径，也可以是外半径，释放鼠标可设置第一个半径。

Step 03 移动鼠标定义第二个半径，然后单击对半径进行确定。

Step 04 上移或下移鼠标可定义高度，正数或负数均可，单击即可设定高度，并创建管状体。

Step 05 根据需要设置所需棱柱的边数，然后禁用“平滑”选项，这样就创建了一个管状体，如图5-20所示。

管状体“参数”卷展栏，如图5-21所示。

图5-20 管状体

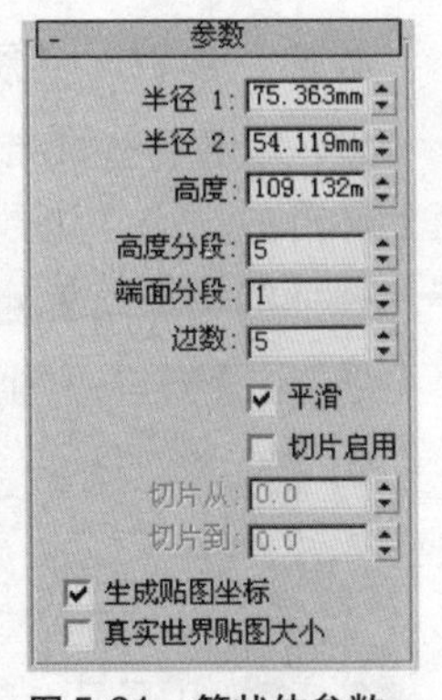

图5-21 管状体参数

使用默认设置将生成18个面的平滑圆形管状体，其轴点位于底部的中心，具有5个高度分段和1个端面分段。

- 半径1、半径2：较大的设置将指定管状体的外部半径，而较小的设置则指定内部半径。
- 高度：设置沿着管状体的高度。负数值将在构造平面下面创建管状体。
- 高度分段：设置沿着管状体主轴的分段数量。
- 端面分段：设置围绕管状体顶部和底部的中心的同心分段数量。
- 边数：设置管状体周围边数。
- 平滑：启用此选项后（默认设置），将管状体的各个面进行平滑显示。
- 切片启用：启用“切片”功能，用于删除一部分管状体的周长，默认设置为禁用状态。创建切片后，如果禁用“切片启用”选项，系统将重新显示完整的管状体。

20 在“NURBS”对话框中单击“创建挤出曲面”按钮，在视图中单击并拖动Curve01，然后在“修改”命令面板中的“挤出曲面”卷展栏中将挤出的“数量”设置为350，将挤出的表面与“主体”完全相交，如下图所示。

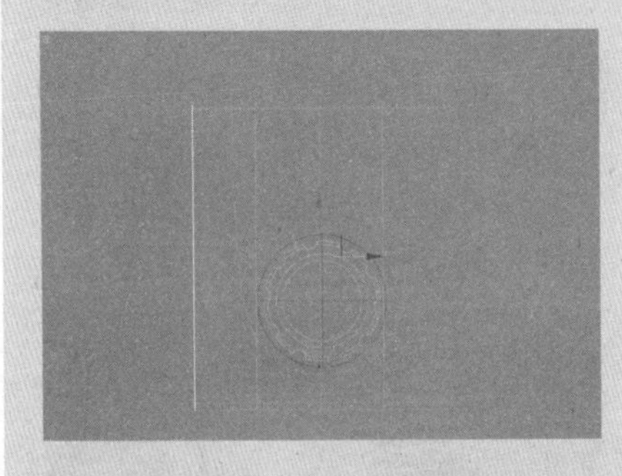

21 将Curve01附加到“主体”上，单击“NURBS”对话框中的“创建曲面-曲面相交曲线”按钮，然后单击“旋钮”和附加后的一个曲面，在“曲面-曲面相交曲线”卷展栏中勾选“修剪1”、“修剪2”复选框，此时系统将自动将主体上多余的曲面剪掉，如下图所示。

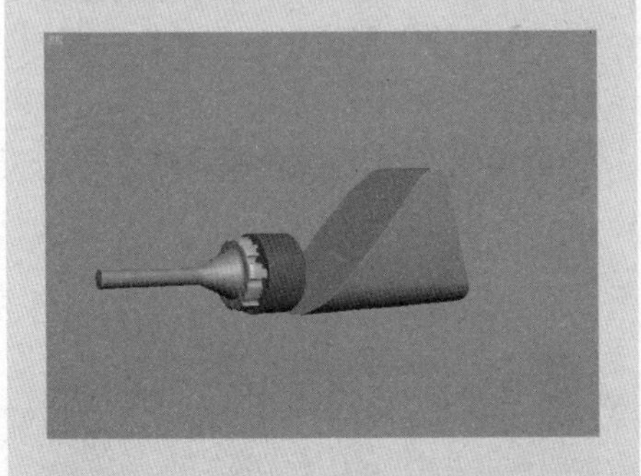

22 单击“创建”命令面板中的“图形”按钮，在“NURBS曲线”类型的“对象类型”卷展栏中单击 CV 曲线 按钮，在视图中绘制一组曲线，如下图所示。

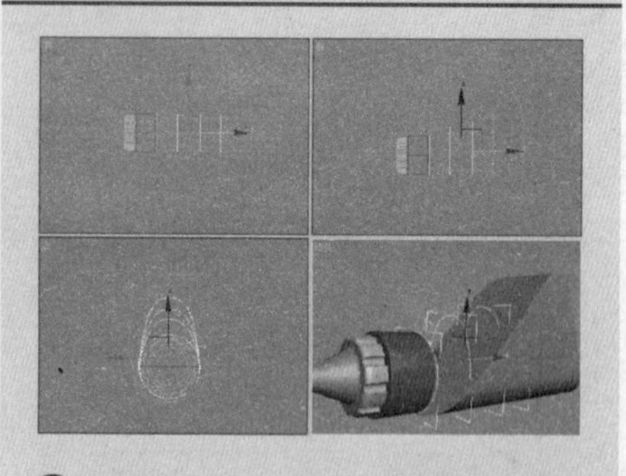

㉓ 单击“NURBS”对话框中的“创建U向放样曲面”按钮，然后分别单击曲线，系统将在曲线间创建曲面放样曲面，如下图所示。

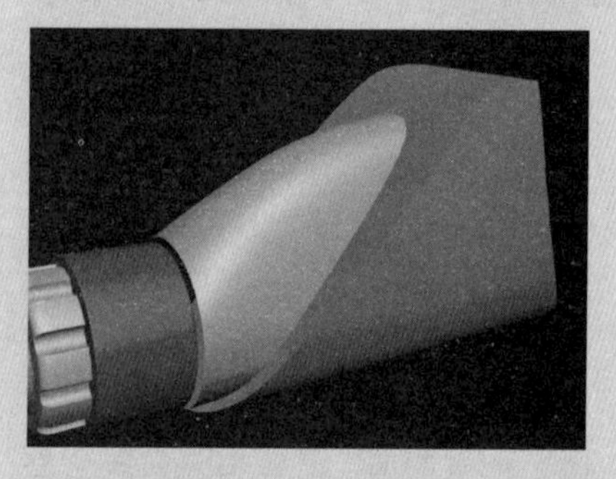

㉔ 在“NURBS”对话框中单击“创建封口曲面”按钮，然后在放样曲面的前端曲线上单击，这样就在单击曲线上形成了一个封口曲面，如下图所示。

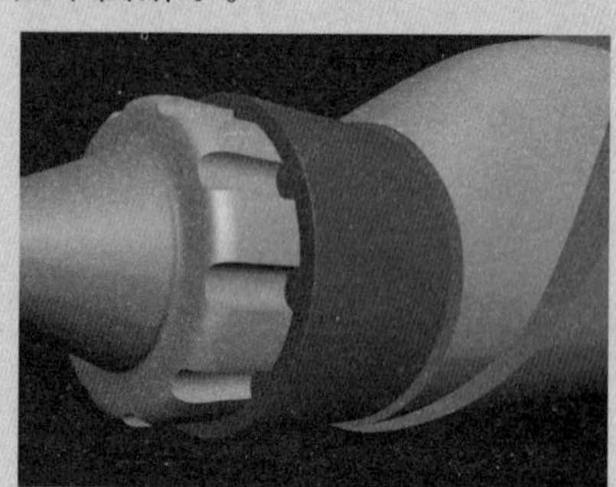

- 切片从、切片到：设置切片从局部X轴的零点开始围绕局部Z轴旋转的度数。

5.1.6 圆环

圆环是一个圆形并具有圆形横截面的环，用户可以使用平滑选项、旋转和扭曲等参数来编辑圆环。

创建环形

Step 01 在“创建”命令面板中的“对象类型”卷展栏中单击 圆环 按钮。

Step 02 在任意视口中拖动鼠标以定义环形半径，释放鼠标后，可以确定环形的半径。

Step 03 移动鼠标以定义横截面圆形的半径，然后单击创建环形。

圆环参数

圆环“参数”卷展栏如图5-22所示。

默认设置将生成带有12个面和24个分段的平滑环形，轴点位于平面上环形的中心，边数和分段数设置越高，就会生成密度越大的几何体。圆环的示例效果如图5-23所示。

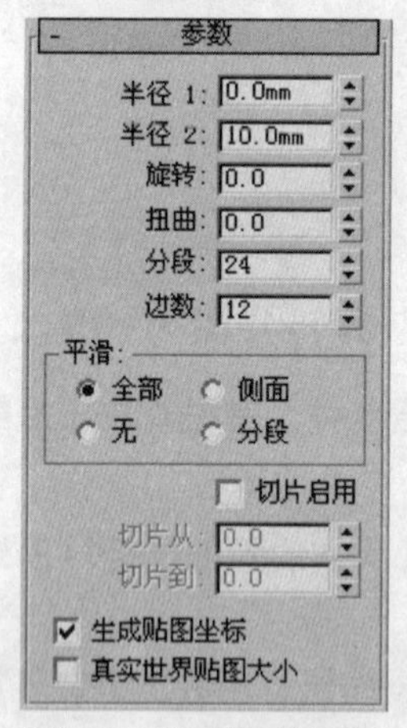

图5-22 “参数”卷展栏

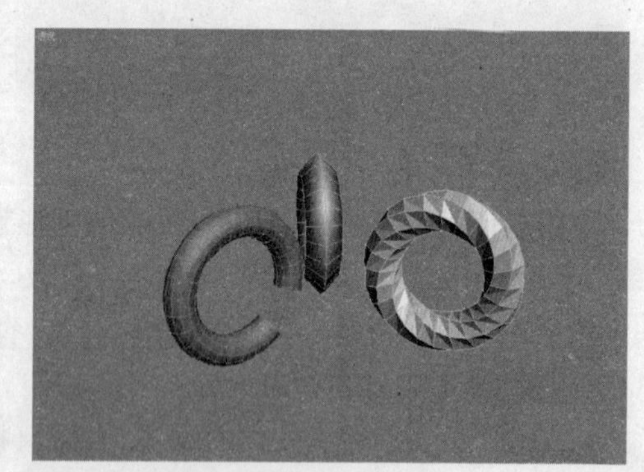

图5-23 圆环的示例效果

- 半径1：设置从环形的中心到横截面圆形的中心的距离，这是环形环的半径。
- 半径2：设置横截面圆形的半径。默认为10。
- 旋转：设置旋转的角度，圆环的边将围绕横截面中心旋转，圆环边数较少的情况下，其效果较为明显，旋转前后的效果如图5-24和图5-25所示。

图5-24 旋转前效果

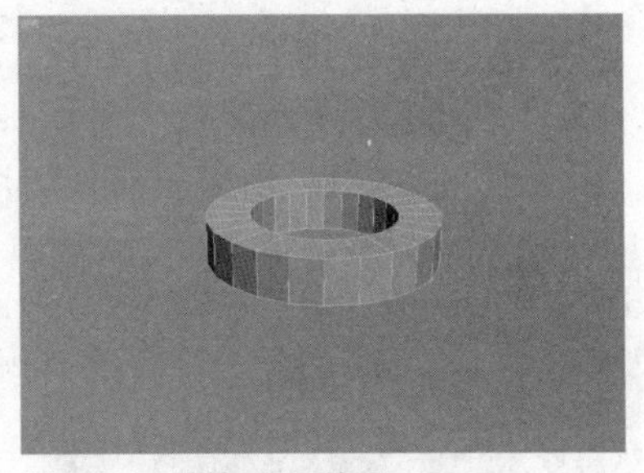
图5-25 旋转45° 效果

- 扭曲：设置扭曲的度数。横截面将围绕通过环形中心的旋转。扭曲闭合（未切片）环形时，将在第一个分段上创建收缩效果，如图5-26所示。通过以360° 的增量进行扭曲或通过启用“切片”，并将“切片从”和“切片列”均设置为 0，就可以避免出现这种情况。
- 分段：设置围绕环形的分段数目。通过减小此数值可以创建多边形环，如图5-27所示。

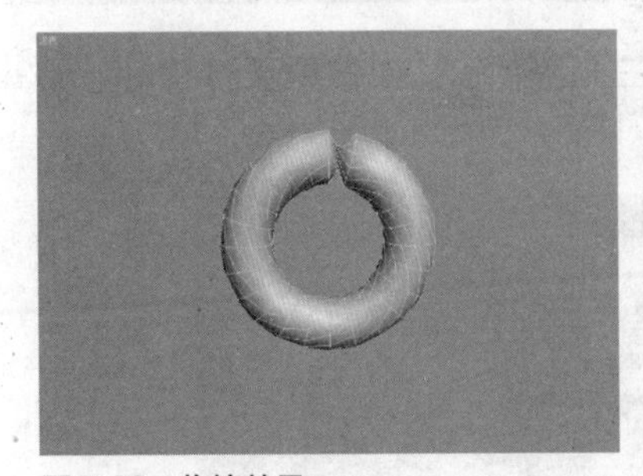
图5-26 收缩效果

图5-27 多边形效果

- 边数：设置环形横截面圆形的边数。通过减小此数值，可以创建类似于棱锥横截面的圆环。
- 全部：（默认设置）将在环形的所有曲面上产生平滑效果。
- 侧面：在圆周的方向上形成平滑效果，如图5-28所示。
- 无：完全禁用平滑，从而在环形上生成类似棱锥的面，如图5-29所示。

图5-28 “侧面”平滑效果

图5-29 “无”平滑效果

㉕ 将放样曲面附加到“主体”上，单击“NURBS”对话框中的“创建曲面-曲面相交曲线”按钮，然后单击“旋钮”和附加后的一个曲面，在“曲面-曲面相交曲线”卷展栏中勾选“修剪1”、“修剪2”复选框，此时系统自动将附加到“主体”的放样曲面上多余的曲面剪掉，如下图所示。

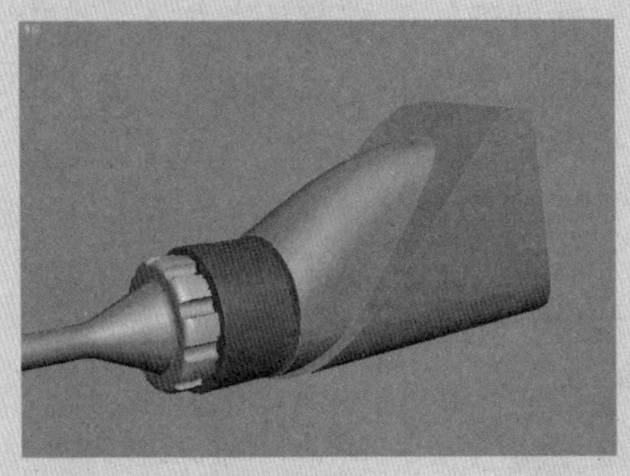

㉖ 在前视图中创建一个长度为18，宽度为135的矩形，然后将其沿Y轴负方向复制2个，如下图所示。

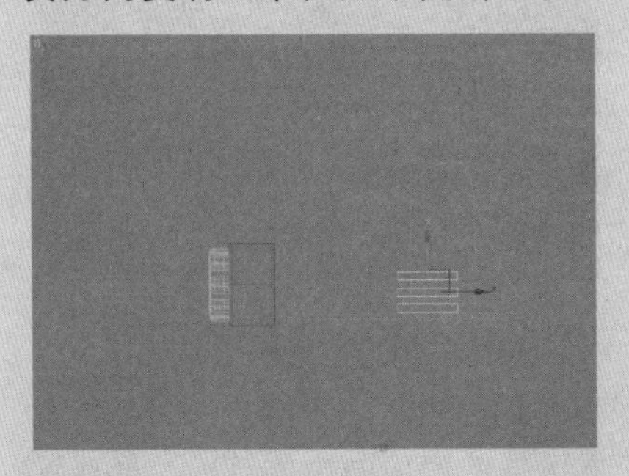

㉗ 在视图中选中“主体”，然后在“创建”命令面板中单击“几何体”按钮，在对象类型下拉列表中选择“复合对象”选项。在“对象类型”卷展栏中单击 图形合并 按钮，然后在“拾取操作对象”卷展栏中单击 拾取图形 按钮，在视图中单击矩形，将矩形的形状映射到“主体”上，如下图所示。

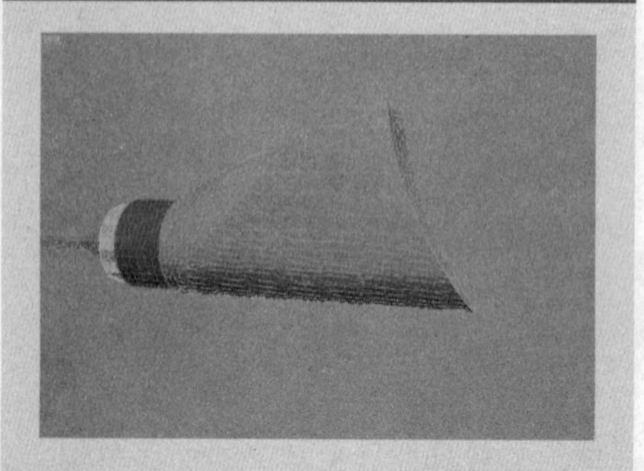

28 在“修改”命令面板中的“修改器列表”下拉列表中选择“编辑网格”修改器，然后按数字键4切换到“多边形”层次，此时矩形区域的表面自动处于选中状态。在“编辑几何体”卷展栏中的 挤出 按钮右侧的数值框中输入-20，然后单击该按钮，此时矩形区域表面形成凹陷效果，如下图所示。

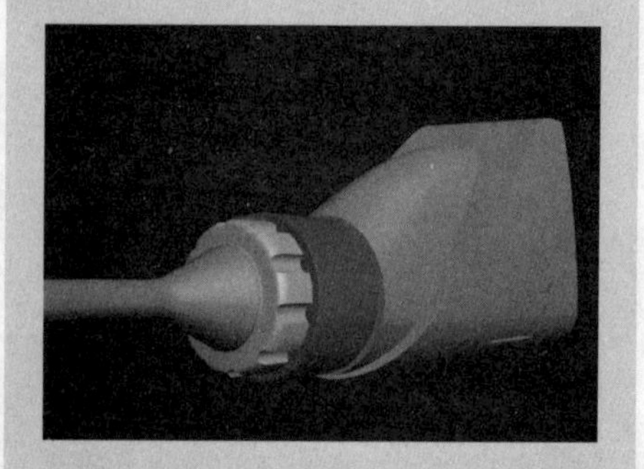

29 使用相同的方法将文本RMAmv映射到“主体”表面上，然后将文本区域的表面向内侧挤出，形成浮雕效果，如下图所示。

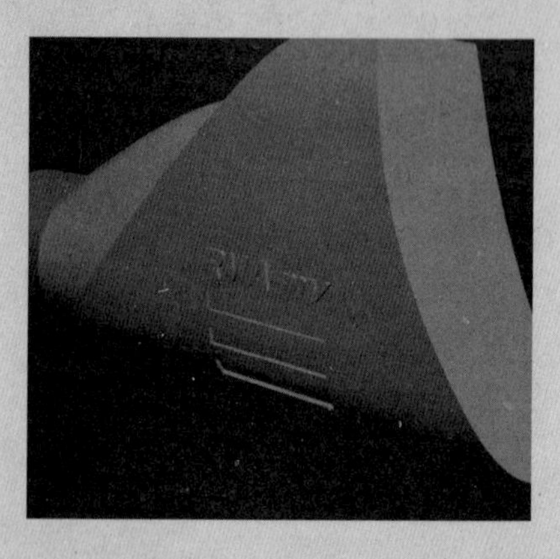

- 分段：分别平滑每个分段，从而沿着环形生成类似环的分段，如图5-30所示。
- 切片启用：创建一部分切片的环形，如图5-31所示。

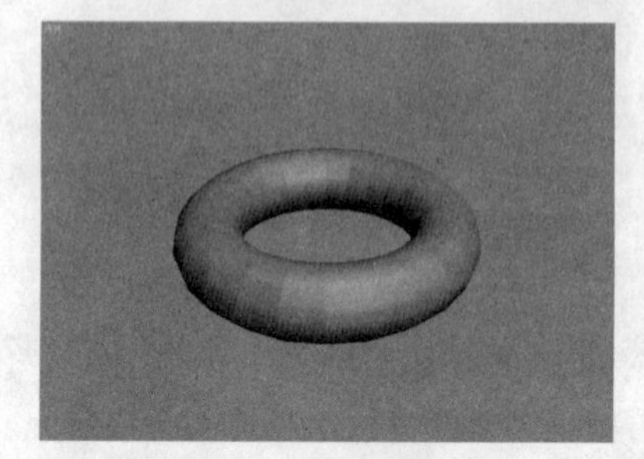

图5-30 “分段”平滑效果

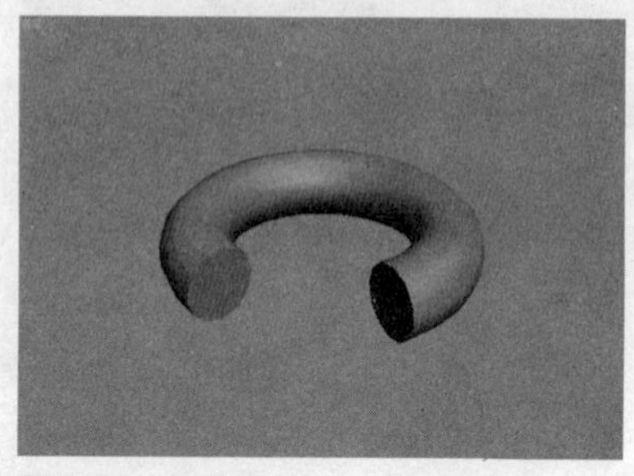

图5-31 切片效果

- 切片从：指定环形切片开始的角度。
- 切片到：指定环形切片结束的角度。

5.1.7 四棱锥

四棱锥拥有方形或矩形底部和三角形侧面。四棱锥示例，如图5-32所示。

图5-32 四棱锥示例

创建四棱锥

Step 01 在“创建”命令面板中的“对象类型”卷展栏中单击 四棱锥 按钮。

Step 02 在任意视口中拖动鼠标可定义四棱锥的底部平面，如果使用的是“基点/顶点”方式，则定义底部的对角，水平或垂直移动鼠标可定义底部的宽度和深度；如果使用“中心”方式，系统将从底部中心开始创建（按住Ctrl键可将底部约束为方形）。

Step 03 移动鼠标可定义“高度”，单击鼠标完成四棱锥的创建。

四棱锥参数

“创建方法”卷展栏，如图 5-33 所示。

图5-33 “创建方法”卷展栏

- 基点/顶点：从一个角到斜对角创建四棱锥底部。
- 中心：从中心开始创建四棱锥底部。

“参数”卷展栏，如图 5-34 所示。

参数
宽度：0.0mm
深度：0.1mm
高度：0.0mm
宽度分段：1
深度分段：1
高度分段：1
生成贴图坐标
真实世界贴图大小

图5-34 “参数”卷展栏

- 宽度：设置四棱锥在 X 轴方向上的长度。
- 深度：设置四棱锥在 Y 轴方向上的长度。
- 高度：设置四棱锥的高度。
- 宽度分段：设置四棱锥在宽度上的细分数量。
- 深度分段：设置四棱锥在深度上的细分数量。
- 高度分段：设置四棱锥高度的细分数量。

5.1.8 茶壶

茶壶是计算机图形中的经典示例，可以选择一次制作整个茶壶（默认设置）或一部分茶壶（由于茶壶是参量对象，因此可以选择创建之后显示茶壶的哪些部分）。茶壶示例，如图 5-35 所示。

图 5-35 茶壶示例

30 单击“创建”命令面板中的“图形”按钮，在创建类型的下拉列表中单击“NURBS 曲线”选项，在“对象类型”卷展栏中单击 CV 曲线 按钮，在前视图中绘制一条曲线，如下图所示。

31 在“修改”命令面板中的“修改器列表”下拉列表中选择“车削”选项，然后在“参数”卷展栏中将车削的轴向锁定Y轴，然后单击“最大”按钮，将调整后的模型命名为“按钮”，如下图所示。

32 单击主工具栏中的“选择并旋转”按钮，然后将“按钮”顺时针旋转，使之与“主体”吻合，如下图所示。

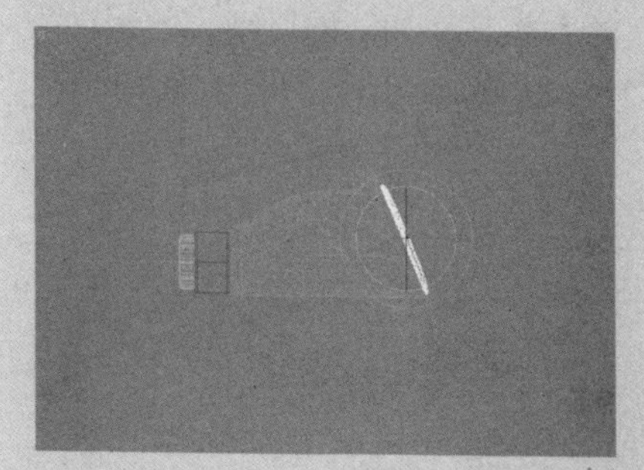

33 单击主工具栏中的"选择并均匀缩放"按钮，然后在左视图中将"按钮"沿X轴方向压缩一点，如下图所示。

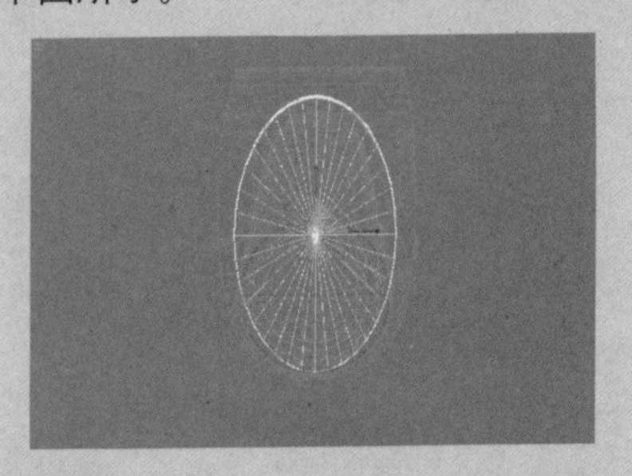

34 在"修改"命令面板中的"修改器列表"下拉列表中选择"FFD4X4X4"修改器，按数字键1，切换到"控制点"层次，然后调整控制点，使"按钮"贴到"主体"上，如下图所示。

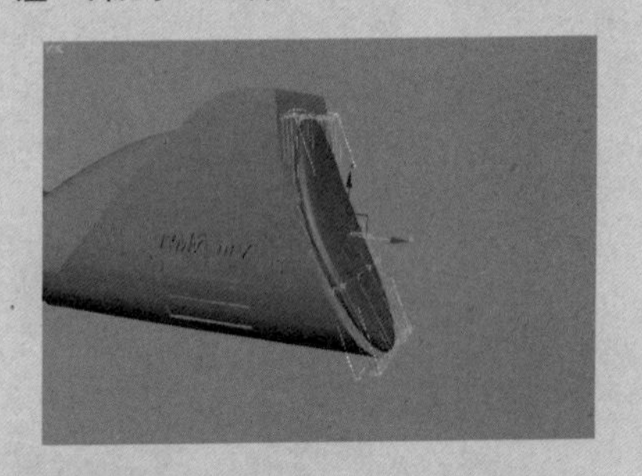

35 在"创建"面板的"几何体"命令面板中的创建类型下拉列表中选择"扩展基本体"选项，在"对象类型"卷展栏中单击 油罐 按钮，在左视图中创建一个半径为30，高度为68，封口高度为15的油罐，然后在前视图中将其旋转一定的角度，使其与"按钮"的上部垂直相交，如下图所示。

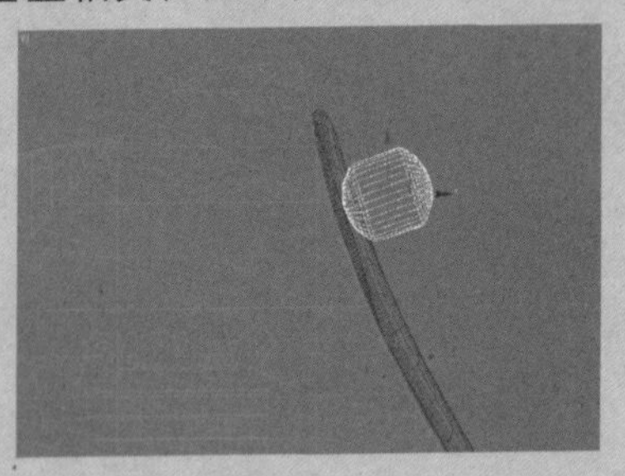

创建茶壶

Step 01 在"创建"命令面板中的"对象类型"卷展栏中单击 茶壶 按钮。

Step 02 在任意视口中拖动鼠标以定义半径，在拖动时，茶壶将在底部中心上与轴点合并，释放鼠标可确定半径并创建茶壶。

Step 03 要创建茶壶部件，用户需要在"参数"卷展栏中的"茶壶部件"选项区域中，禁用要创建部件之外的所有部件，例如创建壶盖，需要将"壶把"、"壶嘴"和"壶体"选项禁用。

茶壶具有4个独立的部件：壶体、壶把、壶嘴和壶盖，这些控件位于"参数"卷展栏的"茶壶部件"选项区域中，用户可以选择要同时创建的部件的任意组合。要将部件转换为整个茶壶，需要在视口中选择茶壶部件，然后在"修改"命令面板的"参数"卷展栏上，启用所有部件。

茶壶参数

"创建方法"卷展栏，如图5-36所示。

图5-36 "创建方法"卷展栏

- 边：按照边来绘制茶壶。通过移动鼠标可以更改中心位置。
- 中心：从中心开始绘制茶壶。

"参数"卷展栏，如图5-37所示。

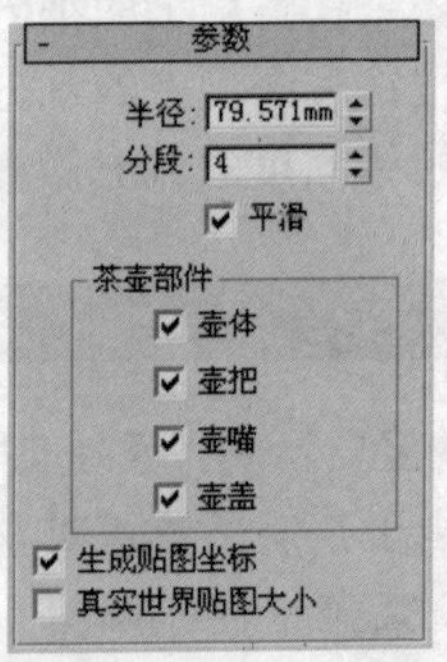

图5-37 "参数"卷展栏

- 半径：设置茶壶的半径。
- 分段：设置茶壶或其单独部件的分段数。
- 平滑：混合茶壶的面，从而在渲染视图中创建平滑的外观。

"茶壶部件"选项区域启用或禁用茶壶部件的复选框。在默认情况下，将启用所有部件，生成完整茶壶。

- 壶盖：启用或者禁用壶盖控件。
- 壶把：启用或者禁用壶把控件。
- 壶体：启用或者禁用壶体控件。
- 壶嘴：启用或者禁用壶嘴控件。

5.1.9 平面

“平面”对象是特殊类型的平面多边形网格，如图5-38所示，可无限放大，还可以为其指定长度和宽度分段。使用“平面”对象来创建大型的平面并不会妨碍在视口中工作，用户可以将一些修改器应用于平面对象（如位移），来模拟陡峭的地形，如图5-39所示。

图5-38 平面对象

图5-39 模拟地形效果

创建平面

Step 01 在“创建”命令面板中的“对象类型”卷展栏中单击 平面 按钮。

Step 02 在任意视图中，单击并拖动鼠标即可创建平面。

平面参数

“创建方法”卷展栏，如图5-40所示。

图5-40 “创建方法”卷展栏

- 矩形：从一个角到斜对角创建平面基本体，交互设置不同的长度和宽度值。

平面对象的“参数”卷展栏，如图5-41所示。

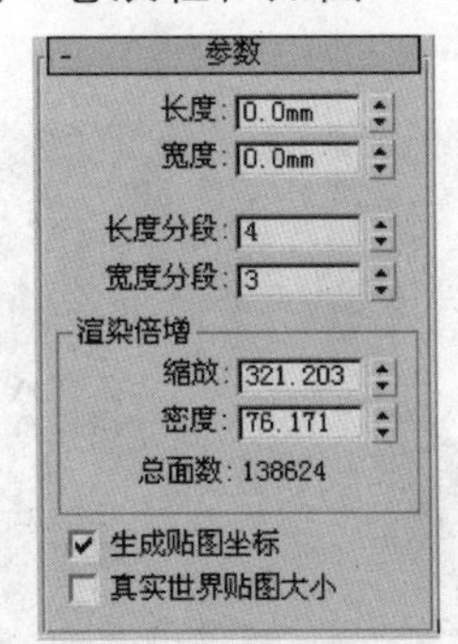

图5-41 “参数”卷展栏

- 长度，宽度：设置平面对象的长度和宽度。
- 长度分段，宽度分段：设置沿着对象每个轴的分段数量。在创建前后设置均可。在默认情况下，平面的每个面都拥有4个分段。

36 确认“按钮”处于选中状态，然后在“创建”面板的“几何体”命令面板的创建类型下拉列表中选择“复合对象”选项，在“对象类型”卷展栏中单击 布尔 按钮，然后在“拾取布尔”卷展栏中单击 拾取操作对象 B 按钮，在视图中单击油罐对象，此时在“按钮”与油罐接触的部分被运算掉，形成一个圆形凹陷，如下图所示。

37 在左视图中创建一个半径为65的圆形和一个“长度”为40、“宽度”为85、“角半径”为6的矩形，如下图所示。

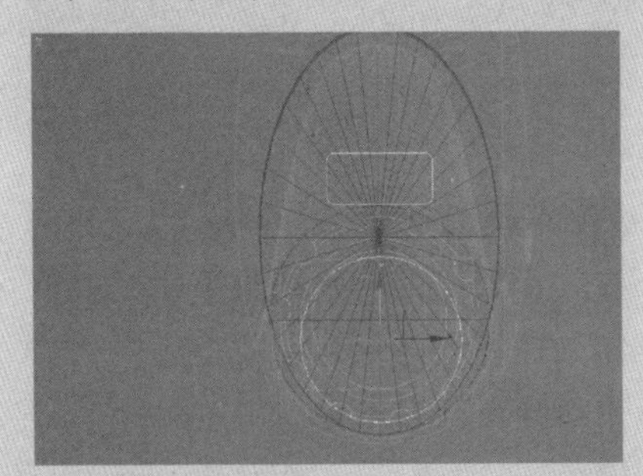

38 在视图中选中矩形，然后右击视图，在弹出的菜单中选择“转换为>转换为可编辑样条线”命令，将矩形转换为可编辑样条线，如下图所示。

39 在“几何体”卷展栏中单击 附加多个 按钮，然后在弹出的“附加列表”对话框中选中Rectangle02，然后按Enter键关闭该对话框，如下图所示。

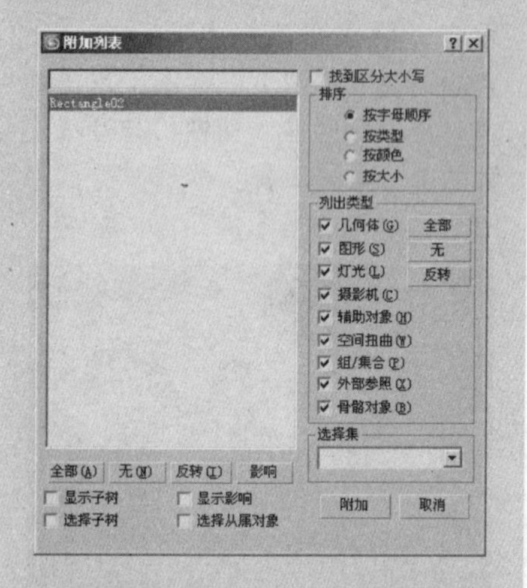

40 在前视图中将附加后的图形移动到“按钮”的右侧，这样在进行图形合并的时候，可以避免将图形映射到“按钮”的背面，如下图所示。

41 在视图中选中“按钮”，然后在“创建”命令面板中单击“几何体”按钮，在对象类型下拉列表中选择“复合对象”选项。在“对象类型”卷展栏中单击 图形合并 按钮，然后在“拾取操作对象”卷展栏中单击 拾取图形 按钮，在视图中单击合并后的图形，将该图形状映射到“按钮”上，如下图所示。

- 缩放：指定长度和宽度在渲染时的倍增因子。
- 密度：指定长度和宽度分段数在渲染时的倍增因子。

“生成贴图坐标”和“真实世界贴图大小”这两个选项的含义及用法在前面有详细的介绍，在此不再赘述。

5.2 扩展基本体

扩展基本体是在标准基本体的基础上经过参数扩展得到的复杂几何体的集合，用户可以通过“创建”命令面板创建这些几何体。

在“创建”命令面板中的“对象类型”卷展栏中包含了13种扩展几何体，分别是：异面体、环形结、切角长方体、切角圆柱体、油罐、胶囊、纺锤、L-Ext、球棱柱、C -Ext、环形波、软管和棱柱，如图5-42所示。

- 对象类型	
自动栅格	
异面体	环形结
切角长方体	切角圆柱体
油罐	胶囊
纺锤	L-Ext
球棱柱	C-Ext
环形波	棱柱
软管	

图5-42 “对象类型”卷展栏

5.2.1 异面体

异面体是在球体的基础上扩展出来的复杂几何体，异面体的示例如图5-43所示，异面体“参数”卷展栏如图5-44所示。

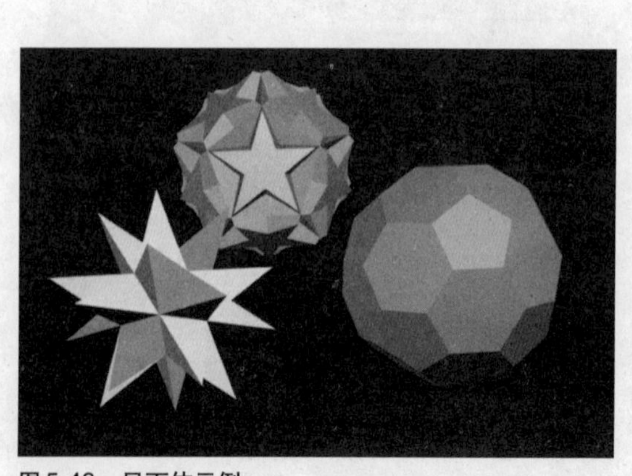

图5-43 异面体示例

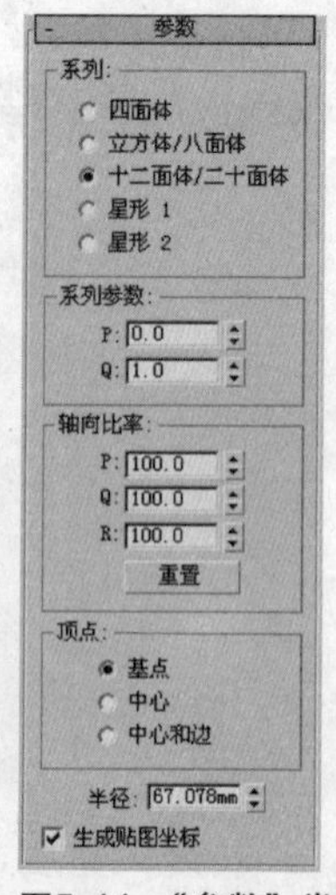

图5-44 “参数”卷展栏

创建异面体

Step 01 在“创建”命令面板中的创建类型下拉列表中选择“扩展基本体”选项，然后在“对象类型”卷展栏中单击 异面体 按钮。

Step 02 在任意视口中拖动鼠标定义半径，然后释放鼠标创建多面体。

Step 03 在“修改”命令面板中的“参数”卷展栏中调整“系列参数”和“轴向比例”参数可改变异面体的外观。

异面体参数

异面体的“参数”卷展栏中各选项含义如下。

(1)“系列”选项区域

- 四面体：创建一个四面体。
- 立方体/八面体：创建一个立方体或八面体（取决于参数设置）。
- 十二面体/二十面体：创建一个十二面体或二十面体（取决于参数设置）。
- 星形1、星形2：创建两个不同的类似星形的多面体。

(2)“系列参数”选项区域

- P，Q：为多面体顶点和面之间提供两种变换的关联参数。

技巧·提示

P、Q的取值范围从0.0到1.0，P值和Q值的组合总计可以等于或小于1.0，如果将P或Q其中的一项设置为1.0，那么另外一个参数将自动设置为0.0，在P和Q为0时会出现中点，P和Q将以最简单的形式在顶点和面之间更改几何体。对于P和Q的极限设置，一个参数代表所有顶点，而其他参数则代表所有面。

(3)“轴向比率”选项区域

多面体可以拥有多达3种多面体的面，如三角形、方形或五角形，这些面可以是规则的，也可以是不规则的。如果多面体只有一种或两种面，则只有一个或两个轴向比率参数处于活动状态，不活动的参数不起作用。

- P，Q，R：控制多面体一个面反射的轴。实际上，这些选项具有将其对应面缩进或挤出的效果，如图5-45所示（默认设置为100）。

图5-45 缩进、挤出效果

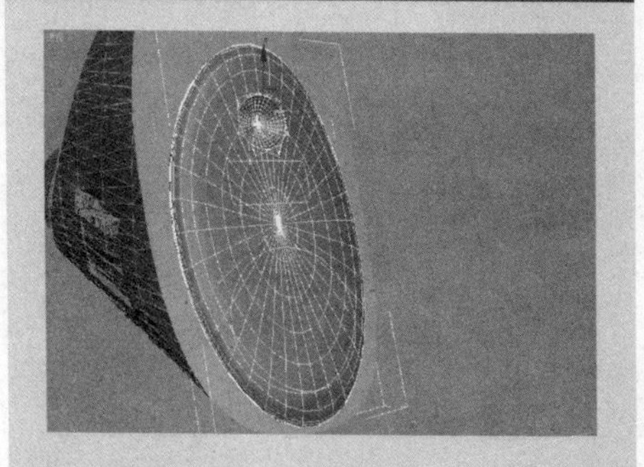

42 在“修改”命令面板中的“修改器列表”下拉列表中选择“编辑网格”修改器，然后按数字键4切换到“多边形”层次，此时“按钮”上的图形区域的表面自动处于选中状态，如下图所示。

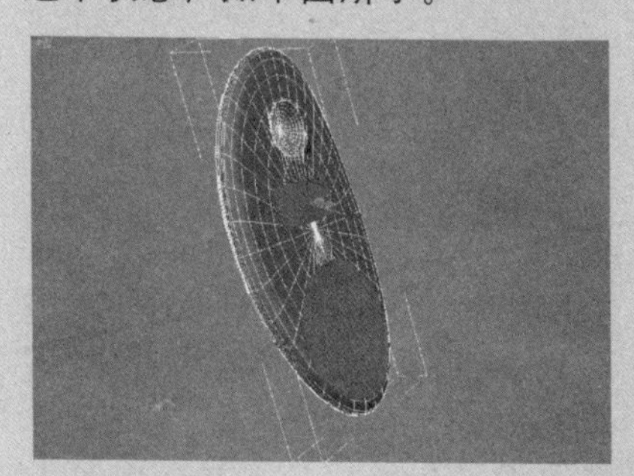

43 按住Alt键然后在视图中框选圆形区域中的表面，此时圆形区域中的表面将从当前的选择集中减去，如下图所示。

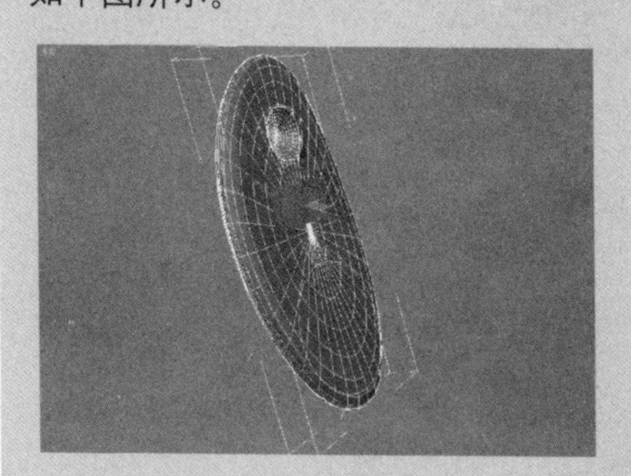

44 在“修改”命令面板中的“编辑几何体”卷展栏中 挤出 按钮右侧的数值框中输入19，然后按Enter键，此时选中的表面被挤出，如下图所示。

45 在视图中选中圆形区域的表面，然后按Del键将其删除，如下图所示。

46 单击"创建"命令面板中的"图形"按钮，在创建类型的下拉列表中选择"NURBS曲线"选项，然后在"对象类型"卷展栏中单击 CV 曲线 按钮，在左视图中创建一个封闭的圆形曲线，然后调整该曲线的CV控制点，使之与"按钮"上的圆形孔洞大致吻合，如下图所示。

- 重置：单击该按钮，系统将用户设置返回为默认数值。

(4)"顶点"选项区域

"顶点"选项区域中的参数决定多面体每个面上增加顶点的方式，"中心"和"中心和边"选项会增加对象中的顶点数，因此增加面数，这些参数不可设置动画。

- 基点：每个面的基点与各个顶点之间进行连接来细分表面，如图5-46所示。
- 中心：表面的中心点与该表面的各个顶点进行连接来细分表面，如图5-47所示。

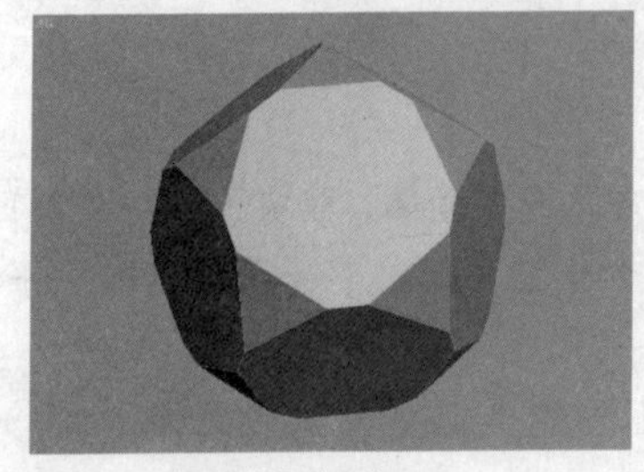

图5-46 "基点"细分

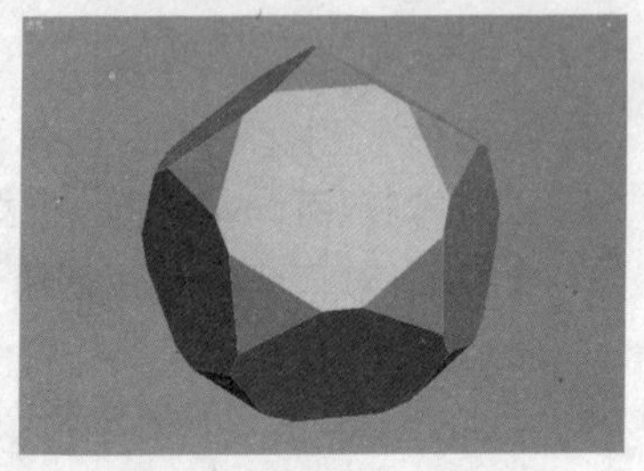

图5-47 "中心"细分

- 中心和边：表面中心点与该表面各个边的中点与顶点连接来细分表面，如图5-48所示。与"中心"相比，"中心和边"会使多面体中的面数加倍。

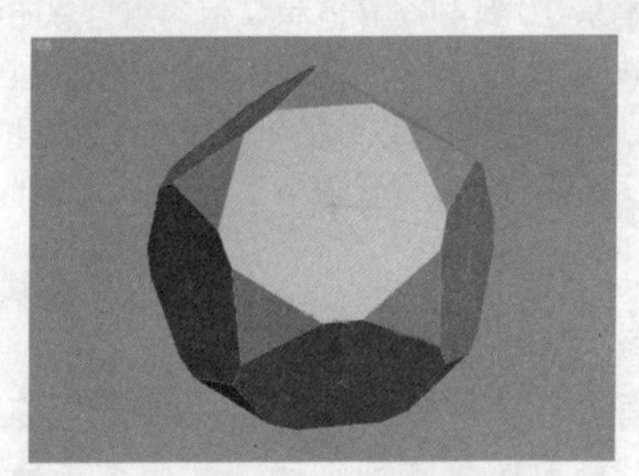

图5-48 "中心和边"细分

如果缩放对象的轴，除非已经设置"中心和边"，否则将自动使用"中心"点。要查看图中显示的内部边，需要禁用"显示"命令面板上的"仅边"选项。

- 半径：以当前单位数设置任何多面体的半径。
- 生成贴图坐标：生成将贴图材质用于多面体的坐标。默认设置为启用。

5.2.2 环形结

用户通过"环形结"可以创建复杂或带结的环形3D曲线，它既可以是圆形，也可以是其他更为复杂的环形结，用户可以将环形结对象转化为 NURBS 曲面。环形结示例如图 5-49 所示。

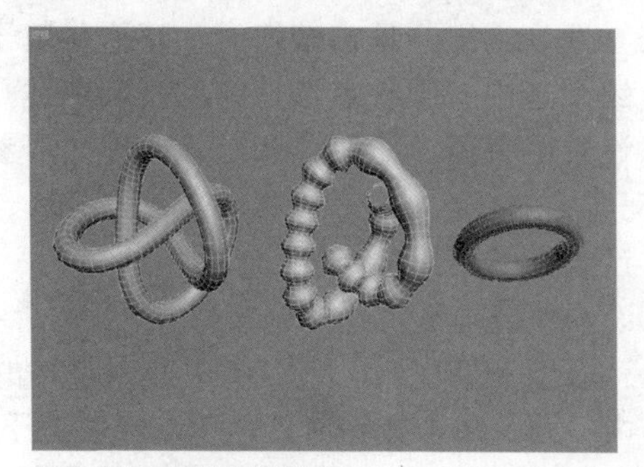

图 5-49　环形结示例

创建环形结

Step 01 在“创建”命令面板中的创建类型下拉列表中选择“扩展基本体”选项，然后在“对象类型”卷展栏中单击 环形结 按钮。

Step 02 在视图中单击并拖动鼠标，此时在“参数”卷展栏中可以看到“半径”的数值发生动态的变化，再次单击鼠标可确定环形结的半径。

Step 03 拖动鼠标定义环形结截面的半径，单击鼠标确定截面的半径完成环形结的创建。

环形结参数

“创建方法”卷展栏，如图 5-50 所示。

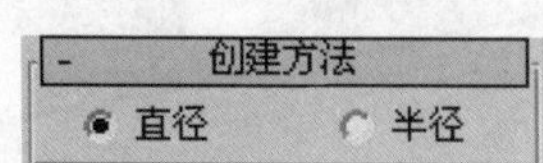

图5-50　“创建方法”卷展栏

- 直径：从一侧开始创建环形结。
- 半径：从中心开始创建环形结。

“参数”卷展栏，如图 5-51 所示。

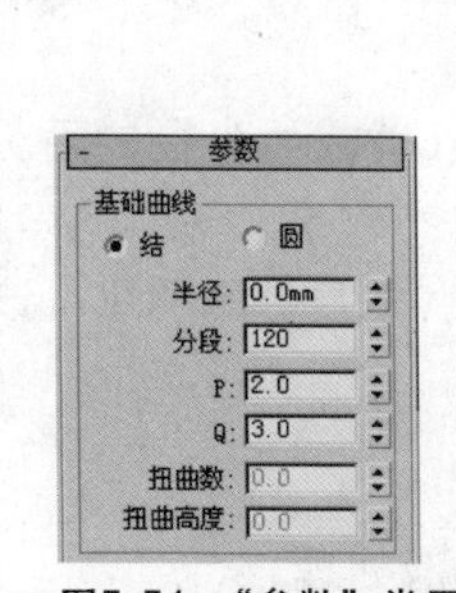

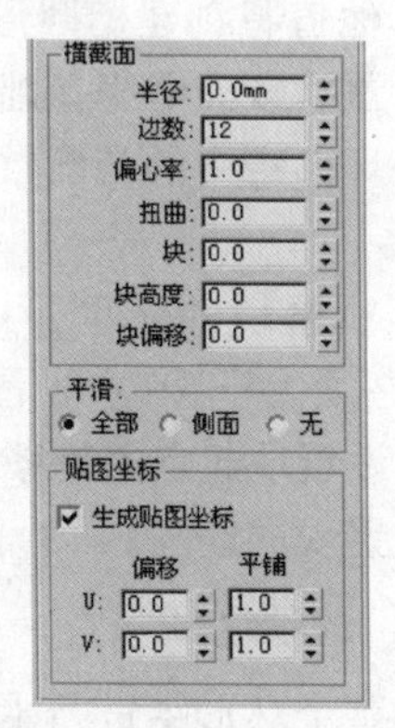

图5-51　“参数”卷展栏

47 单击“创建”命令面板中的“图形”按钮，在创建类型的下拉列表中选择“NURBS 曲线”选项，然后在“对象类型”卷展栏中单击 CV 曲线 按钮，在视图中绘制一组封闭的曲线，如下图所示。

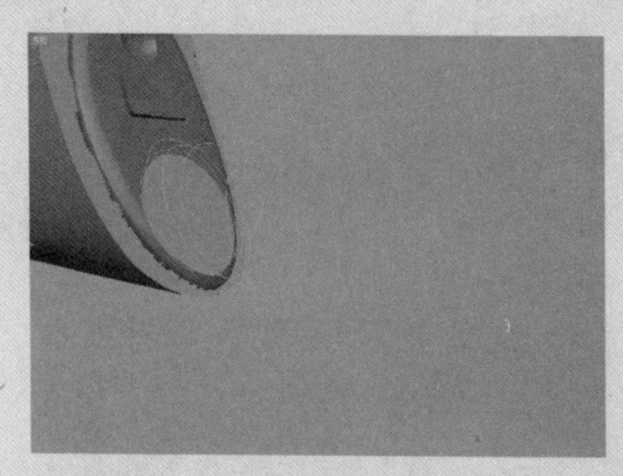

48 单击“NURBS”对话框中的“创建 U 向放样曲面”按钮，然后依次单击曲线，系统将在曲线间创建曲面放样曲面，如下图所示。

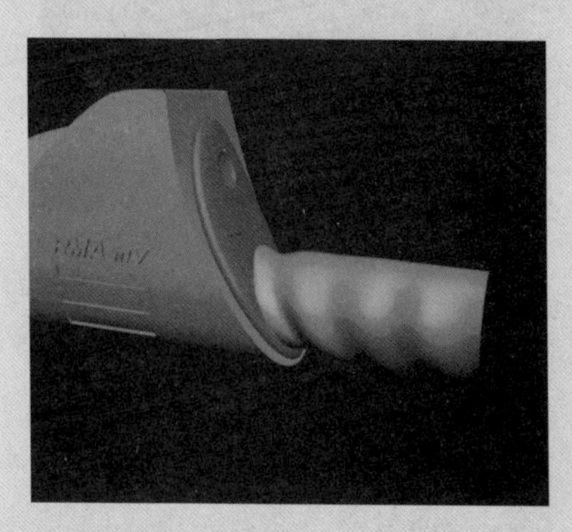

49 单击“NURBS”对话框中的“创建封口曲面”按钮，然后在创建的放样曲线末端单击创建一个封口曲面，如下图所示。

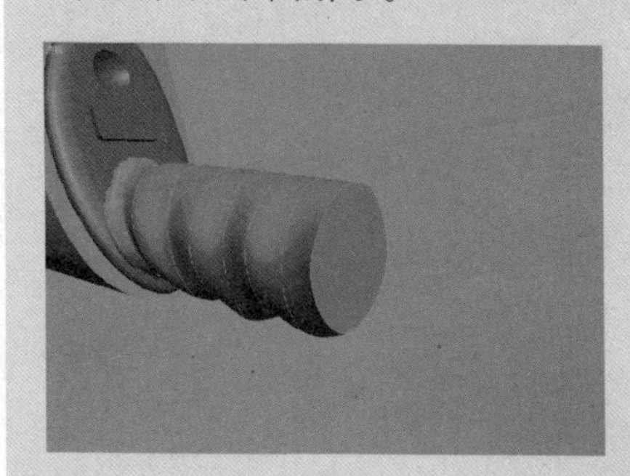

50 单击“NURBS”对话框中的“创建圆角曲面”按钮，然后单击上一步创建的封口曲面和放样曲面，在“修改”命令面板中的“圆角曲面”卷展栏中将“起始半径”设置为10，在“修剪第一曲面”和“修剪第二曲面”选项区域中勾选“修剪曲面”复选框，此时在两个曲面相交的位置上将出现圆角效果，将该对象命名为“手柄”，如下图所示。

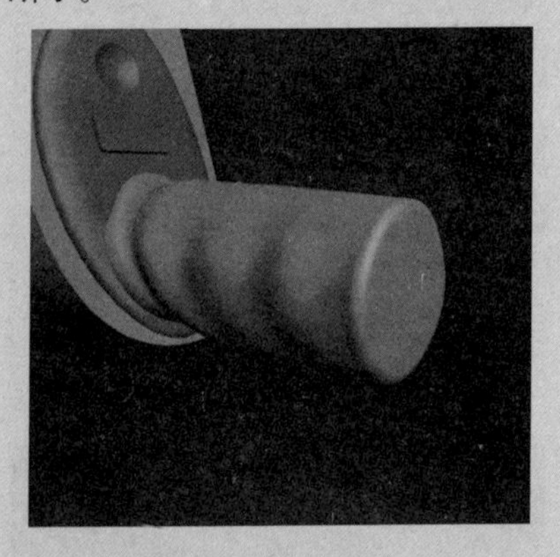

51 按F10键打开“渲染场景：默认扫描线渲染器”对话框，在该对话框中的“指定渲染器”卷展栏中单击“产品级”右侧的“选择渲染器”按钮...，在弹出的“选择渲染器”对话框中选择“V-Ray Adv 1.5 RC3”渲染器，然后单击“确定”按钮关闭该对话框，如下图所示。

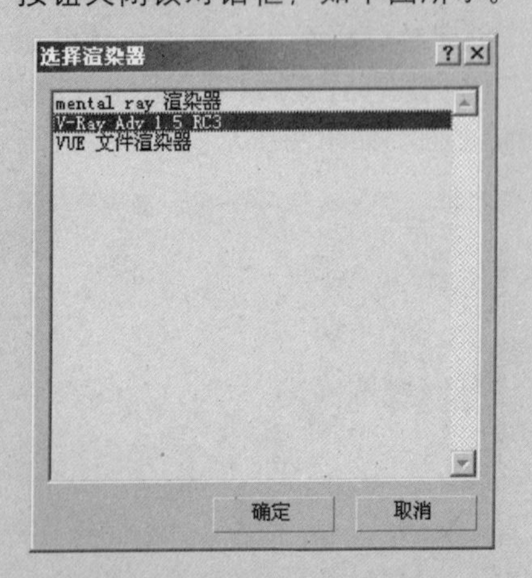

（1）“基础曲线”选项区域

- 结、圆：选中“结”单击按钮时，环形将基于其他各种参数自身交织。选中“圆”单选按钮，基础曲线是圆形。如果在其默认设置中保留“扭曲”和“偏心率”等参数，将会产生标准环形。
- 半径：设置基础曲线的半径。
- 分段：设置围绕环形周界的分段数。
- P、Q：描述上下（P）和围绕中心（Q）的缠绕数值，只有在选中“结”单击按钮时这两个参数才处于活动状态。
- 扭曲数：设置曲线周期星形中的点数，只有在选中“圆”单选按钮时，该参数才处于活动状态，扭曲数为13时，环形结的效果如图5-52所示。
- 扭曲高度：设置周期星形顶点远离或者接近基础曲线的距离，以基础曲线半径的百分比来进行计算，扭曲高度为-0.5时，环形结的效果如图5-53所示。

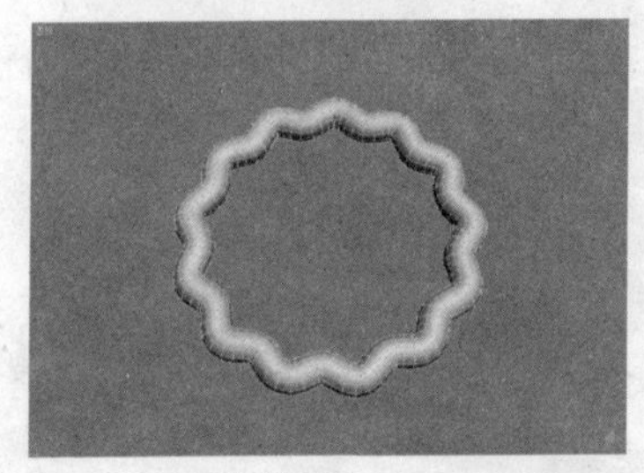

图5-52 扭曲效果

图5-53 设置扭曲高度后的效果

（2）“横截面”选项区域

- 半径：设置横截面的半径。
- 边数：设置横截面周围的边数。
- 偏心率：设置横截面主轴与副轴的比率。值为1将提供圆形横截面，其他值将创建椭圆形横截面。
- 扭曲：设置横截面围绕基础曲线扭曲的次数。
- 块：设置环形结中的凸出数量，“块高度”值必须大于0才能看到效果。
- 块高度：设置块的高度，以横截面半径的百分比进行计算，“块”值必须大于0才能看到效果。
- 块偏移：设置块起点的偏移，以度数来测量，该值的作用是围绕环形设置块的动画。

（3）“平滑”选项区域

- 全部：对整个环形结进行平滑处理。
- 侧面：只对环形结的相邻面进行平滑处理。
- 无：环形结为面状效果。

(4)"贴图坐标"选项区域

- 生成贴图坐标：基于环形结的几何体指定贴图坐标，默认设置为启用。
- 偏移U/V：沿着U向和V向偏移贴图坐标。
- 平铺U/V：沿着U向和V向平铺贴图坐标。

5.2.3 切角长方体

切角长方体是在长方体的基础上经过参数的扩展得到的更为复杂的几何体。使用"切角长方体"可以创建具有切角或圆形边的长方体。切角长方体示例如图5-54所示。

图5-54　切角长方体示例

创建切角长方体

Step 01 在"创建"命令面板中的创建类型下拉列表中选择"扩展基本体"选项，然后在"对象类型"卷展栏中单击"切角长方体"按钮。

Step 02 拖动鼠标，定义切角长方体底面，按住Ctrl键可将底部约束为方形。

Step 03 释放鼠标，然后垂直移动鼠标以定义长方体的高度。单击可设置高度，在另一个对角方向移动鼠标可定义切角的高度（向左上方移动可增加高度；向右下方移动可减小高度）。

Step 04 再次单击鼠标完成切角长方体的创建。

切角长方体参数

"创建方法"卷展栏和"参数"卷展栏如图5-55和图5-56所示。

- 创建方法
立方体　长方体

图5-55　"创建方法"卷展栏

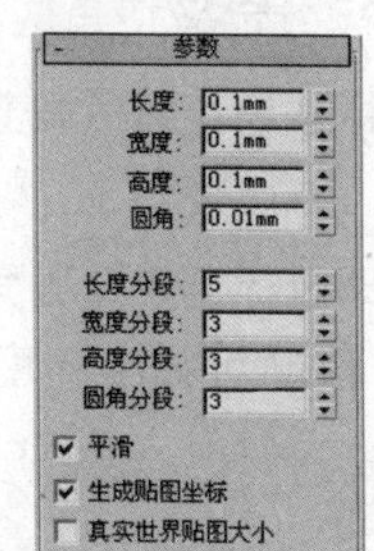

图5-56　"参数"卷展栏

- 立方体：创建长度、宽度和高度相等的切角立方体。
- 长方体：创建长度、宽度和高度不相等的切角长方体。

52 按M键打开"材质编辑器"对话框，然后在该对话框中单击 Standard 按钮，在弹出的"材质/贴图浏览器"对话框中双击"VRayMtl"选项，如下图所示。

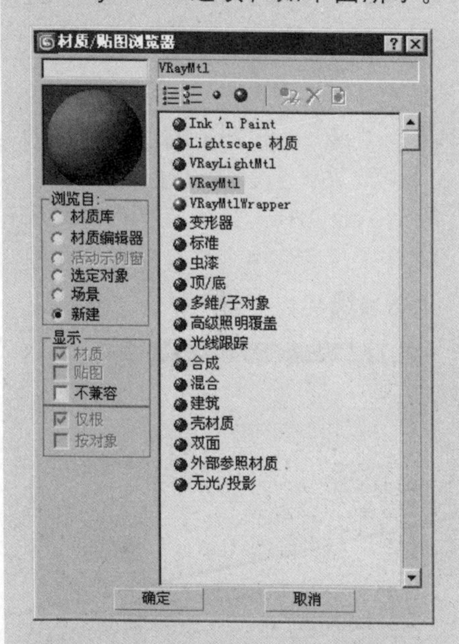

53 在"材质编辑器"对话框中的"Basic Parameters"卷展栏中单击"Diffuse"右侧的颜色图标，在弹出的"颜色选择器"对话框中将颜色设置为白色，如下图所示。

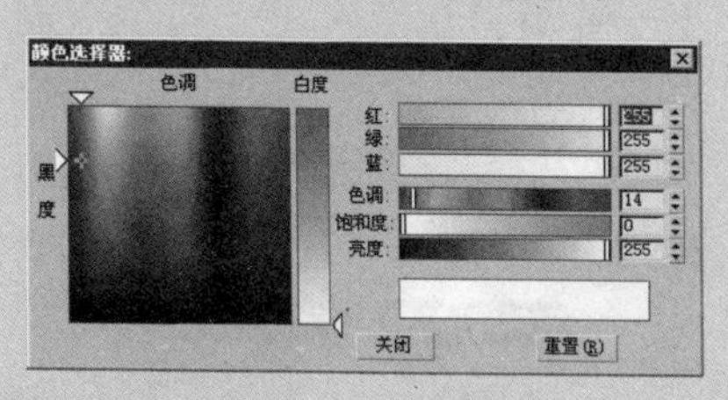

54 在"Reflection"选项区域中单击"Reflect"右侧的颜色贴图，在弹出的"颜色选择器：diffuse"对话框中将颜色设置为灰色（红：213，绿：213，蓝：213）；在场景中选中"枪头"，然后单击"将材质指定给选定对象"按钮，将材质指定给"枪头"，如下图所示。

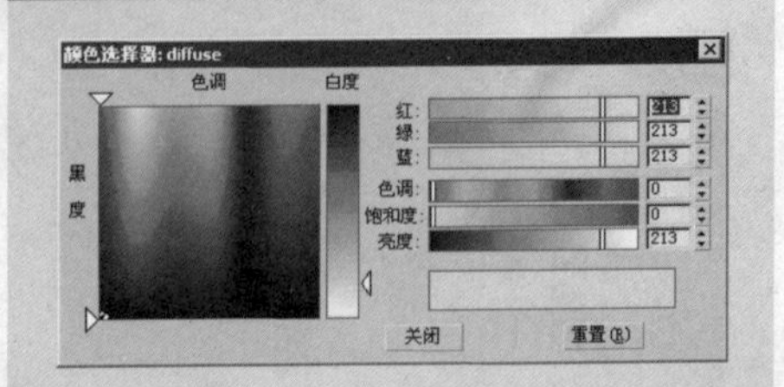

55 打开“环境和效果”对话框，在该对话框中单击“环境”选项卡中的 无 按钮，然后在弹出的“材质/贴图浏览器”对话框中双击“VRayHDRI”选项。在“环境和效果”对话框中“环境贴图”按钮上将出现VRayHDRI字样。

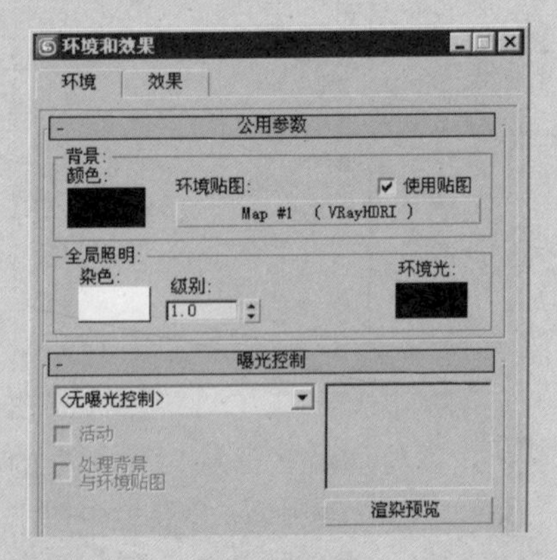

56 将“环境贴图”拖到“材质编辑器”对话框中一个未用的示例球上，此时系统将弹出“实例（副本）贴图”对话框，使用该对话框中的默认设置，然后按Enter键关闭该对话框，如下图所示。

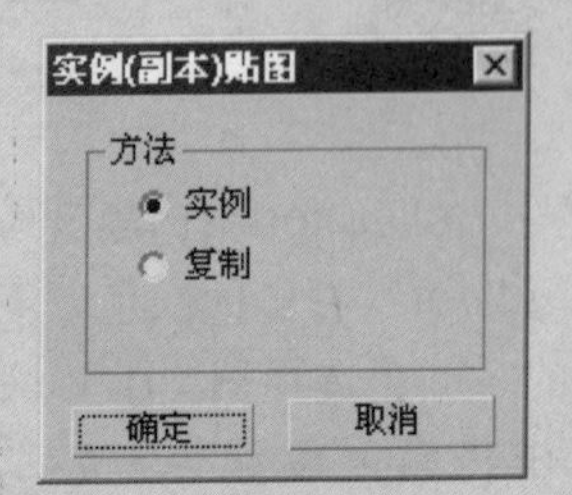

57 在“材质编辑器”对话框中单击“HDR map”右侧的 Browse 按钮，在弹出的“Choose HDR image”对话框中选择附书光盘中的“天光贴图.hdr”图片，如下图所示。

- 立方体：创建长度、宽度和高度相等的切角立方体。
- 长方体：创建长度、宽度和高度不相等的切角长方体。
- 长度、宽度、高度：设置切角长方体的长度、宽度和高度。
- 圆角：切开切角长方体的边，值越高切角长方体边上的圆角将更加精细。
- 长度分段、宽度分段、高度分段：设置长度、宽度和高度上的细分数量。
- 圆角分段：设置长方体圆角边时的分段数，添加圆角分段将增加圆形边。
- 平滑：混合切角长方体的面的显示，从而在渲染视图中创建平滑的外观。
- 生成贴图坐标：生成将贴图材质应用于切角长方体的坐标。默认设置为启用。

5.2.4 切角圆柱体

通过“切角圆柱体”可以创建具有切角或圆形封口边的圆柱体。切角圆柱体的示例如图5-57所示。

图5-57 切角圆柱体示例

创建切角圆柱体

Step 01 在“创建”命令面板中的创建类型下拉列表中选择“扩展基本体”选项，然后在“对象类型”卷展栏中单击 切角圆柱体 按钮。

Step 02 拖动鼠标，定义切角圆柱体底部的半径。

Step 03 释放鼠标按钮，然后垂直移动鼠标以定义圆柱体的高度，单击可确定高度。

Step 04 对角移动鼠标可定义圆角或切角的高度（向左上方移动可增加高度；向右下方移动可减小高度），单击以完成创建切角圆柱体。

切角圆柱体参数

切角圆柱体的“创建方法”卷展栏和“参数”卷展栏，如图5-58和图5-59所示。

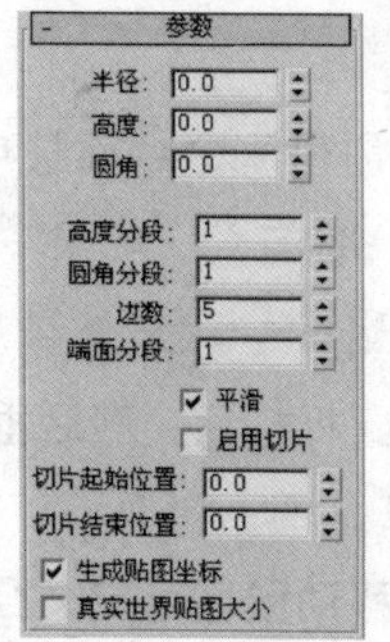

图5-58 “创建方法”卷展栏　图5-59 “参数”卷展栏

- 边：从一侧开始创建切角圆柱体。
- 中心：从中心开始创建切角圆柱体。
- 半径：设置切角圆柱体的半径。
- 高度：设置切角圆柱体的高度。
- 圆角：斜切切角圆柱体的顶部和底部封口边，数量越多将使沿着封口边的圆角更加精细。
- 高度分段：设置沿高度方向的分段数量。
- 圆角分段：设置圆柱体圆角边时的分段数。
- 边数：设置切角圆柱体周围的边数。启用“平滑”复选框时，较大的数值将着色和渲染为真正的圆。禁用“平滑”时，较小的数值将创建规则的多边形对象。
- 端面分段：设置沿着切角圆柱体顶部和底部的中心，同心分段的数量。
- 平滑：混合倒角圆柱体的面，从而在渲染视图中创建平滑的外观。
- 启用切片：启用“切片”功能，默认设置为禁用状态。
- 切片起始位置、切片结束位置：设置从X轴的零点开始围绕局部Z轴的旋转度数。

对于这两个设置，正数值将按逆时针移动切片的末端；负数值将按顺时针移动切片。

生成贴图坐标、真实世界贴图大小这两个参数前面小节中有详细介绍，在此不再赘述。

5.2.5 油罐

使用“油罐”可创建带有凸面封口的圆柱体。油罐的示例如图5-60所示。

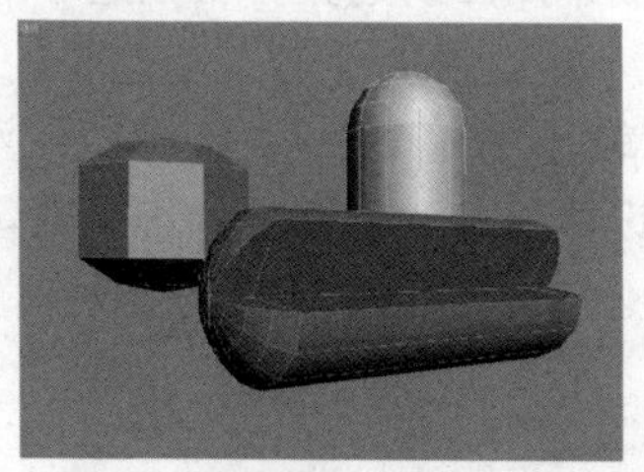

图5-60 油罐示例

工业设计>
高压电检仪
12

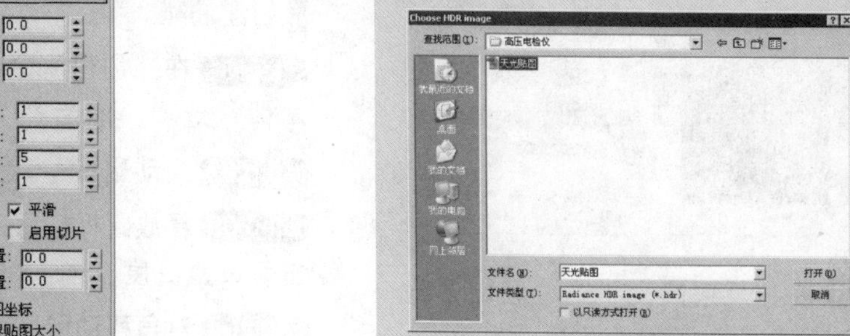

58 在“Parameters”卷展栏中将Multiplier设置为0.7，Horiz Rotation设置为93，如下图所示。

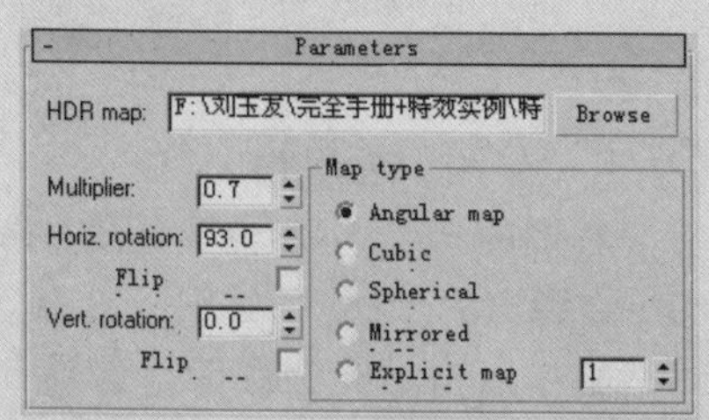

59 按Shift+Q组合键渲染透视图，从渲染后的图片中可以看到“枪头”具有很强的金属质感，如下图所示。

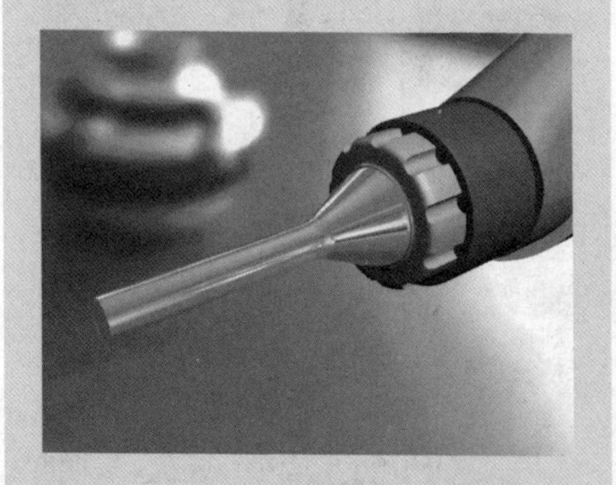

60 在“材质编辑器”对话框中选择一个未用过的示例球，然后在“Bliin基本参数卷展栏”中单击“漫反射”右侧的颜色图标，在弹出的“颜色选择器：漫反射颜色”对话框中将颜色设置为黄色（红：236，蓝：209，绿：58），如下图所示。

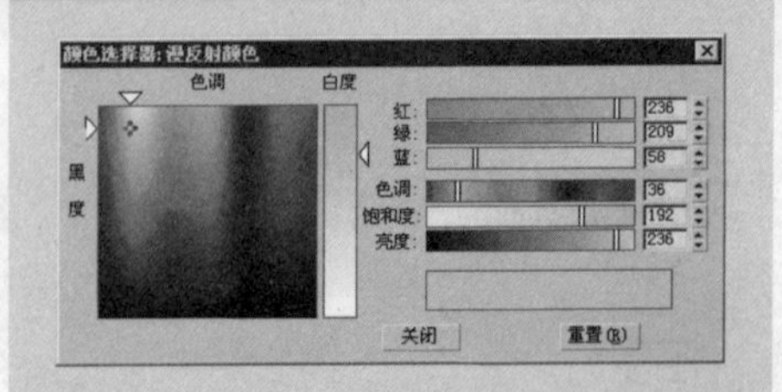

61 在“反射高光”选项区域中将“高光级别”设置为42，“光泽度”为58，如下图所示。

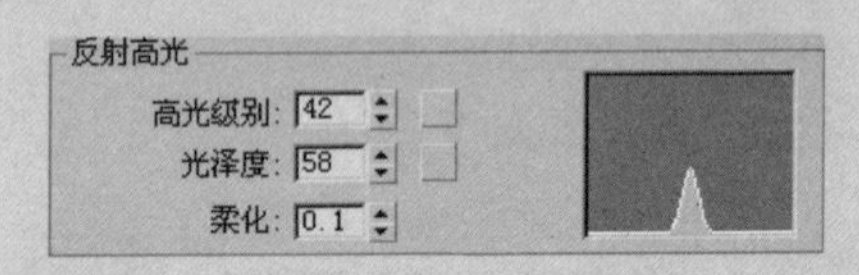

62 在“贴图”卷展栏中单击“反射”右侧的 None 按钮，在弹出的“材质/贴图浏览器”对话框中双击“光线跟踪”选项，返回到“贴图”卷展栏，然后将反射通道的“数量”设置为8，如下图所示。

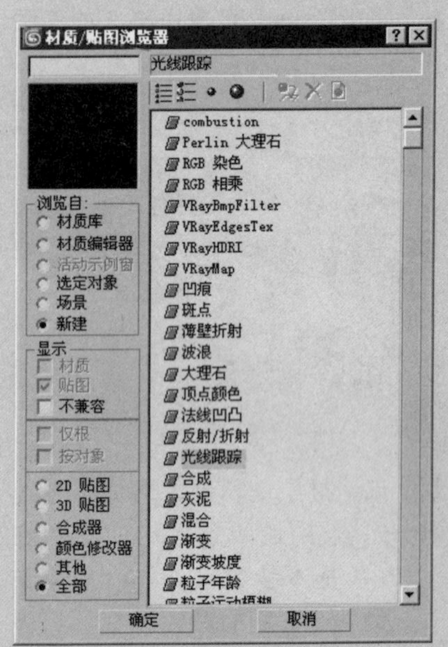

63 将当前的材质指定给“连接体”和“主体”，按Shift+Q组合键渲染透视图，效果如下图所示。

创建油罐

Step 01 在“创建”命令面板中的创建类型下拉列表中选择“扩展基本体”选项，然后在“对象类型”卷展栏中单击 油罐 按钮。

Step 02 拖动鼠标，定义油罐底部的半径。

Step 03 释放鼠标按钮，然后垂直移动鼠标以定义油罐的高度，再次单击可设置高度。

Step 04 对角移动鼠标可定义凸面封口的高度（向左上方移动可增加高度；向右下方移动可减小高度），再次单击可完成油罐创建。

油罐参数

“创建方法”卷展栏和“参数”卷展栏，如图5-61和图5-62所示。

创建方法
○ 边 ◉ 中心

图5-61 “创建方法”卷展栏

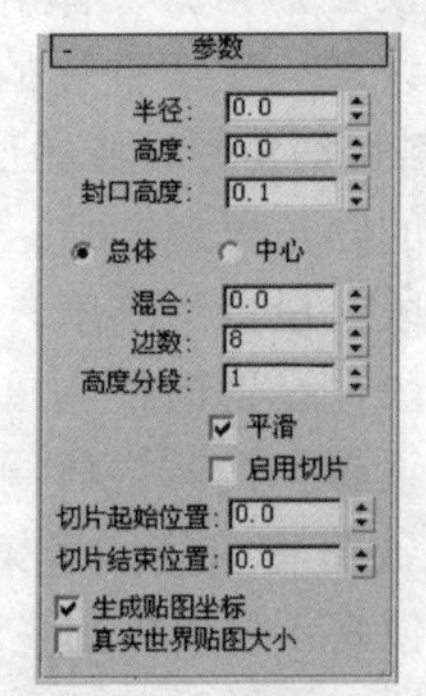

图5-62 “参数”卷展栏

- 边：从油罐的一侧开始创建。
- 中心：从中心开始创建对象。
- 半径：设置油罐的半径。
- 高度：设置油罐的高度，负数值将在构造平面下面创建油罐。
- 封口高度：设置凸面封口的高度。最小值是油罐“半径”设置的2.5%。除非“高度”设置的绝对值小于两倍“半径”设置，在这种情况下，封口高度不能超过“高度”设置绝对值的二分之一，否则最大值是“半径”设置。
- 总体、中心：决定“高度”值指定的内容。“总体”是对象的总体高度；“中心”是圆柱体中部的高度，不包括其凸面封口。
- 混合：大于0时将在封口的边缘创建切角。
- 边数：设置油罐周围的边数。要创建平滑的圆角对象，需使用较大的边数，并启用“平滑”复选框。要创建带有平面的油罐，请使用较小的边数，并禁用“平滑”复选框。
- 高度分段：设置沿着油罐高度的细分数量。

平滑、切片起始位置、切片结束位置与圆柱体的使用方法基本相同。

5.2.6 胶囊

胶囊与油罐类似，使用“胶囊”可创建带有半球状封口的圆柱体，胶囊的创建方法有“边”和“中心”两种，这两个参数在“创建方法”卷展栏中，含义及使用方法与“切角圆柱体”相同。

创建胶囊

Step 01 在“创建”命令面板中的创建类型下拉列表中选择“扩展基本体”选项，然后在“对象类型”卷展栏中单击 胶囊 按钮。

Step 02 拖动鼠标，定义胶囊的半径。

Step 03 释放鼠标按钮，然后垂直移动鼠标以定义胶囊的高度。

Step 04 单击即可设置高度，并完成胶囊的创建。

胶囊参数

胶囊示例如图5-63所示，胶囊的“参数”卷展栏如图5-64所示。

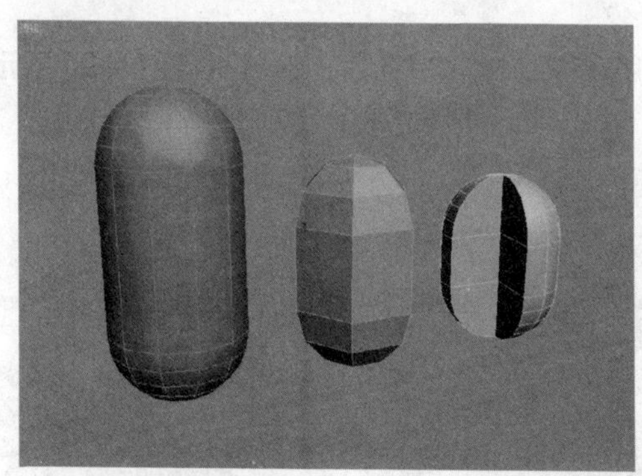

图5-63 胶囊示例

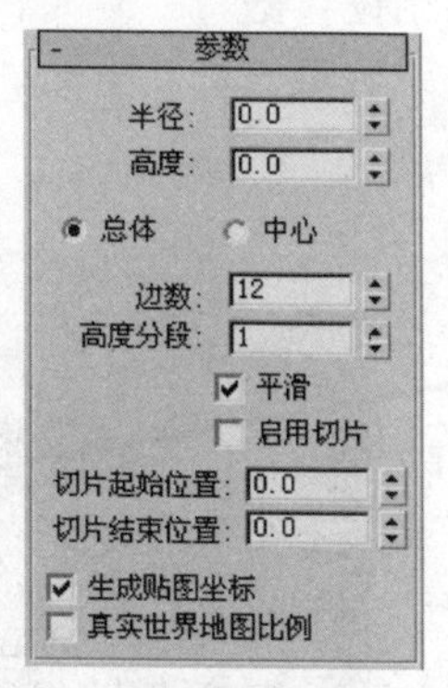

图5-64 胶囊参数

- 半径：设置胶囊的半径。
- 高度：设置胶囊的高度。负数值将在构造平面下面创建胶囊。
- 总体、中心：决定“高度”值指定的内容。“总体”指定对象的总体高度。“中心”指定圆柱体中部的高度，不包括其圆顶封口。
- 边数：设置胶囊周围的边数。禁用“平滑”复选框时，较小的数值将创建规则的具有多边形横截面的胶囊对象。
- 高度分段：设置沿着胶囊主轴的分段数量。
- 平滑：混合胶囊的面，从而在渲染视图中创建平滑的外观。
- 启用切片：启用“切片”功能。默认设置为禁用状态。创建切片后，如果禁用“启用切片”复选框，则将重新显示完整的胶囊。
- 切片起始位置、切片结束位置：设置从局部X轴的零点开始围绕局部Z轴的度数，对于这两个设置，正数值将按逆时针移动切片的末端；负数值将按顺时针移动它。

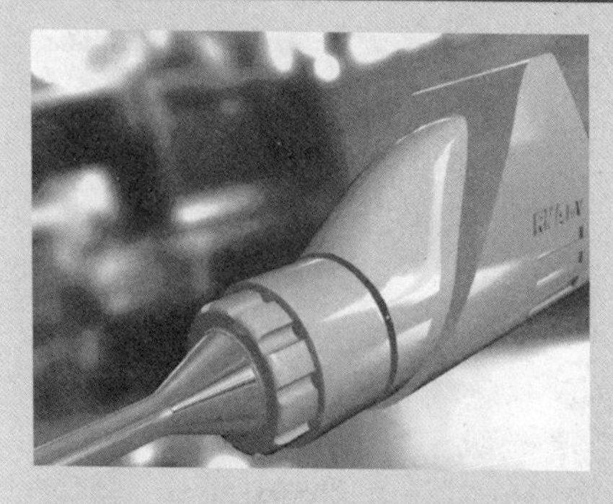

64 将“主体”材质拖到另外一个未用的示例球上，然后将复制的材质命名为“手柄”，然后将“环境光”颜色设置为灰色（红：68，绿：67，蓝：67），如下图所示。

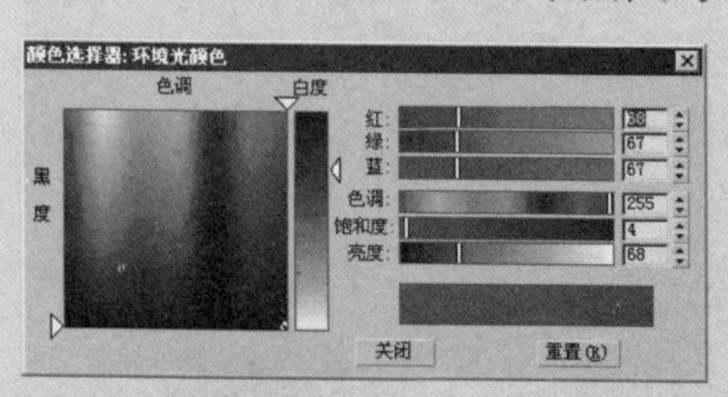

65 在视图中选中“手柄”，然后单击“将材质指定给选定对象”按钮，将当前的材质指定给“手柄”，按Shift+Q组合键渲染透视图，效果如下图所示。

66 将“主体”材质拖到另外一个未用过的示例球上，然后将复制的材质命名为“按钮”，然后将“环境光”颜色设置为灰色（红：137，绿：137，蓝：137），如下图所示。

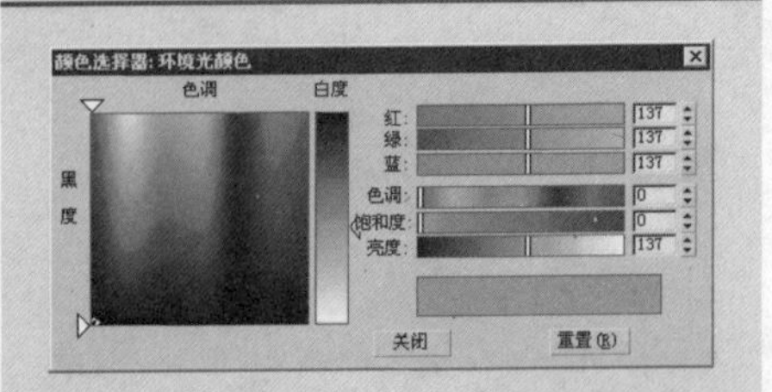

67 在“反射高光”选项区域中将“高光级别”设置为30，“光泽度”为30，在视图中选中“按钮”对象，然后单击“将材质指定给选定对象”按钮，将当前的材质指定给“手柄”，按Shift+Q组合键渲染透视图，效果如下图所示。

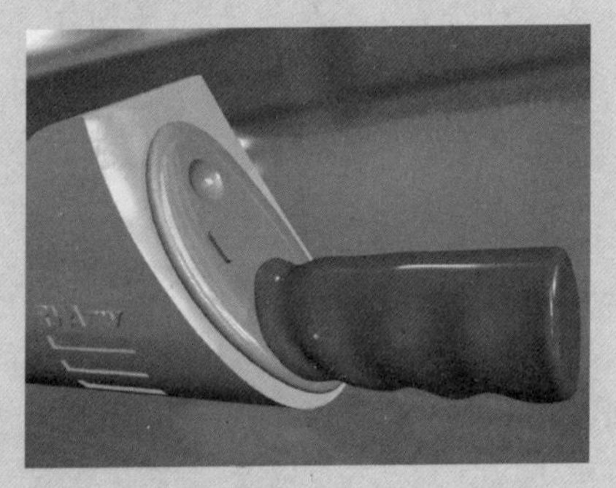

68 在视图中创建一个足够大的平面对象，然后将制作的模型复制一个，读者可以根据个人的喜好将复制后的“主体01”更换颜色，并适当调整复制模型的角度，使画面的构图简捷、突出，如下图所示。

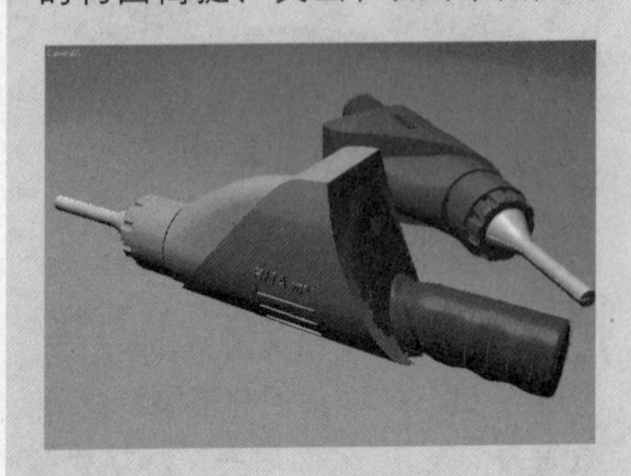

5.2.7 纺锤

使用“纺锤”可创建带有圆锥形封口的圆柱体。纺锤的创建方法有“边”和“中心”两种，这两个参数在“创建方法”卷展栏中，含义及使用方法与“胶囊”相同。

创建纺锤

Step 01 在“创建”命令面板中的创建类型下拉列表中选择“扩展基本体”选项，然后在“对象类型”卷展栏中单击 纺锤 按钮。

Step 02 拖动鼠标，定义纺锤底部的半径。

Step 03 释放鼠标按钮，然后垂直移动鼠标以定义纺锤的高度，单击可确定高度。

Step 04 对角移动鼠标可定义圆锥形封口的高度，向左上方移动可增加高度；向右下方移动可减小高度，再次单击以完成纺锤创建。

纺锤参数

纺锤示例如图5-65所示，纺锤的“参数”卷展栏如图5-66所示。

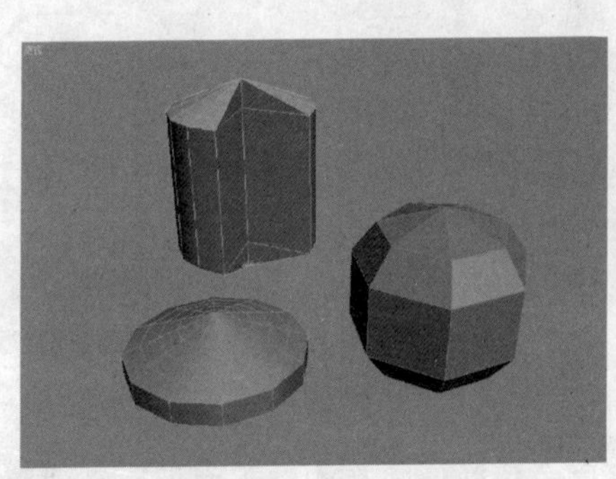

图5-65 纺锤示例

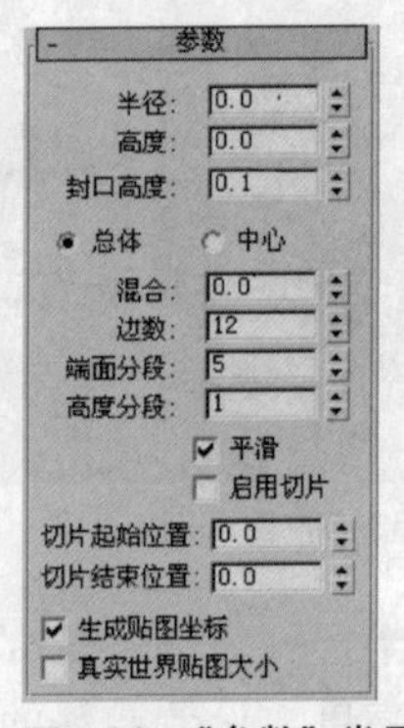

图5-66 “参数”卷展栏

- 半径：设置纺锤的半径。
- 高度：设置纺锤的高度。负数值将在构造平面下面创建纺锤。
- 封口高度：设置圆锥形封口的高度。最小值是0.1；最大值是“高度”绝对值的一半。
- 总体、中心：决定“高度”值指定的内容。“总体”指定对象的总体高度，“中心”指定圆柱体中部的高度，不包括其圆锥形封口。
- 混合：大于0时将在纺锤主体与封口的会合处创建圆角。
- 边数：设置纺锤周围边数。
- 端面分段：设置沿着纺锤顶部和底部的中心，同心分段的数量。
- 高度分段：设置沿着纺锤高度的分段数量。
- 平滑：混合纺锤的面，从而在渲染视图中创建平滑的外观。

- 启用切片：启用“切片”功能，默认设置为禁用状态。创建切片后，如果禁用“启用切片”，则将重新显示完整的纺锤。
- 切片起始位置、切片结束位置：设置从局部 X 轴的零点开始围绕局部 Z 轴的度数，对于这两个设置，正数值将按逆时针移动切片的末端；负数值将按顺时针移动它。

5.2.8 L-Ext

使用L-Ext扩展基本体可创建挤出的L形几何体。L-Ext示例如图5-67所示。

图5-67 L-Ext示例

创建L-Ext

Step 01 在“创建”命令面板中的创建类型下拉列表中选择“扩展基本体”选项，然后在“对象类型”卷展栏中单击 L-Ext 按钮。

Step 02 拖动鼠标以定义底部，按住Ctrl键可将底部约束为正方形。

Step 03 释放鼠标并垂直移动可定义L-Ext挤出的高度。

Step 04 单击后垂直移动鼠标可定义L-Ext挤出体的厚度或宽度，单击鼠标，以完成L-Ext创建。

L-Ext参数

“创建方法”卷展栏，如图5-68所示。

图5-68 “创建方法”卷展栏

- 角：从左上角或者右上角来创建L-Ext对象。
- 中心：从中心开始创建L-Ext对象。

“参数”卷展栏，如图5-69所示。

69 在“创建”命令面板中单击“灯光”按钮，在“对象类型”卷展栏中单击 VRayLight 按钮，在顶视图中单击并拖动鼠标，创建一盏VRay渲染器特有的灯光，然后在视图中调整灯光的照射角度，使光线斜射到模型上，如下图所示。

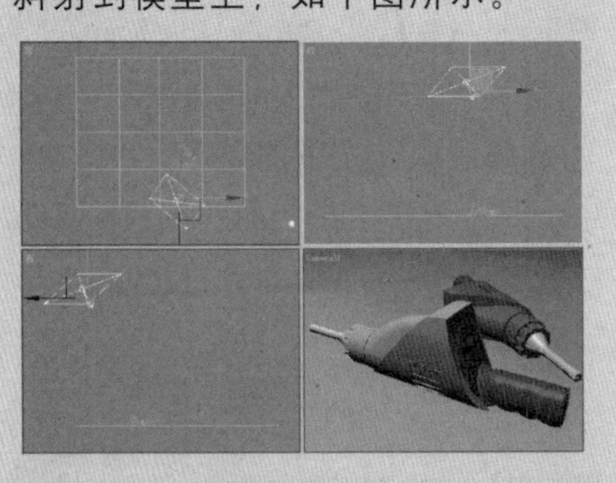

70 切换到“修改”命令面板，在Parameters卷展栏中将灯光的Mult数值设置为12，如下图所示。

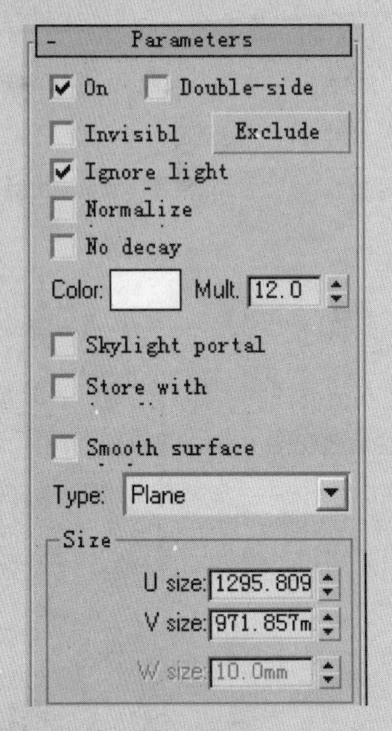

71 按F10键打开“渲染场景：Adv 1.47.03”对话框，在该对话框中的“VRay::Image sampler (Antialiasing)”卷展栏中的抗锯齿类型的下拉列表中选择“Catmull-Rom”选项，如下图所示。

VRay:: Image sampler (Antialiasing)
Image sampler
Fixed rate Subdivs: 1
Adaptive QMC Min subdivs: 1 Max subdivs: 4
Adaptive subdivision
Min. rate: -1 Max. rate: 2 Object
Threshold: 0.1 Rand Normals 0.05
Antialiasing filter
On Catmull-Rom 具有显著边缘增强效果的25像素过滤器。
Size: 4.0

72 在“VRay::Indirect illumination”卷展栏中勾选“On”复选框，启用全局照明，如下图所示。

VRay:: Indirect illumination (GI)
On Post-processing
GI caustics Saturation: 1.0 Save maps per
Reflective Contrast: 1.0
Refractive Contrast base: 0.5
Primary bounces
Multiplier: 1.0 GI engine: Irradiance map
Secondary bounces
Multiplier: 1.0 GI engine: Quasi-Monte Carlo

73 在“VRay::Environment”卷展栏中的Reflection/refraction etc Environment选项区域中勾选Override”复选框，将Multipliers设置为0.5，如下图所示。

VRay:: Environment
GI Environment (skylight)
Override
Color: Multiplier: 0.5 None
Reflection/refraction etc environment
Override MAX's
Color: Multiplier: 1.0 None

74 右击透视图，然后按Shift+Q组合键渲染透视图，最终效果如下图所示。

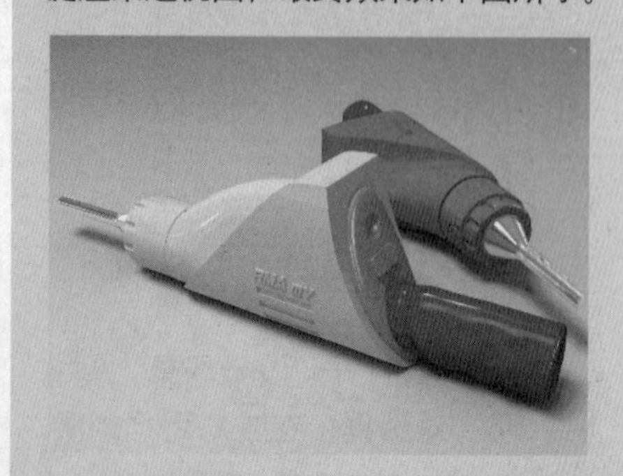

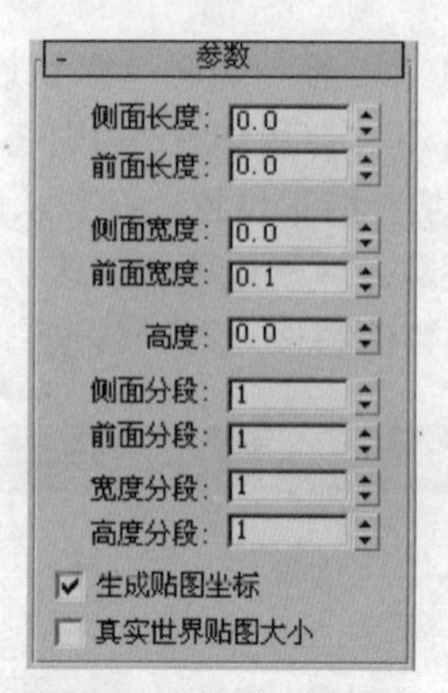

图5-69 “参数”卷展栏

- 侧面/前面长度：指定L-Ext“侧面”、“前面”的长度。
- 侧面/前面宽度：指定L-Ext“侧面”、“前面”的宽度。
- 高度：指定对象的高度。
- 侧面/前面分段：指定L-Ext“侧面”、“前面”的分段数。
- 宽度/高度分段：指定整个宽度和高度的分段数。
- 生成贴图坐标：设置将贴图材质应用于对象时所需的坐标。
- 真实世界贴图大小：控制应用于该对象的纹理贴图材质所使用的缩放方法。

5.2.9 球棱柱

使用“球棱柱”可以创建具有切角效果的棱柱体。球棱柱有两种创建方法：边（从球棱柱的一侧开始创建）和中心（从中心开始绘制对象）。球棱柱示例如图5-70所示。

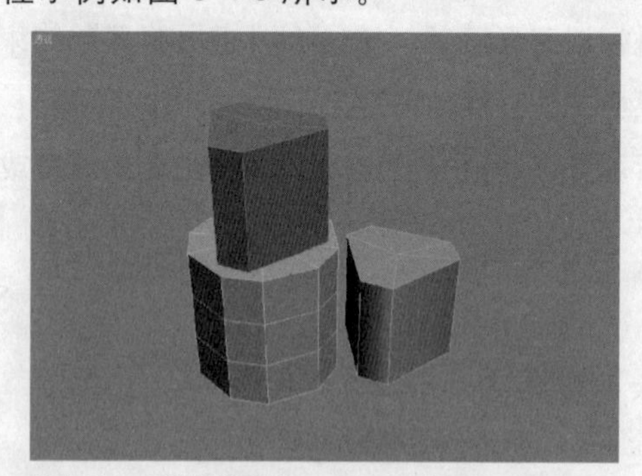

图5-70 球棱柱示例

创建球棱柱

Step 01 在“创建”命令面板中的创建类型下拉列表中选择“扩展基本体”选项，然后在“对象类型”卷展栏中单击 球棱柱 按钮。

Step 02 拖动鼠标可创建球棱柱的半径。

Step 03 释放鼠标，然后垂直移动鼠标以定义球棱柱的高度，单击可确定高度。

Step 04 对角移动鼠标可沿着侧面角指定切角的大小（向左上方移动可增大；向右下方移动可减小），单击以完成球棱柱的创建。

球棱柱参数

“参数”卷展栏，如图5-71所示。

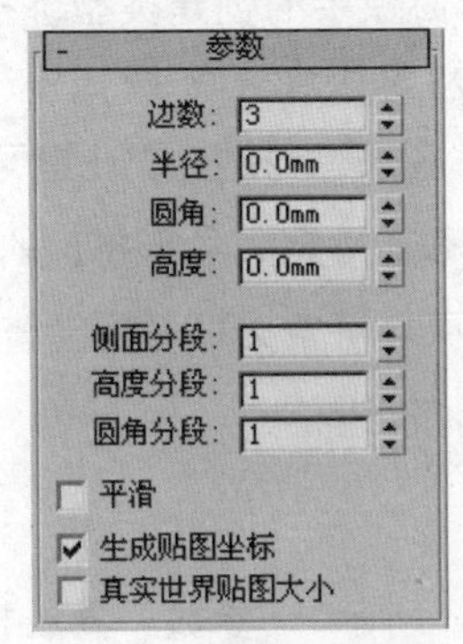

图5-71 “参数”卷展栏

- 边数：设置球棱柱周围边数。禁用“平滑”选项时，较小的数值将创建规则的多边形对象。
- 半径：设置球棱柱的半径。
- 圆角：设置切角化角的宽度。
- 高度：设置球棱柱的高度，负值将在构造平面下面创建球棱柱。
- 侧面分段：设置球棱柱周围的分段数量。
- 高度分段：设置沿着球棱柱主轴的分段数量。
- 圆角分段：设置边圆角的分段数量。提高该设置将生成圆角，而不是切角，如图5-72所示。

图5-72 球棱柱的圆角效果

- 平滑：混合球棱柱的面，从而在渲染视图中创建平滑的外观。
- 生成贴图坐标：设置将贴图材质应用于球棱柱时所需的坐标。默认设置为启用。
- 真实世界贴图大小：控制应用于该对象的纹理贴图材质所使用的缩放方法。

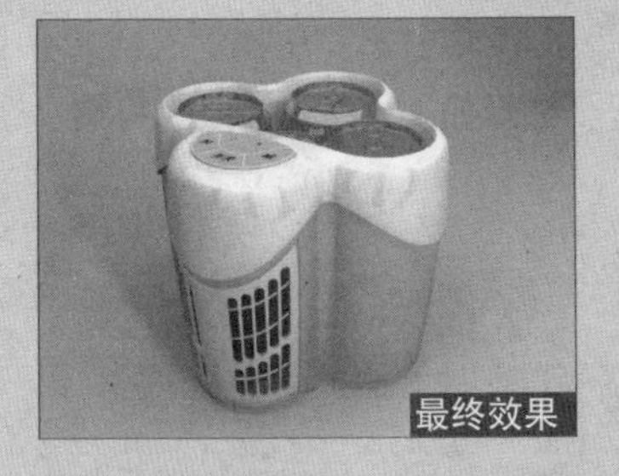

制作外散热器

01 单击“图形”创建命令面板中的 圆 按钮，在顶视图中创建一个“圆”，设置圆的“半径”为60.0，“步数”为30，并拖动复制“圆”，如下图所示。

02 将其中的一个圆转换为“可编辑样条线”，单击“几何体”卷展栏中的 附加 按钮，将视图中其他圆附加为一体，如下图所示。

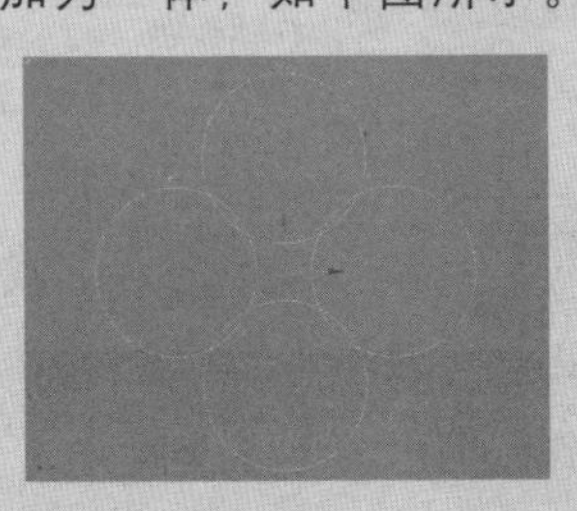

03 按数字键1，切换到“顶点”层级，单击“几何体”卷展栏中的 优化 按钮，在样条线上添加点，如下图所示。

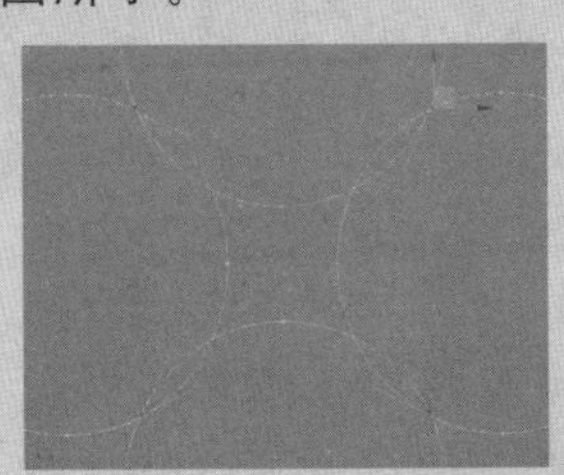

04 按数字键2，切换到“线段”层级，选择如下图所示线段，将其删除。

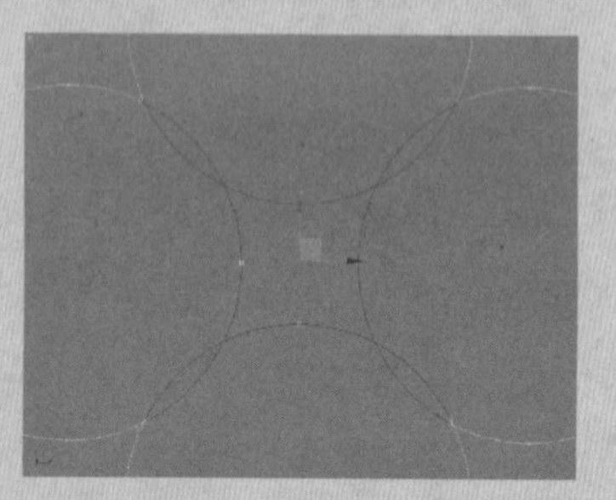

05 按数字键1，切换到“顶点”层级，勾选“几何体”卷展栏中“端点自动焊接”选项区域中的“自动焊接”复选框，并将“阈值距离”设置为6.0，增大焊接距离。然后拖动刚创建的顶点，使其自动焊接，如下图所示。

06 选择焊接后的顶点，在“几何体”卷展栏中 圆角 按钮右侧的数值框中输入数值为35.0，圆角效果如下图所示。

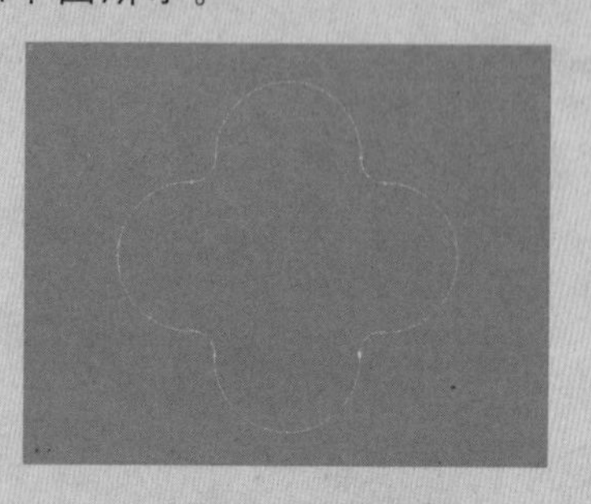

07 将“可编辑样条线”转换为“可编辑多边形”。按数字键4，切换到“多边形”层级，选择如下图所示的面。

5.2.10 C-Ext

使用C-Ext扩展基本体可创建挤出的C形几何体。

创建C-Ext对象

Step 01 在“创建”命令面板中的创建类型下拉列表中选择“扩展基本体”选项，然后在“对象类型”卷展栏中单击 C-Ext 按钮。

Step 02 拖动鼠标以定义底部。(按住Ctrl键可将底部约束为方形。)

Step 03 释放鼠标并垂直移动可定义C形挤出的高度。

Step 04 单击后垂直移动鼠标可定义C形挤出墙体的厚度或宽度。

Step 05 单击以完成C形挤出。

C-Ext参数

C-Ext示例如图5-73所示。“参数”卷展栏如图5-74所示。

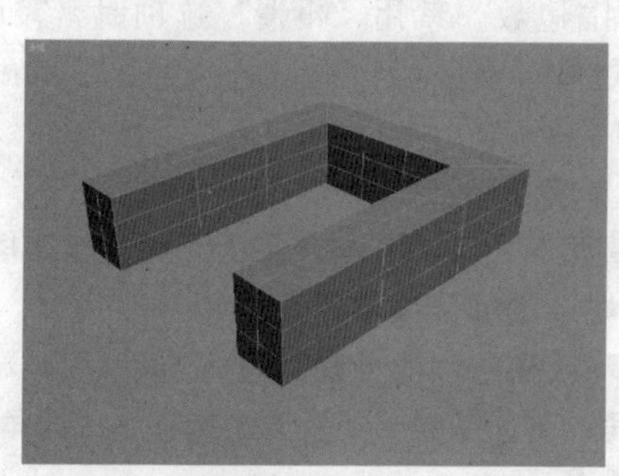

图5-73　C-Ext示例

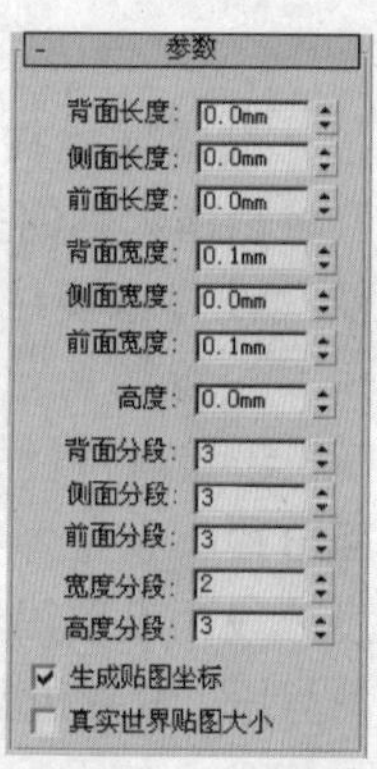

图5-74　“参数”卷展栏

- 背面/侧面/前面长度：分别指定背面、侧面和前面的长度。
- 背面/侧面/前面宽度：分别指定背面、侧面和前面的宽度。
- 高度：指定对象的总体高度。
- 背面/侧面/前面分段：分别指定背面、侧面和前面的的分段数。
- 宽度/高度分段：设置该分段以指定对象的整个宽度和高度的分段数。
- 生成贴图坐标：设置将贴图材质应用于对象时所需的坐标，默认设置为启用。
- 真实世界贴图大小：控制应用于该对象的纹理贴图材质所使用的缩放方法。

5.2.11 环形波

使用“环形波”对象来创建一个环形，可选项是不规则内部和外部边，它的图形可以设置为动画；也可以设置环形波对象增长动画，还可以使用关键帧来设置所有数字设置动画。环形波示例如图5-75所示。

图5-75　环形波示例

创建基本环形波动画

Step 01 在“创建”命令面板中的创建类型下拉列表中选择“扩展基本体”选项，然后在“对象类型”卷展栏中单击 环形波 按钮。

Step 02 在视口中拖动可以设置环形波的外半径。

Step 03 释放鼠标按钮，然后将鼠标移回环形中心以设置环形内半径，单击可以创建环形波对象。

Step 04 拖动时间滑块以查看环形波基本动画的变化速度，由“内边波折”选项区域中的“爬行时间”决定。

Step 05 要设置环形增长动画，需要选中“环形波计时”选项区域中的“增长并保持”或“循环增长”单选按钮。

环形波参数

“参数”卷展栏如图5-76所示。

参数
环形波大小
半径：23.412mm
径向分段：1
环形宽度：11.806mm
边数：200
高度：0.0mm
高度分段：1
环形波计时
无增长
增长并保持
循环增长
开始时间：0
增长时间：60
结束时间：100

外边波折
启用
主周期数：1
宽度波动：0.0 %
爬行时间：100
次周期数：1
宽度波动：0.0 %
爬行时间：-100
内边波折
启用
主周期数：11
宽度波动：25.0 %
爬行时间：121
次周期数：29
宽度波动：10.0 %
爬行时间：-27
曲面参数
纹理坐标
平滑

图5-76　“参数”卷展栏

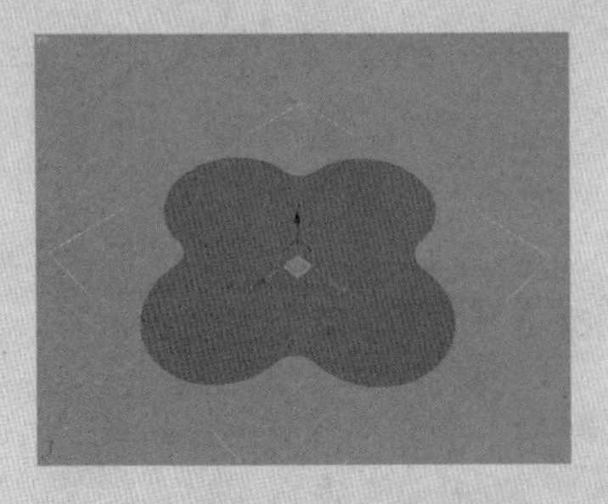

08 单击“编辑多边形”卷展栏中 倒角 按钮右侧的“设置”按钮 ，在弹出的“倒角多边形”对话框中设置“高度”为0.0，“轮廓量”为2.0，如下图所示。

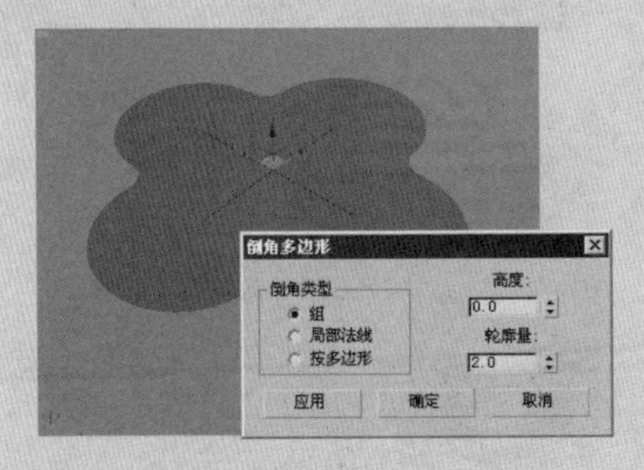

09 单击“应用”按钮，再设置“高度”为2.0，“轮廓量”为0.0，如下图所示。

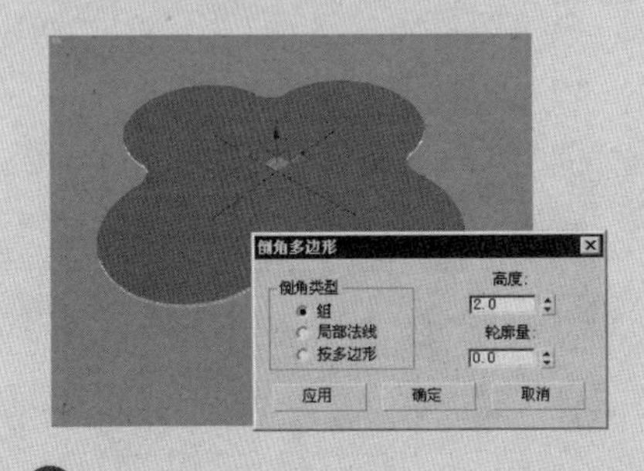

10 单击“应用”按钮，设置“高度”为4.0，“轮廓量”为0.0，如下图所示。

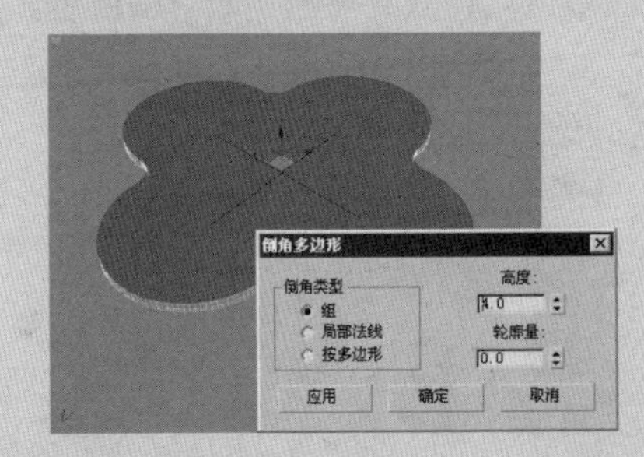

⓫ 单击“应用”按钮，设置“高度”为2.0，“轮廓量”为0.0，如下图所示。

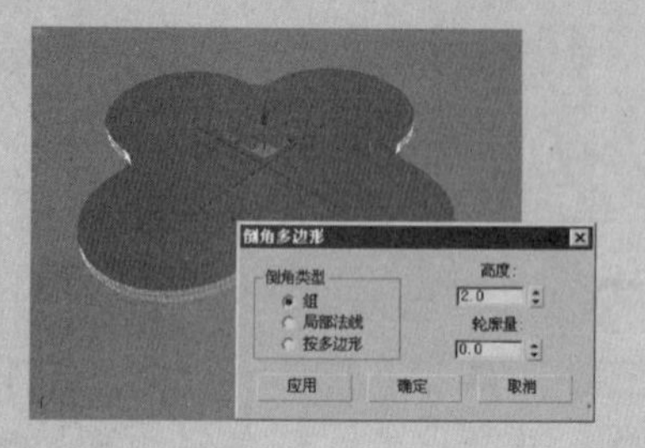

⓬ 单击“应用”按钮，设置“高度”为0.0“轮廓量”为2.0，如下图所示。

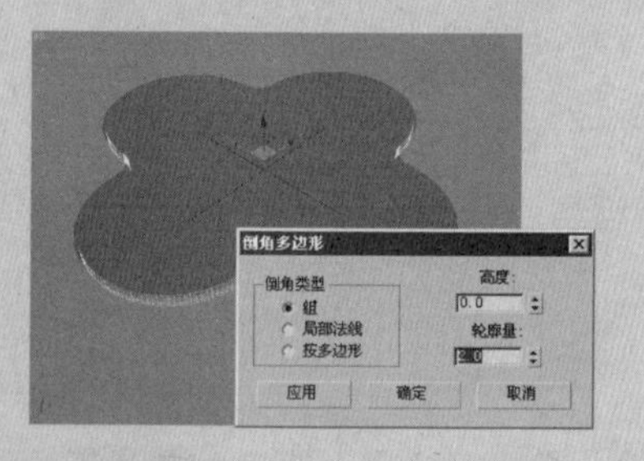

⓭ 单击“应用”按钮，设置“高度”为2.0“轮廓量”为0.0，如下图所示。

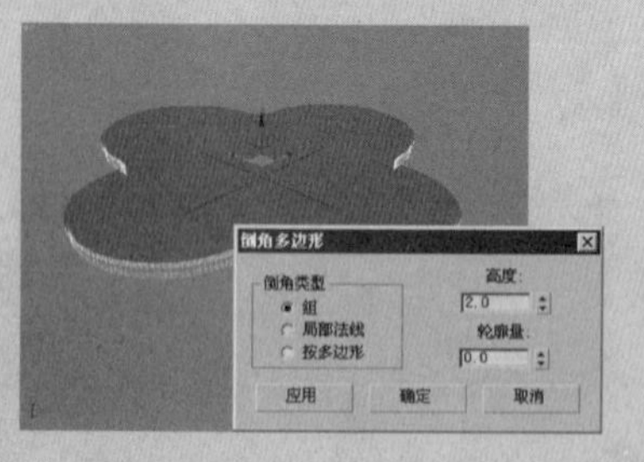

⓮ 单击“应用”按钮，设置“高度”为50.0“轮廓量”为2.0。然后单击“确定”按钮，如下图所示。

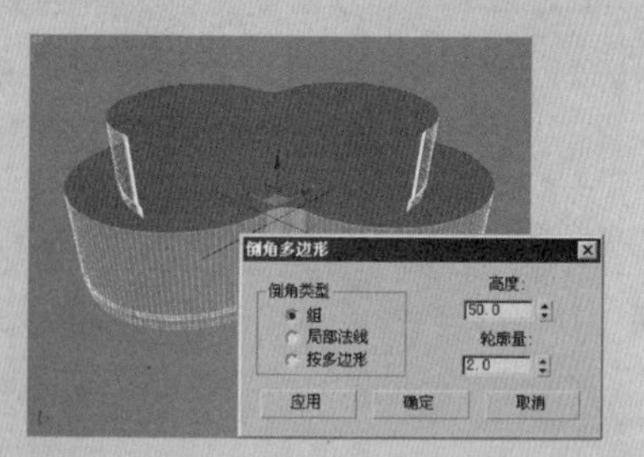

（1）“环形波大小”选项区域

- 半径：设置圆环形波的外半径。
- 径向分段：沿半径方向设置内外曲面之间的分段数目，将分段数值设置为4的效果如图5-77所示。
- 环形宽度：设置环形宽度，从外半径向内测量。
- 边数：给内、外和末端（封口）曲面沿圆周方向设置分段数目。
- 高度：设置环形波的高度，如图5-78所示。

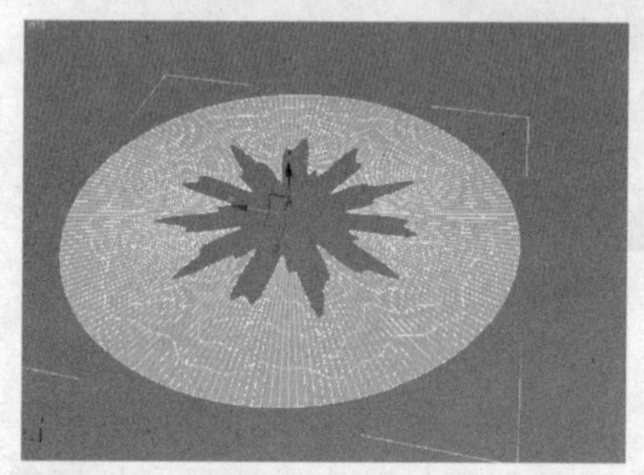

图5-77 环形波分段

图5-78 环形波厚度

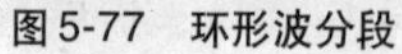

技巧 提示

如果在“高度”为0时将会产生类似冲击波的效果，这样可以应用两面材质从两侧查看。

- 高度分段：沿高度方向设置分段数目。

（2）“环形波计时”选项区域

- 无增长：设置一个静态环形波，它在“开始时间”显示，在“结束时间”消失。
- 增长并保持：设置单个增长周期。环形波在“开始时间”开始增长，并在“开始时间”以及“增长时间”处达到最大尺寸。
- 循环增长：环形波从“开始时间”到“增长时间”及“结束时间”重复增长。
- 开始时间：如果选择“增长并保持”或“循环增长”，则环形波出现帧数并开始增长。
- 增长时间：从“开始时间”后环形波达到其最大尺寸所需帧数。“增长时间”仅在选中“增长并保持”或“循环增长”时可用。
- 结束时间：环形波消失的帧数。

（3）“外边波折”选项区域

- 启用：启用外部边上的波峰。
- 主周期数：设置围绕外部边的主波数目。
- 宽度波动：设置主波的大小，以调整宽度的百分比表示。
- 爬行时间：设置每一主波绕“环形波”外周长移动一周所需帧数。
- 次周期数：在每一主周期中设置随机尺寸小波的数目。

● 宽度波动：设置小波的平均大小，以调整宽度的百分比表示。
● 爬行时间：设置每一小波绕其主波移动一周所需帧数。

（4）“内边波折”选项区域

● 启用：启用内部边上的波峰。仅启用此选项时，此选项区域中的参数处于活动状态。
● 主周期数：设置围绕内部边的主波数目，将周期分别设置为0和65，此时环形波的内边将发生变化，分别如图5-79和图5-80所示。

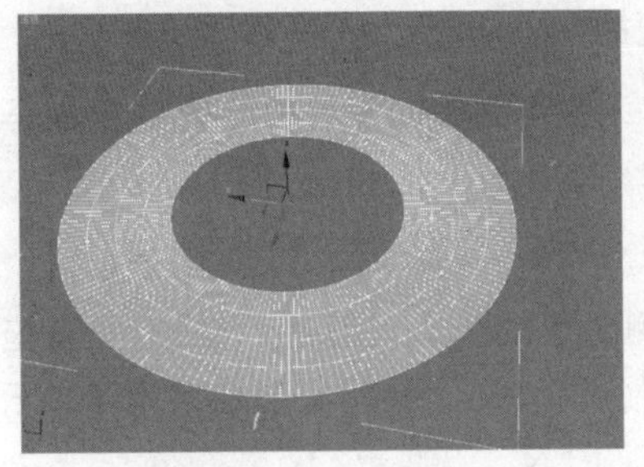
图5-79 周期为0

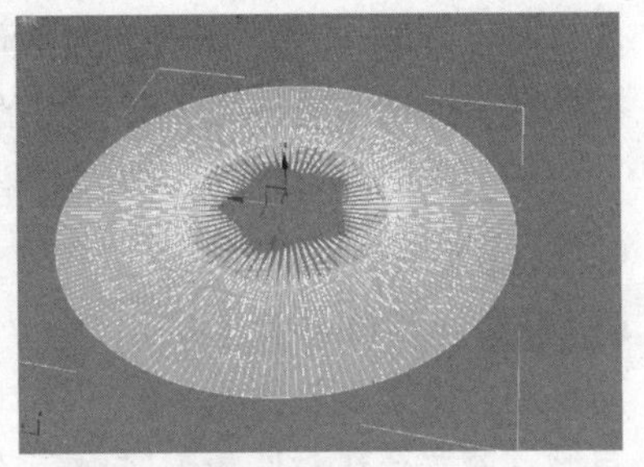
图5-80 周期为65

● 宽度波动：设置主波的大小，以调整宽度的百分比表示。
● 爬行时间：设置每一主波绕“环形波”内周长移动一周所需帧数。
● 次周期数：在每一主周期中设置随机尺寸小波的数目。
● 宽度波动：设置小波的平均大小，以调整宽度的百分比表示。
● 爬行时间：设置每一小波绕其主波移动一周所需帧数。

（5）“曲面参数”选项区域

● 纹理坐标：设置将贴图材质应用于对象时所需的坐标。默认设置为启用。
● 平滑：通过将所有多边形设置为平滑组1将平滑应用到对象上。默认设置为启用。

技巧·提示

“爬行时间”参数中的负值将更改波的方向。要产生干涉效果，使用“爬行时间”给主和次波设置相反符号，但与“宽度波动”和“周期”设置类似。要产生最佳的随机结果，给主和次周期使用素数，这不同于乘以2或4的数。例如，主波周期为11或17使用宽度波动为50与主波周期为23或31使用 宽度波的10到20之间的宽度波动合并，将产生效果很好的随机显示边。

5.2.12 棱柱

使用“棱柱”可创建具有3个侧面的棱柱。 棱柱示例如图5-81所示。

⑮ 旋转观察模型，会发现底面是缺失的，切换到“边界”层级，选择如下图所示边界，单击“编辑边界”卷展栏中的 封口 按钮，效果如下图所示。

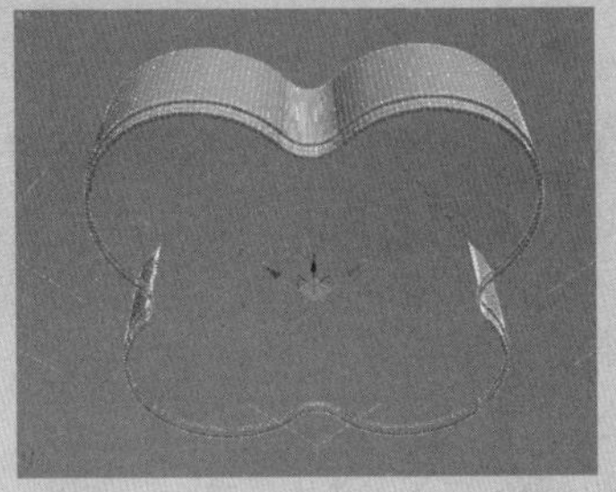

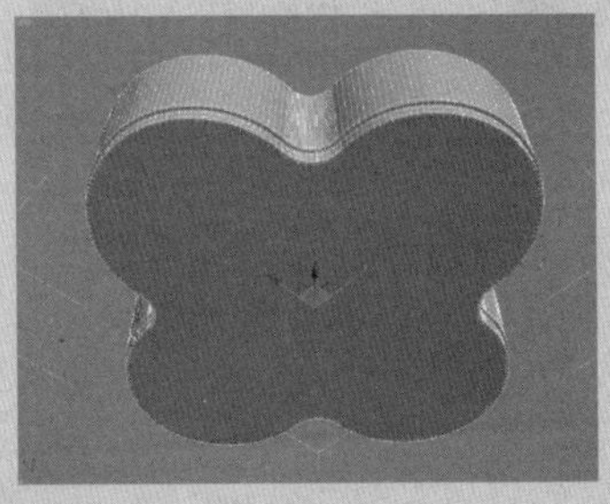

⑯ 在“修改”命令面板的“修改器列表”下拉列表中选择“网格平滑”命令，以便观察圆角效果，设置“细分量”卷展栏中的“迭代次数”为2，效果如下图所示。

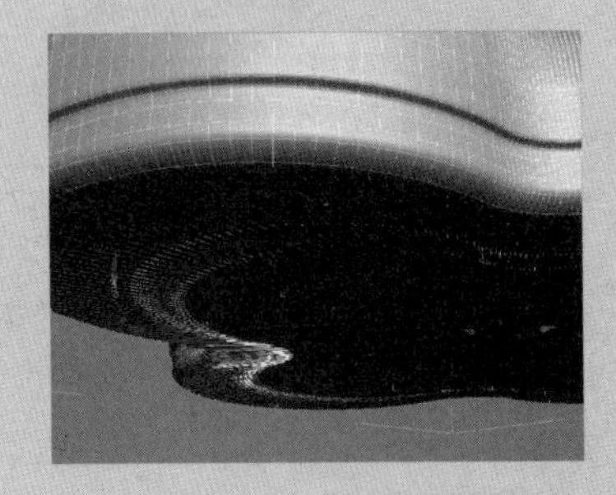

⑰ 按下数字键4，切换到“多边形”层级，单击“编辑多边形”卷展栏中 倒角 按钮右侧的“设置”按钮，在弹出的“倒角多边形”对话框中设置“高度”为80.0，“轮廓量”为5.0。并使用主工具栏中的“选择并均匀缩放”按钮调整线段大小，如下图所示。

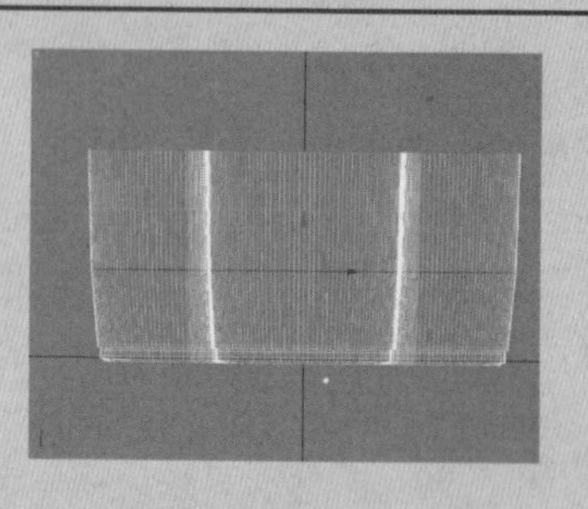

⑱ 单击“编辑多边形”卷展栏中倒角按钮右侧的“设置”按钮，在弹出的“倒角多边形”对话框中设置“高度”为60.0，“轮廓量”为-2.0，如下图所示。

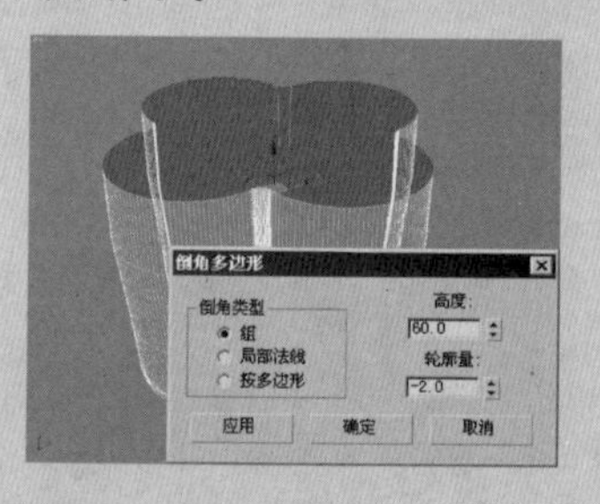

⑲ 单击“应用”按钮，再设置“高度”为30.0，“轮廓量”为-3.0，然后单击“确定”按钮，如下图所示。

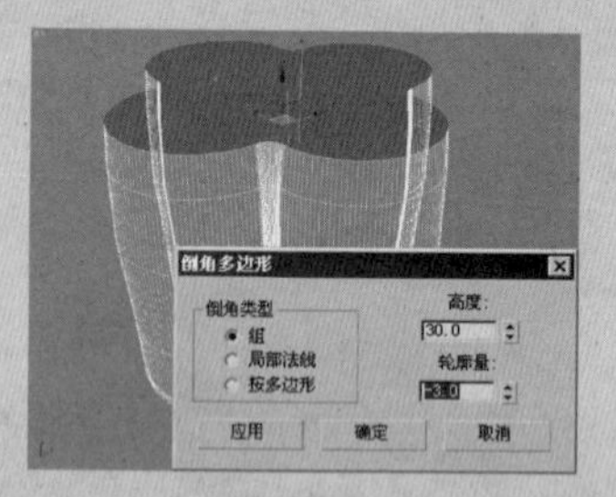

⑳ 单击“编辑多边形”卷展栏中倒角按钮右侧的“设置”按钮，在弹出的“倒角多边形”对话框中设置“高度”为0.0，“轮廓量”为-3.0，如下图所示。

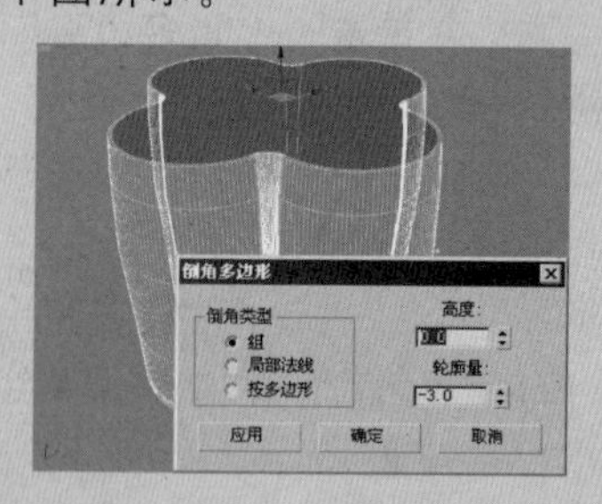

图 5-81 棱柱示例

创建将等腰三角形作为底面的棱柱

Step 01 在“创建”命令面板中的创建类型下拉列表中选择“扩展基本体”选项，然后在“对象类型”卷展栏中单击棱柱按钮。

Step 02 选中“创建方法”卷展栏中的“二等边”单选按钮。

Step 03 在视口中水平拖动以定义侧面 1 的长度（沿着 X 轴），垂直拖动以定义侧面 2 和侧面 3 的长度（沿着 Y 轴）。要将底部约束为等边三角形，需要在执行此步骤之前按住 Ctrl 键。

Step 04 释放鼠标并垂直移动可定义棱柱体的高度，单击以完成棱柱体的创建。

棱柱参数

“创建方法”卷展栏和“参数”卷展栏，如图5-82和图5-83所示。

创建方法
◉ 二等边 ○ 基点/顶点

图5-82 “创建方法”卷展栏

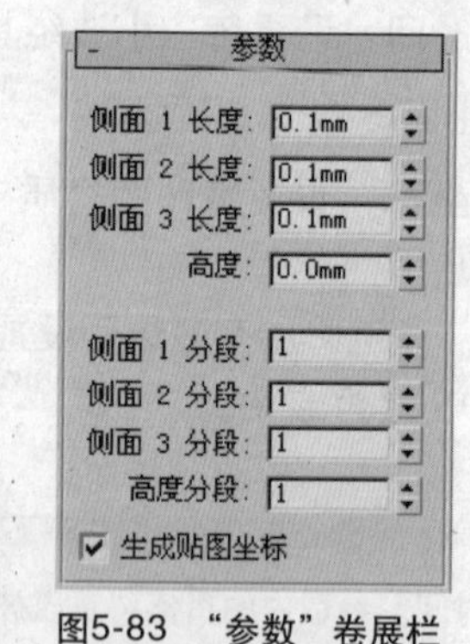

图5-83 “参数”卷展栏

- 二等边：绘制将等腰三角形作为底部的棱柱体。
- 基点 / 顶点：绘制底部为不等边三角形或钝角三角形的棱柱体。
- 侧面（1/2/3）长度：设置三角形对应面的长度（以及三角形的角度）。
- 高度：设置棱柱的高度。
- 侧面（1/2/3）分段：指定棱柱体每个侧面的分段数。
- 高度分段：设置沿着棱柱体主轴的分段数量。
- 生成贴图坐标：设置将贴图材质应用于棱柱体时所需的坐标。默认设置为禁用状态。

5.2.13 软管

软管对象是一个能连接两个对象的弹性对象，因而能反映这两个对象的运动。它类似于弹簧，但不具备动力学属性。用户可以指定软管的总直径和长度、圈数等。软管示例如图5-84所示。

图5-84　软管示例

创建软管

Step 01 在“创建”命令面板中的创建类型下拉列表中选择“扩展基本体”选项，然后在“对象类型”卷展栏中单击 软管 按钮。

Step 02 在视图中单击并拖动鼠标，定义软管的半径。

Step 03 释放鼠标，然后移动鼠标以定义软管的长度，单击完成软管的创建。

将软管绑定至两个对象

Step 01 在视图中创建软管和两个长方体对象，如图5-85所示。

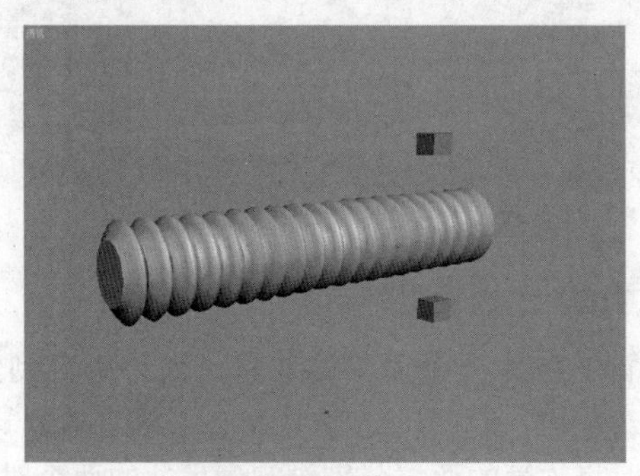

图5-85　创建软管和长方体

Step 02 在“修改”命令面板“参数”卷展栏的“端点方法”选项区域中，选中“绑定到对象轴”单选按钮。

21 单击“应用”按钮，再设置“高度”为10.0，“轮廓量”为0.0，然后单击“确定”按钮，如下图所示。

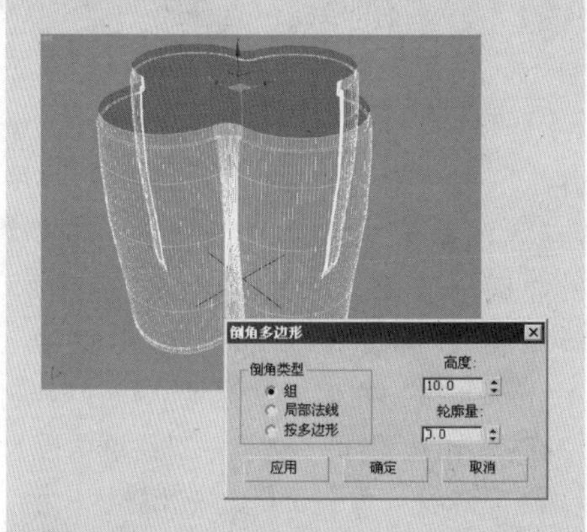

22 选择如下图所示的面，单击“编辑几何体”卷展栏中的 分离 按钮，在弹出的“分离”对话框中将分离后的模型命名为“顶部模型”。

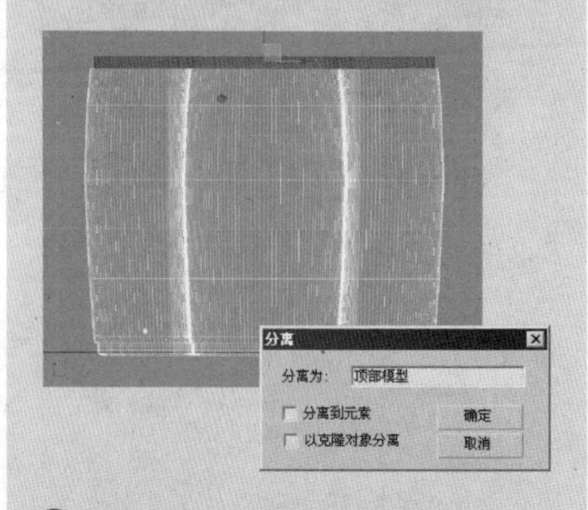

23 观察平滑后的效果，并对一些位置作相应调整，如下图所示。

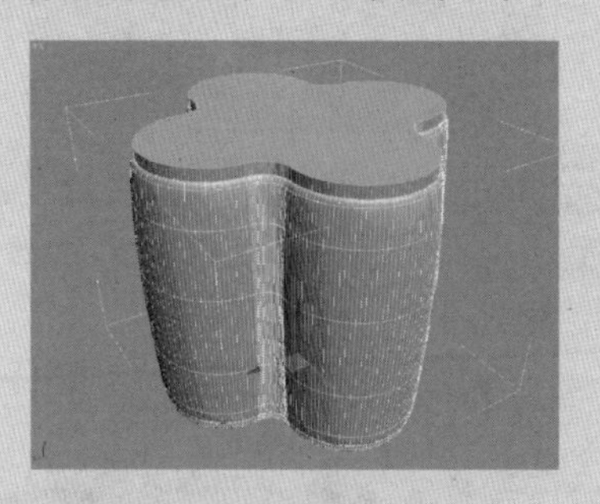

24 选择“顶部模型”，将其移动到如下图所示的位置。

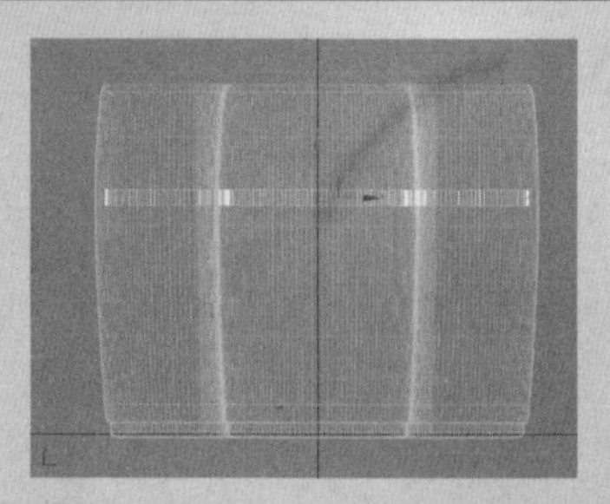

㉕ 按数字键4，切换到“多边形”层级，选择“顶部模型”的顶面，单击“编辑多边形”卷展栏中 倒角 按钮右侧的“设置”按钮□，在弹出的“倒角多边形”对话框中设置“高度”为-3.0，“轮廓量”为6.0，如下图所示。

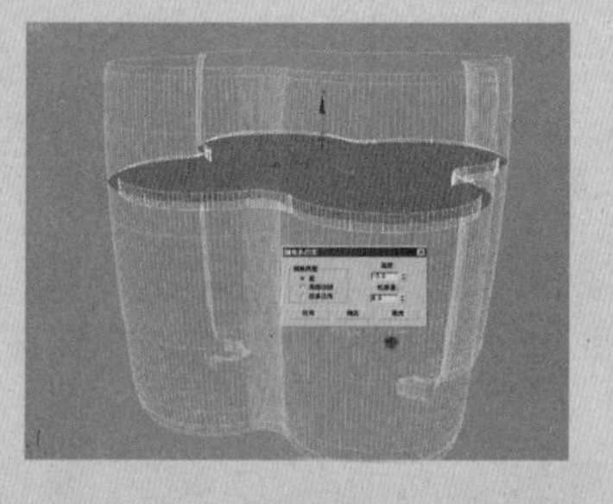

㉖ 单击“应用”按钮，再设置“高度”为-1.0，“轮廓量”为3.0，如下图所示。

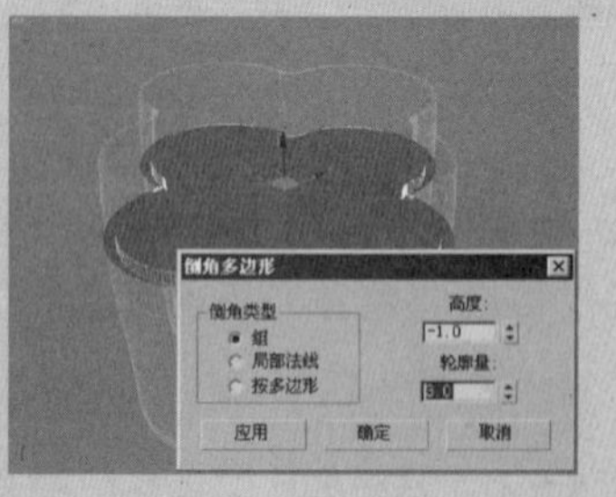

㉗ 单击“应用”按钮，再设置“高度”为0.0，“轮廓量”为1.0，如下图所示。

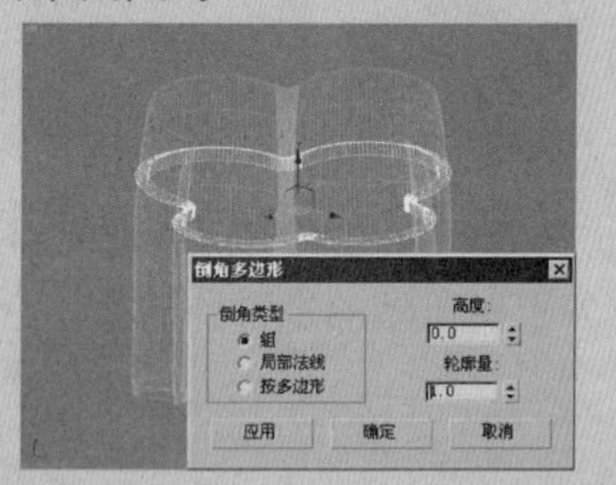

Step 03 在“绑定对象”选项区域中，单击 拾取顶部对象 按钮，然后选择Box01（蓝色）。

Step 04 在“绑定对象”选项区域中，单击 拾取底部对象 按钮，然后在视图中单击Box02（红色）。

Step 05 此时软管的两端将连接到两个长方体上，如图5-86所示。移动其中一个长方体，软管将调整自身，以保持与两个对象的连接。

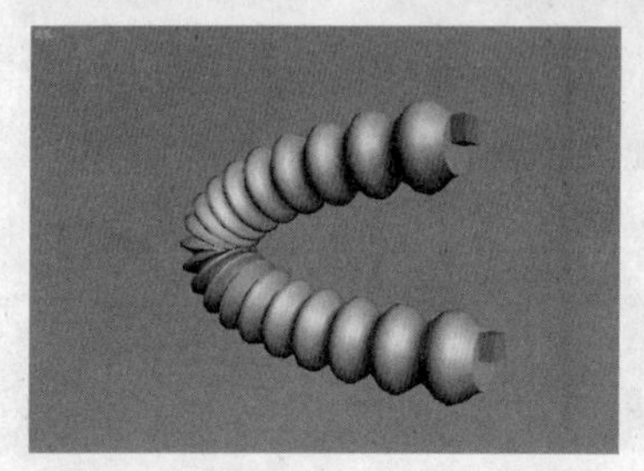

图5-86 软管与长方体连接状态

软管参数

软管“参数”卷展栏，如图5-87所示。

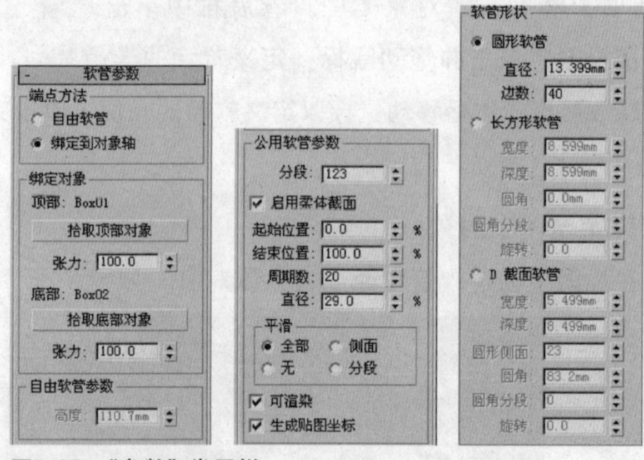

图5-87 “参数”卷展栏

(1)“端点方法” 选项区域

- 自由软管：作为一个简单的对象，而不绑定到其他对象。
- 绑定到对象轴：选择此选项并配合“绑定对象”选项区域中的参数可以将软管的两端分别绑定到另外的两个对象上。

(2)“绑定对象” 选项区域

仅当选中了“绑定到对象轴”单选按钮时该选项区域参数才可用。可使用控件拾取软管绑定到的对象，并设置对象之间的张力。

- 顶部（标签）：显示软管顶部绑定对象的名称。
- 拾取顶部对象：单击该按钮，然后选择软管顶部要绑定的对象。
- 张力：确定当软管靠近底部对象时顶部对象附近的软管曲线的张力。减小张力，则顶部对象附近将产生弯曲；增大张力，则远离顶部对象的地方将产生弯曲。默认值为100。

- 底部（标签）：显示“底部”绑定对象的名称。
- 拾取底部对象：单击该按钮，然后选择软管底部要绑定的对象。
- 张力：确定当软管靠近顶部对象时底部对象附近的软管曲线的张力。

（3）“自由软管参数” 选项区域

- 高度：用于设置软管未绑定时的垂直高度或长度。不一定等于软管的实际长度。仅当选中了“自由软管”单选按钮时，此选项才可用。

（4）“公用软管参数” 选项区域

- 分段：软管长度中的总分段数。当软管弯曲时，增大该选项的值可使曲线更平滑。默认设置为 45，将总分段数设置为 5，效果如图 5-88 所示。
- 启用柔体截面：如果启用，则可以为软管的中心柔体截面设置以下 4 个参数。如果禁用，则软管的直径沿软管长度不变。
  - 起始位置：从软管的始端到柔体截面开始处占软管长度的百分比。在默认情况下，软管的始端指对象轴出现的一端。默认设置为 10%。
  - 结束位置：从软管的末端到柔体截面结束处占软管长度的百分比。在默认情况下，软管的末端指向对象轴出现的一端相反的一端。默认设置为 90%。
  - 周期数：柔体截面中的起伏数目。可见周期的数目受限于分段的数目。如果分段值不够大，不足以支持周期数目，则不会显示所有周期。默认设置为 5，将周期设置为 10，效果如图 5-89 所示。

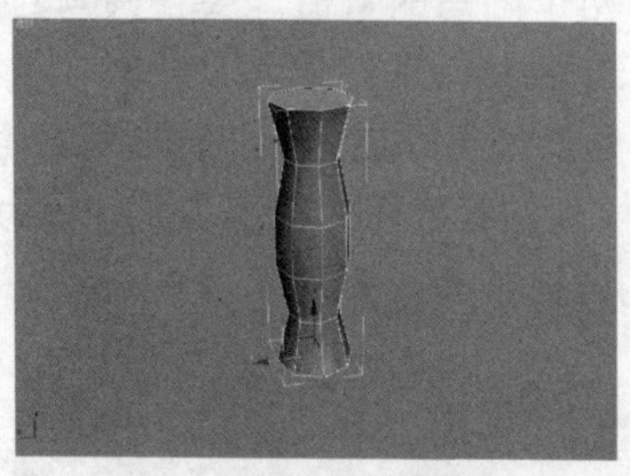

图 5-88　总分段为 5 的效果

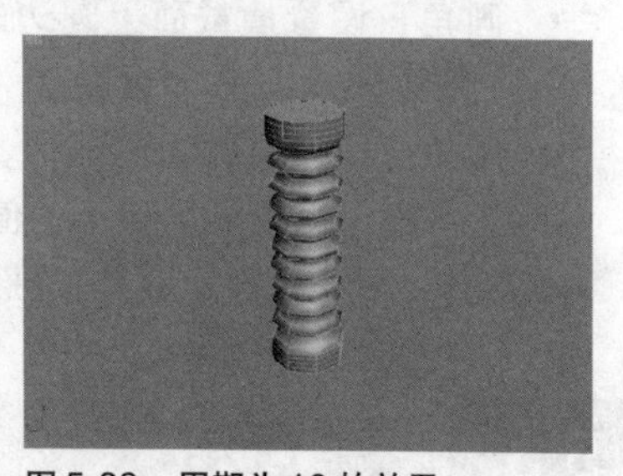

图 5-89　周期为 10 的效果

  - 直径：周期外部的相对宽度。如果设置为负值，则比总的软管直径要小。如果设置为正值，则比总的软管直径要大。默认设置为 -20%。范围设置为 -50% 到 500%。
- 平滑：定义要进行平滑处理的方式。默认设置为“全部”。
  - 全部：对整个软管进行平滑处理。
  - 侧面：沿软管的轴向，而不是周向进行平滑。
  - 无：不应用平滑。
  - 分段：仅对软管的内截面进行平滑处理。
- 可渲染：如果启用，则使用指定的设置对软管进行渲染。如果禁用，则不对软管进行渲染。默认设置为启用。

㉘ 单击“应用”按钮，再设置“高度”为 1.0，“轮廓量”为 1.0，如下图所示。

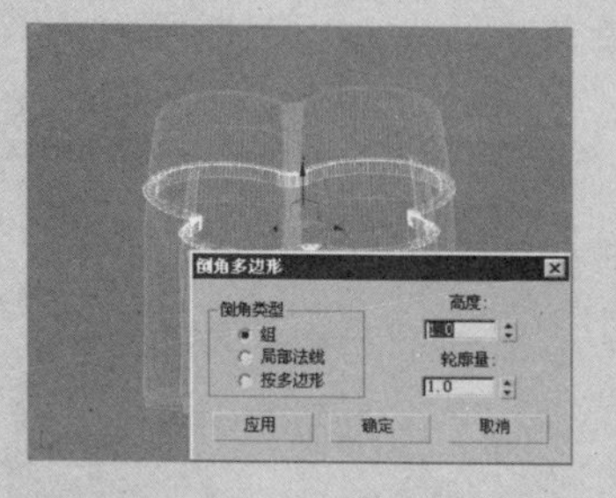

㉙ 单击“应用”按钮，再设置“高度”为 1.0，“轮廓量”为 0.5，如下图所示。

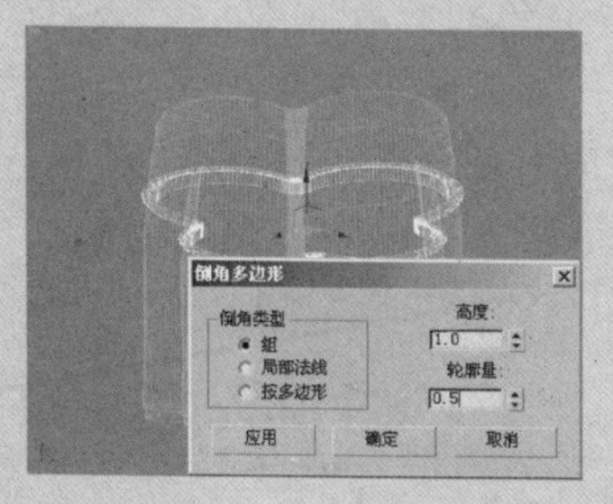

㉚ 单击“应用”按钮，再设置“高度”为 15.0，“轮廓量”为 – 0.5，如下图所示。

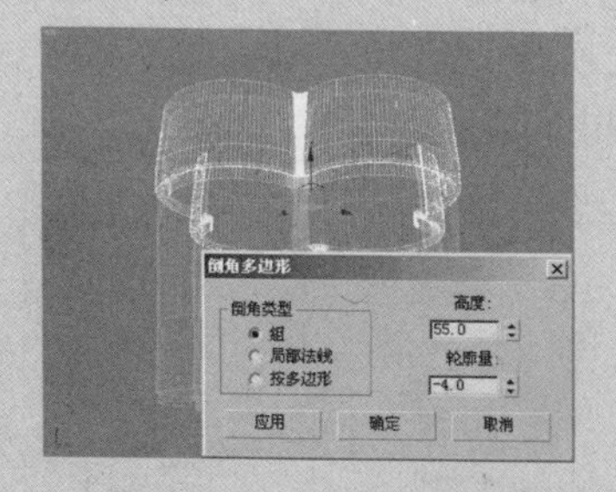

㉛ 单击“应用”按钮，再设置“高度”为 55.0，“轮廓量”为 – 4.0。然后单击“确定”按钮，如下图所示。

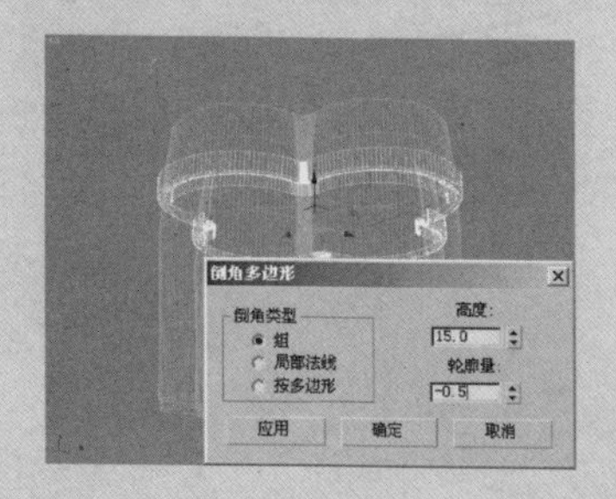

32 切换到“顶”视图，使用主工具栏中的“选择并旋转”按钮和“角度捕捉切换”按钮，将模型旋转45°，如下图所示。

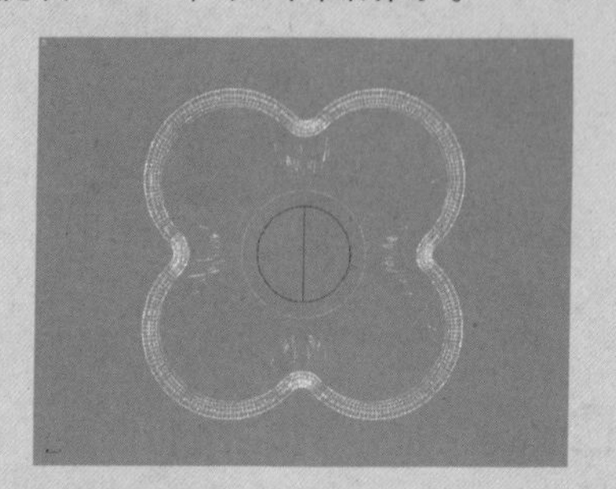

33 选择“顶部模型”，切换到“可编辑多边形”“顶点”层级中，勾选“软选择”卷展栏中的“使用软选择”复选框，并将“衰减”的值调整为100.0，如下图所示。

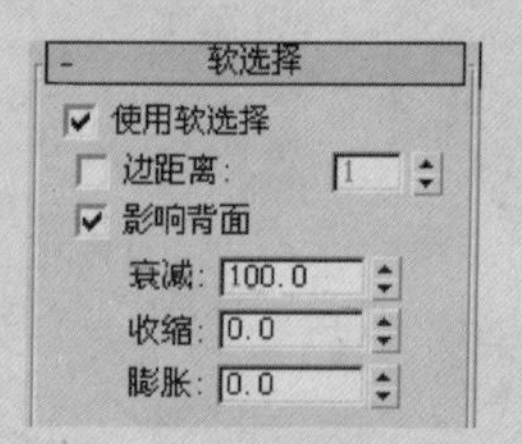

34 在“前”视图中框选如下图所示的顶点，再按住Ctrl键框选“左”视图中的顶点。

- 生成贴图坐标：设置所需的坐标，以对软管应用贴图材质。默认设置为启用。

(5)“软管形状”选项区域

- 圆形软管：设置为圆形的横截面。
- 直径：软管端点处的最大宽度。
- 边数：软管的边的数目。边设置为3表示为三角形的横截面；4表示为正方形的横截面；5表示为五边形的横截面；增大边数，即可获得圆形的横截面。默认设置为8。
- 长方形软管：可指定不同的宽度和深度设置。
- 宽度：软管的宽度。
- 深度：软管的高度。
- 圆角：设置软管横截面的圆角数值。要使圆角可见，“圆角分段”必须设置为1或更大。默认值为0。
- 圆角分段：设置软管圆的角上的分段数目。如果设置为1，则软管截面为正方形，设置为更大的值后，则软管截面为圆形。默认值为0。
- 旋转：设置软管沿其长轴的旋转角度。默认值为0。
- D截面软管：与长方形软管类似，形成D形状的横截面。
- 宽度：软管的宽度。
- 深度：软管的高度。
- 圆形侧面：设置圆形侧面上的分段数目，该值越大，边越平滑。默认设置为4。
- 圆角：设置横截面上圆边的两个圆角的数值。要使圆角可见，“圆角分段”必须设置为1或更大。默认值为0。
- 圆角分段：圆角上的分段数目。如果设置为1，则软管截面为正方形，若设置为更大的值，则软管截面为圆形。默认值为0。
- 旋转：设置软管沿其长轴的方向旋转。默认值为0。

5.3 建筑对象

3ds Max提供了创建建筑对象示例的功能，如“植物”、“门”、“窗口”、“楼梯”、“围栏”和“墙”，使三维设计更加轻松。

5.3.1 门

3ds Max系统提供了3种类型的门：枢轴门是人们比较熟悉的，仅在一侧装有铰链的门；折叠门的铰链装在中间及侧端，就像许多壁橱的门那样；推拉门的门扇可以推拉在门框内的滑道上进行推拉，门的示例如图5-90所示。

图5-90 门示例

大多数门的参数通用，下面就以枢轴门为例进行说明。

创建枢轴门

Step 01 在“创建”命令面板中的创建类型下拉列表中选择“门”选项，然后在“对象类型”卷展栏中单击 枢轴门 按钮。

Step 02 在顶视图中拖动鼠标可创建前两个点，用于定义门的宽度。

Step 03 释放鼠标并移动可调整门的深度（默认创建方法），然后单击可完成深度设置。在默认情况下，深度与前两个点之间的直线垂直，与活动栅格平行。

Step 04 移动鼠标以调整高度，然后单击以完成枢轴门高度设置，高度与由前三个点定义的平面垂直，并且与活动栅格垂直。

门参数

“创建方法”卷展栏，如图5-91所示。

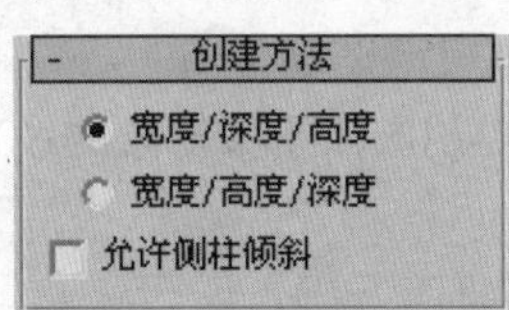

图5-91 “创建方法”卷展栏

可以使用4个点来定义每一种类型的门，在该卷展栏中可以定义门的创建顺序。

- 宽度/深度/高度：前两个点定义门的宽度和门的角度。第三个点（移动鼠标后单击的点）指定门的深度，第四个点（再次移动鼠标后单击的点）指定高度。
- 宽度/高度/深度：与“宽度/深度/高度”选项的作用方式相似，只是最后两个点首先创建高度，然后创建深度。
- 允许侧柱倾斜：允许用户创建倾斜门，默认设置为禁用状态。

“参数”卷展栏的面板，如图5-92所示。

35 调整顶点位置，如下图所示。

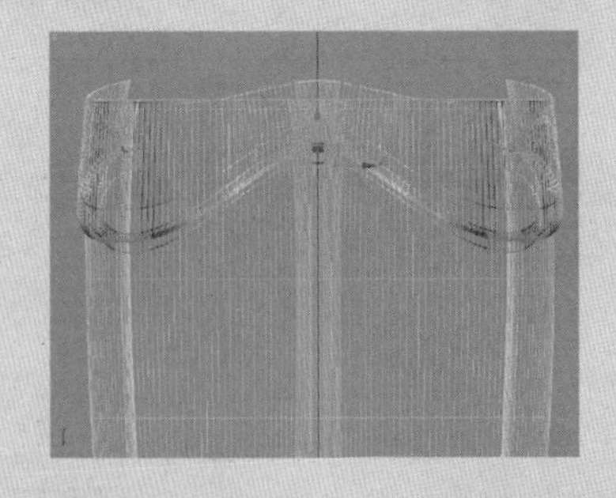

36 观察模型效果，发现底部不是很圆滑，如下图所示。

37 将模型再旋转45°，将“软选择”卷展栏中“衰减”的值设置为30.0，在“前”视图和“左”视图中框选如下图所示的顶点。

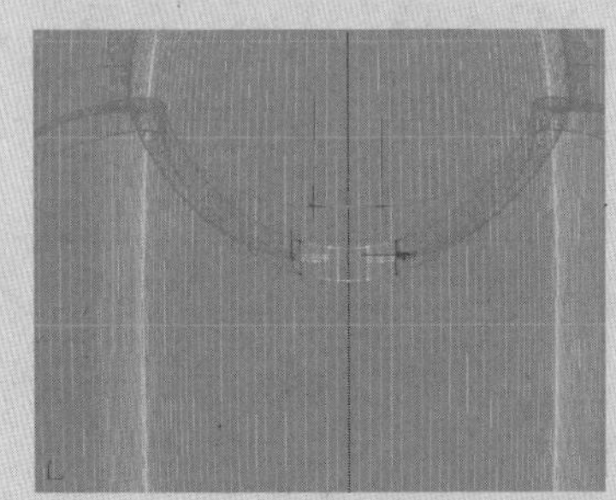

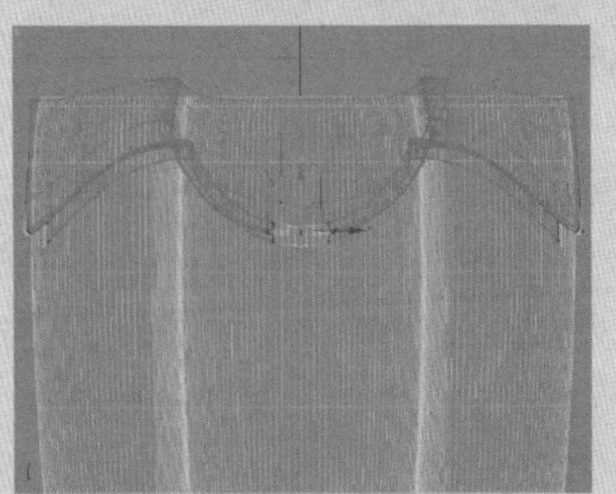

38 调整框选顶点位置，如下图所示。

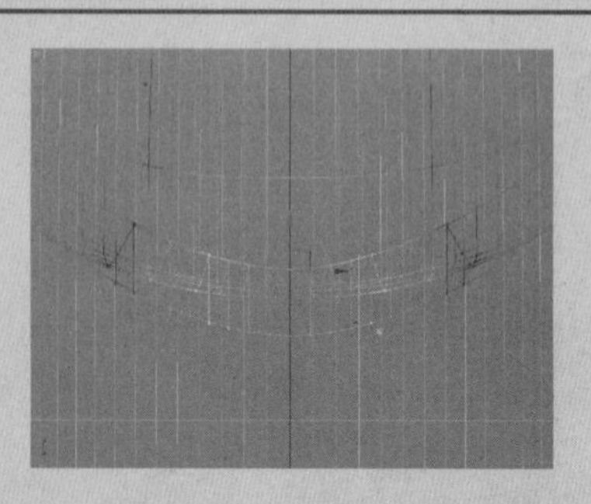

39 在“软选择”卷展栏中取消“使用软选择”复选择的勾选，选择如下图所示的顶点，单击“编辑几何体”卷展栏中的 平面化 按钮，然后在单击 Z 按钮，效果如下图所示。

40 调整被选择的顶点位置，如下图所示。

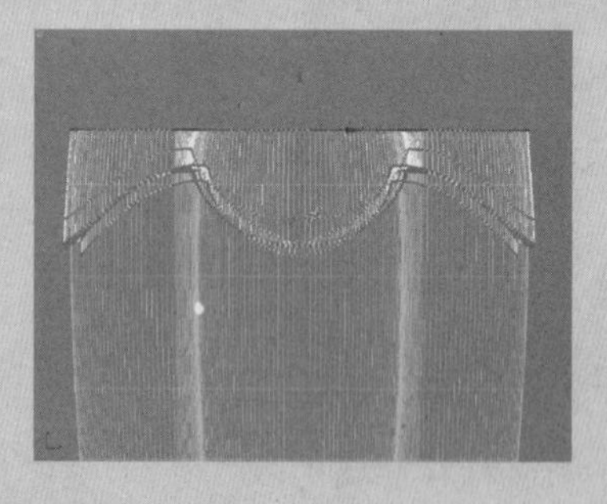

41 按数字键 4，切换到“可编辑多边形”的“多边形”层级，选择模型顶部面，单击“编辑多边形”卷展栏中 倒角 按钮右侧的“设置”按钮，在弹出的“倒角多边形”对话框中设置“高度”为 7.0，“轮廓量”为 −4.0，如下图所示。

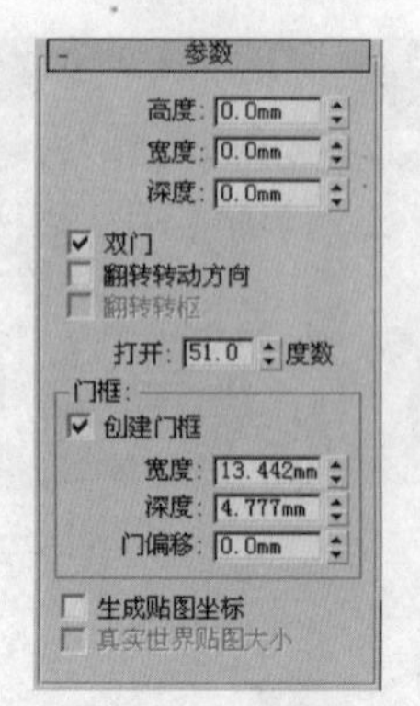

图5-92 “参数”卷展栏

- 高度：设置门装置的总体高度。
- 宽度：设置门装置的总体宽度。
- 深度：设置门装置的总体深度。
- 打开：使用枢轴门时，指定以角度为单位的门打开的程度。推拉门和折叠门使用“打开”指定门打开的百分比。
- 创建门框：默认设置为启用，以显示门框。禁用此选项可以隐藏门框。
- 宽度：设置门框与墙平行的宽度。仅当启用了“创建门框”时可用。
- 深度：设置门框从墙投影的深度。仅当启用了“创建门框”时可用。
- 门偏移：设置门相对于门框的位置。在 0.0 时，门与修剪的一个边平齐。注意，此设置的值可以是正数，也可以是负数。仅当启用了“创建门框”时可用。
- 生成贴图坐标：为门指定贴图坐标。
- 真实世界贴图大小：控制应用于该对象的纹理贴图材质所使用的缩放方法。

“页扇参数”卷展栏，如图 5-93 所示。

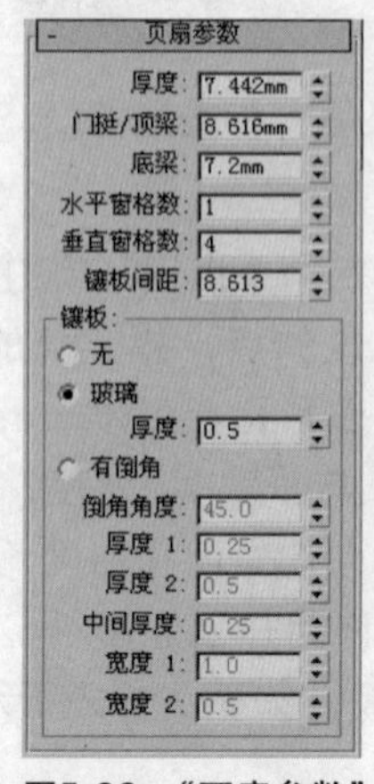

图5-93 “页扇参数”卷展栏

在该卷展栏中用户可以调整门的大小、添加面板，以及调整这些面板的大小和位置。每个门元素的面板总数是水平划分的数量乘以垂直划分的数量所得的值。枢轴门只有一个门元素，除非是双门。折叠门有两个门元素，如果是双门，则有四个门元素。推拉门有两个门元素。

- 厚度：设置门的厚度。
- 门挺/顶梁：设置顶部和两侧的面板框的宽度。仅当门是面板类型时，才会显示此设置。
- 底梁：设置门脚处的面板框的宽度。仅当门是面板类型时，才会显示此设置。
- 水平窗格数：设置门板沿水平轴划分的数量。
- 垂直窗格数：设置门板沿垂直轴划分的数量。
- 镶板间距：设置面板之间的间隔宽度。
- 无：门没有面板。
- 玻璃：创建不带倒角的玻璃面板。
- 厚度：设置玻璃面板的厚度。
- 有倒角：选择此选项可以具有倒角面板。
- 倒角角度：指定门的外部平面和面板平面之间的倒角角度。
- 厚度 1：设置面板的外部厚度。
- 厚度 2：设置倒角从该处开始的厚度。
- 中间厚度：设置面板的内面部分的厚度。
- 宽度 1：设置倒角从该处开始的宽度。
- 宽度 2：设置面板的内面部分的宽度。

门和材质

在默认情况下，3ds Max为门指定5个不同材质的ID。aectemplates.mat 材质库包括门模板，它是一个多维/子对象材质，设计用于与门一起使用。

下表列出了门的每个组件及其相应的材质 ID。

材质 ID	门组件
1	前页扇
2	后页扇
3	玻璃
4	门框
5	镶板及页扇内面

创建门材质

Step 01 创建门或选择一个现有的门。

Step 02 按下 M 键打开“材质编辑器”对话框，选择一个未用过的示例窗。

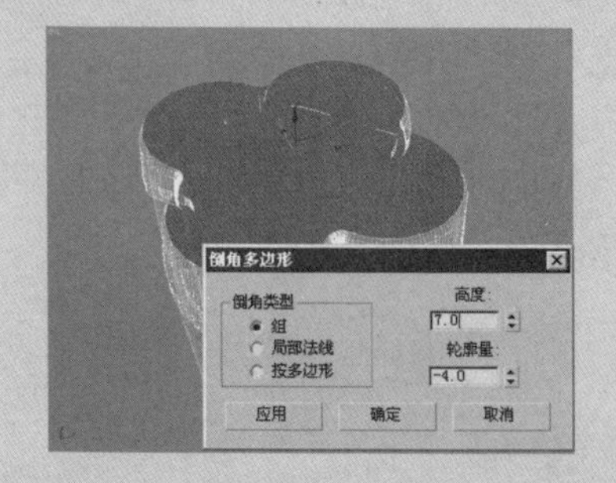

42 单击“应用”按钮，再设置“高度”为4.0，“轮廓量”为－6.0，如下图所示。

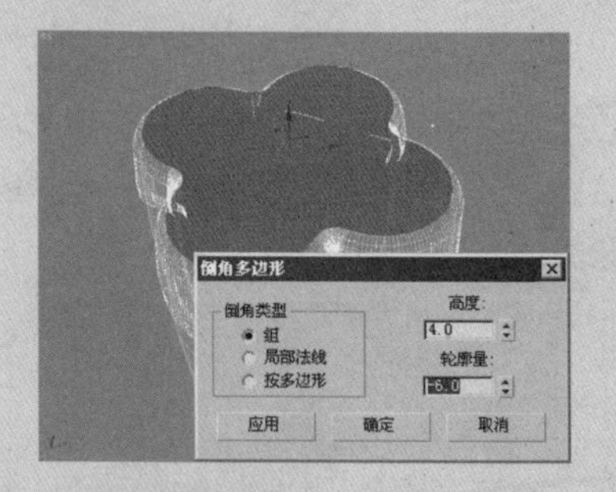

43 单击“应用”按钮，再设置“高度”为1.0，“轮廓量”为－3.0，如下图所示。

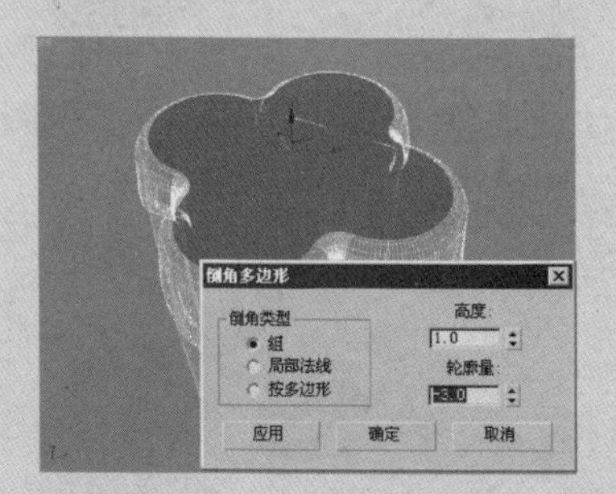

44 单击“应用”按钮，再设置“高度”为0.0，“轮廓量”为－40.0，然后单击“确定”按钮，如下图所示。

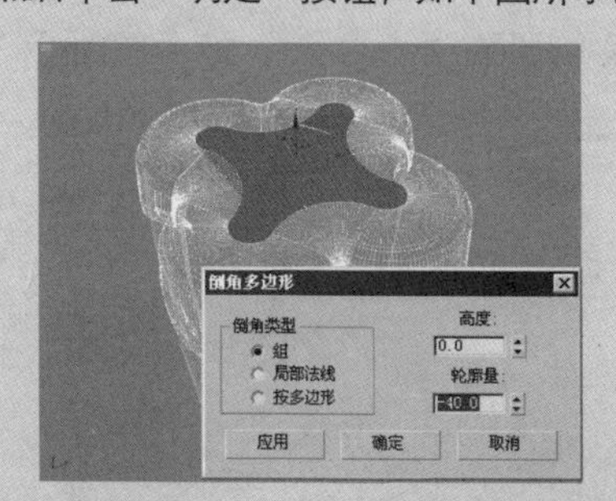

45 按数字键1，切换到“顶点”层级，选择如下图所示的顶点，单击“编辑几何体”卷展栏中的 塌陷 按钮。

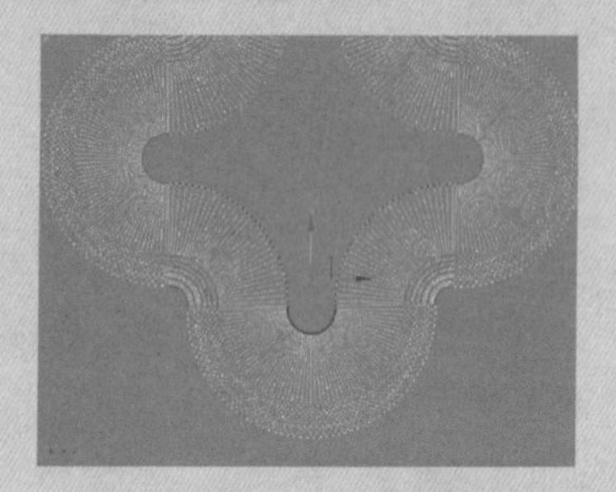

46 按数字键4，切换到“多边形”层级，选择如下图所示的面，将其删除。

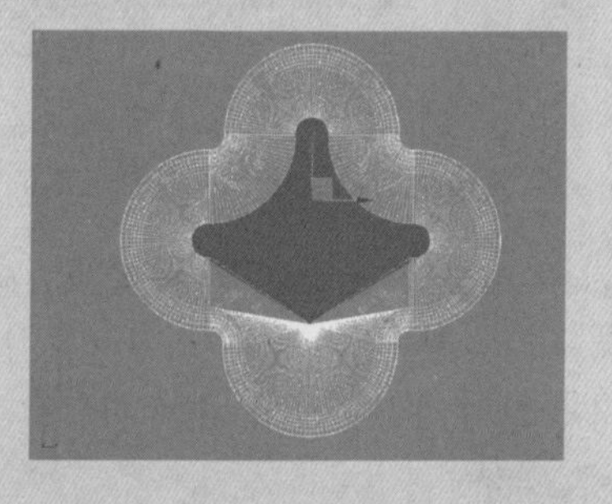

47 再选择如下图所示的面，将其删除。

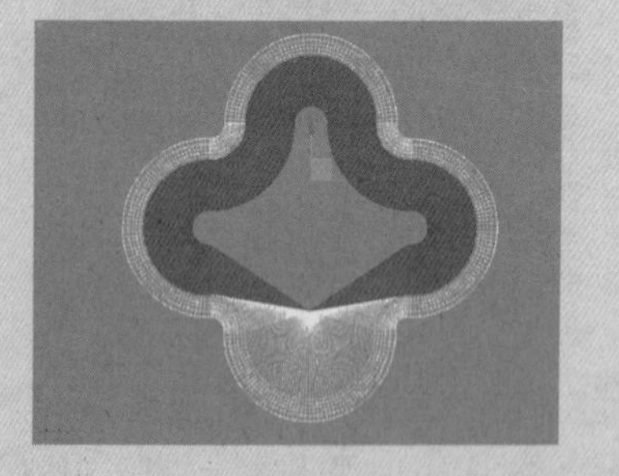

48 按数字键1，切换到“顶点”层级，调整顶点位置，如下图所示。

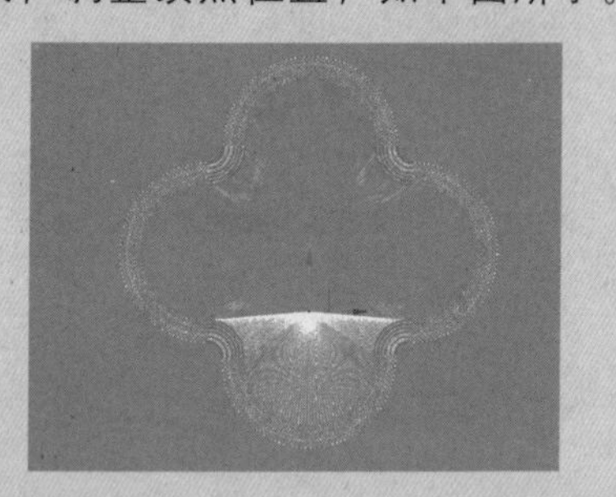

Step 03 在“材质编辑器”对话框中单击 Standard 按钮，在“材质/贴图浏览器”对话框中双击“多维/子对象”选项，如图5-94所示，然后在弹出的“替换材质”对话框中，选择一个选项并单击“确定”按钮。

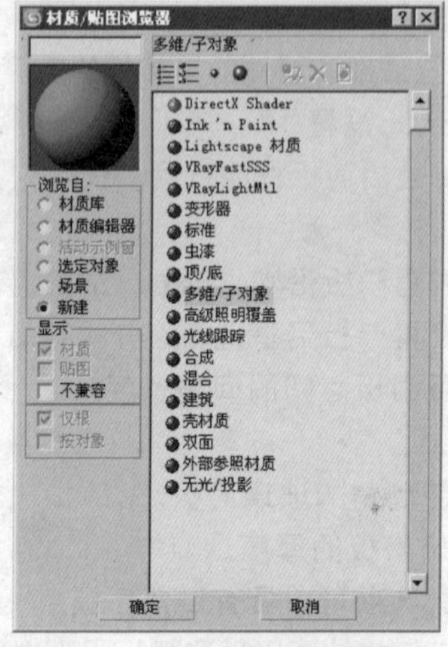

图5-94 指定“多维/子对象”材质

Step 04 在“材质编辑器”对话框的“多维/子对象基本参数”卷展栏中，单击“设置数量”按钮并在弹出的“设置材质数量”对话框中将“材质数量”设置为5。

Step 05 将1~5号材质分别设置为红、绿、蓝、黄和粉色，并将材质指定给门，此时门的效果如图5-95所示。

图5-95 多维/子对象材质效果

5.3.2 窗

3ds Max 提供了6种类型的窗口。

- 平开窗：有两扇像门一样的窗框，它们可以向内或向外转动。
- 旋开窗：其轴垂直或水平位于其窗框的中心。
- 伸出式窗：有三扇窗框，其中两扇窗框打开时像反向的遮篷。
- 推拉窗：有两扇窗框，其中一扇窗框可以沿着垂直或水平方向滑动。

- 固定窗：不能打开。
- 遮篷式窗：有一扇通过铰链与顶部相连的窗框。

窗口示例，如图5-96所示。

图5-96 窗口示例

创建窗口

Step 01 在“创建”命令面板的创建类型下拉列表中选择“窗”选项，在“对象类型”卷展栏中，单击要用于创建窗口类型的按钮。

Step 02 在顶视图中拖动鼠标以创建前两个点，用于定义窗口底座的宽度和角度。

Step 03 释放鼠标按钮并移动以调整窗口的深度（默认创建方法），然后单击可确定窗口深度。

Step 04 移动鼠标定义窗口高度，高度与由前三个点定义的平面垂直，并且与活动栅格垂直，再次单击确定窗口高度。

窗参数

“创建方法”卷展栏如图5-97所示。

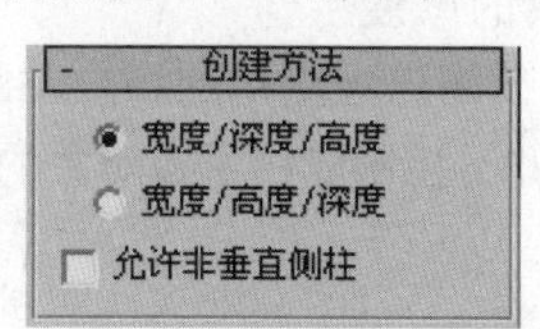

图5-97 “创建方法”卷展栏

可以使用4点来定义每一种类型的窗口，在该卷展栏中可以定义窗口的创建顺序。

- 宽度/深度/高度：前两个点定义窗口的宽度和角度。第三个点（移动鼠标后单击的点）指定窗口的深度，第四个点（再次移动鼠标后单击的点）指定高度。
- 宽度/高度/深度：与“宽度/深度/高度”选项的作用相似，只是最后两个点首先创建高度，然后创建深度。
- 允许非垂直侧柱：允许用户创建倾斜窗，默认设置为禁用状态。

49 勾选“细分曲面”卷展栏下的“使用NURMS细分”复选框，将“迭代次数”的值调整为2，观察平滑后的效果，如下图所示。

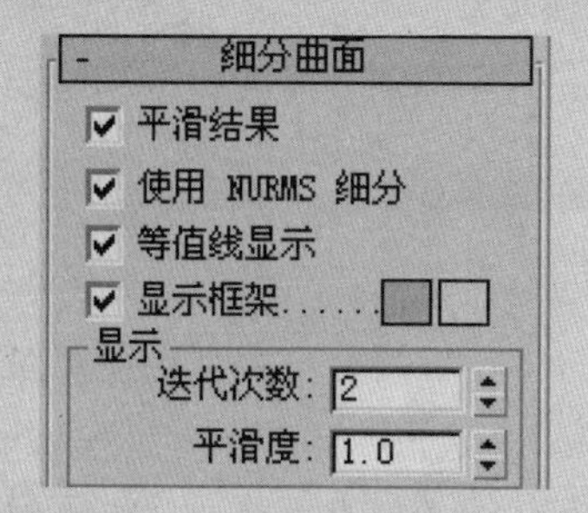

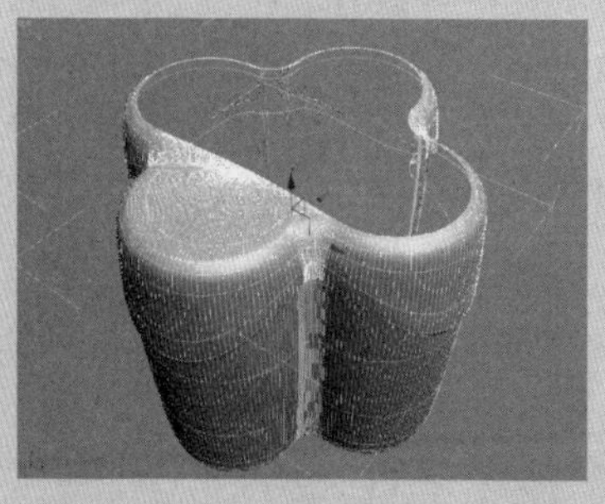

50 按数字键3，切换到“边界”层级，选择如下图所示的边，单击“编辑边界”卷展栏中的 封口 按钮。

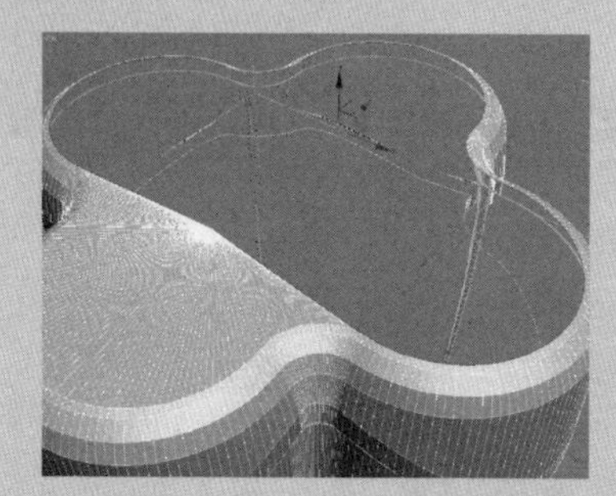

51 按数字键4，切换到“多边形”层级，选择封口后形成的面，单击“编辑多边形”卷展栏中 倒角 按钮右侧的“设置”按钮，在弹出的“倒角多边形”对话框中设置“高度”为－3.0，“轮廓量”为0.0，如下图所示。

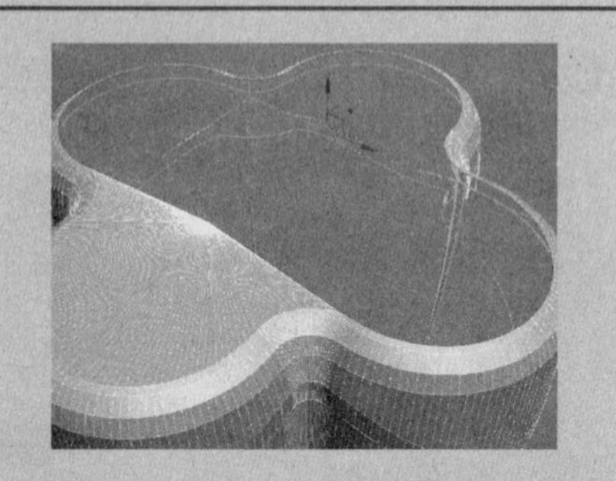

52 按数字键4，切换到“多边形”层级，选择封口后形成的面，单击“编辑多边形”卷展栏中 倒角 按钮右侧的“设置”按钮，在弹出的“倒角多边形”对话框中设置“高度”为-3.0，“轮廓量”为0.0，如下图所示。

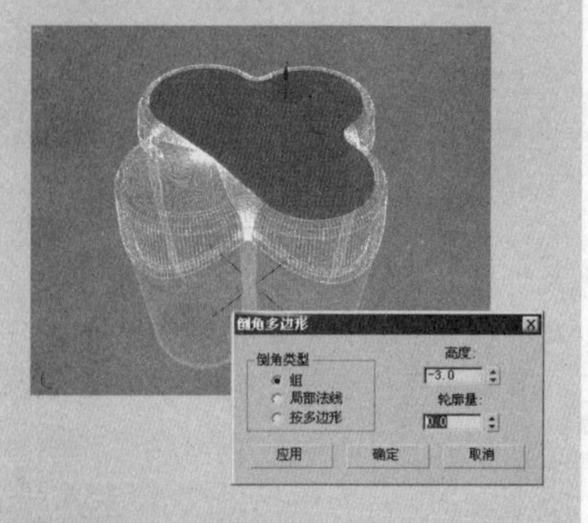

53 单击“应用”按钮，再设置“高度”为0.0，“轮廓量”为-3.0，如下图所示。

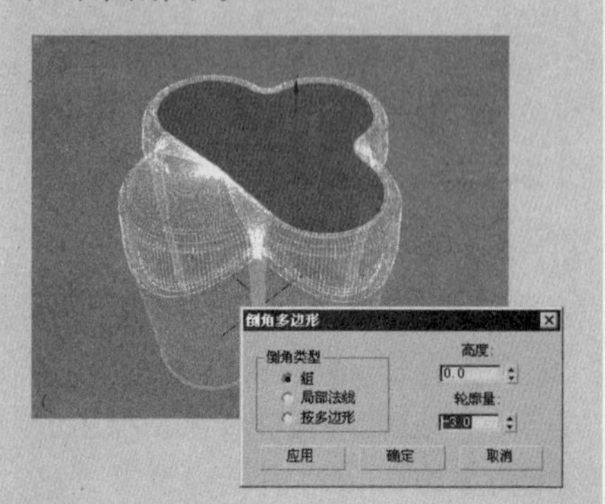

54 单击“应用”按钮，再设置“高度”为-230，“轮廓量”为0.0，然后单击“确定”按钮，如下图所示。

“参数”卷展栏如图5-98所示。

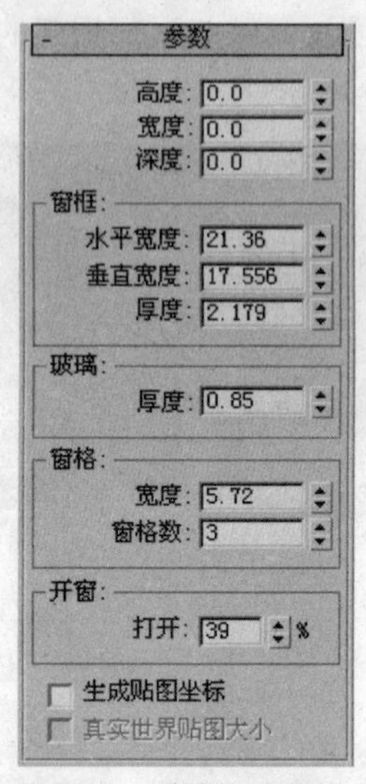

图5-98 “参数”卷展栏

- 高度、宽度、深度：指定窗口3个方向上的高度。

(1)“窗框”选项区域

- 水平宽度：设置窗口框架水平部分的宽度（顶部和底部）。该设置也会影响窗口宽度的玻璃部分。
- 垂直宽度：设置窗口框架垂直部分的宽度（两侧）。该设置也会影响窗口高度的玻璃部分。
- 厚度：设置框架的厚度。该选项还可以控制窗口窗框中遮篷或围栏的厚度。

(2)“玻璃”选项区域

- 厚度：指定玻璃的厚度。
- 生成贴图坐标：使用已经应用的相应贴图坐标创建对象。
- 真实世界贴图大小：控制应用于该对象的纹理贴图材质所使用的缩放方法。

5.3.3 楼梯

在3ds Max的“对象类型”卷展栏中提供了4种不同类型的楼梯：螺旋楼梯、直线楼梯、L型楼梯和U型楼梯，如图5-99所示。L型楼梯的示例如图5-100所示。

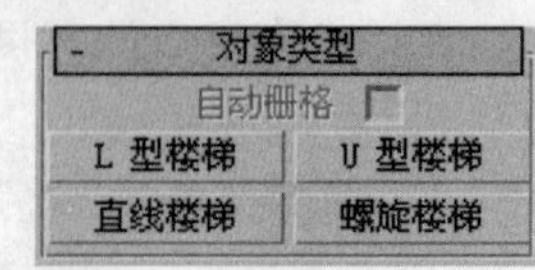

图5-99 楼梯类型

图 5-100　L 型楼梯示例

U 型楼梯、直线楼梯和螺旋楼梯的示例分别如图 5-101、图 5-102 和图 5-103 所示。

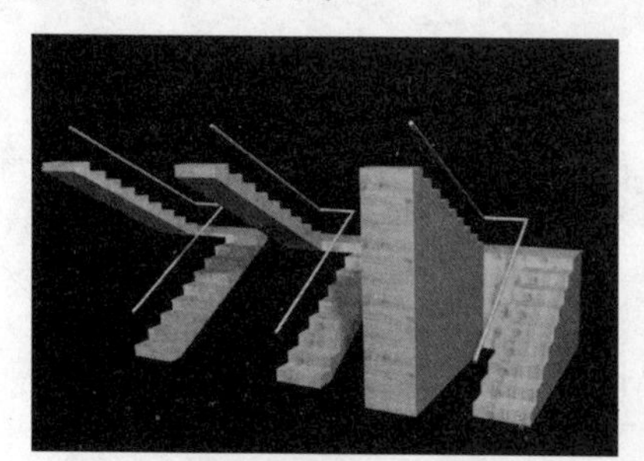

图 5-101　U 型楼梯

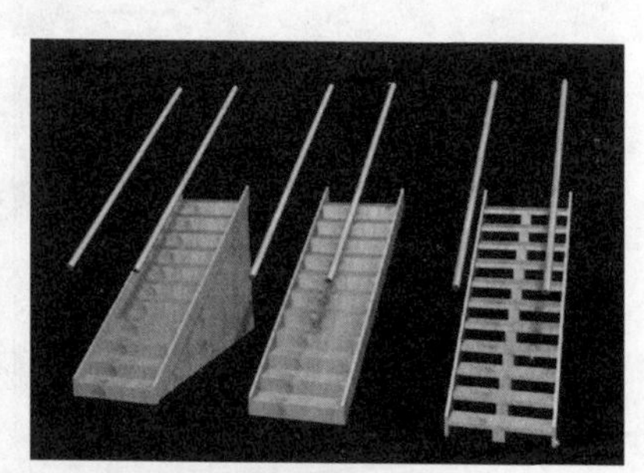

图 5-102　直线楼梯

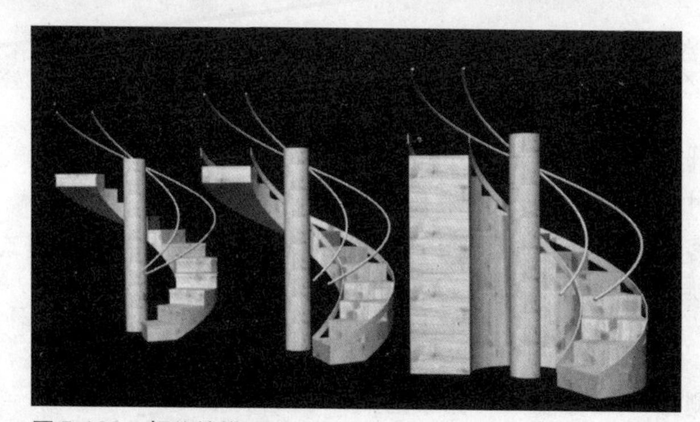

图 5-103　螺旋楼梯

不同类型楼梯的参数基本相同，下面就以 L 型楼梯为例进行讲解。

创建 L 型楼梯

Step 01 在“创建”命令面板的创建类型下拉列表中选择“楼梯”选项，在“对象类型”卷展栏中单击 L 型楼梯 按钮。

Step 02 在视图中单击并拖动鼠标以设置第一段的长度和方向，释放鼠标按钮，然后移动光标并单击以设置第二段的长度。

Step 03 将鼠标向上或向下移动以定义楼梯的高度，然后单击可完成楼梯的创建。

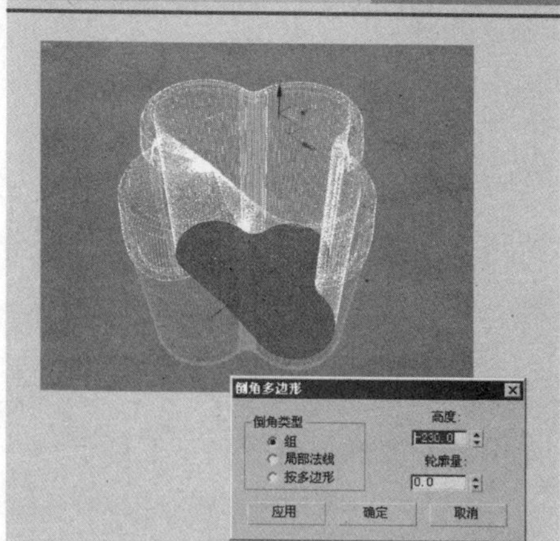

55 删除底面，在“修改”命令面板的“修改器列表”下拉列表中选择“网格平滑”命令，将“细分量”卷展栏中的“迭代次数”设置为 2，效果如下图所示。

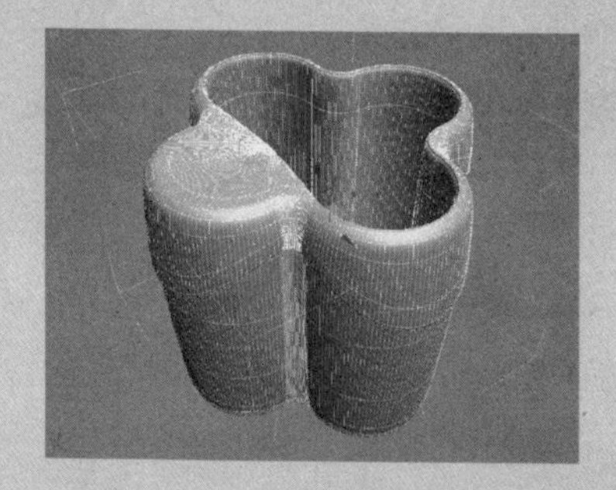

制作控制器

01 单击“图形”创建命令面板中的 圆 按钮，在“顶”视图中创建一个圆，设置圆的“步数”30，“半径”为 38.0，如下图所示。

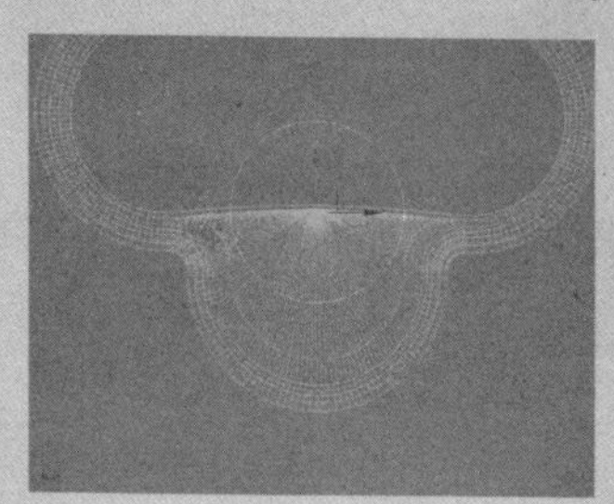

02 单击主工具栏中的“对齐”按钮，然后再在视图中选择“顶部模型”，在弹出的“对齐当前选择”对话框中设置参数如下图所示。

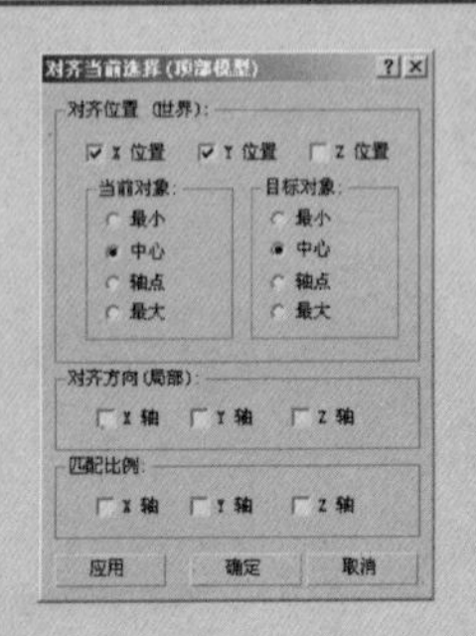

03 调整圆的位置，如下图所示。

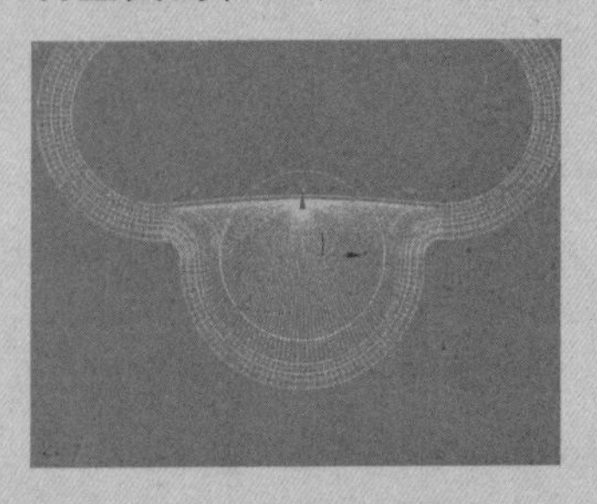

04 将圆转换为“可编辑样条线”，然后调整样条线形状，如下图所示。

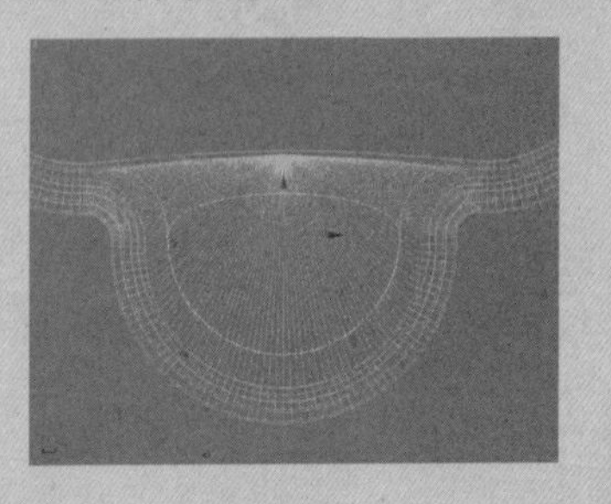

05 缩放复制样条线，如下图所示。

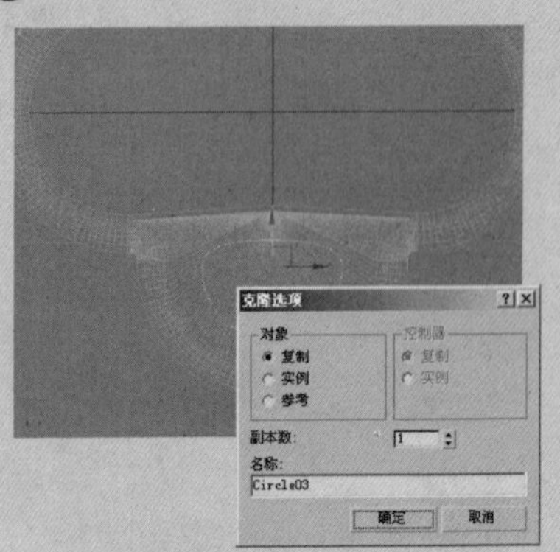

06 单击“几何体”卷展栏中的 优化 按钮，给复制后的样条线加两个顶点并调整样条线的形状，如下图所示。

L 型楼梯参数

L 型楼梯参数面板如图 5-104 所示。

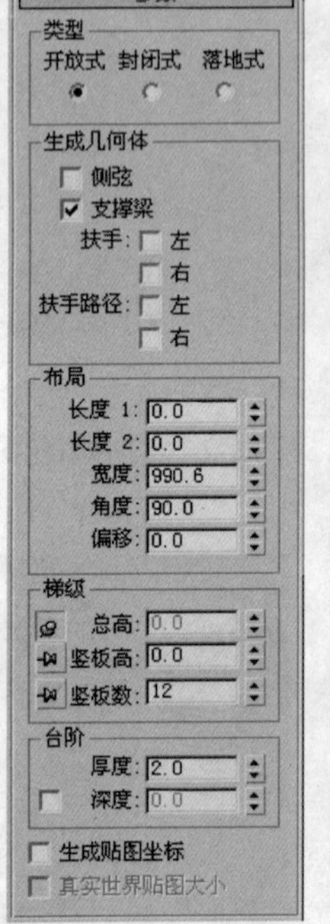

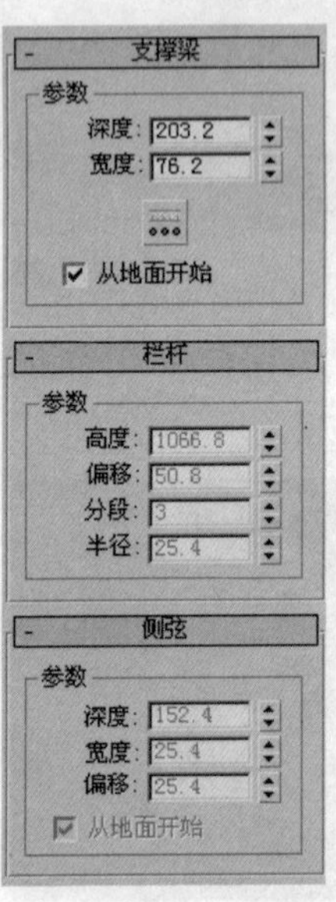

图 5-104 L 型楼梯参数

“参数”卷展栏中各选项含义如下。

(1)“类型”选项区域

- 开放式：创建一个开放式的梯级竖板楼梯。
- 封闭式：创建一个封闭式的梯级竖板楼梯。
- 落地式：创建一个带有封闭式梯级竖板和两侧有封闭式侧弦的楼梯。

(2)“生成几何体”选项区域

- 侧弦：沿着楼梯的梯级的端点创建侧弦。
- 支撑梁：在梯级下创建一个倾斜的切口梁，该梁支撑台阶或添加楼梯侧弦之间的支撑。也将该梁称为支撑梁片、马或粗绳。
- 扶手：创建左扶手和右扶手。
- 扶手路径：创建楼梯上用于安装栏杆的左路径和右路径。

(3)“布局” 选项区域

- 长度 1：控制第一段楼梯的长度。
- 长度 2：控制第二段楼梯的长度。
- 宽度：控制楼梯的宽度，包括台阶和平台。
- 角度：控制平台与第二段楼梯的角度。范围为 -90 至 90。
- 偏移：控制平台与第二段楼梯的距离。相应调整平台的长度。

(4)"梯级" 选项区域

该选项区域总有某个参数处于锁定状态，另外的两个参数处于非锁定状态。要锁定一个选项，单击该选项左侧的"锁定"按钮。要解除锁定选项，单击该按钮。

- 总高：控制楼梯段的高度。
- 竖板高：控制梯级竖板的高度。
- 竖板数：控制梯级竖板数。梯级竖板总是比台阶多一个。隐式梯级竖板位于上板和楼梯顶部台阶之间。

(5)"台阶" 选项区域

- 厚度：控制台阶的厚度。
- 深度：控制台阶的深度。
- 生成贴图坐标：对楼梯应用默认的贴图坐标。
- 真实世界贴图大小：控制应用于该对象的纹理贴图材质所使用的缩放方法。

"支撑梁"卷展栏只有在"参数"卷展栏"生成几何体"选项区域中启用"支撑梁"复选框时，这些控件才可用。

- 深度：控制支撑梁离地面的深度。
- 宽度：控制支撑梁的宽度。
- "支撑梁间距"按钮：单击该按钮时，将会弹出"支撑梁间距"对话框，如图5-105所示，使用"计数"选项指定所需的支撑梁数。

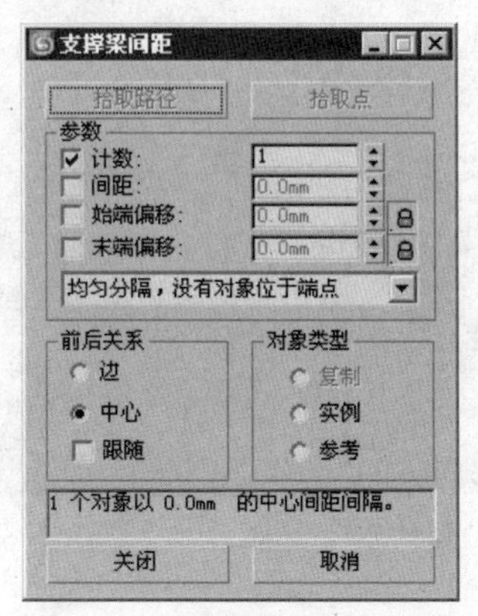

图5-105 "支撑梁间距"对话框

- 从地面开始：控制支撑梁是从地面开始，还是与第一个梯级竖板的开始平齐，或是支撑梁延伸到地面以下。

"栏杆"卷展栏仅当在"参数"卷展栏"生成几何体"选项区域中启用一个或多个"扶手"或"扶手路径"选项时，这些选项才可用。另外，如果启用任何一个"扶手"选项，则"分段"和"半径"选项不可用。

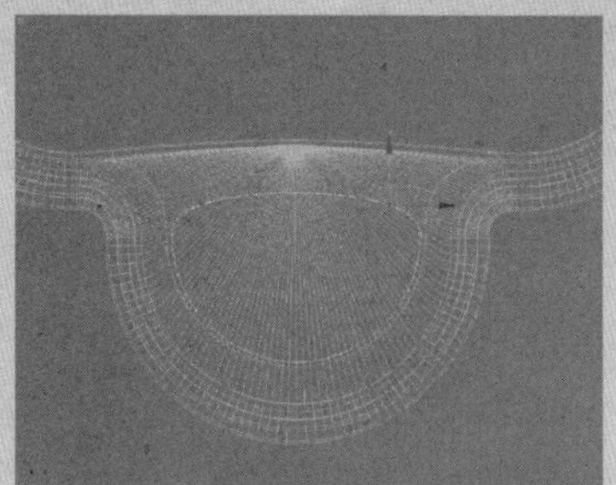

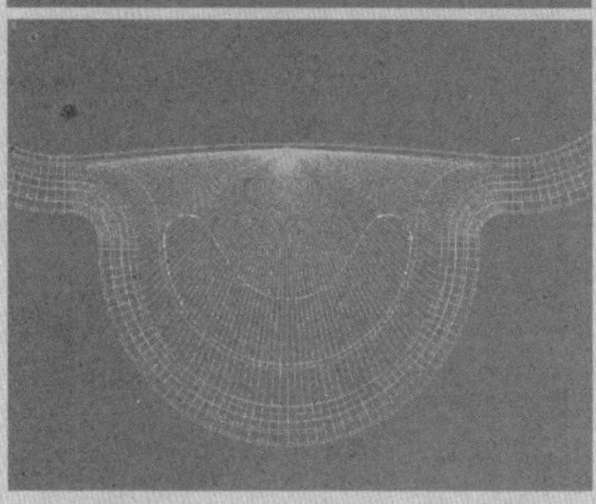

07 选择第一条样条线，在"修改器列表"下拉列表中选择"倒角"命令，设置"级别1"的"高度"为1.0。"轮廓"为0.0，勾选"级别2"复选框，并设置"高度"为0.5，"轮廓"为-0.5，如下图所示。

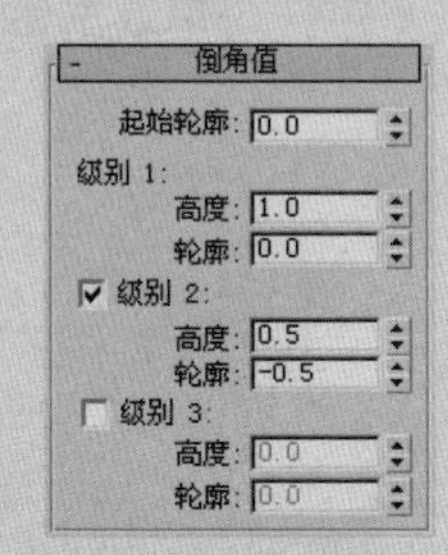

08 样条线倒角模型效果如下图所示。

09 单击"几何体"卷展栏中的 优化 按钮，并勾选右侧的"连接"复选框，给复制后样的条线加

两个顶点，然后单击 创建线 按钮，将两点连接，如下图所示。

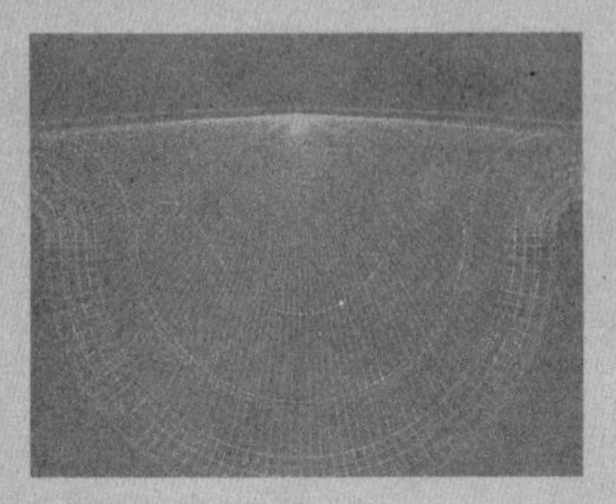

⑩ 使用上一步的方法，创建另外一条线段，如下图所示。

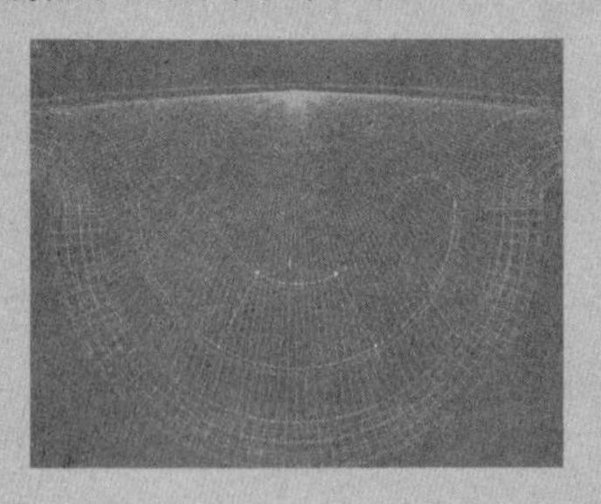

⑪ 勾选“渲染”卷展栏中的“在渲染中启用”和“在视口中启用”复选框，单击“矩形”单选按钮，并设置“长度”为2.0，“宽度”为1.0，如下图所示。

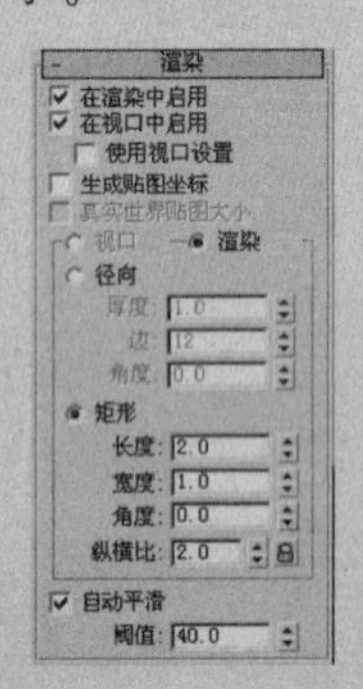

⑫ 按Shift+Q组合键进行渲染，渲染效果如下图所示。

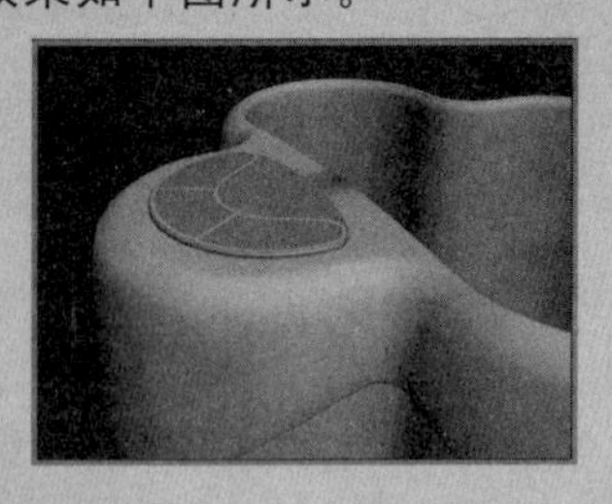

- 高度：控制栏杆离台阶的高度。
- 偏移：控制栏杆离台阶端点的偏移。
- 分段：指定栏杆中的分段数目。值越高，栏杆显示得越平滑。
- 半径：控制栏杆的厚度。

“侧弦”卷展栏只有在“参数”卷展栏“生成几何体”选项区域中启用“侧弦”复选框时，这些控件才可用。

- 深度：控制侧弦离地板的深度。
- 宽度：控制侧弦的宽度。
- 偏移：控制地板与侧弦的垂直距离。
- 从地面开始：控制侧弦是从地面开始，还是与第一个梯级竖板的开始平齐，或是侧弦延伸到地面以下。使用“偏移”选项可以控制侧弦延伸到地面以下的量。

5.3.4 栏杆

栏杆对象的组件包括栏杆、立柱和栅栏。栅栏包括支柱和实体填充材质，如玻璃或木条。创建栏杆对象时，既可以指定栏杆的方向和高度，也可以拾取样条线路径并向该路径应用栏杆。3ds Max 对样条线路径应用栏杆时，后者称作栏杆路径。此后，如果对栏杆路径进行编辑，栏杆对象会自动更新，以便与所做的更改相符。创建围栏的栏杆、立柱和栅栏组件时，可以使用间距工具指定这些组件的间距。栏杆示例如图5-106所示。

图5-106 栏杆示例

创建栏杆

Step 01 在“创建”命令面板中的创建类型下拉列表中选择“AEC扩展”选项，然后在“对象类型”卷展栏中单击 栏杆 按钮。

Step 02 在顶视图中单击并拖至所需的长度，释放鼠标。

Step 03 垂直移动鼠标，设置栏杆的高度。单击完成栏杆的创建。在默认情况下，系统可以创建上围栏和两个立柱、高度为拉杆高度一半的下围栏及两个间距相同的支柱。

栏杆参数

创建栏杆后，用户可以在“修改”命令面板中的“栏杆”、“立柱”和“栅栏”卷展栏中对栏杆进行调整，如图5-107所示。

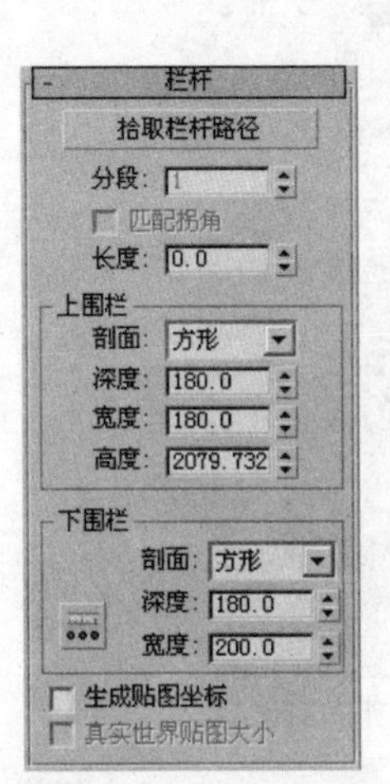

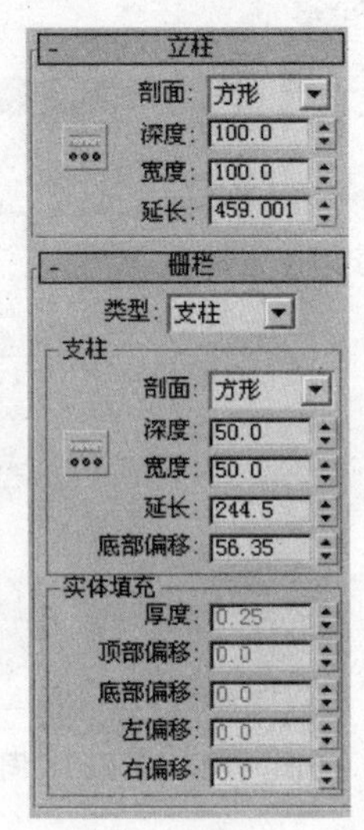

图5-107　栏杆参数

“栏杆”卷展栏中各选项的含义如下。

- 拾取栏杆路径：单击该按钮，然后单击视口中的样条线，将其用作栏杆路径。
- 分段：设置栏杆对象的分段数。只有使用栏杆路径时，才能使用该选项。
- 匹配拐角：在栏杆中放置拐角，以便与栏杆路径的拐角相符。
- 长度：设置栏杆对象的长度。

(1)“上围栏”选项区域

默认值可以生成上围栏组件。它所包含的一个分段采用了指定长度、方形剖面、四个单位深度、三个单位宽度和指定的宽度。

- 剖面：设置上围栏的横截面形状。
- 深度：设置上围栏的深度。
- 宽度：设置上围栏的宽度。
- 高度：设置上围栏的高度。创建时，可以在视口中的使用光标将上围栏拖动至所需的高度。还可以通过键盘输入所需的高度。

(2)“下围栏”选项区域

控制下围栏的剖面、深度和宽度及其间的间隔。使用“下围栏间距”按钮，可以指定所需的下围栏数。

- 剖面：设置下围栏的横截面形状。
- 深度：设置下围栏的深度。

⑬ 单击“几何体”创建命令面板中的 球体 按钮在视图中创建两个“球体”，设置“半径”为1.5，并调整其位置，如下图所示。

⑭ 单击“图形”创建命令面板“对象类型”卷展栏中的 文本 按钮，然后在视图中单击鼠标右键创建文本，在“参数”卷展栏中选择字体为“黑体”，设置“大小”为8.0，在“文本”文本框中输入文字“加”，并调整其位置。使用相同的方法，在“文本”文本框中分别输入文字“减”和“开关”，并调整其相应的位置，如下图所示。

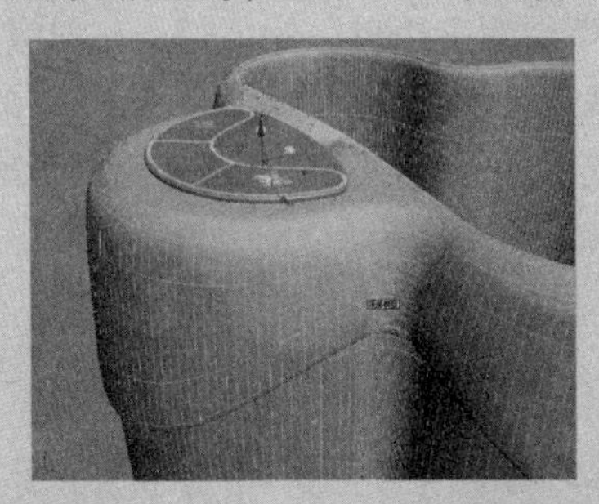

⑮ 在“修改器列表”下拉列表中给文本添加一个“挤出”修改器，设置“参数”卷展栏中的“数量”为0.2，在修改器堆栈的“挤出”命令上单击鼠标右键，选择“复制”选项，选择其他文本，在“修改器堆栈”中单击鼠标右键，在其右键快捷菜单中选择“粘贴”命令，这样其他文本也加入了同样设置的“挤出”命令，如下图所示。

- 宽度：设置下围栏的宽度。
- "下围栏间距"按钮：单击该按钮时，将会弹出"下围栏间距"对话框，如图5-108所示，在该对话框中用户可以设置下围栏的间距。

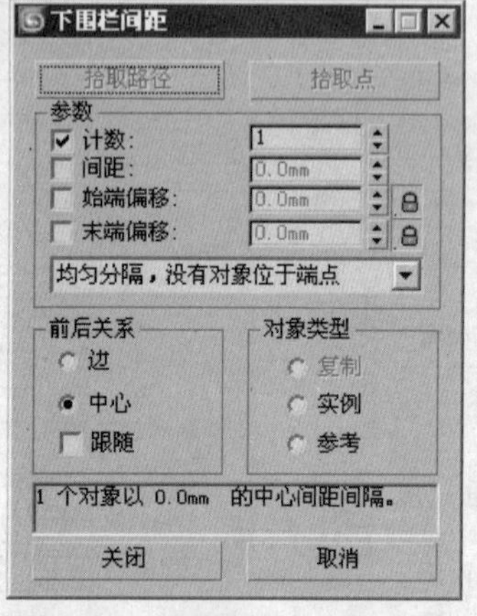

图5-108 "下围栏间距"对话框

- 生成贴图坐标：向栏杆对象分配贴图坐标。
- 真实世界贴图大小：控制应用于该对象的纹理贴图材质所使用的缩放方法。

"立柱"卷展栏控制立柱的剖面、深度、宽度和延长及其件的间距。使用"立柱间距"按钮，可以指定所需的立柱数。

- 剖面：设置立柱的横截面形状。可供选择的项目有"无"、"方形"和"圆形"。
- 深度：设置立柱的深度。
- 宽度：设置立柱的宽度。
- 延长：设置立柱在上围栏底部的延长数量。
- "立柱间距"按钮：单击该按钮时，将会弹出"立柱间距"对话框，在该对话框中用户可以设置立柱的间距（该对话框与"下围栏间距"对话框的使用方法相同，在此不再赘述）。

"栅栏"卷展栏中各选项的含义如下。

- 类型：设置立柱之间的栅栏类型，包含"无"、"支柱"和"实体填充"3种类型。

(1)"支柱"选项区域

控制支柱的剖面、深度和宽度以及其间的间距。使用"支柱间距"按钮，可以指定所需的支柱数。只有将"类型"设置为"支柱"时，才能使用该选项。

- 剖面：设置支柱的横截面形状。

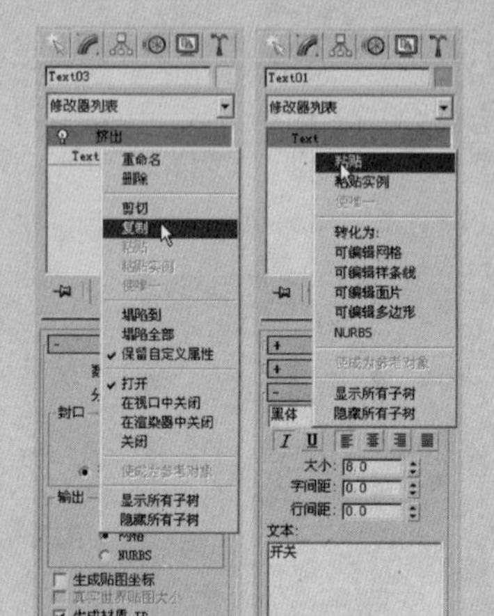

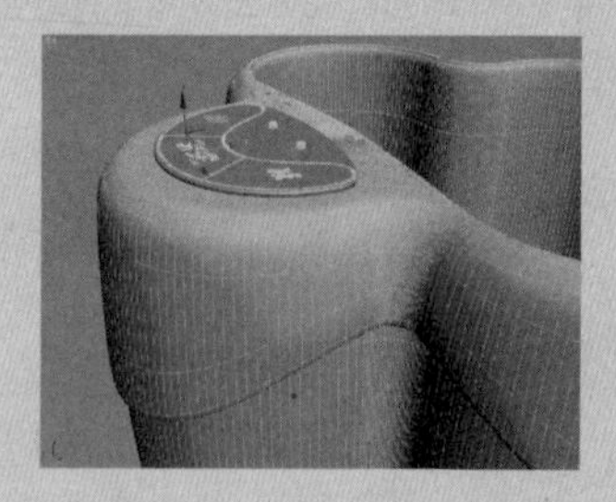

修改散热器

01 选择刚开始创建的模型，切换到"可编辑多边形"的"顶点"层级，单击"编辑几何体"卷展栏中的 切割 按钮，在模型上沿"顶部模型"边缘切割线段，如下图所示。

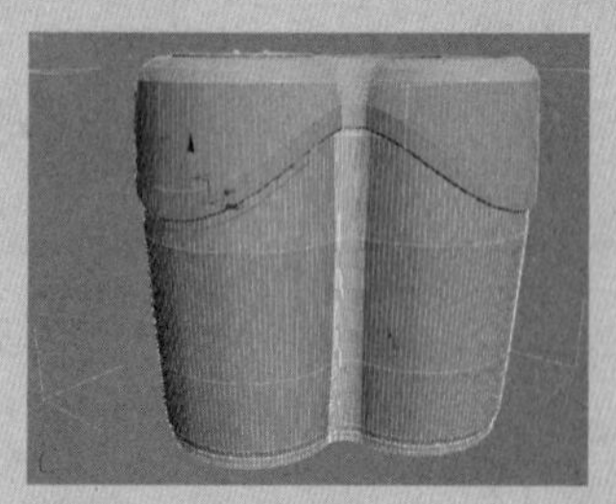

02 按数字键4，切换到"多边形"层级，选择如下图所示的面，单击"编辑多边形"卷展栏中 倒角 按钮右侧的"设置"按钮，在弹出的"倒角多边形"对话框中设置"倒角类型"为"局部法线"，"高度"为0.0，"轮廓量"为－2.0。

- 深度：设置支柱的深度。
- 宽度：设置支柱的宽度。
- 延长：设置支柱在上围栏底部的延长。
- 底部偏移：设置支柱与围栏对象底部的偏移量。
- “支柱间距”按钮：单击该按钮时，将会弹出“支柱间距”对话框，在该对话框中用户可以设置支柱的间距。

(2)“实体填充”选项区域

控制立柱之间实体填充的厚度和偏移量。只有将“类型”设置为“实体填充”时，才能使用该选项。

- 厚度：设置实体填充的厚度。
- 顶部偏移：设置实体填充与上围栏底部的偏移量。
- 底部偏移：设置实体填充与围栏对象底部的偏移量。
- 左偏移：设置实体填充与相邻左侧立柱之间的偏移量。
- 右偏移：设置实体填充与相邻右侧立柱之间的偏移量。

5.3.5 墙

墙对象由3个子对象类型构成，这些对象参数可以在“修改”命令面板中进行修改。与编辑样条线的方式类似，同样也可以编辑墙对象的顶点、分段及其剖面。创建两个在拐角处相交的墙分段时，系统将会删除所有重复的几何体。

创建墙

Step 01 在“创建”命令面板中的创建类型下拉列表中选择“AEC扩展”选项，然后在“对象类型”卷展栏中单击 墙 按钮。

Step 02 在视口中单击并释放鼠标，然后移动鼠标以设置墙的长度，再次单击。此时将会创建墙分段，也可以通过右键单击结束墙的创建。

Step 03 要添加另一个墙体，可以移动鼠标，以设置下一个墙分段的长度，然后再次单击。

Step 04 如果在创建墙体的时候，同一个墙对象的首尾相连，系统将弹出“是否要焊接点”对话框，如图5-109所示。通过该对话框，可将墙体末端顶点转化为一个顶点。右键单击以结束墙的创建，墙体示例如图5-110所示。

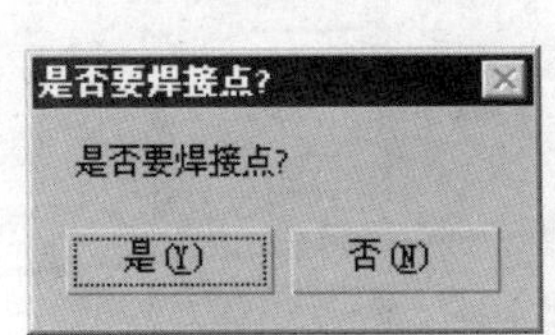

图5-109 “是否要焊接点”对话框

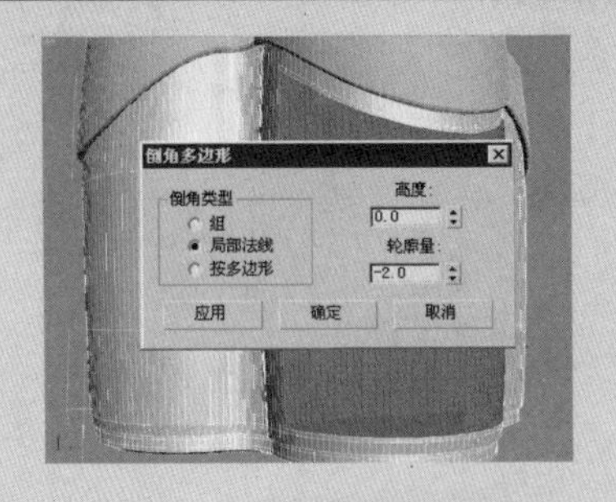

03 单击“应用”按钮，再设置“高度”为-2.0，“轮廓量”为0.0，如下图所示。

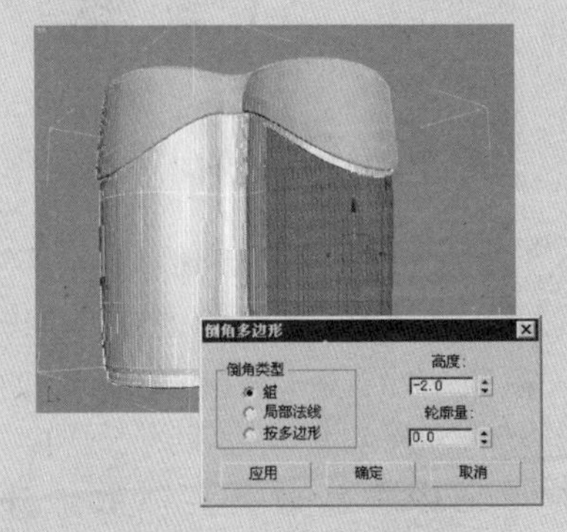

04 单击“应用”按钮，再设置“高度”为0.0，“轮廓量”为-2.0，然后单击“确定”按钮，如下图所示。

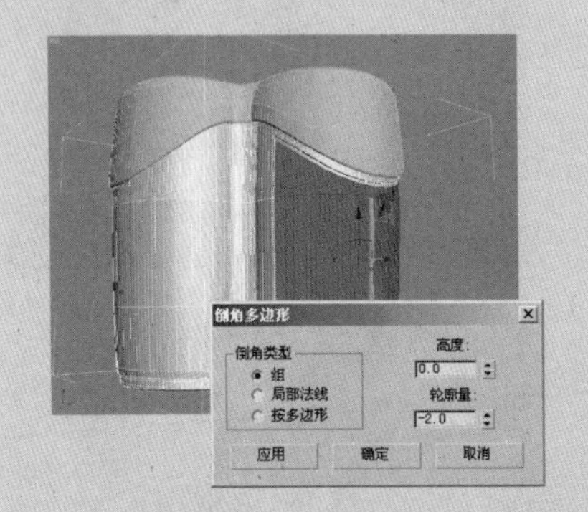

05 因为倒角形成了交叉的面，切换到“顶点”层级，单击“编辑顶点”卷展栏中的 目标焊接 按钮对顶点进行调整，如下图所示。

06 按数字键4，切换到“多边形”层级，选择如下图所示的面，单击“编辑几何体”卷展栏中的 分离 按钮，在弹出的“分离”对话框中将其命名为“散热外壳”，如下图所示。

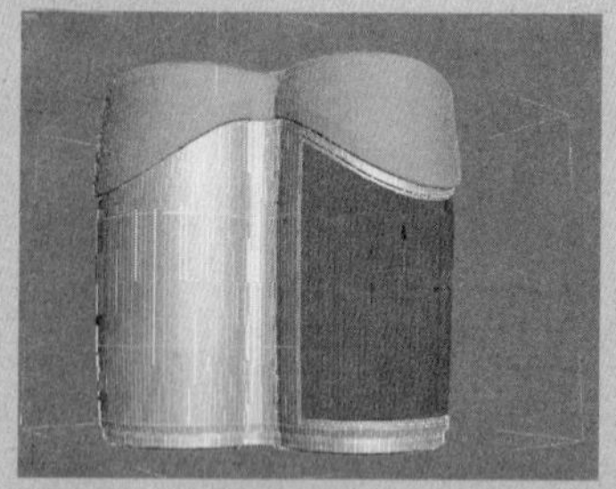

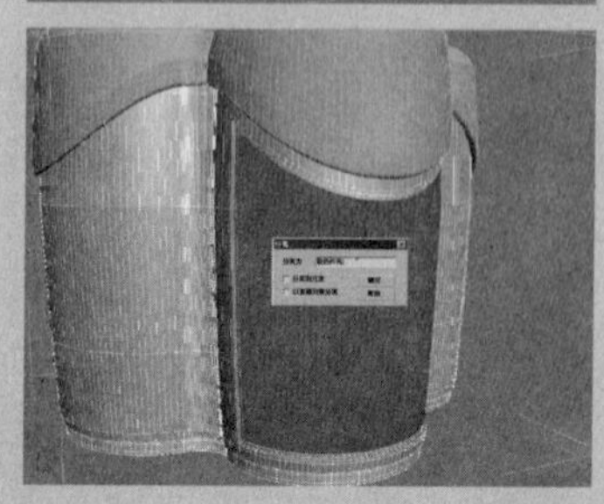

07 选择分离后的“散热外壳”模型，按数字键4，切换到“多边形”层级，选择如下图所示的面。单击“编辑多边形”卷展栏中 倒角 按钮右侧的“设置”按钮□，在弹出

图5-110　墙体示例

墙参数

“键盘输入”卷展栏，如图5-111所示。

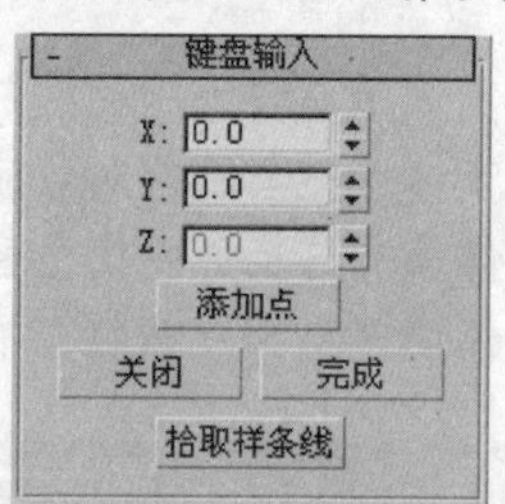

图5-111　“键盘输入”卷展栏

- X：设置墙起点的X轴坐标。
- Y：设置墙起点的Y轴坐标。
- Z：设置墙起点的Z轴坐标。
- 添加点：根据输入的X轴、Y轴和Z轴坐标值添加点。
- 关闭：结束墙对象的创建，并在最后一个分段的端点与第一个分段的起点之间创建分段，以形成闭合的墙。
- 完成：结束墙对象的创建，使之呈端点开放状态。
- 拾取样条线：将样条线用作墙路径。单击该按钮，然后单击视口中的样条线以用作墙路径，如果指定弯曲的样条线作为路径，则系统将创建尽量与样条线接近的直的墙分段，每个样条线分段对应一个墙分段。

“参数”卷展栏，如图5-112所示。在默认情况下，生成的墙对象宽5个单位，高96个单位，并按照墙的中心对齐。在“参数”卷展栏中用户可以对创建的墙体参数进行修改。

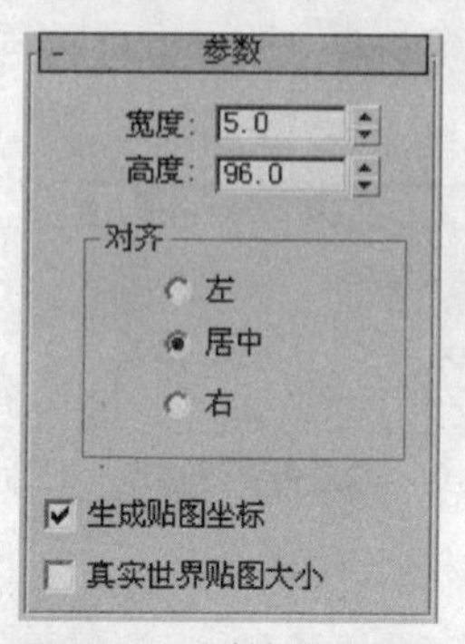

图5-112　“参数”卷展栏

- 宽度：设置墙的厚度。范围从 0.01 个单位至 100,000 个单位。默认设置为 5。
- 高度：设置墙的高度。范围从 0.01 个单位至 100,000 个单位。默认设置为 96。
- 左：根据墙基线（墙的前边与后边之间的线，即墙的厚度）的左侧边对齐墙。如果启用“栅格捕捉”，则墙基线的左侧边将捕捉到栅格线。
- 居中：根据墙基线的中心对齐。如果启用“栅格捕捉”功能，则墙基线的中心将捕捉到栅格线。这是默认设置。
- 右：根据墙基线的右侧边对齐。如果启用“栅格捕捉”功能，则墙基线的右侧边将捕捉到栅格线。
- 生成贴图坐标：对墙应用贴图坐标。默认设置为启用。
- 真实世界贴图大小：控制应用于该对象的纹理贴图材质所使用的缩放方法。

编辑墙对象

当墙体处于选中状态的时候，在“修改”命令面板中将出现“编辑对象”卷展栏，如图 5-113 所示。该卷展栏中的参数与“创建”命令面板中的“参数”卷展栏基本相同，但是多了两个按钮，分别是 附加 按钮和 附加多个 按钮。

- “附加”按钮：将视口中的另一个墙附加到选定的墙体，附加的对象也必须是墙。
- “附加多个”按钮：将视口中的其他墙附加到所选墙。单击此按钮将弹出“附加多个”对话框，如图 5-114 所示，该对话框列出了场景中的所有其他墙对象。从列表中选择要附加的墙并单击“附加”按钮，系统将选定墙的材质应用于要附加的墙。

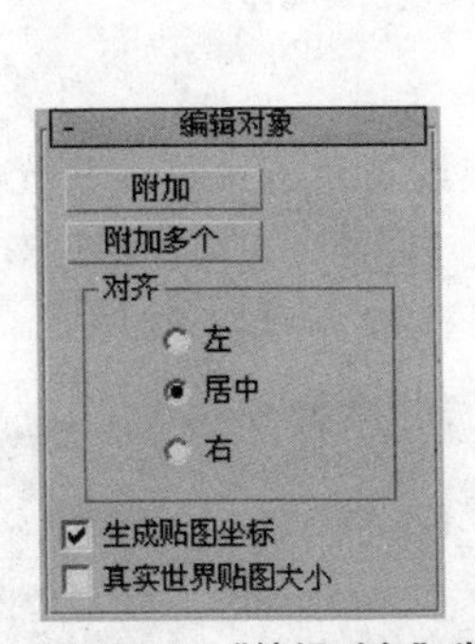

图5-113 “编辑对象”卷展栏　图5-114 “附加多个”对话框

编辑墙对象参数

“编辑顶点”卷展栏如图 5-115 所示。

在“顶点”子对象层级显示该卷展栏，每个墙线段有两个顶点，分别在墙体的底角中。在线框视图中，墙顶点显示为“+”号，如

的“倒角多边形”对话框中设置“倒角类型”为“局部法线”，“高度”为 0.0，“轮廓量”为 − 2.0，如下图所示。

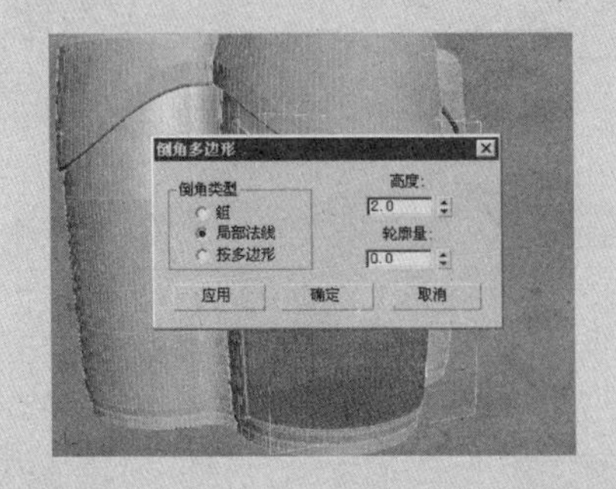

08 单击“应用”按钮再设置“高度”为 0.0，“轮廓量”为 − 2.0，然后单击“确定”按钮，如下图所示。

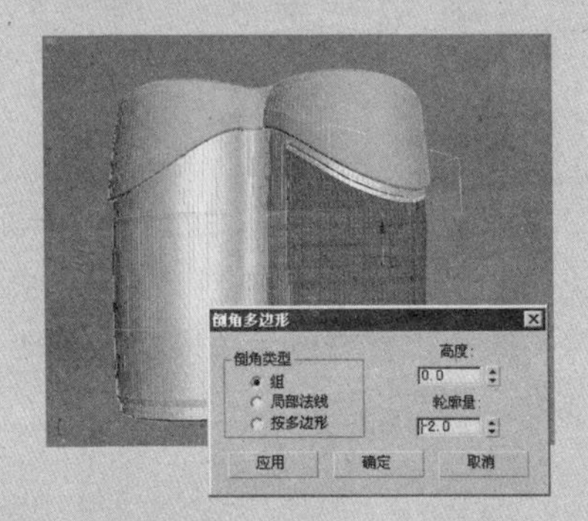

09 选择“散热外壳”模型，按 Alt+Q 组合键，进入“孤立模式”，如下图所示。

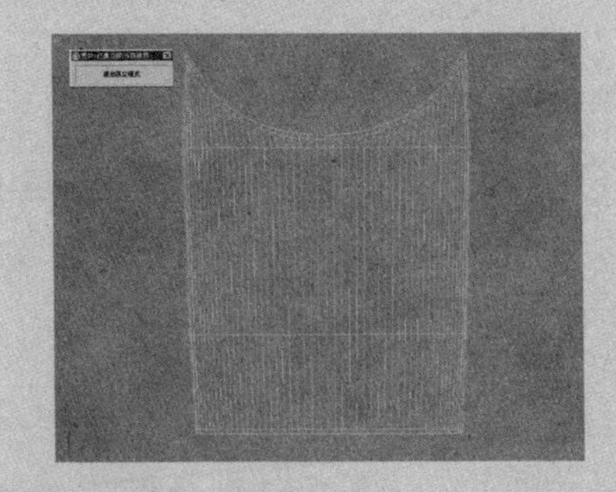

10 在“前”视图中创建一个“圆”，设置“圆”的“半径”为 3.5，如下图所示。

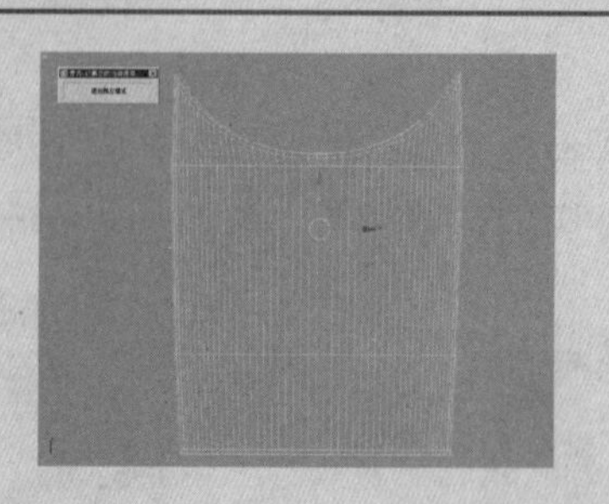

⓫ 将创建的“圆”转换为“可编辑样条线”，切换到“顶点”层级，选择如下图所示的顶点，单击“几何体”卷展栏中的 断开 按钮，如下图所示。

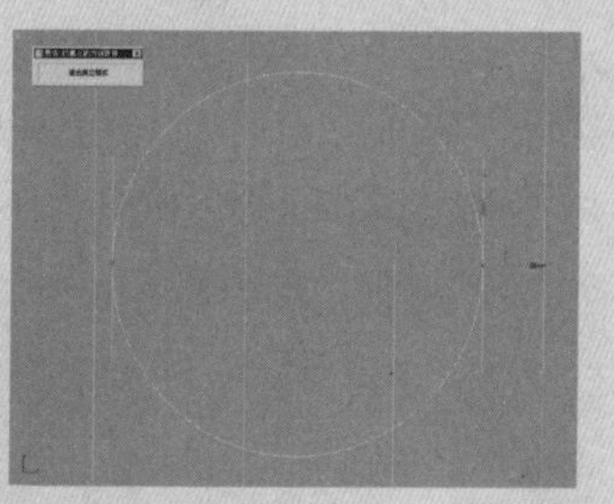

⓬ 按数字键2，切换到“线段”层级，选择如下图所示线段然后拖动线段。

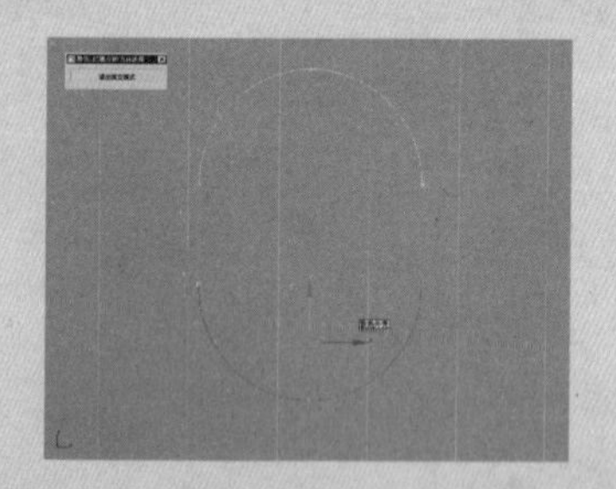

⓭ 按数字键1，切换到“顶点”层级，单击“几何体”卷展栏中的 连接 按钮，在视图中连接顶点，如下图所示。

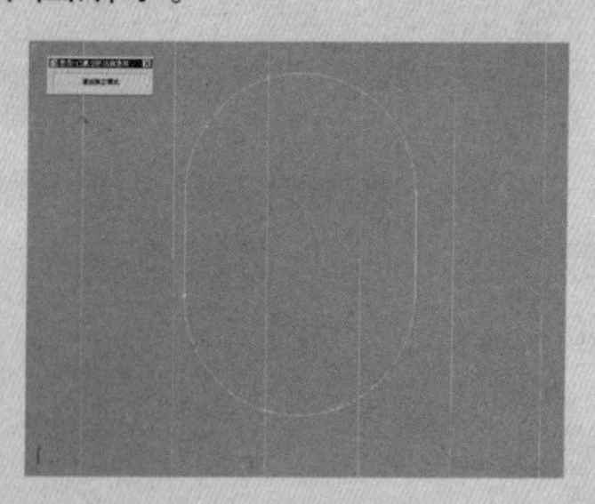

图5-116所示。同一个墙对象中的相连线段分别共享一个顶点，移动墙顶点的效果和缩放附加线段及绕其他顶点旋转附加线段的效果相同。不能旋转或缩放墙顶点。

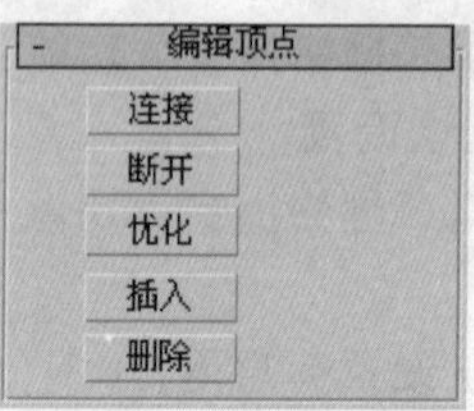

图5-115 “编辑顶点”卷展栏

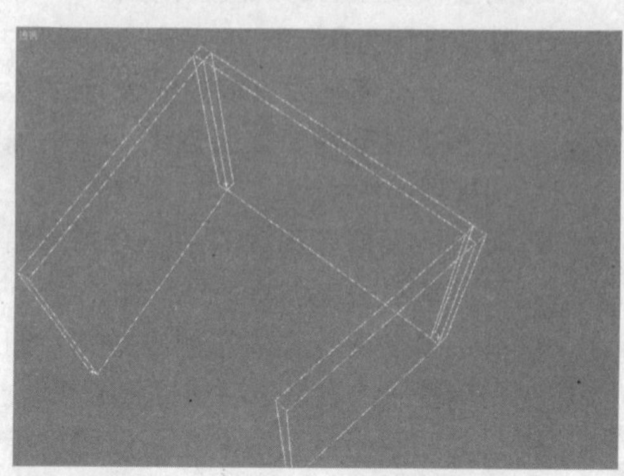

图5-116 顶点的显示

- 连接：用于连接任意两个顶点，在这两个顶点之间创建墙体。单击此按钮，单击一个顶点，然后单击另一个线段上的第二个顶点，将光标移到有效的第二个顶点上时，光标会变为一个“连接”图标，如图5-117所示。单击鼠标，此时在两个顶点的连线上创建一段墙体，如图5-118所示。

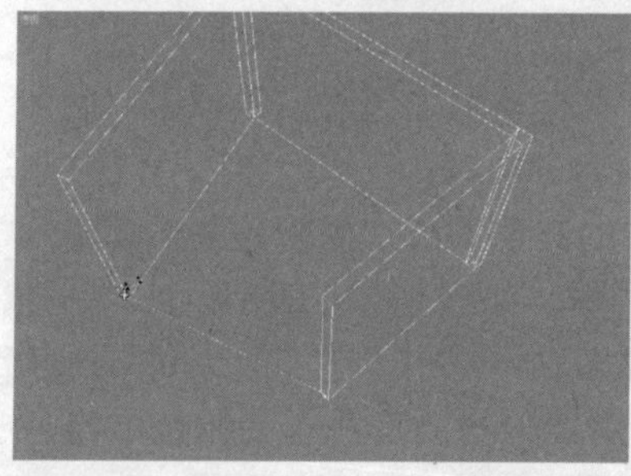

图5-117 连接顶点

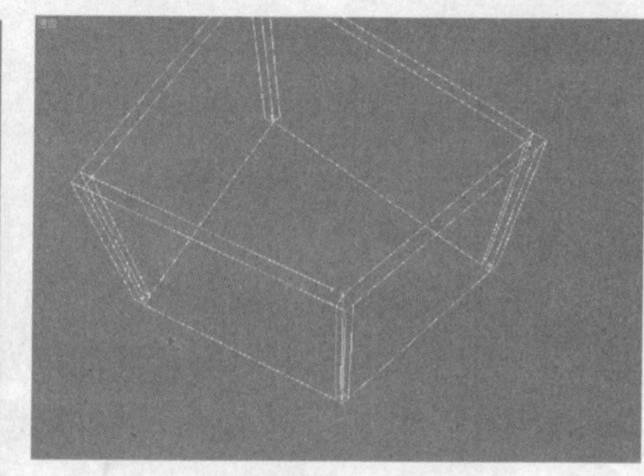

图5-118 创建墙体

- 断开：用于在共享顶点断开线段的连接。
- 优化：单击该按钮后，顶点之间出现黄色的线框，将光标移到该图框上时，将变为一个“优化”图标，如图5-119所示，此时单击将出现新的顶点，如图5-120所示。

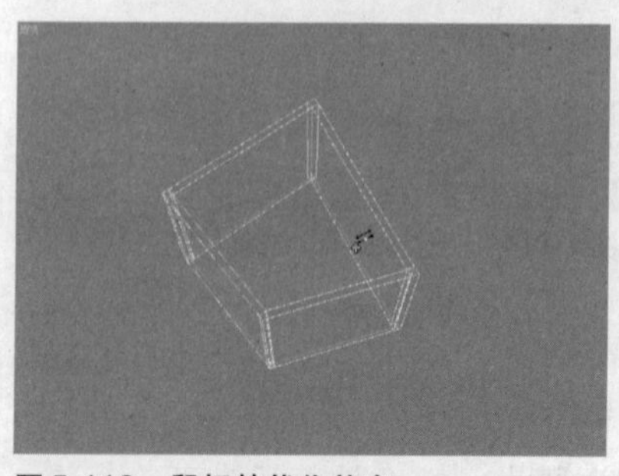

图5-119 鼠标的优化状态

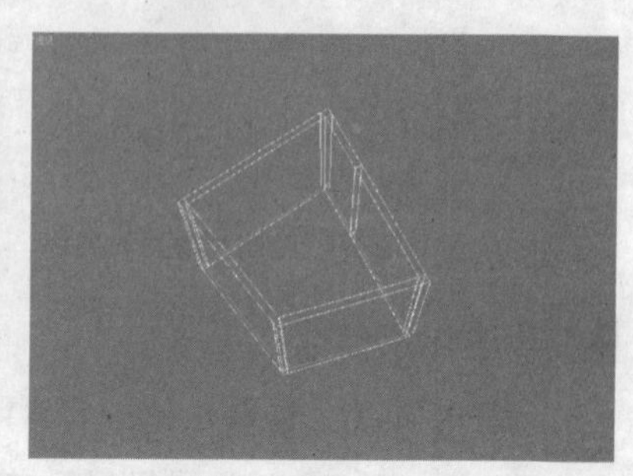

图5-120 创建新顶点

- 插入：插入一个或多个顶点，以创建其他线段。
- 删除：删除当前选定的一个或多个顶点，包括这些顶点之间的任何线段。删除由两个或多个线段共享的顶点不会产生间距，而是会生成一条连接与被删除顶点相邻的顶点的线段。

选择墙对象，然后访问“分段”子对象层级时，系统将在命令面板中显示“编辑分段”卷展栏，如图5-121所示。

每个墙线段有两个墙顶点定义，并且有效地连接两个墙顶点。移动线段与依次移动前后两个顶点的效果相同，其效果和缩放相邻的墙线段及绕墙线段的其他顶点旋转的效果相同。用户只能水平缩放墙线段，不能旋转线段。

- 断开：指定墙线段中的断开点，如图5-122所示。

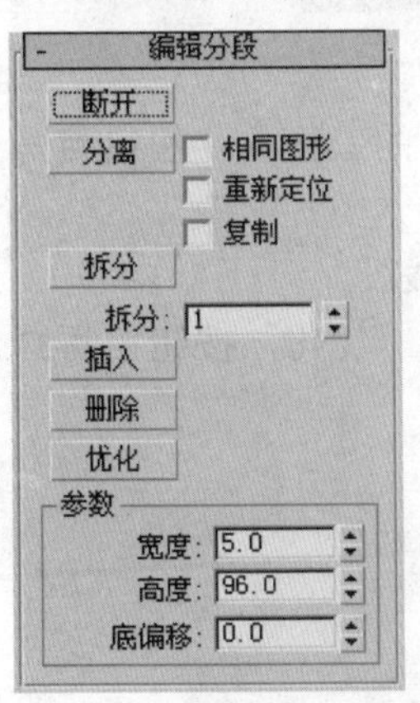

图5-121 “编辑分段”卷展栏

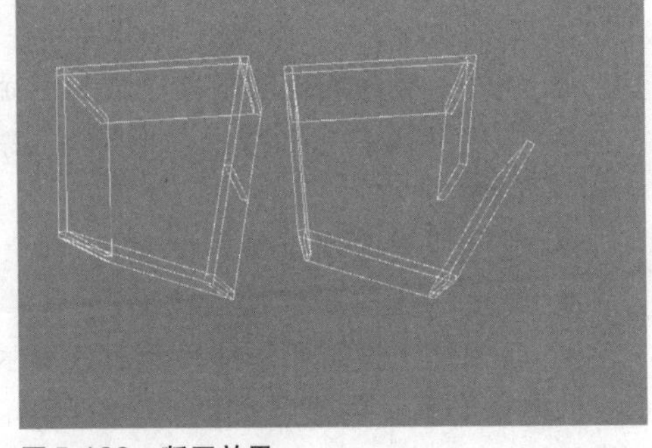

图5-122 断开效果

- 分离：分离选择的墙线段并利用它们创建一个新的墙对象，单击该按钮后，系统将弹出“分离”对话框，如图5-123所示，在该对话框中用户可以将分离后的对象进行命名。

图5-123 “分离”对话框

- 相同图形：分离墙对象，使它们不在同一个墙对象中。如果还启用了“复制”复选框，3ds Max将在同一位置放置墙体的分离副本。
- 重新定位：分离墙线段，复制对象的局部坐标系，并放置线段，使其对象的局部坐标系与世界空间原点重合。
- 复制：复制分离墙线段，而不是移动分离墙线段。

⑭ 调整顶点位置，如下图所示。

⑮ 选择样条线，单击主工具栏中的“对齐”按钮，再单击视图中的“散热外壳”模型，在弹出的“对齐当前选择”对话框中勾选“对齐位置”选项区域中的“X位置”和“Y位置”复选框，单击“当前对象”和“目标对象”选项区域中的“中心”单选按钮，然后单击“确定”按钮，如下图所示。

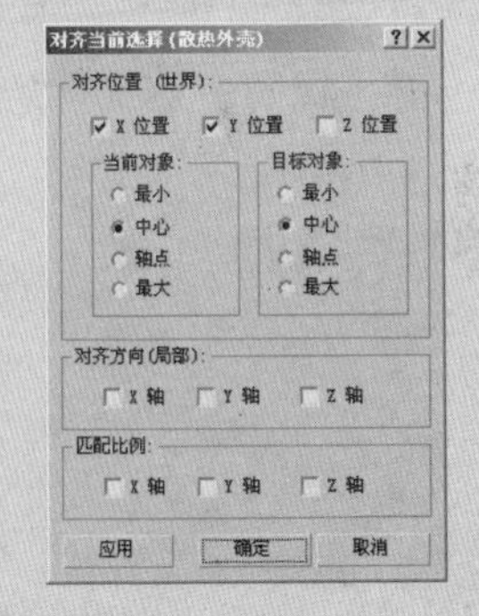

⑯ 切换到“顶”视图，然后调整样条线位置，如下图所示。

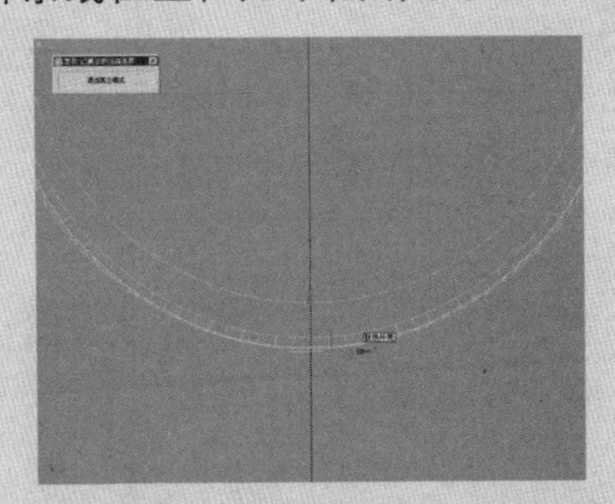

⑰ 切换到“层次”命令面板，单击“调整轴”卷展栏中的 仅影响轴 按钮，然后在视图中调整坐标轴的位置，如下图所示。

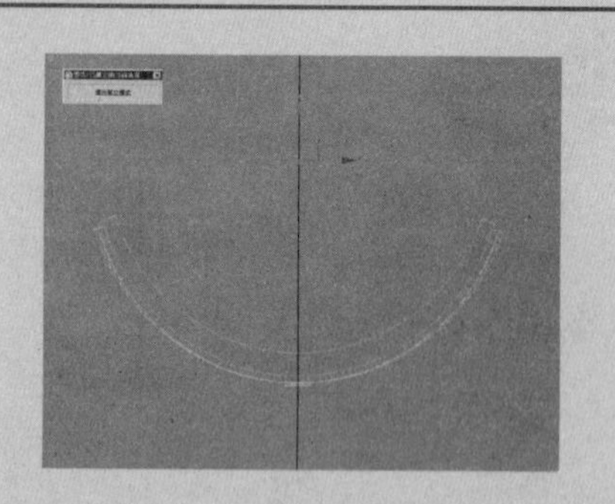

⑱ 单击“角度捕捉切换”按钮，按Shift键旋转复制样条线，如下图所示。

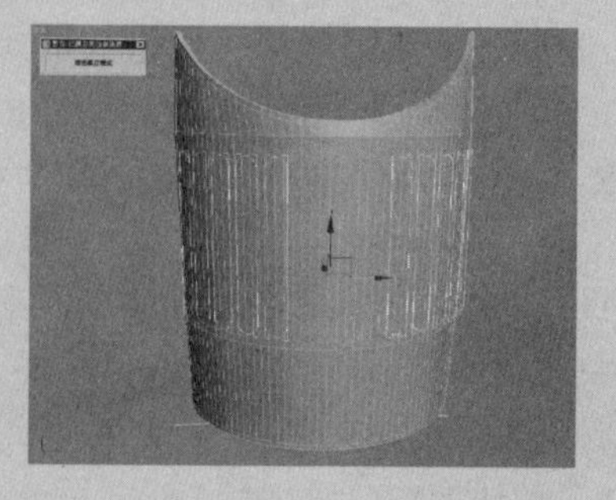

⑲ 在“前”视图中调整样条线位置，如下图所示。

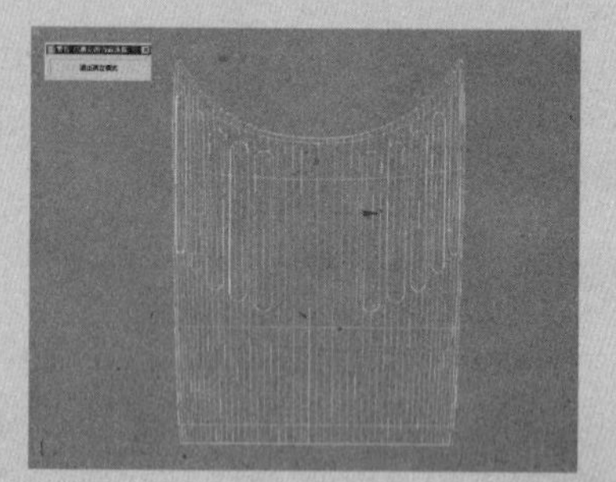

⑳ 选择一个样条线，单击“几何体”卷展栏中的 附加 按钮，将视图中其他样条线附加为一体，如下图所示。

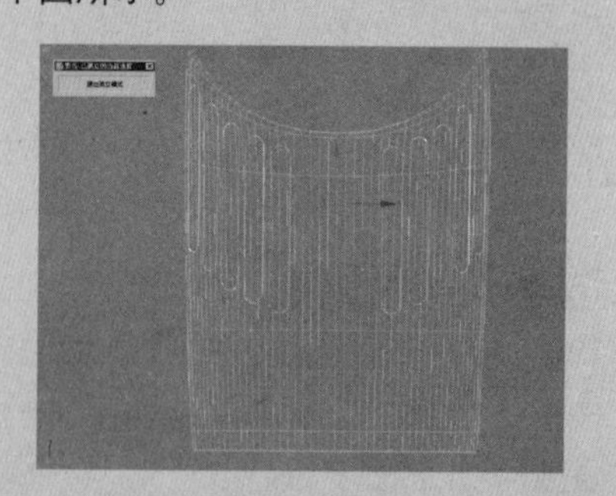

- 拆分：根据用户指定的顶点数细分每个线段。选择一个或多个线段，设置“拆分”数量，然后单击“拆分”按钮，拆分数量为2的效果如图5-124所示。

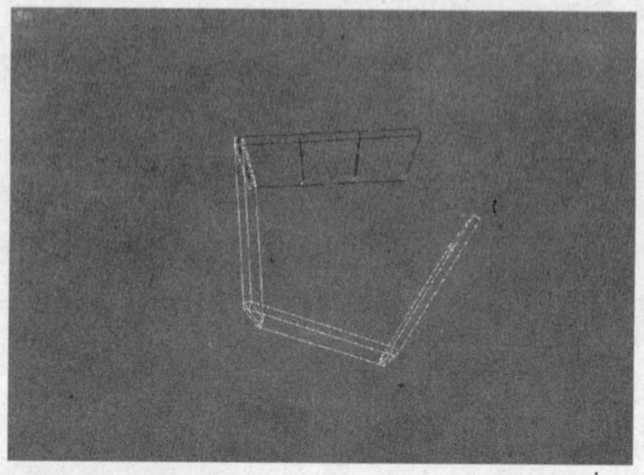

图5-124 拆分效果

- 插入：提供与“顶点”子对象卷展栏中的“插入”按钮相同的功能。
- 删除：删除当前墙对象中任何选定的墙线段。
- 优化：提供与“顶点”子对象层级中的“优化”按钮相同的功能。
- 宽度：更改所选线段的宽度。
- 高度：更改所选线段的高度。
- 底偏移：设置所选线段距离底面的距离。

“编辑剖面”卷展栏如图5-125所示。

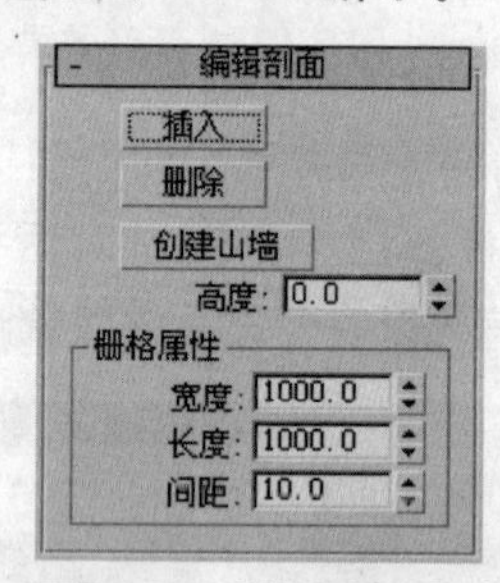

图5-125 “编辑剖面”卷展栏

选择墙对象然后访问“剖面”子对象层级时，显示此卷展栏。

- 插入：插入顶点，以便用户可以调整所选墙线段的轮廓。

使用此选项可以调整山墙下的墙轮廓，或者将墙与斜坡对齐。将光标移过所选线段时，光标将变成一个“插入”图标。单击以插入新的轮廓点，然后拖动并释放鼠标，以定位并放置该轮廓点。用户可以将新的轮廓点添加到墙的顶部和底部，但不能将轮廓点定位在原始顶边之下或者原始底边之上。

- 删除：删除所选墙线段的轮廓上的所选顶点。
- 创建山墙：通过将所选墙线段的顶部轮廓的中心点移至用户指定的高度来创建山墙。具体做法是先选择线段、设置高度，然后单击“创建山墙”按钮，此时山墙的顶部具有了轮廓，如图5-126所示；单击“删除”按钮后轮廓被填充，如图5-127所示。

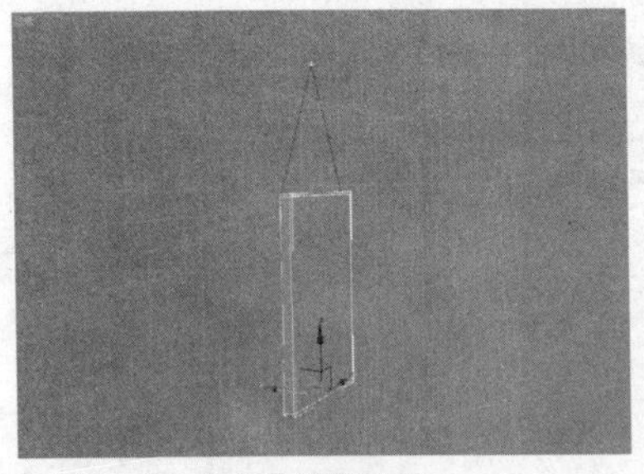

图5-126 山墙的轮廓状态

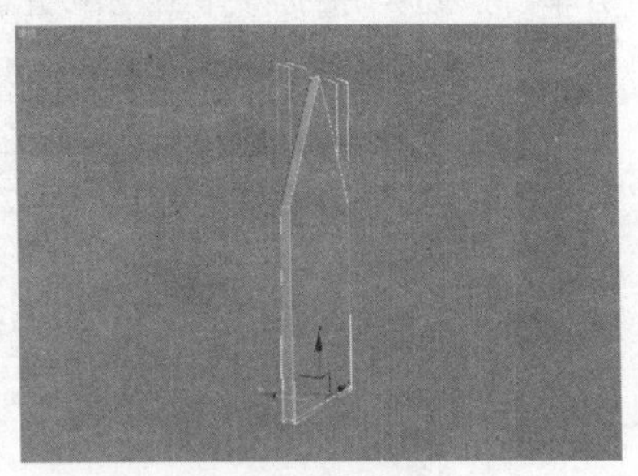
图5-127 填充后山墙效果

- 高度：指定山墙的高度。

栅格可以将轮廓点的插入和移动限制在墙平面以内，并允许用户将栅格点放置到墙平面中。

- 宽度：设置活动栅格的宽度。
- 长度：设置活动栅格的长度。
- 间距：设置活动网格中的最小方形的大小。

5.3.6 植物

3ds Max系统以网格对象来代替用户创建的植物。根据需要，用户可以控制植物的高度、密度、修剪、种子、视口树冠模式和详细程度等级等。种子选项用于控制同一物种的不同表示方法的创建。可以为同一物种创建上百万个变体。采用“视口树冠模式”选项，可以控制植物细节的数量，减少用于显示植物的顶点和面的数量。植物示例，如图5-128所示。

图5-128 植物示例

21 选择样条线，按Shift键拖动复制，如下图所示。

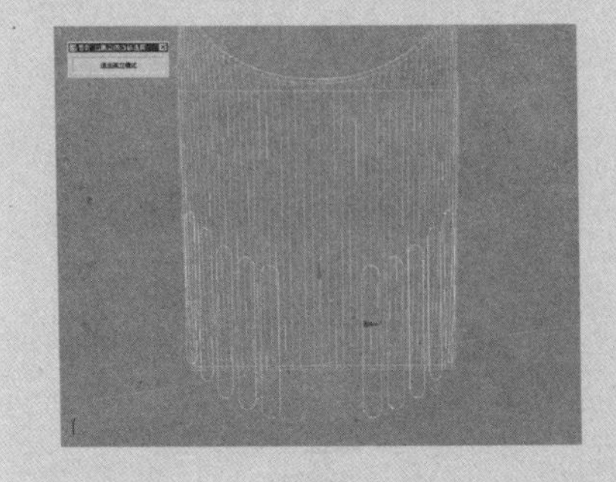

22 按数字键1，切换到“可编辑样条线”的“顶点”层级，调整顶点的位置，如下图所示。

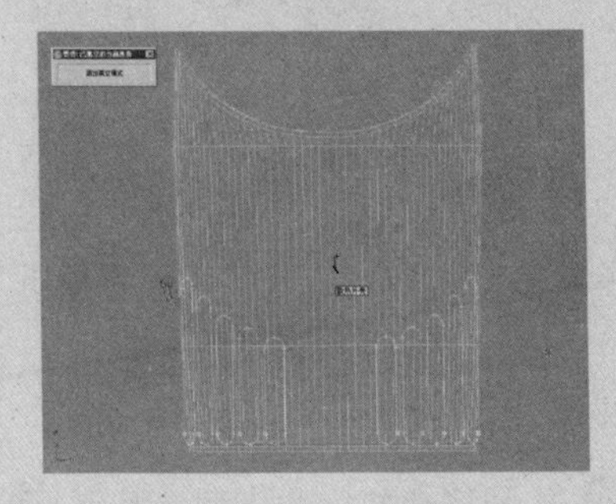

23 选择“散热外壳”模型，在“修改器列表”下拉列表中选择“网格平滑”修改器，设置“迭代次数”为2，如下图所示。

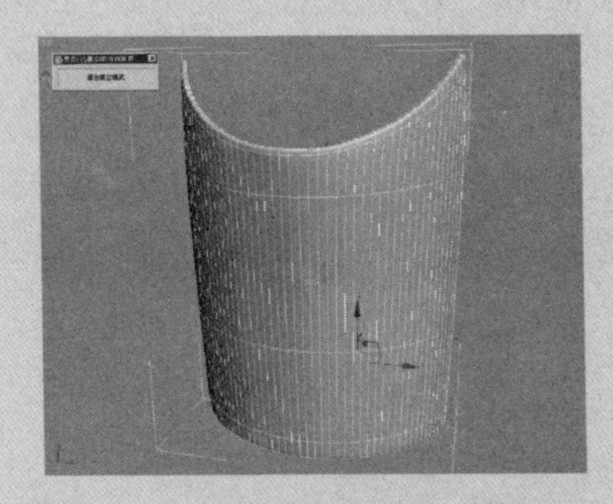

24 在“几何体”创建命令面板中的创建类型下拉列表中选择“复合对象”选项，单击“对象类型”卷展栏中的 图形合并 按钮，再单击“拾取操作对象”卷展栏中的“拾取图形”按钮，然后在视图中拾取图形，如下图所示。

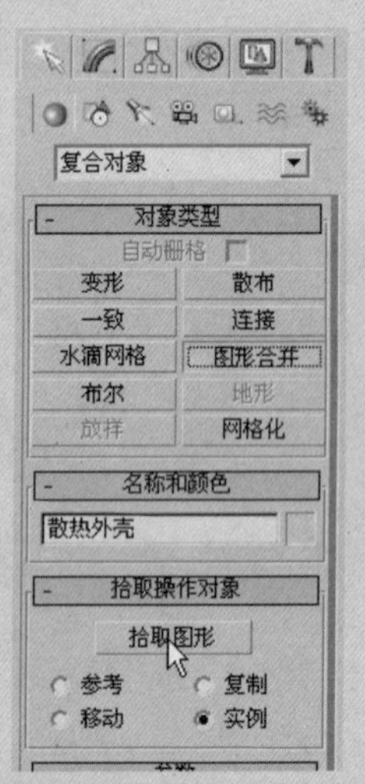

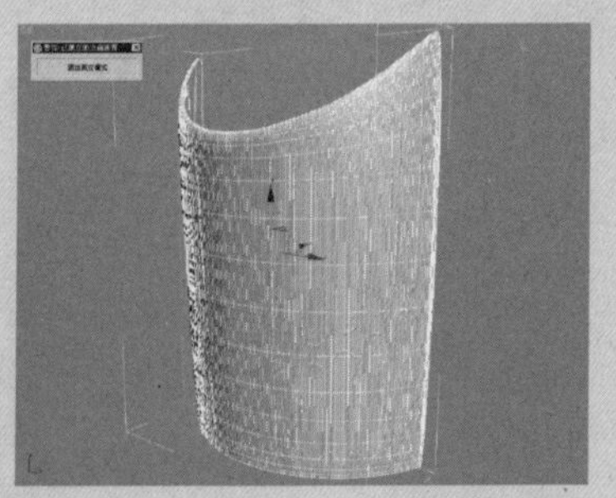

❷❺ 将图形合并后的模型转换为“可编辑多边形”，按数字键4，切换到“多边形”层级，图形合并后形成的面会自动被选择。单击“编辑多边形”卷展栏中 挤出 按钮右侧的“设置”按钮，在弹出的“挤出多边形”对话框中设置“挤出高度”为－3.0，然后单击“确定”按钮，如下图所示。

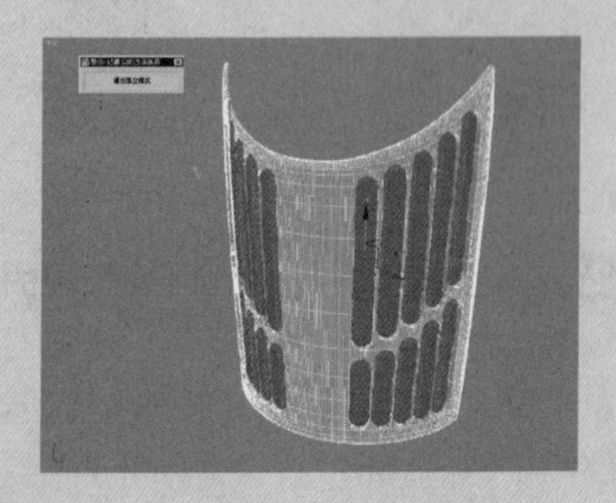

❷❻ 删除挤出时被选择的面，然后将所有样条线隐藏，如下图所示。

将植物添加到场景中

Step 01 在“创建”命令面板中的创建类型下拉列表中选择“AEC扩展”选项，然后在“对象类型”卷展栏中单击 植物 按钮。

Step 02 单击“创建”命令面板中的“收藏的植物”卷展栏中的“植物库”按钮，系统将弹出“配置调色板”对话框，如图5-129所示。

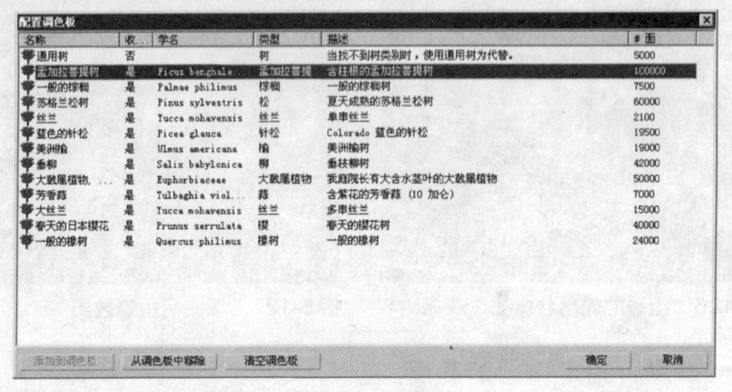

图5-129 “配置调色板”对话框

Step 03 在“配置调色板”对话框中选择一种植物，然后单击“确定”按钮，在视图中单击即可创建植物。或者在“收藏的植物”卷展栏中选择植物并将该植物拖动到视口中的某个位置。或者在卷展栏中选择植物，然后在视口中单击来创建植物。

Step 04 在“参数”卷展栏上，单击“新建”按钮以显示植物的随机变化。

植物参数

“收藏的植物”卷展栏如图5-130所示。显示了可添加到场景中的植物。

图5-130 “收藏的植物”卷展栏

- 自动材质：为植物指定默认材质。
- 植物库：单击该按钮，弹出“配置调色板”对话框。使用此对话框，无论植物是否处于调色板中，都可以查看可用植物的信息，包括其名称、学名、类型、描述和每个对象近似的面数量。还可以向调色板中添加植物，以及从调色板中删除植物、清空调色板（即从调色板中删除所有植物）。

“参数”卷展栏如图5-131所示。

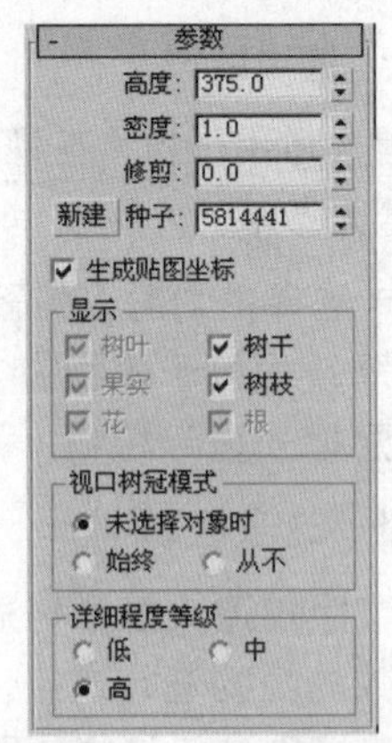

图5-131 “参数”卷展栏

- 高度：控制植物的近似高度。3ds Max 将对所有植物的高度应用随机的噪波系数。因此，在视口中所测量的植物实际高度并不一定等于在“高度”参数中指定的值。
- 密度：控制植物上叶子和花朵的数量。值为1表示植物具有全部的叶子和花；0.5表示植物具有一半的叶子和花；0表示植物没有叶子和花，如图5-132所示。
- 修剪：只适用于具有树枝的植物。删除位于一个与构造平面平行的不可见平面之下的树枝。值为0表示不进行修剪；值为0.5表示根据一个比构造平面高出一半高度的平面进行修剪；值为1表示尽可能修剪植物上的所有树枝，如图5-133所示。系统从植物上修剪何物取决于植物的种类。如果是树干，则永不会进行修剪。

图5-132 不同密度效果

图5-133 修剪效果

- “新建”按钮：显示当前植物的随机变体。系统在按钮旁的数值框中显示了种子值。
- 种子：介于0与16,777,215之间的值，表示当前植物可能的树枝变体、叶子位置及树干的形状与角度。
- 生成贴图坐标：对植物应用默认的贴图坐标。默认设置为启用。

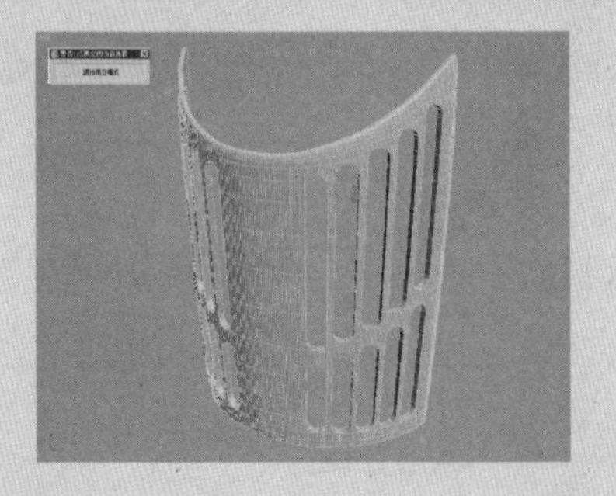

合并易拉罐

01 退出孤立模式，执行菜单栏中的“文件>合并”命令，在弹出的“合并文件”对话框中指定路径将易拉罐模型合并到场景中，如下图所示。

02 复制易拉罐，并调整其位置，如下图所示。

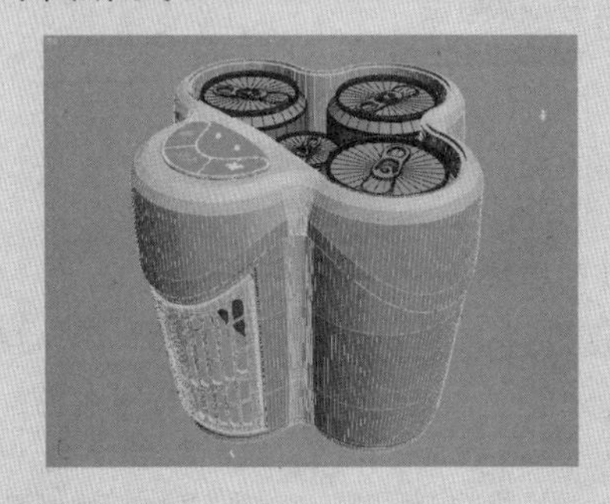

设置环境和材质

01 打开“环境和效果”对话框，单击“环境贴图”材质按钮，在弹出的“材质/贴图浏览器”对话框中选择“位图”选项，然后单击“确定”按钮，如下图所示。

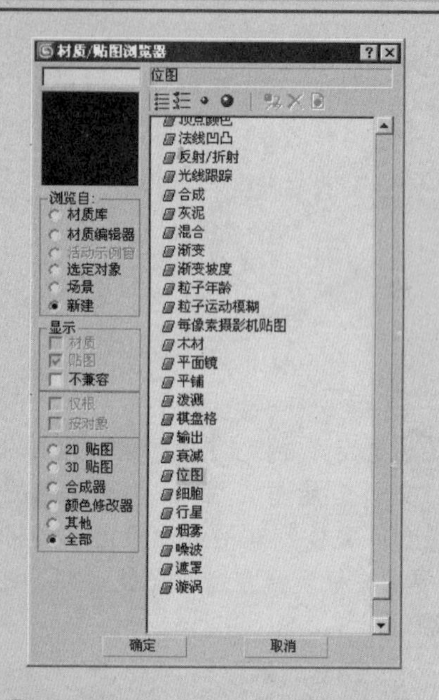

02 在弹出的“选择位图图像文件”对话框中选择附书光盘:“实例文件\工业设计\13 易拉罐冷藏器\empty_room_03_pano_half.hdr”文件，然后单击“打开”按钮，在弹出的“HDRI加载设置”对话框中单击“确定”按钮，如下图所示。

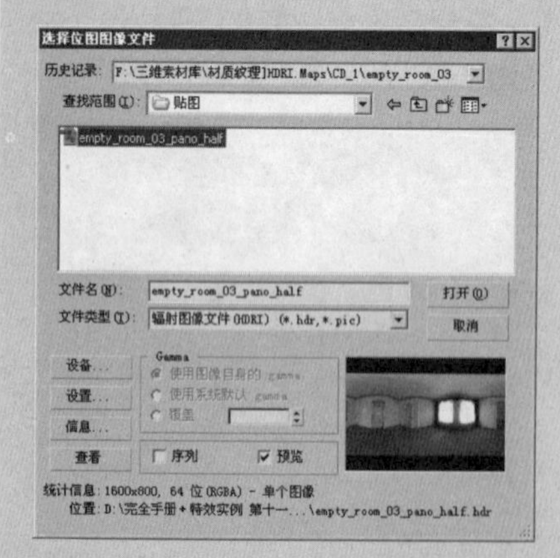

03 按快捷键M，打开“材质编辑器”对话框，将刚设置好的背景材质拖动到一个空白的示例球上，在弹出的“实例(副本)贴图”对话框中单击“实例”单选按钮，并单击“确定”按钮，如下图所示。

(1)“显示”选项区域

控制植物的树叶、果实、花、树干、树枝和根的显示。选项是否可用取决于所选的植物种类。例如，如果植物没有果实，则系统将禁用该选项。禁用选项会减少所显示的顶点和面的数量。

(2)“视口树冠模式”选项区域

该选项区域中的设置只适用于植物在视口中的表示方法，因此，它对系统渲染植物的方式毫无影响。

- 未选择对象时：未选择植物时以树冠模式显示植物。
- 始终：始终以树冠模式显示植物。
- 从不：从不以树冠模式显示植物。

(3)“详细程度等级”选项区域

- 低：以最低的细节级别渲染植物树冠。
- 中：对减少了面数的植物进行渲染。
- 高：以最高的细节级别渲染植物的所有面。

5.4 修改器

使用修改器可以编辑对象，它们可以更改对象的几何形状及其属性。应用于对象的修改器将存储在堆栈中，通过在堆栈中上下导航，可以更改修改器的效果，或者将其从对象中移除。或者可以选择“塌陷”堆栈，使应用于对象的所有修改器一直生效。

使用修改器堆栈注意事项

用户可以将无穷的修改器应用到对象上。当删除修改器时，对象的所有编辑效果都将消失。可以使用修改器堆栈显示中的控件，将修改器移动和复制到其他对象上。

添加修改器的顺序或步骤是很重要的。每个修改器会影响它之后的修改器。例如，将圆柱体先添加“弯曲”修改器再添加“锥化”修改器，它的结果可能会与先添加“锥化”修改器，后添加“弯曲”修改器完全不同，如图5-134和图5-135所示。

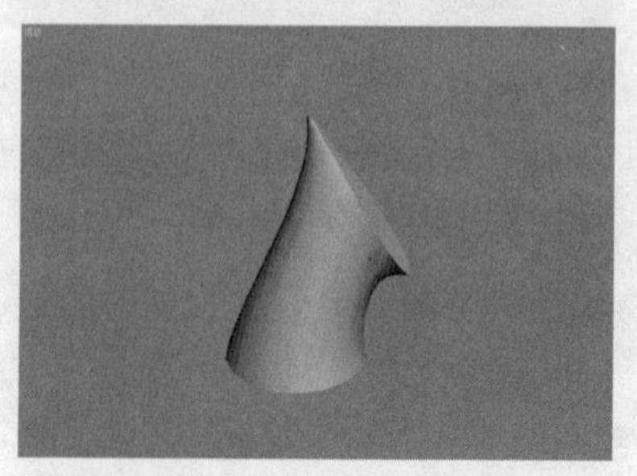
图5-134 先“弯曲”后“锥化”

图5-135 先“锥化”后“弯曲”

世界空间修改器

世界空间修改器的行为与特定对象空间扭曲一样。它们携带对象，但像空间扭曲一样对其效果使用世界空间而不使用对象空间。世界空间修改器不需要绑定到单独的空间扭曲 Gizmo，使它们便于修改单个对象或选择集。

应用世界空间修改器就像应用标准对象空间修改器一样。从“修改器”菜单或“修改”面板中的“修改器列表”下拉列表中，可以访问世界空间修改器。星号或修改器名称旁边的字母WSM表示世界空间修改器。星号或 WSM 用于区分相同修改器（如果存在）的对象空间版本和世界空间版本。

将世界空间修改器指定给对象之后，该修改器显示在修改器堆栈的顶部，当空间扭曲绑定时相同区域中作为绑定列出。

对象空间修改器

对象空间修改器直接影响对象空间中对象的几何体。应用对象空间修改器时使用修改器列表中的其他对象空间修改器，对象空间修改器直接显示在对象的上方。堆栈中显示修改器的顺序可以影响几何体结果。

5.4.1 弯曲

使用“弯曲”修改器可以将当前选中对象围绕用户指定的轴向弯曲360°，并可以控制对象弯曲的方向，也可以对几何体的一段限制弯曲。

“弯曲”修改器的子层次

要访问“弯曲”修改器的子层次对象，可以在“修改器堆栈”中单击“弯曲”修改器左侧的“+”号，如图5-136所示。另外，还可以按数字键1和2，分别访问“弯曲”修改器的“Gizmo”和“中心”层次。

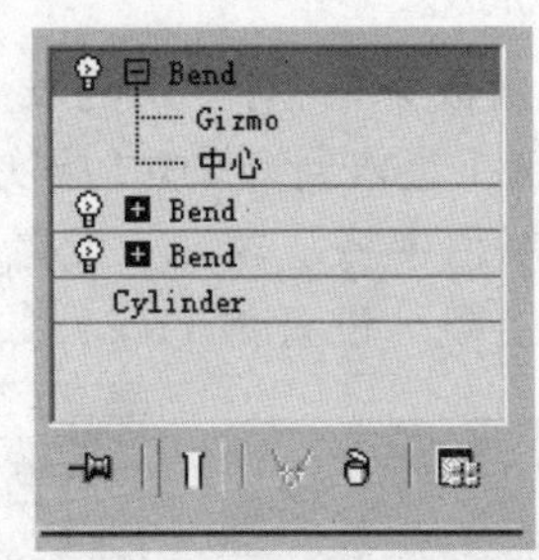

图5-136　通过堆栈访问修改器的子层次

- Gizmo：可以在此子对象层级上与其他对象一样对 Gizmo 进行变换并设置动画，也可以改变弯曲修改器的效果。变换 Gizmo 将以相等的距离转换它的中心。
- 中心：可以在子对象层级上平移中心并对其设置动画，改变弯曲 Gizmo 的图形，并由此改变弯曲对象。

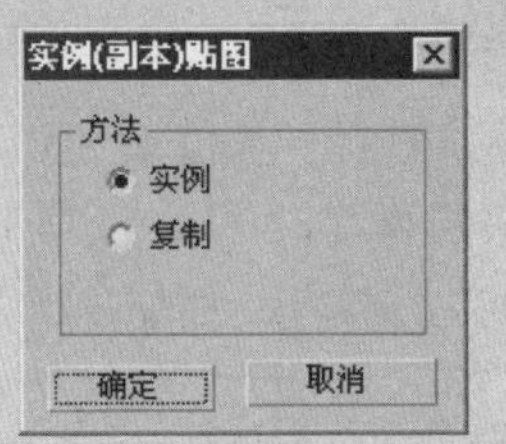

04 单击“图形”创建命令面板中的 线 按钮，在视图中创建一条线段，调整线段形状，然后在“修改器列表”下拉列表中选择“挤出”修改器，并设置“参数”卷展栏中的“数量”为2000.0，如下图所示。

05 按F10打开“渲染场景”对话框，单击“公用”选项卡中“指定渲染器”卷展栏中“产品级”右侧的“选择渲染器”按钮，在弹出的“选择渲染器”对话框中选择“Mental Ray 渲染器”选项，然后单击“确定”按钮，如下图所示。

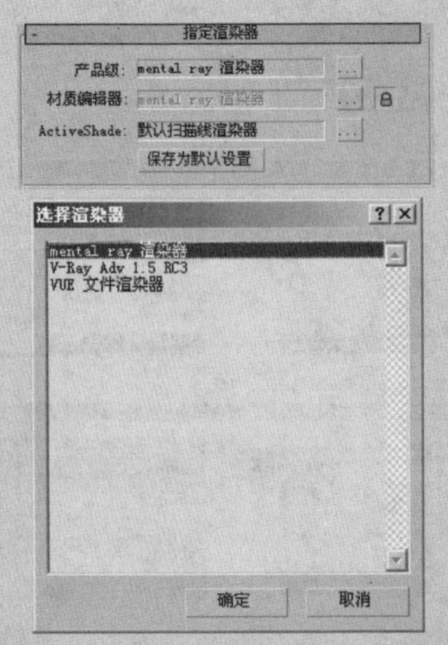

06 按快捷键M打开“材质编辑器”对话框，选择一个空白材质球，设置其材质类型为DGS Material (physics-phen)，然后单击“确定”按钮，如下图所示。

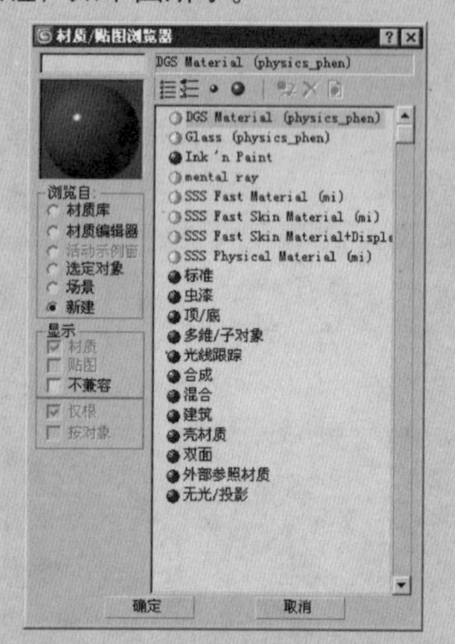

07 设置“DGS Material(physics-phen)参数”卷展栏中“Diffuse”（漫反射）颜色为红：0.561，绿：0.933，蓝：0.082，“Glossy Highlights”(光泽度)颜色为红：0.05，绿：0.05，蓝：0.05，“Specular”(高光)颜色为红：0.05，绿：0.05，蓝：0.05，如下图所示。

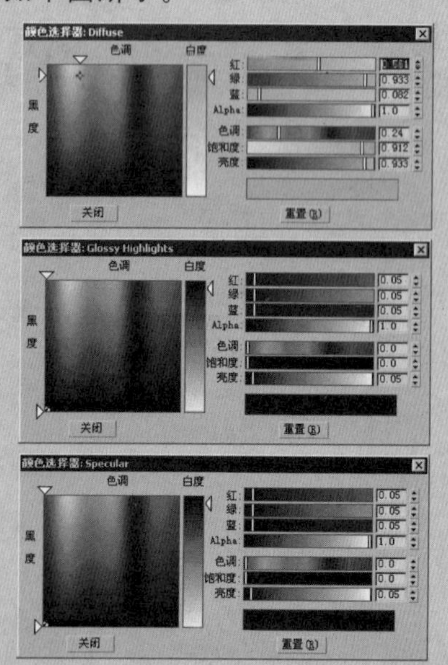

“弯曲”修改器参数

“参数”卷展栏如图5-131所示。

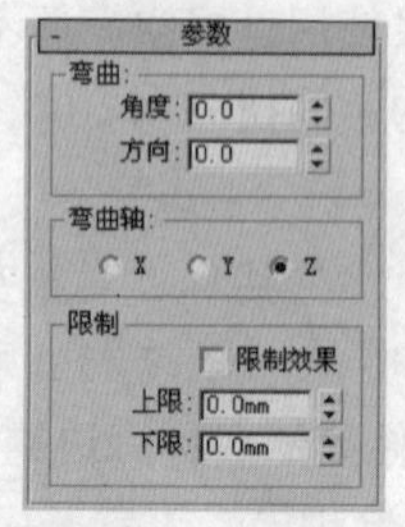

图5-137 “弯曲”修改器“参数”卷展栏

（1）“弯曲”选项区域

- 角度：从顶点平面设置要弯曲的角度。范围为-999,999.0至999,999.0。
- 方向：设置弯曲相对于水平面的方向。范围为-999,999.0至999,999.0。

（2）“弯曲轴”选项区域

- X、Y、Z：指定要弯曲的轴。此轴位于弯曲Gizmo并与选择项不相关，默认设置为Z轴。

（3）“限制”选项区域

- 限制效果：将限制约束应用于弯曲效果。默认设置为禁用状态。
- 上限：以世界单位设置上部边界，此边界位于弯曲中心点上方，超出此边界弯曲不再影响几何体。默认设置为0。范围为0至999,999.0。
- 下限：以世界单位设置下部边界，此边界位于弯曲中心点下方，超出此边界弯曲不再影响几何体。默认设置为0。设置范围为-999,999.0至0。

使用“弯曲”修改器

Step 01 在顶视图中创建一个半径为12，高度为1230，高度分段为100的圆柱体，如图5-138所示。

Step 02 在“修改”命令面板中的“修改器列表”下拉列表中选择“弯曲”修改器，按下数字键1进入到Gizmo层次，然后在“修改”命令面板中的“参数”卷展栏中将“角度”设置为180，勾选“限制效果”复选框，并将“上限”设置为197，如图5-139所示。

图5-138 创建圆柱体

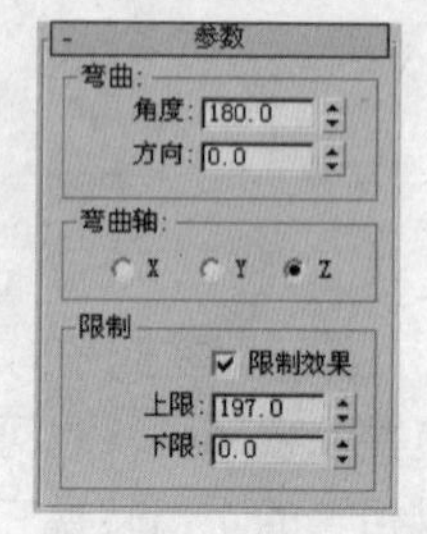

图5-139 “参数”卷展栏

Step 03 在前视图中沿Y轴的负方向移动Gizmo子对象，此时发现圆柱体在Gizmo子对象弯曲的位置发生了弯曲，如图5-140所示。

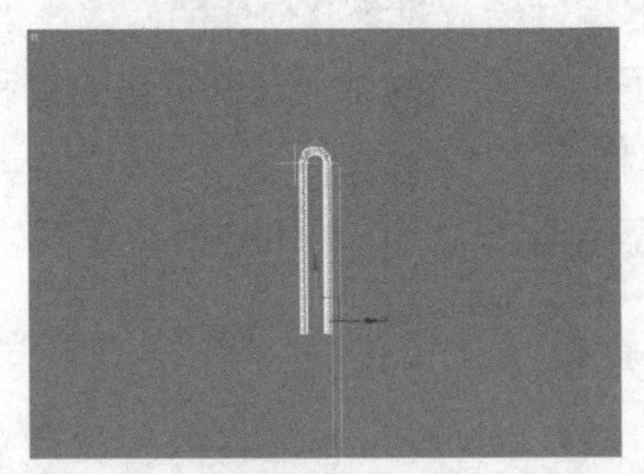

图5-140　圆柱体弯曲

Step 04 为圆柱体添加一个“弯曲”修改器，在“修改”命令面板中的“参数”卷展栏中将“角度”设置为90，“方向”设置为90，勾选“限制效果”复选框，并将“下限”设置为-50，如图5-141所示。

Step 05 在前视图中沿Y轴方向移动Gizmo子对象，此时发现圆柱体在弯曲的位置再次发生了弯曲，如图5-142所示。

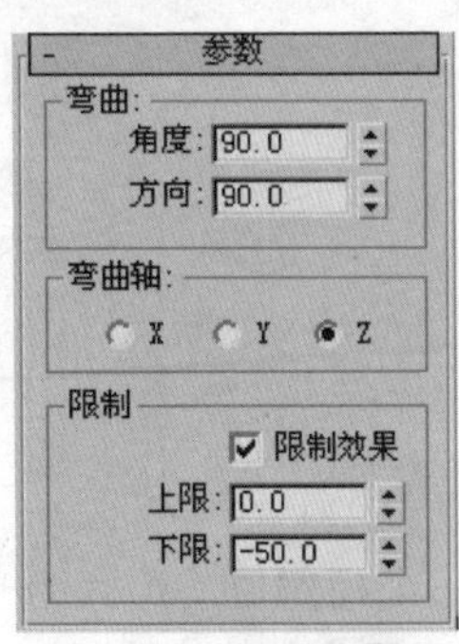

图5-141　设置弯曲参数

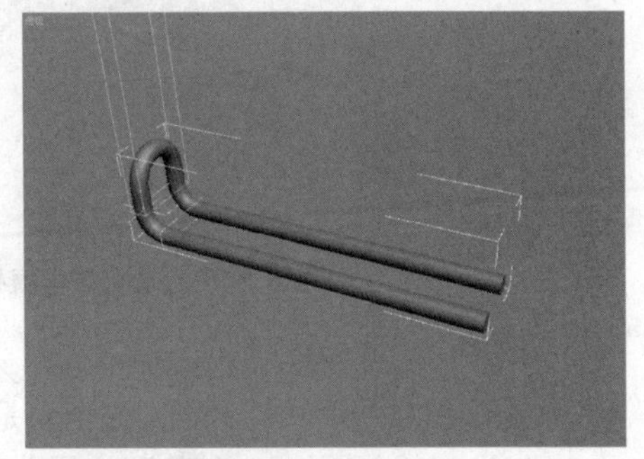

图5-142　圆柱体再次弯曲

Step 06 为圆柱体添加一个“弯曲”修改器，在“修改”命令面板中的“参数”卷展栏中将“角度”设置为90，“方向”设置为270，勾选“限制效果”复选框，并将“上限”设置为90，如图5-143所示。

Step 07 在前视图中沿Y轴方向移动Gizmo子对象，此时发现圆柱体在始端与末端发生了弯曲，如图5-144所示。

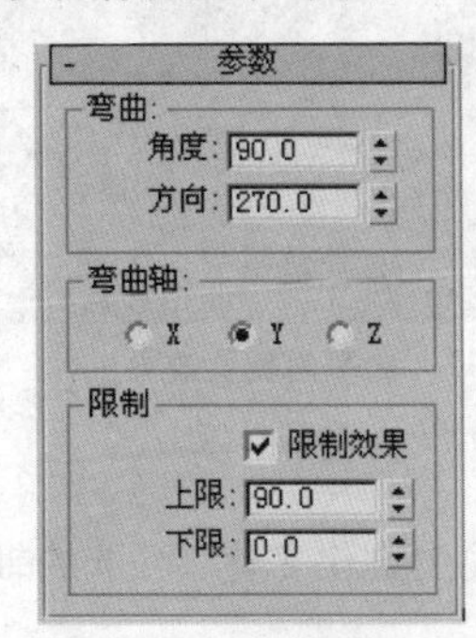

图5-143　设置弯曲参数

图5-144　弯曲效果

08 将材质赋予被选择的模型，如下图所示。

09 选择一个空白材质球，设置其材质类型为DGS Material(physicsphen)，然后单击”确定”按钮。设置“DGS Material(physicsphen)参数”卷展栏中“Diffuse”（漫反射）颜色为红：1.0，绿：0.984，蓝：0.929，“Glossy Highlights”（光泽度）颜色为红：0.05，绿：0.05，蓝：0.05，“Specular”（高光）颜色为红：0.05，绿：0.05，蓝：0.05“shiny”(光泽度)为35.0，如下图所示。

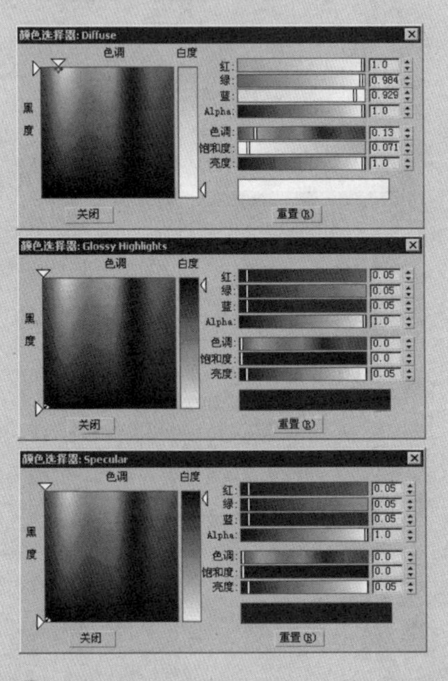

10 将材质赋予被选择的模型，如下图所示。

⓫ 选择一个空白材质球，在“材质／贴图浏览器”中设置它的材质为Menteal Ray材质。进入Menteal Ray材质，单击“曲面”材质，在“材质／贴图浏览器”中双击选择“Metal(Lume)”选项。在“Metal (Lume)参数”卷展栏中，设置“Surface Material”（表面材质）颜色为红：0.9，绿：0.92，蓝：0.92，设置“Reflectivity”（反射率）为0.9，设置“Reflect Color”（反射颜色）为红：0.6，绿：0.6，蓝：0.6，如下图所示。

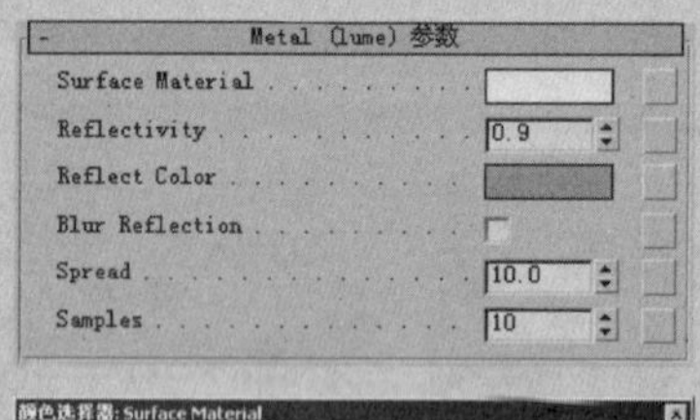

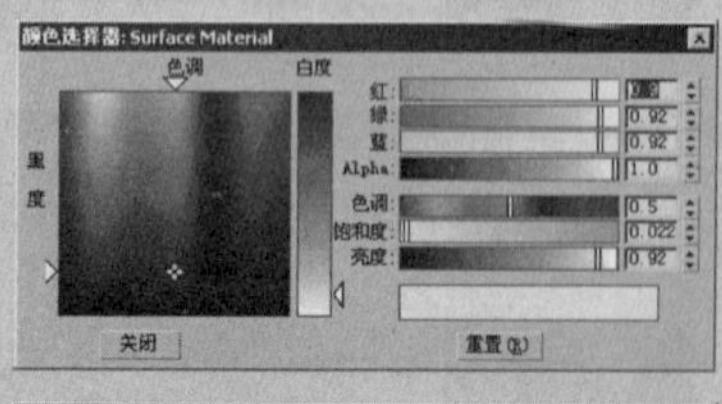

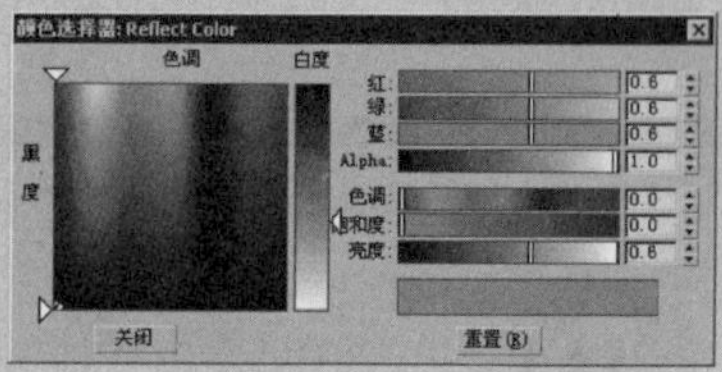

⓬ 将材质赋予可乐模型，如下图所示。

5.4.2 锥化

“锥化”修改器通过缩放对象几何体的两端产生锥化轮廓，一端放大而另一端缩小。可以在不同的轴上控制锥化的量和曲线，也可以对几何体的一端限制锥化。

“锥化”修改器包含Gizmo和中心两个子层次。

“锥化”修改器参数

“锥化”修改器在“参数”卷展栏的“锥化轴”选项区域中提供两组轴和一个对称设置。与其他修改器一样，这些轴指向锥化Gizmo，而不是对象本身，“锥化”修改器在“参数”卷展栏如图5-145所示。

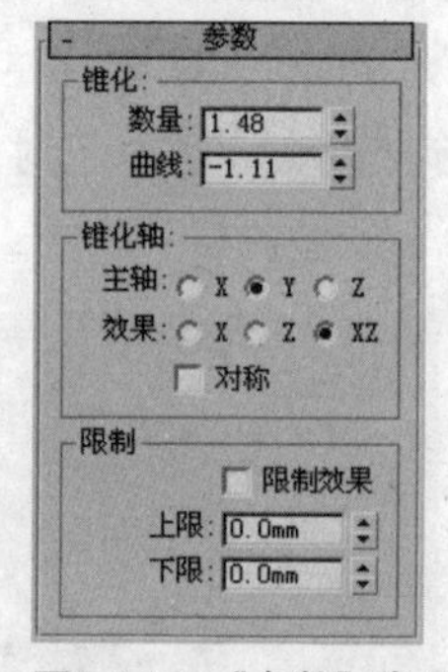

图5-145 “参数”卷展栏

(1)“锥化” 选项区域

- 数量：缩放Gizmo末端，这个量是一个相对值，最大为10。
- 曲线：对锥化Gizmo的侧面应用曲率，因此影响锥化对象。正值会沿着锥化侧面产生向外的曲线，如图5-146所示，负值产生向内的曲线，如图5-147所示。值为0时，侧面不变。默认值为0。

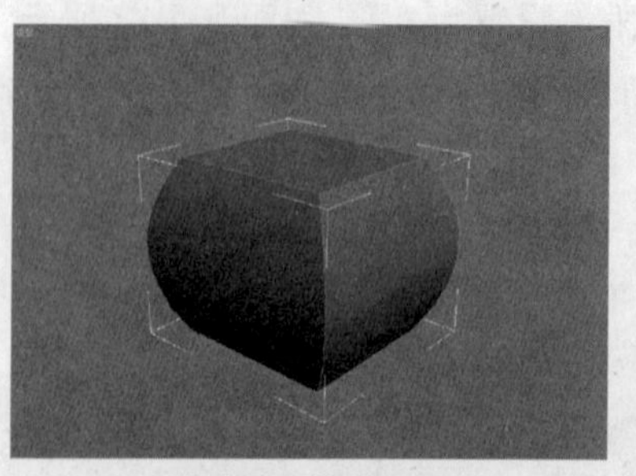

图5-146 曲率为正值效果

图5-147 曲率为负值效果

(2)“锥化轴” 选项区域

- 主轴：锥化对象在主轴上的宽度不发生锥化变化，可选的轴向有X、Y或Z，默认设置为Z。
- 效果：设置主轴锥化方向。可用选项取决于主轴的选取，影响轴可以是剩下两个轴的任意一个，或者是它们的合集；如果主轴是X，影响轴可以是Y、Z或YZ。默认设置为XY。选择不同主轴和效果轴的示例效果，如图5-148所示。

- 对称：围绕主轴产生对称锥化。锥化始终围绕影响轴对称，默认设置为禁用状态，如图5-149所示。

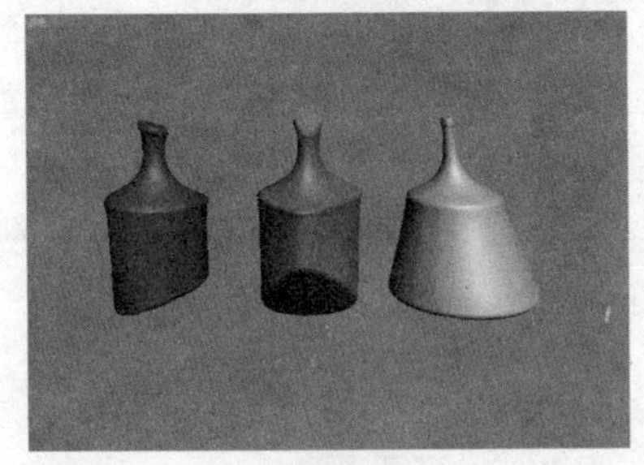

图5-148 锥化示例效果

图5-149 对称锥化效果

（3）“限制” 选项区域

锥化偏移应用于上下限之间。围绕的几何体不受锥化本身的影响，它会旋转以保持对象完好，锥化示例如图5-150所示。

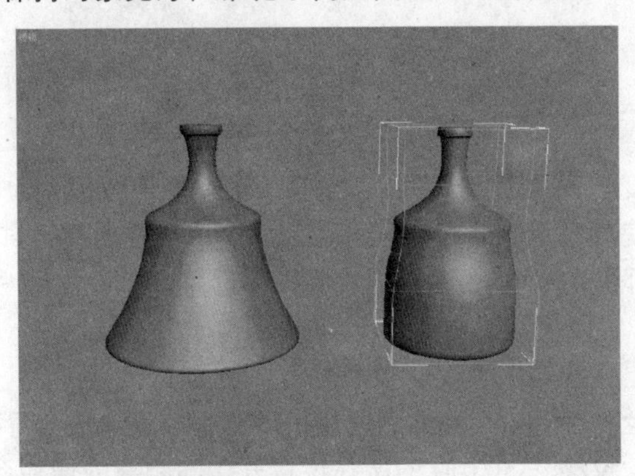

图5-150 限制锥化效果

- 限制效果：对锥化效果启用上下限。
- 上限：设置对象上部锥化边界，此边界位于锥化中心点上方，超出此边界锥化不再影响几何体。
- 下限：设置对象锥化的下部边界，此边界位于锥化中心点下方，超出此边界锥化不再影响几何体。

5.4.3 置换

用户可以通过设置贴图的“强度”和“衰退”值来改变置换效果。应用位图图像的较浅颜色比较暗的颜色更多的向外突出，从而制作出几何体的网格的凹凸效果。

13 单击“几何体”创建命令面板中的 长方体 按钮，在视图中创建一个长方体，设置“长度”为1200.0，“宽度”为1200.0，“高度”为2.0，如下图所示。

14 选择一个空白材质球，设置“环境光”、“漫反射”、“高光反射”颜色为白色，将“自发光”选项区域中的“颜色”值设置为100，然后将自发光材质赋予刚创建的长方体，如下图所示。

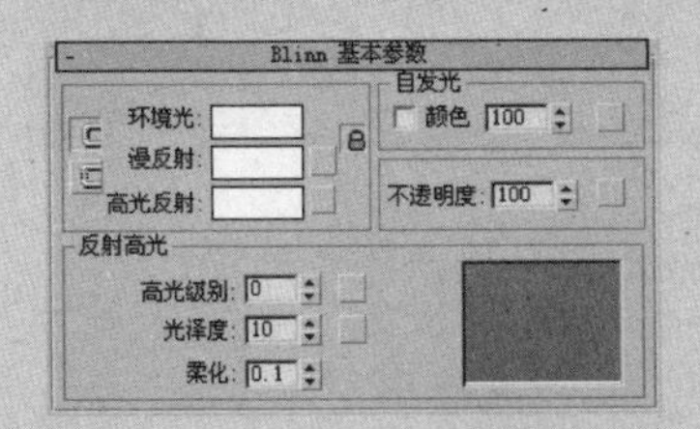

15 拖动复制自发光材质球，将“环境光”、“漫反射”颜色设置为红：255、绿：0、蓝：0，如下图所示。

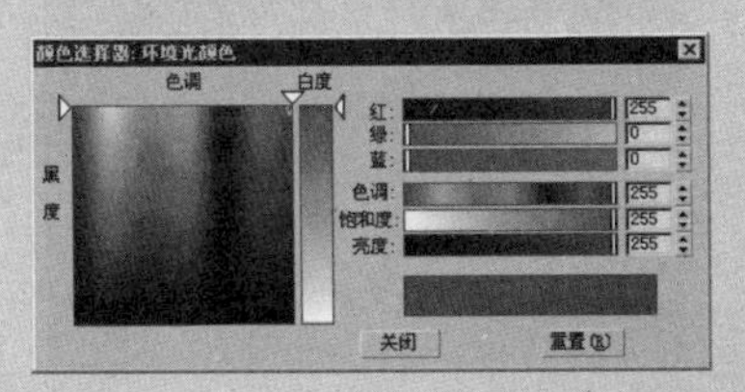

⑯ 将制作完的材质赋予一个球体，如下图所示。

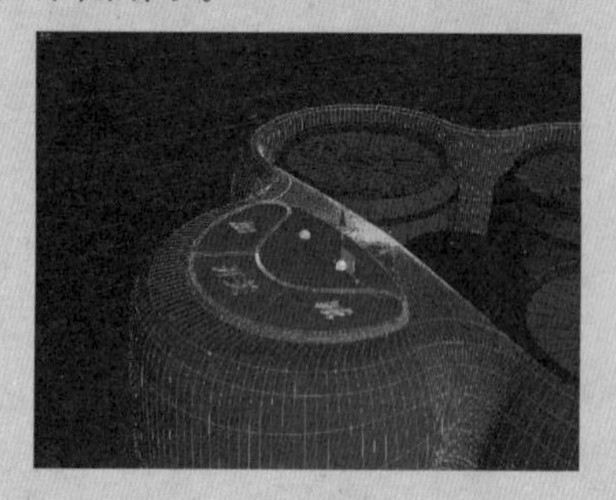

⑰ 再次拖动复制自发光材质球，将"环境光"、"漫反射"颜色设置为红：12、绿：255、蓝：0，如下图所示。

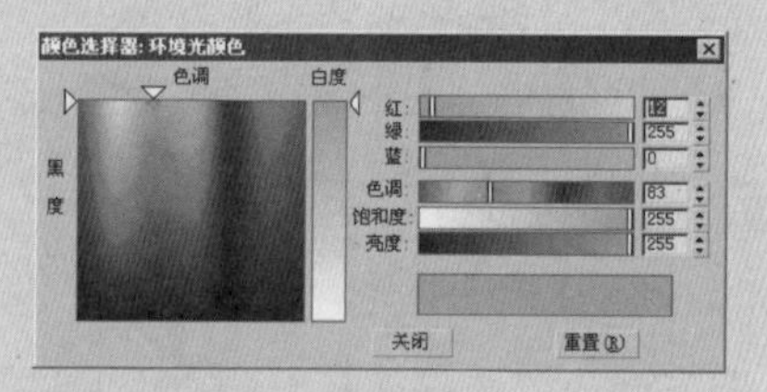

⑱ 将制作完的材质赋予另一个球体，如下图所示。

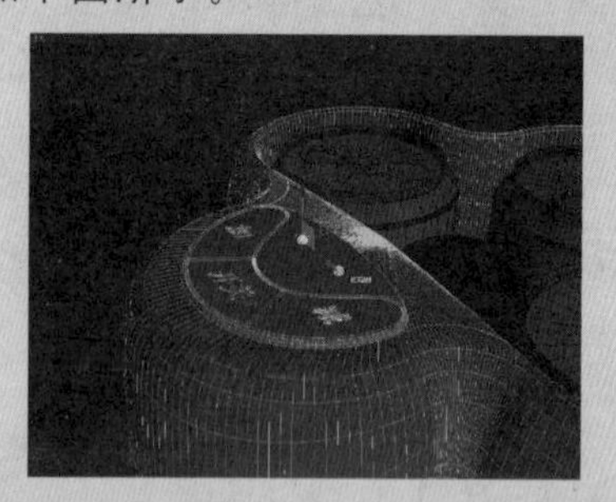

⑲ 选择一个空白材质球，将其"环境光"、"漫反射"颜色设置为黑色，将材质赋予文本模型，如下图所示。

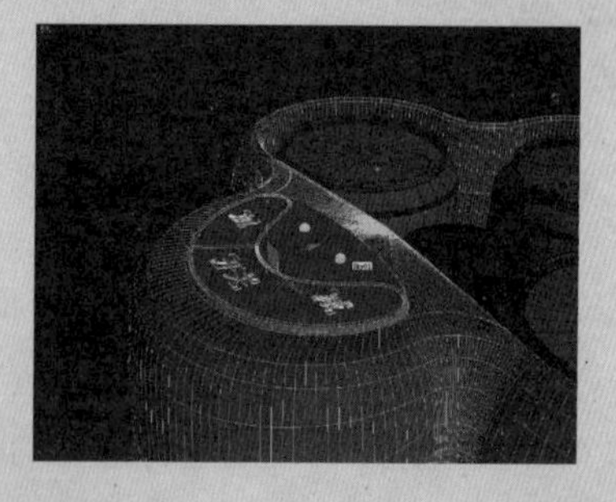

置换参数

在"参数"卷展栏中，用户可以设置置换的强度，并设置使用位图文件的模糊效果。同时，用户可以设置位图文件的平铺、对齐方式等，如图5-151。

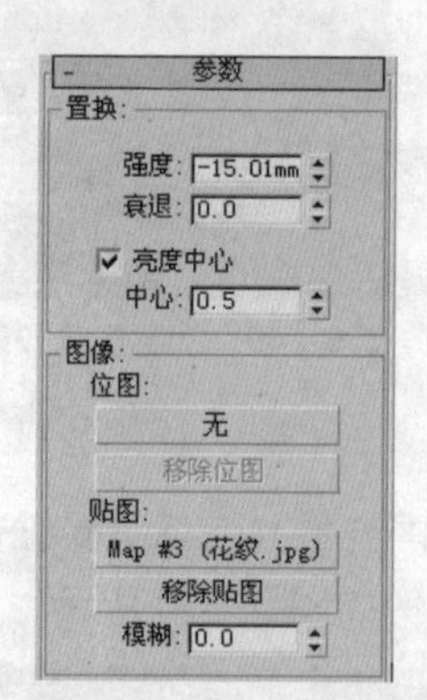

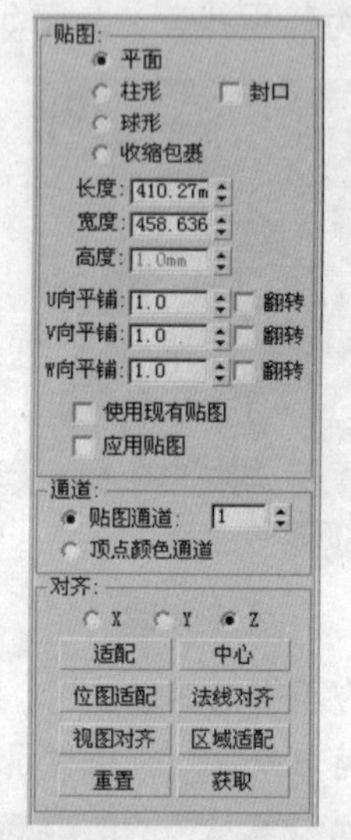

图5-151　置换"参数"卷展栏

(1)"置换"选项区域

- 强度：设置为0.0时，"位移"没有任何效果，大于0.0的值会使对象几何体或粒子朝偏离Gizmo所在位置的方向发生位移（凹陷）。小于0.0的值会使几何体远离Gizmo位置发生位移（突出）。默认设置0.0。
- 衰退：根据距离变化位移强度。在默认情况下，"位移"在整个世界空间中有同样的强度。增加"衰退"值会导致位移强度从"位移"Gizmo的所在位置开始随距离的增加而减弱。
- 亮度中心：决定"位移"使用什么层级的灰度作为0位移值。在默认情况下，通过使用中等（50%）灰度作为0位移值，"位移"以亮度中心为基准，大于128的灰色值以向外的方向（背离位移Gizmo）进行位移，而小于128的灰色值以向内的方向（朝向位移Gizmo）进行位移。利用平面投影，可以将位移后的几何体重新定位在平面Gizmo的上方或下方。默认值为0.5。范围为0至1.0。

(2)"图像"选项区域

可以选择位图和对位移使用的贴图，两者以同样方式指定和移除。

- 位图/贴图按钮：单击该按钮，弹出"选择置换图像"对话框，如图5-152所示。可指定位图或贴图，用户做出有效选择后，按钮上显示位图或者贴图的名称（贴图按钮的用法与位图相似，在此不再赘述）。

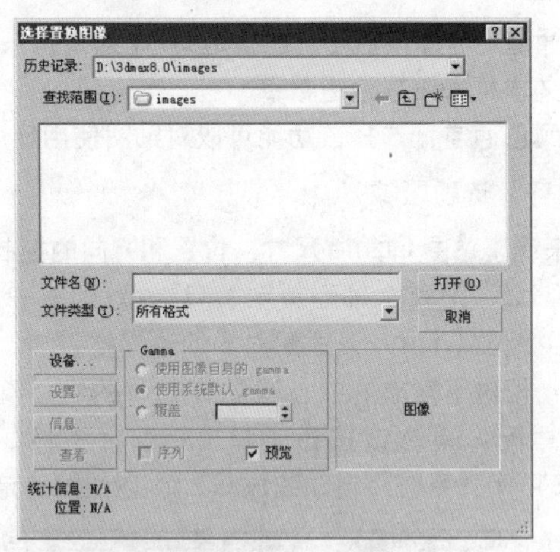

图5-152 “选择置换图像”对话框

- 移除位图/贴图：移除指定的位图或贴图。
- 模糊：增加该值可以模糊或柔化位图位移的效果。

(3)“贴图”选项区域

在该选项区域中包含4种贴图模式（平面、柱形、球形和收缩包裹），控制着位移对其位移进行投影的方式，与UVW贴图修改器类似。

- 平面：以平面形式对贴图进行投影。
- 柱形：像将其环绕在圆柱体上那样对贴图进行投影。启用“封口”复选框可以从圆柱体的末端投射贴图副本。
- 球形：从球体出发对贴图进行投影。
- 收缩包裹：从球体投射贴图，像“球形”所作的那样，但是它会截去贴图的各个角，然后在一个单独的极点将它们全部结合在一起。
- 长度、宽度、高度：指定“位移” Gizmo 的边界框尺寸。高度对平面贴图没有任何影响。
- U/V/W 向平铺：设置位图沿指定尺寸重复的次数。默认值1.0对位图执行只一次贴图操作，数值2.0对位图执行两次贴图操作，依此类推。分数值会在除了重复整个贴图之外对位图执行部分贴图操作。例如，数值2.5会对位图执行两次半贴图操作。
- 翻转：沿相应的U、V或W轴反转贴图的方向。
- 使用现有贴图：使用堆栈中较早的贴图设置。如果没有对对象贴图，该功能就没有效果。
- 应用贴图：将“位移UV”贴图应用到绑定对象。该功能用于将材质贴图应用到使用与修改器一样的贴图坐标的对象。

(4)“通道”选项区域

指定是否将位移投射应用到贴图通道或者顶点颜色通道，并决定使用哪个通道。

设置灯光、最终渲染

01 在“标准灯光”控制面板中单击 天光 按钮，在场景任意位置单击以创建天光，然后在“修改”命令面板中设置“倍增”为0.7，如下图所示。

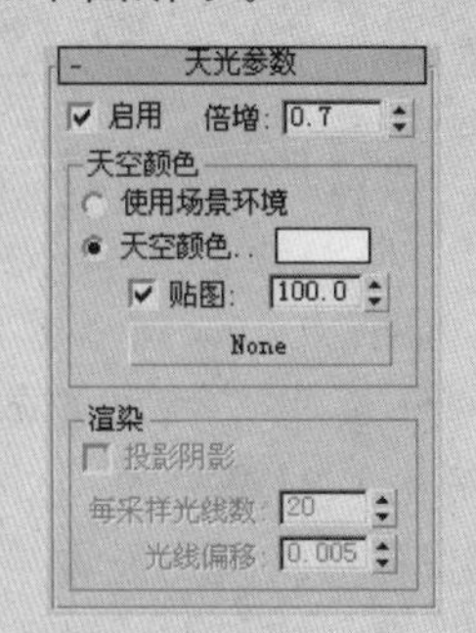

02 创建如下图所示的一盏“目标聚光灯”，调整聚光灯的“倍增”为0.4，勾选“聚光灯参数”卷展栏中的“泛光灯”复选框，并将“衰减区/区域”的值设置为80.0，如下图所示。

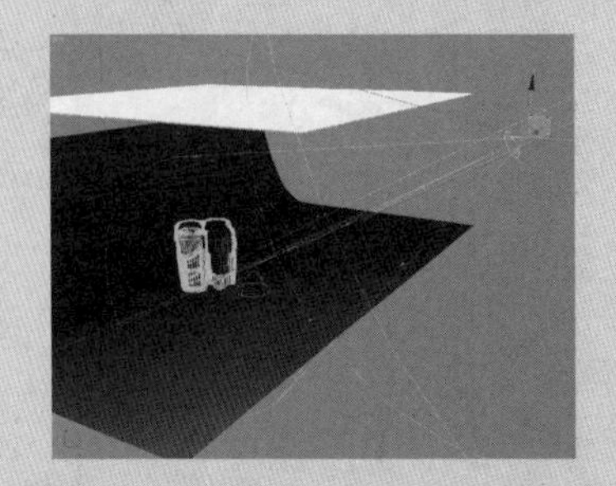

03 在“透视”视图中调整模型位置，在视图中拖动创建一个“目标”摄影机，然后按Ctrl+C组合键，使“摄影机”视图与“透视”视图匹配，如下图所示。

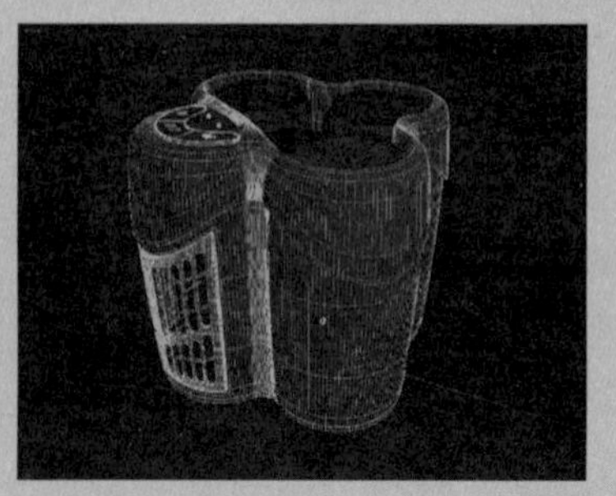

04 按快捷键F10，打开“渲染场景：Mental Ray渲染器”对话框，设置“输出大小”的“宽度”和“高度”分别为1024和768，单击“渲染输出”卷展栏的“文件”按钮，设置保存路径。设置“采样质量”的“最小值”和“最大值”为1和16，将“过滤器”“类型”设置为“Mitchell”，设置“最终聚集”的采样数为200，如下图所示。

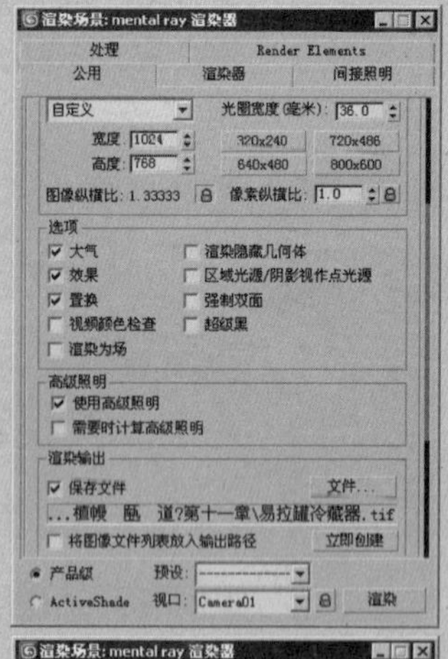

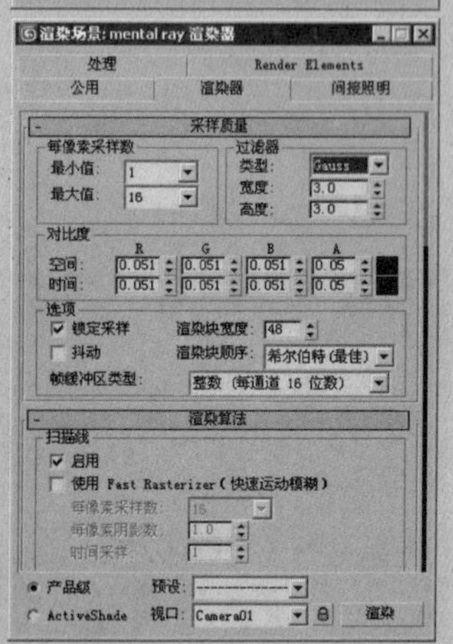

- 贴图通道：选择该功能可以指定UVW通道用来贴图，使用它右侧的文本框来设置通道数目。
- 顶点颜色通道：选择该功能可以对贴图使用顶点颜色通道。

(5)“对齐”选项区域

包含用来调整贴图Gizmo尺寸、位置和方向的控制。

- X、Y、Z：沿3个轴翻转贴图Gizmo的对齐。
- 适配：缩放Gizmo以适配对象的边界框。
- 中心：相对于对象的中心调整Gizmo的中心。
- 位图适配：单击该按钮，弹出“选择图像”对话框，如图5-153所示，系统将自动缩放Gizmo以适配选定位图的纵横比。

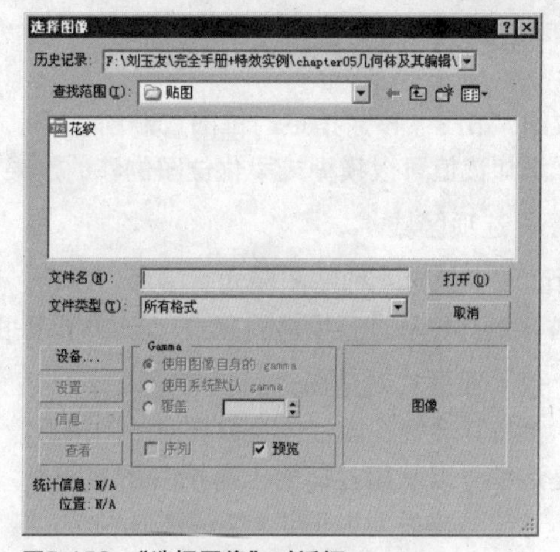

图5-153 “选择图像”对话框

- 法线对齐：启用“拾取”模式可以选择曲面。Gizmo对齐于那个曲面的法线。
- 视图对齐：使Gizmo指向视图的方向。
- 区域适配：启用“拾取”模式可以拖动两个点，并缩放Gizmo以适配指定区域。
- 重置：将Gizmo返回到默认值。
- 获取：启用“拾取”模式可以选择另一个对象并获得它的“位移”Gizmo设置。

置换练习

Step 01 在视图中创建一个长度为410，宽度为460，长度分段与宽分段均为200的平面，如图5-154所示。

Step 02 在“修改”命令面板的“修改器列表”下拉列表中选择“置换”修改器，然后在“参数”卷展栏中单击“图像”选项区域中的“贴图”按钮，在弹出的“材质/贴图浏览器”对话框中双击“位图”选项，如图5-155所示。

图 5-154　创建平面

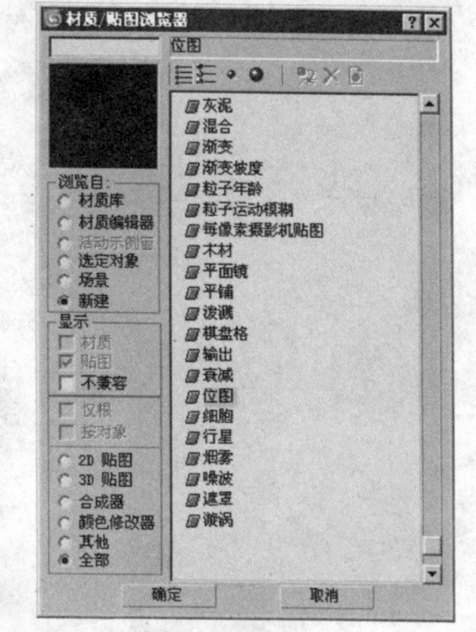

图 5-155　双击位图

Step 03 在弹出的“选择位图图像文件”对话框中选择附书光盘：“贴图文件\花纹.jpg”图片，如图 5-156 所示。

Step 04 在参数卷展栏中将置换的强度设置为 -15，如图 5-157 所示。

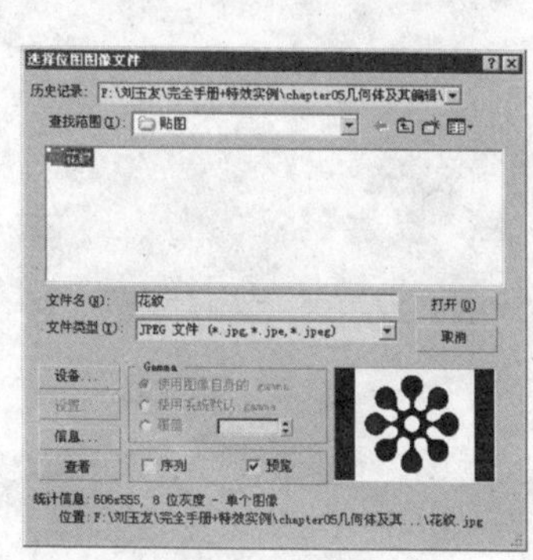

图 5-156　选择位图图像

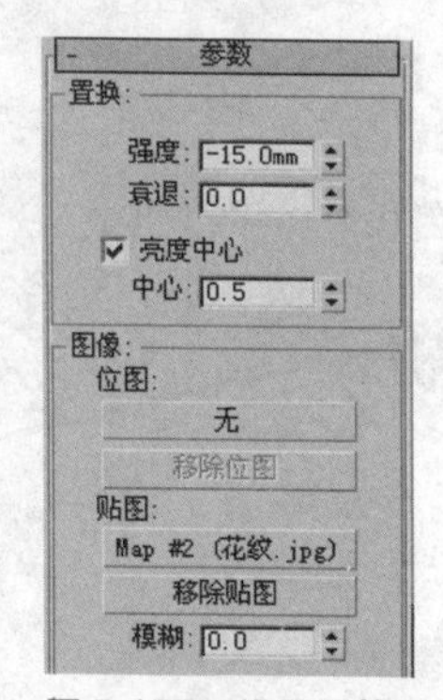

图 5-157　设置置换强度

Step 05 此时平面对象的表面出现了位图图像的浮雕效果，如图 5-158 所示。

图 5-158　置换后的效果

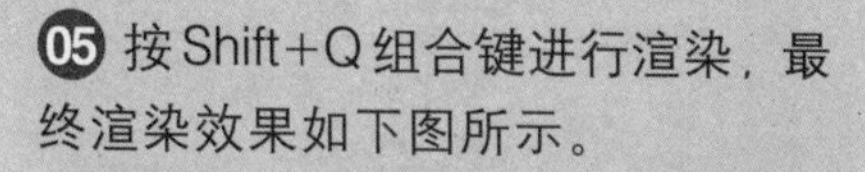

05 按 Shift+Q 组合键进行渲染，最终渲染效果如下图所示。

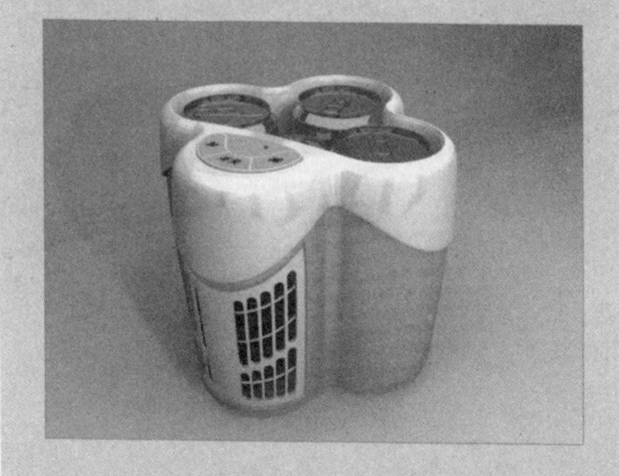

[3ds Max 9]

完全手册+特效实例

[Chapter]

复合对象

在几何体模型创建中，除了3ds Max自身提供的一些既定模型外，还可以利用“复合对象”提供的“布尔”、“放样”以及“图形合并”等命令来完成一些不规则模型的创建。

新知互动
新知互动
MAX 文本

最终效果

01 单击“创建”命令面板中的“图形”按钮，在创建类型下拉列表中单击“NURBS曲线”选项，然后在“对象类型”卷展栏中单击 CV曲线 按钮，在前视图中绘制一个右侧开口的矩形，如下图所示。

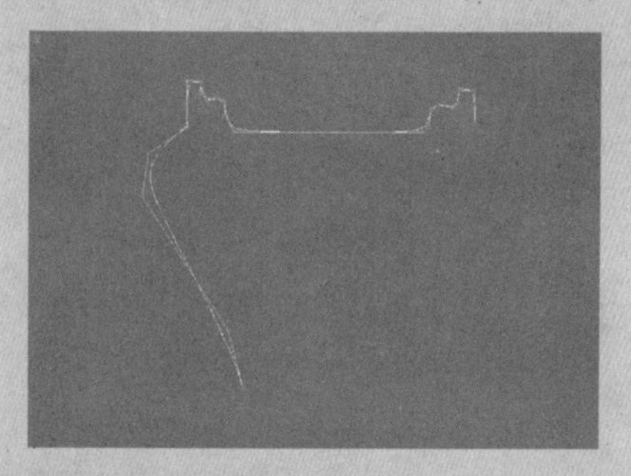

02 切换到“曲线CV”层次，然后在视图中选中曲线右上角的CV控制点，在“修改”命令面板中的“CV”卷展栏中将“权重”设置为2.9，让曲线向该控制点收缩一点，如下图所示。

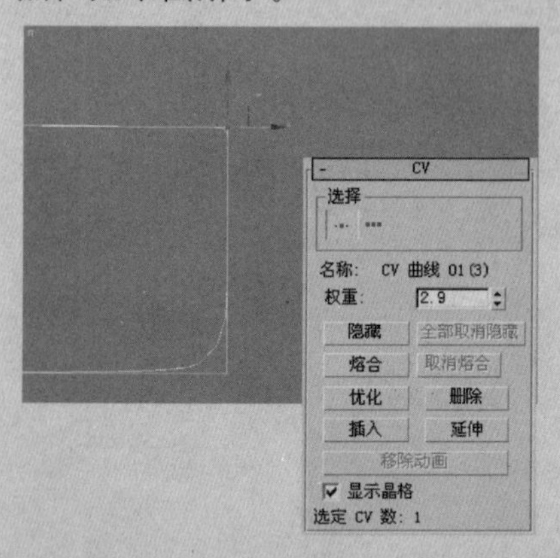

6.1 布尔

通过布尔运算可以在两个对象之间进行相加、相减和交集运算，从而生成一个全新的对象。另外，在布尔运算的对象之间还可以进行材质的继承和匹配。

6.1.1 布尔操作问题

布尔操作是对建模工具箱的强有力的补充，然而，这些操作有时会产生奇怪或异常的结果。“布尔”按钮位于“创建”命令面板上的“复合对象”下的“对象类型”卷展栏中，该按钮允许用户对对象执行连接、相减、相交和剪切操作。在执行布尔操作之前，应该先保存场景，这样，如果对象之间在布尔运算后出现错误，可以快速恢复场景文件。

布尔对象消失

如果在两个看似相交，其实却并没有相交的对象上误执行了“相交”布尔操作，其结果就是出现对象完全消失的情况。在布尔“参数”卷展栏的“操作对象”选项区域中，用户可以看见其中列有这两个对象，但屏幕上却没有显示。

布尔对象中显示出折缝或皱纹

折缝或皱纹可能是由面非常少的对象和面相当多的对象之间的布尔操作引起的，例如，在从简单的长方体中减去复杂的自由形式对象时，就可能产生这种现象，如图6-1所示。

3ds Max会细化长方体的曲面，以产生用于相减操作的其他面。但是，渲染时也会随之产生长条形细小的面，这些面有时会彼此重叠，从而在最终的场景中形成折缝或皱纹。

解决方法是用更多的面细分曲面，通过布尔操作就有了更多的面和边可供处理。这样，能够产生折缝或皱纹的长条形细小面就会有所减少，如图6-2所示。

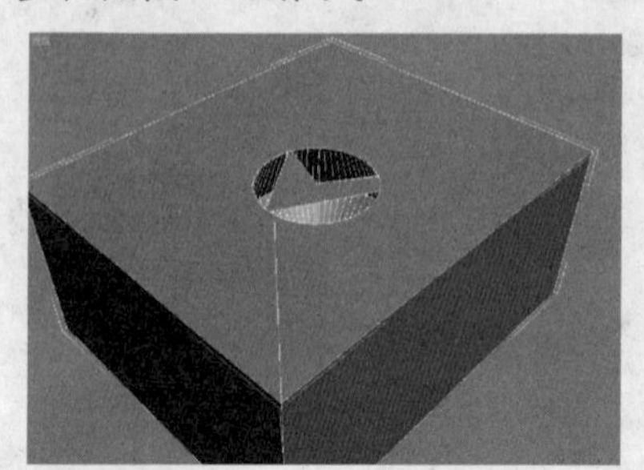
图6-1 运算后的皱纹现象

图6-2 纠正后的效果

连续布尔操作导致组件消失

布尔操作用于处理两个操作对象，即操作对象A和操作对象B。如果用户计划从选择为操作对象A的对象中连接或减去多个对象，就必须在每次选择完操作对象B之后单击“布尔”按钮。如果不这样做，而只是简单地单击“拾取操作对象B”按钮，然后拾取下一个对象，之前的操作就会被取消，并且前一个操作对象B会消失。

在将多个对象连接到一个对象或从一个对象减去多个对象时，最有效的方法是在尝试执行布尔操作之前先附加所有对象。

样条线和布尔操作

与对两个单独的3D几何体执行的布尔操作不同，对于样条线图形只能针对单个样条线执行布尔操作，因此，在对样条线图形执行布尔操作之前，必须对图像进行相加或相减操作。同时，在二维图像的创建中也可以利用布尔运算对图形进行相加和相减。

成功执行布尔操作的技巧

- 添加修改器并塌陷堆栈：如果一组操作对象总是产生不了所需的结果，可以尝试添加修改器并塌陷堆栈来创建一个可编辑网格或可编辑多边形。还可以在未首先应用修改器的情况下塌陷对象为可编辑网格和多边形。
- 创建带有更多面的对象：在布尔对象较为复杂时，尝试使两个操作对象的面数相近，在有大量面的情况下，布尔操作所创建的边往往更平滑、更细化。一旦使用布尔操作得到了想要的结果，就应应用“优化”修改器以减少对象上的面数。
- 应用“STL检查”修改器：检查要用作操作对象的对象是否有效的一种方法是应用“STL检查”修改器。该修改器主要用于验证对象是否为完整且闭合的曲面，从而为导出到STL文件做准备。因为布尔操作对符合相同条件的对象最有效，所以应对操作对象使用“STL检查”修改器。给对象应用了“STL检查”修改器之后，启用“检查”复选框。如果存在错误，则“状态”选项区域会显示错误信息，如图6-3所示。

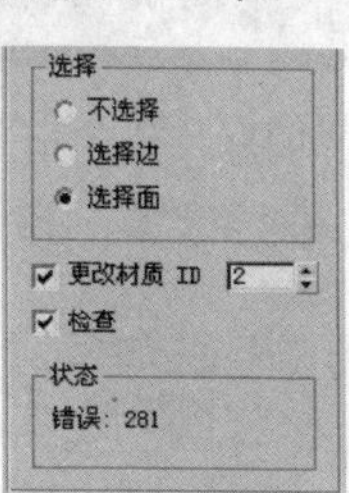

图6-3 STL检查

- 面法线：布尔操作要求表面的面法线一致，翻转的法线可能会产生意外的结果。如果某些面朝向一个方向而相邻面发生翻转，则这样的表面也可能带来问题，这在由CAD程序导入的几何体中很常见。布尔操作会尽其所能修复这些面，不过，手动修正效果可能更好。

03 在“修改”命令面板中的“常规”卷展栏中单击“NURBS创建工具箱”按钮，在弹出的“NURBS”对话框中单击“创建车削曲面”按钮，然后在视图中单击CV曲线，系统将自动创建旋转曲面，将其命名为“底座”，如下图所示。

04 在顶视图的标签上右击，在弹出的快捷菜单中选择“视图>底”命令，将顶视图转化为“底”视图，如下图所示。

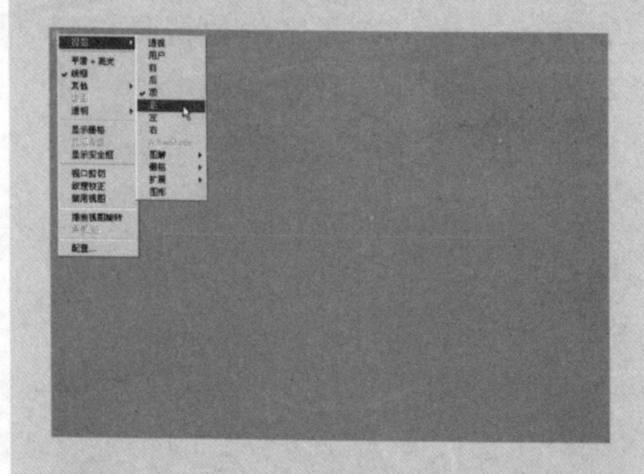

05 在“NURBS”对话框中单击“创建曲面上的CV曲线”按钮，然后在“底座”的表面上创建一条封闭的曲线，如下图所示。

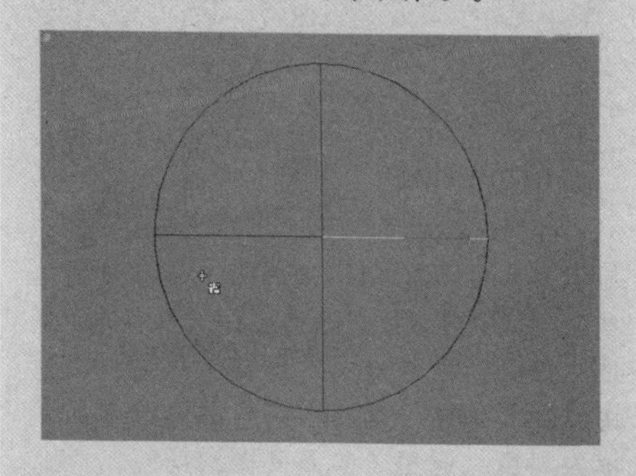

06 在“NURBS”对话框中单击“创建法向投影曲线”按钮，在透视图中单击“底座”上的CV曲线，然后单击“底座”，在“法向投影曲线”卷展栏中勾选“修剪”和“翻转修剪”复选框，此时CV曲线内部的表面将被剪掉，如下图所示。

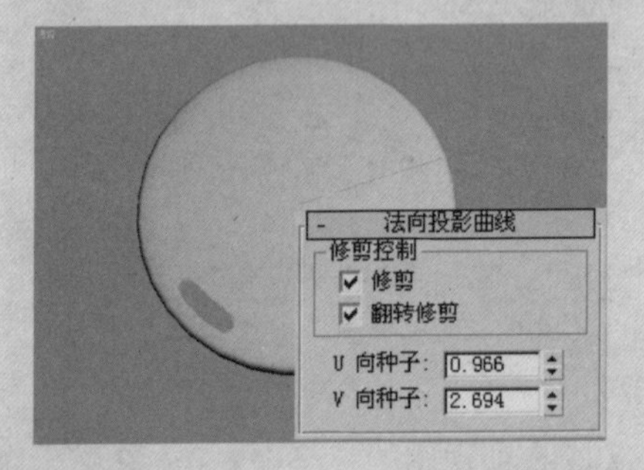

07 在“NURBS”对话框中单击“创建挤出曲面”按钮，然后在视图中单击并拖动“底座”上剪掉表面的边缘，在适当的位置释放鼠标；在“修改”命令面板中的“挤出曲面”卷展栏中单击“Y”轴，并将挤出的“数量”设置为-10，此时挤出曲面的角度与“底座”成90°，.如下图所示。

技巧·提示

NURBS曲面只有一面具有法线，所以显示为单面，如果想在编辑的过程中更好地观察模型，可以通过选择右键菜单中的“属性”命令，在弹出的“属性”对话框中禁用“背面消隐”选项，这样曲面的背面显示为黑色，避免了曲面变得透明。

- 使用反向网格：“反向网格”（网格由于法线翻转而变得内部外翻）用于解决布尔操作并不能总是产生理想结果的问题。
- 对齐：如果两个布尔操作对象完全对齐但实际上并未相交，则布尔操作可能会产生错误的结果。虽然这种情况极为少见，不过如果确实发生了，那么可以通过使操作对象稍稍重叠来消除错误。

6.1.2 创建布尔对象

Step 01 在视图中选择对象，此对象为操作对象A，如图6-4所示。

Step 02 在“创建”命令面板中的“对象类型”下拉列表中单击“复合对象”选项。

Step 03 在“对象类型”卷展栏中单击 布尔 按钮。操作对象A的名称显示在“参数”卷展栏的“操作对象”列表中。

Step 04 在“拾取布尔”卷展栏上选择操作对象B的复制方法，“参考”、“移动”、“复制”或“实例”。

Step 05 在“参数”卷展栏上选择要执行的布尔操作，“并集”、“交集”、“差集（A-B）”或“差集（B-A）”。

Step 06 在“拾取布尔”卷展栏上，单击“拾取操作对象B”按钮，然后单击视口以选择操作对象B，系统将执行布尔操作，运算后的效果如图6-5所示。

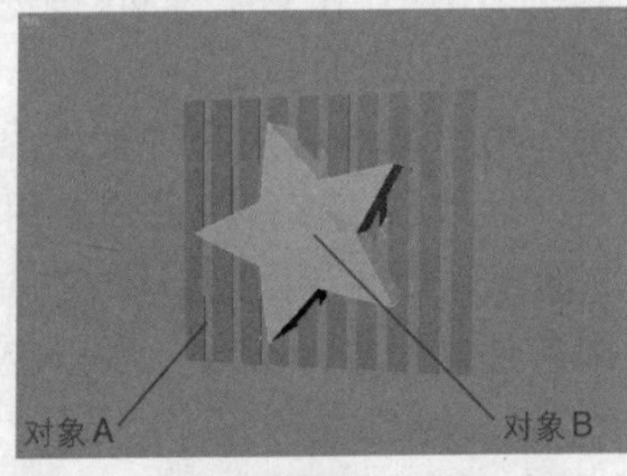

图6-4 创建运算对象

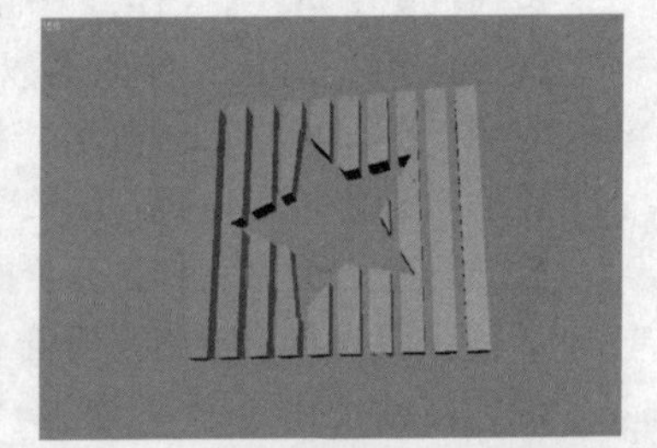

图6-5 运算后的效果

6.1.3 布尔参数

与修改器不同的是，布尔运算后用户不能对布尔对象进行参数修改，必须在运算前进行设置。布尔参数面板如图6-6所示。

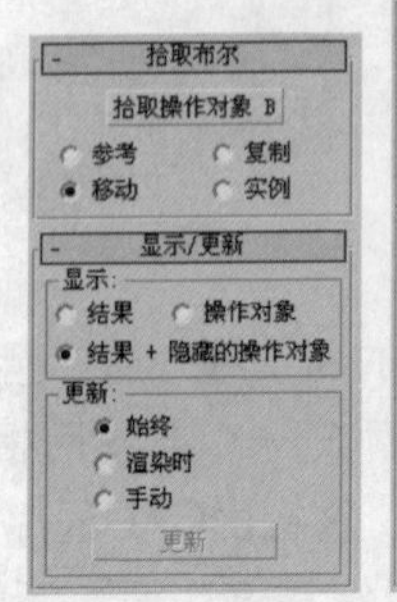

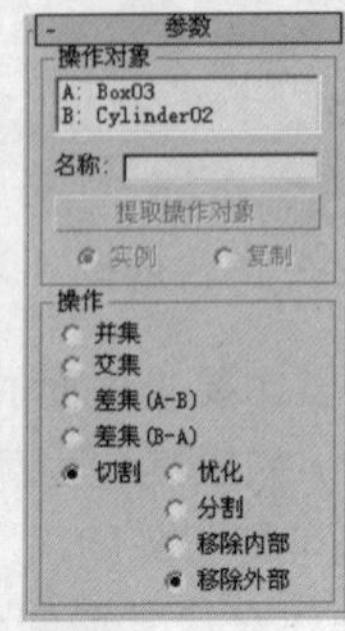

图6-6 布尔参数卷展栏

“拾取布尔”卷展栏

选择操作对象B时，根据在“拾取布尔”卷展栏中为布尔对象所做的选择，操作对象B可指定为“参考”、“移动”、“复制”或“实例”。

在通常情况下都是对重叠对象创建布尔对象，因此，如果对象B没有移除（假设未使用默认的“移动”选项），则在查看完整的布尔对象时它往往会挡住视角。用户可以移动布尔对象或B对象，以更好地查看结果。

- 拾取操作对象B：此按钮用于选择用以完成布尔操作的第二个对象。
- 参考：使用该选项，可使对原始对象所做的更改与操作对象B同步，但反之不然，如图6-7和图6-8所示。

图6-7　布尔操作后效果

图6-8　调整星形后的布尔效果

- 复制：如果出于其他目的希望在场景中重复使用操作对象B几何体，则可使用“复制”选项。
- 实例：使用“实例”选项可使布尔对象的动画与对原始对象B所做的动画更改同步，反之亦然。
- 移动：如果创建操作对象B几何体仅仅为了创建布尔对象，再没有其他用途，则可使用“移动”（默认设置）。

无论采用何种复制方法，对象B几何体都将成为布尔对象的一部分。

“参数”卷展栏

（1）“操作对象”选项区域

- “操作对象”列表：显示当前的操作对象。
- 名称：编辑此文本框可更改操作对象的名称。在“操作对象”列表中选择一个操作对象，该操作对象的名称同时也将显示在“名称”文本框中。
- “提取操作对象”按钮：提取选中操作对象的副本或实例。在列表窗口中选择一个操作对象即可启用此按钮。此按钮仅在“修改”命令面板中可用。如果当前为“创建”命令面板，则无法提取操作对象。
- 实例、复制：指定提取操作对象的方式，作为实例或副本提取。

（2）“操作”选项区域

- 并集：布尔对象包含两个原始对象的体积，将移除几何体的相交

工业设计>
电饭锅
14

08 在“NURBS”对话框中单击“创建封口曲面”按钮，然后在挤出曲面的边缘上单击，这样就在挤出曲面的末端形成了一个封口曲面，如下图所示。

09 按数字键1，切换到“曲面”层次，在视图中选中“底座”挤出的曲面及其封口表面，单击“曲面公用”卷展栏中的 使独立 按钮，然后勾选“复制”选项，并单击 分离 按钮，在弹出的“分离”对话框中将分离的对象命名为“脚01”，如下图所示。

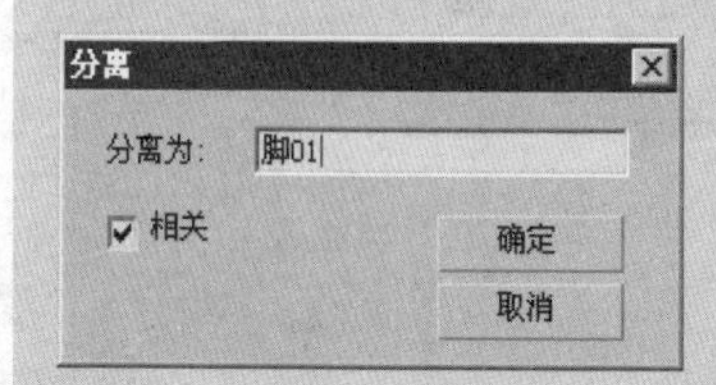

10 单击“层次”按钮，然后在“调整轴”卷展栏中单击 仅影响轴 按钮，然后将“脚01”的轴心移动到“底座”的中心位置上，如下图所示。

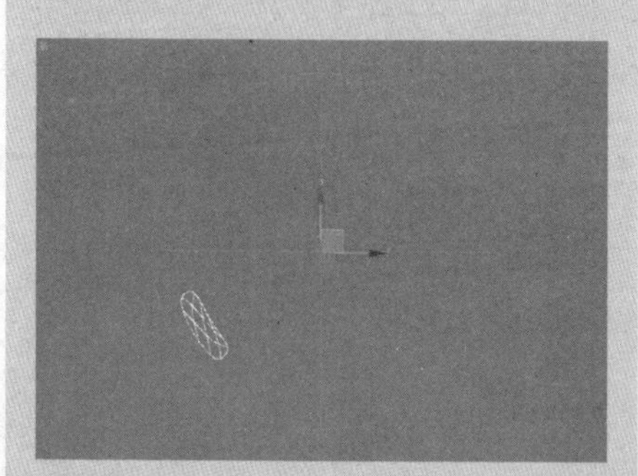

⑪ 执行菜单栏中的“工具>阵列”命令，然后在弹出的“阵列”对话框中将旋转的“角度”设置为360，“数量”为3，单击“确定”按钮。此时“脚01”将以其轴心进行阵列，如下图所示。

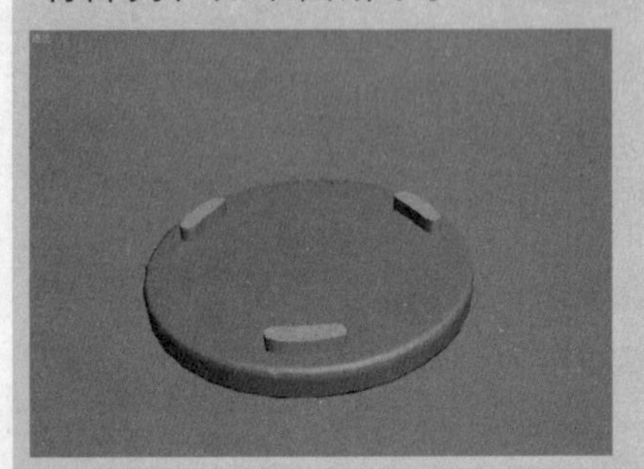

⑫ 在视图中选中“底座”，然后在“修改”命令面板中的“常规”卷展栏中单击 附加多个 按钮，在弹出的“附加列表”对话框中选择“脚02”和“脚03”，然后按Enter键确认操作，如下图所示。

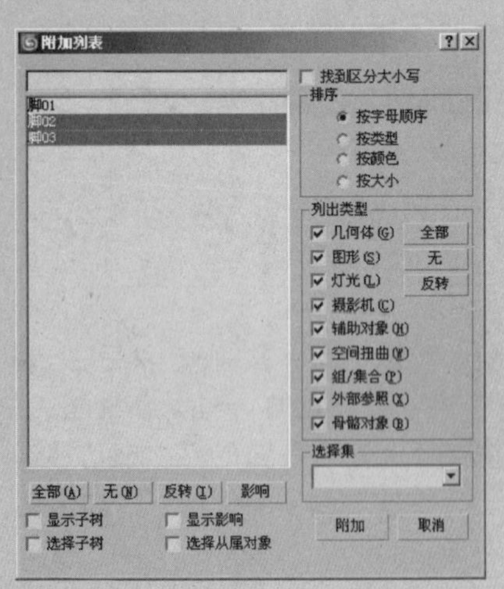

⑬ 附加在“底座”上的两个脚的线框颜色与“底座”相同，但是在复制分离操作的时候，分离的“脚01”的位置与分离前的曲面重合，需要将多余的“脚01”删除，如下图所示。

部分或重叠部分，如图6-9所示。

- 交集：布尔对象只包含两个原始对象共用的体积，如图6-10所示。
- 差集（A-B）：从操作对象A中减去相交的操作对象B的体积。布尔对象包含从中减去相交体积的操作对象A的体积。

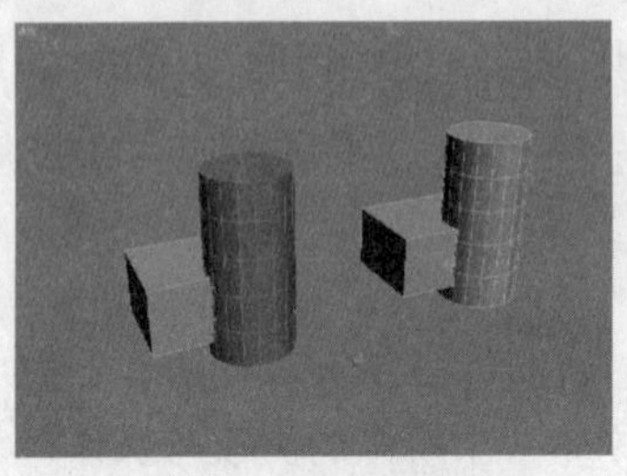
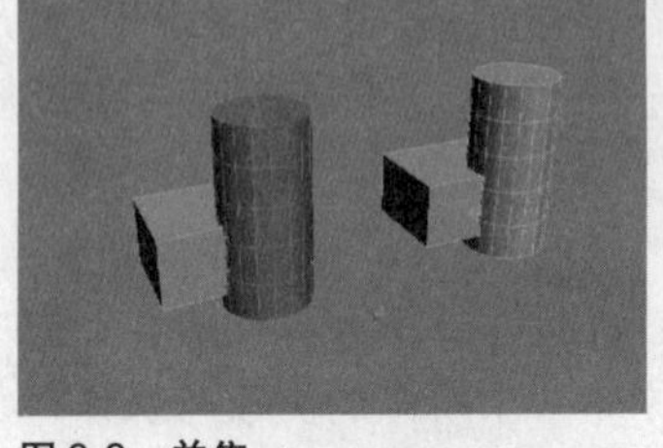

图6-9　并集

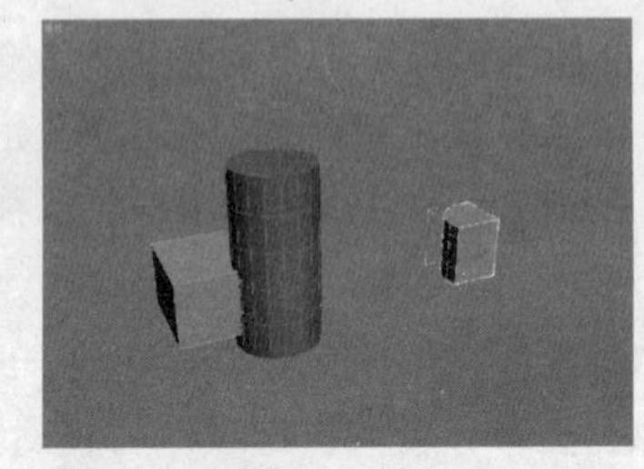

图6-10　交集

- 差集（B-A）：从操作对象B中减去相交的操作对象A的体积。
- 切割：使用操作对象B切割操作对象A，但不给操作对象B的网格添加任何东西。此操作类似于“切片”修改器，不同的是后者使用平面Gizmo，而“切割”操作使用操作对象B的形状作为切割平面。“切割”操作将布尔对象的几何体作为体积，而不是封闭的实体。此操作不会将操作对象B的几何体添加至操作对象A中。操作对象B相交部分定义了对象A中几何体的剪切区域。切割有下面4种类型。

◆ 优化：在操作对象B与操作对象A面的相交之处，在操作对象A上添加新的顶点和边。3ds Max将采用操作对象B相交区域内的面来优化操作对象A的结果几何体。由相交部分所切割的面被细分为新的面。可以使用此选项来细化包含文本的长方体，以便为对象指定单独的材质ID，如图6-11所示。

◆ 分割：类似于“细化”，不过此种剪切还沿着操作对象B剪切操作对象A的边界添加第二组顶点和边或两组顶点和边。此选项产生属于同一个网格的两个元素。可使用“分割”沿着另一个对象的边界将一个对象分为两个部分。

◆ 移除内部：删除位于操作对象B内部的操作对象A的所有面，如图6-12所示。此选项可修改和删除位于操作对象B相交区域内部的操作对象A的面。它类似于“差集”操作，不同的是系统不添加来自操作对象B的面。可使用“移除内部”从几何体中删除特定区域。

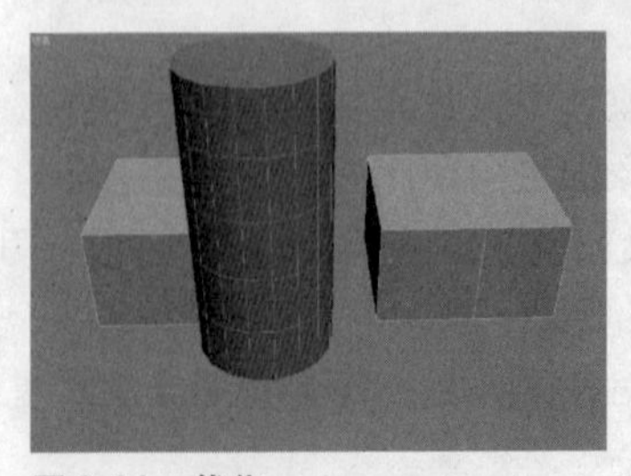

图6-11　优化

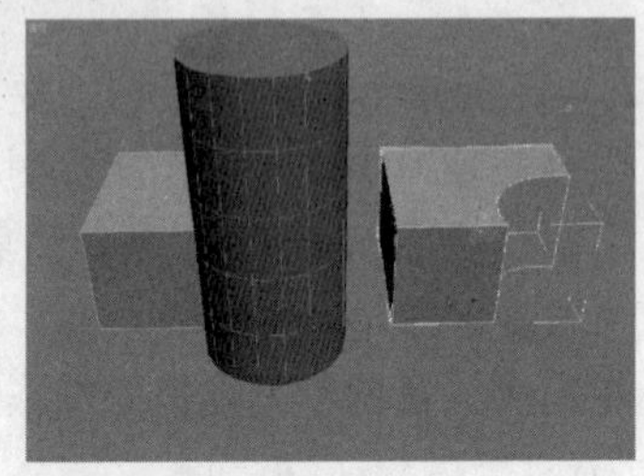

图6-12　移除内部

◆ 移除外部：删除位于操作对象 B 外部的操作对象 A 的所有面，如图 6-13 所示。此选项可修改和删除位于操作对象 B 相交区域外部的操作对象 A 的面。它类似于“交集”操作，不同的是系统不添加来自操作对象 B 的面。可使用“移除外部”从几何体中删除特定区域。

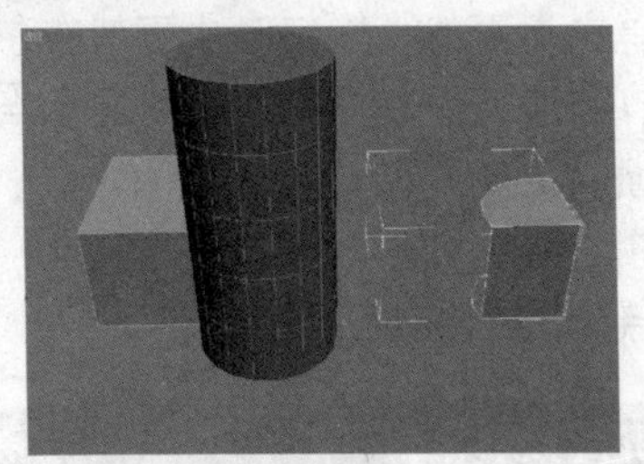

图 6-13 移除外部

“显示 / 更新”卷展栏

（1）“显示”选项区域

查看布尔操作的结果比较复杂，尤其是在要修改结果或设置结果的动画时，可使用“显示 / 更新”卷展栏上的“显示”选项来帮助查看布尔操作的构造方式。

- 结果：显示布尔操作的结果，即布尔对象。
- 操作对象：显示操作对象，而不是布尔结果。

技巧 提示

如果操作对象在视口中难以查看，则可以使用“操作对象”列表选择一个操作对象。单击操作对象 A 或 B 的名称即可选中它。

- 结果 + 隐藏的操作对象：将隐藏的操作对象显示为线框，如图 6-14 所示。尽管复合布尔对象部分不可见或不可渲染，但操作对象几何体仍保留了此部分。在所有视口中，操作对象几何体都显示为线框。

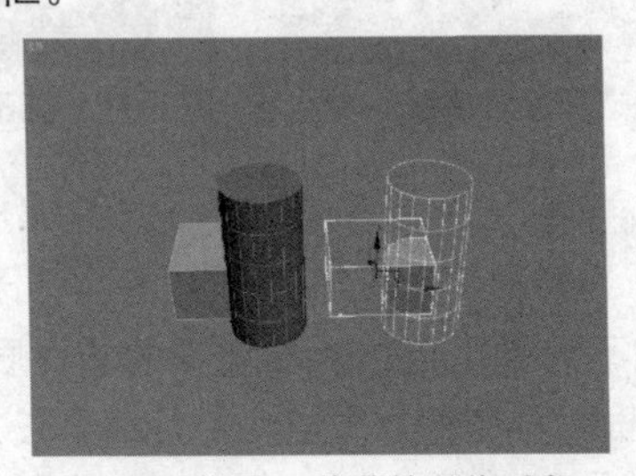

图 6-14 结果 + 隐藏的操作对象

（2）“更新”选项区域

在默认情况下，只要更改操作对象，布尔对象便会更新。如果场景中包含一个或多个复杂的活动布尔对象，则性能会受到影响。“更新”选项为提高性能提供了一种选择。

⑭ 单击“创建”命令面板中的“图形”按钮，在创建类型下拉列表中单击“NURBS 曲线”选项，然后在“对象类型”卷展栏中单击 CV 曲线 按钮，在前视图中绘制电饭煲的剖面图形，如下图所示。

⑮ 在“修改”命令面板中的“常规”卷展栏中单击“NURBS 创建工具箱”按钮，在弹出的“NURBS”对话框中单击“创建车削曲面”按钮，然后在视图中单击电饭煲剖面曲线，系统将自动创建旋转曲面，右击结束操作，并将其命名为“锅体”，如下图所示。

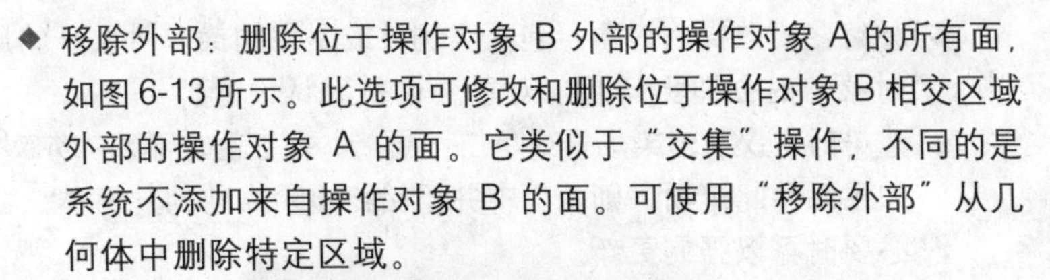

⑯ 按数字键1，切换到“曲面”层次，在“修改”命令面板中的“曲面公用”卷展栏中单击 断开列 按钮，然后在“锅体”的顶部第一个台阶表面单击，使“锅体”表面在此处沿列的方向断开，如下图所示。

⑰ 使用同样的方法，在“锅体”上部突出沿的下面，将“锅体”表面在列的方向上断开，如下图所示。

⑱ 在视图中选中“锅体”顶部突出沿的表面，然后单击“曲面公用”卷展栏中的 分离 按钮，在弹出的“分离”对话框中将分离的表面命名为“锅沿”，如下图所示。

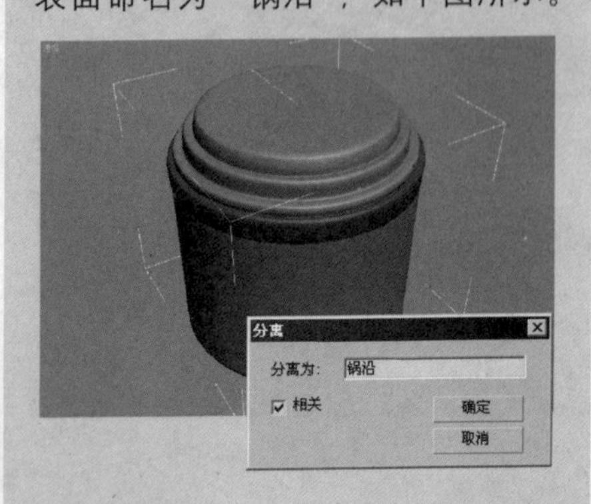

- 始终：更改操作对象（包括实例化或引用的操作对象B的原始对象）时立即更新布尔对象。这是默认设置。
- 渲染时：仅当渲染场景或单击“更新”按钮时才更新布尔对象。如果采用此选项，则视口中并不始终显示当前的几何体，但在必要时可以强制更新。
- 手动：仅当单击“更新”按钮时才更新布尔对象。如果采用此选项，则视口和渲染输出中并不始终显示当前的几何体，但在必要时可以强制更新。
- “更新”按钮：更新布尔对象。如果选中了“始终”单选按钮，则“更新”按钮不可用。

6.1.4 布尔对象的材质附加

当对指定不同材质的对象使用布尔操作时，系统将弹出“材质附加选项”对话框，该对话框提供了5种方法来处理生成的布尔对象的材质和材质ID。如果操作对象A没有材质，而操作对象B指定了一个材质，则可以选择从操作对象B中继承材质。如果操作对象A指定了一个材质而操作对象B没有指定材质，布尔对象会自动从操作对象A中继承材质。

匹配材质操作

Step 01 创建的布尔对象中至少有一个指定了“多维/子对象”材质。

Step 02 在“拾取布尔”卷展栏上，单击“拾取操作对象B”按钮。

Step 03 在视口中单击并选择操作对象B。系统将弹出“材质附加选项”对话框，如图6-15所示，在该对话框中选中“匹配材质到材质ID”单选按钮可完成布尔操作，匹配材质后的效果如图6-16所示。

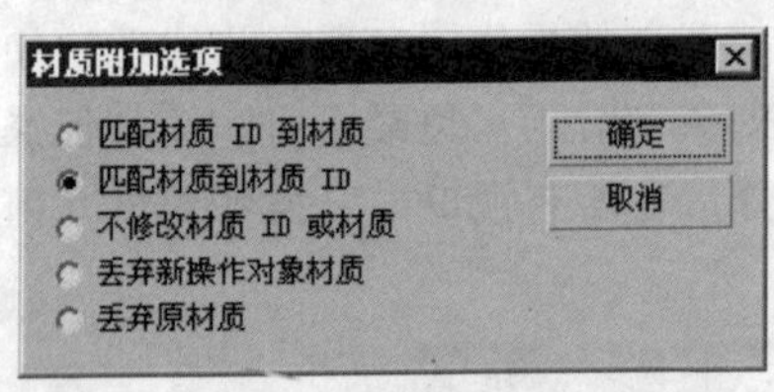

图6-15 “材质附加选项”对话框

图6-16 匹配材质后的效果

材质附加选项

- 匹配材质ID到材质：3ds Max系统将会修改组合对象中的材质ID数，使之不大于指定给操作对象的子材质数。例如，如果将包含标准材质的两个长方体组合并且每个长方体指定6个材质ID（默认设置），得到的组合对象会有两个操作对象，每个包含一个材质ID，但如果使用“匹配材质到材质ID”选项会得到12个材质ID。完成操作后，系统将会创建一个包含两个材质球的新“多维/子对象”材质。系统会在操作之前将显示的子材质指定给操作对象，得到的材质ID的数目与原始对象间的材质数目相匹配。可以使用此选项来减少材质ID的数目。

- 匹配材质到材质 ID：通过调整得到的“多维/子对象”材质中子材质的数量来保持指定给操作对象的原始材质 ID。例如，如果合成两个长方体，它们都指定了单独的材质，但是它们默认指定6个材质 ID，结果会产生一个带有 12 个材质球的“多维/子对象”材质（每个长方体材质包含6个示例，另一个长方体也包含6个）。

技巧·提示

要使实例化子材质惟一，可以在“轨迹视图”中选中它们，然后单击“轨迹视图”工具栏上的“使惟一”按钮，也可以通过修改器面板中的“使惟一”按钮每次使一个对象惟一。

- 不修改材质 ID 或材质：如果对象中的材质 ID 数目大于在“多维/子对象”材质中子材质的数目，那么得到的指定面材质在布尔操作后可能会发生改变。
- 丢弃新操作对象材质：丢弃指定于操作对象 B 的材质。系统将会对布尔对象指定操作对象 A 的材质。
- 丢弃原材质：丢弃指定于操作对象 A 的材质。系统会对布尔对象指定操作对象 B 的材质。

如果对象 A 没有指定材质，但与另外一个指定了“多维/子对象”材质的对象 B 进行布尔运算，将弹出“布尔”提示框，如图 6-17 所示。在该提示框中用户可以选择是否继承对象 B 的材质。

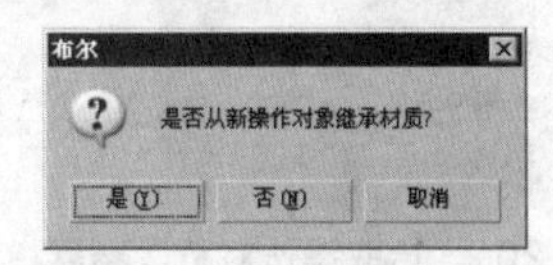

图6-17 “布尔”提示框

6.2 图形合并

使用“图形合并”来创建包含网格对象和一个或多个图形的复合对象。这些图形嵌入在网格中（将更改边与面的模式），或从网格中消失。

6.2.1 创建“图形合并”对象

Step 01 在视图中创建一个网格对象（球体）和一个图形（文本）。

Step 02 在视口中对齐图形，使文本朝球体对象的曲面方向进行投射，如图 6-18 所示。

Step 03 选择网格对象（球体），在“创建”命令面板的“对象类型”下拉列表中选择“复合对象”选项，在“对象类型”卷展栏中单击 图形合并 按钮。

Step 04 在“拾取操作对象”卷展栏中单击 拾取图形 按钮，然后选择图形（文本）。

⑲ 单击“创建”命令面板中的“几何体”按钮，然后在创建类型下拉列表中选择“NURBS 曲面”选项，单击“对象类型”卷展栏中的 点曲面 按钮，在前视图中创建一个足够大的曲面，并将该曲面与“锅体”相交，如下图所示。

⑳ 按住Shift键，然后单击Surface01，在弹出的“克隆选项”对话框中使用默认设置，按Enter键结束复制操作，如下图所示。

㉑ 右击顶视图，然后按F12键，在弹出的“移动变换输入”对话框中的“偏移：屏幕”选项区域中的 Y 轴右侧输入 40，按 Enter 键确认变换。此时 Surface02 沿 Y 轴移动了 40，如下图所示。

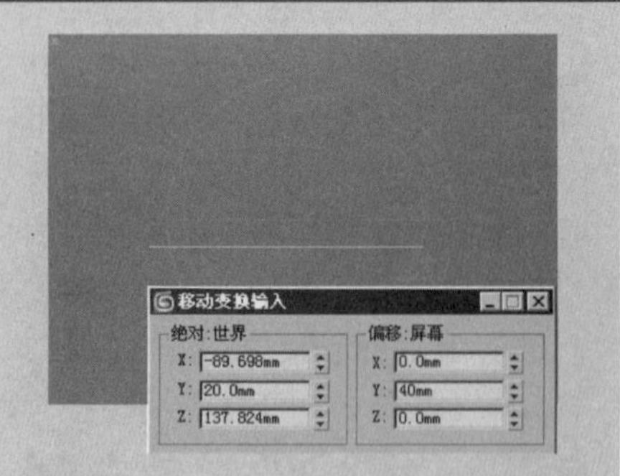

㉒ 在视图中选中“锅体”，然后在“常规”卷展栏中单击 附加多个 按钮，在弹出的“附加多个”对话框中选择Surface01和Surface02，按Enter键确认附加操作，如下图所示。

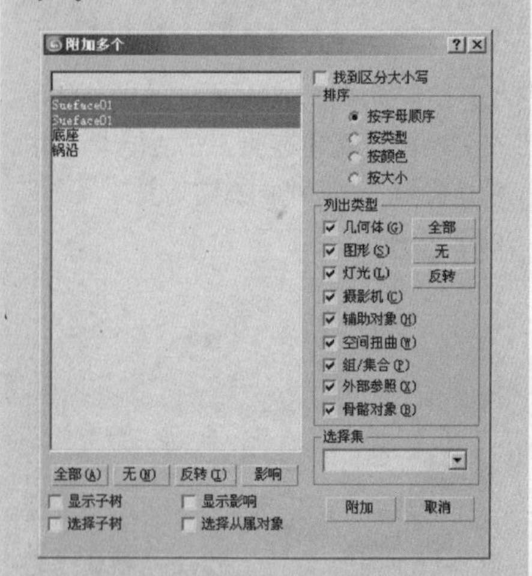

㉓ 单击“NURBS”对话框中的“创建曲面-曲面相交曲线”按钮，然后单击“锅体”和Surface01，再次单击“锅体”和Surface02，此时Surface01和Surface02与“锅体”相交的位置分别出现了一条曲线，如下图所示。

Step 05 为球体添加“编辑网格”修改器，然后进入到“多边形”层次，此时文本范围的表面处于选中状态。

Step 06 在视图中右击，在弹出的菜单中选择“挤出多边形”命令，然后在选中的表面上单击并向上拖动鼠标，此时选中的表面随着鼠标的拖动发生动态的变化，在适当的位置释放鼠标然后右击结束挤出操作，此时在球体的表面产生了浮雕效果，如图6-19所示。

图6-18　对齐图形

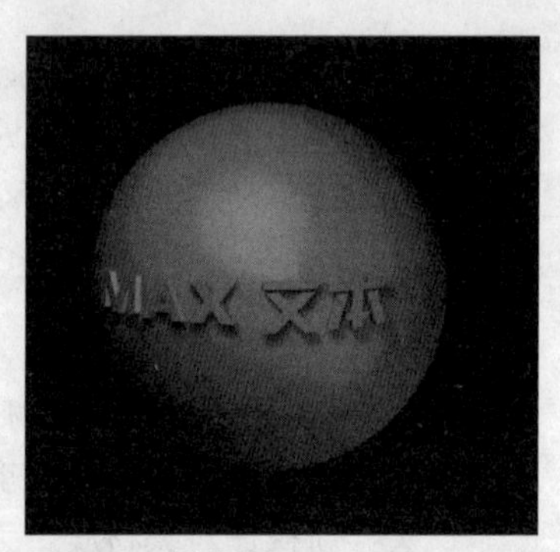

图6-19　浮雕效果

6.2.2　图形合并参数

“拾取操作对象”卷展栏

图形合并的“拾取操作对象”卷展栏如图6-20所示。

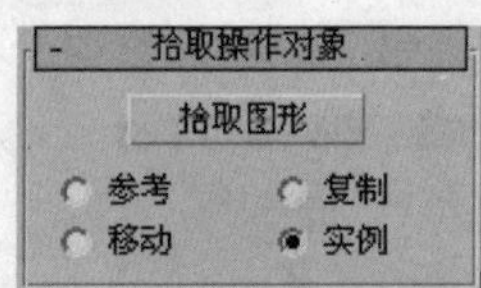

图6-20　“拾取操作对象”卷展栏

- “拾取图形”按钮：单击该按钮，然后单击要嵌入网格对象中的图形，此图形沿图形局部负Z轴方向投射到网格对象上。例如，如果创建一个长方体，然后在顶视口中创建一个图形，此图形将投射到长方体顶部。可以重复此过程来添加图形，图形可沿不同方向投射。只需再次单击“拾取图形”按钮，即可拾取另一图形。
- 参考：使用该选项，用户对图形对象所做的更改将直接反映在图形合并对象上。
- 复制：如果希望在场景中重复使用图形对象，则可使用“复制”选项。
- 实例：修改实例对象与修改原始对象效果相同。
- 移动：如果在场景中不再使用图形对象，则可使用“移动”（默认设置）。

“参数”卷展栏

图形合并的“参数”卷展栏如图6-21所示。

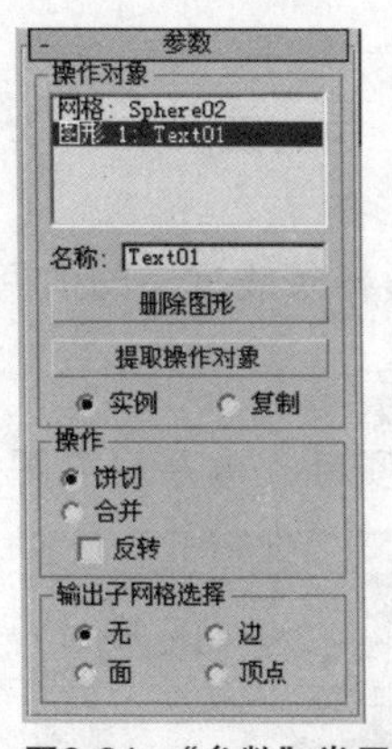

图6-21 “参数”卷展栏

(1)“操作对象”选项区域

- “操作对象”列表：在复合对象中列出所有操作对象。第一个操作对象是网格对象，以下是图形对象。
- “删除图形”按钮：从复合对象中删除选中图形。
- “提取操作对象”按钮：提取选中操作对象的副本或实例。在列表窗口中选择操作对象时此按钮可用。
- 实例、复制：指定如何提取操作对象。

(2)“操作”选项区域

该选项区域中的选项决定如何将图形应用于网格中。

- 饼切：切去网格对象图形范围的表面，形成孔洞，如图6-22所示。
- 合并：将图形与网格对象曲面合并。
- 反转：反转“饼切”或“合并”效果。使用“饼切”单选按钮此效果更明显，如图6-23所示。禁用“反转”复选框时，图形在网格对象中是一个孔洞。启用“反转”复选框时，图形是实心的而网格消失。

图6-22 饼切效果

图6-23 反转饼切效果

(3)“输出子网格选择”选项区域

该选项区域提供指定将哪个选择级别传送到“堆栈”中的选项。使用该选项可以将对象与合并图形的顶点、面和边一起保存（如果应用“网格选择”修改器并转到各种子对象层级，将会看到选中的合并图形）。因此，如果使用作用在指定级别上的修改器将可以更好地编辑对象。

24 在视图中选中附加后的Surface01和Surface02表面，然后按Dele键将其删除，如下图所示。

25 单击“创建”命令面板中的“图形”按钮，然后在“对象类型”卷展栏中单击 CV曲线 按钮，在前视图中绘制一条曲线，如下图所示。

26 将Curve01关联复制一个，然后在视图中分别将这两条曲线与“锅体”顶部的曲线对齐，如下图所示。

27 单击“NURBS”对话框中的“创建规则曲面”按钮，然后两两单击曲线，在曲线间创建曲面，共创建3个曲面，如下图所示。

28 单击“NURBS”对话框中的“创建圆角曲面”按钮，然后两两单击上一步创建的垂直和顶部弯曲的曲面。在“修改”命令面板中的“圆角曲面”卷展栏中将“起始半径”设置为2.0，在“修改第一曲面”和“修改第二曲面”选项区域中勾选“修剪曲面”复选框，此时在两个曲面相交的位置上将出现圆角效果。使用同样的方法对另一侧进行处理，如下图所示。

29 单击“创建”命令面板中的“图形”按钮，然后在“NURBS曲线”类型的“对象类型”卷展栏中单击 CV曲线 按钮，在顶视图中绘制封闭的曲线，如下图所示。

- 无：输出整个对象。
- 面：输出合并图形内的面。
- 边：输出合并图形的边。
- 顶点：输出由图形样条线定义的顶点。

“显示/更新”卷展栏

图形合并的“显示/更新”卷展栏如图6-24所示。

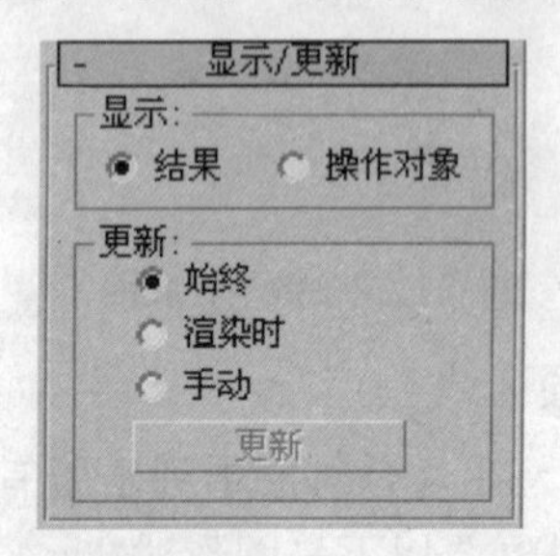

图6-24 “显示/更新”卷展栏

（1）“显示”选项区域

- 结果：显示操作结果。
- 操作对象：显示操作对象。

（2）“更新”选项区域

通常，在设置合并图形操作对象动画且视口中显示很慢时，使用这些选项。

- 始终：始终更新显示。
- 渲染时：仅在场景渲染后更新显示。
- 手动：仅在单击“更新”按钮后更新显示。
- “更新”按钮：当选中除“始终”之外的任一选项时更新显示。

6.3 放样

放样对象是沿着用户指定的路径挤出二维图形，以此生成实体，或者从两个或多个样条线对象中创建放样对象，其中一条样条线作为路径，其余的样条线会作为放样对象的横截面图形，沿路径排列图形时，系统将会在图形之间生成曲面。创建放样对象之后，用户可以添加并替换横截面图形或替换路径，也可以更改或设置路径和图形的参数动画。

6.3.1 创建放样对象的方法

创建放样对象的常规方法是首先指定路径然后拾取截面。但是在制作模型的过程中可以根据实际情况先选定截面然后拾取路径。

“路径-截面”方式

Step 01 在前视图中创建一条直线作为放样路径，如图6-25所示。

Step 02 在顶视图中创建星形作为放样横截面，如图6-26所示。

图6-25 创建路径

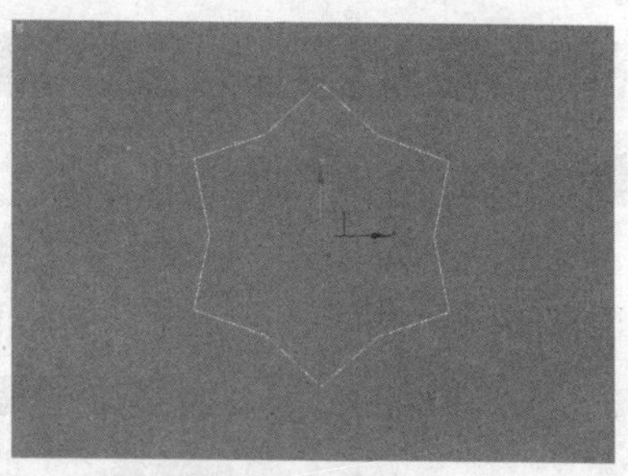

图6-26 创建截面图形

Step 03 选择路径图形，在“创建”命令面板的“对象类型”下拉列表中选择“复合对象”选项，在“对象类型”卷展栏中单击 放样 按钮，然后单击“创建方法”卷展栏中的 获取图形 按钮，在视图中单击截面图形，此时截面将沿路径挤出生成实体模型，如图6-27所示。

图6-27 放样后的效果

“截面-路径”与“路径-截面”方式的区别

使用“截面-路径”方式创建的放样对象与“路径-截面”方式创建的放样对象在外观上相同，但是放样对象内部却存在很大的不同，主要有如下两个方面。

- 路径起点的不同：在“截面-路径”方式下，截面从路径的“第一点”开始放样；在“路径-截面”方式下，路径与截面较近一端的顶点将在放样后成为路径的“第一点”，如图6-28和图6-29所示。

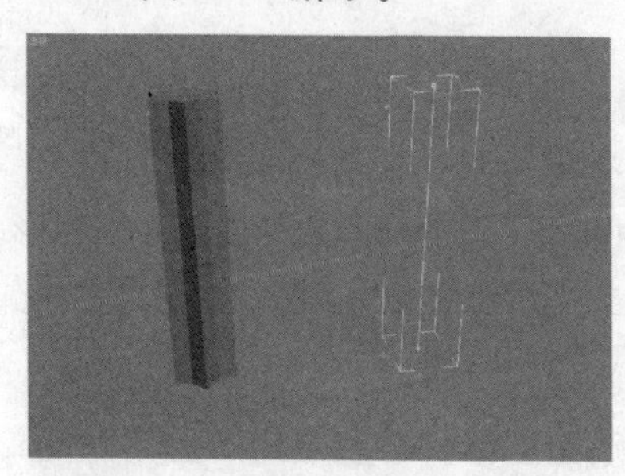

图6-28 “截面-路径”方式路径首点

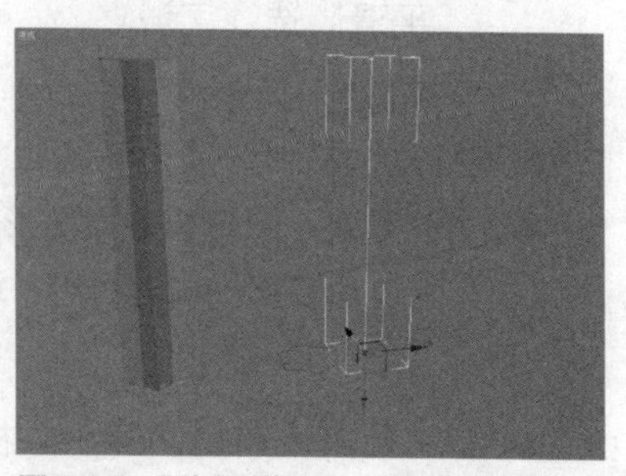

图6-29 “路径-截面”方式路径首点

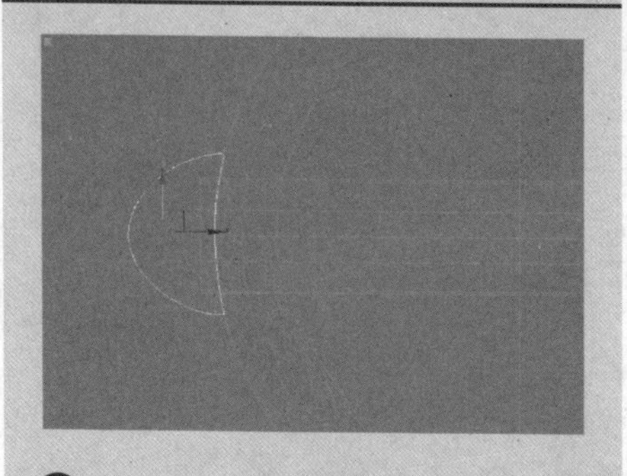

30 按住Shift键在前视图中将曲线向下勾制一个，然后在弹出的对话框中勾选“复制”选项，按Enter键结束复制操作，如下图所示。

31 单击“NURBS”对话框中的“创建U向放样曲面”按钮，然后分别单击两条曲线，系统将在曲线间创建曲面放样曲面，如下图所示。

32 单击“NURBS”对话框中的“创建封口曲面”按钮，然后单击放样曲面顶部边缘，此时系统将自动在用户选择的边缘上创建封口表面，并将其命名为“锅耳一左”，如下图所示。

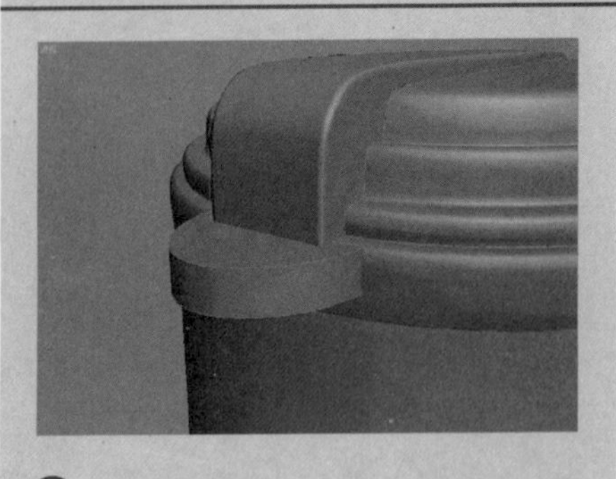

33 按数字键1，切换到“曲面”层次，在“修改”命令面板中的“曲面公用”卷展栏中单击 断开列 按钮，然后在“锅耳一左”的右侧转角处的表面上单击，使表面在此处沿列的方向断开。使用同样的方法，对另一侧进行处理，如下图所示。

34 选择断开表面后凹形的表面，然后按Del键，将其删除，如下图所示。

35 单击“NURBS”对话框中的“创建曲面上的CV曲线”按钮，然后在底视图中“锅耳一左”的表面上创建一个圆形的封闭曲线，如下图所示。

- 截面数量的不同：在“截面-路径”方式下创建的放样对象中只包含一个截面图形，而在“路径-截面”方式下创建的放样对象中可以包含无数个截面图形。

6.3.2 放样参数

“创建方法”卷展栏

在“创建方法”卷展栏中，用户可以在创建放样的起始图形（截面和路径）之间进行选择，如图6-30所示。

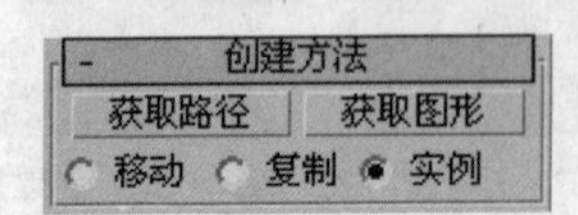

图6-30 “创建方法”卷展栏

- “获取路径”按钮：将路径指定给选定图形或更改当前指定的路径。
- “获取图形”按钮：将图形指定给选定路径或更改当前指定的图形，获取图形时按下Ctrl键可反转图形的Z轴的方向。
- 移动、复制、实例：用于指定路径或图形转换为放样对象的方式。可以移动，但在这种情况下不保留副本，或转换为副本或实例。

“曲面参数”卷展栏

在“曲面参数”卷展栏中，用户可以控制放样曲面的平滑程度，以及设置放样对象纹理贴图等参数，如图6-31所示。

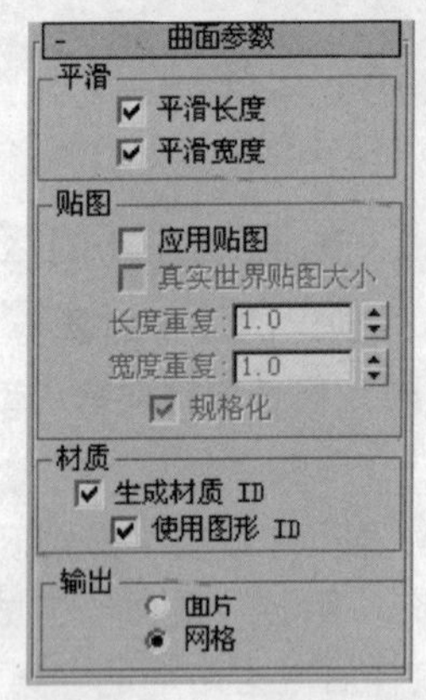

图6-31 “曲面参数”卷展栏

（1）“平滑”选项区域

- 平滑长度：沿着路径方向平滑曲面，当路径曲线或路径上的图形更改大小时，这类平滑非常有用。默认设置为启用。
- 平滑宽度：围绕横截面图形的圆周平滑放样对象的曲面。当图形更改顶点数或更改外形时，这类平滑非常有用。默认设置为启用。

（2）“贴图”选项区域

- 应用贴图：启用和禁用放样贴图坐标。必须启用“应用贴图”

复选框才能访问其余的选项。

- 真实世界贴图大小：控制应用于该对象的纹理贴图材质所使用的缩放方法。
- 长度重复：设置沿着路径的长度重复贴图的次数。贴图的底部放置在路径的第一个顶点处。
- 宽度重复：设置围绕横截面图形的周界重复贴图的次数。贴图的左边缘将与每个图形的第一个顶点对齐。
- 规格化：决定沿着路径长度和图形宽度路径顶点间距如何影响贴图。启用该选项后，将忽略顶点，沿着路径长度并围绕图形平均应用贴图坐标和重复值。如果禁用，主要路径划分和图形顶点间距将影响贴图坐标间距。将按照路径划分间距或图形顶点间距成比例应用贴图坐标和重复值。

（3）“材质”选项区域

- 生成材质ID：在放样期间生成材质ID。
- 使用图形ID：提供使用样条线材质ID来定义材质ID的选择。图形ID将从图形横截面继承而来，而不是从路径样条线继承。

（4）“输出”选项区域

- 面片：放样对象可直接转换为面片对象。
- 网格：生成网格对象，这是默认设置。

“路径参数”卷展栏

使用“路径参数”卷展栏，可以控制放样对象路径上截面图形的位置，如图6-32所示。

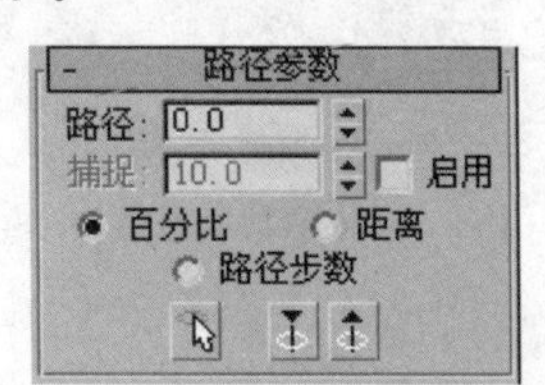

图6-32 “路径参数”卷展栏

- 路径：通过输入值或调整微调按钮来设置截面图形在路径的相对位置。
- 捕捉：用于设置沿着路径图形之间的恒定距离。该捕捉值依赖于所选择的测量方法。更改测量方法也会更改捕捉值以保持捕捉间距不变。
- 启用：当勾选“启用”复选框时，“捕捉”处于活动状态。默认设置为禁用状态。
- 百分比：路径总长度的百分比。
- 距离：截面图形锁在路径位置与路径第一点的绝对距离。
- 路径步数：将图形置于路径步数和顶点上，而不是作为沿着路径的一个百分比或距离。

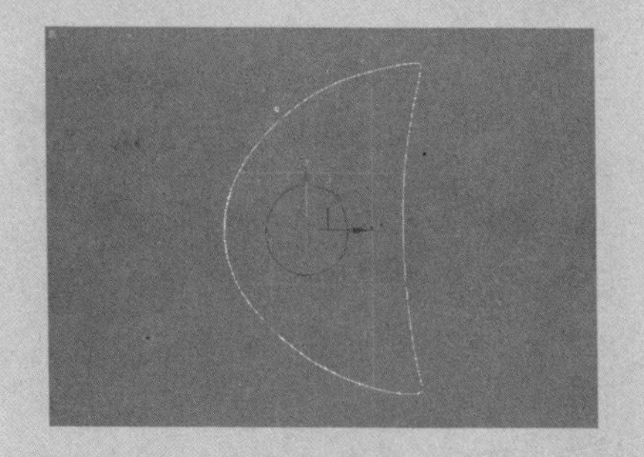

36 单击“NURBS”对话框中的“创建法向投影曲线”按钮，然后单击“锅耳—左”的表面上创建的圆形的封闭曲线和“锅耳—左”表面。在“法向投影曲线”卷展栏中勾选“修剪”和“翻转修剪”复选框，此时“锅耳—左”表面圆形曲线的表面被修剪掉，如下图所示。

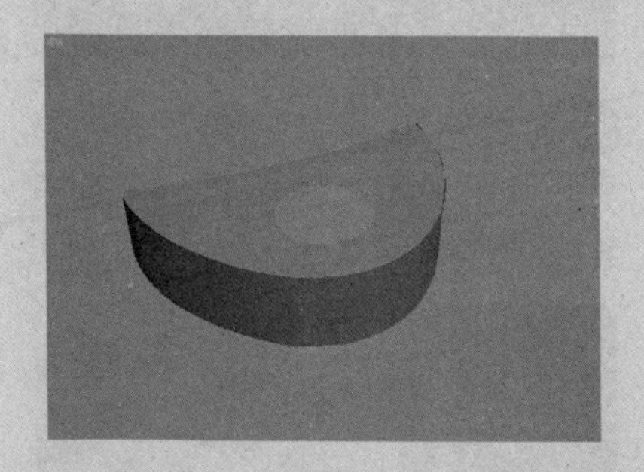

37 单击“NURBS”对话框中的“创建挤出曲面”按钮，然后单击并向下拖动“锅耳—左”的表面上圆形孔洞的边缘曲线，在适当的位置释放鼠标。在“挤出曲面”卷展栏中将挤出的“数量”设置为10，此时圆孔轮廓向下形成表面，如下图所示。

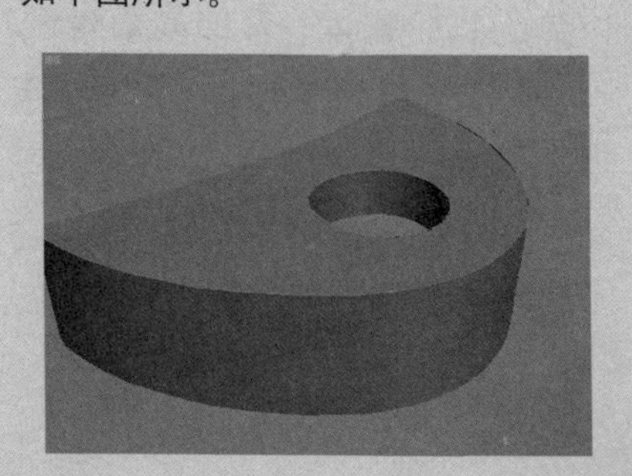

38 单击“NURBS”对话框中的“创建圆角曲面”按钮，然后单击封口表面和垂直曲面。在“修改”命令面板中的“圆角曲面”卷展栏中将“起始半径”设置为3.0，在“修改第一曲面”和“修改第二曲面”选项区域中勾选“修剪曲面”复选框，此时在圆孔的顶部出现圆角效果，如下图所示。

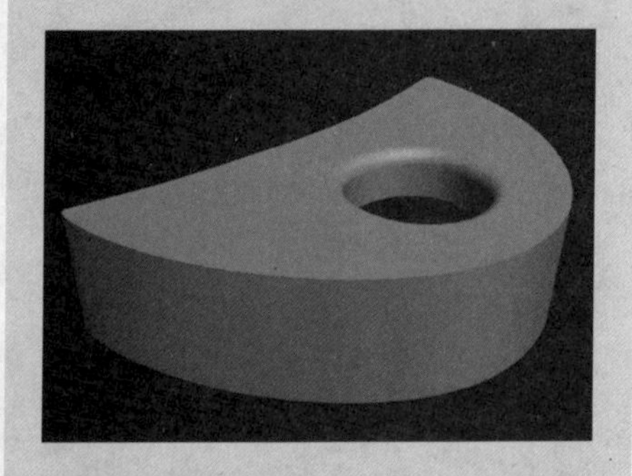

39 将“锅耳—左”复制一个，然后将其更名为“锅耳—右”，并将其移动到对称的一侧，如下图所示。

40 使用与步骤35~步骤38相同的方法，在“锅体”顶部横梁靠近“锅耳—左”的一侧制作一个圆孔，如下图所示。

技巧·提示

在放样对象已经包含一个或多个图形的情况下，切换到“路径步数”时，会弹出一个警告消息框，告知该操作可能会重新定位图形。这是因为路径步数是有限制的，并且在一个步长或顶点上只能有一个图形。另一方面，“百分比”和“距离”选项将提供一个几乎无限数量的放置图形的级别。不过，从“路径步数”切换至“百分比”或者“距离”，始终执行此操作也不会丢失数据。

- “拾取图形”按钮：将路径上的所有图形设置为当前路径位置。当在路径上拾取一个图形时，将禁用“捕捉”选项，且路径设置为拾取图形的位置，此时会出现黄色的”X”。
- “上一个图形”按钮：从路径的当前位置上沿路径跳至上一个图形。
- “下一个图形”按钮：从路径的当前位置上沿路径跳至下一个图形。

“蒙皮参数”卷展栏

在“蒙皮参数”卷展栏上，用户可以调整放样对象网格的复杂性，还可以通过控制面数来优化网格，如图6-33所示。

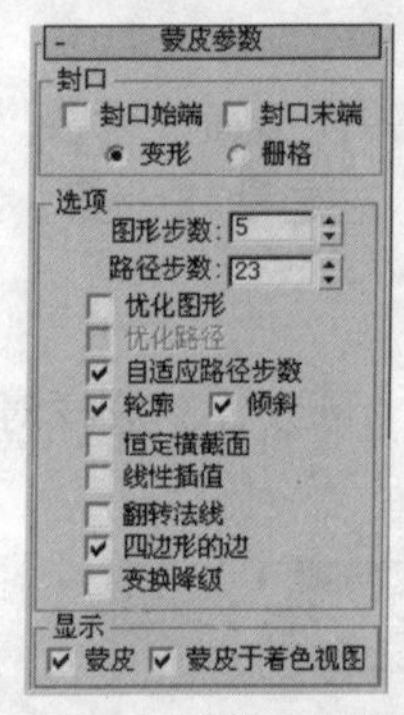

图6-33 “蒙皮参数”卷展栏

(1)“封口”选项区域

- 封口始端：如果启用，则路径第一个顶点处的放样端被封口。如果禁用，则放样端为打开或不封口状态。
- 封口末端：如果启用，则路径最后一个顶点处的放样端被封口。如果禁用，则放样端为打开或不封口状态，封口与禁用封口的效果分别如图6-34和图6-35所示。

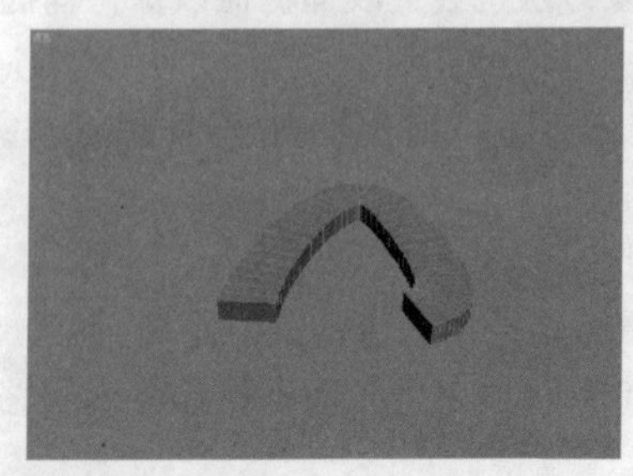

图6-34 封口效果

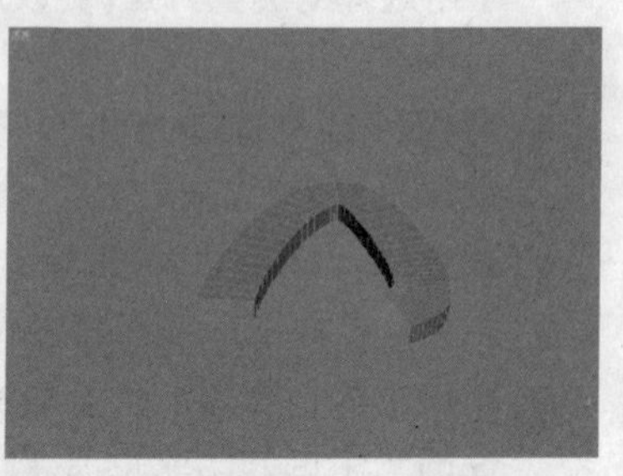

图6-35 开口效果

- 变形：按照创建变形目标所需的可预见且可重复的模式排列封口面。变形封口能产生细长的面，与那些采用栅格封口创建的面一样，这些面也不进行渲染或变形。
- 栅格：在图形边界处修剪的矩形栅格中排列封口面。此方法将产生一个由大小均等的面构成的表面，这些面可以被其他修改器很容易地变形。

(2)"选项"选项区域

- 图形步数：设置横截面图形的每个顶点之间的步数。该值会影响围绕放样周界的边的数目。
- 路径步数：设置路径的每个主分段之间的步数。该值会影响沿放样长度方向的分段的数目，将该数值设置为6和10，此时放样对象的长度分段变化分别如图6-36和图6-37所示。

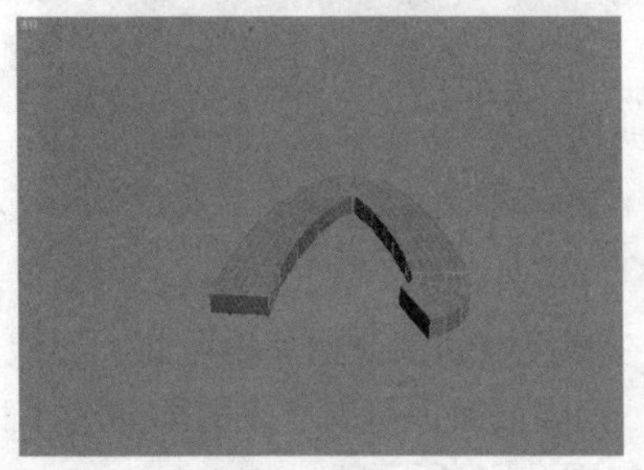

图6-36　步数为6的效果

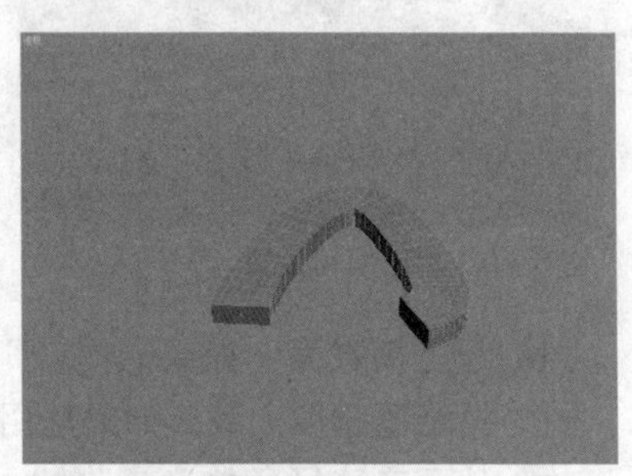

图6-37　步数为10的效果

- 优化图形：如果启用，放样对象只使用横截面图形的分段，忽略"图形步数"的设置。如果路径上有多个图形，则只优化在所有图形上都匹配的直分段，如图6-38所示。
- 优化路径：如果启用，则对于路径的直分段，忽略"路径步数"设置。"路径步数"设置仅适用于弯曲截面。仅在"路径步数"模式下才可用，优化路径后的效果如图6-39所示。

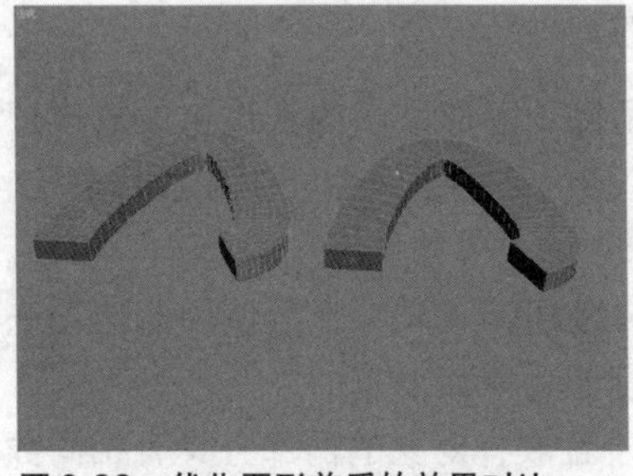

图6-38　优化图形前后的效果对比

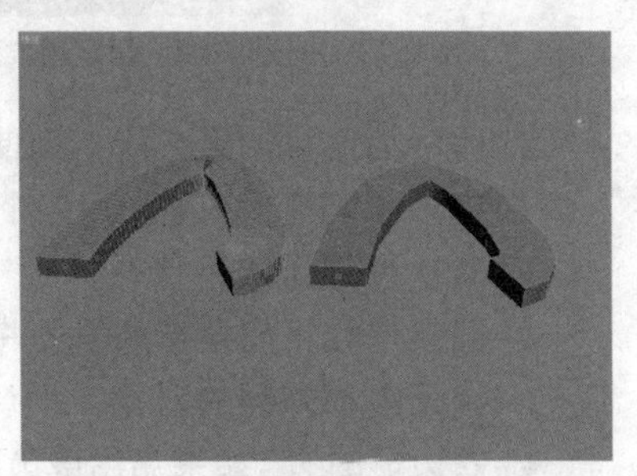

图6-39　优化路径前后的效果对比

- 自适应路径步数：如果启用，则分析放样，并调整路径分段的数目，以生成最佳蒙皮。主分段将沿路径出现在路径顶点、图形位置和变形曲线顶点处。如果禁用，则主分段将沿路径只出现在路径顶点处。默认设置为启用。

41 单击"创建"命令面板中的"图形"按钮，在创建类型下拉列表中单击"NURBS曲线"选项，然后在"对象类型"卷展栏中单击 CV 曲线 按钮，在底视图中创建一个封闭的曲线，如下图所示。

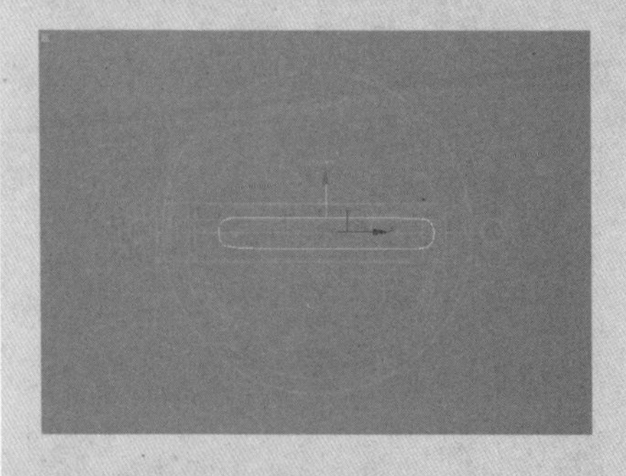

42 在前视图中将绘制的曲线向上复制一个，距离大约在50左右，如下图所示。

43 按数字键1，切换到“曲线CV”层次，然后将复制曲线的右端的CV控制点向右移动一段距离，如下图所示。

44 单击“NURBS”对话框中的“创建U向放样曲面”按钮，然后分别单击两条曲线，系统将在曲线间创建曲面放样曲面，如下图所示。

45 单击“创建”命令面板中的“图形”按钮，在创建类型下拉列表中单击“NURBS曲线”选项，然后在“对象类型”卷展栏中单击 CV 曲线 按钮，在前视图中创建一条曲线，如下图所示。

- 轮廓：如果启用，则每个图形都将遵循路径的曲率。每个图形的正Z轴与路径的切线对齐。如果禁用，则图形保持平行，且与放置在路径第一点的图形保持相同的方向。默认设置为启用。
- 倾斜：如果启用，只要路径弯曲并改变其局部Z轴的高度，图形便围绕路径旋转。倾斜量由系统控制。如果是2D路径，则该选项将被忽略。如果禁用，则图形在穿越3D路径时不会围绕其Z轴旋转。

  “倾斜”选项默认设置为启用，禁用“倾斜”选项前后的效果对比分别如图6-40和图6-41所示。

图6-40　启用倾斜效果

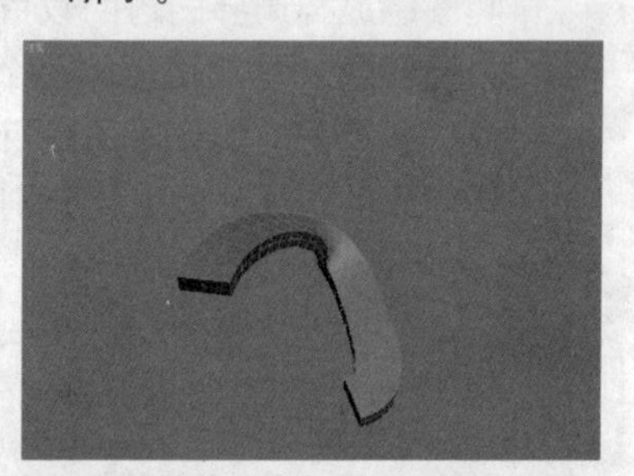

图6-41　禁用倾斜效果

- 恒定横截面：如果启用，则在路径中的角处缩放横截面，以保持路径宽度一致。如果禁用，则横截面保持其原来的局部尺寸，从而在路径角处产生收缩，如图6-42所示。

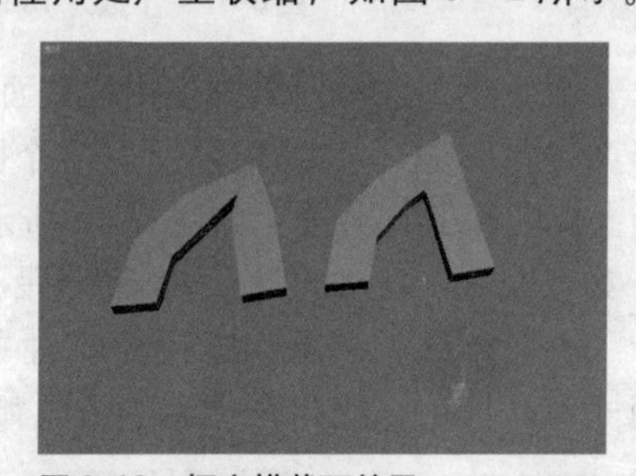

图6-42　恒定横截面效果

- 线性插值：如果启用，则使用每个图形之间的直边生成放样蒙皮。如果禁用，则使用每个图形之间的平滑曲线生成放样蒙皮。默认设置为禁用状态。
- 翻转法线：如果启用，则将法线翻转180°。可使用此选项来修正内部外翻的对象。默认设置为禁用状态。
- 四边形的边：如果启用该选项，且放样对象的两部分具有相同数目的边，则将两部分缝合到一起的面将显示为四方形。具有不同边数的两部分之间的边将不受影响，仍与三角形连接。默认设置为启用状态。
- 变换降级：使放样蒙皮在子对象图形/路径变换过程中消失。例如，移动路径上的顶点使放样消失。如果禁用，则在子对象变换过程中可以看到蒙皮。默认设置为禁用状态。

(3)“显示”选项区域

- 蒙皮：如果启用，则使用任意着色层在所有视图中显示放样的蒙皮，并忽略“着色视图中的蒙皮”设置。如果禁用，只在正交视图中显示放样子对象。默认设置为启用。
- 蒙皮于着色视图：如果启用，在着色视图中显示放样的蒙皮；如果禁用，在透视图或者相机视图中将不能观察到放样的对象的蒙皮。默认设置为启用。

6.3.3 放样对象的图形对齐

创建放样对象后，用户可以通过图形命令对截面图形进行对齐操作。

“图形命令”卷展栏

在“图形命令”卷展栏中，用户使用系统提供的控件可以沿着放样路径对齐和比较图形，如图6-43所示。

- 路径级别：调整图形在路径上的位置。
- “比较”按钮：单击该按钮，弹出“比较”对话框，如图6-44所示，在此对话框中用户可以比较任何数量的横截面图形。

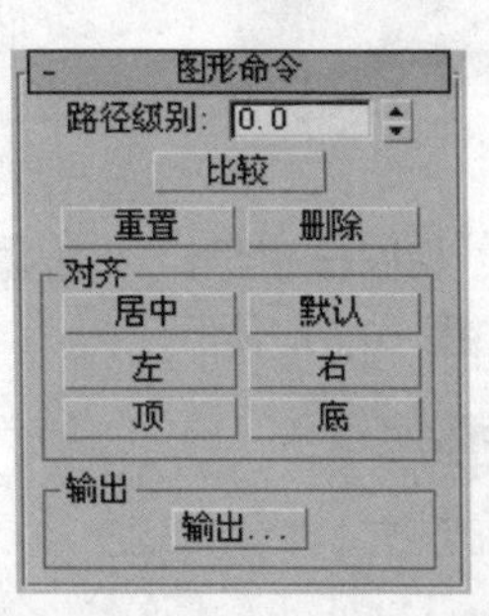

图6-43 “图形命令”卷展栏

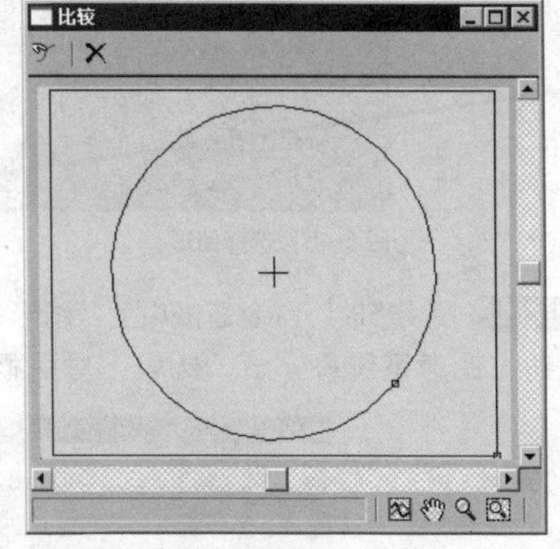

图6-44 “比较”对话框

- “重置”按钮：撤销使用“选择并旋转”或“选择并缩放”命令执行的图形旋转和缩放。
- “删除”按钮：从放样对象中删除图形。

(1)“对齐”选项区域

使用该选项区域中的6个按钮可针对路径对齐选定图形。从创建图形的视口向下看图形，方向是沿着X轴从左到右，沿着Y轴从上到下。用户可以针对位置将这些按钮组合使用。

- “居中”按钮：基于图形的边界框，使图形在路径上居中。
- “默认”按钮：将图形返回到初次放置在放样路径上的位置。使用“获取图形”时，将放置图形，以便路径通过其轴点。这

46 单击“NURBS”对话框中的“创建挤出曲面”按钮，然后在视图中单击并拖动鼠标，将曲线挤出为曲面。将该曲面与放样曲面相交，如下图所示。

47 将两个曲面“附加”在一起，单击“NURBS”对话框中的“创建曲面-曲面相交曲线”按钮，然后在视图中依次单击两个曲面。在“修改”命令面板中的“曲面-曲面相交曲线”卷展栏中的“修剪控制”选项区域中勾选“修剪1”和“修剪2”复选框，并根据实际情况勾选相应的“翻转剪切1”和“翻转剪切2”复选框，此时系统将自动对曲面进行修剪，将其命名为“手柄”，按Alt+Q键孤立“手柄”，如下图所示。

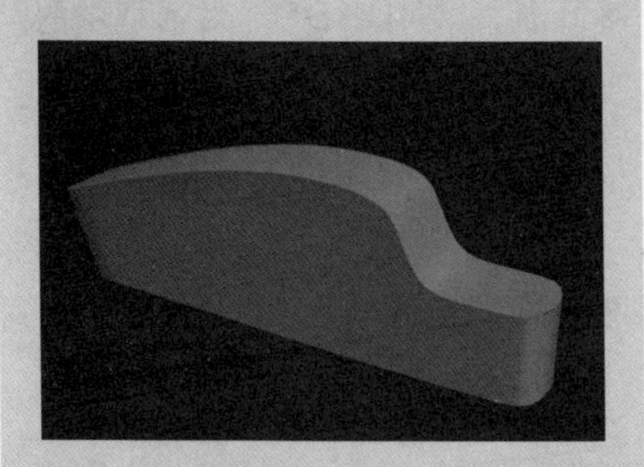

48 在前视图中创建一条与“手柄”轮廓大致相同的曲线，然后将其挤出，并令挤出曲面与“手柄”相交，如下图所示。

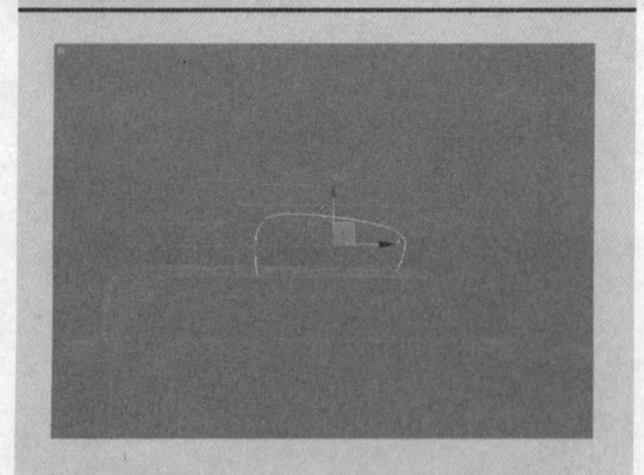

49 将两个曲面"附加"在一起，单击"NURBS"对话框中的"创建曲面-曲面相交曲线"按钮，然后在视图中单击"手柄"和附加后的曲面，在"修改"命令面板中的"曲面-曲面相交曲线"卷展栏中的"修剪控制"选项区域中勾选"修剪1"、"翻转剪切1"和"修剪2"复选框，对"手柄"进行修剪，如下图所示。

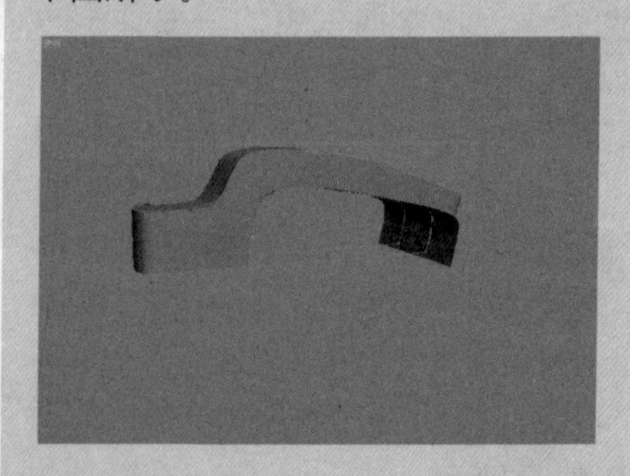

50 单击"NURBS"对话框中的"创建圆角曲面"按钮，然后单击"手柄"表面和附加在"手柄"上的曲面，在"修改"命令面板中的"圆角曲面"卷展栏中将"起始半径"设置为5.0，在"修改第一曲面"和"修改第二曲面"选项区域中勾选"修剪曲面"复选框，此时在圆孔的顶部出现圆角效果，如下图所示。

并不总是与图形的中心相同。因此，单击"居中"按钮和单击"默认"按钮的效果并不相同。

- "左"按钮：将图形的左边缘与路径对齐。
- "右"按钮：将图形的右边缘与路径对齐。
- "顶"按钮：将图形的上边缘与路径对齐。
- "底"按钮：将图形的下边缘与路径对齐。

(2)"输出"选项区域

- 输出：将图形作为独立的对象放置到场景中。

比较图形

Step 01 在视图中选中创建的放样对象，然后按数字键1，进入到"图形"层次，然后在视图中选中放样对象的任何一个截面图形，如图6-45所示。

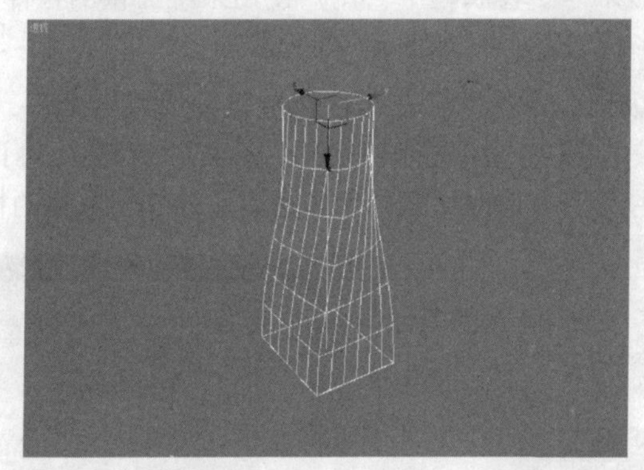

图6-45　选择图形

Step 02 在"修改"命令面板中的"图形命令"卷展栏中单击 比较 按钮，此时系统将弹出"比较"对话框，如图6-46所示。

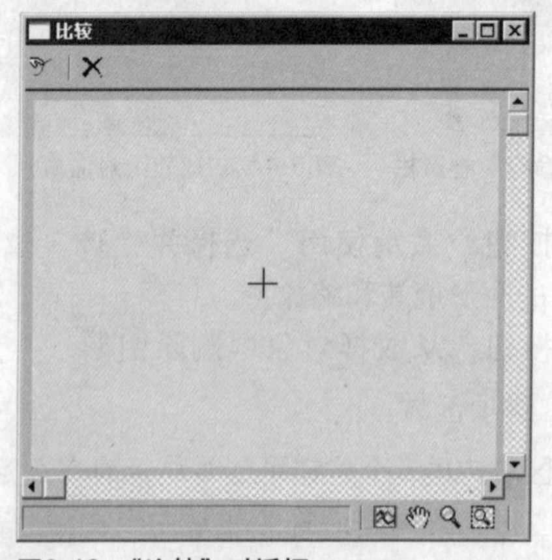

图6-46　"比较"对话框

Step 03 单击"比较"对话框中的按钮，然后在视图中拾取所有的图形，此时该对话框中将出现图形的轮廓，如图6-47所示。

Step 04 单击主工具栏中的“选择并旋转”按钮，在视图中旋转圆形截面，同时观察“比较”对话框中圆形截面的第一点与矩形截面第一点的对齐情况，当这两个图形的第一点在45°角对齐的时候，停止旋转操作，如图6-48所示。

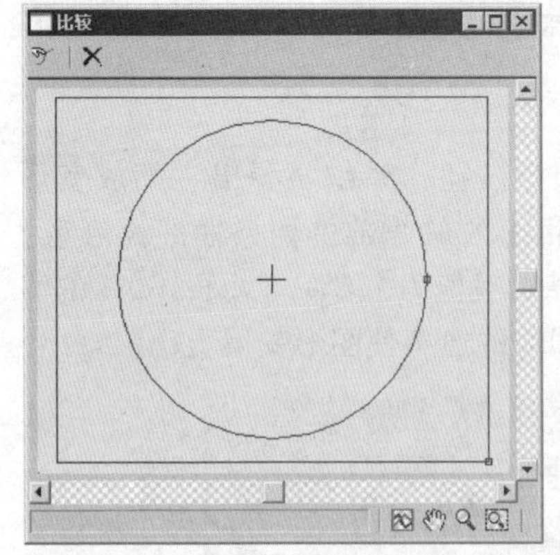

图6-47 拾取图形

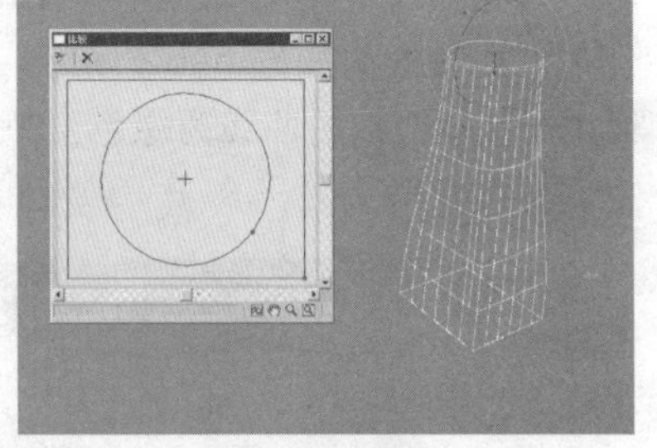

图6-48 对齐图形第一点

Step 05 对齐前后的效果分别如图6-49和图6-50所示。

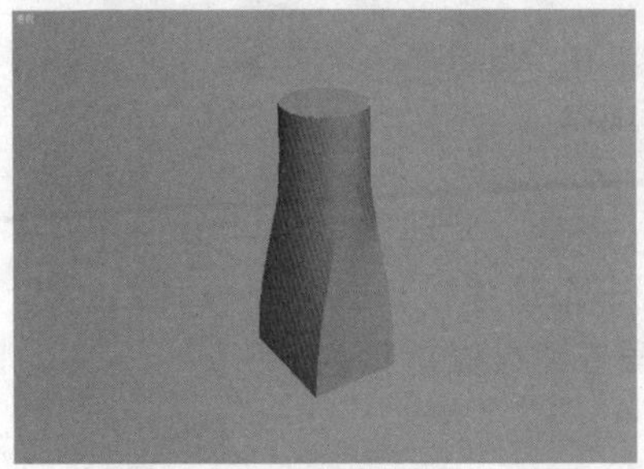

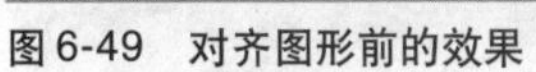

图6-49 对齐图形前的效果

图6-50 对齐图形后的效果

6.3.4 变形

变形控件用于沿着路径缩放、扭曲、倾斜、倒角或拟合形状。所有变形的界面都是图形。图形上带有控制点的线条代表沿着路径的变形。为了生成各种特殊效果，图形上的控制点可以移动或设置动画。通过沿着路径手动创建和放置形状来生成这些模型是一项艰巨的任务，放样通过使用变形曲线使这个问题迎刃而解。变形曲线定义沿着路径缩放、扭曲、倾斜和倒角的变化。

在“变形”卷展栏中单击相应的按钮，系统将弹出与其对应的变形对话框。每个变形按钮右侧的按钮可在启用或禁用变形效果之间切换。用户可以同时显示任何或所有变形对话框，如图6-51所示。

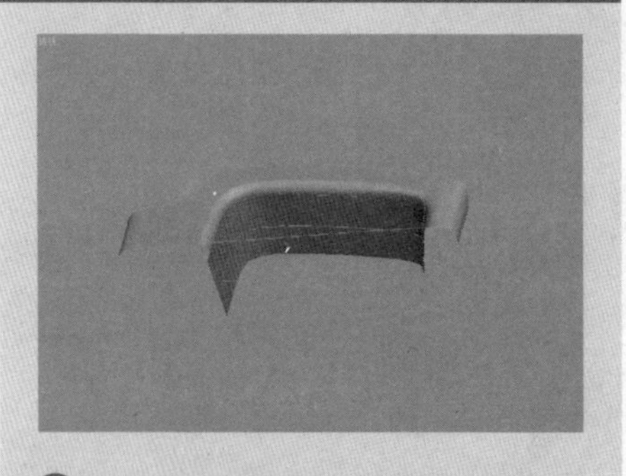

51 使用同样的方法对“手柄”的另一侧和顶部边缘进行处理，顶部的圆角半径为0.5，如下图所示。

52 单击“NURBS”对话框中的“创建曲面上的CV曲线”按钮，然后在“手柄”的表面上创建一个圆形的封闭曲线，如下图所示。

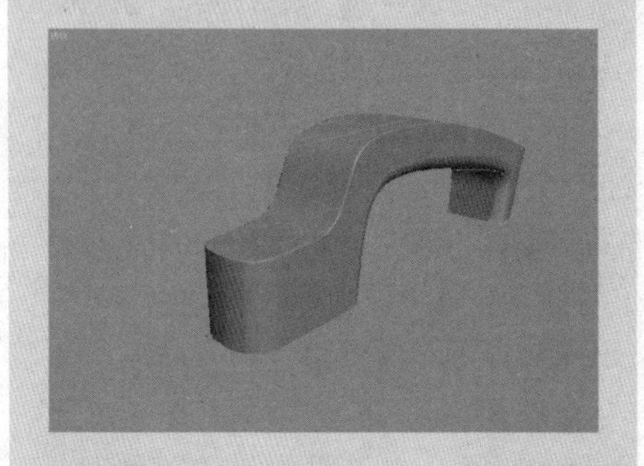

53 单击“NURBS”对话框中的“创建法向投影曲线”按钮，然后单击“手柄”的表面上创建的圆形的封闭曲线和“手柄”表面；在“法向投影曲线”卷展栏中勾选“修剪”和“翻转修剪”复选框，此时“手柄”表面圆形曲线的表面被修剪掉，如下图所示。

图6-51 "变形"卷展栏

缩放

单击"变形"卷展栏中的缩放按钮，系统将弹出"缩放变形(X)"对话框，如图6-52所示。用于X轴缩放的两条曲线为红色，而用于Y轴缩放的曲线为绿色。默认曲线值为100%，大于100%的值将使图形变得更大，介于100%和0%的值将使图形变得更小。

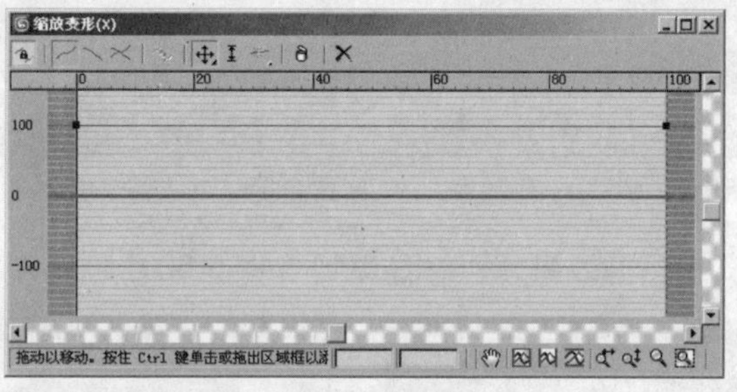

图6-52 "缩放变形（X）"对话框

"变形"对话框工具栏

- "均衡"按钮：“均衡”是一个动作按钮，也是一种曲线编辑模式，可以使放样对象的局部绕轴做对称的变形。

技巧·提示

单击"均衡"按钮后，显示一条曲线时，会将显示的变形曲线复制到隐藏轴的曲线上；如果显示两条轴，将弹出"均衡"对话框，用户可以指定哪个轴优先。用户对所选曲线做出的编辑结果会复制到另一条曲线上。

- "显示X轴"按钮：仅显示红色的X轴变形曲线。
- "显示Y轴"按钮：仅显示绿色的Y轴变形曲线。
- "显示XY轴"按钮：同时显示X轴和Y轴变形曲线，各条曲线使用各自的颜色。
- "交换变形曲线"按钮：在X轴和Y轴之间复制曲线。启用"均衡"时，此按钮无效。
- "移动控制点"按钮：此弹出按钮包含如下3个用于移动控制点和Bezier控制柄的按钮。
◆ "移动控制点"按钮：可以垂直或者水平移动控制点。
◆ "垂直移动"按钮：垂直移动控制点。
◆ "水平移动"按钮：水平移动控制点。

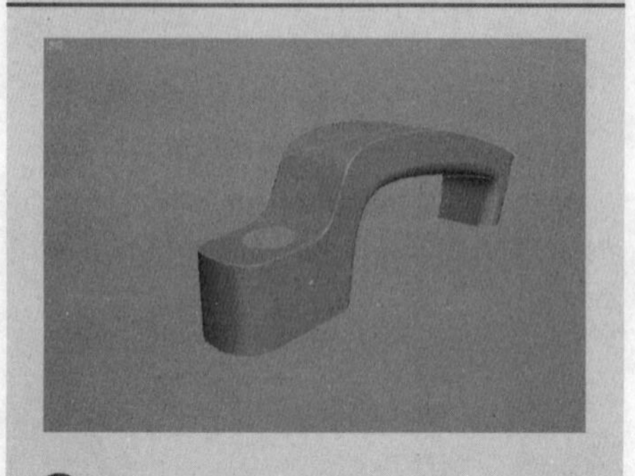

54 单击"NURBS"对话框中的"创建挤出曲面"按钮，然后单击并向下拖动"手柄"的表面上圆形孔洞的边缘曲线，在适当的位置释放鼠标；在"挤出曲面"卷展栏中将挤出的"数量"设置为-10，此时圆孔轮廓向下形成表面，如下图所示。

55 单击"NURBS"对话框中的"创建圆角曲面"按钮，然后单击"手柄"表面和圆孔内侧的曲面，在"修改"命令面板中的"圆角曲面"卷展栏中将"起始半径"设置为2.0，在"修改第一曲面"和"修改第二曲面"选项区域中勾选"修剪曲面"复选框，此时在圆孔的顶部出现圆角效果，如下图所示。

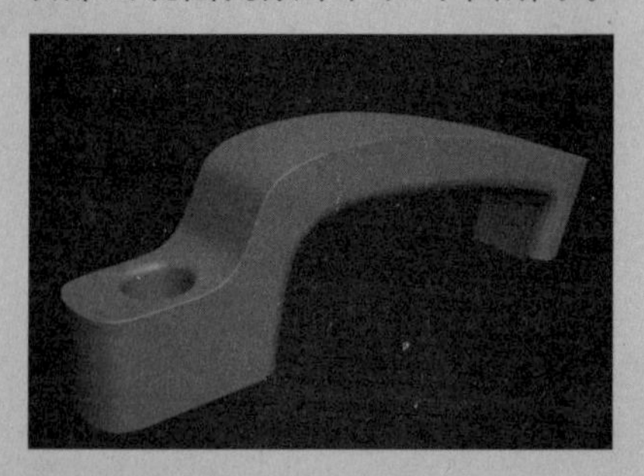

选择了某个控制点后，可以通过在“变形”对话框底部的控制点“位置”和“数量”文本框中输入值来移动该控制点。

按住Shift键并移动Bezier平滑切线控制柄可以将控制点转化为Bezier角点类型。

- “缩放控制点”按钮：想要仅更改所选控制点的变形量但维持控制点的相对位置时，使用此按钮。向下拖动可以减小值，向上拖动可以增加值。
- “插入控制点”按钮：此弹出按钮包含用于插入两个控制点类型的按钮。
  - “插入角点”按钮：单击变形曲线上的任意某处可以在该位置插入角点控制点。
  - “插入Bezier点”按钮：单击变形曲线上的任意位置可以在该位置插入Bezier控制点。通过右键单击控制点并从快捷菜单中选择需要的类型将该控制点转化为所选类型。
- “删除控制点”按钮：删除所选的控制点，也可以通过按Del键来删除所选的点。
- “重置曲线”按钮：删除所有控制点（但两端的控制点除外）并恢复曲线的默认值。

变形栅格组件

- 变形栅格：“变形”对话框中显示变形曲线的区域称为变形栅格。在此区域将显示沿路径方向截面的变形情况。
- 路径标尺：度量路径的长度。用户可以在“变形”对话框中垂直拖动路径标尺。

  系统在活动区域栅格两侧定义了路径的第一个点和最后一个顶点边界，用户添加的控制点不能移出边界。

“控制点”文本框

“变形”对话框底部有两个文本框，用户如果选择了一个控制点，这些文本框将显示该控制点的路径位置和变形量。

- 控制点位置：左侧文本框以路径总长度百分比的形式显示放样路径上的控制点的位置。
- 控制点数量：右侧文本框显示控制点的变形值。
- 滚动条：拖动水平滚动条和垂直滚动条可以向一个方向平移视图。

“变形”对话框状态栏

“变形”对话框在右下角有自己的视图导航按钮，这些按钮提供了在编辑曲线值时缩放和平移变形栅格视图的控件。状态栏还显示有关当前工具和所选控制点的信息。

56 单击“创建”命令面板中的“图形”按钮，在创建类型下拉列表中单击“NURBS曲线”选项，然后在“对象类型”卷展栏中单击 CV 曲线 按钮，在前视图中绘制“电饭煲”电源按钮的截面图形，如下图所示。

57 在“修改”命令面板中的“常规”卷展栏中单击“NURBS创建工具箱”按钮，在弹出的“NURBS”对话框中单击“创建车削曲面”按钮，然后在视图中单击电源开关的截面曲线，系统将自动创建旋转曲面，将其命名为“开关”，如下图所示。

58 退出视图的孤立显示状态，然后将“手柄”和“开关”向下移动一点，使其与“锅体”顶部接触，如下图所示。

59 在视图中选中“锅体”，然后单击“NURBS”对话框中的“创建曲面上的CV曲线”按钮，然后在“手柄”的表面上创建一个椭圆形的封闭曲线，如下图所示。

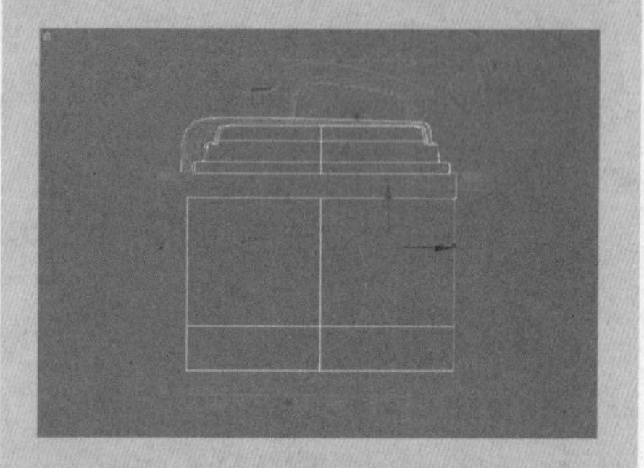

60 单击“NURBS”对话框中的“创建法向投影曲线”按钮，然后单击“锅体”表面上创建的圆形的封闭曲线和“锅体”表面；在“法向投影曲线”卷展栏中勾选“修剪”和“翻转修剪”复选框，此时“锅体”表面椭圆形曲线的表面被修剪掉，如下图所示。

61 单击“创建”命令面板中的“图形”按钮，在创建类型下拉列表中单击“NURBS曲线”选项，然后在“对象类型”卷展栏中单击 CV 曲线 按钮，在前视图中绘制一个圆形曲线，如下图所示。

- “最大化显示”按钮：最大化显示栅格区域，使整个变形曲线可见。
- “水平方向最大化显示”按钮：更改沿路径长度进行的视图放大值，使得整个路径区域在对话框中可见。
- “垂直方向最大化显示”按钮：更改沿变形值进行的视图放大值，使得整个变形区域在对话框中显示。
- “水平缩放”按钮：更改沿路径长度进行的放大值。向右拖动可以增大放大值，向左拖动可以减小放大值。
- “垂直缩放”按钮：更改沿变形值进行的放大值。向上拖动可增大放大值，向下拖动可减小放大值。
- “缩放”按钮：更改沿路径长度和变形值进行的放大值，保持曲线纵横比。向上拖动可增大放大值，向下拖动可减小放大值。
- “缩放区域”按钮：用户在变形栅格中指定区域，该区域会相应放大，以使该区域充满变形对话框。
- “平移”按钮：在视图中拖动，向任意方向移动。

缩放练习

Step 01 在视图中创建放样的路径和截面图形（圆和星形），如图6-53所示。

Step 02 在路径的数值为0、15、85和100的位置时拾取圆形，在路径数值为16和84时拾取星形，放样后的效果如图6-54所示。

图6-53 创建放样的路径和截面

图6-54 放样后效果

Step 03 在“变形”对话框中单击 缩放 按钮，然后在弹出的“缩放变形（X）”对话框中单击“插入 Bezier点”按钮，然后在水平的变形曲线上单击增加两组控制点，使每组三个控制点，如图6-55所示。

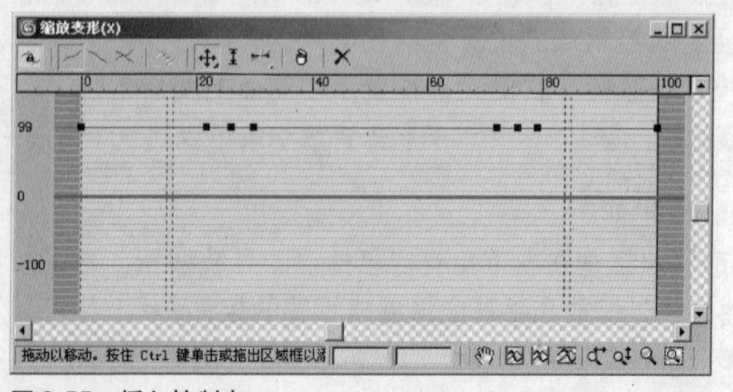

图6-55 插入控制点

Step 04 单击“移动控制点”按钮，选择每组两侧的控制点，然后右击，在弹出的菜单中选择“Bezier 角点”命令，如图6-56所示。

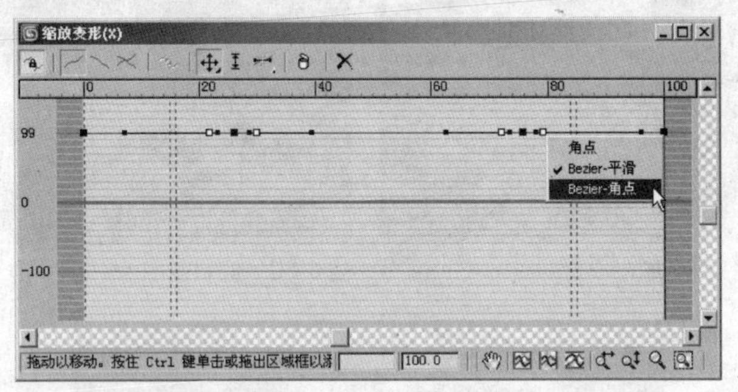

图6-56 转换控制点类型

Step 05 选中每组控制点中间的控制点，并将选中的控制点向下移动一段距离，调整控制点的句柄，使变换曲线变得圆滑一些，如图6-57所示。

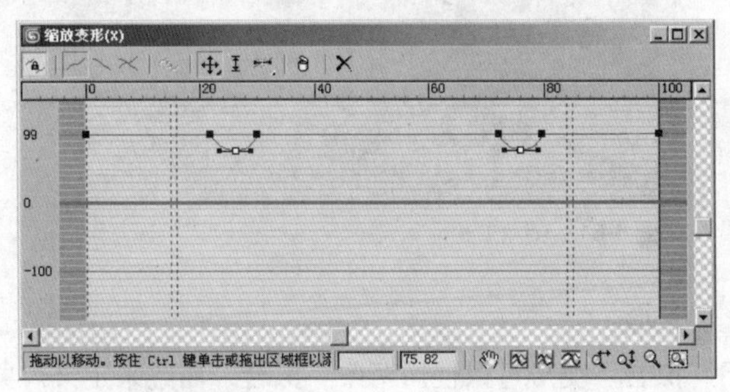

图6-57 调整控制点

Step 06 此时放样对象的中间位置出现了两个凹陷带，如图6-58所示。

图6-58 缩放变形后的效果

扭曲、倾斜、倒角变形

放样对象的扭曲、倾斜和倒角对话框与缩放对话框基本相同，操作方式也大致相同，在此不再赘述。以前面的模型为例，进行扭曲、倾斜和倒角变形操作，效果分别如图6-59、图6-60和图6-61所示。

工业设计>
电饭锅
14

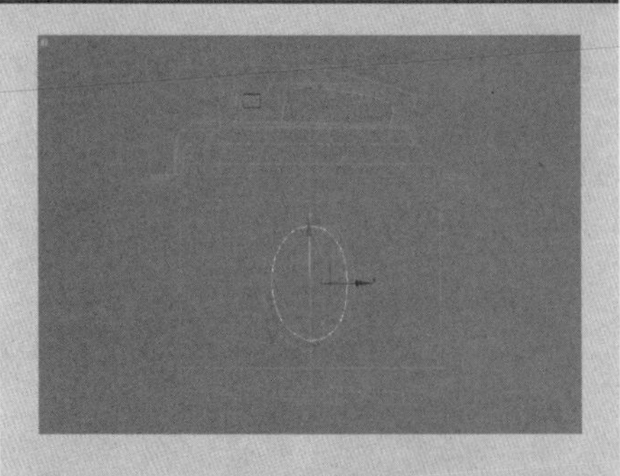

62 在视图中选中“锅体”，在“常规”卷展栏中单击 附加多个 按钮，在弹出的“附加多个”对话框中选择Curve01，按Enter键确认附加操作，如下图所示。

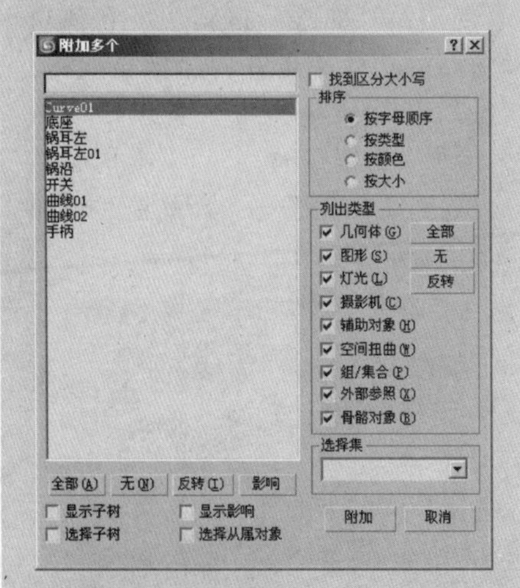

63 单击“NURBS”对话框中的“创建U向放样曲面”按钮，然后分别单击“锅体”洞口的边缘曲线和附加后的圆形曲线，系统将在曲线间创建放样曲面，如下图所示。

64 单击“NURBS”对话框中的“创建封口曲面”按钮，然后在创建的放样曲面边缘单击，创建一个封口曲面，如下图所示。

65 单击“NURBS”对话框中的“创建偏移曲线”按钮，在封口曲面的边缘单击并向上拖动鼠标，然后在“偏移曲线”卷展栏中将“偏移”数量设置为1.5，此时在封口曲面上产生了一条新的曲线，如下图所示。

66 单击“NURBS”对话框中的“创建法向投影曲线”按钮，然后单击偏移后的曲线和封口表面；在“法向投影曲线”卷展栏中勾选“修剪”和“翻转修剪”复选框，此时封口表面椭圆形曲线的表面被修剪掉，如下图所示。

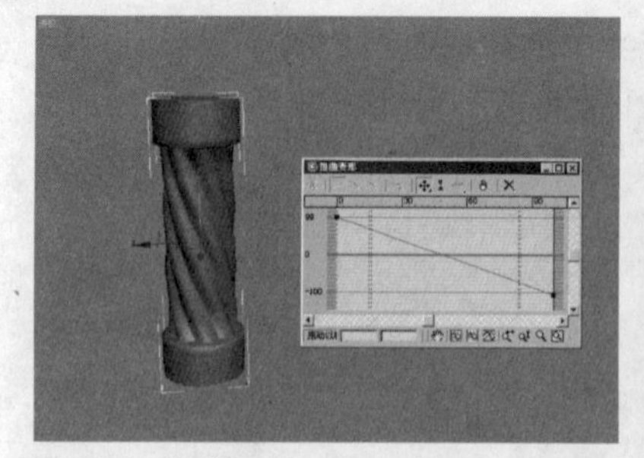

图6-59　扭曲变形

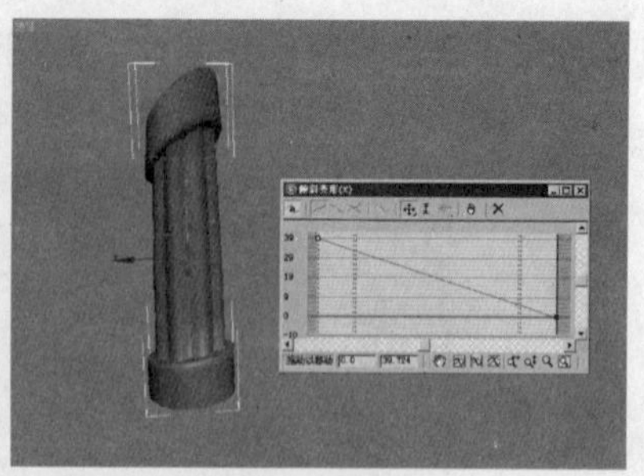

图6-60　倾斜变形

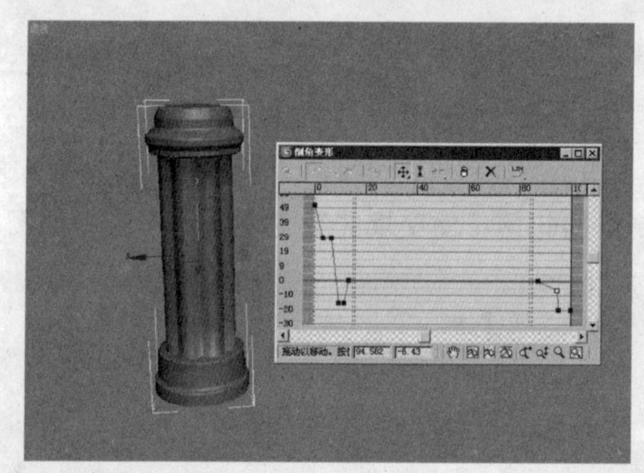

图6-61　倒角变形

“拟合”变形

使用“拟合”变形可以使用两条“拟合”曲线来定义对象的顶部和侧剖面。想通过绘制放样对象的剖面来生成放样对象时，可以使用“拟合”变形。“拟合”变形的工作原理实际上是在不同的轴向上缩放图形的边界，来拟合放样对象。

单击“变形”卷展栏中的“拟合”按钮，弹出“拟合变形（X）”对话框，如图6-62所示。

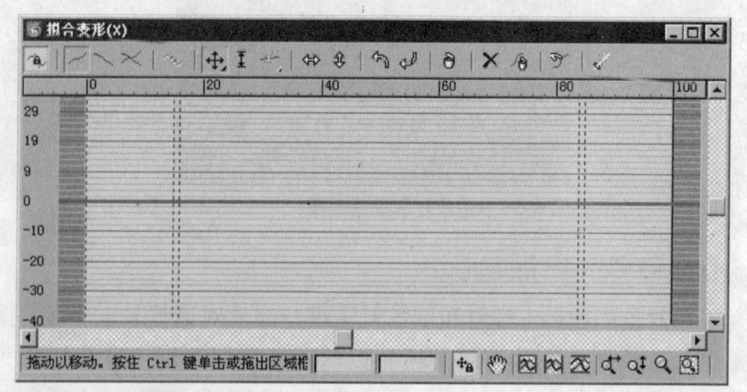

图6-62　“拟合变形（X）”对话框

与其他变形对话框相比，“拟合变形（X）”对话框中增加了几个不同的工具，该工具主要用来镜像图形、拾取图形和生成路径等操作。增加工具的功能如下。

- “水平镜像”按钮：沿水平轴镜像图形。
- “垂直镜像”按钮：沿垂直轴镜像图形。
- “逆时针旋转90°”按钮：逆时针将图形旋转90°。
- “顺时针旋转90°”按钮：顺时针将图形旋转90°。
- “删除曲线”按钮：删除显示的“拟合”曲线。
- “获取图形”按钮：可以选择用于“拟合”变形的图形。单击“获取图形”按钮，然后在视口中单击要使用的图形。
- “生成路径”按钮：将原始路径替换为新的直线路径。

拟合练习

Step 01 在顶视图中创建Y轴拟合的图形及放样的路径，如图6-63所示。

Step 02 在左视图中创建X轴拟合的图形，如图6-64所示。

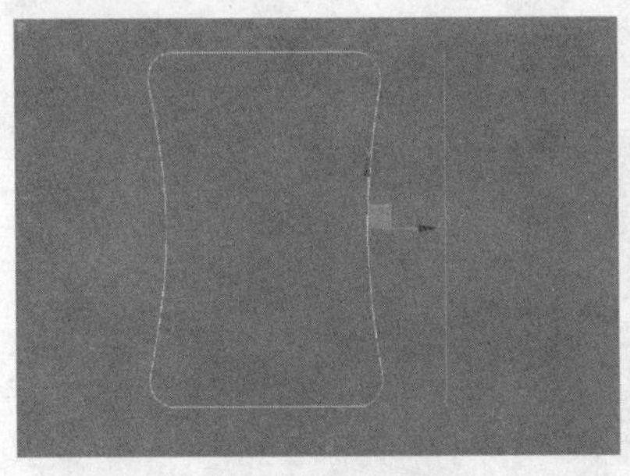

图6-63 创建Y轴拟合图形

图6-64 创建X轴拟合图形

Step 03 在前视图中创建放样截面图形，如图6-65所示。

Step 04 在视图中选中放样的路径，然后与前视图中的截面图形进行放样操作，放样后的效果如图6-66所示。

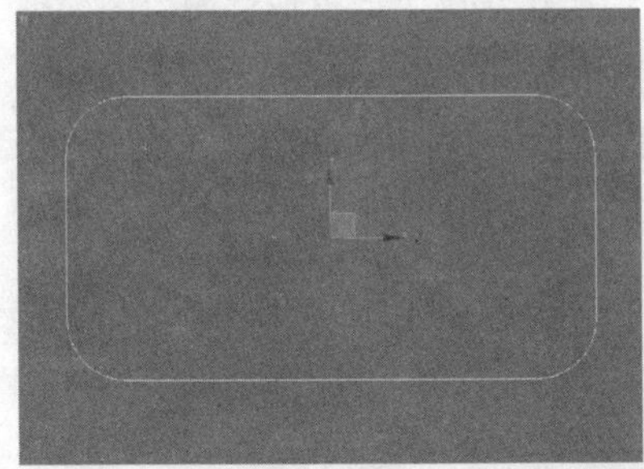

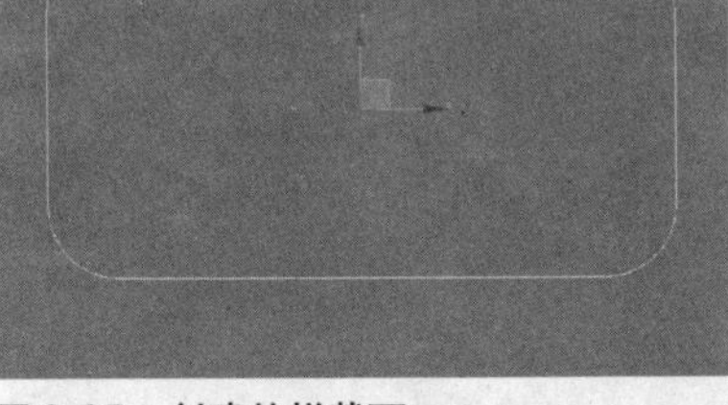

图6-65 创建放样截面

图6-66 放样后的效果

Step 05 在“修改”命令面板中展开“变形”卷展栏，然后单击 拟合 按钮，在弹出的“拟合变形(X)”对话框中将“均衡”按钮和“锁定纵横比”按钮弹起，如图6-67所示。

67 使用与前面相同的方法将洞口曲线向内侧挤出生成挤出曲面，挤出的高度为-1.5，然后对洞口进行封口处理，如下图所示。

68 在视图中选中“锅体”，并孤立显示它，按数字键2，切换到“曲面”层次，在视图中选中“锅体”顶部造型的表面和中间的曲面，在“材质属性”卷展栏中将选中曲面的“材质ID”设置为1；按Ctrl+I键进行反选，然后将选中曲面的“材质”ID设置为2，如下图所示。

69 制作“手柄”材质。按数字M键，打开“材质编辑器”对话框，在该对话框中选中一个未用过的示例球，在“明暗器基本参数”卷展栏中的明暗器下拉列表中选择“(A)各项异性”选项；在“各项异性基本参数”卷展栏中单击“漫反射”右侧的颜色图标，在弹出的“颜色选择器：漫反射颜色”对话框中将颜色设置为紫色(R：56，G：26，B：24)，如下图所示。

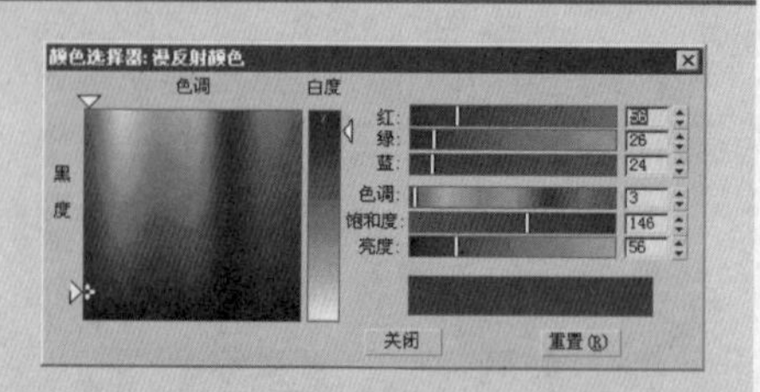

70 在“反射高光”选项区域中将“高光级别”设置为87，“光泽度”为61，“各向异性”为75，“方向”为29，如下图所示。

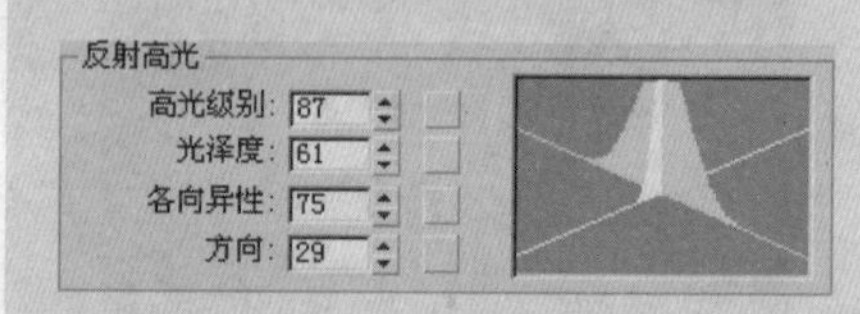

71 展开“贴图”卷展栏，然后单击“反射”右侧的 None 按钮，在弹出的“材质/贴图浏览器”对话框中双击“光线跟踪”选项，在“材质编辑器”对话框中的“光线跟踪器参数”卷展栏中的“背景”选项区域中单击 None 按钮，在弹出的“选择位图图像文件”对话框中选择光盘：“实例文件\工业设计\电饭锅\室内反射.jpg”图片。返回到“贴图”卷展栏，然后将“反射”通道的数量设置为25，在视图中选中“手柄”，并将当前的材质指定给它，如下图所示。

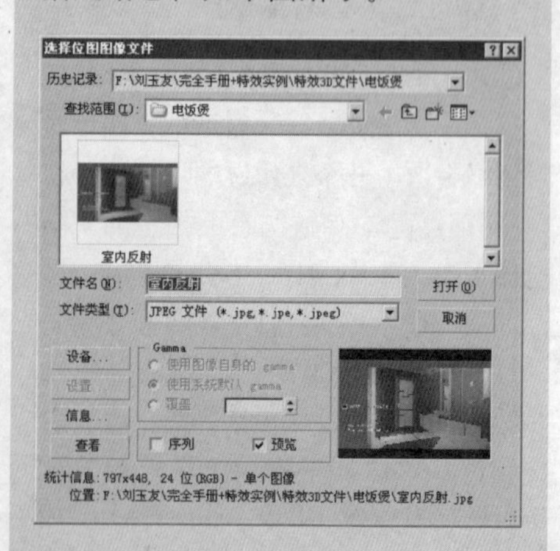

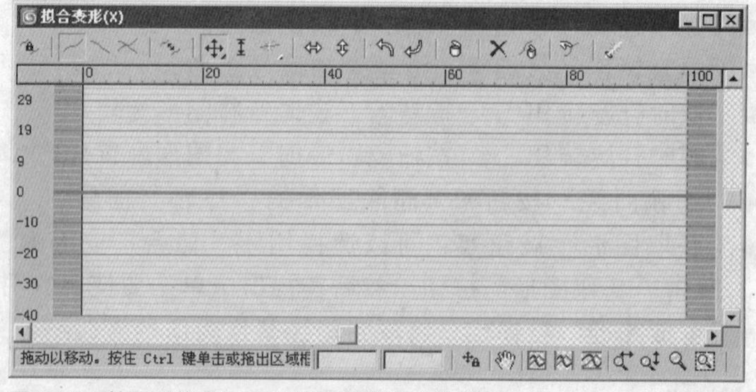

图6-67　禁用“均衡”和“锁定纵横比”按钮

Step 06 单击“获取图形”按钮，然后在视图中拾取左视图中的X轴拟合图形，此时放样对象在X轴方向拟合截面图形，效果如图6-68所示。

图6-68　拟合X轴图形

Step 07 单击“显示Y轴”按钮，然后在视图中拾取顶视图中的Y轴拟合图形，此时放样对象在Y轴上拟合该图形，效果如图6-69所示。

图6-69　拟合Y轴图形

Step 08 单击“顺时针旋转90°”按钮，将Y轴拟合图形顺时针旋转90°，此时放样对象的效果如图6-70所示。

图6-70 拟合后的效果

技巧·提示

要想得到比较理想的拟合效果，在创建拟合图形的时候，必须做到Y轴拟合图形的宽度与放样图形的宽度相等，Y轴拟合图形的长度与X轴拟合图形的宽度相等；X轴拟合图形的长度与放样图形的长度相等。

6.4 ProBoolean（超级布尔）

ProBoolean（超级布尔）是 布尔 工具的升级版，其功能远远优越于 布尔 复合工具，应用 布尔 运算工具在进行布尔运算时，会出现一些破裂面和大量三角面，而ProBoolean（超级布尔）则完全可以避免这些问题，并且添加了许多布尔运算所没有的新功能，包括其应用材质以及设置镶嵌和平面上的边，其运算效果对比如图6-71所示。

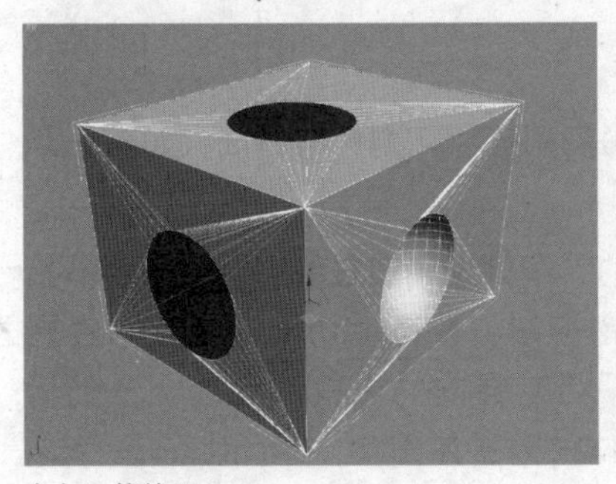

布尔运算效果

ProBoolean（超级布尔）运算效果

图6-71 布尔运算效果对比

72 制作“锅体”材质。在“材质编辑器”对话框中选择一个未用过的示例球，然后单击 Standard 按钮，在弹出的“材质/贴图浏览器”对话框中双击“多维/子对象”材质选项，此时系统将弹出“替换材质”对话框，在该对话框中使用默认设置，按Enter键将其关闭。在“材质编辑器”对话框中的“多维/子对象基本参数”卷展栏中将材质的数量设置为2，如下图所示。

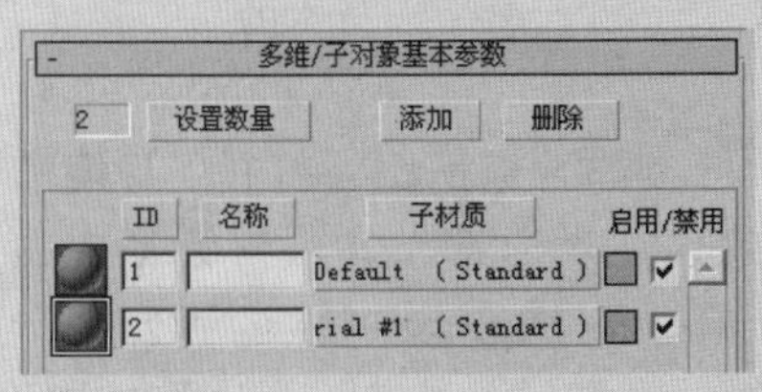

73 单击1号材质右侧的 Default （Standard） 按钮，系统将弹出标准材质界面，展开“贴图”卷展栏，单击“漫反射”右侧的 None 按钮，在弹出的“选择位图图像文件”对话框中选择附书光盘：“实例文件\工业设计\电饭锅\金属.jpg”图片。返回到“贴图”卷展栏，为“反射”通道选择“光线跟踪”，并将该通道的数量设置为10，如下图所示。

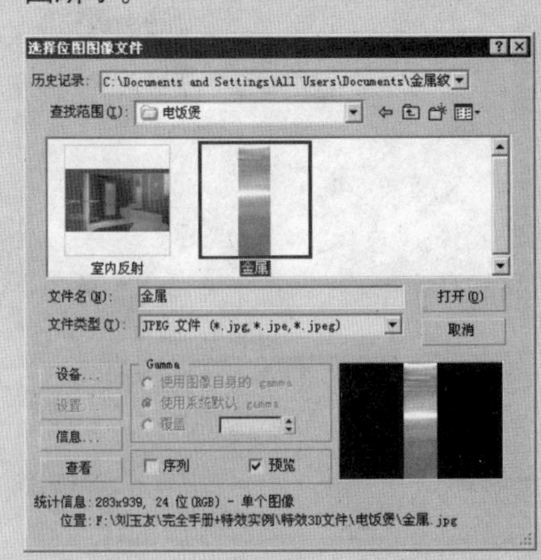

74 将“手柄”材质示例球拖到“锅体”2号材质右侧的按钮上，在弹出的“实例（副本）材质”对话框中使用默认设置。在视图中选中“锅体”，然后将当前的材质指定给它，如下图所示。

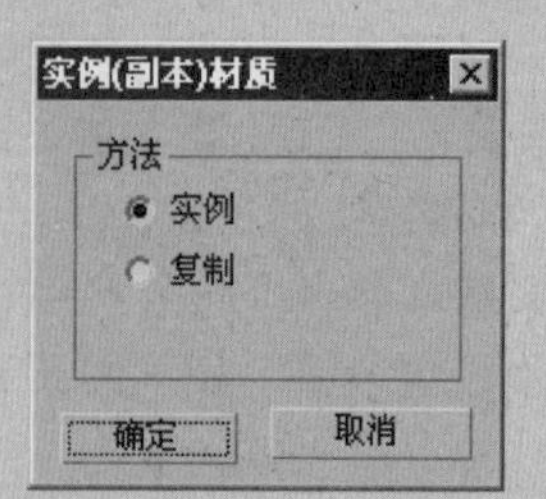

75 制作背景贴图。打开“环境和效果”对话框，在该对话框中的“环境”选项卡中单击“公用参数”卷展栏“背景”选项区域中的 无 按钮，在弹出的“材质/贴图浏览器”对话框中双击“RaryHDRI”选项，然后在该按钮上单击并拖到“材质编辑器”对话框中一个未用过的示例球上，在Parameters卷展栏中单击 Browse 按钮，在弹出的“Choose HDR Image”对话框中选择环境图片，此时示例球上出现了预览效果，如下图所示。

ProBoolean（超级布尔）用法和基本参数与前面所讲述的布尔运算参数相似，在此不再赘述。

6.5 ProCutter（超级切割）

ProCutter（超级切割）工具和ProBoolean（超级布尔）工具都是3ds Max的特殊布尔复合工具，其主要目的就是分裂或细分体积。ProCutter运算的结果尤其适合在动态模拟中使用，在动态模拟中，可以模拟物体对象炸开，或由于外力或另一个对象使目标对象破碎等效果，如图6-72所示。

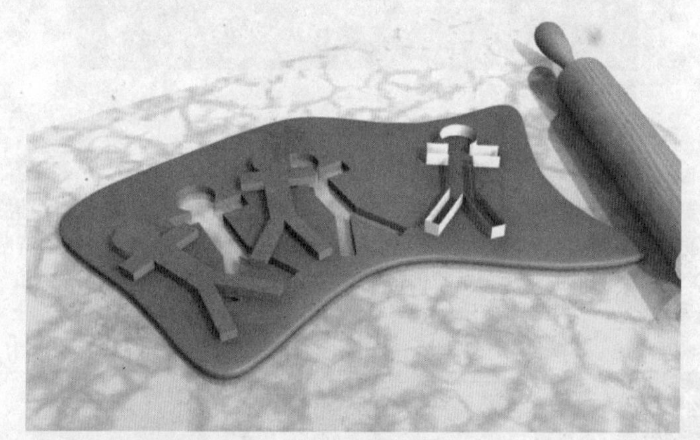

图6-72 切割效果

该复合工具可以使用剪切器将主对象断开为可编辑网格的元素或单独对象，剪切器可以为实体或曲面模型，并且可以同时在一个或多个主对象上使用一个或多个剪切器，还可以执行一组剪切器对物体对象的体积分解。

切割练习

Step 01 创建一个简单场景，需要由切割器和切割原料组成，如图6-73所示。

Step 02 在场景中选择作为切割器的文字模型，在超级切割“切割器拾取参数”卷展栏中单击 拾取原料对象 按钮，并在“切割器参数”卷展栏中勾选“切割器外的原料”和“切割器内的原料”复选框，然后在视图中拾取作为原料物体的长方体，效果如图6-74所示。

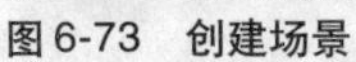

图6-73　创建场景　　图6-74　切割后效果

Step 03 此时切割器已经将原料切割为两个元素，将其转换为可编辑多边形移动切割开的原料并进行材质分配，效果如图6-75所示。

图6-75　将元素分离并渲染

76 在视图中创建一个简单的场景，并适当调整透视图的视觉角度。按Shift+Q组合键进行渲染，最终效果如下图所示。

[3ds Max 9]
完全手册+特效实例

7 [Chapter]

高级建模

利用基本几何体的简单堆砌来创建场景或者创建三维对象的建模属于比较初级的方法。本章笔者将详细阐述高级建模的几种方式：多边形、面片和NURBS曲面。

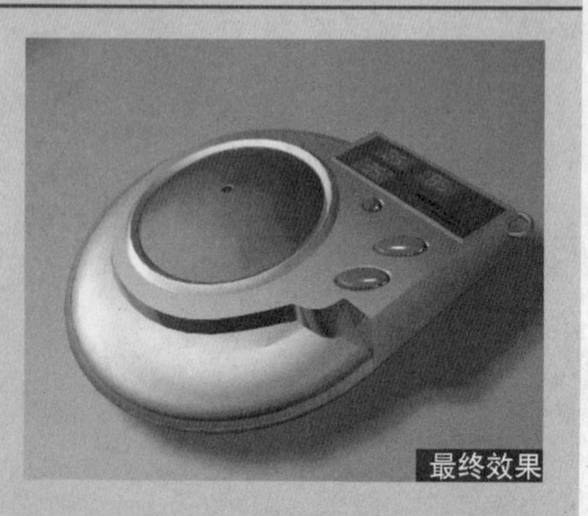

01 在“创建”命令面板中单击“图形”按钮，在创建类型下拉列表中选择“NURBS曲线”选项，然后在“对象类型”卷展栏中单击 CV 曲线 按钮，在前视图中创建一条弧形曲线，如下图所示。

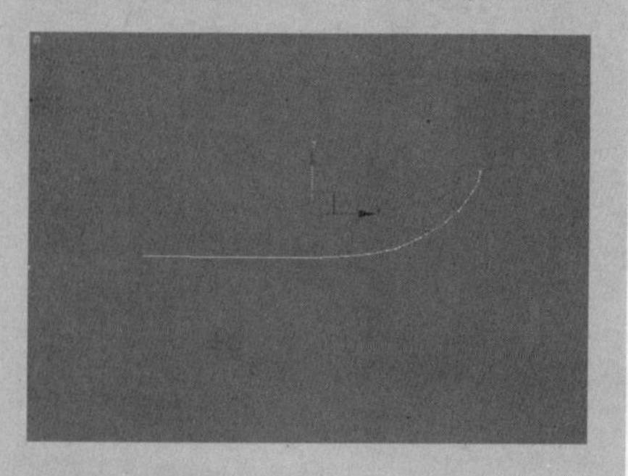

02 在“修改”命令面板中的“常规”卷展栏中单击“NURBS创建工具箱”按钮，在弹出的“NURBS”对话框中单击“创建车削曲面”按钮，然后在视图中单击CV曲线，系统将自动创建旋转曲面，并将其命名为“底座”，如下图所示。

7.1 编辑多边形

几何体与图形可以通过右键命令（转换为>转换为可编辑多边形）将其转换为多边形物体，或者为当前对象添加“编辑多边形”修改器，然后在该修改器的不同层次（顶点、边、边界、多边形和元素）中对物体进行编辑。使用“编辑多边形”修改器，可设置子对象变换和参数更改的动画。另外，由于它是一个修改器，所以可保留对象创建参数并在以后更改。

7.1.1 “编辑多边形”和“可编辑多边形”的区别

“编辑多边形”修改器中的大多数功能与“可编辑多边形”中的大多数功能相同。但是还是有一定的区别。

“编辑多边形”是一个修改器，具有修改器状态所说明的所有属性。其中包括在堆栈中将“编辑多边形”放到基础对象和其他修改器上方，在堆栈中将修改器移动到不同位置及对同一对象应用多个“编辑多边形”修改器的功能。

“编辑多边形”具有两种不同操作模式：“模型”和“动画”；而“可编辑多边形”却不具备。

“编辑多边形”修改器缺少“可编辑多边形”的“细分曲面”和“细分位移”卷展栏。“编辑多边形”修改器没有用于顶点、边或边框的“权重”或“折缝”设置。如果需要使用“权重”或“折缝”设置，可以应用“网格平滑”修改器，将“迭代次数”设置为0，然后根据需要进行设置。另外，没有用于设置颜色等顶点属性的选项。

“编辑多边形”修改器在“动画”模式中，通过“切片”而不是“切片平面”来开始切片操作。

7.1.2 “编辑多边形模式”卷展栏

通过“编辑多边形模式”卷展栏，用户可访问“编辑多边形”的两种操作模式：“模型”和“动画”，（如图7-1所示）。可以为沿样条线挤出的多边形设置“锥化”和“扭曲”的动画。使用“编辑多边形模式”，还可以访问当前操作的“设置”对话框（如果有），并提交或取消建模和动画更改。

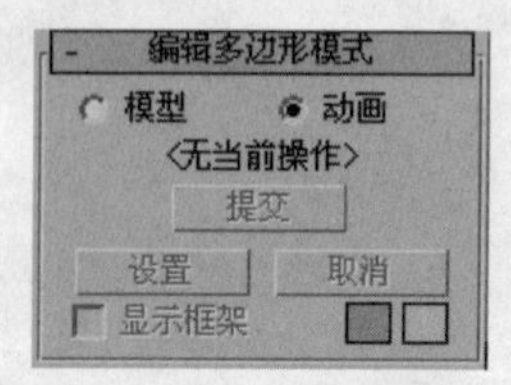

图7-1 “编辑多边形模式”卷展栏

- 模型：用于使用“编辑多边形”功能建模。在“模型”模式下，不能设置操作的动画。
- 动画：用于使用“编辑多边形”功能设置动画。

技巧·提示

选择“动画”模式后，必须启用自动关键点或使用设置关键点，才能设置子对象变换和参数更改的动画。另外，在“动画”模式下可以对在堆栈中向上传递的子对象选择动画应用单个命令，例如“挤出”或“切角”。“编辑多边形”修改器可包含任意数量的关键帧，用于在相同子对象选择上设置变换多边形等单个操作的动画。使用其他“编辑多边形”修改器，可以执行以下操作：

设置对象其他部分的动画；

设置在相同子对象选择上重复应用同一操作；

设置在相同子对象选择上重复应用不同操作。

例如，假设要在第1帧到第10帧设置从对象挤出多边形的动画，然后移回到后10帧后的原始位置。可以使用“挤出”功能，在第10帧和第20帧处分别设置一个关键帧，从而使用一个“编辑多边形”修改器完成此功能。不过，假设要设置向外挤出的多边形的动画，然后设置所生成的一个侧面多边形的移动的动画。在该情况下，需要两个“编辑多边形”修改器：一个用于挤出，另一个用于多边形变换。在“动画”模式下建模时，可使用“提交”按钮在当前帧冻结动画。

- 标签：显示当前存在的任何命令。否则，它显示<无当前操作>。在“模型”模式下使用直接操纵工作（即在视口中工作）时，在拖动操作过程中，该标签显示当前操作，然后返回不可用状态。在“模型”模式下使用“设置”对话框时，或者在“动画”模式下该标签一直显示当前操作。
- 提交：在“模型”模式下，系统接受用户使用“设置”对话框所做的任何更改（与对话框上的“确定”按钮相同）。在“动画”模式下，冻结已设置动画的选择在当前帧的状态，然后关闭对话框，会丢失所有现有关键帧。使用“提交”按钮，可将动画用作建模手段。例如，可设置两个位置之间的顶点选择的动画，在二者之间移动以寻找适当的中间位置，然后使用“提交”按钮在该点冻结模型。
- 设置：切换当前命令的“设置”对话框。
- 取消：取消最近使用的命令。
- 显示框架：在修改或细分之前，切换显示可编辑多边形对象的两种颜色线框的显示，如图7-2所示。框架颜色显示为复选框右侧的色样。第一种颜色表示未选定的子对象，第二种颜色表示选定的子对象。通过单击其色样更改颜色。“显示框架”切换只能在子对象层级使用。

“显示框架”功能一般与网格平滑修改器共同使用（它能够与任何

03 单击主工具栏中的“镜像”按钮，然后在弹出的“镜像：屏幕坐标”对话框中将镜像的轴向设置为Y轴，调整“偏移”数值框的微调按钮，使镜像后的“底座01”与“底座”刚好吻合，如下图所示。

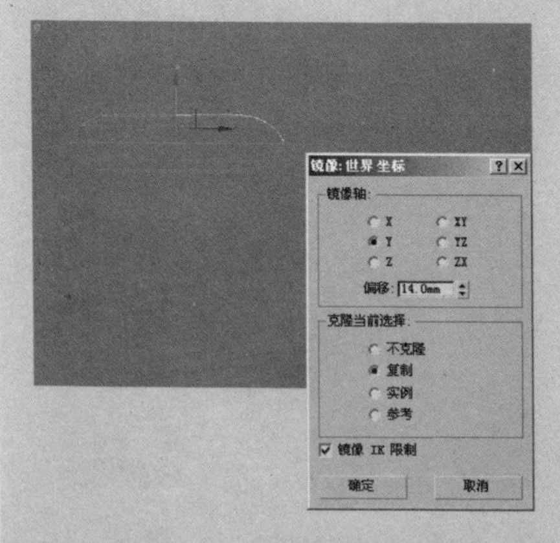

04 按数字键1，切换到“曲面”层次，在“曲面公用”参数卷展栏中单击 断开行 按钮，然后在顶视图中将“底座”的表面在Y轴方向断开，如下图所示。

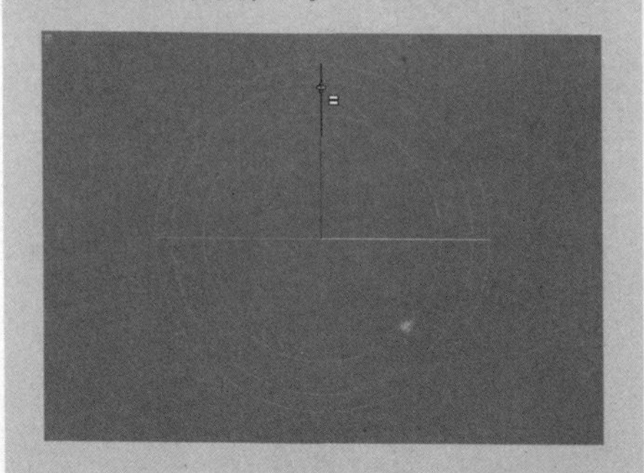

05 在视图中选择第一象限的曲面，然后按Del键将其删除，如下图所示。

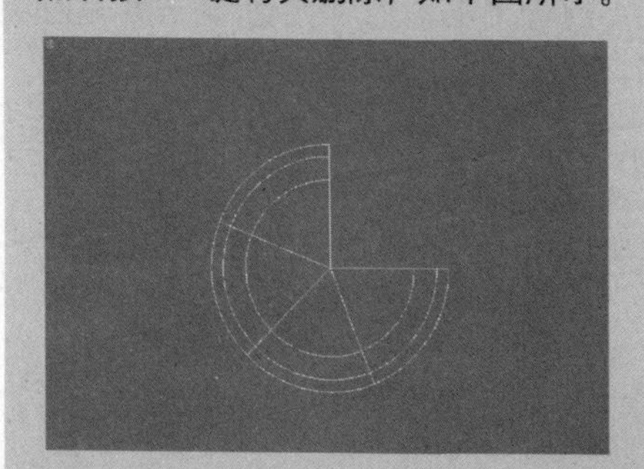

06 在视图中孤立显示“底座”，单击“NURBS”对话框中的“创建挤出曲面”按钮，然后在视图中单击并拖动“底座”上的曲线，释放鼠标后，在“挤出曲面”卷展栏将曲面挤出的方向锁定Z轴，然后调整挤出曲面的数量，使挤出的曲面与“底座”平齐，如下图所示。

07 单击“NURBS”对话框中的“创建曲面边曲线”按钮，然后在视图中单击“底座”挤出曲面内侧的边缘，这样就在该曲面的边缘创建了一条曲线，右击视图结束操作，如下图所示。

08 单击“NURBS”对话框中的“创建挤出曲面”按钮，然后在视图中单击并拖动上一步创建的曲线，释放鼠标后，在“挤出曲面”卷展栏将曲面挤出的方向锁定Z轴，然后调整挤出曲面的数量使之与“底座”顶部平齐，如下图所示。

修改器一起使用），以便用户观察对象的原始结构，并同时查看平滑结果，如图7-3所示。

图7-2　显示线框

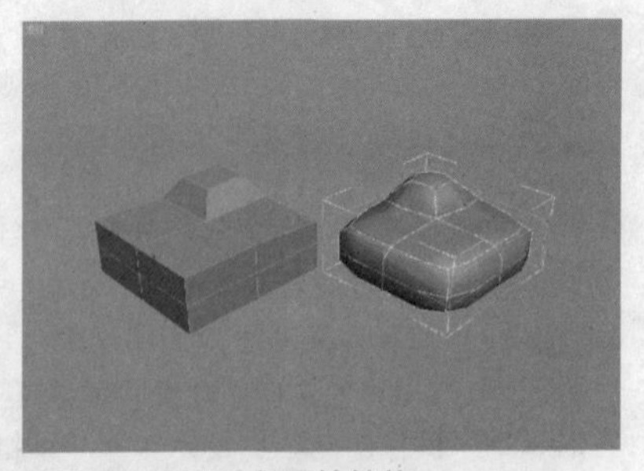

图7-3　显示对象原始结构

7.1.3 “选择”卷展栏

通过“选择”卷展栏，用户可以访问不同子对象层级（如图7-4所示）。

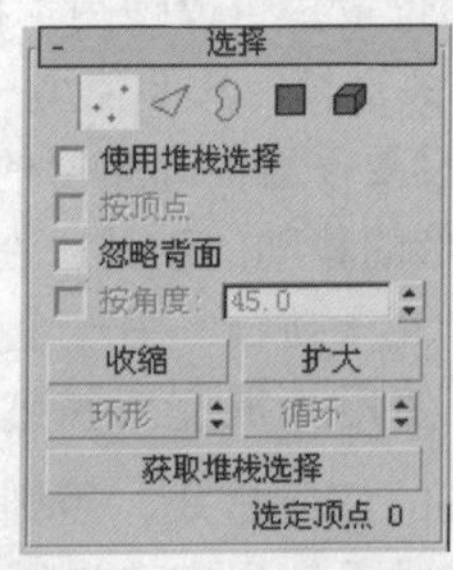

图7-4　“选择”卷展栏

使用Ctrl和Shift键转化选定子对象方式

按住Ctrl键的同时在“选择”卷展栏中单击子对象按钮，将当前选择转化到新层级中，在新层级中系统将选择所有与前一选择相关联的子对象。例如，如果选择一个顶点，然后按住Ctrl键并单击“多边形”按钮，将选中所有使用该顶点的多边形，如图7-5所示。

图7-5　所有使用选中顶点的多边形被选中

要将选择只转化为最初选中的子对象，那么更改层级的同时按住Ctrl键和Shift键。例如，将选中球体如图7-6所示的顶点，按住Ctrl键并单击将顶点选择转化为多边形，如图7-7所示；如果需要转换到“顶点”层次，并且生成的选择只包含最初的顶点，需要同时按住Ctrl键和Shift键并单击“顶点”按钮，如果只按Ctrl键，将得到如图7-8所示的结果。

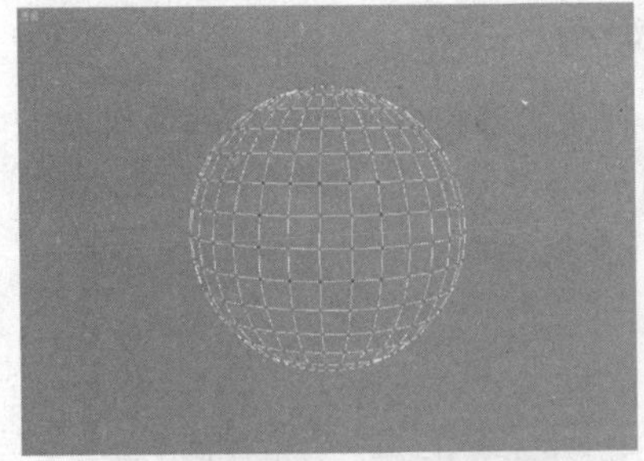

图7-6 选择定点

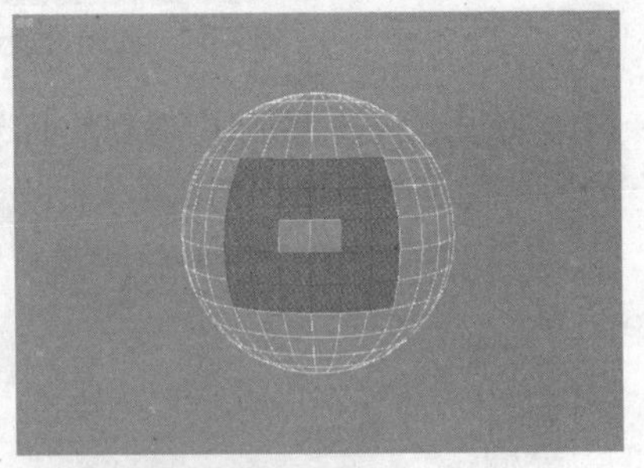

图7-7 转换到多边形层次

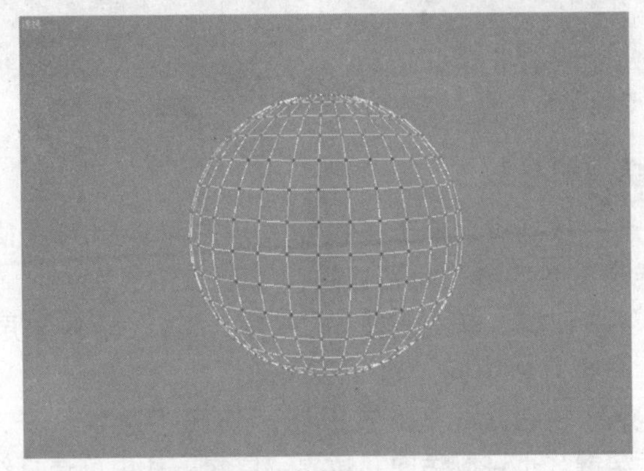

图7-8 返回到顶点层次的结果

要将选择转换为只与当前选择相邻的子对象时，需要按住Shift键的同时更改层级。也就是说，转换面时，得到的边或顶点的选择属于选择的面与未选定面相邻的边或顶点，如图7-9、图7-10和图7-11所示。

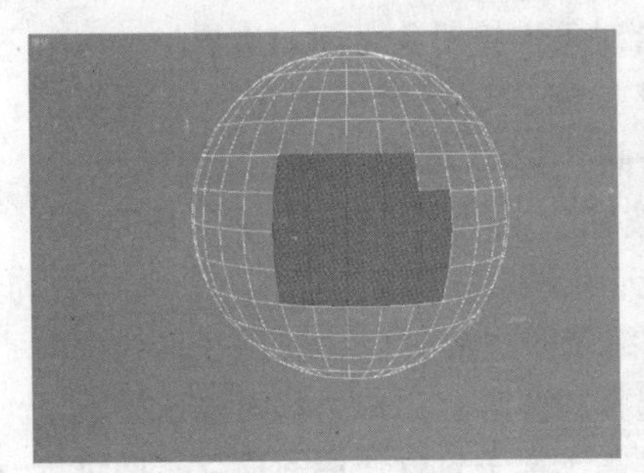

图7-9 选中表面

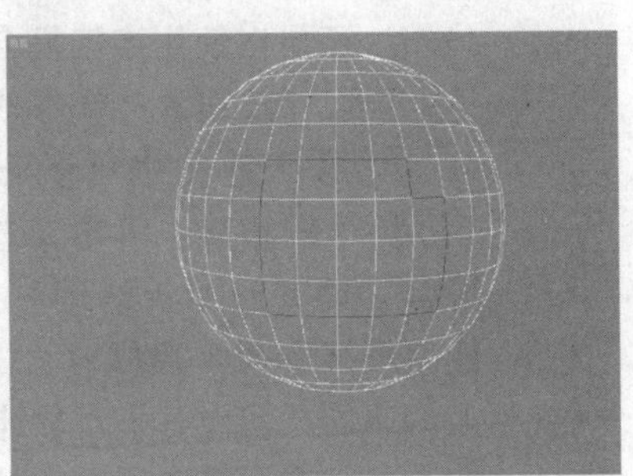

图7-10 转换为边选择

09 单击“NURBS”对话框中的“创建曲面边曲线”按钮，然后在视图中单击前面挤出曲面外侧的边缘，这样就在该曲面的边缘创建了曲线，右击视图结束操作，如下图所示。

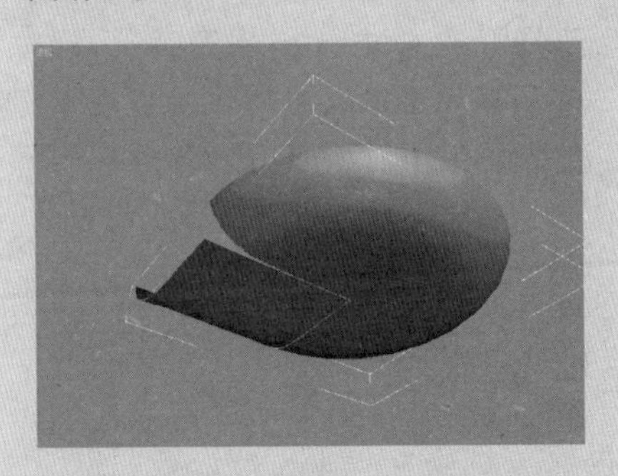

10 按数字键4，切换到“曲线”层次，然后在视图中选中上一步创建的两条曲线，单击“曲线公用”卷展栏的 转化曲线 按钮，在弹出的“转化曲线”对话框中使用默认设置，按Enter键关闭该对话框，如下图所示。

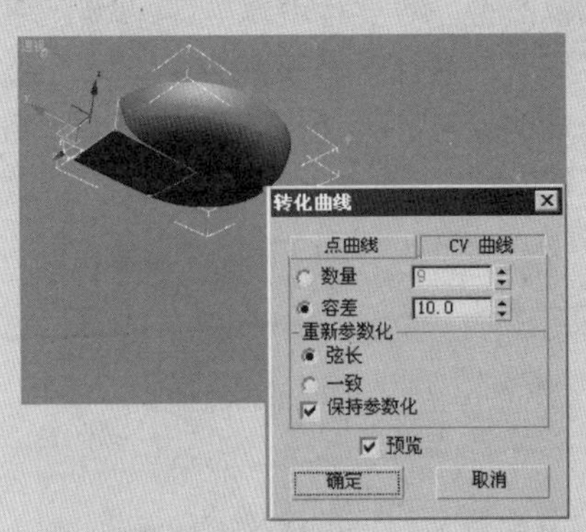

⓫ 单击“曲线公用”卷展栏中的 分离 按钮，然后在弹出的“分离”对话框中使用默认设置，按Enter键关闭该对话框，如下图所示。

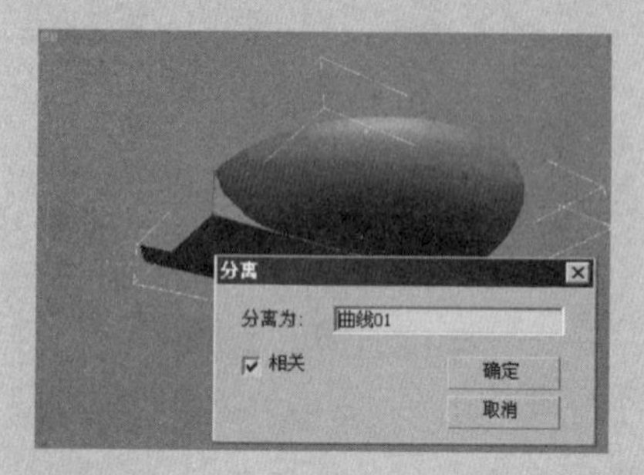

⓬ 在视图中孤立显示“曲线01”，然后按键盘中的S键打开捕捉，在主工具栏中右击“捕捉开关”按钮，在弹出的“栅格和捕捉设置”对话框中的捕捉类型下拉列表中选择NURBS选项，将捕捉方式设置为CV，如下图所示。

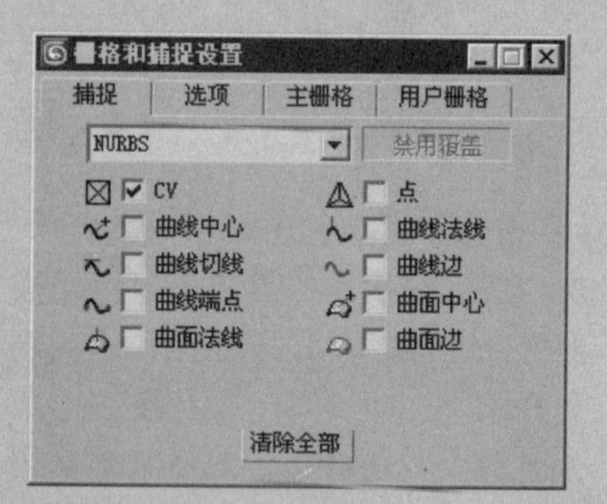

⓭ 孤立显示“曲线01”，在“对象类型”卷展栏中单击 CV 曲线 按钮，在前视图中捕捉“曲线01”两端的CV控制点创建一条曲线，如下图所示。

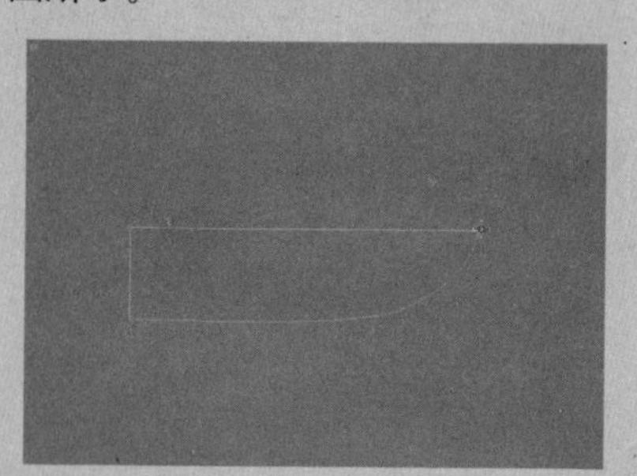

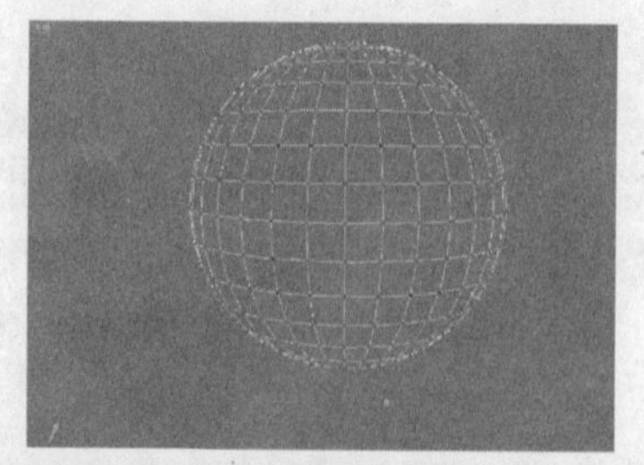

图7-11　转换为顶点选择

将顶点转换为面时，得到的面选择为能够包含所有选定的顶点边界周围最简单的表面，如图7-12和图7-13所示。

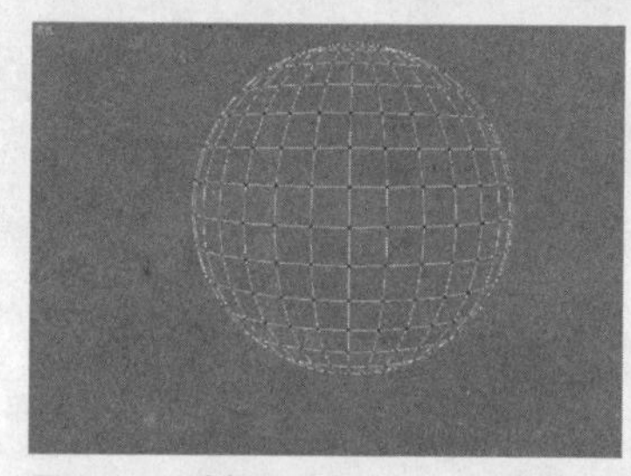

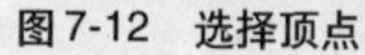

图7-12　选择顶点

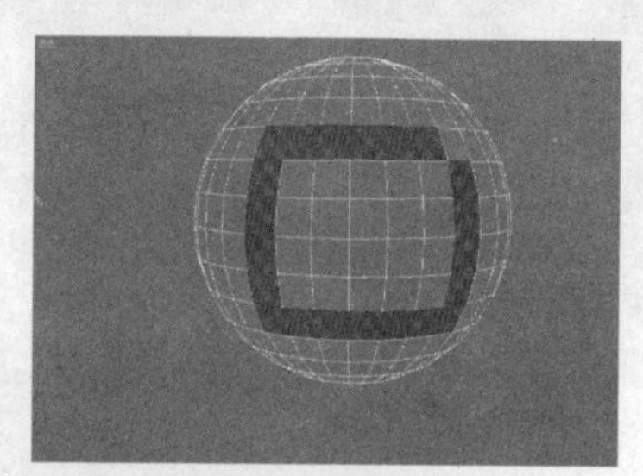

图7-13　转换为面选择

“选择”卷展栏参数

- “顶点”按钮：单击该按钮，用户可以访问“顶点”子对象层次按数字键1也可以访问“顶点”层次。
- “边”按钮：单击该按钮，访问“边”子对象层级，按数字键2也可以访问“边”层次。
- “边界”按钮：单击该按钮，访问“边界”子对象层次，按数字键3也可以访问“边界”层次，从中可选择组成网格孔洞的边框的一系列边。边框总是由仅在一侧带有面的边组成，并总是为完整循环。当“边界”子对象层级处于活动状态时，不能选择边框中的边。单击边框中的一个边会选择整个边框。可以在“编辑多边形”中，或通过应用补洞修改器将边框封口。另外，还可以使用连接复合对象连接对象之间的边界。
- “多边形”按钮：单击该按钮，访问“多边形”子对象层级，按数字键4也可以访问“边”层次。
- “元素”按钮：单击该按钮，启用“元素”子对象层级，按数字键5也可以访问“元素”层次。
- 使用堆栈选择：启用时，“编辑多边形”自动使用在堆栈中向上传递的任何现有子对象选择，并禁止用户手动更改选择。
- 按顶点：启用该选项后，只需选择子对象使用的顶点，即可选择子对象。单击顶点时，将选择使用该选定顶点的所有子对象。
- 忽略背面：启用此选项后，子对象的选择只影响面对用户视线的一面。禁用“忽略背面”选项后，无论面对的方向如何，区域选择都包括了所有的子对象。

技巧·提示

“显示”面板中的“背面消隐”设置的状态不影响子对象选择。这样，如果“忽略背面”已禁用，仍然可以选择子对象，即使看不到它们。

- 按角度：启用时，如果选择一个多边形，该软件会基于复选框右侧的角度设置选择相邻多边形。此值确定选择的相邻多边形之间的最大角度，仅在“多边形”子对象层级可用。例如，如果单击长方体的一个侧面，且角度值小于90.0，则仅选择该侧面，因为所有侧面相互成90°角。但如果角度值为90.0或更大，将选择所有长方体的所有侧面。此功能加速选择组成多边形，且相互成相近角度的连续区域。
- 收缩：通过取消选择最外部的子对象可以减小子对象选择区域。如果无法再减小选择区域，其余子顶点将被取消选择，如图7-14和图7-15所示。

图7-14　选择表面

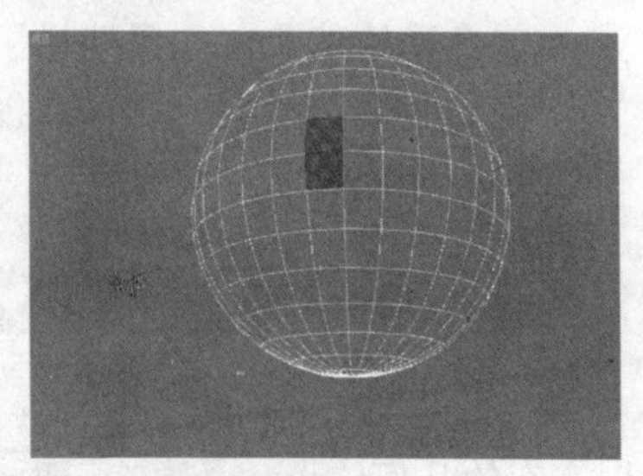

图7-15　收缩表面

- 扩大：在所有可用的方向向外扩展选择区域。
- 环形：通过选择所有平行于选中边的边来扩展边选择，如图7-16和图7-17所示。圆环只应用于边和边界选择。

图7-16　选择边

图7-17　环形选择的边

技巧·提示

使用Ctrl+单击“环形”按钮右侧的微调按钮可以向两侧增加选择。要缩小选择，使用Alt+单击“环形”按钮右侧的微调按钮。

- 循环：在与选中边相对齐的同时，尽可能远的扩展选择。循环只应用到边和边界选择上，并只通过4个方向的交点传播。循环

⑭ 将上一步创建的曲线附加到“曲线01”上，按数字键2切换到“曲线”层次，单击“曲线公用”卷展栏中的 连接 按钮，然后单击“曲线01”下部的弧形曲线的右端，此时从鼠标牵出一条虚线。将鼠标移动到右侧与之相邻的曲线上，此时两条曲线均以蓝色显示，如下图所示。

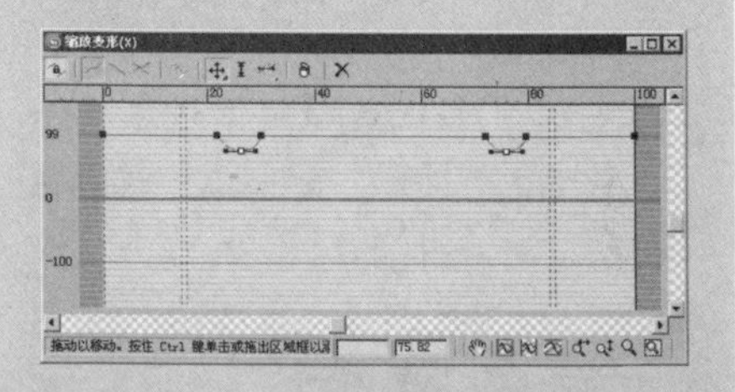

⑮ 单击鼠标后，系统将弹出“连接曲线”对话框，在该对话框中单击 连接 按钮，此时两条曲线便连接在一起，如下图所示。

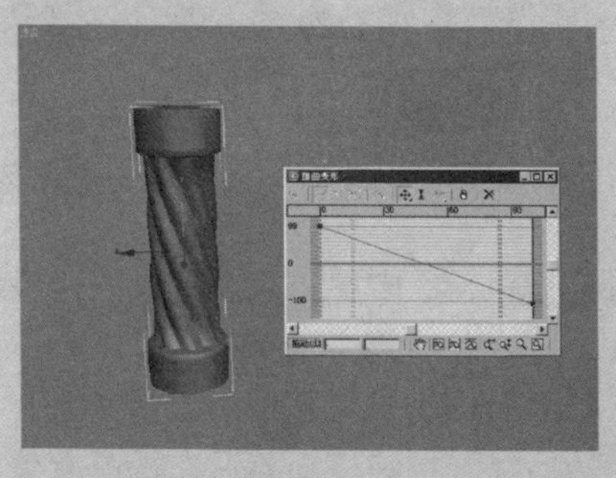

⑯ 使用相同的方法将“曲线01”另外一处的相邻的线段进行连接。“曲线01”还没有形成闭合曲线，切换到“曲线CV”层次，将曲线末端搭接在一起的CV控制点选中一个，然后重新移动使曲线重合，此时系统将弹出“CV曲线”对话框，在该对话框中单击 是(Y) 按钮，这样“曲线01”才闭合，如下图所示。

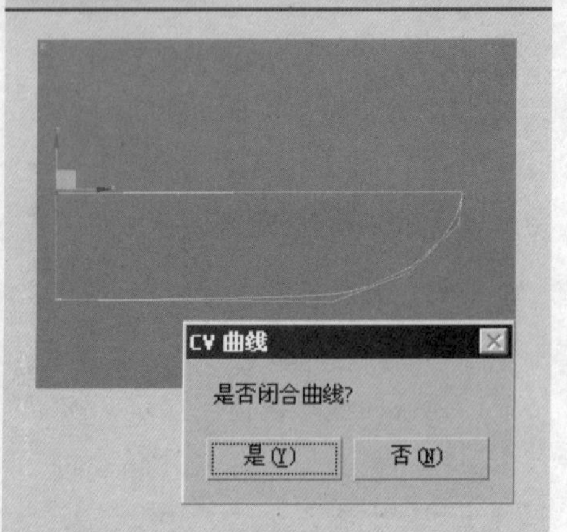

17 在“NURBS”对话框中单击“创建封口曲面”按钮，然后在连接后的“曲线01”上单击，这样就在“曲线01上”形成了一个封口曲面，如下图所示。

18 显示“底座”，然后将“曲线01”附加到“底座”上，单击“NURBS”对话框中的“创建曲面边曲线”按钮，然后在视图中单击“底座”分界线领侧开口的边缘，这样就在该曲面的边缘创建了两条曲线，右击视图结束操作，如下图所示。

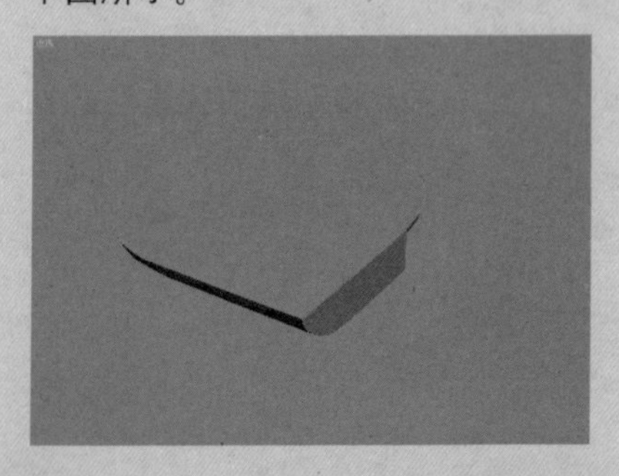

选择通过添加与原来选定的边对齐的所有边来扩展当前边选择，如图7-18和图7-19所示。

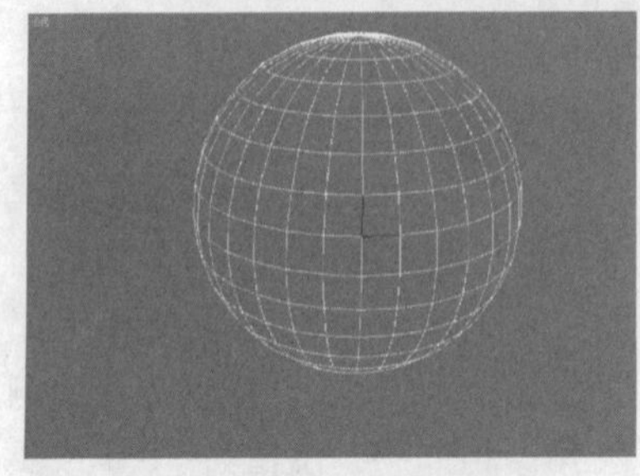

图7-18 循环选择前选中的边

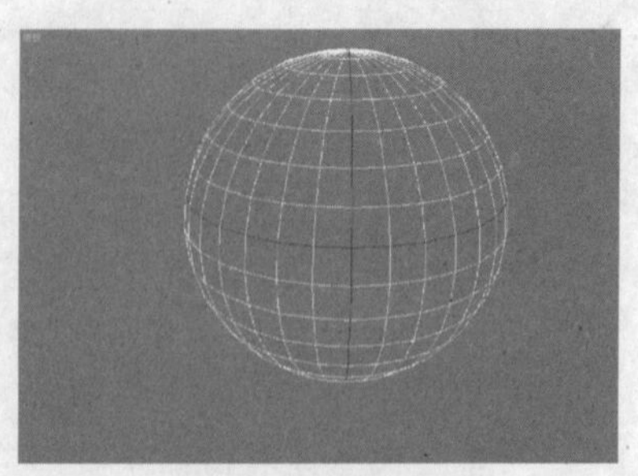

图7-19 循环选择后的边

- 获取堆栈选择：使用在堆栈中向上传递的子对象替换当前选择。然后，可以使用标准方法修改此选择。如果堆栈中不存在选择，将取消选择所有子对象。
- 选择信息：“选择”卷展栏底部是一个文本显示，提供有关当前选择的信息。如果选择了零个或多个子对象，该文本给出选择的数量和类型。如果选择了一个子对象，该文本给出选定项目的标识编号和类型。

7.1.4 顶点

多边形的顶点是对象边互相连接的点。当移动或编辑顶点时，它所赖以存在的几何体也会受影响。顶点也可以独立存在；这些孤立顶点可以用来构建其他几何体，但在渲染时，它们是不可见的。另外，多边形的顶点之间可以进行焊接操作，并且可以将一个顶点打断为两个顶点。

“编辑顶点”卷展栏

在“编辑顶点”卷展栏中，用户可以进行焊接、挤出、移除孤立顶点、断开、切角和连接等操作，如图7-20所示。

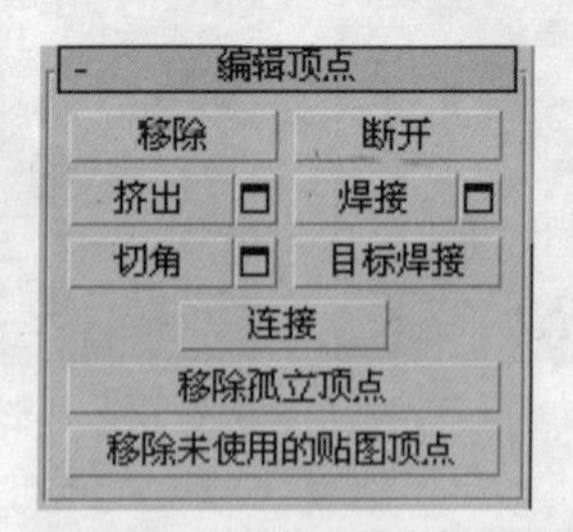

图7-20 “编辑顶点”卷展栏

- “移除”按钮：删除选定顶点而不创建洞，如图7-21所示，键盘快捷键是Backspace。如果使用Del键，那么依赖于那些顶点的多边形也会被删除，这样就在网格中创建了一个洞，如图7-22所示。使用“移除”可能导致网格形状变化并生成非平面的多边形。

图7-21 移除顶点后的效果

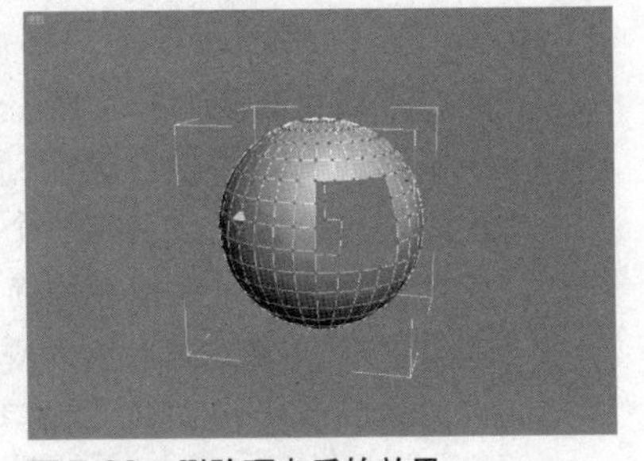

图7-22 删除顶点后的效果

- “断开”按钮：在与选定顶点相连的每个多边形上都创建一个新顶点。
- “挤出”按钮：单击此按钮，然后垂直拖动到任何顶点上，就可以挤出此顶点（垂直拖动时，可以指定挤出顶点的高度，水平拖动时，可以设置挤出基面宽度）。挤出顶点时，它会沿法线方向移动，并且创建新的多边形，形成挤出的面，如图7-23所示。选定多个顶点时，拖动任何一个，也会同样地挤出所有选定顶点。再次单击“挤出”按钮或在活动视图中右键单击，以结束操作。
- “挤出设置”按钮：单击该按钮，弹出“挤出顶点”对话框，如图7-24所示，它可以通过交互式操作来进行挤出操作。如果在执行手动挤出后单击该按钮，当前选定对象和预览对象上执行的挤出相同。此时，将会打开该对话框，其中“挤出高度”值被设置为最后一次挤出时的高度值。

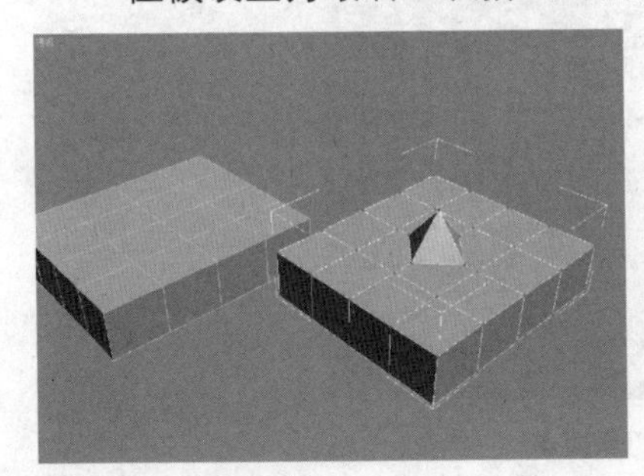

图7-23 挤出顶点

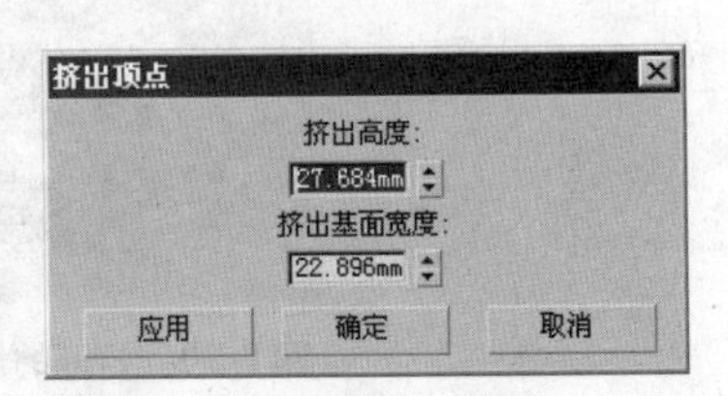

图7-24 “挤出顶点”对话框

- “焊接”按钮：对“焊接”对话框中指定的公差范围之内连续的选中的顶点进行合并。
- “焊接设置”按钮：单击该按钮，弹出“焊接顶点”对话框，它可以指定焊接阈值，如图7-25所示。

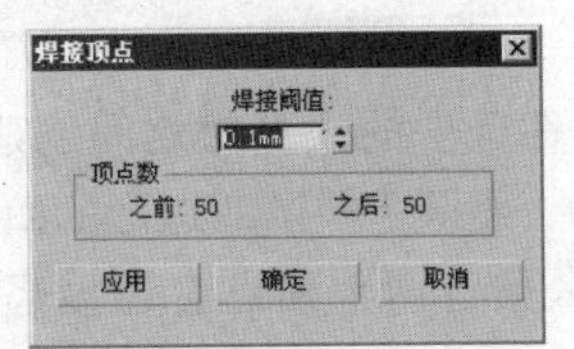

图7-25 “焊接顶点”对话框

⑲ 单击“曲线公用”卷展栏中的 连接 按钮，然后单击“底座”开口边缘分界线右侧和左侧的曲线，在弹出“连接曲线”对话框中单击 连接 按钮，此时两条曲线便连接在一起，如下图所示。

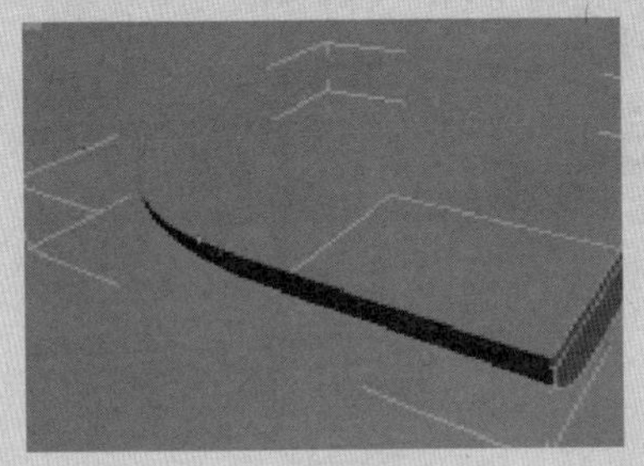

⑳ 在“NURBS”对话框中单击“创建偏移曲线”按钮，然后单击并拖动“底座”开口边缘的曲线，将该曲线向“底座”内部偏移一段距离，如下图所示。

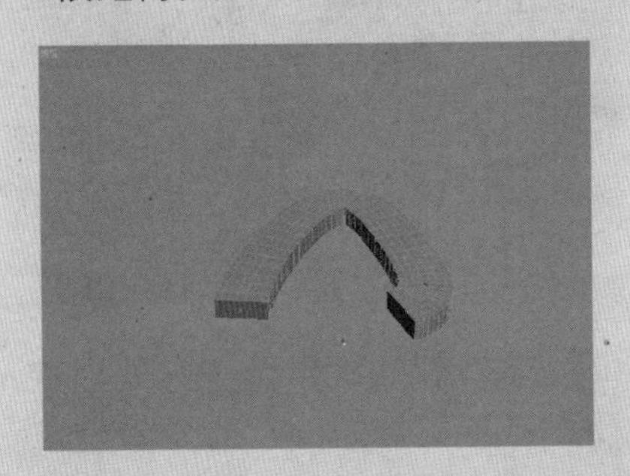

㉑ 单击“NURBS”对话框中的“创建U向放样曲面”按钮，然后分别单击偏移后的曲线和原曲线，系统将在曲线间创建曲面放样曲面，如下图所示。

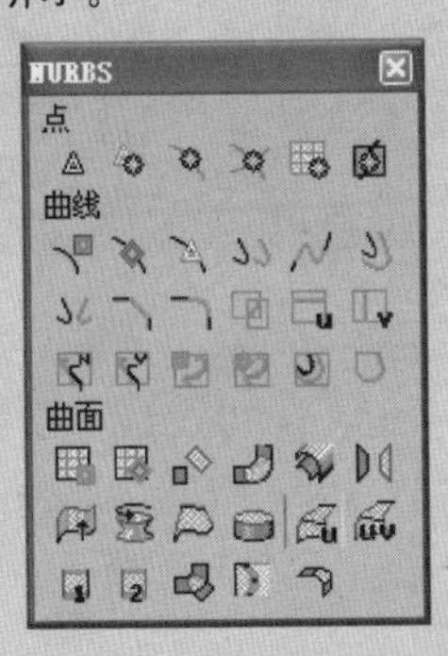

㉒ 单击“NURBS”对话框中的“创建圆角曲面”按钮，然后分别单击“底座”边缘的两个曲面，系统将在曲线间创建圆角效果，如下图所示。

㉓ 显示隐藏的“底座01”，然后在顶视图创建一条封闭的CV曲线，将其命名为“顶盖”，如下图所示。

㉔ 在前视图中将“顶盖”与“底座01”底部对齐，然后将其向上复制一个，如下图所示。

㉕ 在视图中选中“顶盖01”，然后按数字键1，切换到“曲线CV”层次，将“顶盖01”曲线部分向内收缩一点，如下图所示。

- “切角”：单击此按钮，然后在活动对象中拖动顶点，所有连向原来顶点的边上都会产生一个新顶点，每个切角的顶点都会被一个新面有效替换，这个新面会连接所有的新顶点。这些新点正好是从原始顶点沿每一个边到新点的“切角量”距离。新的切角面会使用原来相邻的面中一个的材质ID创建，它所在的平滑组是所有相邻平滑组的交集，如果切角多个选定顶点，那么它们将同时进行切角。如果拖动了一个未选中的顶点，那么任何选定的顶点都会被取消选定。
- “切角设置”按钮：单击该按钮，弹出“切角顶点”对话框，该对话框允许用户通过交互操作对顶点进行切角，并且切换“打开”选项。如果在执行手动切角后单击该按钮，对当前选定对象和预览对象上执行的切角操作相同。切角示例如图7-26、图7-27和图7-28所示。

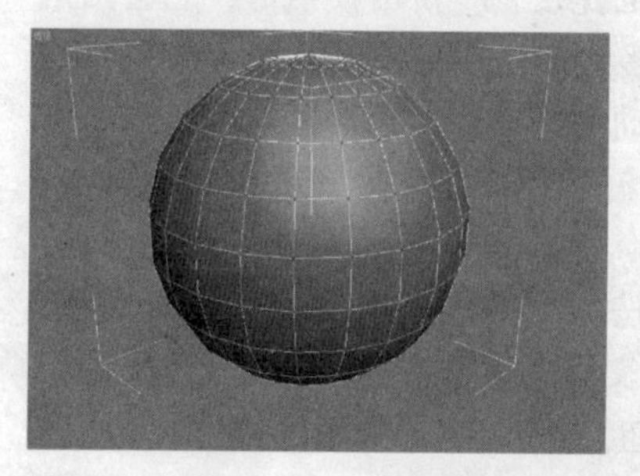

图7-26 选择顶点

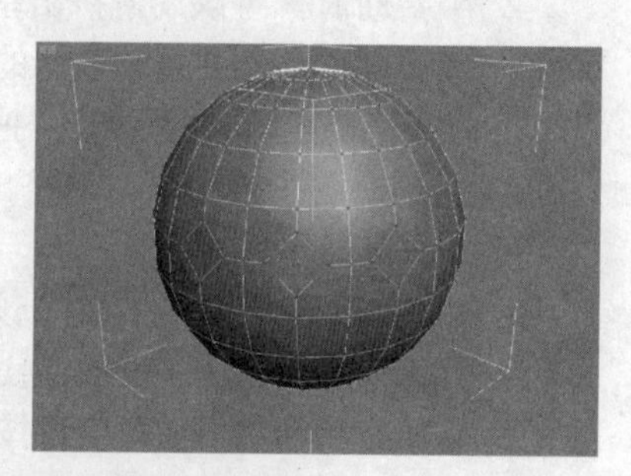

图7-27 切角的顶点

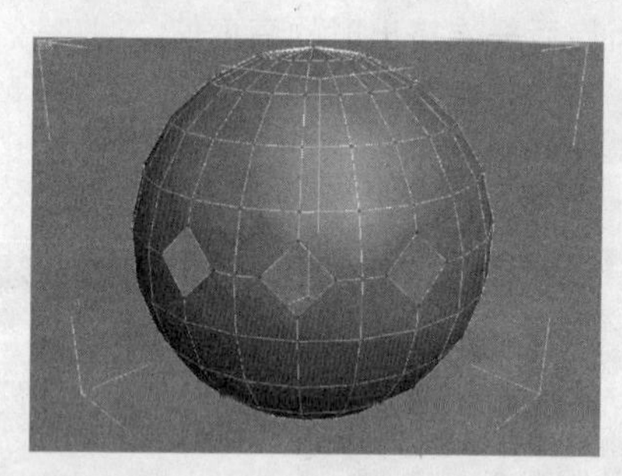

图7-28 打开的切角顶点

- “目标焊接”按钮：可以选择一个顶点，并将它焊接到目标顶点。当光标处在顶点之上时，它会变成“+”光标。单击并移动鼠标会出现一条虚线，虚线的一端是顶点，另一端是箭头光标。将光标放在附近的顶点之上，当再出现“+”光标时，单击鼠标，第一个顶点移动到了第二个的位置上，它们两个焊接在一起。
- “连接”按钮：在选中的顶点对之间创建新的边。连接后的边不会交叉，例如，如果选择了四边形的四个顶点，然后单击“连接”按钮，那么只有两个顶点会连接起来，如图7-29所示。

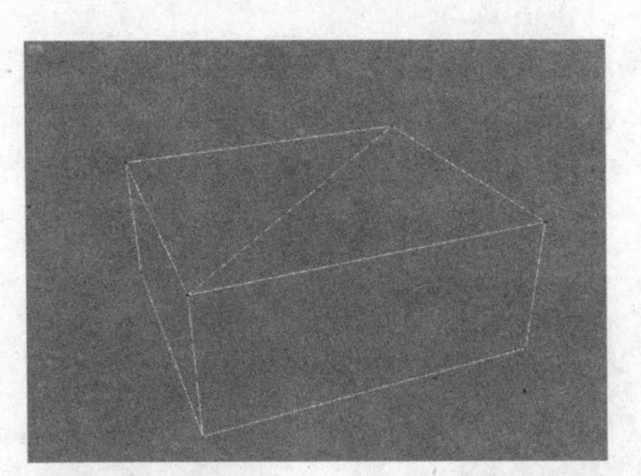

图7-29 连接顶点

- “移除孤立顶点”按钮：将不属于任何多边形的所有顶点删除。
- “移除未使用的贴图顶点”按钮：某些建模操作会留下未使用的（孤立）贴图顶点，它们会显示在“展开 UVW”编辑器中，但是不能用于贴图。可以使用该按钮，来自动删除这些贴图顶点。

“编辑几何体”卷展栏

在“编辑几何体”卷展栏中，用户可以进行附加、细化、切割和塌陷等操作，如图7-30所示。

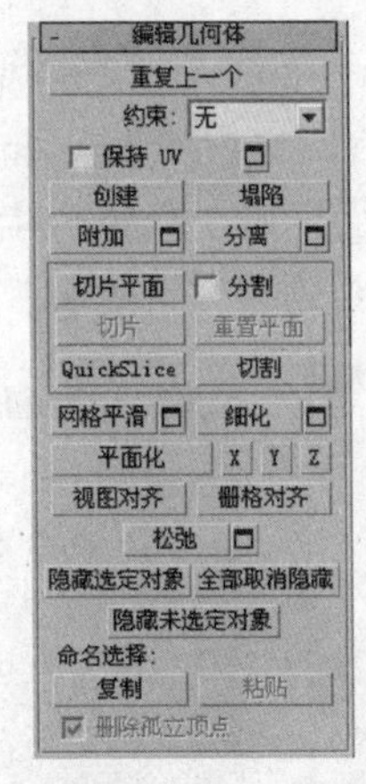

图7-30 “编辑几何体”卷展栏

- “重复上一个”按钮：重复最近使用的命令。例如，如果挤出了一个顶点，需要对几个其他顶点应用相同的挤出操作，那么可以选择其他顶点，然后单击“重复上一个”按钮。“重复上一个”按钮不会重复执行所有操作。
- 约束：可以使用现有的几何体约束子对象的变换（“约束”设置继续适用于所有子对象层级）。使用下拉列表，可以选择约束类型。
  - ◆ 无：无约束。
  - ◆ 边：约束顶点沿其所在的边移动。
  - ◆ 面：顶点变换操作只能在其所在的面上进行。

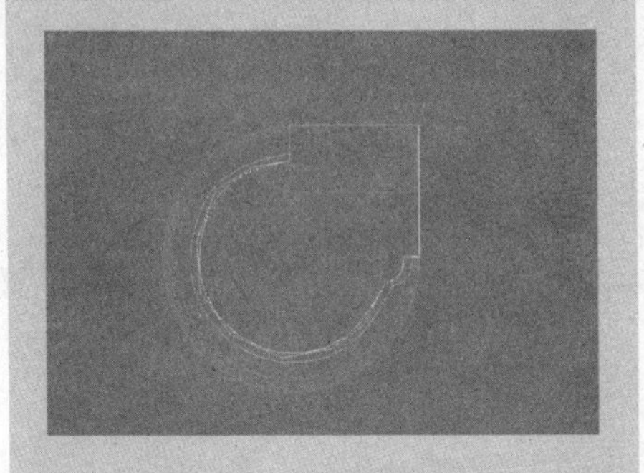

㉖ 单击“NURBS”对话框中的“创建U向放样曲面”按钮，然后依次单击圆形曲线，系统将在曲线间创建曲面放样曲面，如下图所示。

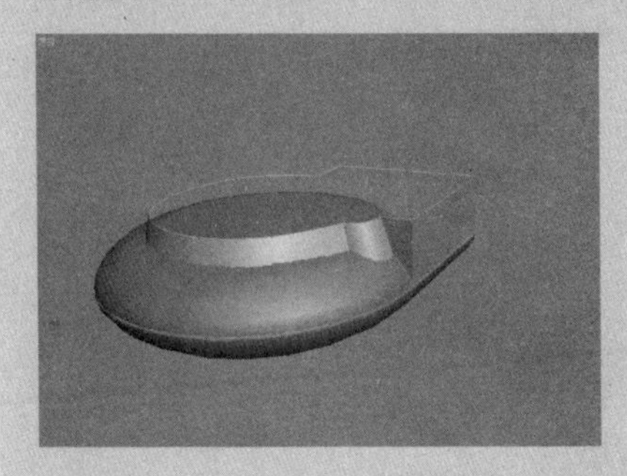

㉗ 在“对象类型”卷展栏中单击 CV 曲线 按钮，在左视图中绘制一条曲线，如下图所示。

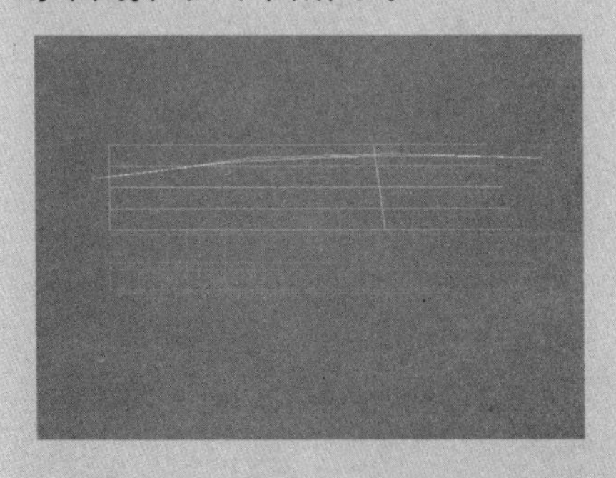

㉘ 单击“NURBS”对话框中的“创建挤出曲面”按钮，然后在视图中单击并拖动“Curve01”，然后在“修改”命令面板中的“挤出曲面”卷展栏中将挤出的“数量”设置为120，并令挤出后的曲面与“顶盖”完全相交，如下图所示。

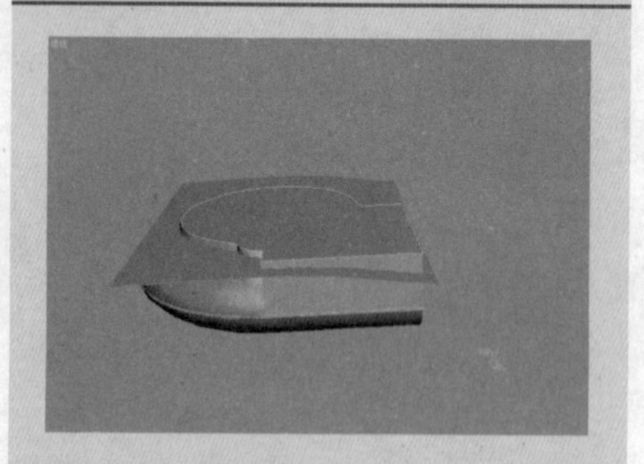

㉙ 将挤出的曲面与“顶盖”附加在一起，将放样曲面附加到“主体”上，单击“NURBS”对话框中的“创建曲面-曲面相交曲线”按钮，然后单击“顶盖01”和附加后的曲面，在“曲面-曲面相交曲线”卷展栏中勾选“修剪1”、“修剪2”复选框，并根据实际情况勾选“翻转修剪1”和“翻转修剪2”复选框，此时系统将自动将两个曲面上多余的曲面剪掉，如下图所示。

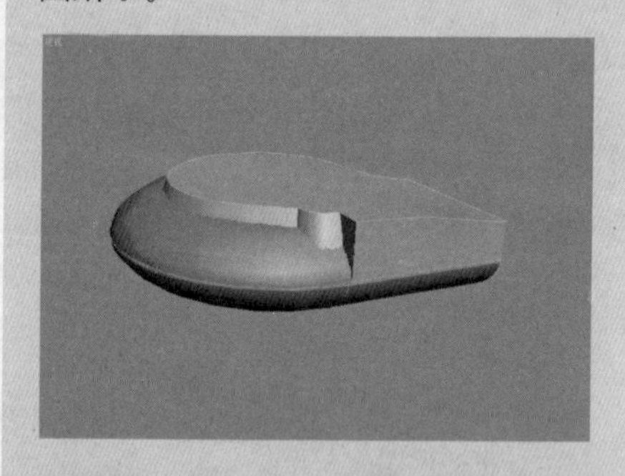

㉚ 将“顶盖01”与“底座01”附加在一起，然后在“对象类型”卷展栏中单击 CV 曲线 按钮，在前视图中创建一条曲线，如下图所示。

- 保持UV：启用此选项后，可以编辑顶点，而不影响对象的UV贴图。如果在不启用“保持UV”选项的情况下，贴图纹理都会随着子对象而移动。编辑顶点前后的效果分别如图7-31和图7-32所示。

图7-31　编辑顶点前贴图效果

图7-32　编辑顶点后贴图效果

- “保持UV设置”按钮：弹出“保持贴图通道”对话框，如图7-33所示，用户可以对需要保留哪个顶点颜色通道或纹理通道（贴图通道）进行指定。在默认情况下，所有顶点颜色通道都处于禁用状态（未保持），而所有的纹理通道都处于启用状态（保持）。
- “创建”按钮：可以将顶点添加到单个选定的多边形对象上。选中对象，并单击“创建”按钮之后，可以在任意空白处单击，将自由浮动的（孤立的）顶点添加到对象上如图7-34所示。除非启用了对象捕捉，否则会有新的顶点放到活动构造平面上。

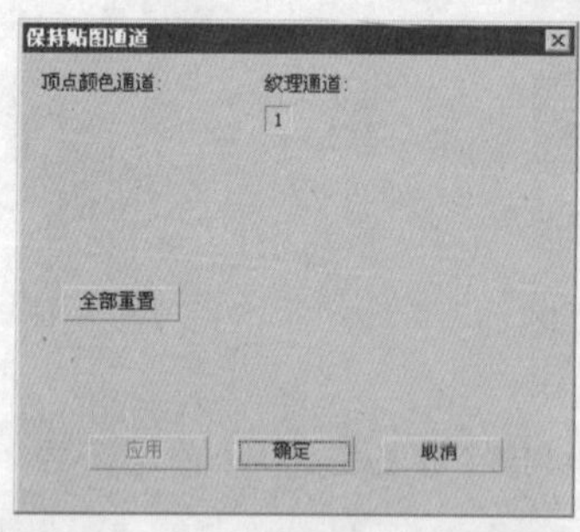

图7-33　“保持贴图通道”对话框

图7-34　创建顶点

- “塌陷”按钮：将选定的连续顶点组塌陷单个顶点。塌陷顶点的示例如图7-35和图7-36所示。

图7-35　选择顶点

图7-36　塌陷后的效果

- “附加”按钮：可以附加任意类型的几何体对象，包括样条线和面片对象。附加非网格对象时，它会转化为“可编辑多边形”格式。
- “附加列表”按钮：可以将场景中的另外对象附加到选定的多边形对象上。单击该按钮，可弹出“附加列表”对话框，如图7-37所示，可以按名称选择多个要附加的对象。

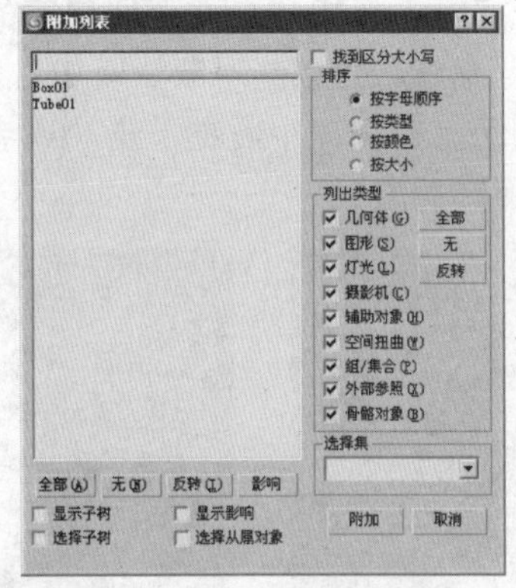

图7-37 “附加列表”对话框

- “分离”按钮：可以将选中的顶点所在的面从“编辑多边形”对象中分离出来，创建出一个独立的对象或元素。默认设置为“分离”对话框中用户最近的设置。如果没有使用“作为克隆对象分离”选项，那么当分离的顶点移动到新位置时，它会在原来的对象上留下一个洞，如图7-38所示。
- “分离设置”按钮：弹出“分离”对话框，如图7-39所示，其中可以设置“分离”功能的选项，例如分离对象的名称。更改的任何“分离”设置都会自动保存为默认设置。

图7-38 分离顶点

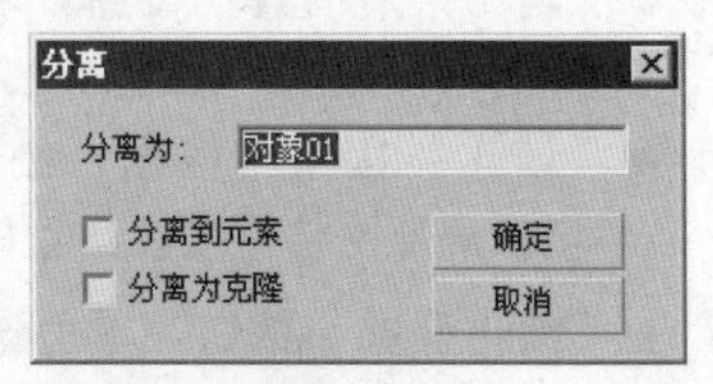

图7-39 “分离”对话框

使用“切片”和“切割”这些类似小刀的工具，可以沿着平面（切片）或在特定区域（切割）内细分多边形网格。

- “切片平面”按钮：为切片平面创建Gizmo，可以定位和旋转它，来指定切片位置，在切片平面所在的位置上，多边形对象上的边将显示切割出来的顶点，如图7-40所示。在“模型”模式中，单击“切片平面”按钮可以使“切片”和“重置平面”按钮处于可选状态。在“动画”模式中，只有单击了

31 在“修改”命令面板中的“常规”卷展栏中单击“NURBS创建工具箱”按钮，在弹出的“NURBS”对话框中单击“创建车削曲面”按钮，然后在视图中单击CV曲线，系统将自动创建旋转曲面，并将其命名为“金属圈”，如下图所示。

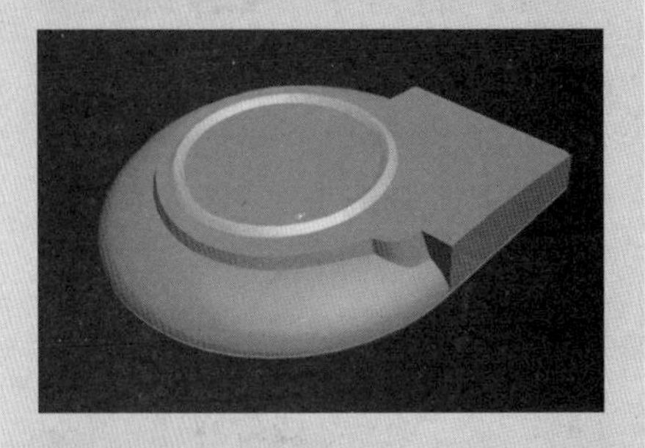

32 单击“NURBS”对话框中的“创建曲面边曲线”按钮，然后在视图中单击“金属圈”内侧曲面的边缘，这样就在该曲面的边缘创建了一条曲线，右击视图结束操作，如下图所示。

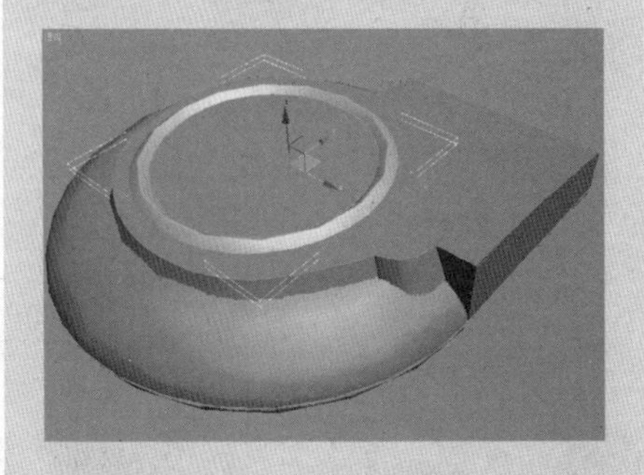

33 在“NURBS”对话框中单击“创建偏移曲线”按钮，然后将“金属圈”内侧的曲线向内部进行偏移，共创建6条偏移曲线，如下图所示。

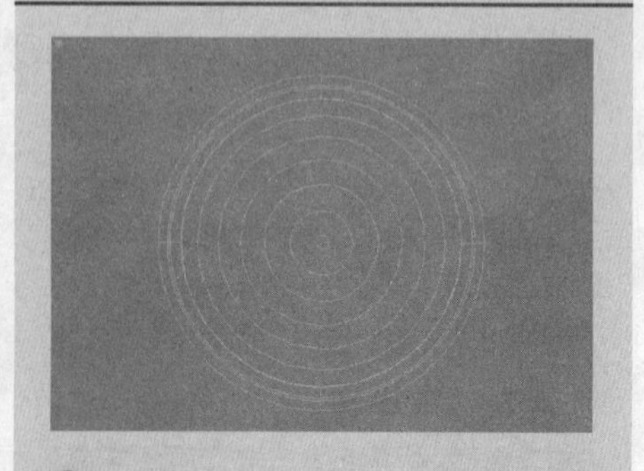

34 将偏移后的曲线逐个分离出来，然后在前视图中将该组曲线依次向上移动，使之形成弧形隆起，如下图所示。

35 在“NURBS”对话框中单击“创建U向放样曲面”按钮，然后依次单击“金属圈”内侧边缘的曲线和创建的偏移曲线，在它们之间创建放样曲面，如下图所示。

36 单击“NURBS”对话框中的“创建圆角曲面”按钮，然后分别单“金属圈”和上一步创建的放样曲面，在“修改”命令面板中的“圆角曲面”卷展栏中将“起始半径”设置为0.50，在“修改第一

“切片”按钮之后，“切片平面”按钮才可用，然后才可以为切片平面设置动画。

- 分割：启用时，通过“切片”和“切割”操作，在划分边的位置处的点创建两个顶点集。这可以移动切片的一边，或者从另一边切割。
- “切片”按钮：在切片平面位置处执行切片操作。
- “重置平面”按钮：将切片平面返回到它的默认位置和方向。
- “QuickSlice”按钮：可以将对象快速切片，而不操纵Gizmo，如图7-41所示。在视口中右键单击，或者重新单击“Quick Slice”按钮将其关闭。

图7-40 切片平面位置上切割出来的顶点

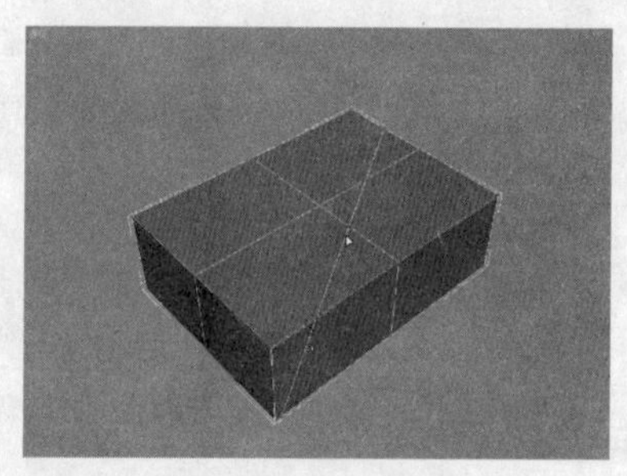

图7-41 快度切片

- “切割”按钮：用于创建边。单击起点，并移动鼠标光标，然后再单击，再移动和单击，以便创建新的连接边。右键单击一次退出当前切割操作，然后可以开始新的切割，或者再次右键单击退出“切割”模式。
- “网格平滑”按钮：使用当前设置，使选定项平滑。此命令使用细分功能，它与“网格平滑”修改器中的“NURMS细分”类似，但是与“NURMS细分”不同的是，它立即将平滑应用到控制网格的选定区域上。
- “网格平滑设置”按钮：单击该按钮，弹出“网格平滑选择”对话框，如图7-42所示，用它可以指定应用的平滑程度。
- “细化”按钮：根据“细化选择”对话框细分选定内容。增加局部网格密度和建立模型时，可以使用细化功能。
- “细化设置”按钮：单击该按钮，弹出“细化选择”对话框，如图7-43所示，用它可以指定应用的细化程度。
- “平面化”按钮：使所有选中的顶点共面。

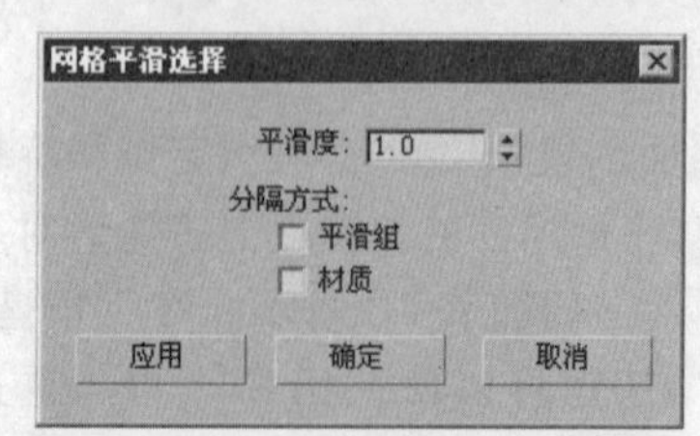

图7-42 “网格平滑选择”对话框

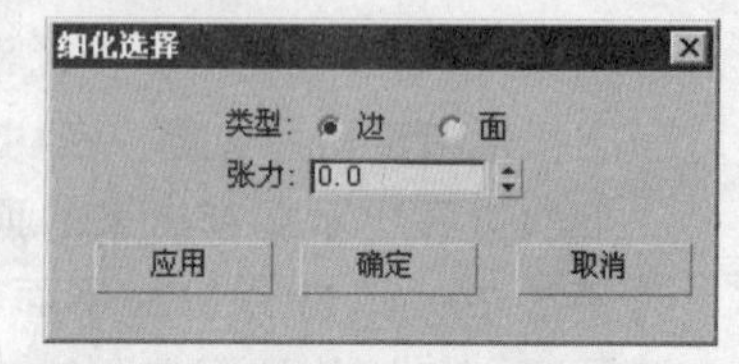

图7-43 “细分选择”对话框

- X、Y、Z按钮：使选中的顶点平面化，并且使这个平面与对象局部坐标系统的对应平面对齐。使用的平面是与按钮轴相垂直的平面，因此，单击X按钮时，可以使该对象与局部YZ轴对齐。平面化示例如图7-44和图7-45所示。

图7-44 平面化前的效果

图7-45 平面化后的效果

- “视图对齐”按钮：将选择与活动视口的平面对齐。如果是正交视口，其效果与对齐构建栅格（主栅格处于活动状态时）一样。当与透视视图（或者“摄影机和灯光”视图）对齐时，顶点会重定向以与摄影机视图平面平行的平面对齐。透视图具有不可视的摄影机平面，在这些情况下，选择不会发生转换，只会旋转。
- “栅格对齐”按钮：将选择与当前构造平面对齐。在主栅格情况下，当前平面由活动视口指定。使用栅格对象时，当前平面是活动的栅格对象。
- “松弛”按钮：使用“松弛”对话框设置，可以将“松弛”功能应用于当前的选定内容。“松弛”可以规格化网格空间，方法是朝着邻近对象的平均位置移动每个顶点。其工作方式与“松弛”修改器相同。在对象层级，可以将“松弛”应用于整个对象。在子对象层级，只能将“松弛”应用于选定的子对象。多边形对象松弛前后的效果如图7-46和图7-47所示。

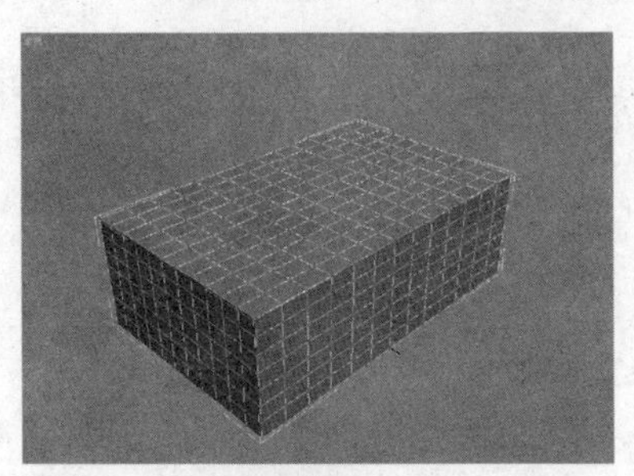

图7-46 松弛前的效果

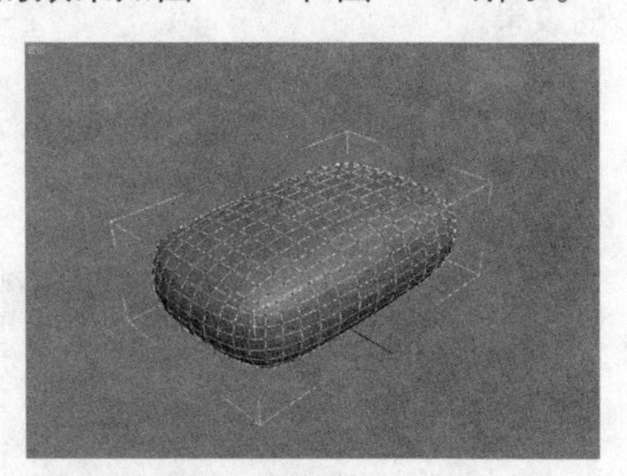

图7-47 松弛后的效果

- “松弛设置”按钮：单击该按钮，弹出“松弛”对话框，如图7-48所示，用它可以指定应用“松弛”功能的方式。
- “隐藏选定对象”按钮：隐藏任何选定的顶点，如图7-49所示。隐藏的顶点不能用来选择或转换。
- “全部取消隐藏”按钮：将所有隐藏的顶点恢复为可见。

曲面”和“修改第二曲面”选项区域中勾选“修剪曲面”选项，此时在两个曲面相交的位置上将出现圆角效果，如下图所示。

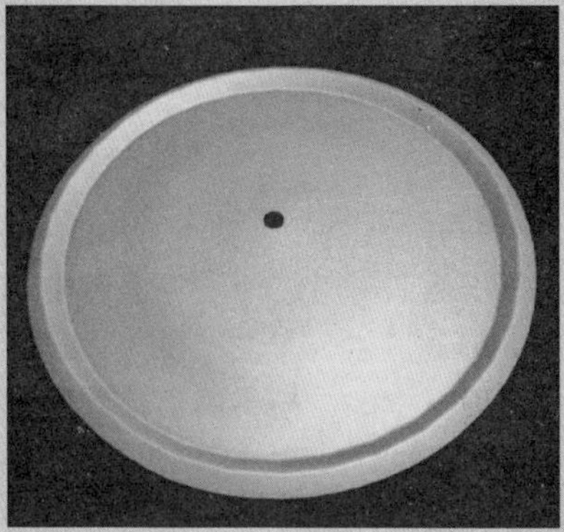

37 按数字键1切换到“曲面”层次，然后将放样后的曲面选中并使之独立，单击“曲面公用”卷展栏中的 分离 按钮，在弹出的“分离”对话框中将分离对象命名为“传感器”，如下图所示。

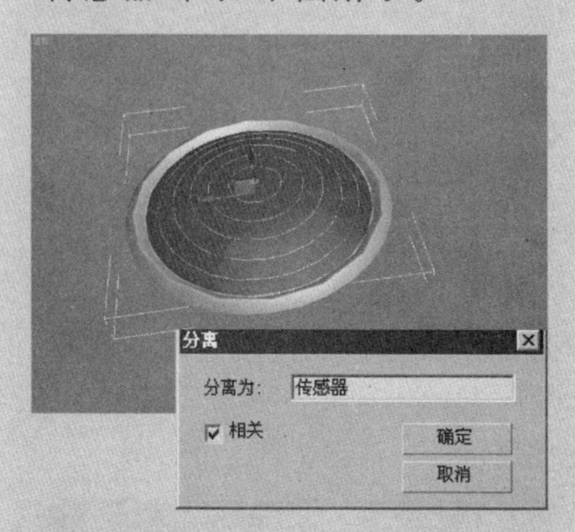

38 在视图中选中“金属圈”就能够进入到“曲线”层次，然后仅保留用作放样曲面的顶部曲线，并将其分离出来，如下图所示。

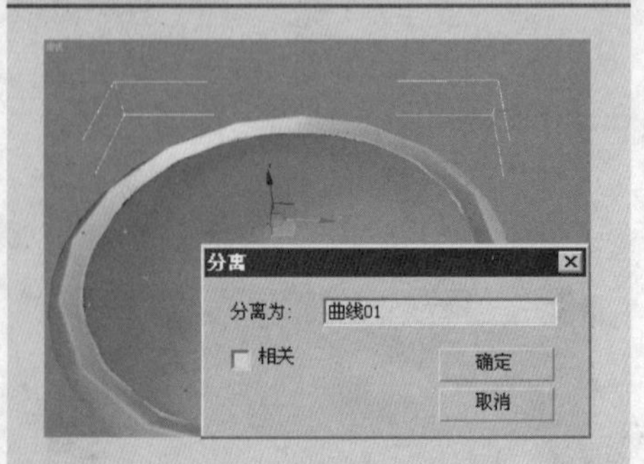

39 单击"NURBS"对话框中的"创建挤出曲面"按钮，在视图中单击并拖动"曲线01"，在"修改"命令面板中的"挤出曲面"卷展栏中将挤出的"数量"设置为-3，并锁定Y轴为挤出轴向，如下图所示。

40 将上一步挤出的曲面附加到"传感器"上，然后单击"NURBS"对话框中的"创建圆角曲面"按钮，然后在"传感器"和上一步创建的挤出曲面之间创建圆角效果，将"起始半径"设置为0.50，如下图所示。

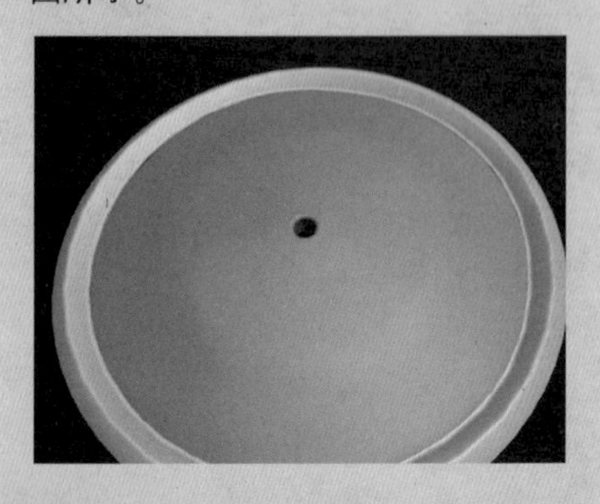

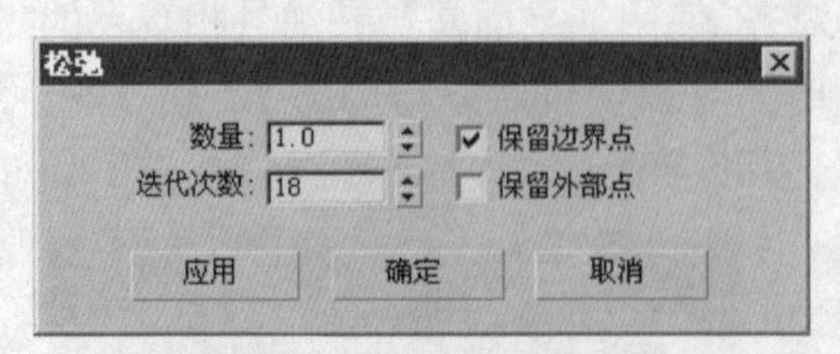

图7-48 "松弛"对话框

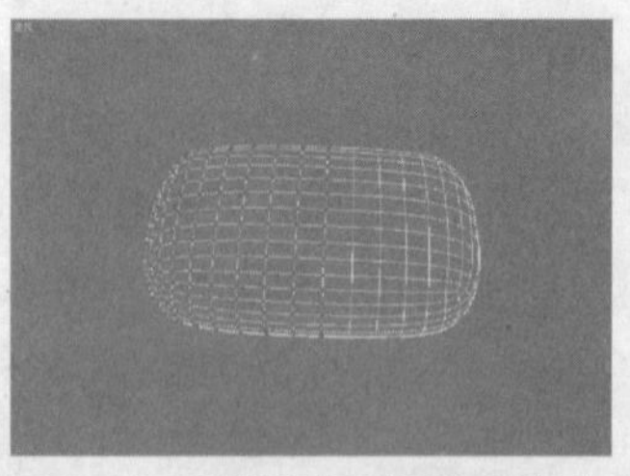

图7-49 隐藏部分顶点的多边形对象

- "隐藏未选定对象"按钮：隐藏未选定的任意顶点。隐藏的顶点不能用来选择或转换。

"命名选择"选项用于复制和粘贴对象之间的子对象的命名选择集。首先，创建一个或多个命名选择集，复制其中一个，选择其他对象，并转到相同的子对象层级，然后粘贴该选择集。该功能使用的是子对象ID，因此，如果目标对象的几何体与源对象的几何体不同，则粘贴的选定内容可能会包含不同的子对象集。

- "复制"按钮：弹出"复制命名选择"对话框，如图7-50所示，使用该对话框，可以指定要放置在复制缓冲区中的命名选择集。
- "粘贴"按钮：从复制缓冲区中粘贴命名选择集。
- 删除孤立顶点：启用时，该软件在删除选择的连续边时删除孤立顶点。禁用时，删除边会保留所有顶点。默认设置为启用。孤立顶点是指没有与之相关面的几何体的顶点。

"绘制变形"卷展栏

通过"绘制变形"卷展栏中的设置，用户可以推、拉或者在对象曲面上拖动鼠标光标来影响顶点，如图7-51所示。

"绘制变形"有3种操作模式"推/拉"、"松弛"和"复原"。一次只能激活一个模式。剩余的设置用以控制处于活动状态的变形模式的效果。

图7-50 "复制命名选择"对话框

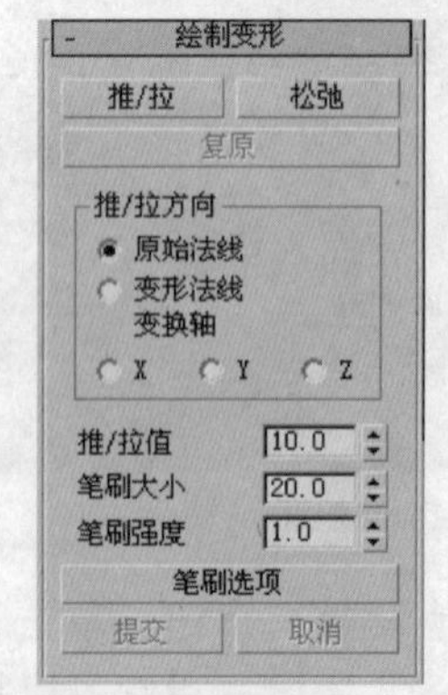

图7-51 "绘制变形"卷展栏

- “推/拉”按钮：将顶点移入对象曲面内（推）或移出曲面外（拉），如图7-52所示。推拉的方向和范围由“推/拉值”设置所确定。要在绘制时反转“推/拉”方向，可以按住Alt键。
- “松弛”按钮：将每个顶点移到由它的邻近顶点平均位置所计算出来的位置上，来规格化顶点之间的距离。“松弛”使用与“松弛”修改器相同的设置，如图7-53所示。

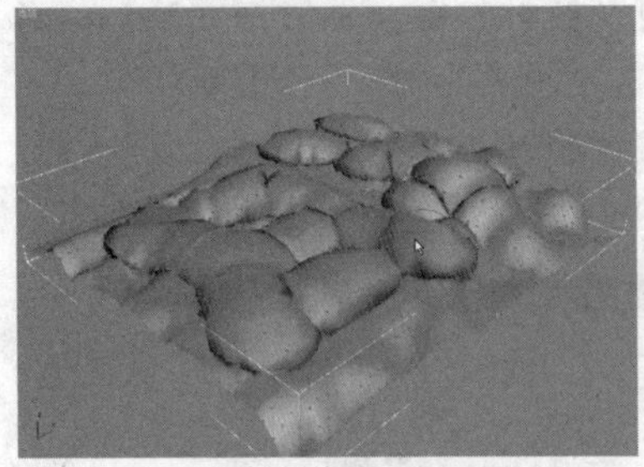

图7-52 绘制后的效果

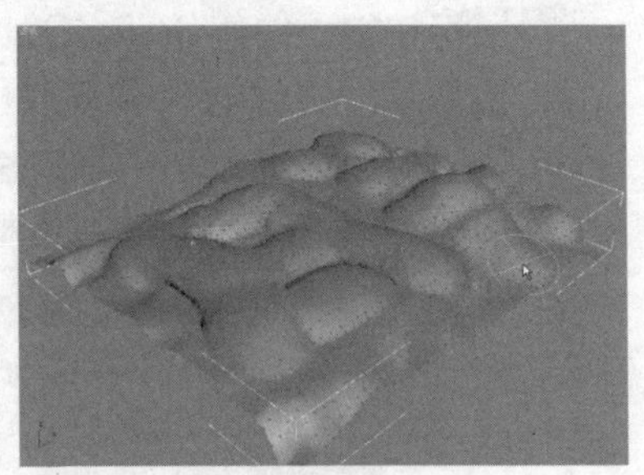

图7-53 松弛后的效果

- “复原”按钮：通过绘制可以逐渐“擦除”或反转“推/拉”或“松弛”的效果。仅影响从最近的“提交”操作开始变形的顶点。

技巧·提示

在“推/拉”模式或“松弛”模式中绘制变形时，可以按住Ctrl键以暂时切换到“复原”模式。

“推/拉方向”选项区域中的设置用以指定对顶点的推或拉是根据曲面法线、原始法线或变形法线进行的，还是沿着指定轴进行。

- 原始法线：选择此项后，对顶点的推或拉会使顶点以它变形之前的法线方向进行移动。重复应用“绘制变形”总是将每个顶点以它最初移动时的相同方向进行移动。
- 变形法线：选择此项后，对顶点的推或拉会使顶点以它现在的法线方向进行移动，也就是说，在变形之后的法线。
- 变换轴X/Y/Z：选择此项后，对顶点的推或拉会使顶点沿着指定的轴进行移动，并使用当前的参考坐标系。
- 推/拉值：确定单个推/拉操作应用的方向和最大范围。正值将顶点“拉”出对象曲面，而负值将顶点“推”入曲面。默认为10.0。推/拉值的应用是指不松开鼠标按键进行绘制（在同一个区域上拖动一次或多次）。在进行绘制时，可以使用Alt键在具有相同值的推和拉之间进行切换。例如，如果拉的值为8.5，按住Alt键可以开始值为-8.5的推操作。
- 笔刷大小：设置圆形笔刷的半径。只有笔刷圆之内的顶点才可

41 在视图中选中“底座01”，在“NURBS”对话框中单击“创建曲面上的CV曲线”按钮，然后在“底座01”的表面上创建一条封闭的矩形曲线，如下图所示。

42 单击“NURBS”对话框中“创建法向投影曲线”按钮，在透视图中单击“底座01”上的CV曲线，然后单击“底座”，在“法向投影曲线”卷展栏中勾选“修剪”和“翻转”复选框，此时CV曲线内部的表面将被剪掉，如下图所示。

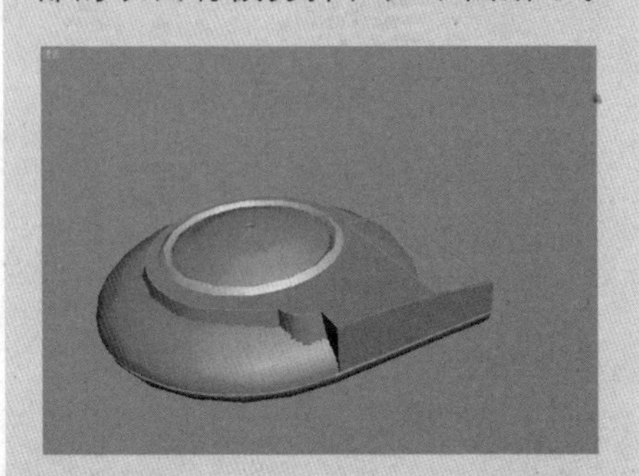

43 单击“NURBS”对话框中的“创建挤出曲面”按钮，在视图中单击并拖动“底座01”洞口边缘的曲线，然后在“修改”命令面板中的“挤出曲面”卷展栏中将挤出的“数量”设置为－0.5，并锁定Y轴为挤出轴向，如下图所示。

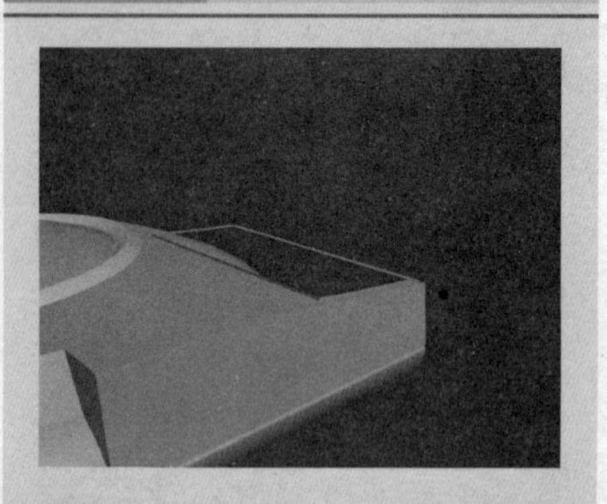

❹❹ 单击“NURBS”对话框中的“创建曲面边曲线”按钮，然后在视图中单击“底座01”洞口挤出曲面的边缘，这样就在该曲面的边缘创建了一条曲线，右击视图结束操作，如下图所示。

❹❺ 在“NURBS”对话框中单击“创建偏移曲线”按钮，然后将上一步创建的曲线向内部偏移一段距离，如下图所示。

❹❻ 在“NURBS”对话框中单击“创建U向放样曲面”按钮，然后依次单击“底座01”洞口边缘边缘的曲线和创建的偏移曲线，在它们之间创建放样曲面，如下图所示。

以变形。默认设置为20.0。要交互式的更改笔刷的半径，可以释放鼠标按键，按住Shift+Ctrl键及鼠标左键，然后拖动鼠标。使用这个方法时，卷展栏上的“大小”值不会更新。

- 笔刷强度：设置笔刷应用“推/拉”值的速率。低的“强度”值应用效果的速率要比高的“强度”值来得慢。范围为0.0至1.0。默认设置为1.0。要交互式的更改笔刷的强度，可以释放鼠标按键，按住Shift+Ctrl键及鼠标左键，然后拖动鼠标。当使用这个方法时，卷展栏上的“强度”值不会更新。
- “笔刷选项”按钮：单击此按钮将弹出“绘制选项”对话框，如图7-54所示。在该对话框中可以设置各种笔刷相关的参数。

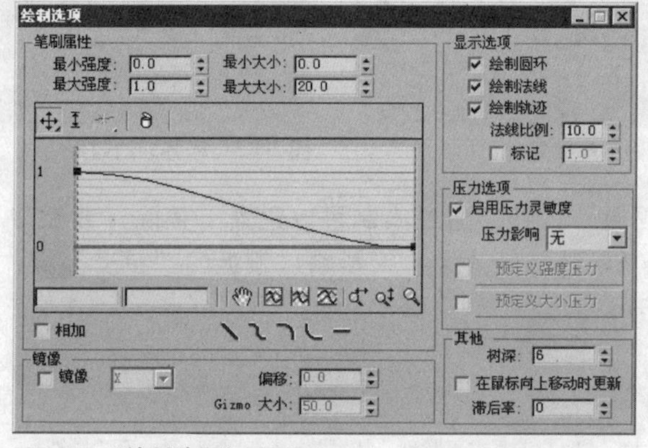

图7-54 “绘制选项”对话框

- “提交”按钮：使变形的更改永久化，将它们“烘焙”到对象几何体中。在使用“提交”后，就不可以将“复原”应用到更改上。
- “取消”按钮：取消自最初应用“绘制变形”以来的所有更改，或取消最近的“提交”操作。

7.1.5 边

多边形的“边”层次与“顶点”层次的参数与编辑的方法基本相同，例如，“边”可以像“顶点”那样进行焊接、切角、连接、塌陷和切割等操作。与“顶点”不同的是在“编辑边”卷展栏中多了几个不同的参数，如图7-55所示。

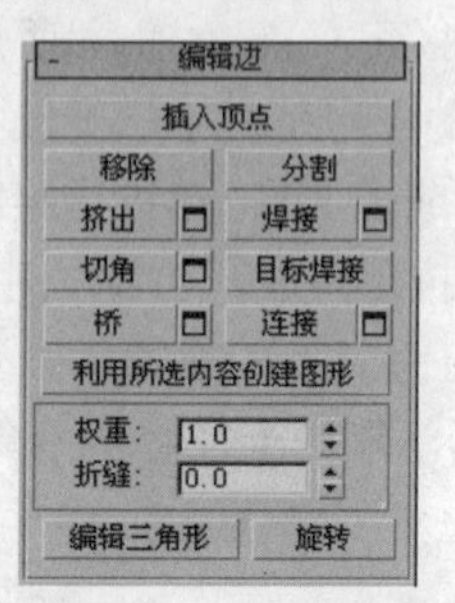

图7-55 “编辑边”卷展栏

- “插入顶点”按钮：用于手动细分可视的边。启用“插入顶点”后，单击某边即可在该位置处添加顶点。只要命令处于活动状态，就可以连续细分多边形。在视口中右键单击，或者重新单击“插入顶点”按钮将其关闭。
- “移除”按钮：删除选定边，并不产生洞口。要删除“移除”操作留下的关联顶点，可以通过按住 Ctrl 键的同时执行“移除”操作，移除操作示例如图 7-56、图 7-57 和图 7-58 所示。

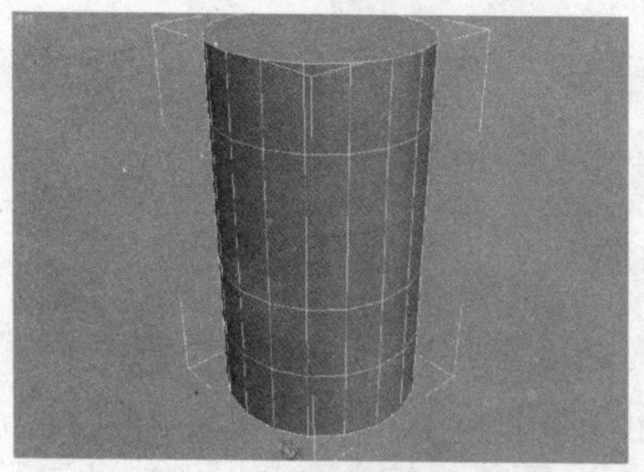

图 7-56　选择边

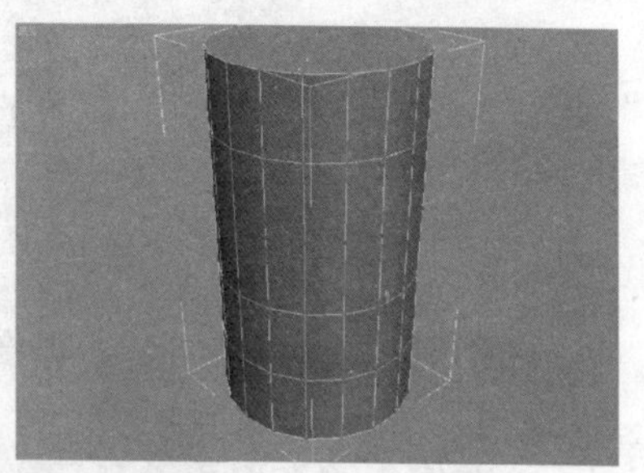

图 7-57　移除操作后剩余的顶点

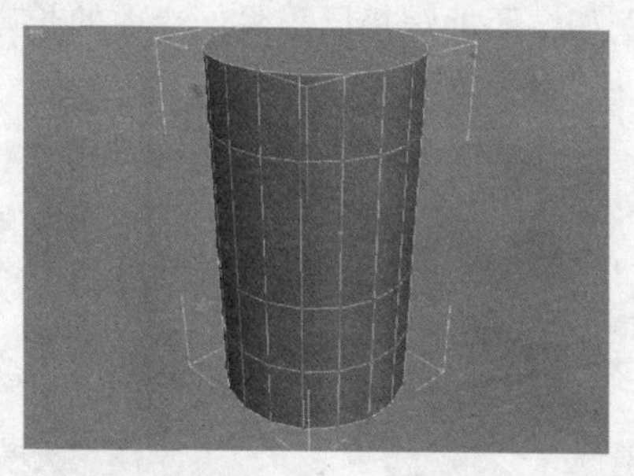

图 7-58　使用 Ctrl 键 + 移除删除额外的顶点

- “分割”按钮：沿着选定边分割网格。对网格对象中心的单条边应用此功能时，不会起任何作用，末端的顶点必须是单独的，才可以使用该选项。分割示例如图 7-59 和图 7-60 所示。

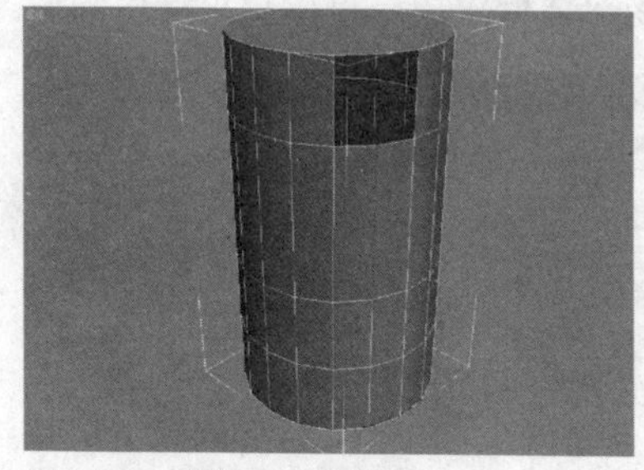

图 7-59　选择要分隔的边

图 7-60　分隔后的效果

- “挤出”按钮：直接在视口中操作时，可以手动挤出边。单击此按钮，然后垂直拖动任何边，可以将其挤出。在视口中交互式挤出边时，可以垂直移动光标设置挤出高度，还可以水平移动光标设置基本宽度。

47 将洞口内侧的曲线向内挤出0.5，然后在挤出曲面的边缘创建曲线，并将该曲面进行封口处理，如下图所示。

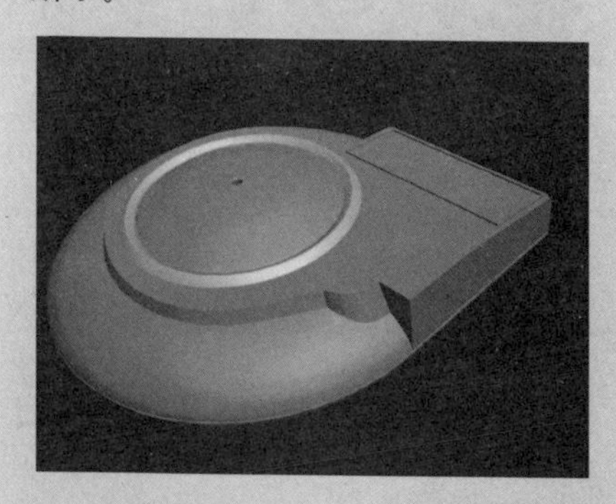

48 按数字键 2，切换到“曲面”层次，然后在视图中选中封口曲面，单击“曲面公用”卷展栏中的 分离 按钮，在弹出的“分离”对话框中将分离的对象命名为“屏幕”，如下图所示。

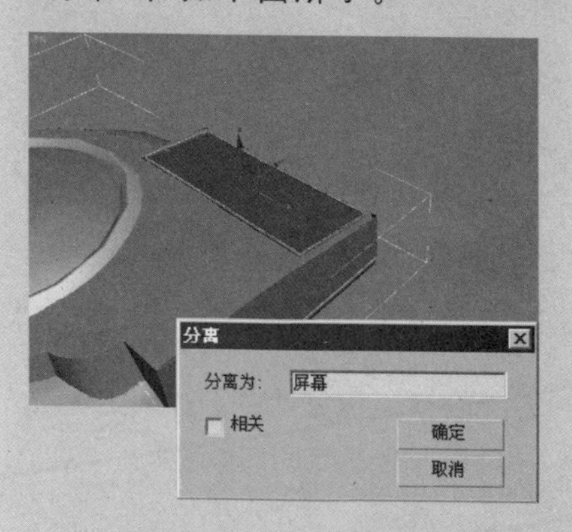

49 在视图中选中“底座01”，在“NURBS”对话框中单击“创建曲面上的CV曲线”按钮，然后在“底座01”的表面上创建一条封闭的椭圆形曲线，如下图所示。

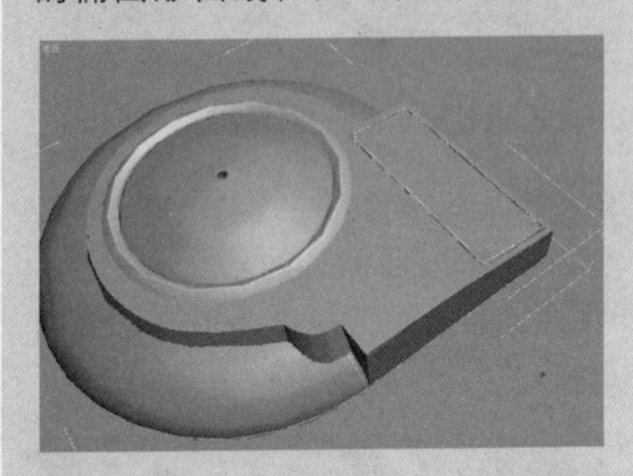

50 在“NURBS”对话框中单击“创建法向投影曲线”按钮，在透视图中单击“底座01”上的椭圆CV曲线，然后单击“底座”，在“法向投影曲线”卷展栏中勾选“修剪”和“翻转”复选框，此时CV曲线内部的表面将被剪掉，如下图所示。

51 单击“NURBS”对话框中的“创建挤出曲面”按钮，在视图中单击并拖动“底座01”洞口边缘的曲线，然后在“修改”命令面板中的“挤出曲面”卷展栏中将挤出的“数量”设置为3，并锁定Y轴为挤出轴向，如下图所示。

- “挤出设置”按钮：单击该按钮，打开通过交互式操作执行挤出的“挤出边”对话框，如图7-61所示。如果在执行手动挤出后单击该按钮，当前选定对象和预览对象上执行的挤出相同。此时，将会打开该对话框，其中“挤出高度”值被设置为最后一次挤出时的高度值。

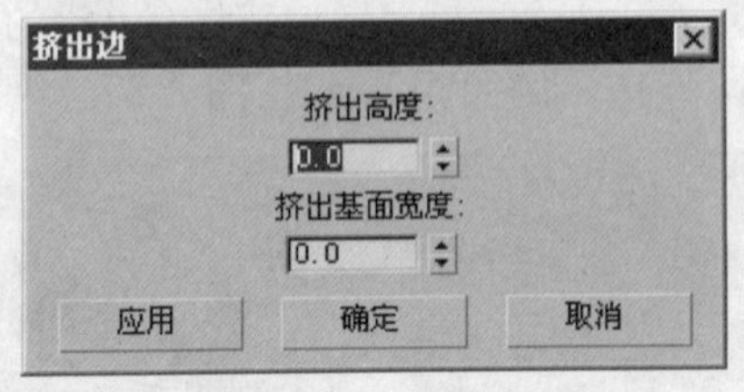

图7-61 “挤出边”对话框

- “焊接”按钮：组合“焊接”对话框指定的阈值范围内的选定边。只能焊接仅附着一个多边形的边（也就是边界上的边），如图7-62和图7-63所示。另外，不能焊接由两个以上的多边形共享的边。例如，不能焊接已移除一个面的长方体边界上的相对边。

图7-62 选择焊接的边

图7-63 焊接后的效果

- “焊接设置”按钮：单击该按钮后，系统将打开“焊接边”对话框，如图7-64所示，在该对话框中用户可以指定焊接阈值。

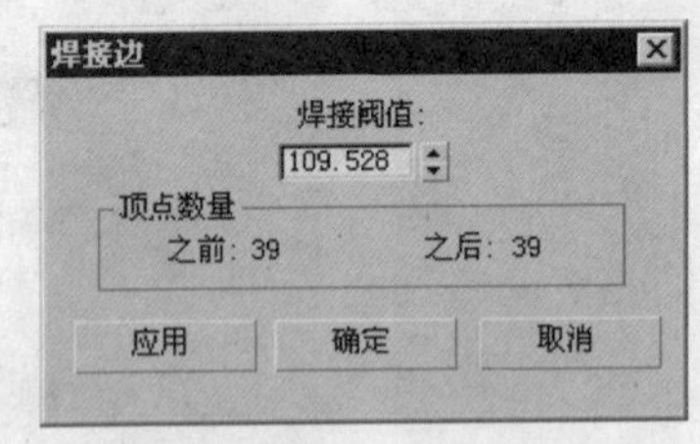

图7-64 “焊接边”对话框

- “切角”按钮：单击该按钮，然后在视图中拖动多边形对象的边。该边将一分为二并沿两侧的边移动，如果切角的边位于对象的棱角处，切角处理后将将形成一定的角度，如图7-65和图7-66所示。

图7-65 选择切角边

图7-66 切角后效果

- “切角设置”按钮：单击该按钮，打开“切角边”对话框，如图7-67所示。在该对话框用户通过交互操作对边进行切角，并且切换“打开”选项。如果在执行手动切角后单击该按钮，对当前选定对象和预览对象上执行的切角操作相同。此时，将会打开该对话框，其中“切角量”被设置为最后一次手动切角时的量。
- “目标焊接”按钮：用于选择边并将其焊接到目标边。将光标放在边上时，光标会变为“+”光标。单击并移动鼠标会出现一条虚线，如图7-68所示，虚线的一端是顶点，另一端是箭头光标。将光标放在其他边上，如果光标再次显示为“+”形状，请单击鼠标。此时，第一条边将会移动到第二条边的位置，从而将这两条边焊接在一起。

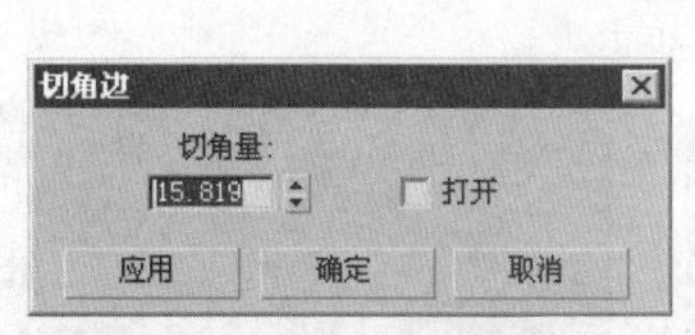

图7-67 “切角边”对话框

图7-68 目标焊接操作的光标形状

- “桥”按钮：连接边界边，也就是只在一侧有多边形的边。使用“桥”的方法有如下两种。

  方法一：选择对象上两个或更多边缘，如图7-69所示，然后单击“桥”按钮，此时，将会在每对选定边界之间创建桥，如图7-70所示。

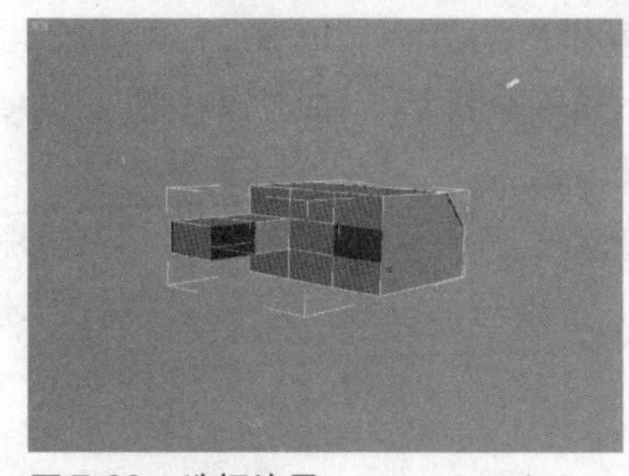
图7-69 选择边界

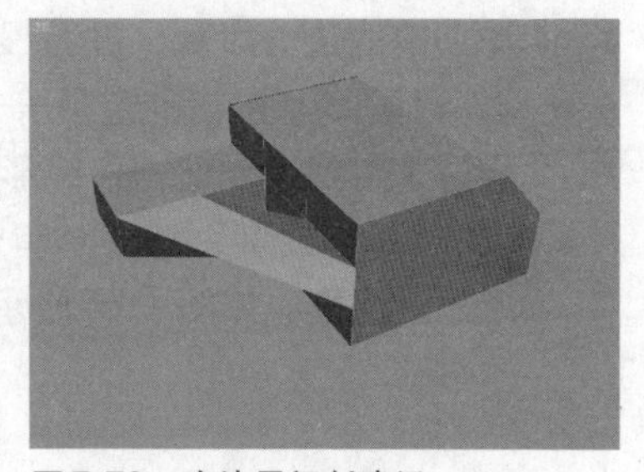
图7-70 在边界间创建桥

52 单击“NURBS”对话框中的“创建圆角曲面”按钮，然后分别单击“底座01”和上一步创建的挤出曲面，在“修改”命令面板中的“圆角曲面”卷展栏中将“起始半径”设置为1，在“修改第一曲面”和“修改第二曲面”选项区域中勾选“修剪曲面”复选框，此时在两个曲面相交的位置上将出现圆角效果，如下图所示。

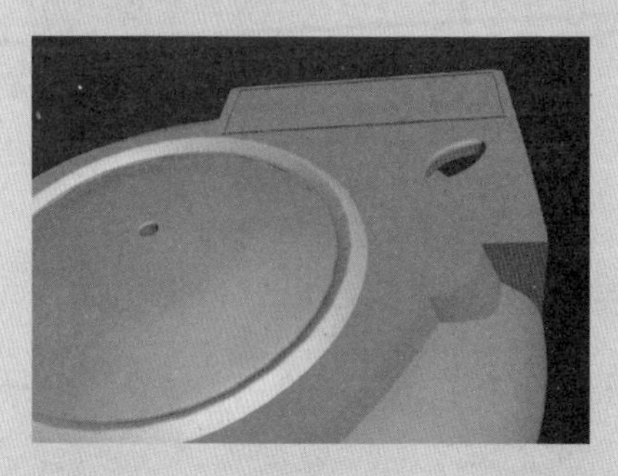

53 使用与步骤49～步骤52相同的方法在“底座01”的表面上再制作一个按钮孔，如下图所示。

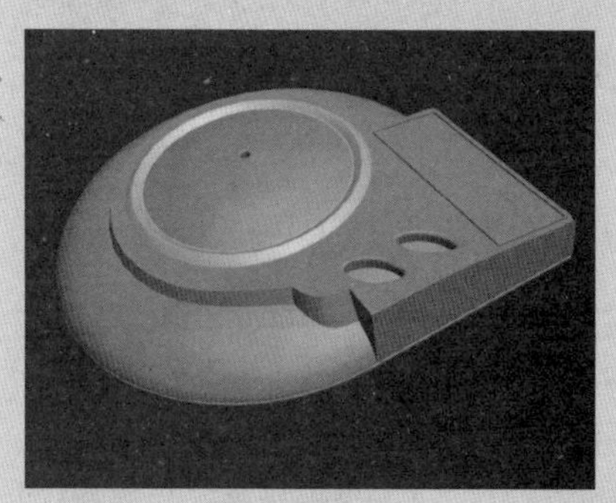

54 在“对象类型”卷展栏中单击 CV 曲线 按钮，在前视图中创建一条弧形曲线，如下图所示。

55 在“修改”命令面板中的“常规”卷展栏中单击“NURBS 创建工具箱”按钮，在弹出的“NURBS”对话框中单击“创建车削曲面”按钮，然后在视图中单击 CV 曲线，系统将自动创建旋转曲面，将其命名为“按钮 01”，如下图所示。

56 单击主工具栏中的“选择并均匀缩放”按钮，然后将“按钮 01”缩放到与按钮孔的大小匹配，如下图所示。

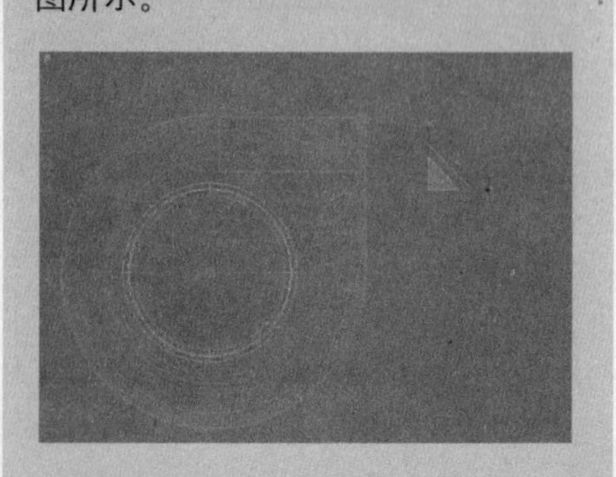

方法二：单击“桥”时会激活该按钮，并使用户处于“桥”模式下。首先单击边界边，然后移动鼠标；此时，将会显示一条连接鼠标光标和单击边的橡皮筋线。单击其他边界上的第二条边，使这两条边相连。此时，系统将会立即创建桥。“桥”按钮始终处于活动状态，以便用于连接更多边。要退出“桥”模式，右键单击活动视口，或者单击“桥”按钮（该方法适用于“边界”层次）。

如果要在边层次中创建桥，最好将对应的边两两选中，然后单击“桥”按钮，这样可以避免创建的桥产生扭曲现象，如图 7-71 所示。

图 7-71　避免桥扭曲的创建方法

- “桥设置”按钮：弹出可以通过交互式操作连接选定边界对的“桥边”对话框，如图 7-72 所示。
- 连接：使用当前的“连接边”对话框中的设置，在每对选定边之间创建新边，如图 7-73 所示。

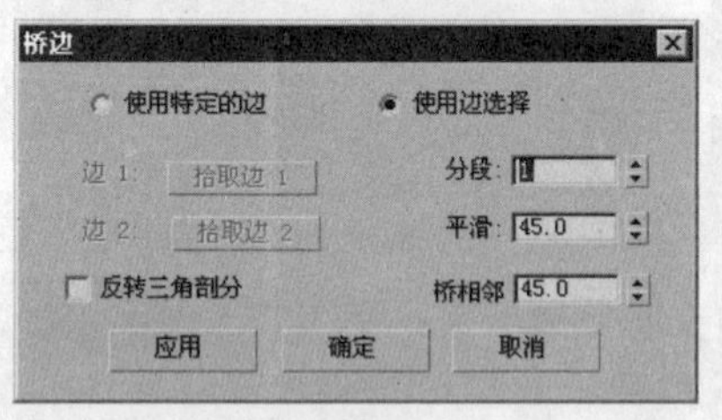

图7-72　“桥边”对话框

图 7-73　连接边效果

- “连接设置”按钮：单击该按钮，弹出“连接边”对话框，如图 7-74 所示，在视图中可以预览“连接”结果，指定该操作创建的边分段数，并且设置新边的边距和位置。
- “创建图形”按钮：选择一个或多个边后，单击该按钮，以便通过选定的边创建样条线形状。
- “创建图形设置”按钮：单击该按钮，系统将会弹出“创建图形”对话框，如图 7-75 所示，在该对话框中用户可以命名创建的图形。

图7-74 “连接边”对话框

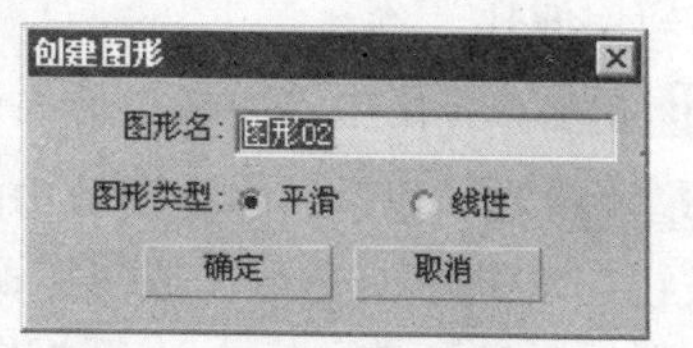

图7-75 “创建图形”对话框

- “编辑三角剖分”按钮：用于修改绘制内边或对角线时多边形细分为三角形的方式。在“编辑三角剖分”模式下，可以查看视口中的当前三角剖分，还可以通过单击相同多边形中的两个顶点对其进行更改。要手动编辑三角剖分，需要启用该按钮，将显示隐藏的边，如图7-74所示。单击多边形的一个顶点。会出现附着在光标上的橡皮筋线。单击不相邻顶点可为多边形创建新的三角剖分，如图7-77所示。

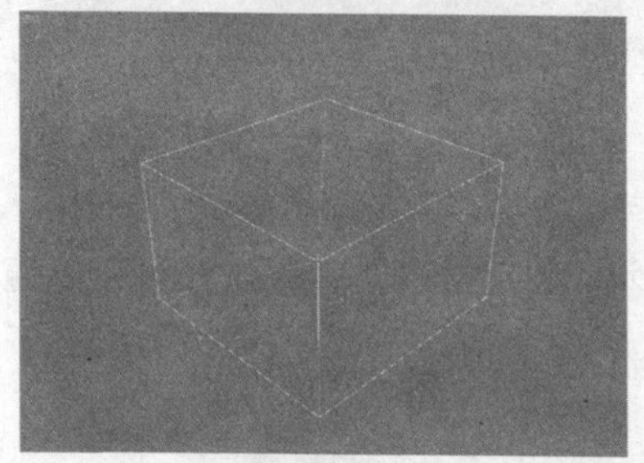

图7-76 显示隐藏的边

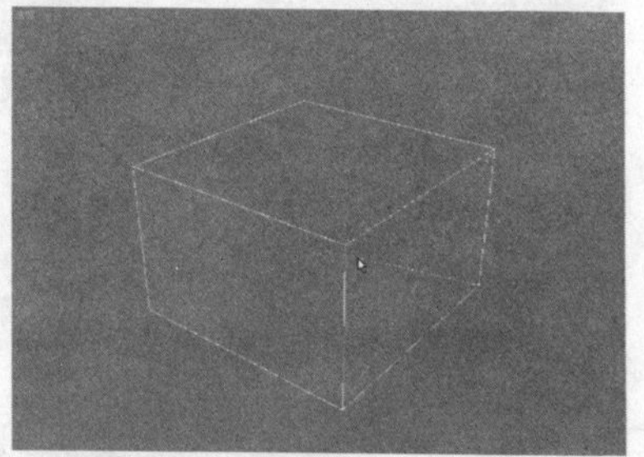

图7-77 手动更改隐藏边的顶点

- “旋转”按钮：用于通过单击对角线修改多边形细分为三角形的方式。激活“旋转”时，对角线可以在线框和边面视图中显示为虚线。在“旋转”模式下，单击对角线可更改其位置。要退出“旋转”模式，在视口中右键单击或再次单击“旋转”按钮。

7.1.6 边界

边界是网格的线性部分，通常可以描述为孔洞的边缘。例如，长方体没有边界，但茶壶对象包含若干个边界，它们位于壶盖上、壶身上、壶嘴上以及在壶柄上的两个。如果创建长方体，然后删除顶部的一个多边形，那么该多边形相邻的边会形成边界，如图7-78所示。

图7-78 多边形的边界

57 将“按钮01”旋转一定的角度，使之与按钮孔的角度吻合，然后将其放置在按钮孔的内部，将“按钮01”复制一个，放置在另一个按钮孔中，如下图所示。

58 在左视图中选中“底座01”，然后右击视图标签，在弹出的快捷菜单中选择“视图>右”命令，如下图所示。

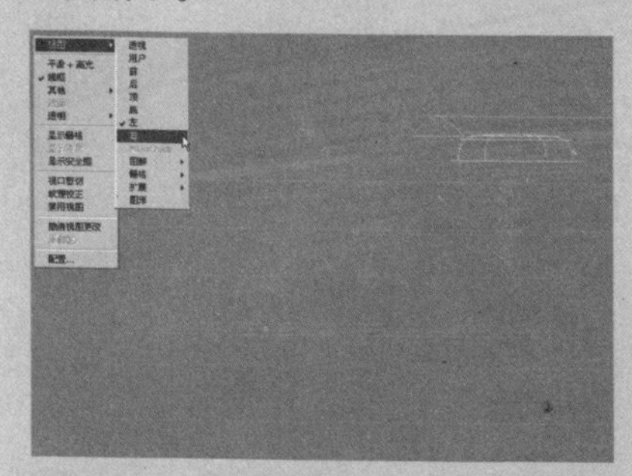

59 在视图中选中“底座01”，在“NURBS”对话框中单击“创建曲面上的CV曲线”按钮，然后在“底座01”的右侧表面上创建一条封闭的圆形曲线，如下图所示。

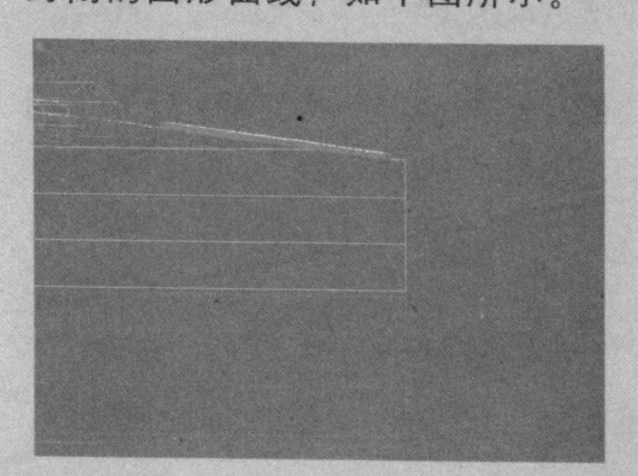

60 在“NURBS”对话框中单击“创建法向投影曲线”按钮，在透视图中单击“底座01”上的圆形CV曲线，然后单击“底座01”，在“法向投影曲线”卷展栏中勾选“修剪”和“翻转”复选框，此时CV曲线内部的表面将被剪掉，如下图所示。

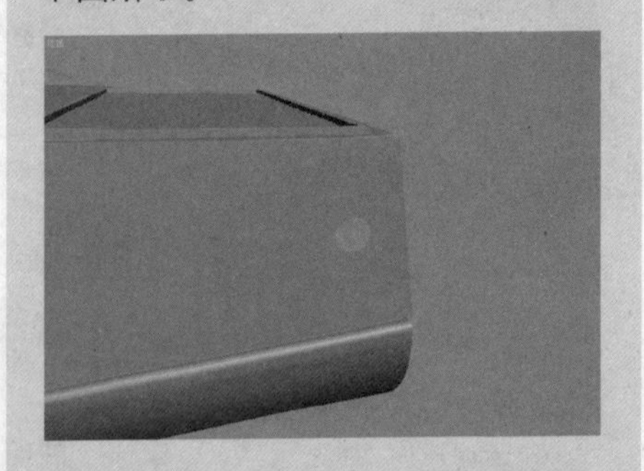

61 单击“NURBS”对话框中的“创建挤出曲面”按钮，在视图中单击并拖动“底座01”洞口边缘的曲线，然后在“修改”命令面板中的“挤出曲面”卷展栏中将挤出的“数量”设置为－2，并锁定X轴为挤出轴向，如下图所示。

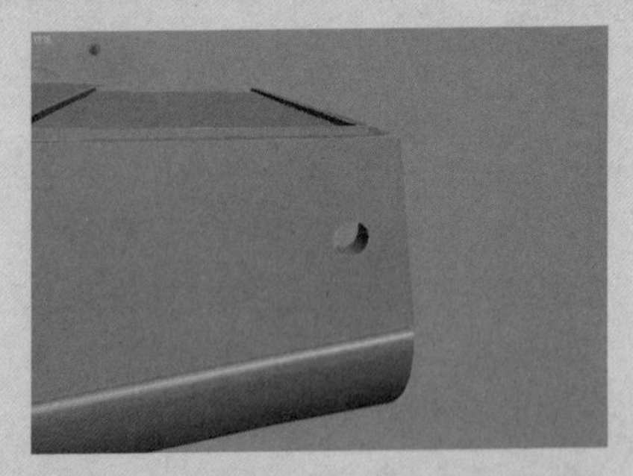

62 使用与步骤59～步骤61相同的方法在“底座01”的转角位置和顶部创建两个圆孔，如下图所示。

封口操作

Step 01 在视图中选中多边形的边界。

Step 02 在“修改”命令面板中的“编辑边界”卷展栏中单击 封口 按钮，如图7-79所示，或者在视图中单击右键，然后在弹出的菜单中选择“封口”命令，此时在边界上将生成新的表面，如图7-80所示。

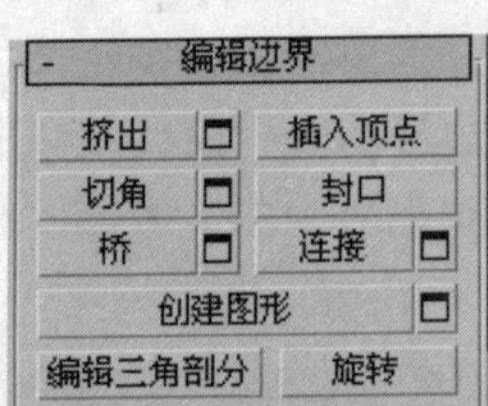

图7-79 “编辑边界”卷展栏

图7-80 封口后的效果

边界的其他操作

- “连接”按钮：在选定边界边对之间创建新边。这些边可以通过其中点相连。连接不会让新的边交叉，如图7-81所示。

图7-81 连接边界

- “创建图形”按钮：选择一个或多个边界后，单击此按钮可使用选定边创建一个或多个样条线图形。
- “桥”按钮：在边界之间进行桥接，该操作要比在“边”层次中的操作简单、灵活，并且不容易出现错误。
- “挤出”按钮：通过直接在视口中操作对边界进行手动挤出处理，“边界”的“挤出”操作与“边”的“挤出”操作基本相同，挤出边界的效果如图7-82所示。
- “切角”按钮：单击该按钮，然后拖动活动对象中的边界即可进行切角操作，效果如图7-83所示。

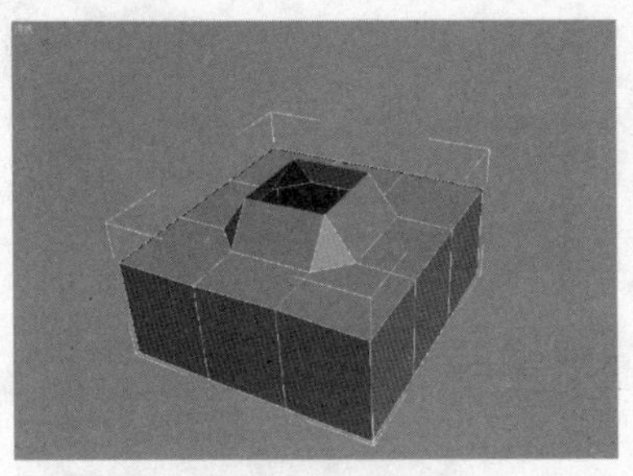

图7-82 边界的挤出效果

图7-83 边界的切角效果

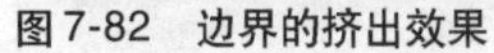

7.1.7 多边形与元素

在“编辑多边形”子对象层级中，可选择单个或多个多边形，然后使用标准方法变换它们，这与“元素”子对象层级相似。本节主要介绍“编辑多边形”卷展栏、“编辑元素”和“多边形属性”卷展栏中用于这些子对象类型的功能，“编辑几何体”卷展栏中的参数及其使用方法与“边”层次中的基本一致，在此不再赘述。

“编辑多边形”与“编辑元素”卷展栏

在“编辑多边形”卷展栏和“编辑元素”卷展栏中有一些通用命令，这些命令包括：“插入顶点”、“翻转”、“编辑三角剖分”、“重复三角算法”和“旋转”等，如图7-84和图7-85所示。

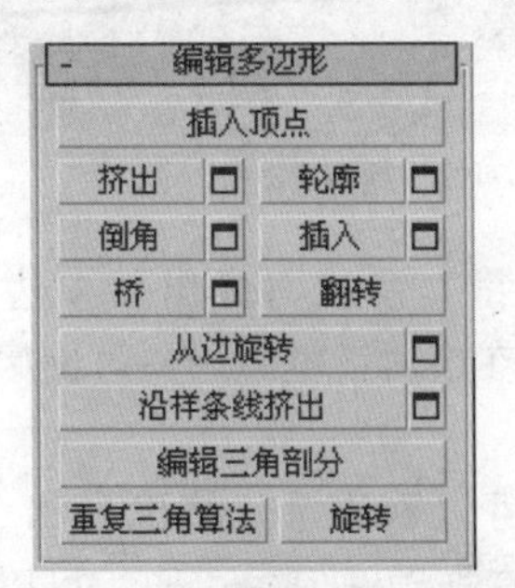

图7-84 “编辑多边形”卷展栏

编辑元素
插入顶点 翻转
编辑三角剖分
重复三角算法 旋转

图7-85 “编辑元素”卷展栏

- “插入顶点”按钮：用于手动细分多边形。同样适用于“元素”子对象层级。
  启用“插入顶点”后，单击多边形即可在该位置处添加顶点，如图7-86所示。只要命令处于活动状态，就可以连续细分多边形。要停止插入顶点，在视口中右键单击，或者重新单击“插入顶点”按钮。
- “挤出”按钮：直接在视口中操作时，可以执行手动挤出操作。单击此按钮，然后垂直拖动任何多边形，可以将其挤出，如图7-87所示。挤出多边形时，这些多边形将会沿着法线方向移动，向上拖动鼠标时多边形沿法线方向挤出，向下拖动鼠标，多边形沿法线相反的反向挤出，在视口中右键单击可以结束操作。

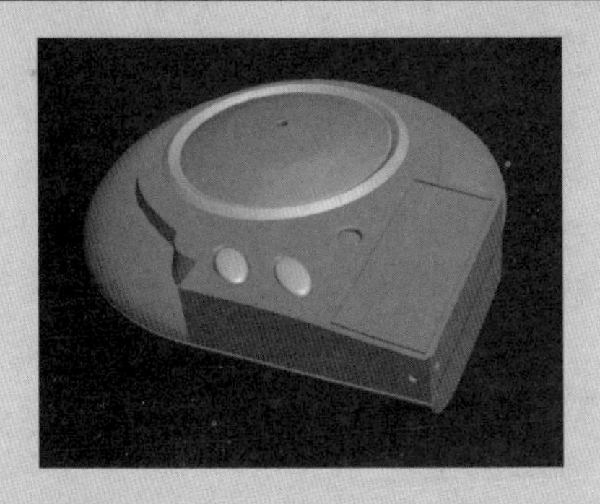

63 在“创建”命令面板中单击“几何体”按钮，然后在“对象类型”卷展栏中单击 圆环 按钮，在顶视图中创建一个“半径1”为3.8，“半径2”为0.38的圆环，并令其通过在“底座01”转角的圆孔，将其命名为“吊环”，如下图所示。

64 在“创建”命令面板中的“对象类型”卷展栏中单击 球体 按钮，然后在顶视图中创建一个“半径”为2.5的球体，在“修改”命令面板中的“参数”卷展栏中将“半球系数”设置为0.5，将调整后的半球放置在“底座01”顶部的圆孔中，并将其命名为“指示灯”，如下图所示。

65 制作“底座”材质。按下键盘中的M键，打开“材质编辑器”对话框，在该对话框中选择一个未用的示例球，在“明暗器基本参数”卷展栏中的材质类型下拉列表中选择“金属”选项；在“金属基本参数”卷展栏中单击“环境光”右侧的颜色图标，在弹出的“颜色选择器：环境光”对话框中将颜色设置为棕色（红：45，绿：21，蓝：0），如下图所示。

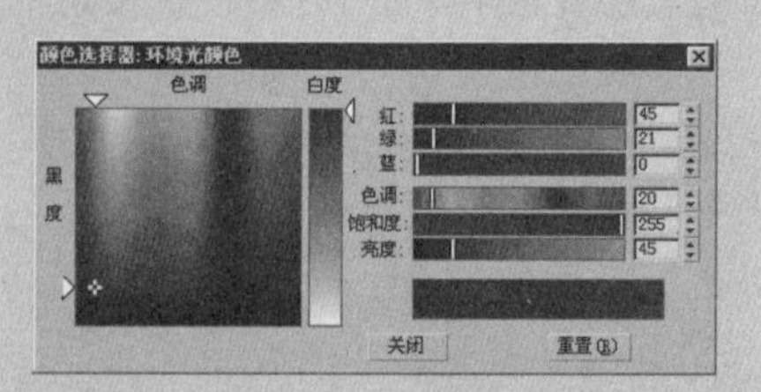

66 在“金属基本参数”卷展栏中单击“漫反射”右侧的颜色图标，在弹出的“颜色选择器：漫反射颜色”对话框中将颜色设置为淡蓝色（红：218，绿：228，蓝：231），如下图所示。

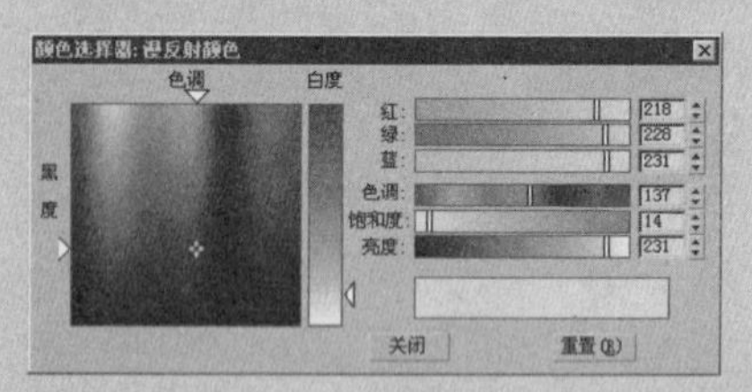

67 在“反射高光”选项区域中将“高光级别”设置为70，“光泽度”为50，如下图所示。

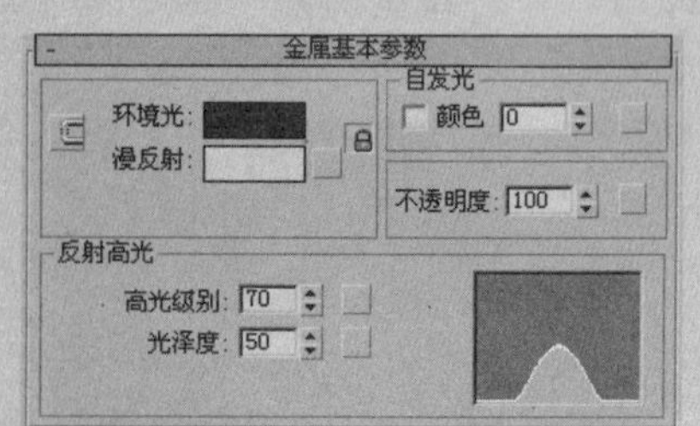

图7-86 插入顶点

图7-87 挤出多边形

- “挤出设置”按钮：单击该按钮，系统将弹出通过交互式操作挤出的“挤出多边形”对话框，如图7-88所示，在该对话框中“挤出高度”值被设置为最后一次手动挤出时的高度值。
- “轮廓”按钮：用于增加或减小每组连续的选定多边形的外边。执行“挤出”或“倒角”操作后，通常可以使用“轮廓”调整挤出面的大小，如图7-89所示。

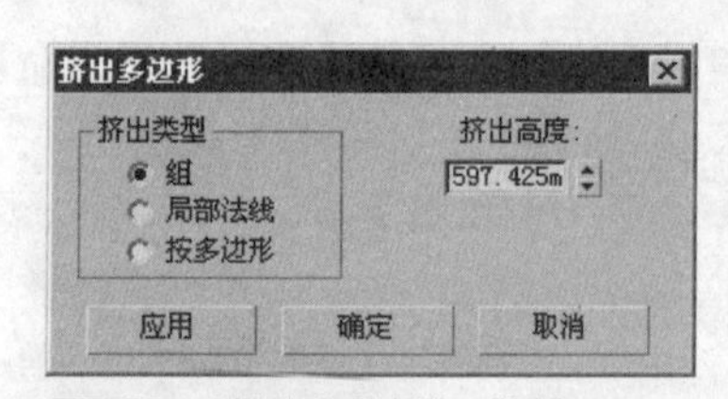

图7-88 “挤出多边形”对话框

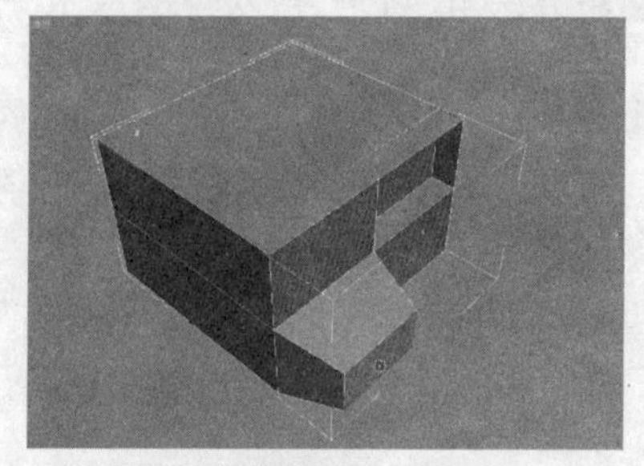

图7-89 轮廓多边形

- “轮廓设置”按钮：单击该按钮，系统将弹出“多边形加轮廓”对话框，如图7-90所示，在该对话框中用户可使用数值设置来设置轮廓。
- “倒角”按钮：该按钮的功能可以看作是“挤出”和“轮廓”的组合，单击此按钮，然后垂直拖动任何多边形，可以将多边形挤出，释放鼠标按钮，然后垂直移动鼠标光标，设置挤出轮廓，单击结束操作。
- “倒角设置”按钮：单击该按钮，弹出“倒角多边形”对话框，如图7-91所示，用于通过交互式操作执行倒角。

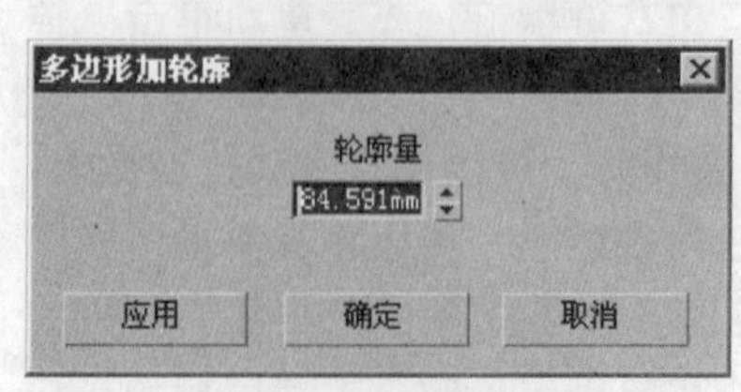

图7-90 “多边形加轮廓”对话框

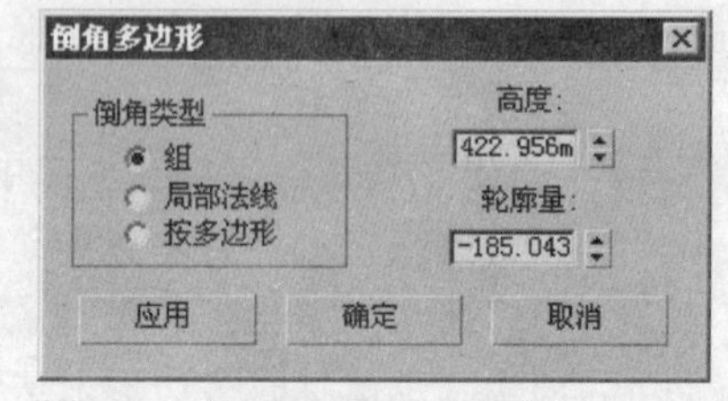

图7-91 “倒角多边形”对话框

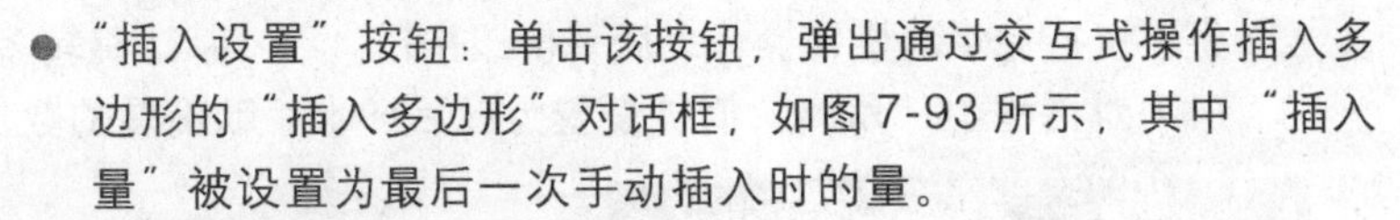

● “插入”按钮：执行没有高度的倒角操作，即在选定多边形的平面内执行该操作，如图7-92所示。单击此按钮，然后垂直拖动任何多边形，以便将其插入。再次单击“插入”按钮或右键单击视图均可以结束操作。

● “插入设置”按钮：单击该按钮，弹出通过交互式操作插入多边形的“插入多边形”对话框，如图7-93所示，其中“插入量”被设置为最后一次手动插入时的量。

图7-92 插入多边形

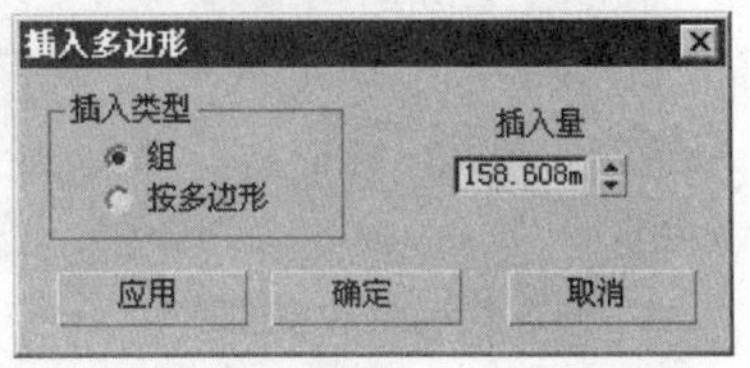

图7-93 “插入多边形”对话框

● “桥”按钮：使用多边形“桥”连接对象上的两个多边形或多边形组，如图7-94和图7-95所示。

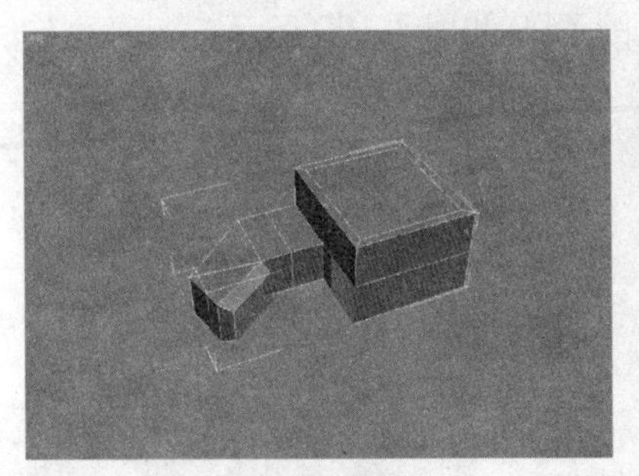

图7-94 选择进行桥接的多边形

图7-95 桥接后的效果

● “桥设置”按钮：单击该按钮，弹出通过交互式操作连接选定多边形对的“跨越多边形”对话框，如图7-96所示。

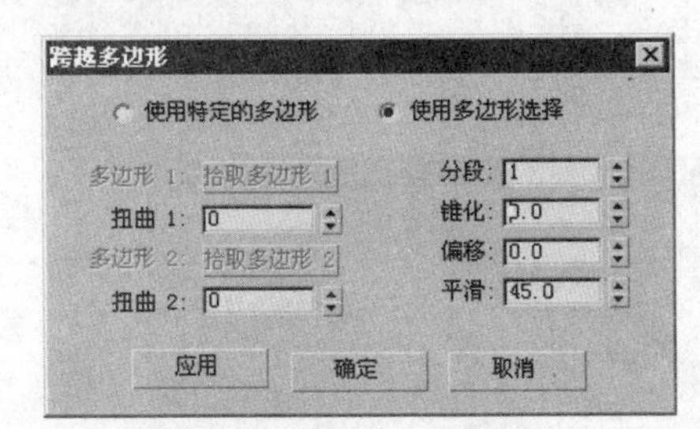

图7-96 “跨越多边形”对话框

● “翻转”按钮：反转选定多边形的法线方向。

● “从边旋转”按钮：可以通过在视口中执行手动旋转操作。选择多边形，并单击该按钮，然后沿着垂直向上方向拖动多边形的边，多边形将以用户单击的边为旋转轴进行逆时针的旋转，反

工业设计> 15

心脏检测仪

68 在“贴图”卷展栏中单击“凹凸”右侧的 None 按钮，在弹出的“材质/贴图浏览器”对话框中双击“噪波”选项，如下图所示。

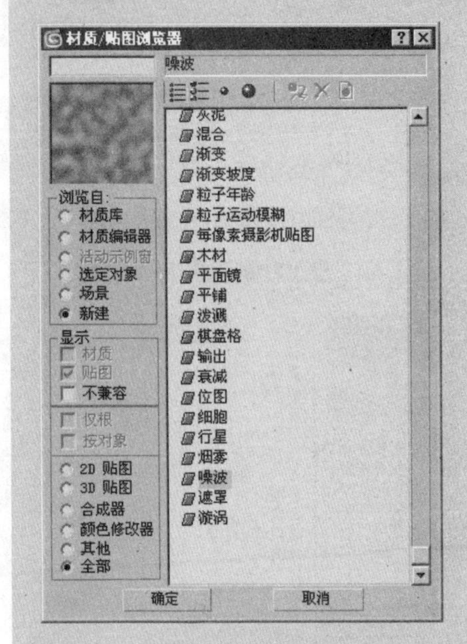

69 在“材质编辑器”对话框中的“坐标”卷展栏中将X、Y、Z的“平铺”数值均设置为2，如下图所示。

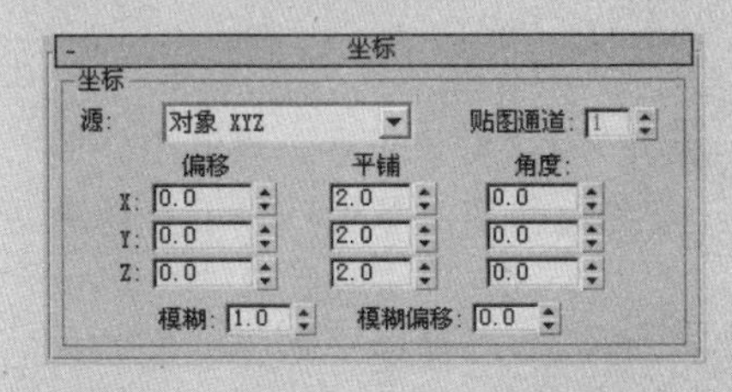

70 在“噪波参数”卷展栏中将“大小”设置为0.12，单击“颜色1”右侧的颜色图标，在弹出的“颜色选择器：颜色1”对话框中将颜色设置为灰色（红：163，绿：163，蓝：163），如下图所示。

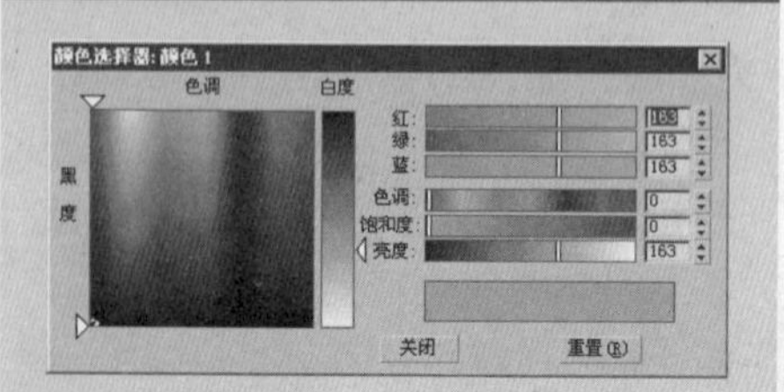

71 在“贴图”卷展栏中单击“反射”右侧的 None 按钮，在弹出的“材质/贴图浏览器”对话框中双击“光线跟踪”选项，如下图所示。

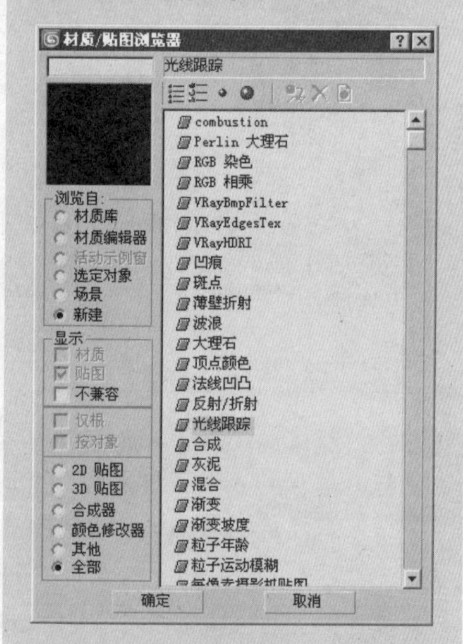

72 在“材质编辑器”对话框中的“光线跟踪基本参数”卷展栏中单击“背景”选项区域中的 None 按钮，在弹出的“材质/贴图浏览器”对话框中双击“位图”选项，如下图所示。

之，进行顺时针旋转，并创建构成旋转侧面的新多边形，实质上是旋转挤出，如图7-97所示。

- “从边旋转设置”按钮：单击该按钮，弹出通过交互式操作旋转多边形的“从边旋转多边形”对话框，如图7-98所示。如果在执行完手动旋转操作之后单击该按钮，在“从边旋转多边形”对话框中“角度”值被设置为最后一次手动旋转的数值。

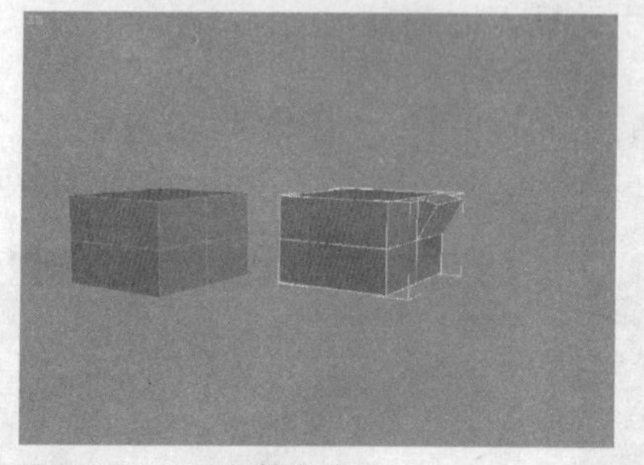

图7-97 手动旋转多边形

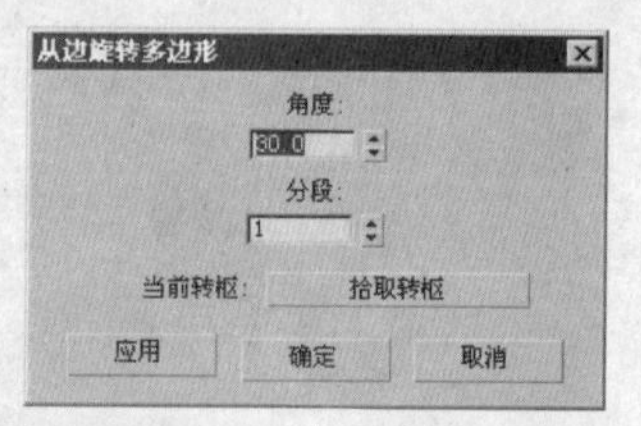

图7-98 “从边旋转多边形”对话框

- “沿样条线挤出”按钮：选择要挤出的多边形，单击该按钮，然后在场景中选择样条线。选择的多边形将沿样条线挤出，与样条线的位置无关（从样条线的首点开始挤出）。同样形状的样条线可以有两种挤出结果，如图7-99和图7-100所示。

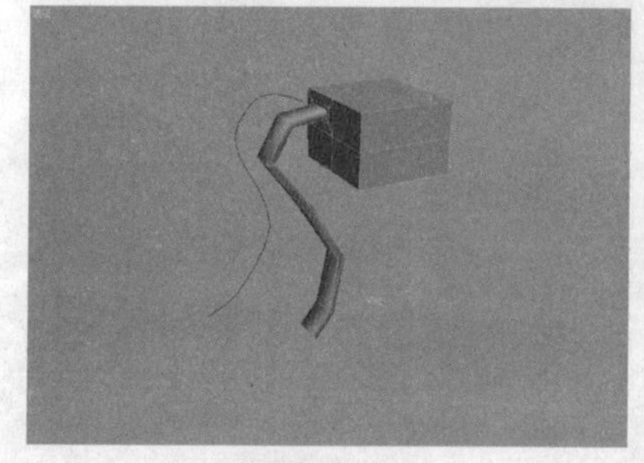

图7-99 样条线挤出效果

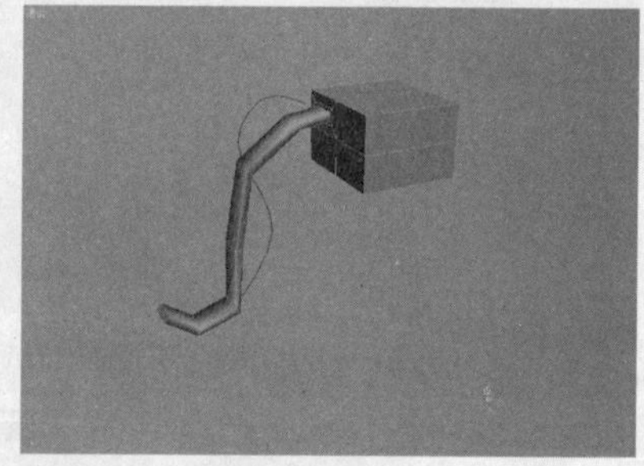

图7-100 挤出效果

- “沿样条线挤出设置”按钮：单击该按钮，打开用于通过交互式操作沿样条线挤出的“沿样条线挤出多边形”对话框，如图7-101所示。

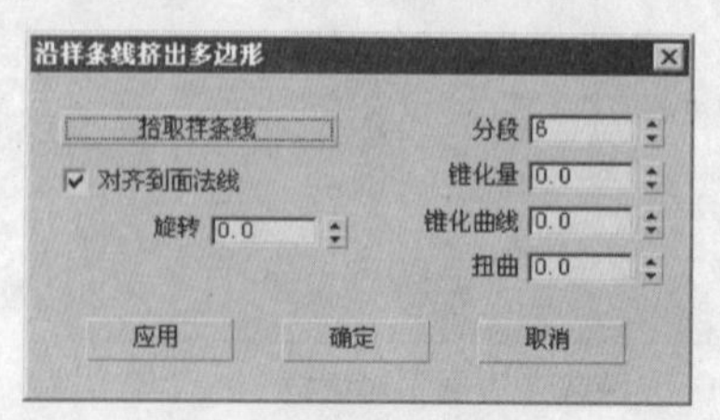

图7-101 “沿样条线挤出多边形”对话框

- “编辑三角剖分”按钮：使用户可以通过绘制内边修改多边形细分为三角形的方式。启用“编辑三角形剖分”选项，系统将显示隐藏的边，单击多边形的一个顶点，会出现附着在光标上的橡皮筋线，单击不相邻顶点可为多边形创建新的三角剖分。

- “重复三角算法”按钮：在当前选定的一个或多个多边形上执行最佳三角剖分。
- “旋转”按钮：用于通过单击对角线修改多边形细分为三角形的方式。激活“旋转”时，对角线可以在线框和边面视图中显示为虚线。在“旋转”模式下，单击对角线可更改其位置。

“多边形属性”卷展栏

在“多边形属性”卷展栏中，用户可以通过系统提供的控件处理材质ID和平滑组，如果是可编辑多边形对象，将多出“编辑顶点颜色”选项区域，如图7-102所示。

(1)“材质”选项区域

图7-102　“多边形属性”卷展栏

- 设置ID：用于向选定的多边形分配特殊的材质ID编号，以供“多维/子对象”材质使用，可用的ID总数是65,535。
- “选择ID”按钮：选择用户指定的“材质ID”对应的子对象。在该按钮右侧的文框中输入要选择的ID编号，然后单击“选择ID”按钮即可选择用户指定编号的表面。
- 按名称选择列表：如果已为对象指定“多维/子对象”材质，该下拉列表中会显示子材质的名称，如图7-103所示。从列表中选择某个子材质后，系统将自动选择指定给该材质的任何子对象，如果没有为对象指定“多维/子对象”材质，则名称列表不可用。
- 清除选定内容：启用时，选择新ID或材质名称会取消选择以前选定的所有子对象。禁用时，选定内容是累积结果，因此，新ID或选定的子材质名称将会添加到现有的面片或元素选择集中。默认设置为禁用状态。

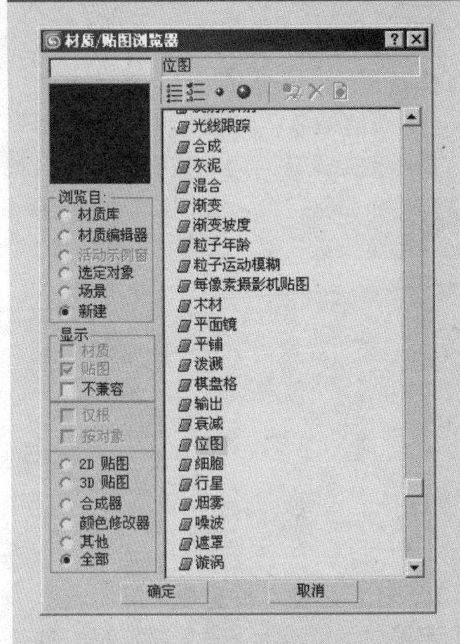

73 在弹出的“选择位图图像文件”对话框中选择附书光盘：“实例文件\工业设计\心脏检测仪\金属.jpg”图片，如下图所示。

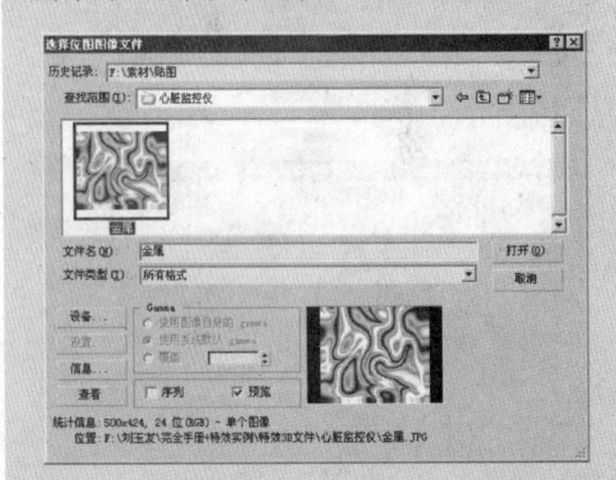

74 在“坐标”卷展栏中将U、V的“平铺”数值均设置为0.1，如下图所示。

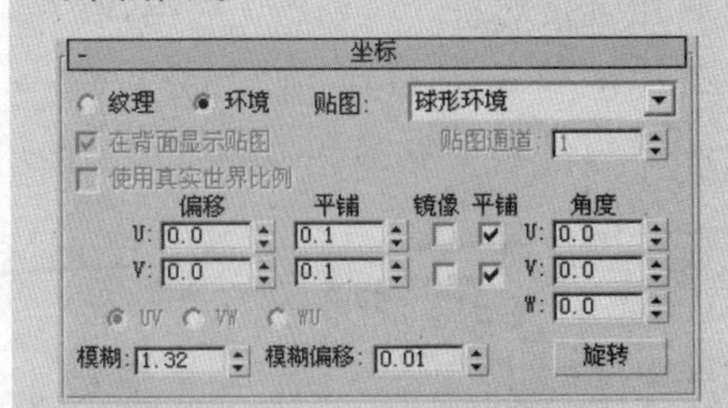

75 在视图中选中“底座”、“底座01”和“金属圈”，然后单击“材质编辑器”对话框中的“将材质指定给选定对象”按钮，将当前的材质指定给它们，按Shift+Q组合键渲染透视图，效果如下图所示。

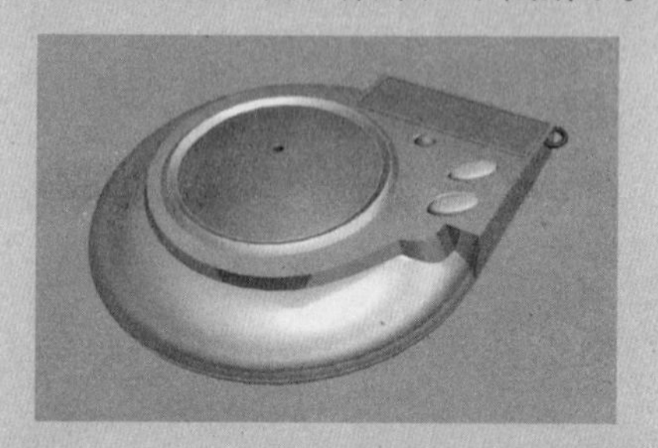

76 将“底座”材质拖到另外一个未用的示例球上，然后将复制的材质命名为“传感器”；单击“漫反射”右侧的颜色图标，在弹出的“颜色选择器：漫反射颜色”对话框中将颜色设置为淡蓝色（红：143，绿：187，蓝：220），如下图所示。

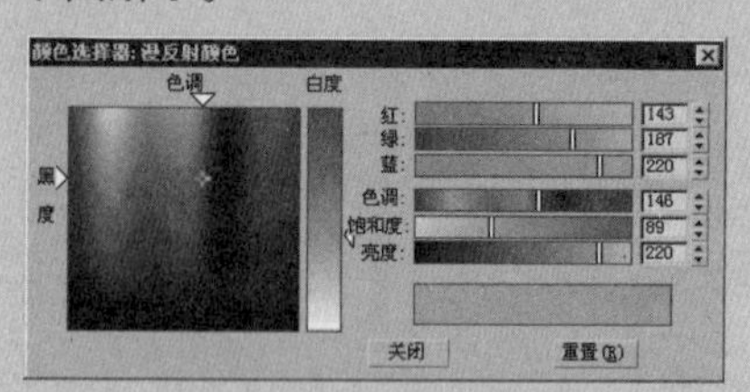

77 在“贴图”卷展栏中将“反射”的数量设置为20，在视图选中“传感器”对象，然后单击“将材质指定给选定对象”按钮，将当前的材质指定给它们，按Shift+Q组合键渲染透视图，效果如下图所示。

(2)“平滑组”选项区域

使用这些控件，可以向不同的平滑组分配选定的多边形，还可以按照平滑组选择多边形。要向一个或多个平滑组分配多边形，首先要选择所需的多边形，然后单击要向其分配的平滑组数。

- “按平滑组选择”按钮：单击该按钮，弹出包含当前平滑组的“按平滑组选择”对话框，如图7-104所示。通过单击对应编号按钮选择组，然后单击“确定”按钮。如果“清除选择”为启用，则首先取消选择以前选定的所有多边形。如果“清除选择”为禁用，则新选择添加到以前的所有选择集中。

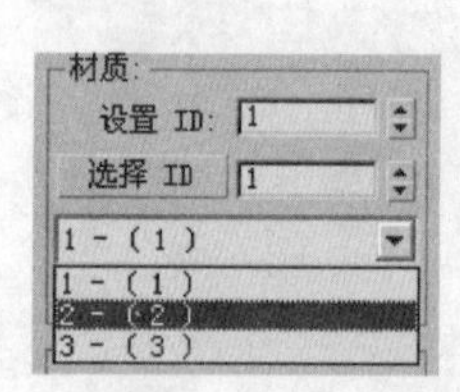

图7-103 按名称选择列表

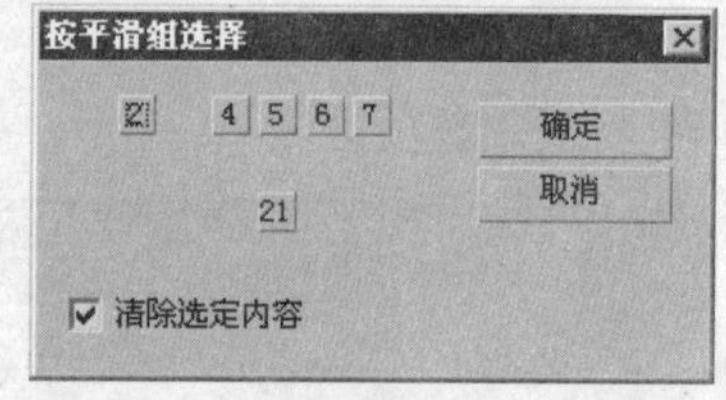

图7-104 “按平滑组选择”对话框

- “清除全部”按钮：从选定多边形移除平滑组指定。
- “自动平滑”按钮：基于多边形之间的角度设置平滑组。如果任何两个相邻多边形的法线之间的角度小于阈值角度（由该按钮右侧的微调按钮设置），它们会包含在同一平滑组中。
- 阈值：该数值设置用于指定相邻多边形的法线之间的最大角度，用于确定这些多边形是否可包含在同一平滑组中。

7.2 面片

系统提供两种面片栅格：四边形面片和三角形面片。这两种类型的面片栅格是平面对象。

7.2.1 创建面片

用户可以在视图中直接创建四边形面片和三角形面片，但是这两种对象还不是真正意义上的面片，但用户可以通过使用“编辑面片”修改器或将面片塌陷为“可编辑面片”，进而对创建的面片进行修改。

Step 01 在“创建”命令面板中的创建类型下拉列表中选择“面片栅格”选项。

Step 02 在“对象类型”卷展栏中单击 四边形面片 按钮（也可以根据实际情况使用“三角形面片”），如图7-105所示。

Step 03 在视图中单击并托曳鼠标，在适当的位置释放鼠标，这样就创建了一个四边形面片栅格，如图7-106所示。

图7-105 选择面片栅格类型　　图7-106 四边形择面片栅格

Step 04 在“修改”命令面板中的“参数”卷展栏中将“长度分段”和“宽度分段”均设置为3，此时在创建的面片栅格上将显示分段，如图7-107所示。

Step 05 在“修改”命令面板中的“修改器列表”下拉列表中单击“编辑面片”修改器，通过该修改器提供的编辑工具，用户可以对面片进行更深层次的编辑。用户可以通过调整顶点的控制柄来控制面片的曲率，如图7-108所示。

图7-107 细分面片栅格

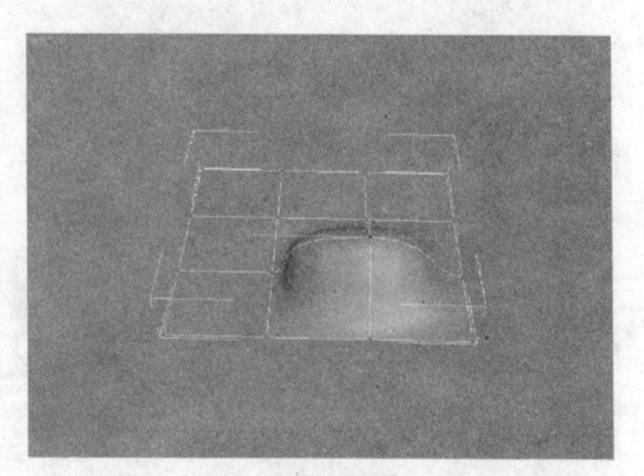

图7-108 面片的控制柄

7.2.2 顶点的有关操作

用户可以对面片的顶点进行删除、断开、焊接、隐藏、创建及切线的复制、粘贴等操作。

删除顶点

在视图中选中面片的顶点，在“修改”命令面板中的“几何体”卷展栏中单击 删除 按钮，可以将选中的顶点删除，如图7-109和图7-110所示。

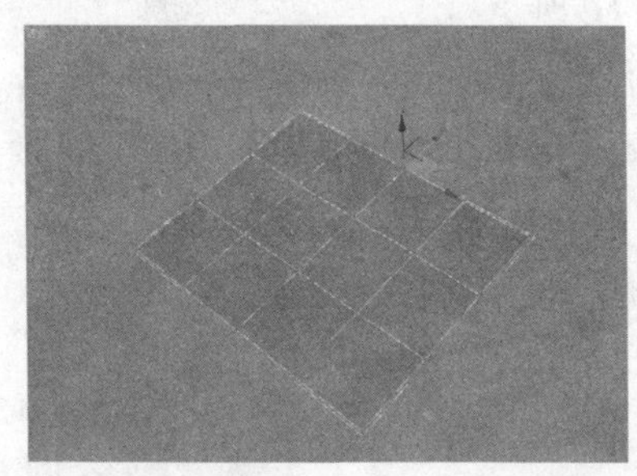

图7-109 选择顶点

图7-110 删除顶点

78 将“底座”材质拖到另外一个未用的示例球上，然后将复制的材质命名为“传感器”；单击“漫反射”右侧的颜色图标，在弹出的“颜色选择器：漫反射颜色”对话框中将颜色设置为淡蓝色（红：234，绿：210，蓝：116），如下图所示。

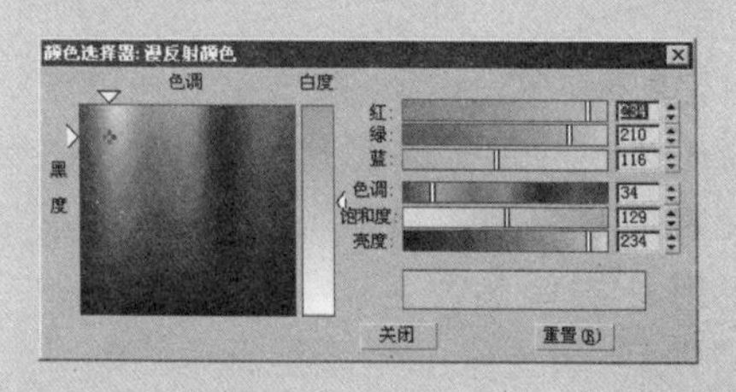

79 在视图选中“吊环”对象，然后单击“将材质指定给选定对象”按钮，将当前的材质指定给它，按Shift+Q组合键渲染透视图，效果如下图所示。

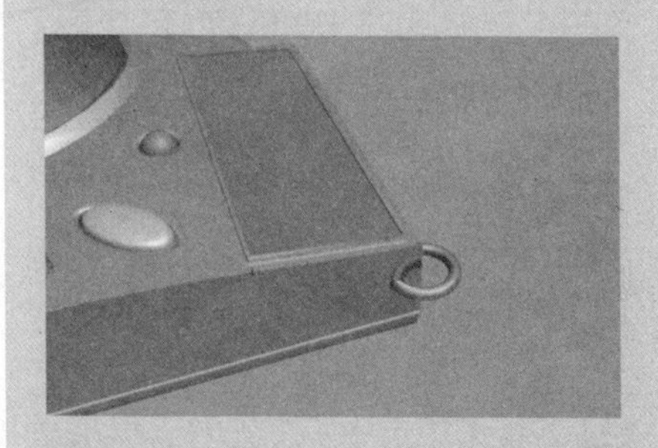

80 制作“指示灯”材质。在“材质编辑器”对话框中选择一个未用的示例球，在“Blinn基本参数”卷展栏中单击“漫反射”右侧的颜色图标，在弹出的“颜色选择器：漫反射颜色”对话框中将颜色设置为红色（红：248，绿：5，蓝：5），如下图所示。

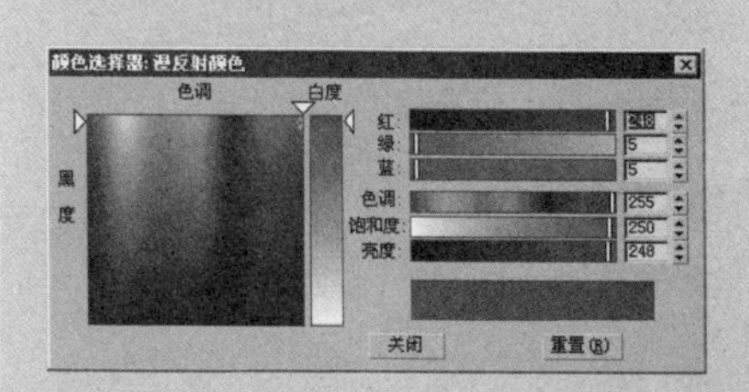

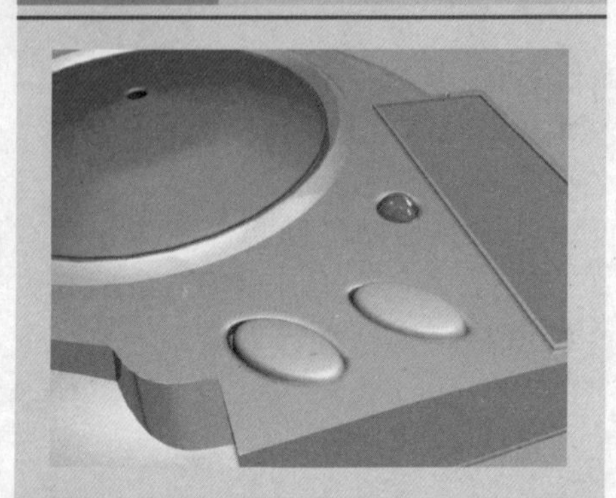

81 将“指示灯”材质拖到另外一个未用的示例球上，然后将复制的材质命名为“按钮”，单击“漫反射”右侧的颜色图标，在弹出的“颜色选择器：漫反射颜色”对话框中将颜色设置为灰色（红：127，绿：127，蓝：127）。在“Blinn基本参数”卷展栏中将“高光级别”设置为36，“光泽度”为40，如下图所示。

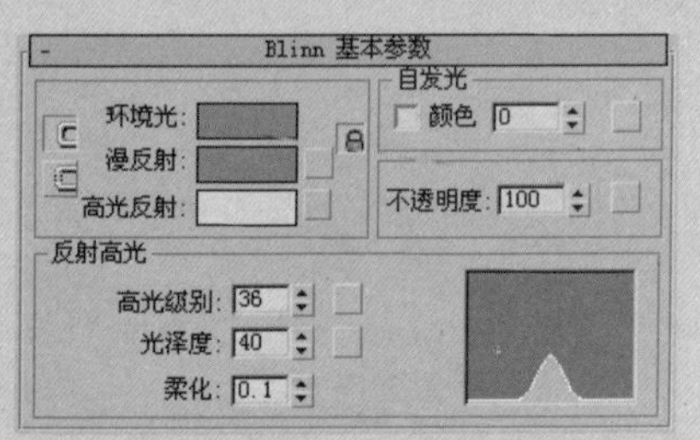

82 在视图中选中“按钮01”和“按钮02”对象，然后单击“将材质指定给选定对象”按钮，将当前的材质指定给它们，按Shift+Q组合键渲染透视图，效果如下图所示。

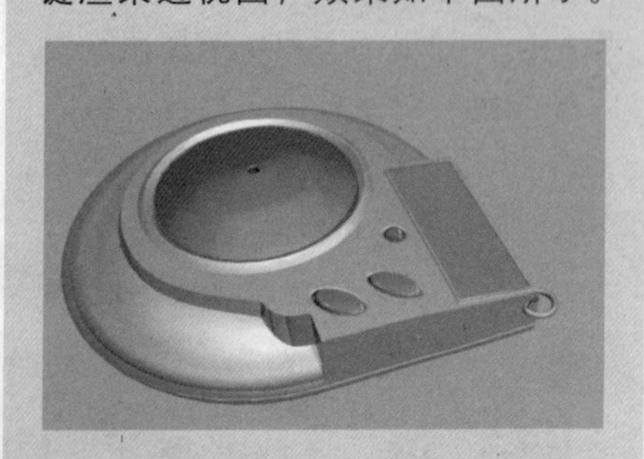

断开与隐藏顶点

Step 01 在视图中选中一个或多个顶点，然后单击“几何体”卷展栏中的 断开 按钮，此时选中的顶点将被分为两个，如图7-111所示。

Step 02 在视图中选中面片的左侧顶点，如图7-112所示，单击“几何体”卷展栏中的 隐藏 按钮，此时选中的顶点将被隐藏，如图7-113所示（单击“全部取消隐藏”按钮，将显示隐藏的顶点）。

Step 03 当面片的顶点被隐藏后，与顶点关联的表面将一起被隐藏，但是隐藏的部分将出现在渲染的画面中，如图7-114所示。利用顶点的隐藏功能，可以使用户的编辑工作更加清晰、明确。

图7-111 断开顶点

图7-112 选择顶点

图7-113 隐藏顶点

图7-114 渲染图片中将显示隐藏部分

复制粘贴切线

Step 01 在视图中选中一个顶点。

Step 02 单击“修改”命令面板中“几何体”卷展栏中“切线”选项区域中的 复制 按钮，并勾选“粘贴长度”复选框，然后在视图中单击选中顶点的控制句柄，如图7-115所示。

Step 03 单击“切线”选项区域中的 粘贴 按钮，然后在视图中单击上一个顶点同侧的控制句柄，此时这些控制句柄将继承复制顶点的信息，如图7-116所示。

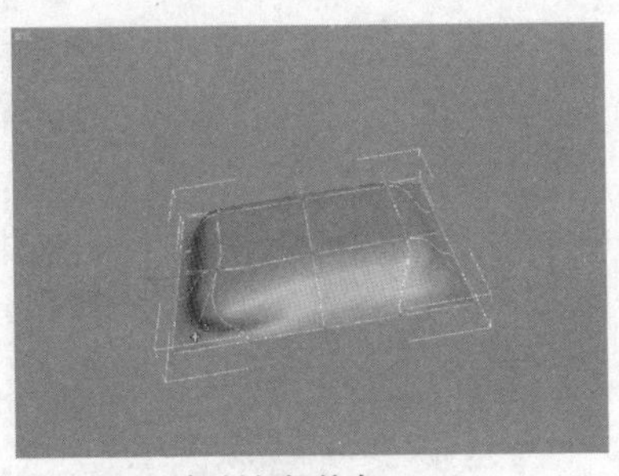

图7-115 复制句柄信息

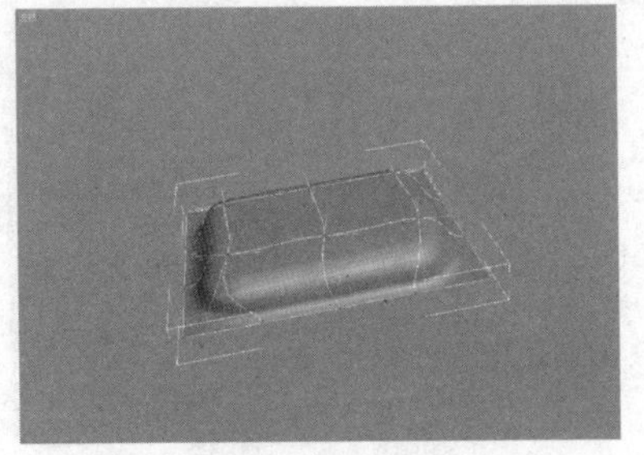

图7-116 粘贴句柄信息后的效果

不同面片之间的焊接

Step 01 在视图中创建两个面片，如图7-117所示。

Step 02 在视图中选中右侧的面片，然后单击“修改”命令面板中“几何体”卷展栏中“拓扑”选项区域中的 附加 按钮，在视图中单击另外一个面片，此时被附加的面片使用附加对象的线框颜色，如图7-118所示。

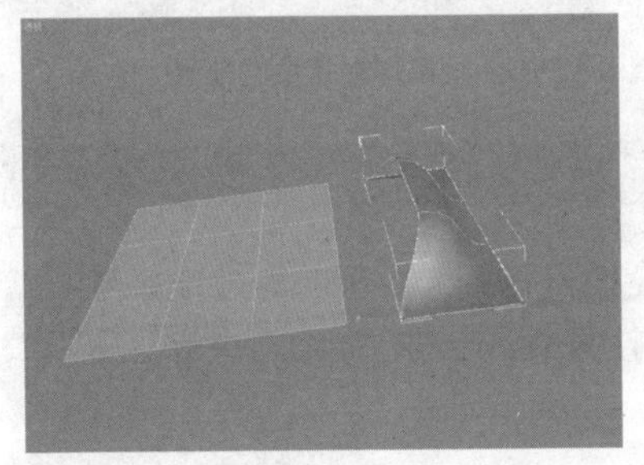

图7-117 创建面片

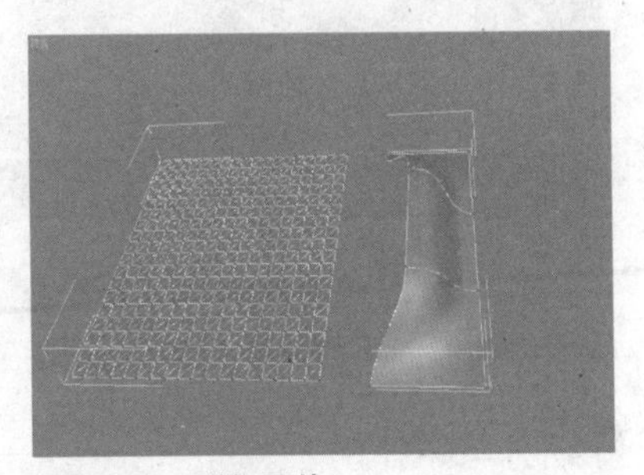

图7-118 附加面片

技巧 提示

在进行面片的附加操作的时候，最好将附加的对象添加一个“编辑面片”修改器，或者将附加的对象转换为“可编辑面片”对象，然后进行附加操作。这样可以避免附加后面片对象的结构变复杂，从而给编辑工作带来不便。

Step 03 按下Ctrl + Z组合键返回上一步，为左侧的面片栅格添加“编辑面片”修改器，然后进行附加操作，这样就可以得到较为理想的效果，如图7-119所示。

Step 04 单击“几何体”卷展栏中“焊接”选项区域中的 目标 按钮，然后单击左侧面片右上部角点并拖到右侧面片对应的顶点上，如图7-120所示。释放鼠标后，首先单击的顶点会自动焊接到指定的顶点上，如图7-121所示。

Step 05 使用类似的方法将对应的顶点进行焊接，效果如图7-122所示。

83 将“指示灯”材质拖到另外一个未用的示例球上，然后将复制的材质命名为“屏幕”，在“Blinn基本参数”卷展栏中将“高光级别”设置为55，“光泽度”为44，如下图所示。

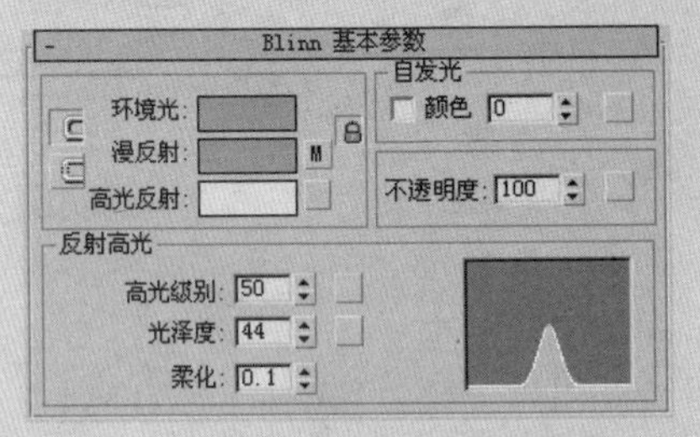

84 在“贴图”卷展栏中单击“漫反射颜色”右侧的 None 按钮，在弹出的“材质/贴图浏览器”对话框中双击“位图”选项，在弹出的“选择位图图像文件”对话框中选择附书光盘：“实例文件\工业设计\心脏检测仪\字幕.jpg”图片，如下图所示。

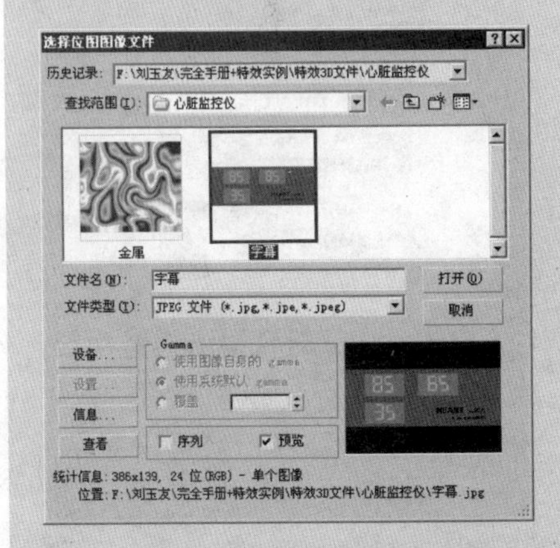

85 在视图中选中“屏幕”对象，然后单击“将材质指定给选定对象”按钮，将当前的材质指定给它，按Shift+Q组合键渲染透视图，效果如下图所示。

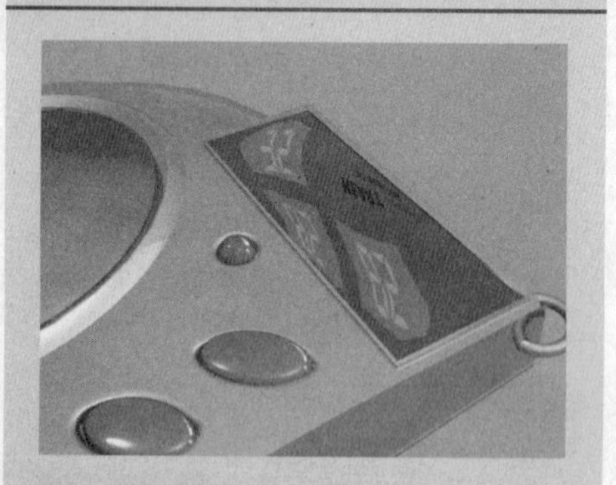

86 从渲染后的图片中可以看到贴图不能正常显示，需要为“屏幕”对象指定贴图坐标，在“修改”命令面板中的“修改器列表”下拉列表中选择“UVW贴图”修改器，此时在“修改”命令面板中将出现“UVW贴图”修改器的“参数”卷展栏，使用默认参数即可，如下图所示。

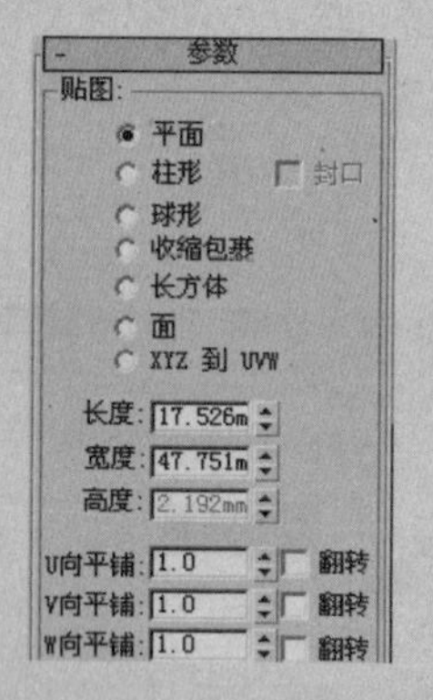

87 按Shift+Q组合键渲染透视图，效果如下图所示，从渲染后的效果中可以看到，贴图已经正常显示。

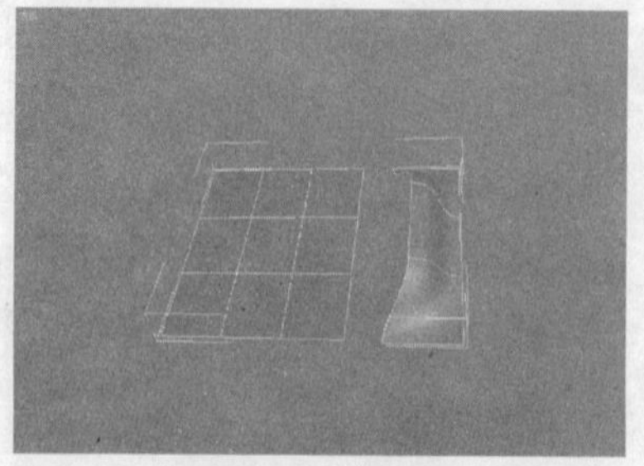

图7-119 理想的附加效果

图7-120 目标焊接

图7-121 焊接后的效果

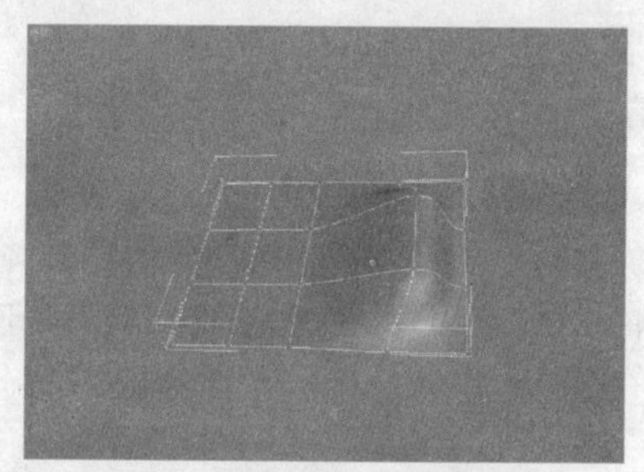

图7-122 整体焊接后的效果

7.2.3 边与面片的有关操作

用户可以对面片的边进行隐藏、断开、细分、拓扑等操作。与顶点的操作类似，下面主要针对细分和拓扑两个功能进行详细的讲解。

细分与拓扑

- 边细分：面片的细分有两种方式，边和面片层次的细分。这两种方式细分面片的结果不同。并且，不同类型的面片细分的结果也有很大的区别。

  以边的形式进行面片的细分，首先要选中面片的边，然后单击“修改”命令面板中的“几何体”卷展栏中“细分”选项区域中的 细分 按钮，此时，与选中边关联的表面将被分成等大的两个区域（四边形面片），如图7-123所示；或者四个等大的三角形区域（三角形面片），如图7-124所示。

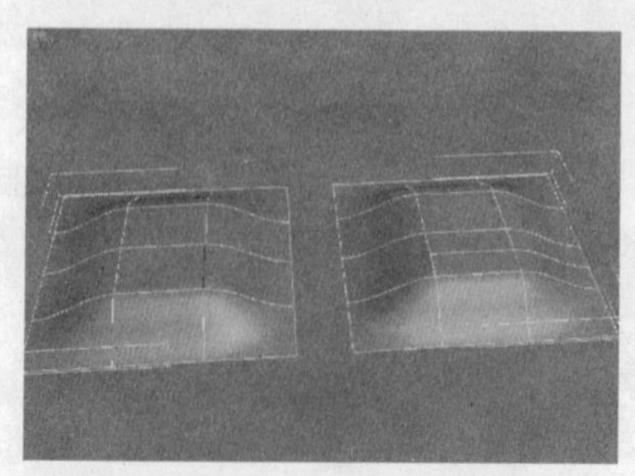

图7-123 四边形面片的细分效果

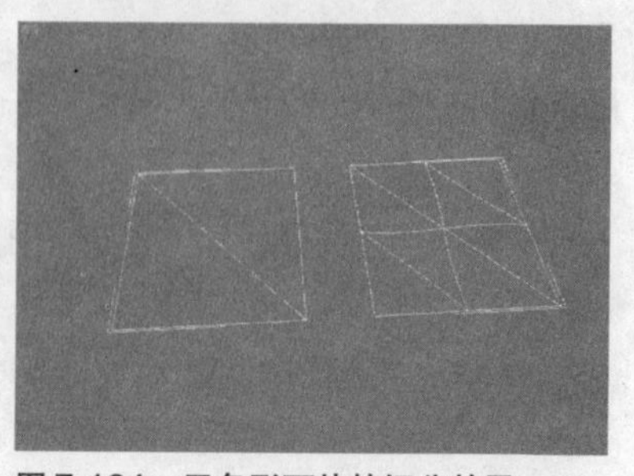

图7-124 三角形面片的细分效果

● 四边形面片的传播细分：如果在单击 细分 按钮前，勾选了“传播”复选框，那么与选择边平行且表面连续的边将被平分，如图7-125和图7-126所示。

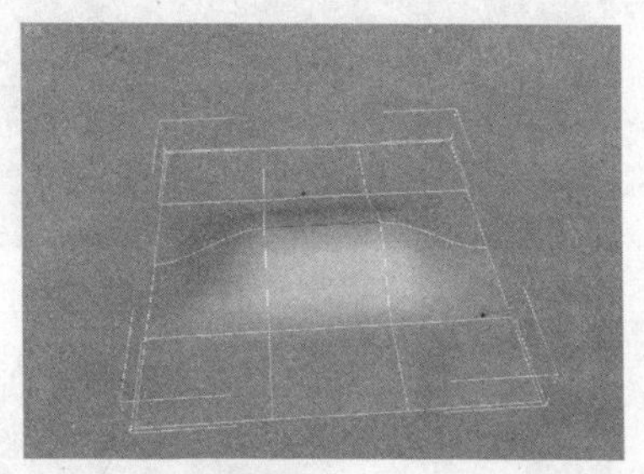
图7-125　选择边

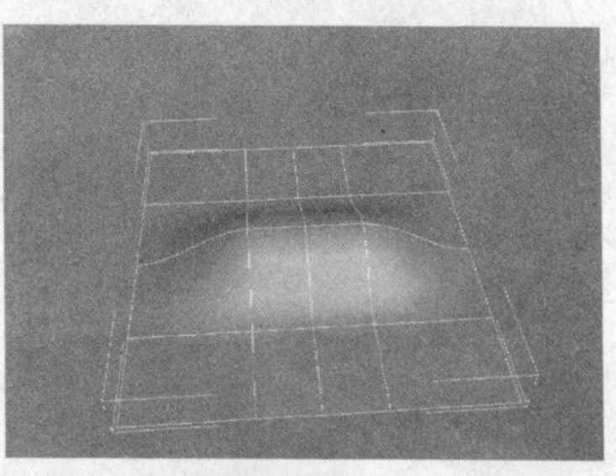
图7-126　传播细分效果

● 三角形面片的传播细分：如果在单击 细分 按钮前，勾选了“传播”复选框，整个表面将被细分（每个表面将被四等分），如图7-127和图7-128所示。

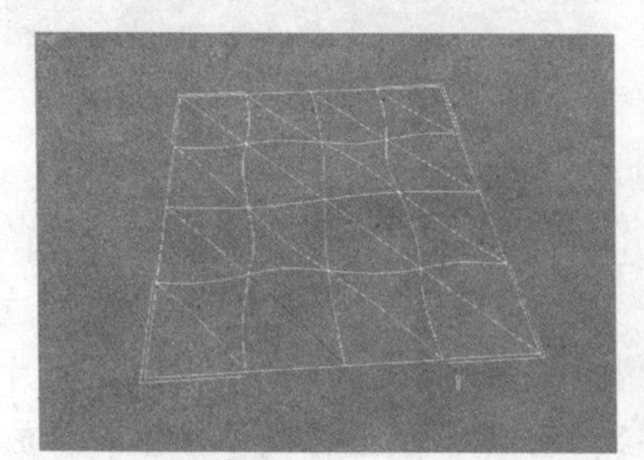
图7-127　选择边

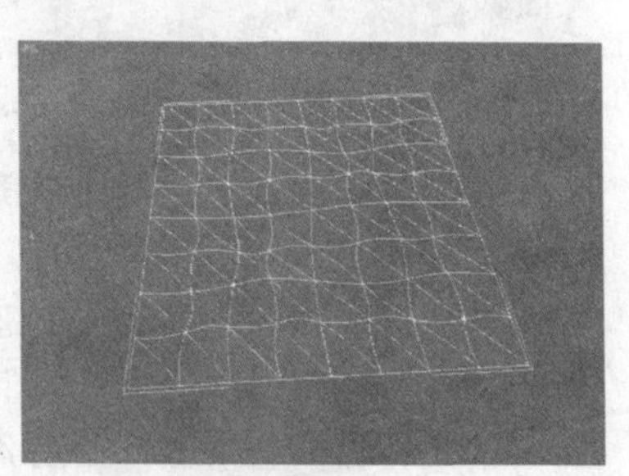
图7-128　整个面片被细分

● 面细分：面细分的方法与边细分类似，四边形面片“面”细分后的效果，如图7-129和图7-130所示。

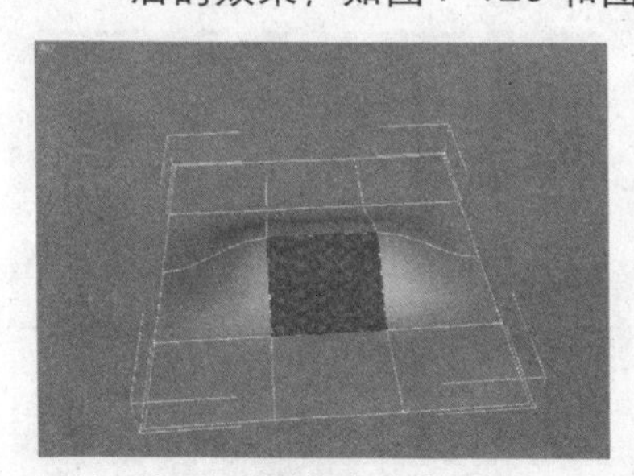
图7-129　标准的细分方式

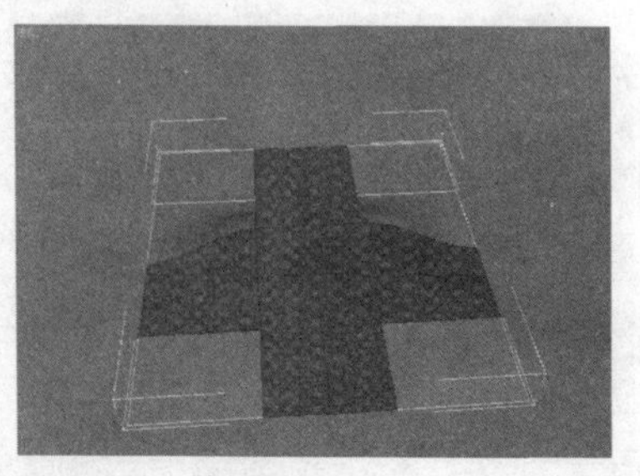
图7-130　传播细分

● 三角形面片细分：三角形面片细分后的效果如图7-131和图7-132所示。

● 增加面片：当面片处于“边”层次的时候，可以从选中的面片边缘的边增加三角形面片或者四边形面片，如图7-133和图7-135所示。在视图中选中要增加面片的边（面片边缘），然后单击“修改”命令面板中“几何体”卷展栏中的 添加三角形 或者 添加四边形 按钮即可。

88 在视图中创建一个简单的场景，然后进行渲染，最终效果如下图所示。

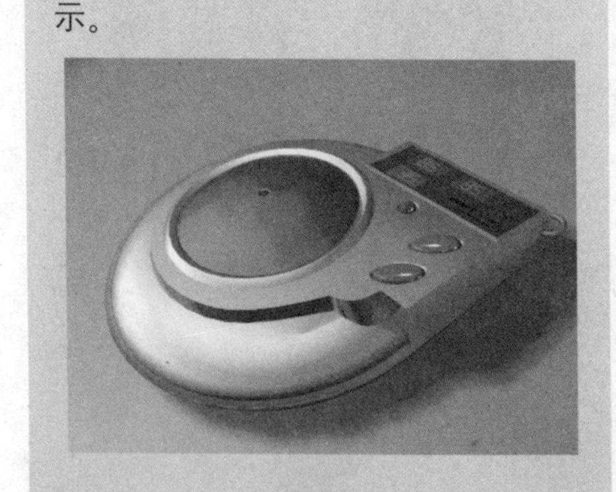

01 在创建模型之前，用户可以搜集一些关于消防栓的图片作为参照，如下图所示。

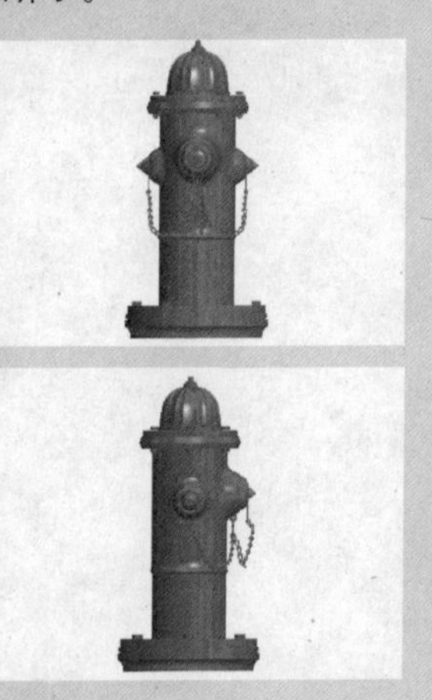

02 在前视图中执行菜单栏中的“视图>视口背景”命令，打开“背景背景”对话框，在该对话框中的“背景源”选项区域中单击 文件... 按钮，在弹出的“选择背景图像”对话框中指定背景图像为前面搜集的“正视图”图片，单击“确定”按钮，在“视口背景”对话框中的“纵横比”选项区域中选中“匹配位图”单选按钮，勾选“锁定缩放/平移”复选框，然后在“应用源并显示于”选项区域中选中“仅活动视图”，如下图所示。

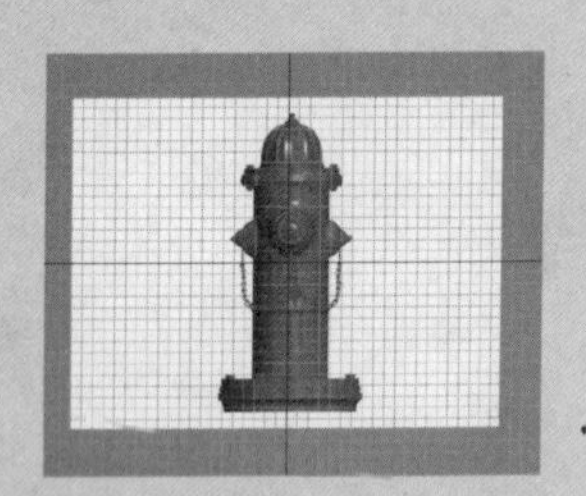

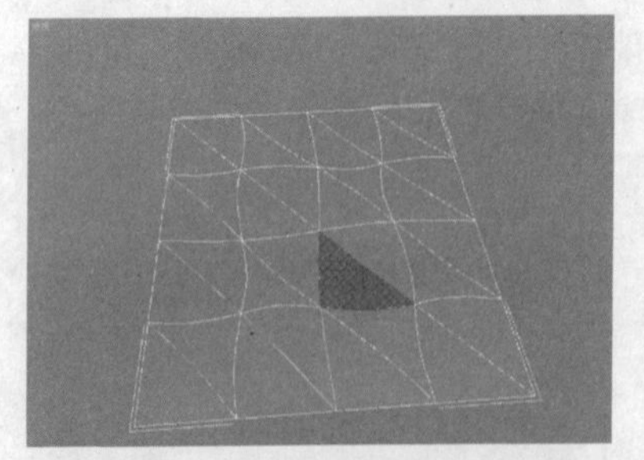

图7-131 标准的细分方式

图7-132 传播细分

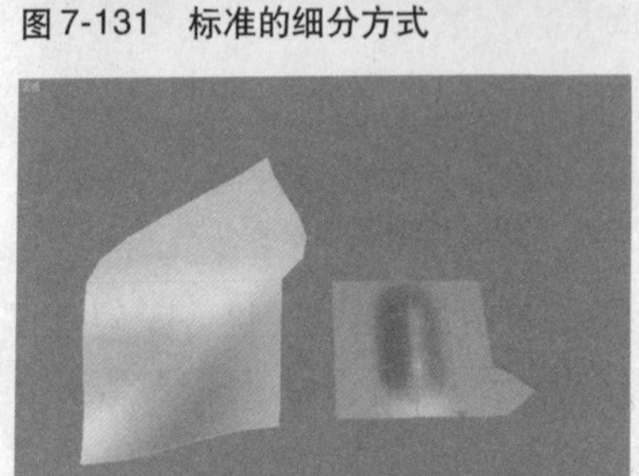

图7-133 增加三角形面片

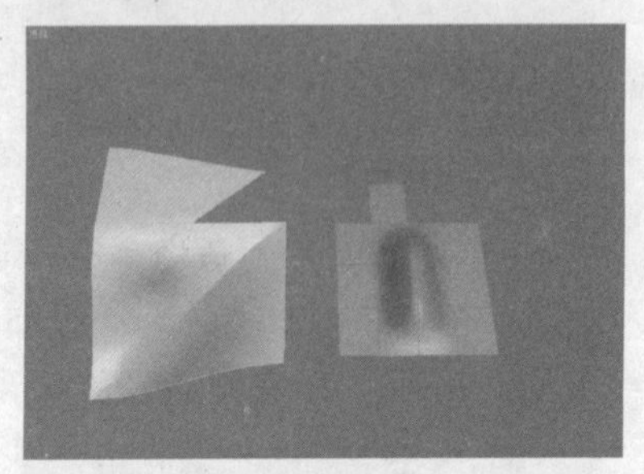

图7-134 增加四边形面片

- 挤出边：面片的边可以被挤出，在视图中选中面片的边后，单击“修改”命令面板中“几何体”卷展栏中“挤出和倒角”选项区域中的 挤出 按钮，然后在视图中单击并垂直拖动鼠标，可以将边向上或者向下挤出；垂直向上拖动鼠标时，面片的边将被向上挤出，如图7-135所示，反之，向下挤出。释放鼠标，然后再次执行手动挤出操作，当垂直向下拖动鼠标的时候，面片的边将沿水平的方向挤出（反之，向相反的方向挤出），如图7-136所示。

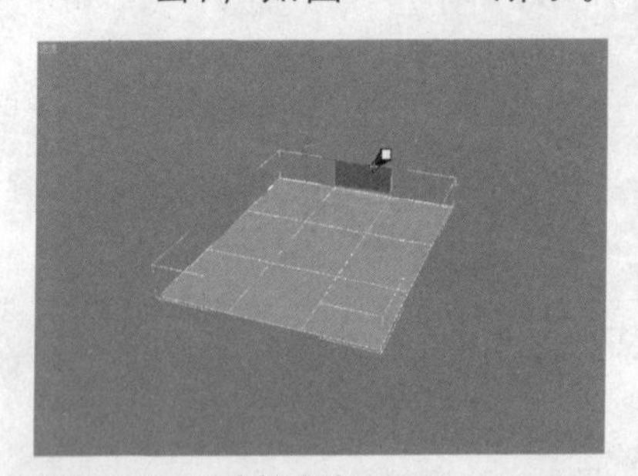

图7-135 垂直挤出边

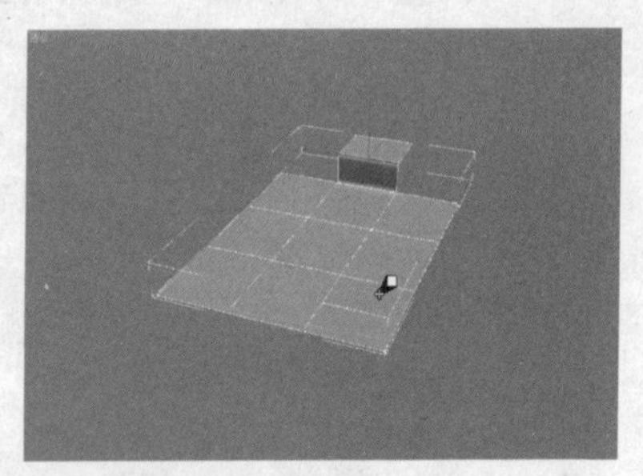

图7-136 水平挤出边

倒角面片

Step 01 按数字键3，进入到“面片”层次。

Step 02 单击“修改”命令面板中“几何体”卷展栏中“挤出和倒角”选项区域中的 倒角 按钮，然后在视图中单击某个面片并垂直向上拖动鼠标，该面片将向上挤出，如图7-137所示。反之，向下挤出，如图7-138所示。

图 7-137 向上挤出面片

图 7-138 向下挤出面片

Step 03 释放鼠标，然后向上拖动鼠标，挤出的表面将向外扩张，如图 7-139 所示；如果向下拖动鼠标，挤出的表面将缩小，如图 7-140 所示。

图 7-139 表面扩张

图 7-140 表面缩小

Step 04 单击鼠标结束倒角操作。

7.3 关于NURBS

NURBS 是“非均匀有理数 B- 样条线”，NURBS 已成为三维建模曲面的行业标准，它们尤其适合于使用复杂的曲线建模曲面。NURBS 是常用的方式，这是因为它们很容易交互操纵，且创建它们的算法效率高，计算稳定性好。

与 NURBS 曲面相比，网格和面片具有很大缺点。如，使用多边形网格和面片很难创建复杂的弯曲曲面。由于网格为面状效果，则面状出现在渲染对象的边上，必须有大量的小面以渲染平滑的弯曲边。

7.3.1 NURBS 曲线

NURBS 曲线是图形对象，通过使用“挤出”或“车削”修改器来生成基于 NURBS 曲线的 3D 曲面。可以将 NURBS 曲线用作放样的路径或图形。也可以使用 NURBS 曲线作为“路径约束”和“路径变形”路径或作为运动轨迹。还可以将厚度指定给 NURBS 曲线，以便其渲染为圆柱形的对象。

03 在“创建”命令面板中单击“图形”按钮，在“对象类型”卷展栏中单击 线 按钮，在前视图中沿着背景图片中的消防栓的轮廓创建曲线，然后取消背景图片在视图中的显示，如下图所示。

04 在“修改”命令面板“修改器列表”下拉列表中选择“车削”修改器，如下图所示。

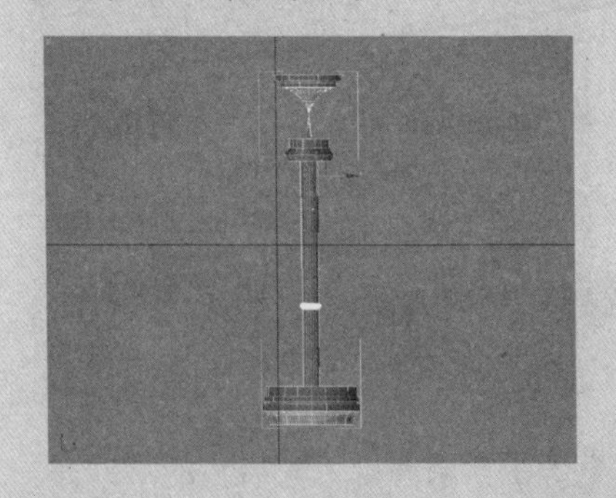

05 在“修改”面板中的“参数”卷展栏中，设置其分段为 32。单击“对齐”选项区域中的 最小 按钮，效果如下图所示。

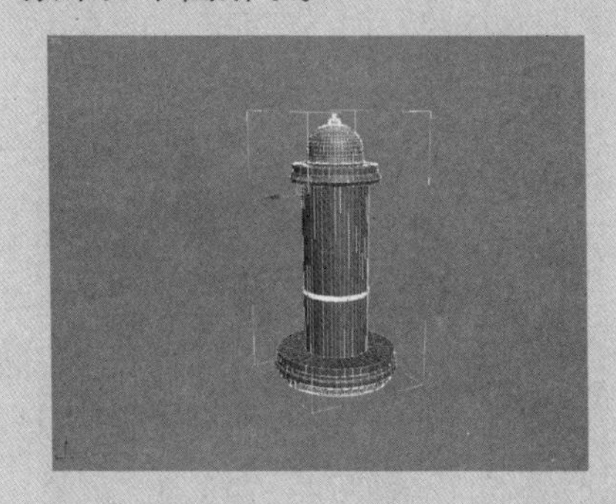

06 执行右键快捷菜单"转换为>转换为可编辑多边形"命令，将"车削"出来的模型转换为可编辑多边形，如下图所示。

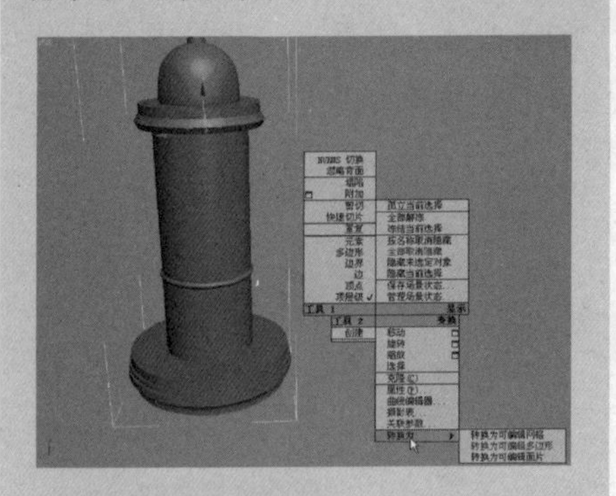

07 单击"层次"按钮，在"调整轴"卷展栏中单击 仅影响轴 按钮，如下图所示。

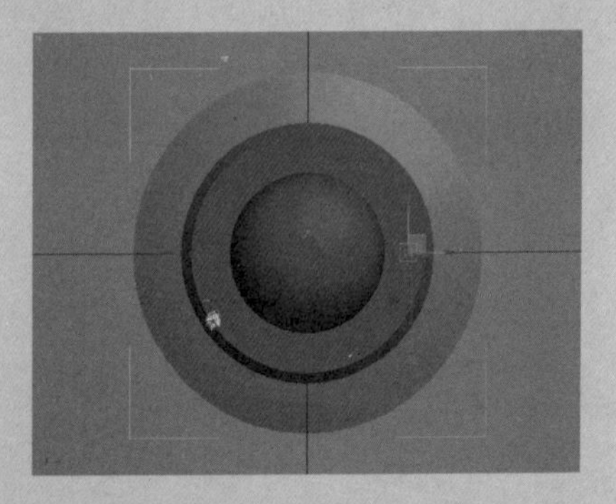

08 在"调整轴"卷展栏的"对齐"选项区域中单击 居中到对象 按钮，将消防栓主体柱的坐标中心对齐到消防栓的中心。再次单击激活状态中的 仅影响轴 按钮，取消影响轴模式，如下图所示。

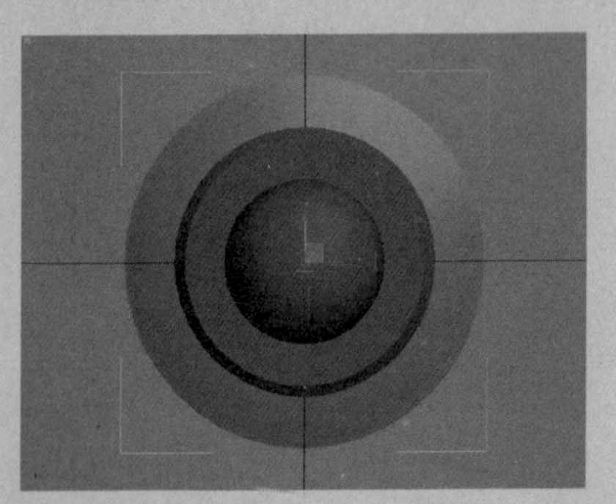

系统提供两种 NURBS 曲线对象：点曲线和 CV 曲线。

点曲线与 CV 曲线的创建

点曲线的控制点被约束在曲线上，如图 7-141 所示；CV 曲线是由控制顶点(CV)控制的 NURBS 曲线。CV 不位于曲线上，如图 7-142 所示。每一个 CV 具有一个权重，可通过调整它来修改曲线形状。

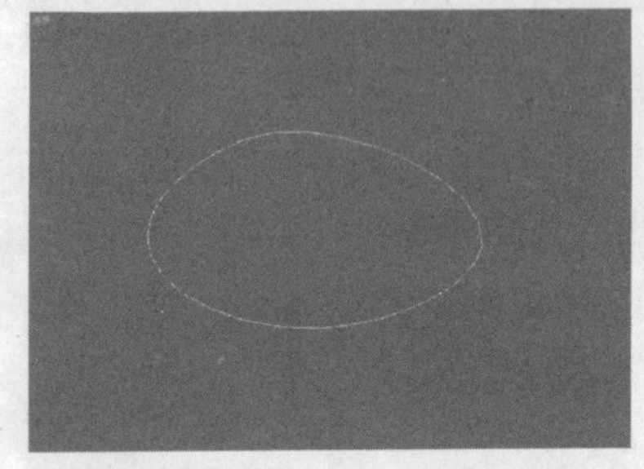

图 7-141　点曲线

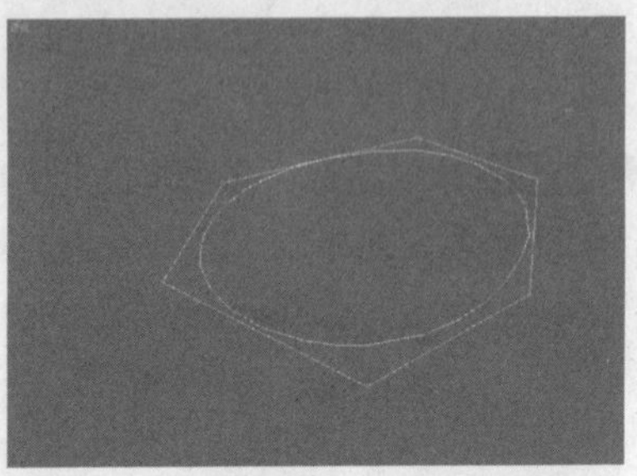

图 7-142　CV 曲线

这两种曲线的创建方法相同，创建时有如下两种方法可供选择。

方法一：在所有视口中绘制。通过此切换可以使用任何视口来绘制曲线，以三维进行绘制。

方法二：配合使用 Ctrl 键绘制。当绘制曲线时，可以使用 Ctrl 键在构造平面之外绘制点。

采用 Ctrl 键的方法，进一步移动鼠标在构造平面之外创建点。有如下两种方法可供选择。

方法一：单击拖动。如果按住 Ctrl 键并按住鼠标按钮，则可以拖动以更改点的高度。释放鼠标时设置点的位置。采用此方法可能更直观。

方法二：依次单击。如果按住 Ctrl 键并单击，然后释放鼠标按钮，则在拖动鼠标时更改高度。再次单击鼠标来设置点的位置。当偏移点时，在构造平面的原始点和偏移平面的实际点上绘制一条红色虚线。可以将鼠标移动到非活动的视口中，在这种情况下，该软件可以在非活动的视口中使用点的 Z 轴设置点的高度。

编辑曲线 CV 子对象

点曲线与CV曲线的参数基本相同，下面就以CV曲线的参数进行讲解。

执行菜单栏中的"创建>NURBS>CV 曲线"命令，在视图中绘制并选中 CV 曲线，然后按数字键 1，进入到"曲线 CV"层次，此时在"修改"命令面板中将出现"CV"卷展栏，如图 7-143 所示。在该卷展栏中用户可以对"曲线 CV"进行融合、优化、插入和隐藏等操作。

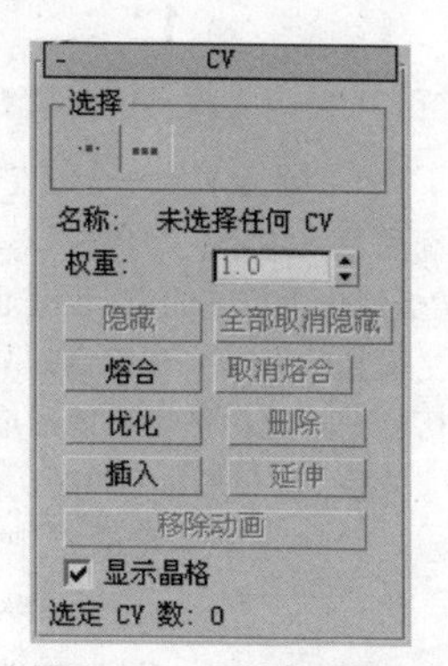

图 7-143　CV 卷展栏

- 单个 CV 按钮：（默认设置）启用此选项后，可以通过单击选择单个 CV 按钮拖动区域，来选择一组 CV。
- 所有 CV 按钮：启用此选项后，单击或拖动会选中曲线上的所有 CV。
- 名称：显示“未选择任何 CV”、“选中多个 CV”，或者“曲线名称（索引）”其中之一，其中“曲线名称”是 CV 父曲线的名称，“索引”是 CV 在曲线上的 U 位置。用户不能编辑“名称”字段。 如果 CV 是熔合的，那么“名称”字段显示的是第一个 CV 的名称。
- 权重：调整所选定 CV 的权重。可以使用 CV 的权重来调整曲线上 CV 的效果。增加权重将曲线拉向 CV，减少权重将释放远离 CV 的曲线。增加权重是使曲线变硬的一种方法，就是说，在特定位置使曲率尖锐，如图 7-144 和图 7-145 所示。

图 7-144　默认权重效果

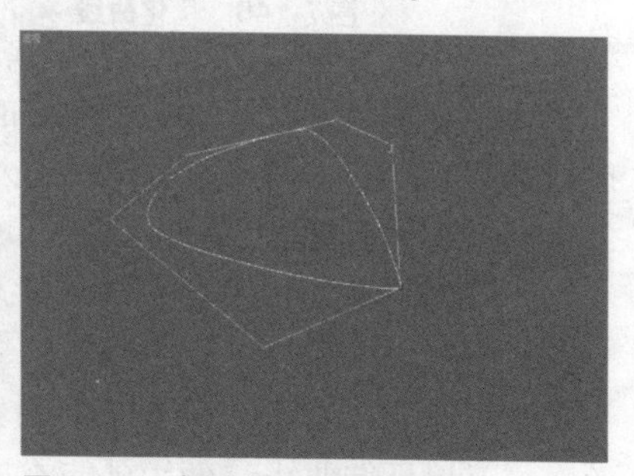

图 7-145　权重为 125 时的效果

- “隐藏”按钮：单击该按钮可以隐藏当前选定的“曲线 CV”。
- “全部取消隐藏”按钮：单击该按钮可以将所有隐藏的“曲线 CV ”取消隐藏。
- “熔合”按钮：将一个 CV 熔合到另一个 CV 上。（不可以将 CV 熔合到点上，反之亦然。）这是连接两条曲线的一种方法，这也是改变曲线形状的一种方法。

09 按数字键 4 切换到模型的“多边形”子层级，将模型的 8 分之 7 删除以便创建消防栓主体模型上的凹陷纹理，如下图所示。

10 按数字键 2 切换到模型的“边”子层级，选中模型顶部球状部分如下图所示的线段。

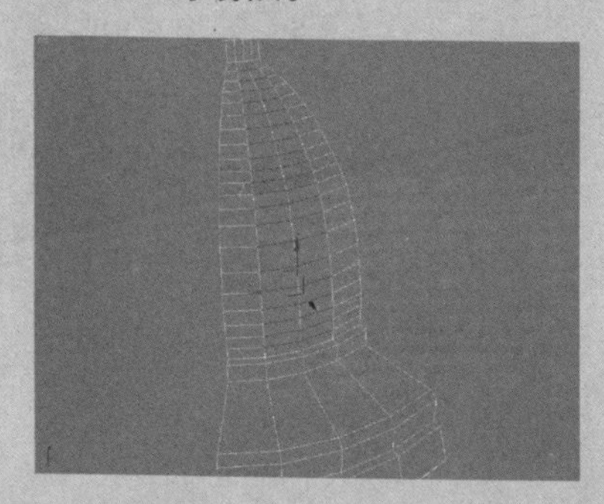

11 在“修改”命令面板中的“编辑边”卷展栏中单击 连接 按钮，将选中的线段连接，如下图所示。

该“连接”工具是很实用且很有规律性的建模工具，望用户能够在创建模型时加以充分利用。

⑫ 再次选择如下图所示的边。

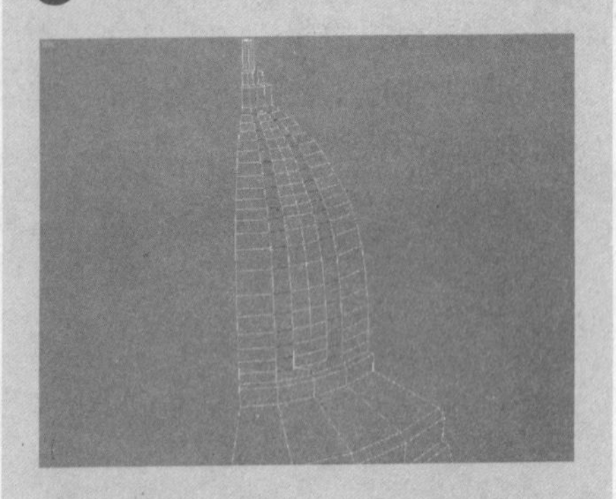

⑬ 使用“连接”工具将线段连接，并使用“切角”工具将线段适当的切角，如下图所示。

⑭ 将在“切角”线段时系统添加的线段向外、向模型上侧移动，创建出凹陷的纹理，如下图所示。

⑮ 给模型添加一个“对称”修改器，在“参数”卷展栏中选择“径向轴”选项区域中的“X”选项，并勾选“翻转”复选框，其效果如下图所示。

技巧提示

熔合CV并不会把两个CV子对象合并到一起。它们被连接在一起，但是保留截然不同的子对象，可以随后取消熔合。熔合的CV如同一个单独的CV一样，直到取消熔合。熔合后的CV类似一个单独的点，但是也应用了统一CV多样性的属性。熔合的CV对曲线产生很大的影响。在熔合的CV附近，曲线可能会变得更尖锐，如果多于两个CV熔合在一起，甚至可能形成角。熔合的CV会以明显的颜色显示，默认设置为“紫色”。（使用“颜色”面板可以更改这一颜色，“颜色”面板可以在“自定义用户界面”对话框中找到。）

- “取消熔合”按钮：将熔合的CV取消熔合。
- “优化”按钮：通过添加CV，对曲线进行优化。使用“优化”添加CV时，曲线上的所有CV都会失去动画控制器。当将光标移动到CV曲线之上时，将出现CV预览，并且它们的位置会以蓝色显示，如图7-146所示。

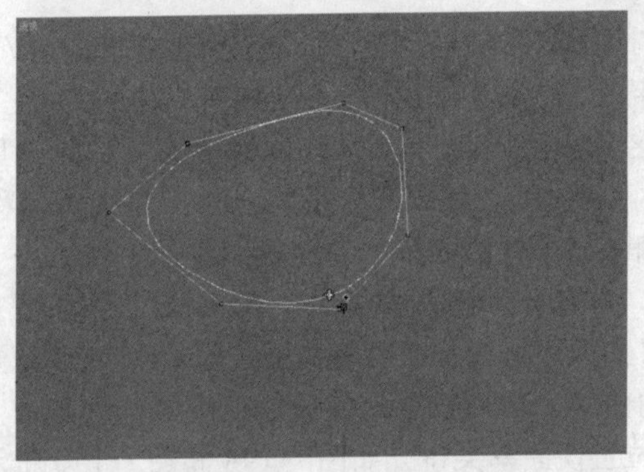

图7-146　优化曲线

- “删除”按钮：删除选定的CV。
- “插入”按钮：将CV插入到曲线中。单击“插入”按钮，然后在曲线上单击。插入CV类似于使用CV优化，只是曲线中的其他CV并不会移动。插入CV并不会将动画移除出曲线，这与优化不同。
- “延伸”按钮：延伸CV曲线。从曲线端点拖动，可以添加新CV延伸曲线。使用延伸添加点时，曲线上的所有点都会失去动画控制器。
- “移除动画”按钮：从选定的CV中移除动画控制器。
- 显示晶格：启用此选项后，会在CV曲线周围显示控制晶格。禁用此选项后，控制晶格不显示在视口中。默认设置为启用。
- 选定CV数：此文本字段显示当前选中了多少个CV。

“曲线公用”卷展栏

进入“曲线”层次，用户在“曲线公用”卷展栏中可以进行拟合、反转、转化曲线、设置材质ID等操作，如图7-147所示。

使用曲线子对象的选择按钮，可以选择各个曲线或空间中连接的所有曲线。

- “单个曲线”按钮：单击或变换曲线时，只能选择一个独立的曲线子对象。
- “所有连接曲线”按钮：单击或变换曲线时，将会选择NURBS对象中连接的所有曲线子对象。
- 名称：显示当前选定曲线的名称。如果已经选定多条曲线，系统将会对其禁用。在默认情况下，该名称由曲线类型（“CV曲线”或“点曲线”）名称和其后的序列号组成。要命名选择的曲线，可以使用该文本框。
- “隐藏”按钮：隐藏当前选定的曲线。
- “全部取消隐藏”按钮：将所有隐藏的曲线取消隐藏。
- “按名称隐藏”按钮：单击时，可以弹出按名称列出曲线的“选择子对象”对话框，如图7-148所示。选择要隐藏的曲线，然后单击“隐藏”按钮，即可隐藏对象。

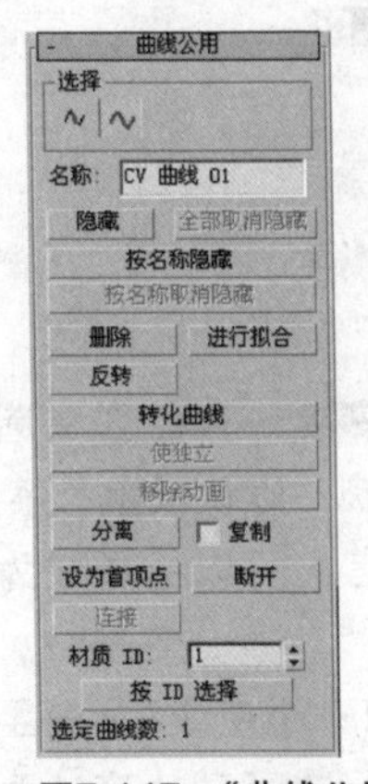

图7-147 “曲线公用”卷展栏

图7-148 “选择子对象”对话框

- “按名称取消隐藏”按钮：如果不存在隐藏的曲线，将会禁用该选项。单击时，可以显示按名称列出曲线的“选择子对象”对话框。选择可见的曲线，然后单击“取消隐藏”按钮即可。
- “删除”按钮：删除选定的曲线子对象。
- “进行拟合”按钮：将CV曲线转变成点曲线。此时，将会弹出“创建点曲线”对话框，用于设置点数，如图7-149所示。
- “反转”按钮：反转曲线中CV或点的顺序。
- “转化曲线”按钮：单击该按钮，弹出“转化曲线”对话框，如图7-150所示。该对话框提供了一种更为普遍的方法，使用户可以将CV曲线转化为点曲线，反之亦然。

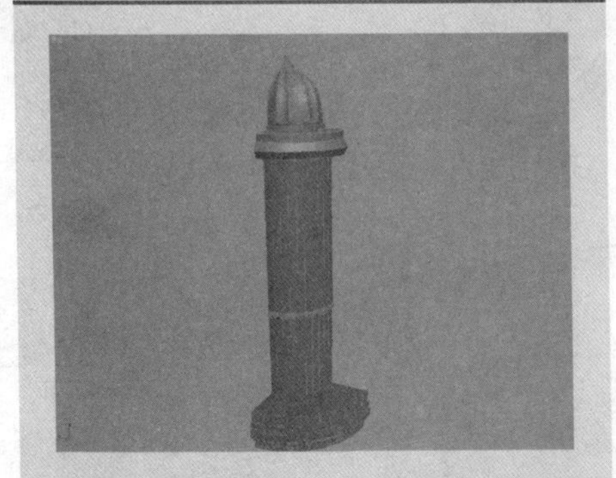

⑯ 给模型添加“对称”修改器，单击修改器堆栈中最顶端的“对称”选项前面的加号，展开对称堆栈，选择堆栈中的“径向”选项，在视图中使用“选择并旋转”工具，将“径向”图标以“Z”轴为旋转轴随意旋转45°，如下图所示。

⑰ 执行右键快捷菜单“转换为>转换为可编辑多边形”命令，将“对称”出来的模型转换为可编辑多边形。按数字键2切换到模型的“边”子层级别，选中模型上部的线段，如下图所示。

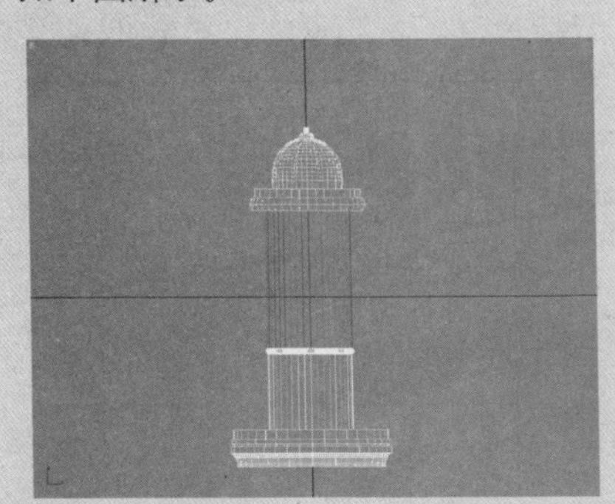

⑱ 在“修改”命令面板的“编辑边”卷展栏中，单击 连接 按钮将选择的线段连接起来，如下图所示。

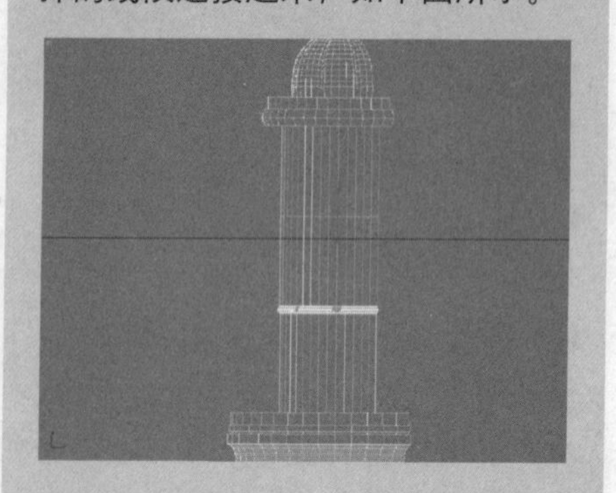

⑲ 使用和第16步同样的方法再次“连接”上部的线段，并调节其位置使线段密集起来，如下图所示。

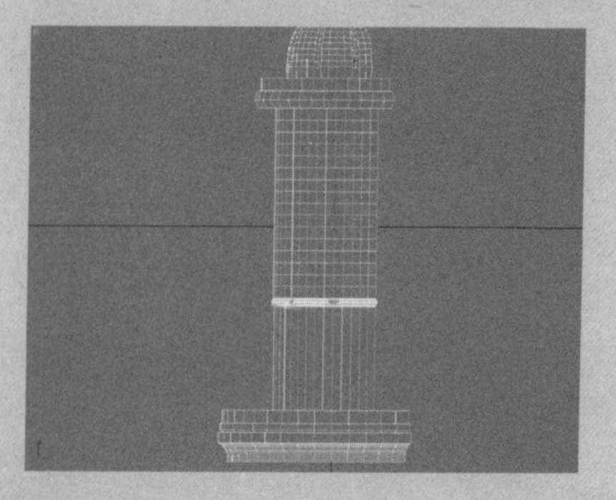

⑳ 打开“修改”命令面板中的“选择”卷展栏，单击处于激活状态的“边”按钮，返回到模型的父层级。单击工具栏中的“选择并旋转”工具，激活“角度捕捉切换”工具按钮，在顶视图中将模型旋转对齐系统栅格。然后再次单击“角度捕捉切换”按钮，取消其激活状态，如下图所示。

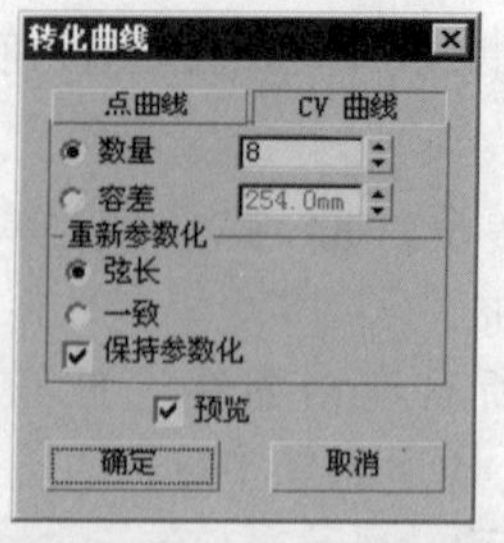

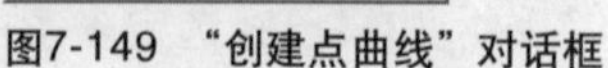
图7-149 “创建点曲线”对话框　　图7-150 “转化曲线”对话框

- “使独立”按钮：如果曲线是独立的，将会禁用该选项。如果曲线不是独立的，单击该按钮可以使其独立。使曲线独立时，将会依次丢失与其相关的所有对象的动画控制器。如果使修剪曲面的曲线独立，将会丢失对该曲面的修剪。
- “移除动画”按钮：从选定的曲线中删除动画控制器。
- “分离”按钮：使选定的曲线子对象与 NURBS 模型分离，从而使其成为新的顶级 NURBS 曲线对象。单击该按钮，将会弹出“分离”对话框，用于命名新曲线，如图 7-151 所示。

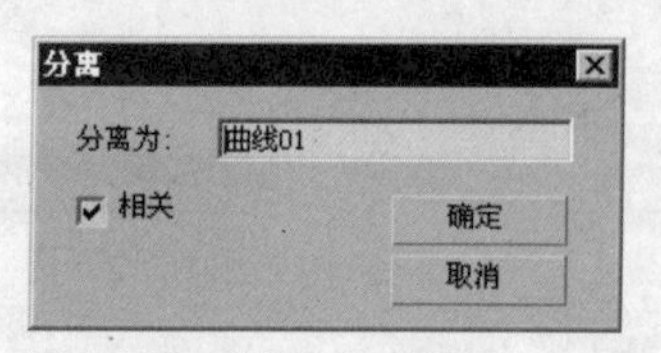

图7-151 “分离”对话框

- 复制：启用时，如果单击“分离”按钮，将会创建选定曲线的副本，而不会使其与NURBS模型分离。默认设置为禁用状态。
- “设为首顶点”按钮：对闭合曲线而言，可以选择成为曲线首顶点的位置。

  使用样条线这样的NURBS曲线时，第一个点或CV是至关重要的，如放样路径或形状，路径约束路径或运动轨迹。为了实现这些目标，曲线的首顶点起着重要的作用。如果该曲线是闭合曲线，可以使用设为首顶点设置其首顶点。
- “断开”按钮：将一条曲线分成两条曲线。在视口中单击，以便选择曲线要断开的位置。断开曲线子对象时，将会丢失该曲线中所有点或CV的动画控制器。
- “连接”按钮：将两个曲线子对象连接在一起。在视口中连接完曲线之后，系统将会弹出“连接曲线”对话框，如图7-152所示。使用该对话框，可以选择连接两条曲线的方法。连接两个曲线子对象时，将会丢失这两条曲线中所有点或CV的动画控制器。
- 材质ID：用于向曲线分配材质ID值。如果曲线是可以渲染的，使用材质ID，可以向使用“多维/子对象”材质的曲线分配材质。此外，使用“按ID选择”按钮，可以通过指定材质ID

编号，选择一条或多条曲线。范围可以从1至100。默认值为1。

- “按ID选择”按钮：单击该按钮，弹出“按材质ID选择”对话框，如图7-153所示。

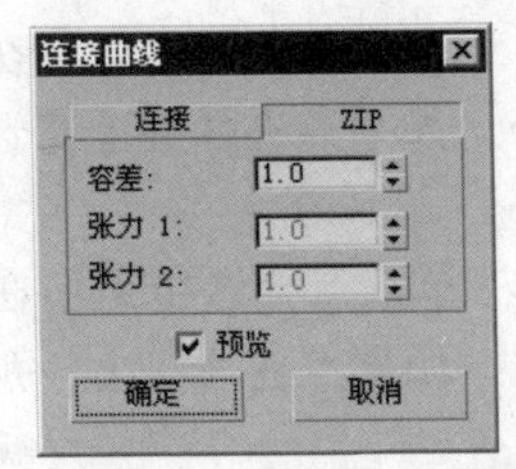

图7-152 “连接曲线”对话框

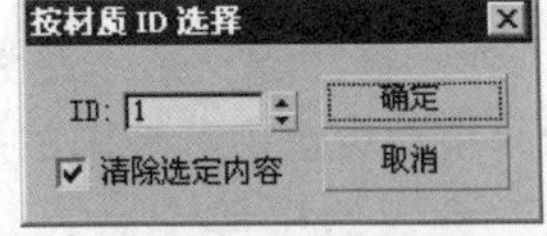

图7-153 “按材质ID选择”对话框

7.3.2 NURBS曲面

系统提供了两种曲面：点曲面和CV曲面。CV曲面的控制顶点不在曲面上，每个CV均有相应的权重，可以调整权重从而更改曲面形状，如图7-154所示；点曲面的控制点被约束在曲面上，如图7-155所示。

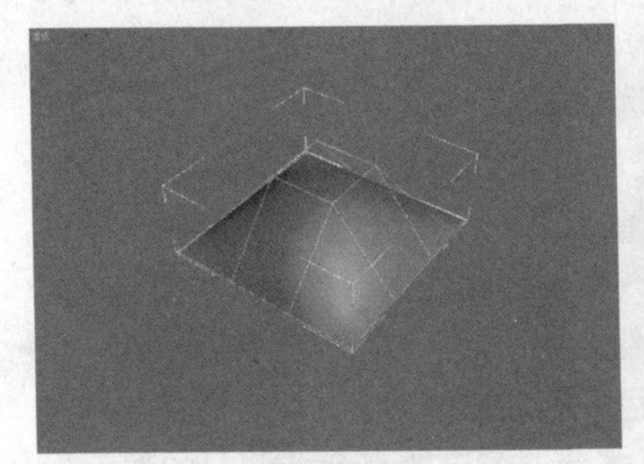

图7-154 CV曲面

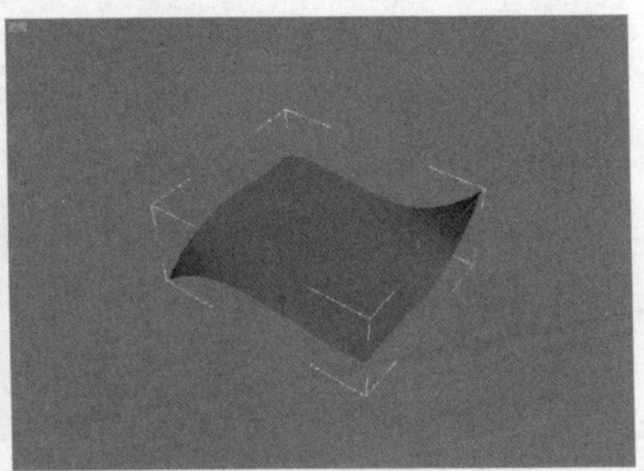

图7-155 点曲面

这两种曲面参数的用法基本相同，下面就以点曲面的参数进行讲解。

“点”卷展栏

执行菜单栏中的“创建>NURBS>点曲面”命令，在视口中绘制并选中曲面，按下键盘上的数字键2，切换到“点”层次。在“点”卷展栏中，用户可以对曲面的点进行融合、隐藏和使独立等操作，两外还可以对曲面的行和列进行优化，如图7-156所示。

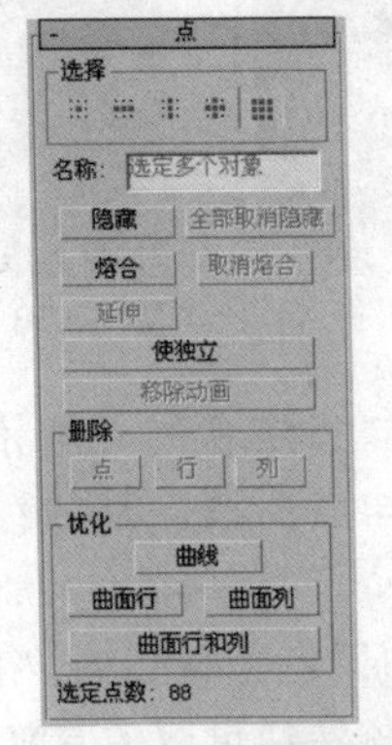

图7-156 “点”卷展栏

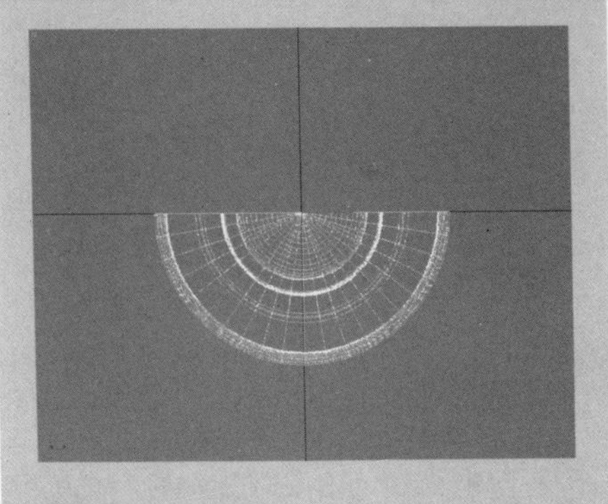

21 在前视图中，单击“创建”命令面板中的“几何体”按钮，在“对象类型”卷展栏中单击 圆柱体 按钮，在前视图中创建一个圆柱体，调节其大小并与模型对齐，如下图所示。

22 在侧视图中调节圆柱体的位置，如下图所示。

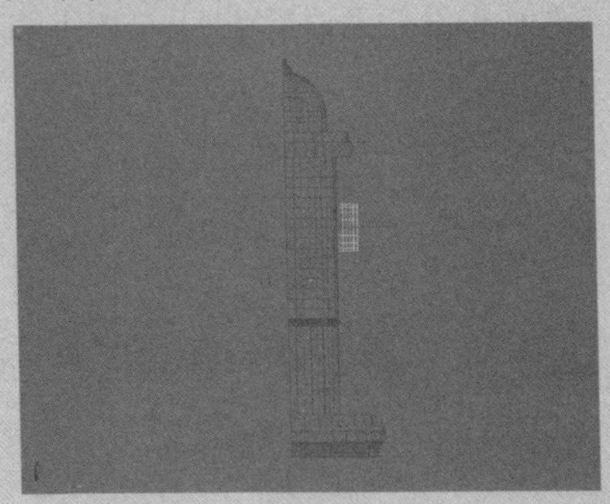

23 选择消防栓主体模型，按数字键2切换到模型“边”子层级，在“修改”命令面板中的“编辑几何体”卷展栏中单击 切割 按钮，连接在圆柱体附近的多边形面的对角线，如下图所示。

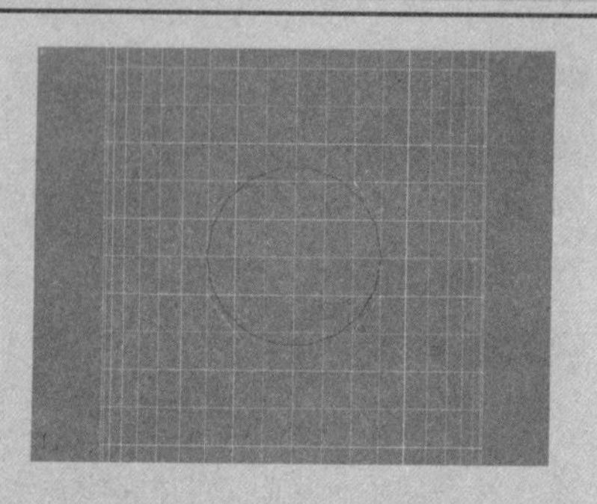

24 按数字键1切换到模型“顶点”子层级，在前视图中沿Y轴调节分布在圆柱体附近定点的位置，如下图所示。

25 观察在主体模型上调节的圆形的边数（在此为18条边），单击“选择”卷展栏中处于激活状态中的“顶点”按钮，取消激活状态。选择创建的圆柱体，将圆柱体的“端面分段”也设置为18，如下图所示。

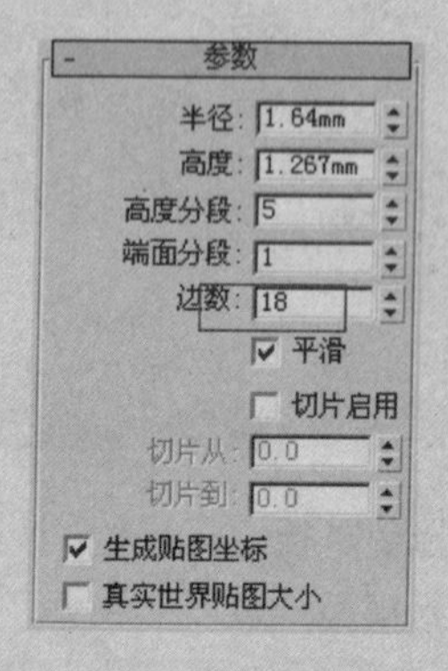

26 执行右键快捷菜单“转换为>转换为可编辑多边形”命令，将圆柱体也转换为可编辑多边形。在“修

(1)“选择”选项区域

- “单个点”按钮：（默认设置）启用此选项后，可以通过单击选择单个点，或者通过拖动区域来选择一组点。
- “点行”按钮：启用此选项后，单击点会选中点所在的整个行。拖动会选中区域内的所有行。如果点在曲线上将选中曲线中的所有点。
- “点列”按钮：启用此选项后，单击点会选中点所在的整个列。拖动会选中区域内的所有列。如果点在曲线上，那么“点列”会仅选中单个点。
- “点行和列”按钮：启用此选项后，单击点会选中点所在的行和列。拖动会选中区域内的所有行和列。
- “所有点”按钮：启用此选项后，单击或拖动会选中曲线或曲面上的所有点。
- 名称：显示当前选定点的名称。如果选中了多个点，那么这个选项不可用。默认情况下，名称为“点”的后面是序列号。可以使用这一文本框，来为所选的点命名。
- “隐藏”按钮：隐藏当前选定的点。
- “全部取消隐藏”按钮：将所有隐藏的点取消隐藏。
- “熔合”按钮：将一个点熔合到另一个点上，这是连接两条曲线或曲面的一种方法，也是改变曲线和曲面形状的一种方法。熔合点并不会把两个点子对象组合到一起，它们被连接在一起，但是保留截然不同的子对象，可以随后取消熔合，熔合的点如同一个单独的点一样，直到取消熔合，熔合的点会以明显的颜色显示，默认设置为“紫色”。进行融合操作的时候，首先单击“融合”按钮，然后在视图中单击曲面上的一个点，此时移动鼠标会发现鼠标与单击的点之间有一条虚线，如图7-157所示，在融合的目标点上单击，这样两个点就融合在一起，如图7-158所示。

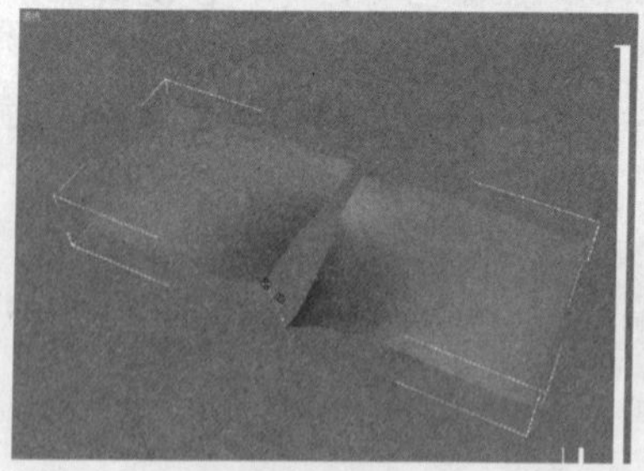

图7-157　指定融合的一对点

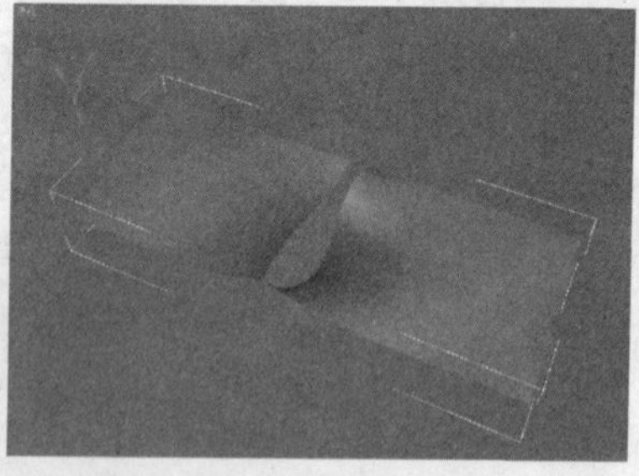

图7-158　融合后的效果

- “取消熔合”按钮：将熔合的点取消熔合。
- “延伸”按钮：延伸点曲线。从曲线端点拖动，可以添加新点，扩展曲线。
- “使独立”按钮：如果点是独立的，将会禁用该选项。如果点是不独立的，单击该按钮可以使其独立。

● “移除动画”按钮：从选定的点中移除动画控制器。

(2)“删除”选项区域

● “点”按钮：删除（曲线上的）单个点，或（曲面上的）一行或一列点。
● “行”按钮：从曲面中删除一行点。
● “列”按钮：从曲面中删除一列。

(3)“优化”选项区域

● “曲线”按钮：向点曲线添加点。
● “曲面行”按钮：向点曲面添加一行点。
● “曲面列”按钮：向点曲面添加一列点。
● “曲面行和列”按钮：向点曲面同时添加一行和一列；会添加到单击曲面的位置。当添加点时，曲线或曲面上的所有点都会失去动画控制器。
● 选定点数：此文本字段会显示当前选中了多少个点。

“曲面公用”卷展栏

切换到“曲面”层次，通过“曲面公用”卷展栏，用户可以对曲面进行连接、断开、延伸、创建放样和转化曲面等操作，如图7-159所示。

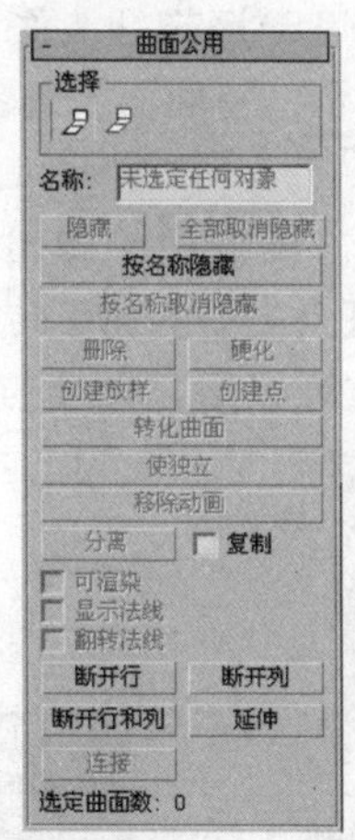

图7-159 “曲面公用”卷展栏

● “单个曲面”按钮：只选择单个曲面子对象。
● “所有连接曲面”按钮：单击该按钮时，将会选择NURBS对象中连接的所有曲面子对象。要连接曲面，必须使共享边上所有的CV在两个曲面之间熔合，或者从属于其他曲面的连接曲面。
● 名称：显示当前选定曲面的名称。如果选择多个曲面，则它将会被禁用。
● “隐藏”按钮：隐藏当前选定的曲面。
● “全部取消隐藏”按钮：将所有隐藏的曲面取消隐藏。

改”命令面板中，单击“选择”卷展栏中的“多边形”按钮，切换到模型的“多边形”子层级，将圆柱体内侧的多边形面删除，如下图所示。

27 使用同样的方法，将消防栓主体模型中与圆柱体相对应的面删除，如下图所示。

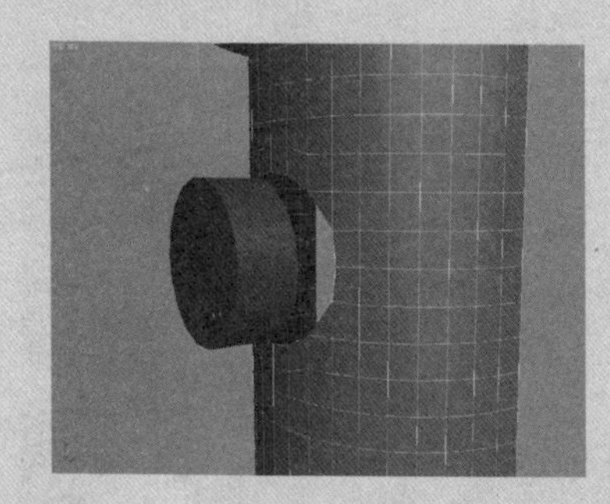

28 在“创建”命令面板中单击“几何体”按钮，在创建类型下拉列表中选择“复合对象”选项，在场景中选择消防栓主体模型，在“对象类型”卷展栏中单击 连接 按钮，在“拾取对象”卷展栏中单击 拾取操作对象 按钮，然后单击圆柱体，如下图所示。

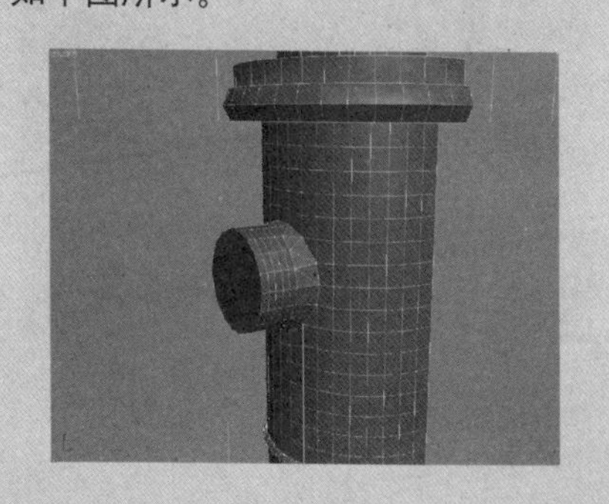

29 执行右键快捷菜单“转换为>转换为可编辑多边形”命令，将连接到一起的模型转换为可编辑多边形。按数字键2切换到“边”子层级，在侧视图中选择如下图所示的边。

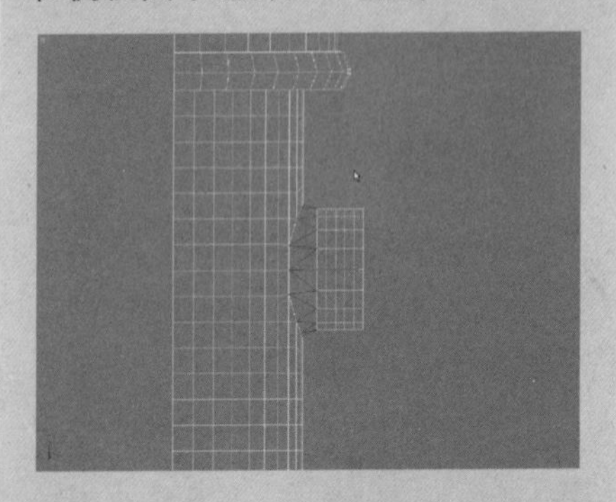

30 在“修改”命令面板中单击“编辑边”卷展栏中的 连接 按钮，将线段连接，如下图所示。

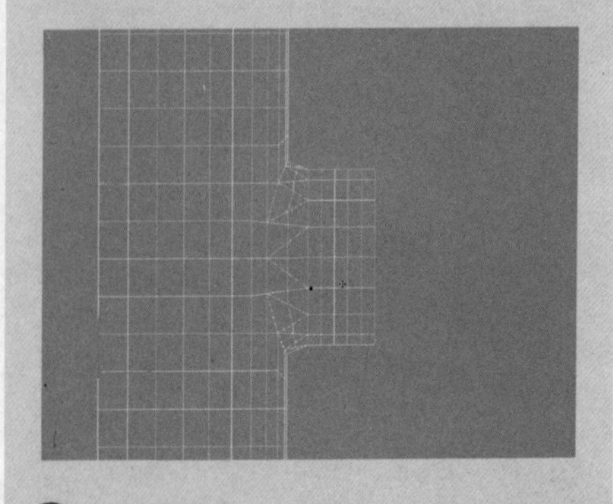

31 选择上一步“连接”线段时系统添加的线段，然后单击主工具栏中的“选择并均匀缩放”工具按钮，将线段适当的缩放，如下图所示。

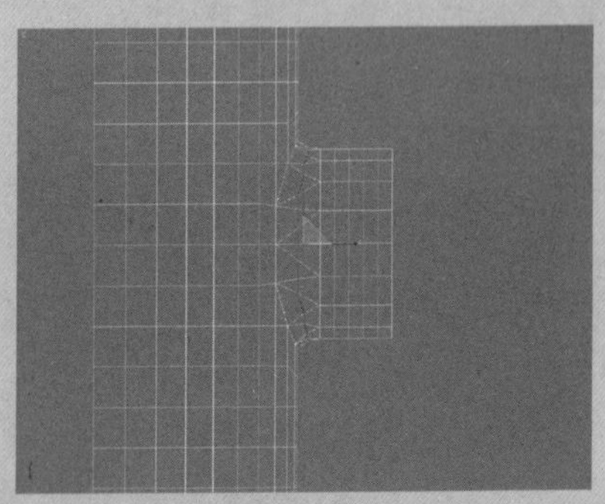

- “按名称隐藏”按钮：单击该按钮，可以弹出按名称列出曲面的“选择子对象”对话框，如图7-160所示。在该对话框中选择要隐藏的曲面，然后单击“隐藏”按钮。

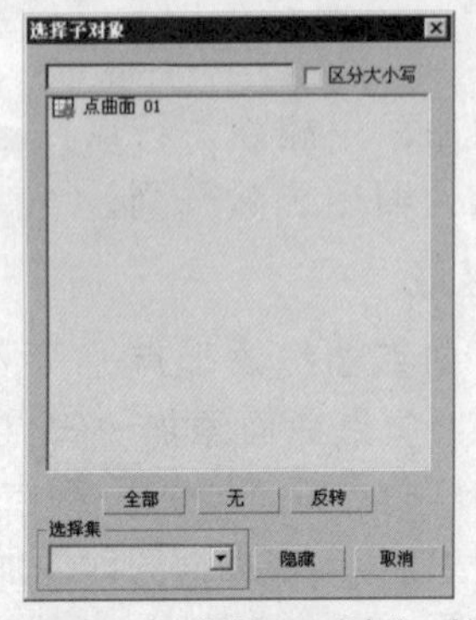

图7-160 “选择子对象”对话框

- “按名称取消隐藏”按钮：如果不存在隐藏的曲面，将会禁用该选项。单击该按钮时，系统将弹出“选择子对象”对话框，在该对话框中选择曲线，然后单击“取消隐藏”按钮即可。
- “删除”按钮：删除选定的曲面子对象。
- “硬化”按钮：使曲面硬化。曲面硬化后，点层次将消失，用户不能移动硬化后曲面的点数或CV，或更改点数或CV数。
- “创建放样”按钮：单击该按钮，系统弹出“创建放样”对话框，如图7-161所示。将曲面子对象转化为（从属）U放样或UV放样曲面。
- “创建点”按钮：单击该按钮，弹出“创建点”对话框，如图7-162所示，可将任何类型的曲面转换为点曲面。如果曲面已经是一个点曲面，也可以用“创建点”来改变列数和行数。

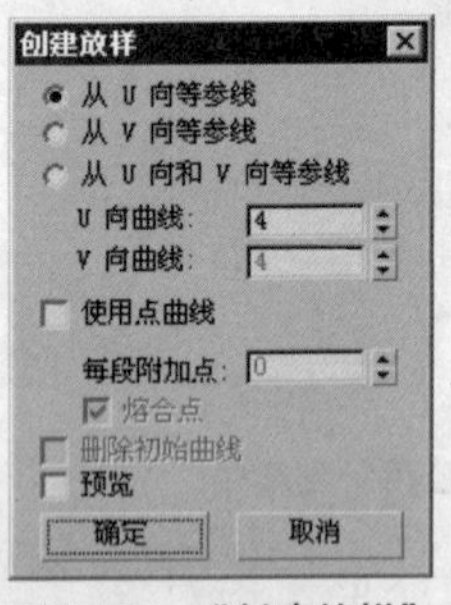

图7-161 “创建放样”对话框

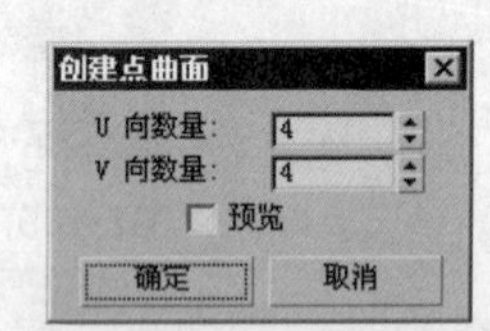

图7-162 “创建点”对话框

- “转化曲面”按钮：单击该按钮，弹出“转化曲面”对话框，如图7-163所示。此对话框提供了一个将曲面转化为不同类型曲面的大体方法。可以在放样、点曲面和CV曲面之间转化。使用该对话框还可以调整其他曲面参数的数目。
- “使独立”按钮：如果曲面是独立的，将会禁用该选项。如果曲面是从属的，单击此按钮可以使其独立。
- “移除动画”按钮：从选定曲面中移除动画控制器。

- "分离"按钮：使选定曲面子对象与NURBS模型分离，从而使其成为新的顶级NURBS曲面对象。单击该按钮后，弹出"分离"对话框，如图7-164所示，用于命名新曲面。

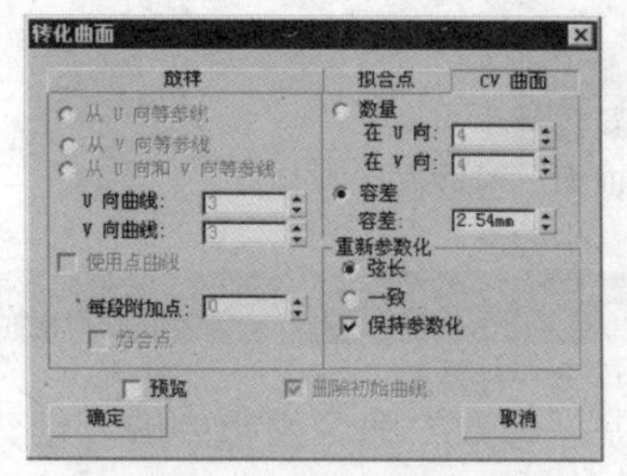

图7-163　"转化曲面"对话框

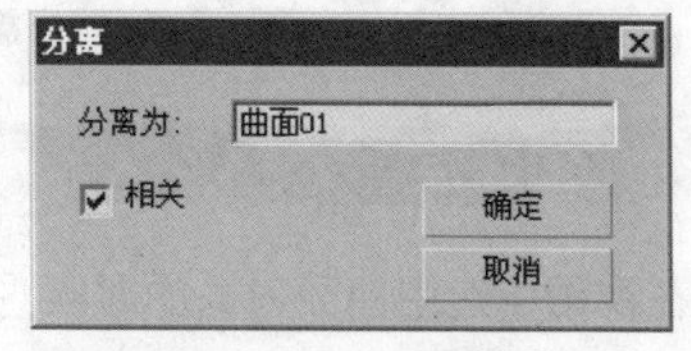

图7-164　"分离"对话框

- 复制：启用该选项后，单击"分离"按钮，将会创建选定曲面的副本，而不会使其与NURBS模型分离。默认设置为禁用状态。
- 可渲染：启用此选项将渲染该曲面。禁用使曲面在渲染中不可见。默认设置为启用。
- 显示法线：启用该选项后，将显示每个选定曲面的法线，如图7-165所示。默认设置为禁用状态。

图7-165　显示法线

- 翻转法线：启用此选项可以反转曲面法线的方向。默认设置为禁用状态。
- "断开行"按钮：在行（曲面的U轴）方向，将曲面断开为两个曲面。
- "断开列"按钮：在列（曲面的V轴）方向，将曲面断开为两个曲面。
- "断开行和列"按钮：在两个方向将曲面断开为四个曲面。不能断开修剪曲面。
- "延伸"按钮：通过更改其长度来延伸曲面。
- "连接"按钮：将两个曲面子对象连接在一起。在视口中连接完曲面以后，将会弹出"连接曲面"对话框，如图7-166所示。只连接曲面的原始边；不可以连接通过修剪创建的边。连接两个曲面子对象时，将会丢失两个曲面中所有点或CV的动画控制器。

32 在"选择"卷展栏中，单击"元素"按钮，选择模型，然后在"多边形属性"卷展栏中的"平滑"选项区域中，在默认的情况下单击 自动平滑 按钮使模型平滑，效果如下图所示。

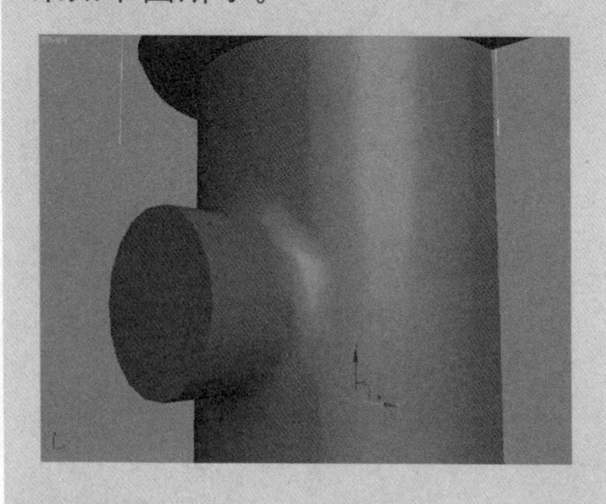

33 按数字键1，切换到模型"顶点"子层级，在侧视图中调节圆柱体上的顶点，如下图所示。

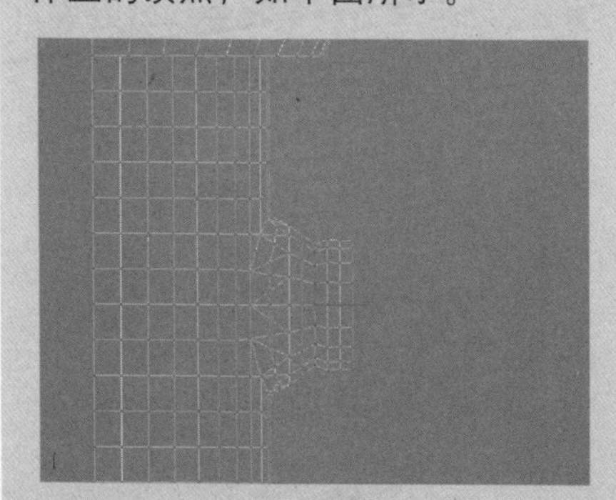

34 按数字键2，切换到"边"子层级，选择多余的线段，如下图所示。

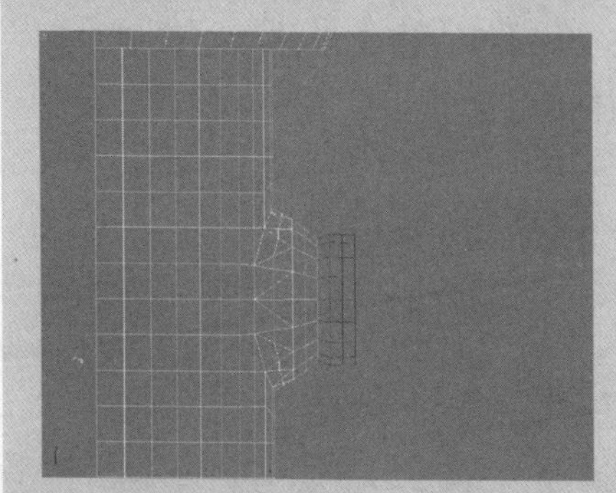

35 在“编辑边”卷展栏中单击 移除 按钮，将选择的线段移除，但是不会破坏多边形面，如下图所示。

36 按数字键4，切换到模型的“多边形”子层级，选择圆柱体外面的多边形面，在“编辑多边形面”卷展栏中单击 挤出 按钮后面的“设置”按钮，在弹出的“挤出多边形”对话框中将“挤出高度”设置为0，然后单击“选择并均匀缩放”工具按钮对多边形进行缩放，如下图所示。

37 单击“编辑多边形”卷展栏中的 挤出 按钮后面的“设置”按钮，在挤出“高度”参数中输入适当的负值，并将所选择的多边形面删除，如下图所示。

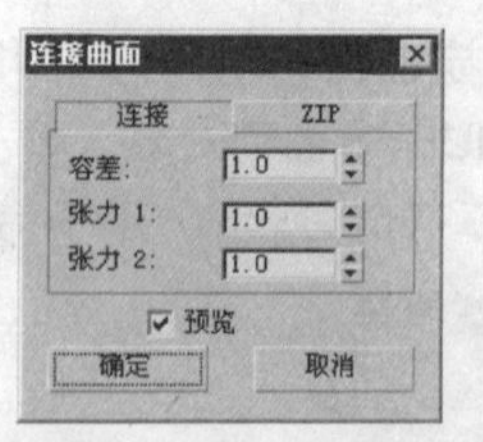

图7-166 “连接曲面”对话框

7.3.3 创建点

在视图中选中曲面对象的时候，在“修改”命令面板中的“创建点”卷展栏中，系统提供了6种创建点的方式。“NURBS工具箱”中的“点”工具按钮与该卷展栏中的按钮是一致的，如图7-167和图7-168所示。

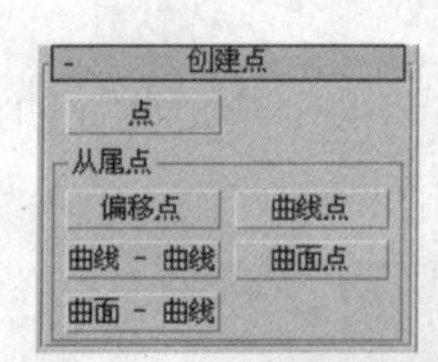

图7-167 “创建点”卷展栏

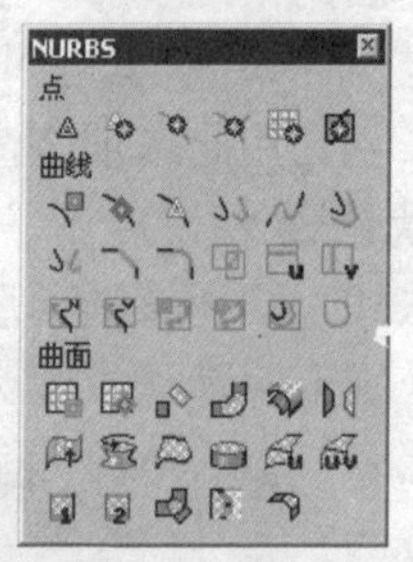

图7-168 NURBS工具箱

- “点”按钮：在视图中创建独立的点。
- “偏移点”按钮：单击该按钮后，在视图中将光标移动到目标点上，此时该点蓝色高亮显示，光标也转换为点的偏移模式，如图7-169所示，单击该目标点，此时创建的点与目标点重合，然后在“修改”命令面板中的“偏移点”卷展栏中设置创建点在某个轴向上的偏移距离，这样创建的偏移点将自动移动到指定的位置，如图7-170所示。

图7-169 指定创建位置

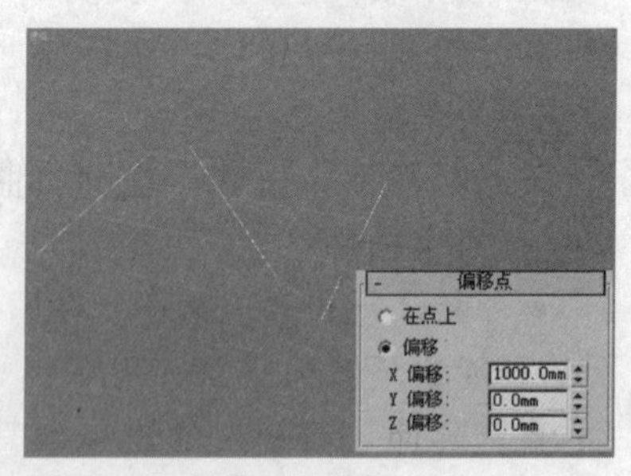

图7-170 偏移后的效果

- “曲线点”按钮：单击该按钮后，用户可以在视图中的曲线上单击创建“曲线点”（当光标移动到曲线上的时候，曲线将变为蓝色，并且光标所在的位置出现一个蓝色的方框，如图7-171所示），该点既可以位于曲线上，也可以偏离曲线。如果其位于曲线上，则U位置是其位置的惟一控件。U位置沿着曲线指定位置。

“创建“曲线点”后，用户可以在“修改”命令面板中的线点”卷展栏中设置创建的“曲线点”位置，如图7-172所示。

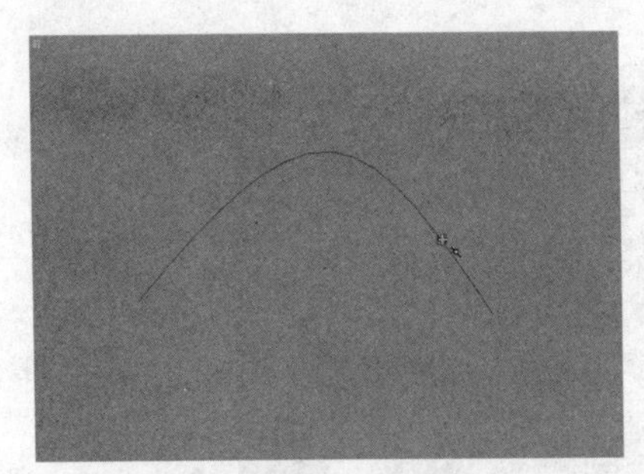

图7-171 创建曲线点

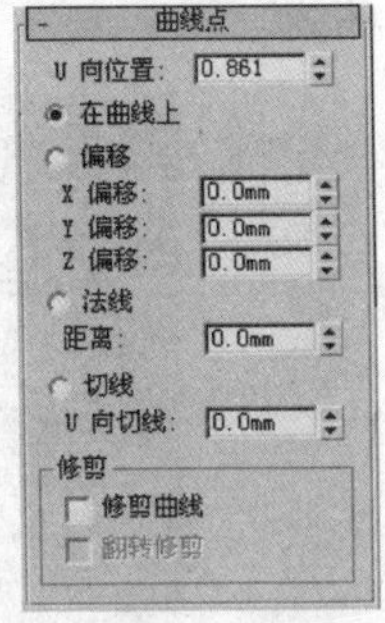

图7-172 “曲线点”卷展栏

- U向位置：指定点在曲线上的位置或相对于曲线的位置。
- 在曲线上：启用此选项之后，点依赖于U向位置上的曲线。
- 偏移：按照相对U向位置移动曲线点。
- X偏移、Y偏移和Z偏移：指定偏移曲线点的对象位置空间，如图7-173所示。
- 法线：在U向位置上，沿着曲线法线的方向移动点，如图7-174所示。

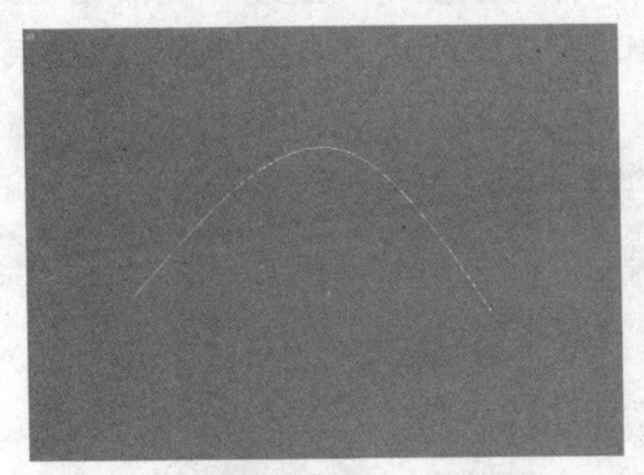

图7-173 偏移效果

图7-174 法线方向偏移

- 距离：指定曲线法线沿线的距离。负数值将按照与法线相反的方向移动点。
- 切线：在U向位置上，沿着切线方向移动点。
- U向切线：指定沿着切线方向与曲线的距离，曲线点的偏移、法线和切线位移，如图7-175所示。

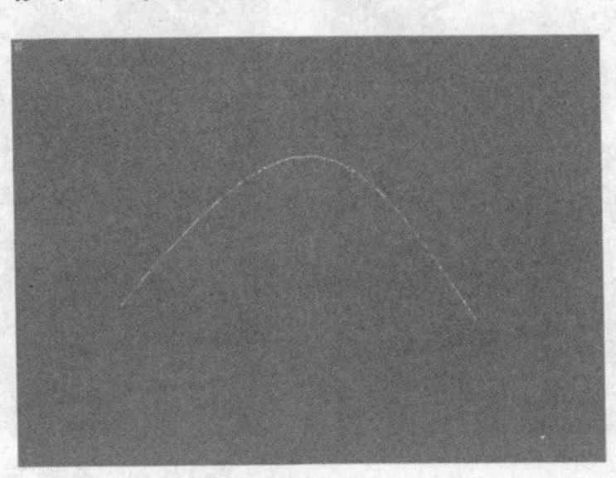

图7-175 切线方向

38 按数字键2，切换到多边形的“边”子层级选择开口处如下图所示的线段，在“编辑边”卷展栏中单击“连接”按钮，将线段连接。

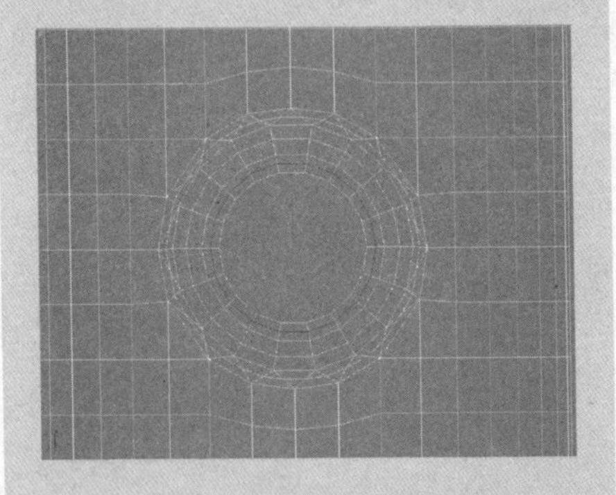

39 选择在“连接”时所创建的线段，在透视图中将其位置向外移动适当距离，如下图所示。

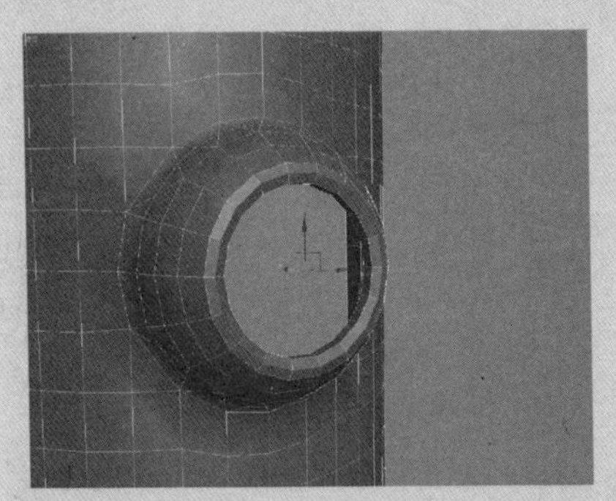

40 在前视图中再创建一个圆柱体，并调节其位置与消防栓所开的开口对齐，并设置其“高度分段”为7、“端面分段”为1、“边数”为18，如下图所示。

41 执行右键菜单"转换为>转换为可编辑多边形"命令，切换到圆柱体的"顶点"子层级，在侧视图中调节顶点，如下图所示。

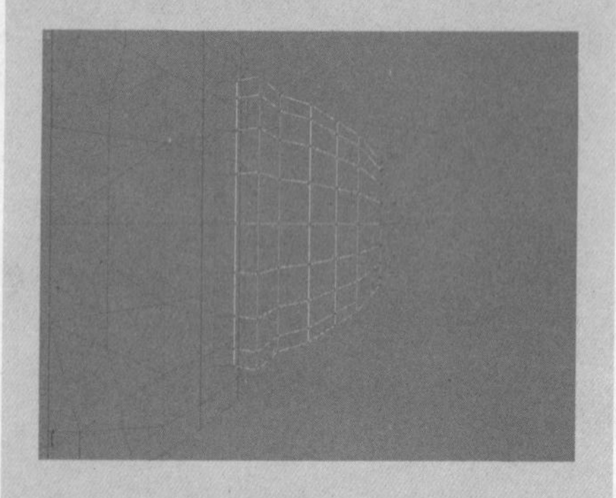

42 在视图中创建一个圆柱体并将其转换为可"编辑多边形"，进行挤出和调节到如下图所示。

43 创建一个圆柱体，在"参数"卷展栏中将其"边数"设置为8，并取消"平滑"复选框的勾选。调节其位置和大小如下图所示。

◆ 修剪曲线：启用此选项后，将针对曲线点的U向位置修剪父曲线，如图7-176所示。禁用此选项后（默认设置），不能修剪父曲线。

图7-176 修剪父曲线

◆ 翻转修剪：启用此选项后，将以相反的方向进行修剪。

● "曲线 - 曲线"按钮：使用此工具可以在两条曲线的相交处创建从属点。

要创建从属曲线 - 曲线点，启用"曲线 - 曲线"工具，单击第一曲线并拖动到第二曲线。如果曲线未相交，点的颜色为橙色，且该点是无效的从属点，如图7-177所示。如果曲线是相交的，在两条曲线的相交处创建点，并可以使用"曲线 - 曲线相交"参数卷展栏来修剪父曲线，如图7-178所示。右键单击可以结束创建操作。

图7-177 无效的"曲线-曲线"点

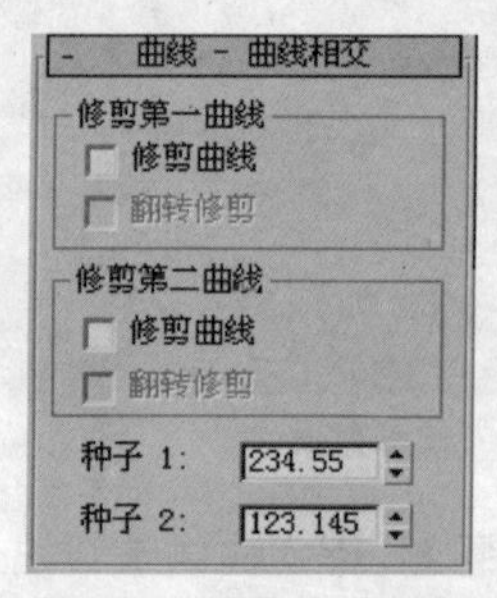

图7-178 "曲线-曲线相交"卷展栏

● "曲面点"按钮：在曲面上创建曲面上的或者法线和切线方向上的从属点，如图7-179和图7-180所示。

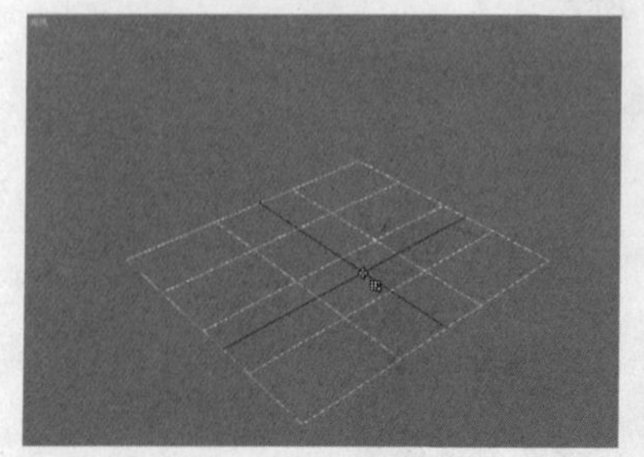

图7-179 曲面点

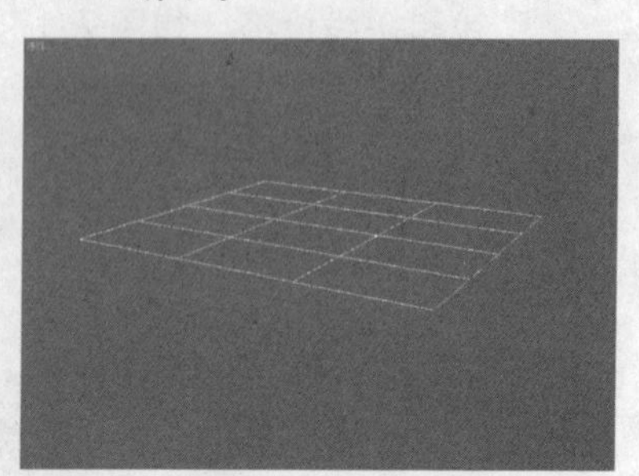

图7-180 法线方向的曲面点

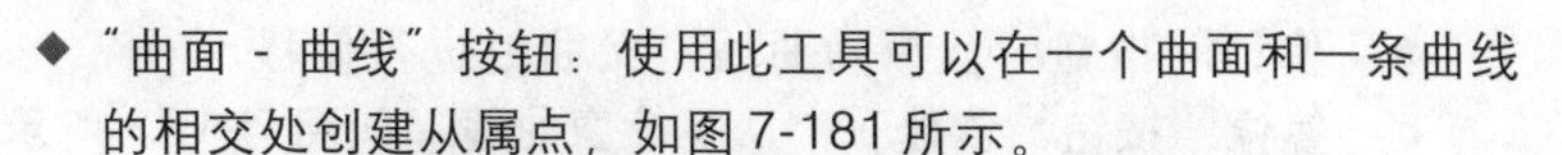

◆ “曲面 - 曲线”按钮：使用此工具可以在一个曲面和一条曲线的相交处创建从属点，如图 7-181 所示。

图7-181　创建的“曲面-曲线”点

7.3.4 创建从属曲线

系统提供的曲线有独立的和从属的曲线。从属曲线是依赖 NURBS 中其他曲线、点或曲面的曲线子对象。当更改原始对象时，从属曲线随之更改。可使用“修改”命令面板上的“创建曲线”卷展栏中的工具来创建 NURBS 曲线子对象，如图 7-182 所示。

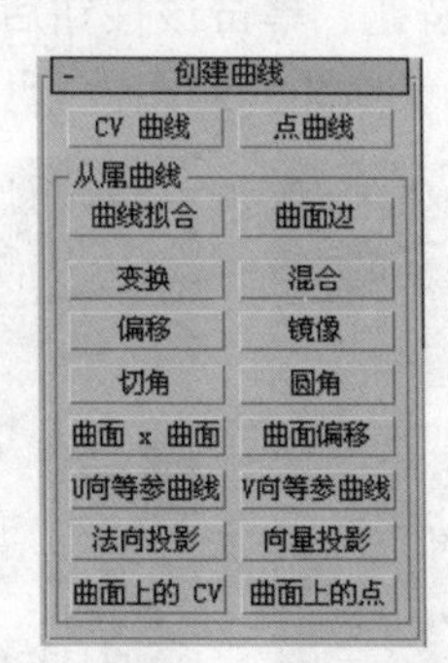

图7-182　“创建曲线”卷展栏

“创建曲线”卷展栏中的工具与 NURBS 工具箱中的工具按钮是一致的。

- “曲线拟合”按钮：创建拟合在选定点上的点曲线。该点可以是以前创建点曲线和点曲面对象的部分，或者可以是明确创建的点对象。它们不能是 CV。
- “变换”按钮：变换曲线是具有不同位置的原始曲线的副本。单击该按钮后，在视图中单击并拖动要创建副本的曲线，可以在视图中动态观察创建副本曲线的效果。
- “混合”按钮：混合曲线将一条曲线的一端与其他曲线的一端连接起来，从而混合父曲线的曲率，以在曲线之间创建平滑的曲线。可以将相同类型的曲线混合，如点曲线与 CV 曲线相混合（反之亦然），将从属曲线与独立曲线混合起来。

44 将创建“边数”为 8 的圆柱体转换为“可编辑多边形”，并进行倒角，效果如下图所示。

45 切换到圆柱体的“多边形面”子层级，选择圆柱体所有的面，在“修改”命令面板中的“多边形属性”卷展栏中，单击“平滑”选项区域中的 **清除全部** 按钮，使多边形模型为非平滑效果，如下图所示。

46 在视图中创建一个“圆”形图形，并调节其位置到阀门的根部，如下图所示。

47 执行右键快捷菜单“转换为>转换为可编辑样条线”命令，将圆形图形转换为可编辑样条线，并在两边各添加一个顶点，并调节顶点，如下图所示。

48 在“修改”命令面板中的“渲染”卷展栏中，勾选“在渲染中启用”和“在视口中启用”复选框，并设置其一定比例的厚度，设置“边”为6，其效果如下图所示。

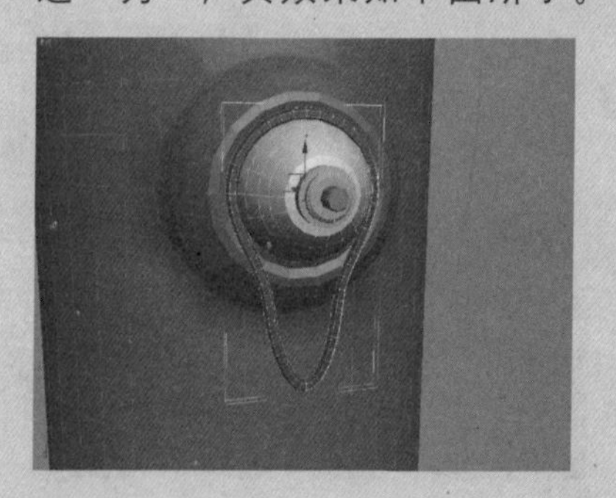

49 选择模型的主体，给模型添加一个“对称”修改器，在“修改”命令面板中“参数”卷展栏中的“镜像轴”选项区域中选择x选项，并勾选“翻转”复选框，如下图所示。

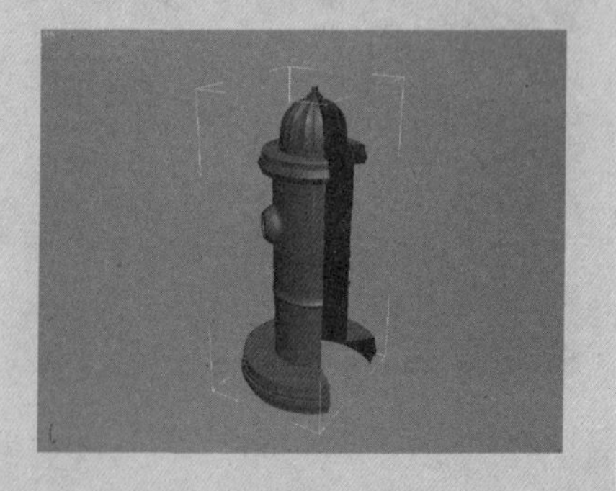

- “偏移”按钮：从原始曲线、父曲线进行偏移。
- “镜像”按钮：创建一个从属镜像曲线，如图7-183所示。
- “切角”按钮：创建一个从属切角曲线。注意，这两条曲线必须共面，并且它们的延长线必须相交，如图7-184所示。

图7-183 创建镜像曲线

图7-184 创建切角曲线

- “圆角”按钮：创建一个从属圆角曲线，与切角曲线的创建方法类似。
- “曲面×曲面”按钮：创建一个从属曲面×曲面相交曲线。
- “U向等参曲线”按钮：单击该按钮后，在曲面上单击即可创建一个从属U向等参曲线，如图7-185所示。
- “V向等参曲线”按钮：单击该按钮后，在曲面上单击即可创建一个从属V向等参曲线，如图7-186所示。

图7-185 创建U向等参曲线

图7-186 创建V向等参曲线

- “法向投影”按钮：法向投影曲线依赖于曲面。该曲线基于原始曲线，以曲面法线的方向投影到曲面。可以将法向投影曲线用于修剪曲面（单击“法向投影”按钮后，在视图中单击曲面上的点曲线或者CV曲线，然后单击修剪的曲面即可），如图7-187所示。

图7-187 法向投影

- “向量投影”按钮：向量投影曲线的投影方式为正投影，该曲线功能几乎与“法向投影曲线”相同。
- “曲面上的CV”按钮：创建一个从属曲面上的CV曲线。
- “曲面上的点”按钮：创建一个从属曲面上的点曲线。
- “曲面偏移”按钮：创建一个从属曲面偏移曲线。
- “曲面边”按钮：创建一个从属曲面边曲线。

7.3.5 创建从属曲面

从属曲面是其几何体依赖NURBS模型中其他曲面或曲线的曲面子对象。在更改原始父曲面或曲线的几何体时，从属曲面也将随之更改。

创建挤出曲面

Step 01 在视图中创建一条NURBS曲线，然后在“修改”命令面板中的“创建曲面”卷展栏中单击 挤出 按钮，如图7-188所示。

Step 02 在视图中单击并拖动曲线即可挤出为曲面对象，如图7-189所示。在默认情况下，将沿着NURBS模型的局部Z轴挤出曲面。Gizmo（默认情况下为黄色）指示挤出的方向。

图7-188 “创建曲面”卷展栏

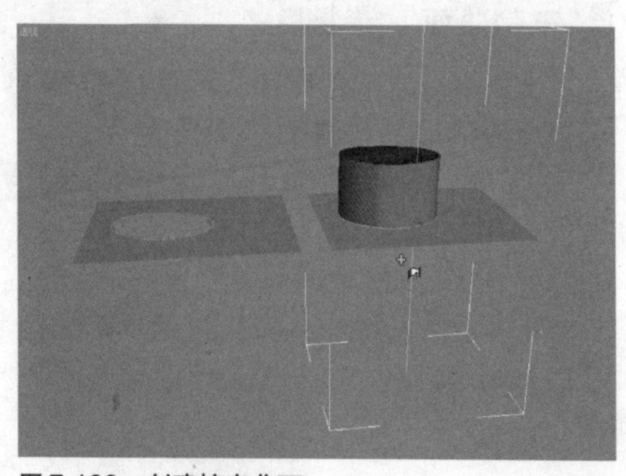

图7-189 创建挤出曲面

Step 03 单击右键结束操作。

挤出曲面高度后（必须在创建的操作没有结束），用户可以在“修改”命令面板中的“挤出曲面”卷展栏中修改挤出的轴向、高度及是否翻转法线等设置，如图7-190所示。

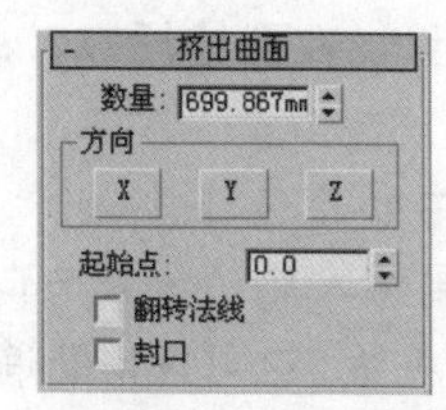

图7-190 “挤出曲面”卷展栏

50 切换到“对称”修改的“镜像”子层级，激活“角度捕捉切换”工具按钮，利用“选择并旋转”工具将模型进行逆时针旋转45°，效果如下图所示。

51 复制阀门物体并使复制物体与原物体以消防栓为中心对称，其效果如下图所示。

52 将其主体模型转换为可编辑多边形，使用与步骤21～步骤48相同的方法作出消防栓正面的阀门及阀门物体，如下图所示。

53 单击“创建”按钮在“创建”命令面板中单击“图形”按钮，选择“对象类型”卷展栏中的 线 按钮，在前视图中创建一个闭合的线形，如下图所示。

54 在“对象类型”卷展栏中，取消 开始新图形 前面的勾选状态，使新创建的线段图形和原来的线段图形成为一个整体，然后在前视图中创建另外一个闭合的线段图形，如下图所示。

55 给线段图形添加一个“挤出”修改器，设置合适的“挤出”数量，如下图所示。

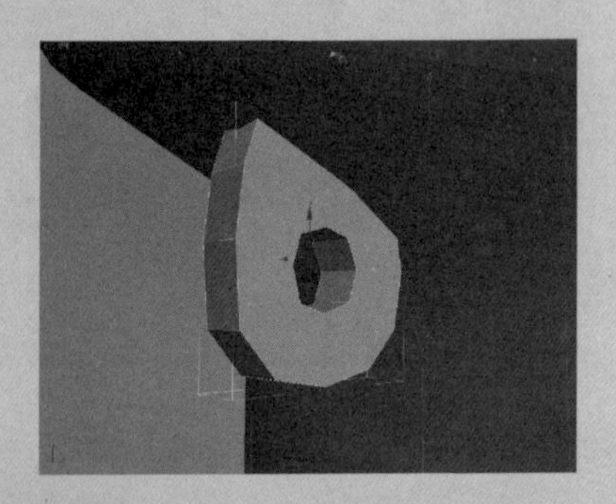

创建车削曲面

车削曲面将通过曲线子对象生成。这与使用“车削”修改器创建的曲面类似。但是其优势在于车削对象具有点、曲线和曲面3个层次，用户可以对其进行更深层次的编辑。

Step 01 在视图中创建一条NURBS曲线，如图7-191所示。

Step 02 在NURBS工具箱中单击“创建车削曲面”按钮。

Step 03 在视图中单击要进行车削的曲线，此时车削曲面将围绕局部Y轴旋转，初始车削量是360°，如图7-192所示。

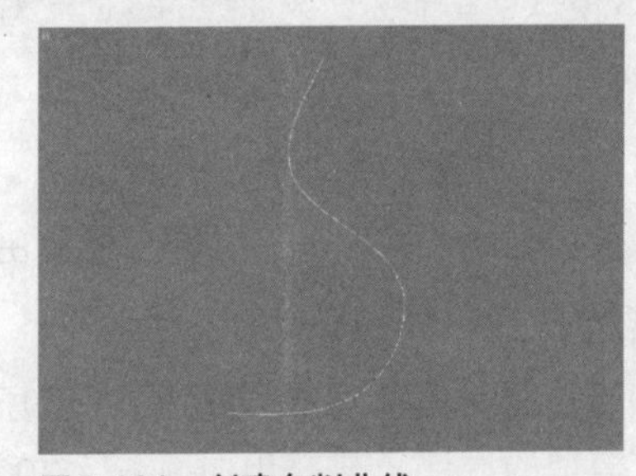

图7-191 创建车削曲线

图7-192 车削后的效果

“车削曲面”卷展栏

在没有结束车削操作的时候，带有车削参数的卷展栏将显示在“修改”面板的底部，如图7-193所示。

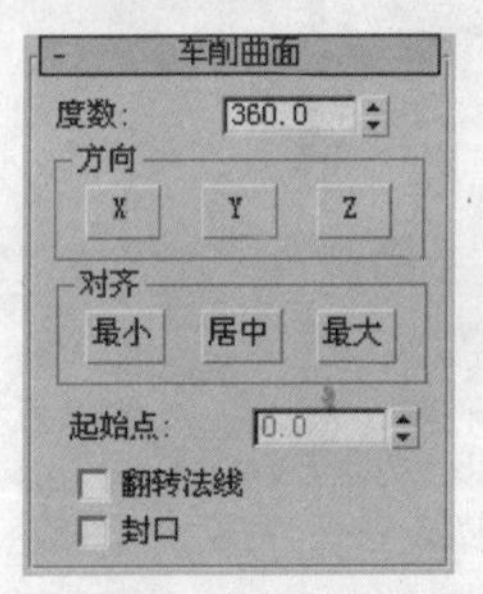

图7-193 “车削曲面”卷展栏

- 度数：设置旋转的角度。
- X、Y和Z：选择旋转的轴。默认设置为Y。相同曲线的X、Y和Z旋转。
- “最小”按钮：(默认设置)在曲线局部X轴边界负方向上定位车削轴。
- “居中”按钮：在曲线中心定位车削轴。
- “最大”按钮：在曲线局部X轴边界正方向上定位车削轴。
- 起始点：调整曲线起点的位置。这可以帮助消除曲面上不希望的扭曲或弯曲。如果曲线不是闭合曲线该控件无效。起点显示为蓝色圆。
- 翻转法线：用于在创建时间内翻转曲面法线。(创建完成后，使用“曲面公用”卷展栏中的控件对法线进行翻转。)

- 封口：启用该选项之后，将生成两个曲面，以闭合车削的末端。当封口曲面出现时，将保持它们，以便与车削曲面的维度相匹配。车削必须是 360° 车削。“封口”复选框只出现在创建卷展栏上。如果要在以后移除封口，只需选择这些封口作为曲面子对象，然后将它们删除。将车削封口视为工作流程快捷键，而不是车削曲面的属性（或参数）。

创建规则曲面

规则曲面将通过两个曲线子对象生成。生成的曲面在两条曲线之间。

Step 01 在视图中创建两条曲线，如图 7-194 所示。

Step 02 单击 NURBS 工具箱中的“创建规则曲面”按钮。

Step 03 在视图中分别单击这两条曲线，此时系统在两条曲线之间创建曲面，如图 7-195 所示。

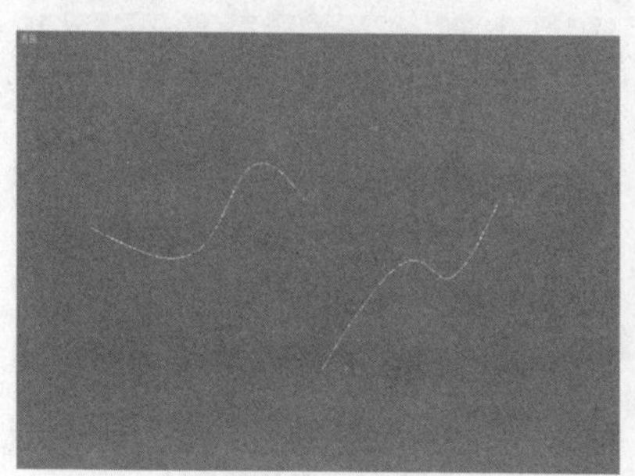

图 7-194 创建曲线

图 7-195 创建的规则曲面

创建规则曲面后，在“修改”命令面板中的底部将出现“规则曲面”卷展栏，如图 7-196 所示，在该卷展栏中，用户可以对曲面进行翻转法线、翻转始端（末端）及设置起始点 1、2 等操作。

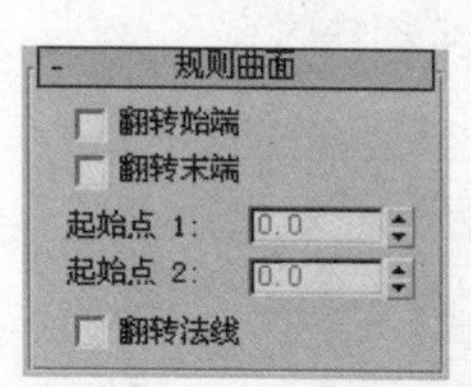

图7-196 “规则曲面”卷展栏

- 翻转始端和翻转末端：翻转用于翻转规则曲面的其中一条曲线方向。使用父曲线的方向可以创建规则曲面。如果两条父曲线具有相反的方向，则创建的规则曲面将会出现扭曲的现象，要改善这种情况，可以通过使用与父曲线方向相对的方向来使用“翻转始端”或“翻转末端”构建规则曲面。
- 始起点1和起始点2：调整指定规则曲面的两条曲线上的起点位置。调整起点有助于消除曲面中的扭曲现象。如果边或曲线未闭合，则禁用这些数值框。

56 执行右键快捷菜单“转换为>转换为可编辑多边形”命令，将挤出物体转换为可编辑多边形，然后选择多边形两侧的面，并进行倒角设置，如下图所示。

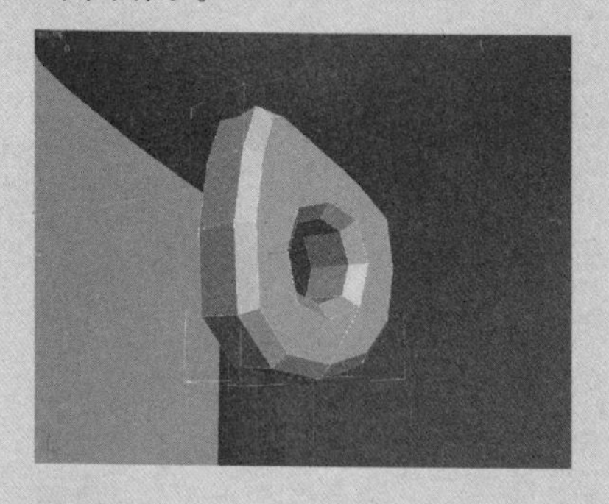

57 在“创建”命令面板中单击“图形”按钮，在“对象类型”卷展栏中单击 线 按钮，在左视图中创建一条如下图所示的线段。

58 在“修改”命令面板中的“渲染”卷展栏中勾选“在渲染中启用”和“在视口中启用”复选框，并设置与模型比例匹配的线段厚度，设置“边”为6，“角度”为30，效果如下图所示。

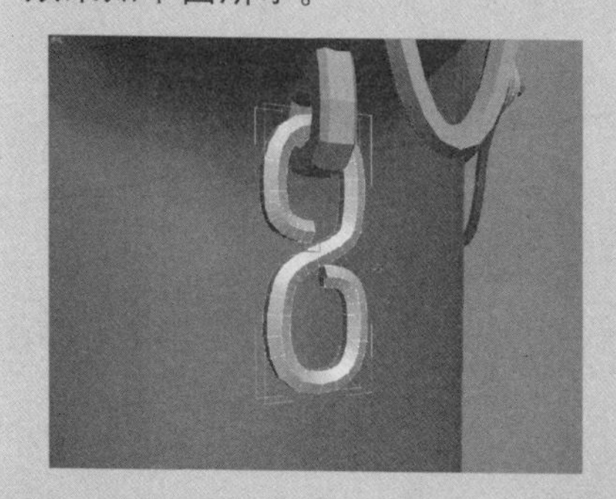

59 在“创建”命令面板中单击“图形”按钮，在“对象类型”卷展栏中单击 圆 按钮，在左视图中创建一个圆形图形。将图形转换为可编辑样条线，并调节其顶点和弧度，如下图所示。

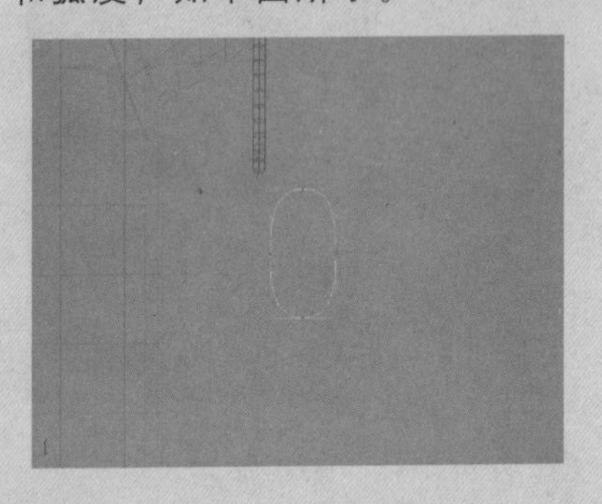

60 在“渲染”卷展栏中勾选“在渲染中启用”和“在视口中启用”复选框，并设置与模型比例匹配的线段厚度，设置“边”为6，效果如下图所示。

61 将圆环转换为可编辑多边形，然后给圆环添加“扭曲”修改器，设置扭曲“角度”为180°，“扭曲轴”为Y轴，效果如下图所示。

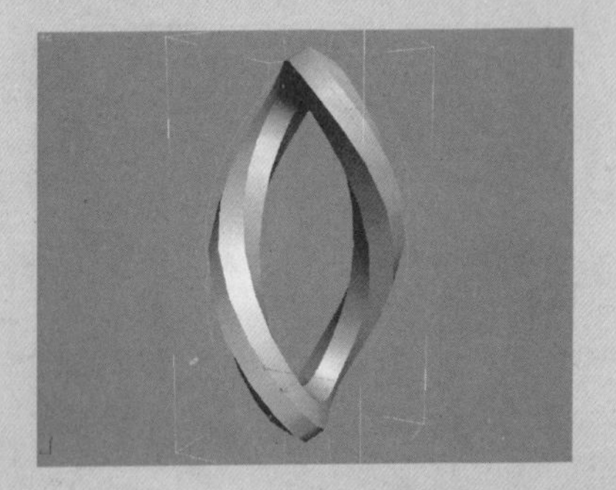

调整起始点时，在两者间会显示一条蓝色的虚线，该虚线表示两者的对齐。曲面不会显示，因此这不会降低调整速度。当释放鼠标按钮时，该曲面将重新出现。

- 翻转法线：启用此选项可以反转规则曲面法线的方向。

创建U向放样曲面

通过U向放样操作可在多个曲线子对象上创建一个曲面。在创建U放样时，禁用从属子对象显示可以提高交互性能。在选择曲线时，自动将其附加到当前的对象上，与使用了“附加”按钮效果相同。

创建U向放样曲面的操作很简单，在“修改”命令面板中的“创建曲面”卷展栏中单击 U向放样 按钮，然后依次单击视图中的曲线即可创建U向放样曲面，右键单击结束操作。如图7-197所示的一组曲线，经过U向放样后的效果如图7-198所示。

图7-197 创建的放样曲线

图7-198 U向放样后的效果

创建放样曲面和扫描曲面时，用户可以通过“U向放样曲面”卷展栏访问曲面参数，如图7-199所示，并且可以反转曲线的起点，能对曲线的起点进行设置，也可以使用箭头按钮改变曲线的顺序，并且能够使用“移除”按钮将曲线移除。

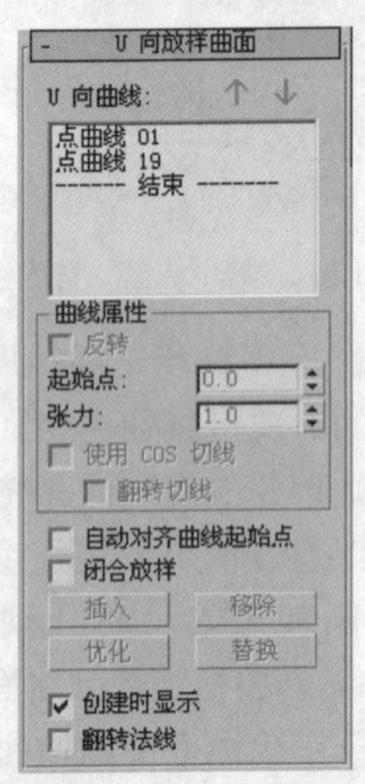

图7-199 “U向放样曲面”卷展栏

- “U向曲线”列表框：显示所单击的曲线名称，按单击顺序排列。单击需要选定的曲线的名称，将其选定，视口以蓝色显示选中的曲线。最初，第一条曲线被选中。
- 箭头按钮：使用此按钮改变用于创建U放样的曲线的顺序。在列表框中选中一条曲线，使用箭头来将选中对象上下移动。

“曲线属性”选项区域中的控件影响在“U向曲线”列表框中选中的单条的曲线，只有在选定“U向曲线”列表框中的曲线后，才能使用这些控件。

- 反转：在设置时，反转选中曲线的方向。
- 起始点：调整曲线起点的位置。如果曲线不是闭合曲线该控件无效。 调整起始点时，在两者间会显示一条蓝色的虚线，该虚线表示两者的对齐。曲面不会显示，因此这不会降低调整速度。当释放鼠标按钮时，该曲面将重新出现。
- 张力：调整放样的曲面的收缩程度，不同张力的效果如图7-200和图7-201所示。

图7-200 张力为10的效果

图7-201 张力为50的效果

- 使用COS切线：如果曲线是曲面上的曲线，启用此选项能够使U放样使用曲面的切线。这会帮助用户将放样光滑的混合到曲面上。默认设置为禁用状态。除非曲线是一个点或者是曲面上的CV曲线，否则不能使用此选项。
- 翻转切线：翻转曲线的切线方向。除非曲线是一个点或者是曲面上的CV曲线，或者启用了“使用COS切线”选项，否则不能使用此选项。
- 自动对齐曲线起始点：启用此状态后，对齐U放样中的所有曲线的起点。系统将会选择起点的位置，使用自动对齐将减小放样曲面的扭曲量，默认设置为禁用状态。
- 闭合放样：如果最初放样是开曲面，启用此选项，能够在第一条曲线和最后一条曲线之间添加一段新的曲面段使原曲面闭合。默认设置为禁用状态。
- “插入”按钮：在U向放样曲面中插入一条曲线。单击“插入”按钮，然后单击曲线，此曲线插入所选中曲线的前面。要在末尾插入一条曲线，首先在列表框中高亮显示----End----标记。

62 移动圆环到消防栓主阀门下端的挂钩位置，并旋转其角度，如下图所示。

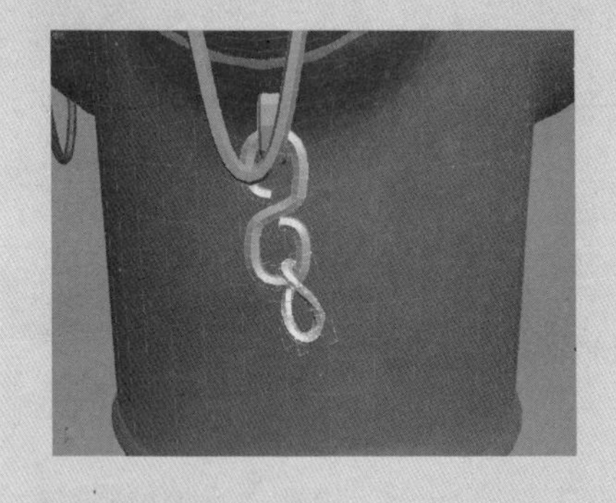

63 配合Shift键拖动圆环进行复制，调节其位置到前一个圆环的下端部位，并使其角度自然，如下图所示。

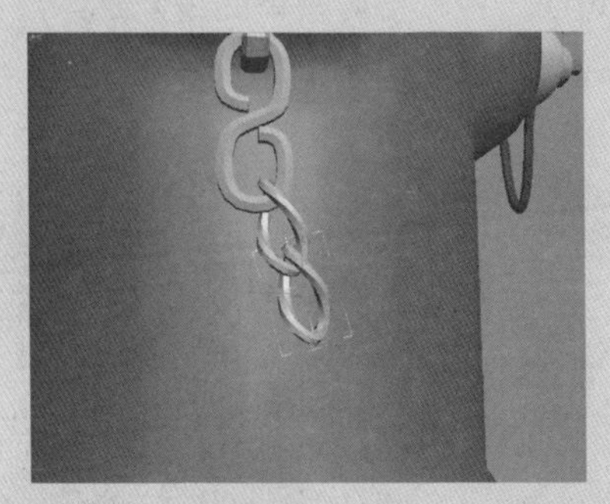

64 依此类推复制出整个铁链圆环，与一侧阀门下面的环相连，如下图所示。

技巧·提示

铁链的创建需要环环相扣，使用其他工具或者命令很难创建出真实的铁链效果，在此使用的方法虽然麻烦了点，但是它是最精确的创建方法。

65 使用同样的方法复制调节出其他部分的铁链，效果如下图所示。

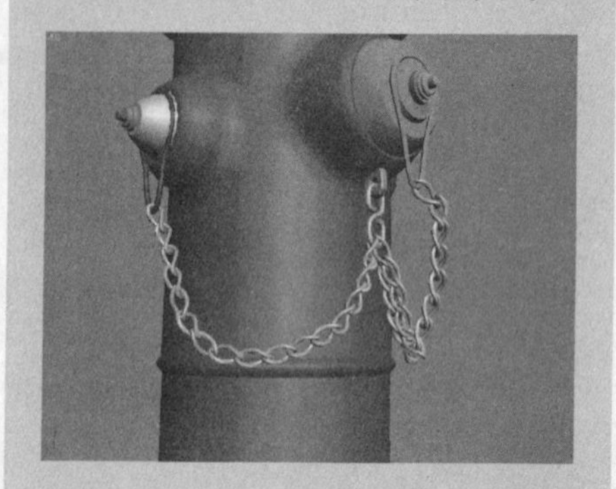

66 创建一个“边数”为6的圆柱体，“半径”为25mm，“高度”为20mm，取消“平滑”复选框的勾选，并移动圆柱体到消防栓的底座的上部，如下图所示。

67 将创建的螺丝帽状的圆柱体的坐标重心对齐到消防栓主体模型的中心，配合Shift键和“角度捕捉切换”按钮，每旋转60°复制一个圆柱体，并复制出5个，如下图所示。

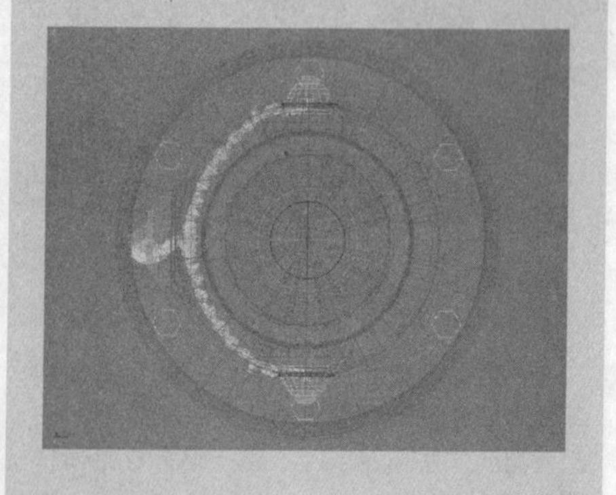

- “移除”按钮：从U向放样曲面中移除一条曲线。选中列表框中的曲线，然后单击“移除”按钮，在创建放样时，可以使用此按钮。
- “优化”按钮：优化U向放样曲面。单击“优化”按钮，然后在曲面上单击一个U轴等参曲线。（拖动光标到曲面上方，此时高亮显示可用的曲线。）单击的曲线转换为一个CV曲线并插入至放样和U向曲线列表框。在优化一个点曲线时，对U向放样的优化可以轻微的改变曲面的曲率。一旦通过添加U向曲线来优化曲面后，可以使用“编辑曲线”来改变曲线。
- “替换”按钮：用其他曲线替代U向曲线。选定一条U向曲线，单击启用“替换”，然后在视口中单击新的曲线。当拖动鼠标时高亮显示可用的曲线。只有在“U向曲线”列表框中选定一条曲线时，才能使用此按钮。
- 创建时显示：启用此项后，在创建U向放样曲面时会显示它。禁用此项后，能够更快速地创建放样。默认设置为禁用状态。
- 翻转法线：翻转U法线的方向。

创建单轨扫描曲面

创建一个单轨扫描曲面至少使用两条曲线。一条“轨道”曲线定义了曲面的长度，另一条曲线定义了曲面的横截面。更改轨道的位置可以改变曲面的形状，横截面曲线应当与轨道曲线相交。如果横截曲面与轨道不相交，可能会得到不可预测的曲面。

Step 01 在视图中创建轨道曲线和横截面曲线，如图7-202所示。

Step 02 在“NURBS工具箱”中单击“创建单轨扫描”按钮，或在“创建曲面”卷展栏中单击 单轨 按钮。

Step 03 单击轨道曲线，然后单击每个横截面曲线，单击右键结束创建过程，创建的单轨扫描曲线效果如图7-203所示。

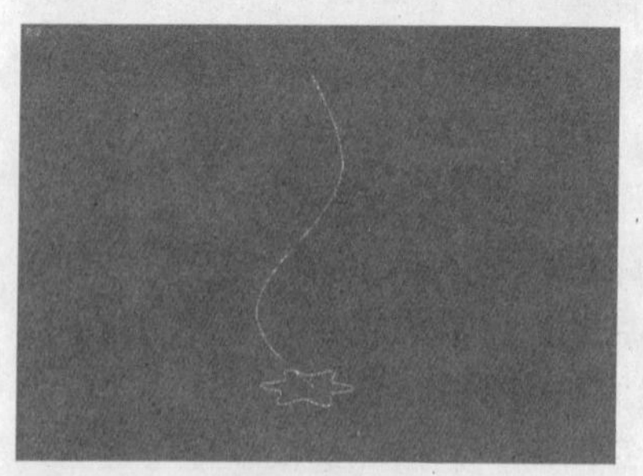

图7-202 创建单轨扫描曲线

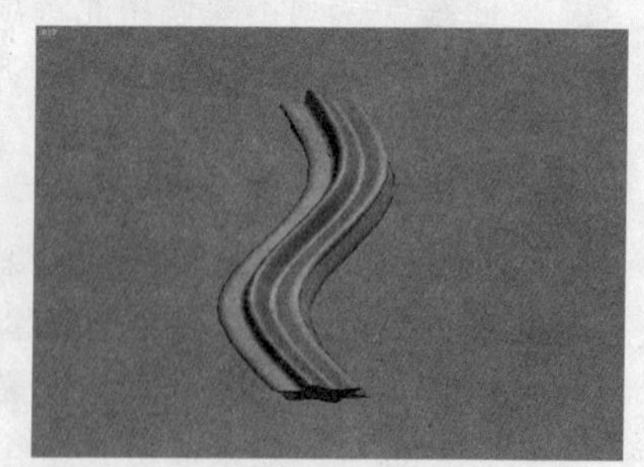

图7-203 单轨扫描曲线效果

当选中单轨扫描“曲面”子对象时，在“修改”命令面板中将会出现“单轨扫描曲面”卷展栏，如图7-204所示。选中多个单轨扫描子对象时该卷展栏不会出现。

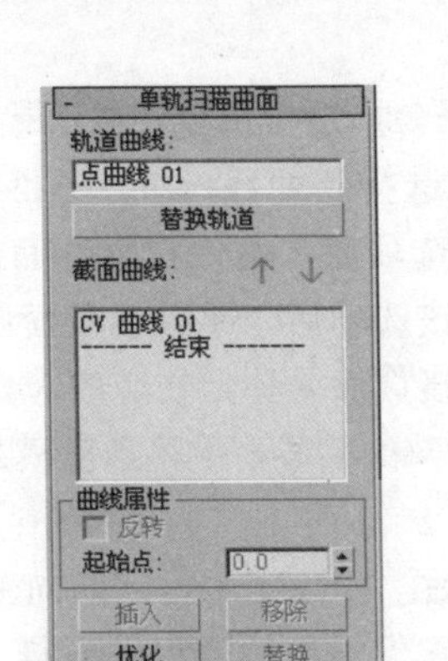

图7-204 “单轨扫描曲面”卷展栏

- 轨道曲线：显示选择作为轨道的曲线名称。
- “替换轨道”按钮：用于替换轨道曲线。单击该按钮，然后在视口中单击其他曲线来作为新轨道。
- 截面曲线列表框：该列表框显示横截面曲线的名称，按照单击它们的顺序排列。通过单击列表框中的名称可以选择曲线。视口以蓝色显示选中的曲线。
- 箭头按钮：使用这些按钮来更改列表中截面曲线的顺序。在列表框中选中一条曲线，使用箭头来将选中对象上下移动。

“曲线属性”选项区域中的控件影响在“截面曲线”列表框中选中的单一曲线，而不是影响通常扫描曲面的属性。只有在“截面曲线”列表框中选中曲线后才可以使用该区域中的选项。

- 反转：在设置时，反转选中曲线的方向。
- 起始点：调整曲线起点的位置。这可以帮助消除曲面上意外的扭曲或弯曲，如果曲线不是闭合曲线该控件无效。调整起始点时，在两者间会显示一条蓝色的虚线，该虚线表示两者的对齐。
- “插入”按钮：向“截面曲线”列表框中添加曲线。单击“插入”按钮，然后单击曲线。此曲线插入所选中曲线的前面。要在末尾插入一条曲线，首先在列表框中高亮显示----End----标记。
- “移除”按钮：移除列表框中的曲线。选中列表框中的曲线，然后单击“移除”按钮。
- “优化”按钮：优化单轨扫描曲面。单击“优化”按钮，然后在曲面上单击一条等参曲线。单击的曲线会转化为CV曲线并插入到扫描和截面列表中。优化点曲线时，优化扫描会稍微更改曲面的曲率。一旦通过添加横截面曲线优化了曲面后，就可以使用“编辑曲线”来更改曲线。

工业设计>
消防栓
16

68 使用同样的方法，创建顶端的螺丝帽，如下图所示。

69 调节一个红色材质赋予所有物体对象，在“材质编辑器”对话框中的“Blinn 基本参数”卷展栏中，单击“环境光”和“漫反射”选项前面的“锁定颜色”按钮 (在默认情况下为启用状态)，取消该按钮的启用状态，调节环境颜色为微冷颜色，并设置“高光级别”为100，“光泽度”为50，如下图所示。

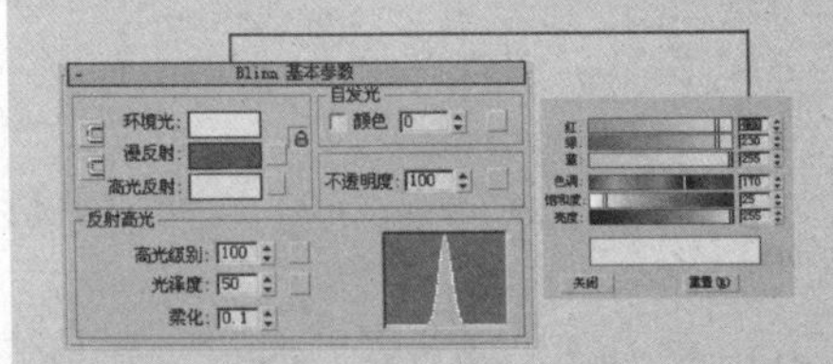

70 打开“材质编辑器”对话框的“贴图”卷展栏，给“凹凸”贴图指定一个贴图，设置其“数量”值为20，如下图所示。

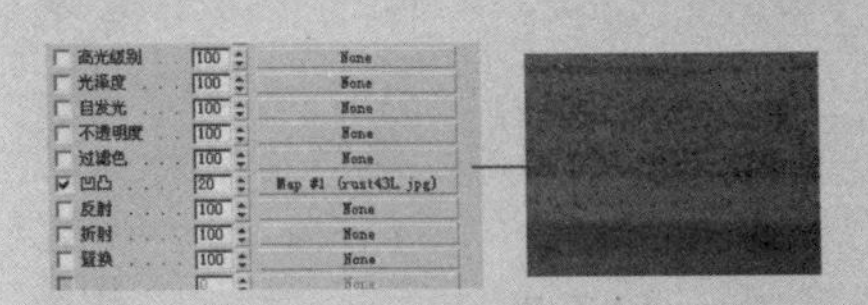

71 给“反射”贴图指定一个HDE贴图，并设置其“数量”为15，如下图所示。

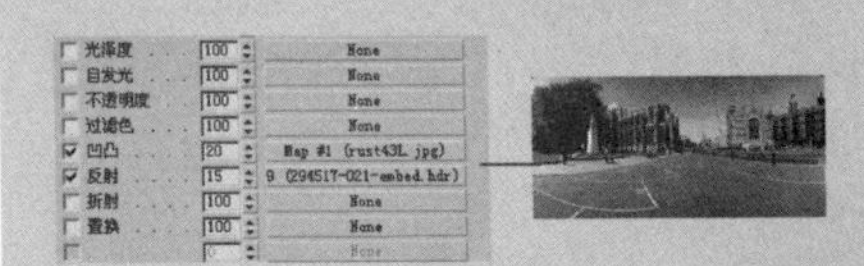

72 由于消防栓模型物体是不规则多边形，所以其一部分贴图坐标不会自动对位，给消防栓主体物体对象添加一个“UVW 贴图”修改器，在其“参数”卷展栏中的“贴图”选项区域中选中“柱形”单选按钮，在“对齐”选项区域中选中Y轴，并单击 适配 按钮，使其适配，如下图所示。

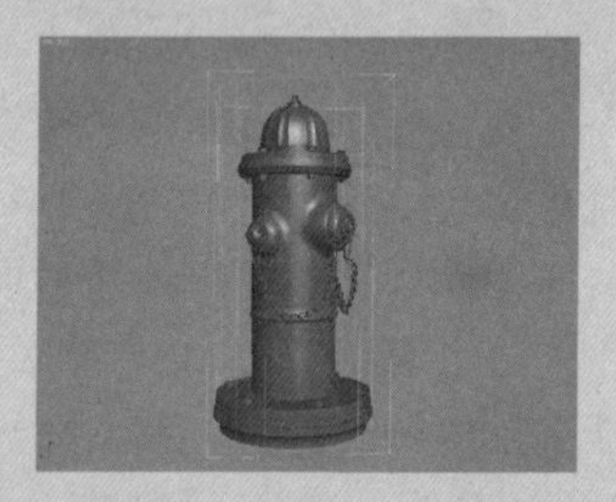

73 添加一个“平面”作为地面，并调节其位置到消防栓的底部。然后调节一个墙砖材质赋予作为地面的平面，如下图所示。

74 按F10键，打开“渲染场景：默认扫描线渲染器”对话框，在“公用”选项卡中的“指定渲染器”卷展栏中单击“指定渲染器”按钮，在弹出的“选择渲染器”对话框中指定渲染器为VRay Adv 1.5渲染器，如下图所示。

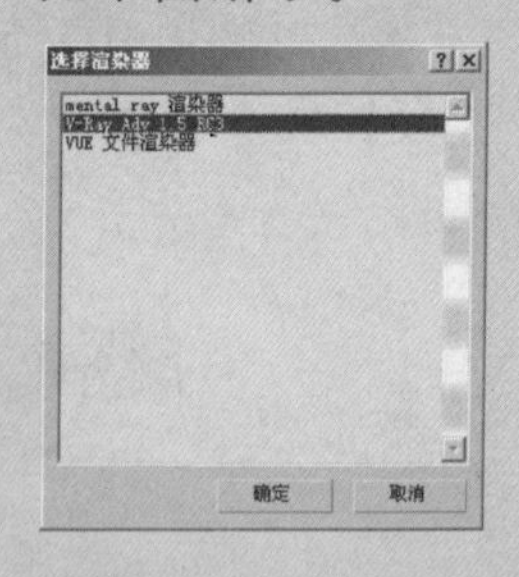

- “替换”按钮：用于替换选中曲线。在列表框中选择一条曲线，单击该按钮，然后选择新曲线。
- 平行扫描：启用该选项后，确保扫描曲面的法线与轨道平行。
- 捕捉横截面：启用该选项后，平移横截面曲线，以便它们会与轨道相交。第一个横截面平移到轨道的起始端，而最后一个平移到轨道的末端。中部的横截面平移到离横截面曲线末端最近的点与轨道相接处。
- 路状：启用该选项后，扫描使用恒定的向上矢量，这样横截面均匀扭曲，就仿佛它们沿着轨道运动一样。

创建圆角曲面

圆角曲面是连接其他两个曲面的弧形表面。

Step 01 视图中创建两个曲面，如图7-205所示。

Step 02 单击“修改”命令面板中“常规”卷展栏中的 附加多个 按钮，然后在弹出的“附加多个”对话框中选择所有的对象，如图7-206所示，然后按Enter键确认附加操作。

图7-205 创建两个曲面

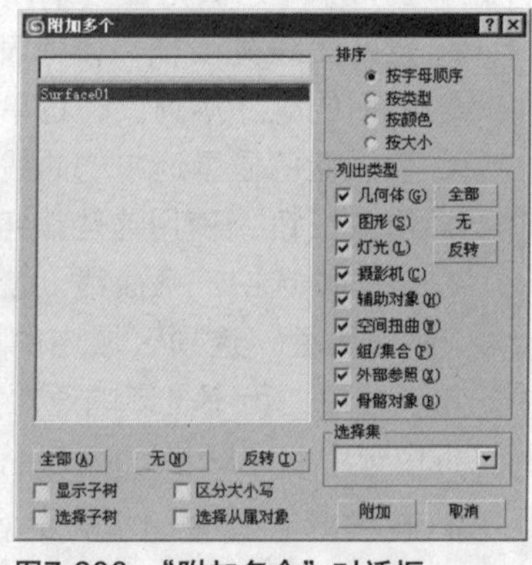

图7-206 “附加多个”对话框

Step 03 在“NURBS”工具箱中单击“创建圆角曲面”按钮。

Step 04 单击以选择第一曲面，当在视口中移动鼠标时，曲面高亮显示为蓝色，如图7-207。然后单击第二曲面，此时创建圆角曲面，如图7-208所示，单击右键结束操作。如果不能创建圆角曲面，将会显示默认错误曲面（在默认情况下，错误曲面显示为橙色）。

图7-207 圆角时曲面的颜色变化

图7-208 圆角后的效果

在没有结束创建圆角曲面操作时，用户可以在修改命令面板的“圆角曲面”卷展栏中对圆角曲面进行设置，如图7-209所示。

图7-209 圆角曲面

- 起始半径和结束半径：在所选择的第一曲面和第二曲面上，分别设置用于定义圆角的半径。此半径控制圆角曲面的大小。默认设置为10.0。
- 锁定：锁定“起始”和“结束”半径的值，使它们相同。启用该选项后，“结束半径”设置是不可用的。默认设置为启用。

(1)“半径插值”选项区域

该选项区域控制圆角的半径。“半径插值”设置无效，除非定义圆角的一个或两个曲面对其具有曲率。

- 线性：选中此选项后半径始终为线性。
- 立方：选定此选项后，将半径看作是立方体功能，允许其在父曲面几何体基础上进行更改。

(2)“种子”选项区域

该选项区域中的数值框可以调整圆角曲面的种子值。假如有多个选择来构建圆角，软件就会使用种子值来选择离此曲面最近的边。

- 曲面1 X：在所选择的第一曲面上设置种子的局部X坐标。
- 曲面1 Y：在所选择的第一曲面上设置种子的局部Y坐标。
- 曲面2 X：在所选择的第二曲面上设置种子的局部X坐标。
- 曲面2 Y：在所选择的第二曲面上设置种子的局部Y坐标。

(3)“修剪第一曲面”和“修剪第二曲面”选项区域

- 修剪曲面：修剪圆角边的父曲面。
- 翻转修剪：反转修剪的方向。

75 在“创建”命令面板中单击“灯光”按钮，在灯光类型下拉列表中选择“VRay”选项，在“对象类型”卷展栏中单击VRayLight按钮，在视图中创建VRay灯光，设置“U size”和“V size”值都为500.0，设置“Mult”值为5.0。在各个视图中调节其角度和位置，如下图所示。

76 切换到“渲染场景”对话框中的“渲染器”选项卡，在“VRay:: Indirect illumination(GI)”卷展栏中勾选“On”复选框，如下图所示。

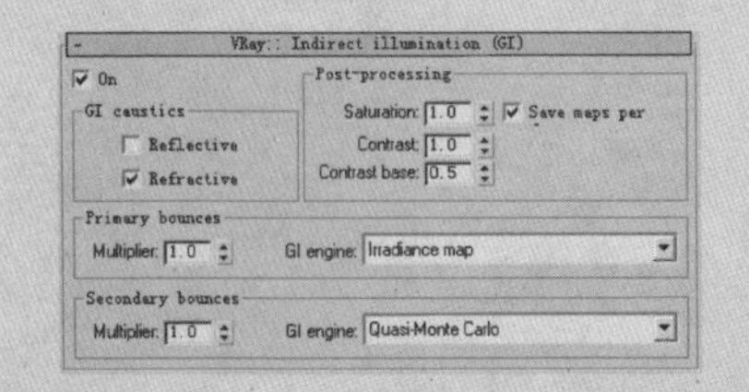

77 切换到“公用”选项卡，在“渲染尺寸”卷展栏中设置渲染尺寸，单击渲染按钮，最终渲染效果如下图所示。

[3ds Max 9]
完全手册+特效实例

[Chapter]

材质与贴图

为场景中的对象指定材质或者贴图，可以使模拟的空间更具真实感，同时，材质与贴图可以描述对象如何反射环境的光线。

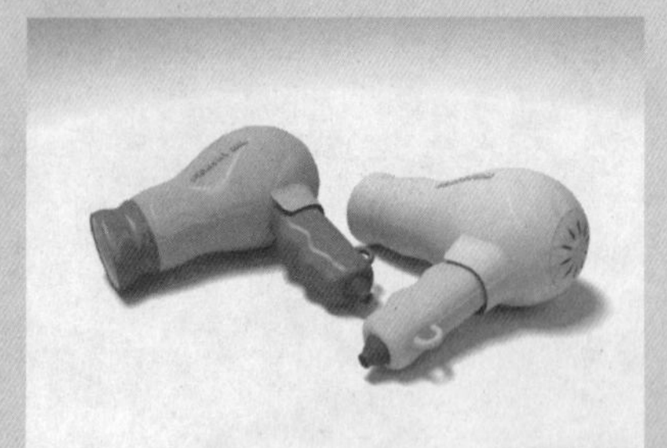

01 单击“创建”命令面板中的“图形”按钮，在创建类型的下拉列表中单击“NURBS 曲线”选项，然后在“对象类型”卷展栏中单击 CV 曲线 按钮，在前视图中绘制风筒的截面图形，如下图所示。

02 在“修改”命令面板中的“常规”卷展栏中单击“NURBS 创建工具箱”按钮，然后在弹出的“NURBS”对话框中单击“创建车削曲面”按钮，然后在视图中单击CV 曲线，系统将自动创建旋转曲面，并将其命名为“风筒”，如下图所示。

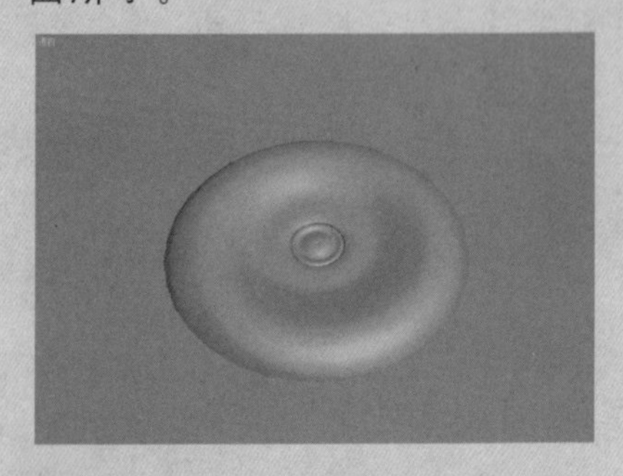

8.1 材质编辑器

“材质编辑器”对话框为用户提供了创建和编辑材质及贴图的功能，同时在“材质编辑器”对话框中用户可以将编辑的材质进行复制、保存等操作。

8.1.1 “材质编辑器”对话框

“材质编辑器”对话框界面由标题栏、菜单栏、工具栏、示例窗、卷展栏等部分组成。在该对话框中用户可以对编辑的材质进行命名、参数设置等操作。单击主工具栏中的“材质编辑器”按钮，或者执行菜单栏中的“渲染>材质编辑器”命令，再者可按 M 键，执行其中的任意一种操作方式，系统都将弹出“材质编辑器”对话框，如 图 8-1 所 示。

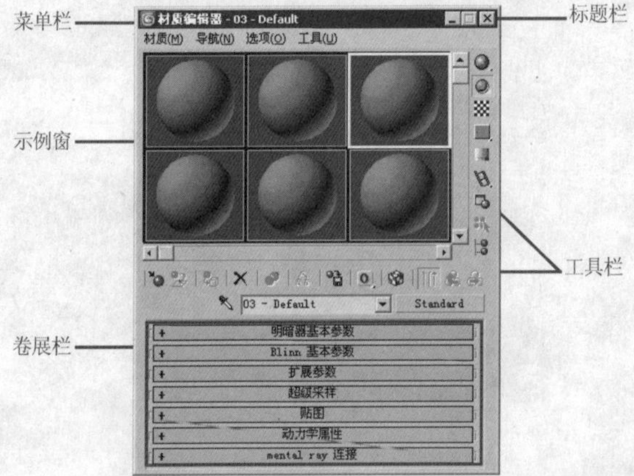

图8-1 “材质编辑器”对话框

8.1.2 材质编辑器菜单

材质编辑器的菜单栏位于“材质编辑器”对话框的顶部，通过它用户可以调用材质编辑器中的所有工具。该菜单栏中包含了“材质”、“导航”、“选项”和“工具”菜单，分别如图8-2、图8-3、图8-4和8-5所示。

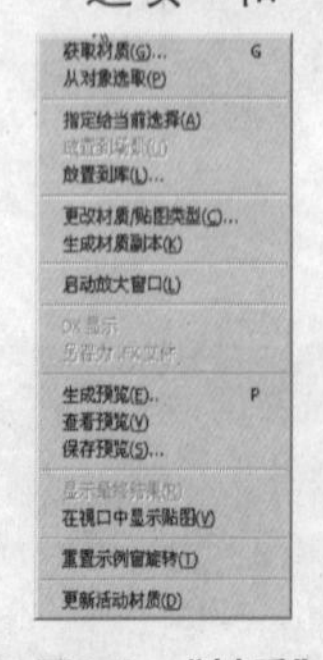

图8-2 “材质”菜单

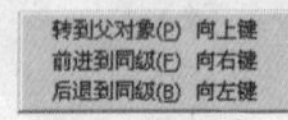

图8-3 “导航”菜单

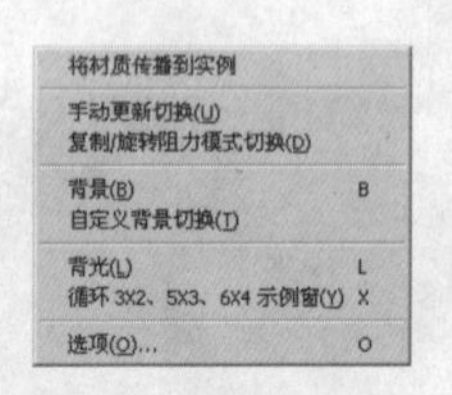

图8-4 “选项”菜单

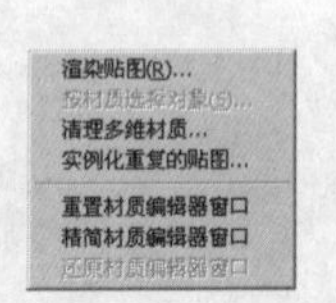

图8-5 “工具”菜单

8.1.3 材质编辑器工具

利用材质编辑器示例窗下面和右侧的工具按钮，用户可以用来管理和更改贴图及材质。

- "获取材质"按钮：单击该按钮后系统将弹出"材质/贴图浏览器"对话框，利用该对话框用户可以选择材质或贴图。
- "将材质放入场景"按钮：在编辑材质之后更新场景中的材质。
- "将材质指定给选定对象"按钮：单击该按钮可将活动示例窗中的材质应用于场景中当前选定的对象。同时，示例窗将成为热材质。
- "重置贴图/材质为默认设置"按钮：重置活动示例窗中的贴图或材质的值。移除材质颜色并设置灰色阴影。将光泽度、不透明度等重置为其默认值。移除指定给材质的贴图。如果处于贴图级别，该按钮重置贴图为默认值。
- "复制材质"按钮：通过复制自身的材质生成材质副本"冷却"当前热示例窗。示例窗不再是热示例窗，但材质仍然保持其属性和名称。可以调整材质而不影响场景中的该材质。如果获得想要的内容，请单击将材质放入场景，可以更新场景中的材质，再次将示例窗更改为热示例窗。
- "使惟一"按钮：可以使贴图实例成为惟一的副本。还可以使一个实例化的子材质成为惟一的独立子材质。可以为该子材质提供一个新材质名。子材质是"多维/子对象"材质中的一个材质。使用"使惟一"按钮可以防止对顶级材质实例所做的更改影响"多维/子对象"材质中的子对象实例。当贴图经过实例化，成为相同材质的不同组件时，还可以在贴图级别使用"使惟一"。
- "放入库"按钮：单击该按钮后可以将选定的材质添加到当前库中。将弹出"放入库"对话框，使用该对话框可以输入材质的名称，该材质区别于"材质编辑器"中使用的材质。
- "材质ID通道"按钮：“材质ID通道"弹出按钮上的按钮将材质标记为Video Post效果或渲染效果，或存储以Rla或Rpf文件格式保存的渲染图像的目标（以便通道值可以在后期处理应用程序中使用）。
- "在视口中显示贴图"按钮：显示视口对象表面的贴图材质如图8-6所示。

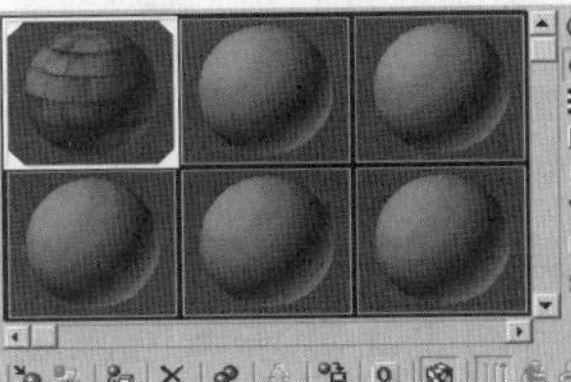

图8-6 在视口中显示贴图

03 在"车削曲面"卷展栏中单击"方向"选项区域中的 X 按钮，将车削的轴向锁定X轴，然后按数字键3，切换到"曲线"层次，在前视图中选中车削曲面的曲线并将其沿Y轴方向移动一段距离，如下图所示。

04 按Shift+Q组合键渲染透视图，从渲染的效果看到，模型的内部只有前部的开口位置具有表面，因而内部其他位置形成了透明效果，如下图所示。

05 按数字键2，切换到"曲线CV"层次，在前视图中单击"CV"卷展栏中的 延伸 按钮，然后单击并拖动"风筒"口内侧的曲线CV控制点，曲线跟随鼠标一起移动，拖到"风筒"的后侧释放鼠标，延伸的曲线将被确定下来，调整CV控制点使延伸的曲线与截面曲线的走向大致相同，如下图所示。

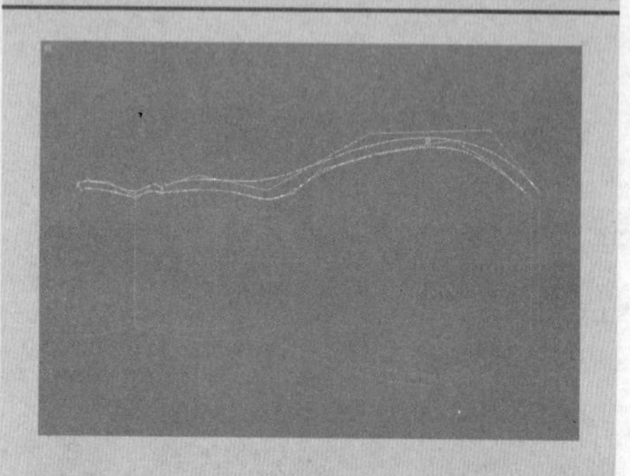

06 按数字键1，切换到“曲面”层次，单击“曲面公用”卷展栏中的 断开列 按钮，然后将风筒空内侧的表面在出口前端的位置断开，如下图所示。

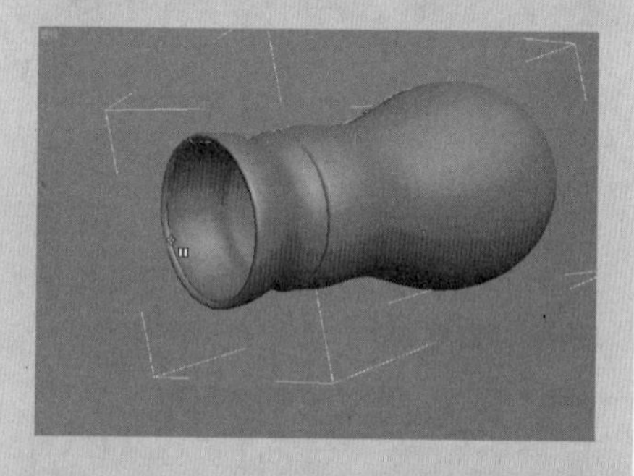

07 使用相同的方法在风筒前端外侧的表面沿列方向断开，如下图所示。

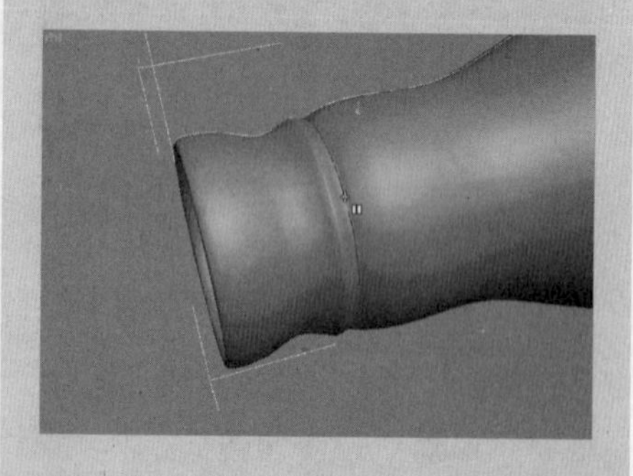

08 在“修改”命令面板中的“修改器”列表下拉列表中选择“FFD4X4X4”修改器，然后按数字键1切换到“控制点”层次，在前视图中选中左上角的控制点，并将其沿X轴方向移动一点，如下图所示。

- “显示最终结果”按钮：可以查看所处级别的材质，而不查看所有其他贴图和设置的最终结果。当此按钮处于禁用状态时，示例窗只显示材质的当前级别。使用复合材质时，此工具非常有用。
- “转到父对象”按钮：使用该按钮可以在当前材质中向上移动一个层级。仅当不在复合材质的顶级时，该按钮才可用。
- “转到下一个同级项”按钮：使用“转到下一个同级项”按钮将移动到当前材质中相同层级的下一个贴图或材质。当不在复合材质的顶级并且有多个贴图或材质时，该按钮才可用。
- “采样类型”按钮：使用“采样类型”弹出按钮可以选择要显示在活动示例窗中的几何体。此弹出按钮有如下3个按钮。
  - ◆“球体”按钮：显示球体上的材质，为默认设置。
  - ◆“圆柱体”按钮：显示圆柱体上的材质。
  - ◆“立方体”按钮：显示立方体上的材质，其3种类型效果如图8-7所示。

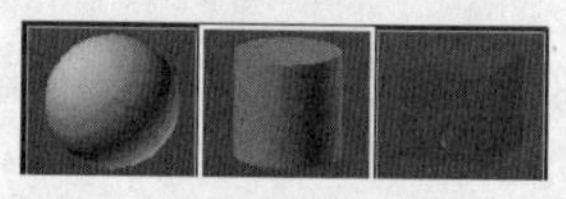

图8-7　3种显示方式

- “背光”按钮：将背光添加到活动示例窗中。在默认情况下，此按钮处于启用状态。通过示例球体更容易看到效果，其中背光高亮显示球的右下方边缘。
- “背景”按钮：启用背景将多颜色的方格背景添加到活动示例窗中。如果要查看不透明度和透明度的效果，该图案背景很有帮助。也可以使用“材质编辑器选项”对话框指定位图用作自定义背景。
- “采样UV平铺”按钮：使用“采样UV平铺”弹出按钮上的按钮可以在活动示例窗中调整采样对象上的贴图图案重复的次数。使用此选项设置的平铺图案只影响示例窗，对场景中几何体上的平铺没有影响，而使用贴图自身坐标卷展栏中的参数进行控制。
  - ◆ 1x1：在U维和V维中各平铺1次。
  - ◆ 2x2：在U维和V维中各平铺2次。
  - ◆ 3x3：在U维和V维中各平铺3次。
  - ◆ 4x4：在U维和V维中各平铺4次。
- “视频颜色检查”按钮：视频颜色检查用于检查示例对象上的材质颜色是否超过安全NTSC或PAL阈值。这些颜色用于从计算机传送到视频时进行模糊。将在示例对象上标记包含这些非法颜色或“热”颜色的像素。用户可以在进行渲染时使3ds Max自动更正非法颜色，这取决于“首选项”对话框的“渲染”选项卡中设置的一些纯度过高的材质在进行检查时将会变成黑色，如图8-8所示。

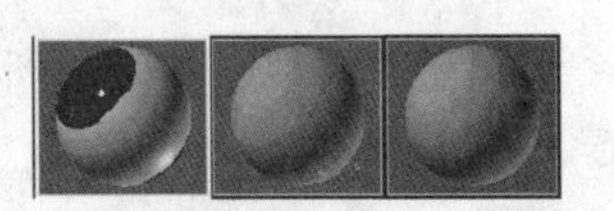

图 8-8　高纯度颜色检查

- “生成预览”按钮：单击该按钮，弹出“创建材质预览”对话框，创建动画材质的 AVI 文件。预览完成后，它会以 _medit.avi 文件的形式保存在 \previews 子目录中。
- “播放预览”按钮：使用 Windows Media Player 播放 \previews 子目录下当前的 _medit.avi 预览文件。
- “保存预览”按钮：将 _medit.avi 预览保存为另一名称的 AVI 文件，将其存储在 \previews 子目录中。
- “选项”按钮：单击该按钮系统将弹出“材质编辑器选项”对话框，在该对话框中用户可以控制材质和贴图在示例窗中的显示方式。“材质编辑器选项”对话框中参数的设置是“粘滞”的，它们在程序重新设置、甚至退出与重新启动后继续存在。
- “按材质选择”按钮：选择使用“按材质选择”工具可以基于“材质编辑器”对话框中的活动材质选择场景中的对象。除非活动示例窗包含场景中使用的材质，否则该按钮不可用。
- “材质 / 贴图导航器”按钮：单击该按钮，弹出的“材质 / 贴图导航器”对话框是一个无模式对话框，可以通过材质中贴图的层次或复合材质中子材质的层次快速导航，导航器对话框如图 8-9 所示。

图 8-9　导航器

8.1.4 示例窗

通过示例窗用户可以预览材质和贴图。每个窗口可以预览单个材质或贴图。使用“材质编辑器”控件可以更改材质，将材质从示例窗拖动到视口中的对象上，系统可以把当前的材质应用于该对象。

在“材质编辑器”对话框中一次不能编辑超过 24 种材质，但场景可以包含不限数量的材质。示例窗可以显示在单独的窗口中，这样更容易预览材质，用户可以重新设置放大窗口的大小，想要放大示例窗，只需双击示例窗，或右键单击示例窗，然后从弹出的快捷菜单中选择“放大”命令即可。

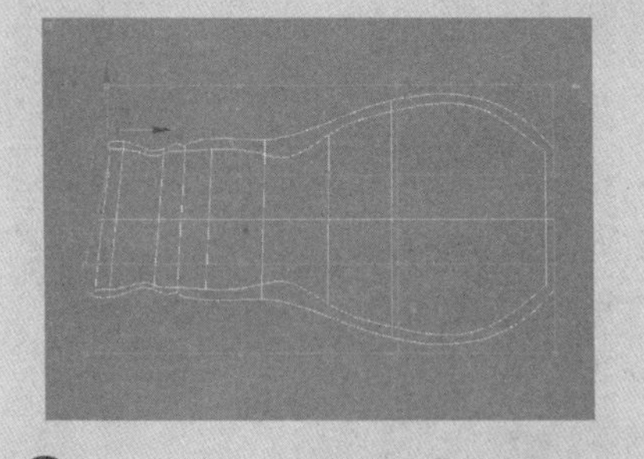

09 在视图中单击鼠标右键，在弹出的菜单中选择“转换为>转换为 NURBS”命令，如下图所示。

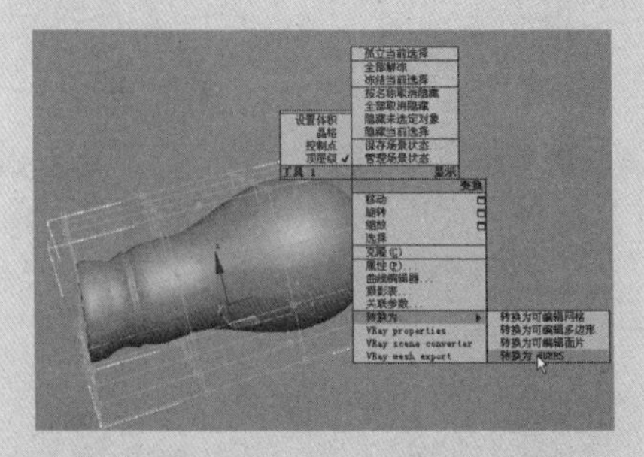

10 按数字键 1，切换到“曲面”层次，然后在视图中选中“风筒”前端外侧表面，单击“曲面公用”卷展栏中的 分离 按钮，在弹出的“分离”对话框中将分离的对象命名为风筒嘴”；使用相同的方法将“风筒”内侧的表面分离为“风筒内面”，如下图所示。

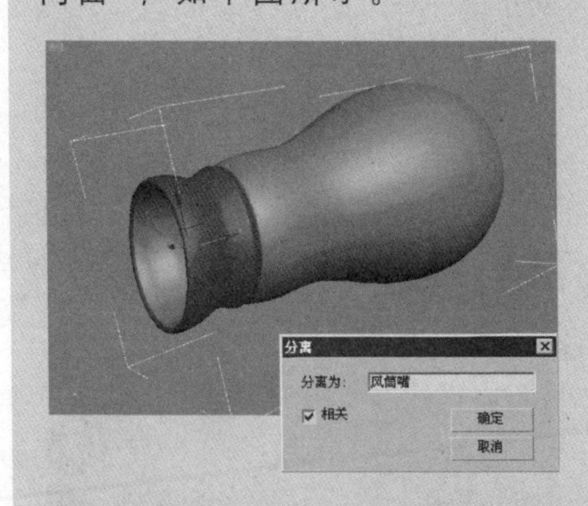

11 在“NURBS”对话框单击“创建曲面上的 CV 曲线”按钮，然后在“风筒”的表面上创建一条封闭的曲线，如下图所示。

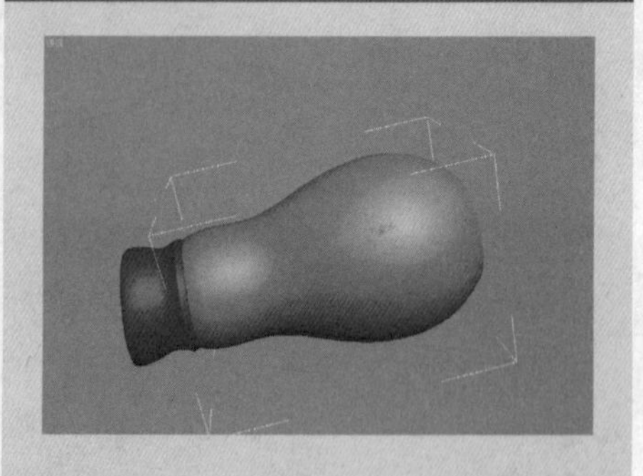

⑫ 在“NURBS”对话框中单击“创建法向投影曲线”按钮，在透视图中单击“风筒”上的CV曲线，然后单击“风筒”表面，在“法向投影曲线”卷展栏中勾选“修剪”和“翻转”复选框，此时CV曲线内部的表面将被剪掉，如下图所示。

⑬ 在“NURBS”对话框中单击“创建挤出曲面”按钮，然后在视图中单击并拖动“风筒”上孔洞的边缘，在适当的位置释放鼠标；在“修改”命令面板中的“挤出曲面”卷展栏中单击“Z”轴，并将“挤出高度”设置为－90，如下图所示。

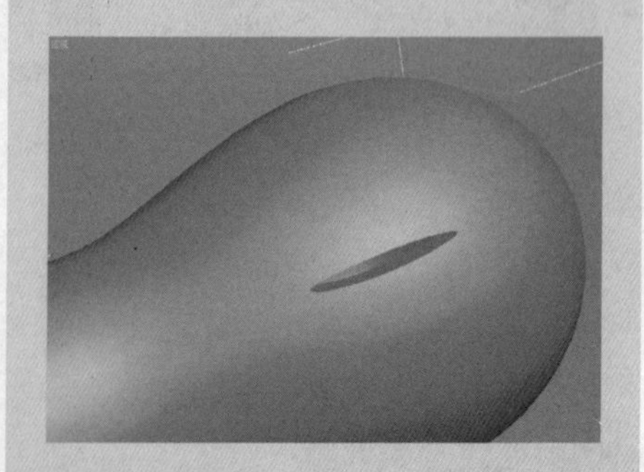

材质编辑器有24个示例窗。可以一次查看所有示例窗，或一次6个（默认），或一次15个。当一次查看的窗口少于24个时，使用滚动条可以在它们之间浏览。

热材质和冷材质

当示例窗中的材质指定给场景中的对象时，示例窗是“热”的。当使用“材质编辑器”调整热示例窗时，场景中的材质也会同时更改。示例窗的拐角处状态可以表明材质是否是热材质。

- 没有三角形：场景中没有使用的材质，如图8-10所示。
- 轮廓为白色三角形：此材质是“热”的，它已经在场景中被应用。在示例窗中对材质进行更改，也会更改场景中显示的材质，如图8-11所示。
- 实心白色三角形：材质不仅是热的，而且已经应用到当前选定的对象上，如图8-12所示。

图8-10　冷材质

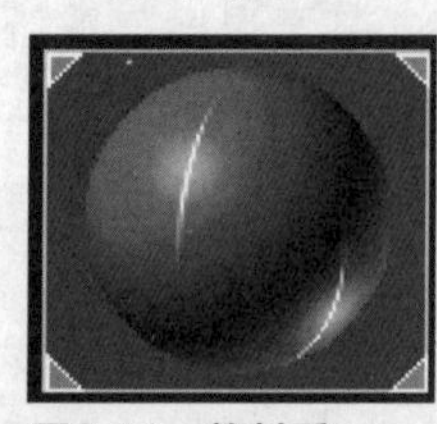

图8-11　热材质

图8-12　当前对象上的热材质

技巧 提示

要使热示例窗冷却，请单击生成材质副本。这个操作会将示例窗中的材质复制到其自身上方，之后场景中就不再使用该材质。可以在不同的示例窗内，显示同样的材质，但是包含该材质的示例窗中只能有一个是热的。如果每个示例窗中有不同的材质，那么该示例窗可以有多个热材质。如果拖动以复制材质从一个热示例窗到另一个示例窗中，则目标窗口是冷的，原始窗口仍然是热的。

示例窗右键快捷菜单

当右键单击活动示例窗时，会弹出一个菜单。对于其他示例窗，首先要单击或右键单击一次选中它们，然后右键单击，才能弹出右键快捷菜单。示例窗右键快捷菜单如图8-13所示。

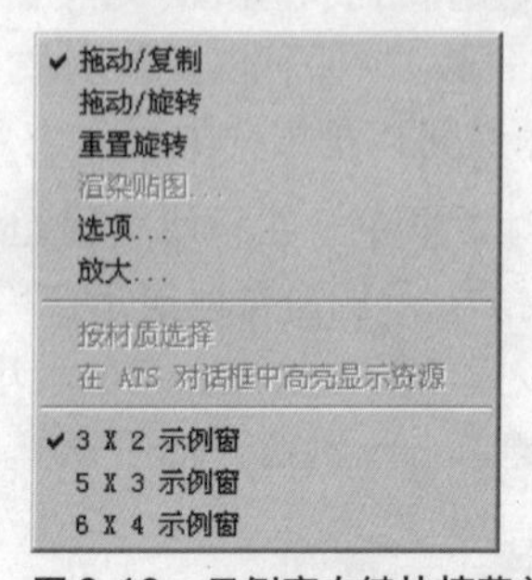

图8-13　示例窗右键快捷菜单

- 拖动/复制：将拖动示例窗设置为复制模式。启用此选项后，拖动示例窗时，材质会从一个示例窗复制到另一个，或者从示例窗复制到场景中的对象，或复制到材质按钮。
- 拖动/旋转：将拖动示例窗设置为旋转模式。启用此选项后，在示例窗中进行拖动将会旋转采样对象。这样就能预览材质了。在对象上进行拖动，能使它绕自己的X或Y轴旋转；在示例窗的角落进行拖动，能使对象绕它的Z轴旋转。另外，如果先按住Shift键，然后在中间拖动，那么旋转就限制在水平或垂直轴，取决于初始拖动的方向。
- 重置旋转：将采样对象重置为它的默认方向。
- 渲染贴图：渲染当前贴图，创建位图或AVI文件（如果位图有动画的话），渲染的只是当前贴图级别，即渲染显示的是当禁用“显示最终结果”时的图像。
- 选项：单击该选项，弹出“材质编辑器选项”对话框。这相当于单击“选项”按钮。
- 放大：生成当前示例窗的放大视图。放大的示例显示在它单独浮动的窗口中。最多可以显示24个放大窗口，但是一次不能用多于一个放大窗口显示相同的示例窗。可以调整放大窗口的大小。单击放大窗口也激活示例窗口，反之亦然。快捷方式为双击示例窗，来显示放大窗口。
- 3×2示例窗：以3X2阵列显示示例窗。
- 5×3示例窗：以5X3阵列显示示例窗。
- 6×4示例窗：以6X4阵列显示示例窗。

8.1.5 材质/贴图浏览器

用户利用“材质/贴图浏览器”对话框来选择材质、贴图或Mental Ray明暗器。单击“获取材质”按钮时，系统将弹出“材质/贴图浏览器”对话框，如图8-14所示。

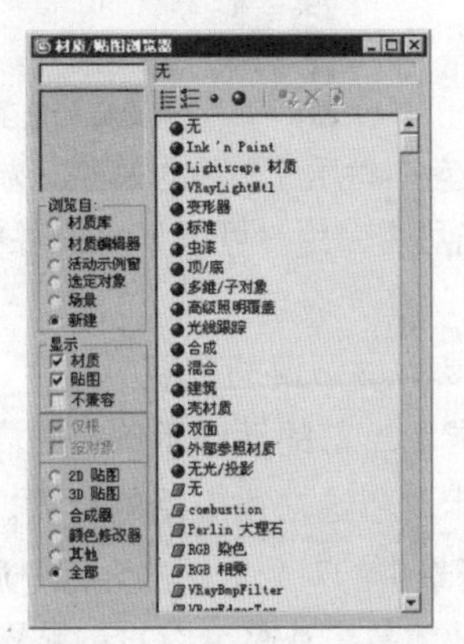

图8-14 “材质/贴图浏览器”对话框

⑭ 在“NURBS”对话框中单击“创建圆角曲面”按钮，然后分别单击上一步创建的挤出曲面和“风筒”表面，在“修改”命令面板中的“圆角曲面”卷展栏中将“起始半径”设置为10，在“修改第一曲面”和“修改第二曲面”选项区域中勾选“修剪曲面”复选框，此时在两个曲面相交的位置上将出现圆角效果，如下图所示。

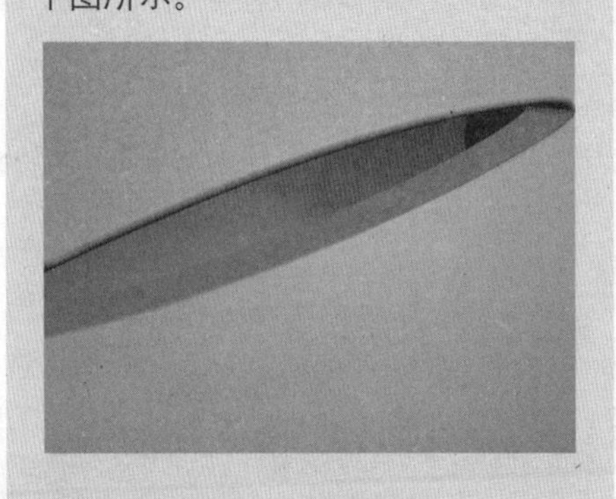

⑮ 使用与步骤11～步骤14相同的方法在已有的孔上部再制作一个散热孔，如下图所示。

⑯ 单击“创建”命令面板中的“图形”按钮，在创建类型下拉列表中单击“NURBS曲线”选项，然后在“对象类型”卷展栏中单击 CV 曲线 按钮，在前视图中绘制C形曲线，如下图所示。

⑰ 在前视图中选中曲线两端的CV控制点，然后将其向上移动一段距离，如下图所示。

⑱ 按住Shift键然后拖动上一步创建的曲线，释放鼠标后，系统将弹出“克隆选项”对话框，在该对话框中使用系统默认设置，然后按Enter键关闭该对话框，如下图所示。

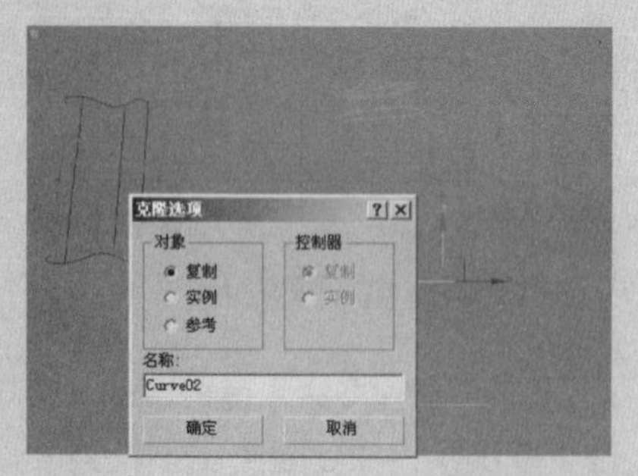

⑲ 调整复制后曲线的CV控制点，使曲线处于一个平面内，然后将其向外扩张一些，并令其与原始曲线在左侧对齐，如下图所示。

工具栏

- “查看列表”按钮：以列表格式显示材质和贴图。蓝色球体是材质，绿色平行四边形是贴图。如果为某材质启用“在视口中显示贴图”，则绿色平行四边形会变红。
- “查看列表＋图标”按钮：在小图标列表中显示材质和贴图。
- “查看小图标”按钮：将材质和贴图显示为小图标。在图标上移动光标时，会弹出工具提示标签，向用户显示材质或贴图的名称。
- “查看大图标”按钮：将材质和贴图显示为大图标。大图标上标记了材质或贴图的名称，并使用逐步细化的方法进行显示，先以较大像素快速渲染示例，然后更详细地进行二次渲染。
- “从库更新场景材质”按钮：使用库中储存的同名材质更新场景中的材质。单击“从库更新场景材质”按钮时，会弹出“更新场景材质”对话框。此对话框列出库中与场景中同名的材质。在列表中，选择要在场景中更新的材质，然后单击“确定”按钮。如果场景中不存在与库中名称相匹配的材质，会出现警报通知用户。仅当“浏览器”在查看库时，此按钮才可用。
- “从库中删除”按钮：从库的显示中移除所选材质或贴图。在保存库之前，磁盘中的库不受影响。使用“打开”选项，从磁盘重新加载原始库。仅在选择了当前库中存在的命名材质后，此按钮可用。当“浏览器”在查看库时，此按钮可用。
- “清除材质库”按钮：从库显示中移除所有材质。在保存库之前，磁盘中的库不受影响。

“浏览自”选项区域

“浏览自”选项区域，如图8-15所示。

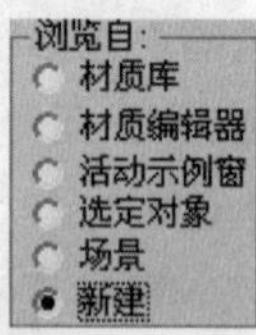

图8-15 “浏览自”选项区域

- 材质库：显示磁盘中材质库文件的内容。选中此选项时，“文件”选项区域的按钮可用，用户可以Max文件中的材质加载到当前材质库中。
- 材质编辑器：显示示例窗的内容。
- 活动示例窗：显示当前的活动示例窗的内容。
- 选定对象：显示对所选对象应用的材质。
- 场景：显示对场景中的对象应用的全部材质。指定给该场景的全部贴图，包括环境背景或聚光灯投射贴图，都会显示在“浏览器”列表中。

“显示”选项区域

“显示”选项区域，如图8-16所示。

图8-16 “显示”选项区域

- 材质：启用或禁用材质或子材质的显示。在“活动示例窗”模式的“浏览器”中，此选项始终不可用。
- 贴图：启用或禁用贴图的显示。在“活动示例窗”模式的“浏览器”中，此选项始终不可用。
- 不兼容：启用时，显示与当前的活动渲染器不兼容的材质、贴图和明暗器。不兼容材质显示为灰色。可以在按钮的合法位置，将不兼容的材质、贴图或明暗器指定给按钮，但如果使用当前渲染器，结果可能会不正确。默认设置为禁用状态。
- 仅根：启用时，材质/贴图列表仅显示材质层次的根。
- 按对象：仅在使用“场景”或“选定对象”选项进行浏览时该选项才可用。启用时，列表按场景中的对象指定列出材质。左侧是按字母顺序排列的对象名称，和在轨迹视图中一样，带有黄色立方体图标。所应用的材质显示为对象的子对象。
- 2D 贴图：仅列出 2D 贴图类型。
- 3D 贴图：仅列出 3D（程序）贴图类型。
- 合成器：仅列出合成器贴图类型。
- 颜色修改器：仅列出颜色修改器贴图类型。
- 其他：列出反射和折射贴图类型。
- 全部：列出全部贴图类型。

“文件”选项区域

单击选中“材质库”单选按钮，显示“文件”选项区域，如图8-17所示。

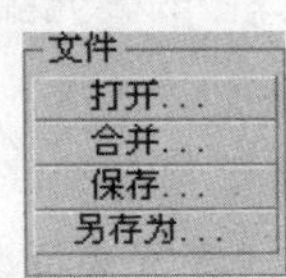

图8-17 “文件”选项区域

- “打开”按钮：打开材质库。
- “合并”按钮：从其他材质库或场景合并材质。单击“合并”按钮时，系统将显示“合并材质库”对话框。使用此文件对话框可选择材质库或场景。在选择要合并的库或场景时，将显示“合并”对话框。这样，用户可以选择要合并的材质。如果要合

⑳ 在“NURBS”对话框中单击“创建规则曲面”按钮，分别单击两条曲线，系统将自动在两条曲线间创建曲面，然后将生成的曲面的上部嵌入“风筒”，如下图所示。

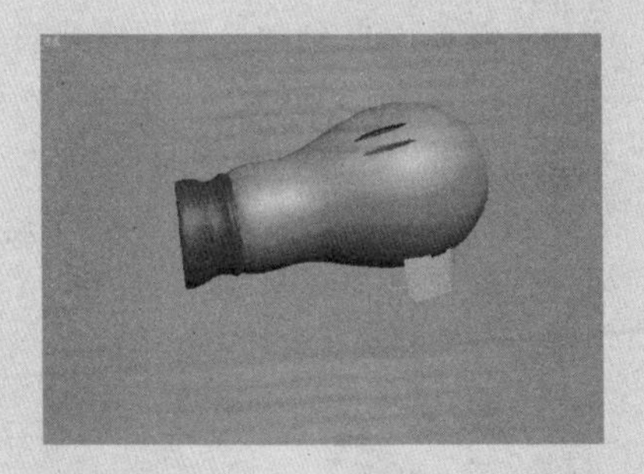

㉑ 在视图中选中“风筒”，然后在“常规”卷展栏中单击 附加多个 按钮，在弹出的“附加多个”对话框中选择上一步创建的曲面，按下Enter键确认附加操作，如下图所示。

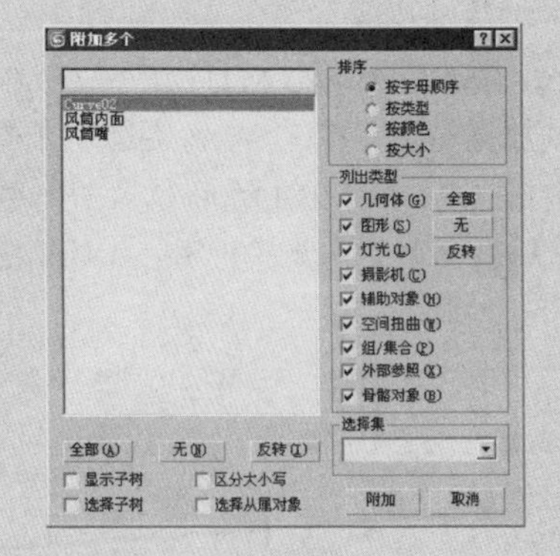

㉒ 在“NURBS”对话框中单击“创建圆角曲面”按钮，单击风筒表面与附加后的曲面。然后在“修改”命令面板中的“圆角曲面”卷展栏中将“起始半径”设置为

150，在“修改第二曲面”选项区域中勾选“修剪曲面”复选框，此时在两个曲面相交的位置上将出现圆角效果，如下图所示。

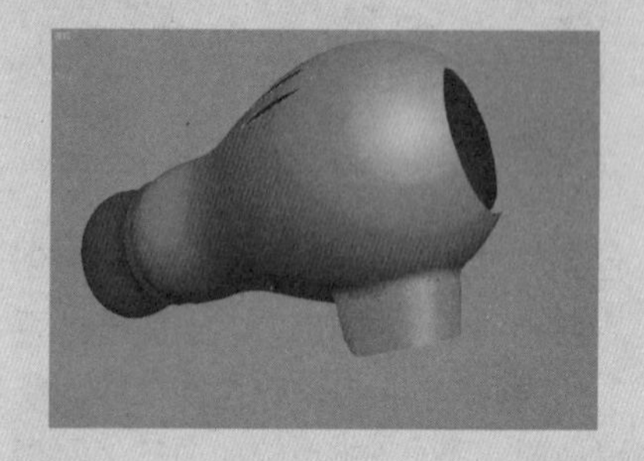

㉓ 单击“创建”命令面板中的“图形”按钮，在创建类型下拉列表中单击“NURBS曲线”选项，然后在“对象类型”卷展栏中单击 CV曲线 按钮，在视图中创建一组闭合的曲线并孤立显示它们，如下图所示。

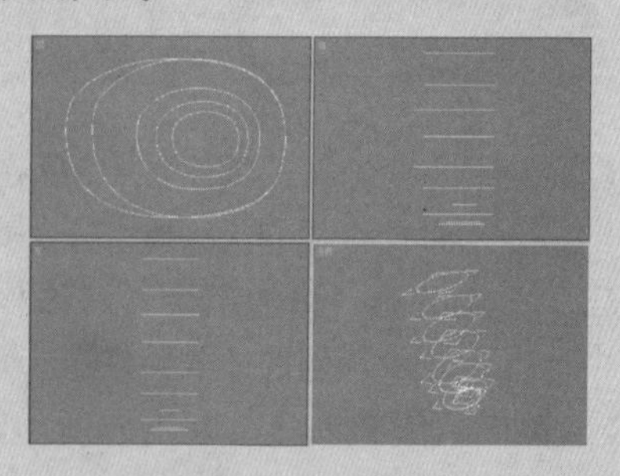

㉔ 在“NURBS”对话框中“创建U向放样曲面”按钮，然后依次单击曲线，系统将在曲线间创建放样曲面，并将其命名为“把手”，如下图所示。

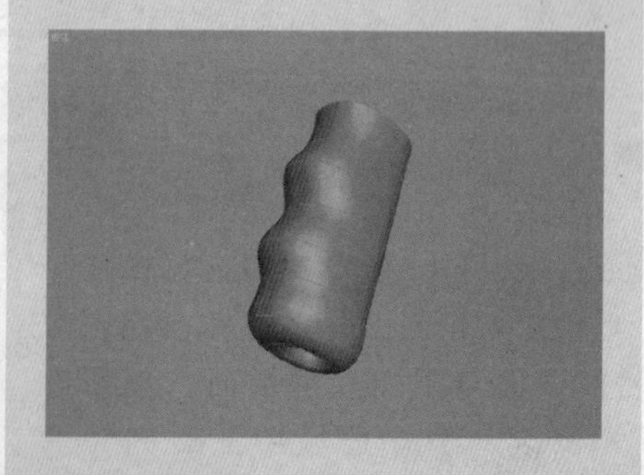

并的材质有重名的情况，将显示“重名”对话框（材质库），用于解决名称冲突。

- “保存”按钮：保存打开的材质库。
- “另存为”按钮：以其他名称保存打开的材质库。

8.2 标准材质

3ds Max材质大致可以分为标准材质、光线跟踪材质、建筑材质、Mental Ray材质、无光/投影材质、壳材质、高级照明覆盖材质、Lightcape材质和复合材质等。标准材质是系统的默认材质。该类型为对象提供了非常直观的材质方式。在现实世界中，对象表面的外观取决于它如何反射光线。在3dsMax中，标准材质可以用来模拟对象表面的反射属性。

8.2.1 “明暗器基本参数”卷展栏

在“材质编辑器”对话框中的“明暗器基本参数”卷展栏中，用户可以选择要用于标准材质的明暗器类型，以及使用某些附加的控件影响材质的显示方式。按M键，系统将弹出“材质编辑器”对话框，在该对话框中显示“明暗器基本参数”卷展栏，如图8-18所示。

图8-18 “明暗器基本参数”卷展栏

- 线框：以线框模式渲染材质，用户可以在扩展参数上设置线框的大小。
- 双面：将材质应用到选定表面的正反面。
- 面贴图：将材质应用到几何体的各个面。如果材质是贴图材质，用户不需要为对象指定贴图坐标，贴图会自动应用到对象的每一面。
- 面状：对象的表面以平面的方式进行渲染。

用户可以在明暗器下拉列列表中选择相应的类型。系统提供了8种不同的明暗器，一部分根据其作用命名。其他以它们的创建者命名。

- 各向异性：适用于椭圆形表面对象，如头发、玻璃或磨砂金属等。
- Blinn：适用于圆形物体，它的高光要比 Phong 着色柔和。
- 金属：适用于金属表面。
- 多层：适用于比各向异性更复杂的高光。
- Oren-Nayar-Blinn：适用于无光表面。
- Phong：适用于具有强度很高的、圆形高光的表面。
- Strauss：适用于金属和非金属表面。Strauss 明暗器的界面比其他明暗器的简单。
- 半透明明暗器：与 Blinn 着色类似，“半透明明暗器”也可用于指定半透明，在这种情况下光线穿过材质时会散开。

8.2.2 “基本参数”卷展栏

标准材质的“基本参数”卷展栏包含一些控件，它们用来设置材质的颜色、反光度、透明度等设置，用户还可以指定用于材质各种组件的贴图。“基本参数”卷展栏中的参数的变化取决于在明暗器基本参数中选择的明暗器种类。

系统默认的明暗器为Blinn，下面就以“Blinn基本参数”卷展栏为例进行讲解，如图8-19所示。

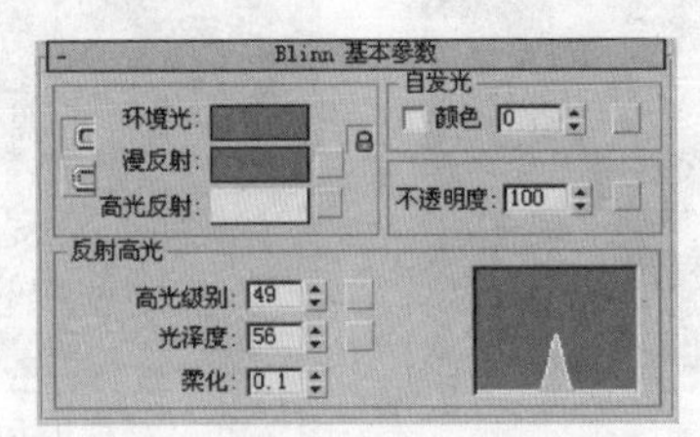

图8-19 “Blinn基本参数”卷展栏

- 环境光、漫反射和高光反射：用于设置材质的颜色或对应位置的贴图。
- 自发光：可以用来设置材质自身发光效果，自发光不可用于Strauss 明暗器。
- 不透明度：用来控制材质是否透明，以及透明的程度。
- 柔化：设置材质的细腻程度。

8.2.3 “扩展参数”卷展栏

“扩展参数”卷展栏对于“标准”材质来说，参数都是相同的。它具有与“透明度”、“反射”和“线框”相关的选项，如图8-20所示。

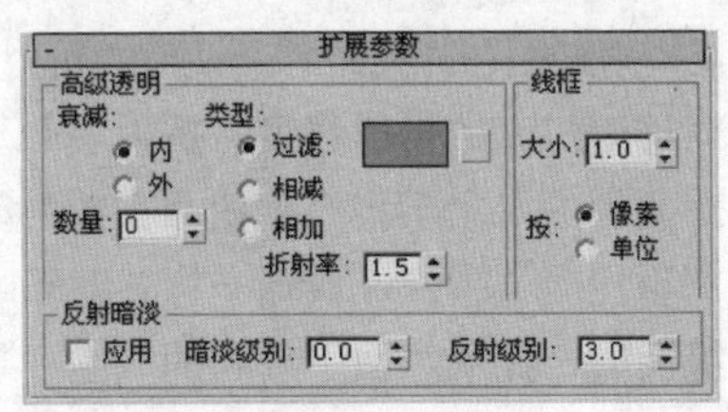

图8-20 “扩展参数”卷展栏

(1)“高级透明”选项区域

“高级透明”选项区域中的这些参数影响透明材质的不透明度的衰减方式。对于半透明明暗器，这些控件不会出现。它们被“基本参数”卷展栏上的“半透明度”控件所代替。

- 衰减方式：用来选择在内部还是在外部进行衰减，以及衰减的程度。
- ◆ 内：使对象的内部增加透明度，如图8-21所示。
- ◆ 外：使对象的外部增加透明度，如图8-22所示。

25 退出视图的孤立显示模式，然后在前视图中将“把手”顺时针旋转5°左右，如下图所示。

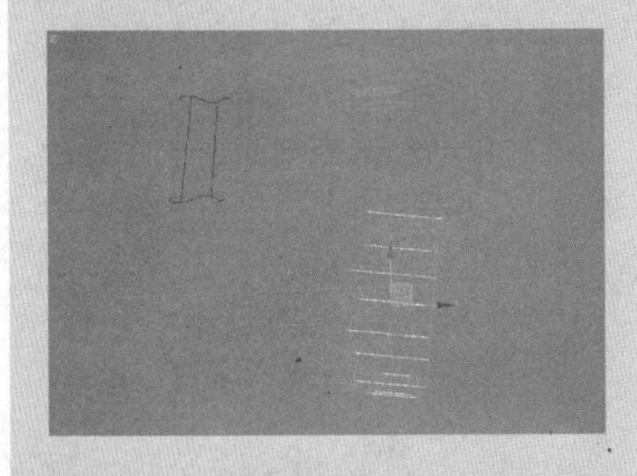

26 切换到“曲面”层次，然后将“把手”的表面选中，单击“曲面公用”卷展栏中的 使独立 按钮，切换到“曲线”按钮，然后将“把手”的曲线全部选中并将其删除，此时“把手”的结构得到简化，如下图所示。

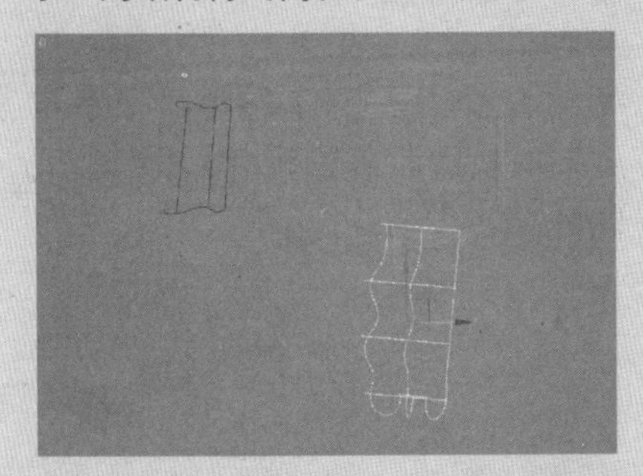

27 单击“创建”命令面板中的“图形”按钮，在创建类型下拉列表中单击“NURBS曲线”选项，然后在“对象类型”卷展栏中单击 CV 曲线 按钮，在前视图中创建“把手”末端电源线固定装置截面图形，如下图所示。

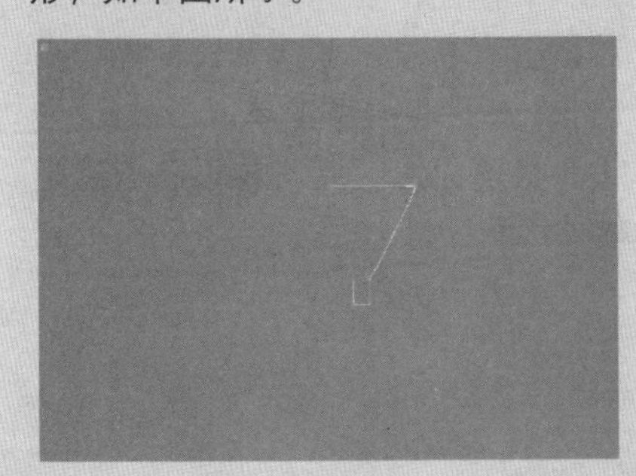

28 在“修改”命令面板中的“常规”卷展栏中单击“NURBS创建工具箱”按钮，在弹出的“NURBS”对话框中单击“创建车削曲面”按钮，然后在视图中单击CV曲线，系统将自动创建旋转曲面，将其命名为“把手封头”，并将其放置为“把手”的末端，如下图所示。

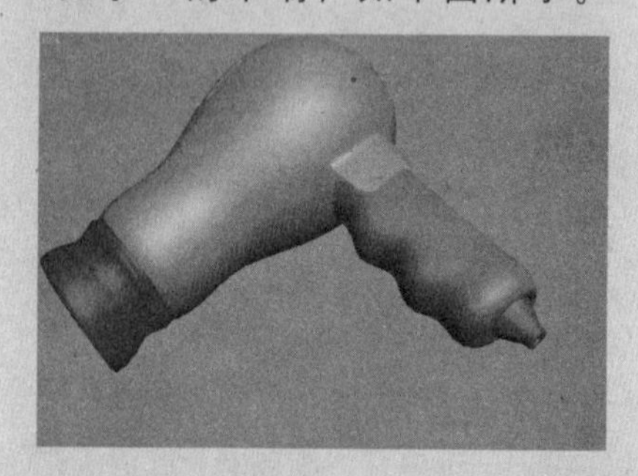

29 在“创建”命令面板中的“对象类型”卷展栏中单击 CV 曲线 按钮，在视图中创建作为“把手挂钩”的轨道曲线和截面曲线，如下图所示。

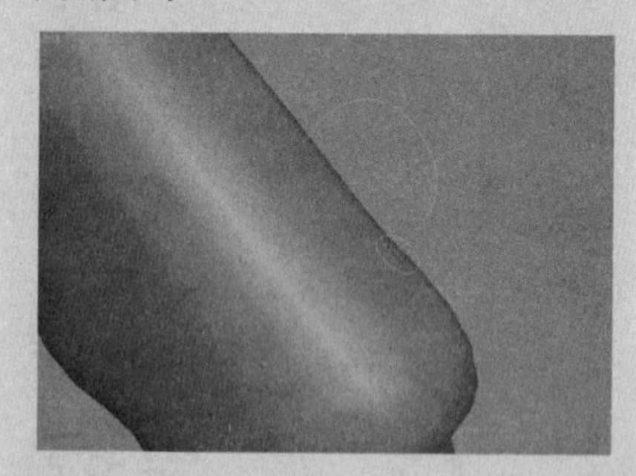

30 在“修改”命令面板中的“常规”卷展栏中单击“NURBS创建工具箱”按钮，在弹出的“NURBS”对话框中单击“创建单轨扫描”按钮，然后在视图中单击轨道CV曲线和截面曲线，系统将自动创建旋转曲面，将其命名为“把手挂钩”，如下图所示。

利用材质编辑器示例窗下面和右侧的工具按钮，用户可以用来管理和更改贴图及材质。

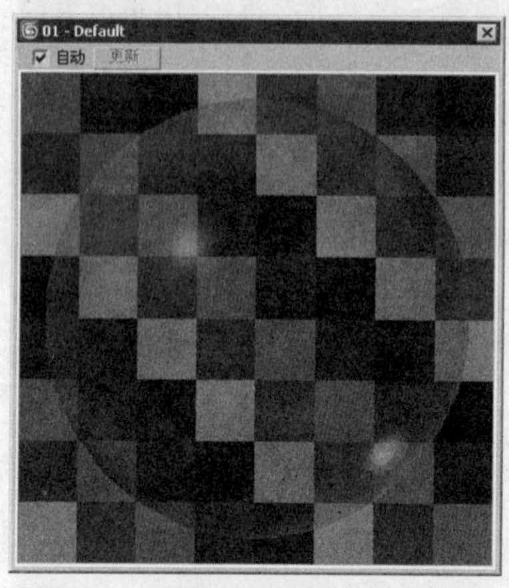

图8-21 内部增加透明度

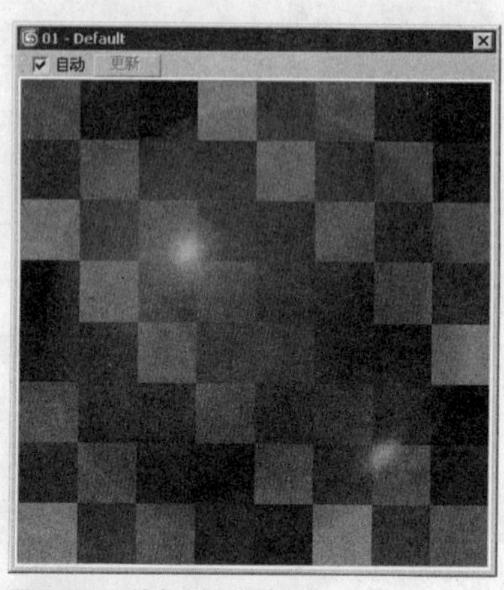

图8-22 外部增加透明度

- 数量：指定边缘或内部的不透明度的数量。
- 类型：这些控件选择如何应用不透明度。
- ◆ 过滤：系统计算与透明曲面后面的颜色相乘的过滤色。单击色块图标，在弹出的“颜色选择器：过滤色”对话框中可以更改过滤颜色。单击该色块右侧的按钮可将贴图指定给过滤颜色。过滤或透射颜色是通过透明或半透明材质（如玻璃）透射的颜色。用户可以将过滤颜色与体积照明一起使用，以创建像彩色灯光穿过脏玻璃窗口这样的效果。透明对象投射的光线跟踪阴影将使用过滤颜色进行染色。
- ◆ 相减：从透明曲面后面的颜色中减除过滤色。
- ◆ 相加：将过滤色增加到透明曲面后面的颜色中。
- 折射率：设置折射贴图和光线跟踪所使用的折射率（IOR）。IOR用来控制材质对透射灯光的折射程度。折射率1.0是空气的折射率，这表示透明对象后的对象不会产生扭曲；折射率为1.5，后面的对象就会发生严重扭曲，就像玻璃球一样；对于略低于1.0的IOR，对象沿其边缘反射，如从水面下看到的气泡。默认设置为1.0。

(2)“线框”选项区域

- 大小：设置线框模式中线框的大小。可按像素或当前单位进行设置。
- 按：选择度量线框的方式。“像素”为默认设置，系统用像素度量线框。对于“像素”选项来说，不管线框的几何尺寸多大，以及对象的位置近还是远，线框都总是有相同的外观厚度。另外一种度量方式为“单位”，即使用3ds Max单位度量线框。根据单位，线框在远处变得较细，在近距离范围内较粗。

(3)“反射暗淡”选项区域

这些控件使阴影中的反射贴图显得暗淡。

- 应用：启用以使用反射暗淡。禁用该选项后，反射贴图材质就不会因为直接灯光的存在或不存在而受到影响。默认设置为禁用状态。
- 暗淡级别：阴影中的暗淡量。该值为 0.0 时，反射贴图在阴影中为全黑；该值为 0.5 时，反射贴图为半暗淡；该值为 1.0 时，反射贴图没有经过暗淡处理，材质看起来好像禁用“应用”一样。默认设置为 0.0。
- 反射级别：该选项的影响不在阴影中的反射强度。“反射级别”值与反射明亮区域的照明级别相乘，用以补偿暗淡。在大多数情况下，默认值为 3.0 会使明亮区域的反射保持在与禁用反射暗淡时相同的级别上。

8.2.4 “贴图”卷展栏

“贴图”卷展栏用于访问材质的各个贴图通道或者为贴图通道指定贴图。“贴图”卷展栏包含多个贴图通道类型。单击对应的通道右侧的按钮，可以在弹出的“材质/贴图浏览器”对话框中选择要使用的材质或者贴图的类型，或者选择程序性贴图。选择位图之后，贴图的名称和类型将会出现在按钮上。使用按钮左侧的复选框，禁用或启用贴图效果。当禁用复选框时，系统不计算贴图，在渲染器中没有贴图效果。

贴图通道的“数量”决定该贴图影响材质的数量，使用百分比表示强度。例如，处在 100% 的漫反射贴图是完全不透光的，会遮住基础材质。为 50% 时，该贴图为半透明状态，在模型中将显示出基础材质（漫反射，环境光和其他无贴图的材质颜色）。

在默认情况下，“贴图”卷展栏中包含12个贴图通道，如图8-23所示。

贴图

	数量	贴图类型
环境光颜色	100	None
漫反射颜色	100	None
高光颜色	100	None
高光级别	100	None
光泽度	100	None
自发光	100	None
不透明度	100	None
过滤色	100	None
凹凸	30	None
反射	100	None
折射	100	None
置换	100	None
	0	None

图8-23 “贴图”卷展栏

设置环境光颜色贴图

在设置贴图前需要解除环境光和漫反射通道贴图的锁定状态。

Step 01 展开“贴图”卷展栏，然后单击“环境光颜色”通道右侧的按钮，使其处于弹起状态，这样就解除了环境光和漫反射通道贴图的锁定状态。

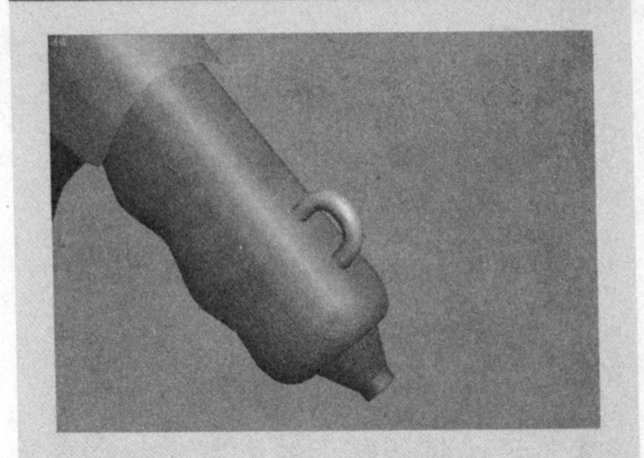

31 将“把手挂钩”与“把手”附加在一起，然后在“NURBS”对话框中单击“创建圆角曲面”按钮。单击风筒表面与附加后的曲面，然后在“修改”命令面板中的“圆角曲面”卷展栏中将“起始半径”设置为40，在“修改第二曲面”选项区域中勾选“修剪曲面”复选框，此时在两个曲面相交的位置上将出现圆角效果，使用同样的方法对另一侧进行处理，如下图所示。

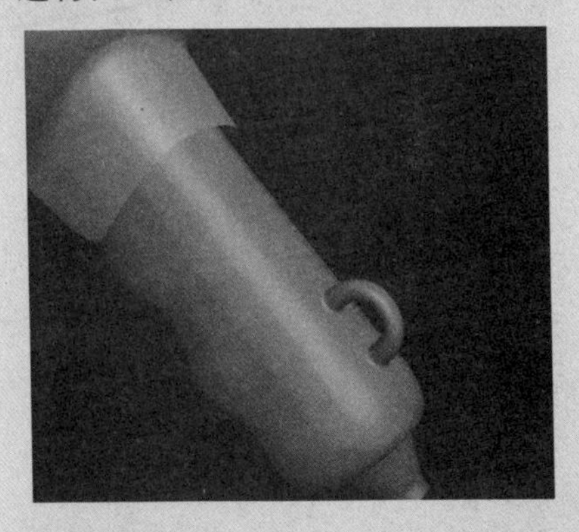

32 在“创建”面板的“图形”命令面板中单击 线 按钮，然后在前视图中创建一条弧形曲线，如下图所示。

33 在“修改”命令面板中的“修改器列表”下拉列表中选择“车削”修改器，在“参数”卷展栏中将车削的轴向锁定为X轴，然后按数字键1，切换到“轴心”层次，在前视图中沿Y轴向下移动“车削”修改器的轴向，使车削后的对象正常显示，将调整后的车削对象命名为“后盖”，如下图所示。

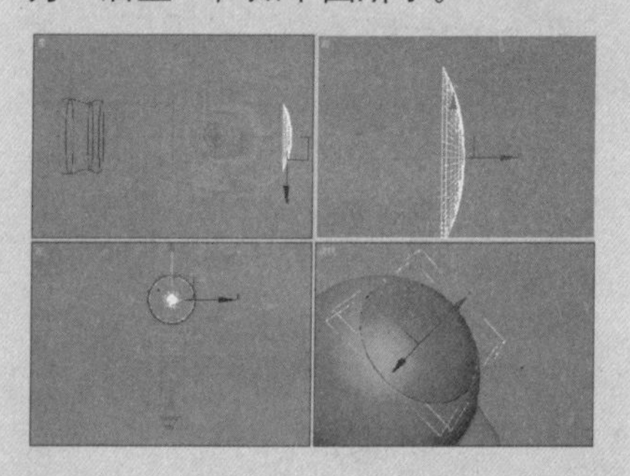

34 在“创建”面板的“图形”命令面板中单击 线 按钮，然后在左视图中创建一组梭形图形并将它们附加在一起，如下图所示。

35 在“修改”命令面板中的”修改器列表“下拉列表中选择“挤出”修改器，在“参数”卷展栏中将”挤出高度”设置为400，然后令挤出的对象与“后盖”相交，如下图所示。

Step 02 单击“环境光颜色”通道右侧的 None 按钮，此时系统将弹出“材质/贴图浏览器”对话框，如图8-24所示。

Step 03 在该对话框中双击“位图”选项，系统将弹出“选择位图图像文件”对话框，在该对话框中打开附书光盘：“贴图文件\风景.jpg”图片，如图8-25所示。

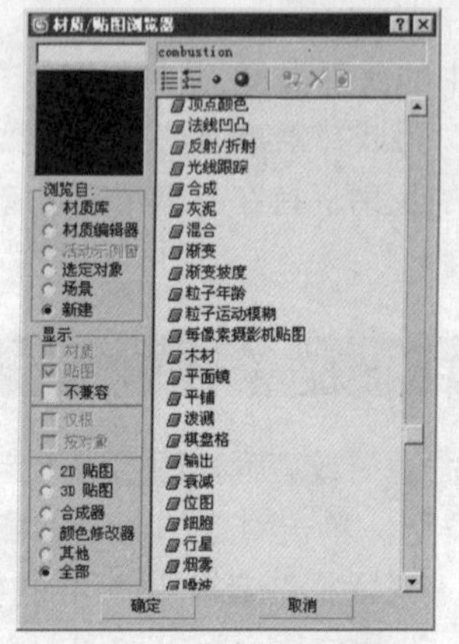

图8-24 “材质/贴图浏览器”对话框

图8-25 选择位图

Step 04 在视图中创建一个简单的场景，包括一个平面对象和一个圆柱体，单击“材质编辑器”对话框中的“将材质指定给选定对象”按钮，将当前的材质指定给圆柱体。按下Shift+Q组合键渲染透视图，效果如图8-26所示。从渲染的图片中可以看到圆柱体面上只有系统默认的 颜色，并没有出现用户设置的环境光效果。

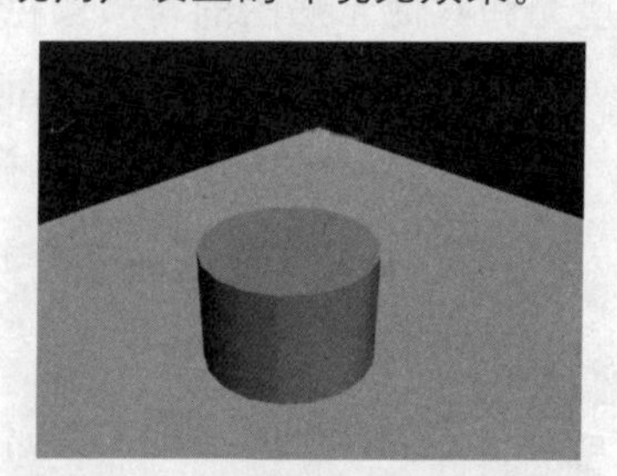

图8-26 默认环境光效果

技巧 提示

只有在“环境光颜色”通道的级别大于黑色的默认值的情况下，才能在视图中或渲染图片中看到环境光颜色贴图。执行菜单栏中的“渲染>环境”命令，在弹出的“环境和效果”对话框中降低环境光的级别。

Step 05 按数字键8，打开“环境和效果”对话框，在该对话框中的“公用参数”卷展栏中的“全局照明”选项区域中单击“环境光”图标，然后在弹出的“颜色选择器：环境光”对话框中将颜色设置为灰色（R：61，G：62，B：63），如图8-27所示。

Step 06 按下 Shift+Q 组合键渲染透视图，效果如图 8-28 所示。从渲染后的图片可以看到圆柱体的表面上出现了环境贴图。

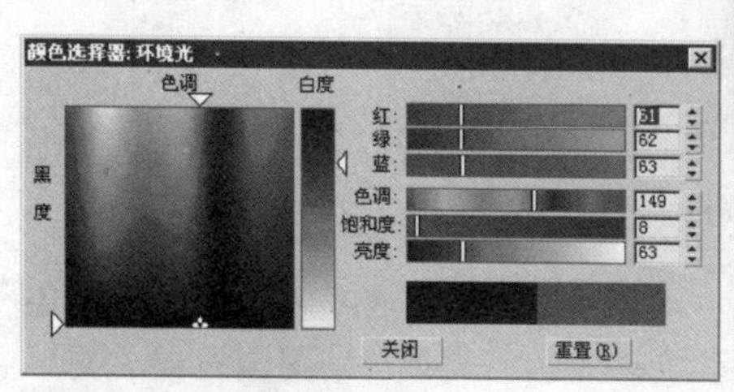

图 8-27 设置环境光级别

图 8-28 环境光贴图效果

Step 07 将“环境光颜色”通道的百分比设置为 50，然后按下 Shift+Q 组合键渲染透视图，效果如图 8-29 所示。

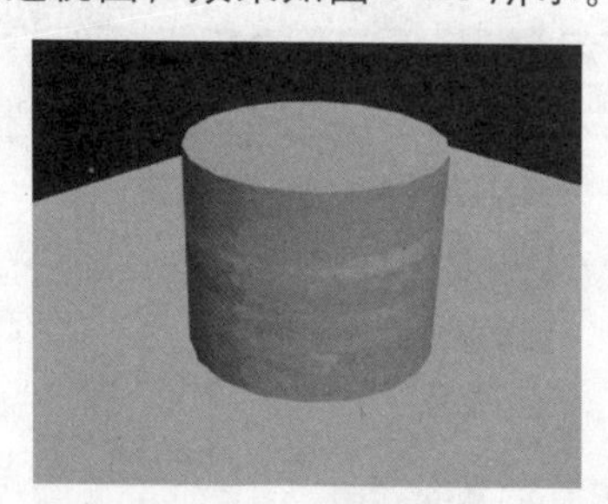

图 8-29 降低“环境光颜色”通道的数量后效果

设置漫反射颜色贴图

用户可以选择位图文件或程序贴图来作为漫反射通道的贴图。减少漫反射通道的“数量”会降低贴图的强度，同时在对象的表面上将显示出对象的基础材质效果。“数量”是 0% 时，无贴图效果。

Step 01 在“材质编辑器”对话框中选择一个未用过的示例窗，然后在“Blinn 基本参数”卷展栏中单击“漫反射”右侧的颜色图标，并在弹出的“颜色选择器：漫反射颜色”对话框中将颜色设置为蓝色（R：216，G：123，B：94），如图 8-30 所示。

图 8-30 设置漫反射颜色

Step 02 在“反射高光”选项区域中将“高光级别”设置为 57，“光泽度”设置为 35，如图 8-31 所示。

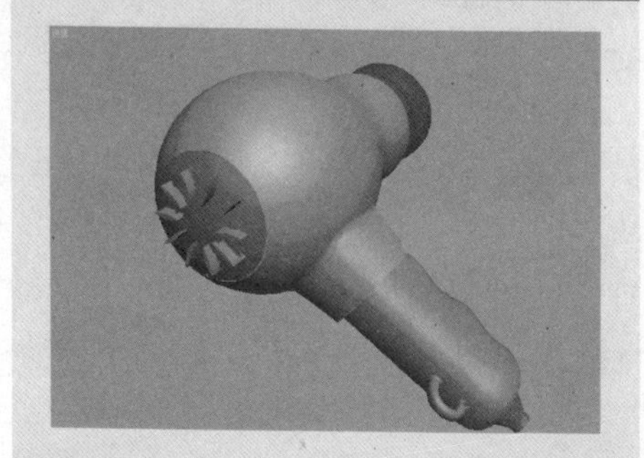

36 确认“后盖”处于选中状态，然后在“创建”面板的“几何体”命令面板的创建类型下拉列表中选择“复合对象”选项，在“对象类型”卷展栏中单击 布尔 按钮，然后在“拾取布尔”卷展栏中单击 拾取操作对象 B 按钮，在视图中单击上一步挤出的对象，此时在“后盖”上将出现与挤出对象截面相同的孔洞，如下图所示。

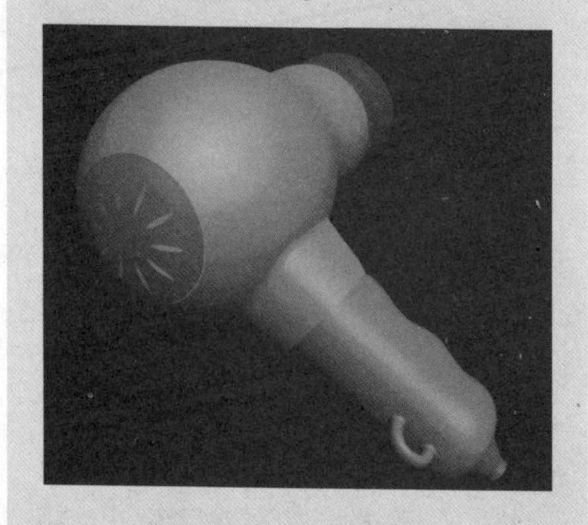

37 在“创建”命令面板中单击“图形”按钮，在“对象类型”卷展栏中单击 文本 按钮，在“参数”卷展栏中将字体的“大小”设置为 160，“字体”为“汉仪菱心体简”，然后在“文本”编辑窗口中将文字替换为 FEWH NV 200M，在前视图中单击将文本与“风筒”对齐，如下图所示。

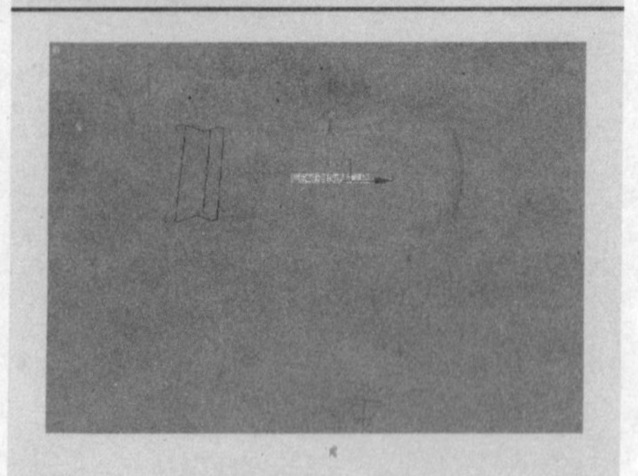

38 在视图中选中“风筒”，然后在“创建”命令面板中单击“几何体”按钮，在对象类型下拉列表中选择“复合对象”选项。在“对象类型”卷展栏中单击 图形合并 按钮，然后在“拾取操作对象”卷展栏中单击 拾取图形 按钮，在视图中单击文本，此时文本的形状已经映射到“风筒”上，如下图所示。

39 在“修改”命令面板中的“修改器列表”下拉列表中选择“编辑网格”修改器，按下数字键4，切换到“多边形”层次，此时文本区域的表面自动处于选中状态，在“编辑几何体”卷展栏中 挤出 按钮右侧的数值框中输入20，然后单击该按钮，此时文本区域表面被挤出并形成浮雕效果，如下图所示。

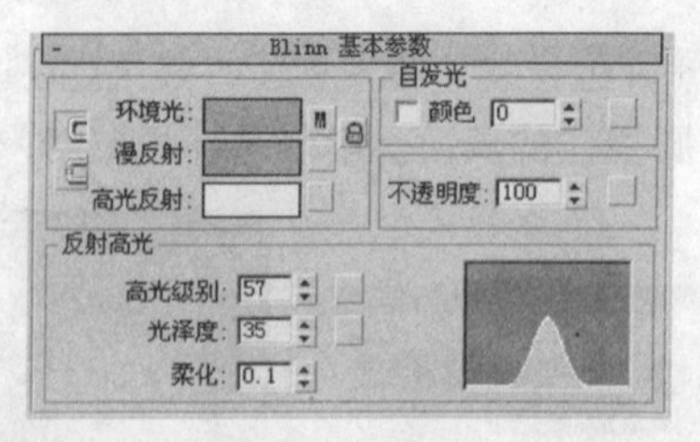

图8-31　设置高光参数

Step 03 展开“贴图”卷展栏，单击“漫反射颜色”通道右侧的 None 按钮，此时系统将弹出“材质/贴图浏览器”对话框，在该对话框中双击“位图”选项，系统将弹出“选择位图图像文件”对话框，在该对话框中打开附书光盘：“贴图文件\风景3.jpg”图片，如图8-32所示。

图8-32　选择位图

Step 04 在视图中创建一个长方体，返回“材质编辑器”对话框，单击”将材质指定给选定对象”按钮，将当前的材质指定给场景中的长方体，按下Shift+Q组合键渲染透视图，效果如图8-33所示。

图8-33　指定“漫反射颜色”贴图

Step 05 在“贴图”卷展栏中将“漫反射颜色”通道的数量设置为40，然后按下Shift+Q组合键渲染透视图，效果如图8-34所示。从渲染后的图片可以看到长方体表面上的贴图强度降低，并且出现了基础材质。

Step 06 将“漫反射颜色”通道的数量设置为0，然后按下Shift+Q组合键渲染透视图，效果如图8-35所示。从渲染后的图片中已经看不到长方体表面上的贴图效果，完全是基础材质。

图8-34 降低通道数量后的效果

图8-35 通道数量为0时的效果

设置凹凸贴图

使用“凹凸”贴图材质渲染对象时，贴图较白的区域看上去被挤出，黑色的区域形成凹陷效果。在视口中不能预览凹凸贴图的效果，必须渲染场景才能看到凹凸效果。凹凸贴图的影响深度有限，如果希望表面上出现很深的深度，应该使用建模技术。例如，位移修改器根据位图图像的灰色强度将曲面或表面突出或凹陷。(位移贴图是另一种将曲面浮雕化的方法。) 灰度图像可用来创建有效的凹凸贴图。黑白之间渐变着色的贴图通常比黑白之间分界明显的贴图效果要好。设置“凹凸”贴图通道的“数量”可调节凹凸程度。较高的值渲染产生较大的浮雕效果；较低的值渲染产生较小的浮雕效果。

Step 01 在“材质编辑器”对话框中选择一个未用过的示例窗，在“Blinn基本参数”卷展栏中单击“漫反射”右侧的颜色图标，并在弹出的“颜色选择器：漫反射颜色”对话框中将颜色设置为蓝色（R：150，G：154，B：231），如图8-36所示。

Step 02 在“反射高光”选项区域中将“高光级别”设置为51，“光泽度”设置为38，如图8-37所示。

图8-36 设置漫反射颜色

图8-37 设置高光参数

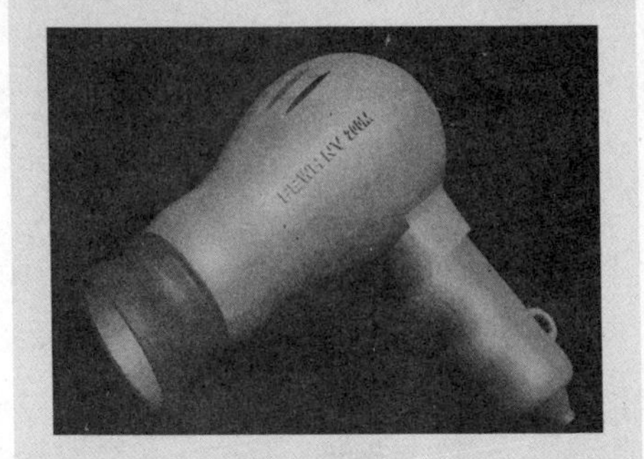

40 制作“风筒嘴”材质。按M键，打开“材质编辑器”对话框，在该对话框中选择一个未使用的示例球，然后在“明暗器基本参数”卷展栏中的明暗器下拉列表中选择“各项异性”选项，在“各项异性基本参数”卷展栏中单击“漫反射”右侧的颜色图标，在弹出的“颜色选择器：漫反射颜色”对话框中将颜色设置为蓝色（R：63，G：66，B：138），如下图所示。

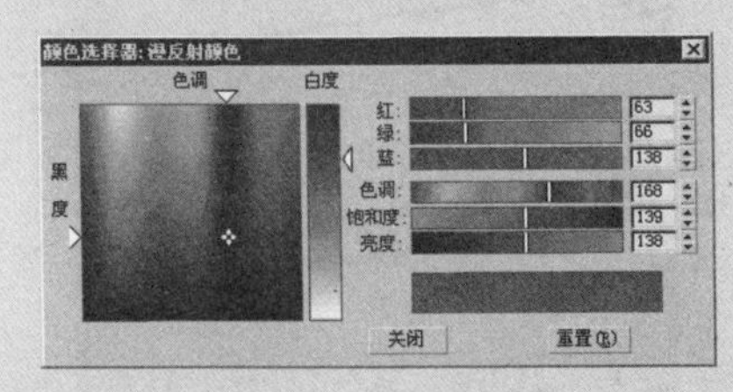

41 在“各项异性基本参数”卷展栏中的“反射高光”选项区域中，将“高光级别”设置为58，“光泽度”为23，“各项异性”为83，“方向”为13，如下图所示。

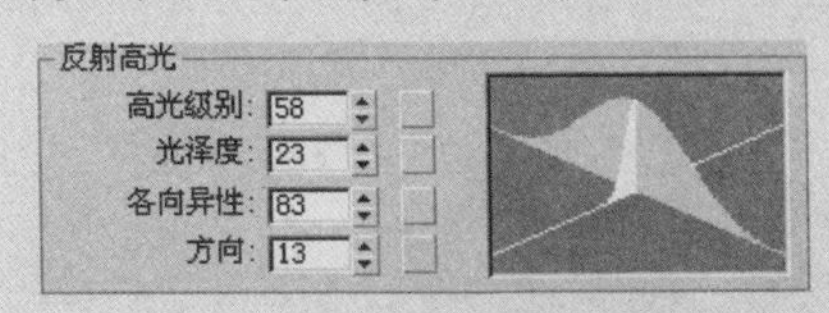

42 展开“贴图”卷展栏，然后单击“反射”右侧的 None 按钮，在弹出的“材质/贴图浏览器”对话框中双击“光线跟踪”选项，返回到“贴图”卷展栏，将反射通道“数量”设置为20，如下图所示。

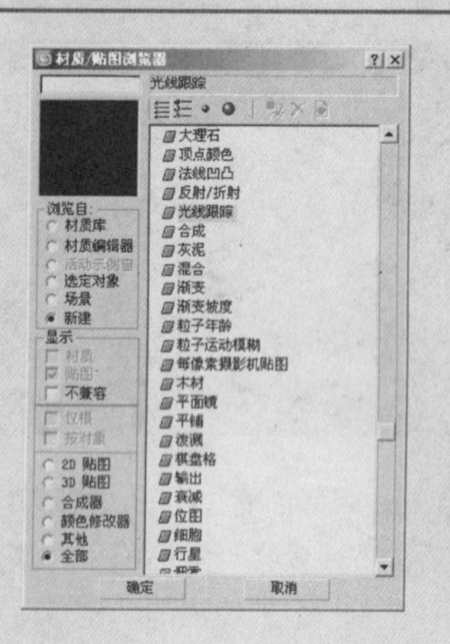

㊸ 在视图中选中“把手”和“风筒口”，然后单击“材质编辑器”对话框中的“将材质指定给选定对象”按钮，将材质指定给这两个对象，按Shift+Q组合键渲染透视图，如下图所示。

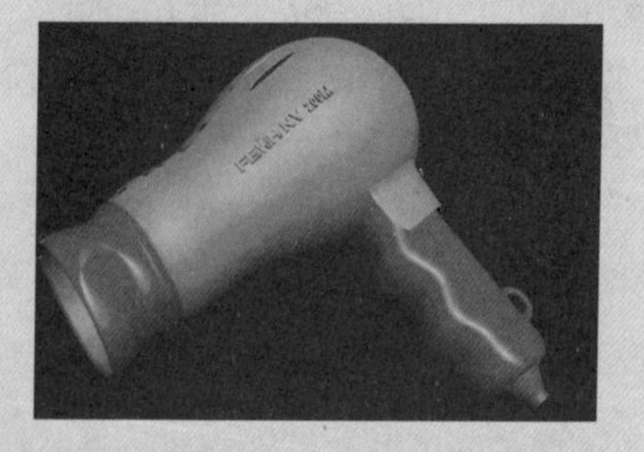

㊹ 将当前的材质拖到另一个未用的示例球上，然后将复制的材质命名为“风筒”，如下图所示。

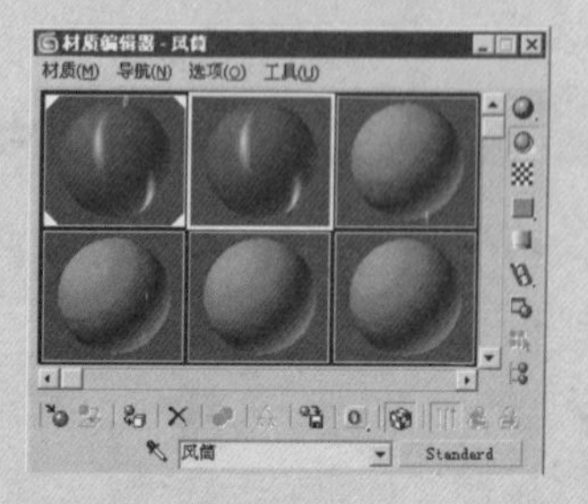

㊺ 在“各项异性基本参数”卷展栏中单击“环境光”右侧的颜色图标，在弹出的“颜色选择器：环境光颜色”对话框中将颜色设置为蓝色

Step 03 展开“贴图”卷展栏，单击“凹凸”通道右侧的 None 按钮，此时系统将弹出“材质/贴图浏览器”对话框，在该对话框中双击“位图”选项，系统将弹出“选择位图图像文件”对话框，在该对话框中打开附书光盘：“贴图文件\标志.tif”图片，如图8-38所示。

图8-38 选择位图文件

Step 04 在“创建”命令面板中单击“几何体”按钮，然后在“对象类型”卷展栏中单击 长方体 按钮，在前视图中创建一个长方体。

Step 05 返回到“材质编辑器”对话框，单击“将材质指定给选定对象”按钮，将当前的材质指定给视图中的长方体，按下Shift+Q组合键渲染透视图，效果如图8-39所示。从渲染后的图片可以看到长方体的表面上出现了凹凸效果。

图8-39 渲染后的效果

Step 06 在“材质编辑器”对话框中的“贴图”卷展栏中将“凹凸”通道的数量设置为－300，按Shift+Q组合键渲染透视图，效果如图8-40所示。渲染后的图片可以看到长方体的表面上的凹凸效果与上一次渲

染的图片相反。

图8-40 通道数量为负数时的效果

设置反射贴图

可以选择位图文件或程序贴图，来作为反射贴图。系统提供两种反射贴图："光线跟踪"和"平面镜"贴图。如果在"基本参数"卷展栏中，增加"光泽度"和"高光级别"值，反射贴图看起来就会更逼真。"漫反射"和"环境光"颜色值也能影响它们。颜色越深，反射效果越强。

Step 01 打开附书光盘："3D文件\反射场景.max"文件，如图8-41所示。

图8-41 打开场景

Step 02 按下M键打开"材质编辑器"对话框，在该对话框中选择一个未用过的示例窗，然后在"Blinn基本参数"卷展栏中单击"漫反射"右侧的颜色图标，并在弹出的"颜色选择器：漫反射颜色"对话框中将颜色设置为浅红色（R：234，G：138，B：112），如图8-42所示。

（R：99，G：144，B：236），如下图所示。

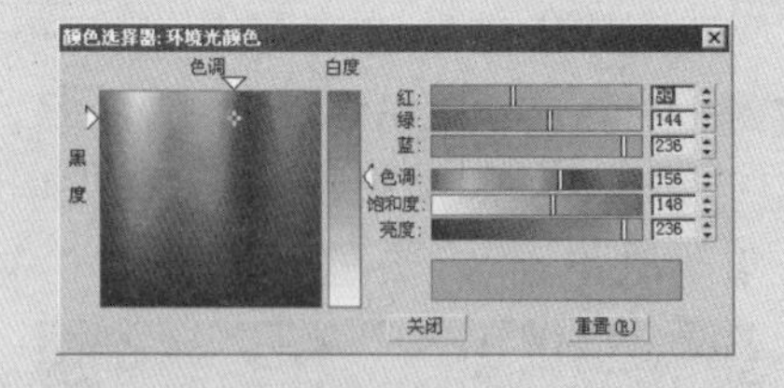

46 在"各项异性基本参数"卷展栏中的"反射高光"选项区域中将"高光级别"设置为58，"光泽度"为23，"各项异性"为100，"方向"为13，如下图所示。

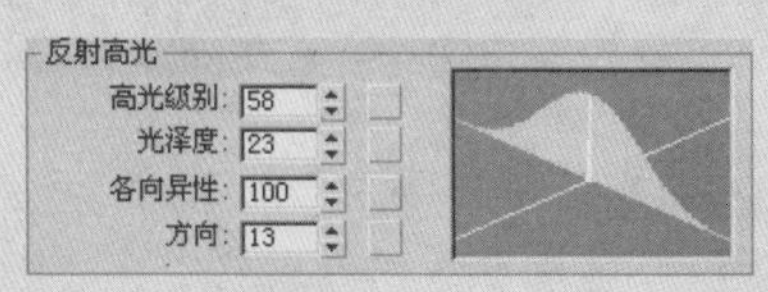

47 在视图中选中"风筒"和"后盖"，然后单击"材质编辑器"对话框中的"将材质指定给选定对象"按钮，将材质指定给这两个对象，按Shift+Q组合键渲染透视图，如下图所示。

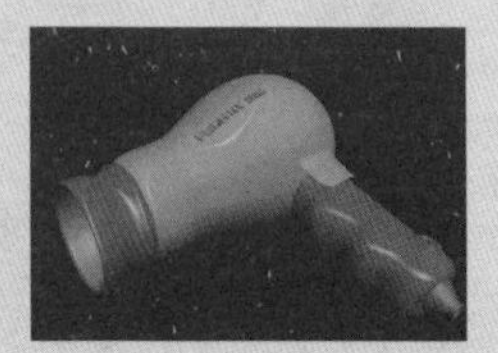

48 将"风筒"材质拖到另外一个材质球上，然后将复制的材质命名为"风筒内面"；将"漫反射"颜色修改为灰色（R：228，G：228，B：228），将"高光颜色"设置为浅紫色（R：189，G：191，B：230），如下图所示。

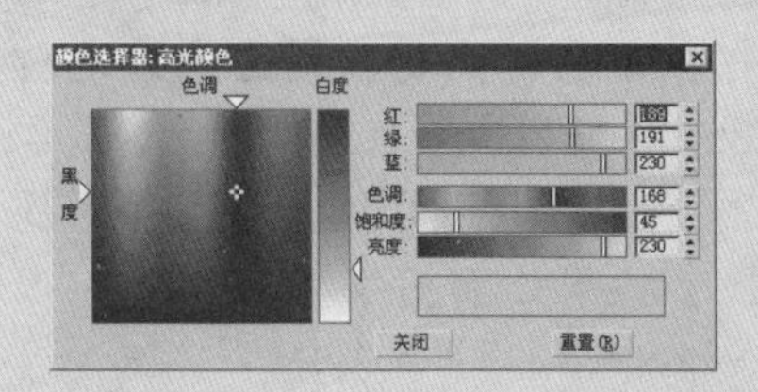

49 在视图中选中“风筒内面”，然后单击“材质编辑器”对话框中的“将材质指定给选定对象”按钮，将材质指定给这两个对象，按Shift+Q组合键渲染透视图，效果如下图所示。

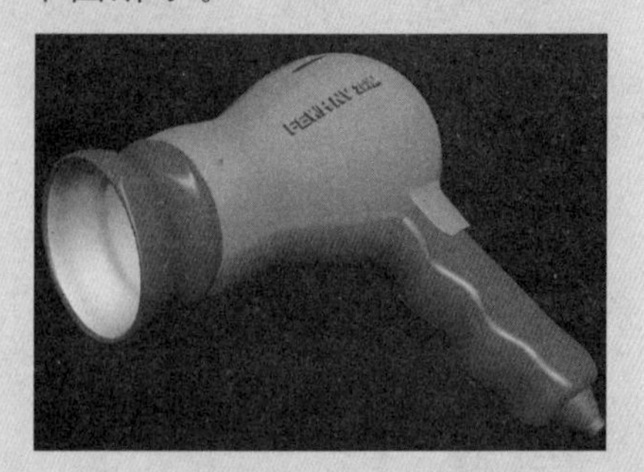

50 选择一个未用的示例球，然后在“Blinn基本参数”卷展栏中将“漫反射”和“环境光”均设置为黑色（R：51，G：51，B：51），在“反射高光”选项区域中将“高光级别”设置为12，“光泽度”为26，如下图所示。

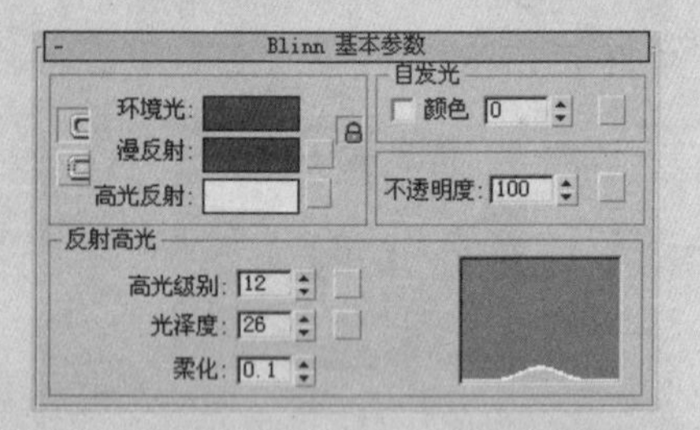

51 展开“贴图”卷展栏，然后单击“凹凸”右侧的 None 按钮，在弹出的“材质/贴图浏览器”对话框中双击“噪波”选项，在“噪波参数”卷展栏中将“大小”设置为0.8，返回到“贴图”卷展栏，单击“将材质指定给选定对象”按钮，将材质指定给这两个对象，按Shift+Q组合键渲染透视图，效果如下图所示。

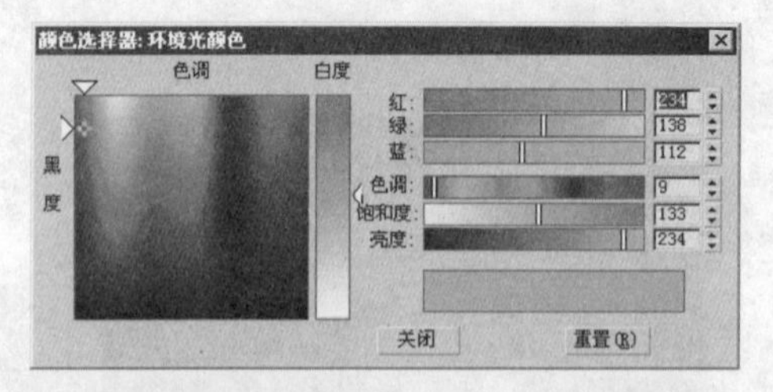

图8-42 设置漫反射颜色

Step 03 展开“贴图”卷展栏，单击“反射”通道右侧的 None 按钮，此时系统将弹出“材质/贴图浏览器”对话框，在该对话框中双击“位图”选项，系统将弹出“选择位图图像文件”对话框，在该对话框中打开附书光盘：“贴图文件\环境反射.hdr”图片，如图8-43所示。

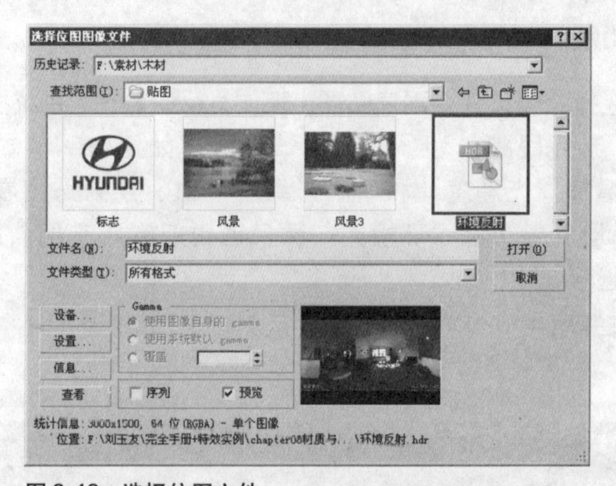

图8-43 选择位图文件

Step 04 在视图中创建一个场景，返回到“贴图”卷展栏，将反射的数量设置为40，在视图中选中“高反光陶罐”，在“材质编辑器”对话框中单击“将材质指定给选定对象”按钮，将当前的材质指定给“高反光陶罐”。按下Shift+Q组合键渲染摄影机视图，效果如图8-44所示。

图8-44 渲染后的效果

8.3 复合材质

复合材质将两个或多个子材质组合在一起。复合材质类似于合成器贴图，但后者位于材质级别。将复合材质应用于对象可生成贴图的复合效果。用户可以使用“材质/贴图浏览器”对话框加载或创建复合材质。

大多数材质和贴图的子材质按钮和子贴图按钮的旁边都有复选框。可以使用这些复选框打开或关闭材质或贴图分支。例如，在“顶/底”材质中，“顶材质”和“底材质”按钮旁都有复选框。同样，方格贴图具有两个贴图按钮，每个按钮控制一种颜色。每个按钮的旁边都有一个复选框，用户可以使用它们禁用相应颜色的贴图。复合材质类型如下。

- 混合：如混合贴图那样，通过混合像素颜色组合两种材质。
- 合成：可通过将颜色相加、相减或不透明混合，将多达 10 种材质混合起来。
- 双面：存储两种材质。一种材质渲染在对象的外表面（单面材质的常用一面，通常由面法线确定），另一种材质渲染在对象的内表面。
- 变形器：变形器材质使用变形器修改器来随时间管理多种材质。
- 多维/子对象：可用于将不止一个材质指定给同一对象。存储两个或多个子材质，这些子材质可通过使用网格选择修改器在子对象级别进行分配。还可通过使用材质修改器将子材质指定给整个对象。
- 虫漆：将一种材质叠加在另一种材质上。
- 顶/底：存储两种材质。一种材质渲染在对象的顶表面，另一种材质渲染在对象的底表面，具体取决于面法线方向。

“混合”材质

混合材质可以在对象的表面上将两种材质进行混合。混合材质具有可设置动画的“混合量”参数，该参数可以用来绘制材质变形功能曲线，以控制随时间混合两个材质的方式。在“材质编辑器”对话框中单击 Standard 按钮，然后在弹出的“材质/贴图浏览器”对话框中双击“混合”选项，此时系统将弹出“替换材质”对话框，如图8-45所示。单击“替换材质”对话框中的“确定”按钮，在“材质编辑器”对话框中将出现“混合基本参数”卷展栏，如图8-46所示。

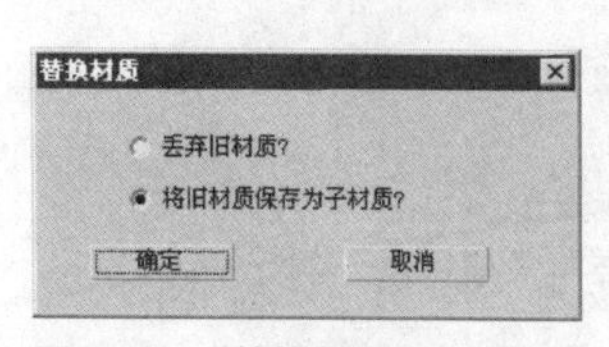

图8-45 “替换材质”对话框

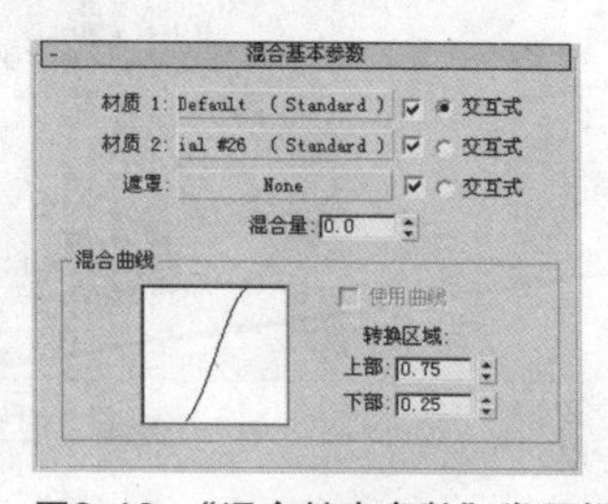

图8-46 “混合基本参数”卷展栏

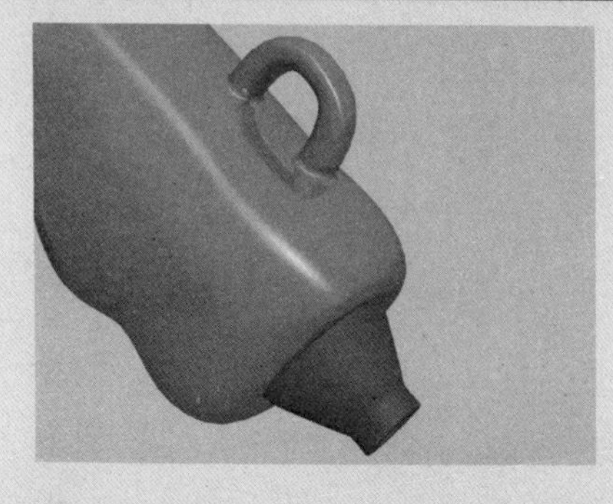

52 在视图中选中所有的对象，然后将其复制一个，读者可以根据个人的喜好将复制后模型进行更改并旋转一定的角度，如下图所示。

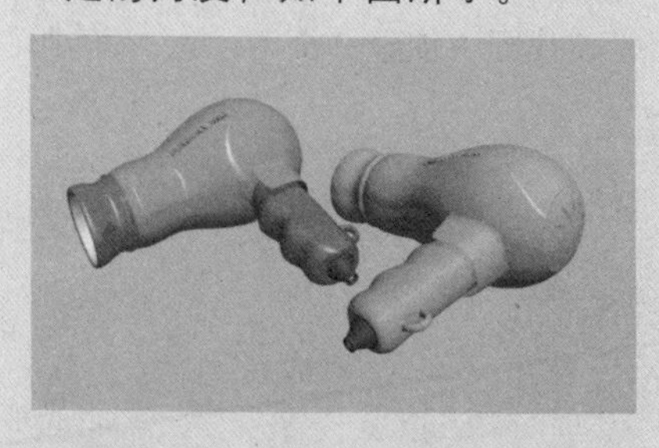

53 在视图中创建一个简单的场景，然后创建灯光并进行渲染，效果如下图所示。

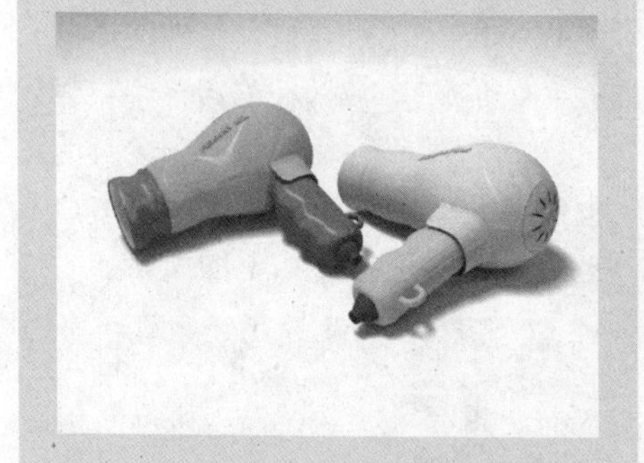

01 在“创建”面板“图形”命令面板中的创建类型下拉列表中选择“样条线”选项，在“对象类型”卷展栏中单击 圆 按钮，然后在顶视图中创建一个半径为200的圆形，如下图所示。

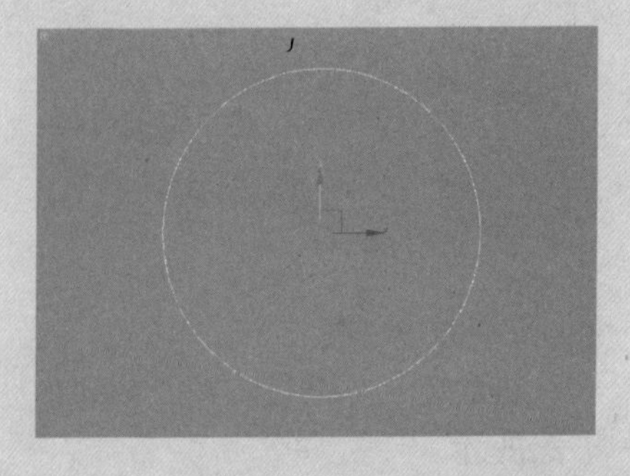

02 按住Shift键，然后在前视图中沿Y轴拖动圆形，释放鼠标后系统将弹出“克隆选项”对话框，在该对话框中将“副本数”设置为6，按Enter键关闭该对话框，如下图所示。

克隆选项
对象
复制
实例
参考
控制器
复制
实例
副本数: 6
名称:
Circle02
确定 取消

03 单击主工具栏中的“选择并均匀缩放”按钮，然后对Circle03以外的圆形进行收缩处理，使它们形成的线框具有饼状效果，如下图所示。

- 材质1/材质2：设置两个用以混合的材质。可以使用复选框来启用和禁用这两个材质。
- 交互式：选择由交互式渲染器显示在视口中对象表面上的两种材质。如果一个材质启用在视口中显示贴图，该材质将优先于“交互式”设置。一次只能在视口中显示一个贴图。
- 遮罩：设置用做遮罩的贴图。两个材质之间的混合度取决于遮罩贴图的强度。遮罩较明亮区域显示更多的“材质1”。而遮罩较暗区域则显示更多的“材质2”。使用复选框来启用或禁用遮罩贴图。
- 混合量：确定混合的比例（百分比）。0 表示只有“材质 1”在曲面上可见；100 表示只有“材质 2”可见。如果已指定遮罩贴图，并且启用遮罩的复选框，则该项不可用。

混合曲线影响进行混合的两种颜色之间变换的渐变或尖锐程度。只有指定遮罩贴图后，才会影响混合。对于杂色效果，可以将噪波贴图用作遮罩来混合两个标准材质。

- 使用曲线：确定“混合曲线”是否影响混合。只有指定并激活遮罩，该控件才可用。
- 转换区域：调整“上部”和“下部”的级别。如果这两个值相同，那么两个材质会在一个确定的边上接合。较大的范围能产生从一个子材质到另一个子材质更为平缓的混合。混合曲线显示更改这些值的效果。

制作混合材质

Step 01 在“材质编辑器”对话框中单击 Standard 按钮，然后在弹出的“材质/贴图浏览器”对话框中双击“混合”选项，如图8-47所示，此时系统将弹出“替换材质”对话框，使用该对话框中的默认设置，单击“确定”按钮。

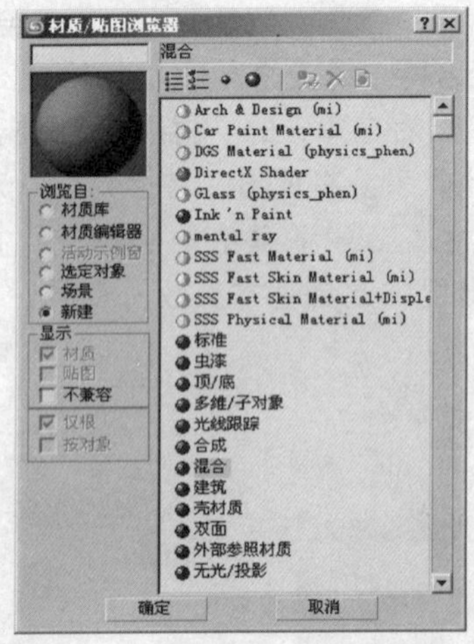

图8-47 选择“混合”选项

Step 02 在“材质编辑器”对话框中的“混合基本参数”卷展栏中单击“材质1”右侧的 Default （Standard） 按钮，此时系统将弹出标准材质面板。

Step 03 展开“贴图”卷展栏，然后单击“漫反射颜色”通道右侧的 None 按钮，此时系统将弹出“材质/贴图浏览器”对话框，在该对话框中双击“位图”选项，系统将弹出“选择位图图像文件”对话框，在该对话框中打开附书光盘：“贴图文件\文化石.jpg”图片，如图8-48所示。

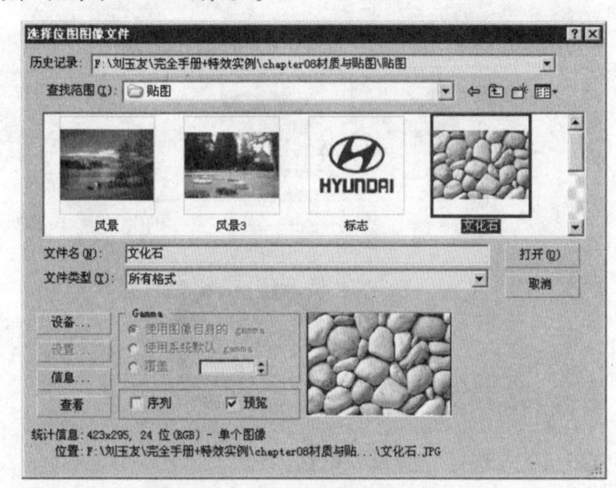

图8-48 指定材质1使用的贴图

Step 04 返回到“混合基本参数”卷展栏，然后单击“材质2”右侧的 Default （Standard） 按钮，此时系统将弹出标准材质面板。在“材质编辑器”对话框中展开“贴图”卷展栏，然后单击“漫反射颜色”通道右侧的 None 按钮，此时系统将弹出“材质/贴图浏览器”对话框，在该对话框中双击“位图”选项，系统将弹出“选择位图图像文件”对话框，在该对话框中打开附书光盘：“贴图文件\雪景.jpg”图片，如图8-49所示。

图8-49 指定材质2使用的贴图

04 在顶视图中将顶部的两个圆形沿X轴方向分别偏离原来的圆心，如下图所示。

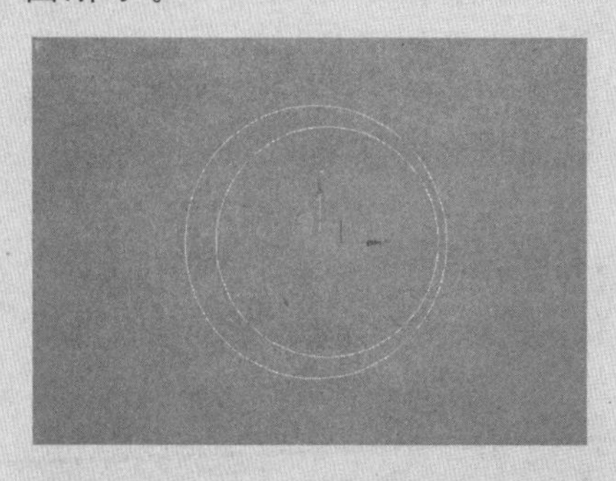

05 右击视图，在弹出的菜单中选择“转换为>转换为NURBS”命令，将选中的圆形转换为NURBS对象，如下图所示。

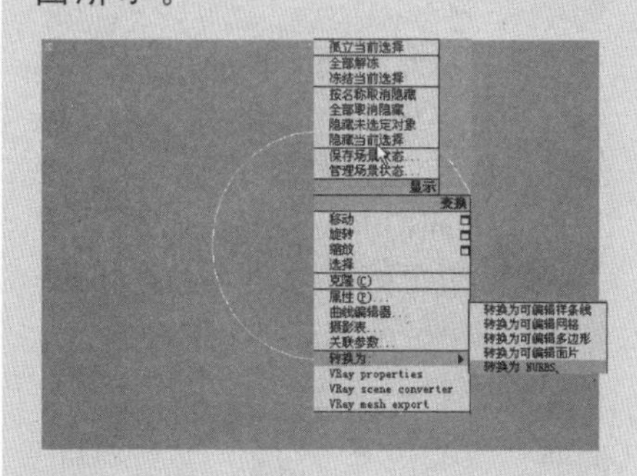

06 单击“NURBS”对话框中的“创建U向放样曲面”按钮，然后依次单击圆形曲线，系统将在曲线间创建曲面放样曲面，并将其命名为“座垫”，如下图所示。

07 单击“NURBS”对话框中的“创建挤出曲面”按钮，在视图中单击并拖动“座垫”顶部孔洞的曲线。释放鼠标后，在“挤出曲面”卷展栏中将挤出的轴向锁定Z轴，然后将挤出的数量设置为-19，此时单击的曲线沿Z轴向座垫的内部挤出生成曲面，如下图所示。

08 单击“NURBS”对话框中的“创建圆角曲面”按钮，然后单击上一步挤出的曲面和“座垫”曲面，在“修改”命令面板中的“圆角曲面”卷展栏中将“起始半径”设置为5.0，在“修改第一曲面”和“修改第二曲面”选项区域中勾选“修剪曲面”复选框，此时在圆孔的顶部出现圆角效果，如下图所示。

Step 05 返回到“混合基本参数”卷展栏中，然后单击“遮罩”右侧的 None 按钮，此时系统将弹出标准材质面板。在“材质编辑器”对话框中展开“贴图”卷展栏，然后单击“漫反射颜色”通道右侧的 None 按钮，此时系统将弹出“材质/贴图浏览器”对话框，在该对话框中双击“位图”选项，系统将弹出“选择位图图像文件”对话框，在该对话框中打开附书光盘：“贴图文件\遮罩.tif”图片，如图8-50所示。

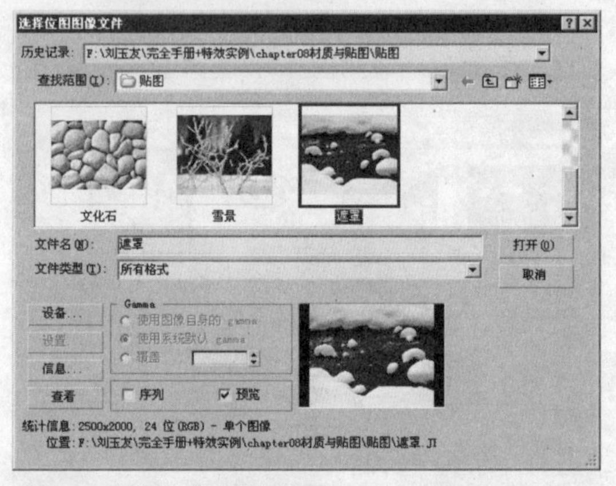

图8-50　选择“遮罩”贴图

Step 06 在前视图中创建一个长度和宽度均为200、高度为5的长方体，然后单击“材质编辑器”对话框中的“将材质制定给选定对象”按钮，将当前的材质制定给长方体。在“混合基本参数”卷展栏中的“混合曲线”选项区域中勾选“使用曲线”复选框，然后按下Shift+Q组合键渲染透视图，效果如图8-51所示。

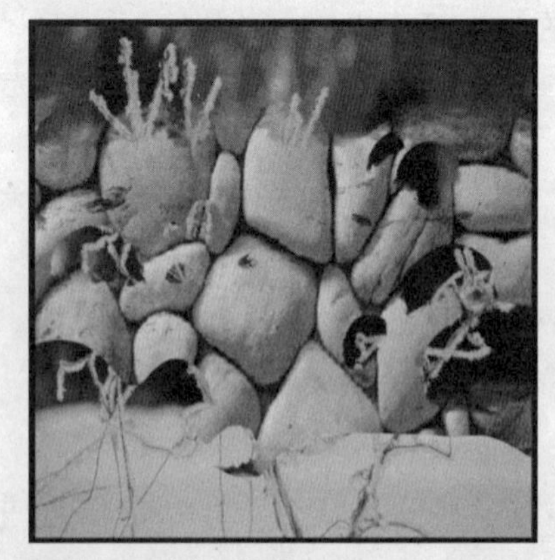

图8-51　渲染后的效果

Step 07 在“混合基本参数”卷展栏中的禁用“遮罩”贴图，然后将“混和量”设置为30，按下Shift+Q组合键渲染透视图，效果如图8-52所示。

图 8-52 混合效果

"多维 / 子对象"材质

使用"多维 / 子对象"材质可以为几何体的表面分配不同的材质。如果该对象是可编辑网格，可以拖放材质到面的不同的选中部分，并随时构建一个"多维 / 子对象"材质。"材质编辑器"对话框中的"使惟一"按钮允许将一个实例子材质构建为一个惟一的副本。

在"材质编辑器"对话框中单击 Standard 按钮，然后在弹出的"材质 / 贴图浏览器"对话框中双击"多维 / 子对象"选项，此时系统将弹出"替换材质"对话框，单击"确定"按钮，在"材质编辑器"对话框中将出现"多维 / 子对象基本参数"卷展栏，如图 8-53 所示。

图 8-53 "多维 / 子对象基本参数"卷展栏

- 数量：此字段显示多维子对象材质的子材质的数量。
- 设置数量 按钮：单击该按钮，系统将弹出"设置材质数量"对话框，用户在该对话框中可以设置构成材质的子材质的数量。
- 添加 按钮：单击该按钮可将新子材质添加到列表中。在默认情况下，新的子材质的 ID 数要大于使用中的 ID 的最大值。
- 删除 按钮：单击该按钮可从列表中移除当前选中的子材质。
- ID 按钮：单击该按钮将列表排序，其顺序开始于最低材质 ID 的子材质结束于最高材质 ID。

09 在"NURBS"对话框中单击"创建封口曲面"按钮，然后在"座垫"底部曲面的边缘上单击，这样就在挤出曲面的末端形成了一个封口曲面，如下图所示。

10 在"创建"面板"图形"命令面板中的创建类型下拉列表中选择"NURBS 曲线"选项，然后在"对象类型"卷展栏中单击 CV 曲线 按钮，在前视图中创建一条弧线，如下图所示。

11 在"修改"命令面板中的"常规"卷展栏中单击"NURBS 创建工具箱"按钮，在弹出的"NURBS"对话框中单击"创建车削曲面"按钮，然后在视图中单击上一步创建的 CV 曲线，系统将自动创建旋转曲面，将其命名为"靠背"，并将其放置在"座垫"上部的圆孔内，如下图所示。

⑫ 单击主工具栏中的“镜像”按钮，然后在弹出的“镜像：世界坐标”对话框中将镜像的轴向设置为Y轴，调整“偏移”数值框的微调按钮，使镜像后的对象与“座垫”刚好吻合，如下图所示。

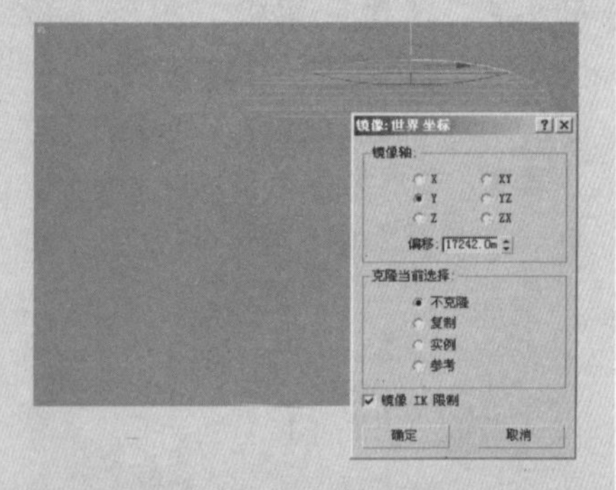

⑬ 将“座垫”及其副本附加在一起，单击“NURBS”对话框中的“创建圆角曲面”按钮，分别单击“座垫”及其副本曲面，然后在“修改”命令面板中的“圆角曲面”卷展栏中将“起始半径”设置为2.0，在“修改第一曲面”和“修改第二曲面”选项区域中勾选“修剪曲面”复选框，此时在两个曲面相交的位置上将出现圆角效果，如下图所示。

- 名称 按钮：单击此按钮将通过输入到“名称”列的名称排序。
- 子材质 按钮：单击此按钮将通过显示于“子材质”列按钮上的子材质名称排序。
- “子材质”列表：此列表中每个子材质有一个单独的项。该卷展栏一次最多显示10个子材质。如果“多维/子对象”材质包含的子材质超过10个，则可以通过右边的滚动条滚动列表。

列表中的每个子材质包含以下控件。

- 小示例球：小示例球是子材质的“微型预览”。单击它来选中子材质。在删除子材质前必须将其选中。
- “ID”文本框：显示指定于此子材质的ID数。可以编辑此文本框来改变ID数。如果给两个子材质指定相同的ID，会在卷展栏的顶部出现警告消息。
- “名称”文本框：用于为材质输入自定义名称。当在子材质级别操作时，在“名称”文本框中会显示子材质的名称。该名称同时在浏览器和导航器中出现。在默认情况下，每个子材质都是一个标准材质，它包含Blinn明暗。
- 颜色样例：单击“子材质”按钮右边的色样可以显示颜色选择器并为子材质选择漫反射颜色。
- 启用/禁用：启用或禁用子材质。禁用子材质后，在场景中的对象上和示例窗中会显示黑色。默认设置为启用。

创建“多维/子对象”材质

Step 01 打开附书光盘“3D文件\雕塑.max”文件，如图8-54所示。

图8-54 打开场景

Step 02 在视图中选中“雕塑”，按下Alt+Q组合键孤立它，在视图中单击鼠标右键，在弹出的快捷菜单中选择“转换>转换为可编辑多边形”命令，按数字键4，进入到“多边形”层次，然后在前视图中选中“雕塑”顶部的表面，如图8-55所示。

Step 03 在“修改”命令面板中的“多边形属性”卷展栏中“设置ID”右侧的文本框中输入1，然后按Enter键，此时“选择ID”右侧的文本框中出现了与用户设置的ID相等的数值，如图8-56所示。

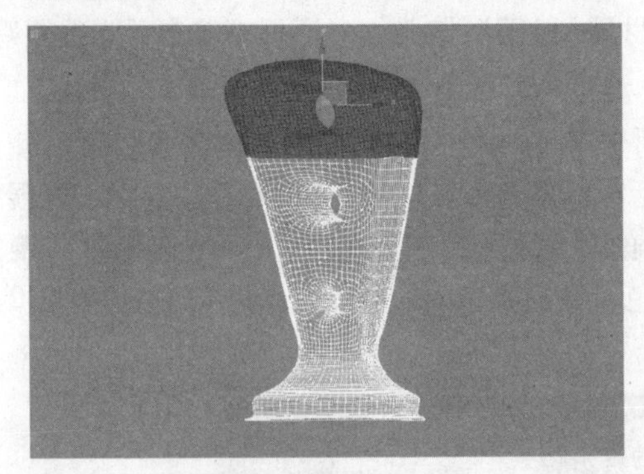

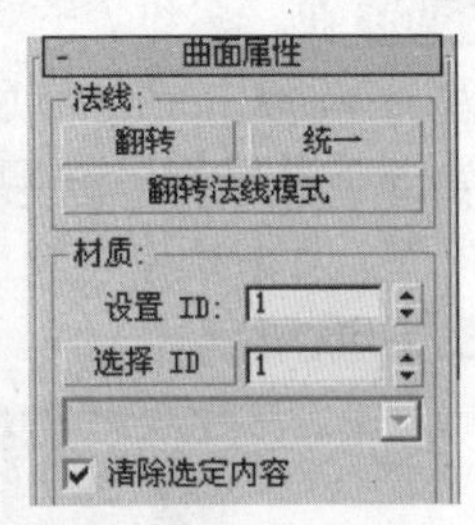

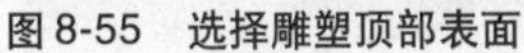

图8-55　选择雕塑顶部表面　　　图8-56　设置材质ID

Step 04 按Ctrl+I组合键执行反选操作，然后将选中的表面的材质ID设置为2。

Step 05 按M键，打开"材质编辑器"对话框，在该对话框中单击 Standard 按钮，然后在弹出的"材质/贴图浏览器"对话框中双击"多维/子对象"选项，此时系统将弹出"替换材质"对话框，单击"确定"按钮，在"材质编辑器"对话框中将出现"多维/子对象基本参数"卷展栏，然后单击 设置数量 按钮，此时系统将弹出"设置材质数量"对话框，在该对话框中将"材质数量"设置为2，如图8-57所示。

图8-57　设置材质数量

Step 06 在"多维/子对象基本参数"卷展栏中单击1号材质右侧的 Default (Standard) 按钮，然后在标准材质面板的"Blinn基本参数"卷展栏中单击"漫反射"右侧的颜色图标，在弹出的"颜色选择器：漫反射颜色"对话框中，将颜色设置为红色（R：255，G：0，B:0），如图8-58所示。

Step 07 在"材质编辑器"对话框中的"Blinn基本参数"卷展栏中的"反射高光"选项区域中将"高光级别"设置为80，"光泽度"设置为55，如图8-59所示。

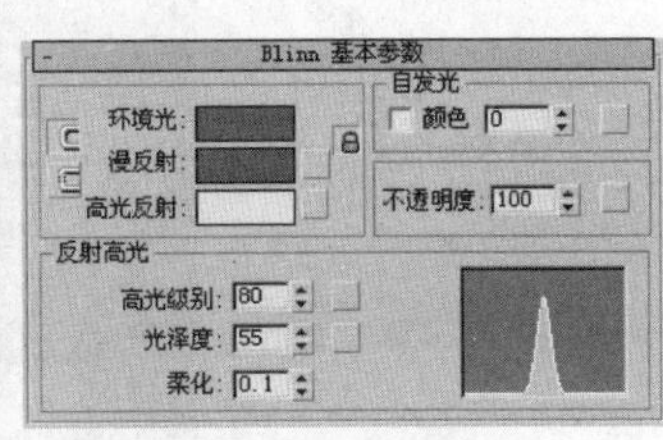

图8-58　设置漫反射颜色　　　图8-59　设置高光参数

⑭ 单击"创建"命令面板中的"图形"按钮，在创建类型下拉列表中单击"NURBS曲线"选项，然后在"对象类型"卷展栏中单击 CV 曲线 按钮，在前视图中绘制一个C形图案，并将其命名为"弹簧"，如下图所示。

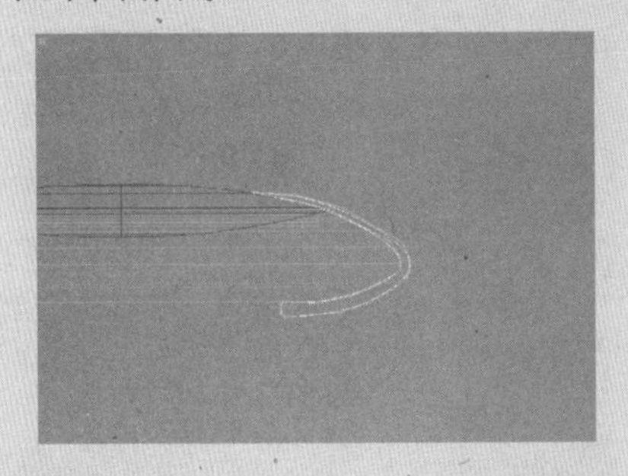

⑮ 单击"NURBS"对话框中的"创建挤出曲面"按钮，然后在视图中单击并拖动"弹簧"，释放鼠标后，在"挤出曲面"卷展栏中将挤出的数量设置为－50，此时该曲线生成挤出曲面，如下图所示。

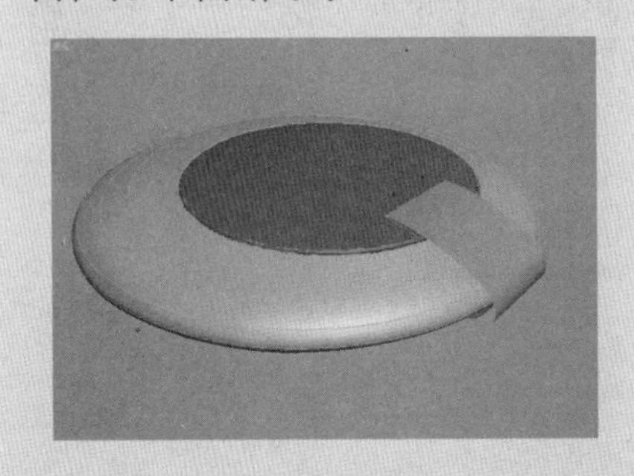

⑯ 在"创建"命令面板中"对象类型"卷展栏中单击 CV 曲线 按钮，在顶视图中创建一条曲线，如下图所示。

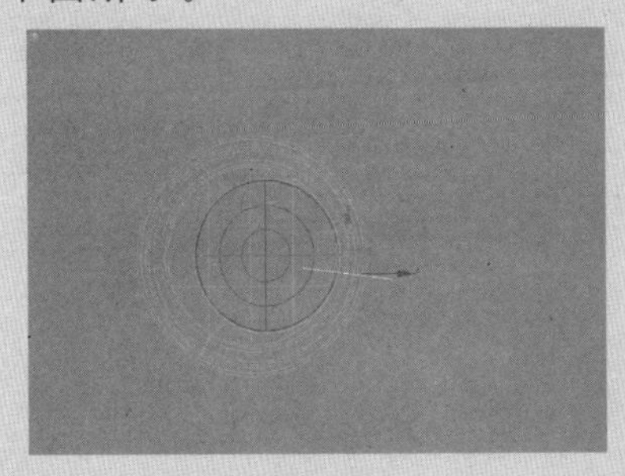

⑰ 按Alt+Q组合键孤立显示“弹簧”，单击“NURBS”对话框中的“创建挤出曲面”按钮，然后在视图中单击并拖动“弹簧”，释放鼠标后，在“挤出曲面”卷展栏中将挤出的数量设置为100，此时该曲线生成挤出曲面并令该曲面与“弹簧”对象完全相交，如下图所示。

⑱ 单击主工具栏中的“镜像”按钮，在弹出的“镜像：世界坐标”对话框中将镜像的轴向设置为Y轴，调整“偏移”数值框的微调按钮，使镜像后的对象与原对象对称，如下图所示。

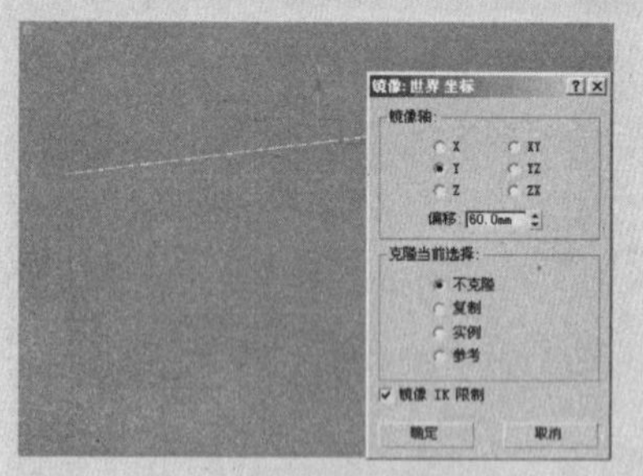

⑲ 在视图中选中“弹簧”，然后将上一步镜像后的曲面与原曲面附加在一起，如下图所示。

Step 08 在“贴图”卷展栏中单击“反射”右侧的 None 按钮，然后在弹出的“材质/贴图浏览器”对话框中双击“光线跟踪”选项。返回“贴图”卷展栏，并将该通道的数量设置为10。

Step 09 在“多维/子对象基本参数”卷展栏中单击2号材质右侧的 Default (Standard) 按钮，然后在标准材质面板的“Blinn基本参数”卷展栏中单击“漫反射”右侧的颜色图标，在弹出的“颜色选择器：漫反射颜色”对话框中将颜色设置为蓝色（R：150，G：230，B：160），如图8-60所示。

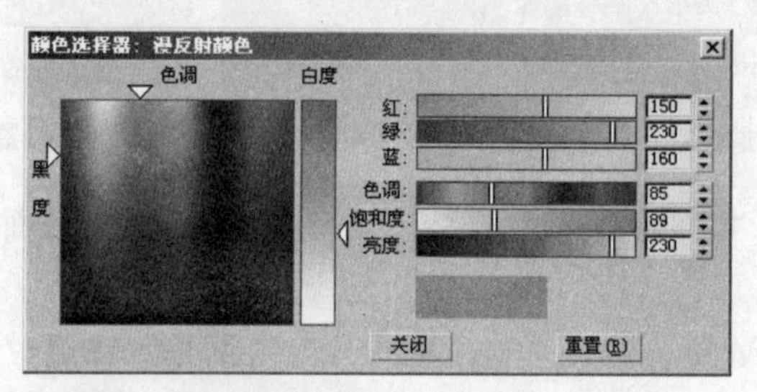

图8-60　设置漫反射颜色

Step 10 在“材质编辑器”对话框中的“Blinn基本参数”卷展栏中的“反射高光”选项区域中将“高光级别”设置为70，“光泽度”设置为50，如图8-61所示。

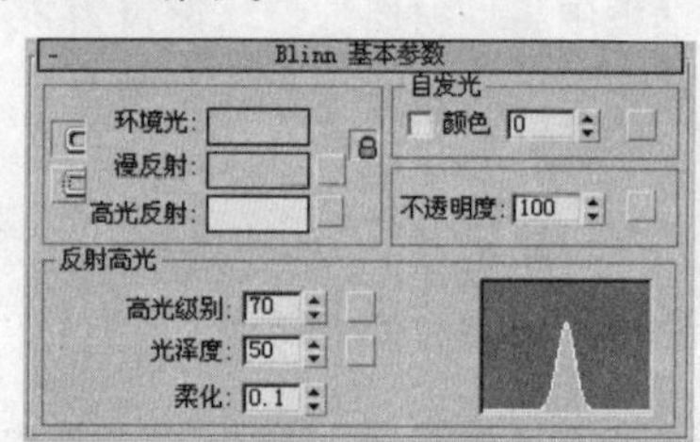

图8-61　设置高光参数

Step 11 在“贴图”卷展栏中单击“反射”右侧的 None 按钮，然后在弹出的“材质/贴图浏览器”对话框中双击“光线跟踪”选项。返回到“贴图”卷展栏，并将该通道的数量设置为10。

Step 12 单击“材质编辑器”对话框中的“将材质指定给选定对象”按钮，将当前的材质指定给“雕塑”，取消视图的孤立显示状态，然后按下Shift+Q组合键渲染摄影机视图，效果如图8-62所示。

图8-62　渲染后的效果

8.4 贴图

使用贴图通常可以改善材质的外观和真实感，也可以使用贴图创建环境或者创建灯光投射的阴影。贴图可以模拟纹理，与材质一起使用，贴图将为对象几何体添加一些细节而不会增加它的复杂程度。

用户可以使用“材质/贴图浏览器”加载贴图或者创建一个特殊的贴图。在“材质/贴图浏览器”对话框中可以根据贴图类型进行分类。用户可以决定列出贴图或者列出材质，或者将贴图和材质一起列出；也可以选择需要的贴图类型，如图8-63所示的“材质/贴图浏览器”对话框中显示的是2D贴图，如图8-64所示的“材质/贴图浏览器”对话框中显示的是3D贴图。

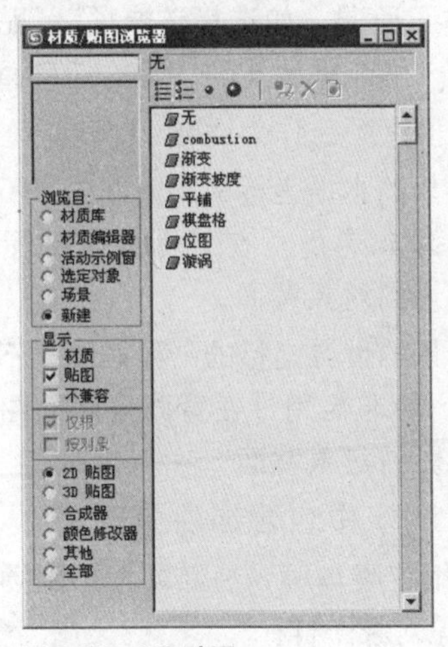

图8-63 2D贴图

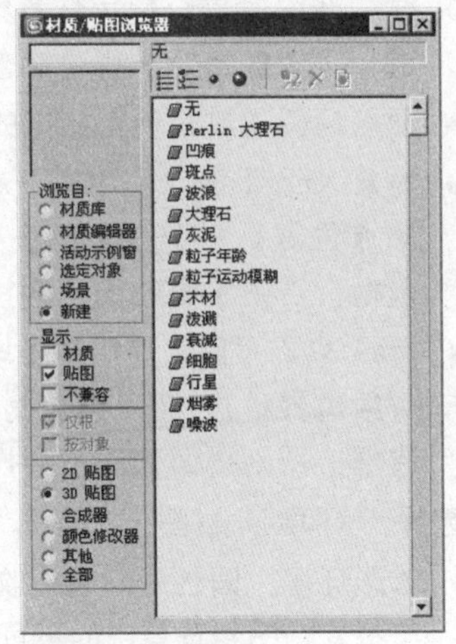

图8-64 3D贴图

2D贴图是二维图像，它们通常贴图到几何对象的表面，或用作环境贴图来为场景创建背景。最简单的2D贴图是位图；其他种类的2D贴图按程序生成。

图像以很多静止图像文件格式之一保存为像素阵列，如.tga、.bmp等，或动画文件如.avi、.flc或.ifl。3ds Max支持的任何位图文件类型可以用作材质中的位图。位图是由彩色像素的固定矩阵生成的图像，如马赛克。位图可以用来创建多种材质，从木纹和墙面到蒙皮和羽毛。也可以使用动画或视频文件替代位图来创建动画材质。

指定位图贴图后，“选择位图图像文件”对话框会自动打开。使用此对话框可将一个文件或序列指定为位图图像，指定位图文件之后，在“材质编辑器”对话框中将会出现“坐标”、“位图参数”、“噪波”、“时间”和“输出”卷展栏。

“坐标”卷展栏

“坐标”卷展栏如图8-65所示。

20 单击“NURBS”对话框中的“创建曲面-曲面相交曲线”按钮，在视图中单击附加后的一个曲面和“弹簧”表面，在“修改”命令面板中的“曲面-曲面相交曲线”卷展栏中的“修剪控制”选项区域中勾选“修剪1”和“修剪2”复选框，并根据实际情况勾选相应的“翻转剪切1”和“翻转剪切2”复选框，此时系统将自动对曲面进行修剪，使用同样的方法对另外一侧进行处理，如下图所示。

21 在“NURBS”对话框中单击“创建曲面上的CV曲线”按钮，然后在“弹簧”的表面上创建一条封闭的曲线，如下图所示。

22 在“NURBS”对话框中单击“创建法向投影曲线”按钮，在透视图中单击“弹簧”上的CV曲线，然后单击“弹簧”表面，在“法向投影曲线”卷展栏中勾选“修剪”和“翻转”复选框，此时CV曲线内部的表面将被剪掉，如下图所示。

㉓ 不仅曲面上CV曲线内部的表面被剪掉了，背面对应的位置的表面也同样被剪掉，如下图所示。

㉔ 按数字键3，切换到“曲线”层次，然后在视图中选中背面孔洞边缘的曲线，并将其删除，此时该位置的孔洞自动消失，如下图所示。

㉕ 在“NURBS”对话框中单击“创建挤出曲面”按钮，然后在视图中单击并拖动“弹簧”上剪掉表面的边缘，在适当的位置释放鼠标；在“修改”命令面板中的“挤出曲面”卷展栏中单击“Y”轴，并将挤出的“数量”设置为2，此时挤出曲面与“弹簧”的角度大致为90°，如下图所示。

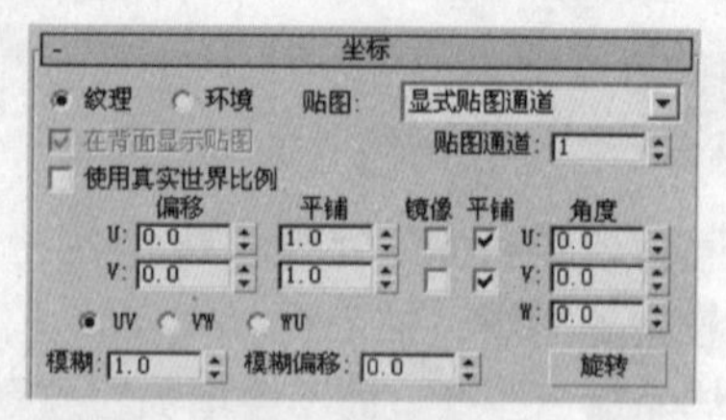

图8-65 “坐标”卷展栏

- 纹理：将该贴图作为纹理贴图对表面应用。
- 环境：使用贴图作为环境贴图。
- “贴图”列表：其中包含的选项因选择“纹理”贴图或“环境”贴图而异。

选择“纹理”贴图，“贴图”列表中包含选项如下。

- 显式贴图通道：使用任意贴图通道。如选择该选项，“贴图通道”文本框将处于活动状态，可选择从1到99的任意通道。
- 顶点颜色通道：使用指定的顶点颜色作为通道。
- 对象XYZ平面：使用基于对象的本地坐标的平面贴图（不考虑轴点位置）。用于渲染时，除非启用“在背面显示贴图”复选框，否则平面贴图不会投影到对象背面。
- 世界XYZ平面：使用基于场景的世界坐标的平面贴图（不考虑对象边界框）。用于渲染时，除非启用“在背面显示贴图”复选框，否则平面贴图不会投影到对象背面。

选择“环境”贴图，“贴图”列表中包含选项如下。

- 球形环境、圆柱形环境或收缩包裹环境：将贴面投影到场景中与将其贴图到背景中的不可见对象一样。
- 屏幕：投影为场景中的平面背景。
- 在背面显示贴图：如启用该控件，平面贴图（对象XYZ平面，或使用“UVW贴图”修改器）穿透投影，以渲染在对象背面上。禁用此选项后，不能在对象背面对平面贴图进行渲染。默认设置为启用。只有在两个维度中都禁用“平铺”时，才能使用此切换。只有在渲染场景时，才能看到它产生的效果。在视口中，无论是否启用了“显示背面贴图”复选框，平面贴图都将投影到对象的背面。为了将其覆盖，必须禁用“平铺”选项。
- 使用真实世界比例：启用此选项之后，使用真实“宽度”和“高度”值而不是UV值将贴图应用于对象。
- 偏移U/V：在UV坐标中更改贴图的位置。移动贴图以符合它的大小。例如，如果希望将贴图从原始位置向左移动其整个宽度，并向下移动其一半宽度，可以在“U偏移”数值框中输入－1，在“V偏移”数值框中输入0.5。
- UV/VW/Wu：更改贴图使用的贴图坐标系。默认的UV坐标将贴图作为幻灯片投影到表面。VW 坐标与 WU 坐标用于对贴图进行旋转使其与表面垂直。

- "平铺"数值框：决定贴图沿每根轴平铺（重复）的次数。
- 镜像：镜像从左至右（U 轴）和/或从上至下（V 轴）。
- "平铺"复选框：在 U 轴或 V 轴中启用或禁用平铺。

启用"使用真实世界比例"复选框后，弹出如图 8-66 所示的"坐标"卷展栏，变化参数如下。

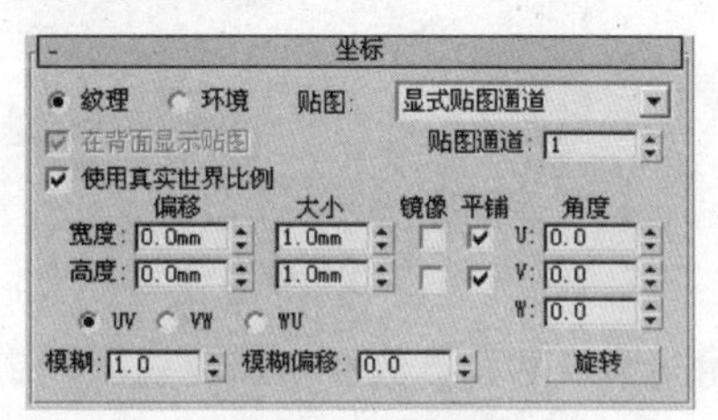

图8-66 "坐标"卷展栏参数变化

- 偏移宽度/高度：沿着对象的宽度和高度将贴图水平或垂直移动到应用的材质中。偏移距离相对于贴图的左下角。
- UV/VW/WU：更改贴图使用的贴图坐标系。默认的 UV 坐标将贴图作为幻灯片投影到表面。VW 坐标与 WU 坐标用于对贴图进行旋转使其与表面垂直。
- 大小：确定贴图的真实宽度和高度。通过使用"材质编辑器选项"对话框中的"默认纹理大小"选项可设置纹理大小的默认设置。
- 镜像：水平或垂直镜像贴图。
- 平铺：水平或垂直启用或禁用平铺。
- U/V/W 角度：绕 U、V 或 W 轴旋转贴图。
- 旋转：单击该按钮，弹出"旋转贴图坐标"对话框，用于通过在弧形球图上拖动来旋转贴图（与用于旋转视口的弧形球相似，虽然在圆圈中拖动是绕全部3个轴旋转，而在其外部拖动则仅绕 W 轴旋转）。"UVW 向角度"的值随着用户在对话框中的拖动而改变。
- 模糊：基于贴图离视图的距离影响贴图的锐度或模糊度。贴图距离越远，模糊就越大。"模糊"值模糊世界空间中的贴图。模糊主要是用于消除锯齿，使图像变得柔和。
- 模糊偏移：影响贴图的锐度或模糊度，而与贴图离视图的距离无关。"模糊偏移"模糊对象空间中自身的图像。如果需要贴图的细节进行软化处理或者散焦处理以达到模糊图像的效果时，使用此选项。

"输出"卷展栏

"输出"卷展栏位于"材质编辑器"底部，如图 8-67 所示。在用户指定贴图并设置内部参数后，可以通过调整它的输出参数来确定贴图的最终显示情况。"输出"卷展栏上的大部分控件是针对于颜色输出的，

26 在"NURBS"对话框中单击"创建封口曲面"按钮，然后在挤出曲面的边缘上单击，这样就在挤出曲面的末端形成了一个封口曲面，如下图所示。

27 使用与步骤 21～步骤 26 相同的方法制作"弹簧"表面上的突起，如下图所示。

28 退出视图的孤立显示模式，然后在"创建"命令面板中的"对象类型"卷展栏中单击 CV 曲线 按钮，在顶视图中创建一条圆形曲线；在前视图中创建一条弧形曲线，如下图所示。

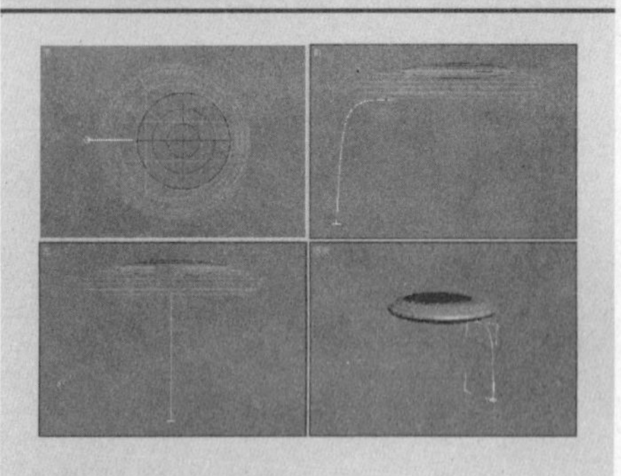

29 单击"NURBS"对话框中的"创建单轨扫描"按钮，在视图中单击扫描的轨道曲线和圆形的封闭曲线，此时系统将自动生成扫描曲面，双击右键结束操作，并将该对象命名为"腿"，如下图所示。

30 按数字键1，切换到"曲面"层次，在视图中选中"腿"对象，然后在"曲面公用"卷展栏中勾选"翻转法线"复选框，此时"腿"的表面已经正常显示，但是"腿"的顶部是扁的，如下图所示。

31 在"修改"命令面板中的"单轨扫描曲面"卷展栏中取消"平行扫

对凹凸贴图，系统只考虑"反转"切换。它可以反转凹凸的方向。

- 反转：反转贴图的色调，使之类似彩色照片的底片。默认设置为禁用状态。

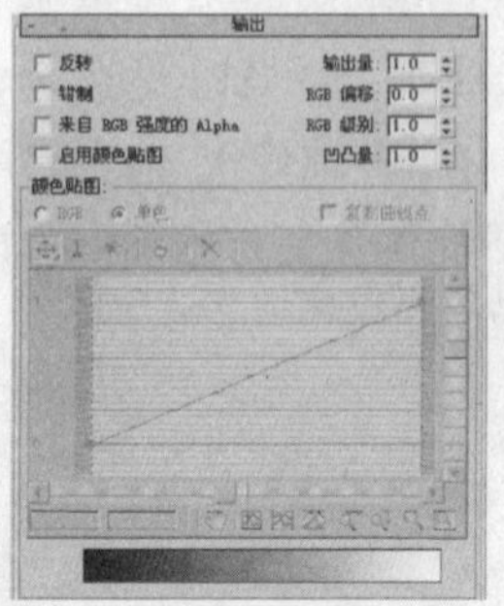

图8-67 "输出"卷展栏

- 钳制：启用此选项后，参数会将颜色的值限制于不超过1.0。当增加RGB级别时启用此选项，但此贴图不会显示出自发光。默认设置为禁用状态。如果在启用"限制"时将"RGB 偏移"的值设置超过1.0，所有的颜色都会变成白色。
- 来自RGB强度的Alpha：启用此选项后，会根据在贴图中RGB通道的强度生成一个Alpha通道。黑色变得透明，而白色变得不透明，中间值根据它们的强度变得半透明。默认设置为禁用状态。
- 启用颜色贴图：启用此选项来使用颜色贴图。
- 输出量：控制要混合为合成材质的贴图数量。对贴图中的饱和度和Alpha值产生影响。默认设置为1.0。
- RGB 偏移：根据微调器所设置的量增加贴图颜色的RGB值，此项对色调的值产生影响。最终贴图会变成白色并有自发光效果。降低这个值减少色调使之向黑色转变。默认设置为0.0。
- RGB级别：根据微调器所设置的量使贴图颜色的RGB值加倍，此项对颜色的饱和度产生影响。最终贴图会完全饱和并产生自发光效果。降低这个值减少饱和度使贴图的颜色变灰。默认设置为1.0。
- 凹凸量：调整凹凸的量。这个值仅在贴图用于凹凸贴图时产生效果。默认设置为1.0其对比效果如图8-68所示。

图8-68 凸凹量设置效果对比

使用"颜色贴图"选项区域的贴图允许对图像的色调范围进行调整。(1, 1) 点控制高光，(0.5, 0.5) 点控制中间影调，而 (0, 0) 点控制阴影。用户可以通过对控制线添加点并对它们进行移动或缩放来调整曲线的形状。当用户选中一个独立的点，它的确切坐标会显示在左下方的两个文本框中。用户可以在文本框中直接输入坐标值。

- RGB、单色：将贴图曲线分别指定给每个 RGB 过滤通道（RGB）或合成通道（单色）。
- 复制曲线点：启用此选项后，当切换到 RGB 图像时，将复制添加到单色图的点。如果是对 RGB 图像进行此操作，这些点会被复制到单色图中。可以对这些控制点设置动画但是不能对 Bezier 控制柄设置动画。启用“复制曲线点”复选框后，在单色模式下创建的动画可以在 RGB 模式下继续使用并且可以切换通道。反转不起作用。
- “移动”弹出按钮
- ◆ 按钮：将一个选中的点向任意方向移动，在每一边都会被非选中的点所限制。
- ◆ 按钮：将运动约束为水平方向。
- ◆ 按钮：将运动约束为垂直方向。
- ◆ “缩放点”按钮：在保持控制点相对位置的同时改变它们的输出量。在 Bezier 角点上，这种控制与垂直移动一样有效。在 Bezier 平滑点上，可以缩放该点本身或任意的控制柄。通过这种移动控制，缩放每一边都被非选中的点所限制。
- “添加点”弹出按钮
- ◆ 按钮：在图形线上的任意位置添加一个 Bezier 角点。该点在移动时构建一个锐角。
- ◆ 按钮：在图形线上的任意位置添加一个 Bezier 平滑点。连接于该点的控制柄在移动时创建平滑曲线。当其中一个“添加点”按钮处于活动状态时，可以用 Ctrl+ 单击的方法来创建另一种类型的点。这样将不需要在按钮之间切换。
- “删除点”按钮：移除所选中的点。
- “重置曲线”按钮：将图像返回到默认状态。
- “平移”按钮：在视窗中向任意方向拖动图。
- “最大化显示”按钮：显示整个图。
- “水平方向最大化显示”按钮：显示图的整个水平范围。曲线的比例将发生扭曲。
- “垂直方向最大化显示”按钮：显示图的整个垂直范围。曲线的比例将发生扭曲。
- “水平缩放”按钮：在水平方向上压缩或扩展图。
- “垂直缩放”按钮：在垂直方向上压缩或扩展图的视图。
- “缩放”按钮：围绕光标进行放大或缩小。
- “缩放区域”按钮：围绕窗口中任何区域绘制长方形区域，然后系统将该区域进行放大，充满该窗口。

描”复选框的勾选，此时扫描曲面的截面曲线自动适应路径的变化，产生均匀的效果，如下图所示。

32 在“创建”命令面板中“对象类型”卷展栏中单击 CV 曲线 按钮，在前视图中创建一条弧形曲线，如下图所示。

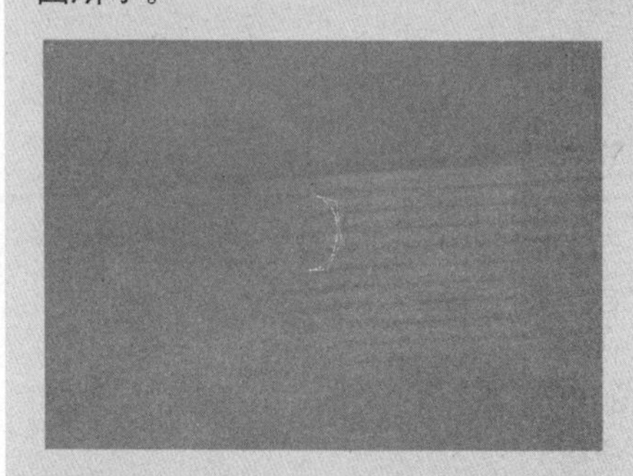

33 在“修改”命令面板中的“常规”卷展栏中单击“NURBS 创建工具箱”按钮，在弹出的“NURBS”对话框中单击“创建车削曲面”按钮，然后在视图中单击 CV 曲线，系统将自动创建旋转曲面，将其移动到“腿”的底部，并将其命名为“腿垫”，如下图所示。

34 在“层次”命令面板中单击“调整轴”卷展栏中的 仅影响轴 按钮，单击主工具栏中的“对齐”按钮，在视图中单击“旋钮”，然后在弹出的“对齐当前选择（旋钮）”对话框中将当前选择对象的轴心与目标对象的中心在X、Y、Z轴向上对齐，如下图所示。

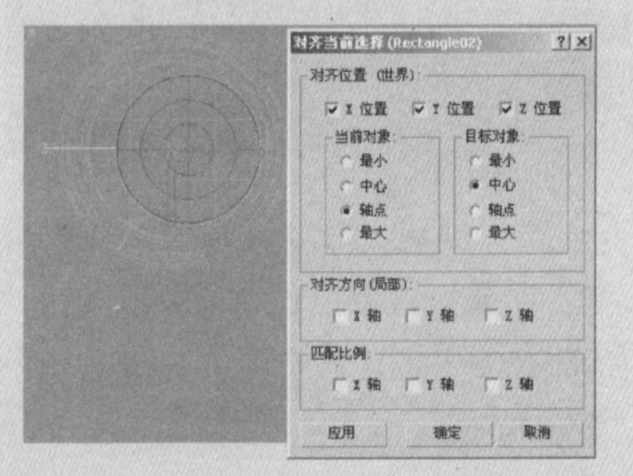

35 执行菜单栏中的“工具>阵列”命令，在弹出的“阵列”对话框中将阵列的“数量”设置为4，阵列的“角度”为360，阵列后的效果如下图所示。

36 按键盘中的H键，然后在弹出的“选择对象”对话框中选择“腿”和“腿垫”及它们的副本，如下图所示。

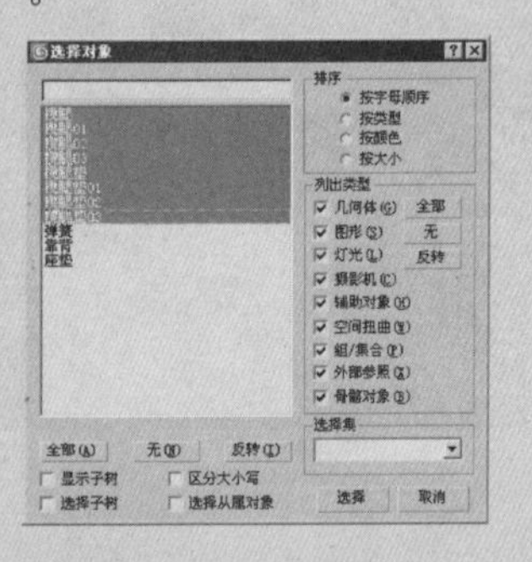

贴图练习

Step 01 在前视图中创建一个长度和宽度均为200、高度为10的长方体。

Step 02 按M键打开“材质编辑器”对话框，在该对话框中选择一个未用过的示例窗，然后在“贴图”卷展栏中单击“漫反射颜色”右侧的 None 按钮，在弹出的“材质/贴图浏览器”对话框中双击“位图”选项，如图8-69所示。

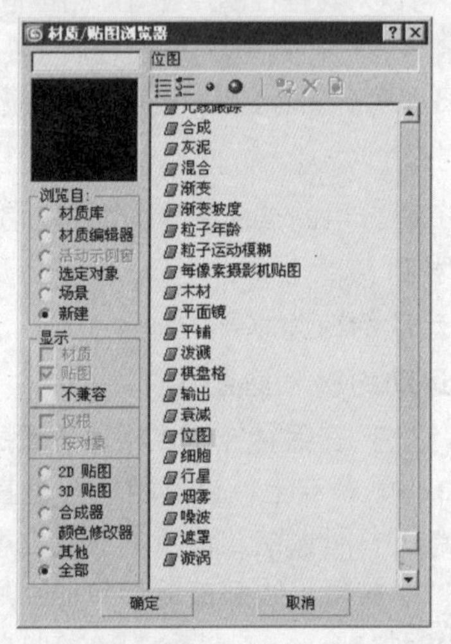

图8-69 选择“位图”选项

Step 03 在系统弹出的“选择位图图像文件”对话框中打开附书光盘：“贴图文件\龙纹.tif”图片，如图8-70所示。

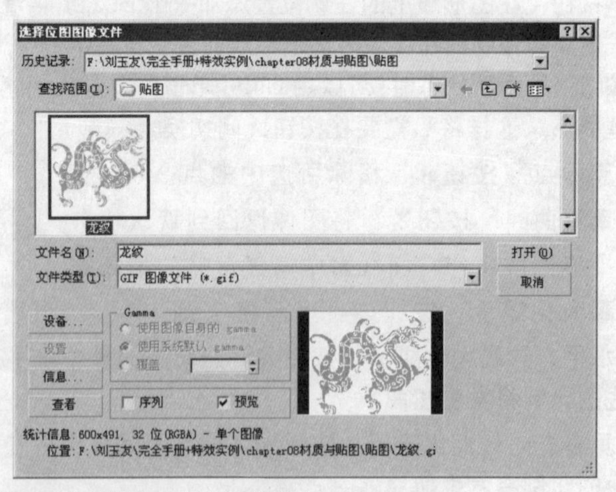

图8-70 选择“龙纹”贴图

Step 04 单击“材质编辑器”对话框中的“将材质指定给选定对象”按钮，将当前的材质指定给长方体，为了能在视图中观察到贴图的情况，最好将“在视口中显示贴图”按钮激活，此时在透视图中可以看到长方体上显示出贴图效果，如图8-71所示。

图8-71 视图中的贴图效果

Step 05 在“材质编辑器”对话框中的“位图参数”卷展栏中的“裁剪/放置”选项区域中勾选“应用”复选框，然后单击 查看图像 按钮，在弹出的“指定裁剪/放置（1：1）”对话框中将光标放在裁剪框的虚线方框上，当它变为双向的箭头的时候，拖动鼠标可以调整裁切框的大小。将裁切框调整成整个图片的一半大小，如图8-72所示。

图8-72 调整裁切框

Step 06 视图中长方贴表面上的贴图发生了变化，整个表面只显示裁切框中的图像，如图8-73所示。

图8-73 裁切贴图后的效果

37 在顶视图中将选中的对象旋转45°，然后按Shift+Q组合键渲染透视图，效果如下图所示。

38 将制作的模型复制一个，将“靠背01”孤立显示，将“靠背01”底部的曲面独立，然后按下数字键4，切换到“曲线”层次，在视图中选中“靠背01”底部的曲线，如下图所示。

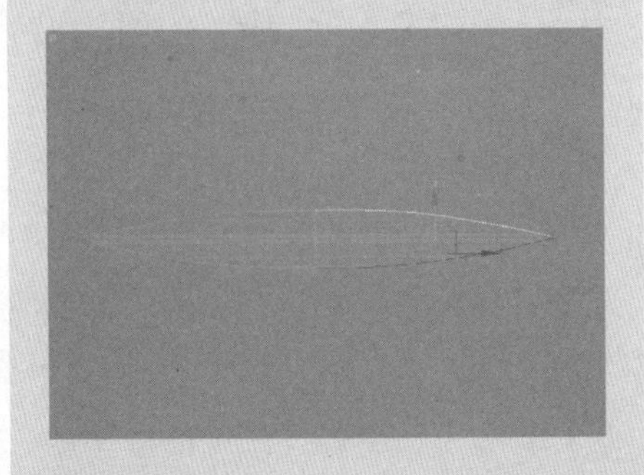

39 单击“曲线公用”卷展栏中的 分离 按钮，在弹出的“分离”对话框中使用默认的设置，按Enter键关闭该对话框，如下图所示。

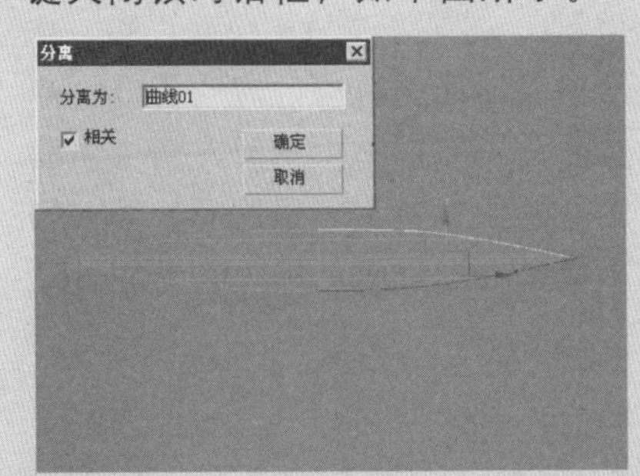

40 在视图中孤立显示“靠垫01”和“曲线01”，选中“靠垫01”，并按数字键1，切换到“曲面”层次，然后将“靠垫01”顶部的圆角曲面和挤出曲面一并删除，如下图所示。

41 在视图中选中“曲线01”，单击“NURBS”对话框中单击“创建车削曲面”按钮，然后在视图中单击“曲线01”，系统将自动创建旋转曲面，如下图所示。

42 单击“NURBS”对话框中的“创建圆角曲面”按钮，然后分别单击“曲面01”和“座垫01”，在“修改”命令面板中的“圆角曲面”卷展栏中将“起始半径”设置为50，在“修改第一曲面”和“修改第二曲面”选项区域中勾选“修剪曲面”复选框，此时在两个曲面相交的位置上将出现圆角效果，如下图所示。

Step 07 禁用“应用”选项，然后在“坐标”卷展栏中将U、V的“平铺”数值均设置为2，效果如图8-74所示。

Step 08 在“坐标”卷展栏中勾选“使用真实世界比例”复选框，此时贴图与长方体的边界对齐，效果如图8-75所示。

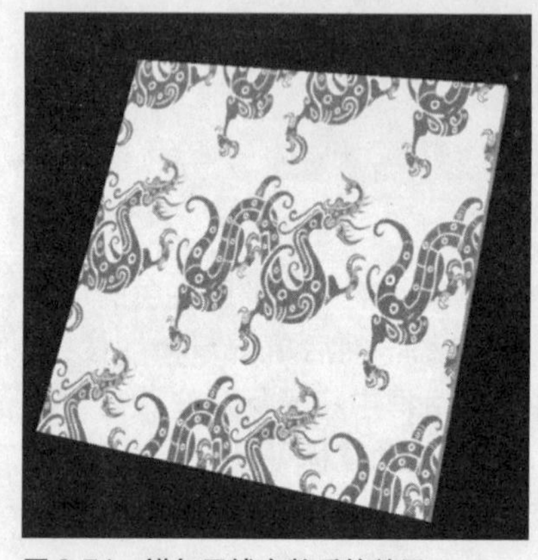

图8-74　增加平铺次数后的效果

图8-75　对齐纹理

Step 09 禁用“使用真实世界比例”复选框，然后在“Blinn基本参数”卷展栏中单击“漫反射”右侧的颜色图标，在弹出的“颜色选择器：漫反射颜色”对话框中将颜色设置为蓝色（R：130，G：118，B：224）；在“坐标”卷展栏中取消U、V“平铺”复选框的勾选，此时只在长方体的中间有一块贴图，如图8-76所示。

图8-76　取消平铺后的效果

使用“平铺”程序贴图，可以创建砖、彩色瓷砖或材质贴图。通常，有很多定义的建筑砖块图案可以使用，但也可以设计一些自定义的图案。“平铺贴图”在“材质编辑器”对话框中有两个比较重要的卷展栏，它们分别是“标准控制”和“高级控制”卷展栏，如图8-77和图8-78所示。

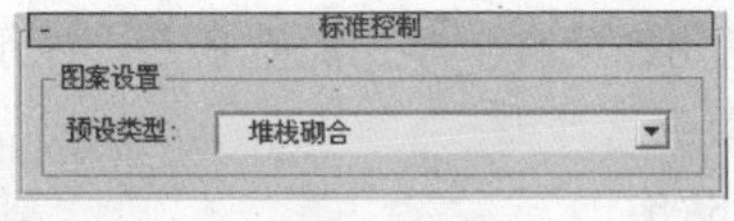

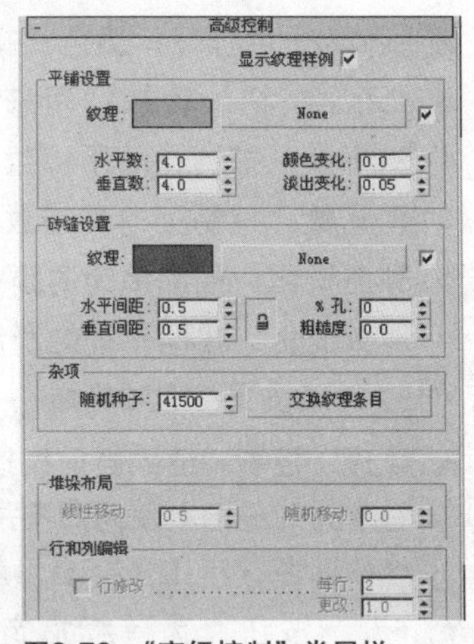

图8-77　“标准控制”卷展栏　　图8-78　“高级控制”卷展栏

在“标准控制”卷展栏中的“预设类型”下拉列表中列出了定义的建筑平铺砌合、图案、自定义图案，用户可以通过选择“高级控制”卷展栏中的选项来设计自定义的图案。如图8-79所示列出了几种不同的砌合方式。

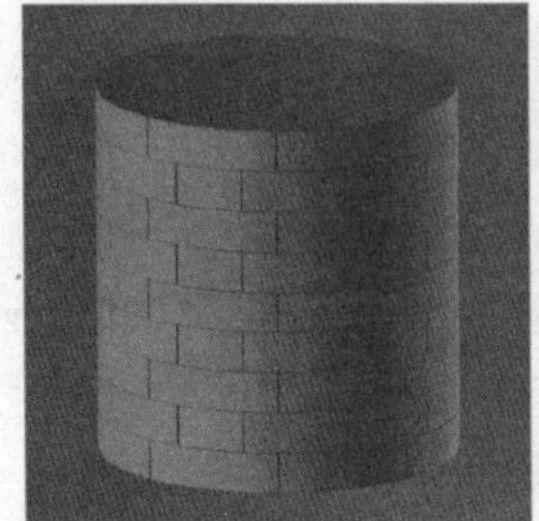
常见的荷兰式砌合

堆栈砌合

英式砌合

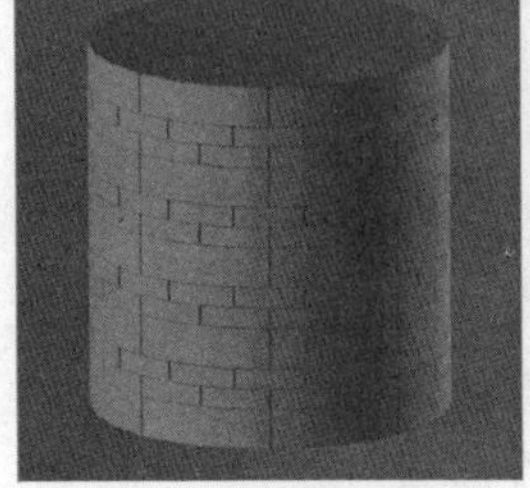
连续砌合（fine）

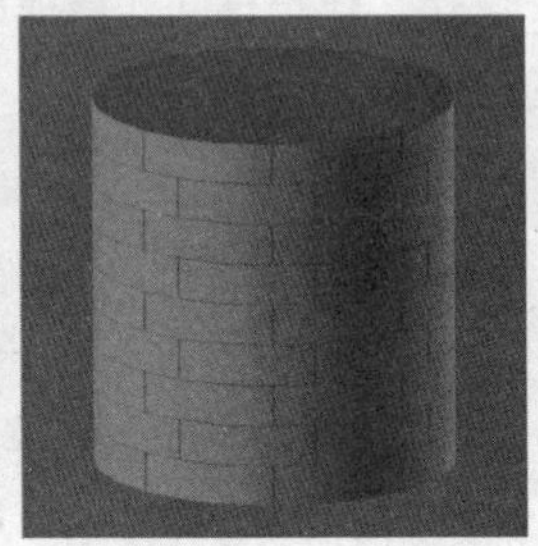
12连续砌合

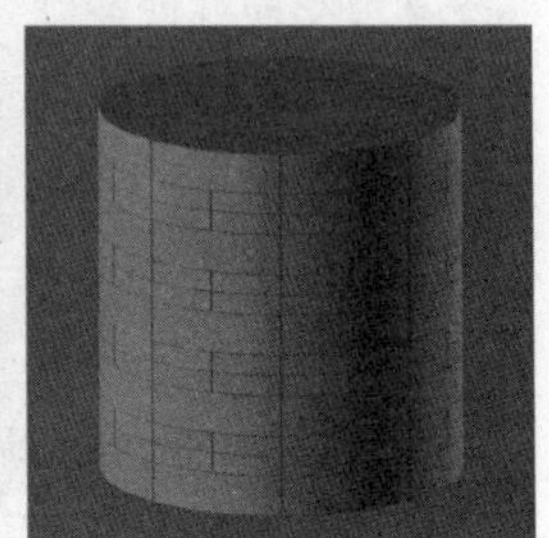
堆栈砌合（fine）

图8-79　砌合图例

“高级控制”卷展栏中各个选项的含义如下。

- 显示纹理样例：更新并显示贴图指定的“平铺”或“砖缝”的纹理。

（1）“平铺设置”选项区域

- 纹理：控制用于平铺的当前纹理贴图的显示。启用此选项后，纹理将作为平铺图案使用而不是用作色样。禁用此选项后，显示平铺的

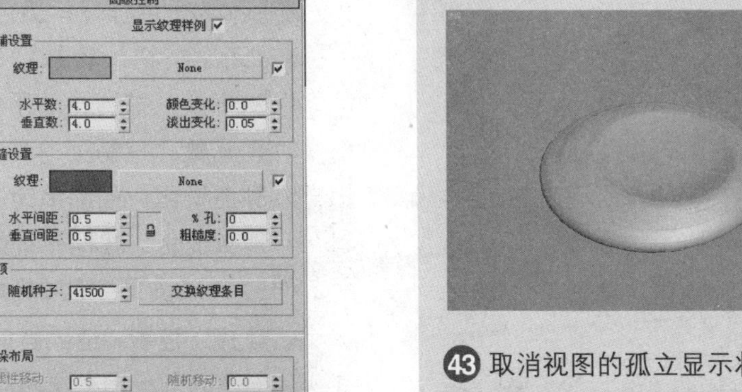

43 取消视图的孤立显示状态，然后将“靠垫01”在前视图中顺时针旋转90°，如下图所示。

44 使用与步骤16～步骤26相同的方法制作“弹簧02”，并令其与“靠背01”组合在一起，然后将“弹簧01”删除，如下图所示。

45 按M键在弹出的“材质编辑器”对话框中选择一个未用过的示例球，然后在“Blinn基本参数”卷展栏中单击“漫反射”右侧的颜色图标，在弹出的“颜色选择器：漫反射颜色”对话框中将颜色设置为黄色（红：246，蓝：218，绿：61），如下图所示。

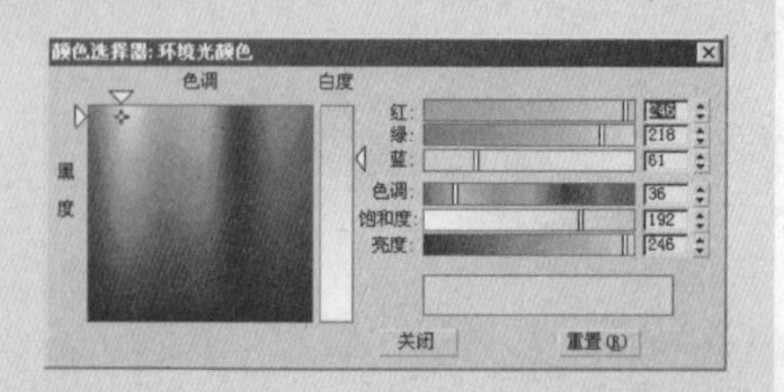

46 在“反射高光”选项区域中将“高光级别”设置为45，“光泽度”为50，在视图中选中“靠垫”、“靠垫01”、“弹簧”和“弹簧02”，然后单击“将材质指定给选定对象”按钮，将当前的材质指定给它们，按Shift+Q组合键渲染透视图，效果如下图所示。

47 将“座垫”材质拖到另外一个未用过的示例球上，然后将复制的材质命名为“靠背”。将环境光颜色设置为红色（红：206，蓝：0，绿：0），然后将当前的材质指定给“靠背”和“靠背01”，如下图所示。

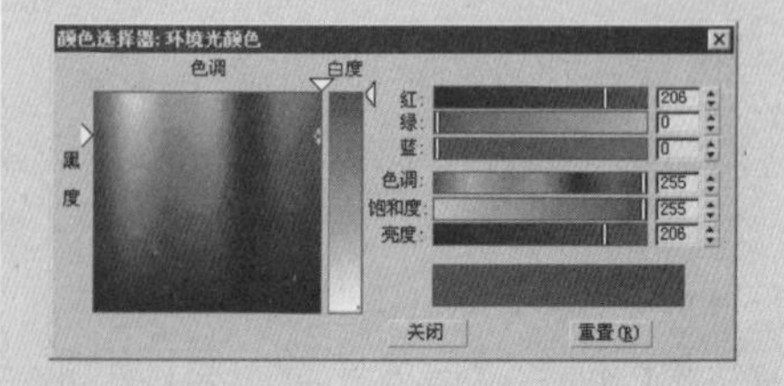

颜色，单击色样显示颜色选择器。

- “无”按钮：该按钮用来指定贴图。
- 水平数：控制行的平铺数。
- 垂直数：控制列的平铺数。
- 颜色变化：控制平铺的颜色变化。
- 淡出变化：控制平铺的淡出变化。

（2）“砖缝设置”选项区域

- 纹理：控制砖缝的当前纹理贴图的显示。启用此选项后，纹理将作为砖缝图案使用而不是用作色样。禁用此选项后，显示砖缝的颜色，单击色样显示颜色选择器。
- “无”按钮：为砖缝指定贴图。
- 水平间距：控制平铺间的水平砖缝的大小。在默认情况下，将此值锁定给垂直间距，因此当其中的任一值发生改变时，另外一个值也将随之改变。单击锁定图标，将其解锁。
- 垂直间距：控制平铺间的垂直砖缝的大小。在默认情况下，将此值锁定给水平间距，因此当其中的任一值发生改变时，另外一个值也将随之改变。单击锁定图标，将其解锁。
- % 孔：设置由丢失的平铺所形成的孔占平铺表面的百分比。砖缝穿过孔显示出来。
- 粗糙度：控制砖缝边缘的粗糙度。

（3）“杂项”选项区域

- 随机种子：对平铺应用颜色变化的随机图案。不用进行其他设置就能创建完全不同的图案。
- “交换纹理条目”按钮：在平铺间和砖缝间交换纹理贴图或颜色。

（4）“堆垛布局”选项区域

只有在“标准控制”卷展栏中“图案设置”选项区域中的“预设类型”下拉列表中选择“自定义平铺”选项时，此选项区域才处于激活状态。

- 线性移动：每隔两行将平铺移动一个单位。
- 随机移动：将平铺的所有行随机移动一个单位。

（5）“行和列编辑”选项区域

- 行修改：启用此选项后，将根据每行的值和改变值，为行创建一个自定义的图案。默认设置为禁用状态。
- 每行：指定需要改变的行。如果“每行”值为 0，没有需要更改的行；如果“每行”值为 1，所有行都需要改变；如果“每行”的值大于 1，将改变 N 的整数倍的行；值为 2 时，每隔一行进行一次改变；值为 3 时，每隔两行进行一次改变，以此类推。默认设置为 2。

- 更改：更改受到影响的行的贴图宽度。平铺宽度值默认为 1.0。值大于 1.0 将增加平铺的宽度，反之将减小平铺宽度。范围为 0.0 至 5.0。值为 0.0 属于特殊情况，如果将值更改为 0.0，此行中不会显示平铺，只显示主要材质。
- 列修改：启用此选项后，将根据每列的值和更改值，为列创建一个自定义的图案。默认设置为禁用状态。
- 每列：指定需要改变的列。如果“每列”值为 0，没有需要更改的列；如果“每列”值为 1，所有列都需要更改；如果“每列”的值大于 1，将改变 N 的整数倍的列；值为 2 时，每隔一列进行一次改变；值为 3 时，每隔两列进行一次改变，以此类推。默认设置为 2。
- 更改：更改受到影响的列的贴图高度。平铺高度值默认为 1.0。值大于 1.0 将增加平铺的高度，反之将减小平铺高度。范围为 0.0 至 5.0。

“噪波”贴图

使用“噪波”贴图可以在模型的表面上形成凹凸不平的效果，在制作磨砂金属的时候经常使用噪波贴图。当用户在“材质/贴图浏览器”对话框中选择“噪波”选项后，在“材质编辑器”对话框中将出现“噪波参数”卷展栏，如图 8-80 所示。

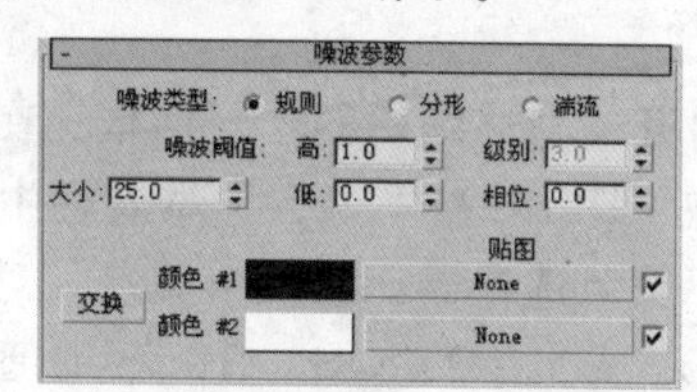

图8-80 “噪波参数”卷展栏

- 规则：生成普通噪波（默认设置）。基本上与层级设置为 1 的分形噪波相同。将噪波类型设置为“规则”时，“级别”数值框不可用。
- 分形：使用分形算法生成噪波。“层级”选项设置分形噪波的迭代数。
- 湍流：生成应用绝对值函数来制作故障线条的分形噪波。
- 噪波阈值：如果噪波值高于“低”阈值而低于“高”阈值，动态范围会拉伸到填满 0~1。这样，在阈值转换时会补偿较小的不连续，因此，会减少可能产生的锯齿。
- 高：设置高阈值。默认设置为 1.0。
- 低：设置低阈值。默认设置为 0.0。
- 级别：决定有多少分形能量用于分形和湍流噪波函数。用户可以根据需要设置确切数量的湍流，也可以设置分形层级数量的动画。默认设置为 3.0。
- 相位：控制噪波函数动画的速度。使用此选项可以设置噪波函数的动画。默认设置为 0.0。

48 在“材质编辑器”对话框中单击 Standard 按钮，然后在弹出的“材质/贴图浏览器”对话框中双击“VRay”Mtl 选项，如下图所示。

49 在“材质编辑器”对话框中的“Basic Parameters”卷展栏中单击 Difuse 右侧的颜色图标，在弹出的“颜色选择器”对话框中将颜色设置为白色，如下图所示。

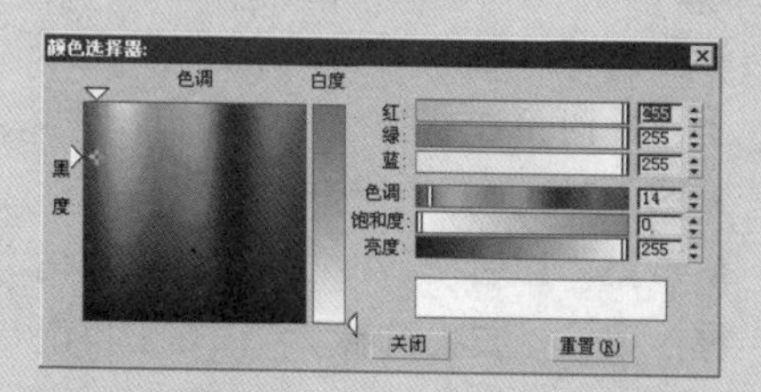

50 在“Reflection”选项区域中单击“Reflect”右侧的颜色贴图，在弹出的“颜色选择器：difuse”对话框中将颜色设置为灰色（红：168，绿：168，蓝：168）；在场景中选中所有的“腿”和“腿垫”，然后单击“将材质指定给选定对象”按钮，将材质指定给它们，如下图所示。

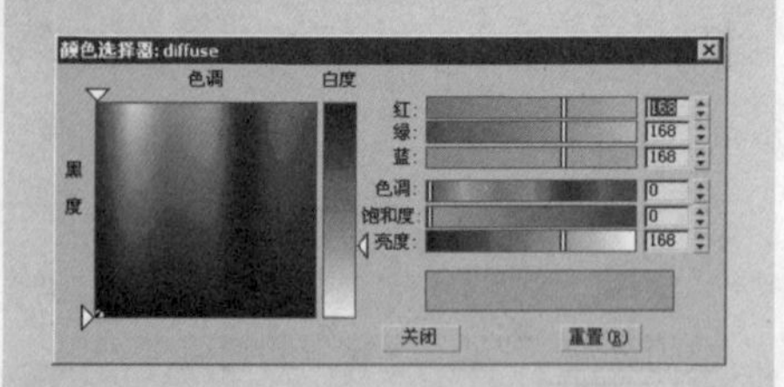

51 打开“环境和效果”对话框，在该对话框中单击“环境”选项卡中的 无 按钮，然后在弹出的“材质/贴图浏览器”对话框中双击“VRayHDRI”选项。在“环境和效果”对话框中“环境贴图”按钮上将出现“VRayHDRI”字样，如下图所示。

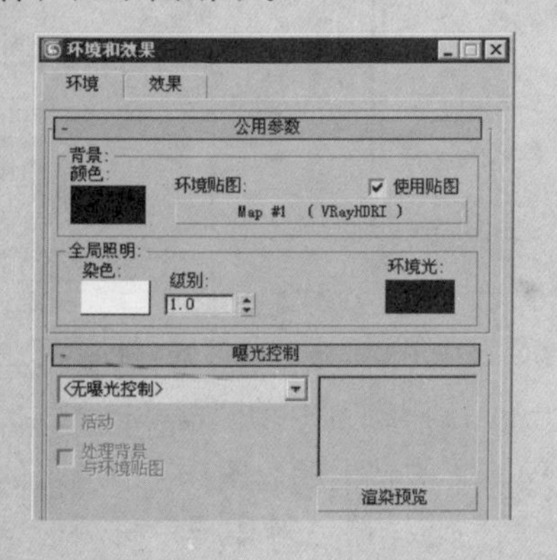

52 将“环境贴图”拖到“材质编辑器”对话框中一个未用过的示例球上，此时系统将弹出“实例（副本）贴图”对话框，使用该对话框中的默认设置，然后按Enter键关闭该对话框；在“材质编辑器”对话框中单击HDR map右侧的 Browse 按钮，在弹出的Choose HDR image对话框中选择“天光贴图.hdr”图片，如下图所示。

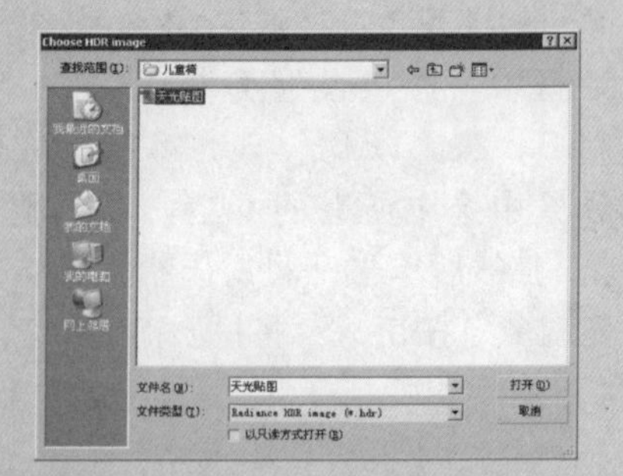

- “交换”按钮：切换两个颜色或贴图的位置。
- 颜色＃1和颜色＃2：显示颜色选择器，以便可以从两个主要噪波颜色中进行选择。将通过所选的两种颜色生成中间颜色值。
- 贴图：选择以一种或其他噪波颜色显示的位图或程序贴图。

“噪波”贴图练习

Step 01 在视图中创建一个简单的场景：一个平面、一个茶壶和一个天光，如图7-81所示。

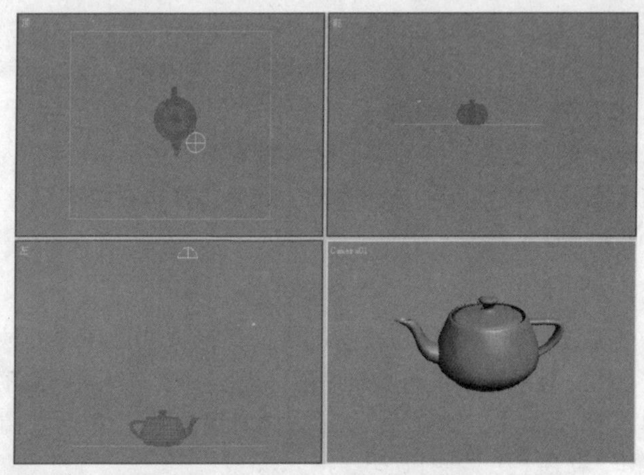

图8-81　创建场景

Step 02 按M键，打开“材质编辑器”对话框，在该对话框中选择一个未用的示例窗，在“Blinn基本参数”卷展栏中单击“漫反射”颜色图标，在弹出的“颜色选择器：漫反射颜色”对话框中将颜色设置为灰蓝色（R：206，G：107，B：80），如图8-82所示。

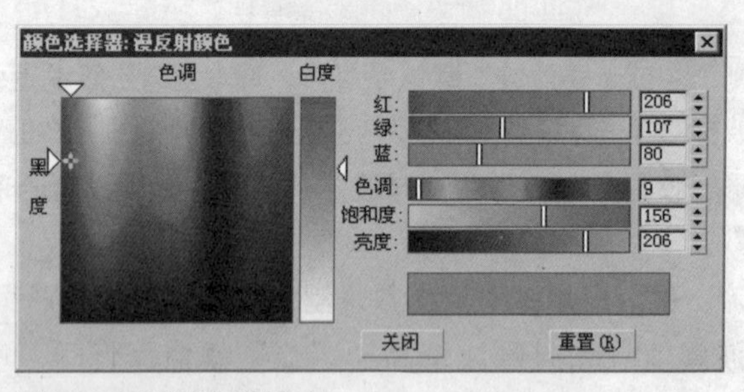

图8-82　设置漫反射颜色

Step 03 在“Blinn基本参数”卷展栏中的“反射高光”选项区域中将“高光级别”设置为45，“光泽度”设置为48，如图8-83所示。

Step 04 展开“贴图”卷展栏，然后单击“凹凸”通道右侧的按钮，在弹出的“材质/贴图浏览器”对话框中双击“噪波”选项，然后在“材质编辑器”对话框中的“噪波参数”卷展栏中将“大小”设置为0.3，其他参数使用默认设置，如图7-84所示。

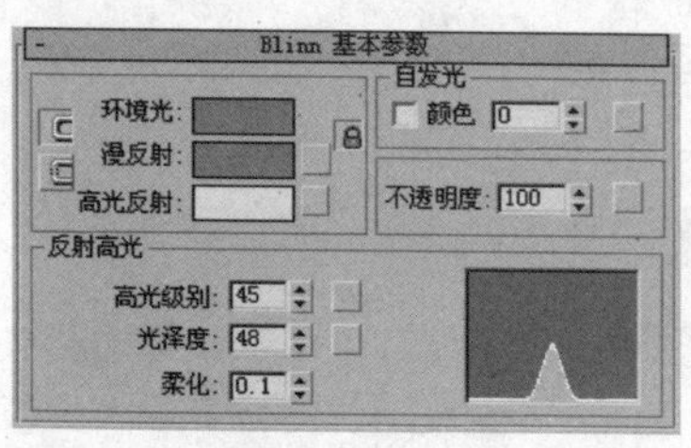

图8-83　设置高光参数

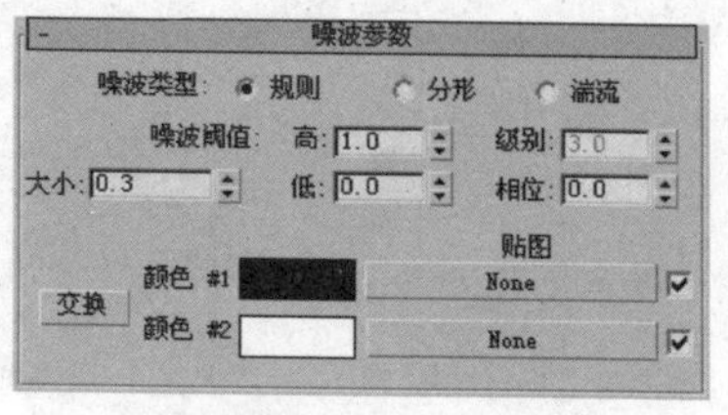

图8-84　设置“噪波”参数

Step 05 返回到“贴图”卷展栏，然后将“凹凸”通道的数量设置为100。并将材质指定给茶壶，按下Shift+Q组合键渲染透视图，效果如图7-85所示。

图8-85　渲染后的效果

8.5　新增Mental Ray材质

在3ds Max 9中的“Mental Ray”材质模块在3ds Max 8的基础上添加了“Arch &Design（建筑与设计材质）”，进一步完善了材质涉及领域，很大程度上方便了广大用户制作各种材质的需要。

车漆材质是其中之一，该材质拥有完美的车漆设置参数，并且添加了车漆尘土的设置，可以调节出十分完美的车漆效果，如图8-86所示。

图8-86　车漆效果

其他材质基本上没有什么大的变化，其参数设置以及应用方法在此不再详述。

53 按Shift+Q组合键渲染透视图，渲染后的效果如下图所示。

54 在视图中创建一个简单的场景（包含一盏VRay灯光），然后将展开的凳子模型复制一个并进行模型之间的组合，对透视图进行渲染，最终效果如下图所示。

[Chapter]

9 灯光与摄影机

灯光和摄影机是在三维场景中用来模拟真实光影和构图的两个重要的工具。灯光可以很好的烘托场景的氛围，摄影机用来取景和构图，它们是制作动画所要掌握的两个非常实用的表现因素。

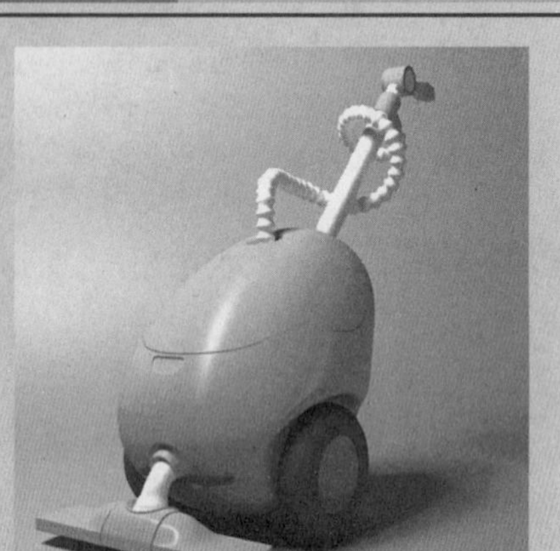

制作吸嘴

01 单击“创建”命令面板中的“图形”按钮，在创建类型下拉列表中单击“NURBS 曲线”选项，然后在“对象类型”卷展栏中单击 CV 曲线 按钮，在左视图中创建一条封闭的矩形曲线，如下图所示。

02 右击前视图，单击主工具栏中的“选择并移动”按钮，然后按住 Shift 键并向右拖动“Curve01”，释放鼠标后系统将弹出“克隆选项”对话框，在该对话框中将“副本数”设置为6，按 Enter 键关闭该对话框，如下图所示。

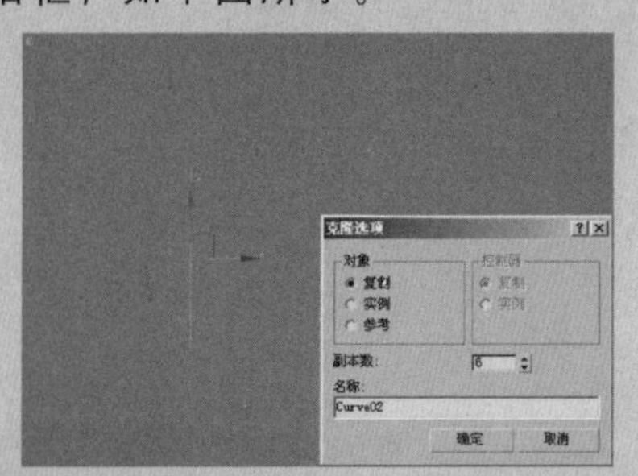

9.1 灯光概述

“灯光”为场景的几何体提供照明，它们可以从舞台内部或采取一些其他方式照亮场景。3ds Max 提供两种类型的灯光：标准和光度学。“标准灯光”简单易用，“光度学灯光”相对比较复杂，可以提供真实世界照明的精确物理模型。“日光”和“太阳光”系统创建室外照明，该照明是基于日、月、年的位置和时间模拟太阳光的照明。用户可以设置天的时间动画以创建阴影研究。

“灯光”是模拟真实灯光的对象，如家用或办公室灯、舞台和电影中使用的灯光设备和太阳光本身。不同种类的灯光对象用不同的方法投射灯光，可以模拟真实世界中不同种类的光源。

当场景中没有灯光时，系统就会使用默认的照明着色或渲染场景。一旦用户在场景中创建了灯光，那么默认的照明就会被禁用。如果用户在场景中删除所有的灯光，则重新启用默认照明。默认照明包含两个不可见的灯光，一个灯光位于场景的左上方，而另一个位于场景的右下方。

创建目标聚光灯

Step 01 在“创建”命令面板中单击“灯光”按钮。

Step 02 在“对象类型”卷展栏中单击 目标聚光灯 按钮。

Step 03 在前视图中拖动鼠标，指定“目标聚光灯”的光源点和照射点，就可以在前视图中创建出“目标聚光灯”，如图 9-1 所示。

图 9-1　创建灯光

如果灯光位置和角度不太理想，用户可以切换到左视图、右视图、顶视图等其他视图调节其位置和角度。

9.2 灯光参数

3ds Max 提供的“标准灯光”和“光度学灯光”两种灯光类型，除了极个别灯光之外，在“修改”命令面板中，它们都包含以下 5 个参数卷展栏："常规参数"、"强度/颜色/衰减"、"高级效果"、"阴影参数"和"Mental Ray 间接照明"卷展栏。下面分别对各个卷展栏进行介绍。

9.2.1 "常规参数"卷展栏

"常规参数"卷展栏主要用来设置灯光的"灯光类型"和"阴影"等参数，其卷展栏如图9-2所示。

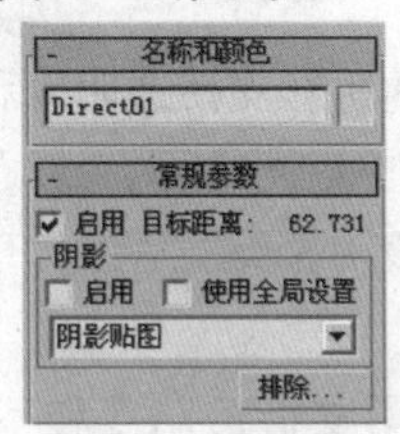

图9-2 "常规参数"卷展栏

"灯光类型"选项区域

该选项区域中的参数控件可以启用或禁用场景中创建的灯光，并可以更改灯光的类型。

- 启用：此按钮用来设置启用和禁用灯光。当"启用"选项处于启用状态时，使用灯光着色和渲染以照亮场景。当其处于禁用状态时，进行着色或渲染时不使用该灯光。默认设置为启用。
- 灯光类型列表：此列表选项用来更改灯光的类型。如果选中的是"标准"灯光类型，可将灯光更改为泛光灯、聚光灯或平行光。如果选中的是"光度学"灯光类型，用户可以将灯光更改为点光源、线光源或区域灯光。
- 目标：启用该选项后，灯光将成为目标。灯光与其目标之间的距离显示在复选框的右侧。对于自由灯光，可以设置该值。对于目标灯光，可以通过禁用该复选框或移动灯光或灯光的目标对象对其进行修改。

"阴影"选项区域

该选项区域主要用来控制决定当前灯光是否投射阴影和是否使用全局照明，默认设置为禁用状态。用户可以在该选项区域中的列表中指定灯光的阴影类型。

- 启用：决定当前灯光是否投射阴影。默认设置为禁用。
- 阴影类型下拉列表：包含5种灯光阴影类型供用户选择。阴影类型分别为"高级光线跟踪阴影"、"Mental Ray 阴影贴图"、"区域阴影"、"阴影贴图"和"光线跟踪阴影"等。

  "Mental Ray 阴影贴图"类型与 Mental Ray 渲染器一起使用时才能生效。当选择该阴影类型并启用阴影贴图时，阴影使用 Mental Ray 阴影贴图算法。如果选中该类型但使用默认扫描线

03 在视图中选中"Curve01"，按数字键1，切换到"曲线CV"层次，右击视图，在弹出的菜单中选择"优化CV曲线"命令，然后在"Curve01"对象的顶部单击，增加一个CV控制点，如下图所示。

04 将曲线顶部的CV控制点向上移动一段距离，使曲线的顶部产生圆滑的效果，如下图所示。

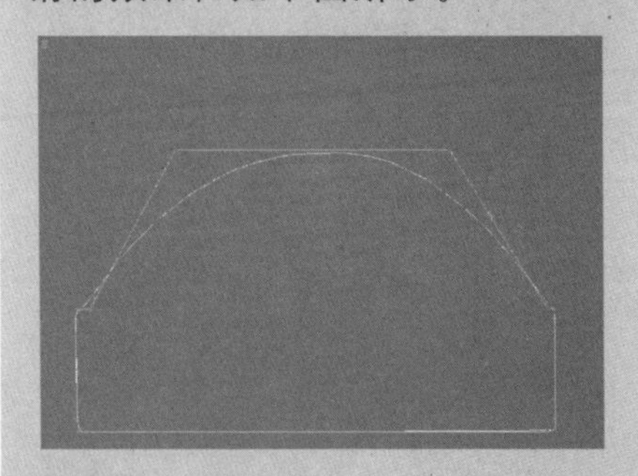

05 使用相同的方法将其他曲线进行处理，使调整后的曲线在Y轴上的高度依次形成递减，如下图所示。

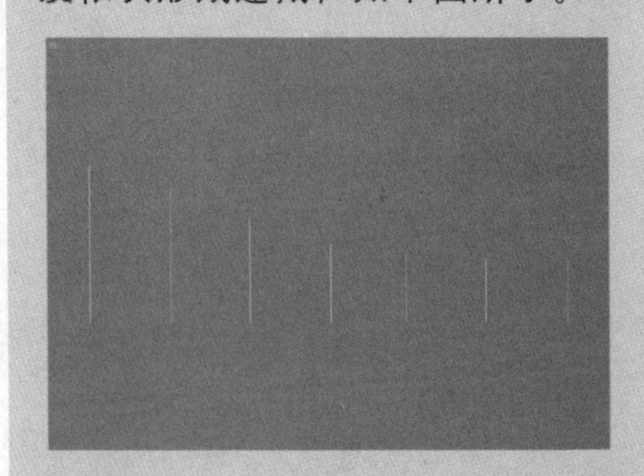

渲染器，则进行渲染时不显示阴影。只有使用Mental Ray渲染器时才能显示阴影。

- 排除... 按钮：将选定物体对象排除于灯光效果之外。单击此按钮将弹出“排除/包含”对话框，供用户选择要排除的对象。在视口中排除的对象仍在着色视口中被照亮。只有当渲染场景时“排除”功能才起作用。

阴影类型的优缺点

- 高级光线跟踪：该类型的阴影支持透明度和不透明度贴图。建议用户对复杂场景使用一些灯光或面。比“阴影贴图”渲染速度慢，不支持柔和阴影。该阴影类型可以处理场景中的每一帧，可以处理动画场景。
- 区域阴影：该类型的阴影支持透明度和不透明度贴图。建议用户对复杂场景使用一些灯光或面。支持区域阴影的不同格式。比“阴影贴图”渲染速度更慢，可以处理场景中的每一帧。
- Mental Ray 阴影贴图：使用“Mental Ray 阴影贴图”比“光线跟踪阴影”更快。但不如“光线跟踪阴影”计算的精确。
- 光线跟踪阴影：该阴影支持透明度和不透明度贴图。如果不存在对象动画，则只处理一次。比“阴影贴图”更慢，不支持柔和阴影。
- 阴影贴图：该阴影贴图可以产生柔和阴影，如果不存在动画对象，则只处理一次。是渲染速度最快的阴影类型。不支持使用透明度或不透明度贴图的对象。“阴影贴图”不识别贴图的透明部分，因此它们看起来并不真实可信。

9.2.2 “强度/颜色/衰减”卷展栏

“强度/颜色/衰减”卷展栏中提供的控件主要用来设置灯光的“倍增”强度、灯光颜色及灯光衰减数值，其面板如图9-3所示。

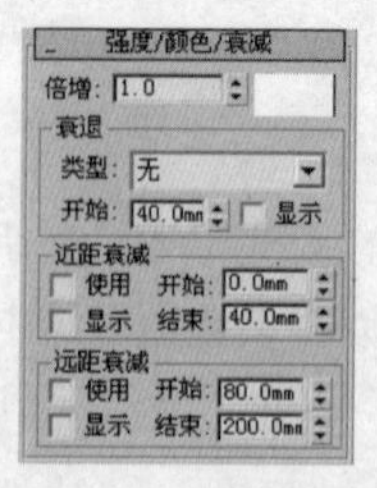

图9-3 “强度/颜色/衰减”卷展栏

“倍增”选项区域

该选项区域控件用来设置灯光光线的强度。

- 倍增：将灯光的功率放大一个正或负的量。

  过高的“倍增”值会冲蚀颜色。例如，如果将聚光灯设置为红色，之后将其“倍增”增加到10，则在聚光区中的灯光为

06 在视图中选中Curve07，然后将其中间的CV控制点沿X轴方向移动一段距离，使曲线向右凸出一点，如下图所示。

07 在“修改”命令面板中的“常规”卷展栏中单击“NURBS创建工具箱”按钮，在弹出的“NURBS”对话框中单击“创建U向放样曲面”按钮，然后在视图中依次单击所有曲线，系统将自动创建旋转曲面，将其命名为“吸嘴-右”，如下图所示。

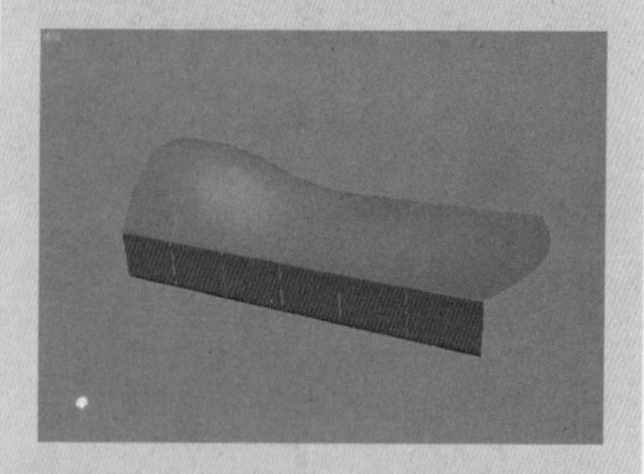

08 在“对象类型”卷展栏中单击 CV 曲线 按钮，在顶视图中创建一条弧形曲线，其曲率与“吸嘴-右”大致相同，如下图所示。

白色并且只有在衰减区域的灯光为红色。负的“倍增”值导致“黑色灯光”，即灯光使对象变暗而不是使对象变亮。

- 色样：显示灯光的颜色。单击色样将弹出“颜色选择器”对话框，用于指定灯光的颜色。

“衰退”选项区域

该选项区域中的参数用来控制灯光强度在远处逐渐减小，勾选该选项区域中的“显示”复选框，在灯光图标上会出现一个灰色中间带有十字线型的圆环，该圆环是作为“衰退”范围设置的图标，如图9-4所示。

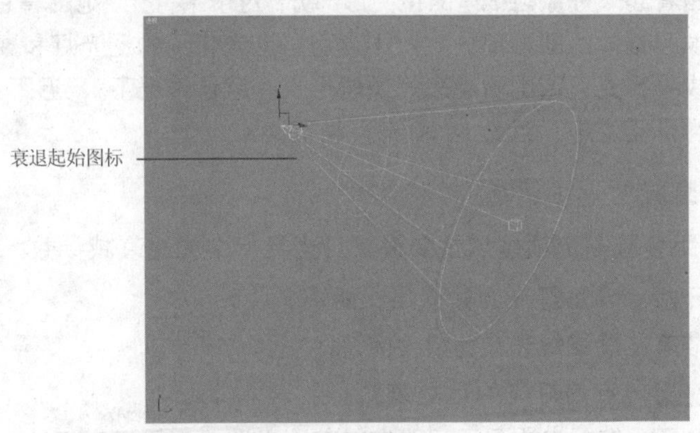

图9-4 显示衰退范围设置

- 类型：衰退类型有3种，分别为“无”、“倒数”和“平方反比”。
  - 无：不应用衰退。从其灯光光源到无穷远灯光仍然保持全部强度，除非启用远距衰减。
  - 倒数：应用反向衰退。
  - 平方反比：应用平方反比衰退。实际上这是灯光的真实衰退，是光度学灯光使用的衰退公式。如果“平方反比”衰退使场景太暗，可以尝试使用“环境”面板来增加“全局照明级别”值来调节场景亮度。

衰退开始的点取决于是否使用衰减，如果不使用衰减，则从光源处开始衰退。使用近距衰减，则从近距结束位置开始衰退。建立开始点之后，衰退遵循其公式到无穷远，或直到灯光本身由“远距结束”距离切除。换句话说，由于随着灯光距离的增加，衰退继续计算越来越暗值，最好设置衰减的“远距结束”以消除不必要的计算。

“近距衰减”选项区域

衰减是灯光的强度将随着距离的加长而减弱的效果。3ds Max 中可以明确设置衰减值。该效果与现实世界中的灯光不同，它使用户可以获得对灯光淡入或淡出方式的更直接控制。

09 在“NURBS”对话框中单击“创建挤出曲面”按钮，然后在视图中单击并拖动上一步创建的曲线，在适当的位置释放鼠标；在“修改”命令面板中的“挤出曲面”卷展栏中单击“Z”轴按钮，将挤出的“数量”设置为－60，并令挤出曲面与“吸嘴-右”完全相交，如下图所示。

10 在“常规”卷展栏中单击 附加多个 按钮，在弹出的“附加多个”对话框中选中“Curve01”，然后按Enter键关闭该对话框，如下图所示。

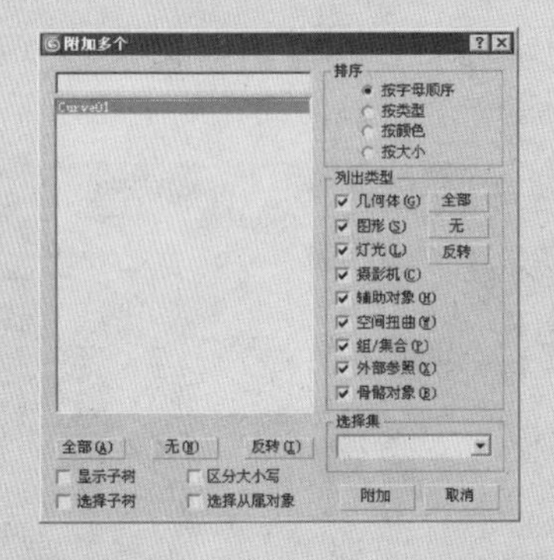

11 附加后的曲线将出现法线翻转的现象，需要将曲面的法线重新定向，使表面在外侧可见，如下图所示。

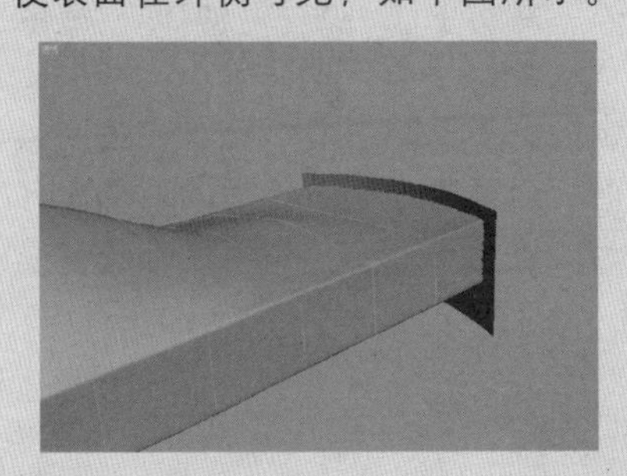

⑫ 单击“NURBS”对话框中的“创建曲面-曲面相交曲线”按钮，然后在视图中依次单击“吸嘴-右”和附加后的曲面，在“修改”命令面板中的的“曲面-曲面相交曲线”卷展栏中“修剪控制”选项区域中勾选“修剪1”和“修剪2”复选框，并根据实际情况勾选相应的“翻转剪切1”和“翻转剪切2”选项，此时系统将自动对曲面进行修剪，如下图所示。

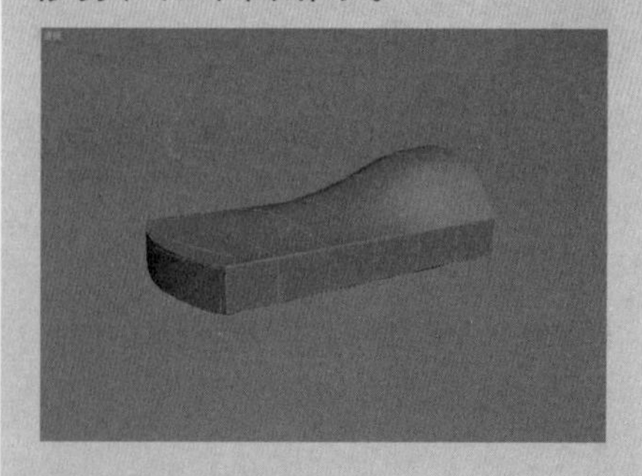

⑬ 单击“NURBS”对话框中的“创建封口曲面”按钮，然后在创建的放样曲面另外一侧边缘单击，创建一个封口曲面，如下图所示。

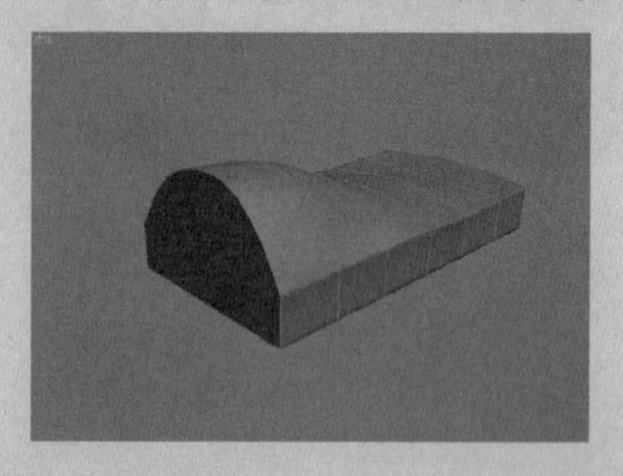

⑭ 按数字键4，切换到“曲线”层次，在视图中选中封口曲面边缘曲线，然后单击“曲线公用”卷展栏中的 分离 按钮，在弹出的“分离”对话框中将分离后的对象命名为“曲线 01”，如下图所示。

灯光衰减时，近距曲面上的灯光可能过亮，或者远距曲面上的灯光可能过暗。如果在渲染中查看该效果，曝光控件有助于纠正该问题。它将（模拟）物理场景的动态范围调整为更大，将显示的动态范围调整为更小。

近距衰减主要设置灯光光源端衰减参数。

- 开始：设置灯光开始淡入的距离。
- 结束：设置灯光达到其全值的距离。
- 使用：启用灯光的近距衰减。
- 显示：在视口中显示近距衰减范围设置。对于聚光灯，衰减范围看起来好像圆锥体的镜头形部分；对于平行光，范围看起来好像圆锥体的圆形部分；对于启用“泛光化”的泛光灯和聚光灯或平行光，范围看起来好像球形。在默认情况下，“近距开始”为深蓝色，“近距结束”为浅蓝色。

“远距衰减”选项区域

“远距衰减”选项区域主要设置灯光目标端光线衰减参数。

- 开始：设置灯光开始淡出的距离。
- 结束：设置灯光减为 0 的距离。
- 使用：启用灯光的远距衰减。
- 显示：在视口中显示远距衰减范围设置。对于聚光灯，衰减范围看起来好像圆锥体的镜头形部分；对于平行光，范围看起来好像圆锥体的圆形部分；对于启用“泛光化”的泛光灯和聚光灯或平行光，范围看起来好像球形。在默认情况下，“远距开始”为浅棕色，“远距结束”为深棕色。

衰减效果可以创建出很好的光线过渡效果，如图9-5所示。

小范围衰减

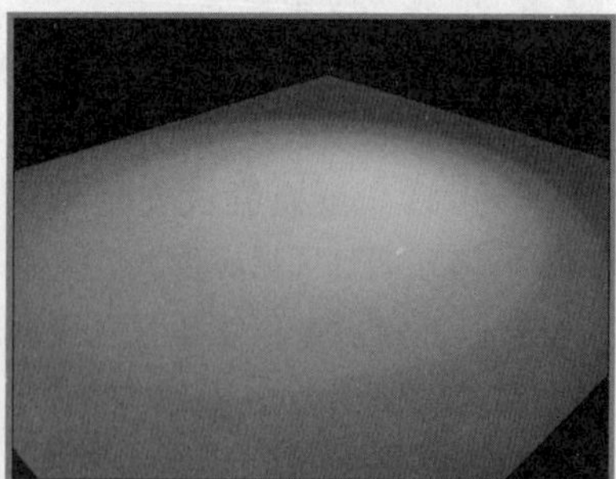

大范围衰减

图 9-5　灯光衰减效果对比

9.2.3 “高级效果”卷展栏

“高级效果”卷展栏提供了影响灯光曲面方式的控件，如图9-5所示。

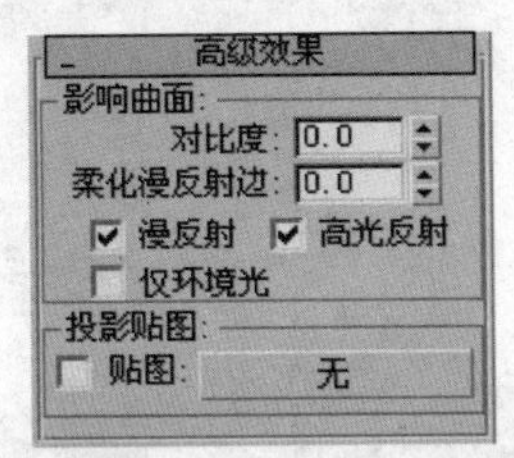

图9-6 “高级效果”卷展栏

“影响曲面”选项区域

该选项区域用来设置灯光对曲面的影响程度。

- 对比度：该控件用来调整曲面的漫反射区域和环境光区域之间的对比度。普通对比度设置为0。增加该值可增加特殊效果的对比度。
- 柔化漫反射边：通过增加“柔化漫反射边”的值可以柔化曲面的漫反射部分与环境光部分之间的边缘。这样有助于消除在某些情况下曲面上出现的边缘。默认值设置为0。
- 漫反射：启用此选项后，灯光将影响对象曲面的漫反射属性。禁用此选项后，灯光在漫反射曲面上没有效果。默认设置为启用。
- 高光反射：启用此选项后，灯光将影响对象曲面的高光属性。禁用此选项后，灯光在高光属性上没有效果。默认设置为启用。
- 仅环境光：启用此选项后，灯光仅影响照明的环境光组件。这样可以对场景中的环境光照明进行更详细的控制。启用“仅环境光”后，“对比度”、“柔化漫反射边”、“漫反射”和“高光反射”不可用。默认设置为禁用状态。

“投影贴图”选项区域

该选项区域中的控件用来编辑灯光的投影。

- 贴图：启用该复选框可以通过“贴图”按钮投射选定的贴图。禁用该复选框可以禁用投影。
- 无 按钮：该按钮用来指定用于投影的贴图。可以将“材质编辑器”对话框中指定的任何贴图拖动到该按钮上进行指定，或从任何其他贴图按钮上拖动指定贴图，并将贴图放置在灯光的 无 按钮上。

单击 无 按钮将弹出“材质/贴图浏览器”对话框，使用该对话框可以选择贴图类型，然后将按钮拖动到“材质编辑器”对话框中的未使用的示例球上，并且使用“材质编辑器”指定和调整贴图，其投射到墙上的效果如图9-7所示（为了便于用户观察光线的起始位置，

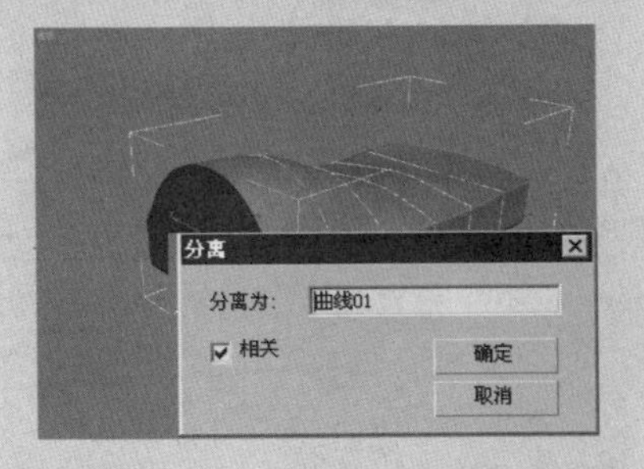

技巧 提示

在分离曲线之前需要将曲线或者与该曲线关联的曲面进行独立，否则分离后的模型将出现意外的效果。

⑮ 在视图中选中“曲线01”，然后将其在顶视图中沿与X轴相反的方向移动一段距离，如下图所示。

⑯ 右击左视图，按数字键1切换到“曲线CV”层次，然后对“曲线01”左侧进行圆滑处理，如下图所示。

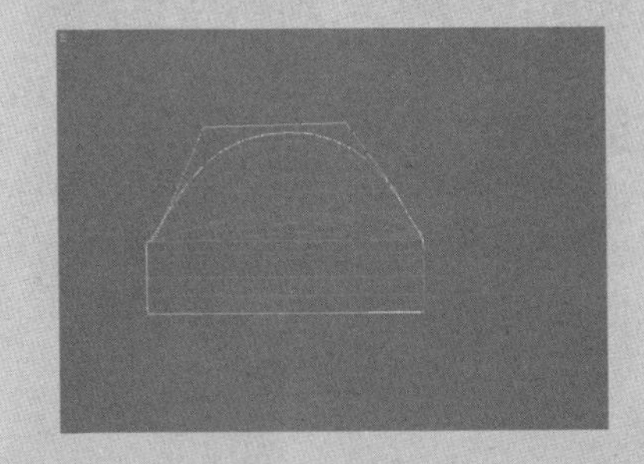

⑰ 右击顶视图，在工具栏中激活“选择并移动”工具，然后按住Shift键并向右拖动“曲线01”，释放鼠标后系统将弹出“克隆选项”对话框，在该对话框中将“副本数”设置为2，按Enter键关闭该对话框，如下图所示。

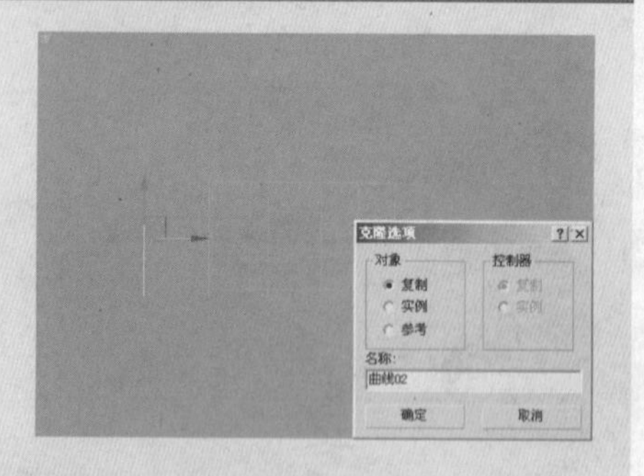

⑱ 在左视图中选中“曲线02”，按数字键1切换到“曲线CV”层次，然后将曲线02顶部的CV控制点向上移动一段距离，如下图所示。

⑲ 在弹出的“NURBS”对话框中单击“创建U向放样曲面”按钮，然后在视图中依次单击调整后的曲线，系统将自动创建旋转曲面，并将其命名为“吸嘴-中”，如下图所示。

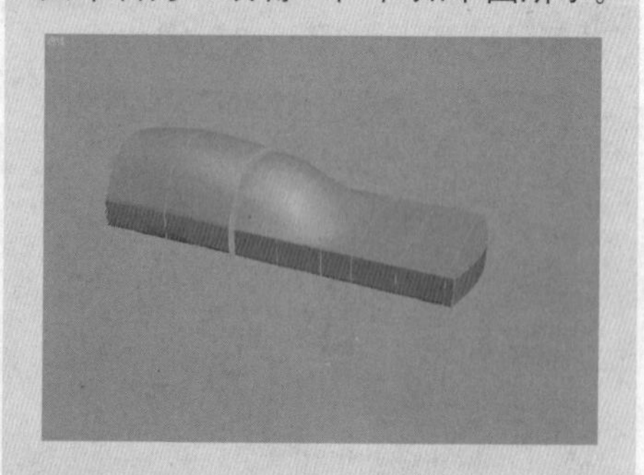

⑳ 按Alt+Q组合键孤立显示“吸嘴-中”，然后单击“NURBS”对话框中的“创建封口曲面”按钮，在创建的放样曲面两侧边缘单击各创建一个封口曲面，如下图所示。

在此给灯光添加了一个“体积光”效果，“体积光”效果制作见本书第11章）。

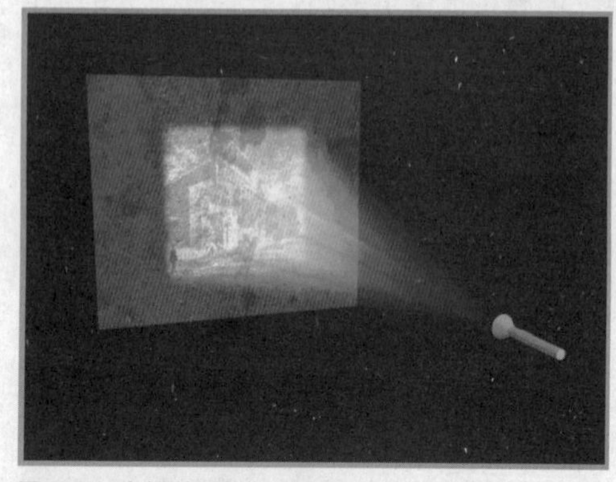

图9-7　高级效果投射贴图

9.2.4 “阴影参数”卷展栏

所有灯光类型（除了“天光”和“IES 天光”）和所有阴影类型都包含“阴影参数”卷展栏。使用该卷展栏中的控件选项可以设置阴影颜色和其他常规阴影属性。该卷展栏最大的特点是可以让灯光中的大气投射阴影，“阴影参数”卷展栏如图9-8所示。

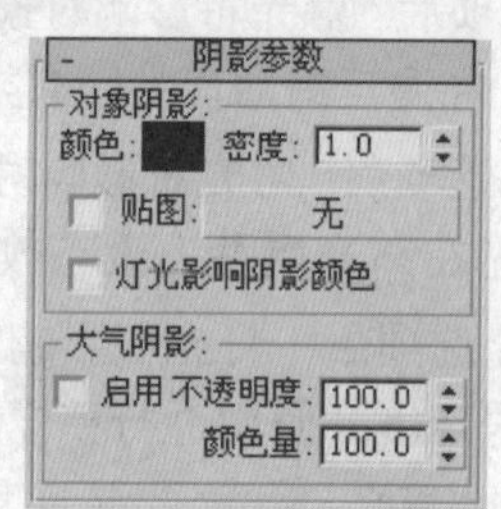

图9-8　“阴影参数”卷展栏

“对象阴影”选项区域

该选项区域用来设置物体对象的阴影颜色、阴影密度、阴影贴图的指定等。

- 颜色：单击黑色色块将弹出“颜色选择器”对话框以便用户选择此灯光投射的阴影颜色。默认设置为黑色。可以设置阴影颜色为动画。
- 密度：阴影密度参数。
- 贴图：启用该复选框可以使用“贴图”按钮指定的贴图路径。默认设置为禁用状态。
- 无 按钮：将贴图指定给阴影。贴图颜色与阴影颜色混合起来。默认设置为“无”。
- 灯光影响阴影颜色：启用此选项后，将灯光颜色与阴影颜色（如果阴影已设置贴图）混合起来。默认设置为禁用状态。

"大气阴影"选项区域

该选项区域中的控件可以让大气效果投射阴影。

- 启用：当用户启用此选项后，大气效果如灯光穿过一样投射阴影。默认设置为禁用状态。

此控件与法线"对象阴影"的启用切换无关。灯光可以投射大气阴影，但不能投射法线阴影，反之亦然。它可以投射两种阴影，或两种阴影都不投射。

- 不透明度：调整阴影的不透明度。此值为百分比，默认设置为100.0。
- 颜色量：调整大气颜色与阴影颜色混合的量。此值为百分比，默认设置为100.0。

大气投影效果如图9-9所示。

图9-9 大气投影效果

9.2.5 "Mental Ray间接照明"卷展栏

"Mental Ray间接照明"卷展栏提供了使用Mental Ray渲染器照明行为的控件。卷展栏中的设置对使用默认扫描线渲染器或高级照明（光跟踪器或光能传递解决方案）进行的渲染没有影响。这些设置控制生成间接照明时的灯光行为，即焦散和全局照明。

"Mental Ray间接照明"卷展栏如图9-10所示。

执行菜单栏中的"渲染>渲染"命令，弹出"渲染场景：Metal Ray渲染器"对话框，在"渲染场景"面板中的"公用"选项卡中，在"指定渲染器"卷展栏中单击"产品级"选项后面的"选择渲染器"按钮，在弹出的"选择渲染器"对话框中选择"Mental Ray渲染器"选项，如图9-11所示。

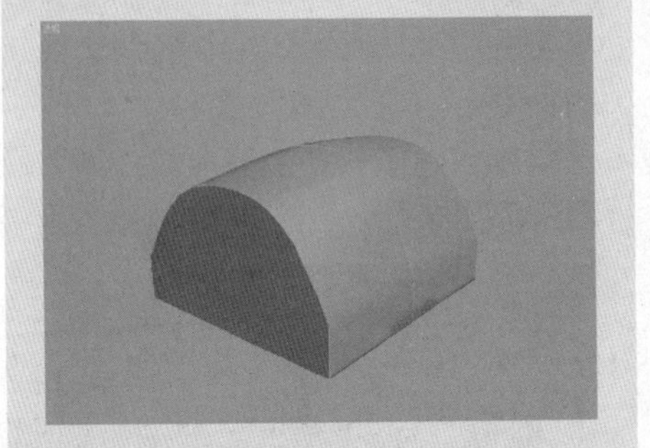

21 在顶视图中选中"吸嘴-中"，然后单击"NURBS"对话框中的"创建曲面上的CV曲线"按钮，在"吸嘴-中"的表面上创建一条封闭曲线，如下图所示。

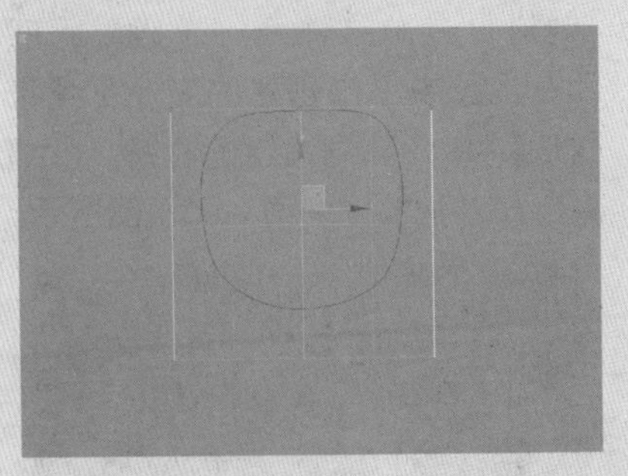

22 单击"NURBS"对话框中的"创建法向投影曲线"按钮，然后单击"吸嘴-中"的表面上创建的封闭曲线和"吸嘴-中"表面；在"法向投影曲线"卷展栏中勾选"修剪"和"翻转修剪"复选框，此时"吸嘴-中"曲线内部的表面被修剪掉，如下图所示。

23 在NURBS对话框中单击"创建偏移曲线"按钮，然后左视图中

单击并拖动“吸嘴-中”孔洞边缘的曲线，在适当的位置释放鼠标，这样就创建了一条变换曲线，如下图所示。

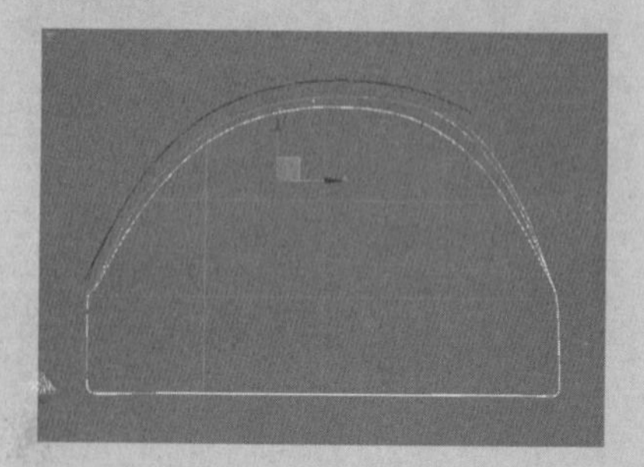

24 在“NURBS”对话框中单击“创建U向放样曲面”按钮，然后在视图中单击创建的变换曲线和“吸嘴-中”孔洞边缘的曲线，系统将自动创建放样曲面，如下图所示。

25 在“NURBS”对话框中单击“创建曲面边曲线”按钮，然后在视图中单击“吸嘴-中”放样口曲面孔洞边缘的曲线，系统将自动在洞口边缘创建一条曲线，如下图所示。

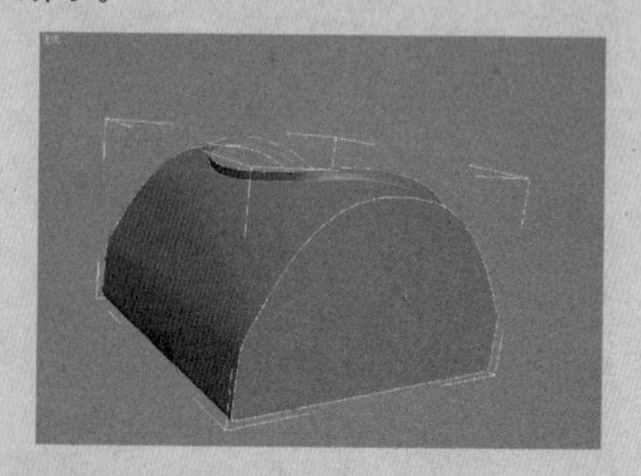

26 在“NURBS”对话框中单击“创建偏移曲线”按钮，然后在

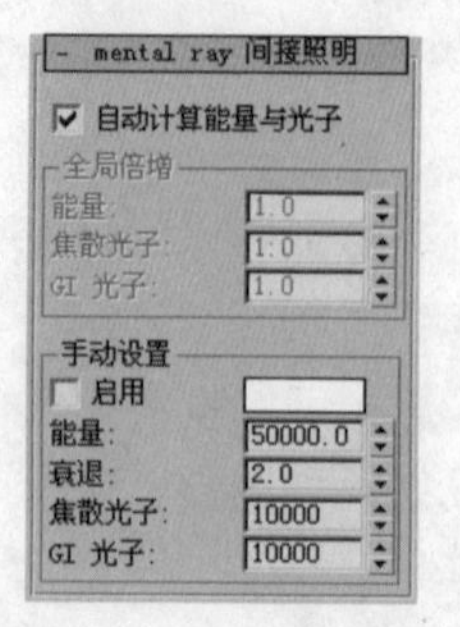

图9-10 “Mental Ray间接照明”卷展栏　图9-11 渲染场景：Mental Ray 渲染器

在“渲染场景：Mental Ray渲染器”对话框中，切换到“间接照明”选项卡，在选项卡中的“焦散和全局照明（GI）”卷展栏中的“全局照明”选项区域中勾选“启用”复选框，可以对灯光进行全局照明设置。这样在场景中可以更加方便地一次调整所有灯光。如果需要调整指定的灯光，可以使用能量和光子的倍增控件。

用户除了要在“渲染场景”对话框中指定的“全局照明”设置以外，在有些必要的场景中还必须设置灯光以生成“焦散”和“全局设置”。这些控件位于进行焦散物体“对象属性”对话框中的“Mental Ray”选项卡上，如图9-12所示。

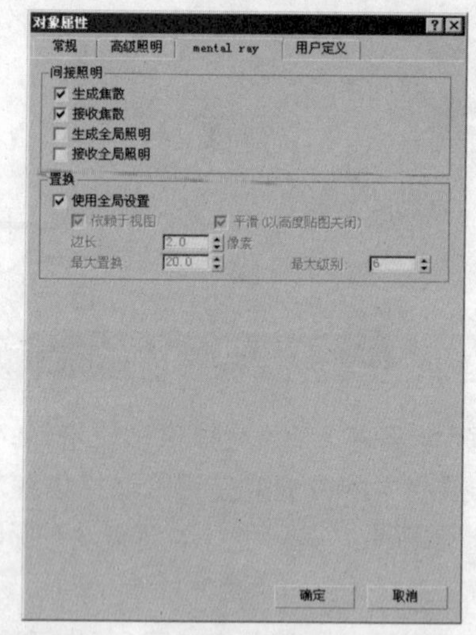

图9-12 设置物体对象焦散

设定完成之后，在“渲染场景：Mental Ray渲染器”对话框中的“间接照明”选项卡中，在“焦散和全局照明”卷展栏中的“焦散”选项区域和“全局照明”选项区域中勾选“启用”复选框，用户所设置的效果才能渲染生效。

Mental Ray渲染器各参数含义如下。

- 自动计算能量与光子：启用该选项后，灯光使用间接照明的全局灯光设置，而不使用局部设置。默认设置为启用状态。

当该选项处于启用状态时，只有“全局倍增”选项区域中的控件可用。

当该选项处于禁用状态时，“手动设置”选项区域中的设置自动开启，用户可以在“手动设置”选项区域中对其进行设置。

“全局倍增”选项区域

“全局倍增”选项区域中的控件主要用于设置全局灯光能量、焦散光子和GI光子数。

- 能量：增强全局“能量”值以增加或减少此特定灯光的能量。默认设置为1.0。
- 焦散光子：增强全局“焦散光子”值以增加或减少用此特定灯光生成焦散的光子数量。默认设置为1.0。
- GI光子：增强全局“GI光子”值以增加或减少用此特定灯光生成全局照明的光子数量。默认设置为1.0。

“手动设置”选项区域

当“自动计算能量与光子”处于禁用状态时，“全局倍增”选项区域不可用，而用于间接照明的手动设置可用。该选项区域主要用于手动设置灯光的能量及光子参数。

- 启用：当启用此选项后，灯光可以生成间接照明效果。默认设置为禁用状态。
- 过滤色：单击将弹出“颜色选择器”对话框，可以选择过滤光能的颜色。默认设置为白色。
- 能量：设置光能。能量，或称为“通量”，是间接照明中使用的光线数量。每个光子携带部分光能。该值与灯光的颜色和“倍增”决定的光强度相互独立，因此可以使用“能量”值对间接照明效果进行微调，而不会更改灯光在场景中的其他效果（例如提供漫反射照明）。默认值为50000.0。
- 衰退：当光子移离灯光光源时，指定光子能量衰退的数值。默认值为2.00。
- 焦散光子：该设置用于焦散的灯光所发射的光子数量。这是用于焦散的光子贴图中使用的光子数量。增加此值可以增加焦散的精度，但同时增加内存消耗和渲染时间。减小此值可以减少内存消耗和渲染时间，用于预览焦散效果时非常有用。默认设置为10000。
- GI光子：该设置用于全局照明的灯光所发射的光子数量。增加此值可以增加全局照明的精度，但同时增加内存消耗和渲染时间。减小此值可以减少内存消耗和渲染时间，用于预览全局照明效果时非常有用。默认设置为10000。

视图中单击并向外侧拖动“吸嘴-中”孔洞边缘的曲线，系统将自动在洞口边缘内侧创建一条偏移曲线，如下图所示。

27 在“NURBS”对话框中单击“创建U向放样曲面”按钮，然后在视图中单击创建的变换曲线和“吸嘴-中”孔洞边缘的曲线，系统将自动创建放样曲面，如下图所示。

28 在“NURBS”对话框中单击“创建挤出曲面”按钮，然后在视图中单击并拖动“吸嘴-中”孔洞边缘的曲线，在适当的位置释放鼠标；在“挤出曲面”卷展栏中将挤出的数量设置为－30，并将挤出的轴向锁定Y轴，此时圆孔边缘曲线向内挤出形成表面，如下图所示。

29 单击“NURBS”对话框中的“创建圆角曲面”按钮，然后对“吸嘴-中”突起的曲面顶部边缘和根部进行圆角处理，将“起始半径”设置为0.5，在“修改第一曲面”和“修改第二曲面”选项区域中勾选“修剪曲面”复选框，此时在圆孔的顶部出现圆角效果，如下图所示。

30 在前视图中选中“吸嘴-右”，然后单击主工具栏中的“镜像”按钮，在弹出的“镜像：屏幕坐标”对话框中选中“克隆当前选择”选项区域中的“实例”单选按钮，并以X轴为镜像轴，将“吸嘴-右”镜像到对称的一侧，并更名为“吸嘴-左”，如下图所示。

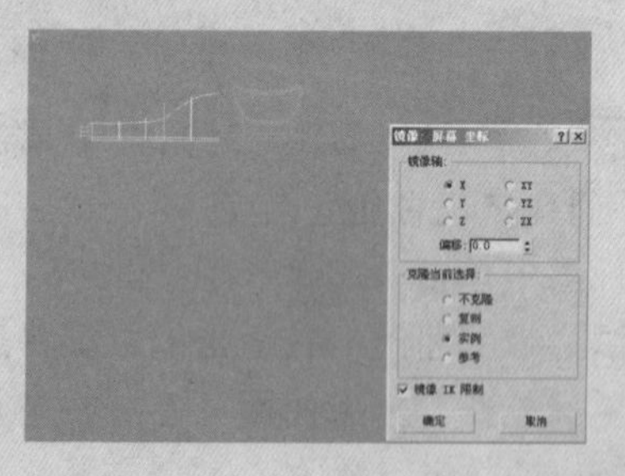

31 在“对象类型”卷展栏中单击 CV 曲线 按钮，在视图中创建一组封闭的圆形曲线，如下图所示。

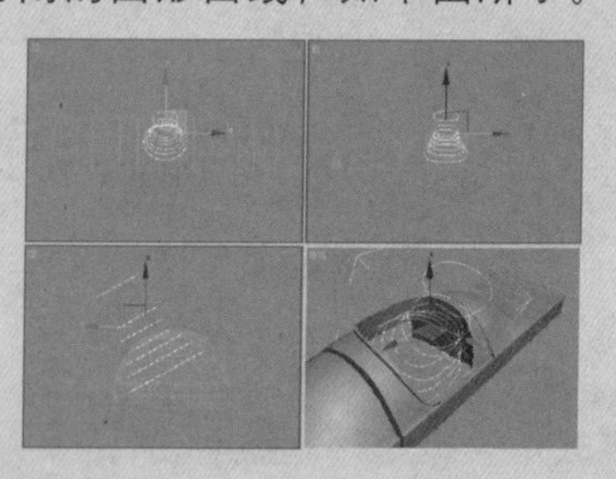

9.3 灯光

3ds Max 提供了两种主要的灯光：“标准灯光”和“光度学灯光”。综合应用这两种灯光，用户可以营造出各种效果。

9.3.1 标准灯光

“标准灯光”是基于计算机模拟灯光的对象，如家用或办公室灯、舞台和电影工作时使用的灯光设备和太阳光本身。不同种类的灯光对象可用不同的方法投射灯光，模拟不同种类的光源。与光度学灯光不同，标准灯光不具有基于物理的强度值。

目标聚光灯

“目标聚光灯”主要模拟由一点向另一目标点发射的光线，在现代家装中经常扮演筒灯的角色。当添加“目标聚光灯”时，软件将为该灯光自动指定注视控制器，灯光目标对象指定为“注视”目标。用户可以使用“运动”面板上的控制器设置，将场景中的任何其他对象指定为“注视”目标，如图9-13所示。

“目标聚光灯”的图标形状如一个喇叭形状，内部亮度稍高的一层线框范围之内为光线密集区域，而内部线框到外部的线框为光线从密集到消失的衰减过渡区域，其效果如图9-14所示。

图9-13 创建目标聚光灯

图9-14 目标聚光灯衰减效果

“目标聚光灯”创建完成之后在其“修改”命令面板中系统会添加一个“聚光灯参数”卷展栏，该卷展栏是“目标聚光灯”所特有的卷展栏，该卷展栏中提供了控制“目标聚光灯”的一些特有的控件。

自由聚光灯

“自由聚光灯”和“目标聚光灯”基本上相同，只是在创建时“自由聚光灯”是纵向创建，“目标聚光灯”是横向创建，“自由聚光灯”比“目标聚光灯”少了一个灯光的目标点，其对比如图9-15所示。

自由聚光灯

目标聚光灯

图9-15 “自由聚光灯”和“目标聚光灯”的对比

目标平行光

当太阳在地球表面上投射（适用于所有实践）时，所有平行光以一个方向投射平行光线。平行光主要用于模拟太阳光。

“目标平行光”依据目标对象的指向分布平行灯光光线。由于平行光线是平行的，所以平行光线呈圆形或矩形棱柱而不是圆锥体，如图9-16所示。

图9-16 目标平行光

当添加“目标平行光”时，软件将自动为该灯光指定注视控制器，灯光目标对象指定为“目标”对象。用户可以使用“运动”面板上的控制器设置将场景中的任何其他对象指定为“注视”目标。

Mental Ray渲染器认为所有的平行光都来自于无穷远，所以3ds Max场景中在直接灯光对象后面的对象也会被照明。另外，使用Mental Ray渲染器，平行光不能生成区域阴影，而且也不使用光束明暗器。

在“修改”命令面板中，系统会给该灯光添加一个“平行光参数”卷展栏，以供用户对“平行光”进行设置。

32 在“NURBS”对话框中单击“创建U向放样曲面”按钮，然后在视图中单击上一步创建的一组曲线，系统将自动创建放样曲面，将放样后的对象命名为“吸管”，如下图所示。

制作主体

01 在顶视图中创建一个“半径”为200的球体，然后右击视图，在弹出的菜单中选择“转换为>转换为NURBS”命令，如下图所示。

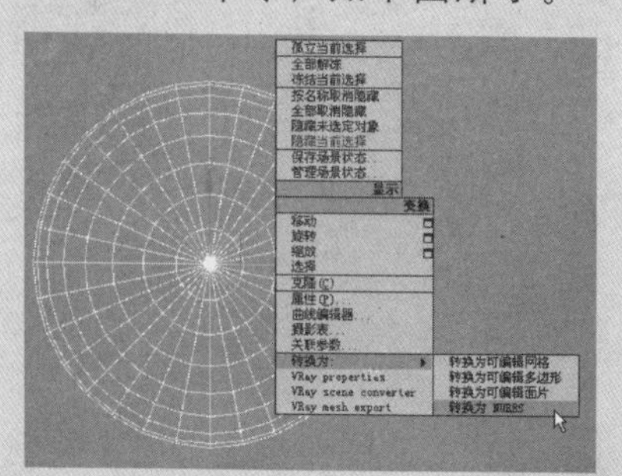

02 单击主工具栏中的“选择并旋转”按钮，然后右击该按钮，在弹出的“旋转变换输入”对话框中的“绝对：世界”选项区域中X轴右侧的数值框中输入-90，如下图所示。

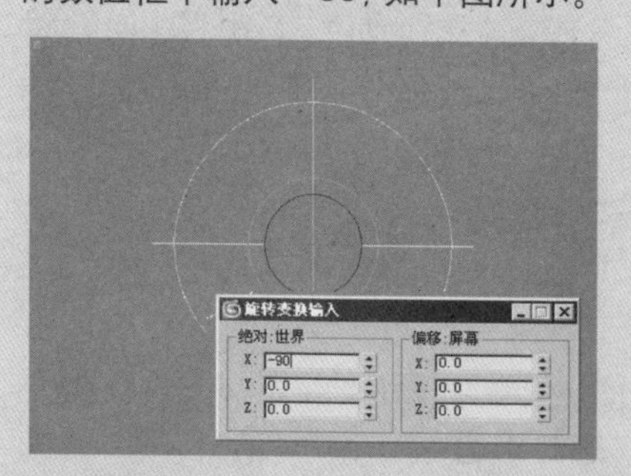

03 在“修改”命令面板中的“修改器列表”下拉列表中选择FFD 4×4×4修改器，按数字键1切换到“控制点”层次，然后调整控制点使球体变成椭圆形，如下图所示。

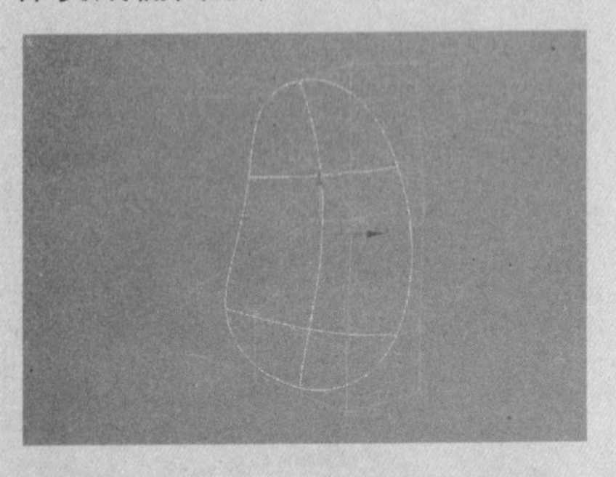

04 右击前视图，然后在该视图中继续调整自由变形修改器的控制点，使球体在顶部形成流线型，如下图所示。

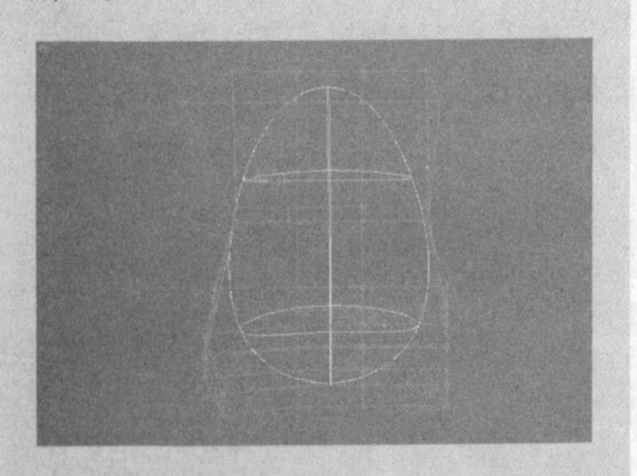

05 单击主工具栏中的“选择并旋转”按钮，然后将球体逆时针旋转42°，如下图所示。

06 在“对象类型”卷展栏中单击 CV 曲线 按钮，在左视图中创建一条L形曲线，如下图所示。

自由平行光

“自由平行光”和“目标平行光”基本相同，只是在创建时“自由平行光”是纵向创建，“目标平行光”是横向拖动创建，“自由平行光”比“目标平行光”少了一个灯光的目标点，其对比如图9-17所示。

自由平行光

目标平行光

图9-17 “自由平行光”和“目标平行光”的对比

泛光灯

“泛光灯”从单个光源向各个方向投射光线。“泛光灯”在一般情况下用作“辅助照明”被添加到场景中，或模拟点光源。

泛光灯可以投射阴影。单个投射阴影的泛光灯等同于6个投射阴影的聚光灯，从中心指向外侧。

泛光灯图标如图9-18所示。

“泛光灯”光线以光源为中心向四周散射，其效果如图9-19所示。

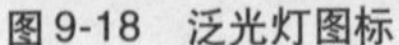

图9-18 泛光灯图标

图9-19 泛光灯效果

天光

“天光”灯光主要用来模拟自然天光的效果。运用该灯光用户可以设置天空的颜色或将其指定为贴图。

在创建“天光”灯光时不需要考虑“天光”的摆放位置，只需要将灯光摆放到场景中该“天光”灯光就会生效。

在“天光”的“修改”命令面板中，系统提供了“天光参数”卷展供用户进行设置，如图9-20所示。

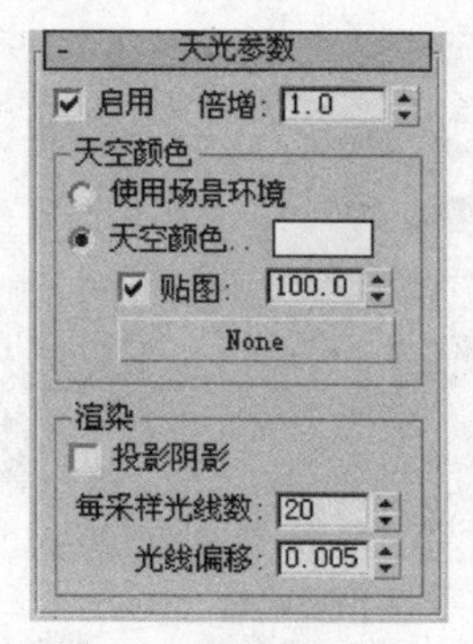

图 9-20 天光设置参数

- 启用：用来启用和禁用灯光。当“启用”选项处于启用状态时，系统就会使用灯光着色和渲染以照亮场景。当该选项处于禁用状态时，进行着色或渲染时不使用该灯光。默认设置为启用。
- 倍增：将灯光的功率显示为数量值。

使用该参数可以增加强度，使颜色看起来有“烧坏”的效果。它也可以生成颜色，该颜色不可用于视频中。通常，将“倍增”值设置为其默认值 1.0，特殊效果和特殊情况除外。

（1）“天空颜色”选项区域

该选项区域用于设置天空颜色。

- 使用场景环境：该选项使用“环境”面板上的环境设置的灯光颜色。 除非光跟踪处于活动状态，否则该设置无效。
- 天空颜色：单击该色样图标可弹出“颜色选择器”对话框，并指定为天光颜色。
- 贴图：可以使用贴图影响天光颜色。贴图按钮指定贴图，切换设置贴图是否处于激活状态，贴图数值框用来设置要使用的贴图的百分比（当值小于 100% 时，贴图颜色与天空颜色混合）。用户要获得最佳效果，请使用 HDR 贴图文件照明。该效果只有在光线跟踪处于活动状态下才有效。

（2）“渲染”选项区域

该选项区域主要用于设置渲染精度及渲染采样值。当渲染器没有设置为“默认扫描线”渲染器和“光跟踪器”模式时，“渲染”选项区域中的这些控件不可用。

- “投影阴影”：使天光投射阴影。默认设置为禁用状态。使用投影效果如图 9-21所示。

07 在“修改”命令面板中的“常规”卷展栏中单击“NURBS 创建工具箱”按钮，在弹出的“NURBS”对话框中单击“创建车削曲面”按钮，然后在视图中单击上一步创建的曲线，系统将自动创建旋转曲面，如下图所示。

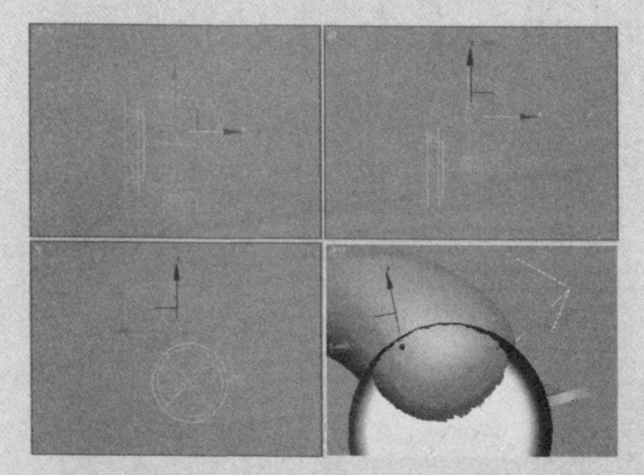

08 在顶视图中选中旋转曲面，然后单击主工具栏中的“镜像”按钮，在弹出的“镜像：屏幕坐标”对话框中选中“克隆当前选择”选项区域中的“复制”单选按钮，并以X轴为镜像轴，将该对象镜像到对称的一侧，如下图所示。

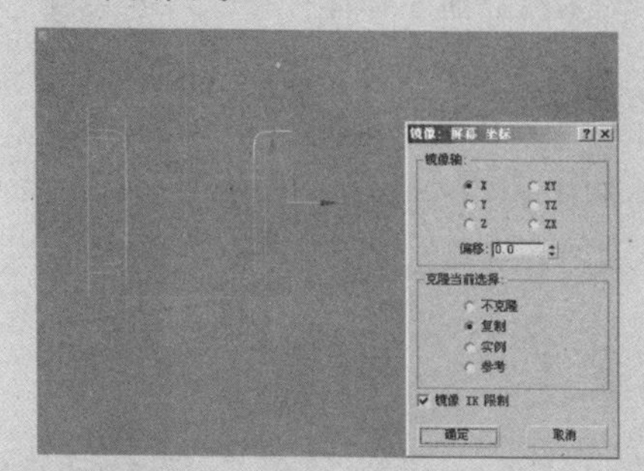

09 将两个旋转后的曲面“附加”到球体上，单击“NURBS”对话框

中的“创建曲面-曲面相交曲线”按钮，然后在视图中单击球体和附加后的一个曲面，在“修改”命令面板中的“曲面-曲面相交曲线”卷展栏中的“修剪控制”选项区域中勾选“修剪1”、“翻转剪切1”和“修剪2”复选框，对球体表面进行修剪，使用同样的方法对另外一侧进行处理，如下图所示。

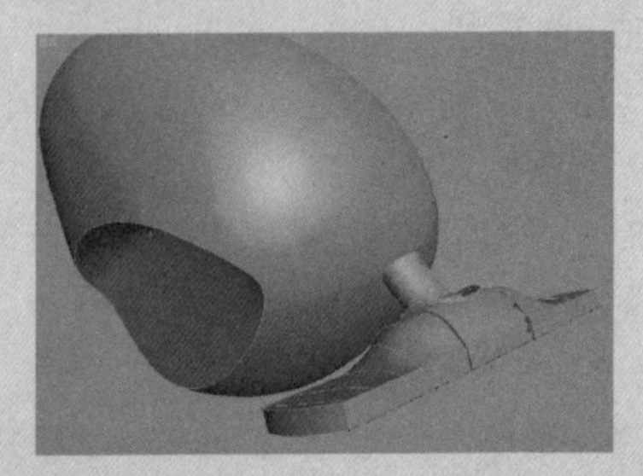

⑩ 单击“NURBS”对话框中的“创建圆角曲面”按钮，然后对球体修剪后的曲面边缘进行圆角处理，“起始半径”设置为20，如下图所示。

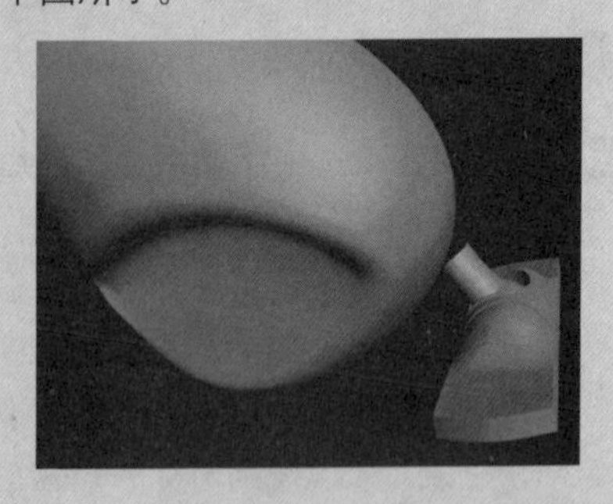

⑪ 孤立显示球体，在“对象类型”卷展栏中单击 CV曲线 按钮，在左视图中创建吸尘器车轮的截面曲线，如下图所示。

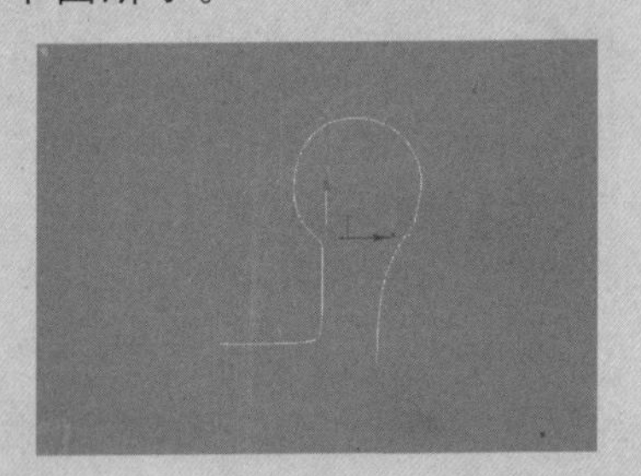

图9-21　天光投影效果

- 每采样光线数：用于计算落在场景中指定点上天光的光线数。对于动画，应将该选项设置为较高的值可消除动画闪烁。在一般情况下值为30左右应该可以消除闪烁。其对比如图9-22所示。增加光线数可提高图像的质量，但是会增加渲染时间。

每采样光线数为3

每采样光线数为10

图9-22　采样效果对比

- “光线偏移”：对象可以在场景中指定点上投射阴影的最短距离。将该值设置为0可以使该点在自身上投射阴影，并且将该值设置为大的值可以防止点附近的对象在该点上投射阴影。

MR区域泛光灯

当使用“Mental Ray渲染器”渲染场景时，“MR区域泛光灯”从球体或圆柱体体积发射光线，而不是从点源发射光线，如图9-23所示。

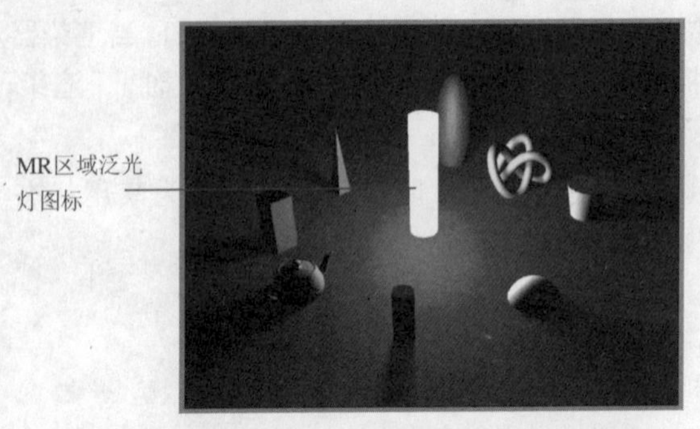

图9-23　Mental Ray区域泛光灯效果

使用默认的扫描线渲染器，区域泛光灯像其他标准的泛光灯一样发射光线。“MR区域泛光灯”只有在使用Mental Ray渲染器渲染场景时，其“区域灯光参数”卷展栏中的控件才能应用。

MR区域聚光灯

“MR区域聚光灯”和“MR区域泛灯光”的用法相同，都是从矩形或碟形区域发射光线，而不是从点源发射光线。使用默认的扫描线渲染器，区域聚光灯像其他标准的聚光灯一样发射光线。

9.3.2 光度学灯光

“光度学灯光”使用光度学（光能）值，使用户可以更精确地定义灯光，就像在真实世界一样。用户可以设置它们分布、强度、色温和其他真实世界灯光的特性。也可以导入照明制造商的特定光度学文件以便设计基于商用灯光的照明。

将光度学灯光经常与光能传递解决方案结合起来，可以生成物理精确的渲染或执行照明分析。

由于该灯光采用光度学进行计算，经常被设计师们应用到光能传递场景中和LS模型中进行光能计算渲染场景。

目标点光源

光度学中的“目标点光源”像标准的“泛光灯”一样从几何体点发射光线。可以设置灯光分布，该灯光有3种类型的分布，“Web”、“等相”和“聚光灯”，其图标对比如图9-24所示。

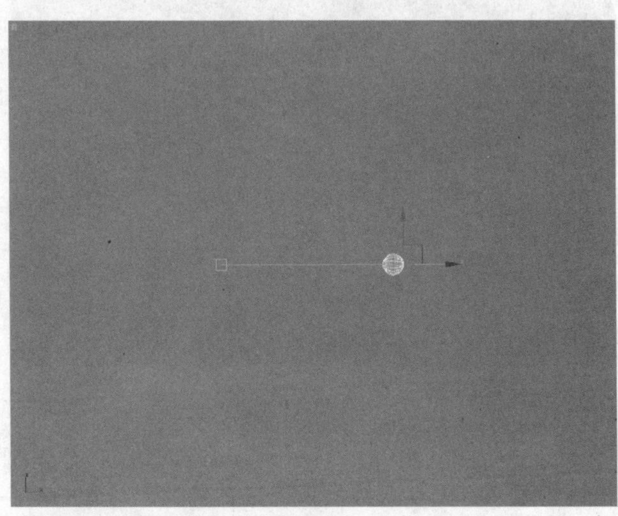

光域网分布

⑫ 在“修改”命令面板中的“常规”卷展栏中单击“NURBS创建工具箱”按钮，在弹出的“NURBS”对话框中单击“创建车削曲面”按钮，然后在视图中单击上一步创建的曲线，系统将自动创建旋转曲面，将该子对象命名为“轮胎-左”，如下图所示。

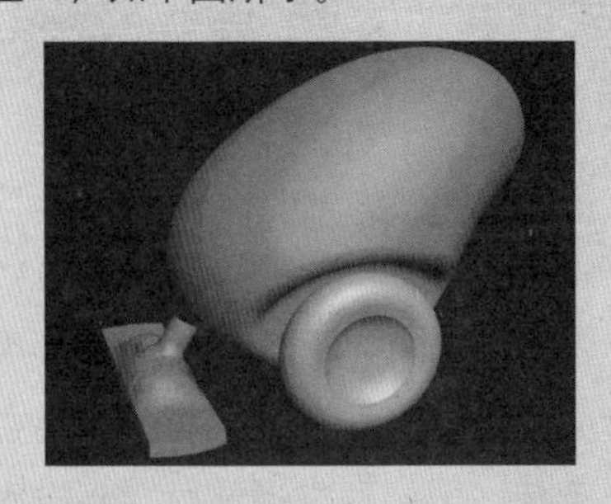

⑬ 右击顶视图，然后单击主工具栏中的“镜像”按钮，在弹出的“镜像：屏幕坐标”对话框中选中“克隆当前选择”选项区域中的“复制”单选按钮，并以X轴为镜像轴，将该对象镜像到对称的一侧，并将镜像后的对象命名为“轮胎-右”，如下图所示。

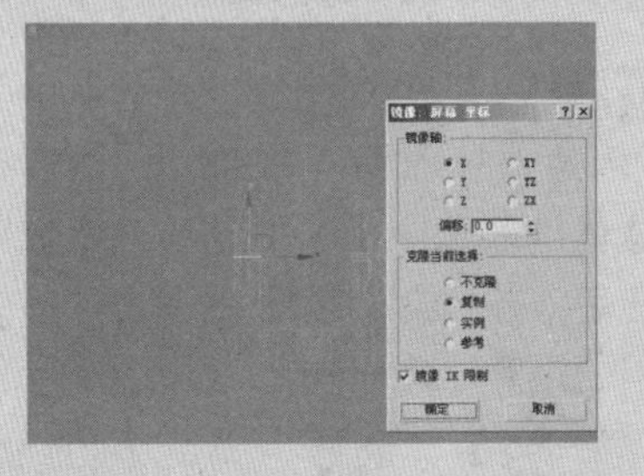

⑭ 在修改器堆栈中单击“曲面”层次，在“曲面公用”卷展栏中单击 断开列 按钮，然后在轮胎和轮毂的交界位置单击，如下图所示。

⑮ 选中“轮胎-右”中部的表面，然后单击“曲面公用”卷展栏中的 分离 按钮，在弹出的“分离”对话框中将分离后的对象命名为“轮毂-右”，如下图所示。

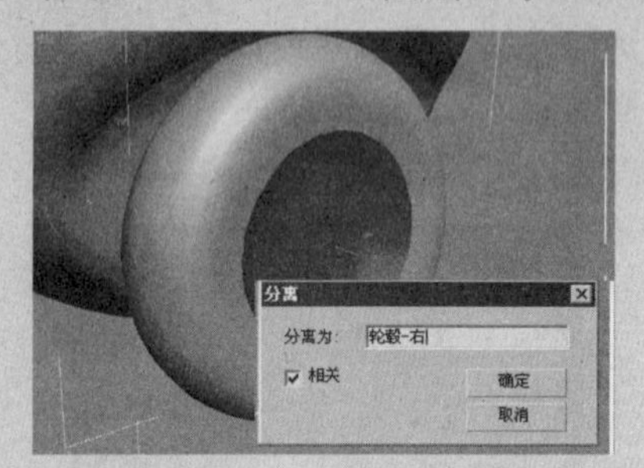

⑯ 单击“NURBS”对话框中的“创建曲面上的CV曲线”按钮，然后在“手柄”的表面上创建一条封闭曲线，如下图所示。

⑰ 单击“NURBS”对话框中的“创建偏移曲面”按钮，然后在球体的表面上单击并拖动，释放鼠标后，在“偏移曲面”卷展栏中将偏移的距离设置为-15，如下图所示。

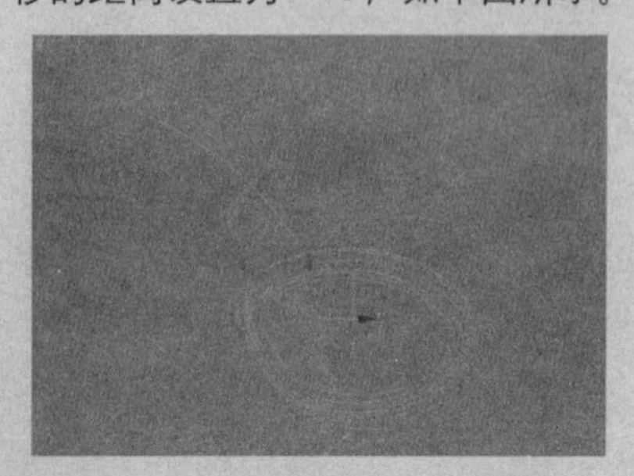

⑱ 单击“NURBS”对话框中的“创建法向投影曲线”按钮，然后单击球体的表面上创建的封闭曲线

等向

聚光灯

图9-24 “目标点光源”3种分布类型

当添加“目标点光源”时，3ds Max 将自动为其指定注视控制器，灯光目标对象指定为“注视”目标。用户可以使用“运动”面板上的控制器设置，将场景中的任何其他对象指定为“注视”目标。

当重命名“目标点光源”时，目标将自动重命名以与之相匹配。

自由点光源

“自由点光源”像标准的“泛光灯”一样从几何体点发射光线。可以设置灯光分布，该灯光也有“Web”、“等相”和“聚光灯”3种分布类型，并对以相应的图标。自由点灯光没有目标对象。用户可以使用变换以指向灯光，如图9-25所示。

图9-25 自由点光源

目标线光源

“目标线光源”灯光从直线发射光线，像荧光灯管一样。用户可以设置灯光分布，此灯光有两种类型的分布，并对以相应的图标。目标线性光源使用目标对象指向灯光，其图标如图9-26所示。

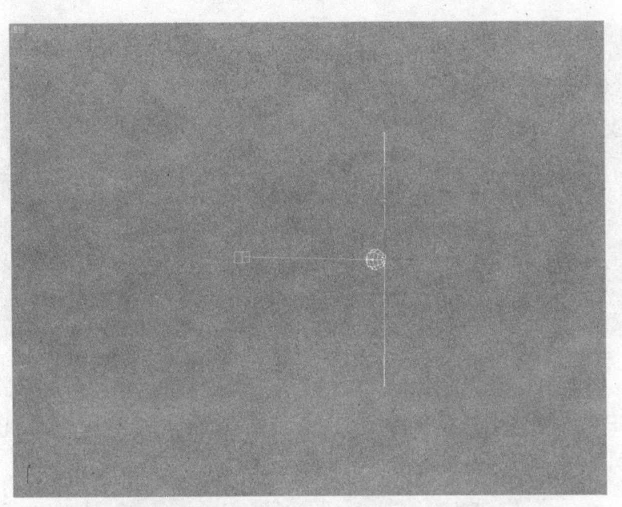

图9-26 目标线光源图标

自由线光源

“自由线光源”灯光也是从直线发射光线，像荧光灯管一样。用户可以设置灯光分布。自由线性灯光没有目标对象。用户可以使用变换以指向灯光，其图标如图9-27所示。

图9-27 自由线光源图标

目标面光源

“目标面光源”灯光像“天光”一样从矩形区域发射光线。用户可以设置灯光分布。目标区域灯光使用目标对象控制灯光指向，其图标如图9-28所示。

面光源有一个缺点，当一个“面光源”覆盖面太大时，其光源照明光线分布将不再是均匀的，而是在“面光源”的4个角落不均匀分布，如图9-29所示。

和球体表面；在“法向投影曲线”卷展栏中勾选“修剪”和“翻转修剪”复选框，此时球体表面封闭曲线的表面被修剪掉，如下图所示。

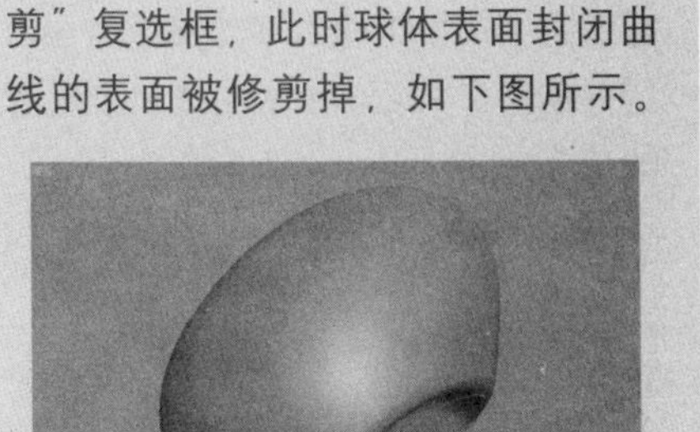

19 在“NURBS”对话框中单击“创建挤出曲面”按钮，在视图中单击并拖动球体孔洞边缘的曲线，在适当的位置释放鼠标；在“挤出曲面”卷展栏中将挤出的数量设置为-15，并将挤出的轴向锁定X轴，此时圆孔边缘曲线向内挤出形成表面，如下图所示。

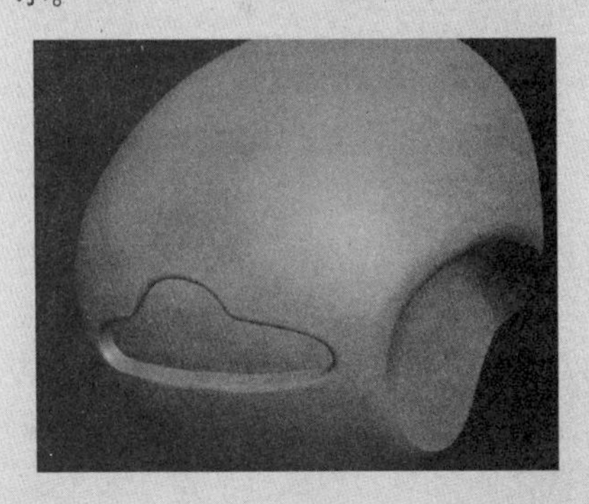

20 单击“NURBS”对话框中的“创建曲面上的CV曲线”按钮，然后在球体的凹陷表面上创建一条圆形封闭曲线，如下图所示。

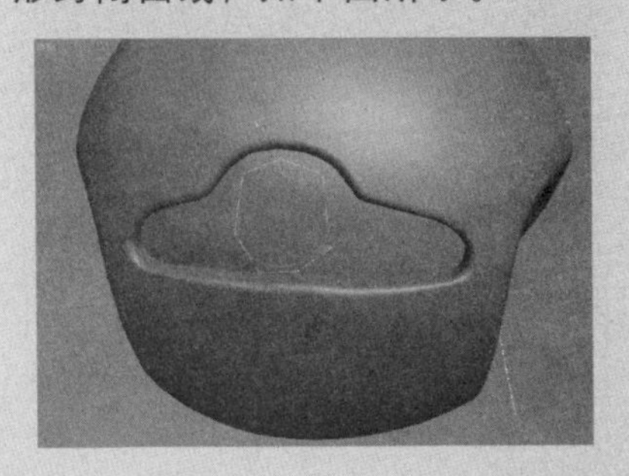

㉑ 单击“NURBS”对话框中的“创建变换曲线”按钮，然后在左视图中单击并向右下方拖动上一步创建的球体表面的CV曲线，在适当的位置释放鼠标，如下图所示。

㉒ 单击主工具栏中的“选择并均匀缩放”按钮，将创建的变换曲线缩小一点，如下图所示。

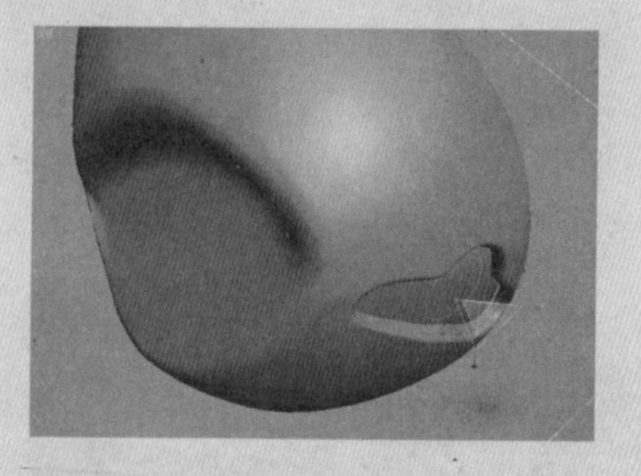

㉓ 在“NURBS”对话框中单击“创建U向放样曲面”按钮，然后在视图中单击创建的变换曲线和球体上的CV曲线，系统将在这两条曲线之间自动创建放样曲面，如下图所示。

㉔ 单击“NURBS”对话框中的“创建圆角曲面”按钮，然后对上一步

图9-28 目标面光源图标

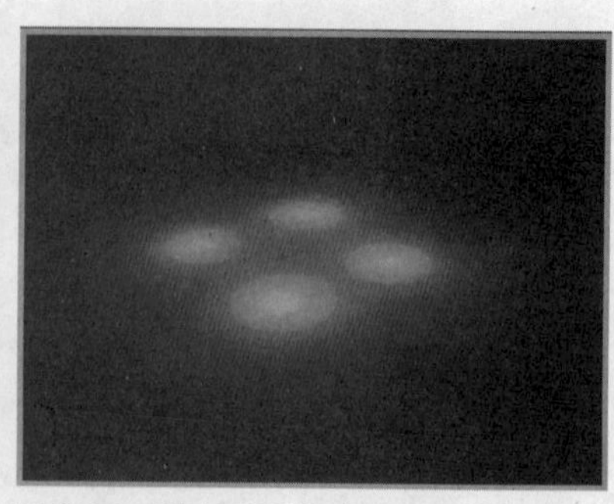

图9-29 过大面光源

用户如果想创建覆盖面较广的“面光源”时，用“面光源”排列创建可解决该问题，如图9-30所示。

图9-30 运用光源阵列

自由面光源

“自由面光源”灯光也是从矩形区域发射光线，和“目标面光源”相同。只是“自由面光源”灯光没有目标对象。用户可以使用变换以指向灯光，其图标如图9-31所示。

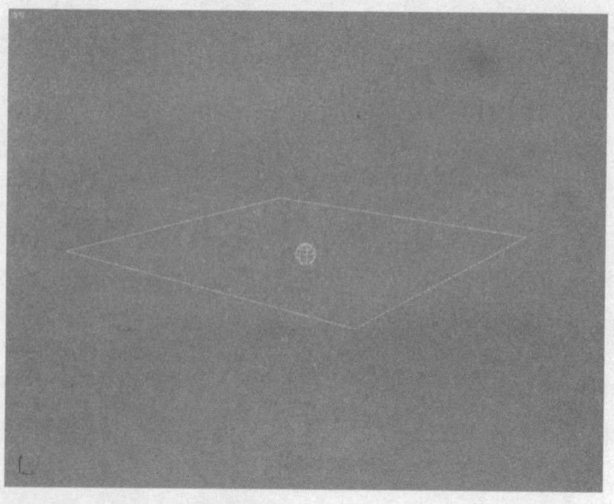

图9-31 自由面光源图标

IES太阳光

“IES 太阳光”是模拟太阳光的基于物理的灯光对象。当与日光系统配合使用时，将根据地理位置、时间和日期自动设置 IES 太阳的值。

“Mental Ray 渲染器”给出 IES 太阳的精确物理效果，而使用该渲染器进行的渲染与使用默认扫描线渲染器进行渲染相同。不需要启用从 IES 太阳到渲染的灯光的“最终聚集”。

“IES 太阳光”图标如图 9-32 所示。

图 9-32 IES 太阳光图标

IES天光

“IES 天光”是基于物理性质的灯光对象，该灯光对象和标准灯光中的“天光”相似，都是模拟天光的大气效果，其图标如图 9-33 所示。

图 9-33 IES 天光图标

创建的放样曲面的根部进行圆角处理，将“起始半径”设置为30，如下图所示。

㉕ 单击“NURBS”对话框中的“创建偏移曲线”按钮，然后对球体前部的孔洞边缘曲线向内侧进行偏移，距离为 2，如下图所示。

㉖ 在“NURBS”对话框中单击“创建 U 向放样曲面”按钮，然后在视图中单击偏移后的曲线和原始曲线，系统将在这两条曲线之间自动创建放样曲面，如下图所示。

㉗ 在“NURBS”对话框中单击“创建挤出曲面”按钮，然后在视图中单击并拖动球体前端孔洞边缘

的曲线，在适当的位置释放鼠标；在“挤出曲面”卷展栏中将挤出的数量设置为-30，并将挤出的轴向锁定X轴，此时圆孔边缘曲线向内挤出形成表面，如下图所示。

28 单击“NURBS”对话框中的“创建圆角曲面”按钮，然后对球体前端孔洞顶部的边缘曲面进行圆角处理，“起始半径”设置为0.5，如下图所示。

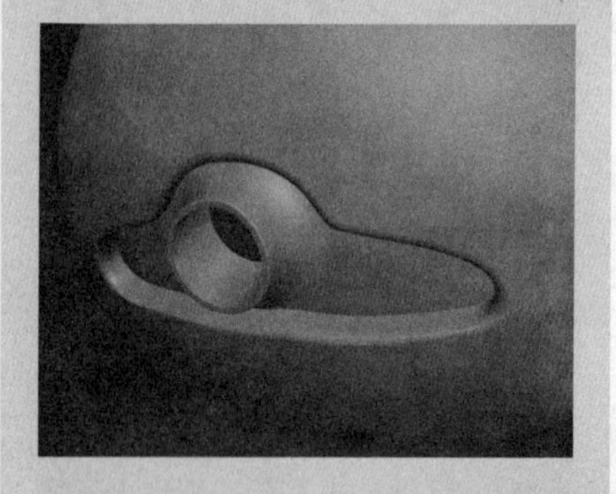

29 退出视图的孤立显示状态，然后按Shift+Q组合键渲染透视图，效果如下图所示。

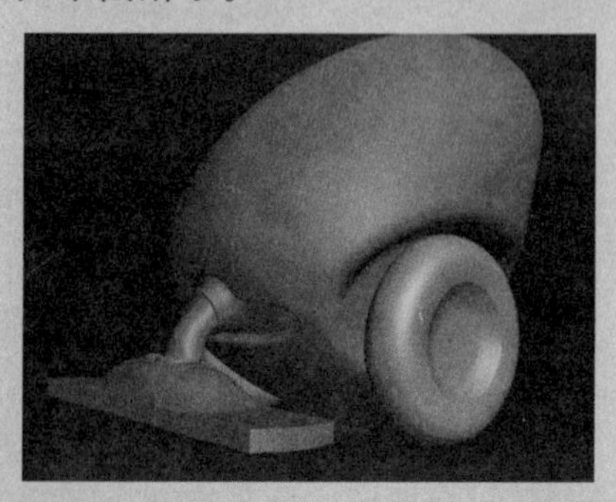

9.4 摄影机

摄影机从特定的观察点表现场景。摄影机主要用来表现场景中的静止图像、运动图片和视频摄影机。

使用摄影机视口可以调整摄影机，就好像用户正在通过其镜头进行观看。摄影机视口对于编辑几何体和设置渲染的场景非常有用。多个摄影机可以提供相同场景的不同视图。

摄影机包含两种类型对象：“目标摄影机”和“自由摄影机”。

摄影机的创建和灯光的创建方法类似，在“创建”命令面板中单击“摄影机”按钮，在“对象类型”卷展栏中选择所要创建的摄影机在视图中进行创建。目标摄影机要在视图中拖动鼠标进行摄影机视点和目标点的设置，而自由摄影机只需要在适当的视图中单击鼠标就可以进行创建。

9.4.1 目标摄影机

“目标摄影机”主要用来查看目标对象周围的区域。创建目标摄影机时，3ds Max 将自动为该摄影机指定注视控制器，用户会看到两个图标，一个图标表示摄影机一个图标表示其目标（一个小方框），如图9-34所示。目标可以分别设置动画，以便当摄影机不沿路径移动时，容易使用摄影机。

图9-34 摄影机图标

“目标摄影机”的创建方法是，在“创建”命令面板中单击“摄影机”按钮，在“对象类型”卷展栏中单击 目标 按钮，在视图中拖曳进行“摄影机”的创建。

当创建摄影机时，“目标摄影机”沿着放置的目标图标“查看”场景区域。“目标摄影机”比“自由摄影机”更容易定向，因为用户只需将目标对象定位在用户所需要查看场景位置的中心即可。

用户可以设置“目标摄影机”及其目标的动画来创建有趣的效果。要沿着路径设置目标和摄影机的动画，最好将它们链接到虚拟对象上，然后设置虚拟对象的动画，摄影机就会跟随虚拟对象进行运动，如图9-35所示。

图9-35 用虚拟对象控制摄影机

按快捷键C可以切换到摄影机视图，也可以将光标移动到视图的左上角位置，执行右键快捷菜单中的“视图> Camera 01”命令可切换到摄影机视图。

9.4.2 自由摄影机

“自由摄影机”在摄影机指向的方向查看场景区域。与“目标摄影机”不同的是，“目标摄影机”有两个用于目标和摄影机的独立图标，自由摄影机由单个摄影机图标表示，可以让用户更轻松地设置动画。并且“自由摄影机”可以不受限制地移动和定向。“自由摄影机”图标如图9-36所示。

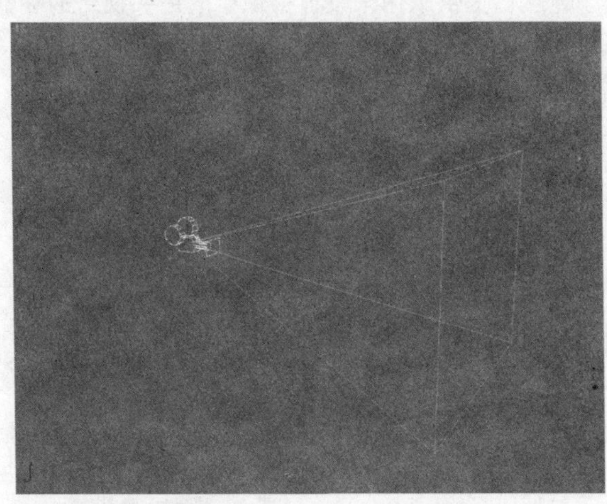

图9-36 自由摄影机

30 单击“NURBS”对话框中的“创建曲面上的CV曲线”按钮，然后在球体的表面上创建一条圆形封闭曲线，如下图所示。

31 单击“NURBS”对话框中的“创建法向投影曲线”按钮，然后单击球体的表面上创建的封闭曲线和球体表面；在“法向投影曲线”卷展栏中勾选“修剪”和“翻转修剪”复选框，此时球体表面封闭曲线的表面被修剪掉，如下图所示。

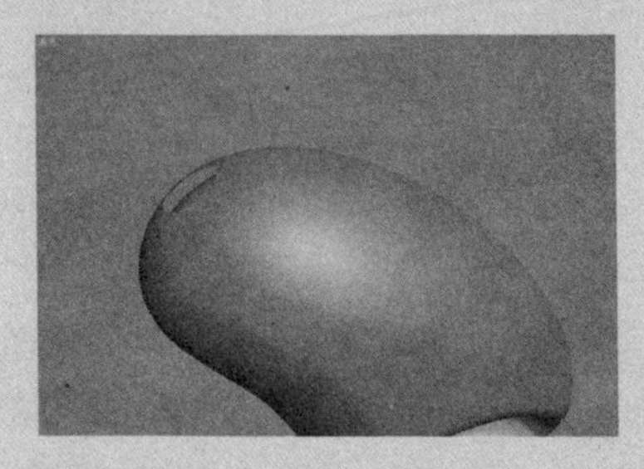

32 在“NURBS”对话框中单击“创建挤出曲面”按钮，然后在视图中单击并拖动球体末端孔洞边缘的曲线，在适当的位置释放鼠标；在“挤出曲面”卷展栏中将挤出的数量设置为-15，并将挤出的轴向锁定X轴，此时圆孔边缘曲线向内挤出形成表面，如下图所示。

33 单击“NURBS”对话框中的“创建圆角曲面”按钮，然后对球体末端孔洞顶部的边缘进行圆角处理，“起始半径”设置为3，如下图所示。

34 单击“NURBS”对话框中的“创建曲面上的CV曲线”按钮，然后在球体的表面上创建一条圆形封闭曲线，如下图所示。

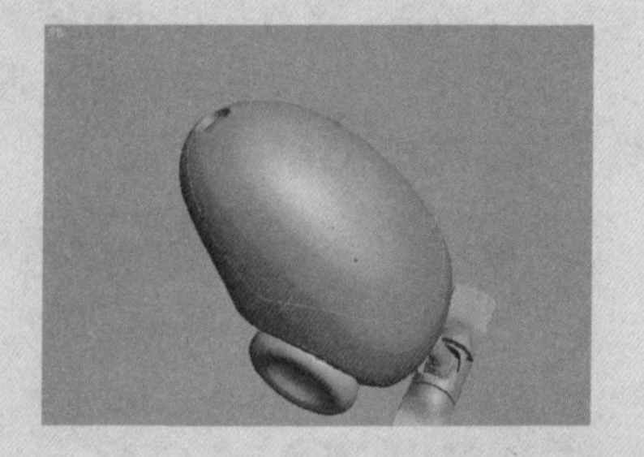

35 将球体复制一个，并将复制的球体命名为“主体01”，同时将其隐藏。单击“NURBS”对话框中的“创建法向投影曲线”按钮，然后单击球体的表面上创建的封闭曲线和球体表面；在“法向投影曲线”卷展栏中勾选“修剪”和“翻转修剪”复选框，此时球体表面封闭曲线的表面被修剪掉，如下图所示。

36 单击“NURBS”对话框中的“创建偏移曲线”按钮，然后对

当用户设置摄影机位置沿着轨迹动画时，可以使用“自由摄影机”。与穿行建筑物或将摄影机连接到运动中的物体对象上时，都可以使用“自由摄影机”。当“自由摄影机”沿着路径移动时，可以将其倾斜。

9.4.3 摄影机公用参数

创建“自由摄影机”时，如果在顶视图中创建，“自由摄影机”将使摄影机指向下方；如果在前视图中创建将使摄影机从前方指向场景。

在“透视”、“用户”、“灯光”或“摄影机”视图中创建“自由摄影机”，将使“自由摄影机”沿着“世界坐标系”的负Z轴方向指向下方。

按快捷键C可以切换到摄影机视图。

“目标摄影机”和“自由摄影机”的“修改”命令面板都包含有“参数”和“景深参数”卷展栏，其面板如图9-37所示。

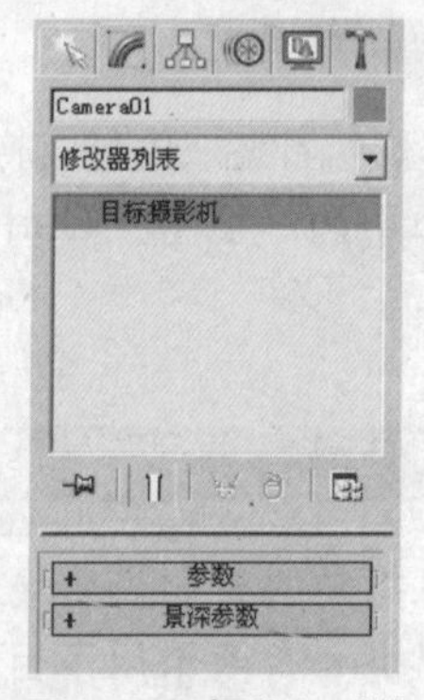

图9-37 摄像机“修改”面板

“参数”卷展栏

“参数”卷展栏提供了用来设置摄像机的镜头视野的参数控件，其面板如图9-38所示。

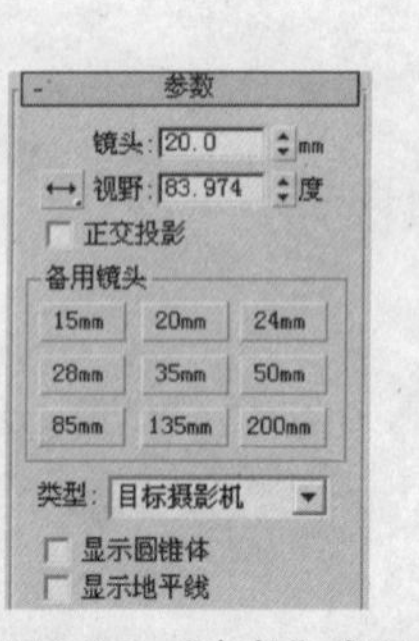

图9-38 “参数”卷展栏

- 镜头：以毫米为单位设置摄影机的焦距。使用“镜头”数值框来指定焦距值，而不是指定在“备用镜头”选项区域中按钮上的预设“备用”值，其自由度较高。
- 视野：用来决定摄影机查看区域的宽度（视野）。当“视野方向”为水平（默认设置）时，视野参数直接设置摄影机的地平线的弧形，以度为单位进行测量。
- 备用镜头：该选项区域中系统提供了多种镜头，其镜头焦距分别为15毫米、20毫米、24毫米、28毫米、35米、50毫米、85毫米、135毫米和200毫米，每种焦距的镜头在场景中的应用不同，其效果也不相同，其对比效果如图9-39所示。

15mm镜头效果

35mm镜头效果

图9-39 备用镜头对比

- 类型：将摄影机类型从“目标摄影机”更改为“自由摄影机”，反之亦然。

  当从目标摄影机切换为自由摄影机时，将丢失应用于摄影机目标的任何动画，因为目标对象已消失。
- 显示圆锥体：用来显示摄影机视野定义的锥形光线（实际上是一个四棱锥）。锥形光线出现在其他视口但是不出现在摄影机视口中。
- 显示地平线：显示地平线。在摄影机视口中的地平线层级中显示一条深灰色的直线，如图9-40所示。

图9-40 显示地平线

工业设计>
吸尘器 19

球体前部的孔洞边缘曲线向内侧进行偏移，距离为1，如下图所示。

37 在修改器堆栈中单击“曲线”层次，在视图中选中偏移后的曲线，然后在“曲线公用”卷展栏中单击 转化曲线 按钮，将曲线转化为CV曲线，如下图所示。

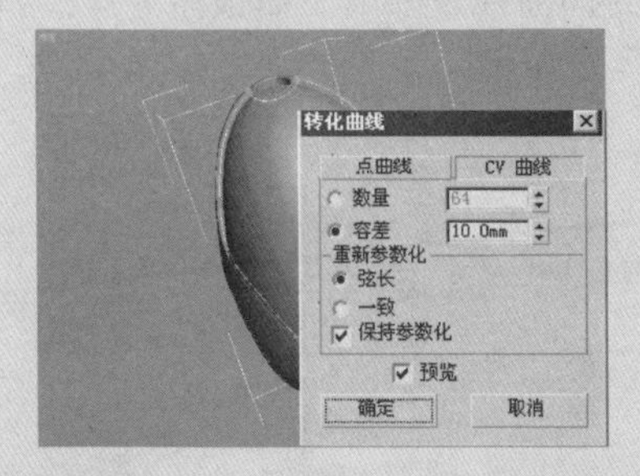

38 从转化后的曲线可以看出该曲线在曲率较大的区域出现了自相交现象，删除不必要的CV控制点，使曲线光滑一些，如下图所示。

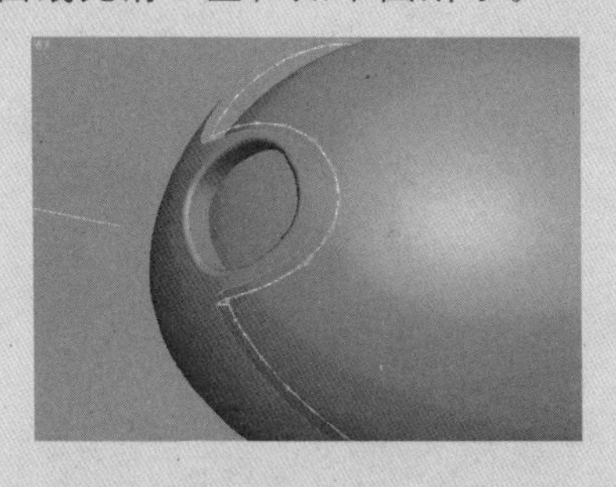

39 在“NURBS”对话框中单击“创建U向放样曲面”按钮，然后在视图中单击偏移后的原始曲线和原始曲线，系统将在这两条曲线之间自动创建放样曲面，将球体命名为“主体”，如下图所示。

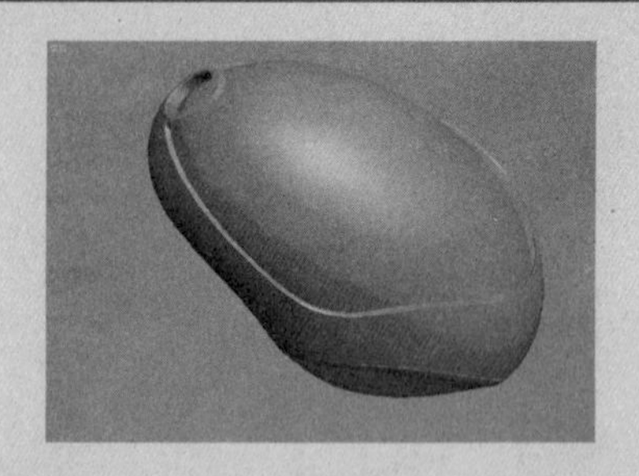

40 显示隐藏的"主体01"并孤立显示它，单击"NURBS"对话框中的"创建法向投影曲线"按钮，然后单击"主体"的表面上创建的封闭曲线和球体表面；在"法向投影曲线"卷展栏中勾选"修剪"复选框，此时"主体"表面封闭曲线以外的表面被修剪掉，如下图所示。

41 单击"NURBS"对话框中的"创建变换曲线"按钮，然后在左视图中单击并向右下方拖动"主体01"边缘的曲线，在适当的位置释放鼠标，如下图所示。

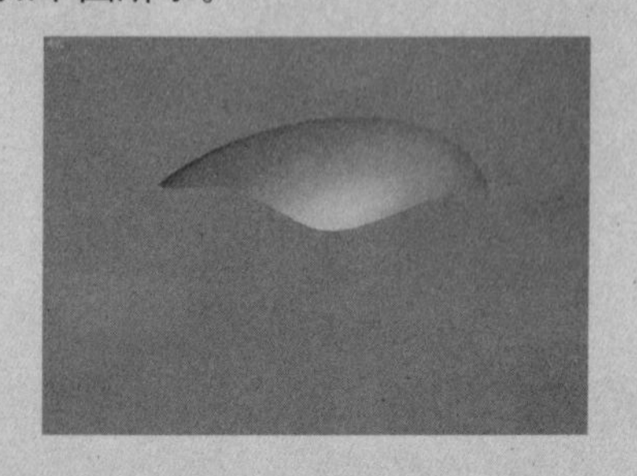

42 在修改器堆栈中单击"曲线"层次，在视图中选中偏移后的曲线，然后在"曲线公用"卷展栏中单击 转化曲线 按钮，将曲线转化为CV曲线，如下图所示。

- 近距范围和远距范围：确定在"环境"面板上设置大气效果的近距范围和远距范围限制。在两个限制之间的对象消失在远端百分比和近端百分比值之间。
- 显示：显示在摄影机锥形光线内的矩形，以显示"近距范围"和"远距范围"的设置。
- 手动剪切：启用该选项可定义剪切平面。
- 近距剪切和远距剪切：设置近距和远距平面。对于摄影机，比近距剪切平面近或比远距剪切平面远的对象是不可视的。"远距剪切"值的限制为10到32的幂之间。启用"手动剪切"后，"近距剪切"平面可以接近摄影机0.1个单位。"近距剪切"平面和"远距剪切"平面的示意图像如图9-41所示。

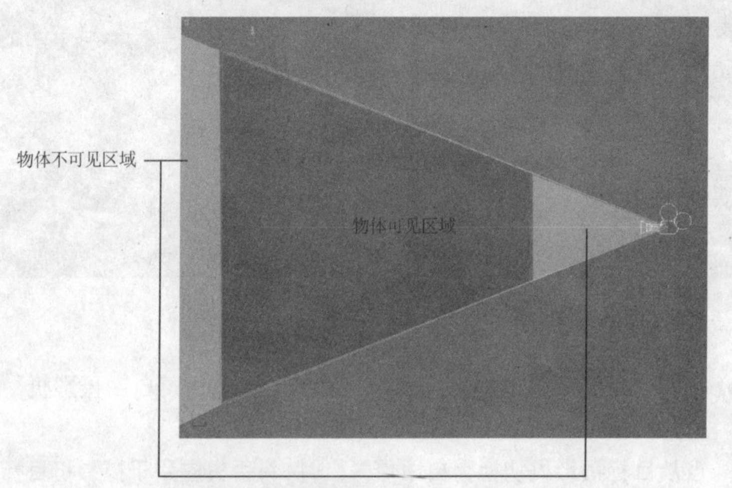

图9-41 切面示意图

"多过程效果"选项区域可以指定摄影机的景深或运动模糊效果。当"由摄影机"生成时，通过使用偏移以多个通道渲染场景，这些效果将生成模糊。它们通常会增加渲染的时间。"景深"和"运动模糊"效果相互排斥。由于它们基于多个渲染 通道，将它们同时应用于同一个摄影机会使速度慢得惊人。如果想在同一个场景中同时应用"景深"和"运动模糊"，则使用多通道景深（使用这些摄影机参数）并将其与对象运动模糊组合使用。

- 启用：启用该按钮后，使用效果预览或渲染。禁用该选项后，不渲染该效果。
- "预览"按钮：单击该按钮可在活动摄影机视口中预览效果。如果活动视口不是摄影机视图，则该按钮无效。
- 效果下拉列表：使用该选项可以选择生成哪个多重过滤效果。默认设置为"景深"，效果如图9-42所示。

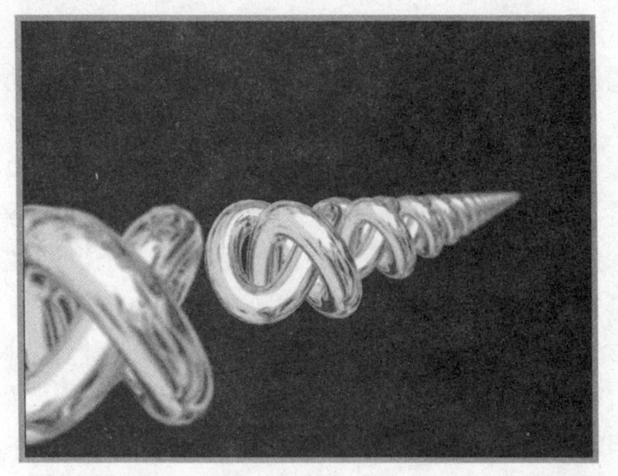

图9-42 默认“景深”效果

“景深 (Mental Ray)”只在使用 Mental Ray 渲染器时，“景深”效果才生效。

- 渲染每过程效果：启用该选项后，如果指定任何一个，则将渲染效果应用于多重过滤效果的每个过程（景深或运动模糊）。禁用此选项后，将在生成多重过滤效果的通道之后只应用渲染效果。默认设置为禁用状态。
- 目标距离：使用“自由摄影机”，将点设置用作不可见的目标，以便可以围绕该点旋转摄影机。使用“目标摄影机”，表示摄影机和其目标之间的距离。

“景深参数”卷展栏

“景深参数”卷展栏中提供的各种控件可供用户调节摄影机的景深效果，如图9-43所示。

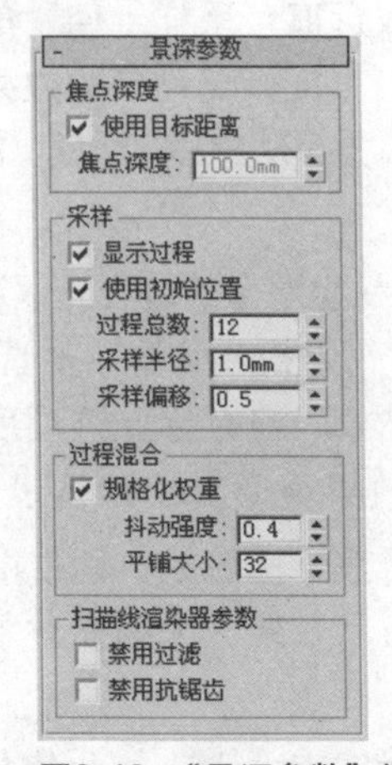

图9-43 “景深参数”卷展栏

- 使用目标距离：启用该选项后，将摄影机的目标距离用作每过程偏移摄影机的点。禁用该选项后，使用“焦点深度”值偏移摄影机。默认设置为启用。

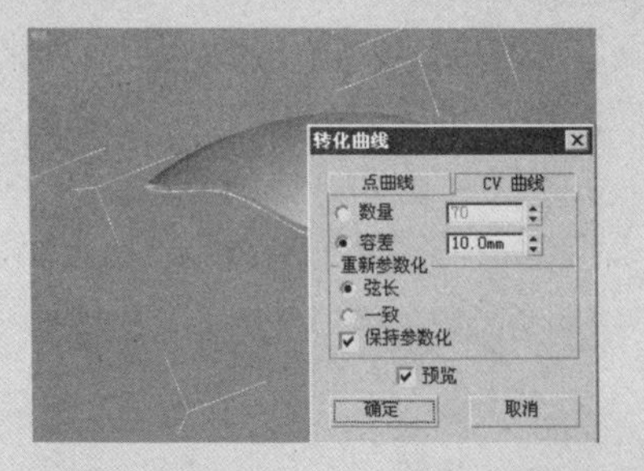

43 调整变换曲线的CV控制点，使其两端在长度方向上比原曲线略短一些，如下图所示。

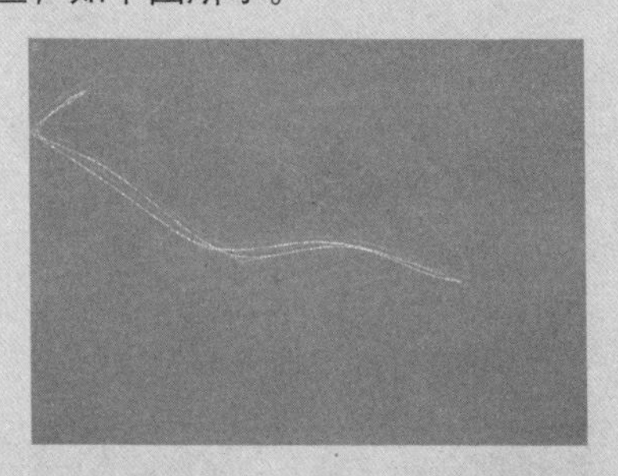

44 单击主工具栏中的“选择并均匀缩放”按钮，将创建的变换曲线缩小一点，如下图所示。

45 在“NURBS”对话框中单击“创建U向放样曲面”按钮，然后在视图中单击偏移后的曲线和原始曲线，系统将在这两条曲线之间自动创建放样曲面，如下图所示。

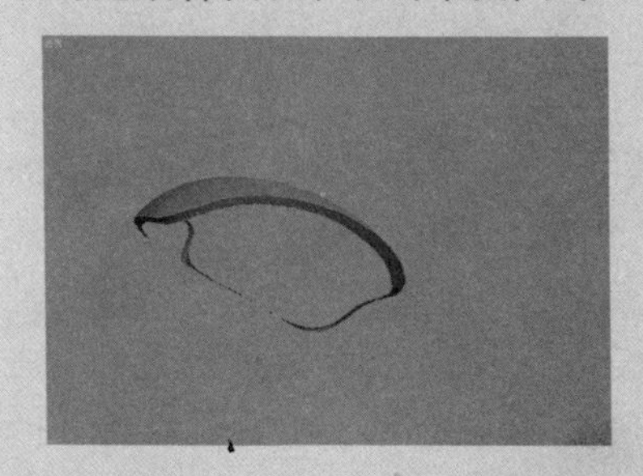

46 单击"NURBS"对话框中的"创建圆角曲面"按钮，然后对"主体01"边缘进行圆角处理，"起始半径"设置为0.5，如下图所示。

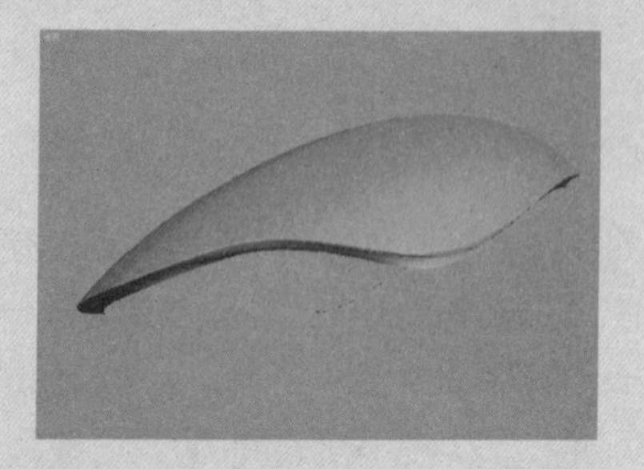

47 退出视图的孤立显示状态，然后按Shift+Q组合键渲染透视图，效果如下图所示。

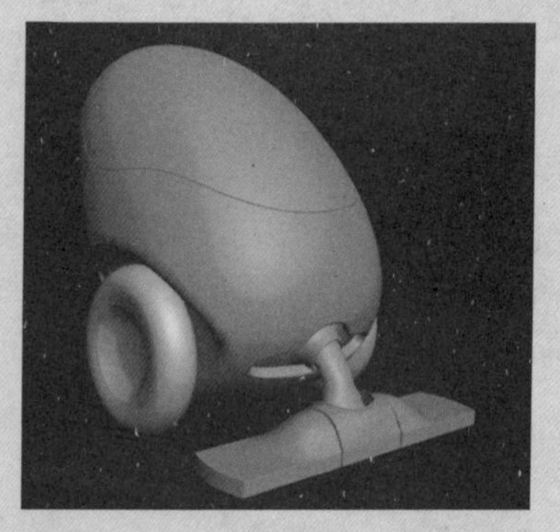

48 单击"NURBS"对话框中的"创建曲面上的CV曲线"按钮，然后在"主体"的表面上创建一条封闭曲线，如下图所示。

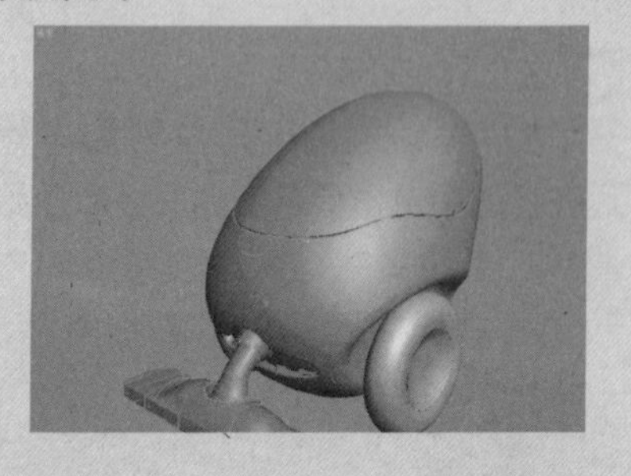

49 单击"NURBS"对话框中的"创建法向投影曲线"按钮，然后单击"主体"的表面上创建的封闭曲线和"主体"表面；在"法向投影曲线"卷展栏中勾选"修

- 焦点深度：当"使用目标距离"选项处于禁用状态时，设置距离偏移摄影机的深度。范围为0.0到100.0，其中0.0为摄影机的位置，100.0是极限距离（无穷大有效）。默认设置为100.0。"焦点深度"的值较低时是提供很紊乱模糊效果的。较高的"焦点深度"值提供场景远处部分的模糊。在通常情况下，使用"焦点深度"而不使用摄影机的目标距离倾向于模糊整个场景。
- 显示过程：启用该选项后，渲染帧窗口显示多个渲染通道。禁用该选项后，该帧窗口只显示最终结果。此控件对于在摄影机视口中预览景深无效。默认设置为启用。
- 使用初始位置：启用该选项后，第一个渲染过程位于摄影机的初始位置。禁用该选项后，与所有随后的过程一样偏移第一个渲染过程。默认设置为启用。
- 过程总数：用于生成效果的过程数。增加此值可以增加效果的精确性，但却以渲染时间为代价。默认设置为12，用于一层一层的渲染，如图9-44所示。

图9-44 过程渲染

- 采样半径：通过移动场景生成模糊的半径。增加该值将增加整体模糊效果。减小该值将减少模糊。默认设置为1.0。
- 采样偏移：模糊靠近或远离"采样半径"的权重。增加该值将增加景深模糊的数量级，提供更均匀的效果。减小该值将减小数量级，提供更随机的效果。范围可以从0.0至1.0。默认值为0.5。
- 规格化权重：使用随机权重混合的过程可以避免出现诸如条纹这些人工效果。当启用"规格化权重"复选框后，将权重规格化，会获得较平滑的结果。当禁用此选项后，效果会变得清晰一些，但通常颗粒状效果更明显。默认设置为启用。
- 抖动强度：控制应用于渲染通道的抖动程度。增加此值会增加抖动量，并且生成颗粒状效果，尤其在对象的边缘上。默认值为0.4。
- 平铺大小：设置抖动时图案的大小。此值是一个百分比，0是最小的平铺，100是最大的平铺。默认设置为32。
- 禁用过滤：启用该选项后，禁用过滤过程。默认设置为禁用状态。
- 禁用抗锯齿：启用该选项后，禁用抗锯齿。默认设置为禁用状态。

创建室外灯光

Step 01 用标准几何体创建工具在视图中创建简单场景，如图9-45所示。

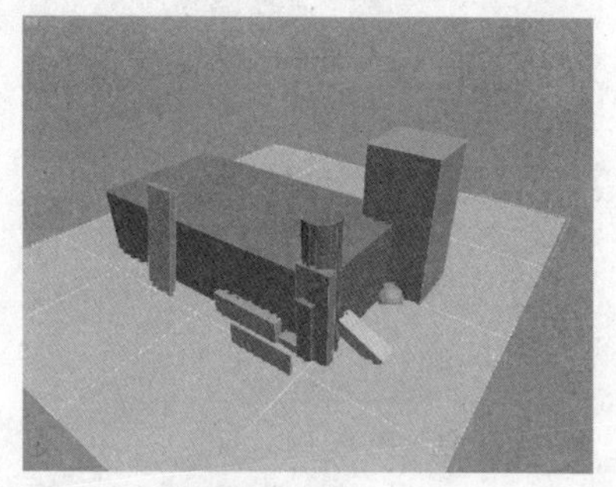

图9-45　创建简单场景

Step 02 在“创建”命令面板中单击“灯光”按钮，在“对象类型”卷展栏中单击 目标平行光 按钮，在前视图中拖动创建灯光，如图9-46所示。

图9-46　创建灯光

Step 03 切换到其他视图调节灯光的照射点和目标点，如图9-47所示。

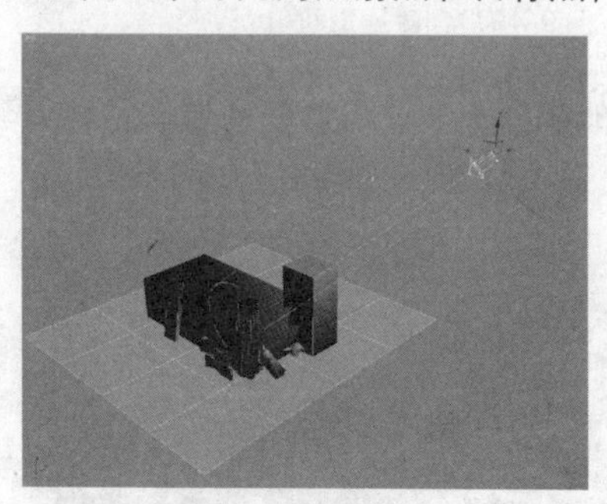

图9-47　调节灯光角度

Step 04 进入“修改”命令面板，在“常规参数”卷展栏中，勾选“阴影”选项区域中的“启用”复选框，并将阴影类型设置为“光线跟踪阴影”。

Step 05 在“平行光参数”卷展栏中，将“光锥”选项区域中的“聚光区/光束”参数设置为500.0，“衰减区/区域”参数设置为2000.0。

剪”和“翻转修剪”复选框，此时球体表面封闭曲线的表面被修剪掉，如下图所示。

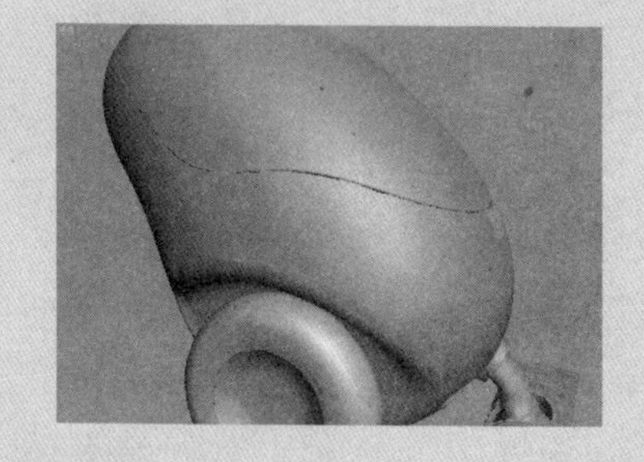

50 将“主体”表面洞口的曲线向内挤出生成曲面，挤出的数量为2，单击“NURBS”对话框中的“创建曲面边曲线”按钮，然后单击挤出曲面的边缘，这样就创建了一条曲面边曲线，如下图所示。

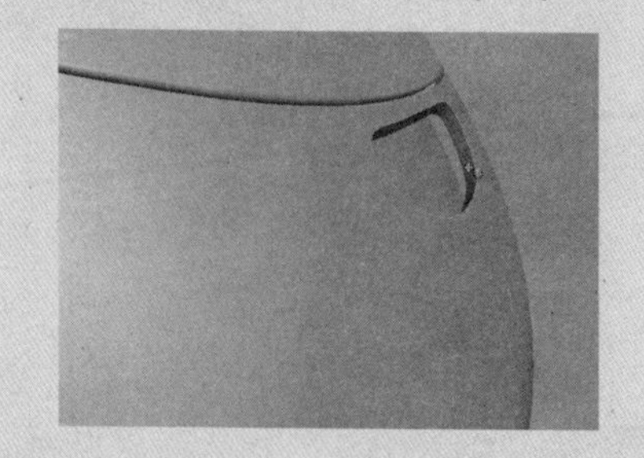

51 在“NURBS”对话框中单击“创建封口曲面”按钮，然后在挤出曲面边曲线上单击，这样就在挤出曲面的末端形成了一个封口曲面，如下图所示。

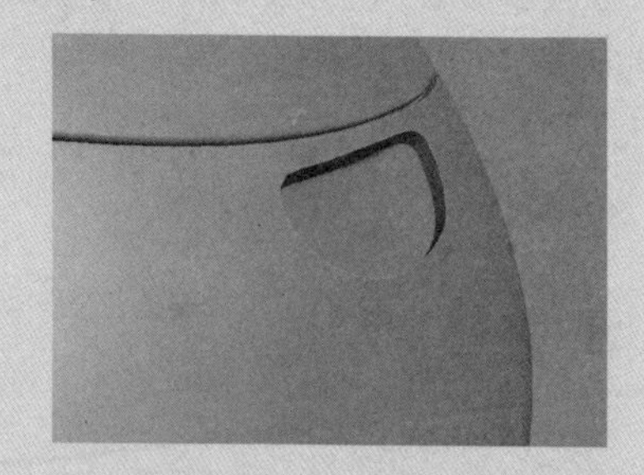

52 单击“NURBS”对话框中的“创建圆角曲面”按钮，然后对“主体”凹陷部位的边缘进行圆角处理，“起始半径”设置为1，如下图所示。

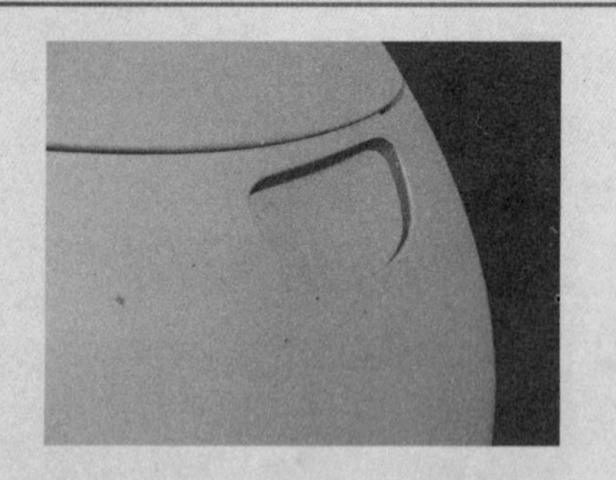

53 单击“NURBS”对话框中的“创建曲面上的CV曲线”按钮，在“主体01”的顶部创建一条封闭的CV曲线；单击“NURBS”对话框中的“创建法向投影曲线”按钮，然后将“主体01”表面上的封闭曲线内的表面修剪掉，如下图所示。

54 在“NURBS”对话框中单击“创建挤出曲面”按钮，然后在视图中单击并拖动“主体01”孔洞边缘的曲线，在适当的位置释放鼠标；在“挤出曲面”卷展栏中将挤出的数量设置为－10，并将挤出的轴向锁定Y轴，此时圆孔边缘曲线向内挤出形成表面，如下图所示。

55 单击“NURBS”对话框中的“创建圆角曲面”按钮，然后对

Step 06 在“创建”命令面板的“灯光”面板中的“对象类型”卷展栏中单击 天光 按钮，在视图中创建天光，如图9-48所示。

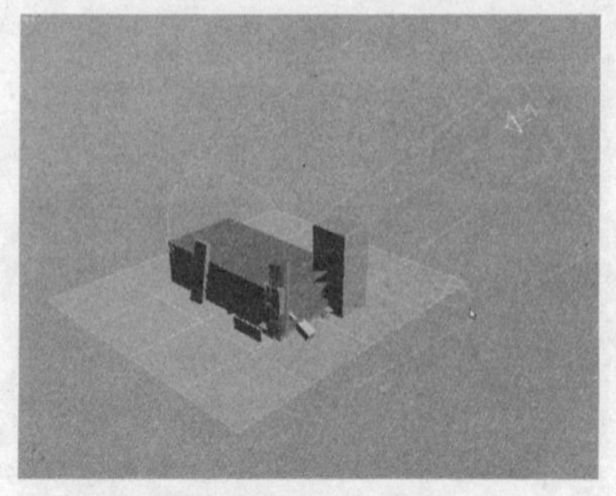

图9-48 创建天光

Step 07 打开“天光”的“修改”命令面板中的“天光参数”卷展栏，在“渲染”选项区域中勾选“投射阴影”复选框，并设置“每采样光线数”值为10。

Step 08 在“创建”命令面板中单击“摄影机”按钮，在“对象类型”卷展栏中单击 目标 按钮，在顶视图中拖动创建“目标摄影机”，如图9-49所示。

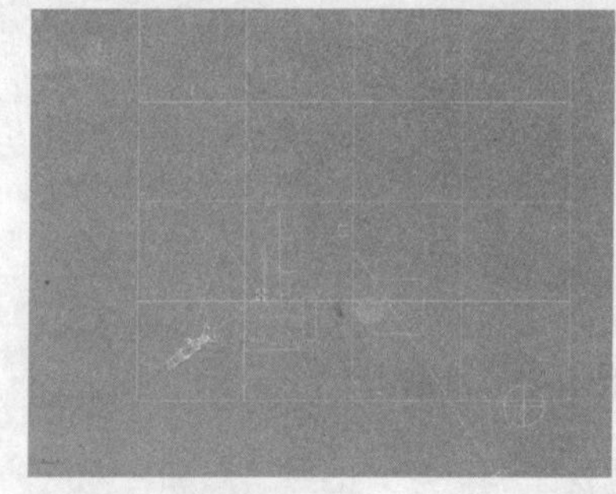

图9-49 创建摄影机

Step 09 切换到其他视图，调节摄影机视点和目标点到适合的位置，按快捷键C切换到摄影机视图，如图9-50所示。

图9-50 调节摄影机角度和位置

Step 10 执行菜单栏中的“渲染>效果”命令，打开“环境和效果”对话框，在“环境”面板“公用参数”卷展栏中，单击“背景”选项区域中“环境贴图”选项下面的 无 按钮，在弹出的“材质/贴图浏览器”对话框中选择“位图”选项，指定路径为：附带光盘“Chapter 9 灯光与摄影机>3D 文件>天光练习”文件中的“背景JPEG”文件，作为背景贴图文件。

Step 11 按F10键，打开“渲染场景”对话框，在“公用”选项卡的，“公用参数”卷展栏中，单击“输出大小”选项区域中的 800x600 按钮，将渲染尺寸设置为800X600。单击 渲染 按钮进行渲染，最终效果如图9-51所示。

图9-51 最终渲染效果

“主体01”凹陷部位的边缘进行圆角处理，将“起始半径”设置为1，如下图所示。

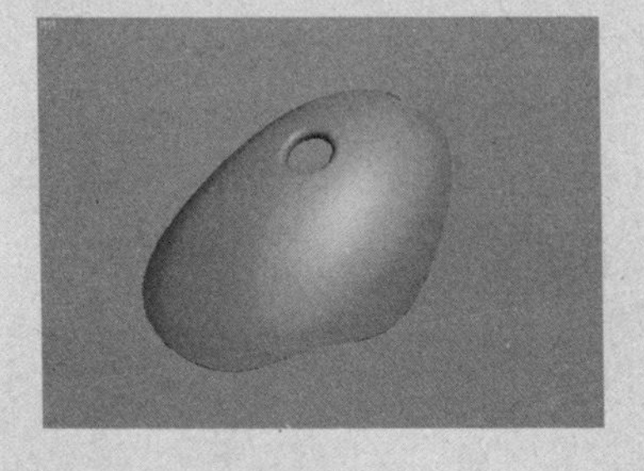

56 在修改器堆栈中单击“曲线”层次，然后在视图中选中“主体01”末端的曲面上的CV曲线，在“曲线公用”卷展栏中单击 分离 按钮，在弹出的“分离”对话框中将分离的曲线命名为“截面”，如下图所示。

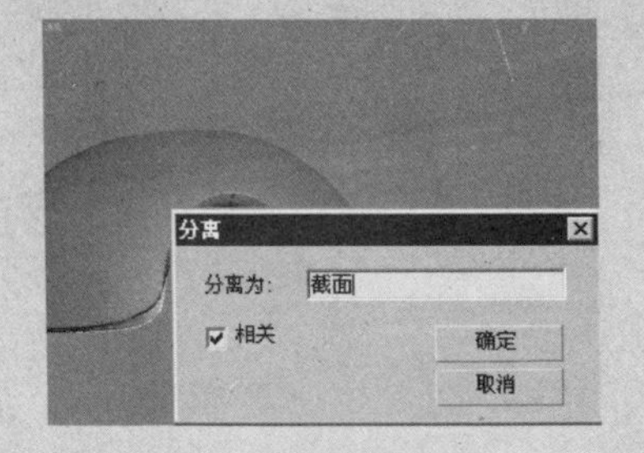

技巧·提示

为了便于观察模型，用户可以将NURBS对象上的曲线隐藏，在需要的时候显示出来，或者将曲面独立，然后将不必要的曲线删除，这样可以减轻系统的负担。

57 在“对象类型”卷展栏中单击 CV 曲线 按钮，在左视图中创建一条曲线，如下图所示。

[3ds Max 9]

完全手册+特效实例

10 [Chapter]

渲染

本章着力介绍了扫描线渲染器于Mental Ray渲染器中每个选项的功能、注意事项，以及不同参数设置，所产生的不同效果，为渲染出美丽的图像打下坚实的基础。

raciess of science
5

制作连杆、三通、手柄

01 在“NURBS”对话框中单击“创建单轨扫描”按钮，然后在视图中单击轨道CV曲线和“截面”曲线，系统将自动创建单轨扫描曲面，将其命名为“连杆”，如下图所示。

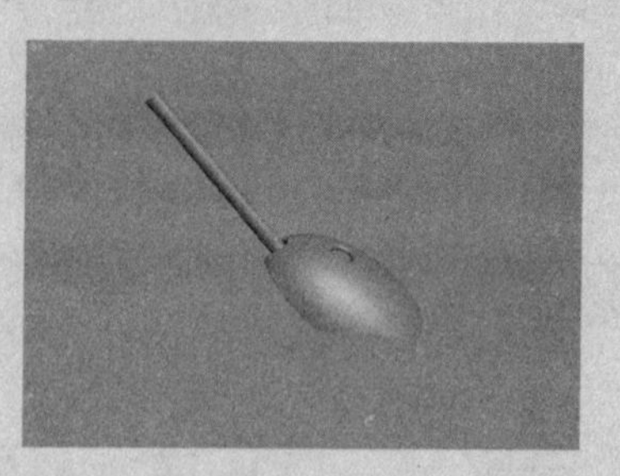

02 切换到“曲面”层次，然后单击“曲面公用”卷展栏中的 断开行 按钮，然后在“连杆”的距离顶部1/6的位置单击，在“曲面”层次，选中底部的曲面，并将其分离为“三通”，如下图所示。

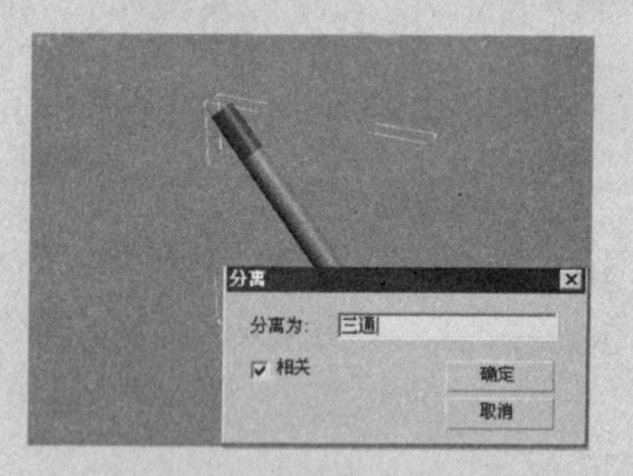

03 单击“NURBS”对话框中的“创建偏移曲面”按钮，然后在“三通”的表面上单击并拖动，释放鼠标后，在“偏移曲面”卷展栏中将偏移的距离设置为2，如下图所示。

10.1 渲染

渲染就是将所设置的灯光、应用的材质及环境设置（如背景和大气），实体化地显示在所创建的模型上，也就是将三维的场景转化为二维的图像和动画，并将渲染结果保存到文件中或显示在屏幕上。

用于渲染的主命令位于主工具栏上，通过单击主工具栏中的图标可以执行渲染的不同命令。调用这些命令的另一种方法是使用默认的“渲染”菜单，该菜单包含与渲染相关的其他命令。

10.1.1 渲染命令

主工具栏中的渲染命令按钮

- “渲染场景”对话框按钮：单击此按钮将弹出“渲染场景”对话框，在对话框中可以进行各种渲染参数的设置。
- “快速渲染（产品级）按钮：依据“渲染场景”对话框中参数的设置，进行产品级别的快速渲染。
- 快速渲染（ActiveShade）”按钮：该按钮位于“快速渲染”弹出按钮上，它的参数设置独立于产品级别快速渲染的设置，能够对参数调整过的场景进行时时渲染。

“渲染场景”对话框中的渲染命令

在“渲染场景”对话框的下方，通过选择“产品级”和“ActiveShade”单选按钮也可以改变渲染命令，如图10-1所示。

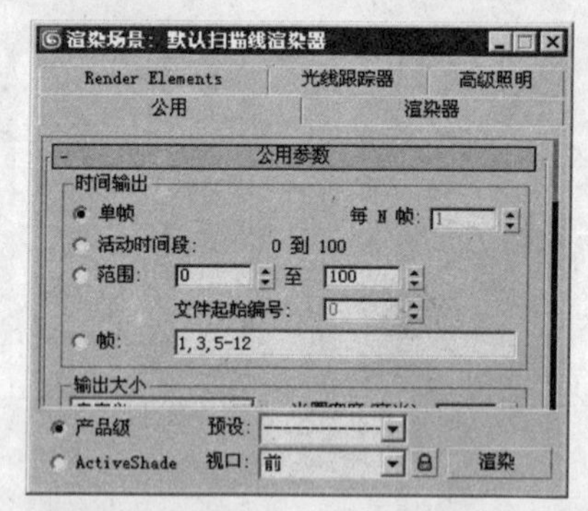

图10-1 “渲染场景”对话框

10.1.2 渲染场景

使用“渲染类型”可以只渲染场景中的一部分或某个模型。

渲染选定对象

Step 01 从渲染类型下拉列表中选择“选定对象”选项，如图10-2所示。

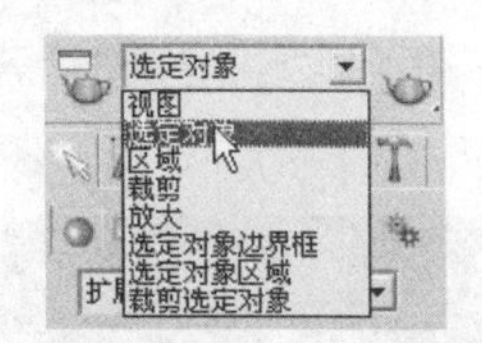

图 10-2　更改渲染类型

在工具栏中，添加渲染类型下拉列表的方法是，执行菜单栏中的“自定义加载自定义 UI 方案”命令，在弹出的“加载自定义 UI 方案”对话框中，加载安装文件中的“3D max 9/ui/ModularTOOL bars UI.ui”文件。

Step 02 在要渲染的视口上右击鼠标，激活要进行渲染的视口。

Step 03 选择要渲染的对象，如图 10-3 所示。

Step 04 单击“快速渲染”按钮，渲染效果如图 10-4 所示。

图 10-3　选中渲染对象

图 10-4　选定对象渲染效果

渲染区域

Step 01 从渲染类型下拉列表中选择“区域”选项。

Step 02 在要渲染的视口上右击鼠标，使渲染视口处于活动状态。

Step 03 单击“快速渲染”按钮，在活动视口中显示一个窗口，视口的右下角显示一个“确定”按钮，如图 10-5 所示。

Step 04 在窗口的中部拖动以将其移动。拖动窗口的控制柄可调整其大小。要保持窗口的纵横比，可以在拖动控制柄的同时按住 Ctrl 键，如图 10-6 所示。

图 10-5　视口中显示窗口

图 10-6　调整窗口

04 在“对象类型”卷展栏中单击 CV 曲线 按钮，在左视图中创建一条曲线，如下图所示。

05 在“NURBS”对话框中单击“创建挤出曲面”按钮，然后单击并移动上一步创建的曲线，在适当的位置释放鼠标；在“挤出曲面”卷展栏中将挤出的数量设置为 -15，令其与“三通”完全相交，并将其与“三通”附加在一起，如下图所示。

06 单击“NURBS”对话框中的“创建曲面 - 曲面相交曲线”按钮，然后对附加后的曲面进行修剪，保留与“三通”相交的曲面；单击“NURBS”对话框中的“创建偏移曲线”按钮，然后对“三通”斜面边缘曲线向内侧进行偏移，距离为 1，如下图所示。

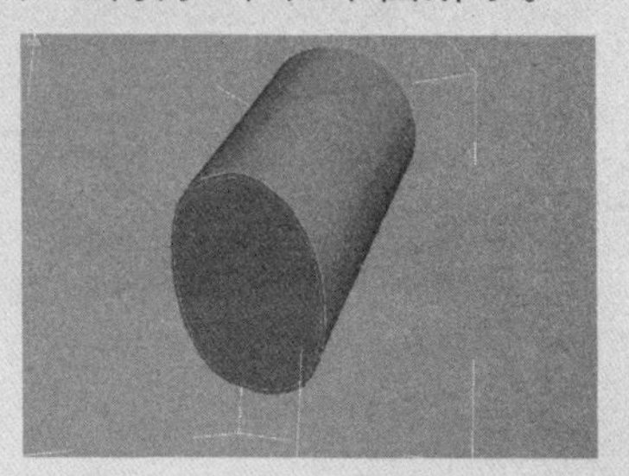

07 单击"NURBS"对话框中的"创建法向投影曲线"按钮，然后单击"三通"斜面上内侧曲线和"三通"表面；在"法向投影曲线"卷展栏中勾选"修剪"和"翻转修剪"复选框，此时球体表面封闭曲线的表面被修剪掉，如下图所示。

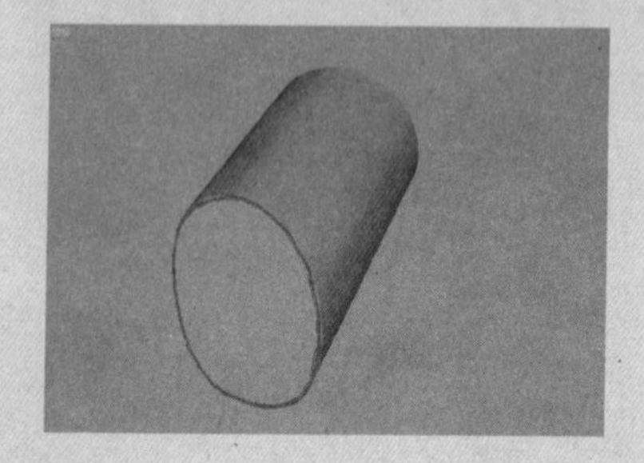

08 将"三通"复制一个，令其与原对象相交，并形成T字形，然后将它们附加在一起，如下图所示。

09 单击"NURBS"对话框中的"创建曲面-曲面相交曲线"按钮，然后对附加后的曲面进行修剪，修剪掉相交的曲面，此时在两个曲面相交的位置将出现一条曲线，如下图所示。

10 单击"NURBS"对话框中的"创建圆角曲面"按钮，然后对

Step 05 单击视口右下角的"确定"按钮后开始渲染，渲染效果如图11-7所示。

图10-7 "区域"类型渲染效果

渲染裁剪

Step 01 从渲染类型下拉列表中选择"裁剪"选项。

Step 02 在要渲染的视口上右击鼠标，使渲染视口处于活动状态。

Step 03 单击"快速渲染"按钮，在活动视口中显示一个窗口，视口的右下角显示一个"确定"按钮，如图11-8所示。

Step 04 在窗口的中部拖动以将其移动。拖动窗口的控制柄可调整其大小。要保持窗口的纵横比，可以在拖动控制柄的同时按住Ctrl键，如图11-9所示。

图10-8 视口中显示窗口

图10-9 调整窗口

Step 05 单击视口右下角的"确定"按钮后开始渲染，渲染效果如图10-10所示。

图10-10 "裁剪"类型渲染效果

"区域"和"裁剪"两种渲染类型有些类似，他们的不同点在于，"区域"渲染类型是渲染活动视口中的一个区域，并且保持渲染帧窗口的其他部分完好，"裁剪"渲染类型是将其他区域删除。

渲染放大区域

Step 01 从渲染类型下拉列表中选择“放大”选项。

Step 02 在要渲染的视口上右击鼠标，使渲染视口处于活动状态。

Step 03 单击“快速渲染”按钮，在活动视口中显示一个窗口，视口的右下角显示一个“确定”按钮，如图11-11所示。

Step 04 在窗口的中部拖动以将其移动。拖动窗口的控制柄可调整其大小。将窗口约束到当前输出大小的纵横比，如图10-12所示。

图10-11 视口中显示窗口

图10-12 调整窗口

Step 05 单击视口右下角的“确定”按钮后开始渲染，渲染效果如图11-13所示。

图10-13 “放大”类型渲染效果

10.2 “渲染场景”对话框

“渲染场景”对话框的“渲染器”包含用于活动渲染器的主要控件。其他是否可用取决于哪个渲染器处于活动状态。

3ds Max中包含3个自带渲染器，默认扫描线渲染器，Mental Ray渲染器和VUE文件渲染器，如图11-14所示。

“三通”交叉的部位进行圆角处理，将“起始半径”设置为2，如下图所示。

⑪ 单击“NURBS”对话框中的“创建曲面边曲线”按钮，然后单击“三通”曲面的顶部的边缘，这样就创建了一条曲面边曲线，如下图所示。

⑫ 单击“NURBS”对话框中的“创建偏移曲线”按钮，然后对“三通”顶部边缘曲线向内侧进行偏移，距离为2，如下图所示。

⑬ 在“NURBS”对话框中单击“创建U向放样曲面”按钮，然后在视图中单击偏移后的曲线和原始曲线，系统将在这两条曲线之间自动创建放样曲面，如下图所示。

⑭ 在视图中创建一个“高度”为50，“半径”为20的圆柱体，然后将其与“三通”在顶部对齐，如下图所示。

⑮ 在视图中创建一个“长度”为200，“宽度”为200，“高度”为100，“圆角”为25的切角长方体，将其旋转一定的角度使其宽度边与圆柱体的顶面平行，然后将其复制一个，并放置在圆柱体的另一侧，如下图所示。

⑯ 在视图中选中圆柱体，然后分别与两个切角长方体进行A－B方式的

默认扫描线渲染器

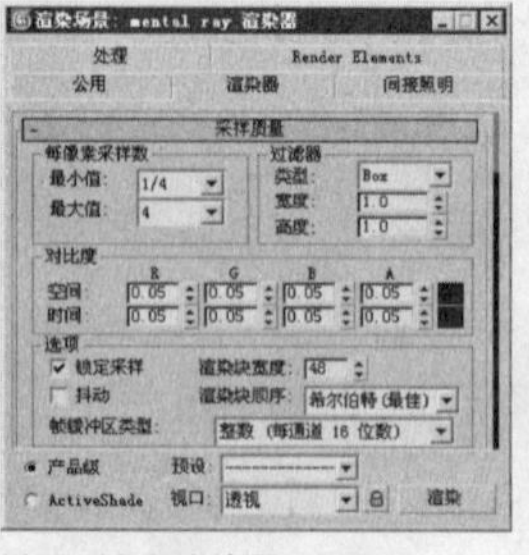

Mental Ray渲染器

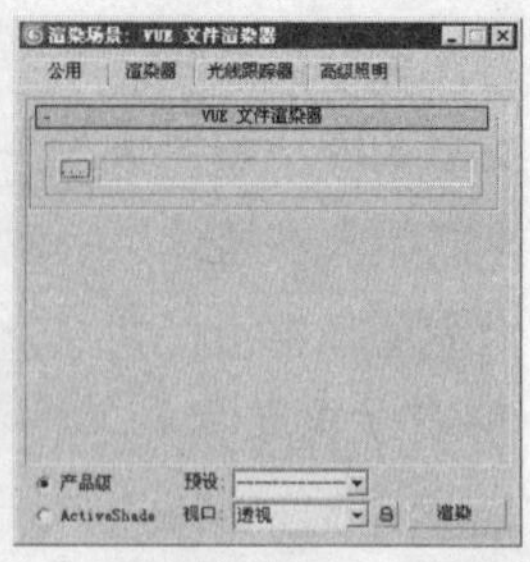

VUE文件渲染器

图10-14　3ds Max自带渲染器

10.2.1 “公用”选项卡

每个渲染器都包含多个选项卡，但是“公用”选项卡的内容是“渲染场景”对话框中始终不变的。

“公用”选项卡中包括“公用参数”、“电子邮件通知”、“脚本”、“指定渲染器”4个卷展栏。

“公用参数”卷展栏

“时间输出”选项区域，如图10-15所示。

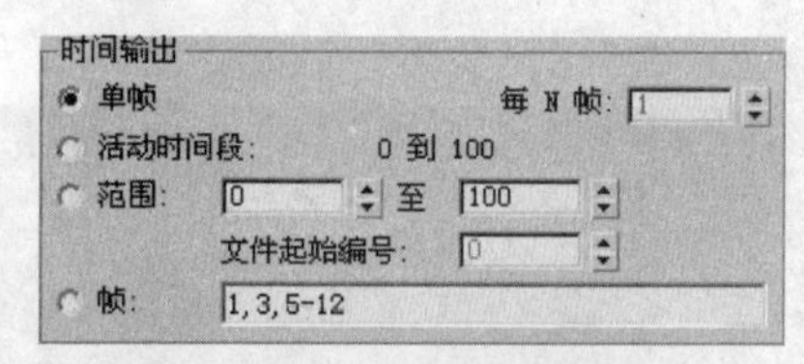

图10-15　“时间输出”选项区域

- 单帧：仅对当前帧进行渲染。
- 活动时间段：渲染时间段为显示在时间滑块内的当前帧范围。
- 范围：指定两个数字之间（包括这两个数）的所有帧。
- 帧：可以指定非连续帧，帧与帧之间用逗号隔开（例如2、5）或连续的帧范围，用连字符相连（例如0~5）。
- 文件起始编号：指定起始文件编号，从这个编号开始递增文件名。范围从－99999到99999。只用于“活动时间段”和“范围”输出。
- 每N帧：帧的规则采样（设置间隔多少帧进行渲染）。例如，输入2则每隔2帧渲染一次，即1、3、5、7等，只用于“活动时间段”和“范围”输出。

技巧提示

开始渲染帧范围时，如果没有指定保存动画的文件（使用“文件”按钮），将会出现一个警告对话框提示该问题。渲染动画将花费很长时间。

“输入大小”选项区域，如图10-16所示。

图10-16 “输入大小”选项区域

“输出大小”下拉列表中可以选择几个标准的电影和视频分辨率及纵横比。选择其中一种格式，或转到“自定义”中使用“输出大小”选区域中的其他控件。从列表中可以选择以下格式。

自定义
35mm 1.316:1 全光圈（电影）
35mm 1.37:1 学院（电影）
35mm 1.66:1（电影）
35mm 1.75:1（电影）
35mm 1.85:1（电影）
35mm 失真（2.35:1）
35mm 失真（2.35:1）（挤压）
70mm 宽银幕电影（电影）
70mm IMAX（电影）
VistaVision
35mm (24mm X 36mm)（幻灯片）
6cm X 6cm (2 1/4" X 2 1/4")（幻灯片）
4" X 5" 或 8" X 10"（幻灯片）
NTSC D-1（视频）
NTSC DV（视频）
PAL（视频）
PAL D－1（视频）
HDTV（视频）

- 宽度/高度：分别设置图像的宽度和高度，可直接输入也可使用微调按钮，也可单击右侧的“固定尺寸”按钮。
- 固定尺寸：4个“固定尺寸”按钮根据当前“图像纵横比”而设置，按钮也可以进行重新设定，在“固定尺寸”按钮上单击鼠标右键，弹出“配置预设”对话框，如图10-17所示。

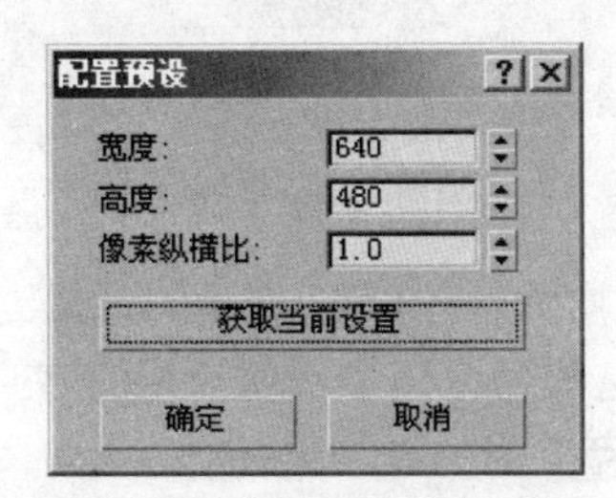

图10-17 “配置预设”对话框

布尔运算（有关布尔运算的知识在第6章中有详细的讲述，在此不再赘述），将其命名为“连杆一顶”，如下图所示。

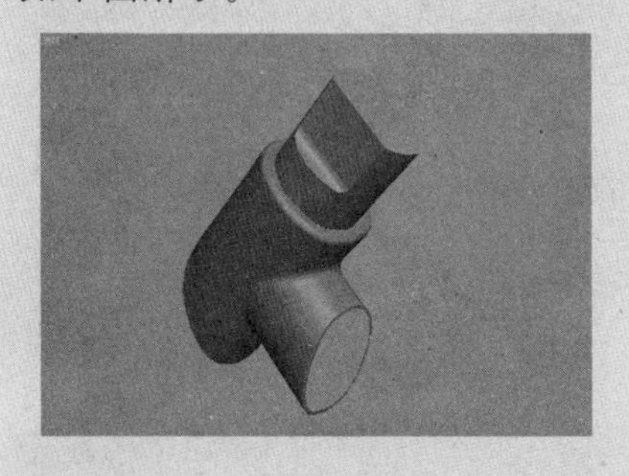

17 在“对象类型”卷展栏中单击 CV 曲线 按钮，在前视图中创建一条曲线，如下图所示。

18 单击主工具栏中的“镜像”按钮，在弹出的“镜像：屏幕坐标”对话框中选中“克隆当前选择”选项区域中的“实例”单选按钮，并以X轴为镜像轴，将曲线镜像到对称的一侧，如下图所示。

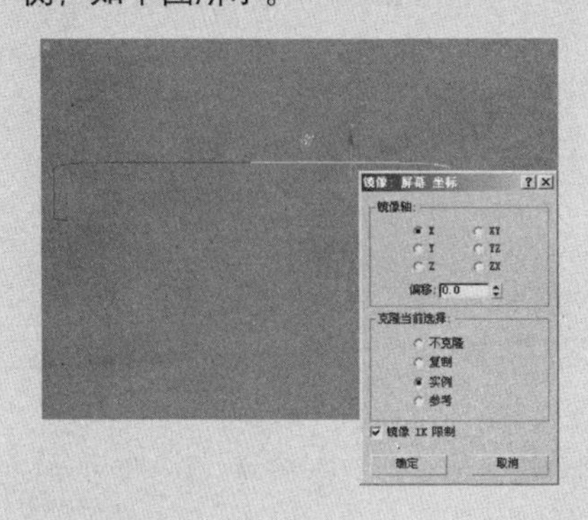

19 将两条曲线附加在一起，切换到“曲线”层次，在“曲线公用”卷

展栏中单击 连接 按钮，然后在视图中分别单击曲线中部的端点，将两条曲线连接在一起，如下图所示。

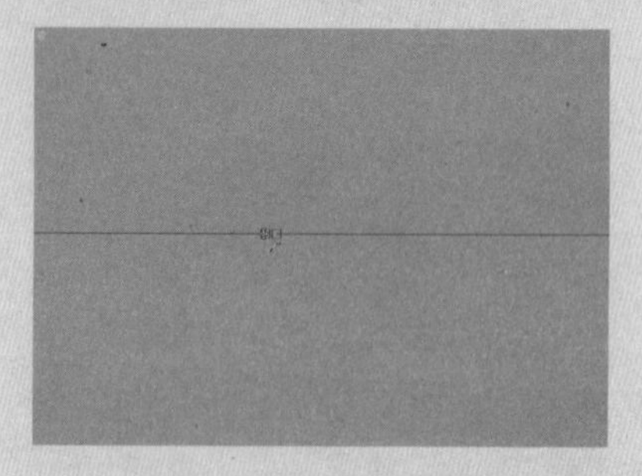

20 在"NURBS"对话框中单击"创建车削曲面"按钮，然后在视图中单击连接后的曲线，并将旋转的轴向锁定为X轴，切换到"曲线"层次，然后选中并移动旋转曲面上的曲线，使生成的曲面两侧面形成孔洞，将该对象命名为"手柄轴"，如下图所示。

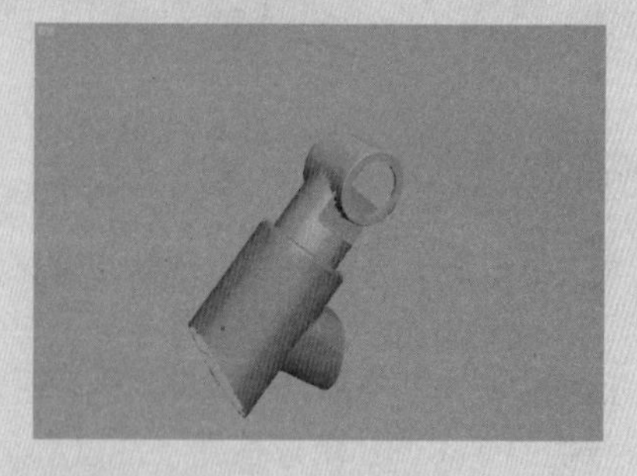

21 在"对象类型"卷展栏中单击 CV曲线 按钮，在前视图中创建一条弧形的曲线，如下图所示。

22 在"NURBS"对话框中单击"创建车削曲面"按钮，然后在

在该对话框中可以重新设置当前按钮的尺寸，"获取当前设置"按钮可以将当前"宽度/高度"的数值比例读入，并作为"固定尺寸"按钮的设置。

- 图像纵横比：设置图像的纵横比。更改此值将改变高度值以保持活动的分辨率正确。使用标准格式而非自定义格式时，不可以更改纵横比，单击"图像纵横比"文本框右侧的"锁定"按钮，可切换为标准格式和自定义格式。
- 像素纵横比：设置显示在其他设备上的像素纵横比。图像可能会在显示上出现挤压效果，但将在具有不同形状像素的设备上正确显示。如果使用标准格式而非自定义格式，则不可以更改像素纵横比，该控件处于禁用状态。"像素纵横比"左边的"锁定"按钮可以锁定像素纵横比。启用此按钮后，像素纵横比微调按钮替换为一个标签，并且不能更改该值。"锁定"按钮仅在"自定义"格式中可用。不同像素纵横比的图像出现的拉伸或挤压效果对比如图10-18所示。

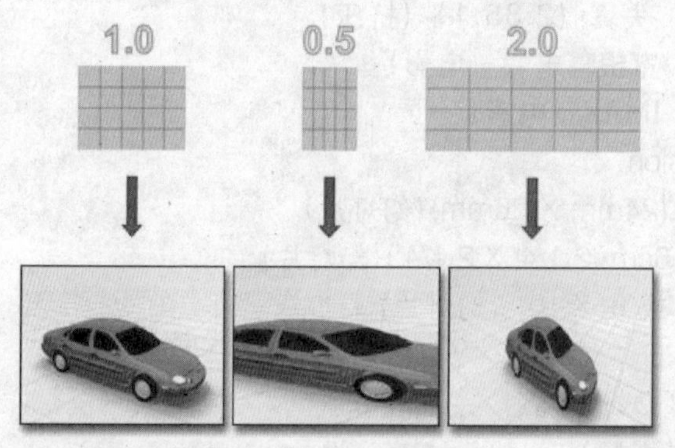

图10-18 不同像素纵横比的图像出现的拉伸或挤压效果

- 光圈宽度：指定用于创建渲染输出的摄影机光圈宽度。更改此值将更改摄影机的镜头值。这将影响镜头值和FOV（视野）值之间的关系，但不会更改摄影机场景的视图。

"选项"选项区域，如图所示。

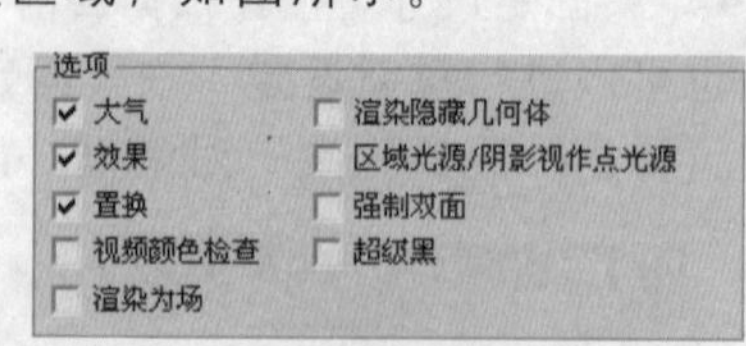

图10-19 "选项"选项区域

- 大气：启用此选项后，渲染任何应用的大气效果，如"体积雾"。
- 效果：启用此选项后，渲染任何应用的渲染效果，如"模糊"。
- 置换：渲染任何应用的置换贴图。
- 视频颜色检查：检查超出NTSC或PAL安全阈值的像素颜色，标记这些像素颜色并将其改为可接受的值。

- 渲染为场：为视频创建动画时，将视频渲染为场，而不是渲染为帧。
- 渲染隐藏几何体：渲染场景中所有的几何体对象，包括隐藏的对象。
- 区域光源/阴影视作点光源：将所有的区域光源或阴影当作从点对象发出的进行渲染，这样可以加快渲染速度。

> 技巧·提示
>
> 这对草图渲染非常有用，因为点光源的渲染速度比区域光源快很多。该切换不影响带有光能传递的场景，因为区域光源对光能传递解决方案的性能影响不大。

- 强制双面：双面渲染所有曲面的两个面。通常需要加快渲染速度时禁用此选项。如果需要对象的内部及外部，或已导入面法线未正确统一的复杂几何体，则可能要启用此选项。
- 超级黑：超级黑渲染限制用于视频组合的渲染几何体的暗度。除非确实需要此选项，否则将其禁用。

"高级照明"选项区域，如图10-20所示。

图10-20 "高级照明"选项区域

- 使用高级照明：启用此选项后，软件在渲染过程中提供光能传递解决方案或光跟踪。
- 需要时计算高级照明：启用此选项后，当需要逐帧处理时，软件计算光能传递。

"渲染输出"选项区域，如图10-21所示。

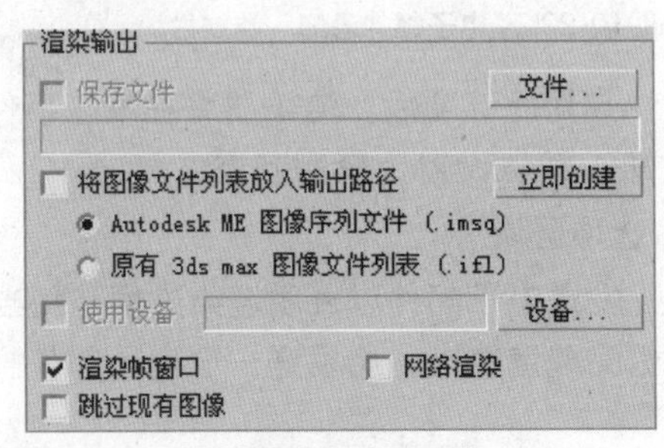

图10-21 "渲染输出"选项区域

- 保存文件：启用此选项后，进行渲染时软件将渲染后的图像或动画保存到磁盘。使用"文件"按钮指定输出文件之后，"保存文件"才可用。
- "文件"按钮：单击该按钮，弹出"渲染输出文件"对话框，指定输出文件名、格式及路径。
- 将图像文件列表放入输出路径：启用此选项以创建图像序列文件，并将其保存在与渲染相同的目录中。默认设置为禁用状态。

视图中单击弧形曲线，并将旋转的轴向锁定为X轴，将其命名为"手柄冒—左"，如下图所示。

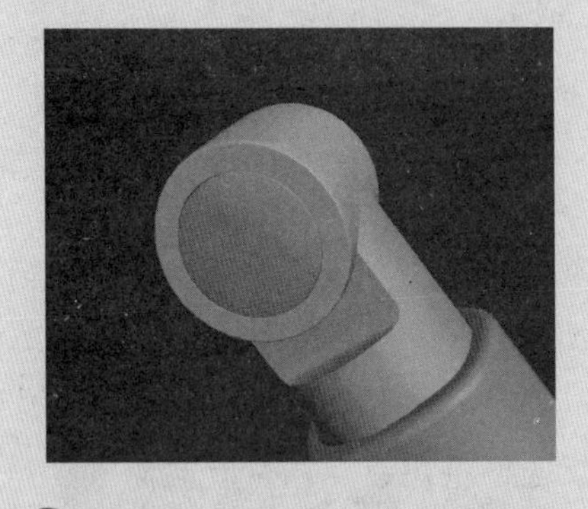

23 右击前视图，然后单击主工具栏中的"镜像"按钮，在弹出的"镜像：屏幕坐标"对话框中选中"克隆选择对象"选项区域中的"实例"单选按钮，并以X轴为镜像轴，将该对象镜像到对称的一侧，并将镜像后的对象命名为"手柄轴 - 右"，如下图所示。

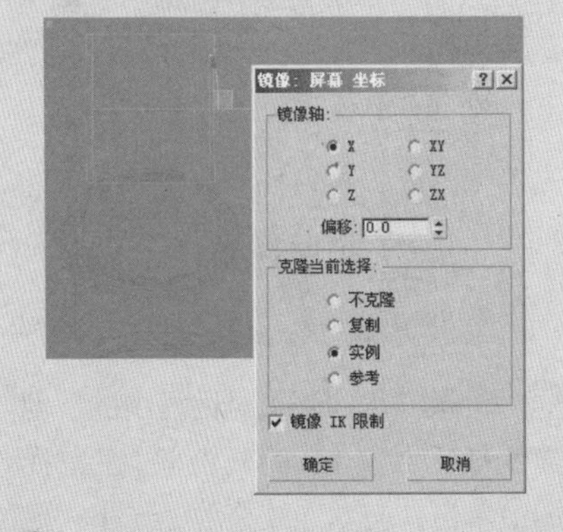

24 切换到"曲面"层次，在"曲面公用"卷展栏中单击 断开列 按钮，然后在"手柄轴"左侧单击，将表面在此处断开，如下图所示。

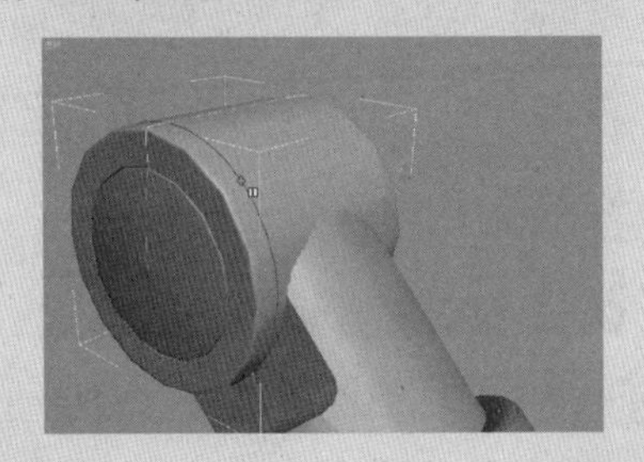

25 选中“手柄轴”左侧的曲面，然后单击“曲面公用”卷展栏中的 分离 按钮，在弹出的“分离”对话框中将分离的对象命名为“手柄冒—左01”。使用相同的方法对另一侧进行处理，并将分离后的对象命名为“手柄冒—右01”，如下图所示。

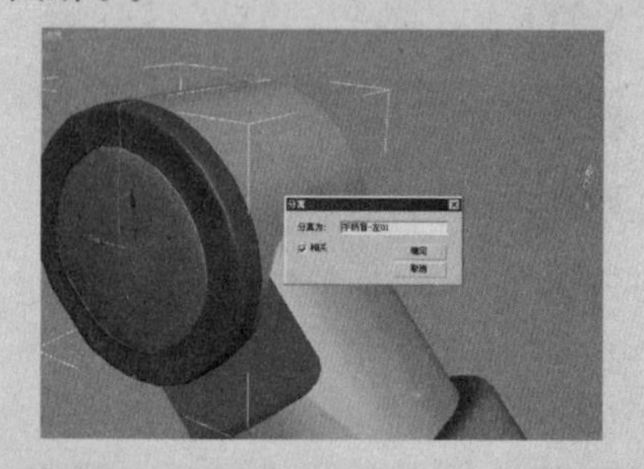

26 单击“NURBS”对话框中的“创建曲面上的CV曲线”按钮，然后在“手柄轴”的表面上创建一条封闭曲线，如下图所示。

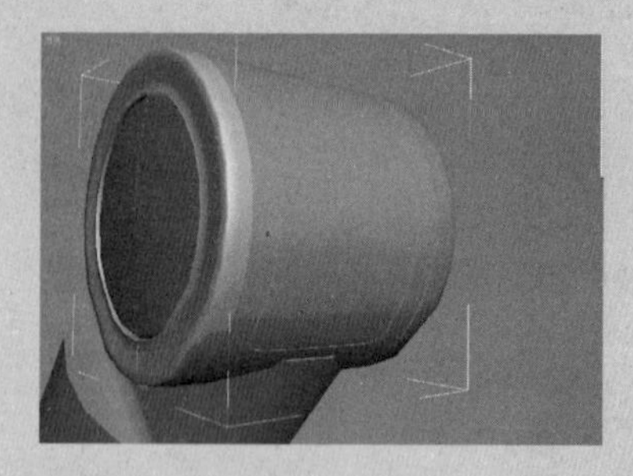

27 单击“NURBS”对话框中的“创建变换曲线”按钮，然后在左视图中单击并向左连续拖动上一步创建的CV曲线，共创建3条变换曲线，如下图所示。

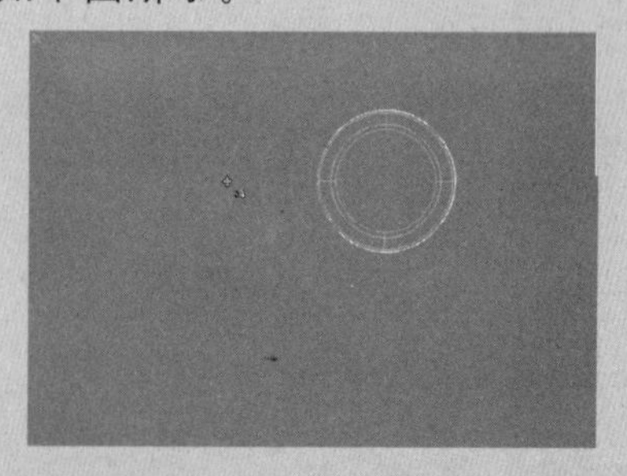

28 切换到“曲线”层次，然后使

- “立即创建”按钮：创建图像序列文件，首先必须为渲染自身选择一个输出文件。
- Autodesk ME 图像序列文件（.imsq）：选中此选项之后（默认值），创建图像序列（.imsq）文件。
- 原有 3ds max 图像文件列表（.ifl）：选中此选项之后，创建的各种图像文件列表（.ifl）文件。
- 使用设备：将渲染输出到设备上，如录像机。首先单击“设备”按钮指定设备，设备上必须安装相应的驱动程序。
- 渲染帧窗口：在渲染帧窗口中显示渲染输出。
- 网络渲染：启用网络渲染。如果启用“网络渲染”选项，在渲染时将弹出“网络作业分配”对话框。
- 跳过现有图像：启用此选项且启用“保存文件”后，渲染器将跳过序列中已经渲染到磁盘中的图像。

“电子邮件通知”卷展栏

“电子邮件通知”卷展栏，如图10-22所示。

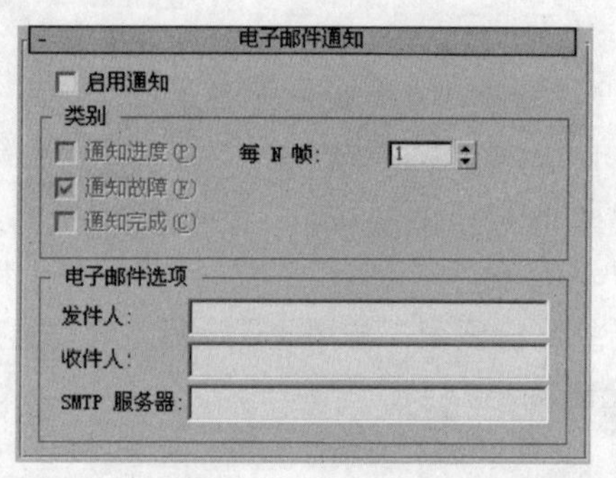

图10-22 “电子邮件通知”卷展栏

- 启用通知：启用此选项后，渲染器将在某些事件发生时发送电子邮件通知。默认设置为禁用状态。

(1)“类别”选项区域

- 通知进度：发送电子邮件以表明渲染进度。每当“每N帧”中指定的帧数完成渲染时，将发送一个电子邮件。默认设置为禁用状态。
- 每N帧：“通知进度”使用的帧数。默认设置为1。
- 通知故障：只有在出现阻止渲染完成的情况时才发送电子邮件通知。默认设置为启用。
- 通知完成：当渲染作业完成时，发送电子邮件通知。默认设置为禁用状态。

(2)“电子邮件选项”选项区域

- 发件人：输入启动渲染作业的用户的电子邮件地址。
- 收件人：输入需要了解渲染状态的用户的电子邮件地址。
- SMTP服务器：输入作为邮件服务器使用的系统的数字IP地址。

“脚本”卷展栏

“脚本”卷展栏，如图10-23所示。

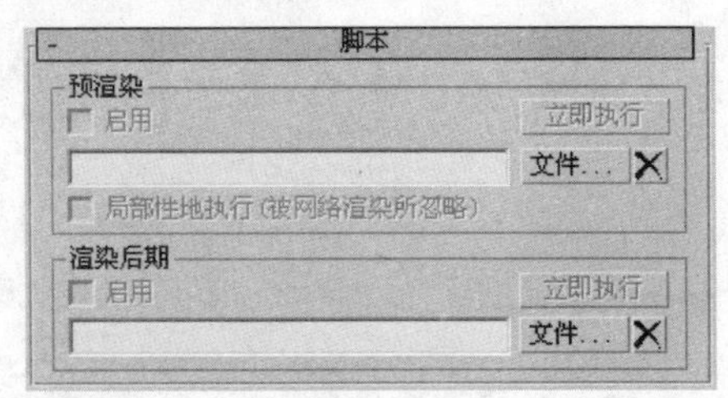

图10-23 “脚本”卷展栏

“脚本”卷展栏允许用户指定渲染之前或渲染之后要运行的脚本。要执行的脚本为渲染之前（使用#preRender回调脚本机制注册的任何其他MAXScript之后），执行预渲染脚本。完成渲染之后，执行后期渲染。也可以使用“立即执行”按钮来手动运行脚本。

“指定渲染器”卷展栏

“指定渲染器”卷展栏，如图10-24所示。

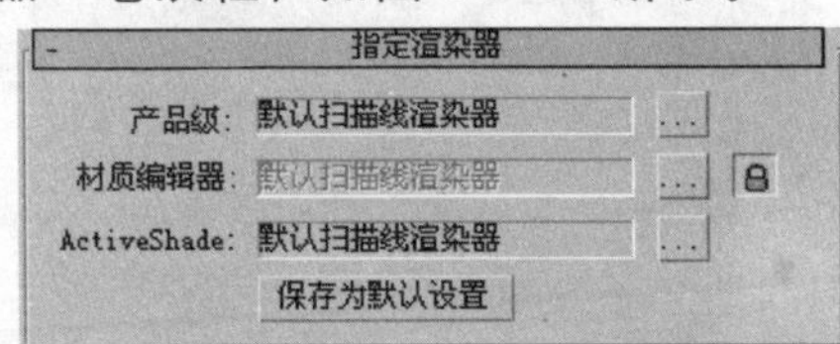

图10-24 “指定渲染器”卷展栏

- 产品级：选择用于渲染图形输出的渲染器。
- 材质编辑器：选择用于渲染“材质编辑器”对话框中示例窗的渲染器。在默认情况下，示例窗渲染器被锁定为与产品级渲染器相同的渲染器。可以禁用锁定按钮来为示例窗指定另一个渲染器。
- ActiveShade：选择用于预览场景中照明和材质更改效果的ActiveShade渲染器。3ds Max附带的惟一ActiveShade渲染器为默认扫描线渲染器。
- “保存为默认设置”按钮：单击该按钮可将当前渲染器指定保存为默认设置，以便下次重新启动3ds Max时它们处于活动状态。

10.2.2 默认扫描线渲染器

在“指定渲染器”卷展栏中，单击“选择渲染器”按钮，打开“选择渲染器”对话框，可选择列表中其他渲染器的名称，然后单击“确定”按钮，如图10-25所示。

“扫描线渲染器”是默认的渲染器。在默认情况下，通过“渲染场景”对话框或Video Post渲染场景时，可以使用“扫描线渲染器”。“扫描线渲染器”对话框中包括除“公用”选项卡外的“渲染器”、

用“选择并均匀缩放”工具将创建的变换曲线从右向左依次缩小一点，如下图所示。

29 在视图中选中左侧的变换曲线，然后在“曲面公用”卷展栏中单击 转化曲线 按钮，将其转换为CV曲线，如下图所示。

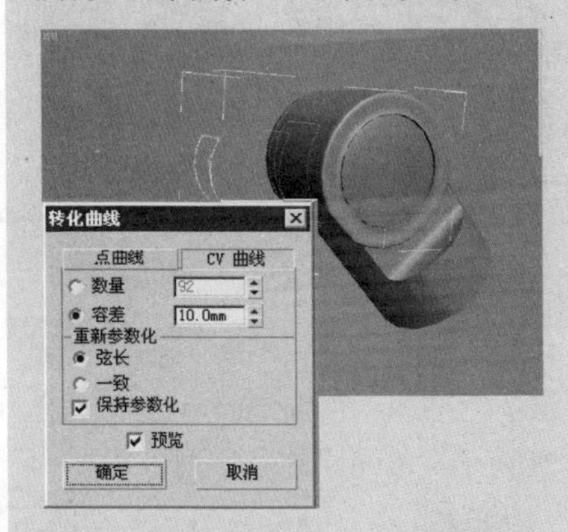

30 调整转换后曲线的CV控制点，使它们处于一个平面上，如下图所示。

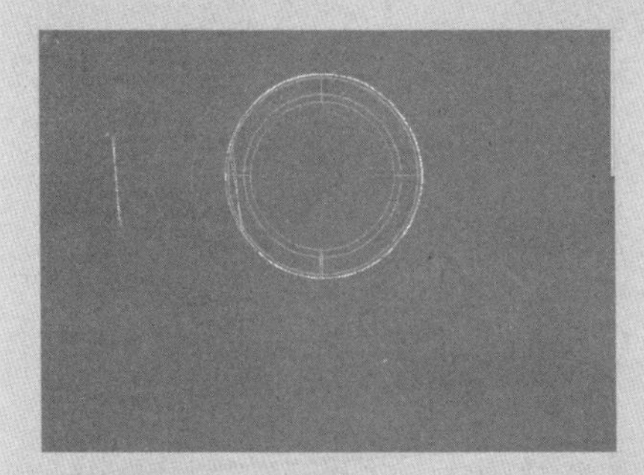

31 单击“NURBS”对话框中的“创建变换曲线”按钮，然后在左视图中单击并向左连续拖动左侧的CV曲线，共创建4条变换曲线，如下图所示。

32 切换到“曲线”层次，然后使用“选择并均匀缩放”工具将创建的变换曲线进行缩放处理，使中部的曲线放大，两侧的曲线缩小一点，如下图所示。

33 单击主工具栏中的“选择并旋转”按钮，将左侧的曲线顺时针旋转一定的角度，如下图所示。

34 在“NURBS”对话框中单击“创建U向放样曲面”按钮，然后在视图中分别单击“手柄轴”上的CV曲线和所有变换曲线，系统将在这些曲线之间创建放样曲面，如下图所示。

“高级照明”、“光线追踪器”和“Render Elements(渲染元素)”4个选项卡，如图10-26所示。

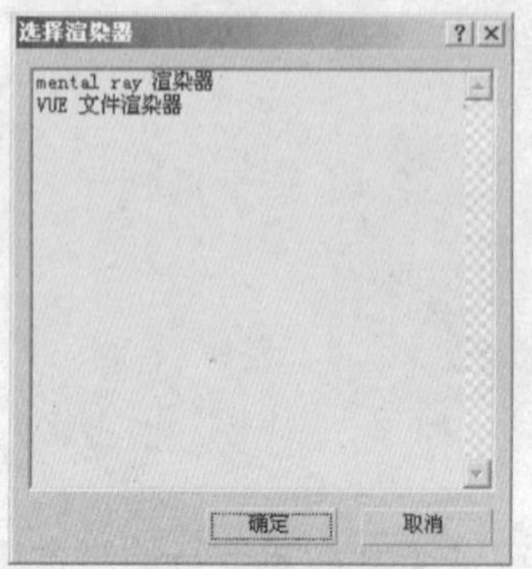

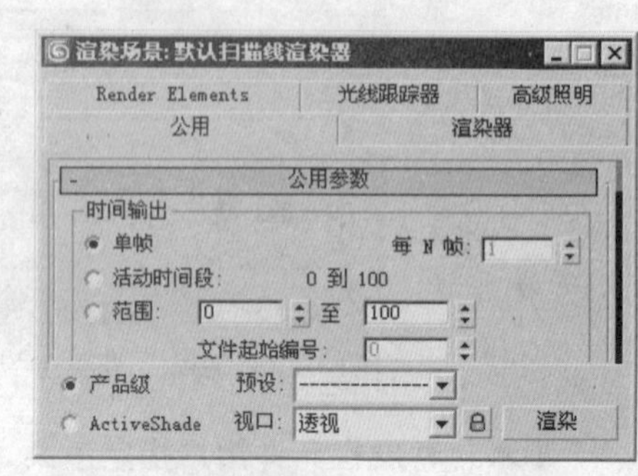

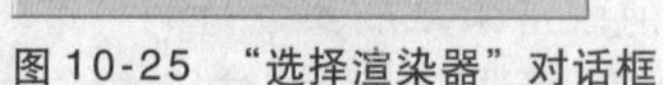

图10-25 “选择渲染器”对话框　　图10-26 扫描线渲染器

“渲染器”选项卡

“渲染器”选项卡中只有一个“默认扫描线渲染器”卷展栏，如图10-27所示。

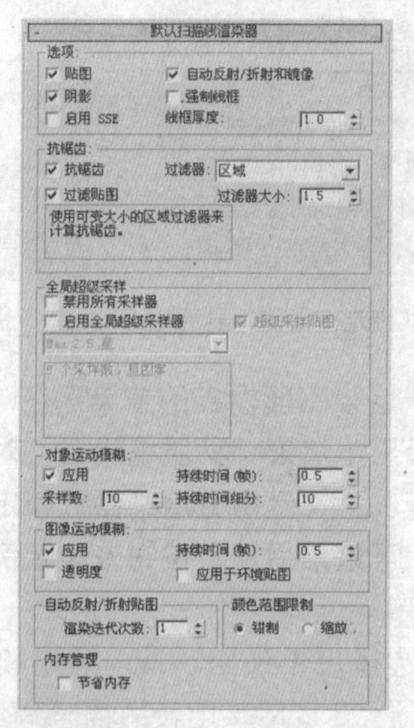

图10-27 “默认扫描线渲染器”卷展栏

(1)“选项”选项区域

- 贴图：禁用该选项可忽略所有贴图信息，从而加速测试渲染。自动影响反射和环境贴图，同时也影响材质贴图。默认设置为启用。
- 自动反射/折射和镜像：忽略自动反射/折射贴图以加速测试渲染。
- 阴影：禁用该选项后，不渲染投射阴影。这可以加速测试渲染。默认设置为启用。
- 强制线框：像线框一样设置为渲染场景中所有曲面。可以选择线框厚度（以像素为单位）。默认设置为1，效果如图10-28所示。

图10-28 强制线框

- 启用SSE：启用该选项后，渲染使用“流SIMD扩展”(SSE)。(SIMD代表“单指令、多数据”。)取决于系统的CPU， SSE可以缩短渲染时间。默认设置为禁用状态。

(2)“抗锯齿”选项区域

- 抗锯齿：抗锯齿平滑渲染时产生的对角线或弯曲线条的锯齿状边缘。只有在渲染测试图像并且较快的速度比图像质量更重要时才禁用该选项。
- “过滤器”下拉列表：选择高质量的基于表的过滤器，将其应用到渲染上。过滤是抗锯齿的最后一步操作。它们在子像素层级起作用，并允许用户根据所选择的过滤器来清晰或柔化最终输出。
- 过滤贴图：启用或禁用对贴图材质的过滤。默认设置为启用。
- 过滤器大小：可以增加或减小应用到图像中的模糊量。

技巧·提示

禁用“抗锯齿”将使“强制线框”设置无效。即使启用“强制线框”，几何体也将根据其自身指定的材质进行渲染。通过禁用“抗锯齿”还可禁用渲染元素。如果需要渲染元素，请确保使“抗锯齿”处于启用状态。

“渲染区域”和“渲染选定项”只在使用区域过滤器渲染时才产生可靠的结果。

请保持启用“过滤贴图”选项，除非在进行测试渲染并想加速渲染速度和节省内存时才禁用。

某些过滤器在“过滤器大小”控件下方显示其他由过滤器指定的参数。当渲染单独元素时，可以逐个元素显式启用或禁用活动的过滤器。

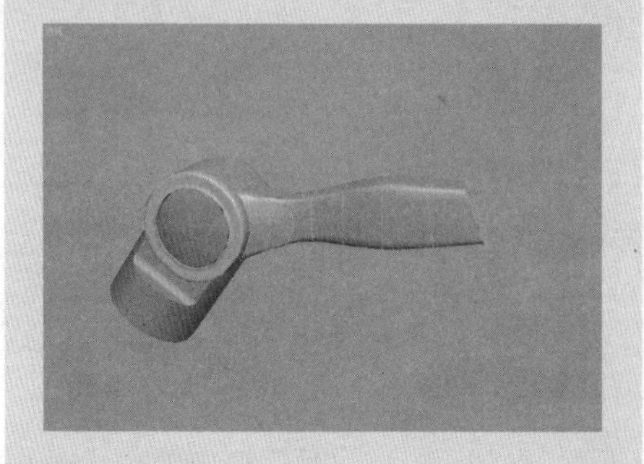

35 在“NURBS”对话框中单击“创建封口曲面”按钮，然后在“手柄轴”末端的曲线上单击，创建一个封口曲面；单击“NURBS”对话框中的“创建圆角曲面”按钮，然后对“主体”凹陷部位的边缘进行圆角处理，将“起始半径”设置为0.5，如下图所示。

36 单击“NURBS”对话框中的“创建曲面上的CV曲线”按钮，在“手柄轴”的末端表面上创建一条封闭的CV曲线，如下图所示。

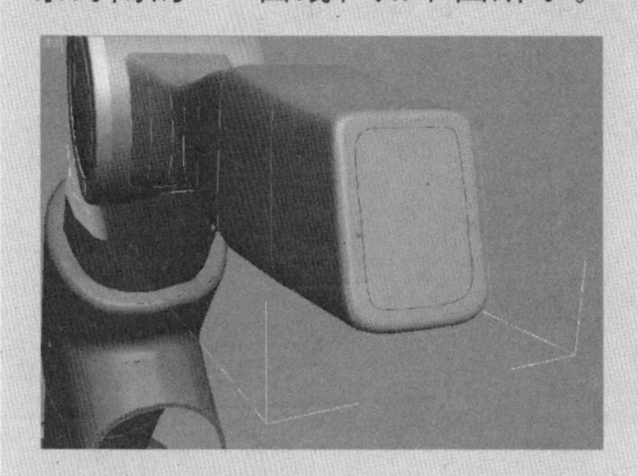

37 单击“NURBS”对话框中的“创建法向投影曲线”按钮，然后将“手柄轴”末端表面上CV曲线内的表面修剪掉，如下图所示。

38 在“NURBS”对话框中单击“创建挤出曲面”按钮，然后在视图中单击并拖动“手柄轴”孔洞边缘的曲线，在适当的位置释放鼠标；在“挤出曲面”卷展栏中将挤出的数量设置为-1，并将挤出的轴向锁定Z轴（当前视图为透视图），此时圆孔边缘曲线向内挤出形成表面，如下图所示。

39 在“NURBS”对话框中单击“创建封口曲面”按钮，然后在“手柄轴”末端挤出曲面边曲线上单击，这样就在挤出曲面的末端形成了一个封口曲面，如下图所示。

制作软管、设置材质

01 单击“创建”命令面板中的“图形”按钮，在创建类型下拉列表中单击“样条线”选项，然后在“对

(3)“全局超级采样”选项区域

- 禁用所有采样器：禁用所有超级采样。默认设置为禁用状态。
- 启用全局超级采样器：启用该选项后，对所有的材质应用相同的超级采样器。禁用该选项后，将材质设置为使用全局设置，该全局设置由渲染对话框中的设置控制。启用“禁用所有采样器”控件，渲染对话框的“全局超级采样”选项区域中的所有其他控件都将无效。
- 超级采样贴图：启用或禁用对贴图材质的超级采样。默认设置为启用。

技巧·提示

请保持启用“超级采样贴图”选项，除非在进行测试渲染并想加速渲染速度和节省内存时才禁用。

- 采样器下拉列表：选择应用何种超级采样方法。默认设置为“Max 2.5星”。

(4)“对象运动模糊”选项区域

- 应用：为整个场景全局启用或禁用“对象运动模糊”。任何设置“对象运动模糊”属性的对象都将用运动模糊进行渲染。
- 持续时间：确定“虚拟快门”打开的时间。设置为1.0时，“虚拟快门”在一帧和下一帧之间的整个持续时间保持打开。较长的值产生更为夸张的效果，如图11-29所示。

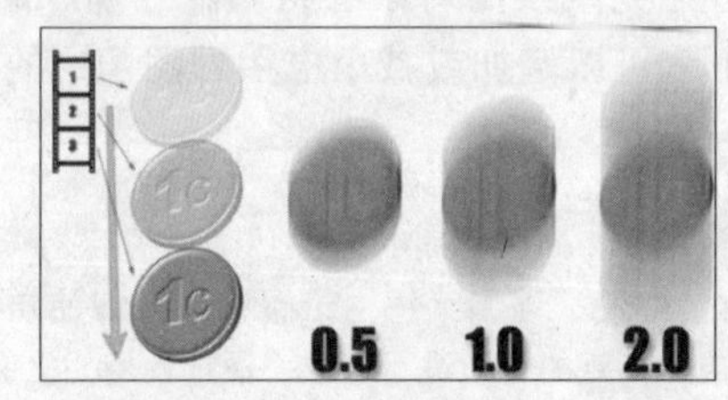

图10-29　改变“持续时间”的效果

- 采样数：设置模糊虚影是由多个对象的重复拷贝组成的，最大可以设置为32，它往往与“持续时间细分”值相关，“持续时间细分”值确定的是在持续时间内将有多少对象拷贝进行渲染，如果两值相等则会产生均匀浓密的虚影。要想获得最光滑的运动模糊效果，应将两值设置为32，但是这样会增加渲染时间，一般设置为12。
- 持续时间细分：确定在持续时间内渲染的每个对象副本的数量，如图10-30所示，左图为采样值与细分值相同效果，右图为采样值小于细分值效果。

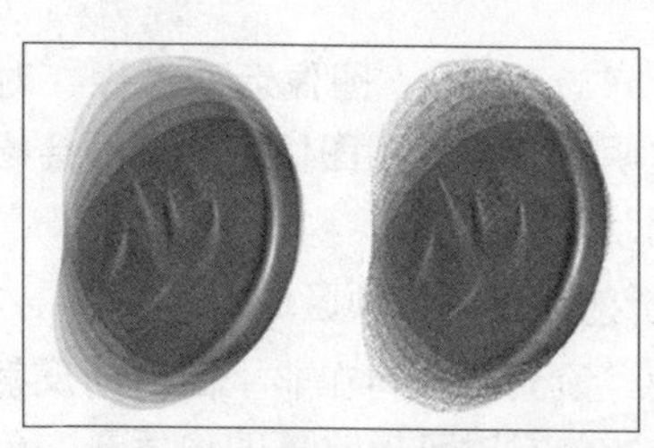

图10-30 改变“持续时间”的效果

(5)“图像运动模糊”选项区域

通过为对象设置“属性”对话框的“运动模糊”选项区域中的“图像”，确定对哪个对象应用“图像运动模糊”。“图像运动模糊”通过创建拖影效果而不是多个图像来模糊对象。它考虑摄影机的移动。图像运动模糊是在扫描线渲染完成之后应用的，如图10-31所示。

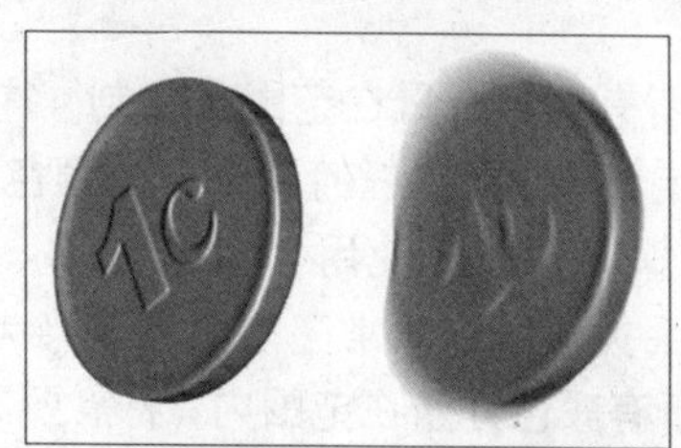

图10-31 改变“图像运动模糊”的效果

不能将“图像运动模糊”应用在更改其拓扑的对象上。当模糊的对象发生重叠时，有时模糊就不能产生正确的效果，并且在渲染中会存在间距。因为图像运动模糊是在渲染之后应用的，因此它没有考虑对象重叠。要解决这个问题，可以分别渲染每个模糊的对象到不同的层，然后用“Video Post”中的“Alpha 合成器”将两个层合成。

图像运动模糊对设置动画的NURBS对象无效，因此它们的细分（曲面近似）随着时间而改变。

- 应用：为整个场景全局启用或禁用“图像运动模糊”。任何设置了“图像运动模糊”属性的对象都用运动模糊进行渲染。
- 持续时间：指定“虚拟快门”打开的时间。设置为1.0时，“虚拟快门”在一帧和下一帧之间的整个持续时间保持打开。值越大，运动模糊效果越明显。
- 应用于环境贴图：设置该选项后，“图像运动模糊”既可以应用于环境贴图，也可以应用于场景中的对象。当摄影机环游时效果非常显著。环境贴图应当使用“环境”进行贴图如，球形、圆柱形或收缩包裹。“图像运动模糊”不能与屏幕贴图环境一起使用。

象类型”卷展栏中单击 螺旋线 按钮，在视图中创建一个“半径1”为137，“半径2”为123，“高度”为688，“圈数”为2的螺旋线，然后在左视图中将其逆时针旋转，使之与连杆的角度大致相同，如下图所示。

02 右击视图，在弹出的菜单中选择“转换为>转换为可编辑样条线”命令，如下图所示。

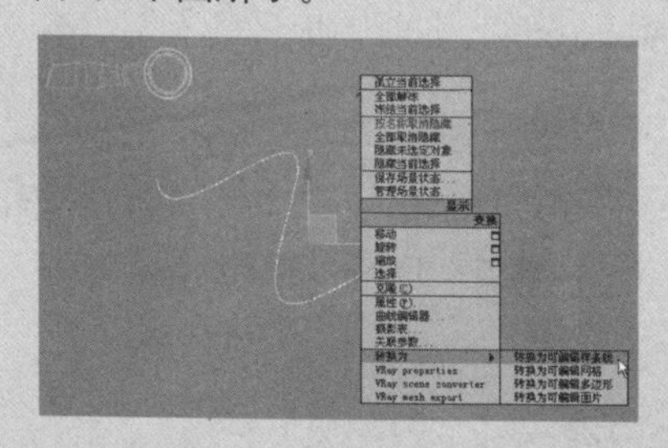

03 按数字键1，切换到“顶点”层次，然后将螺旋线两端的顶点分别与“三通”下部的开口和“主体01”表面上的凹陷部位对齐，如下图所示。

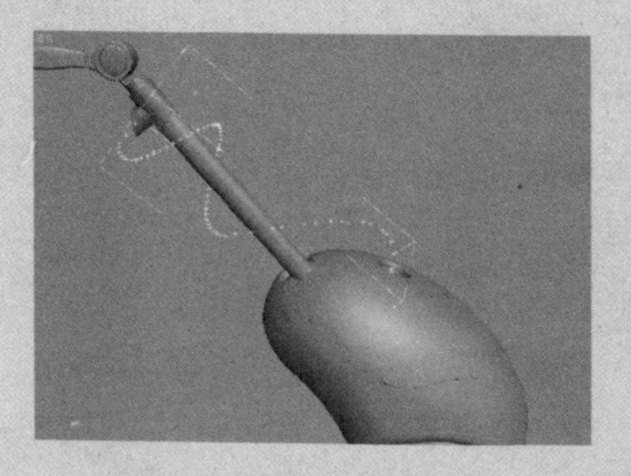

04 在“创建”面板“几何体”命令面板中的创建类型下拉列表中选择“扩展基本体”选项，然后在“对象

类型”卷展栏中单击 软管 按钮，在视图中创建一个“高度”为300，“周期数”为16，“直径”为85，“起始位置”为0，“结束位置”为100，“直径的百分比”为45的软管，如下图所示。

05 单击“选择并移动”工具，按住Shift键，然后拖动软管对象，释放鼠标后系统将弹出“克隆选项”对话框，在该对话框中将“副本数”设置为2，如下图所示。

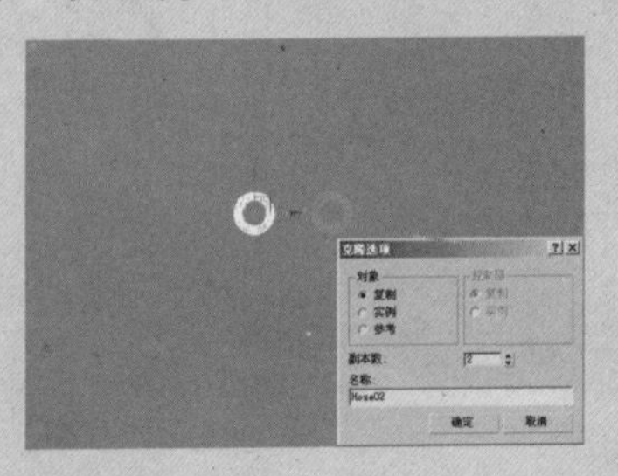

06 在视图中选中Hose01，然后在“修改”命令面板中的“修改器列表”下拉列表中选择“路径变形”修改器，在“参数”卷展栏中单击 拾取路径 按钮，返回到视图中单击螺旋线，并将“路径变形”选项区域中的“拉伸”设置为1.47，此时软管对象已经沿路径方向发生变形，如下图所示。

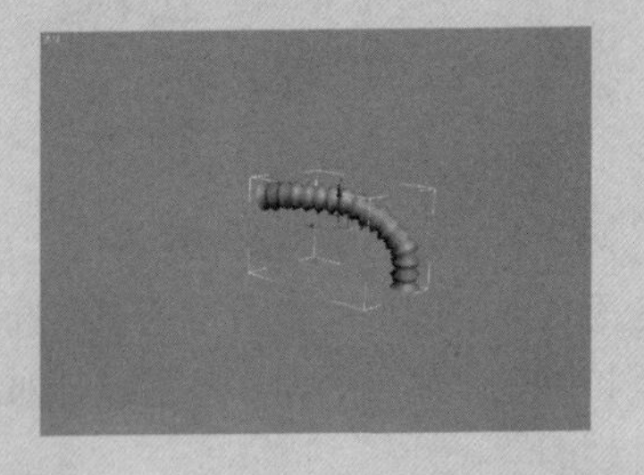

- 透明度：启用该选项后，“图像运动模糊”对重叠的透明对象起作用。在透明对象上应用图像运动模糊会增加渲染时间。默认设置为禁用状态。

（6）“自动反射/折射贴图”选项区域

- 渲染迭代次数：设置对象间在非平面自动反射贴图上的反射次数。虽然增加该值有时可以改善图像质量，但是这样做也将增加反射的渲染时间。

（7）“颜色范围限制”选项区域

通过切换“钳制”或“缩放”来处理超出范围（0到1）的颜色分量（RGB），“颜色范围限制”允许用户处理亮度过高的问题。通常，反射高光会导致颜色分量高于范围，而使用负凸轮的过滤器将导致颜色分量低于范围。

- 钳制：要保证所有颜色分量在范围“钳制”内，则需要将任何大于1的值设定为1，而将任何小于0的颜色限制在0。0与1间的任何值都保持不变。使用“钳制”时，因为在处理过程中色调信息会丢失，所以非常亮的颜色渲染为白色。
- 缩放：要保证所有颜色分量在范围内，将需要通过缩放所有3个颜色分量来保留非常亮的颜色的色调，因此最大分量的值为1。注意，这样将更改高光的外观。

（8）“内存管理”选项区域

- 节省内存：启用该选项后，渲染使用更少的内存但会增加一点内存时间。可以节约15%到20%的内存，而时间大约增加4%。默认设置为禁用状态。

“光线跟踪器”选项卡

“光线跟踪器”选项卡中只包含一个“光线跟踪器全局参数”卷展栏，如图10-32所示。

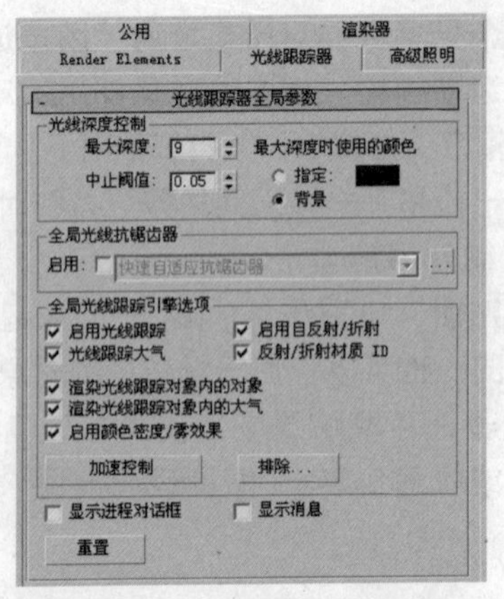

图10-32 “光线跟踪器”选项卡

(1)“全局光线抗锯齿器”选项区域

- 启用：只有当“全局光线抗锯齿器”开启时才可用，启用可以设置当前材质自身的抗锯齿方式。
- 快速自适应抗锯齿器：使用快速自适应抗锯齿方式是通过单击右侧的...按钮，打开“快速自适应抗锯齿器”对话框，如图10-33所示。

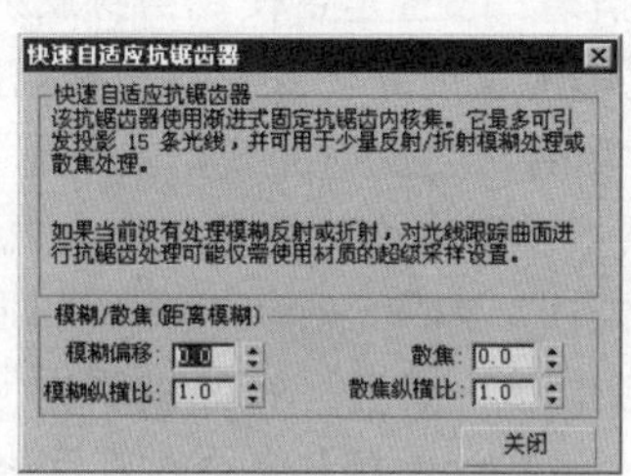

图10-33 “快速自适应抗锯齿器”对话框

该对话框中各选项含义如下。

- ◆ 模糊偏移：影响反射或折射锐化或模糊程度，而不再遵循距离的原则。通过它可以对反射或折射的细节进行柔化或聚焦处理。以像素为单位进行取值，默认为0.0。通常取默认值就可以得到理想的效果，如发现失真现象，可适当增加次值。
- ◆ 模糊纵横比：这是改变模糊形状的纵横比，通常情况不需对它进行调整，默认值为1.0。如果发现锯齿大多沿水平方向产生，将此值调整为1.5，如锯齿沿垂直方向产生，将此值调整为0.5。
- ◆ 散焦：这是一种基于距离产生的模糊效果，靠近表面的对象不产生模糊效果，远离表面的对象模糊效果强烈。
- ◆ 散焦纵横比：设置纵横比改变散焦的形状，一般选择默认。
- 多分辨率自适应抗锯齿器：与“快速自适应抗锯齿器”相似，在场景中存在大量反射、折射、模糊或散焦的情况下有明显效果，但需要的时间也较长。单击右侧的...按钮，打开“多分辨率自适应抗锯齿器”对话框，如图10-34所示。

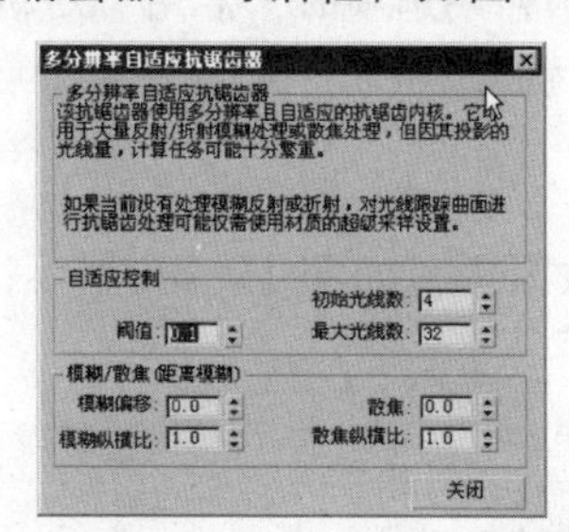

图10-34 “多分辨率自适应抗锯齿器”对话框

该对话框中各选项含义如下。

- 初始光线数：设置每个像素所投射光线的初始数目，默认为4。
- 阀值：设置适配计算的敏感速度，取值在0-1之间，默认为0.1。
- 最大光线数：设置每个像素进行运算时所投射的最大光线数量，默认为32。

07 使用相同的方法分别对另外两个软管进行处理：Hose02的直径“百分比”为33.333，；Hose03的直径“百分比”为66.666，此时软管对象各自在相应的路径上发生变形，但是并不连在一起，如下图所示。

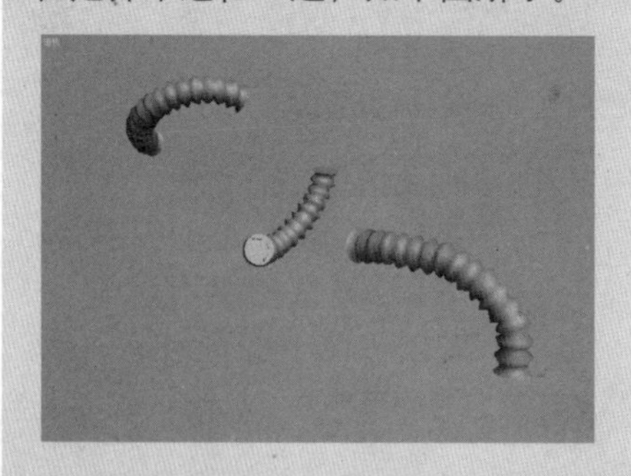

08 在“修改”命令面板中的“参数”卷展栏中将Hose01对象的“拉伸”数值设置为1.47，此时Hose01的顶部与Hose02的下部接触上（左视图中的效果，实际没有接触），如下图所示。

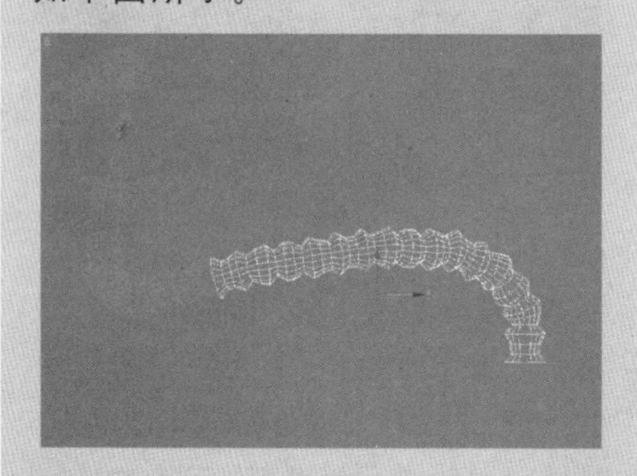

09 使用相同的方法对其他的软管进行处理，然后在顶视图中将它们对齐，如下图所示。

⑩ 在视图中选中所有的软管对象，然后执行菜单栏中的“组>成组”命令，在弹出的“组”对话框中将编组对象命名为“软管”，如下图所示。

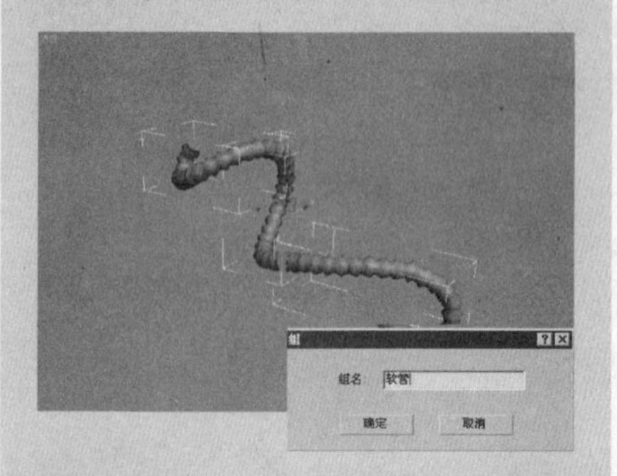

⑪ 在顶视图中将“软管”与螺旋线对齐，然后按Shift + Q组合键渲染透视图效果如下图所示。

⑫ 制作“主体”材质。按下键盘的M键，打开“材质编辑器”对话框，在该对话框中选择一个未用的示例球，在“明暗器基本参数”卷展栏中的材质类型下拉列表中选择“各项异性”选项；在“各向异性基本参数”卷展栏中单击“漫反射”右侧的颜色图标，在弹出的“颜色选择器：漫反射颜色”对话框中将颜色设置为绿色（红：162，绿：221，蓝：77），如下图所示。

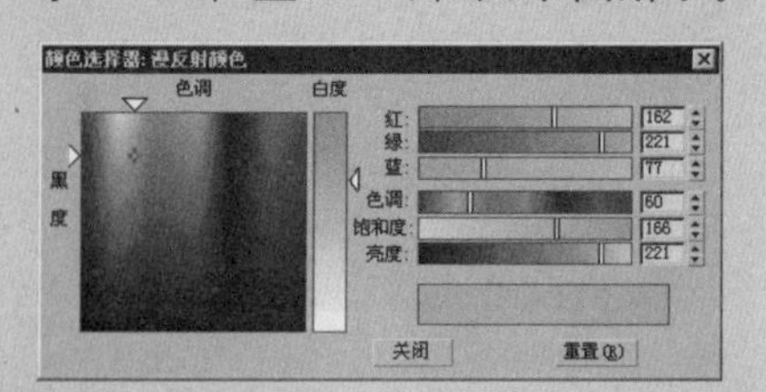

“模糊／散焦（距离模糊）”选项区域中的选项与“快速自适应抗锯齿器”对话框中的相似，在此就不再敷述。

(2)“全局光线跟踪引擎选项”选项区域

- 启用光线跟踪：设置是否进行光线跟踪计算。这个选项只对真实的场景对象起作用。
- 启用自反射/折射：设置是否使用自身反射或折射。有些模型如茶壶的把和壶嘴能反射到壶身上的需要启用这个设置，如球体，长方体不会对自身产生反射的模型就不需要启用。
- 光线跟踪大气：设置是否对场景中的大气效果进行光线跟踪。
- 反射／折射材质ID：如果一个光线跟踪材质制定了材质ID号，并且在“视频合成器”或者“特效编辑器”中根据材质ID指定特殊效果，这个设置就是控制是否对其反射或折射的图像也进行特效处理。

“高级照明”选项卡

“高级照明”选项卡如图10-35所示，它用于选择一个高级照明选项。默认扫描线渲染器提供两个选项：“光跟踪器”和“光能传递”。

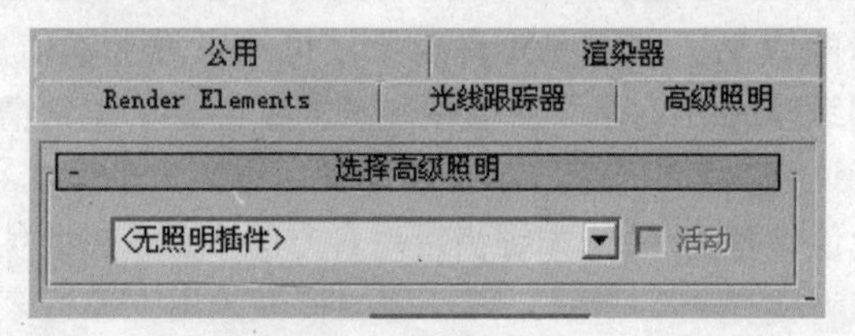

图10-35 “高级照明”选项卡

“光跟踪器”为明亮场景（比如室外场景）提供柔和边缘的阴影和映色。“光能传递”提供场景中灯光的物理性质精确建模。

- 插件列表：从此下拉菜单中选择高级照明选项。默认设置为未选择高级照明选项。
- 活动：选择高级照明选项时，启用“活动”选项可在渲染场景时切换是否使用高级照明。默认设置为启用。

光跟踪器

“光跟踪器”参数面板，如图10-36所示。

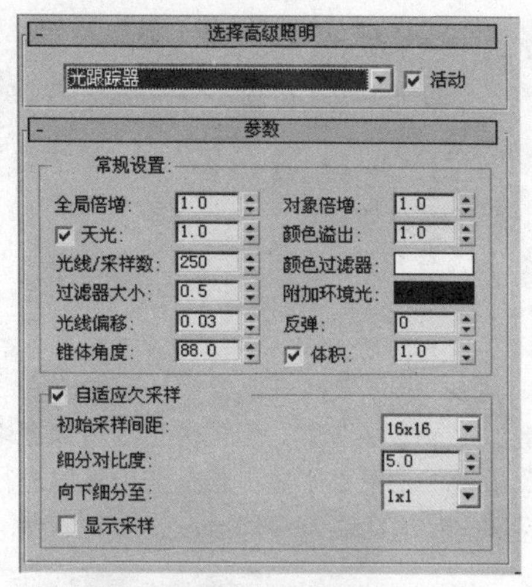

图10-36 “光跟踪器”参数面板

(1)“常规设置”选项区域

- 全局倍增：控制总体照明级别，如图10-37所示，左图为减小倍增设置，右图增大倍增设置。默认设置为 1.0。

图10-37 “全局倍增”设置

- 天光：启用该选项后，启用从场景中天光的重聚集。（一个场景可以含有多个天光。）默认设置为启用。
- 天光量：缩放天光强度，如图10-38所示，左图为增大天光值，右图为增大对象倍增。默认设置为 1.0。

图10-38 “天光量”与“对象倍增”对比

- 颜色溢出：控制映色强度。当灯光在场景对象间相互反射时，映色发生作用，如图10-39所示，左图为映色过多，右图为将“颜色溢出”设置为0效果。默认设置为 1.0。

⑬ 在各向异性基本参数”卷展栏中的“反射高光”选项区域中将“高光级别”设置为82，“光泽度”为45，“各向异性”为80，“方向”为10，如下图所示。

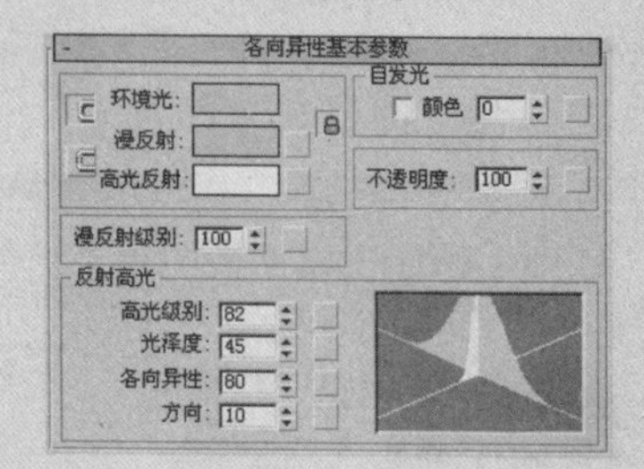

⑭ 展开“贴图”卷展栏，单击反射右侧的 无 按钮，在弹出的“材质/贴图浏览器”对话框中双击“光线跟踪”选项，返回到“贴图”卷展栏，并将“反射”通道的数量设置为5，如下图所示。

	数量	贴图类型
环境光颜色	100	None
漫反射颜色	100	None
高光颜色	100	None
漫反射级别	100	None
高光级别	100	None
光泽度	100	None
各向异性	100	None
方向	100	None
自发光	100	None
不透明度	100	None
过滤色	100	None
凹凸	30	None
☑ 反射	5	Map #0 (Raytrace)
折射	100	None
置换	100	None

⑮ 在视图中选中“主体”、“主体01”、“吸嘴—中”、“吸嘴—左”、“吸嘴—右”、“三通”和“手柄轴”，单击“材质编辑器”对话框中的“将材质指定给选定对象”按钮，按Shift+Q组合键渲染透视图，效果如下图所示。

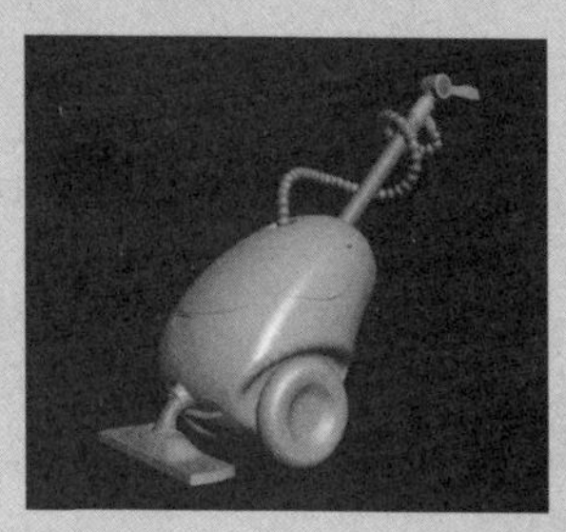

⑯ 在该对话框中选择一个未用的示例球，在“Blinn基本参数”卷展栏中单击“漫反射”右侧的颜色图标，在弹出的“颜色选择器：漫反射颜色”对话框中将颜色设置为黑绿色（红：135，绿：156，蓝115），如下图所示。

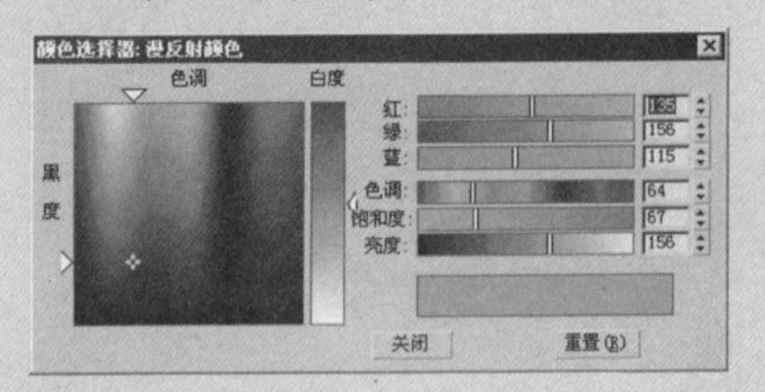

⑰ 在“各向异性基本参数”卷展栏中的“反射高光”选项区域中将“高光级别”设置为15，“光泽度”为20，将当前的材质指定给“轮毂—左”和“轮毂—右”，按Shift+Q组合键渲染透视图，效果如下图所示。

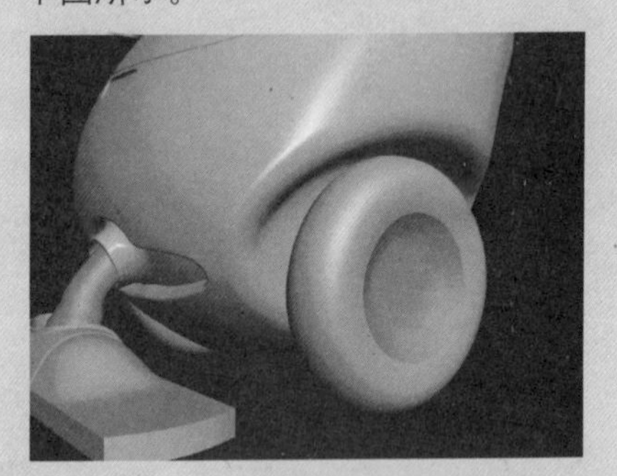

⑱ 在该对话框中选择一个未用的示例球，在“Blinn基本参数”卷展栏中单击“漫反射”右侧的颜色图标，在弹出的“颜色选择器：漫反射颜色”对话框中将颜色设置为灰黑色（红94，绿：94，蓝：94），如下图所示。

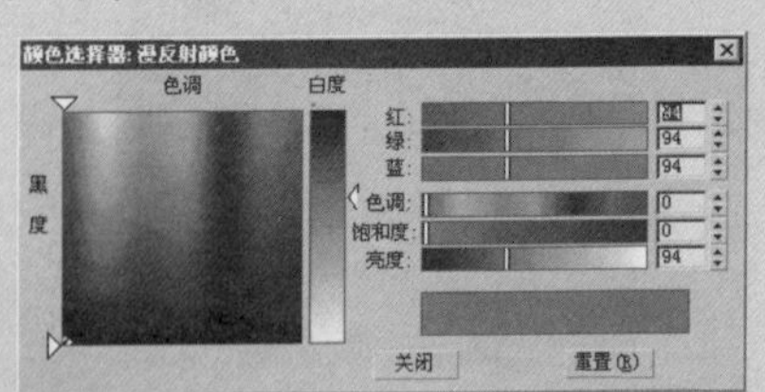

图10-39 “颜色溢出”参数设置对比

- 光线/采样数：每个采样（或像素）投射的光线数目。增大该值可以增加效果的平滑度，但同时也会增加渲染时间。减小该值会导致颗粒状效果更明显，但是渲染可以进行的更快，如图10-40所示。默认设置为250。

图10-40 不同“光线/采样数”对比

- 颜色过滤器：过滤投射在对象上的所有灯光。设置为除白色外的其他颜色以丰富整体色彩效果。默认设置为白色。
- 过滤器大小：用于减少效果中噪波的过滤器大小（以像素为单位）。默认值为0.5。增大过滤器大小可以减少渲染中的噪波，如图10-41所示。

图10-41 不同“过滤器大小”对比

技巧·提示

当禁用“自适应欠采样”并且“光线/采样数”值较小时，“过滤器大小”选项特别有用。

- 附加环境光：当设置为除黑色外的其他颜色时，可以在对象上添加该颜色作为附加环境光。默认设置为黑色。
- 光线偏移：像对阴影的光线跟踪偏移一样，“光线偏移”可以调整反射光效果的位置。使用该选项更正渲染的不真实效果，例如，对象投射阴影到自身所可能产生的条纹。默认值为0.03。
- 反弹：被跟踪的光线反弹数。增大该值可以增加映色量。值越小，快速结果越不精确，并且通常会产生较暗的图像。较大的值允许更多的光在场景中流动，这会产生更亮更精确的图像，但同时也将使用较多渲染时间。默认值为0。当反弹为0时，光跟踪器不考虑体积照明，如图10-42所示。

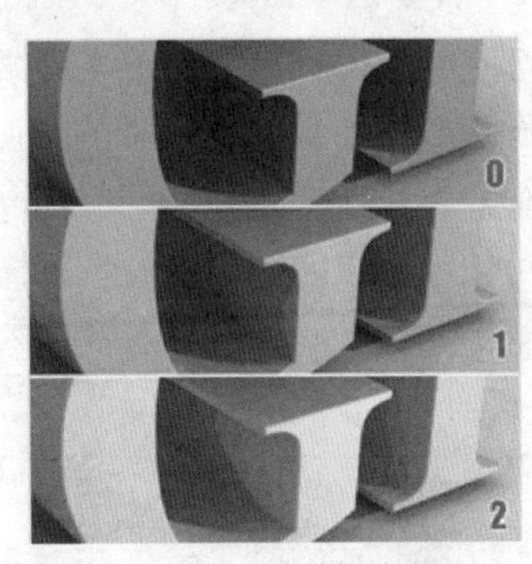

图10-42　增大反弹数效果

技巧·提示

如果场景中有透明对象，如玻璃，请将反弹值增加到大于零。(请注意，这将增加渲染时间。

- 锥体角度：控制用于重聚集的角度。减小该值会使对比度稍微升高，尤其在有许多小几何体向较大结构上投射阴影的区域中更明显。范围为33.0至90.0。默认值为88.0，如图10-43所示。

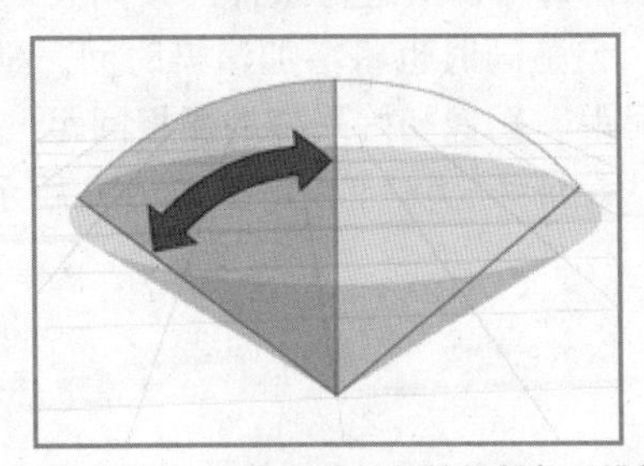
图10-43　所有光线的初始投射都受锥体角度限制

⑲ 在“Blinn基本参数”卷展栏中的“反射高光”选项区域中，将“高光级别”设置为20，“光泽度”为36，如下图所示。

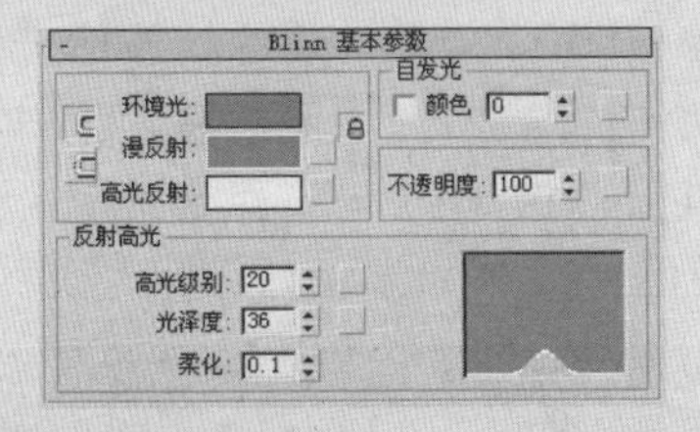

⑳ 将当前的材质指定给“轮胎—左”和“轮胎—右”，按Shift+Q组合键渲染透视图效果如下图所示。

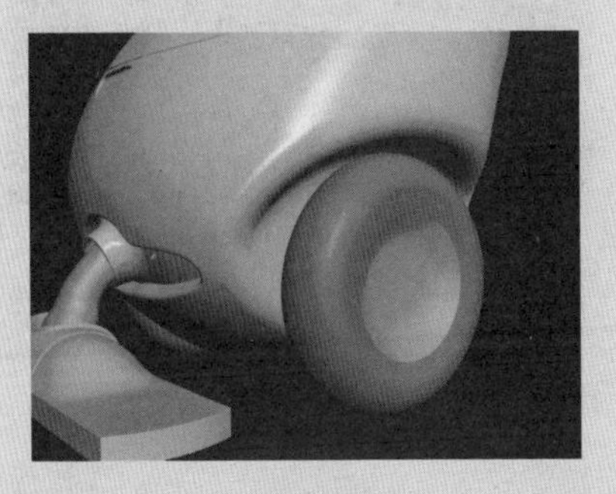

㉑ 将“主体”材质拖到一个未用的示例球上，然后将复制的材质命名为“软管”，将漫反射颜色更换为白色（红：255，绿：255，蓝：255），并将“高光级别”设置为30，其余参数不变，将当前的材质指定给“吸管”、“连杆”、“连杆—顶”、“手柄冒—左”和“手柄冒-右”，按Shift+Q组合键渲染透视图，效果如下图所示。

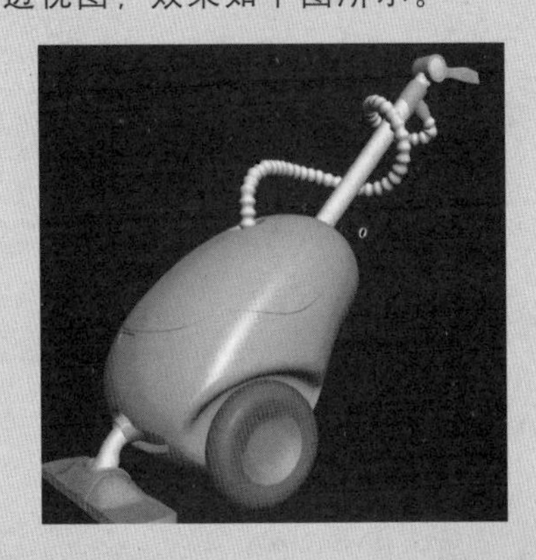

㉒ 将轮胎材质拖到一个未用的示例球上,并将复制的材质命名为“手柄冒—左”，将“漫反射”颜色修改为浅灰色（红：163，绿：163，蓝：163），将当前的材质指定给“手柄冒-左01”和“手柄冒—右01，”，按Shift+Q组合键渲染透视图，效果如下图所示。

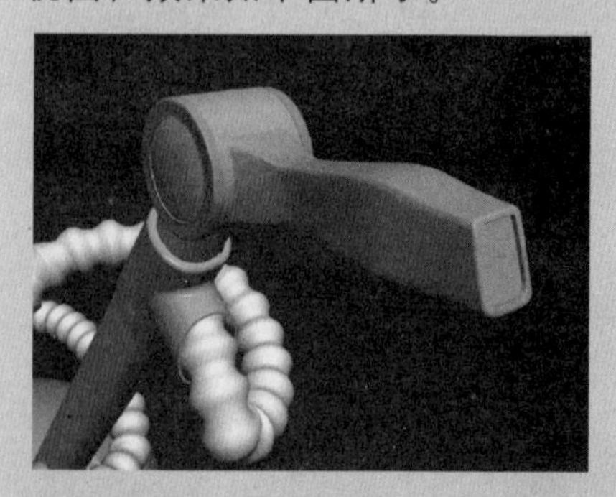

㉓ 在视图中创建一个简单的场景，然后进行渲染，最终效果如下图所示。

● 体积：启用该选项后，“光跟踪器”从体积照明效果（如体积光和体积雾）中重聚集灯光。默认设置为启用。对使用光跟踪的体积照明，反弹值必须大于0。

● 体积量：增强从体积照明效果重聚集的灯光量。增大该值可增加其对渲染场景的影响，减小该值可减少其效果，如图10-44所示。默认设置为1.0。

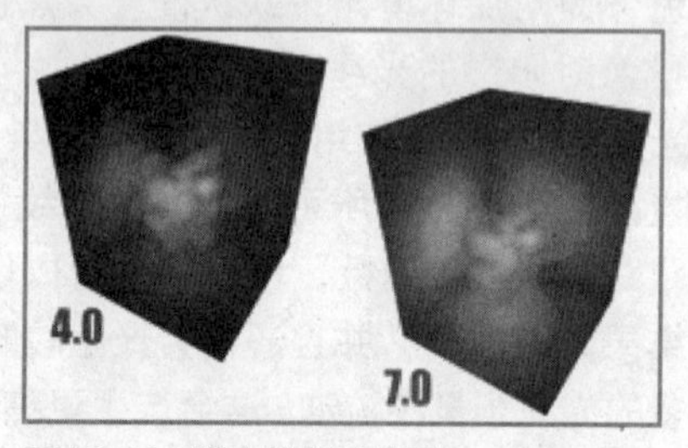

图10-44 增大体积量效果

（2）“自适应欠采样”选项区域

这些控件可以帮助用户减少渲染时间。它们减少所采用的灯光采样数。欠采样的理想设置根据场景的不同而不同。

欠采样从叠加在场景中像素上的栅格采样开始。如果采样值之间有足够的对比度，则可以细分该区域并进一步采样，直到获得由“向下细分至”所指定的最小区域。对于非直接采样区域的照明，由插值得到，如图10-45所示。

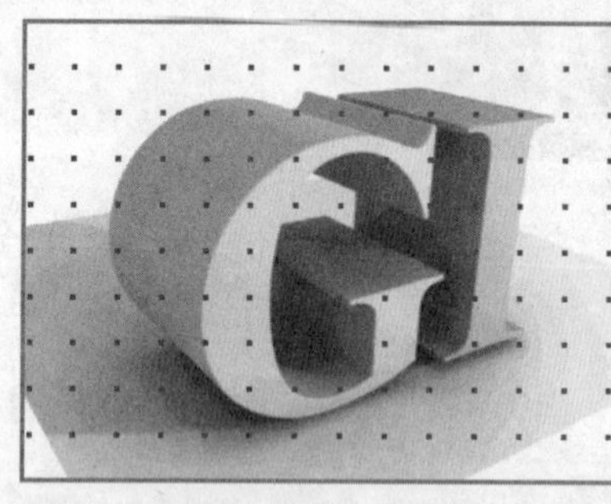

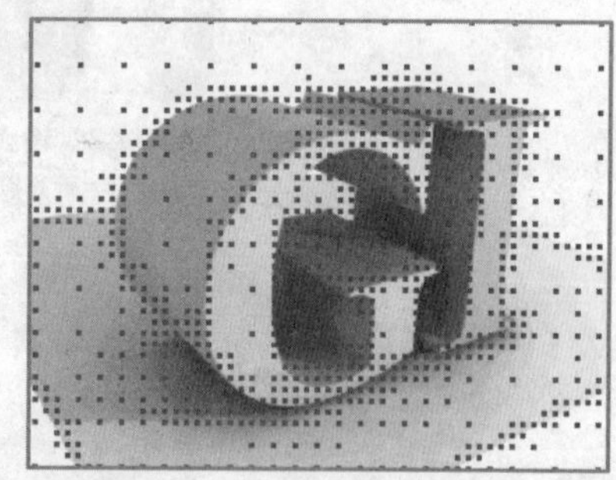

图10-45 “初始采样”和“自适应采样”效果对比

● 自适应欠采样：启用该选项后，光跟踪器使用欠采样。禁用该选项后，则对每个像素进行采样。禁用欠采样可以增加最终渲染的细节，但是同时也将增加渲染时间。默认设置为启用。

● 初始采样间距：图像初始采样的栅格间距。以像素为单位进行衡量。默认设置为16x16，如图10-46所示。

2x2 4x4 8x8

图 10-46 不同“初始采样间距”值效果对比

- 细分对比度：确定区域是否应进一步细分的对比度阈值。增加该值将减少细分。该值过小会导致不必要的细分。默认值为 5.0，如图 10-47 所示。

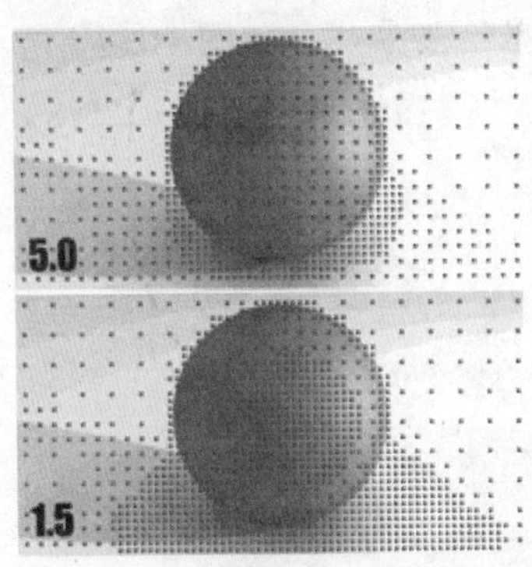

图10-47 不同“细分对比度”值的效果

- 向下细分至：细分的最小间距。增加该值可以缩短渲染时间，但是以精确度为代价。默认值为 1 x 1。取决于场景中的几何体，大于 1 x 1 的栅格可能仍然会细分为小于该指定的阈值。
- 显示采样：启用该选项后，采样位置渲染为红色圆点。该选项显示发生最多采样的位置，这可以帮助用户选择欠采样的最佳设置。默认设置为禁用状态。

光能传递

“光能传递”是一种渲染技术，它可以真实地模拟灯光在环境中相互作用的方式，如图 10-48 所示。

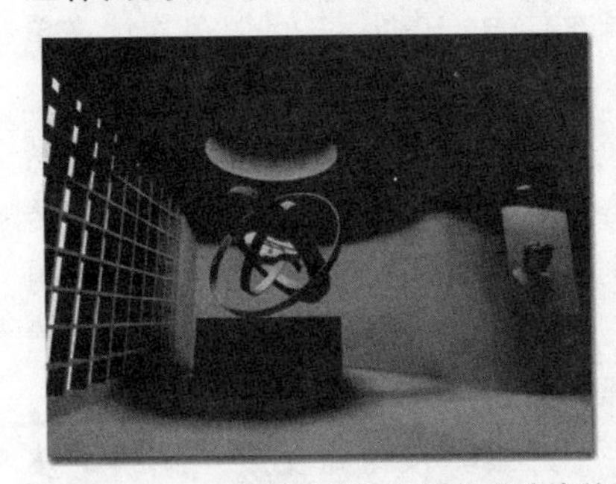

图 10-48 扫描线渲染与光能传递渲染效果对比

3ds Max 的“光能传递”技术在场景中生成更精确的照明光度学模拟。像间接照明、柔和阴影和曲面间的映色等效果可以生成自然逼真

制作底座、吧台

01 展示设计是一门综合性学科，是美学、技术、经济、文化等多种文化融合的整体，其主要理论基础是：平面构成、立体构成和色彩构成。在3ds max中创建展示之前，首先要设计出展示平面示意图，其中包括Logo 接待区、展示区、休息区、洽谈区和储物区等空间的划分，如下图所示。

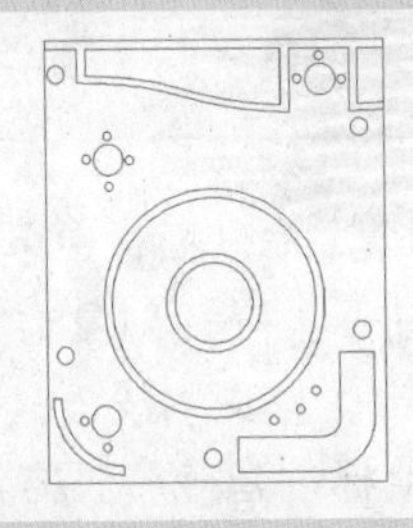

02 在制作效果图之前设计者要大量搜集有关图片和素材及企业标识和图片，如下图所示。

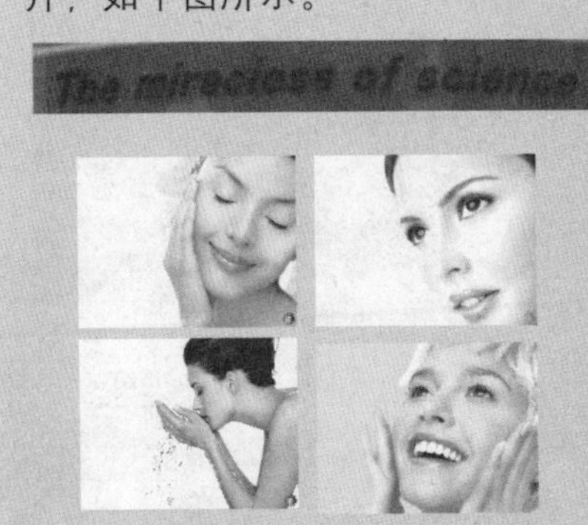

03 将显示单位比例和系统单位比例都设置为毫米，如下图所示。

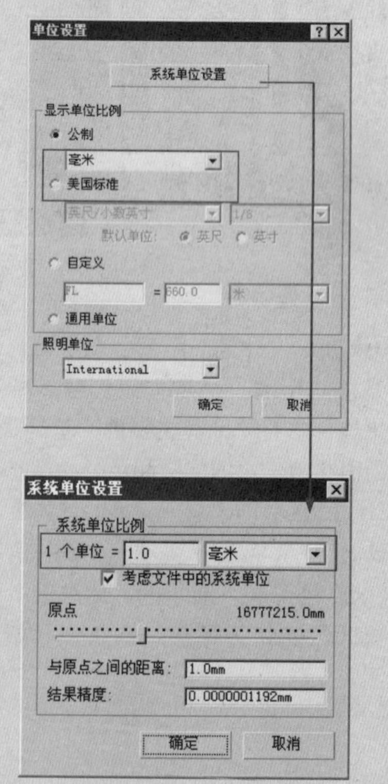

04 在“创建”命令面板中单击“几何体”按钮，在“对象类型”卷展栏中单击 长方体 按钮，在顶视图中拖动鼠标创建一个长方体，在“修改”命令面板设置其“长度”为8000.0、“宽度”为10000.0、“高度”为10.0，作为展示底座，如下图所示。

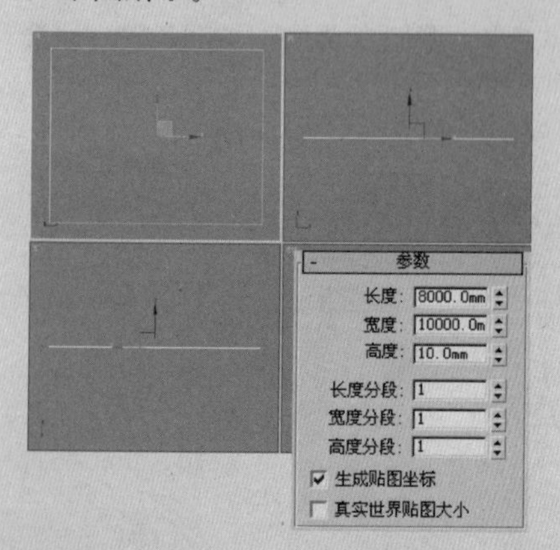

的图像，而这样真实的图像是无法用标准扫描线渲染得到的。这些图像更好地展示了用户的设计在特定照明条件下的外观。

通过与“光能传递”技术相结合，3ds Max也提供了真实世界的照明接口。灯光强度不指定为任意值，而是使用光度学单位（流明、坎迪拉等）来指定。通过使用真实世界的照明接口，可以直观的在场景中设置照明。

“光能传递”选项包含5个卷展栏，分别如下。

“光能传递处理参数”卷展栏

“光能传递处理参数”卷展栏，如图10-49所示。

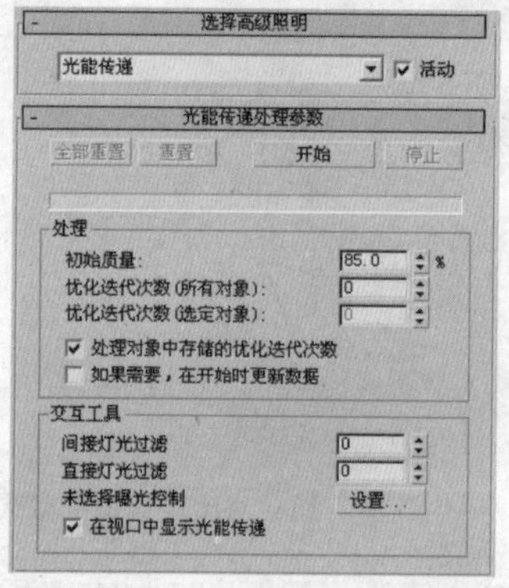

图10-49 “光能传递处理参数”卷展栏

- 全部重置：单击“开始”按钮后，将3ds Max场景的副本加载到光能传递引擎中。单击“全部重置”按钮，从引擎中清除所有的几何体。
- 重置：从“光能传递”引擎中清除灯光级别，但不清除几何体。
- 开始：开始光能传递处理。一旦光能传递解决方案达到“初始质量”所指定的百分比数量，此按钮就会变成“继续”按钮。如果在达到全部的“初始质量”按钮百分比之前单击“停止”按钮，然后再单击“继续”按钮会使光能传递处理继续进行，直到达到全部的百分比或再次单击“停止”。可以多次地在单击“停止”按钮之后再单击“继续”按钮。

  另外，可以计算“光能传递”直到低于100%的“初始质量”，然后增加“初始质量”的值，单击“继续”按钮以继续计算光能传递。在任何一种情况中，“继续”按钮避免了重新生成草图的“光能传递”解决方案而节省了时间。一旦达到全部的“初始质量”百分比，单击“继续”按钮就不会有任何的效果。
- 停止：停止光能传递处理。“开始”按钮将变成“继续”按钮。可以在之后单击“继续”按钮以继续进行光能传递处理，键盘快捷键为Esc。

(1)“处理”选项区域

此选项区域中的选项用以设置“光能传递”解决方案前两个阶段的行为，即“初始质量”和“细化”。

- 初始质量：设置停止“初始质量”阶段的质量百分比，最高到100%。例如，如果指定为80%，将会得到一个能量分布精确度为80%的光能传递解决方案。目标的初始质量设为80%到85%通常就足够了，它可以得到比较好的效果，如图10-50所示。

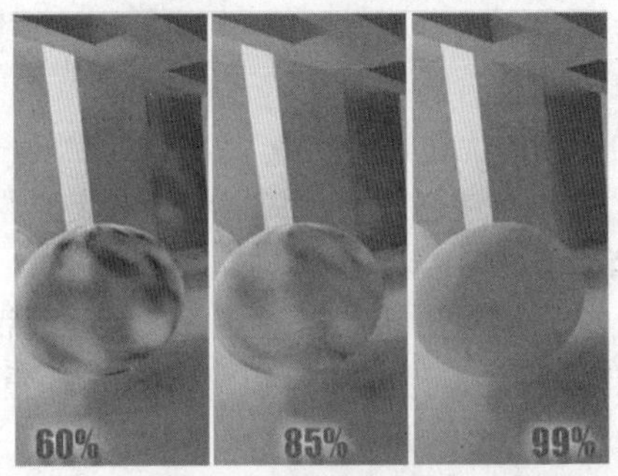

图10-50 增加初始质量的百分比值的效果对比

技巧·提示

“质量”指的是能量分布的精确度，而不是解决方案的视觉质量。即使“初始质量”百分比比较高，场景仍然可以显示明显的变化。变化由解决方案后面的阶段来解决。

- 优化迭代次数（所有对象）：设置“优化迭代次数”的数目以作为一个整体来为场景执行。“优化迭代次数”阶段将增加场景中所有对象上的光能传递处理的质量。使用“初始质量”阶段其他的处理来从每个面上聚集能量以减少面之间的变化。这个阶段并不会增加场景的亮度，但是它将提高解决方案的视觉质量并显著地减少曲面之间的变化。如果在处理了一定数量的“优化迭代次数”后没有达到可接受的结果，可以增加“细化迭代次数”的数量并继续进行处理，如图10-51所示。

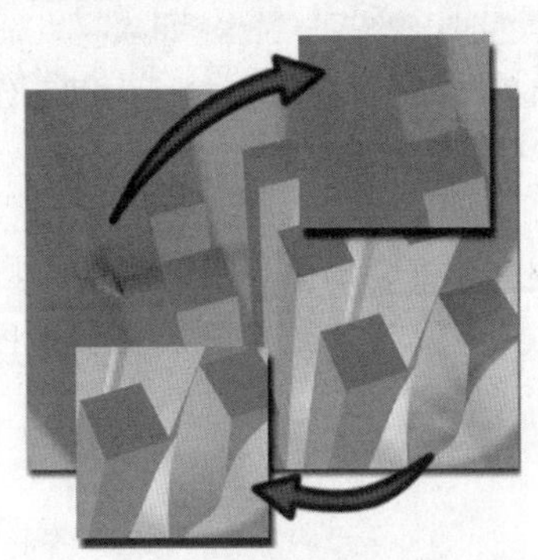

图10-51 没有迭代次数的大图像

05 在“创建”命令面板中单击“图形”按钮，在“对象类型”卷展栏中单击 文本 按钮，在“参数”卷展栏中的“文本”文本框中输入“The miraciess of science”（公司）名称，在前视图中单击鼠标创建文本，如下图所示。

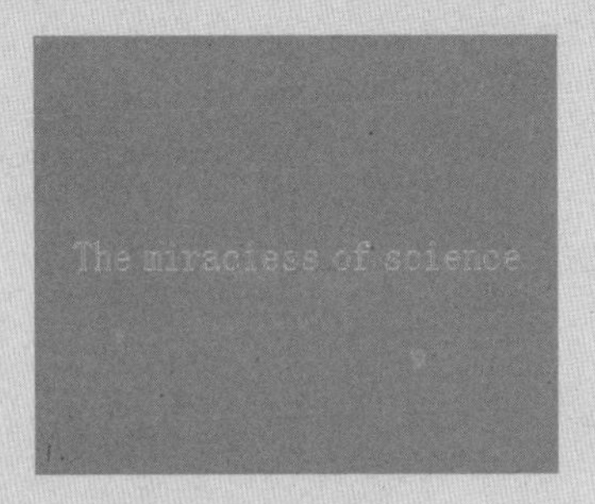

06 在“修改”命令面板中的“参数”卷展栏中设置字体为“汉仪大黑简”，单击“倾斜”按钮，并设置其“大小”为100.0，如下图所示。

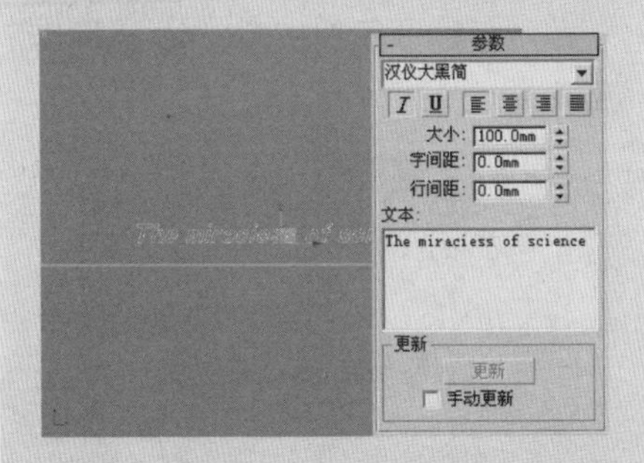

07 在“修改”命令面板中的修改器列表下拉列表中选择“挤出”选项，给文字添加一个“挤出”修改命令，并在“参数”卷展栏中设置其“数量”为20.0，挤出文字作为标识系统，如下图所示。

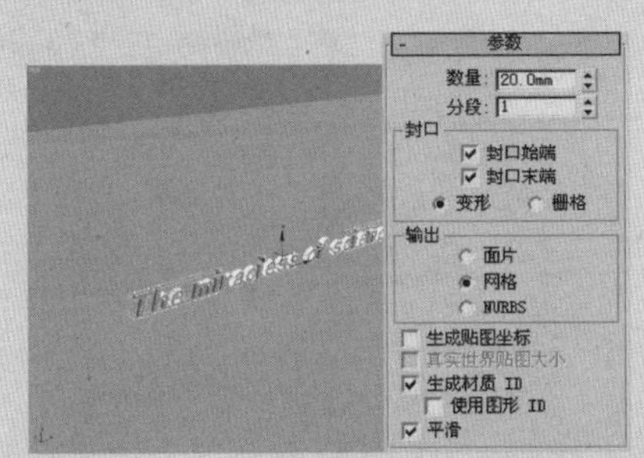

08 在“创建”命令面板中单击“图形”按钮，在“对象类型”卷展栏中单击 矩形 按钮，在视图中创建一个“长度”为4200.0、“宽度”为2700.0、“角半径”为1000.0的矩形，如下图所示。

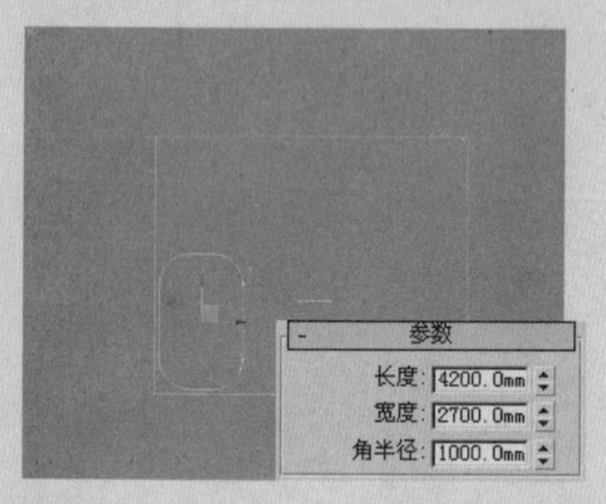

09 在“修改”命令面板中的“修改器列表”下拉列表中选择“样条线选择”选项，按数字键2，切换到矩形的“分段”子层级，选择如下图所示的分段并按Delete键将其删除。

10 按数字键1，切换到“顶点”子层级，适当调节顶点位置，并在“修改”命令面板中命名为“路径01”，如下图所示。

> 技巧·操示
>
> 如果要在渲染时间使用“重聚集”，通常不需要执行“优化”阶段以获得高质量的最终渲染。在3ds Max处理“优化迭代次数”之后，将禁用“初始质量”，只有在单击“重置”或“全部重置”之后才能对其进行更改。

- 优化迭代次数（选定对象）：设置“细化迭代次数”的数目来为选定对象执行，所使用的方法和“优化迭代次数（所有对象）”的相同。通常，对于那些有着大量的小曲面并且有大量变化的对象来说，该选项非常有用，诸如栏杆或椅子或者是高度细分的墙。
- 处理对象中存储的优化迭代次数：每个对象都有一个叫做“优化迭代次数”的光能传递属性。每当细分选定对象时，与这些对象一起存储的步骤数就会增加。
- 如果需要，在开始时更新数据：启用此选项之后，如果解决方案无效，则必须重置光能传递引擎，然后再重新计算。在这种情况下，将更改“开始”菜单，以阅读“更新与开始”。当单击该按钮时，将重置光能传递解决方案，然后再开始进行计算。

（2）“交互工具”选项区域

该选项区域中的选项有助于调整光能传递解决方案在视口中和渲染输出中的显示。这些控件在现有光能传递解决方案中立即生效，而无需任何额外的处理就能看到它们的效果。

- 间接灯光过滤：用周围的元素平均化间接照明级别以减少曲面元素之间的噪波数量。通常，值设为3或4已足够。如果使用太高的值，则可能会在场景中丢失详细信息。因为“间接灯光过滤”是交互式的，可以根据自己的需要对结果进行评估然后再对其进行调整。
- 直接灯光过滤：用周围的元素平均化直接照明级别以减少曲面元素之间的噪波数量。通常，值设为3或4已足够。

> 技巧·操示
>
> 只在使用投射直射光时“直接灯光过滤”才可工作。如果未使用“投射直射光”，则将每个对象视为间接照明。

- 过滤：用周围的元素平均化照明级别以减少曲面元素之间的噪波数量。通常，值设为3或4已足够，如图10-52所示。

图10-52 不同“过滤”值效果

- 未选择曝光控制：显示当前曝光控制的名称。（通过执行菜单栏中的“渲染/环境”命令更改曝光控制时，在“光能传递”对话框中显示的名称会自动地更新。）
- “设置”按钮：单击以弹出“环境和效果”对话框，在该对话框中的“环境”选项卡中可以访问“曝光控制”卷展栏；在此处可以为特定的曝光控制设置参数。
- 在视口中显示光能传递：在光能传递和标准 3ds Max 着色之间切换视口中的显示。

“光能传递网格参数”卷展栏

“光能传递网格参数”卷展栏，如图10-53 所示。

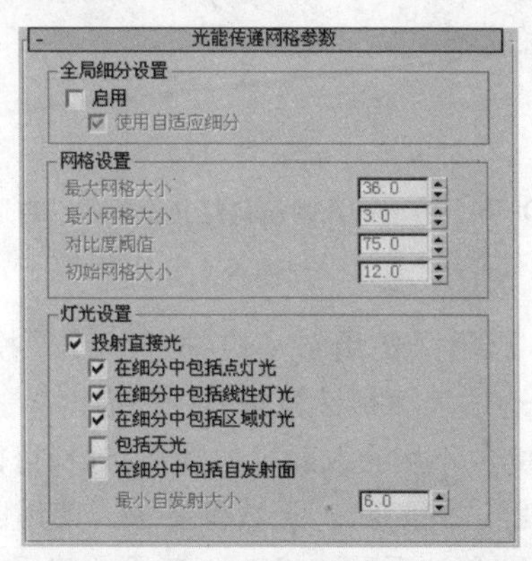

图10-53 “光能传递网格参数”卷展栏

（1）“全局细分设置”选项区域

- 启用：用于启用整个场景的光能传递网格。当要执行快速测试时，禁用网格。
- 使用自适应细分：该选项用于启用和禁用自适应细分。默认设置为启用。只有启用“使用自适应细分”后，“网格设置”选项区域中的参数“最大网格大小”、“最小网格大小”、“对比度阈值”和“初始网格大小”才可用。

如图10-54 所示为从左边起第一个没有细分，后面两个不同程度的细分，第三个自适应细分。

⓫ 在“创建”命令面板中单击“图形”按钮，在“对象类型”卷展栏中单击 矩形 按钮，在前视图中创建一个“长度”为1000.0、“宽度”为750.0、“角半径”为250.0的矩形，并命名为“截面01”如下图所示。

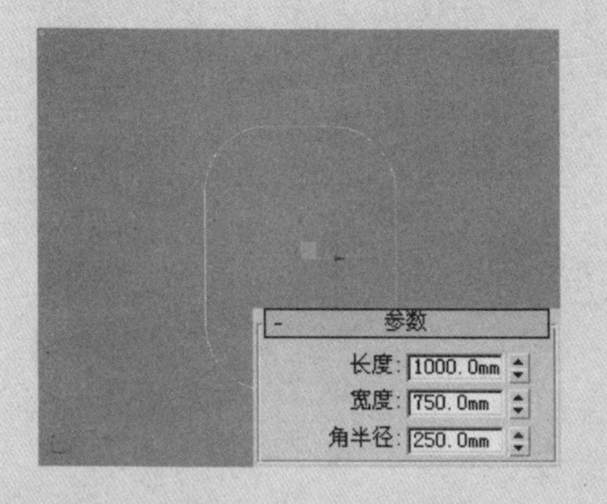

⓬ 在“创建”命令面板中单击“几何体”按钮，将几何体类型设置为“复合对象”，如下图所示。

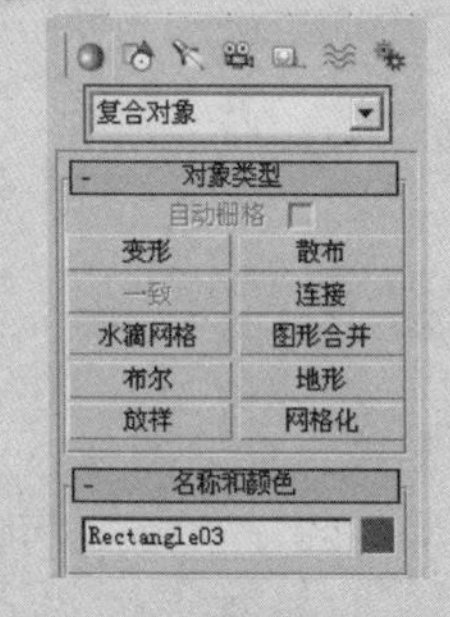

⓭ 在视图中选择“路径01”样条线，在“对象类型”卷展栏中，单击 放样 按钮，在“创建方法”卷展栏中单击 获取图形 按钮，在视图中拾取“截面01”，效果如下图所示。

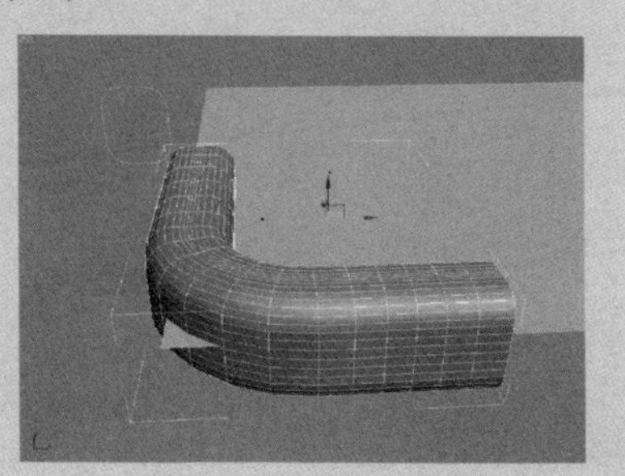

⑭ 在各个视图中调节放样物体的位置到展示地面之上，如下图所示。

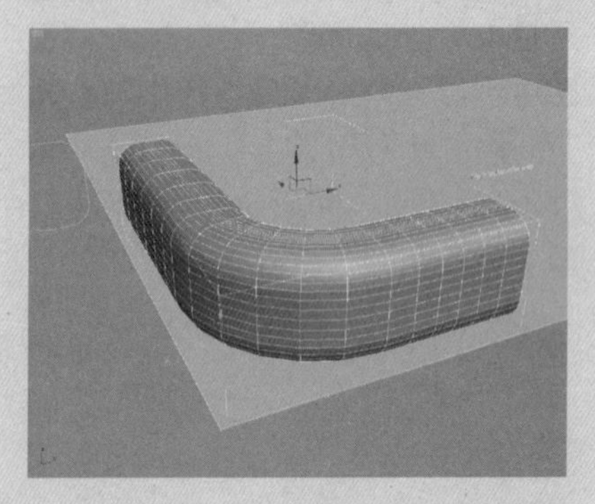

⑮ 执行右键菜单“转换为>转换为可编辑多边形”命令，将放样物体转换为“可编辑多边形”，如下图所示。

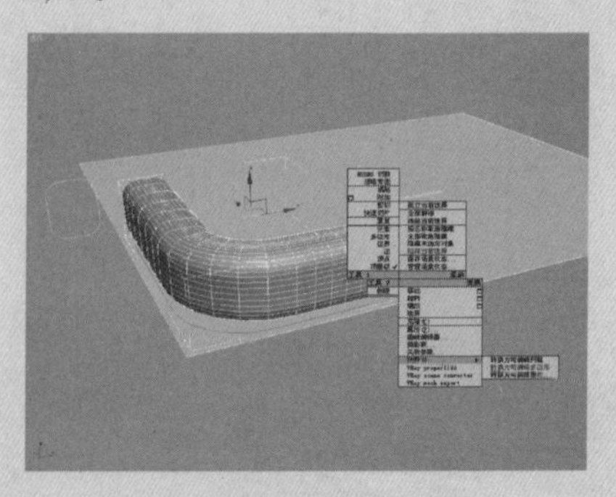

⑯ 在“创建”命令面板中，单击“几何体”按钮，将几何体体类型设置为“标准基本体”，在“对象类型”卷展栏中单击 长方体 按钮，在前视图中创建一个“长度”为2000.0、“宽度”为2000.0、“高度”为50.0的长方体，并在透视图中调节其位置，如下图所示。

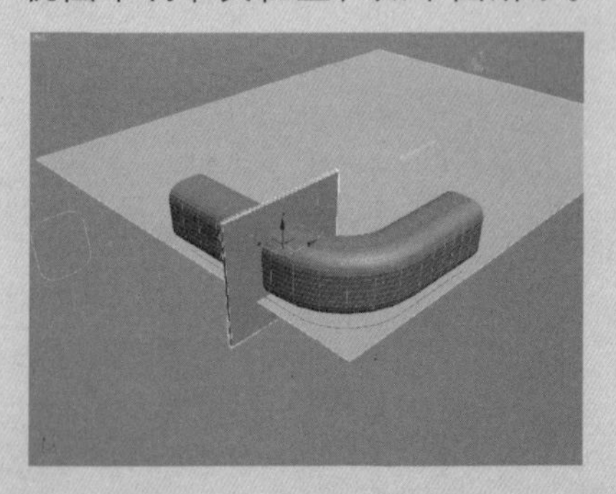

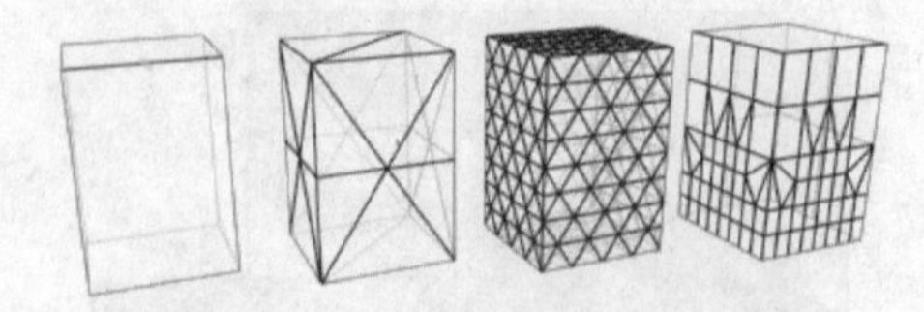

图10-54　细分对比

(2)“网格设置”选项区域

- 最大网格大小：自适应细分之后最大面的大小。对于英制单位，默认值为36英寸，对于公制单位，默认值为100厘米。
- 最小网格大小：不能将面细分使其小于最小网格大小。对于英制单位，默认值为3英寸，对于公制单位，默认值为10厘米。
- 对比度阈值：细分具有顶点照明的面，顶点照明因多个对比度阈值设置而异。默认设置为75.0。
- 初始网格大小：改进面图形之后，不细分小于初始网格大小的面。用于决定面是否是不佳图形的阈值，当面大小接近初始网格大小时还将变得更大。对于英制单位，默认值为12英寸，对于公制单位，默认值为30厘米。默认网格细分效果如图10-55所示。

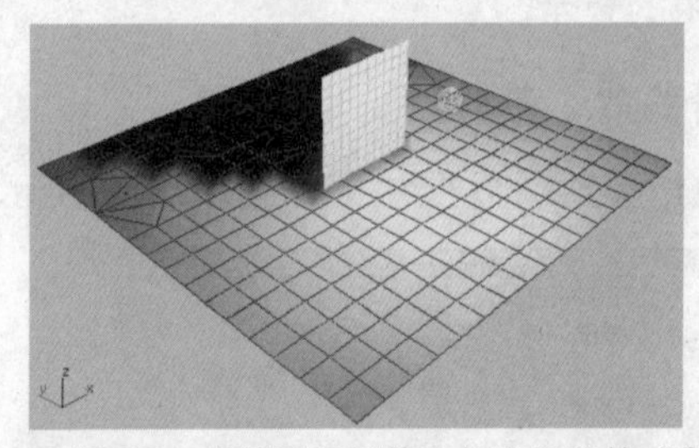

图10-55　使用默认网格和灯光设置的“自适应细分”效果

(3)“灯光设置”选项区域

- 投射直射光：启用“使用自适应细分”或“投射直射光”之后，根据以下选项来解析计算场景中所有对象上的直射光。照明是解析计算的并不用修改对象的网格，这样可以产生噪波较少且视觉效果更舒适的照明。既然有要求，使用自适应细分时隐性启用该选项。默认设置为启用。禁用“使用自适应细分”选项之后该选项仍然可以使用，如图10-56所示。
- 在细分中包括点灯光：控制投射直射光时是否使用点灯光。默认设置为启用。

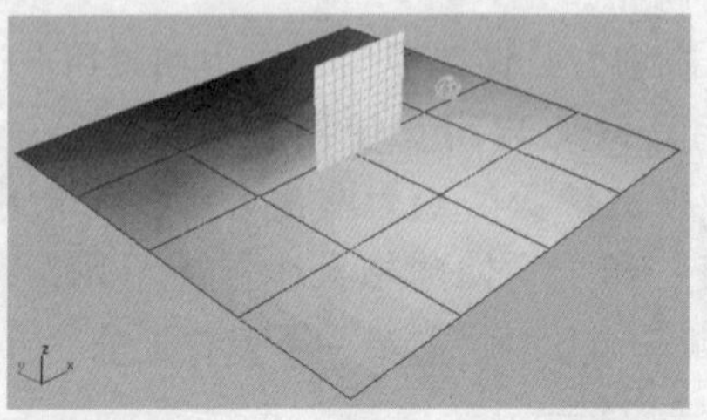

图10-56　禁用灯光设置时的“自适应细分”

- 在细分中包括线性灯光：控制投射直射光时是否使用线性灯光。默认设置为启用。
- 在细分中包括区域灯光：控制投射直射光时是否使用区域灯光。默认设置为启用。
- 包括天光：启用该选项后，投射直射光时使用天光。默认设置为禁用状态。
- 在细分中包括自发射面：该选项控制投射直射光时如何使用自发射面。默认设置为禁用状态。
- 最小自发射大小：这是计算其照明时用来细分自发射面的最小大小。使用最小大小而不是采样数目以使较大面的采样数多于较小面。默认值为 6.0。

"灯光绘制" 卷展栏

"灯光绘制" 卷展栏，如图 10-57 所示。

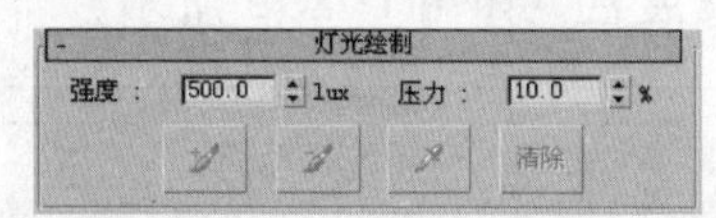

图10-57 "灯光绘制"卷展栏

- 强度：以勒克斯或坎迪拉为单位指定照明的强度，具体情况取决于用户在 "自定义" / "单位设置" 对话框中选择的单位。
- 压力：当添加或移除照明时指定要使用的采样能量的百分比。
- "添加照明列曲面" 按钮：添加照明从选定对象的顶点开始。3ds Max 基于 "压力" 数值框中的数量添加照明。压力数量与采样能量的百分比相对应。例如，如果墙上具有约 2,000 勒克斯，使用 "添加照明到曲面" 将 200 勒克斯添加到选定对象的曲面中。
- "从曲面减少照明" 按钮：移除照明从选定对象的顶点开始。3ds Max 基于 "压力" 数值框中的数量移除照明。压力数量与采样能量的百分比相对应。例如，如果墙上具有约 2,000 勒克斯，使用 "从曲面减少照明" 从选定对象的曲面中移除 200 勒克斯。
- "从曲面拾取照明" 按钮：采样选择的曲面的照明数。要保存无意标记的照亮或黑点，使用 "从曲面拾取照明" 将照明数用作与用户采样相关的曲面照明。单击该按钮，然后将滴管光标移动到曲面上。当单击曲面时，以勒克斯或坎迪拉为单位的照明数在 "强度" 数值框中反映。例如，如果使用 "从曲面拾取照明" 在具有能量为 6 勒克斯的墙上执行操作时，则 0.6 勒克斯将显示在 "强度" 数值框中。3ds Max 在曲面上添加或移除的照明数是压力值乘以此值的结果。

⑰ 按 Shift 键配合 "选择并移动" 工具，移动并复制，并使用 "选择并旋转" 工具进行角度调节，放置位置和角度如下图所示。

⑱ 选择放样物体模型，在 "几何体" 创建面板中，将创建类型设置为 "复合对象"，在 "对象类型" 卷展栏中单击 布尔 按钮，在 "拾取布尔" 卷展栏中单击 拾取操作对象 B 按钮，在透视图中拾取一个长方体，效果如下图所示。

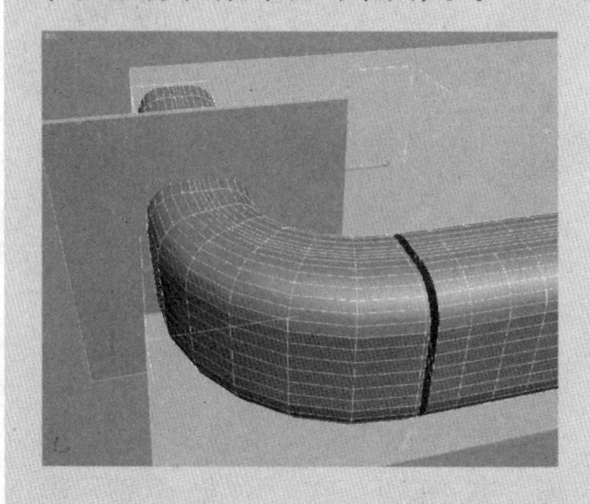

⑲ 使用同样的方法计算另一个长方体，效果如下图所示。

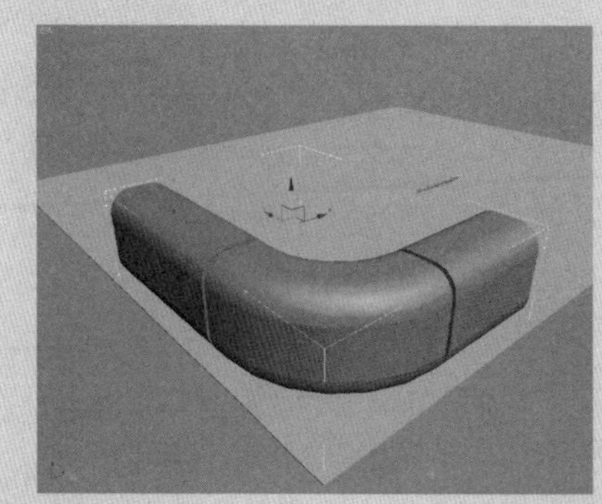

⑳ 执行右键菜单“转换为>转换为可编辑多边形”命令，将其转换为“可编辑多边形”，按数字键4，切换到多边形的“多边形”子层级，选择所有的多边形面，如下图所示。

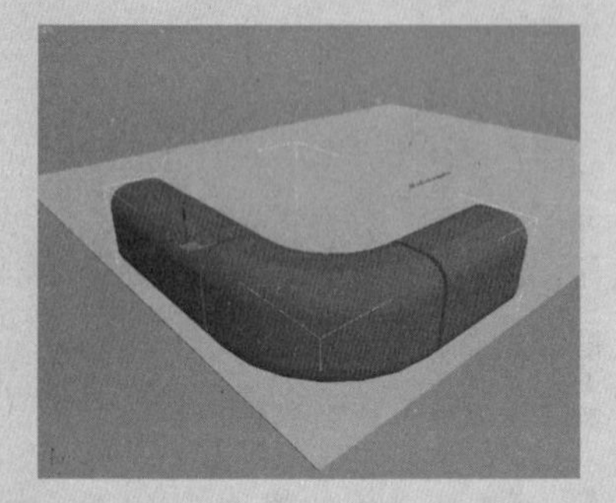

㉑ 在“修改”命令面板中的“多边形属性”卷展栏中，设置“平滑”选项区域中的“自动平滑”值为45.0，并单击 自动平滑 按钮，效果如下图所示。

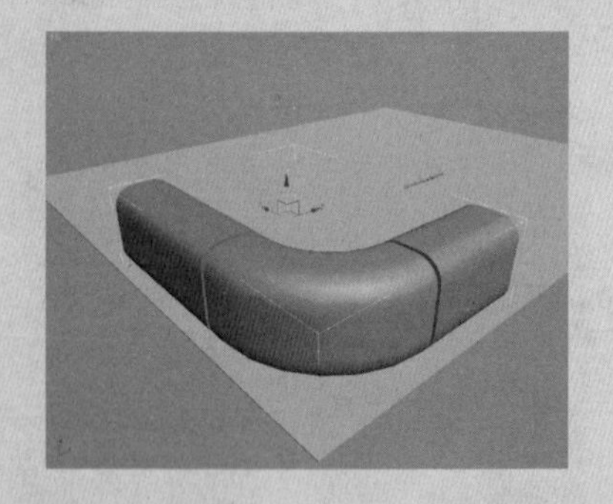

㉒ 在“创建”命令面板中单击“图形”按钮，在“对象类型”卷展栏中单击 圆 按钮，在前视图中创建一个“半径”为40.0的圆形作为吧台内部金属骨架截面，如下图所示。

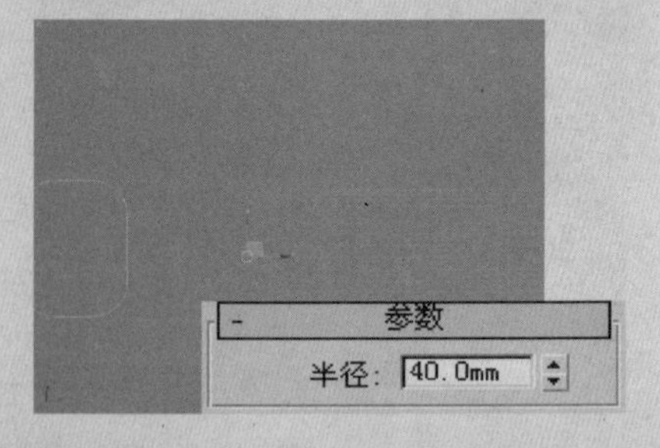

- “清除”按钮：清除所做的所有更改。通过处理附加的光能传递迭代次数或更改过滤数也会丢弃使用灯光绘制工具对解决方案所做的任何更改，如图10-58所示。

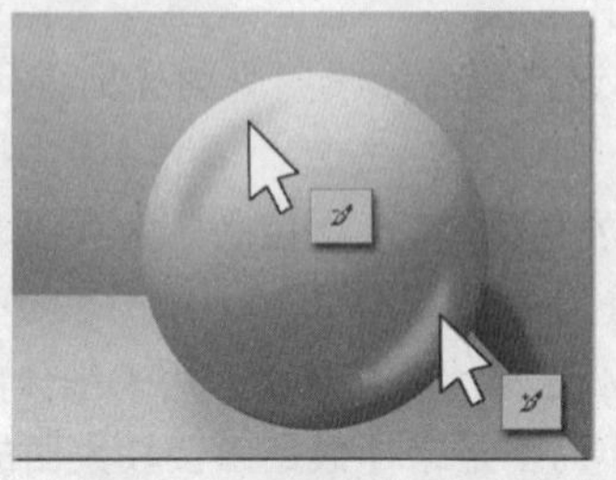

图10-58 使用灯光绘制来添加或移除光能传递解决方案中的灯光

“渲染参数”卷展栏

“渲染参数”卷展栏，如图10-59所示。

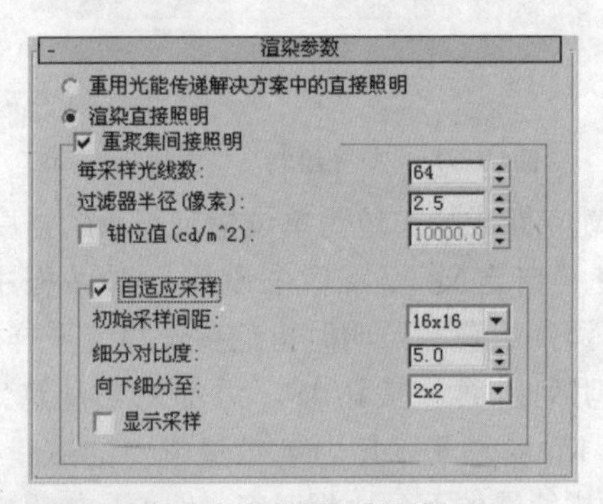

图10-59 “渲染参数”卷展栏

- 重用光能传递解决方案中的直接照明：3ds Max并不渲染直接灯光，但却使用保存在光能传递解决方案中的直接照明。如果启用该选项，则会禁用“重聚集间接照明”选项。场景中阴影的质量取决于网格的分辨率。捕获精细的阴影细节可能需要细的网格，但在某些情况下该选项可以加快总的渲染时间，特别是对于动画，因为光线并不一定需要由扫描线渲染器进行计算，如图10-60所示。

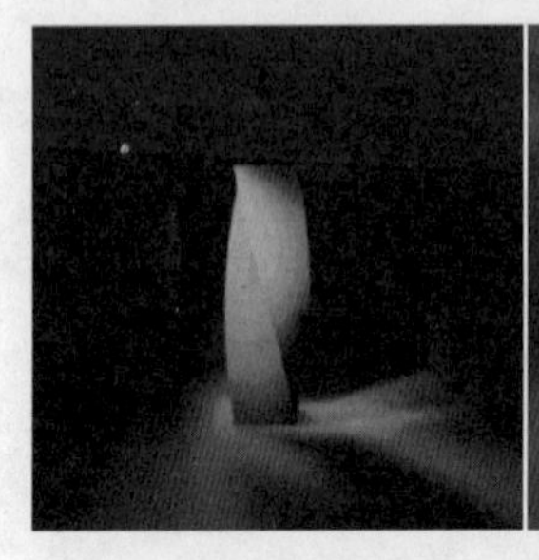

图10-60 光能传递网格效果对比

- 左图光能传递网格中只存储直接灯光; 中图光能传递网格中只存储间接灯光; 右图光能传递网格中同时存储直接灯光和间接灯光(阴影通常非常粗糙)。
- 渲染直接照明：3ds Max在每一个渲染帧上对灯光的阴影进行渲染，然后添加来自光能传递解决方案的阴影。这是默认的渲染模式，如图10-61所示。

图10-61 不同计算方法效果对比

- 左图直接灯光仅由扫描线渲染器来计算中图间接灯光仅由光能传递网格来计算；右图直接灯光和间接灯光被组合。
- 重聚集间接照明：除了计算所有的直接照明之外，3ds Max还可以重聚集取自现有光能传递解决方案的照明数据，来重新计算每个像素上的间接照明。使用该选项能够产生最为精确、极具真实感的图像，但是它会增加相当大的渲染时间量。

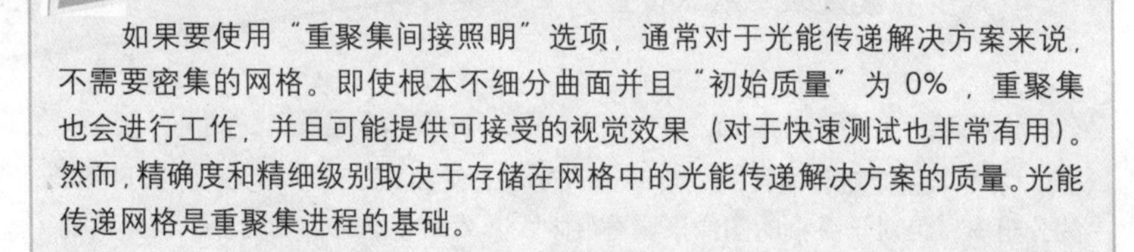

如果要使用“重聚集间接照明”选项，通常对于光能传递解决方案来说，不需要密集的网格。即使根本不细分曲面并且“初始质量”为0%，重聚集也会进行工作，并且可能提供可接受的视觉效果（对于快速测试也非常有用）。然而，精确度和精细级别取决于存储在网格中的光能传递解决方案的质量。光能传递网格是重聚集进程的基础。

如图10-62、图10-63和图10-64所示，解决方案是以0%的“初始质量”进行处理的。在使用密集的网格后，小曲面之间会有比较大的变化。重聚集可以产生可接受的结果而无需考虑网格的密度。但是会出现更密集网格的更精细级别；例如在雕塑的底部。

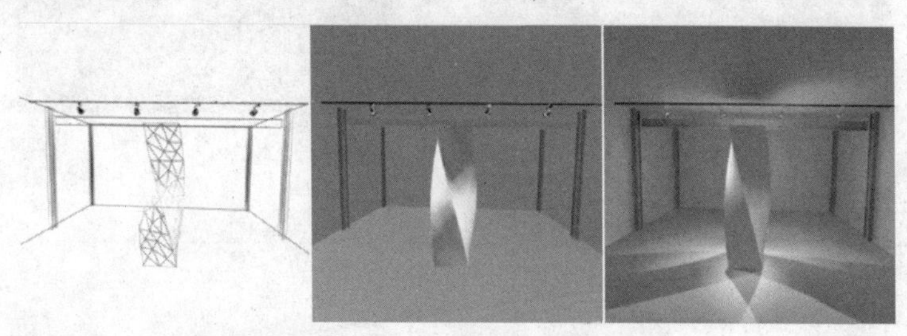

图10-62 无网格模型细分、视口结果和重聚集结果

㉓ 在顶视图中创建一条如下图所示的样条曲线作为吧台内部骨架放样路径曲线，如下图所示。

㉔ 使用与步骤14相同的方法将创建的吧台内骨架路径以骨架截面作为截面放样，效果如下图所示。

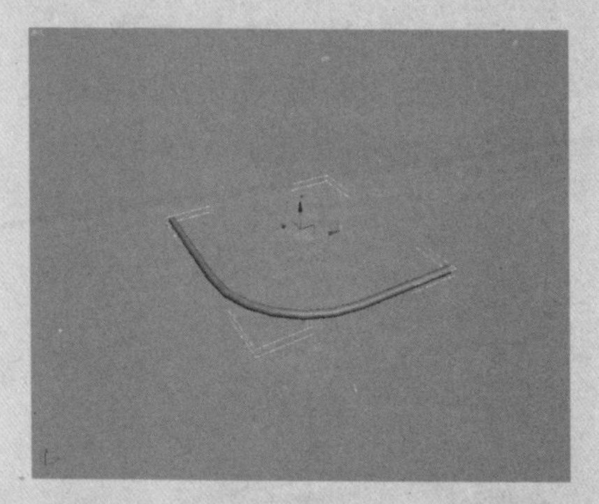

㉕ 按Shift键配合“选择并移动”工具，移动并复制骨架，命名为“吧台金属骨架”并调节其位置，如下图所示。

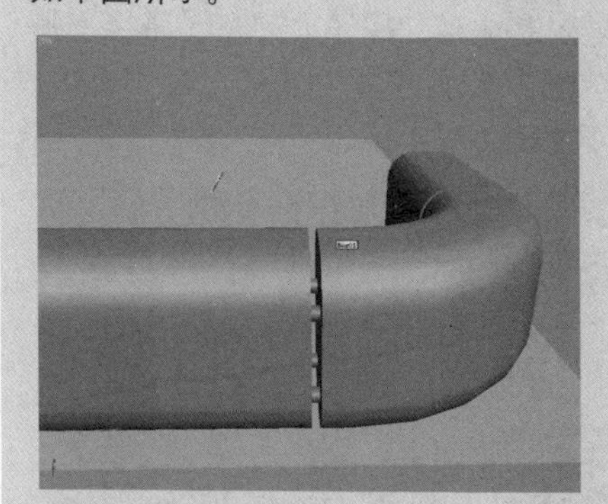

㉖ 选择在前面创建的企业标志文字模型，配合“选择并移动”工具和Shift键复制并调节其位置，如下图所示。

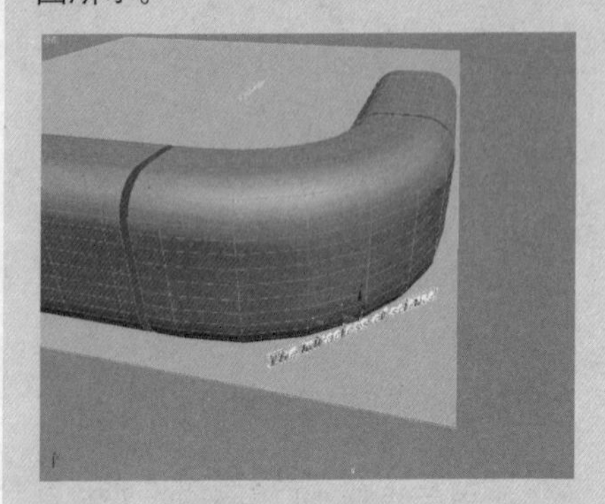

㉗ 在选择文字的状态下，给文字添加一个“路径变形WSM”修改命令，在“参数”卷展栏中单击 拾取路径 按钮，在顶视图中拾取放样吧台的路径，如下图所示。

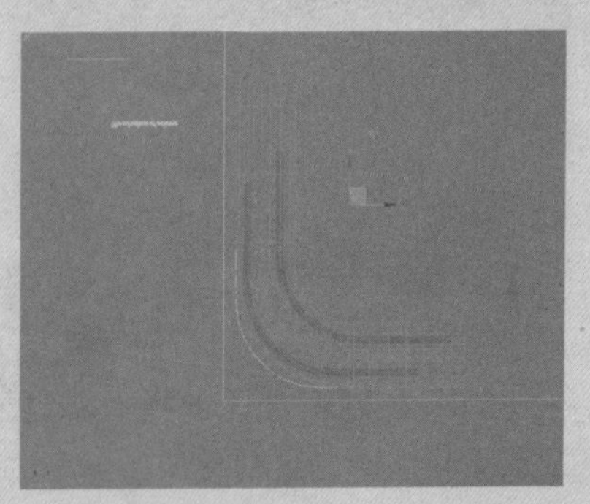

㉘ 在“参数”卷展栏中单击 转到路径 按钮，并在“路径变形轴”选项区域中选择“X”选项，效果如下图所示。

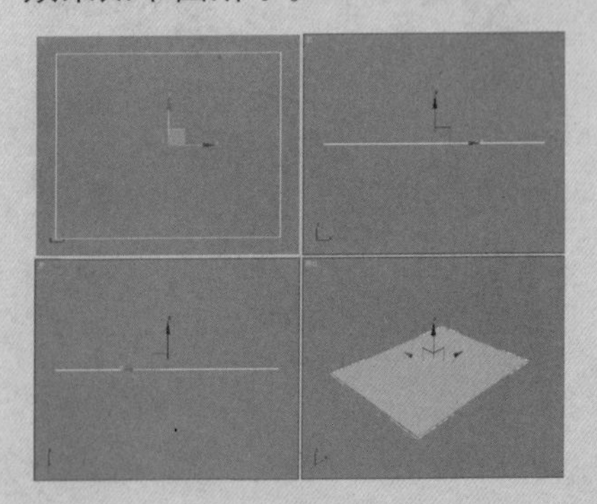

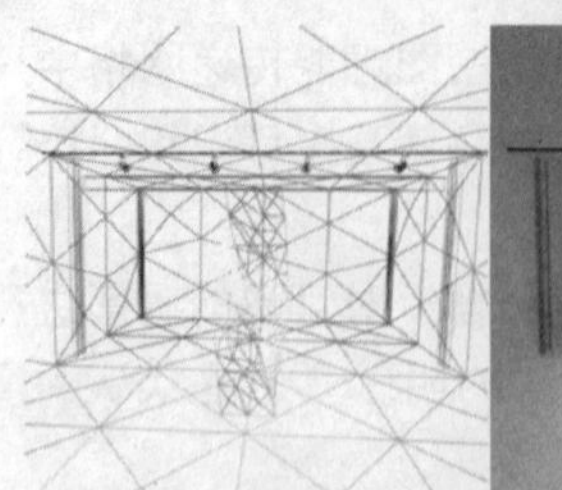

图10-63 粗糙网格模型细分、视口结果和重聚集结果

图10-64 精细网格模型细分、视口结果和重聚集结果

- 每采样光线数：每个采样3ds max所投射的光线数。3ds Max随机地在所有方向投射这些光线以计算（“重聚集”）来自场景的间接照明。每采样光线数越多，采样就会越精确。每采样光线数越少，变化就会越多，就会创建更多颗粒的效果。处理速度和精确度受此值的影响。默认设置为64。
- 过滤器半径（像素）：将每个采样与它相邻的采样进行平均，以减少噪波效果。默认设置为2.5像素。

技巧·提示

像素半径会随着输出的分辨率进行变化。例如，2.5的半径适合于NTSC的分辨率，但对于更小的图像来说可能太大，或对于非常大的图像来说太精确如图10-65、图10-66和图10-67所示。

左图每采样光线数为10，中图每采样光线数为50，右图每采样光线数为150

图10-65 像素半径为2

左图每采样光线数为 10，中图每采样光线数为 50，右图每采样光线数为 150

图 10-66 像素半径为 5

左图每采样光线数为 10、中图每采样光线数为 50、右图每采样光线数为 150

图 10-67 像素半径为 10

- 钳位值（cd/m^2）：该控件表示为亮度值。亮度（每平方米国际烛光）表示感知到的材质亮度。“钳位值”设置亮度的上限，它会在“重聚集”阶段被考虑。使用该选项以避免亮点的出现。

  “自适应采样”选项区域中的 控件可以帮助用户减少渲染时间。它们减少所采用的灯光采样数。自适应采样的理想设置随着不同的场景变化得很大。
- 自适应采样：启用该选项后，光能传递解决方案将使用自适应采样。禁用该选项后，就不用自适应采样。禁用自适应采样可以增加最终渲染的细节，但是以渲染时间为代价。默认设置为禁用状态。
- 初始采样间距：图像初始采样的网格间距。以像素为单位进行衡量。默认设置为 16x16 。
- 细分对比度：确定区域是否应进一步细分的对比度阈值。增加该值将减少细分。减小该值可能导致不必要的细分。默认值为 5.0。
- 向下细分至：细分的最小间距。增加该值可以缩短渲染时间，但是以精确度为代价。默认设置为 2x2 。
- 显示采样：启用该选项后，采样位置渲染为红色圆点。该选项显示发生最多采样的位置，这可以帮助用户选择自适应采样的最佳设置。默认设置为禁用状态。

“统计数据”卷展栏

“统计数据”卷展栏，如图 10-68 所示。

29 在“参数”卷展栏中设置路径的“百分比”为 57.0，“旋转”值为 90.0，如下图所示。

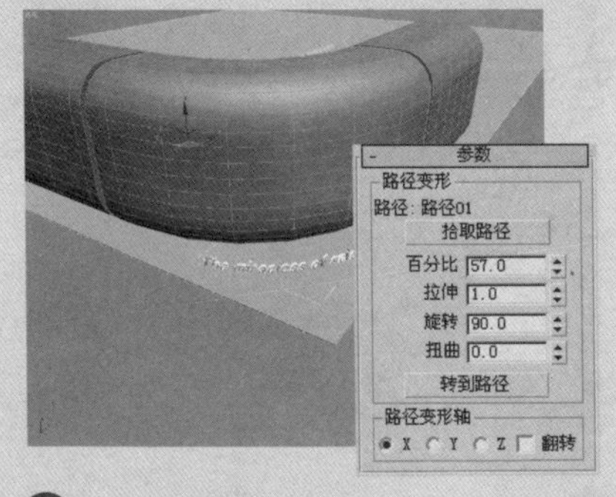

30 选择路径，按数字键 1，切换到“顶点”子层级，调节其顶点使路径样条线和吧台外轮廓相吻合，在路径上的字体也会与吧台外轮廓相吻合，如下图所示。

31 选择字体模型，在修改器堆栈中执行右键菜单“塌陷到”命令，在弹出的“警告”提示框中单击 是(Y) 按钮，以确定将所有的修改历史进行塌陷，如下图所示。

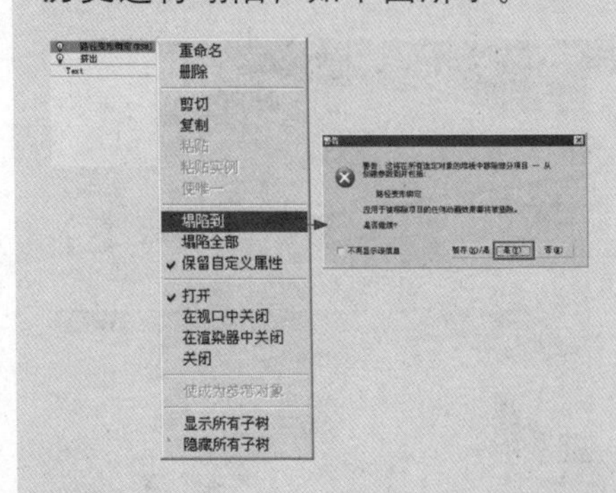

32 在其他视图中调节文字模型位置，如下图所示。

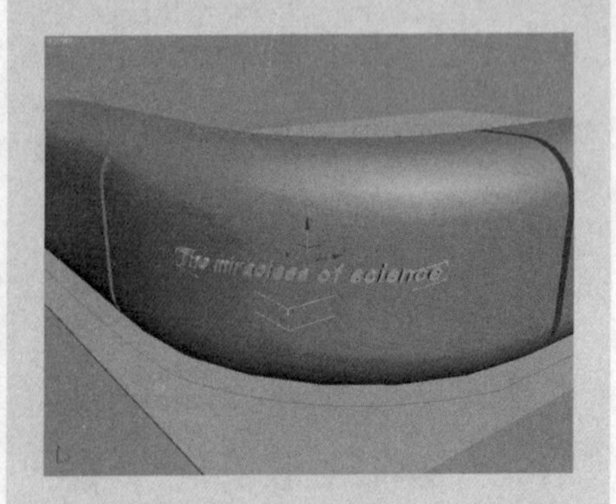

33 在透视图中创建一个“半径”为90.0、“高度”为20.0的圆柱体，其他参数不变，如下图所示。

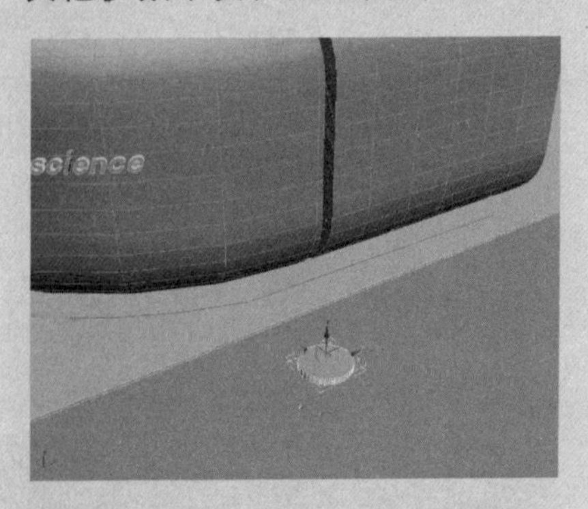

34 执行右键菜单“转换为>转换为可编辑多边形”命令，将圆柱体转换为可编辑多边形，按数字键4，切换到“多边形”子层级，并对其顶端的多边形进行“倒角”设置，设置倒角的“高度”为0.0、“轮廓量”为-10.0，如下图所示。

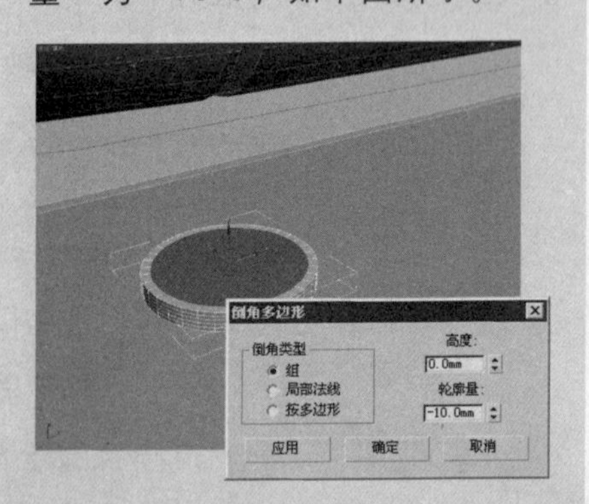

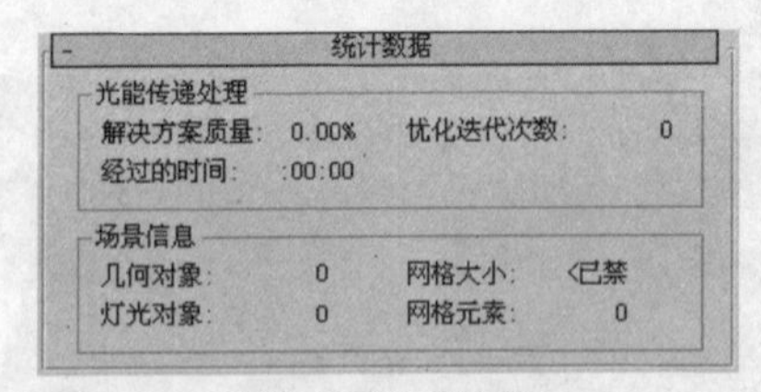

图10-68 “统计数据”卷展栏

（1）“光能传递处理”选项区域

- 解决方案质量：光能传递进程中的当前质量级别。
- 优化迭代次数：光能传递进程中的优化迭代次数。
- 经过的时间：自上一次重置之后处理解决方案所花费的时间。

（2）“场景信息”选项区域

- 几何对象：列出处理的对象数量。
- 灯光对象：列出处理的灯光对象数。
- 网格大小：以世界单位列出光能传递网格元素的大小。
- 网格元素：列出所处理的网格中的元素数。

10.2.3 Mental Ray 渲染器

与默认3ds Max扫描线渲染器相比，Mental Ray渲染器使用户不用“手工”或通过生成光能传递解决方案来模拟复杂的照明效果。Mental Ray渲染器为使用多处理器进行了优化，并为动画的高效渲染而利用增量变化。

“渲染器”选项卡

Mental Ray渲染器中除“公用”选项卡还包括“渲染器”、“间接照明”、“处理”和“渲染元素”4个选项卡，如图10-69所示。

“采样质量”卷展栏

“采样质量”卷展栏，如图10-70所示。

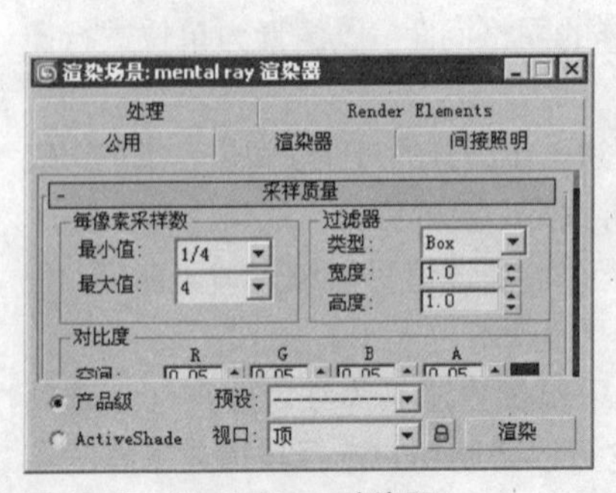

图10-69 Mental Ray 渲染器

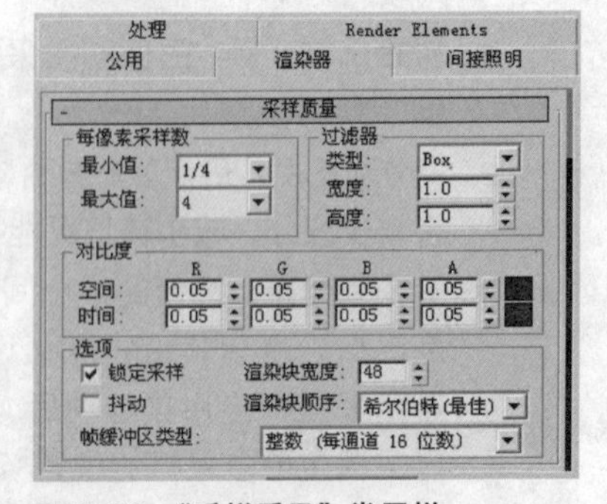

图10-70 “采样质量”卷展栏

此卷展栏中的控件影响Mental Ray渲染器如何执行采样。

(1)“每像素采样”选项区域

- 最小值：设置最小采样率。此值代表每像素采样数。大于等于1的值代表对每个像素进行一次或多次采样。分数值代表对N个像素进行一次采样（例如，对于每4个像素，1/4为最小的采样数）。默认值为1/4。
- 最大值：设置最大采样率。如果邻近的采样通过对比度加以区分，而这些对比度已经超出对比度限制，则包含这些对比度的区域将通过“最大值”被细分为指定的深度。默认设置为4。

(2)“过滤器”选项区域

- 类型：确定如何将多个采样合并成一个单个的像素值。可以设置为Box、Gauss、Triangle、Mitchell或Lanczos过滤器。默认设置为Box。

◆ Box过滤器：对所有的过滤区域的采样进行求和运算，过滤区域的权重相等。这是最快速的采样方法。

◆ Gauss滤器：采用位于像素中心的高斯（贝尔）曲线对采样进行加权。

◆ Triangle过滤器：采用位于像素中心的三角形对采样进行加权。

◆ Mitchell过滤器：采用位于像素中心的曲线（比高斯曲线陡峭）对采样进行加权。

◆ Lanczos过滤器：采用位于像素中心的曲线（比高斯曲线陡峭）对采样进行加权，减小位于过滤区域边界的采样影响。

- 宽度和高度：指定过滤区域的大小。增加“宽度”和“高度”值可以使图像柔和，但是却会增加渲染时间。

“渲染算法”卷展栏

该卷展栏上的控件用于选择是使用“光线跟踪”进行渲染，还是使用“扫描线”渲染方式进行渲染，或者两者都使用。也可以选择用来“加速光线跟踪”的方法。如图10-71所示。

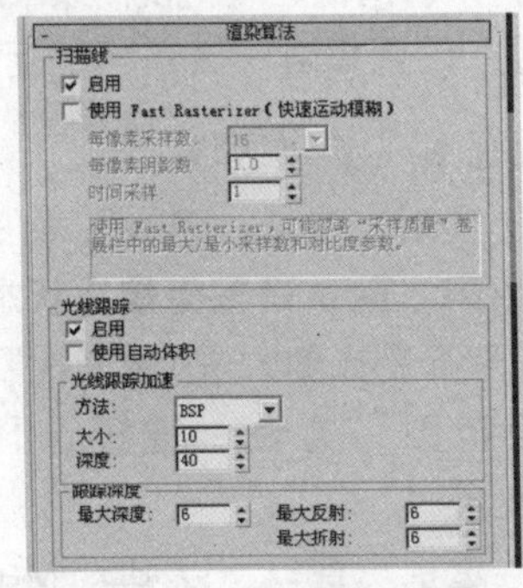

图10-71 “渲染算法”卷展栏

(1)“扫描线”选项区域

- 启用：启用该选项后，渲染器可以使用扫描线渲染。
- 使用Fast Rasterizer（快速运动模糊）：启用此选项后，使用

35 在选择圆柱体顶端的面的状态下再次执行“倒角”设置，设置倒角的“高度”为-2.0、“轮廓量”为0.0，如下图所示。

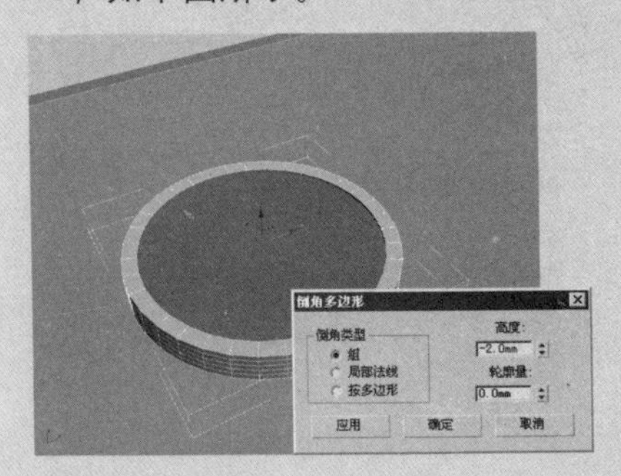

36 使用“选择并移动”工具配合Shift键复制圆柱体，并将两个圆柱体附加为一个整体，然后使用与制作吧台前文字相同的方法将圆柱体放在文字模型的下面，并命名为“装饰图标”，如下图所示。

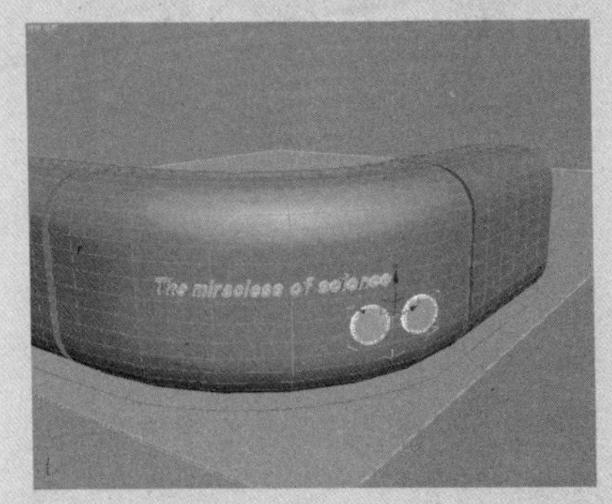

37 在左视图中创建一个“长度”为500.0、“宽度”为1200.0、“高度”为10.0的长方体。并调节其位置，如下图所示，作为吧台装饰。

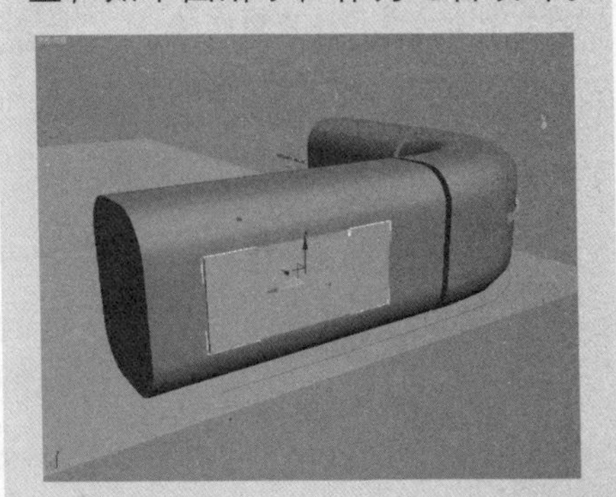

38 创建一个“半径”为20.0、分段为8的“球体”，并在其“参数”卷展栏中取消“平滑”复选框的勾选，命名为“玻璃钉”，如下图所示。

39 在各个视图中调节其位置到“吧台装饰”的角落，并复制3个“玻璃钉”，调节其位置，如下图所示分布在“吧台装饰”的四角。

制作挡板

01 在“创建”命令面板中单击“几何体”按钮，在“对象类型”卷展栏中单击 圆环 按钮，在顶视图中创建一个“半径1”为2400.0、“半径2”为2380.0、“高度”为5000.0、“边数”为16的圆环，并调节其位置，如下图所示。

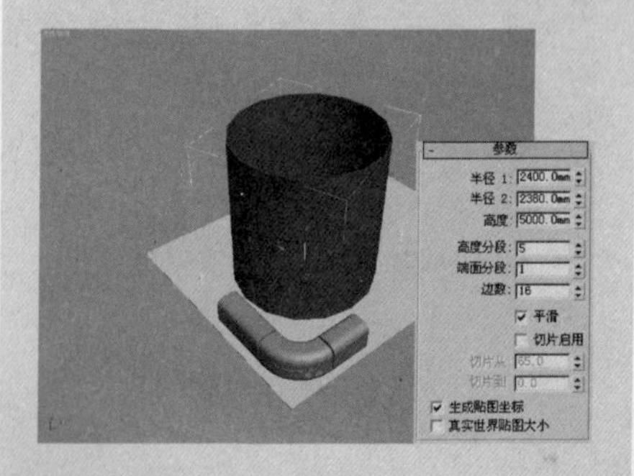

Fast Rasterizer 方法首先生成要跟踪的光线。

- 每像素采样数：控制 Fast Rasterizer 方法所使用的每像素采样数。
- 每像素阴影数：控制每像素阴影的近似数。

（2）“光线跟踪”选项区域

- 启用：启用该选项后，Mental Ray 使用光线跟踪以渲染反射、折射、镜头效果（运动模糊和景深）和间接照明（焦散和全局照明）。
- 使用自动体积：启用该选项后，使用 Mental Ray 自动体积模式。启用“自动体积”后，可以渲染嵌套体积或重叠体积，如两个聚光灯光束的相交处。

“摄影机效果”卷展栏

“摄影机效果”卷展栏，如图10-72所示。

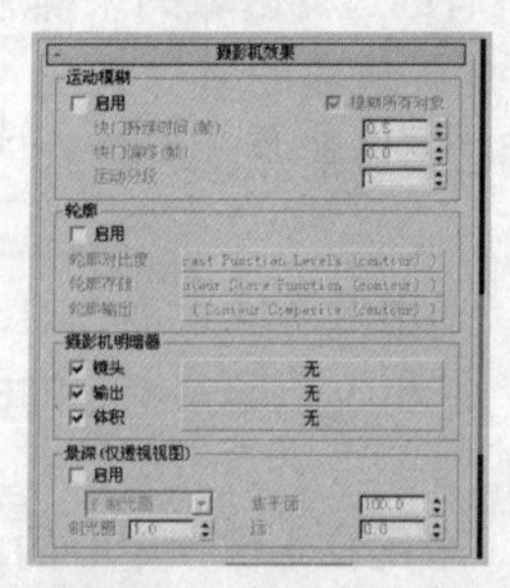

图10-72 “摄影机效果”卷展栏

（1）“运动模糊”选项区域

- 启用：启用此选项后，Mental Ray 渲染器计算运动模糊。默认设置为禁用状态。
- 模糊所有对象：不考虑对象属性设置，将运动模糊应用于所有对象。默认设置为启用。
- 快门持续时间（帧）：模拟摄影机的快门速度。0.0表示没有运动模糊。该快门持续时间值越大，模糊效果越强。默认值为0.5。
- 快门偏移（帧）：设置相对于当前帧的运动模糊效果的开头。

（2）“景深(仅透视视图)”选项区域

- 启用：启用此选项后，渲染“透视”视图时，Mental Ray 渲染器计算景深效果。默认设置为禁用状态。
- 方法下拉列表：选择制光圈方法（用来控制制光圈参数引起的景深）或“焦距范围”方法（通过选择“近”和“远”）。默认设置为制光圈。
- 焦平面：对于“透视”视口，以3ds Max 单位设置离开摄影机的距离，在这个距离场景能够完全聚焦。默认设置为100.0。
- 制光圈：制光圈为活动的方法时，渲染“透视”视图时设置制光圈。增加制光圈值使景深变宽，减小制光圈值使景深变窄。默认设置为1.0。

● 近和远："焦距范围"为活动的方法时，这些值以 3ds Max 单位设置范围，在此范围内对象可以聚焦。小于"近"值和大于"远"值的对象不能聚焦。这些值是近似的，因为从聚焦到失去焦点的变换是渐变的，而不是突变的。

"阴影和置换"卷展栏

"阴影和置换"卷展栏，如图10-73 所示。

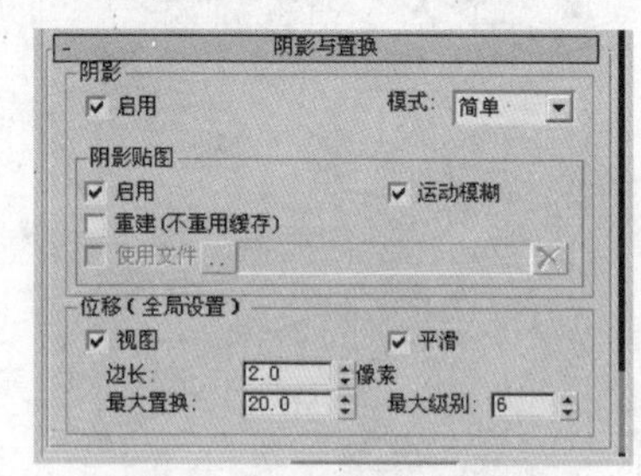

图10-73 "阴影和置换"卷展栏

(1)"阴影"选项区域

● 启用：启用此选项之后，Mental Ray 渲染器将渲染阴影。如果禁用该选项，则不渲染阴影。默认设置为启用。
● 模式：阴影模式可以为"简单"、"排序"或"分段"。
◆ 简单：使 Mental Ray 渲染器按照随机顺序调用阴影明暗器。
◆ 排序：使Mental Ray渲染器按照从对象到灯光的顺序调用阴影明暗器。
◆ 分段：使Mental Ray渲染器按照光线的顺序调用阴影明暗器，此光线从体积明暗器到对象和灯光之间光线的分段。

(2)"阴影贴图"选项区域

● 启用：启用此选项之后，Mental Ray渲染器将渲染阴影贴图的阴影。
● 运动模糊：启用此选项之后，Mental Ray 渲染器将向阴影贴图应用运动模糊。
● 重建（不重用缓存）：启用之后，渲染器将重新计算的阴影贴图（.zt）文件保存到通过"浏览"按钮指定的文件中。

(3)"位移"选项区域

● 视图：定义置换的空间。启用"视图"之后，"边长"将以像素为单位指定长度。
● 平滑：禁用该选项以使 Mental Ray渲染器正确渲染高度贴图。高度贴图可以由法线贴图生成。
● 边长：定义最小边长。只要边达到此大小，Mental Ray 渲染器将停止对其进行细分。默认设置为 2.0 个像素。
● 最大置换：控制在移动顶点时向其指定的最大偏移，采用世界单位。该值可以影响对象的边界框。默认设置为 20.0。
● 最大细分：控制可以将三角形细分多少次。默认设置为 6 。

02 在"参数"卷展栏中，勾选"切片启用"选项，设置"切片从"数值为65.0、"切片到"数值为0，并命名为"挡板"，如下图所示。

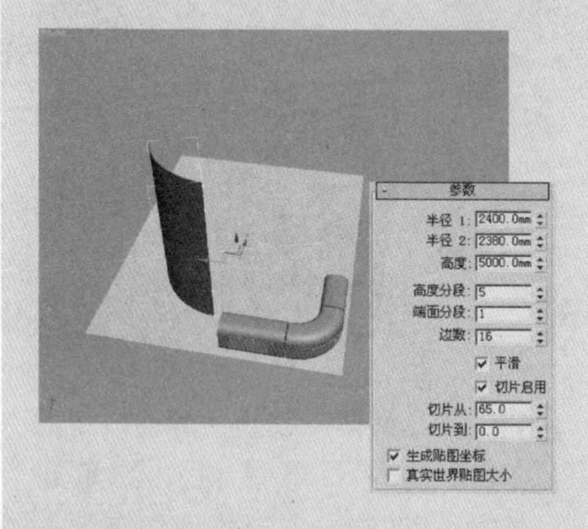

03 选择"挡板"，执行右键菜单"克隆"命令，原地复制挡板，在弹出的"克隆选项"对话框中选中"复制"单选按钮，并重命名为"装饰条"，如下图所示。

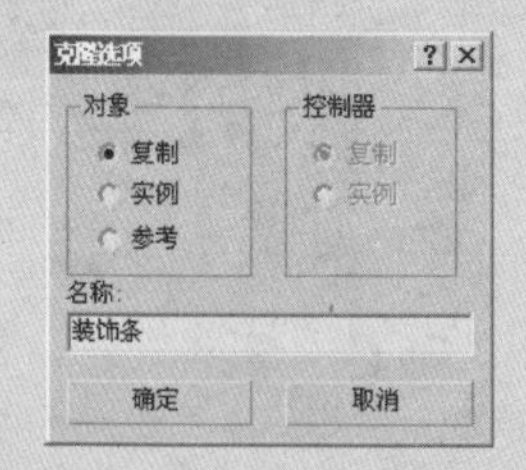

04 在选择"装饰条"模型的状态下，设置其"参数"卷展栏中的"半径1"为2500.0、"半径2"为2490.0、高度为50.0，如下图所示。

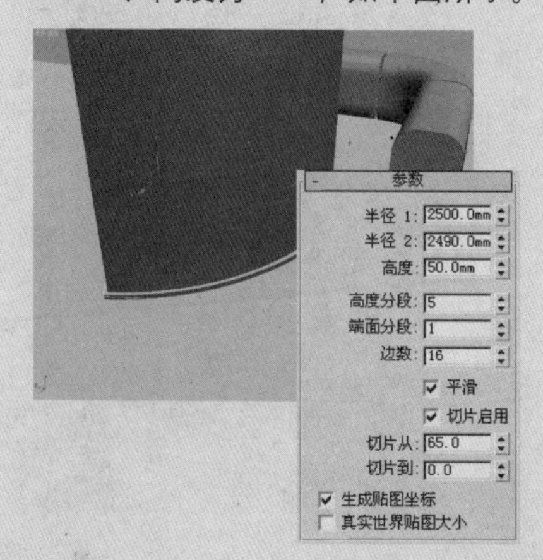

05 将“装饰条”移动到“挡板”的顶端，如下图所示。

06 在“几何体”创建命令面板中的“对象类型”卷展栏中，单击 圆柱体 按钮，在透视图中创建一个“半径”为120.0、“高度”为5000.0的圆柱体，调节其位置到挡板的一侧，并命名为“柱子”，如下图所示。

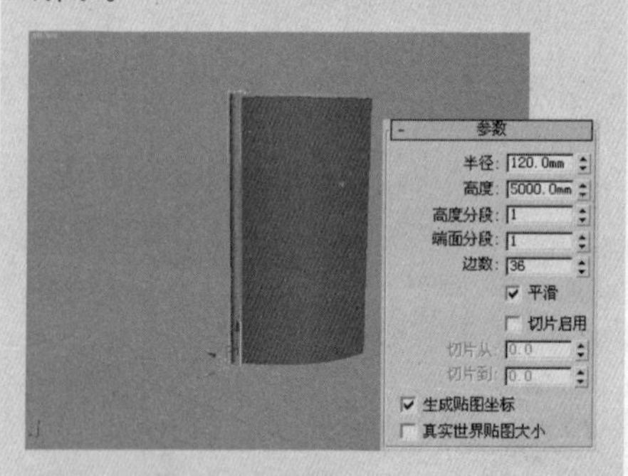

07 使用“选择并移动”工具配合Shift键，移动并复制“柱子”模型，将其放置在“挡板”的另一侧，如下图所示。

“间接照明”选项卡

“间接照明”选项卡，包含“焦散和全局照”卷展栏和“最终聚集”卷展栏，两个卷展栏。

“焦散和全局照明”卷展栏

“焦散和全局照明”卷展栏，如图10-74所示。

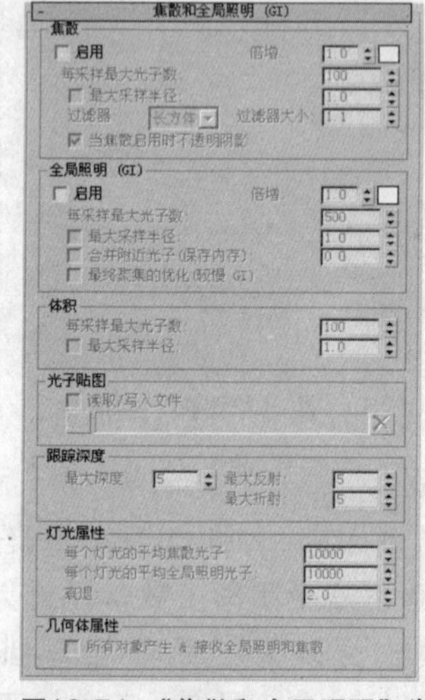

图10-74 “焦散和全局照明”卷展栏

(1)“焦散”选项区域

- 启用：启用此选项后，Mental Ray渲染器计算焦散效果。
- 每采样最大光子数：设置使用多少光子来计算焦散强度。增加此值使焦散产生较少噪波，但变得更模糊。减小此值使焦散产生较多噪波，但同时减轻模糊效果。采样值越大，渲染时间越长。默认值为100。
- 最大采样半径：启用此选项后，使用数值框值设置光子大小。禁用此选项后，光子按整个场景半径的1/100计算。
- 过滤器：设置用来锐化焦散的过滤器。可以为长方体、圆锥体或Gauss。
- 过滤器大小：选择“圆锥体”作为焦散过滤器时，此选项用来控制焦散的锐化程度。该值必须大于1.0。
- 当焦散启用时不透明阴影：启用此选项后，阴影为不透明。禁用此选项后，阴影可以部分透明。

(2)“全局照明（GI）”选项区域

- 启用：启用此选项后，Mental Ray渲染器计算全局照明。
- 每采样最大光子数：设置使用多少光子来计算全局照明。增加此值使全局照明产生较少噪波，但同时变得更模糊。减小此值使全局照明产生较多噪波，但同时减轻模糊效果。
- 最大采样半径：启用此选项后，使用数值框值设置光子大小。

“最终聚集”卷展栏

“最终聚集”卷展栏，如图10-75所示。

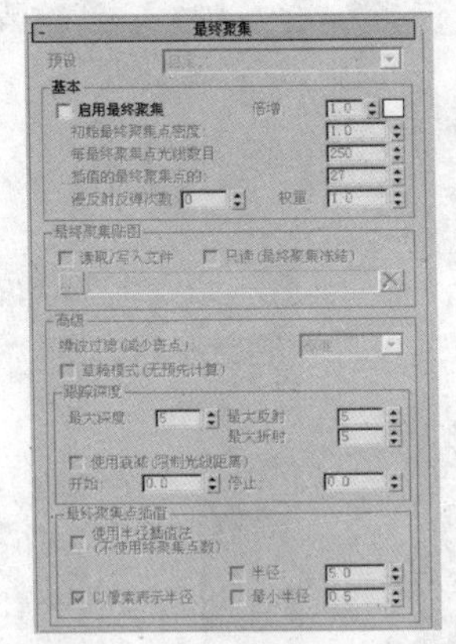

图10-75 “最终聚集”卷展栏

- 预设：为最终聚集提供快速，轻松的解决方案，选项包括“自定义”、“草图”、“低”、“中”、“高”和“很高”，只有在“启用最终聚集“处于启用状态时，此选项才可用。
- 启用最终聚集：启用此选项后，Mental Ray渲染器使用最终聚集来改善全局照明的质量。
- 初始最终聚集点密度：最终聚集点密度的倍增。增加此值会增加图像中最终聚集点的密度（以及数量）。因此，点与点之间的距离会更加靠近，而且数量会更多。此参数用于解决几何体问题，例如临近的边或角，默认设置为1.0。
- 每最终聚集点光线数目：设置使用多少光线计算最终聚集中的间接照明。增加该值虽然可以降低全局照明的噪波，但是同时会延长渲染时间，默认设置为250。
- 插值的最终聚集点的：此参数替换以前在该选项区域中的半径设置，控制用于图像采样的最终聚集点数。它有助于解决噪音问题并获得更平滑的结果。
- 漫反射反弹次数：设置为单个漫反射光线计算的漫反射光反弹的次数（渲染器为此投射反射光线）。默认值为0。
- 噪波过滤（减少斑点）：使用从同一点发射的相邻最终聚集光线的中间过滤器。选项包括“无”、“标准”、“高”、“很高”和“极端高”，默认设置为“标准”。
- 草稿模式（无预先计算）：启用此选项后，最终聚集将跳过预先计算阶段。这将造成渲染不真实，但是可以更快速的开始进行渲染，因此非常适用于进行一系列试用渲染。默认设置为禁用状态。

08 使用“选择并移动”工具，复制一个文字标志模型，放置在如下图所示位置。

09 在“修改”命令面板中，给文字模型添加一个“弯曲”修改命令，在“参数”卷展栏中的“弯曲”选项区域中，设置“角度”值为26.0，并调节其位置到“挡板”的表面，如下图所示。

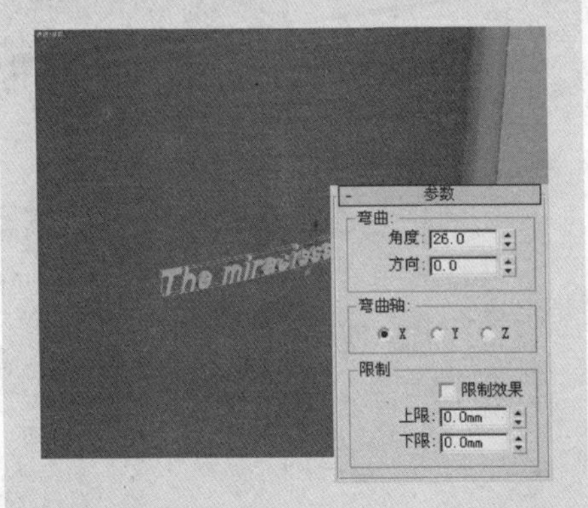

10 使用“选择并移动”工具配合Shift键在视图中沿Z轴向下移动并复制文字，如下图所示。

[3ds Max 9]

完全手册＋特效实例

11 [Chapter]

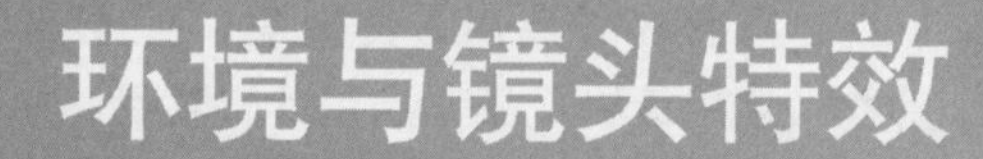

环境与镜头特效

3ds Max 中提供了环境和镜头特效的创建命令，主要包括大气、曝光控制、体积雾及镜头模糊等特效，在场景创建和动画制作过程中经常会用到。

of science

吧台装饰

01 在右键快捷菜单中单击“缩放”按钮右侧的“设置”按钮，在弹出的“缩放变换输入”对话框中的“偏移：世界”选项区域中，设置数值为180.0，效果如下图所示。

02 在“修改”命令面板中的“参数”卷展栏中设置“弯曲”选项区域中的“角度”值为46.0，效果如下图所示。

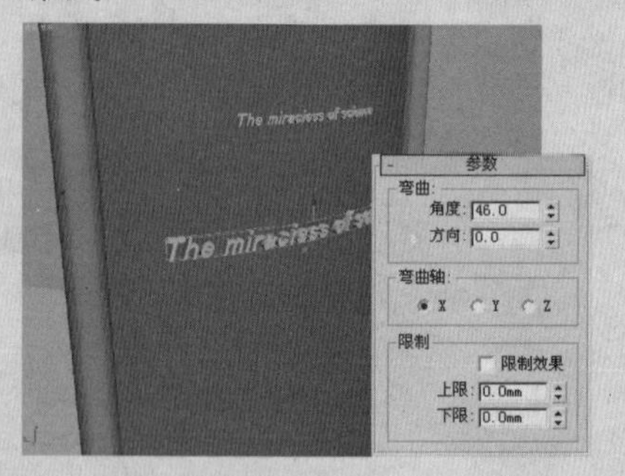

03 在顶视图中，配合“选择并旋转”工具和Shift键，旋转90°并复制“挡板”，在弹出的“克隆选项”对话框中设置“副本数”为3，如下图所示。

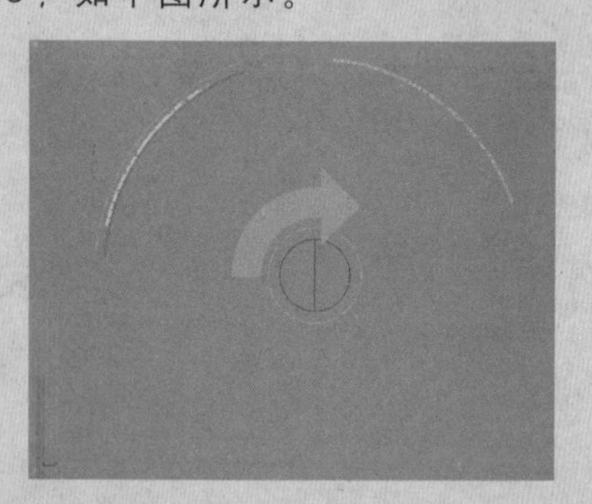

11.1 认识环境和效果

环境和效果系统主要用于制作特环境效和渲染曝光控制等特效。

执行菜单栏中的“渲染>环境”命令，打开“环境和效果”对话框，在该对话框中包含“环境”和“效果”两个选项卡，如图11-1所示。

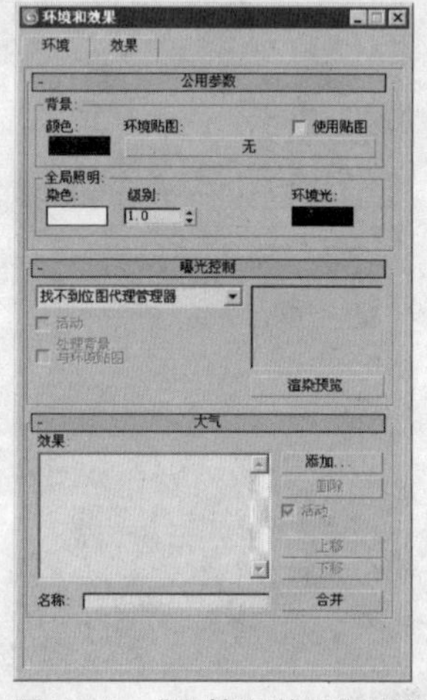

图11-1 “环境和效果”对话框

11.1.1 “环境”选项卡

“环境和效果”对话框中的“环境”选项卡，主要用于设置大气效果和背景效果。

“环境”选项卡中可以设置参数背景颜色和背景颜色动画，也可以在渲染场景（屏幕环境）的背景中使用图像。可以使用纹理贴图作为球形环境、柱形环境或收缩包裹环境，还可以设置环境光和设置环境光动画及在场景中使用大气插件（例如体积光）等。

“公用参数”卷展栏

“公用参数”卷展栏，如图11-2所示。

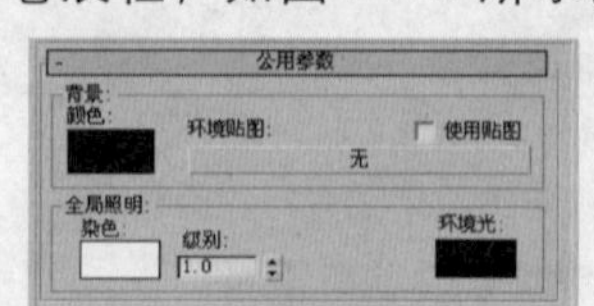

图11-2 “公用参数”卷展栏

（1）“背景”选项区域

- 颜色：设置场景背景的颜色。单击色样，然后在弹出的“颜色选择器”对话框中选择所需的颜色。通过在启用“自动关键点”按钮的情况下更改非零帧的背景颜色，设置颜色效果动画。
- 环境贴图：环境贴图按钮显示贴图的名称，如果尚未指定名称，

则按钮显示为 无 。贴图必须使用环境贴图坐标（球形、柱形、收缩包裹和屏幕）。

如果用户要指定环境贴图，单击 无 按钮，在弹出的“材质/贴图浏览器”对话框选择贴图，或将“材质编辑器”中示例窗或贴图按钮上的贴图拖曳到“环境贴图”按钮上，如图11-3所示。此时会弹出“实例（副本）贴图”对话框，如图11-4所示。

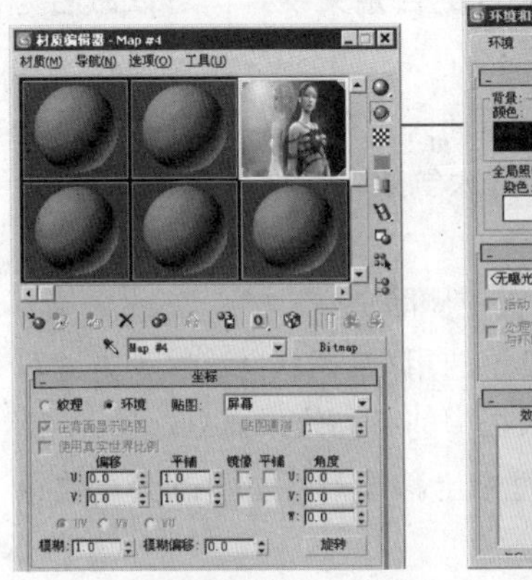

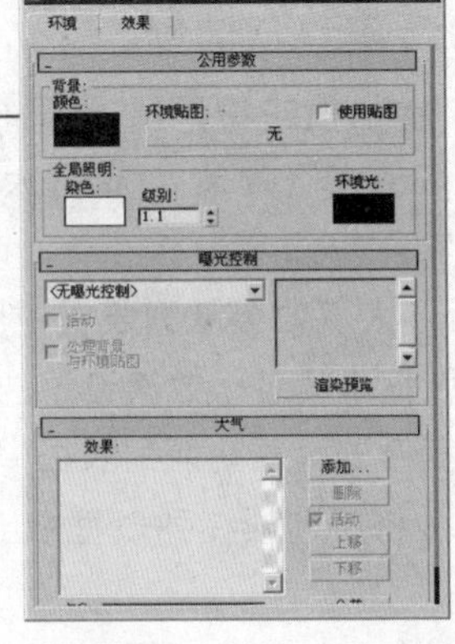

图11-3 托曳贴图

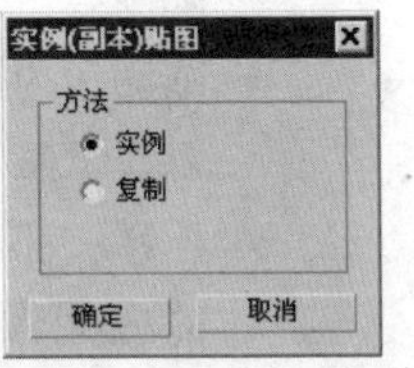

图11-4 “实例（副本）贴图”对话框

- 使用贴图：使用贴图作为背景而不是背景颜色。

（2）“全局照明”选项区域

- 染色：如果此颜色不是白色，则为场景中的所有灯光（环境光除外）染色。单击色样弹出“颜色选择器”对话框，可以选择色彩颜色。通过在启用“自动关键点”按钮的情况下更改非零帧的色彩颜色，就可以生成色彩颜色变化的动画。
- 级别：增强场景中的所有灯光。如果级别为1.0，则保留各个灯光的原始设置。增大级别将增强总体场景的照明，减小级别将减弱总体照明。此参数可设置动画。默认设置为1.0。
- 环境光：设置环境光的颜色。单击色样，然后在“颜色选择器”中选择所需的颜色。通过在启用“自动关键点”按钮的情况下更改非零帧的环境光颜色，可以生成灯光动画效果。

“大气”卷展栏

“大气”卷展栏，如图11-5所示。

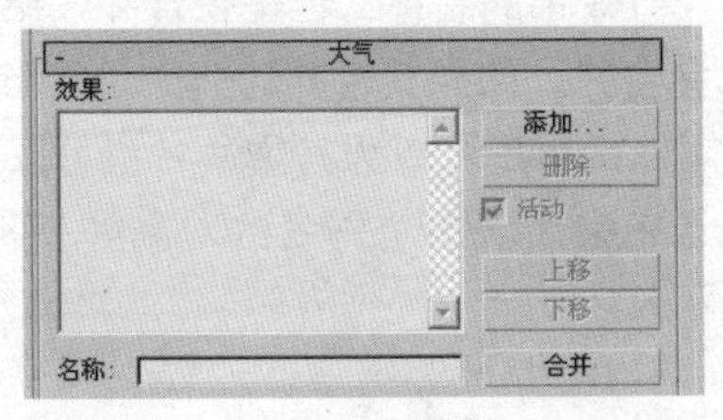

图11-5 “大气”卷展栏

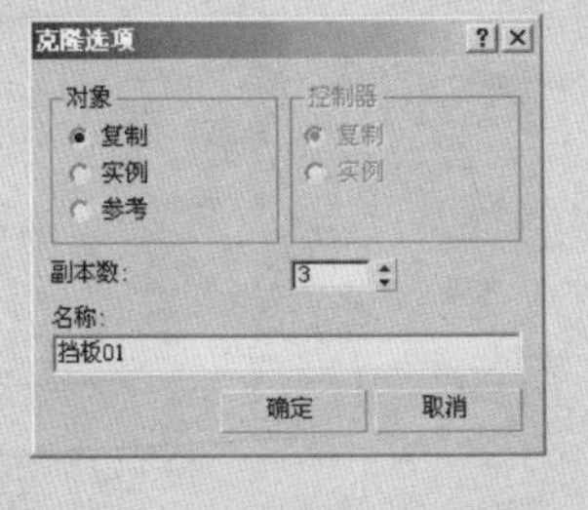

04 执行完上述操作后，“挡板”会沿其中心每90°连续复制3个“挡板”物体，效果如下图所示。

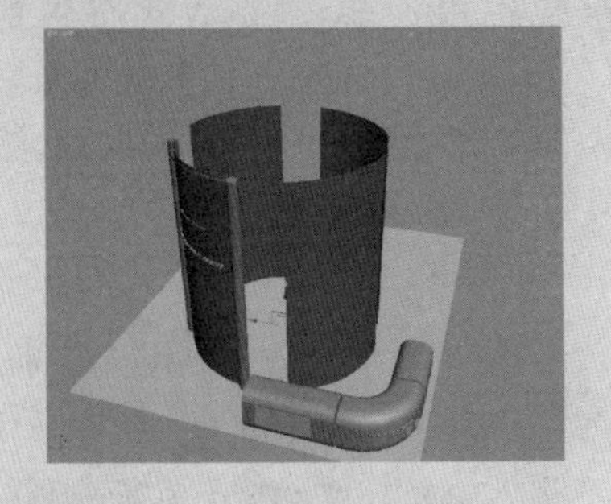

05 使用同样的方法复制“挡板”顶端的“装饰条”，如下图所示。

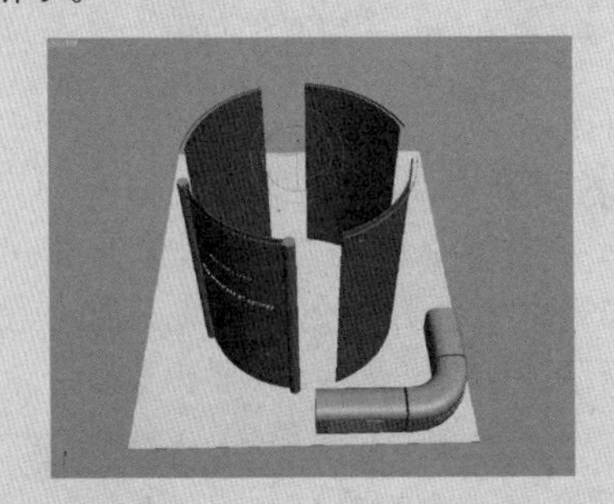

06 选择“柱子”圆柱体，打开“层次”面板，在“调整轴”卷展栏中单击 仅影响轴 按钮，按Alt+A组合键（对齐的快捷键）在顶视图中拾取任意一个“挡板”模型，在弹出的“对齐当前选择（挡板）”对话框中的“对齐位置”选项区域中勾选“X位置”、“Y位置”和“Z位置”复选框，并在“当前对象”选项区域和“目标对象”选项区域中选中“轴点”单选按钮，将“柱子”中心和“挡板”中心对齐，如下图所示。

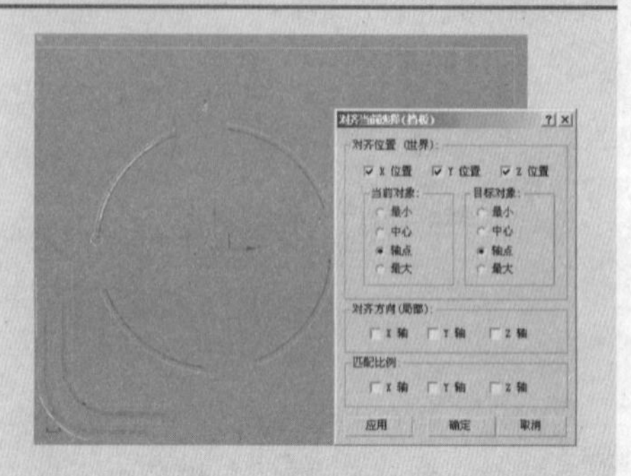

07 在“层次”面板中的“调整轴”卷展栏中，单击激活状态中的 仅影响轴 按钮，使其取消激活状态，然后使用和复制“挡板”相同的方法旋转复制“柱子”模型，如下图所示。

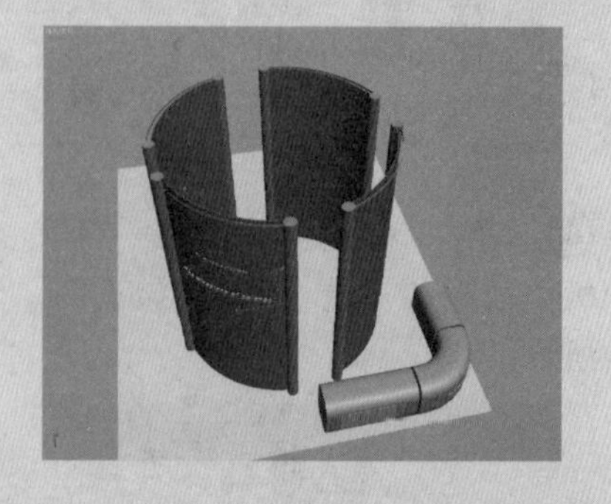

08 使用与复制“柱子”相同的方法，将文字中心与“挡板”中心对齐，然后旋转90°复制，如下图所示。

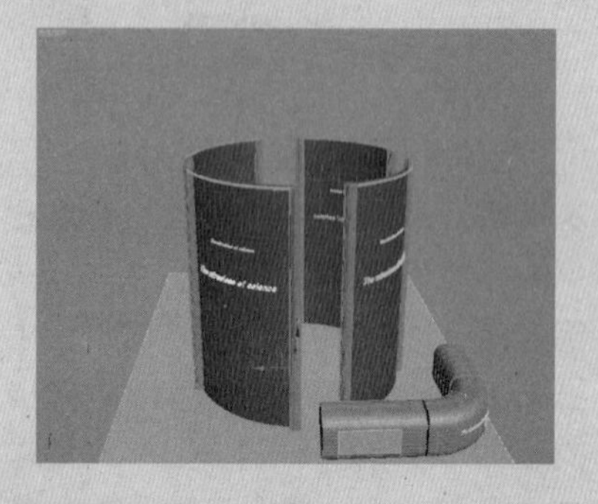

09 在顶视图中创建一个“半径1”为800.0、“半径2”为780.0、“高度”为3300.0的管状体，并对齐到“挡板”中心位置，如下图所示。

“大气”卷展栏参数可以给场景添加体积雾、体积光和火效果等特效。

- “效果”列表框：显示已添加的效果队列。在渲染期间，效果在场景中按线性顺序计算。根据所选的效果，“环境”选项卡添加与之对应的参数卷展栏。
- 名称：为列表框中的效果自定义名称。

例如，不同类型的火焰可以使用不同的自定义设置，可以命名为“火花”和“火球”等以便区别。

- 添加：单击 添加 按钮将弹出“添加大气效果”对话框（显示所有当前安装的大气效果）。选择大气效果，然后单击“确定”按钮将效果指定给列表。
- 删除：将所选大气效果从列表框中删除。
- 活动：为列表框中的各个效果设置启用/禁用状态。这种方法可以方便地将复杂的大气功能列表框中的各种效果孤立。
- 上移、下移：将所选项在列表框中上移或下移，更改大气效果的应用顺序。
- 合并：合并其他3ds Max场景文件中的大气等效果。

单击“合并”按钮后，弹出“打开”对话框，如图11-6所示。

选择3ds Max场景，然后单击“打开”按钮在弹出的“合并大气效果”对话框中会列出场景中可以合并的效果如图11-7所示。选择一个或多个效果，然后单击“确定”按钮将效果合并到场景中。

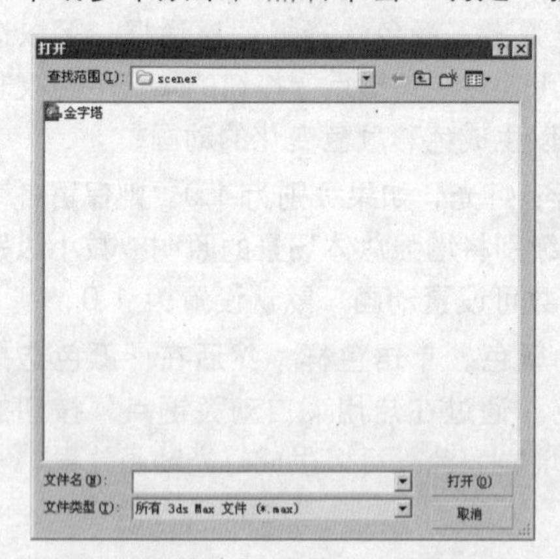

图11-6 “打开”对话框

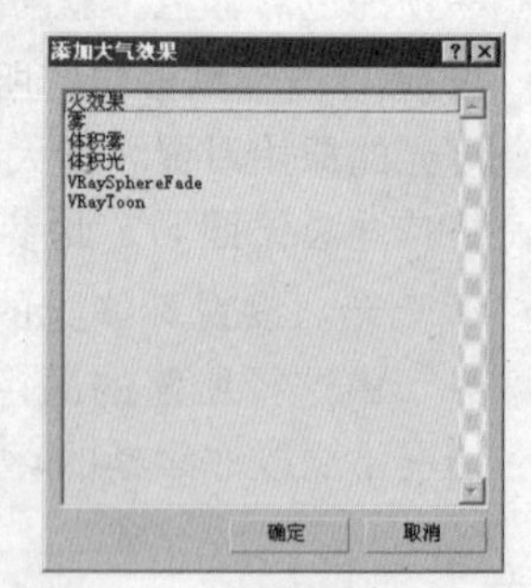

图11-7 “合并大气效果”对话框

列表中仅显示大气效果的名称，但是在合并效果时，与该效果绑定的灯光或Gizmo也会合并。如果要合并的一个对象与场景中已有的一个对象同名，会出现警告，用户可以为其重命名也可以不重命名即合并传入对象，这样，场景中会出现两个同名的对象等多种解决方案。

“曝光控制”卷展栏

“曝光控制”是用于调整渲染的输出级别和颜色范围的插件组件，就像调整胶片曝光一样。如果渲染使用光能传递，曝光控制可以起到很重要的曝光作用。

曝光控制可以补偿显示器有限的动态范围。显示器的动态范围大约有两个数量级。显示器上显示的最亮的颜色比最暗的颜色亮大约100倍。比较而言，眼睛可以感知大约16个数量级的动态范围，可以感知的最亮的颜色比最暗的颜色亮大约10的16次方倍。曝光控制调整颜色，使颜色可以更好地模拟眼睛的大动态范围，同时仍然适合可以渲染的颜色范围。

曝光控制将光能量值映射为颜色。曝光控制会影响渲染图像和视口显示的亮度和对比度。不会影响场景中的实际照明级别，只是影响这些级别与有效显示范围的映射关系。

当用户在“曝光控制”卷展栏中的“曝光类型”列表框中选择了曝光类型后，在对话框中系统会自动添加一个与曝光类型相对应的曝光控制参数卷展栏。

- 自动曝光控制：“自动曝光控制”类型从渲染图像中采样，生成一个柱状图，在“环境和效果”渲染的整个动态范围提供良好的颜色分离。在有些照明效果过于暗淡时，用户使用自动曝光控制可以增强照明效果。
  在动画中最好不要使用“自动曝光控制”类型，因为每个帧将使用不同的柱状图，可能会使动画闪烁。自动曝光效果如图11-8所示。

曝光前

曝光后

图11-8 曝光前后对比

在”自动曝光控制参数”卷展栏中提供了一些参数以供用户进行调节场景效果。

- ◆ 亮度：调整转换的颜色的亮度。范围为0至200。默认设置为50。
- ◆ 对比度：调整转换的颜色的对比度。范围为0至100。默认设置为50。
- ◆ 曝光值：调整渲染的总体亮度。范围为-5.0至5.0；负值使图像更暗，正值使图像更亮。默认设置为0.0。

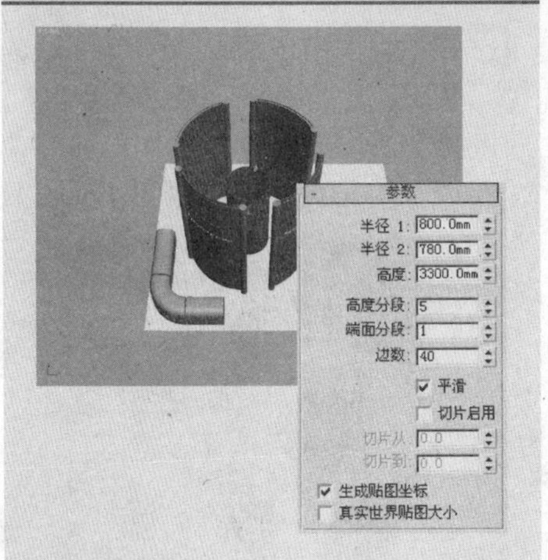

⑩ 执行右键菜单“转换为>转换为可编辑多边形”命令，将管状体转换为可编辑多边形，按数字键4切换到“多边形”子层级，选择管状体顶端的多边形面，在“修改”命令面板中的“编辑边”卷展栏中单击 挤出 按钮右侧的“设置”按钮，在弹出的“挤出多边形”对话框中设置“挤出高度”为30.0，如下图所示。

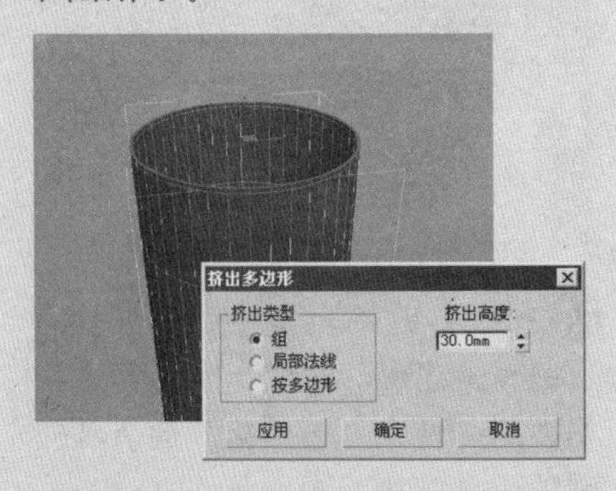

⑪ 选择挤出多边形面的外部多边形面，再次进行挤出设置，如下图所示。

⑫ 在顶视图中创建一个“半径1”为2400.0、“半径2”为1000.0、“高度”为－20的管状体，并与“挡板”中心对齐，如下图所示。

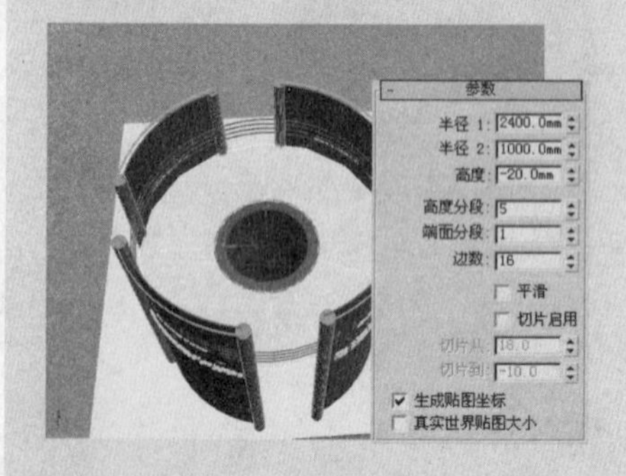

⑬ 在“修改”命令面板中的“参数”卷展栏中，勾选“切片启用”复选框，并设置“切片从”值为18.0、“切片到”值为－10.0，并命名为“装饰翼”，如下图所示。

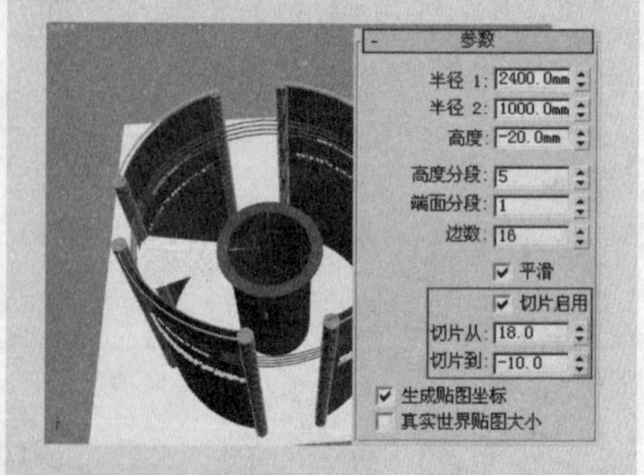

⑭ 执行右键菜单“转换为>转换为可编辑多边形”命令，按数字键1，切换到“顶点”子层级，调节其外围顶点高度如下图所示。

◆ 物理比例：设置曝光控制的物理比例，用于非物理灯光。主要用来调整渲染，使其与眼睛对场景的反应相同。每个标准灯光的“倍增”值乘以“物理比例”值，得出灯光强度值（单位为坎迪拉）。例如，默认的“物理比例”为1500，渲染器和光能传递将标准的泛光灯当作1500坎迪拉的光度学灯光。“物理比例”还用于影响反射、折射和自发光。

◆ “颜色修正”复选框和色样：如果选中该复选框，颜色修正会改变场景中所有颜色。默认设置为禁用状态。

◆ 降低暗区饱和度级别：启用时，渲染器会使场景中的颜色变暗淡，默认设置为禁用状态。

● 线性曝光控制：“线性曝光控件”是从渲染中采样，并且使用场景的平均亮度将物理值映射为RGB值，如图11-9所示。

● 对数曝光控制：“对数曝光控制”使用亮度、对比度、中间色调、仅影响间接照明及室外日光等控件对场景曝光进行控制，如图11-10所示。

图11-9 线性曝光控制

图11-10 对数曝光控制

“对数曝光控制参数卷展栏中的参数如下。

◆ 中间色调：调整转换的颜色的中间色调值。其范围为0.01至20.0。默认设置为1.0。

◆ 仅影响间接照明：当启用“仅影响间接照明”选项时，“对数曝光控制”仅应用于间接照明的区域。默认设置为禁用状态。如果场景的主照明光线是从标准灯光（而不是光度学灯光）发出时，应启用“仅影响间接照明”选项。使用标准灯光并启用“仅影响间接照明”选项时，光能传递和曝光控制生成的结果与默认的扫描线渲染器类似。使用标准灯光但是禁用“仅影响间接照明”时，光能传递和曝光控制生成的结果与默认的扫描线渲染器差异很大。在通常情况下，如果场景的主照明光线是从光度学灯光发出的，不需要启用“仅影响间接照明”选项。

● 室外日光：此选项主要应用到室外场景中的日光的曝光调节。

● 伪彩色曝光控制：实际上是一个照明分析工具，使用户可以直观地观察和计算场景中的照明级别。“伪彩色曝光控制”将亮度或照度值映射为显示转换的值的亮度的伪彩色。从最暗到最亮，渲染依次显示蓝色、青色、绿色、黄色、橙色和红色。红色的区域为照明过度，蓝色的区域为照明不足，绿色的区域处于良好的照明级别。

“伪彩色曝光控制”卷展栏与前面所讲的曝光控制参数卷展栏有所区别，其卷展栏如图11-11 所示。

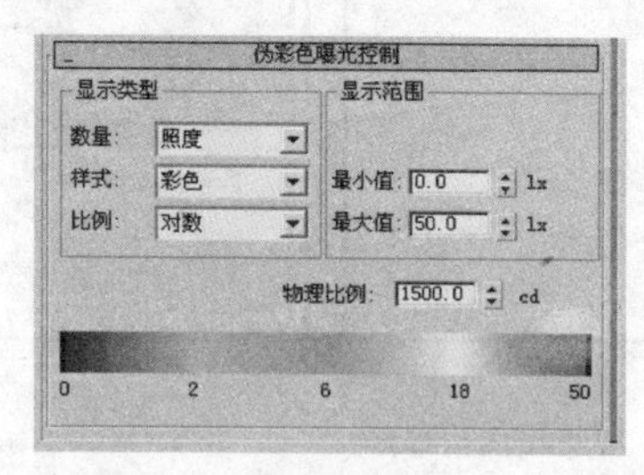

图11-11 “伪色彩曝光控制”卷展栏

◆ 数量：是所测量的值（亮度>照度）。“照度”用来显示曲面上的入射光的值。“亮度”用来显示曲面上的反射光的值。其效果如图 11-12 所示。

照度

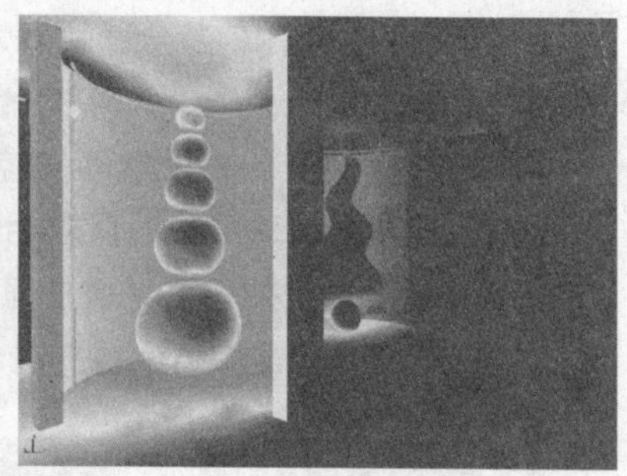
亮度

图11-12 数量值“亮度”和“照度”对比

◆ 样式：用来设置选择显示值的方式（彩色>灰度）。“彩色”是默认设置。“灰度”显示从白色到黑色范围的灰色色调。其效果如图 11-13 所示。

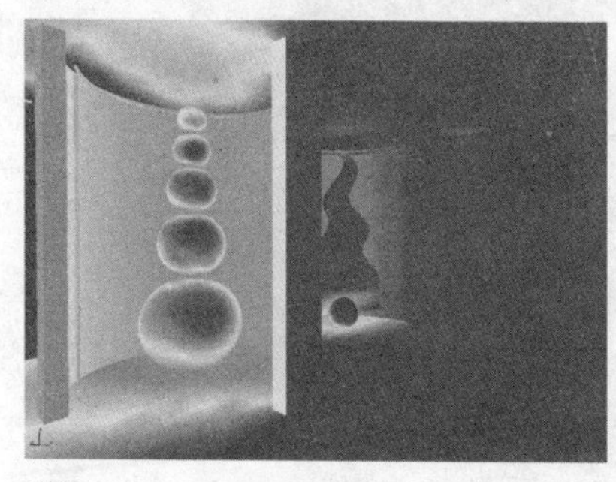
彩色

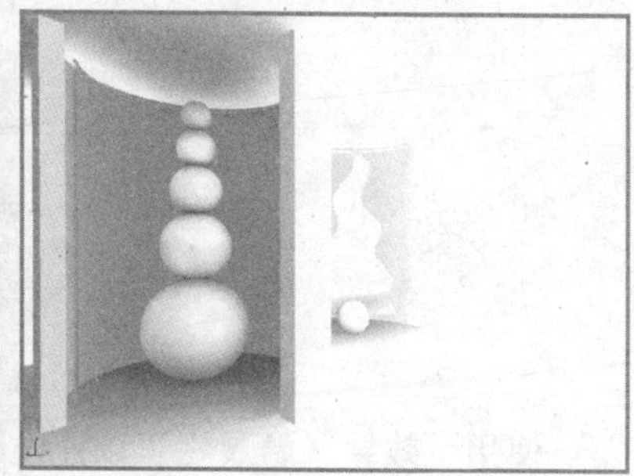
灰度

图11-13 样式“彩色”和“灰度”对比

⑮ 使用与复制“挡板”相同的方法，旋转复制“装饰翼”，如下图所示。

⑯ 在顶视图中创建一个“半径”为 780.0、“高度”为 1200.0 的圆柱体，在其他视图中调节其位置到展台中心，并命名为“展台01”，如下图所示。

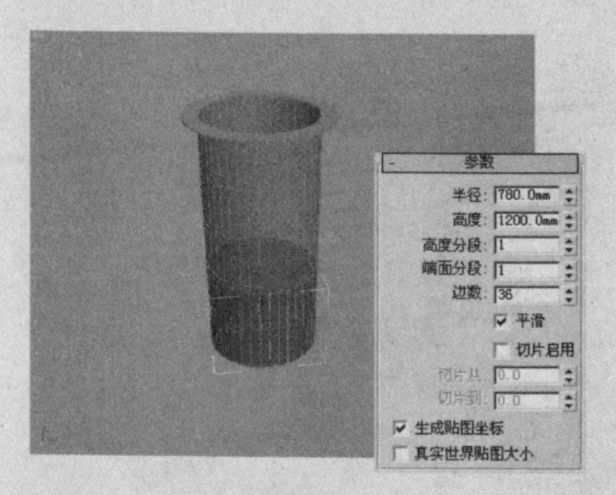

⑰ 使用相同的方法创建一个“半径1”为 2410.0、“半径2”为2390.0、“高度”为 30.0 的管状体，勾选“参数”卷展栏中的“切片启用”复选框，设置“切片从”为 18.0、“切片到”为-10.0，制并放置在每一个“装饰翼”的边缘，如下图所示。

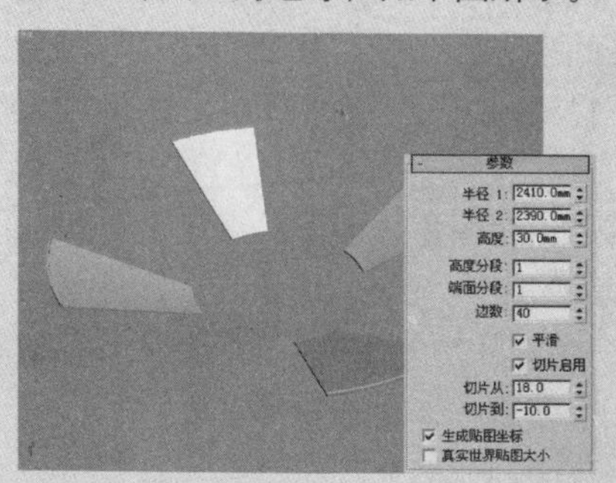

制作广告牌

01 使用相同的方法，创建广告牌，放置位置如下图所示。

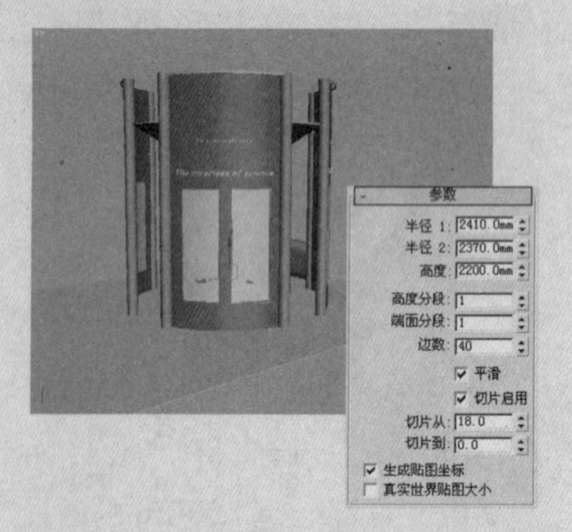

02 在透视图中创建一个“长度”为30.0、“宽度”为1000.0、“高度”为600.0的长方体，命名为“电视”，并放置在如下图所示的位置。

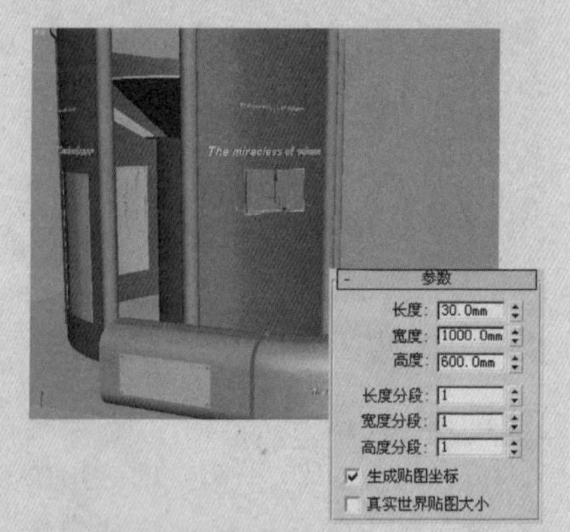

03 执行右键快捷菜单“转换为>转换为可编辑多边形”命令，将其转换为可编辑多边形，按数字键4，切换到“多边形”子层级，选择外侧的多边形，在“编辑多边形”卷展栏中单击 倒角 按钮右侧的“设置”按钮，在弹出的“倒角多边形”对话框中设置“高度”为0.0、“轮廓量”为-200.0，然后使用“选择并均匀缩放”工具沿Z轴进行缩放，如下图所示。

- 比例：用来选择用于映射值的方法（对数>线性）。“对数”是默认设置，使用对数比例。“线性”使用线性比例。其效果如图11-14所示。

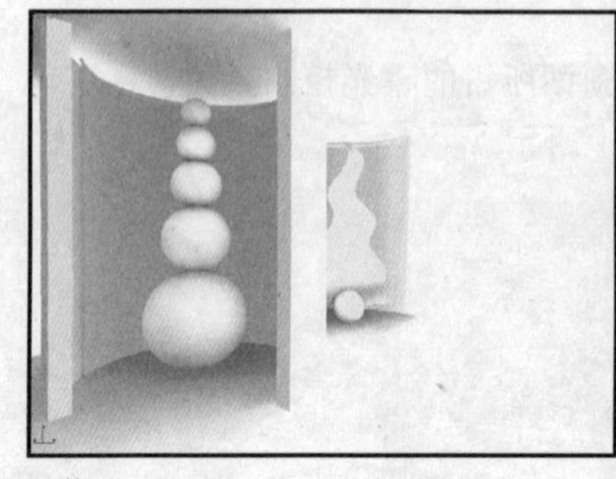

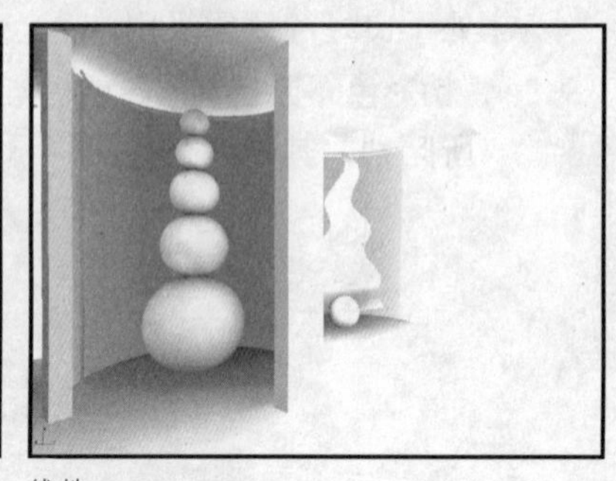

对数　　线性

图11-14　比例“对数”和“线性”对比

- 最小值：用来设置在渲染中要测量和表示光线的最低值。低于此数量的光线值将全部映射为光谱条最左端的显示颜色（或灰度级别）。
- 最大值：用来设置在渲染中要测量和表示光线的最高值。此数量或高于此数量的值将全部映射为光普条最右端的显示颜色（或灰度值）。
- 物理比例：用来设置曝光控制的物理比例。结果是调整渲染，使其与眼睛对场景的反应相同。
- 光谱条：用来显示光谱与强度的映射关系。光谱下面的数字表示范围介于最大值设置到最小值设置之间。

11.1.2 “效果”选项卡

在默认情况下“效果”选项卡只包含有“效果”卷展栏，如图11-15所示。

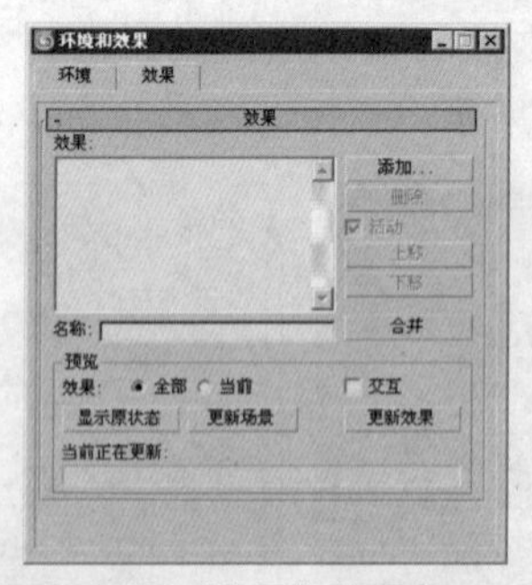

图11-15　“效果”选项卡

使用“效果”卷展栏可以通过添加后期生成效果查看结果，而不必渲染场景。“渲染效果”使用户可以和场景进行交互工作。在调整效果的参数时，渲染帧窗口使用场景几何体和应用效果的最终输出图像进行更新。也可以选择继续处理某个效果，然后手动更新该效果。

单击“效果”卷展栏中的 添加 按钮，打开“添加效果”对话框，如图11-16 所示。

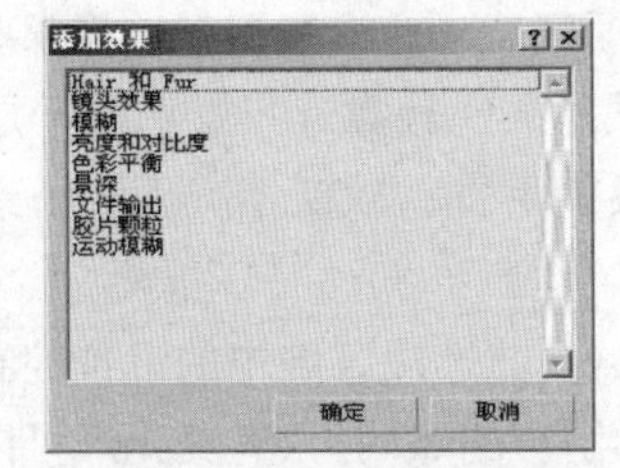

图11-16　“添加效果”对话框

当列表框中的效果选项添加到场景中时，在“效果”选项卡的下端就会出现与效果相应的参数卷展栏以供用户对各个效果进行调节和设置。

Hair 和 Fur 渲染效果

“Hair 和 Fur”效果执行的前提是在场景中存在有执行过“Hair 和 Fur”修改器命令的对象物体。在场景中有生成毛发的物体对象的“修改”命令面板中，单击“工具”卷展栏中的 渲染设置... 按钮也可以打开“Hair 和 Fur”效果设置对话框，如图 11-17 所示。

系统在“Hair 和 Fur”卷展栏中提供了控制毛发的各种控件，如图 11-18 所示。

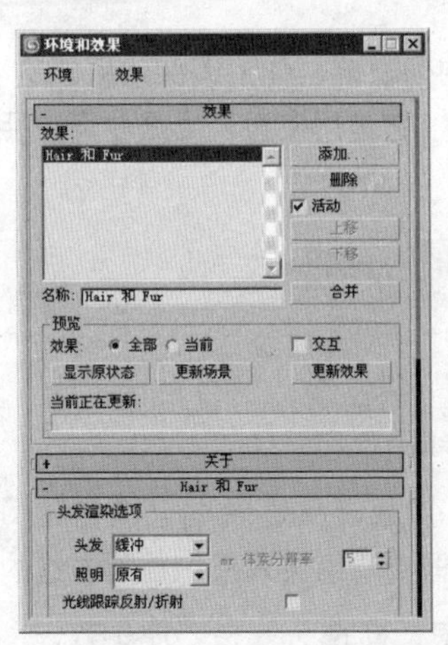

图 11-17　“Hair 和 Fur”效果面板

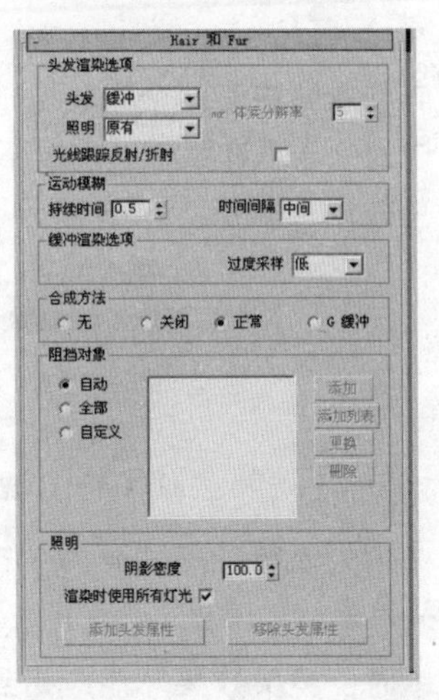

图 11-18　“Hair 和 fur”卷展栏

- “头发渲染选项”选项区域：此选项区域中的选项是用来设置头发渲染。“头发”选项主要用于设置渲染毛发的方法。（“缓冲”、“几何体”和“MR prim”）。
- “运动模糊”选项区域：为了渲染运动模糊的毛发，必须为成长对象启用“运动模糊”选项，用于设置毛发运动模糊。
- “缓冲渲染选项”选项区域：此设置只适用于缓冲渲染方法。此选项区域中的“过度采样”选项中可以设置抗锯齿的级别来调节毛发渲染的效果。

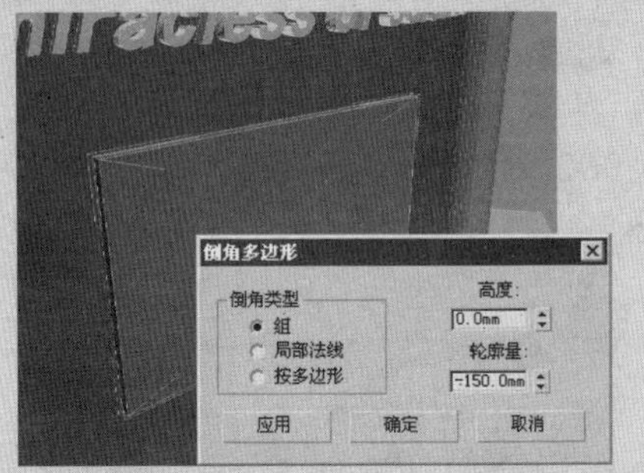

04 再次进行倒角设置，倒角出电视屏幕凹陷，如下图所示。

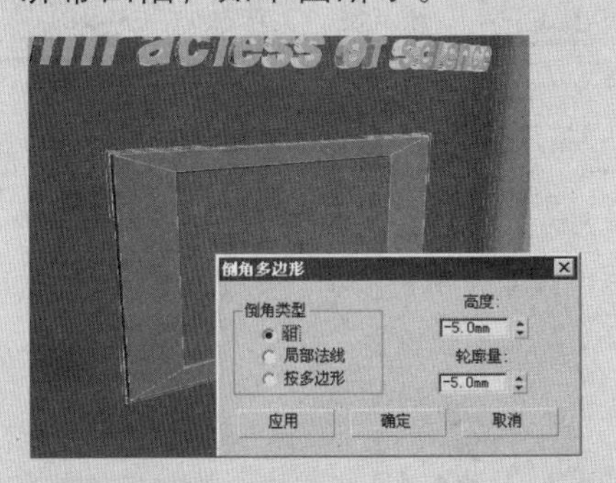

05 在顶视图中创建一个“半径 1”为 2000.0、“半径 2”为 1900.0、“高度”为 200.0 的管状体，勾选“切片启用”复选框，并设置“切片从”值为 90.0、“切片到”值为 0.0，放置在如下图所示位置。

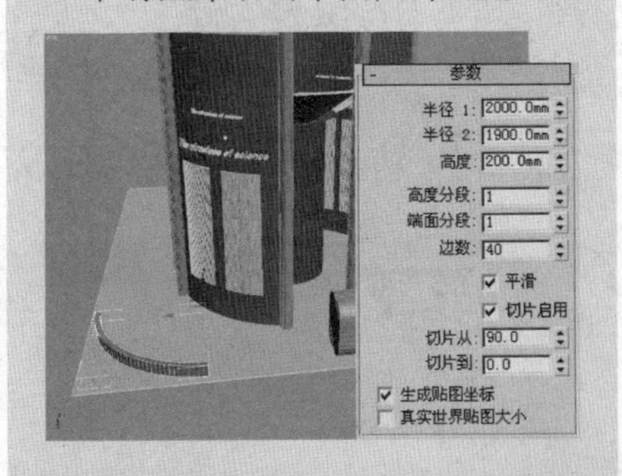

06 创建一个“半径1”为1960.0、“半径2”为1940.0、“高度”为900.0的管状体，勾选“切片启用”复选框，并设置“切片从”值为90.0、“切片到”值为0.0，放置在如下图所示位置。

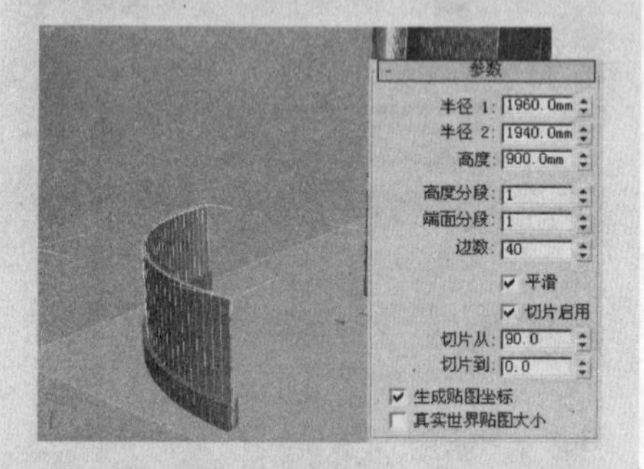

07 创建一个“半径1”为2050.0、“半径2”为1900.0、“高度”为30.0的管状体，勾选“切片启用”复选框，并设置“切片从”值为90.0、“切片到”值为0.0，放置在如下图所示位置。

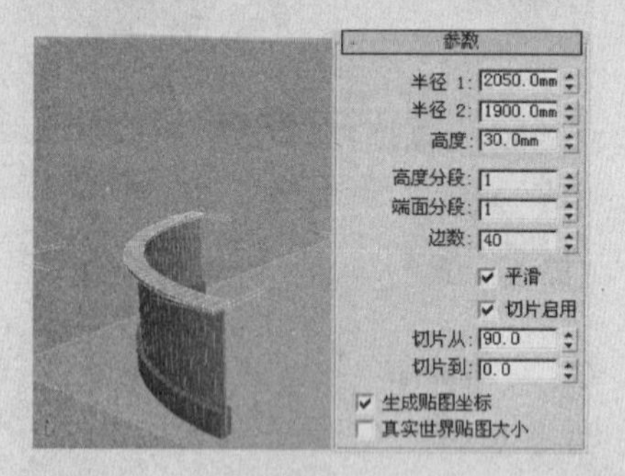

08 选择“装饰翼”边缘的装饰边框，使用“选择并移动”工具配合Shift键向下移动并复制3次作为装饰条，如下图所示。

- “合成方法”选项区域：此选项区域的选项可用于选择Hair合成毛发与场景其余部分的方法。合成选项仅限于缓冲渲染方法。
- “阻挡对象”选项区域：此设置用于选择那些对象将阻挡场景中的毛发，即如果对象比较靠近摄影机而不是部分毛发阵列，则将不会渲染其后的毛发。默认情况下，场景中的所有对象均阻挡其后的毛发。
- “照明”选项区域：此选项区域中的设置控制通过场景中的聚光灯从毛发投射的阴影的照明。只有聚光灯可以为毛发照明并投射阴影。

镜头渲染效果

“镜头效果”是用于创建真实效果（通常与摄影机关联）的系统。这些效果包括光晕、光环、射线、自动二级光斑、手动二级光斑、星形和条纹等镜头。在添加“镜头效果”之后，系统将在“效果”选项卡中增加“镜头效果参数”卷展栏和“镜头效果全局”卷展栏。

在“镜头效果参数”卷展栏中的列表框中，系统提供了Glow（光晕镜头效果）、Ring（光环镜头效果）、Ray（射线镜头效果）、Auto Secondary（自动二级光斑镜头效果）、Manual Secondary（手动二级光斑镜头效果）、Star（星形镜头效果）和Streak（条纹镜头效果）等。

其卷展栏中有两个列表框，左边的列表框是作为镜头效果的选项，而右边的列表框在默认的情况下是空的，它是用来显示场景中所应用到的镜头效果，如图11-19所示。

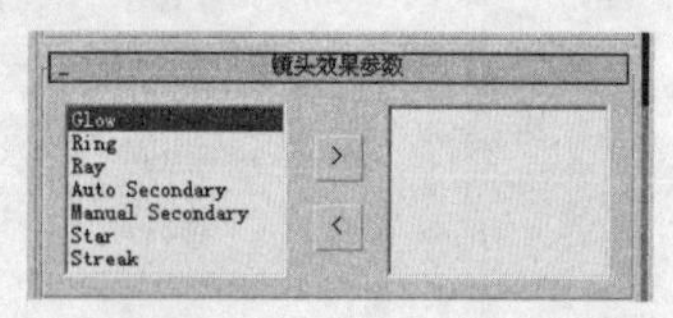

图11-19 “镜头效果参数”卷展栏

两个列表框的中间有两个按钮，“加载镜头效果” 按钮和“删除镜头效果” 按钮。只有将左边列表框中的镜头效果加载到右边的列表框中时，镜头效果才能应用到场景中，即镜头效果才能生效。

在“镜头效果全局”卷展栏中包含“参数”和“场景”两个选项卡，如图11-20所示。

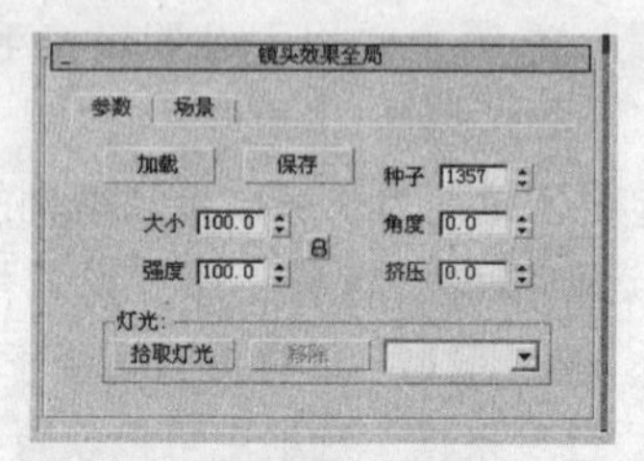

图11-20 “镜头效果全局”卷展栏

“参数”选项卡用来设置镜头效果的光源、镜头效果的大小和镜头效果的强度等参数。用户只有在该卷展栏中指定了进行镜头效果的灯光来源，镜头效果才能在场景中真正的得到应用。

“场景”选项卡主要对镜头效果的场景进行一定的设置，其面板如图11-21所示。

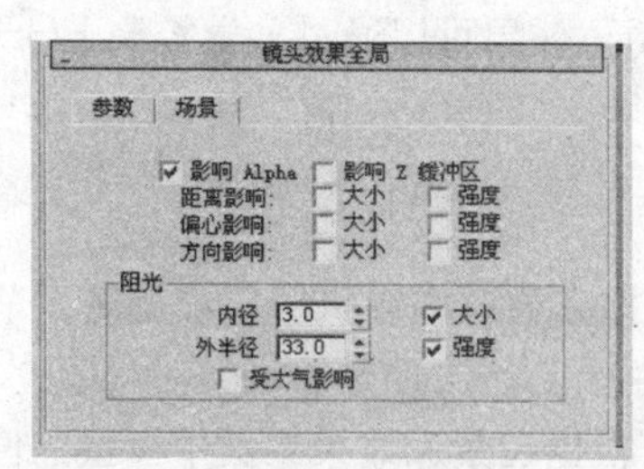

图11-21 “场景”选项卡

模糊效果

使用“模糊”效果可以通过3种不同的方法使图像变模糊，均匀型、方向型和径向型。可以使整个图像变模糊，使非背景场景元素变模糊，按亮度值使图像变模糊，或使用贴图遮罩使图像变模糊。模糊效果主要通过渲染对象或摄影机移动的幻影来提高动画的真实感，其参数卷展栏如图11-22所示。

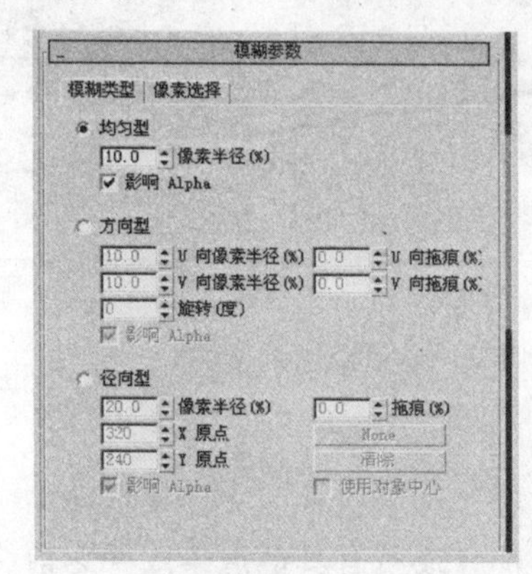

图11-22 “模糊参数”卷展栏

“模糊参数”卷展栏包含两个选项卡：“模糊类型”选项卡和“像素选择”选项卡。

“模糊类型”选项卡用于指定模糊类型（“均匀型”、“方向型”和“径向型”），在各个模糊类型的下面都有控制此模糊类型的各种参数供用户进行调节。

“像素选择”选项卡中的选项可以根据用户指定的模糊对象进行模糊，用户可以很自由地选择要进行模糊设置的对象及区域。主要有“整个图像”、“非背景”、“亮度”、“贴图遮罩”、“对象ID”和“材质ID”等像素模糊类型。

09 在顶视图中创建一个“长度”为8000.0、“宽度”为80.0、“高度”为3000.0的长方体，放置在“地板”的一侧，如下图所示。

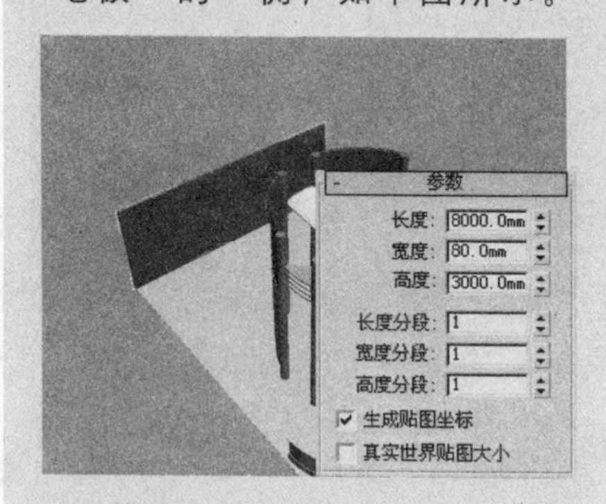

制作墙体

01 在“创建”命令面板中单击“图形”按钮，在“对象类型”卷展栏中单击 线 按钮，在顶视图中创建一条如下图所示的样条线。

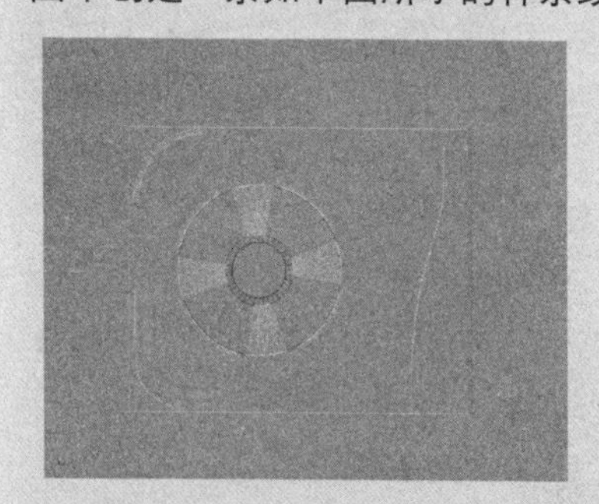

02 按数字键3，切换到样条曲线的“样条线”子层级，在“几何体”卷展栏中的 轮廓 按钮右侧的数值框中输入数值80.0，效果如下图所示。

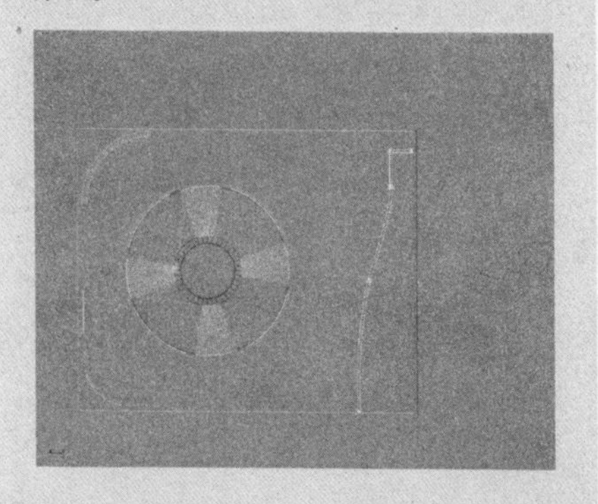

03 在“修改”命令面板中，给样条线添加一个“挤出”修改命令，在“参数”卷展栏中设置“数量”值为3000.0，如下图所示。

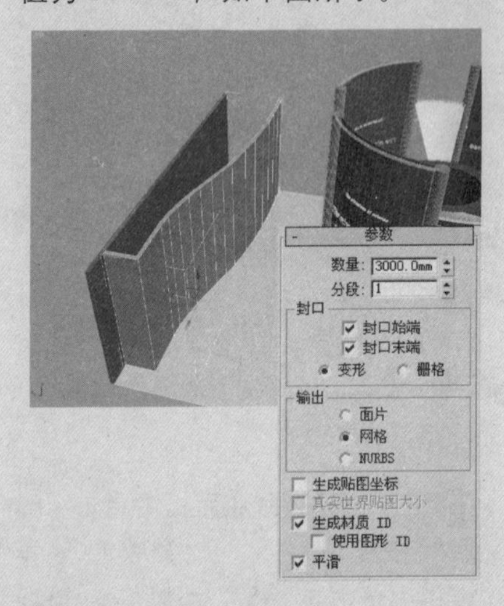

04 执行右键菜单“克隆”命令，将曲面墙体原地复制，执行右键菜单“缩放”命令，将复制出来的墙体沿Z轴缩小并移动到如下图所示位置。

05 按数字键4，切换到“多边形”子层级，选择所有的多边形面，然后在“编辑多边形”卷展栏中单击 挤出 按钮右侧的“设置”按钮 ，在弹出的“挤出多边形”对话框中选中“挤出类型”选项区域中的“局部法线”单选按钮，将“挤出高度”设置为10.0，如下图所示。

亮度和对比度效果

使用“亮度和对比度”效果可以调整图像的对比度和亮度。可以用于将渲染场景对象与背景图像或动画进行匹配。

色彩平衡效果

使用“色彩平衡”效果可以通过独立控制RGB通道操纵相加或相减颜色。

色彩效果

“景深”效果模拟在通过摄影机镜头观看时，前景和背景的场景元素的自然模糊。景深的工作原理是将场景沿Z轴次序分为前景、背景和焦点图像。然后，根据在景深效果参数中设置的值使前景和背景图像模糊，最终的图像由经过处理的原始图像合成。

如果对图像或动画应用其他渲染效果，景深效果应为最后一个要渲染的效果。渲染效果的顺序在“环境和效果”对话框的“效果”选项卡中的列表框中列出。“景深”效果对比如图11-23所示。

无景深

景深效果

图11-23 景深效果对比

文件输出效果

使用“文件输出”可以根据“文件输出”在“渲染效果”堆栈中的位置，在应用部分或所有其他渲染效果之前，获取渲染的“快照”。在渲染动画时，可以将不同的通道（例如亮度、深度或或Alpha）保存到独立的文件中。

也可以使用“文件输出”将RGB图像转换为不同的通道，并将该图像通道发送回“渲染效果”堆栈。然后再将其他效果应用于该通道。

胶片颗粒效果

“胶片颗粒”用于在渲染场景中重新创建胶片颗粒的效果。使用

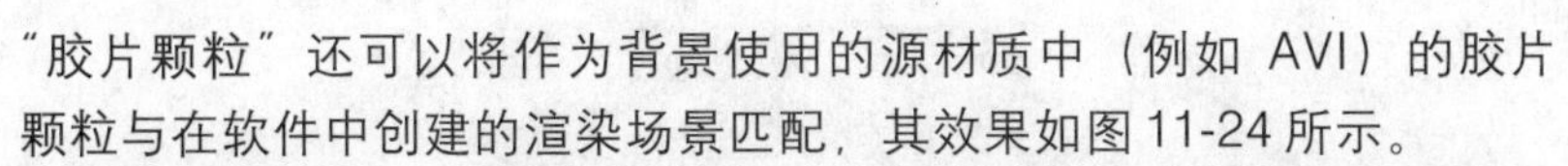

“胶片颗粒”还可以将作为背景使用的源材质中（例如 AVI）的胶片颗粒与在软件中创建的渲染场景匹配，其效果如图 11-24 所示。

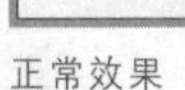
正常效果

颗粒效果

图 11-24　颗粒效果对比

运动模糊效果

“运动模糊”通过使移动的对象或整个场景变模糊，将图像运动模糊应用于渲染场景。运动模糊通过模拟实际摄影机的工作方式，可以增强渲染动画的真实感。摄影机有快门速度，如果场景中的物体或摄影机本身在快门打开时发生了明显移动，胶片上的图像将变模糊。

在使用“运动模糊”功能前，用户必须使用“对象属性”对话框为要运动模糊的对象设置运动模糊特性。

11.2 雾效

雾效经常被应用到一些三维动画场景的模拟，制造出雾效可以给已经存在的三维空间增加空间感，使三维场景更加真实。

执行菜单栏中的“渲染>环境”命令打开“环境和效果”对话框，在对话框“环境”选项卡的“大气”卷展栏中可以添加“雾”效果。

11.2.1 标准雾

标准雾是雾效的一种，此效果适合应用与烘托三维空间，让三维空间产生朦胧感。

在“大气”卷展栏中单击 添加 按钮，在弹出的“添加大气效果”对话框中选择“雾”选项，单击 确定 按钮，将“雾”效果添加到所在的场景中。

在“雾”效果添加到场景中之后，在“环境和效果”卷展栏的下部系统添加了一个“雾参数”卷展栏以供用户进行设置，如图 11-25 所示。

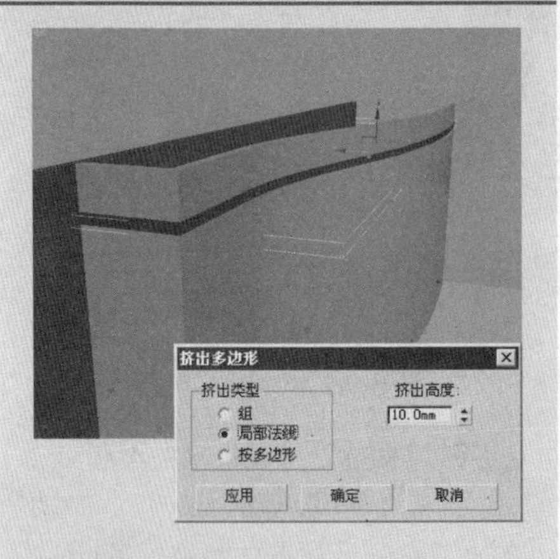

06 使用相同的方法创建出其他的装饰条，如下图所示。

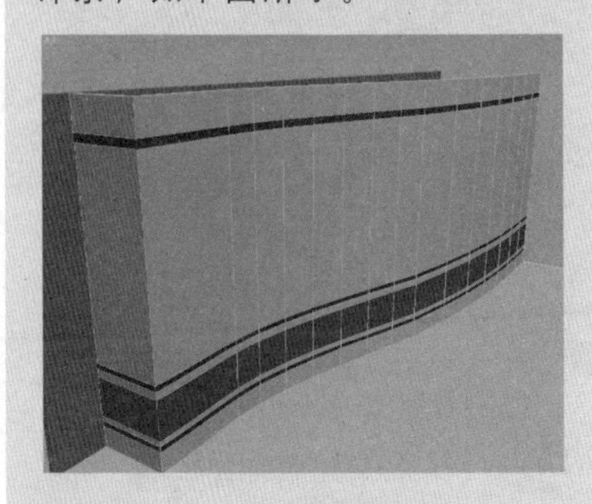

07 将创建的装饰条和墙体进行合并，然后创建一个“长度”为 2700.0、“宽度”为 1000.0、“高度”为 2500.0 的长方体，放置到如下图所示的位置，然后和创建出来的弯曲墙体进行布尔运算。

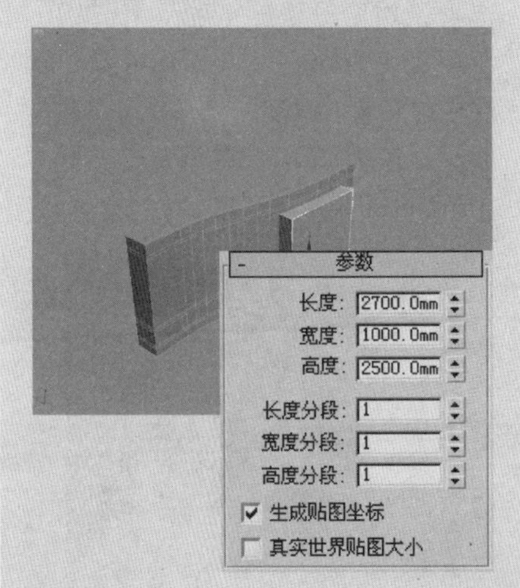

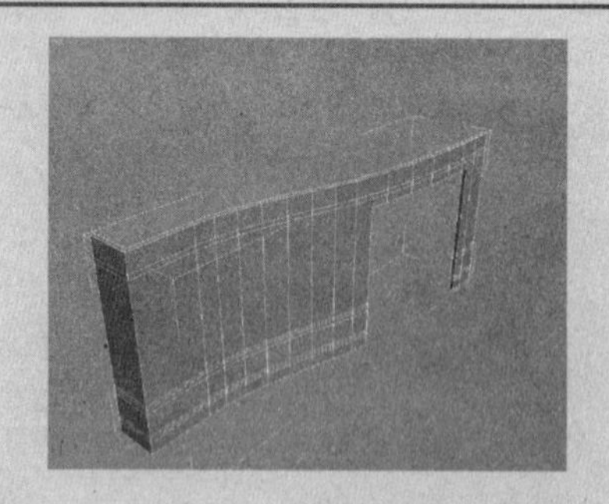

08 创建两个“长度”为200.0、“高度”为2900.0的长方体，放置在如下图所示位置作为空间割断。

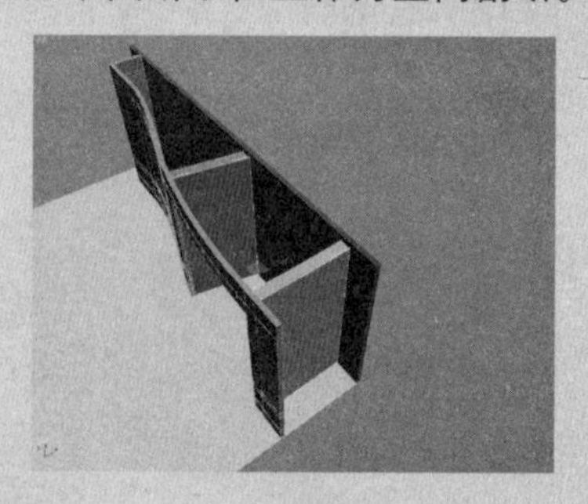

制作门和墙体装饰

01 在“几何体”创建面板中，设置创建命令几何体类型为“门”，在“对象类型”卷展栏中单击 枢轴门 按钮，在视图中拖动鼠标创建门模型，在“参数”卷展栏中设置“高度”为2200.0、“宽度”为900.0、“深度”为30.0，在“门框”选项区域中设置“宽度”为60.0、“深度”为1.0，在“页扇参数”卷展栏中设置“厚度”为30.0、“门框/顶梁”值为150.0，并调节其位置，如下图所示。

图11-25 “雾参数”卷展栏

(1)“雾”选项区域

“雾”选项区域主要用来控制“雾”的颜色、类型及是否雾化背景等设置。

- 环境颜色贴图：可以为背景和雾颜色添加贴图，可以在“轨迹视图”或“材质编辑器”对话框中设置程序贴图参数的动画，还可以为雾添加不透明度贴图。
- 环境不透明度贴图：此选项用来更改雾的密度。指定不透明度贴图并进行编辑。
- 雾化背景：将雾功能应用于场景的背景。
- 类型：用来设置“雾”效的类型。选择“标准”选项时，将使用“标准”部分的参数；选择“分层”选项时，将使用“分层”部分的参数。

(2)“标准”选项区域

系统根据与摄影机的距离使雾变薄或变厚。

- 指数：随距离按指数增大密度。禁用时，密度随距离线性增大。只有在渲染体积雾中的透明对象时，才应激活此复选框。

(3)“分层”选项区域

使雾在上限和下限之间变薄和变厚。通过向列表中添加多个雾条目，可以设置多层雾。在此选项区域中用户通过设置“雾”的参数，可以实现雾上升和下降的运动、更改密度和颜色的动画，还可以给“雾”效果添加地平线噪波。

- 顶：此选项用来设置雾层的上限（使用世界单位）。
- 底：用来设置雾层的下限（使用世界单位）。
- 密度：用来设置雾的总体密度。
- 衰减（顶/底/无）：用来添加指数衰减效果，使密度在雾范围的“顶”或“底”进行衰减。
- 地平线噪波：当启用“地平线噪波”复选框时，影响雾层的地平线，增加真实感。
- 大小：主要应用于噪波的缩放系数。缩放系数值越大，雾卷越大。默认设置为20。

- 角度：用于确定受影响的雾气与地平线的角度。

  此效果在地平线以上和地平线以下镜像，如果雾层高度穿越地平线，可能会产生异常效果。

- 相位：此参数可以设置动画。此参数设置的动画将影响噪波的动画。如果相位沿着正向移动，雾卷将向上漂移（同时变形）。如果雾高于地平线，可能需要沿着负向设置相位的动画，使雾卷下落。

制作标准雾

Step 01 打开附书光盘："3D文件\雾.max"文件，如图11-26所示。

图11-26 雾场景

Step 02 执行菜单栏中的"渲染>环境"命令，打开"环境和效果"对话框。

Step 03 在"环境"选项卡的"大气"卷展栏中单击 添加 按钮，在弹出的"添加大气效果"对话框中选择"雾"选项，然后单击 确定 按钮，将"雾"效果添加到场景中。在默认的情况下，"雾"的密度很大，渲染之后场景中完全是白色，如图11-27所示。

图11-27 添加默认雾效果

Step 04 在"雾参数"卷展栏中"雾"选项区域中，选中"标准"单选按钮。在"标准"选项区域中，设置"近端%"值为0，设置"远端%"值为30.00，渲染效果如图11-28所示。

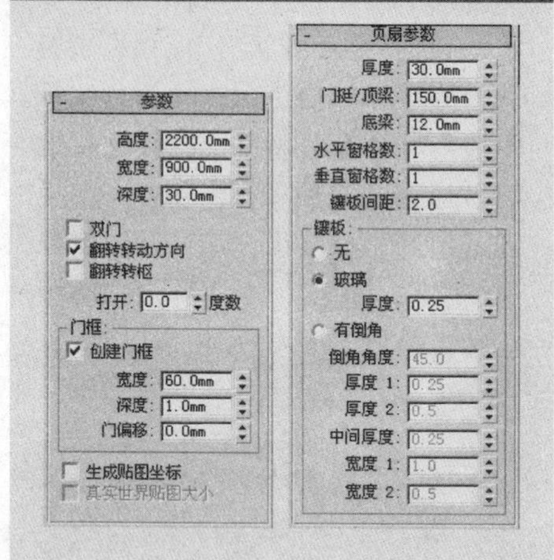

02 创建多个木条作为墙体装饰，如下图所示。

03 在顶视图中创建一个"长度"为3000.0、"宽度"为1650.0、"长度分段"为5、"宽度分段"为4的平面，放置在如下图所示位置。

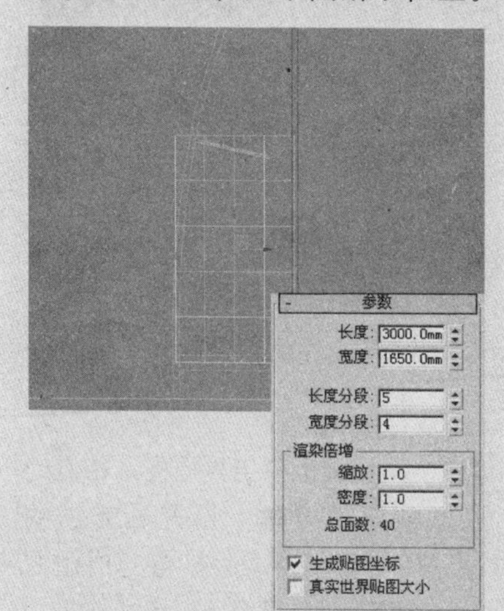

04 在选择平面的状态下，执行右键快捷菜单“转换为>转换为可编辑多边形”命令，将平面转换为可编辑多边形，然后按数字键1，切换到“顶点”子层级，调节其顶点如下图所示。

05 给平面添加一个“晶格”修改命令，并在“参数”卷展栏中设置“半径”为20.0、“边数”为5，命名为“顶棚方格”并调节其位置，如下图所示。

支柱
半径：20.0mm
分段：1
边数：5
材质 ID：1
☑ 忽略隐藏边
☐ 末端封口
☐ 平滑

06 使用捕捉顶点工具捕捉晶格点的顶点创建长方体，设置长方体的“高度”均为20.0，并与“顶棚方格”对齐，如下图所示。

图 11-28　设置雾效果参数

制作分层雾

Step 01 打开附书光盘：“3D 文件\雾.max”场景文件。

Step 02 执行菜单栏中的“渲染>环境”命令，打开“环境和效果”。

Step 03 单击“环境”选项卡“大气”卷展栏的 添加 按钮给场景添加“雾”效果。

Step 04 在“雾参数”卷展栏中“雾”选项区域中选中“分层”单选按钮，雾气就会变成分层雾，如图 11-29 所示。

Step 05 在“分层”选项区域中勾选“地平线噪波”复选框，效果如图11-30所示。

图 11-29　分层雾效果

图 11-30　地面噪波分层雾效果

Step 06 由于其雾密度过大，在“雾参数”卷展栏中的“分层”选项区域中将“密度”值设置为30，其效果如图 11-31 所示。

图 11-31　地面噪波分层雾效果

Step 07 也可以将“雾”设置为其他颜色，在“雾参数”卷展栏中的“雾”选项区域中，单击“颜色”选项下面的色块，系统将弹出“颜色选择器”对话框，将颜色值设置为红：160，绿：160、蓝：255，在“分层”选项区域中将“密度”设置为15其效果如图11-32所示。

图11-32 其他颜色的雾效果

技巧·提示

在“雾参数”卷展栏中的“分层”选项区域中设置“相位”选项的参数，系统就会生成雾气的运动动画。

11.2.2 体积雾

“体积雾”提供的雾效是在3ds Max场景空间中密度不恒定的气体效果。系统中的“体积雾”效果可以营造出运动中的云状雾效果，似乎在风中飘散。

“体积雾”只有在摄影机视图或透视视图中会渲染体积雾效果。正交视图或用户视图不会渲染体积雾效果。

在默认情况下，“体积雾”会填满整个场景。用户可以在场景中创建“大气装置”（Gizmo）物体在“大气装置”内部生成“体积雾”效果。

在“创建”命令面板中单击“辅助对象”按钮，在“辅助对象”类型列表框中选择“大气装置”选项，在“对象类型”卷展栏中显示“大气装置”（Gizmo）物体对象类型，包含球体、长方体和圆柱体，如图11-33所示。

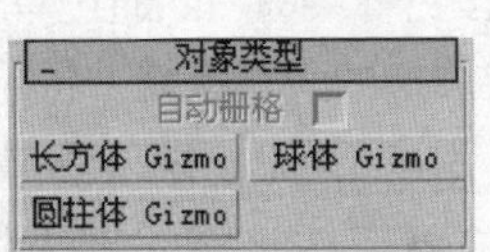

图11-33 大气装置类型

当“体积雾”添加到“大气装置”（Gizmo）中时，“体积雾”就会被“大气装置”（Gizmo）所束缚，在“大气装置”之外就不

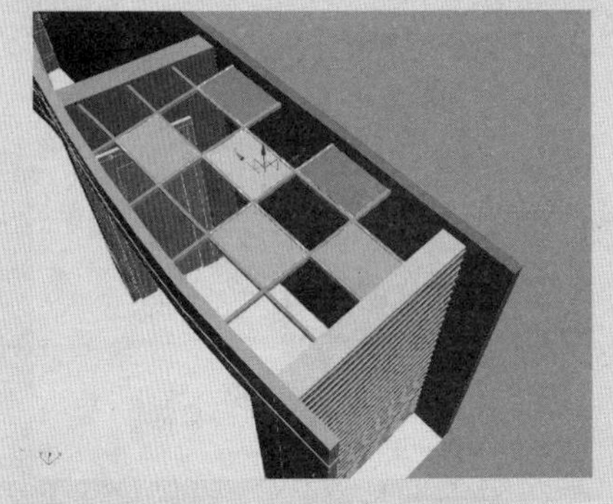

07 复制两个文字模型放置在如下图所示位置。

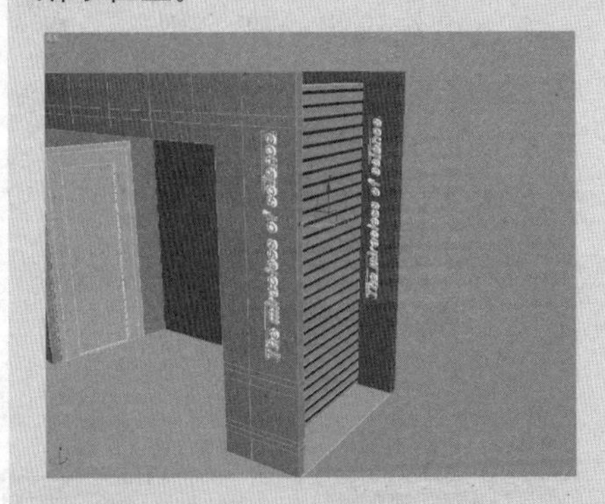

08 使用与编辑吧台文字标志相同的方法创建路径，并给文字添加“路径变形”修改命令，调节其位置如下图所示。

09 使用圆柱体并配合“晶格”修改命令，创建如下图所示的“展台架”。

会出现“体积雾”效果，其对比如图11-34所示。

没有大气装置的体积雾

有大气装置的体积雾

图11-34　大气装置效果

添加“体积雾”效果的方法和添加“雾”效果的方法相同，在此不再重复。

添加“体积雾”效果完成之后，在“环境和效果”对话框中显示“体积雾参数”卷展栏，如图11-35所示。

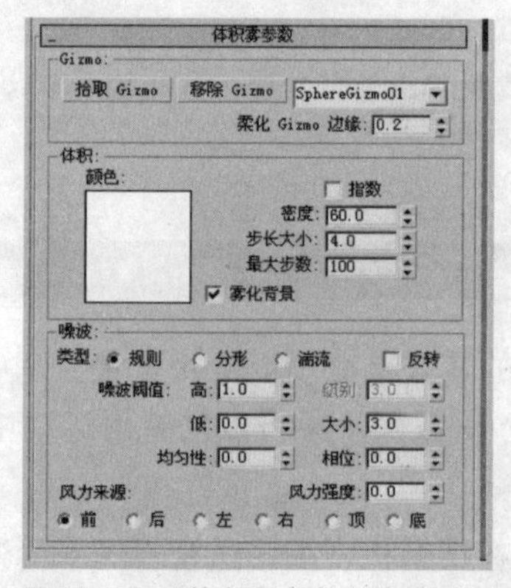

图11-35　“体积雾参数”卷展栏

“体积雾参数”卷展栏和“雾参数”卷展栏略有不同，“体积雾参数”卷展栏添加了“Gizmo”（大气装置）选项区域以供用户拾取大气装置，使“体积雾”只在一定的范围之内出现。

“体积雾”不能应用“环境材质贴图”来控制雾气的分布。可以设置“雾”的噪波参数和“雾”运动的的风力方向。

(1) “Gizmo”选项区域

- “拾取Gizmo”按钮 拾取 Gizmo ：通过单击此按钮进入拾取模式，然后单击场景中要添加的大气装置，将“体积雾”效果添加到所指定的大气装置中。用户还可以用多个装置对象显示相同的雾效果。单击 拾取 Gizmo 按钮然后按H键。系统将弹出“拾取对象”对话框，可以从列表中选择对象。“体积雾”效果的雾噪波比例不会因“Gizmo”装置的尺寸改变而改变。

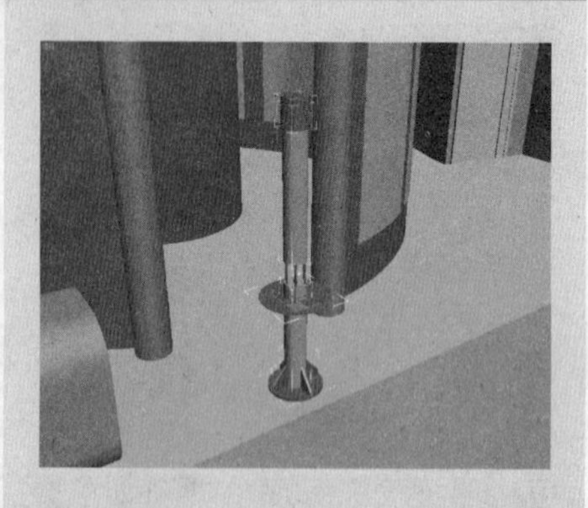

⑩ 在视图中创建长方体，然后将其转换为可编辑多边形，调节“顶点”的位置，使用与复制展示挡板相同的方法复制“展示架”的“底部支架”，如下图所示。

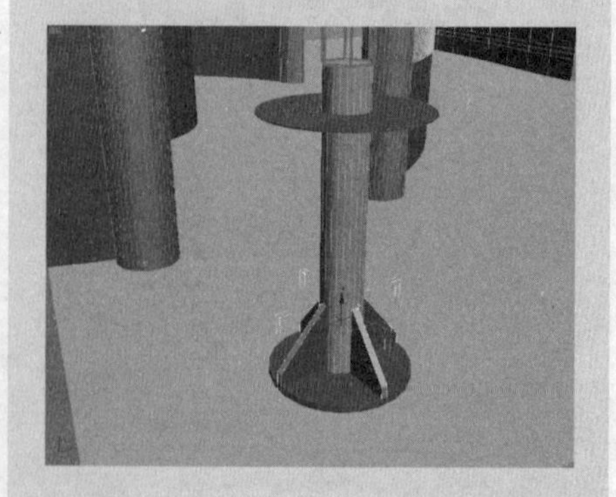

⑪ 选择“展示架”模型进行复制，并放置在恰当的位置，如下图所示。

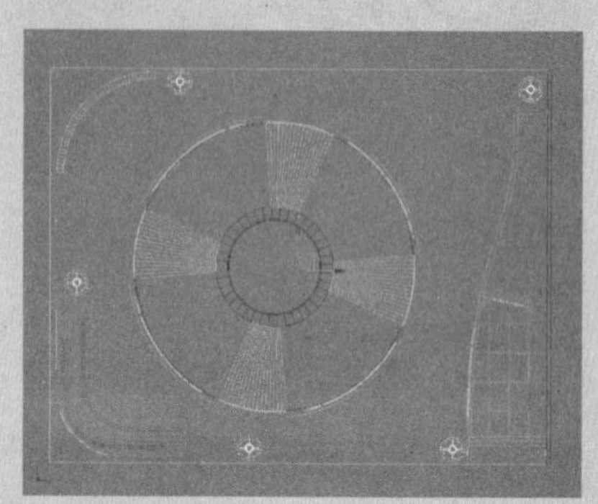

- “移除 Gizmo”按钮 移除 Gizmo ：将“Gizmo”从体积雾效果中移除。
- 柔化 Gizmo 边缘：用来羽化体积雾效果的边缘。值越大，边缘越柔化。范围为 0 至 1.0，默认设置为 0.2。用户最好不要将此值设置为 0，如果设置为 0 的话，“柔化 Gizmo 边缘”可能会造成边缘上出现锯齿。

（2）“体积”选项区域

此选项区域主要用来设置“体积雾”的颜色、密度及步长等参数。

- 颜色：用来设置雾的颜色。通过在启用“自动关键点”按钮的情况下更改非零帧的雾颜色，可以设置颜色效果动画。
- 指数：随距离按指数增大密度。
- 密度：控制雾的密度。范围为 0 至 20（超过该值可能会看不到场景）。
- 步长大小：用来确定雾采样的粒度；雾的“细度”。步长大小较大，会使雾变粗糙（到了一定程度，将变为锯齿）。

（3）“噪波”选项区域

体积雾的噪波选项相当于材质的噪波选项。

- 规则：是标准的噪波图案。
- 分形：是迭代分形噪波图案。
- 湍流：是迭代湍流图案。

3 种噪波图案对比如图 11-36 所示。

规则

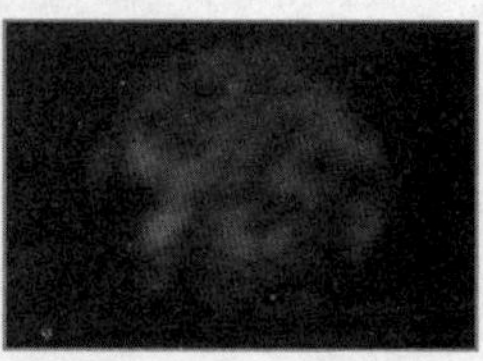
分形

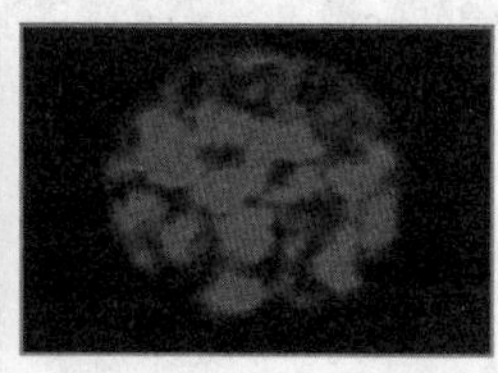
湍流

图 11-36　3 种噪波图案对比

- 反转：反转噪波效果。浓雾将变为半透明的雾，反之亦然。
- 噪波阈值：限制噪波效果。范围为 0 至 1.0。如果噪波值高于“低”阈值而低于“高”阈值，动态范围会拉伸到填满 0-1。这样，在阈值转换时会补偿较小的不连续（第一级而不是 0 级），因此，会减少可能产生的锯齿。
- 高：设置高阈值。
- 低：设置低阈值。
- 均匀性：范围从 -1 到 1，作用与高通过滤器类似。值越小，体积越透明，包含分散的烟雾泡。如果在 -0.3 左右，图像开

倒入模型、修改吧台

01 执行菜单栏中的“文件>合并”命令，在弹出的“合并文件”对话框中选择附书光盘：”实例文件\室内外设计\20展示设计\maps\饮水机\饮水机.max“文件，将饮水机模型合并放置位置如下图所示。

02 使用相同的方法合并桌子和椅子，放置位置如下图所示。

03 继续合并“灯”模型，调节其位置到如下图所示位置，并创建一个平面作为地面。

04 选择吧台模型，将其转换为可编辑多边形，按数字键4，切换到“多边形”子层级，选择如下图所示的多边形，在“修改”命令面板中的“多边形属性”卷展栏中分别设置其ID如下图所示。

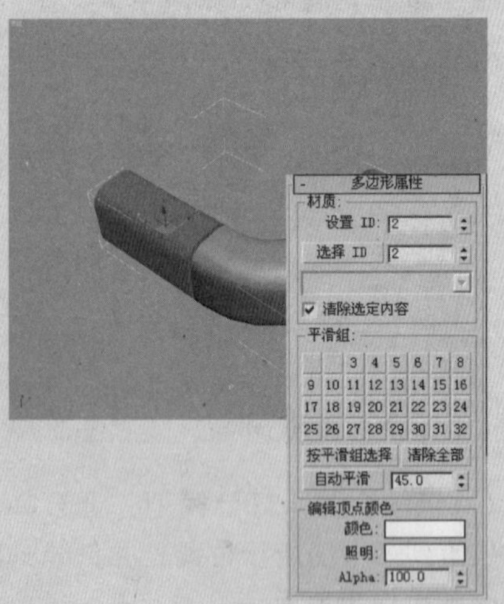

05 在“材质编辑器”对话框中选择一个材质球，并将其设置为“多维/子对象”材质类型，将ID为1的子材质设置为红色普通材质，将ID为2的子材质设置为白色金属材质，其他参数不变，并赋予吧台，如下图所示。

始看起来像灰斑。因为此参数越小，雾越薄，所以，可能需要增大密度，否则，体积雾将开始消失。

- 级别：设置噪波迭代应用的次数。范围为1至6，包括小数值。只有“分形”或“湍流”噪波才启用该选项。
- 大小：确定烟卷或雾卷的大小。值越小，卷越小。
- 相位：控制风的种子。如果“风力强度”的设置也大于0，雾体积会根据风向产生动画。如果没有“风力强度”，雾将在原处涡流。因为相位有动画轨迹，所以可以使用“功能曲线”编辑器准确定义风向。

  风可以在指定时间内使雾体积沿着指定方向移动。风与相位参数绑定，所以，在相位改变时，风就会移动。如果“相位”没有设置动画，则不会有风。
- 风力强度：控制烟雾远离风向（相对于相位）的速度。如上所述，如果相位没有设置动画，无论风力强度有多大，烟雾都不会移动。通过使相位随着大的风力强度慢慢变化，雾的移动速度将大于其涡流速度。

  此外，如果相位快速变化，而风力强度相对较小，雾将快速涡流，慢速漂移。如果希望雾仅在原位涡流，应设置相位动画，同时保持风力强度为0。
- 风力来源：定义风来自于哪个方向。

11.3 体积光

“体积光”根据灯光与大气（雾、烟雾等）的相互作用提供灯光效果。

此插件主要提供了“泛光灯”的径向光晕、“聚光灯”的锥形光晕和“平行光”的平行雾光束等效果。如果使用阴影贴图作为阴影生成器，则体积光中的对象可以在聚光灯的锥形中投射阴影。

只有在摄影机视图或透视视图中会渲染体积光效果，正交视图或用户视图不会渲染体积光效果。其效果如图11-37所示。

图11-37 体积光效果

体积光的添加方法和添加“雾”效果的方法相似。但是在创建体积光之前要先创建光源。在添加“体积光”效果完成之后，在“环境和效果”对话框中将出现“体积光参数”卷展栏，如图11-32所示。

（1）“灯光”选项区域

“灯光”选项区域中的控件主要用来设置“体积光”的灯光光源。

- “拾取灯光”按钮 拾取灯光：可以在任意视口中单击要为体积光启用的灯光，将“体积光”效果添加到灯光上。用户可以拾取多个灯光。单击 拾取灯光 按钮然后按H键，在弹出的“拾取对象”对话框中可以选择要用于“体积光”设置的灯光。
- “移除灯光”按钮 移除灯光：将灯光从效果列表中移除。

（2）“体积”选项区域

此选项区域用来设置“体积雾”效果的颜色、密度及采样等参数。

- 雾颜色：设置组成体积光的雾的颜色。

  用户可以通过在启用“自动关键点”按钮的情况下，更改非零帧的雾颜色，来设置颜色效果动画。与其他雾效果不同，“雾颜色”与灯光的颜色组合使用。可能是使用白雾，然后使用彩色灯光着色。
- 衰减颜色：用来设置体积光随距离而衰减。体积光经过灯光的近距衰减距离和远距衰减距离，从“雾颜色”渐变到“衰减颜色”。“衰减颜色”与“雾颜色”相互作用。例如，如果雾颜色是红色，衰减颜色是绿色，在渲染时，雾将衰减为紫色。通常，衰减颜色应很暗，中黑色是一个比较好的选择。
- 使用衰减颜色：此复选框用来激活衰减颜色设置。
- 指数：随距离按指数增大密度。禁用时，密度随距离线性增大。只有在希望渲染体积雾中的透明对象时，才应激活此复选框。
- 密度：用来设置雾的密度。雾越密，从体积雾反射的灯光就越多。密度为2%到6%可能会获得最具真实感的雾体积。
- 最大亮度%：用来表示可以达到的最大光晕效果（默认设置为90%）。如果减小此值，可以限制光晕的亮度，以便使光晕不会随距离灯光越来越远而越来越浓，以至出现“一片全白”的现象。如果场景的体积光内包含透明对象，将“最大亮度”设置为100%比较适合。
- 最小亮度%：与环境光设置类似。如果“最小亮度%”的值大于0，体积光外面的区域也会发光。
- 衰减倍增：用来调整衰减颜色的效果。
- 过滤阴影：用于通过提高采样率（以增加渲染时间为代价）获得更高质量的体积光渲染。

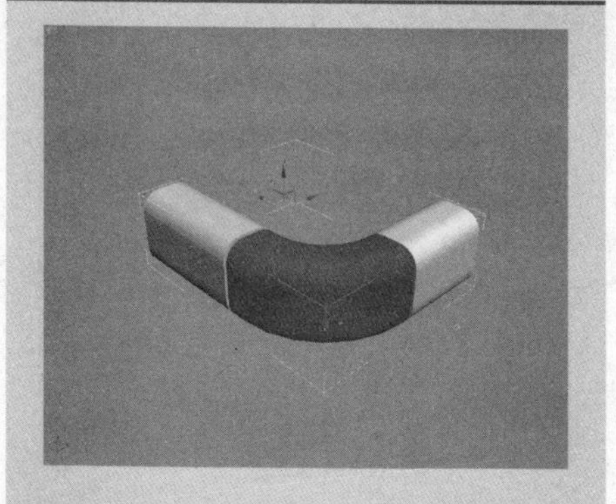

06 使用相同的方法，将标志多边形进行ID设置，并赋予黑白两色“多维/子对象”材质，如下图所示。

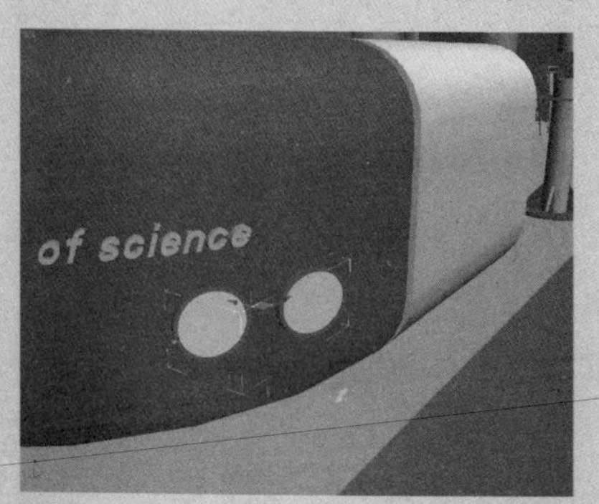

07 使用同样的方法将文字模型的外侧多边形和内侧多边形进行ID设置，并赋予“多维/子对象”材质，外侧多边形材质设置为黑色，内侧多边形材质设置为透明材质，如下图所示。

08 将电视模型同样进行ID设置，将电视屏幕和机身ID分离，指定“多维/子对象”材质，如下图所示。

09 将事先制作好的贴图作为材质贴图指定给“挡板”，调节一定的光线跟踪反射值，并给“挡板”添加“UVW贴图”修改命令，如下图所示。

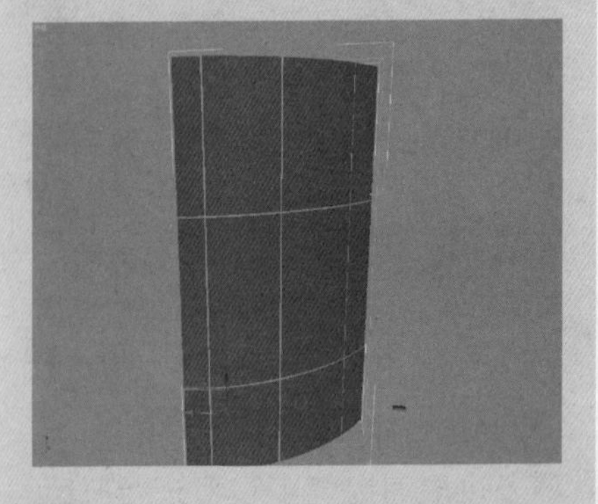

10 使用分ID的方法将后墙装饰条和墙体进行分离并赋予“多维/子对象”材质，如下图所示。

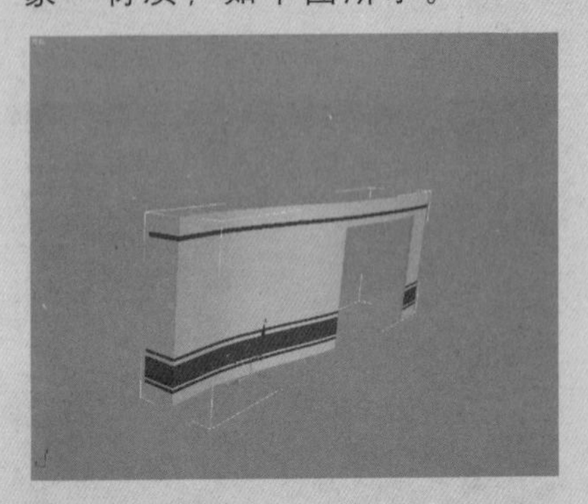

11 给柱子赋予一个发光度为90的白色材质，给装饰条赋予与吧台一致的红色，如下图所示。

- 采样体积%：控制体积的采样率。范围为1到10,000（其中1是最低质量，10,000是最高质量）。
- 自动：自动控制“采样体积%”参数，禁用数值框（默认设置）。

（3）“衰减”选项区域

此选项区域的控件取决于单个灯光的“开始范围”和“结束范围”衰减参数的设置。

以某些角度渲染体积光可能会出现锯齿问题。要消除锯齿问题，请在应用体积光的灯光对象中激活“近距衰减”和“远距衰减”设置。

- “开始%”：用于设置灯光效果的开始衰减，与实际灯光参数的衰减相对。默认设置为100%，意味着在“开始范围”点开始衰减。如果减小此参数，灯光将以实际“开始范围”值（即更接近灯光本身的值）的减小的百分比开始衰减。
- 结束%：设置照明效果的结束衰减，与实际灯光参数的衰减相对，开始为0，结束数值为默认时的效果如图11-38所示。

图11-38 雾衰减效果

（4）“噪波”选项区域

“噪波”选项区域用来设置“体积光”的噪波效果，与“体积雾参数”卷展栏的“噪波”选项区域中不同的参数如下。

- 启用噪波：启用和禁用噪波。启用噪波时，渲染时间会稍有增加。
- 数量：应用于雾的噪波的百分比。如果数量为0，则没有噪波。如果数量为1，雾将变为纯噪波。
- 链接到灯光：将噪波效果链接到其灯光对象。

给灯光添加体积光

Step 01 打开附书光盘：“3D文件\体积光.max”场景文件，如图11-39所示。

Step 02 选择场景中的“目标聚光灯”物体，如图11-40所示。

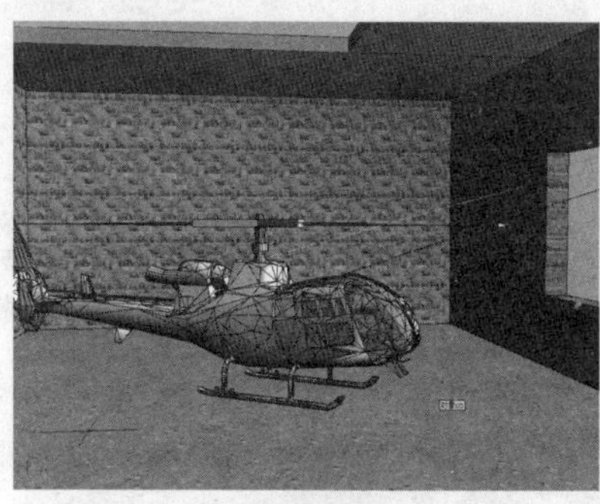

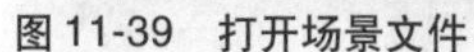

图 11-39　打开场景文件

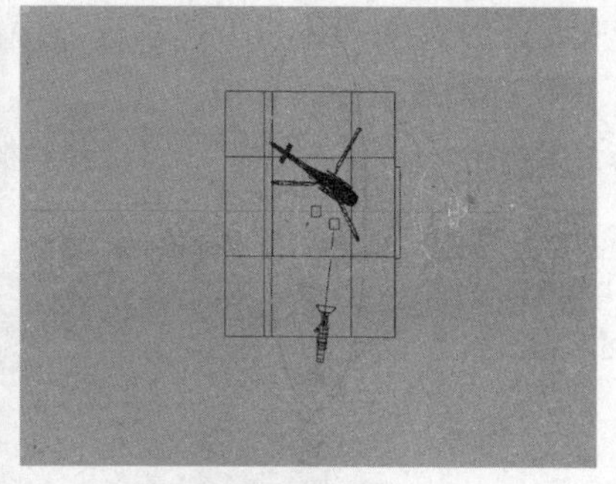

图 11-40　选择目标聚光灯

Step 03 进入“修改”命令面板的“强度/颜色/衰减”卷展栏中，勾选“近距衰减”选项区域中的“使用”和“显示”复选框，并设置其参数分别为2400和4600。在“远距衰减”选项区域中勾选“使用”和“显示”复选框，并设置其参数分别为6000和12000。然后在“常规参数”卷展栏中的“阴影”选项区域中勾选“启用”和“使用全局设置”复选框。

Step 04 在“聚光灯参数”卷展栏中设置“聚光区/光束”参数值为40，设置“衰减区/区域”参数值为120。

Step 05 进入“目标聚光灯”修改面板中的“大气和效果”卷展栏中单击 添加 按钮，在弹出的“添加大气或效果”对话框中选择“体积光”选项，给“目标聚光灯”添加“体积光”效果。其效果如图11-41所示。

图 11-41　添加默认体积光效果

Step 06 在“大气和效果”卷展栏中的列表框中选择刚刚添加的“体积光”选项，然后单击列表框下的 设置 按钮，系统将弹出“环境和效果”对话框。用户也可以通过执行菜单栏中的“渲染>环境”命令，打开“环境和效果”对话框。

Step 07 在“环境和效果”对话框中的“体积光参数”卷展栏中的“体积”选项区域中单击白色的“雾颜色”色块，将“体积雾”颜色设置为红：255、绿：215、蓝：195。

Step 08 在“体积”选项区域中将“体积雾”的“密度”设置为1.0。

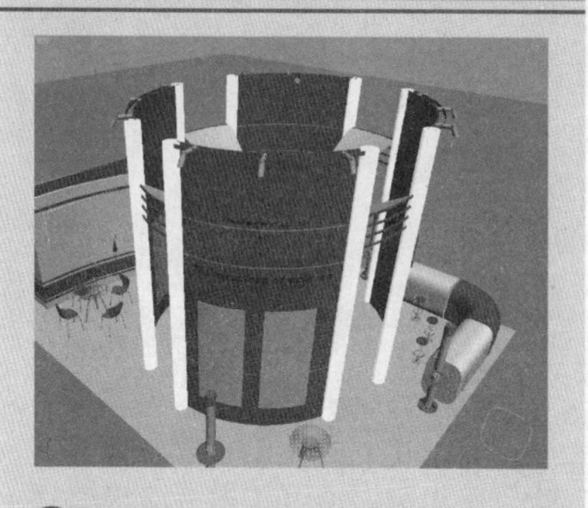

⑫ 使用相同的方法给展架赋予材质，如下图所示。

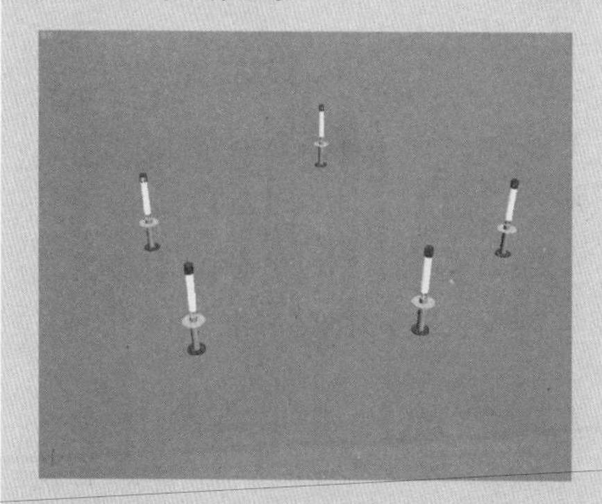

⑬ 给“装饰翼”和中间圆环调节一个磨沙材质并赋予模型物体，如下图所示。

⑭ 使用相同的方法给护栏调节磨沙玻璃材质和红色普通材质并赋予材质，如下图所示。

⑮ 使用相同的方法给其他模型进行调节材质并指定给模型，如下图所示。

⑯ 执行菜单栏中的"渲染>环境"命令，打开"环境和效果"对话框，在"公用参数"卷展栏中单击"背景"选项区域中的 None 按钮，在弹出的"材质/贴图浏览器"对话框中给背景指定附书光盘："实例文件\室内外设计\20展示设计\背景.jpg"图片文件作为背景，如下图所示。

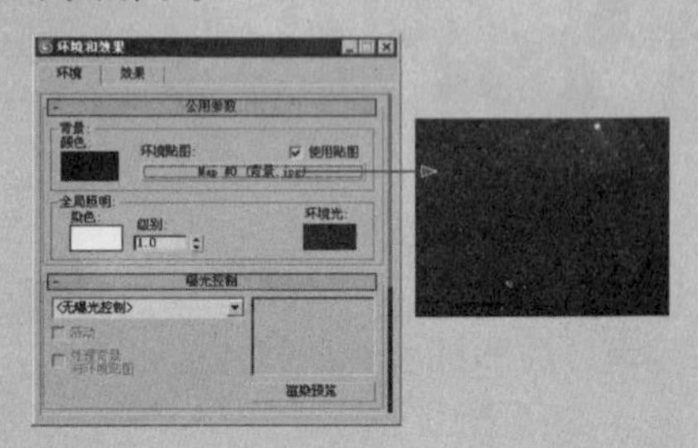

设置灯光和摄像机

01 在前视图中创建"标准"灯光类型中的"目标聚光灯"，在"强度/颜色/衰减"卷展栏中设置其"倍

Step 09 选中"体积"选项区域中的"高"单选按钮，使"体积光"的采样设置为高采样值。

Step 10 在"衰减"选项区域中设置"开始"数值为20.0，渲染效果如图11-42所示。

图11-42 最终体积光效果

11.4 火效果

使用系统中的"火"效果可以制作出动画的火焰、烟雾和爆炸等效果。用户可以向场景中添加任意数目的火焰效果。

只有摄影机视图或透视视图中会渲染火焰效果，正交视图或用户视图不会渲染火焰效果。火焰效果不支持完全透明的对象。火焰效果在场景中不发光或不能投射阴影。要模拟火焰效果的发光，必须同时创建灯光。要投射阴影，需要转到灯光的"阴影参数"卷展栏，然后启用"大气阴影"选项。

火焰效果如图11-43所示。

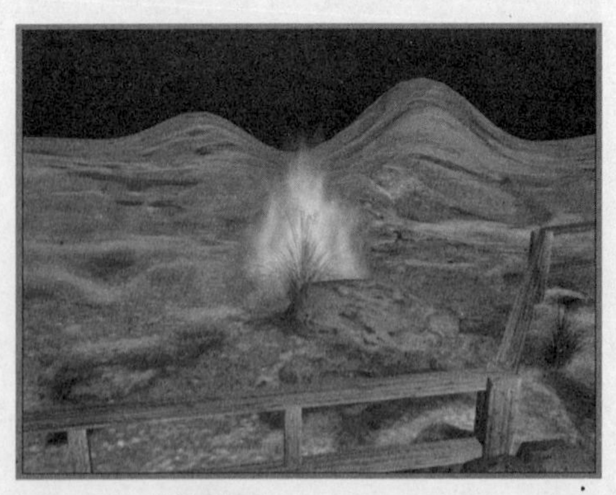

图11-43 火焰效果

"火"效果的添加方法和添加"体积光"效果的方法相似。但是在添加"火"效果之前要先在场景中创建"大气装置"。在添加"火"效果完成之后，在"环境和效果"对话框的"环境"选项卡中将出现"火效果参数"卷展栏，如图11-44所示。

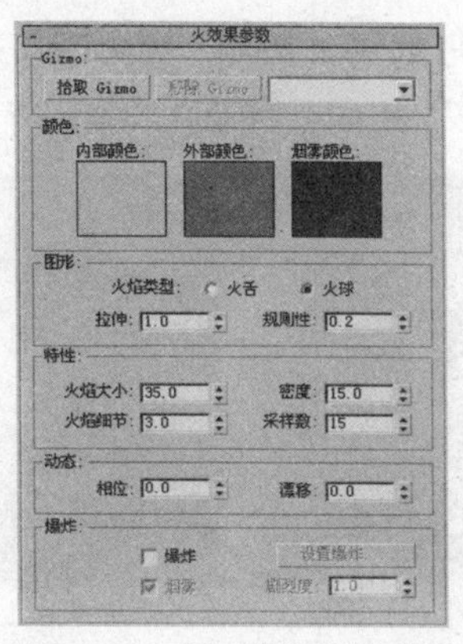

图11-44 “火效果参数”卷展栏

(1) Gizmo 选项区域

- 拾取 Gizmo 按钮：单击该按钮进入拾取模式，然后单击场景中要添加的大气装置，将“火”效果添加到所指定的“Gizmo”大气装置中。用户还可以用多个装置对象显示相同的“火”效果。用户也可以用一个“火”效果拾取多个“Gizmo”装置。

  单击 拾取 Gizmo 按钮然后按 H 键将弹出“拾取对象”对话框，可以从列表中选择“Gizmo”大气装置对象。“火”效果只有在添加到“Gizmo”大气装置中才能在场景中生成“火”效果。

- 移除 Gizmo 按钮：将“Gizmo”从体积雾效果中移除。

(2)“颜色”选项区域

可以使用“颜色”下的色样为火焰效果设置 3 个颜色属性。

- 内部颜色：设置效果中最密集部分的颜色。对于典型的火焰，此颜色代表火焰中最热的部分。
- 外部颜色：设置效果中最稀薄部分的颜色。对于典型的火焰，此颜色代表火焰中较冷的散热边缘。火焰效果使用内部颜色和外部颜色之间的渐变进行着色。效果中的密集部分使用内部颜色，效果的边缘附近逐渐混合为外部颜色。
- 烟雾颜色：设置用于“爆炸”选项的烟雾颜色。

如果启用了“爆炸”和“烟雾”选项，则内部颜色和外部颜色将对烟雾颜色设置动画。如果禁用了“爆炸”和“烟雾”选项，将忽略烟雾颜色。

(3)“图形”选项区域

使用“图形”选项区域下的控件控制火焰效果中火焰的形状、缩放和图案（“火舌”和“火球”）。

- 火舌：火焰效果沿着大气装置的中心使用纹理创建带方向的火焰。“火舌”创建类似篝火的火焰。

增”值为1.0，并设置衰减，，如下图所示。

02 选择聚光灯的光线发射点和目标点，配合Shift键移动并复制聚光灯，如下图所示。

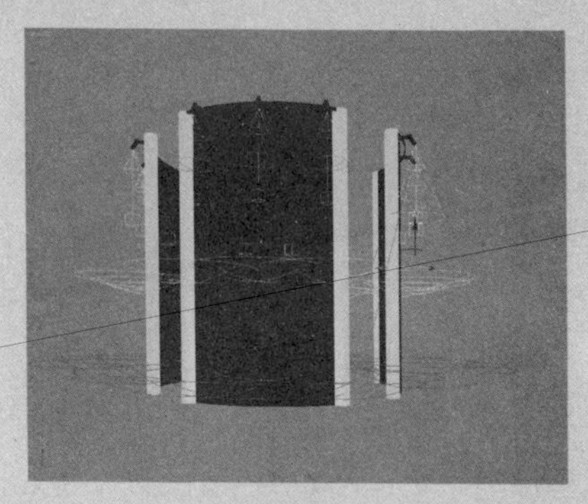

03 使用同样的方法，在护栏部位创建类似灯光向上照射，如下图所示。

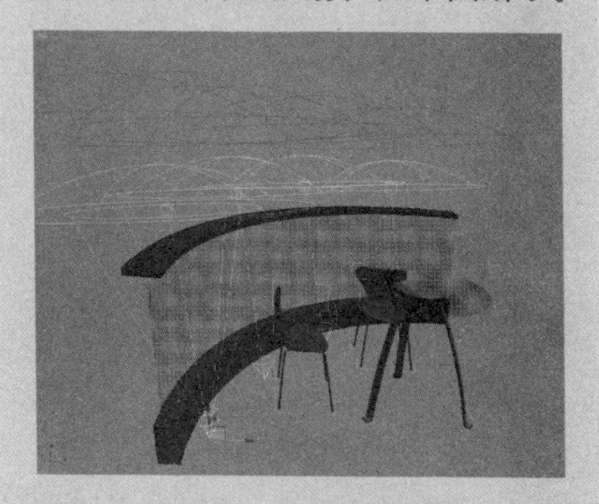

04 在“创建”命令面板中单击“摄影机”按钮，在“对象类型”卷展栏中单击 目标 按钮，在顶视图中拖动鼠标创建摄影机，如下图所示。

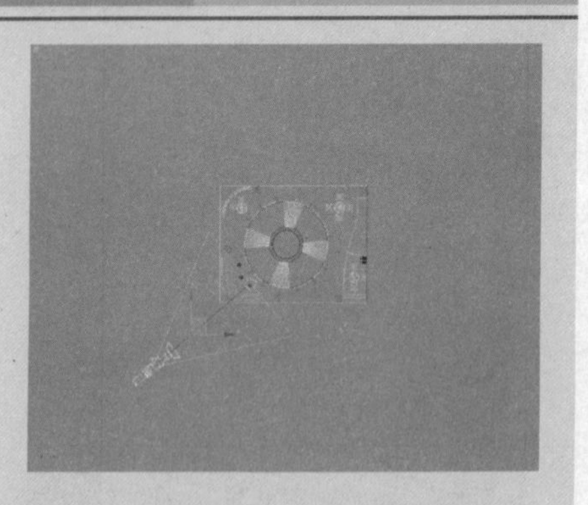

05 在前视图中调节其高度，使摄影机呈仰视角度，如下图所示。

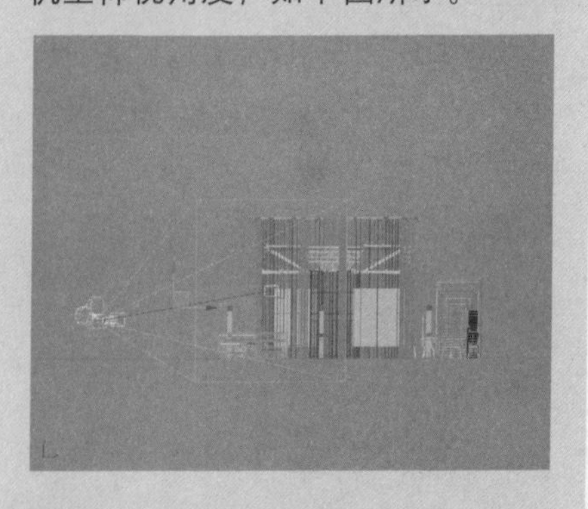

06 按C键将视图切换为摄影机视图，调节场景的构图和视角，如下图所示。

选择渲染器并进行渲染

01 在工具栏中单击“渲染场景对话框”按钮，弹出如下图所示的对话框。

- 火球：创建圆形的爆炸火焰。“火球”很适合爆炸效果。

“火舌”与“火球”相比较如图11-45 所示。

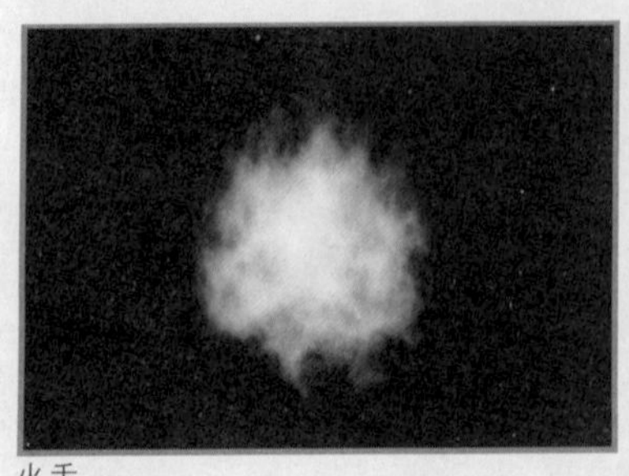

火舌

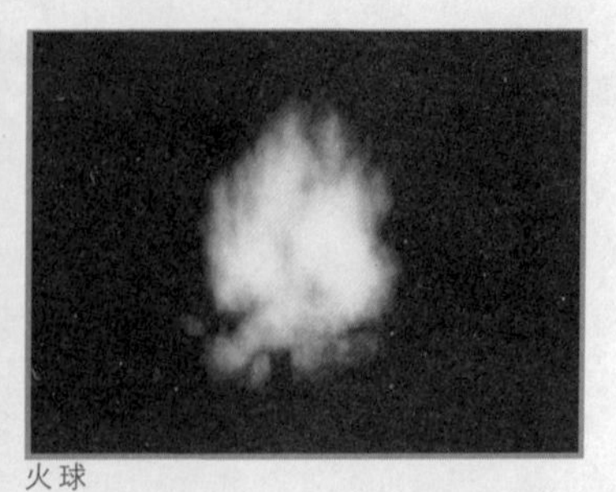

火球

图11-45 火球和火舌比较

- 拉伸：可将火焰沿着装置的Z轴缩放。拉伸最适合火舌火焰，但是，可以使用拉伸为火球提供椭圆形状。
- 规则性：修改火焰填充装置的方式。范围为0.0至1.0。

(4)“特性”选项区域

使用“特性”选项区域下的参数设置火焰的大小和外观。所有参数取决于装置的大小，彼此相互关联。如果更改了一个参数，会影响其他3个参数的行为。

- 火焰大小：设置装置中各个火焰的大小。装置大小会影响火焰大小。装置越大，需要的火焰也越大。使用15.0到30.0范围内的值可以获得最佳效果。
- 火焰细节：控制每个火焰中显示的颜色更改量和边缘尖锐度。范围为0.0至10.0。
- 密度：设置火焰效果的不透明度和亮度。
- 采样数：设置效果的采样率。值越高，生成的结果越准确，渲染所需的时间也越长。

(5)“动态”选项区域

使用“动态”选项区域中的参数可以设置火焰的涡流和上升的动画。

- 相位：控制更改火焰效果的速率。启用“自动关键点”可更改不同的相位值倍数。
- 漂移：设置火焰沿着火焰装置的Z轴的渲染方式。

(6)“爆炸”选项区域

使用“爆炸”选项区域中的参数可以自动设置爆炸动画。

- 爆炸：根据相位值动画自动设置大小、密度和颜色的动画。
- 烟雾：控制爆炸是否产生烟雾。
- 剧烈度：改变相位参数的涡流效果。
- “设置爆炸”按钮：单击该按钮将弹出“设置爆炸相位曲线”对话框。

输入开始时间和结束时间来控制火焰爆炸效果动画。

11.5 Video Post

“Video Post ”是独立的、无模式对话框，与“轨迹视图”外观相似。该对话框的编辑窗口会显示完成视频中每个事件出现的时间，每个事件都与具有范围栏的轨迹相关联。“Video Post”能提供不同类型事件的合成渲染输出，包括当前场景、位图图像、图像处理功能等。

执行菜单栏中的“渲染＞Video Post”命令，打开“Video Post”窗口，如图11-46所示。

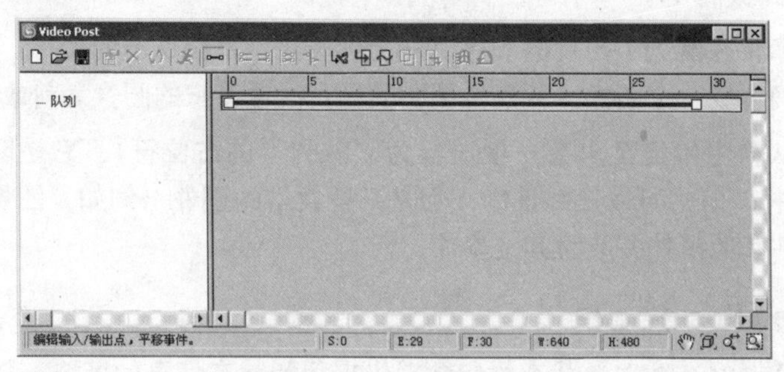

图11-46 Video Post窗口

一个“Video post”序列可以包含场景几何体、背景图像、效果及用于合成这些内容的遮罩等。用户可以通过将事件添加至队列来创建新的“Video Post”序列，或打开现有的“Video Post”文件对其进行编辑。

“Video Post”窗口共由3部分组成：工具栏、队列窗口和状态栏/视图控件。

Video Post 工具栏

包含的工具主要用于处理Video Post文件（VPX文件）、管理显示在“Video Post”队列和事件轨迹区域中的单个事件，如图11-47所示。

图11-47 Video Post工具栏

Video Post 队列栏

Video Post队列提供要合成的图像、场景和事件的层级列表及其面板，如图11-48所示。

02 在“指定渲染器”卷展栏中，单击“产品级”选项右侧的“选择渲染器”按钮…，在弹出的“选择渲染器”对话框中选择“VRay Adv1.5 RC3”选项，如下图所示。

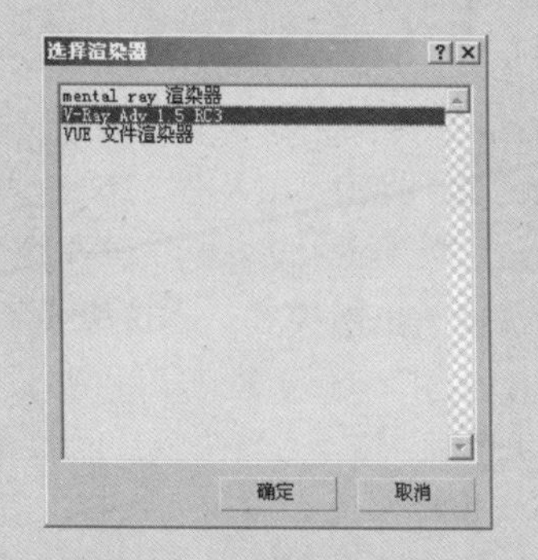

03 在“渲染场景：默认扫描线渲染器”对话框中，切换到“渲染器”选项卡，如下图所示。

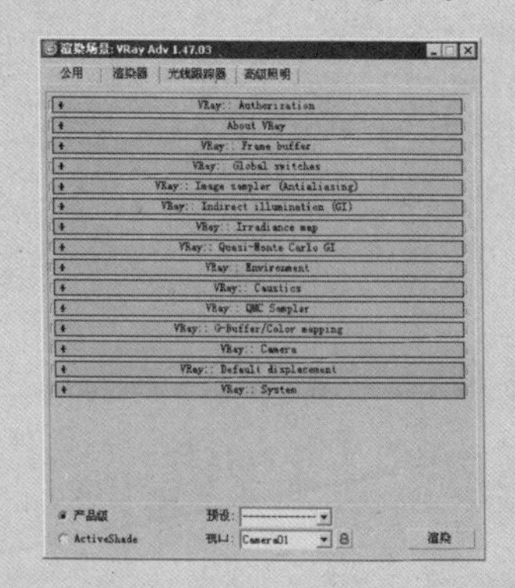

04 在“VRay::Indirect illumination (GI)”卷展栏中勾选“On”复选框，打开GI设置，如下图所示。

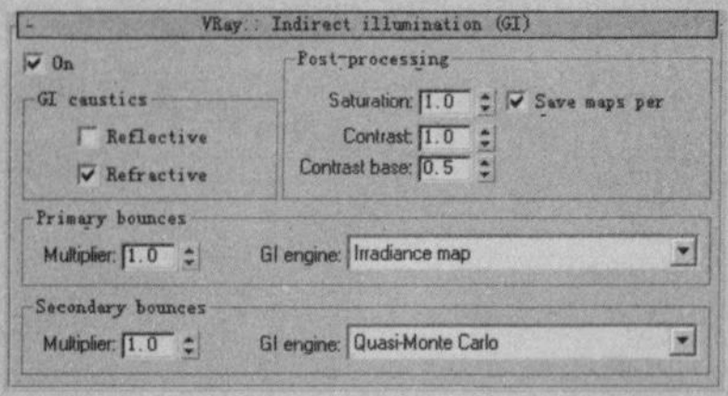

VRay:: Indirect illumination (GI)
On | Post-processing
GI caustics | Saturation: 1.0 | Save maps per
Reflective | Contrast: 1.0
Refractive | Contrast base: 0.5
Primary bounces
Multiplier: 1.0 | GI engine: Irradiance map
Secondary bounces
Multiplier: 1.0 | GI engine: Quasi-Monte Carlo

05 在“VRay::Environment”卷展栏中的“GI Environment (skylight)”选项区域中勾选“Override”复选框打开天光照明，并设置天光“Multiplier”参数为1.0，如下图所示。

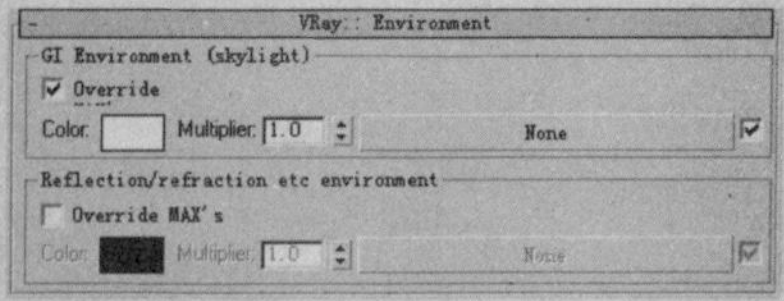

VRay:: Environment
GI Environment (skylight)
Override
Color: | Multiplier: 1.0 | None
Reflection/refraction etc environment
Override MAX's
Color: | Multiplier: 1.0 | None

06 在“VRay::Image sampler (Antialiasing)”卷展栏中，选中“Image sampler”选项区域中的“Adaptive subdivision”单选按钮。(该选项为出图模式，在该模式下渲染出的图片精度较高。) 并设置“Maxrate”值为3。在“Antialiasing filtet”选项区域中将过滤类型设置为“Catmull-Rom”，如下图所示。

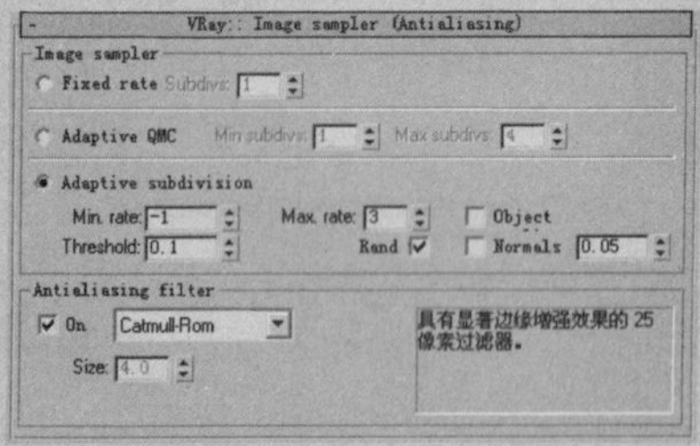

VRay:: Image sampler (Antialiasing)
Image sampler
Fixed rate Subdivs: 1
Adaptive QMC Min subdivs: 1 Max subdivs: 4
Adaptive subdivision
Min. rate: -1 | Max. rate: 3 | Object
Threshold: 0.1 | Rand | Normals 0.05
Antialiasing filter
On | Catmull-Rom | 具有显著边缘增强效果的 25 像素过滤器。
Size: 4.0

07 在“VRay::Irradiance map”卷展栏中，将“Built-in presets”选项区域中的“Curren preset”类型设置为“High”，如下图所示。

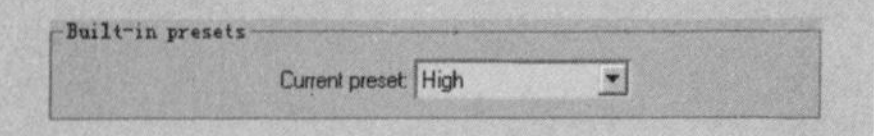

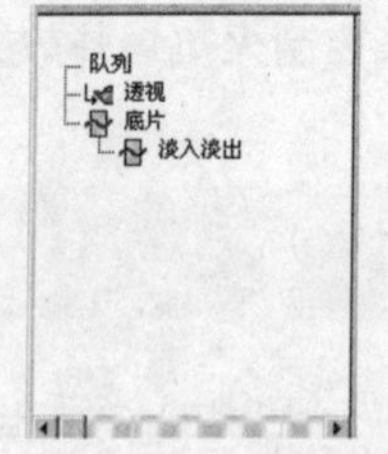

图 11-48 Video Post 队列

“Video Post”窗口中的 Video Post 队列类似于“轨迹视图”和“材质编辑器”对话框中的其他层级列表。在“Video Post”窗口中，列表项为图像、场景、动画或一起构成队列的外部过程，这些队列中的项目被称为“事件”。

事件在队列中出现的顺序（从上到下）是系统执行的顺序。因此，要正确合成一个图像，背景位图必须显示在覆盖它的图像之前或之上。

队列中始终至少有一项（标为“队列”的占位符），它是队列的父事件。队列可以是线性的，但是某些类型的事件（例如“图像层”）会合并其他事件并成为其父事件。

Video Post 控制栏

“Video Post ”状态栏包含提供提示和状态信息的区域、以及用于控制事件轨迹区域中轨迹显示的按钮，如图 11-49 所示。

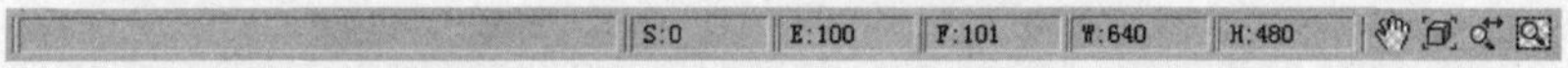

S:0 | E:100 | F:101 | W:640 | H:480

图 11-49 Video Post 控制栏

使用 VideoPost 给场景添加事件

Step 01 打开附书光盘：“3D 文件\Video Post.max”场景文件，如图 11-50 所示。

图 11-50 打开场景动画

Step 02 执行菜单栏中的“渲染 > Video Post”命令，打开“Video Post”窗口。

Step 03 单击“Video Post”窗口工具栏中的“添加场景事件”按钮，在弹出的“添加场景事件”对话框中的“视图”选项区域中选择摄像机视图，如图11-51所示。

Step 04 单击“Video Post”窗口中的“添加图像过滤事件”按钮，在弹出的“添加图像过滤事件”对话框的“过滤器插件”选项区域的类型列表中选择“淡入淡出”选项，单击“确定”按钮。

Step 05 在“Video Post”窗口中的“列队”窗口中双击“淡入淡出”选项，在弹出的“编辑过滤事件”对话框中单击“过滤器插件”选项区域中的 设置 按钮。

Step 06 在弹出的“淡入淡出图像控制”对话框中选中“淡入”单选按钮。

Step 07 在“Video Post”窗口中的工具栏中单击“添加图像输出事件”按钮，在弹出的“添加图像输出事件”对话框中的“图像文件”选项区域中单击 文件... 按钮给动画设置输出路径。

Step 08 在“为Video Post输出选择图像文件”对话框中设置文件存储的路径，并设置其格式为“AVI”格式。

Step 09 单击“Video Post”窗口中的工具栏中的“执行序列”按钮，对所设置的动画进行渲染输出设置，如图11-52所示。

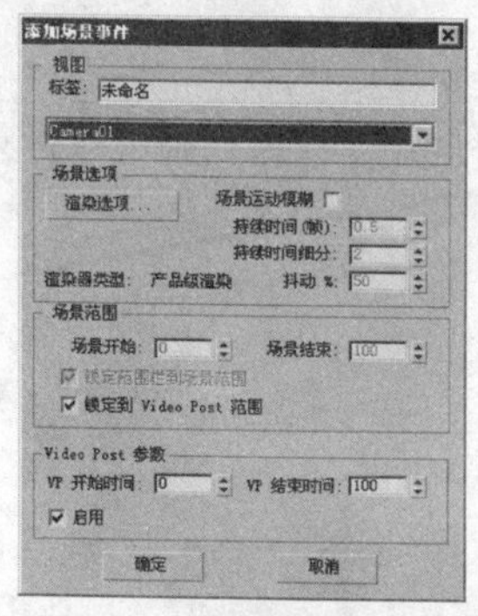

图11-51 选择视图

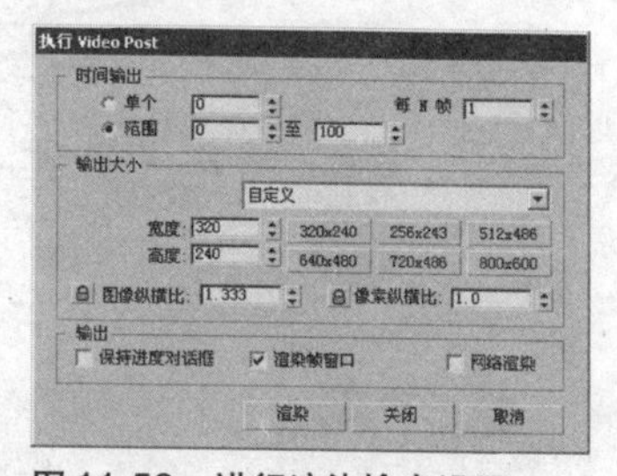

图11-52 进行渲染输出设置

Step 10 执行菜单栏中的“渲染 > RAM播放器”命令，在弹出的“RAM播放器”对话框中单击“打开通道A”按钮，选择刚刚渲染输出的“AVI”文件，动画效果就会由没有物体到显示物体动画进行很自然的过渡，如图11-53所示。

图11-53 淡入淡出动画效果

08 在“公用”选项卡中设置输出尺寸为1200.0 × 900.0，如下图所示。

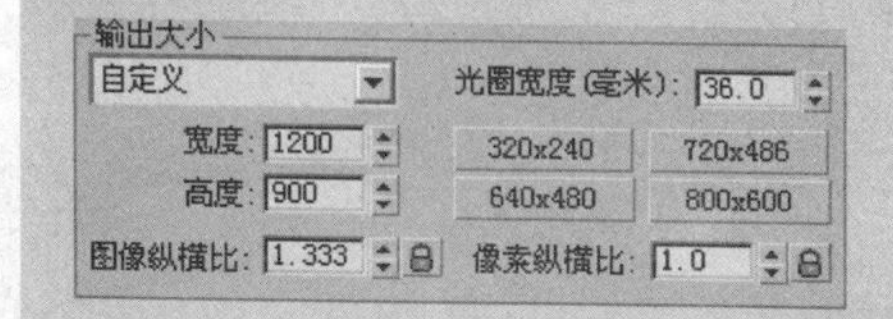

09 在“渲染场景”面板中单击 渲染 按钮，开始渲染，最终效果如下图所示。

[3ds Max 9]

完全手册+特效实例

12 [Chapter]

粒子系统与空间扭曲

粒子系统可以制作出很漂亮的粒子特效，是很多动画设计师所青睐的3D功能。3ds Max的空间扭曲功能也是非常强大的，它可以模拟虚拟现实，可以制作出很多视觉特效，在多数的现代影视作品中都能看到粒子和空间扭曲的应用，学习本章是进入动画界，成为动画师的必经之路。

12.1 粒子系统概述

粒子系统用于多种动画效果。例如，创建暴风雪、水流或爆炸。3ds Max 提供了两种不同类型的粒子系统：“事件驱动”和“非事件驱动”。“事件驱动”粒子系统，又称为“粒子流”，它测试粒子属性，并根据测试结果将其发送给不同的事件。粒子位于事件中时，每个事件都指定粒子的不同属性和行为。“非事件驱动”的粒子系统为随时间生成粒子子对象提供了相对简单直接的方法，以便模拟雪、雨、尘埃等效果。

粒子系统可以涉及大量实体，每个实体都要经历一定数量的复杂计算。因此，将它们用于高级模拟时，必须使用运行速度非常快的计算机，且内存容量尽可能大。另外，功能强大的显卡可以加快粒子几何体在视口中的显示速度。

12.2 “非事件驱动”的粒子系统

“非事件驱动”的粒子系统为随时间生成粒子子对象提供了相对简单直接的方法，以便模拟雪、雨、尘埃等效果，是动画中经常使用的粒子系统。

在“创建”命令面板中单击“几何体”按钮，在“创建类型”下拉列表中选择“粒子系统”选项，打开“粒子系统”创建面板，如图12-1所示。

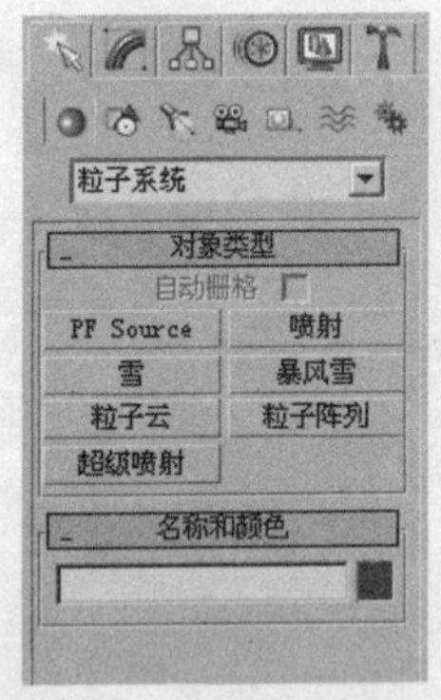

图12-1 “粒子系统”面板

在面板中的“对象类型”卷展栏中除了 PF Source 按钮其余6个创建按钮都是创建“非事件驱动”的粒子系统按钮。

“粒子”的创建方法是先在“创建”面板中的“对象类型”卷展栏中单击所要创建的粒子类型，然后在视口中拖动鼠标创建粒子发射器，如图12-2所示。

01 将单位比例和系统单位都设置为毫米，如下图所示。

02 在“创建”命令面板中单击“几何体”按钮，在“对象类型”卷展栏中，单击 长方体 按钮，在顶视图中创建“长度”为10000.0，“宽度”为9000.0，“高度”为8400.0的长方体，设置其分段都为2，如下图所示。

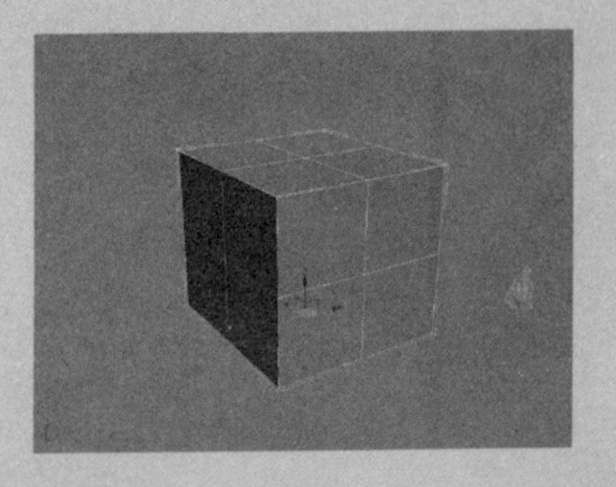

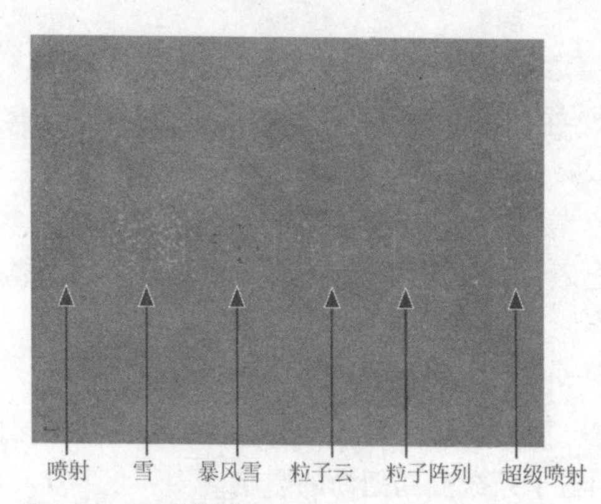

图12-2 创建发射器

单击“修改”命令面板按钮，在“修改”命令面板中的参数卷展栏中，用户可以根据需求对粒子参数进行调节。

12.2.1 喷射粒子系统

喷射模拟雨、喷泉、公园水龙带的喷水等水滴效果。

切换到“创建”命令面板，在创建类型下拉列表中选择“粒子系统”选项，在“对象类型”卷展栏中单击 喷射 按钮，在顶视图中拖动创建喷射粒子的发射器，如图12-3所示。

切换到“修改”命令面板，在粒子“参数”卷展栏中，将“粒子”选项区域中的“水滴大小”设置为10，单击主工具栏中的“渲染”按钮，渲染效果如图12-4所示。

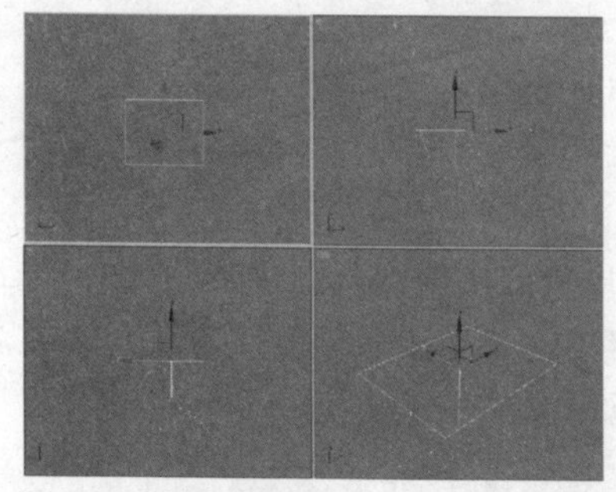

图12-3 创建喷射粒子

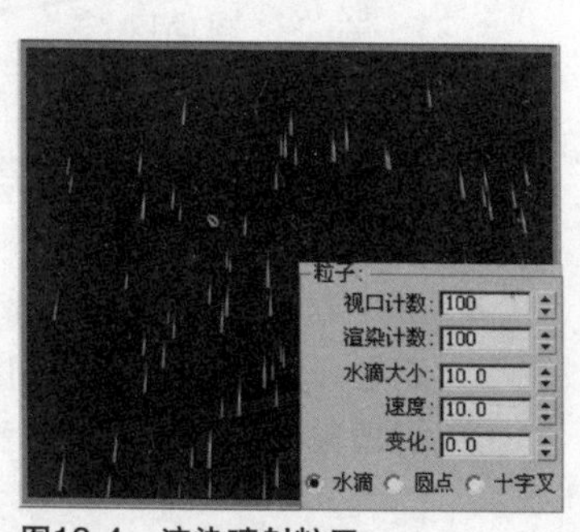

图12-4 渲染喷射粒子

下面来了解一下喷射粒子“参数”卷展栏，如图12-5所示，各个参数的功能。

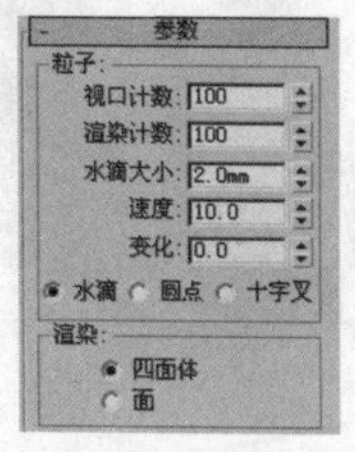

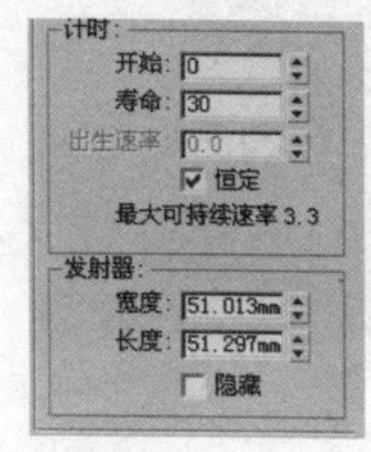

图12-5 喷射粒子“参数”卷展栏

03 执行右键快捷菜单“转换为>转换为可编辑多边形”命令，将矩形转换为可编辑多边形，如下图所示。

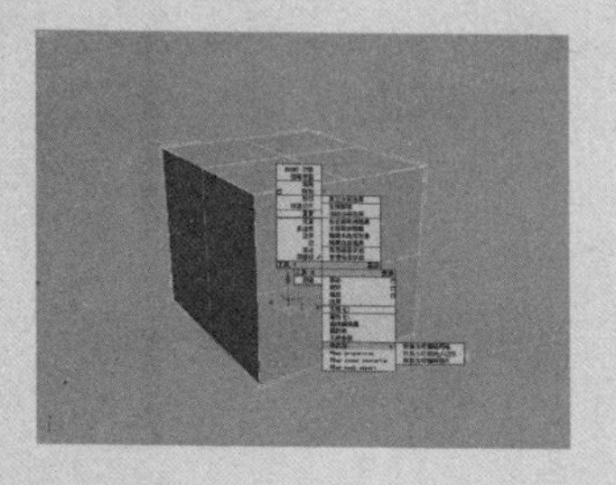

04 按数字键2，切换到“边”子层级，在视图中选择多边形中间的边，在“选择并移动”按钮上右击，打开“移动变换输入”对话框，在“偏移：世界”选项区域中“Y”数值框中输入数值–1500，效果如下图所示。

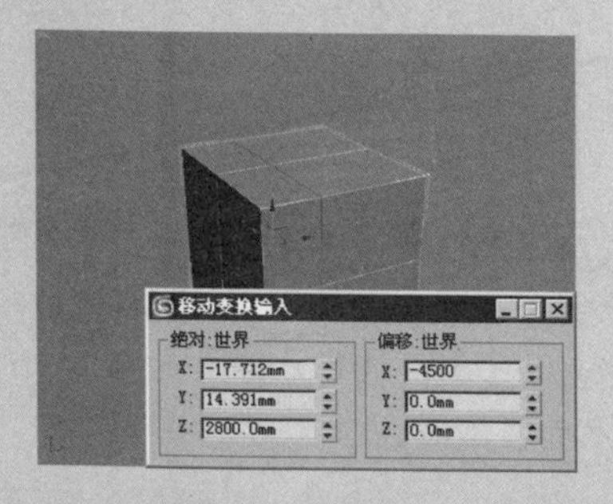

05 按数字键4，切换到“多边形”子层级，选择如下图所示的多边形面，在“修改”命令面板中的“编辑多边形”卷展栏中单击 挤出 按钮后面的“设置”按钮，在弹出的“挤出多边形”对话框中的“挤出高度”数值框中输入数值1000.0。

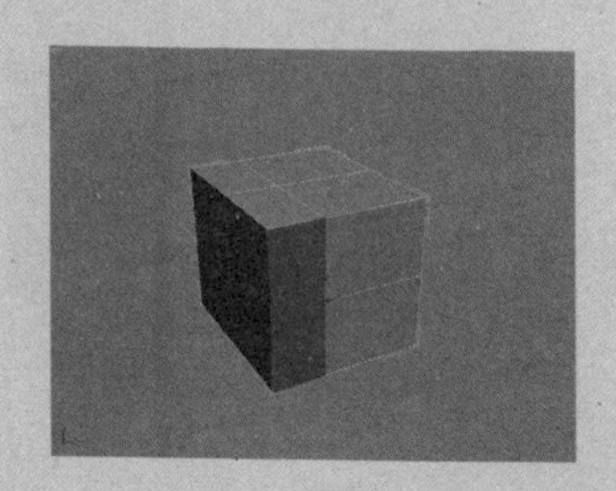

06 按数字键2，切换到“边”子层级，在透视图中选择如下图所示多边形边，在“修改”命令面板中的“编辑边”卷展栏中单击 连接 按钮，将选择的线段连接。

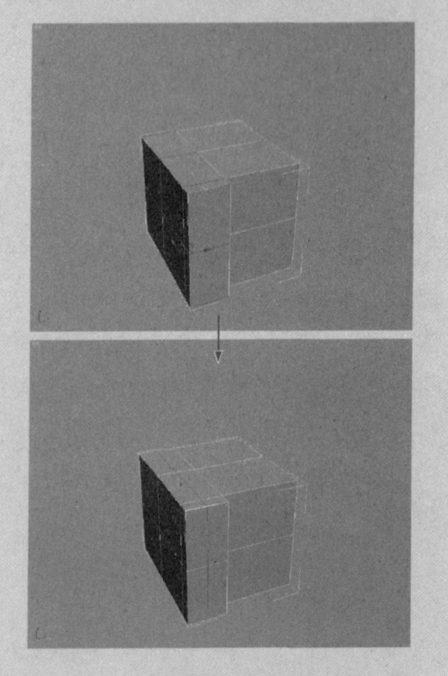

07 在透视图中选择多边形顶部中间的边，使用与步骤4相同的方法将多边形的边沿Z轴向上移动5000.0mm，效果如下图所示。

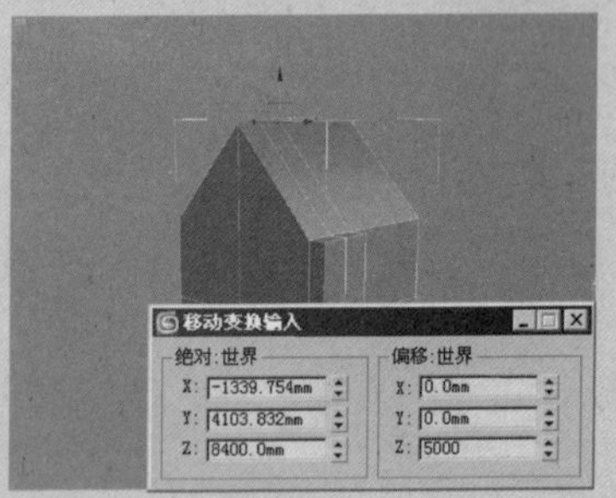

（1）“粒子”选项区域

- 视口计数：在视口中显示粒子数量的设置。在显示数量少的情况下，可以减少系统的运算，提高系统运行速度。
- 渲染计数：一个帧在渲染时可以显示的最大粒子数。粒子生成数量的上限。如果粒子数达到“渲染计数”的值，粒子的生成将暂停，直到有些粒子消亡。
- 水滴大小：粒子的大小。
- 速度：每个粒子离开发射器时的初始速度。粒子以此速度运动，除非受到粒子系统空间扭曲的影响。
- 变化：改变粒子的初始速度和方向。“变化”的值越大，喷射越强且范围越广。
- 水滴、圆点或十字叉：选择粒子在视口中的显示方式。显示设置不影响粒子的渲染方式。水滴是一些类似雨滴的条纹，圆点是一些点，十字叉是一些小的加号，如图12-6 所示。

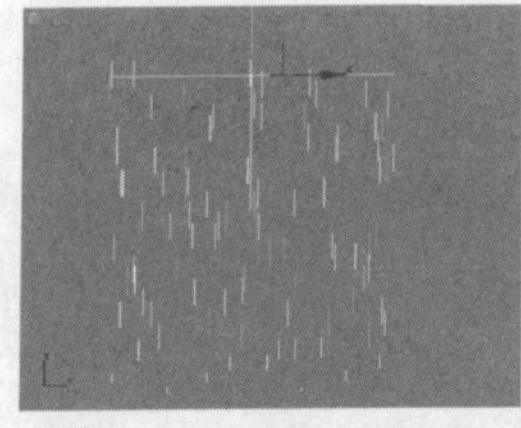
水滴

圆点

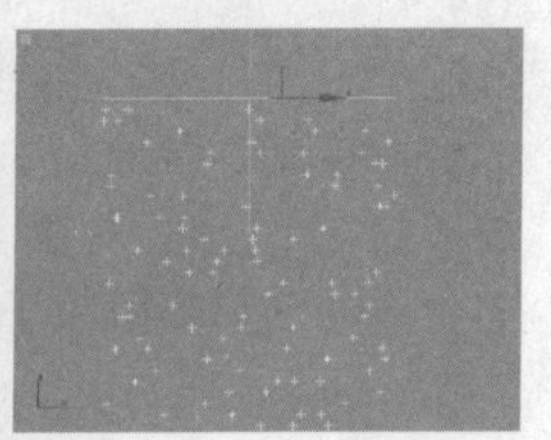
十字叉

图12-6 粒子显示方式

（2）“渲染”选项区域

- 四面体：粒子渲染为长四面体，长度由用户在“水滴大小”参数中指定。四面体是渲染的默认设置，它提供水滴的基本模拟效果。
- 面：粒子渲染为正方形面，其宽度和高度等于“水滴大小”。面粒子始终面向摄影机（即用户的视角）。这些粒子专门用于材质贴图。“面”只能在透视视图或摄影机视图中正常工作。

“四面体”和“面”渲染对比如图12-7 所示。

四面体渲染

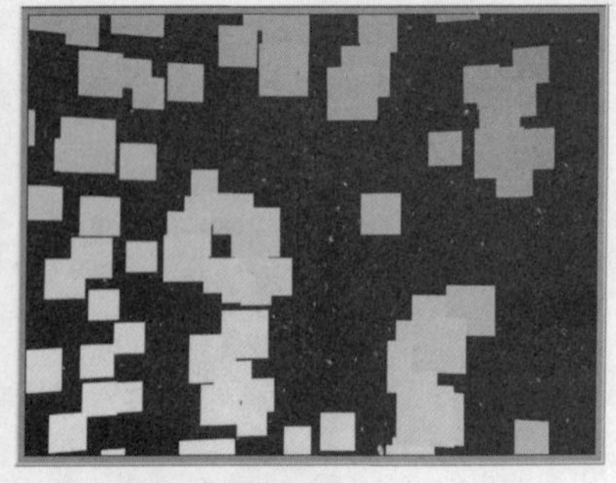
面渲染

图12-7 粒子渲染方式

(3)“计时”选项区域

“计时”参数控制发射粒子的“出生”和“消亡”速率。

在“计时”选项区域的底部显示最大可持续速率。此值基于“渲染计数”和每个粒子的寿命。

最大可持续速率 = 渲染计数/寿命

因为一帧中的粒子数永远不会超过“渲染计数”的值，如果“出生速率”超过了最高速率，系统将用光所有粒子，并暂停生成粒子，直到有些粒子消亡，然后重新开始生成粒子，形成突发或喷射的粒子。

- 开始：第一个出现粒子的帧的时间所在的帧。
- 寿命：每个粒子的寿命长度（以帧数计）。
- 出生速率：在每个帧上产生的新粒子数。
- 恒定：启用该选项后，“出生速率”不可用，所用的出生速率等于最大可持续速率。禁用该选项后，“出生速率”可用。默认设置为启用。

禁用“恒定”并不意味着“出生速率”自动改变；除非为“出生速率”参数设置了动画，否则，“出生速率”将保持恒定。

(4)“发射器”选项区域

发射器包含可以在视口中显示的几何体，但是发射器不可渲染。

发射器显示为一个向量从一个面向外指出的矩形。向量显示系统发射粒子的方向，如图12-8所示。

- 宽度和长度：在视口中拖动以创建发射器时，即隐性设置了这两个参数的初始值。可以在卷展栏中调整这些值。
- 隐藏：启用该选项可以在视口中隐藏发射器。发射器从不会被渲染。默认设置为禁用状态，隐藏效果如图12-9所示。

图12-8　发射器

图12-9　隐藏发射器

12.2.2 雪粒子系统

“雪”模拟降雪或投撒的纸屑。“雪”粒子系统与“喷射”粒子系统类似，只是“雪”粒子系统增加了生成翻滚的雪花的参数，渲

08 使用与步骤4相同的方法，将挤出部分中间的边沿Z轴向上移动2000.0mm，效果如下图所示。

09 按数字键1，切换到“顶点”子层级，选择在上一步移动的边内部的点，在左视图中沿轴向内部移动到如下图所示的位置。

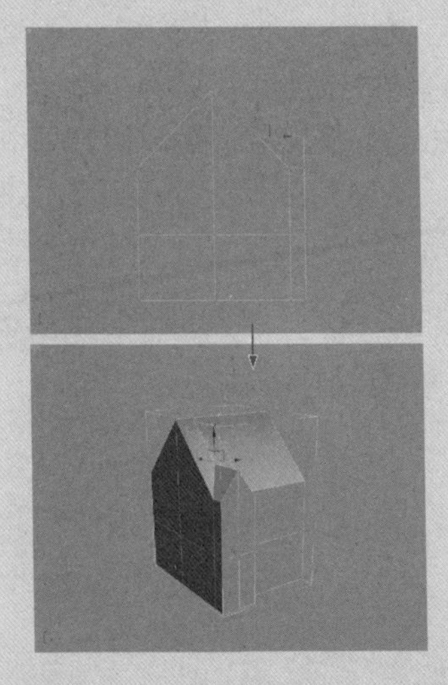

10 按数字键4，切换到“多边形”子层级，选择多边形所有的面，在“修改”命令面板中的“多边形属性”卷展栏中，单击“平滑”选项区域中的 清除全部 按钮，将多边形面的平滑进行清除，效果如下图所示。

⑪ 单击“修改”命令面板中的“编辑几何体”卷展栏中的“快速切片”按钮，在前视图中如下图所示位置将模型进行剪切分段。

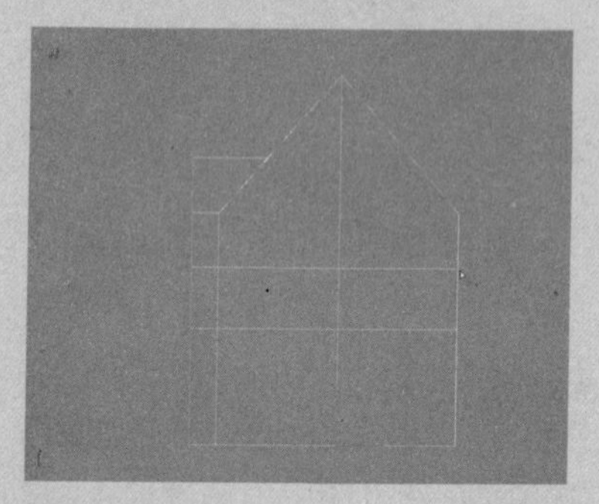

⑫ 选择如下图所示的多边形面然后在“编辑多边形”卷展栏中单击 挤出 按钮后的“设置”按钮，在弹出的“挤出多边形”对话框中设置“挤出高度”为1000.0，如下图所示。

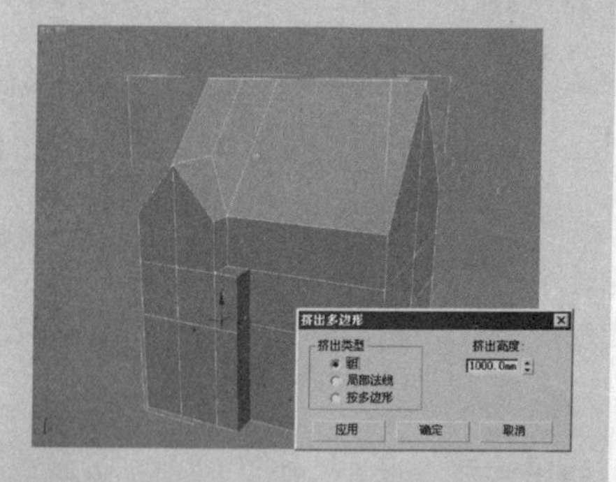

⑬ 使用与前面相同的创建方法，创建出主房侧部的房体轮廓，调节其位置如下图所示，并命名大的房体模型为“主房体”，小的房体模型为“侧房体”。

染选项也有所不同，“雪”粒子系统的“参数”卷展栏如图12-10所示。

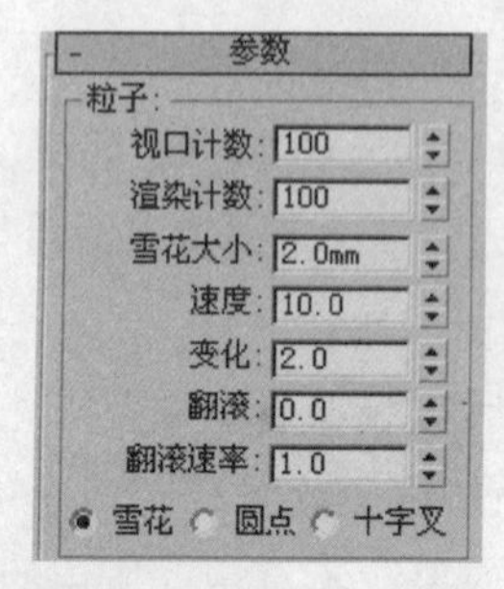

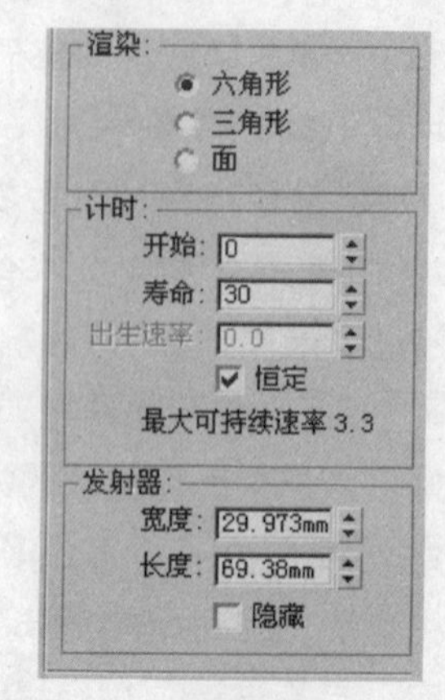

图12-10 雪粒子“参数”卷展栏

（1）“粒子”选项区域

- 视口计数：在视口中显示粒子数量的设置。在显示数量少的情况下，可以减少系统的运算，提高系统运行速度，与“喷射”粒子中“粒子”选项区域中的“视口计数”性质一样。
- 渲染计数：一个帧在渲染时可以显示的最大粒子数。如果粒子数达到“渲染计数”的值，粒子的生成将暂停，直到有些粒子消亡。
- 雪花大小：粒子的大小。
- 速度：每个粒子离开发射器时的初始速度。粒子以此速度运动，除非受到粒子系统空间扭曲的影响。
- 变化：改变粒子的初始速度和方向。“变化”的值越大，降雪的区域越广。
- 翻滚：雪花粒子的随机旋转量。此参数可以在0到1之间。设置为0时，雪花不旋转；设置为1时，雪花旋转最多。每个粒子的旋转轴随机生成。
- 翻滚速率：雪花的旋转速度。“翻滚速率”的值越大，旋转越快。
- 雪花、圆点或十字叉：选择粒子在视口中的显示方式。显示设置不影响粒子的渲染方式。雪花是一些星形的雪花，圆点是一些点，十字叉是一些小的加号，如图12-11所示。

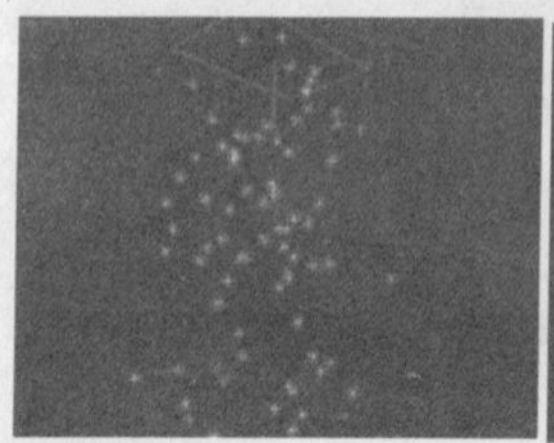
雪花显示

圆点显示

十字叉显示

图12-11 雪粒子显示方式

(2)“渲染”选项区域

- 六角形：每个粒子渲染为六角星。星形的每个边可以指定材质的面。这是渲染的默认设置。
- 三角形：每个粒子渲染为三角形。三角形只有一个边可以指定材质的面。
- 面：粒子渲染为正方形面，面粒子始终面向摄影机（即用户的视角）。这些粒子专门用于材质贴图。“面”只能在透视视图或摄影机视图中正常工作。

3 种渲染方式对比如图 12-12 所示。

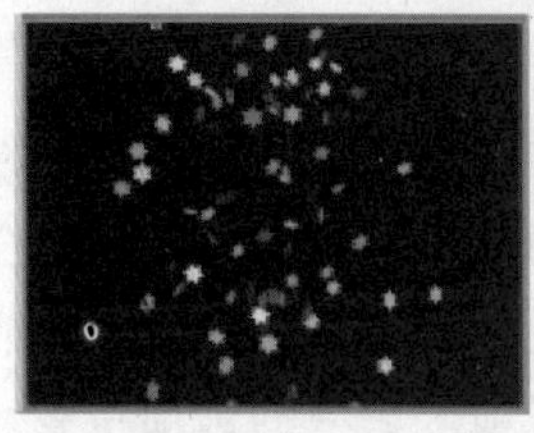
六角形

三角形

面

图 12-12 雪粒子渲染方式

(3)“计时”和“发射器”选项区域

“计时”和“发射器”选项区域与“喷射”粒子的“计时”和“发射器”选项区域的功能是一样的，在此不再赘述。

12.2.3 暴风雪粒子系统

暴风雪粒子系统是雪粒子系统的升级，其“基本参数”卷展栏中的“显示图标”选项区域、“粒子生成”卷展栏中的“粒子运动”选项区域，以及“粒子类型”卷展栏中的“材质贴图和源”选项区域，是暴风雪特有的控件。

“基本参数”卷展栏

此卷展栏与前面所讲述粒子的基本参数功能相似，如图 12-13 所示。

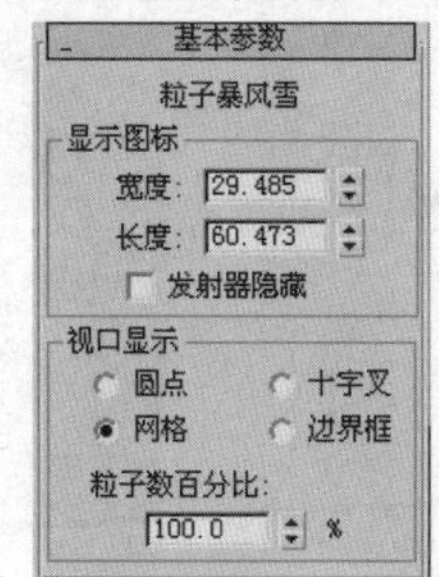

图 12-13 “基本参数”卷展栏

“粒子生成”卷展栏

此卷展栏上的选项控制粒子产生的时间和速度、粒子的移动方式及

14 在透视图中房体的前面创建一个“长度”为3800.0、“宽度”为13000.0、“高度”为100.0的长方体作为台阶的底座，如下图所示。

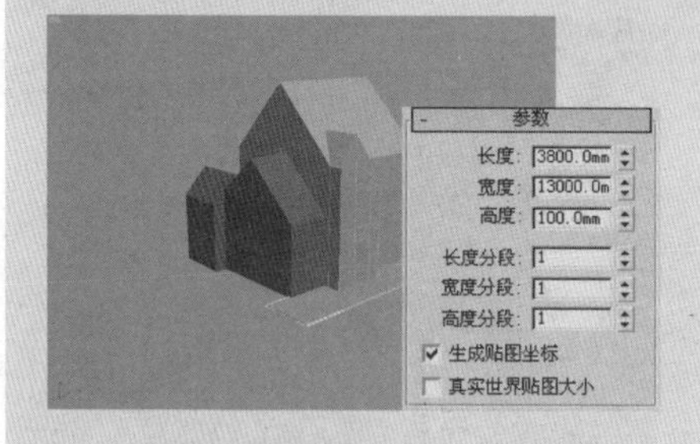

15 选择台阶底座，执行右键快捷菜单“转换为>转换为可编辑多边形”命令，按数字键 4，切换到“多边形”子层级，选择上端的面，在“修改”命令面板中的“编辑多边形”卷展栏中单击 倒角 按钮后面的“设置”按钮，在弹出的“倒角多边形”对话框中设置倒角“高度”为0.0、“轮廓量”为－200.0，如下图所示。

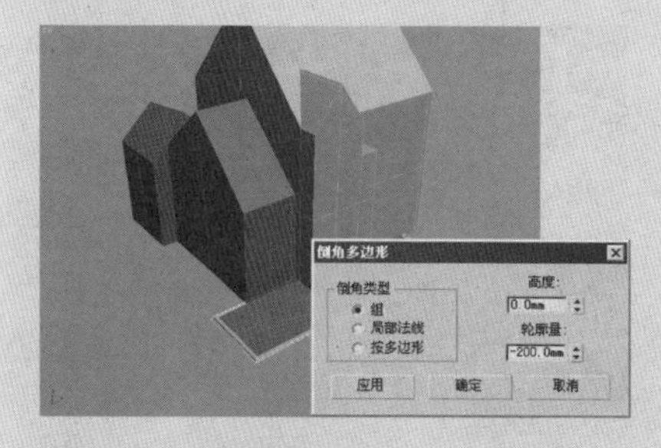

16 在“编辑多边形”卷展栏中单击 挤出 按钮后面的“设置”按钮，在弹出的“挤出多边形”对话框中设置“挤出高度”为100.0，效果如下图所示。

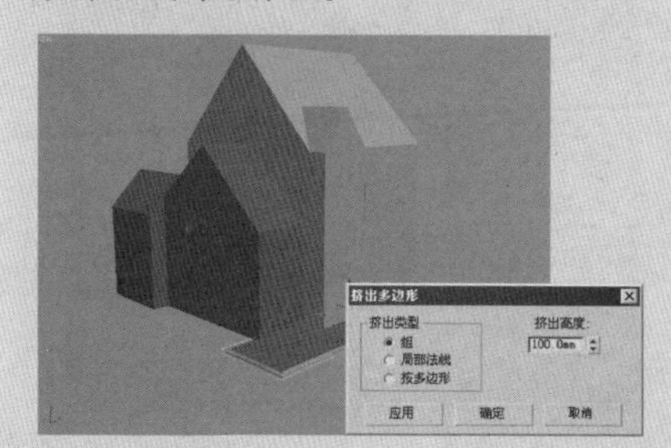

⑰ 使用与前面相同的方法用“挤出”和“倒角”编辑长方体，在台阶的正上方高度为2800.0处创建如下图所示的二层阳台。

⑱ 在透视图中创建一个“长度”为500.0、“宽度”为500.0、“高度”为900.0的长方体，并将其转换为可编辑多边形，对其上端的面进行“倒角”和“挤出”，与台阶创建方法类似，创建出如下图所示的柱墩，并在各个视图中将柱墩调节到台阶上适当位置。

⑲ 在前视图中创建一条样条线，使其长度大致为柱墩到二层阳台之间的长度，如下图所示。

不同时间粒子的大小，其设置面板如图12-14所示。

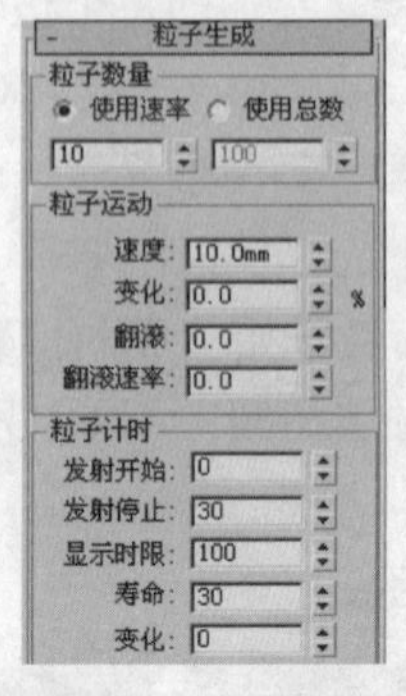

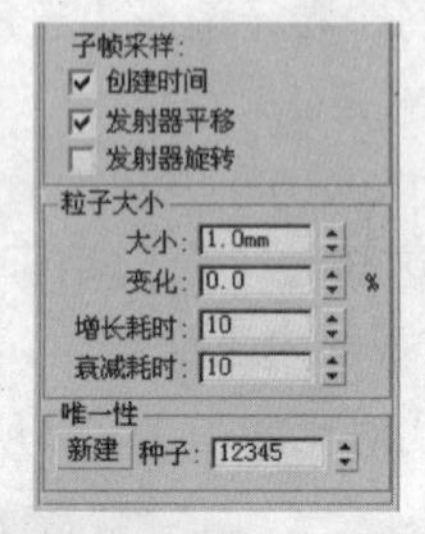

图12-14 “粒子生成”卷展栏

- “粒子数量”选项区域：拥有“使用速率”和“使用总数”两种数量方式，可以在其下面对应的数值框中设置其粒子数量。
- “粒子运动”选项区域：设置粒子运动速度及速度变化。
- “粒子计时”选项区域：“粒子计时”选项区域中的选项主要用来指定粒子发射开始和停止的时间，以及各个粒子的寿命。设置粒子开始在场景中出现的时间帧和粒子停止发射的最后一个帧。
- “粒子大小”选项区域：此选项区域主要指定系统中所有粒子的目标大小和尺寸。
- “惟一性”选项区域：通过更改数值框中的“种子”值，可以在其他粒子设置相同的情况下达到不同与之区别的效果，保持粒子的惟一性。

“粒子类型”卷展栏

此卷展栏上的控件可以给所用的粒子指定类型，还可以设置粒子的贴图类型，其面板如图12-15所示。

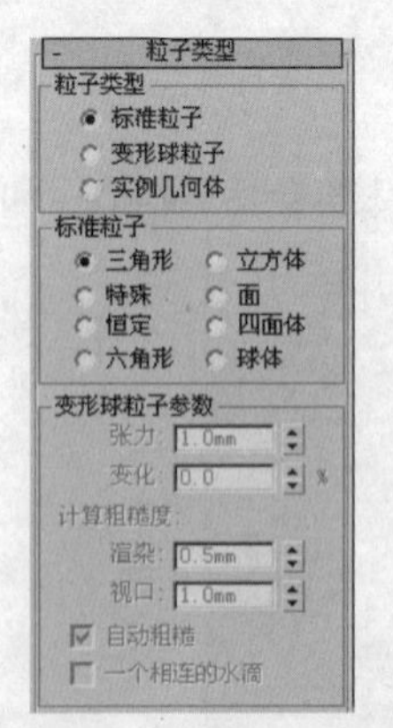

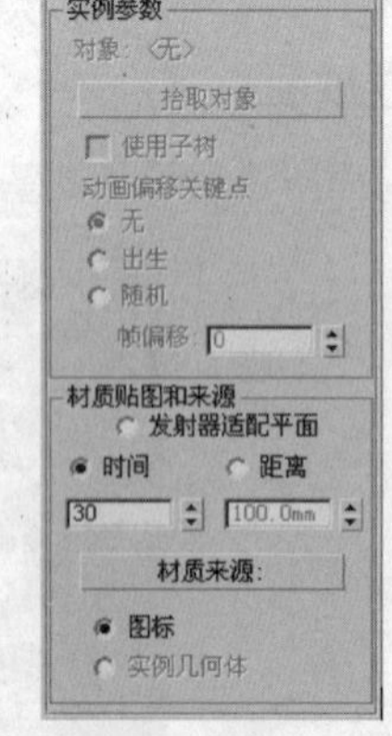

图12-15 “粒子类型”卷展栏

- “粒子类型”选项区域：该选项区域中共有3种类型选项，包括“标准粒子”、“变形球粒子”和“实例几何体”。

◆ “标准粒子”是使用几种标准粒子类型中的一种，例如三角形、立方体、四面体等。

◆ “变形球粒子”是使用变形球粒子中单独的粒子以水滴或粒子流形式混合在一起。

◆ “实例几何体”生成的粒子可以是对象、对象链接层次或组的实例。对象在“粒子类型”卷展栏的“实例参数”选项区域中处于选定状态。在卷展栏中的“实例参数”选项区域中单击 拾取对象 按钮可以将创建的多边形物体转换为粒子。3种粒子类型对比如图12-16所示。

“标准粒子”类型

“变形球粒子”类型

“实例几何体”类型

图12-16 粒子类型对比

● “标准粒子”选项区域：如果在“粒子类型”选项区域中选择了“标准粒子”类型，则此选项区域中可以给粒子指定粒子类型。共有8种粒子类型以供用户选择，如图12-17所示。

标准粒子
○ 三角形 ○ 立方体
○ 特殊 ○ 面
○ 恒定 ◉ 四面体
○ 六角形 ○ 球体

图12-17 标准粒子类型

● “变形球粒子参数”选项区域：主要应用于“变形球粒子”类型，在此选项区域中可以调节设置粒子张力、变化和粗糙等参数。

● “实例参数”选项区域：“实例几何体”主要用于“实例几何体”粒子类型，使用选项区域中的这些选项，可以指定粒子类型。还可以拾取已存在模型作为粒子类型。

● “材质贴图和来源”选项区域：指定贴图材质如何影响粒子，并且可以为粒子指定材质的来源。

◆ 时间：指定从粒子出生开始完成粒子的一个贴图所需的帧数。

◆ 距离：指定从粒子出生开始完成粒子的一个贴图所需的距离（以单位计算）。

◆ “材质来源”按钮：使用此按钮下面的选项指定的来源，更新粒子系统携带的材质。

◆ 实例几何体：粒子使用为实例几何体指定的材质。仅当在“粒子类型”选项区域中选择“实例几何体”时，此选项才可用。

⑳ 在“创建”命令面板中使用“图形”创建工具的 星形 工具在透视图中创建一个“半径1”为200.0、“半径2”为180.0、“点”为30、“扭曲”为0.0、“圆角半径1”为10.0、“圆角半径2”为10.0的星形，如下图所示。

㉑ 在“创建”命令面板中单击“几何体”按钮，设置几何体类型为“复合对象”，单击“对象类型”卷展栏中的 放样 按钮，在“创建方法”卷展栏中单击 获取图形 按钮，然后单击场景中的星行图形，效果如下图所示。

㉒ 在“路径参数”卷展栏中的“路径”数值框中输入20.0，然后再次单击 获取图形 按钮，拾取场景中的星形，然后分别在路径中的40.0、60.0、80.0和100.0处分别拾取星形图形，如下图所示。

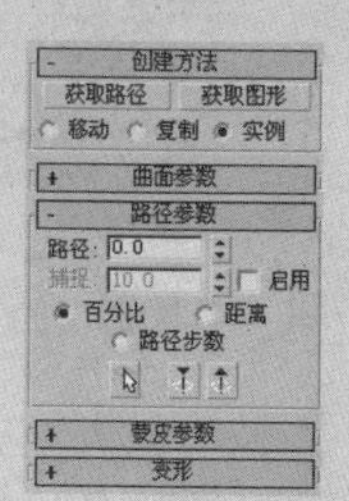

㉓ 选择场景中放样出来的模型，按数字键1进入放样物体“图形”子层级，在场景中选择各个部位的截面图形，单击“选择并移动”按钮和“选择并均匀缩放”按钮调节各个拾取的截面大小和上下位置，调节效果如下图所示。

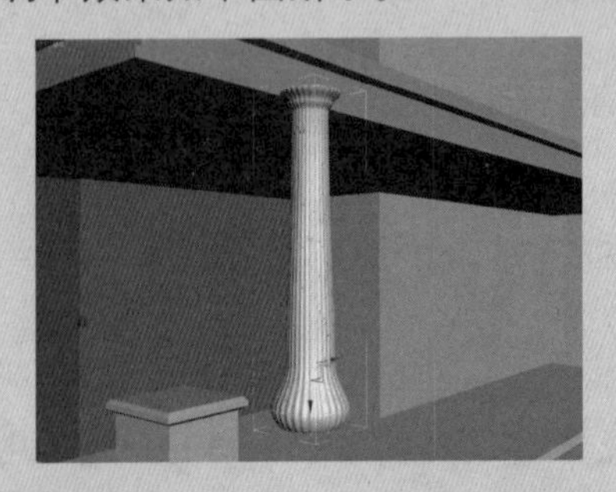

㉔ 调节柱子位置和高度，使其和柱墩中心对齐并位于柱墩之上，然后分别复制3组柱墩和柱子单摆放在台阶上，如下图所示。

㉕ 在前视图中创建一个“半径”为550.0的圆形图形和一个“长度”为4500.0、“宽度”为1100.0的矩形，并与圆形以Y轴中心对齐，如下图所示。

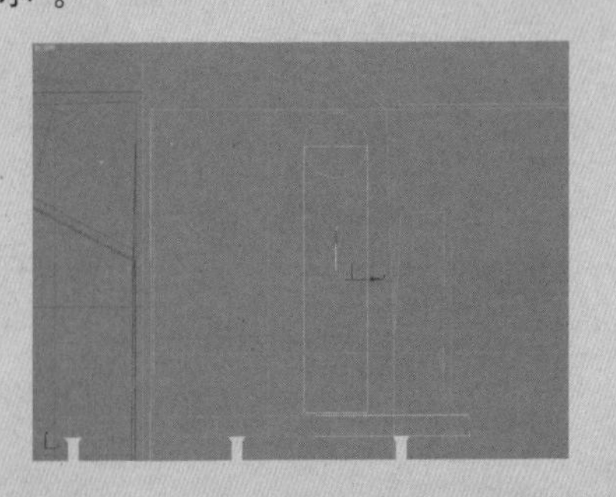

“旋转和碰撞”卷展栏

粒子经常高速移动。在这样的情况下，可能需要为粒子添加运动模糊以增强其动感。此外，现实世界的粒子通常一边移动一边旋转，并且互相碰撞。

该卷展栏上的选项可以影响粒子的旋转，提供运动模糊效果，并控制粒子间碰撞，如图12-18所示。

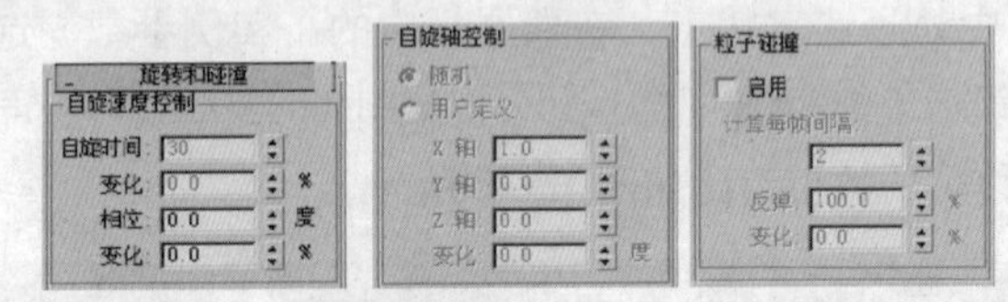

图12-18 “旋转和碰撞”卷展栏

- “自旋速度控制”选项区域：用户可以通过调节该选项区域中的各种参数，设置粒子自旋的时间、相位和变化等参数。
- “自旋轴控制”选项区域：该选项区域中的选项主要制定粒子的自旋轴控制，并提供对粒子应用运动模糊的部分方法。
- “粒子碰撞”选项区域：该选项区域中的选项允许粒子之间的碰撞，并控制碰撞发生的形式。粒子碰撞将涉及大量的数据计算，特别是包含大量粒子数量时。

“对象运动继承”卷展栏

“对象运动继承”卷展栏如图12-19所示，每个粒子移动的位置和方向由粒子创建时发射器的位置和方向确定。如果发射器穿过场景，粒子将沿着发射器的路径散开。使用该卷展栏中的选项可以通过发射器的运动影响粒子的运动。

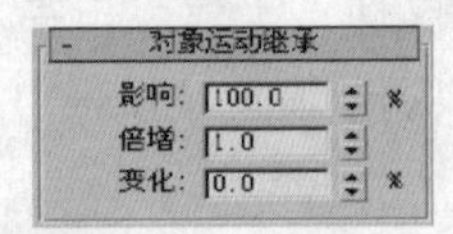

图12-19 “对象运动继承”卷展栏

“粒子繁殖”卷展栏

“粒子繁殖”卷展栏，如图12-20所示。“粒子繁殖”卷展栏上的选项可以指定粒子消亡时或粒子与粒子导向器碰撞时，粒子会发生的情况。使用该卷展栏上的选项可以使粒子在碰撞或消亡时繁殖出来其他粒子。

- “粒子繁殖效果”选项区域：在此选项区域中有多种繁殖类型选项供用户选择，用户可以根据自己的需要指定粒子繁殖类型，可以确定粒子在碰撞或消亡时发生的情况。
- “方向混乱”选项区域：此选项区域用于设置粒子繁殖后的混乱效果。

图 12-20 “粒子繁殖”卷展栏

“混乱度”用于指定繁殖的粒子的方向变化量。如果设置为 0，则表明无变化。如果设置为 100，繁殖的粒子将沿着任意随机方向移动。如果设置为 50，繁殖的粒子可以从父粒子的路径最多偏移 90 °，如图 12-21 所示。

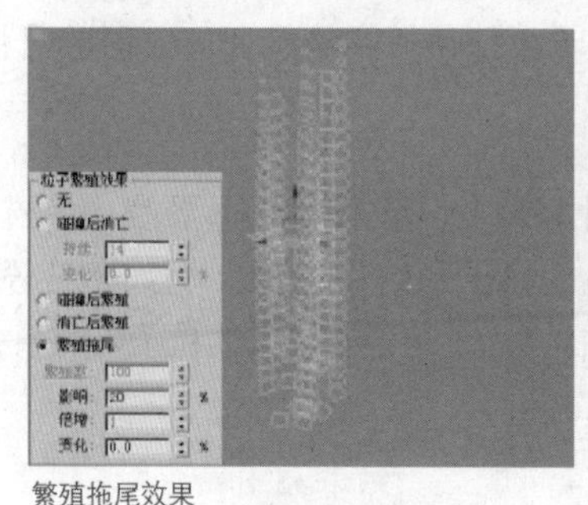

繁殖拖尾效果

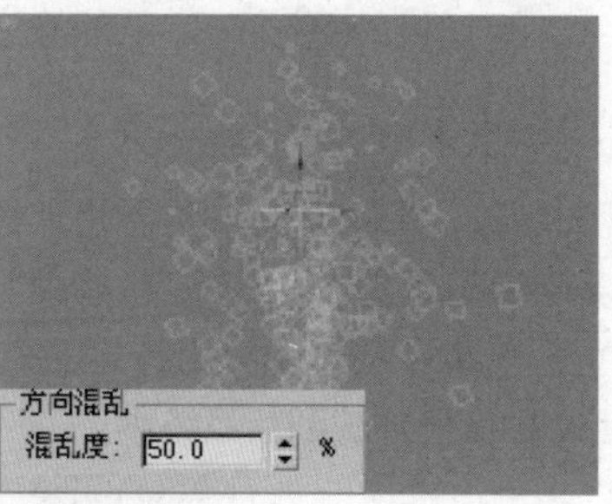

方向混乱效果

图 12-21 繁殖拖尾效果和方向混乱效果

- “速度混乱”选项区域：使用此中的选项可以随机改变繁殖的粒子与父粒子的相对速度。

“因子”用于设置繁殖的粒子的速度相对于父粒子的速度变化的百分比范围。如果值为 0，则表明无变化。其对比如图 12-22 所示。

混乱前效果

速度混乱效果

图 12-22 速度混乱前后效果对比

- “缩放混乱”选项区域：使用该选项区域中的选项可以随机改变繁殖的粒子与父粒子的相对比例，效果如图 12-23 所示。

㉖ 在“修改”命令面板中的“修改器列表”下拉列表中选择“编辑样条线”选项，将矩形转换为编辑样条线，在“几何体”卷展栏中单击 附加 按钮，在视图中拾取圆形，将圆形和矩形合并为一个整体，如下图所示。

㉗ 按数字键 3，切换到“样条线”子层级，选择矩形样条线，然后在“修改”命令面板中的“几何体”卷展栏中，单击 布尔 按钮后面的“并集”按钮，在视图中拾取圆形图形，系统会自动将和矩形中间相交的部分进行删除，如下图所示。

㉘ 按数字键 3，切换到“顶点”子层级，选择圆形和矩形进行布尔运算时生成的如下图所示的点，在“修改”命令面板中的“几何体”卷展栏中设置 焊接 参数为100.0，然后单击 焊接 按钮将顶点进行焊接，如下图所示。

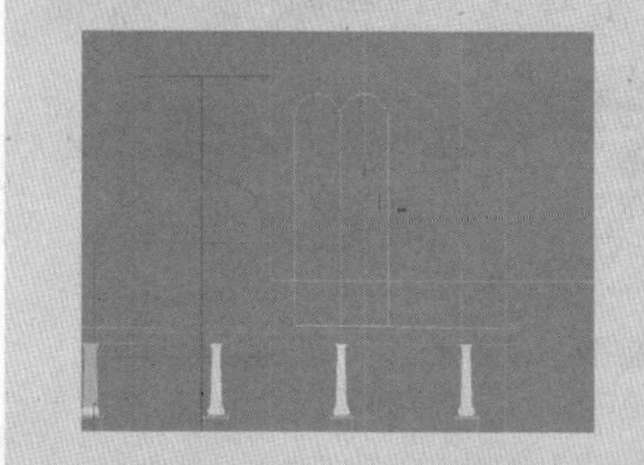

㉙ 选择创建的样条线。配合Shift键。移动复制两个样条线，并将其进行对齐。如下图所示。

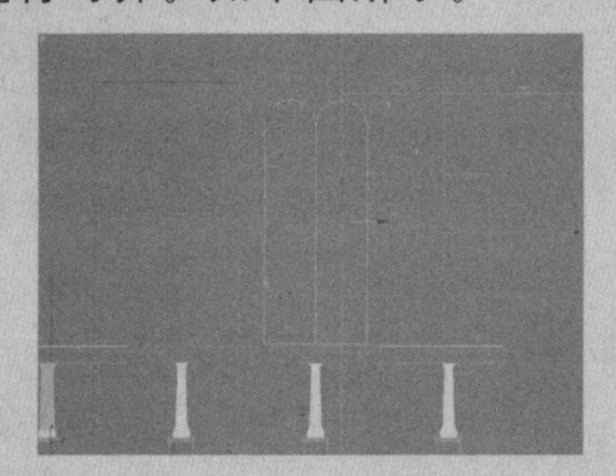

㉚ 选择主房体多边形模型。在“创建”命令面板中将创建类型设置为“复合对象”。在“对象类型”卷展栏中单击 图形合并 按钮。在“拾取操作对象”卷展栏中单击 拾取图形 按钮。在透视图中分别单击所创建的3条样条线。样条线的形状会自动映射到多边形模型上，如下图所示。

㉛ 执行右键快捷菜单“转换为>转换为可编辑多边形”命令。将处于图形合并状态中的房体转换为可编辑多边形，然后按数字键4，切换到房体的“多边形”子层级。选择合并到房体上的样条线内的多边形面，并对其进行挤出，将挤出数量设置为－100.0，效果如下图所示。

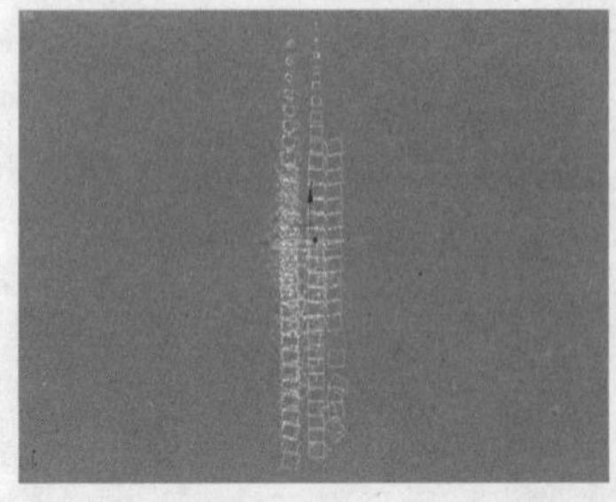

混乱前效果

缩放混乱效果

图 12-23　缩放混乱前后效果对比

- “寿命值队列”选项区域：使用该选项区域中的选项可以指定繁殖的每一代粒子的备选寿命值的列表。繁殖的粒子使用这些寿命，而不使用在“粒子生成”卷展栏的“寿命”数值框中为原粒子指定的寿命。
- “对象变形队列”选项区域：使用此选项区域中的选项可以在带有每次繁殖（按照“繁殖数”数值框设置）的实例对象粒子之间切换。选项只有在当前粒子类型为“实例几何体”时才可用。

“加载/保存预设”卷展栏

“加载/保存预设”卷展栏如图 12-24 所示,使用该卷展栏中的选项可以存储预设值，以便在其他相关的粒子系统中使用。例如，在设置了粒子阵列的参数并使用特定名称保存后，可以选择其他粒子阵列系统，然后将预设值加载到新系统中。

图 12-24　“加载/保存预设”卷展栏

“利用暴风雪”粒子系统创建雪景

Step 01 创建一个“暴风雪”粒子系统，如图 12-25 所示。

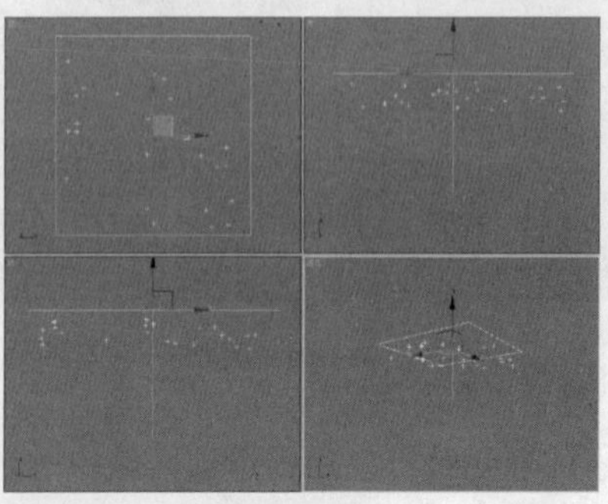

图 12-25　创建粒子系统

Step 02 在“基本参数”卷展栏中的“视口显示”选项区域中选中“网格”单选按钮，设置“粒子数百分比”参数为100，将所有粒子在视口中显示，以便用户观察粒子的多少和粒子的大小。

Step 03 在“粒子生成”卷展栏中的“粒子大小”选项区域中设置粒子“大小”参数为10，在“粒子类型”卷展栏中的“粒子类型”选项区域中选中“标准粒子”单选按钮，在“标准粒子”选项区域中选中“面”单选按钮，如图12-26所示。

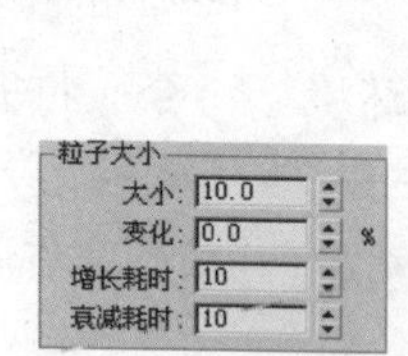

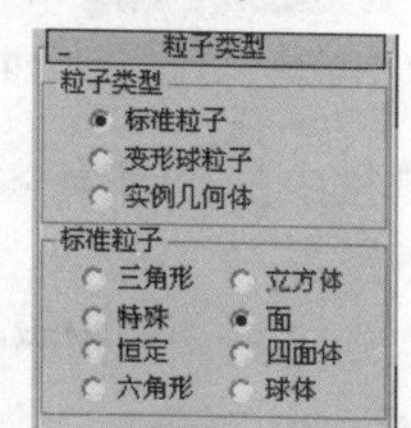

图12-26　设置粒子类型及大小

Step 04 在“粒子生成”卷展栏中设置粒子的寿命和运动速度，如图12-27所示，以保证粒子在场景中的分布。

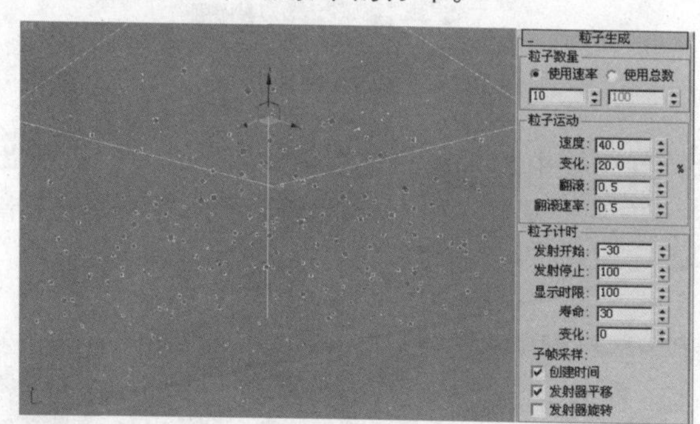

图12-27　创建粒子速度及寿命

Step 05 按M键打开“材质编辑器”对话框给粒子指定一个材质，在“Blinn基本参数”卷展栏中调节材质“漫反射”颜色为纯白色，在“自发光”选项区域中设置颜色值为100。

Step 06 在“明暗器基本参数”卷展栏中勾选“面贴图”复选框。

Step 07 在“贴图”卷展栏中，单击“不透明度”选项后面的 None 按钮，选择“渐变坡度”选项，单击“确定”按钮。

Step 08 在“渐变坡度参数”卷展栏中，将“渐变类型”设置为“径向”类型。

Step 09 在“输出”卷展栏中，勾选“反转”复选框，此时材质渲染如图12-28所示。

Step 10 在“渐变坡度参数”卷展栏中的“噪波”选项区域中，设置渐变噪波参数如图12-29所示。

32 再选中挤出的多边形面的状态线，在“修改”命令面板中，单击“编辑几何体”卷展栏中的 分离 按钮，在弹出的“分离”对话框中将分离的多边形面命名为“玻璃01”，如下图所示。

33 选择合并图形时的其中一条样条线，按数字键3，切换到“样条线”子层级，在“几何体”卷展栏中的 轮廓 按钮后面的数值框中输入数值100.0，然后在“修改”命令面板中给样条线添加一个“挤出”修改命令，并设置“挤出数”为200.0，如下图所示。

34 使用相同方法将其他两条样条线也进行编辑，并调节这3个挤出物镶嵌到房体中作为窗框，如下图所示。

㉟ 使用捕捉工具在窗框中创建如下图所示的长方体作为窗框的支撑。

㊱ 使用创建图形工具中的“矩形”工具在窗框中配合“捕捉开关”按钮捕捉窗框创建矩形，将其转换为可编辑样条线，并在其“样条线”子层级中设置其轮廓数量为50.0，然后添加“挤出”命令，并设置其“挤出数”为100.0，并与窗框对齐，位置如下图所示。

㊲ 使用创建几何体中的“长方体”工具，在3个窗框的下部分别捕捉创建3个“长度”为50.0、“宽度”为800.0、“高度”为50.0的长方体，作为下部窗框的横梁，如下图所示。

㊳ 使用和前面相同的创建方法，在各个窗口处再次进行捕捉创建矩形，

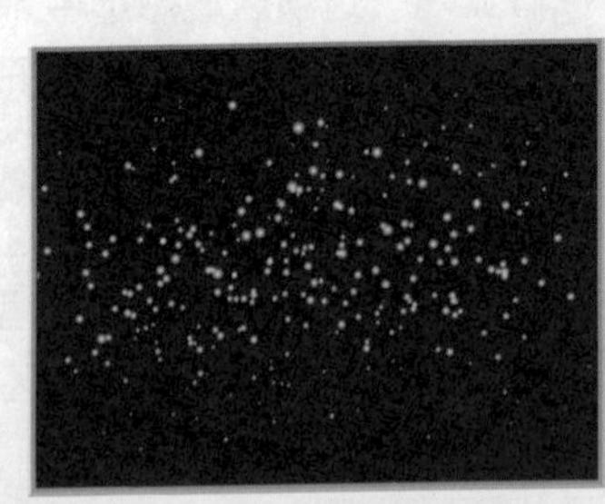

图12-28 反转遮罩效果

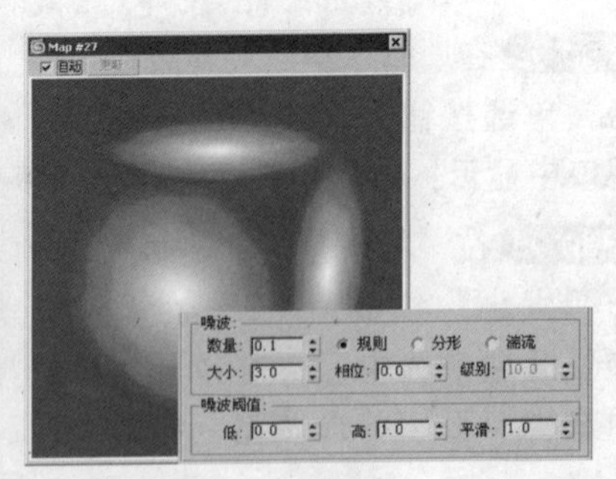

图12-29 添加噪波效果

Step 11 执行菜单栏中的“渲染>环境”命令，打开“环境和效果”对话框，在“公用参数”卷展栏中的“背景”选项区域中单击 None 按钮，给场景添加附书光盘：“贴图文件\背景.jpg”图片作为背景，如图12-30所示。

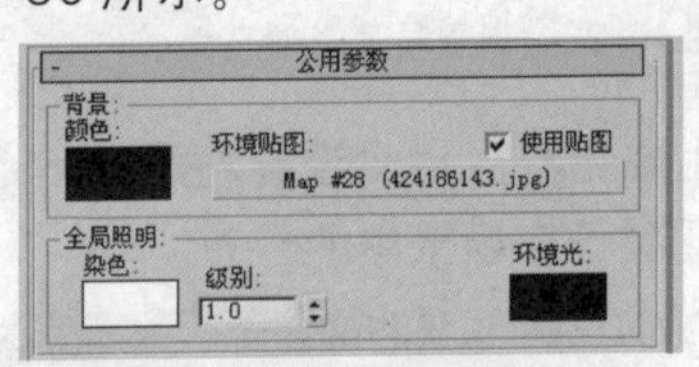

图12-30 添加背景图片

Step 12 执行菜单栏中的“视图>视口背景”命令，在弹出的“视口背景”对话框中进行设置，如图12-31所示，将添加的背景在视口中显示。

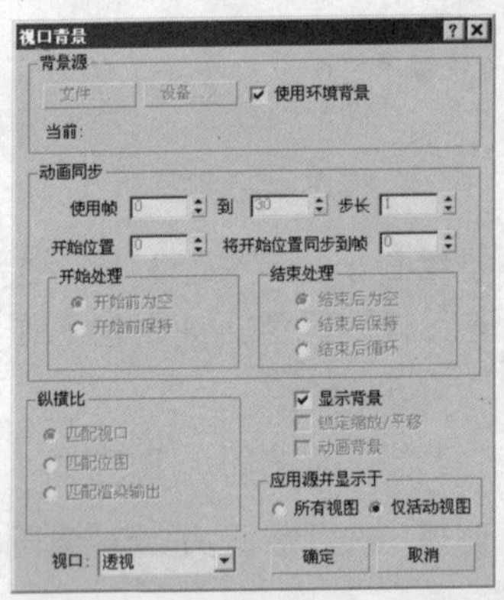

图12-31 在视口中显示背景图片

Step 13 在透视图中调节粒子发射器的角度及远近，以与背景图片角度一致，如图12-32所示。

Step 14 最终渲染效果如图12-33所示。

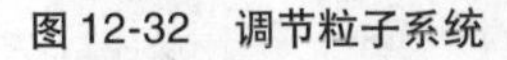

图 12-32 调节粒子系统

图 12-33 渲染效果

12.2.4 粒子云粒子系统

使用“粒子云”粒子系统可以用粒子来填充特定的体积，“粒子云”可以创建一群鸟、一个星空或一队在地面行军的士兵。可以使用提供的基本体积（长方体、球体或圆柱体）限制粒子，也可以使用场景中任意可渲染对象作为体积，只要该对象具有三维深度。

“粒子云”粒子系统发射器与前面所讲述的粒子系统造型有很大区别，粒子云发射器如图 12-34 所示。

“基本参数”卷展栏

“基本参数”卷展栏，如图 12-35 所示。“基本参数”卷展栏中的“基于对象的发射器”、“粒子分布”和“显示图标”选项区域，以及“粒子生成”卷展栏中的“粒子运动”选项区域，这些是粒子云特有的控件。

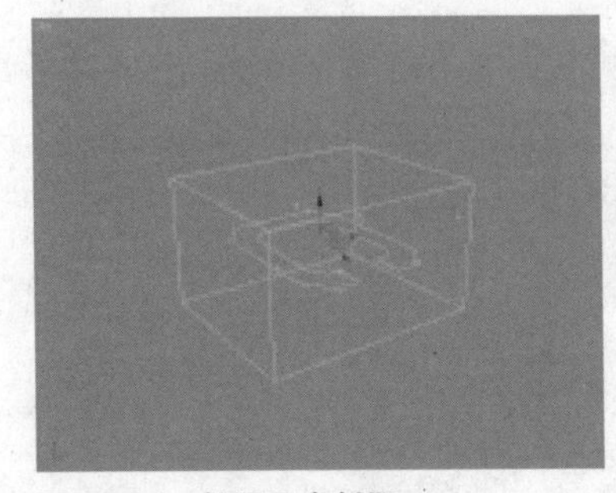

图 12-34 粒子云发射器

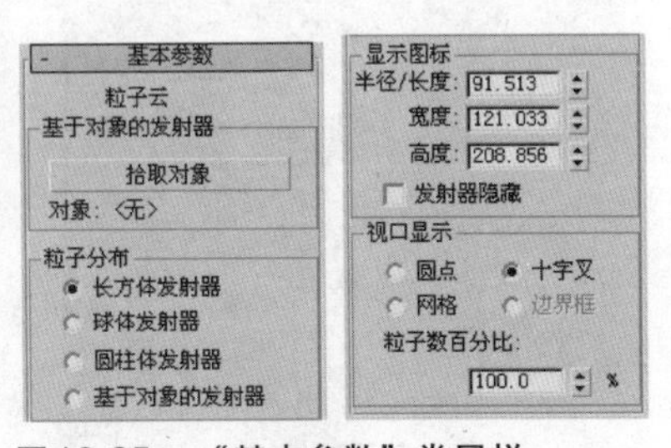

图 12-35 “基本参数”卷展栏

- “基于对象的发射器”选项区域：使用该选项区域中的 拾取对象 按钮可以选择添加要作为粒子发射器的可渲染网格对象。仅当在“粒子分布”选项区域中选择了“基于对象的发射器”选项时，才能使用此对象。指定对象发射器效果如图 12-36 所示。

然后将其转换为可编辑样条线，进行轮廓设置并添加“挤出”修改命令，创建出内侧小窗框，设置“轮廓”值为 30.0、“挤出数”值为 30.0，挤出后与前面所创建的窗框进行中心对齐，如下图所示。

39 使用创建几何体中的 平面 工具在各个上部窗口捕捉内窗框创建“长度分段”为 5、“宽度分段”为 4 的平面，然后在“修改”面板中给平面添加一个“晶格”修改命令，在“晶格”参数卷展栏中设置“节点”选项区域中的“半径”值为 10.0，其他设置为默认设置，就可以创建出窗格效果，如下图所示。

40 使用相同的创建方法，给其他窗口添加相应的窗格，在前视图中主窗框上部的圆拱部位添加 3 个“宽度”为 20.0、“高度”为 20.0 的长方体，并调节其角度和位置，作为圆拱的支撑梁，如下图所示。

41 复制支撑梁，并与其他圆顶窗框中心对齐，然后在圆的边缘创建一些简单的多边形作为装饰，如下图所示。

42 使用相同的方法，根据实际空间尺寸创建出一层门框窗框，二层窗框及窗上的窗齿等物体，如下图所示。

43 在左视图中创建一个如下图所示的闭合曲线，然后在“修改”面板中给闭合样条线添加一个“挤出”命令修改器，设置其“挤出数”为9500.0，并调节其位置与主房体的中心对齐，如下图所示。

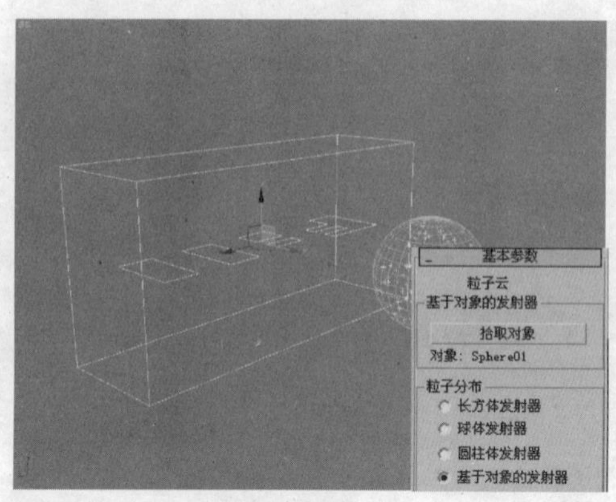

图12-36 指定对象发射器

- “粒子分布”选项区域：使用该选项区域中的选项可以指定发射器的形状。共有“长方体发射器”、“球体发射器”、“圆柱体发射器”和“基于对象的发射器”4个形状选项供用户选择。
- “显示图标”选项区域：该选项区域中的选项主要是设置粒子发射器图标的尺寸大小。
- “视口显示”选项区域：该选项区域中的选项用于设置粒子在视口中的显示状态，不影响粒子参数的变化。

“粒子生成”卷展栏

“粒子生成”卷展栏，如图12-37所示。“粒子生成”卷展栏中的选项主要设置粒子生成的数量、速度、寿命和大小等，与前面所讲述的“暴风雪”粒子系统中的“粒子生成”卷展栏很相似。

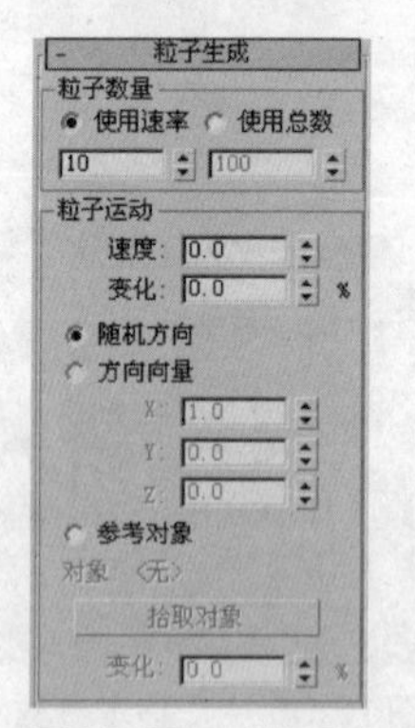

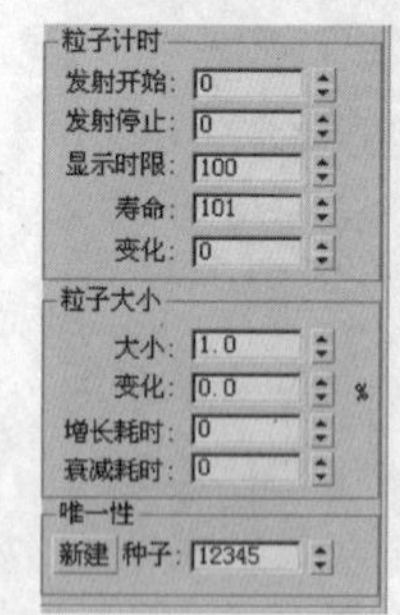

图12-37 “粒子生成”卷展栏

“粒子运动”选项区域主要控制粒子运动的方式和方向。

- 随机方向：粒子运动时方向随机向四面八方无规律运动。
- 方向向量：粒子沿着用户设置的X/Y/Z各个轴向进行运动。
- 参考对象：粒子运动参考物体进行运动。

3种运动方式对比如图12-38所示。

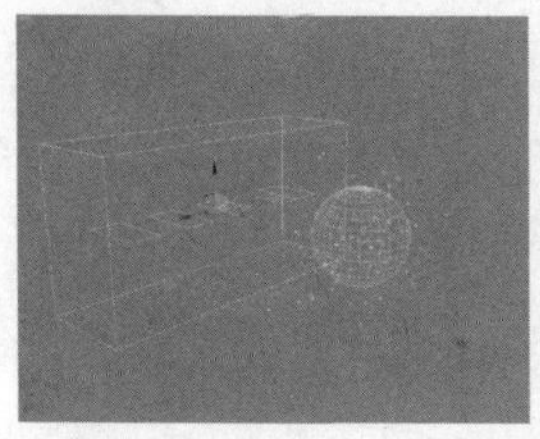
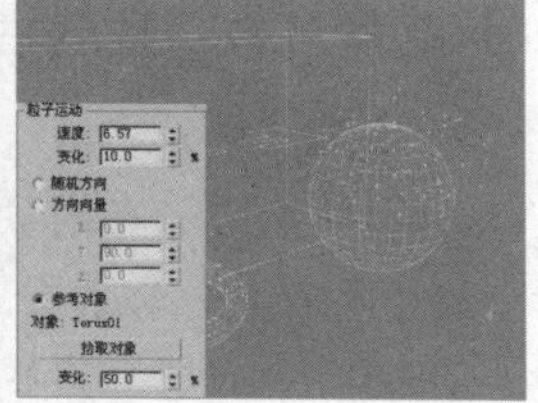

随机方向运动 方向向量运动 参考对象运动

图 12-38 粒子运动类型

"粒子类型"卷展栏

该卷展栏中的选项主要用于设置粒子类型，以及各种粒子类型的参数。与前面介绍的"暴风雪"粒子的"粒子类型"卷展栏相似。

"旋转和碰撞"卷展栏

"旋转和碰撞"卷展栏，如图12-39所示。"旋转和碰撞"卷展栏中选项主要设置粒子之间的碰撞和旋转参数。

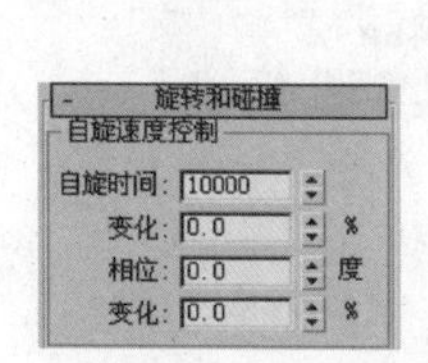

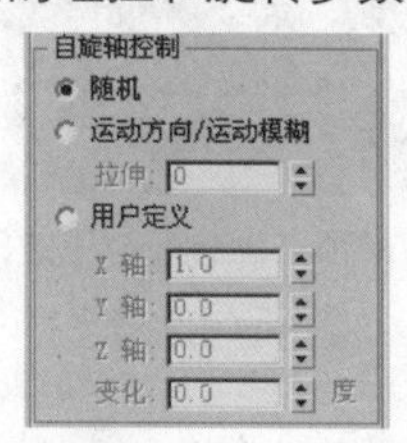

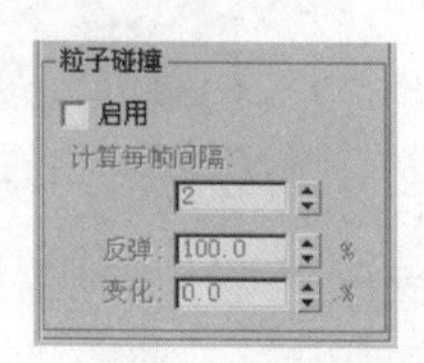

图 12-39 "旋转和碰撞"卷展栏

"粒子云"粒子系统中的"旋转和碰撞"卷展栏与"暴风雪"粒子系统中的"旋转和碰撞"卷展栏布局基本相同。

"粒子云"粒子系统中的"旋转与碰撞"卷展栏增加了一个"运动方向/运动模糊"选项，此选项根据粒子速度改变粒子的不透明度和长度，从而表现粒子的运动模糊。为了实现此效果，需要指定的材质与粒子系统中的设置相互协调。

"对象运动继承"卷展栏、"气泡运动"卷展栏、"粒子繁殖"卷展栏和"加载/保存预设"卷展栏，这些卷展栏和"暴风雪"粒子系统中的"对象运动继承"、"气泡运动"、"粒子繁殖"、"加载/保存预设"卷展栏的功能相同，在此不再敷述。后文如果遇到同样的情况本书将不再作此说明。

12.2.5 粒子阵列粒子系统

"粒子阵列"粒子系统提供两种类型的粒子效果，一种是可用于将所选几何体对象用作发射器模板（或图案）发射粒子，此对象物体在此称作分布对象；另一种效果是可用于创建复杂的对象爆炸效果。

44 使用同样的方法创建其他房体的房顶，在房顶相交的地方使用布尔运算将不需要的房顶进行布尔剪切，效果如下图所示。

45 在适当的位置使用长方体创建出立柱以支撑小房顶，并用长方体配合"挤出"和"等比例"缩放工具编辑出烟囱并放置在恰当的位置，如下图所示。

46 使用创建几何体中的"楼梯"类型中的"直楼梯"工具在透视图中创建一个直楼梯，在其"参数"卷展栏中的"生成几何体"选项区域中勾选"扶手"中的"左"和"右"复选框，设置"布局"选项区域中的"长度"为40000.0，"宽度"为1600.0，设置阶梯"总高"为3120.0，"竖板高"为260.0，在"台阶"选项区域中设置"厚度"为200.0。在"支撑梁"卷展栏中设置"深度"为200.0，"宽度"为1600.0。在"栏杆"卷展栏中设置"高度"为800.0、"分段"为4、"半径"为50.0，并将其放置在方柱与侧房体之间的空挡中，如下图所示。

47 在二层阳台上方贴近阳台处创建一个沿阳台边缘的样条线，如下图所示。

48 使用创建几何体中的“AEC”扩展类型中的“栏杆”工具，创建一个栏杆，在“修改”命令面板中的“栏杆”卷展栏中使用 拾取栏杆路径 按钮拾取在上一步中创建的样条线，栏杆就会沿样条线弯曲栏杆。勾选“匹配拐角”复选框，将“分段”设置为5，在“上围栏”选项区域中设置“深度”为120.0、“宽度”为80.0、“高度”为800.0，将“下围栏”选项区域中的“深度”和“宽度”都设置为50.0，将“栅栏”选项区域中的“深度”和“宽度”都设置为30.0，效果如下图所示。

49 在透视图中创建4个“长度”和“宽度”都为50.0、“高度”为860.0的长方体，将长方体放置在楼梯的上端和下端作为左右扶手的支撑，在顶视图中创建一个“宽

“基本参数”卷展栏

使用“基本参数”卷展栏上的选项，可以创建和调整粒子系统的大小，并拾取分布对象。此外，还可以指定粒子相对于分布对象几何体的初始分布，以及分布对象中粒子的初始速度。在此处也可以指定粒子在视口中的显示方式。

该卷展栏中的“粒子分布”选项区域可以设置粒子分布的位置，是“粒子阵列”所特有的一个分布功能，如图12-40所示。

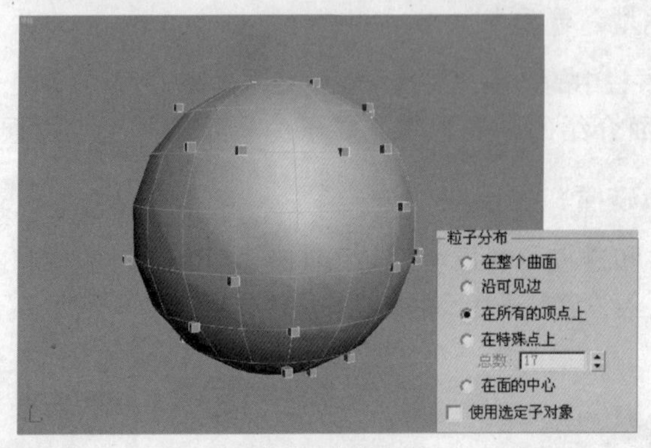

图12-40　在所有的顶点上分布粒子效果

“粒子类型”卷展栏

在该卷展栏中，“粒子阵列”粒子系统在“粒子云”粒子系统的“粒子类型”卷展栏的基础上添加了一个特殊类型“对象碎片”粒子类型。此类型的粒子是粒子分布对象的多边形碎片，其效果如图12-41所示。

图12-41　对象碎片粒子类型

使用“粒子阵列”这个功能可以模拟物体爆炸效果，在很多影视特效中经常应用。

在“粒子类型”卷展栏中的“对象碎片控制”选项区域中可以设置破碎的类型和碎片的厚度。共有3种破碎类型，如图12-42所示。

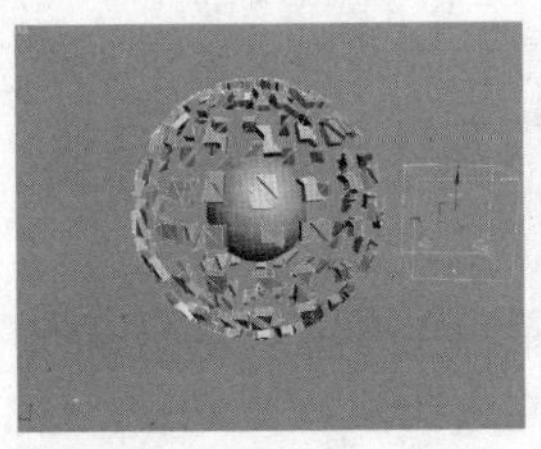
所有面破碎

碎片数目破碎

平滑角度破碎

图 12-42　对象碎片 3 种碎片类型

运用粒子阵列粒子系统创建爆炸效果

Step 01 在“创建”命令面板中，单击“几何体”按钮，在“对象类型”卷展栏中单击 球体 按钮在视口中创建一个球体，如图12-43所示。

Step 02 在“创建”命令面板中将创建类型设置为“粒子系统”，单击“对象类型”卷展栏中的 粒子阵列 按钮，在视图中拖动创建一个粒子阵列发射器，在“基本参数”卷展栏中单击“拾取对象”按钮，然后拾取球体，将粒子分布对象指定为球体，如图 12-44 所示。

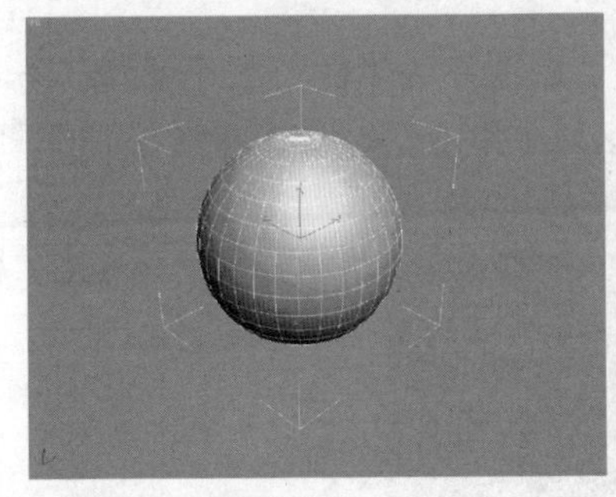
图 12-43　创建球体

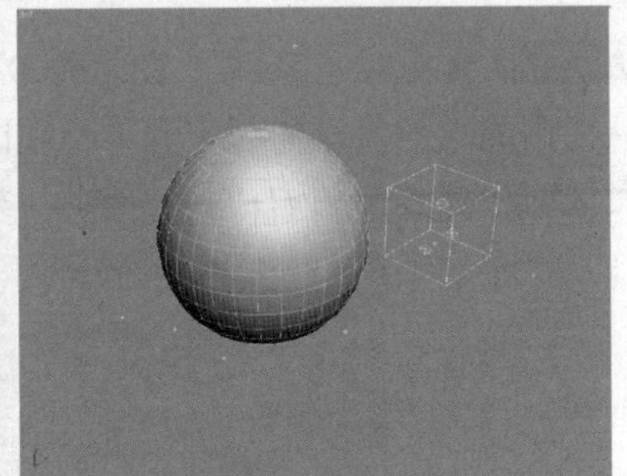
图 12-44　拾取球体作为粒子分布

Step 03 在“视口显示”选项区域中选中“网格”单选按钮，使粒子以实体显示在视口以便用户调节观察，如图 12-45 所示。

Step 04 在“粒子类型”卷展栏中的“粒子类型”选项区域中选中“对象碎片”单选按钮，在“对象碎片控制”选项区域中设置“厚度”为 40，选中“碎片数目”单选按钮，将“碎片数目”参数设置为 80，效果如图 12-46 所示。

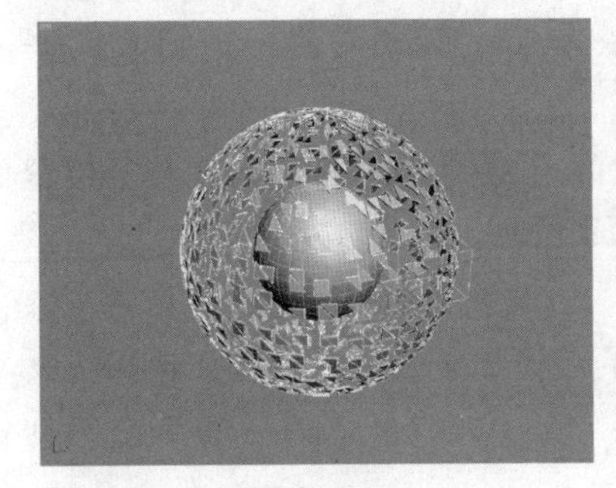
图 12-45　粒子网格显示

图 12-46　碎片控制设置

度”为 50000.0、“长度”为 50000.0 的平面作为地面，并调节其位置，如下图所示。

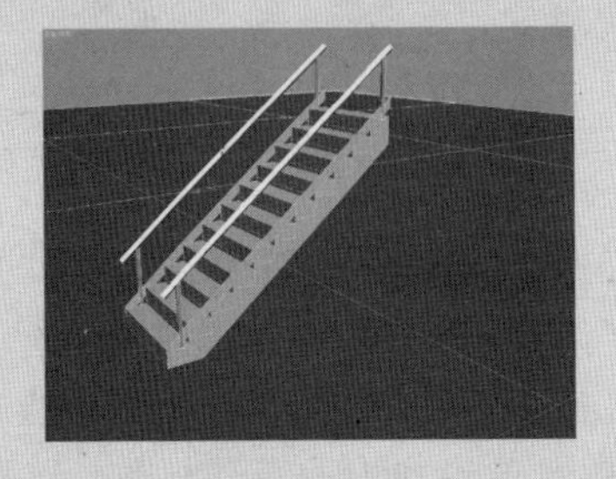

50 在“材质编辑器”对话框中调节一个白色材质，并赋予门框、窗框、窗框上下檐、柱子、柱墩、台阶和阳台。调节一个重色木纹材质赋予楼梯、栏杆和圆顶窗框。调节一个绿色的材质赋予窗框上部的装饰块和圆顶窗框上部圆顶的支撑柱上，如下图所示。

51 调节一个地转材质赋予地面，如下图所示。

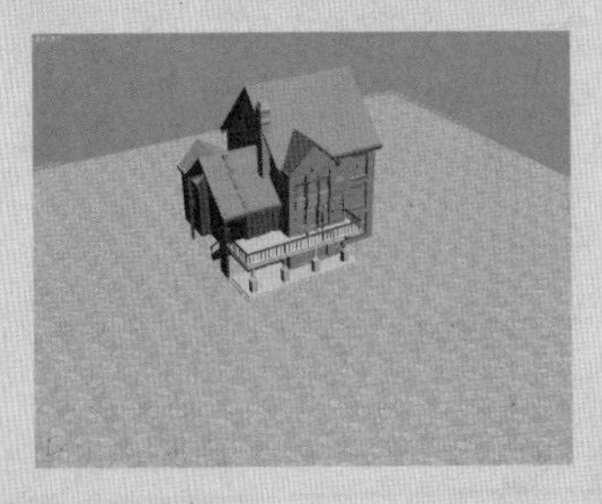

52 选择主房体，按数字键 2，切换到“边”子层级，在“编辑几何体”卷展栏中单击 快速切片 按钮，在主房体下部距地面 1300.0 的距离快速切割主房体，如下图所示。

Step 05 在“旋转和碰撞”卷展栏的“自旋速度控制选项区域中设置“自旋时间”为150帧，在“粒子碰撞”选项区域中勾选“启用”复选框。

Step 06 在“粒子生成”卷展栏中，设置粒子运动速度的变化效果如图12-47所示。

Step 07 按M键，在弹出的“材质编辑器”对话框中调节一个材质贴图赋予球体，如图12-48所示。

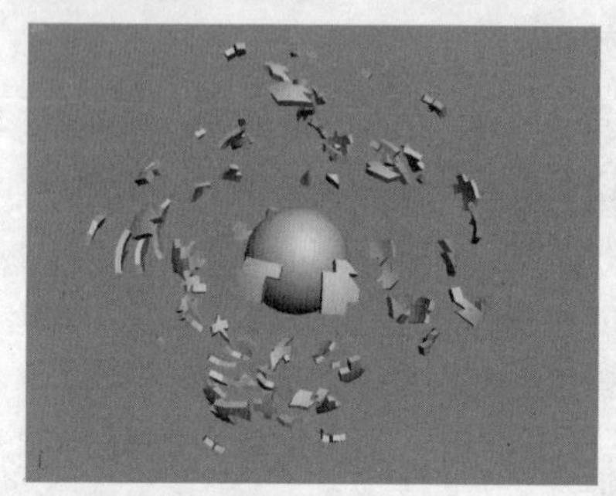

图12-47　调节速度变化

图12-48　给圆球赋予材质

Step 08 选择粒子系统，在“修改”命令面板中的“粒子类型”卷展栏中的“材质贴图和来源”选项区域中单击 材质来源: 按钮，圆球上的材质就会自动添加到粒子上，如图12-49所示。

图12-49　粒子吸取球体材质

Step 09 选择中间圆球体，执行右键快捷菜单“隐藏当前选择”命令，将中间球体隐藏。

Step 10 在“创建”命令面板中，单击“辅助对象”按钮，将其类型设置为“大气装置”。

Step 11 在“对象类型”卷展栏中单击 球体 Gizmo 按钮，在粒子位置创建一个球体大气装置，如图12-50所示。

Step 12 在“修改”命令面板中的“大气和效果”卷展栏中单击“添加”按钮，弹出如图12-51所示的“添加大气”对话框，选择“火效果”选项后单击“确定”按钮，在“大气和效果”卷展栏的列表中会显示添加的“火效果”。

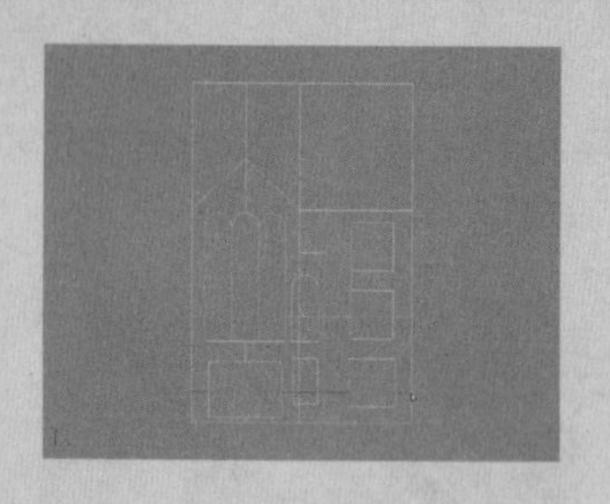

53 按数字键4，切换到主墙体的“多边形”子层级，选择如下图所示主房体上部的多边形面，在“多边形属性”卷展栏中设置“材质”选项区域中的ID为1，如下图所示。

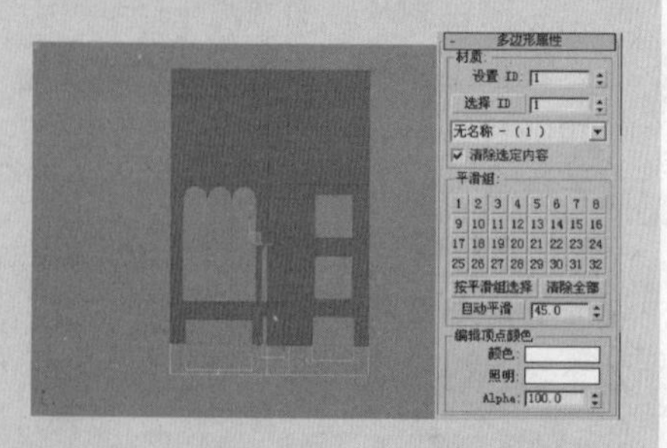

54 使用相同的方法将主房体下部的多边形面ID设置为2，然后在“材质编辑器”对话框中选择一个材质示例球，将其设置为“多维/子对象”类型，将ID为1的材质调节为白色材质，将ID为2的材质调节为砖墙材质，赋予主房体，如下图所示。

55 在“修改”命令面板中，在“修改器列表“下拉列表中选择“UVW 贴图”选项，在“参数”卷展栏中选中“长方体”单选按钮，其效果如下图所示。

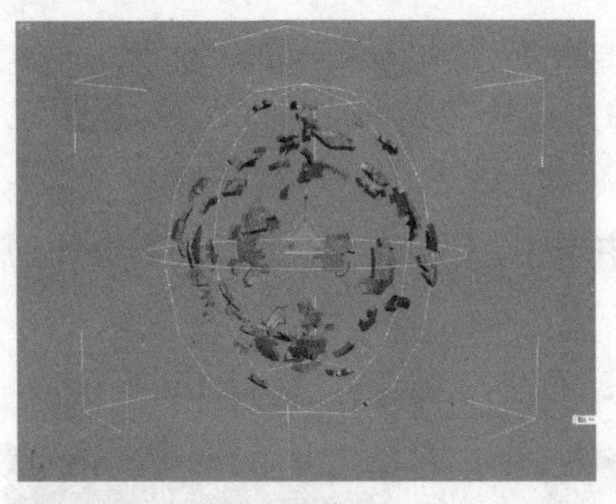

图 12-50 添加大气装置

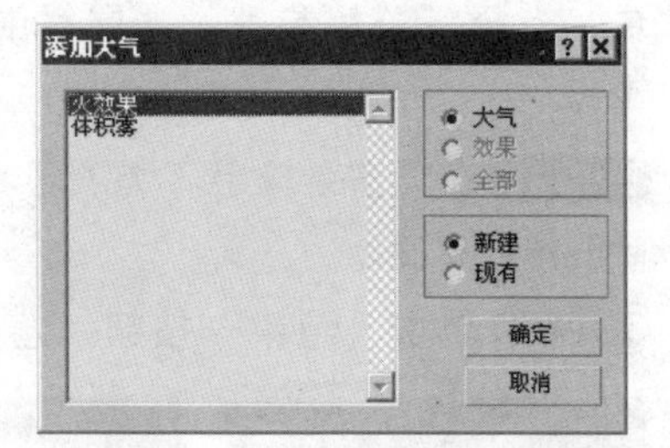

图 12-51 ”添加大气“对话框

Step 13 在“大气和效果”卷展栏中的列表框中选择刚刚创建的“火效果”选项，然后单击列表框下面的按钮，就会弹出“环境和效果”对话框，如图 12-52 所示。

Step 14 在“曝光控制”卷展栏中单击 渲染预览 按钮，在“渲染预览”按钮上方显示框中会显示场景的大致效果，如图 12-53 所示。

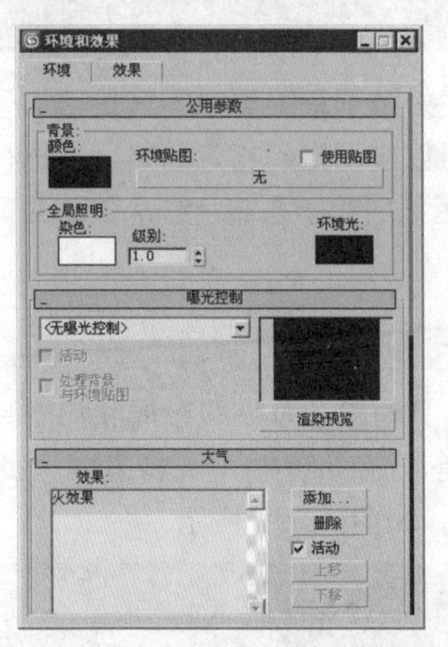

图 12-52 “环境和效果”对话框

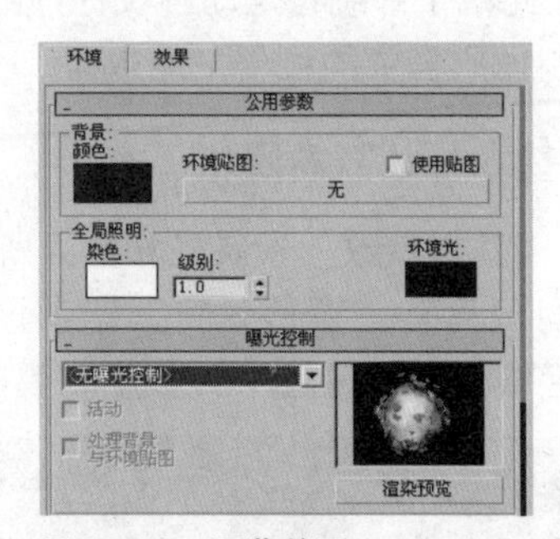

图 12-53 预览效果

Step 15 在“火效果参数”卷展栏中的“图形”选项区域中选中“火舌”单选按钮，其“图形”、“动态”和“特性”选项区域参数设置如图 12-54 所示。

Step 16 在“爆炸”选项区域中勾选“爆炸”和“烟雾”复选框，将“剧烈度”设置为 10。

Step 17 单击“爆炸”选项区域中的”设置爆炸“按钮，在弹出的“设置爆炸相位曲线”对话框中对爆炸参数进行设置，如图 12-55 所示。

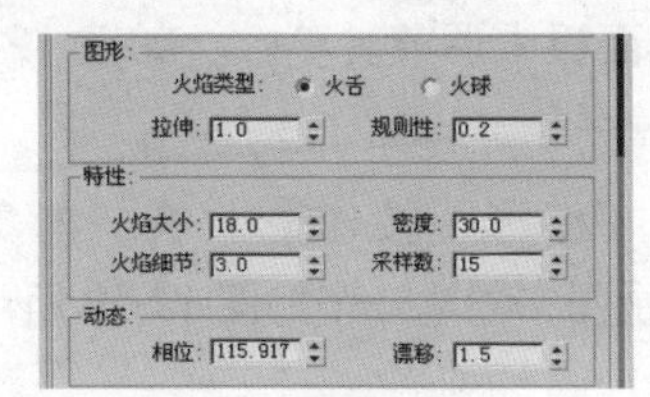

图 12-54 火焰参数

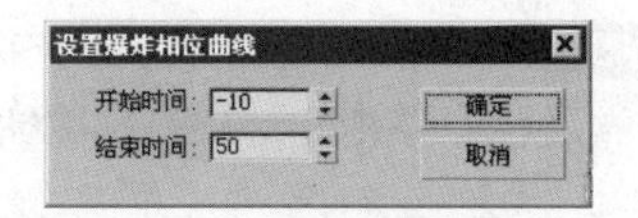

图 12-55 火焰爆炸参数

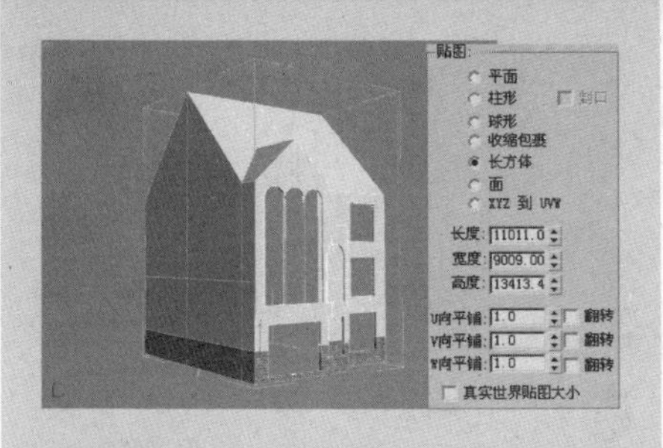

56 使用相同的方法，给侧房体赋予类似的材质，如下图所示。

57 使用相同的方法将墙顶的顶面和边缘的多边形面进行 ID 设置，然后给房顶添加“多维 / 子对象”材质，并在“修改”命令面板中添加“UVW 贴图”修改命令，在“参数”卷展栏中的“贴图”选项区域中选中“平面”单选按钮，在“对齐”选项区域中选择“X”选项，效果如下图所示。

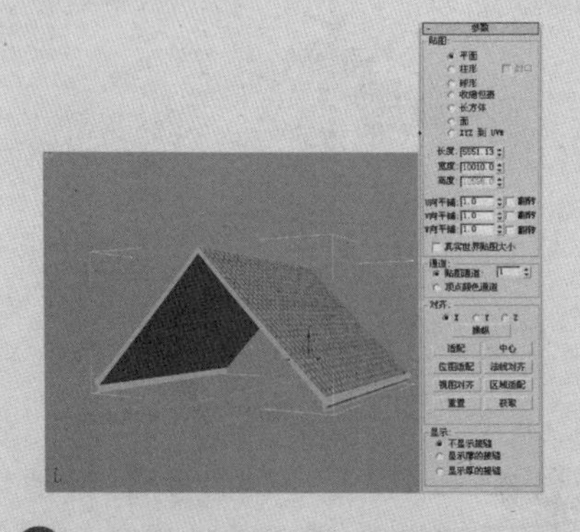

58 使用相同的方法，给烟囱调节适当的材质，并给烟囱添加“UVW 贴图”修改命令，在其“参数”卷展栏中的“贴图“选项区域中设置其贴图类型为“平面”，效果如下图所示。

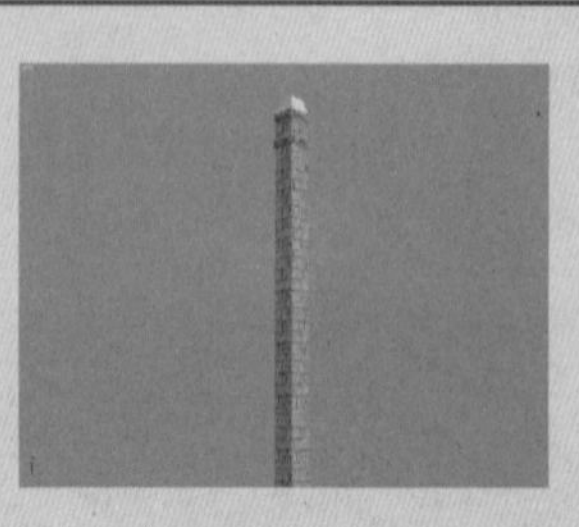

59 按F10键打开“渲染场景：默认扫描线渲染器”对话框，在“指定渲染器”卷展栏中单击“产品级”选项后面的“选择渲染器”按钮，在弹出的“选择渲染器”对话框中选择“VRay Adv 1.47.03”选项，指定渲染器为“VRay Adv”渲染器，如下图所示。

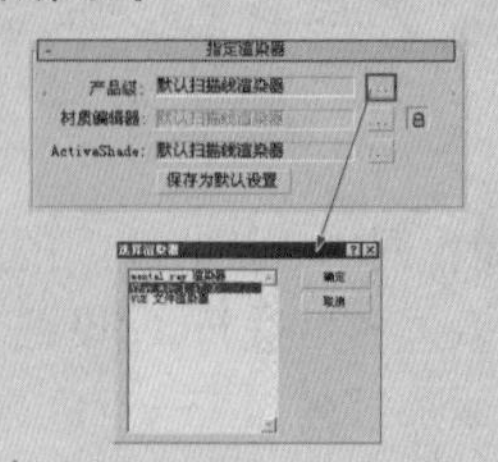

60 在“材质编辑器”对话框中的“示例框”中另选一个材质示例球，单击 Standard 按钮，打开“材质/贴图浏览器”对话框，在浏览器中选择“VRay Mtl”选项将材质设置为VRay材质，如下图所示。

61 在VRay材质面板中的卷展栏中的“Reflection”选项区域中将“Reflect”颜色设置为纯白色，在“Refraction”选项区域中也将“Refract”的颜色设置为纯白色，并命名该材质为“玻璃”，如下图所示。

Step 18 按F10键，在弹出的“渲染场景”对话框中的”公用“面板中，选择“公用参数”卷展栏中的“范围”选项，设置动画渲染范围。

Step 19 在“渲染输出”选项区域中单击 文件... 按钮，设置爆炸动画的保存路径。

Step 20 单击“渲染”按钮，渲染动画，其效果如图12-56所示。

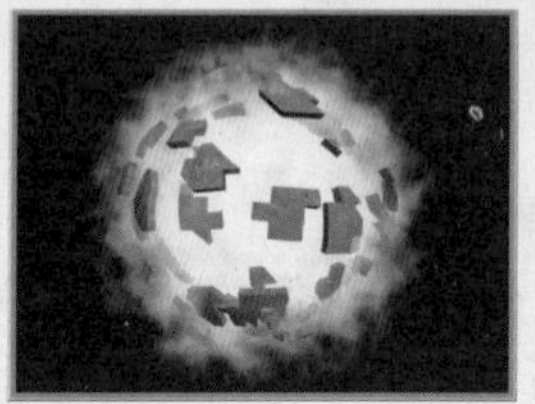
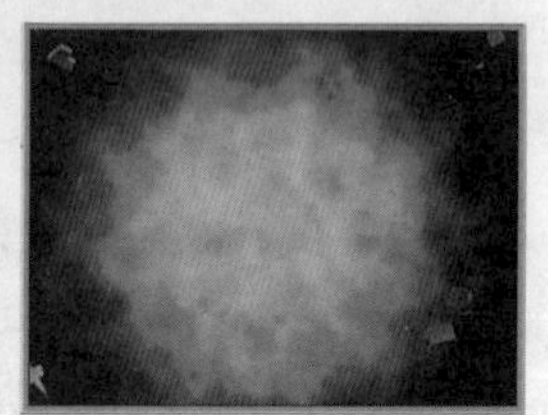

图12-56 火焰爆炸序列效果

12.2.6 超级喷射粒子系统

“超级喷射”粒子系统与简单的喷射粒子系统类似，只是增加了一些新型粒子系统的功能。此粒子系统可以被绑定到指定的路径上进行运动。此粒子系统也是动画设计师经常用到的粒子系统，经常被动画师用于制作广告中的粒子拖尾效果。

“基本参数”卷展栏

“基本参数”卷展栏和前面所讲述其他粒子系统的布局和功能基本相同，只有“粒子分布”选项区域是“超级喷射”所特有的，此选项区域用于设置粒子分散度和偏离度，如图12-57所示。

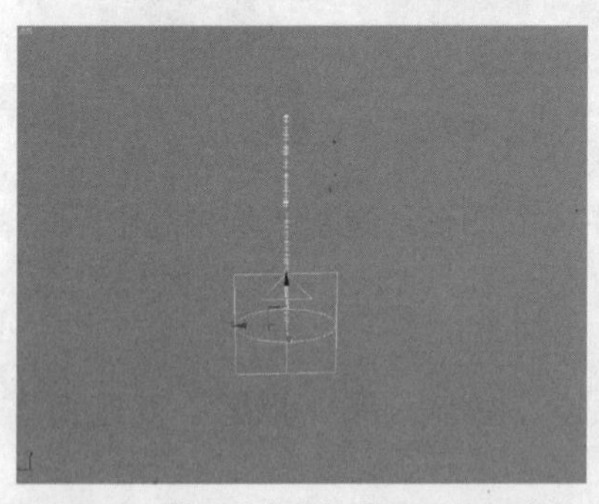
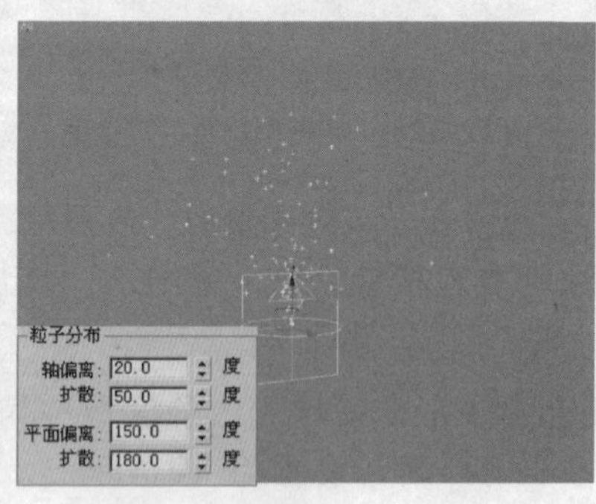

图12-57 粒子分散和偏移设置前后对比

Step 01 在“创建”命令面板中单击“几何体”按钮，在透视图中创建一个“管状体”，并在“修改”命令面板中调节其参数，如图12-58所示。

Step 02 在“创建”命令面板中单击“图形”按钮，在“对象类型”卷展栏中单击 螺旋线 按钮，在视图中创建一个如图12-59所示的曲线。

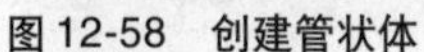

图 12-58 创建管状体

图 12-59 创建曲线

Step 03 选择“管状体”物体，在“修改”命令面板中单击“修改器列表”下拉按钮，在其下拉列表中选择“路径变形（WSM）”修改器，在“修改”命令面板中的“参数”卷展栏中单击 拾取路径 按钮，选择在左视图中创建的曲线，然后单击 转到路径 按钮，管状体就会沿着创建的曲线进行弯曲变形，如图 12-60 所示。

Step 04 在视图中创建一个“超级喷射”粒子系统，将其对齐到管状体上端，并调节其角度与管状体上端端口方向一致，如图 12-61 所示。

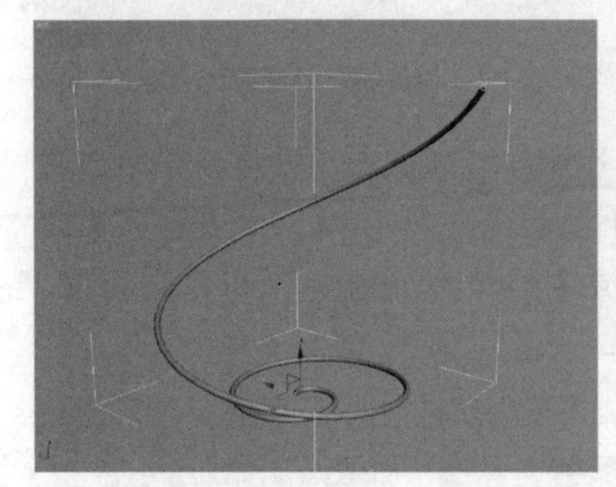

图 12-60 转到路径

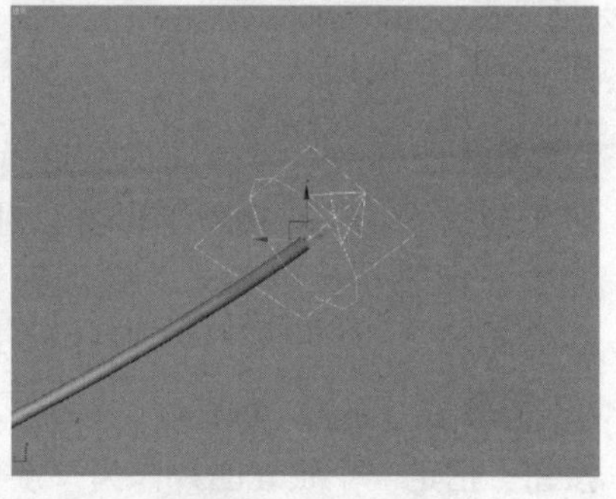

图 12-61 创建并对齐粒子系统

Step 05 在“基本参数”卷展栏中的“视口显示”选项区域中，将“粒子数百分比”设置为 100，以便用户实时观察调节粒子状态。在“粒子分布”选项区域中，将粒子“轴偏离扩散”设置为 10°，将“平面偏离扩散”设置为 180°，效果如图 12-62 所示。

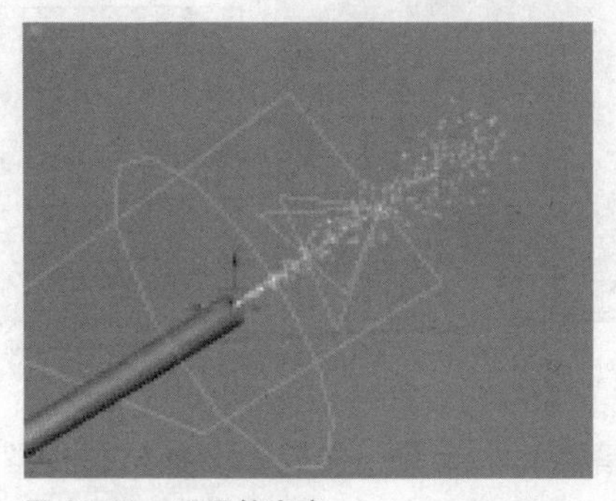

图 12-62 设置偏离度

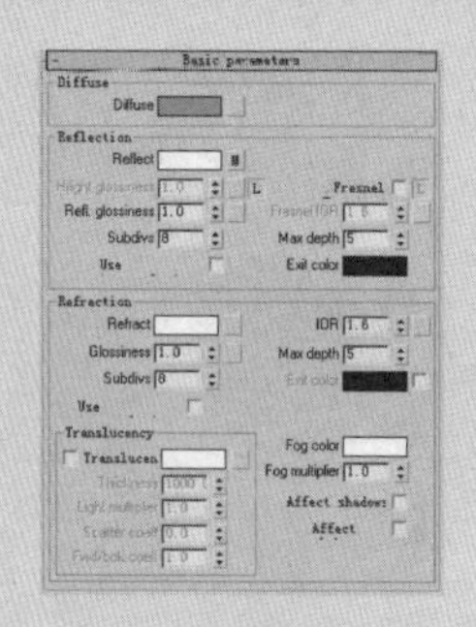

62 在“Maps”卷展栏中，单击“Reflect”选项后面的 None 按钮，在“材质/贴图浏览器”中指定一个图片作为玻璃的反射贴图，如下图所示。

Maps			
Diffuse	100.0	✓	None
Reflect	100.0	✓	Map #17 (别墅效果图.jpg)
HGlossiness	100.0	✓	None
RGlossiness	100.0	✓	None
Fresnel IOR	100.0	✓	None
Refract	100.0	✓	None
Glossiness	100.0	✓	None
IOR	100.0	✓	None
Translucent	100.0	✓	None
Bump	30.0	✓	None
Displace	100.0	✓	None
Opacity	100.0	✓	None
Environment		✓	None

63 选择场景中所有的玻璃模型，将调节好的“玻璃”材质赋予玻璃模型，如下图所示。

64 在“创建”命令面板中单击“灯光”按钮，在“对象类型”卷展栏中单击 目标平行光 按钮，在前视图中拖动创建“目标平行光”，并在其他视图中调节其位置。在“修改”命令面板中的“常规参数”卷展栏中勾选“阴影”选项区域中的“启用”复选框，并设置阴影类型为“VRayShadow”阴影，如下图所示。

65 在“强度/颜色/衰减”卷展栏中，设置“倍增”为0.6，灯光颜色为浅黄色，在“平行光参数”卷展栏中设置“聚光区/光束”值为100000.0、“衰减区/区域”值为200000.0，如下图所示。

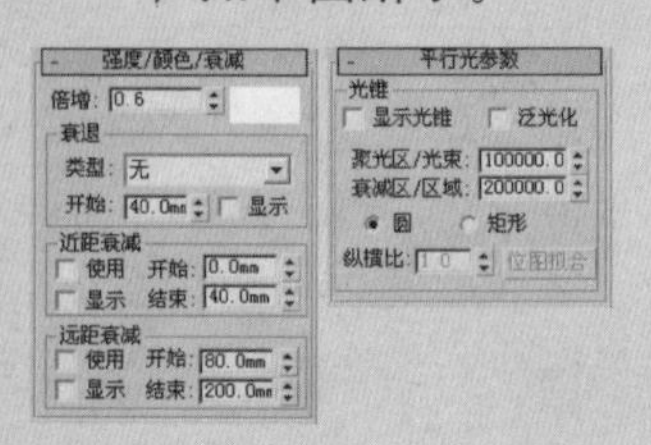

66 在“创建”命令面板中单击“摄影机”按钮，在“对象类型”卷展栏中单击目标摄影机，在顶视图中拖动创建目标摄影机并在其他视图中调节摄影机视点的位置，按快捷键C切换到摄影机视图，调节场景在摄影机视图中的位置及构图，如下图所示。

67 按F10键打开“渲染场景：VRay Adv 1.47.03”对话框，在对话框中切换到“渲染器”选项卡，如下图所示。

Step 06 在“粒子类型”卷展栏中选中“变形球粒子”单选按钮，在“基本参数”卷展栏中的“视口显示”选项区域中选中“网格”单选按钮，使粒子以网格实体在视口中显示。

Step 07 在“粒子生成”卷展栏中的”粒子大小“选项区域中将粒子“大小”设置为50，效果如图12-63所示。

Step 08 在“粒子生成”卷展栏中的“粒子数量”选项区域中，选中“使用速率”单选按钮，并设置粒子生成速率为15。在“粒子运动”选项区域中设置粒子“速度”为30，“变化”也为30，效果如图12-64所示。

图12-63 设置粒子大小

图12-64 设置粒子的速率

Step 09 按M键，在弹出的“材质编辑器”对话框中选择一个材质球赋予管状体，在“材质编辑器”对话框中的“Blinn基本参数”卷展栏中，设置“反射高光”选项区域中的“高光级别”和“光泽度”都为40。

Step 10 在“贴图”卷展栏中，单击“漫反射颜色”选项后面的 None 按钮，指定一个纹理图片作为“漫反射”贴图，如图12-65所示。

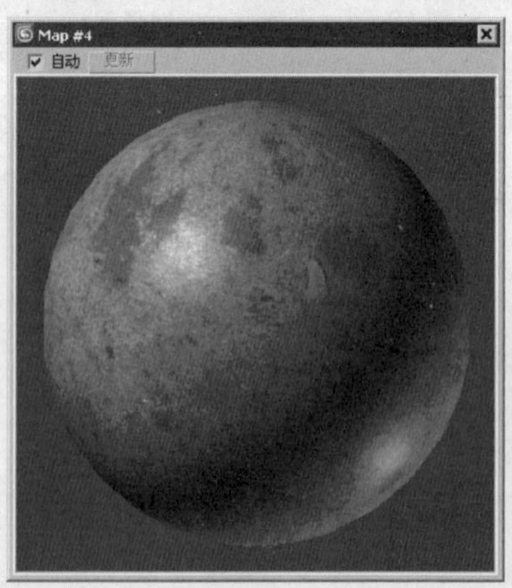

图12-65 选择贴图

Step 11 在“明暗器基本参数”卷展栏，将材质类型设置为“半透明明暗器”，然后在“半透明基本参数”卷展栏中，将“半透明”选项区域中的“半透明颜色”由黑色修改为灰色，效果如图12-66所示。

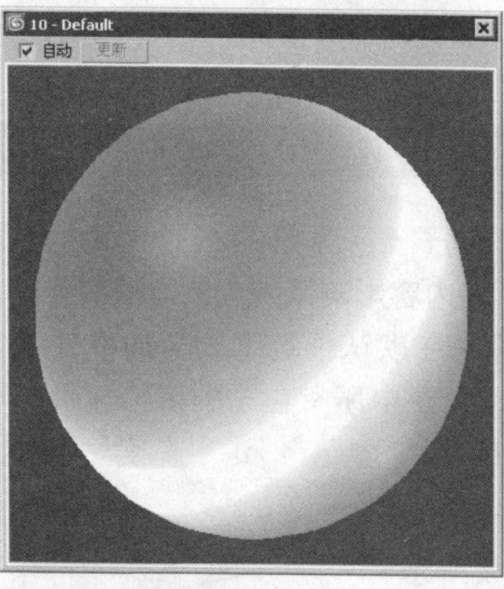

图 12-66　制作材质

Step 12 选择第二个材质球，在“材质编辑器”对话框中的“Blinn 基本参数”卷展栏，将“反射高光”选项区域中的“高光级别”设置为 260，将“光泽度”设置为 90，并将材质赋予“超级喷射”粒子。

Step 13 在“贴图”卷展栏，单击“折射”选项后面的 None 按钮，给贴图指定一个如图 12-67 所示的 HDRI 贴图。

Step 14 调节角度，渲染效果如图 12-68 所示。

图 12-67　HDRI 贴图

图 12-68　渲染效果

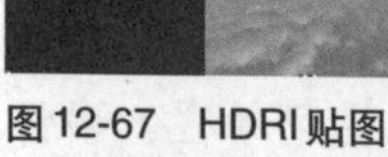

12.3 粒子流

“粒子流”是一种新型、功能强大的 3dsMax 粒子系统。它使用一种称为粒子视图的特殊对话框来使用事件驱动模型。在“粒子视图”中，可将一定时期内描述粒子属性（如形状、速度、方向和旋转）的单独操作符合并到称为事件的组中。每个操作符都提供一组参数，其中多数参数可以设置动画，以更改事件期间的粒子行为。随着事件的发生，“粒子流”会不断地计算列表中的每个操作符，并相应地更新粒

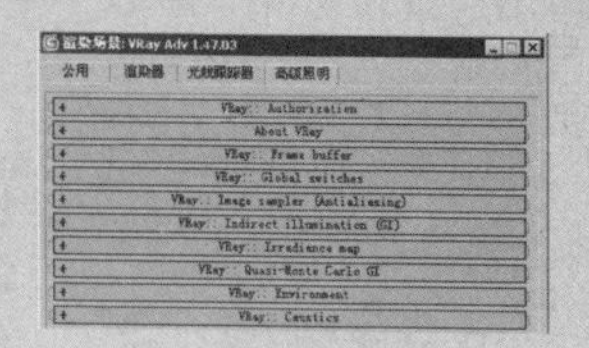

68 在“VRay::Indirect illumination (GI)”卷展栏中勾选“On”复选框，打开 GI 设置，如下图所示。

69 在“VRay::Environment”卷展栏中的“GI Environment (skylight)”选项区域中勾选“Override”复选框打开天空光照明，并设置天光“Multiplier”参数为 0.7，如下图所示。

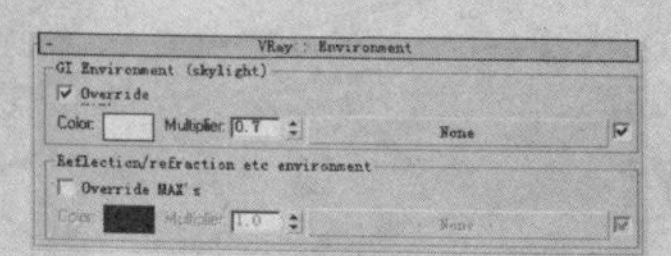

70 在“VRay::Image sampler (Antialiasing)”卷展栏中，选中“Image sampler”选项区域中的“Adaptive subdivision”单选按钮。(该选项为出图模式，在该模式下渲染出的图片精度较高。) 并设置 Max rate 值为 3。在“Antialiasing filtet ”选项区域中将过滤类型设置为“Catmull-Rom”，如下图所示。

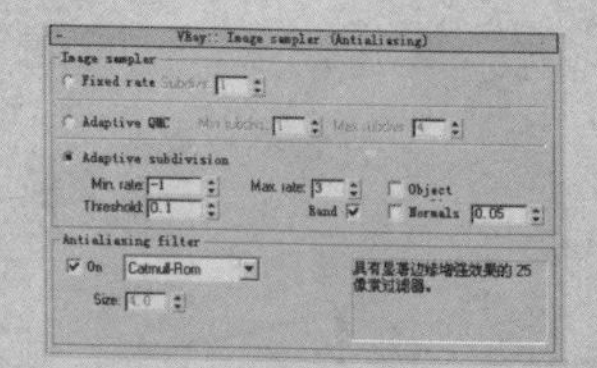

71 在“VRay::Irradiance map”卷展栏中，将“Built-in presets”选项区域中的“Curren preset”类型设置为“High”，如下图所示。

子系统。

12.3.1 粒子视图界面

“粒子视图”是构建和修改“粒子流”系统的主要界面。此系统中的第一个事件始终是全局事件，其内容影响系统中的所有粒子。它与“粒子流源”图标拥有相同的名称。在默认情况下，全局事件包含一个“渲染”操作符，该操作符指定系统中所有粒子的渲染属性。可以在此添加其他操作符，如“材质”、“显示”和“速度”等属性，并让它们可以全局使用。

“粒子视图”窗口如图12-69所示。

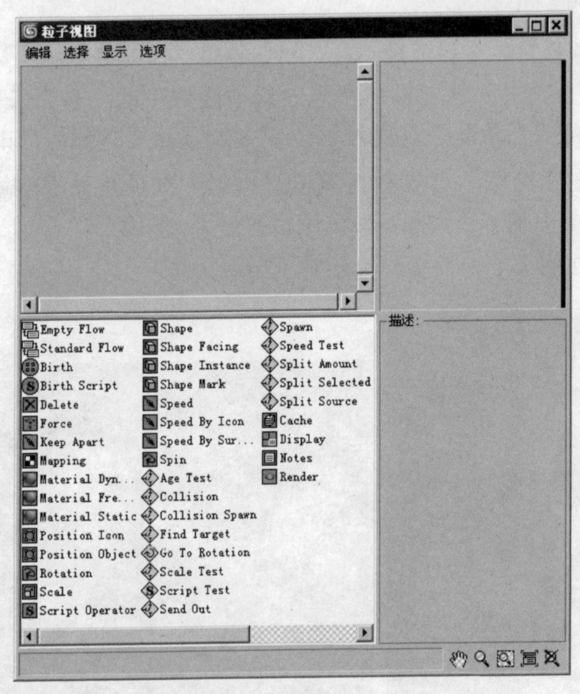

图12-69 “粒子视图”窗口

“粒子视图”窗口共有6个控制和显示板块，包括菜单栏、事件显示、参数面板、仓库、说明面板和显示工具，如图12-70所示。

72 在“渲染场景：VRay Adv 1.47.03”对话框中的“公用”选项卡中的“公用参数”卷展栏中设置渲染图片大小，然后单击 渲染 按钮，渲染出图，效果如下图所示。

73 使用Photoshop软件打开渲染的图片，在“工具栏”中单击“魔术棒”工具按钮，在渲染出的图片上单击黑色的部位，系统就会圈选出黑色区域，然后按Delete键将其删除，如下图所示。

74 使用同样的方法将二层阳台栏杆部位的黑色区域也删除，如下图所示。

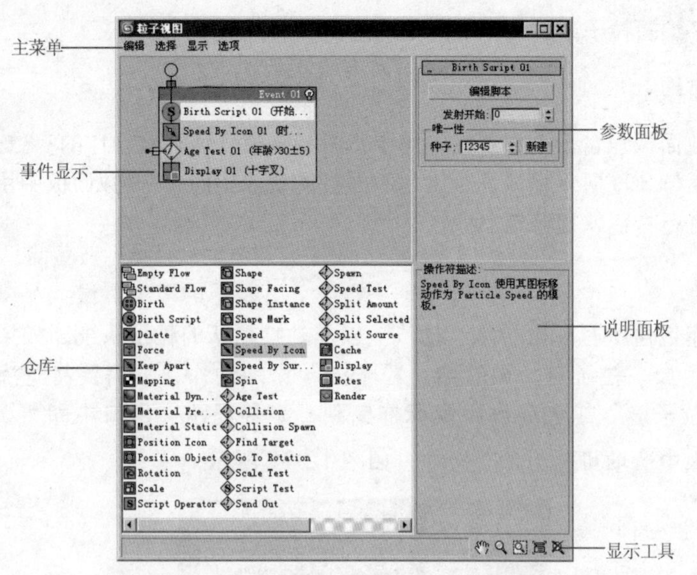

图12-70 粒子视图板块分布

主菜单

在主菜单中提供了用于编辑、选择、调整视图及分析粒子系统的各种控制功能。

- "编辑"菜单：此菜单上的前3个命令分别提供包含所有动作的子菜单。选择该命令，然后从子菜单中选择动作。

  该菜单包含可以新建、插入、附加、打开、关闭、删除、重命名、复制和粘贴粒子动作的功能。

- "选择"菜单：在默认情况下，"粒子视图"打开时，"选择"工具就会被激活，就像箭头形状的鼠标光标所指示的那样。可以使用此工具来高亮显示、移动及复制事件、动作、工具和连线。也可以使用此菜单上的命令来高亮显示所有元素、不高亮显示任何元素或高亮显示按类别划分的元素。
- "显示"菜单：在"粒子视图"对话框底部边界右侧的"显示"工具部分中，此菜单前面的5个命令也可以作为图标使用。每个命令的"显示"工具图标如图12-71所示。

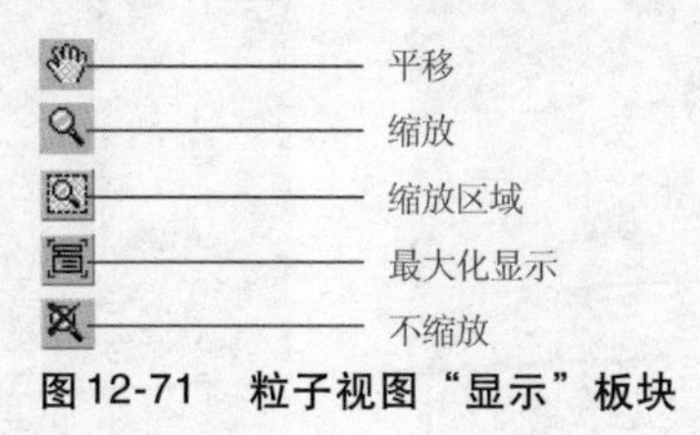

图12-71 粒子视图"显示"板块

事件显示

事件显示主要显示应用到场景中的粒子状况，其中包含粒子图表，

75 使用Photoshop打开附书光盘"实例文件\室内外设计\21 别墅\材质\天空背景.jpg"图片，并将天空图片拖动到渲染图片中，放置在别墅主体图片图层的下边，如下图所示。

76 使用同样的方法将"材质"文件夹下的"树叶"图片放置在别墅主体图片图层的上边，并调整其位置，如下图所示。

77 使用同样的方法将其他树木放置在适当的位置和图层，最终效果如下图所示。

最终效果

01 厨房的创建方法和室内的创建方法类似，先将软件中的系统单位进行统一，如下图所示。

02 在“创建”命令面板中单击“几何体”按钮，在“对象类型”卷展栏中单击 长方体 按钮，在顶视图中拖动鼠标创建一个长方体，在“修改”命令面板设置“长度”为5490.0、“宽度”为8600.0、“高度”为2600.0，作为房体框架，如下图所示。

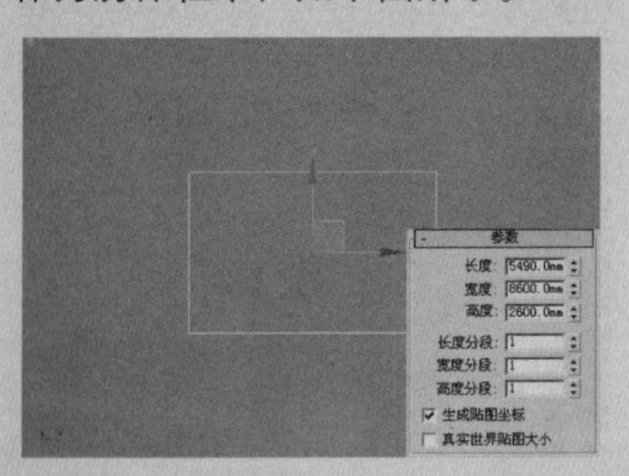

并提供了编辑粒子系统的全部直观功能。

参数面板

参数面板包含多个卷展栏，用于查看和编辑任何选定动作的参数。基本功能与3ds Max命令面板上的卷展栏的功能相同，在参数面板中用户可以执行右键快捷菜单命令。

仓库

仓库包含所有“粒子流”动作，以及几种默认的粒子系统。如果用户要添加“粒子流”或者给“粒子流”添加动作，只需要将仓库中的“粒子流”或者动作用鼠标拖曳到“事件显示”窗口中即可。

仓库中选项可分为3个板块，如图12-72所示。

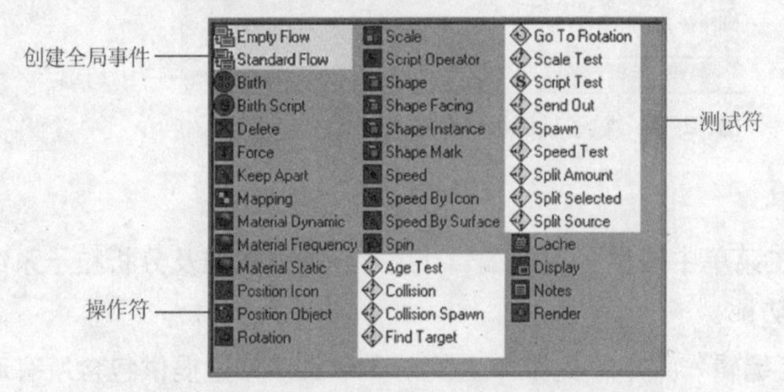

图12-72 吸取球体材质

- 创建全局事件：这里的两个选项主要创建全局事件。Empty Flow是创建空流的选项，将此选项拖曳到“显示”窗口中就可以创建空流粒子系统，在视口中就会显示粒子流的发射器，但是由于创建的是空流，当拖动时间滑块时粒子流发射器不会发射粒子。

  Standard Flow是创建一个标准流粒子的选项，将其拖曳到“显示”窗口中时，在视口中就会产生一个粒子流发射器，拖动时间滑块时粒子流发射器就会发射粒子。两种粒子对比如图12-73所示。

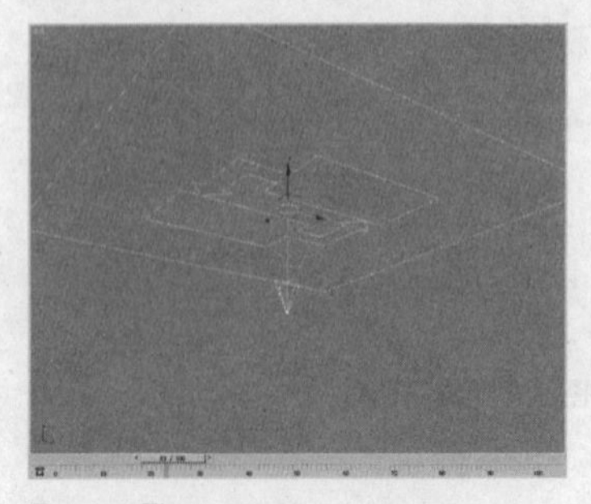

Empty Flow

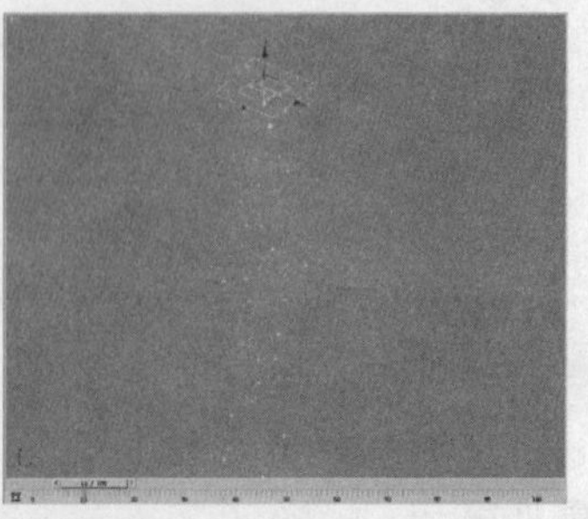

Standard Flow

图12-73 两种粒子的对比

- 操作符：操作符是粒子系统的基本元素，将操作符合并到事件中可指定在给定期间粒子的特性。操作符用于描述粒子的速度、方向、形状及外观。

  操作符驻留在“粒子视图”仓库内的两个组中，并按字母顺序显示在每个组中。每个操作符的图标都有一个蓝色背景，但“出生”操作符例外，它具有绿色背景。第一个组包含直接影响粒子行为的操作符。

  操作符各个选项意义如图 12-74 所示。

Birth	出生符
Birth Script	出生脚本操作符
Delete	删除操作符
Force	力操作符
Keep Apart	保持分离操作符
Mapping	贴图操作符
Material Dyn...	材质动态操作符
Material Fre...	材质频率操作符
Material Static	材质静态操作符
Position Icon	位置图标操作符
Position Object	位置对象操作符
Rotation	旋转操作符
Scale	缩放操作符
Script Operator	脚本操作符
Shape	图形操作符
Shape Facing	图形朝向操作符
Shape Instance	图形实例操作符
Shape Mark	图形标记操作符
Speed	速度操作符
Speed By Icon	速度按图标操作符
Speed By Sur...	速度按曲面操作符
Spin	自旋操作符
Cache	缓存操作符
Display	显示操作符
Notes	注释操作符
Render	渲染操作符

图 12-74　粒子视图操作符

- 测试符：粒子流中的测试的基本功能是确定粒子是否满足一个或多个条件，如果满足，使粒子可以发送给另一个事件。粒子通过测试时，称为“测试为真值”。要将有资格的粒子发送给另一个事件，必须将测试与相应事件关联。未通过测试的粒子（测试为假值）保留在该事件中，反复受其操作符和测试的影响。如果测试未与另一个事件关联，所有粒子均将保留在该事件中。可以在一个事件中使用多个测试：第一个测试检查事件中的所有粒子，第一个测试之后的每个测试只检查保留在该事件中的粒子。

“繁殖”测试不实际执行测试，只是使用现有粒子创建新粒子，将

03 选择创建的长方体将其命名为“房体”并执行右键快捷菜单“转换为>转换为可编辑多边形”命令将其转换为可编辑多边形，如下图所示。

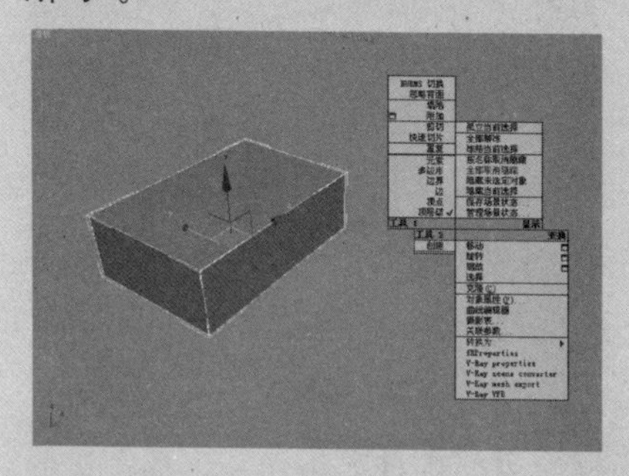

04 按数字 2 切换到“多边形”子层级，选择长方体一侧的两条边，在“修改”命令面板中的“编辑边”卷展栏中单击 连接 按钮右侧的“设置”按钮□，在弹出的“连接边”对话框中设置“分段”为 4，“收缩”值为 -36，如下图所示。

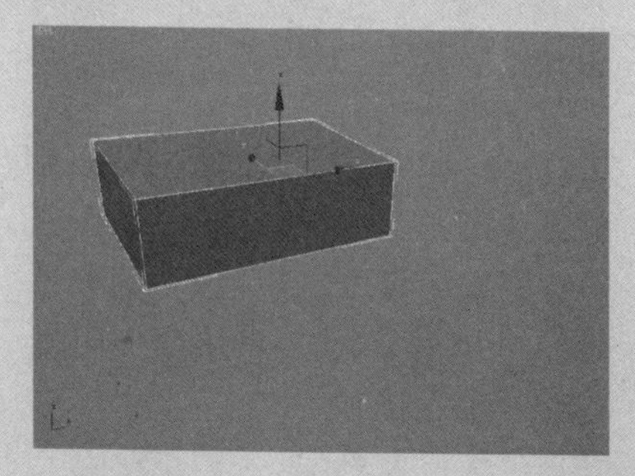

05 按数字键 1 切换到“顶点”子层级中，在前视图中调节顶点如下图所示。

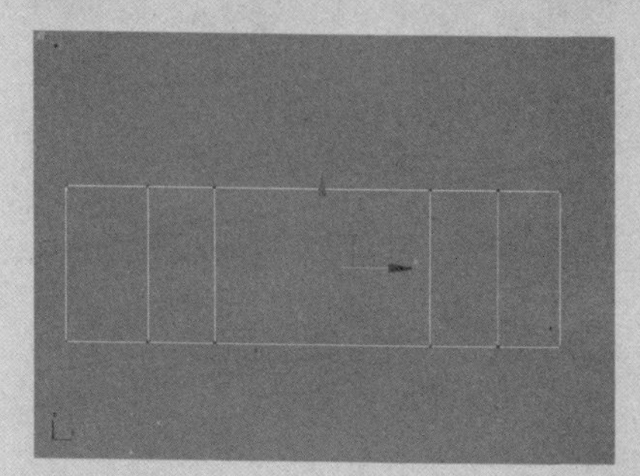

06 切换到“多边形”子层级中，将刚刚连接的线段再次进行连接分段，如下图所示。

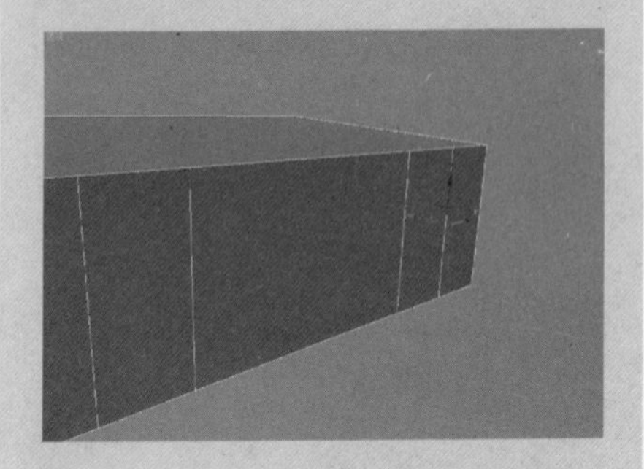

07 按数字键4切换到“多边形”子层级中，选择如下图所示的多边形面。

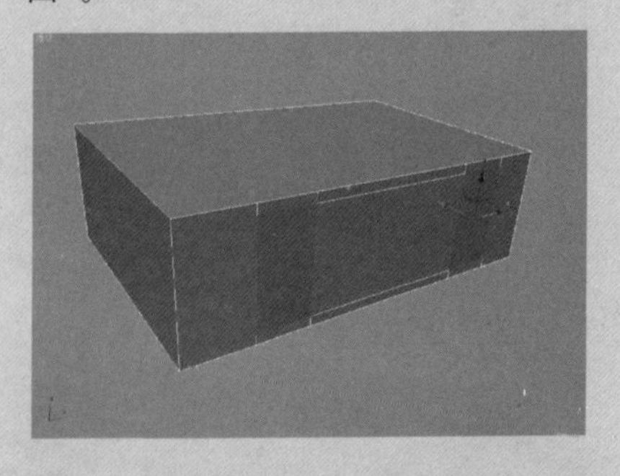

08 在“修改”命令面板中的“编辑多边形”卷展栏中单击 挤出 按钮右侧的“设置”按钮□，在弹出的“挤出多边形”对话框中设置“挤出高度”为200，然后按Delete键将多边形面删除，如下图所示。

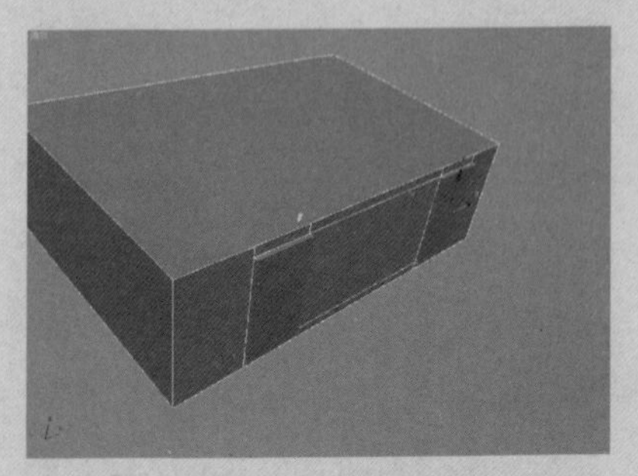

09 使用机同的方法将房体的侧面同样制作出开口作为窗户，如下图所示。

新粒子的测试结果设置为真值，这样使粒子自动有资格重定向到另一个事件。在默认情况下，“发出”测试只是将所有粒子发送给下一个事件。

有些测试还可以作为操作符使用，因为其中包含修改粒子行为的参数。如果没有将测试与另一个事件关联，则只能作为操作符使用，测试部分不影响粒子流运行。

测试符各个选项的意义如图12-75所示。

Age Test	年龄测试
Collision	碰撞测试
Collision Spaw	碰撞繁殖测试
Find Target	查找目标测试
Go To Rotation	转到旋转测试
Scale Test	缩放测试
Script Test	脚本测试
Send Out	发出测试
Spawn	繁殖测试
Speed Test	速度测试
Split Amount	分割量测试
Split Selected	分割选定测试
Split Source	分割源测试

图12-75 粒子视图测试符

说明面板

“说明”面板主要显示用户在“仓库”中选中项目的简短说明。

显示工具面板

“显示工具”面板中的各个图标，功能与“显示”菜单中的命令相同，“显示工具”面板中的图标是“显示”菜单命令在“粒子视图”窗口中的快捷使用方式。

12.3.2 粒子流工作原理

第一个事件称为全局事件，因为它包含的任何操作符都能影响整个粒子系统。全局事件总是与“粒子流”图标的名称一样，默认为“粒子流源”。跟随其后的是出生事件，如果系统要生成粒子，它必须包含“出生”操作符。在默认情况下，出生事件包含此操作符以及定义系统初始属性的其他几个操作符。可以向粒子系统添加任意数量的后续事件，出生事件和附加事件统称为局部事件。之所以称为局部事件，是因为局部事件的动作通常只影响当前处于事件中的粒子。

如果要创建粒子系统就要先创建全局事件，所有的粒子运动和动作都由全局事件控制和调配，出生事件连接于全局事件并作用于全局事件生成粒子动画。

出生事件又称为第二个事件，因为它必须包含“出生”操作符。

"出生"操作符应位于出生事件的顶部，并且不应出现在其他位置。默认的出生事件还包含许多操作符，它们局部操作以指定粒子在此事件中的属性。默认的粒子系统提供了基本的全局事件和出生事件，这些事件可作为创建用户自己系统的有用起始点。

"粒子视图"提供了用于创建和修改"粒子流"中的粒子系统的主用户界面。主窗口（即事件显示）包含描述粒子系统的粒子图表。粒子系统包含一个或多个相互关联的事件，每个事件包含一个具有一个或多个操作符和测试的列表。操作符和测试统称为动作。

使用"粒子视图"创建粒子

Step 01 在"创建"命令面板中单击"几何体"按钮，在几何体类型的下拉列表框中选择"粒子系统"选项。

Step 02 在"粒子系统"面板中的"对象类型"卷展栏中单击 PF Source 按钮，在视图中拖动创建一个如图12-76所示的粒子矩形。

Step 03 转到第10帧，按Shift+Q组合键渲染，效果如图12-77所示。

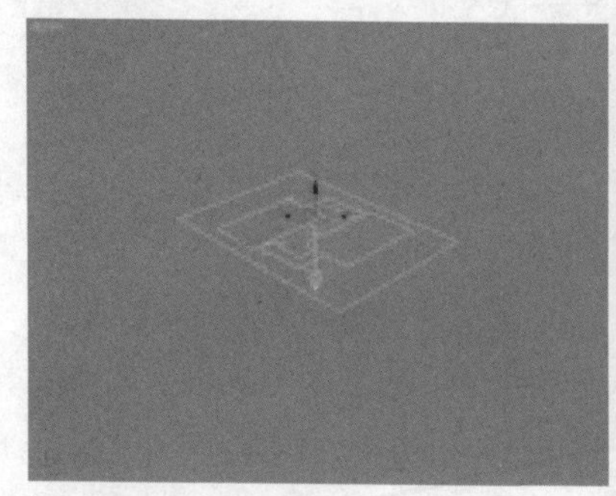

图12-76 创建粒子矩形

图12-77 渲染效果

Step 04 在"修改"命令面板的"设置"卷展栏中，单击"粒子视图"按钮打开"粒子视图"窗口，如图12-78所示。

Step 05 在全局事件"PF Source 01"中，单击"Render 01 (几何体)"操作符的名称，以高亮显示它并访问其参数，如图12-79所示。

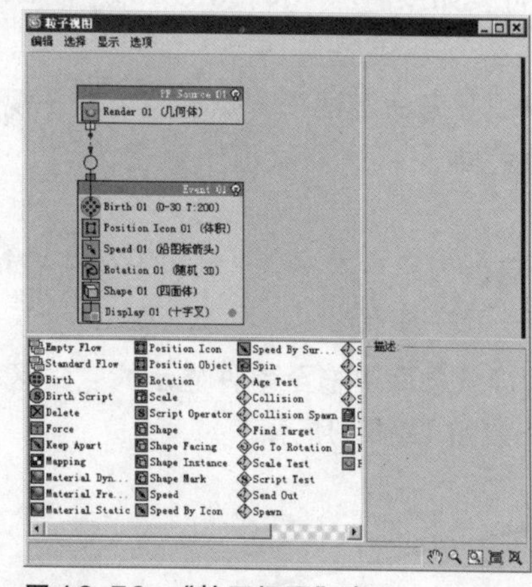

图12-78 "粒子视图"窗口

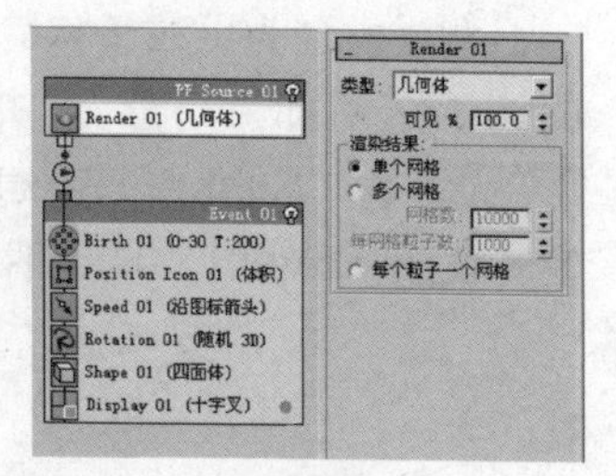

图12-79 粒子参数

⑩ 使用连接边的方法再次将房体内侧的面进行连接，设置"分段"为2，"收缩"为−15，"滑块"为−75，如下图所示。

⑪ 切换到"多边形"层级选择其中间的多边形面，并进行挤出修改，如下图所示。

⑫ 在"编辑多边形"卷展栏中单击 倒角 按钮右侧的"设置"按钮，在弹出的"倒角多边形"对话框中设置倒角"高度"为0，"轮廓量"为0，也就是原地倒角，然后执行右键快捷菜单"缩放"命令，沿X轴放大，如下图所示。

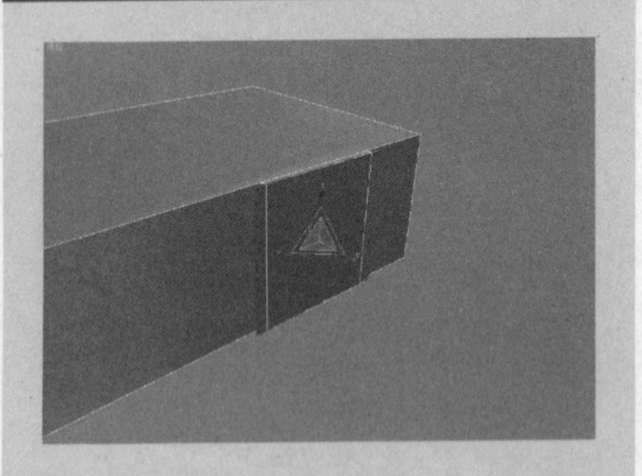

13 再次进行挤出，挤出一定的距离，如下图所示。

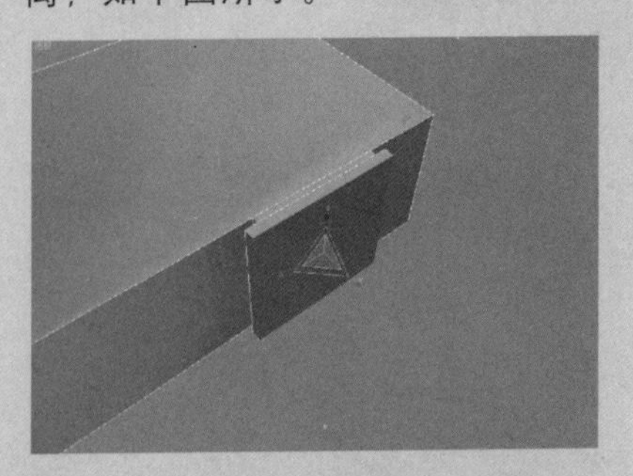

14 创建窗框。将视图切换到左视图中，使用创建命令面板中的矩形图形工具，配合顶点捕捉工具在窗口处捕捉对角顶点创建矩形，如下图所示。

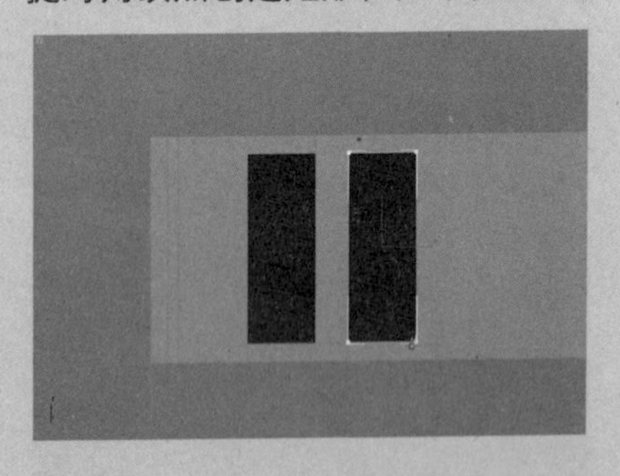

15 执行右键快捷菜单“转换为>转换为可编辑样条线”命令，将其转换为可编辑样条线，然后按快捷键3切换到“样条线”子层级中，在“修改”命令面板中设置 轮廓 按钮右侧的值为100，按Enter键确认数值，效果如下图所示。

由于此操作符位于全局事件中，因此它会影响整个粒子系统。放置于此处的任意操作符同样如此。例如，可以在此定义全局材质，或局部定义每个事件中的不同材质。

“渲染”操作符的设置位于参数面板上的卷展栏中，在“粒子视图”窗口的右侧。这些设置包括用于选择粒子渲染方式的下拉列表、要渲染粒子的百分比，以及将粒子分离到各个网格中的方法。

Step 06 在出生事件“Event 01”中，单击列表底部的“Display 01 (十字叉)”操作符。在“参数”面板中的“类型”下拉列表中选择“几何体”选项，这时粒子在视口中以四面体实体显示。

Step 07 在“粒子视图”窗口底部的“仓库”窗口中，找到“Age Test”。它是第一个使用黄色菱形图标的项目。将“Age Test”从仓库中拖至“Event 01”列表中，使其位于此列表底部，“Age Test”图标就会出现在此列表中，其测试输出向左侧伸出。这一部分用于将此测试连接到下一事件，如图12-80所示。

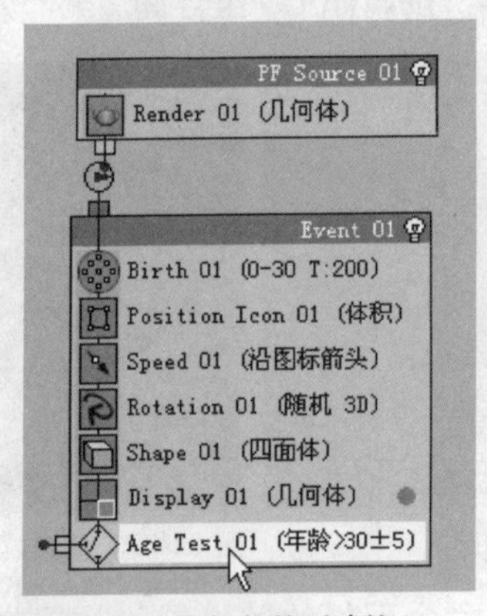

图12-80 添加年龄测试符

在释放鼠标按钮之前，请确保在“Event 01”中的“显示”操作符下，看到一条实心蓝线。如此线为红色并且穿过现有操作符，那么“Age Test”将替换此操作符。如果将“Age Test”拖至“Event 01”外，则新建一个事件。

Step 08 单击列表中的“Age Test”寿命测试项，然后在“粒子视图”右侧的“Age Test 01”卷展栏中，将“测试值”设置为15，将“变化”设置为0。

测试类型为“粒子年龄”，这就表示生存了15帧以上的所有粒子的测试结果都为“真”，并传至下一事件。

Step 09 将“Shape”形状操作符从仓库中拖至事件显示的空白区域，使其位于“Event 01”下面，如图12-81所示。

"Shape"操作符将显示在名为" Event02"的新事件中。如同"Event 01"，该事件也有一个从顶部伸出的圆形事件输入，如图12-82所示。

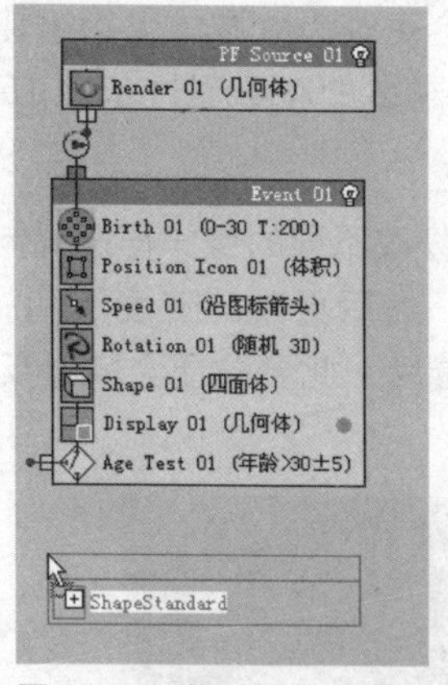

图12-81 拖动形状操作符

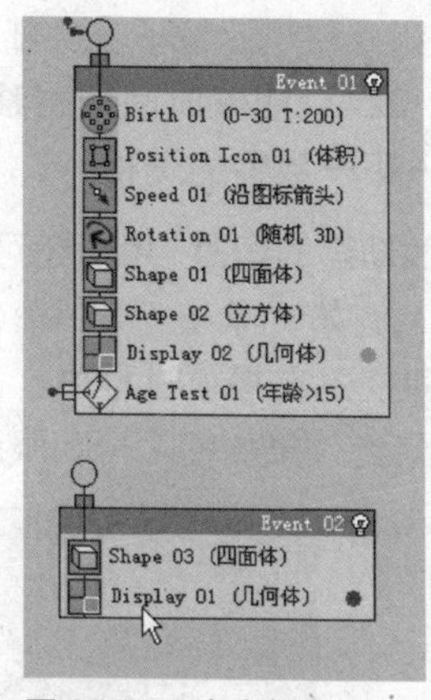

图12-82 产生新事件

此外，"粒子流"会自动将局部"显示"操作符 Display 01 (十字叉) 添加至此事件，因此，其粒子在视口中可见。

事件显示中的事件实际位置无关紧要，推荐的位置是出于关联事件时的方便考虑。如果这些事件逻辑排列，还有助于用户理解复杂的图解。用户可以通过拖动事件的标题栏来移动事件。

Step 10 将光标放置在"Age Test"的测试输出左端的蓝色圆点上。此光标图像更改为具有3个朝内指向圆形连接器的箭头的图标。将"Event 01"中"Age Test"上的事件输出拖动到"Event 02"输入，然后释放鼠标按钮，如图12-83所示。

释放鼠标按钮后，会显示连接这两个事件的蓝色"关联"。此关联指示满足"Age Test"条件的粒子，将会通过此关联到达受其动作影响的"Event 02"事件2，如图12-84所示。

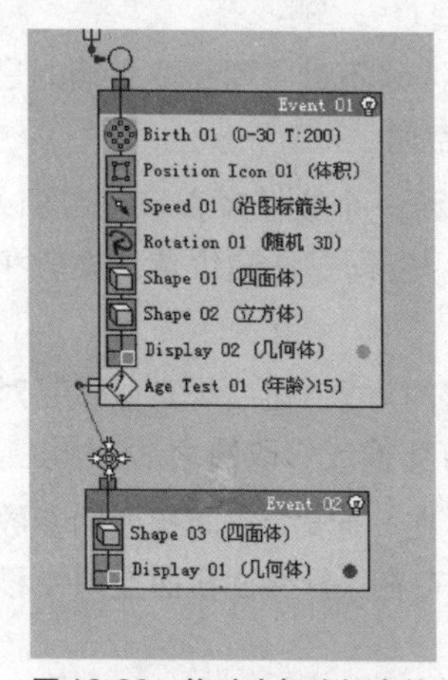

图12-83 拖动光标连接事件

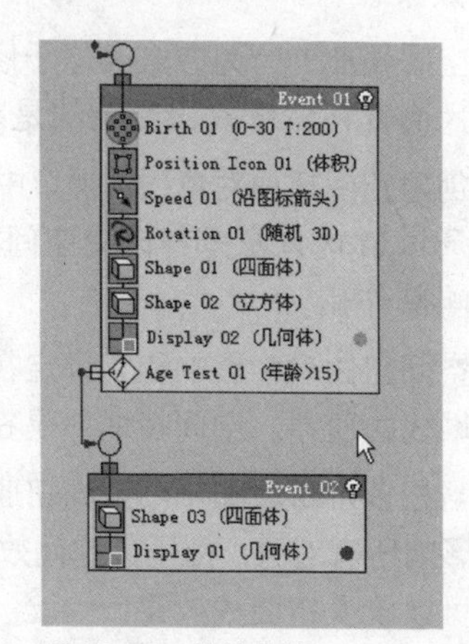

图12-84 连接事件

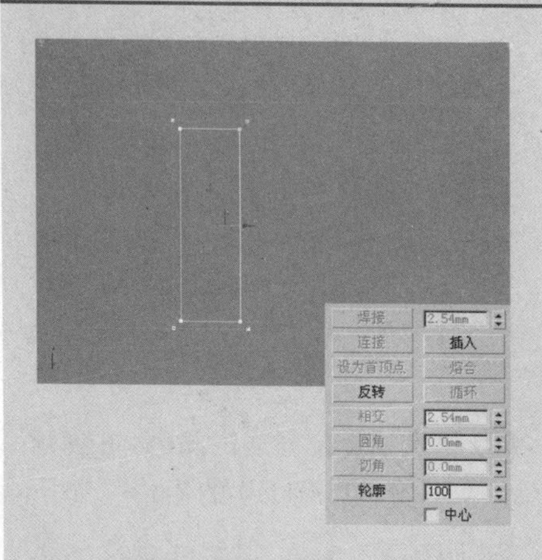

16 给该图形添加一个"挤出"修改命令，并设置挤出"数量"为50，如下图所示。

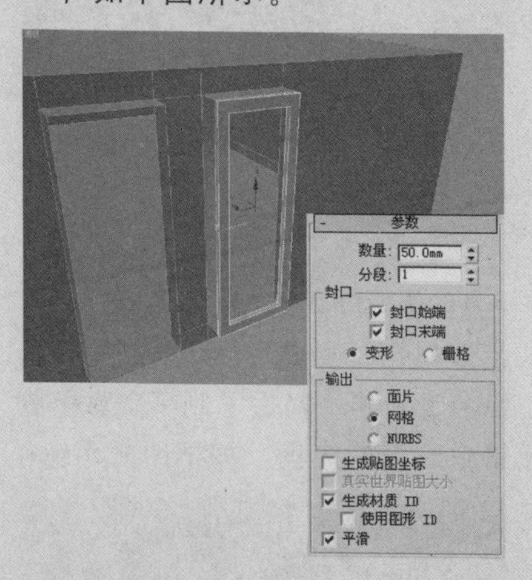

17 将其命名为"窗框"并将其位置移动到窗口的中间部位，如下图所示。

18 使用相同的方法创建另一个窗框，或者复制刚刚创建的窗框，并将其放置在另一个窗口部位，如下图所示。

⑲ 再次捕捉窗框的内侧边，并创建一个“宽度”为20的矩形，如下图所示。

⑳ 给其添加“挤出”修改命令，设置挤出“数量”为50，并将其命名为窗格，然后复制多个窗格放置在窗框的内侧，如下图所示。

㉑ 将窗格放置在窗口的中间位置，如下图所示。

Step 11 单击“Shape 02”操作符，并将“形状”设置为“立方体”。同样，单击“Display 02”操作符并将“类型”设置为“几何体”。

Step 12 播放动画。如有必要，调整视口以便查看整个粒子流。从第16帧开始，位于此粒子流头部的粒子会更改为立方体，指示其已进入“Event 02”。随着时间的推移，越来越多的粒子通过年龄15，从而拥有进入下一事件的资格。

播放动画的同时，用户还可以尝试修改不同的操作符设置参数以查看结果。例如，单击“Speed 01”，然后更改“速度”和“方向”设置。即使是在播放过程中，更改设置后，此更改便会实时反映在视口中，最终效果如图12-85所示。

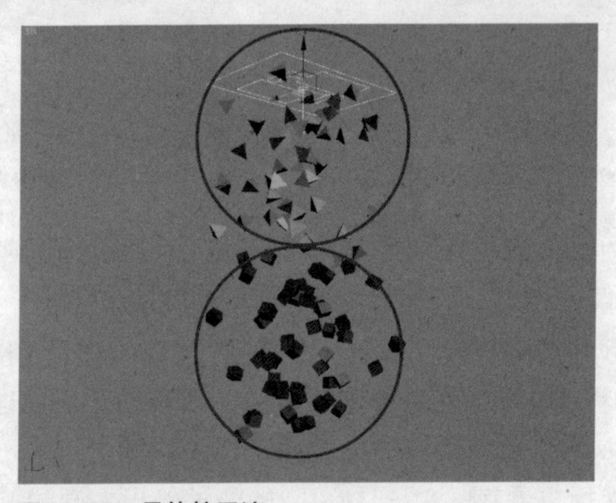

图12-85 最终粒子流

12.4 空间扭曲

空间扭曲是影响其他对象但自己的外观是不可渲染的物体对象。空间扭曲能创建使其他物体对象变形的力场，从而创建出涟漪、波浪和风吹等效果。

空间扭曲的行为方式类似于修改器，只不过空间扭曲影响的是世界空间，而几何体修改器影响的是对象空间。

创建空间扭曲对象时，视口中会显示一个线框来表示它。可以像对其他3ds Max对象那样改变空间扭曲。空间扭曲的位置、旋转和缩放会影响其作用。

空间扭曲只会影响和它绑定在一起的对象。扭曲绑定显示在对象修改器堆栈的顶端。空间扭曲总是在所有变换或修改器之后应用。

当把多个对象和一个空间扭曲绑定在一起时，空间扭曲的参数会平等地影响所有对象。由于该空间效果的存在，只要在扭曲空间中移动对象就可以改变扭曲的效果。

用户也可以在一个或多个对象上使用多个空间扭曲。多个空间扭曲会以用户应用它们的顺序显示在对象的堆栈中。

空间扭曲和支持的对象是专门用于可变形对象上的，如基本几何体、网格、面片和样条线。其他类型的空间扭曲用于粒子系统，如“喷射”粒子系统和“雪”粒子系统。

有5种空间扭曲（重力、粒子爆炸、风、马达和推力）可以作用于粒子系统，还可以在动力学模拟中用于特殊的目的。在后一种情况下，用户不用把扭曲和对象绑定在一起，而应把它们指定为模拟中的效果。

空间扭曲主要分为6个类型：力、导向器、几何/可变形、基于修改器、粒子和动力学和Reacter。

在“创建”命令面板，单击“空间扭曲”按钮，在空间扭曲类型下拉列表中可以选择需要的创建类型，默认打开面板为“力”空间扭曲类型，如图12-86所示。

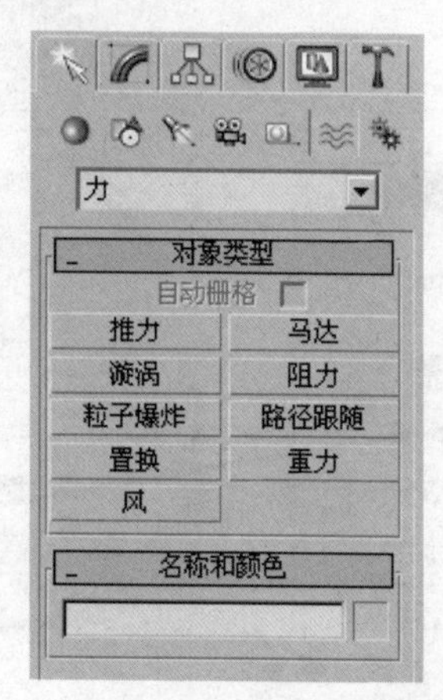

图12-86 空间扭曲创建面板

这些空间扭曲用来影响粒子系统和动力学系统，它们全部可以和粒子一起使用，而且其中一些可以和动力学一起使用。在“支持对象类型”卷展栏中指明了各个空间扭曲所支持的系统。

12.4.1 力

“力”空间扭曲包括“推力”、“马达”、“漩涡”、“阻力”、“粒子爆炸”、“路径跟随”、“置换”、“重力”和“风”空间扭曲类型。

推力

“推力”空间扭曲将力应用于粒子系统或动力学系统。根据系统的不同，其效果略有不同，如图12-87所示。

22 创建踢脚线。使用 线 图形工具配合捕捉工具捕捉房体各个顶点创建一个闭合的样条线，如下图所示。

23 切换到样条线的“样条线”子层级中，在“修改”命令面板中的“几何体”卷展栏中设置其轮廓值为－10，如下图所示。

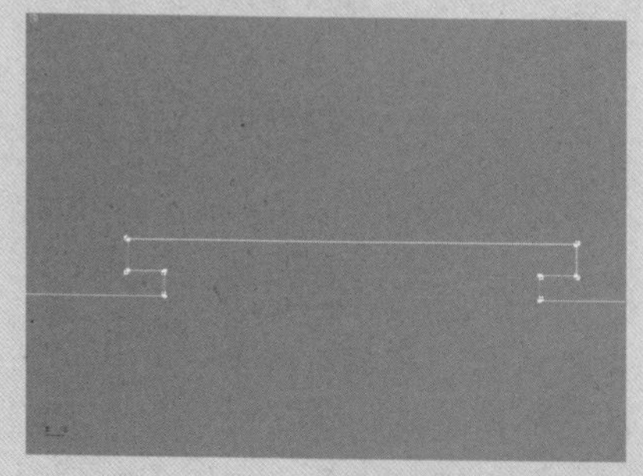

焊接 2.54mm
连接 插入
设为首顶点 熔合
反转 循环
相交 2.54mm
圆角 0.0mm
切角 0.0mm
轮廓 -10
中心

24 给其添加一个“挤出”修改命令，将其命名为“踢脚线”，并将其放置在房体的最下端，如下图所示。

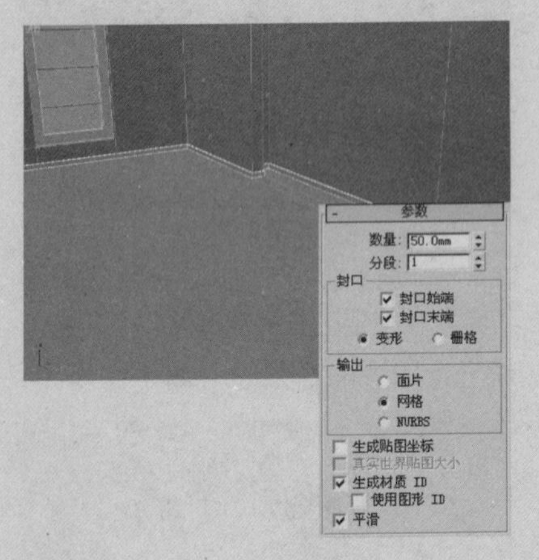

25 创建灶台。在前视图中创建一个“长度”为800，“宽度”为600的矩形，和一个“长度”为200，“宽度”为540的矩形，放置位置如下图所示。

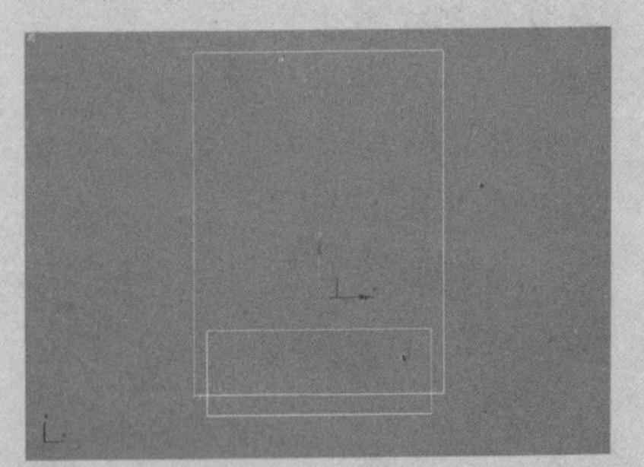

26 将大矩形转换为可编辑样条线，并将其和小矩形附加为一个整体，然后使用“几何体”卷展栏中的布尔进行运算，效果如下图所示。

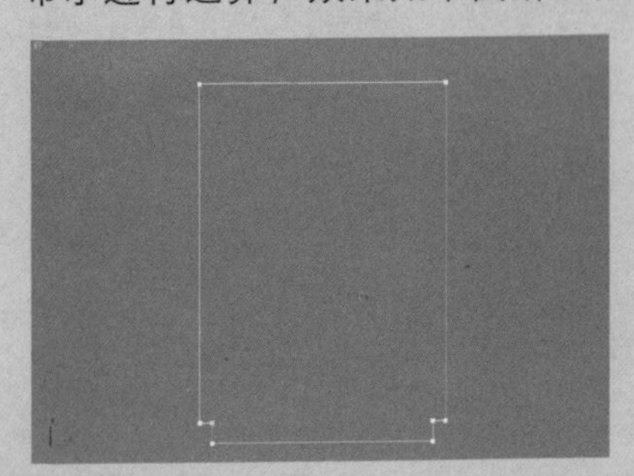

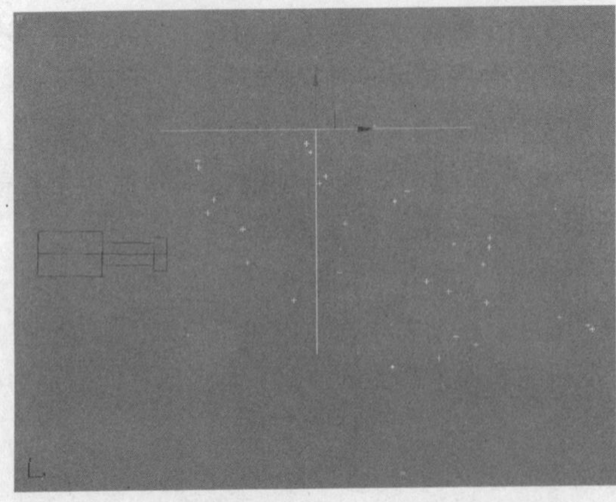

图 12-87 粒子受推力效果

在“推力”的“修改”命令面板中的“参数”卷展栏中，系统提供了空间扭曲时间、强度、周期、粒子效果影响范围及图标的显示等参数修改控件以供用户调节，如图 12-88 所示。

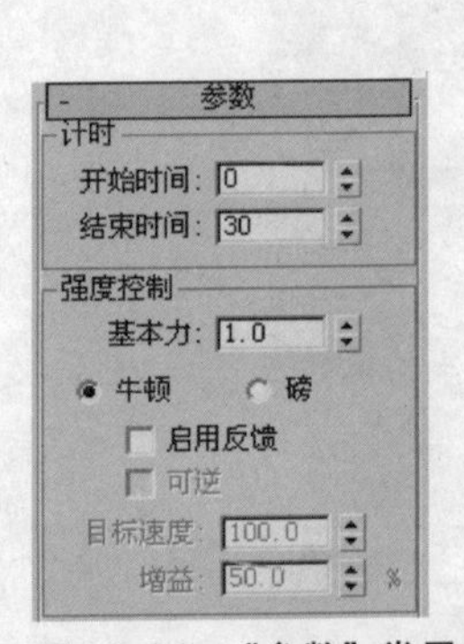

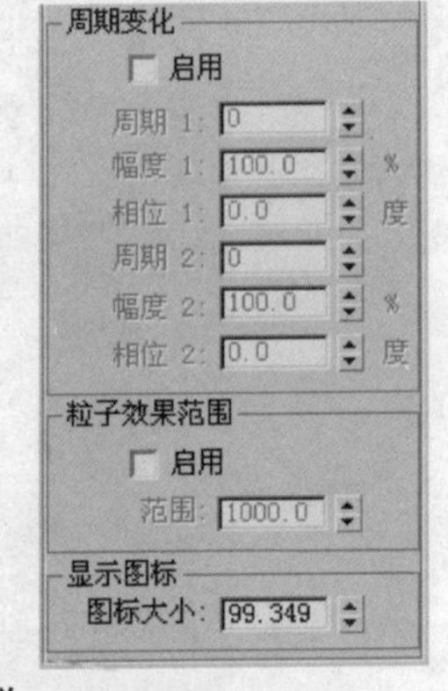

图 12-88 “参数”卷展栏

- “计时”选项区域：控制空间扭曲效果在开始和结束时所在的帧编号。因为应用推力的粒子是随着时间发生移动，所以不会创建关键帧。
- “强度控制”选项区域：用户可以通过基本力、牛顿/磅等力单位、目标速度及增益等控件对空间扭曲系统的强度进行指定。
- “周期变化”选项区域：该选项区域参数设置通过随机地影响“基本力”值的大小使力发生变化。设置两个波形可以产生一种噪波效果，可以对周期的幅度频率等参数进行调节。
- “粒子效果范围”选项区域：用于将推力效果的范围限制为一个特定的体积。这只会影响粒子系统，不会影响动力学。

马达

“马达”空间扭曲的工作方式类似于推力，但马达空间扭曲对受影响的粒子或对象应用的是转动扭矩而不是定向力。马达图标的位置和方向都会对围绕其旋转的粒子产生影响。当在动力学中使用时，图标相对于受影响对象的位置没有任何影响，但图标的方向有影响。

马达空间扭曲系统形状如图12-89所示。

“马达”空间扭曲的“参数”设置与“推力”空间扭曲的“参数”设置类似在此不再赘述。

当“马达”空间扭曲与粒子进行绑定之后，粒子会沿着“马达”空间扭曲图标箭头指示的方向进行旋出运动，如图12-90所示。

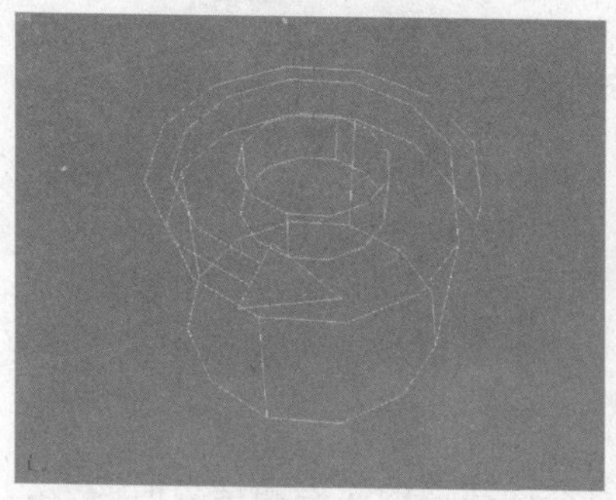

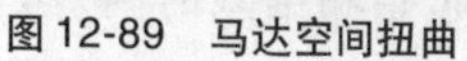

图12-89 马达空间扭曲

图12-90 马达扭曲效果

旋涡

“旋涡”空间扭曲可以使粒子系统在急转的旋涡中旋转，然后让粒子向下移动成一个长而窄的喷流或者旋涡井。旋涡在创建黑洞、涡流、龙卷风和其他漏斗状对象时很有用。使用空间扭曲设置可以控制旋涡外形、井的特性及粒子捕获的比率和范围。粒子系统设置（如速度）也会对旋涡的外形产生影响。“旋涡”空间扭曲图标如图12-91所示。

当“旋涡”空间扭曲与粒子进行绑定之后，粒子会沿着“旋涡”空间扭曲图标箭头指示的方向以“旋涡”中心为中心进行缠绕运动，如图12-92所示。

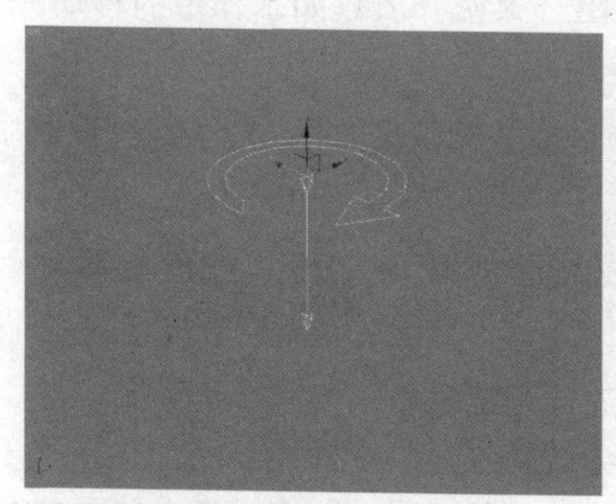

图12-91 旋涡空间扭曲

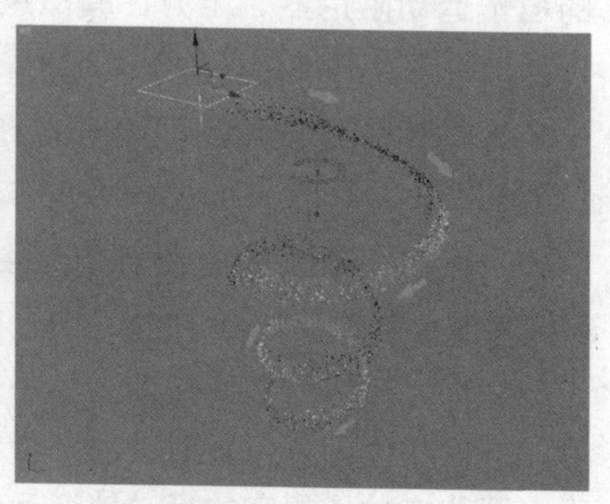

图12-92 旋涡空间扭曲效果

在“旋涡”空间扭曲系统的“修改”命令面板中的“参数”卷展栏中，系统提供了空间扭曲时间、外形、运动及图标的显示等参数修改控件以供用户调节，如图12-93所示。

27 切换到样条线的“顶点”子层级中，选择顶端的两个顶点，在“几何体”卷展栏中设置 圆角 按钮右侧的数值为10，效果如下图所示。

28 在顶视图中创建一个如下图所示的样条线。

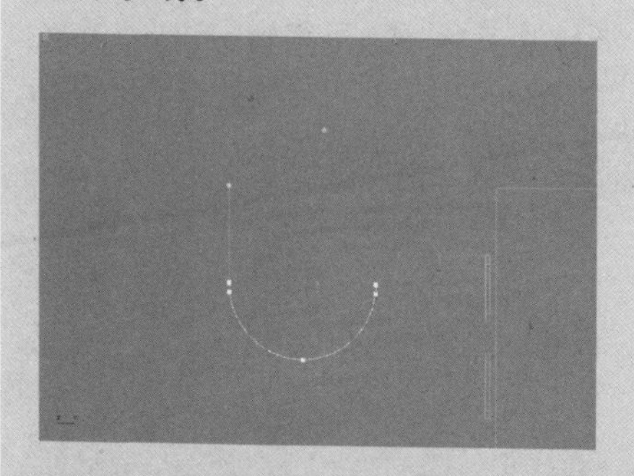

29 选择创建的样条线，切换到创建几何体命令面板中的“复合对象”命令面板中，单击 放样 按钮，然后在“修改”命令面板中的“创建方法”卷展栏中单击 获取图形 按钮，在场景中拾取前面创建的图形进行放样，效果如下图所示。

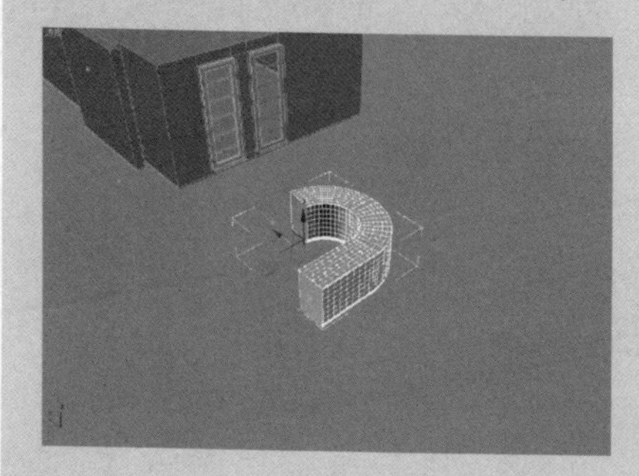

30 用创建“几何体”命令面板中的“切角长方体”工具在场景中创建一个“长度”为430、“宽度”为320、“高度”为390、“圆角”为28、“高度分段”和“圆角分段”都为6的切角长方体，并将其调节到如下图所示位置。

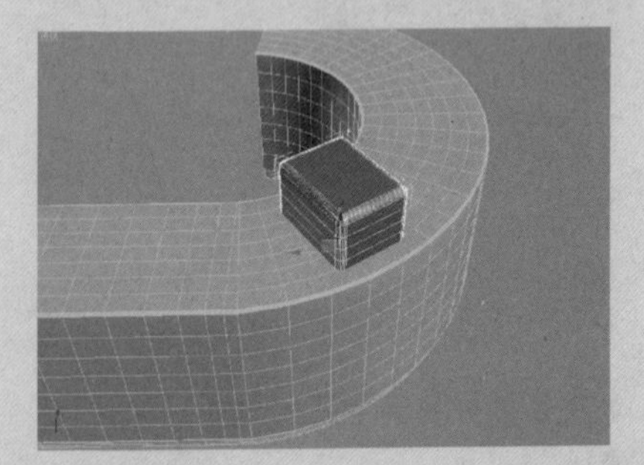

31 将其转换为可编辑多边形，并在创建的与弧形吧台交接处调节出圆滑弧度来，如下图所示。

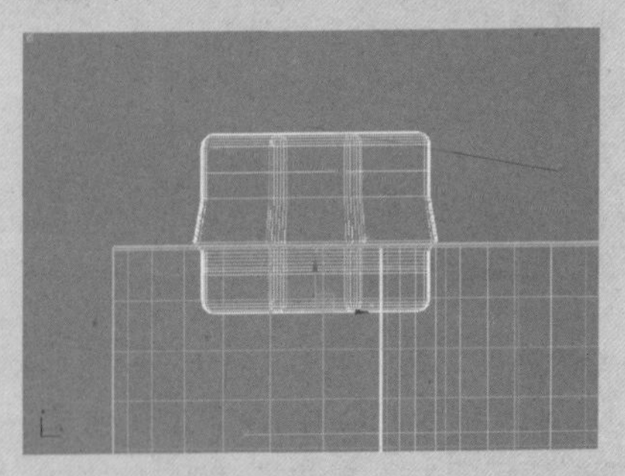

32 在顶视图中复制圆角长方体，并调节其位置和角度，如下图所示。

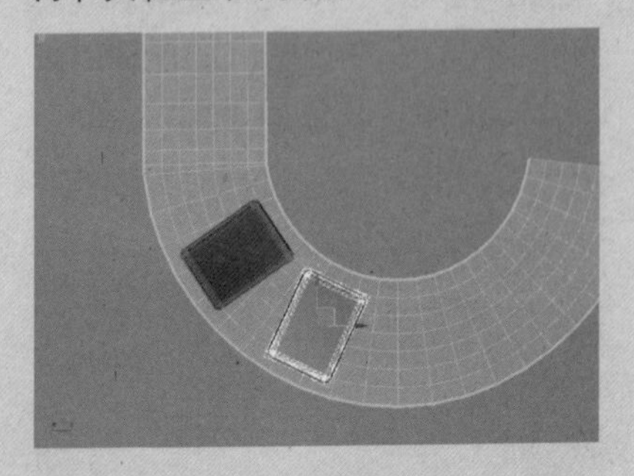

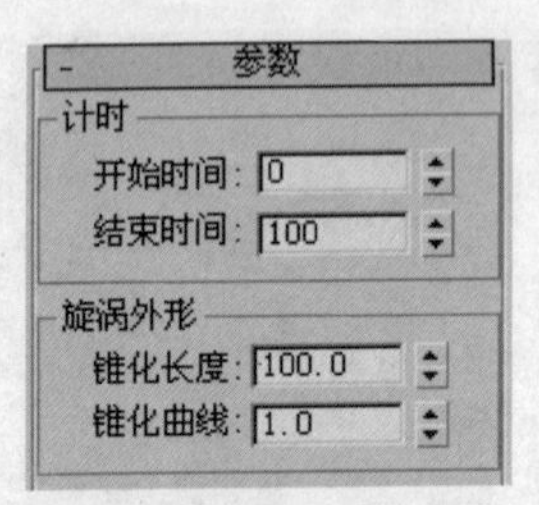

图12-93 “参数”卷展栏

- “计时”选项区域：用来设置空间扭曲的起始和结束时间。
- “旋涡外形”选项区域：使用“锥化长度”和“锥化曲线”选项分别控制漩涡的长度和漩涡的外形。
- “捕获和运动”选项区域：该选项区域包含“轴向下拉”、“轨道速度”和“径向拉力”3个基本设置，每个设置都具有“范围”、“衰减”和“阻尼”修改器对漩涡的运动参数进行控制。
- “显示”选项区域：使用“图标大小”选项，指定图标的大小。

阻力

“阻力”空间扭曲是一种在指定范围内按照指定量来降低粒子速率的粒子运动阻尼器。阻力在模拟风阻、致密介质（如水）中的移动、力场的影响及其他类似的情景时非常有用。

针对每种阻尼类型，可以沿若干向量控制阻尼效果。粒子系统设置（如速度）也会对阻尼产生影响。

“阻力”空间扭曲图标有“线性”、“球形”和“柱形”阻尼3种类型，如图12-94所示。

球形“阻力”空间扭曲与粒子进行绑定之后，当粒子运动到“球形”空间扭曲图标位置时，粒子就会被“阻力”空间扭曲添加一定的阻力而改变粒子原来的运动轨道运动，球形“阻力”空间扭曲效果如图12-95所示。

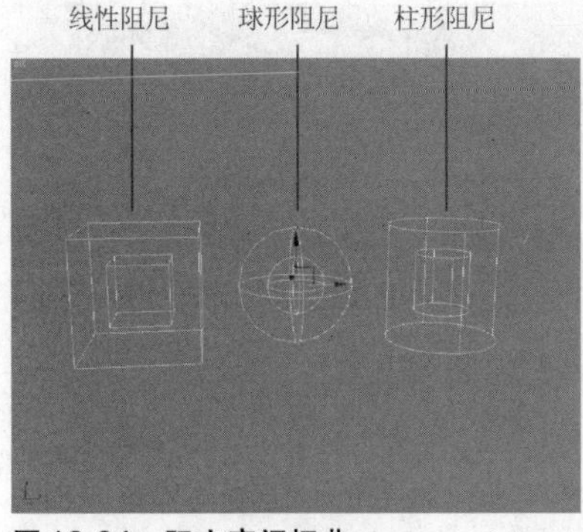

图 12-94　阻力空间扭曲

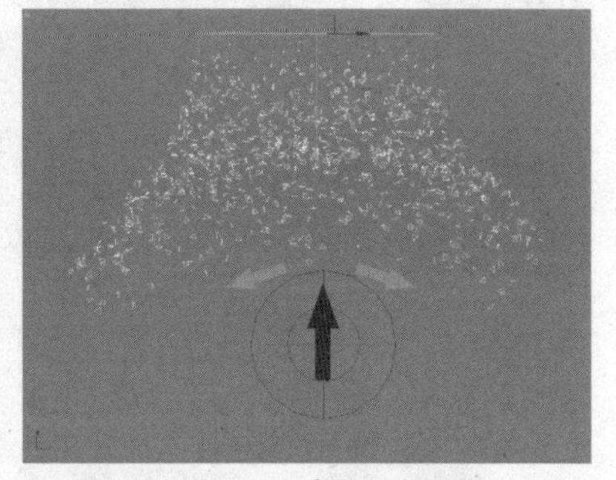

图 12-95　球形阻力空间扭曲效果

在“阻力”空间扭曲系统的“修改”命令面板中的“参数”卷展栏中，系统提供了空间扭曲时间、阻尼特性及图标的显示等参数修改控件以供用户调节，如图 12-96 所示。

图 12-96　“参数”卷展栏

- “计时”选项区域：是控制空间扭曲的起始和结束时间的控件。
- “阻尼特性”选项区域：使用该选项区域可以设置“线性阻尼”、“球形阻尼”、“柱形阻尼”及其各自的参数集。

粒子爆炸

“粒子爆炸”空间扭曲能创建一种使粒子系统爆炸的冲击波，它有别于使几何体爆炸的爆炸空间扭曲。粒子爆炸适合“粒子类型”设置为“对象碎片”的粒子阵列（PArray）系统。该空间扭曲还会将冲击作为一种动力学效果加以应用，其图标如图 12-97 所示。

“粒子爆炸”空间扭曲与粒子进行绑定之后，粒子运动会依据用户设置的爆炸时间进行粒子爆炸模拟，其效果如图 12-98 所示。

33 在场景中选中吧台主题物，然后在“复合对象”命令面板中单击 布尔 按钮，在“拾取布尔”卷展栏中单击 拾取操作对象 B 按钮，并分别拾取场景中的两个切角长方体进行布尔运算，效果如下图所示。

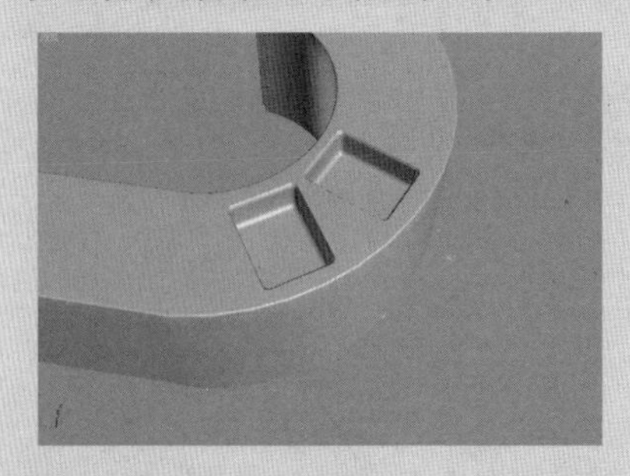

34 选择布尔运算时凹进的多边形面，将其进行分离，并将其重命名为水池，如下图所示。

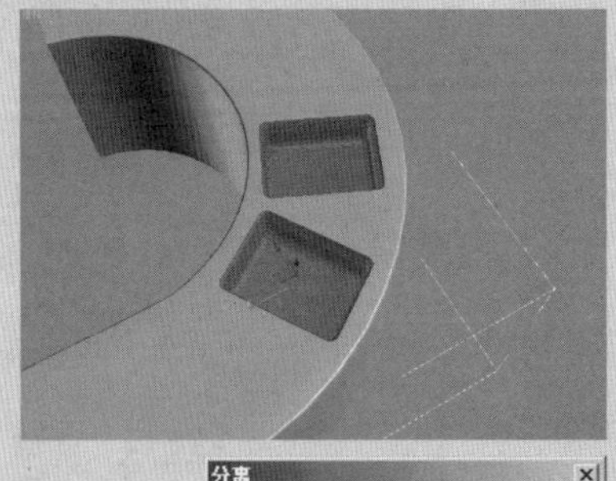

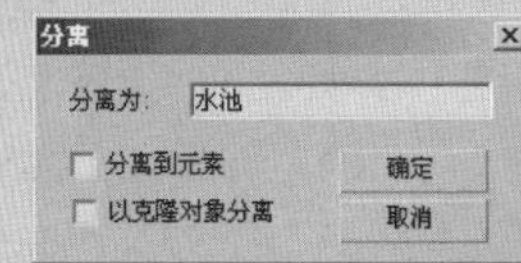

35 使用“选择并移动”工具 将其调节到厨房内部适当的位置，如下图所示。

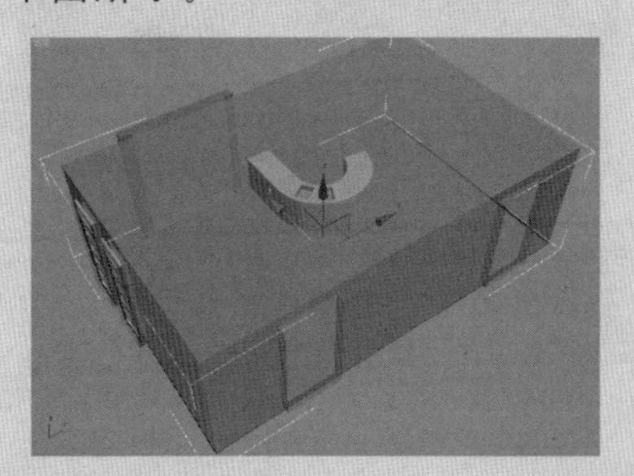

㊱ 制作材质。由于该场景渲染所用的插件为VR，所以在制作材质之前就应该将渲染器设置为VR渲染器，以便以后的操作，如下图所示。

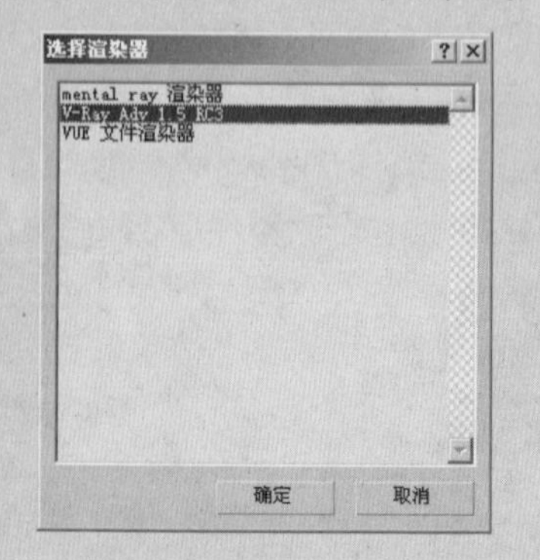

㊲ 在场景中，切换到房体的“多边形”子层级中，选择有创建一侧的多边形面，并将其材质ID设置为2，如下图所示。

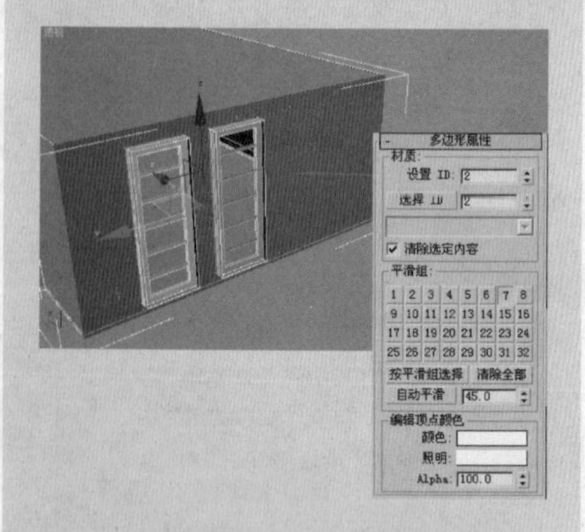

㊳ 将房体底部和除有窗框墙面的立面材质ID设置为1，如下图所示。

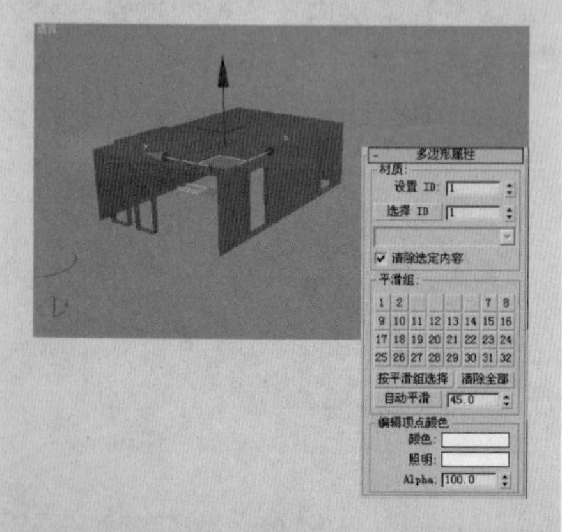

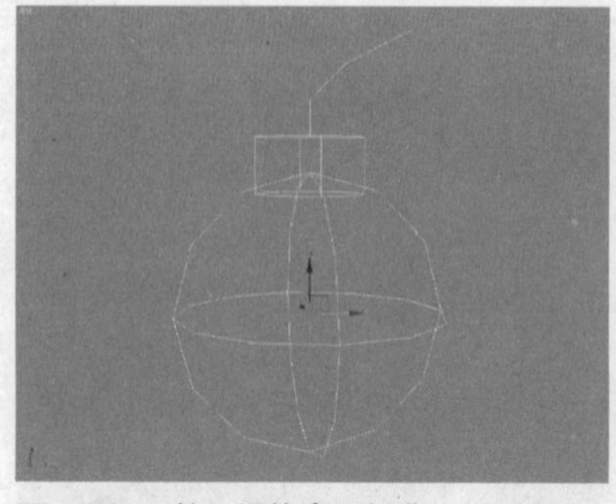

图12-97 粒子爆炸空间扭曲

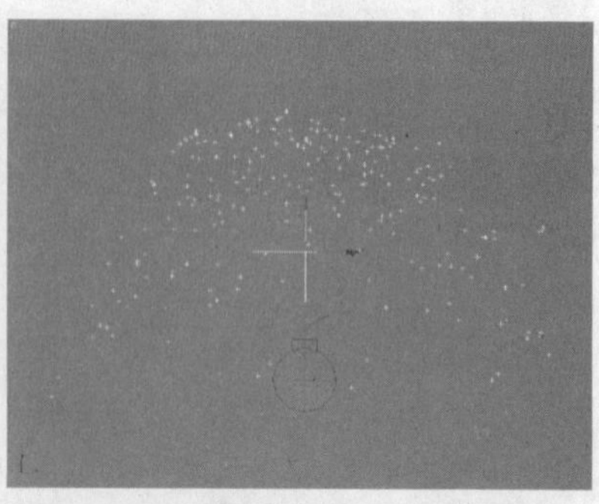

图12-98 粒子爆炸空间扭曲效果

在“粒子爆炸”空间扭曲系统的“修改”命令面板中的“基本参数”卷展栏中，系统提供了空间扭曲爆炸对称、爆炸参数及图标的显示等参数修改控件以供用户调节，如图12-99所示。

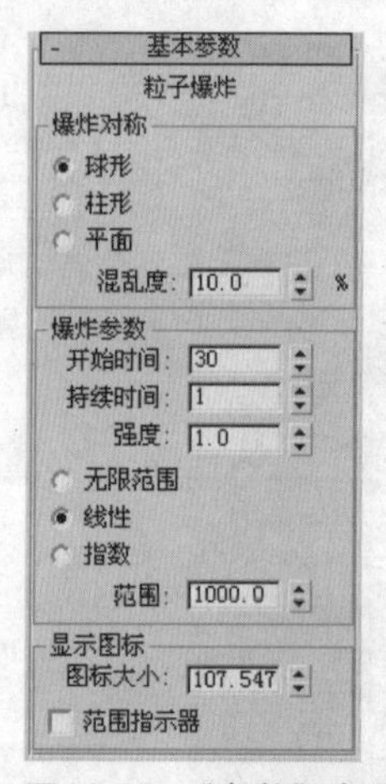

图12-99 “参数”卷展栏

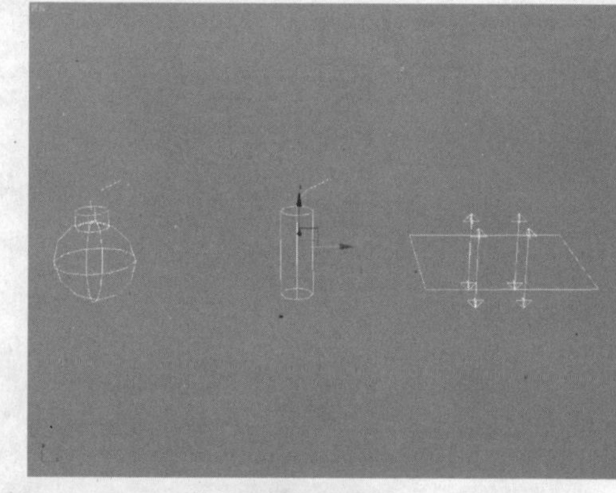

图12-100 3种粒子爆炸对称

- “爆炸对称”选项区域：可以指定爆炸效果的形状或图案。对称形状有球形、柱形和平面3种形状，如图12-100所示。
  - ◆ 混乱度：爆炸力针对各个粒子或各个帧而变化，其力方向的变化率等于渲染的间隔率。
- “爆炸参数”选项区域：通过开始时间、持续时间、强度和范围的指定来调节爆炸的效果，以满足用户的要求。
- “显示图标”选项区域：主要指定粒子爆炸图标的视觉大小，不影响爆炸参数和效果。

路径跟随

“路径跟随”空间扭曲可以强制粒子沿用户设定好的线形路径进行运动。

“路径跟随”空间扭曲图标如图12-101所示。

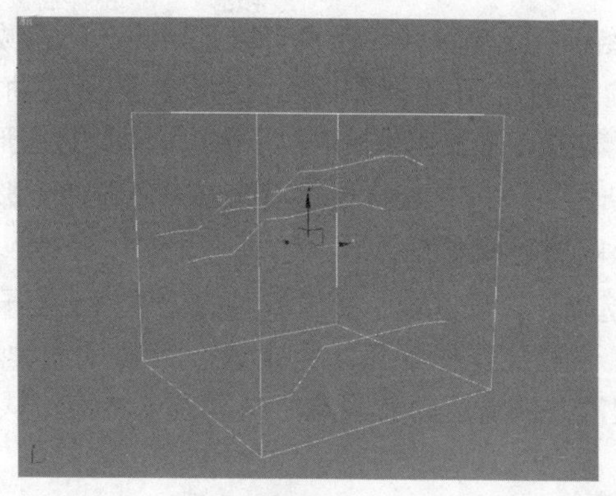

图 12-101 路径跟随图标

“路径跟随”空间扭曲和前面所讲的用法不同，在粒子和空间扭曲绑定之后还要在“路径跟随”空间扭曲中给粒子添加扭曲路径，才能实现“路径跟随”空间扭曲。

添加完路径之后，粒子系统的粒子就会以用户所指定的曲线的曲度进行模拟曲线曲度的运动，而不是沿着所指定的路径进行粒子运动，如图 12-102 所示。

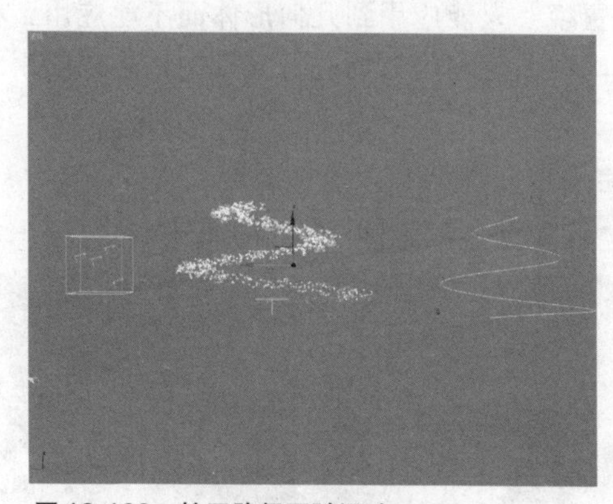

图 12-102 粒子路径跟随运动

在“粒子跟随”空间扭曲系统的“修改”命令面板中的“基本参数”卷展栏，如图 12-103 所示。

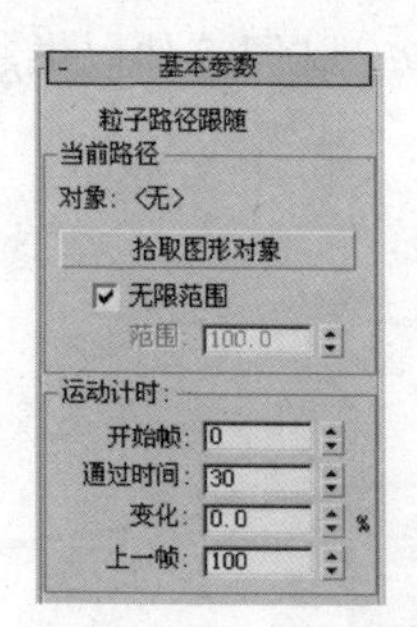

图 12-103 “基本参数”卷展栏

将多边形进行材质 ID 分配，用于给房体进行指定不同的材质。

39 将房体底部的多边形面材质ID设置为3，然后在材质编辑器中的示例框中选择一个示例球，将其命名为“房体”，将其设置为“多维/子对象”材质将其子材质数量设置为3并将其指定给房体模型，如下图所示。

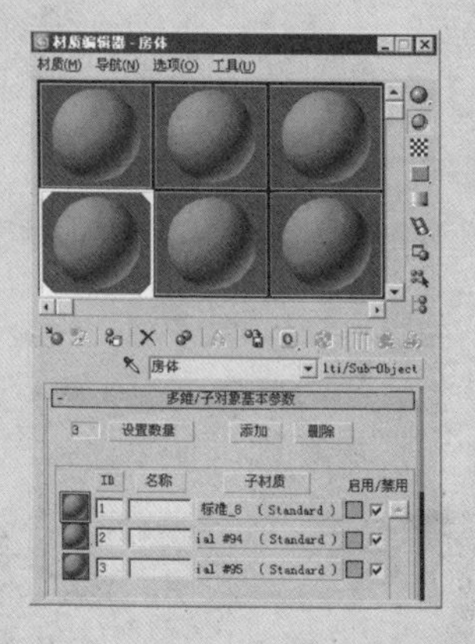

40 将材质ID为1的子材质颜色设置为纯白色，材质 ID 为 2 的子材质颜色设置为 R：180、G：0、B：0 的红色，如下图所示。

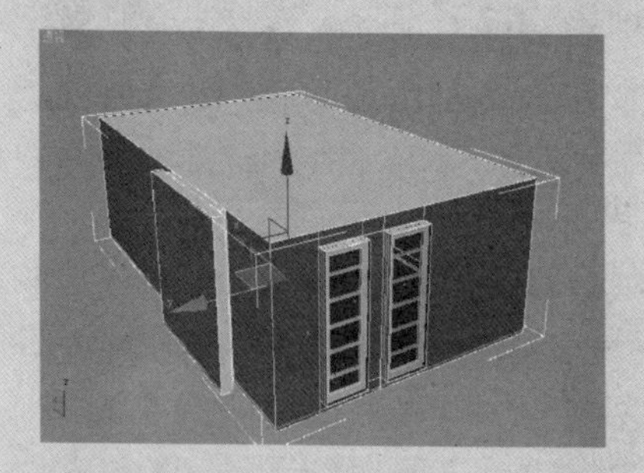

41 切换到材质ID为3的子材质编辑面板中，在“Bulinn 基本参数”卷展栏中单击“漫反射”选项右侧的□按钮，在弹出的“材质/贴图浏览器”对话框中选择“平铺”选项，

然后在“坐标”卷展栏中设置“平铺”值为2，如下图所示。

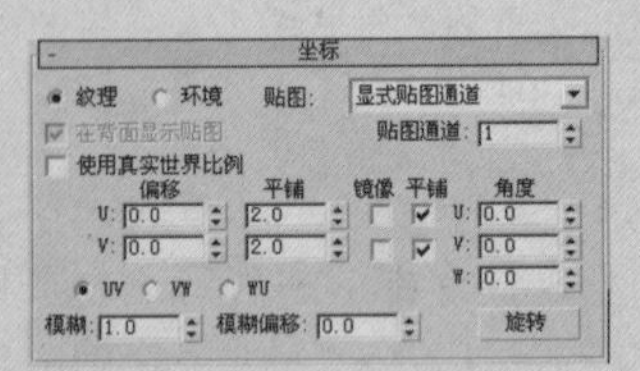

42 给房体添加一个“UVW贴图”修改命令，效果如下图所示。

43 在材质ID为3的子材质设置面板中设置方格的颜色、高光级别、光泽度和反射参数，如下图所示。

44 使用同样的方法将灶台的多边形面进行材质ID的分配，效果如下图所示。

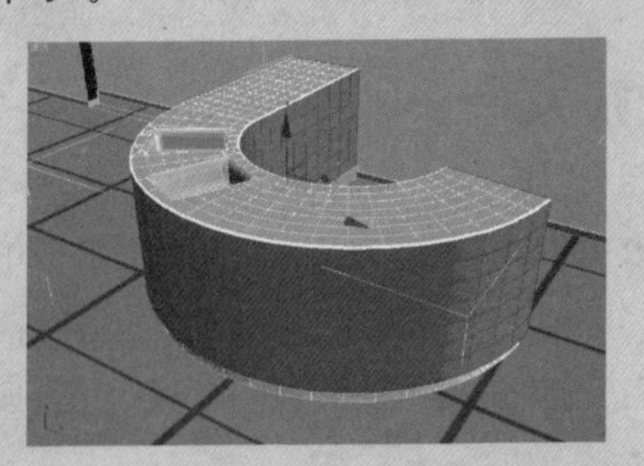

- “当前路径”选项区域：用户可以运用此选项区域中的对象、范围等选项为粒子选择路径，并指定空间扭曲的影响范围。拾取图形对象按钮主要用来拾取粒子模拟运动路径图形对象。
- “运动计时”选项区域：该选项区域中的控件会影响粒子受路径跟随影响的时间长短。
- “粒子运动”选项区域：该区域中的控件指定粒子运动的沿偏移样条线、沿平行样条线、恒定速度、粒子流锥花、变化、会聚、发散、涡流运动及涡流方向等粒子特性，从而控制粒子的运动。
- “惟一性”选项区域：为粒子指定当前路径跟随的种子编号，以保证粒子的惟一性。

置换

“置换”空间扭曲以力场的形式推动和重塑对象的几何外形。置换对几何体（可变形对象）和粒子系统都会产生影响。使用“置换”空间扭曲和“修改”面板中的“置换”修改选项很相似，“修改”命令面板中的“置换”只能应用到几何形体而不能应用到粒子系统，而且“置换”空间扭曲是利用力场进行置换的，可以应用到多个物体对象中。

“置换”空间扭曲默认图标是平面形式，如图12-104所示。

“置换”空间扭曲效果如图12-105所示。

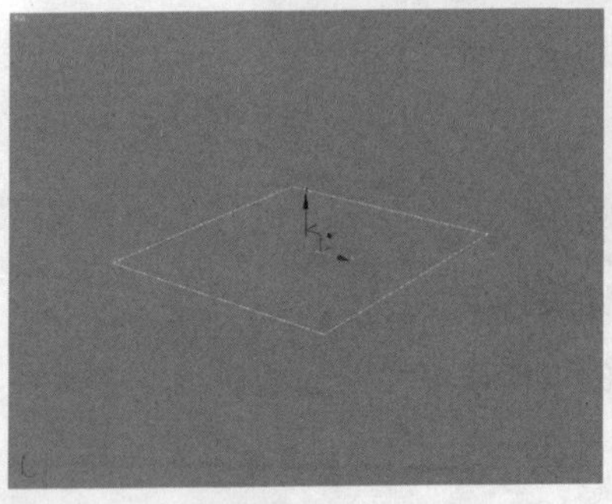

图12-104 置换图标

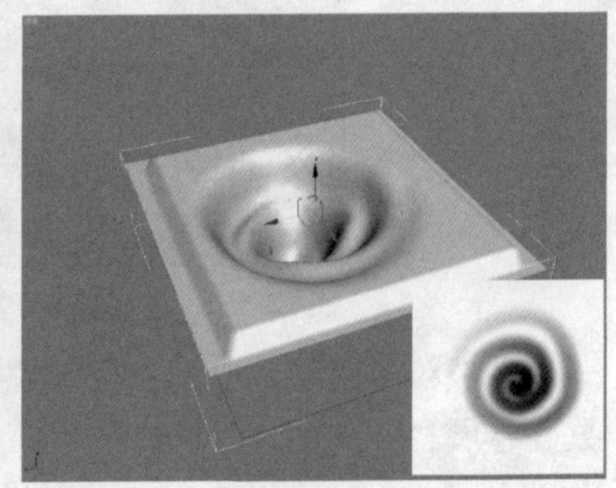

图12-105 置换空间扭曲效果

在“置换”空间扭曲的“修改”命令面板中的“参数”卷展栏中，系统提供了空间扭曲置换、图像、贴图控件以供用户调节置换效果，如图12-106所示。

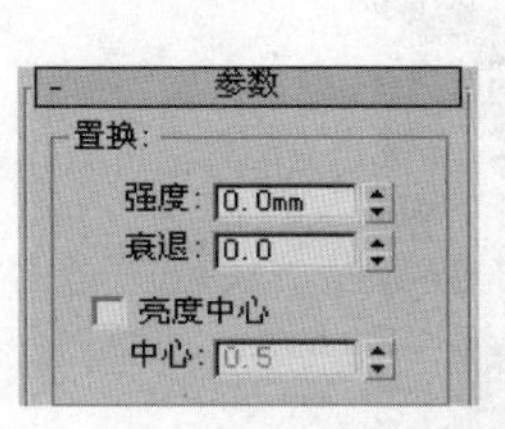

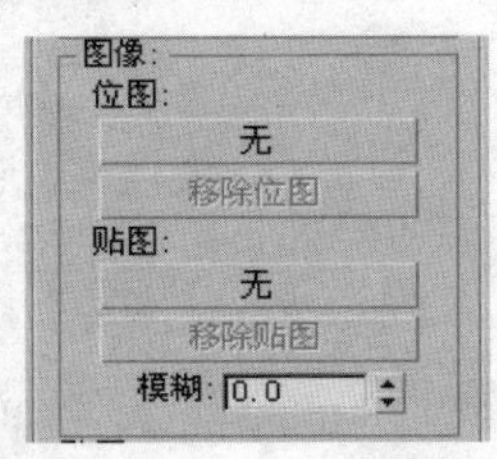

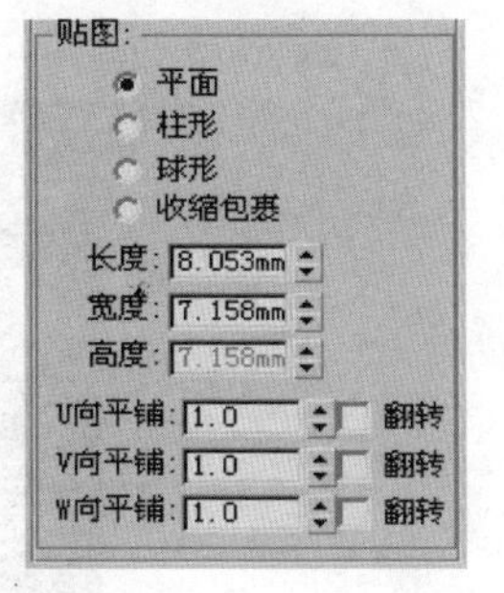

图 12-106 “参数”卷展栏

（1）“置换”选项区域

- 强度：设置为 0.0 时，位移扭曲没有任何效果。大于 0.0 的值会使对象几何体或粒子按偏离“置换”空间扭曲对象所在位置的方向发生位移。小于 0.0 的值会使几何体朝扭曲位移。默认设置为 0.0。
- 衰退：在默认情况下，位移扭曲在整个世界空间内有相同的强度。增加“衰退”值会导致位移强度从位移扭曲对象的所在位置开始随距离的增加而减弱。默认设置为 0.0。
- 亮度中心：在默认情况下在“位移”空间扭曲通过使用中等（50%）灰色作为零位移值来定义亮度中心。大于 128 的灰色值以向外的方向（背离位移扭曲对象）进行位移，而小于 128 的灰色值以向内的方向（朝向位移扭曲对象）进行位移。使用“中心”数值框可以调整默认值。利用平面投影，可以将位移后的几何体重新定位在平面 Gizmo 上方或下方。默认值为 0.5。范围为 0 至 1.0。

（2）“图像”选项区域

- 位图单击此处：（默认情况下标为“无”），在弹出的“选择置换图像”对话框中指定位图或贴图。选择完位图或贴图后，该按钮会显示出位图的名称。
- 移除位图：单击此处移除指定的位图或贴图。
- 模糊：增加该值可以模糊或柔化位图置换的效果。

（3）“贴图”选项区域

该区域包含位图位移扭曲的贴图参数。贴图选项与那些用于贴图材质的选项类似。4 种贴图模式控制着位移扭曲对象对其位移进行投影的方式。扭曲对象的方向控制着场景中在绑定对象上出现位移效果的位置。

- 平面：从单独的平面对贴图进行投影。
- 柱形：像将其环绕在圆柱体上那样对贴图进行投影。
- 球形：从球体出发对贴图进行投影，球体的顶部和底部，即位图边缘在球体两极的交汇处均为奇点。
- 收缩包裹：截去贴图的各个角，然后在一个单独的极点将它们全部结合在一起，创建一个奇点，其图标与“球形”贴图图标很相似。其 4 种图标对比如图 12-107 所示。

45 在材质编辑器中的示例框中选择一个示例球，将其命名为“橱柜”，并将其设置为“多维 / 子对象”材质类型，设置其子材质数为 2，然后将橱柜中部材质设置为红色带有反射的材质，如下图所示。

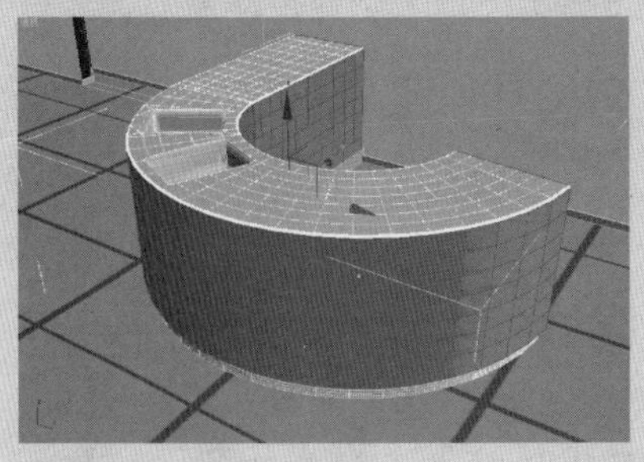

46 将其他部位材质设置为金属，并设置其反射类型为“VR Map”，设置适当的高光级别和光泽度，并设置反射参数为 50，将该材质指定给橱柜，如下图所示。

47 使用相同的制作方法另外制作一个金属材质，并将其指定给橱柜的水池，如下图所示。

48 制作一个白色材质，其他参数不变，并将该材质指定给窗框和窗格，如下图所示。

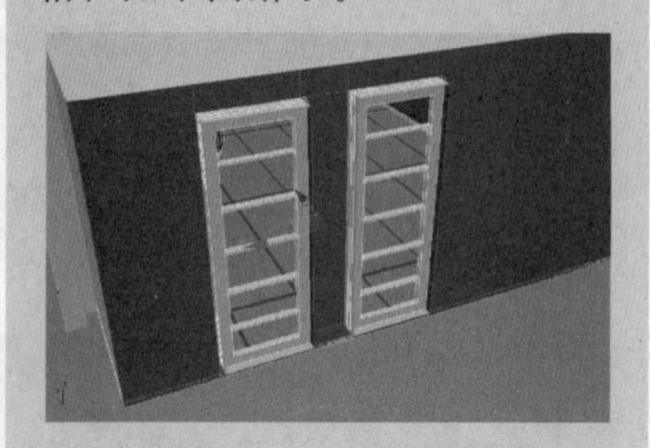

49 执行菜单栏中的“文件>合并”命令，在弹出的“合并文件”对话框中选择自己搜集的模型，水龙头，并将其进行合并，然后使用“选择并移动”工具配合“选择并均匀缩放”工具调节其位置和大小，并放置在两个小水池的中间位置，如下图所示。

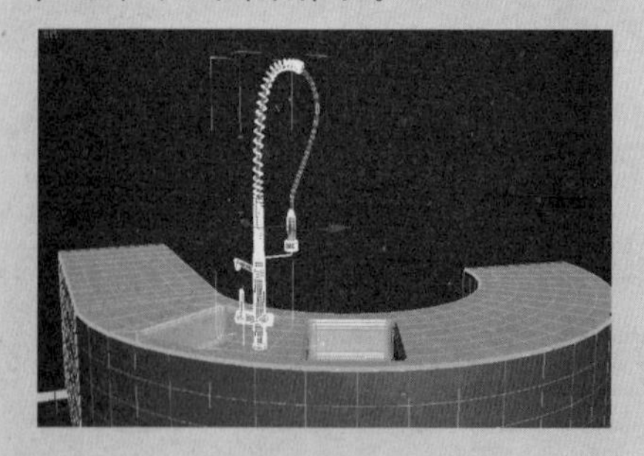

50 使用相同的合并方法，合并橱柜上放置的各种物品，如菜刀、水果、以及灶台等物品，如下图所示。

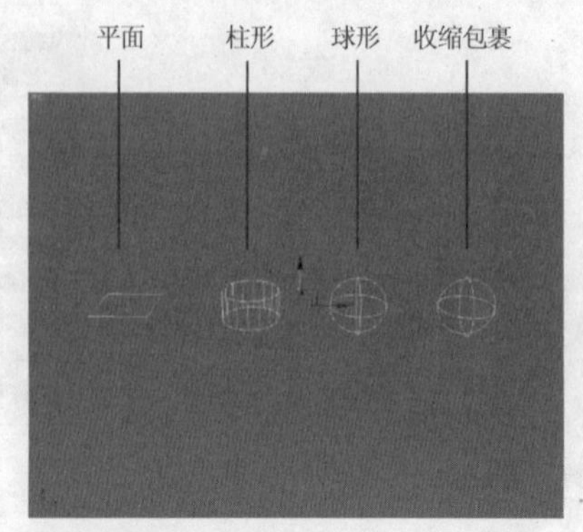

图12-107 置换贴图类型

长度、宽度和高度是指定空间扭曲 Gizmo 的边界框尺寸。高度对平面贴图没有任何影响。

U/V/W 向平铺是位图沿指定尺寸重复的次数。默认值 1.0 对位图执行一次贴图操作，数值 2.0 对位图执行两次贴图操作，依次类推。分数值会在除了重复整个贴图之外对位图执行部分贴图操作。

翻转是沿着相应的 U、V 或 W 轴反转贴图的方向。

应用置换空间扭曲

Step 01 在“创建”命令面板，单击“几何体”按钮，然后单击“对象类型”卷展栏中的 平面 按钮。在视口中创建一个长度和宽度都为100mm，长度分段和宽度分段分别都为200的平面，如图12-108所示。

Step 02 在“创建”命令面板中单击“空间扭曲”按钮，在“对象类型”卷展栏中单击 置换 按钮，在顶视图中创建一个和创建的平面差不多的“置换”空间扭曲平面，如图12-109所示。

图12-108 创建平面

图12-109 创建置换空间扭曲

Step 03 在工具栏中单击“绑定到空间扭曲”按钮，将空间扭曲和平面进行绑定，如图12-110所示。

Step 04 切换到“置换”空间扭曲的“修改”命令面板，在“参数”卷展栏中的“图像”选项区域中单击“位图”选项的 无 按钮，弹出“选择置换图像”对话框，如图12-111所示。

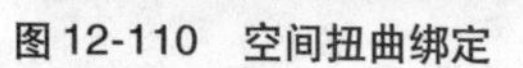

图 12-110　空间扭曲绑定

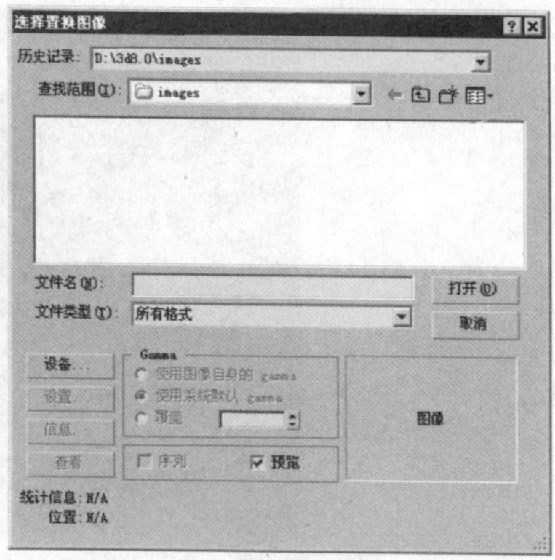

图 12-111　“选择置换图像”对话框

Step 05 指定一个位图作为置换位图，在“置换”选项区域中将“强度”设置为－5，在“图像”选项区域中的“模糊”文本框中输入模糊参数 1.0，其效果如图 12-112 所示。

Step 06 给平面添加灯光，渲染效果如图 12-113 所示。

图 12-112　置换效果

图 12-113　置换渲染效果

重力

“重力”空间扭曲可以在粒子系统所产生的粒子上对自然重力的效果进行模拟。重力具有方向性。沿重力箭头方向的粒子加速运动，逆着箭头方向运动的粒子呈减速状。在球形重力下，运动朝向图标。重力也可以用做动力学模拟中的一种效果。

重力图标在默认情况下是一个一侧带有方向箭头的方形线框，如图 12-114 所示。

51 使用相同的合并方法给场景中添加恰当的桌椅和桌椅上面的一些常用摆设，如暖瓶、盘子和水杯等物品，并调节大小和位置，放置在靠窗恰当的位置，如下图所示。

52 使用相同的方法合并其他厨房物品，如橱柜、油烟机、作料台、拼盘和灯光模型等物品，并调节其大小和高度并匹配各种物品的位置，如下图所示。

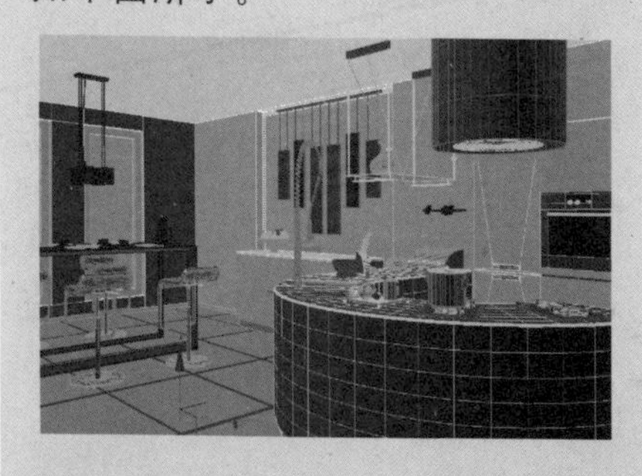

53 在窗口部位创建一个弧形样条线并给其添加一个“挤出”修改命令，设置适当的高度，如下图所示。

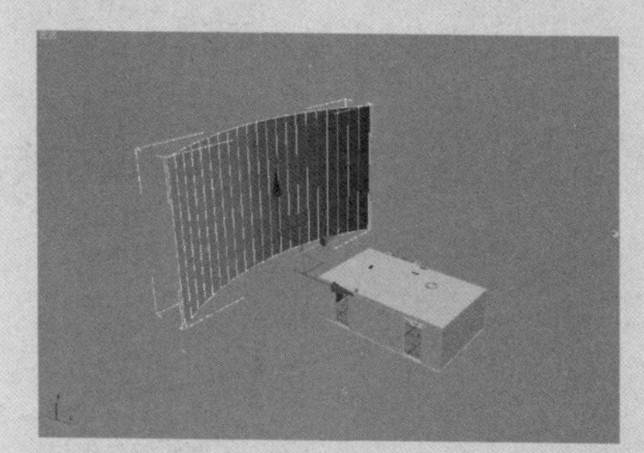

54 在材质编辑器中调节一个用城市风景作为贴图的自发光为100的材质，并将该材质指定给挤出的弧形面上，调节其位置和高度，如下图所示。

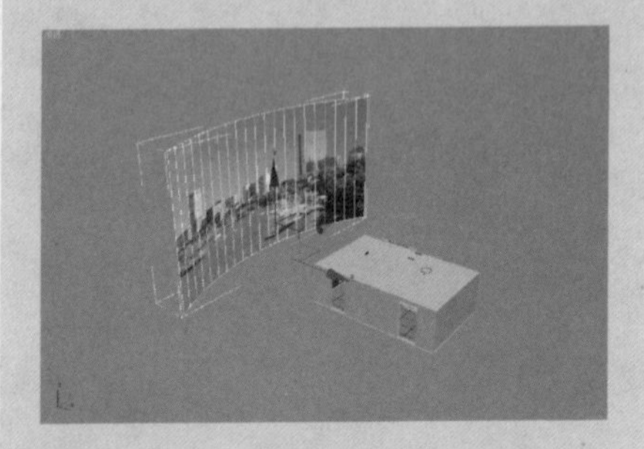

55 创建灯光。使用创建灯光命令面板中的 目标平行光 工具在顶视图中拖动鼠标创建目标平行光灯光，并在各个视图中调节其高度和位置，效果如下图所示。

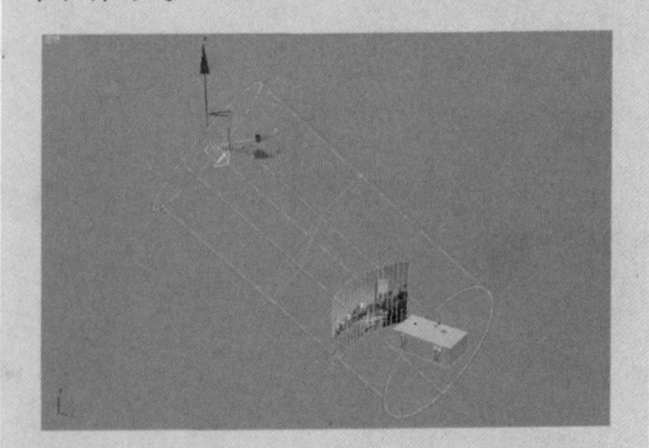

56 在“修改”命令面板中启用阴影效果，并且设置阴影的类型为“VRayShadow”阴影类型，设置适当的灯光强度以及平行光参数，如下图所示。

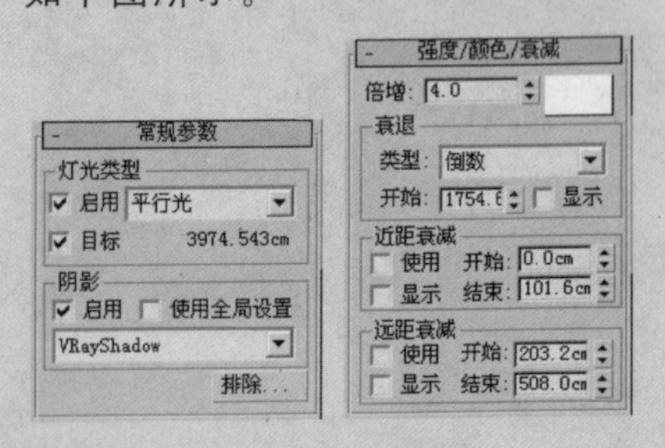

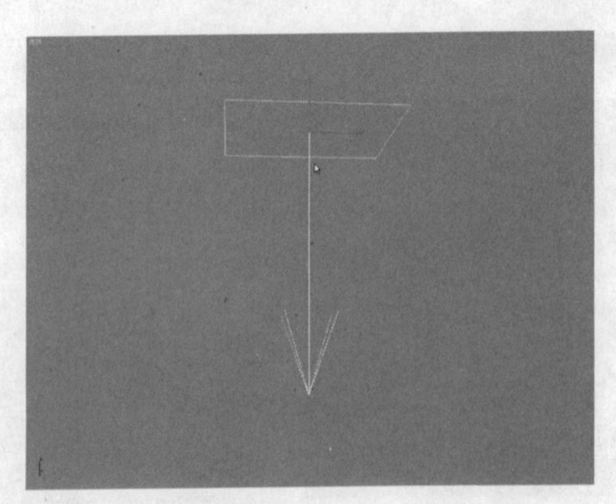

图12-114 重力图标

在“重力”空间扭曲的“修改”命令面板中的“参数”卷展栏中，系统只提供了空间扭曲“力”和图标“显示”的参数修改控件以供用户调节，如图12-115所示。

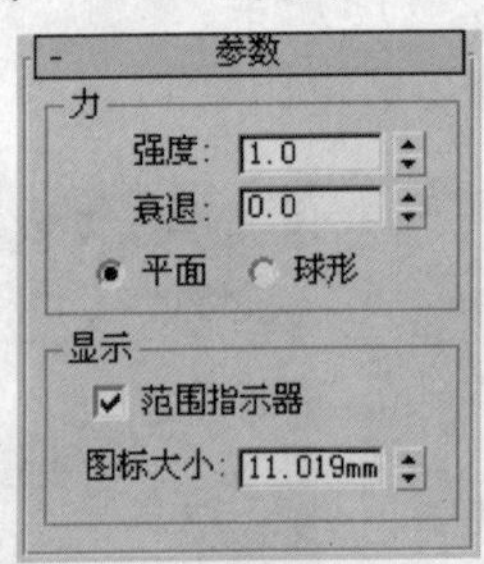

图12-115 重力“参数”卷展栏

- “力”选项区域：该选项区域提供了“重力”的强度、衰退以及重力类型等选项以供用户对空间扭曲进行控制。重力类型有两种，即“平面”重力和“球形”重力，其图标如图12-116所示。

  平面重力效果垂直于贯穿场景的重力扭曲对象所在的平面。球形重力效果为球形，以重力扭曲对象为中心，该选项能够有效创建喷泉或行星效果，其效果对比如图12-117所示。

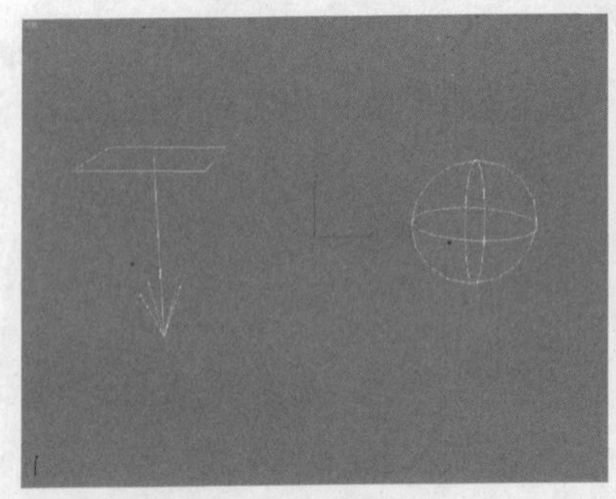

图12-116 重力图标类型

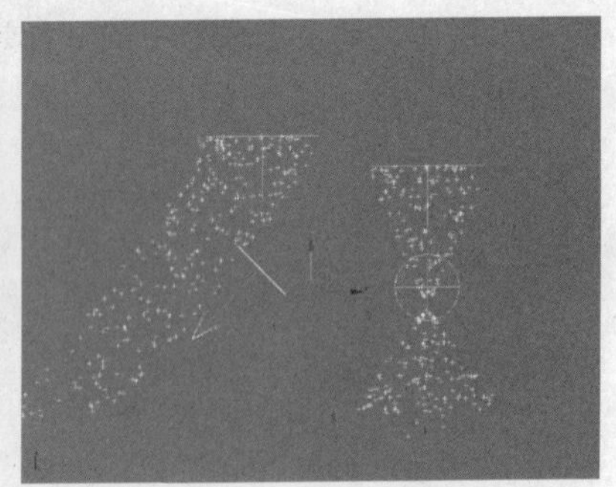

图12-117 重力两种类型对比

- “显示”选项区域：控制图标的显示情况。

风

“风”空间扭曲可以模拟风吹动粒子系统所产生的粒子的效果。“风”具有方向性。顺着风力箭头方向运动的粒子呈加速状。逆着箭头方向运动的粒子呈减速状。在球形风力情况下，运动朝向或背离图标。风力在效果上类似于“重力”空间扭曲，但“风”添加了一些“湍流”参数和其他自然界中的风的功能特性。“风”也可以用作动力学模拟中的一种效果。

在默认情况下，“风”空间扭曲的图标和“重力”空间扭曲一样是一个一侧带有方向箭头的方形线框。

“风”空间扭曲效果如图12-118所示。

图12-118 风力空间扭曲效果

在“风”空间扭曲的“修改”命令面板中的“参数”卷展栏中，系统提供了空间扭曲力、风和图标显示的参数修改控件以供用户调节，如图12-119所示。

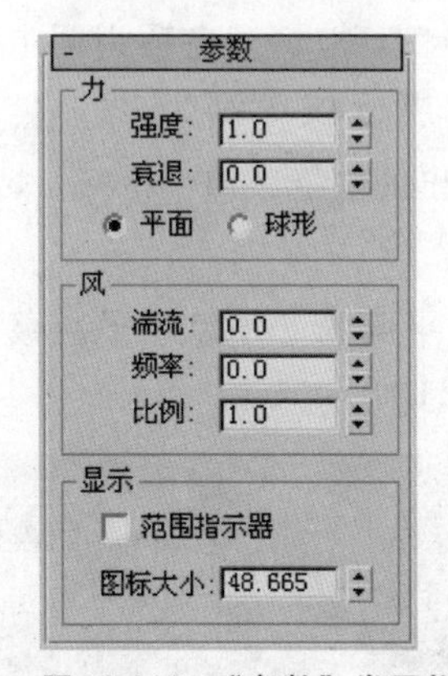

图12-119 “参数”卷展栏

● “力”选项区域：这些设置和“重力”空间扭曲参数类似，可以设置“风”的强度、衰退和风力类型。“平面”风力效果垂直于贯穿场景的风力扭曲对象所在的平面。“球形”风效果为“球形”，以风扭曲对象为中心。“平面”风和“球形”

57 在“灯光”创建命令面板中，将灯光类型设置为“VRay”类型，单击 VRayLight 按钮，在左视图中厨房灯槽部位创建适当尺寸的VR灯光，并将其放置在灯槽部位，如下图所示。

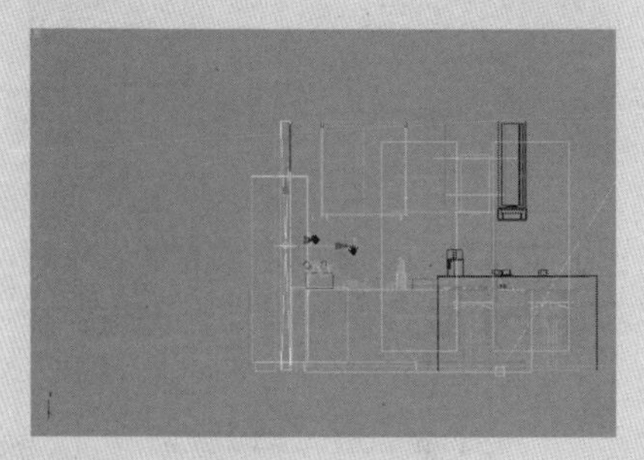

58 在“修改”命令面板中的“Parameters（属性）”卷展栏中设置其灯光“Multiplier（乘法器也就是灯光强度）”设置为8，并复制该灯光放置在灯槽的另一侧，如下图所示。

59 在“渲染场景”命令面板中启用抗锯齿命令，开启GI全局光照明和天光，并设置天光“Multiplier”为6，然后设置适当的尺寸进行最终渲染出图，最终效果如下图所示。

风的效果对比如图1-120所示。

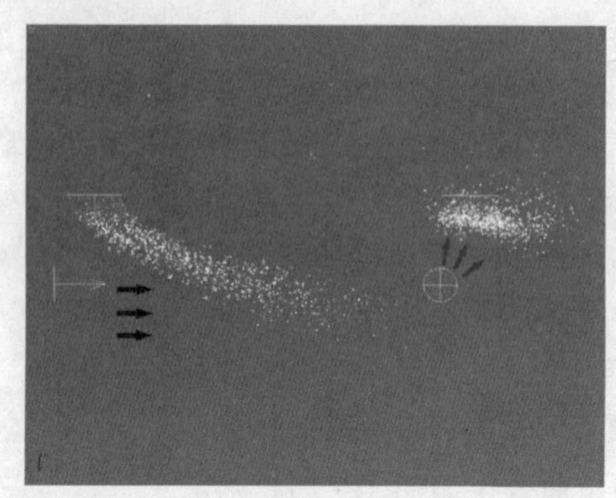

图12-120　风力两种类型对比

- “风”选项区域：该选项区域中的参数为“风”空间扭曲特有的设置。

  “湍流”可以使粒子在被风吹动时随机改变路线。该数值越大，湍流效果越明显。

  “频率”会使湍流效果随时间呈周期变化。这种微妙的效果可能无法看见，除非绑定的粒子系统生成大量粒子。

  “比例”主要缩放湍流效果。当“比例”值较小时，湍流效果会更平滑、更规则。当“比例”值增加时，紊乱效果会变得更不规则、更混乱。
- “显示”选项区域：控制图标的显示情况。

应用空间扭曲和粒子系统创建树叶效果

Step 01 单击“创建”命令面板中的“几何体”按钮，在“对象类型”卷展栏中单击 平面 按钮，在顶视图中创建一个平面，设置其“长度分段”和“宽度分段”都为2。

Step 02 单击右键，在弹出的快捷菜单中执行“转换为>转换为可编辑多边形”命令。

Step 03 按数字键1进入平面的“顶点”子层级，选中平面的顶点并调节其位置，如图12-121所示。

图12-121　调节平面上的顶点

23 室内外设计>客厅

01 客厅的设计要考虑到整体风格以及室内装饰档次的把握，首先要将软件单位进行统一，如下图所示。

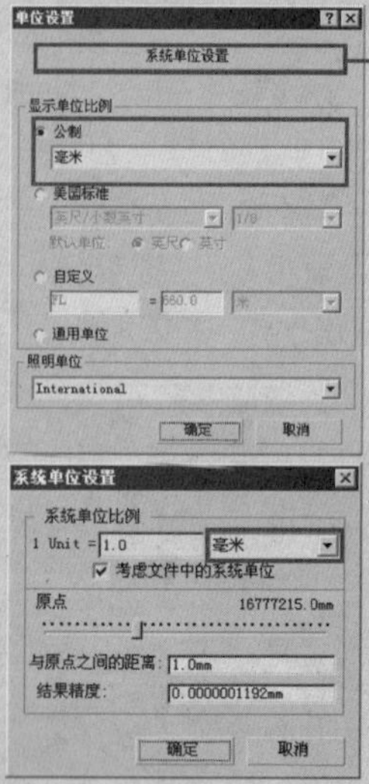

02 使用创建图形工具中的 矩形 工具创建一个“长度”为3000，“宽度”为6100的矩形和一个“长度”为1500，“宽度”为4500的长方形，放置如下图所示。

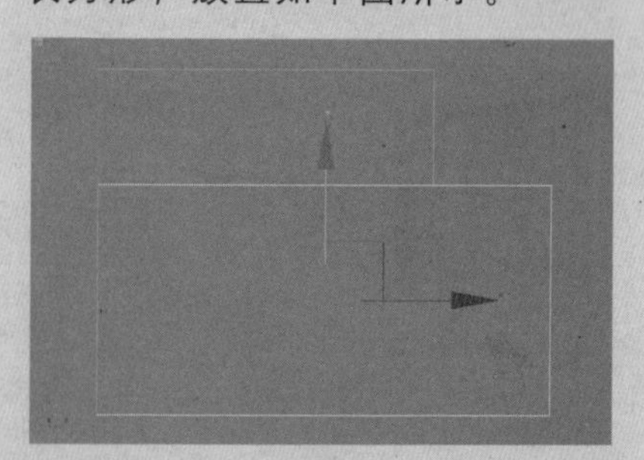

Step 04 按M键弹出“材质编辑器”对话框，选择一个材质球，在“材质编辑器”对话框中的“明暗器基本参数”卷展栏中选择“双面”选项。

Step 05 在“贴图”卷展栏，给材质的“漫反射颜色”材质和“不透明度”材质分别指定如图12-122所示的附书光盘：“贴图文件\树叶1.tif，树叶2.tif”作为贴图。

Step 06 将材质赋予到平面上，效果如图12-123所示。

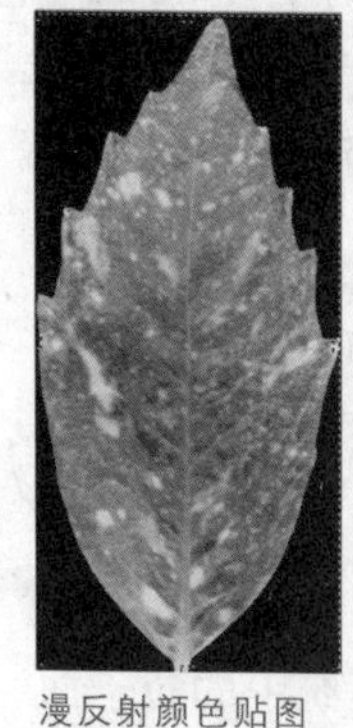

漫反射颜色贴图

不透明度贴图

图12-122 贴图位图

图12-123 赋予平面材质

Step 07 分别在“漫反射颜色”贴图和“不透明度”贴图的“坐标”卷展栏中，在“角度”选项区域中的“W”文本框中输入90，贴图坐标如图12-124所示。

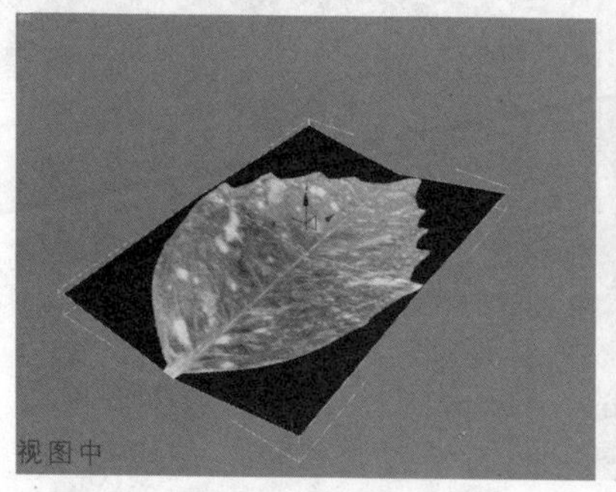

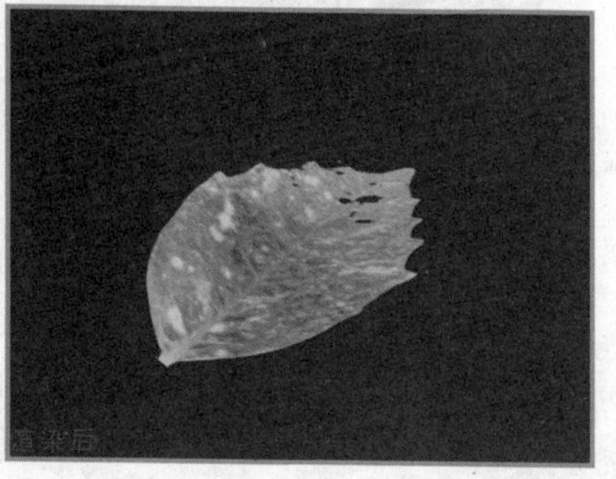

图12-124 调节后的材质

Step 08 在“创建”命令面板，单击“几何体”按钮，在“几何体”类型下拉列表中选择“粒子系统”选项。

Step 09 在“对象类型”卷展栏中单击 暴风雪 按钮，在顶视图中创建一个“长度”为150，“宽度”为130的“暴风雪”粒子系统，如图12-125所示。

Step 10 在“基本参数”卷展栏中的“视口显示”选项区域中选择“网格”选项，将“粒子数百分比”设置为100，效果如图12-126所示。

03 使用创建图形命令面板中的 线 工具配合“三维捕捉开关工具”捕捉两个矩形外侧的顶点创建一条闭合的样条线，如下图所示。

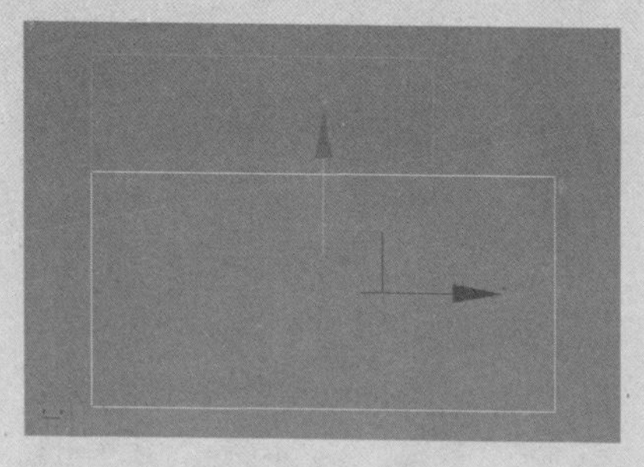

04 给样条线添加一个“挤出”修改命令，并设置其挤出“数量”为3200，将其命名为“房体”，效果如下图所示。

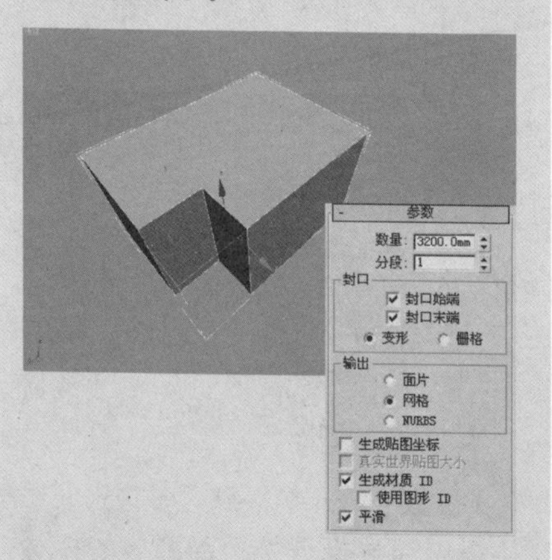

05 选择房体模型，执行右键快捷菜单，“转换为>转换为可编辑多边形”命令将其转换为可编辑多边形，切换到“边”子层级中选择如下图所示的两条边。

06 在“修改”命令面板中的“编辑边”卷展栏中单击 连接 按钮右侧的“设置”按钮，在弹出的“连接边”对话框中设置“分段”为2，“收缩”为－35，“滑块”为180，如下图所示。

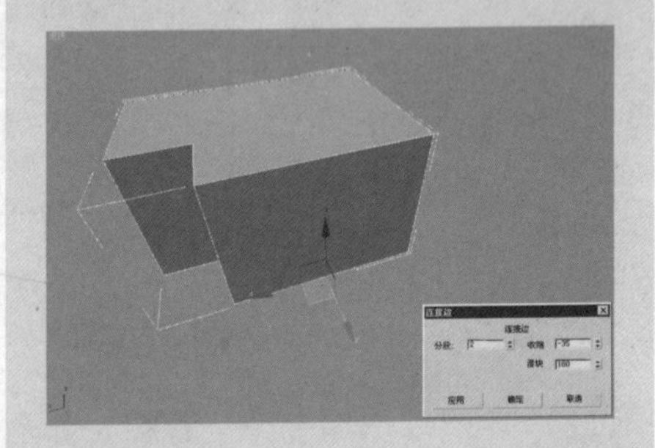

07 在选择连接后生成的边的状态下在此执行“连接”命令，将“分段”设置为1，“滑块”设置为45，效果如下图所示。

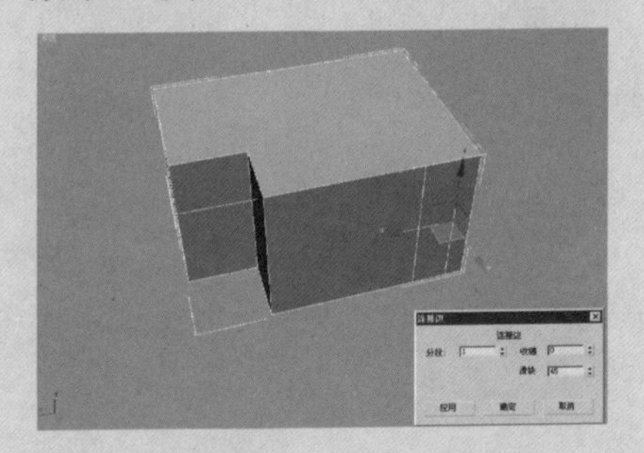

08 按数字键4切换到“多边形”子层级中，选择连接边而形成的多边形并进行挤出设置，然后按Delete键将挤出的多边形删除，如下图所示。

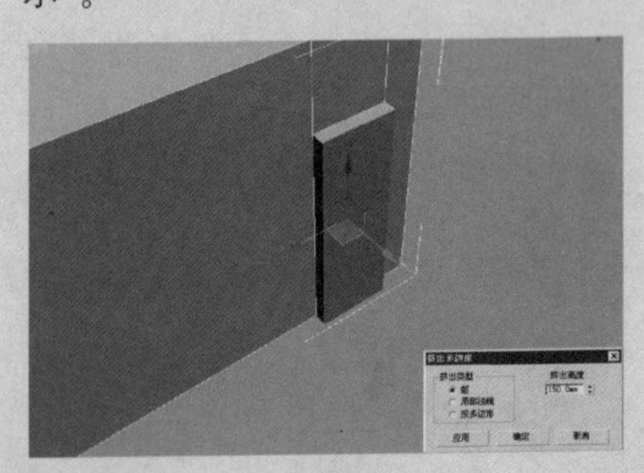

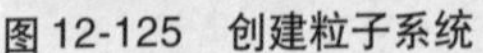

图12-125 创建粒子系统　　图12-126 调节窗口显示

Step 11 在“粒子类型”卷展栏中的“粒子类型”选项区域中选中“实例几何体”单选按钮，然后在“实例参数”选项区域中单击 拾取对象 按钮，然后选择刚刚创建的赋有树叶材质的平面作为粒子实例对象，效果如图12-127所示。

Step 12 在“粒子类型”卷展栏中的“材质贴图和来源”选项区域中单击 材质来源: 按钮，将平面上的树叶材质添加到粒子系统中的粒子面片上，效果如图12-128所示。

图12-127 拾取对象效果　　图12-128 吸取平面材质

Step 13 在“粒子生成”卷展栏中的“粒子大小”选项区域中设置粒子“大小”为0.1，在“粒子数量”选项区域中选择“使用速率”选项并设置速率值为5，在“粒子运动”选项区域中设置“速度”为0.5，“变化”为80，“翻滚”值为0.05。在“粒子计时”选项区域中设置“发射时间”为-30，“发射停止”为80，“寿命”为80，“变化”值为5，效果如图12-129所示。

Step 14 在“创建”命令面板中，单击“空间扭曲”按钮，在“对象类型”卷展栏中单击 漩涡 按钮，在前视图中创建一个“漩涡”空间扭曲，如图12-130所示。

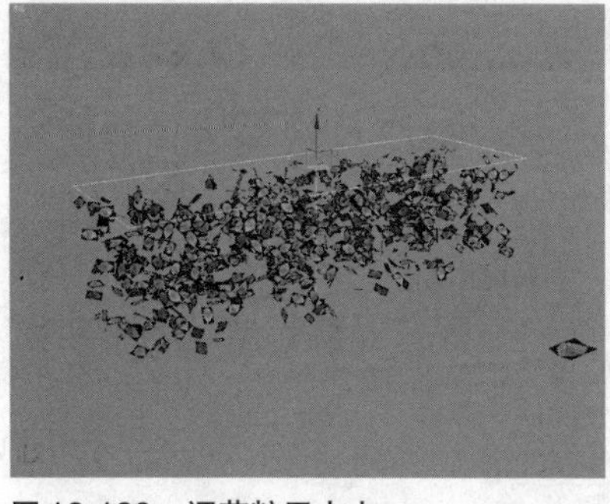

图 12-129 调节粒子大小

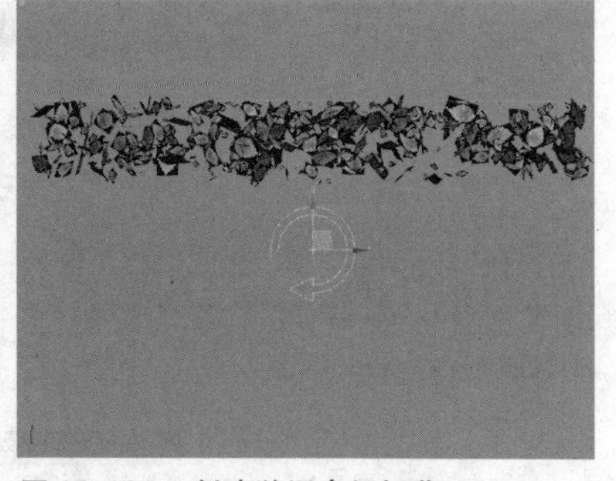

图 12-130 创建漩涡空间扭曲

Step 15 在工具栏中单击“绑定到空间扭曲”工具按钮，将“旋涡”和粒子系统进行绑定，效果如图 12-131 所示。

Step 16 执行菜单栏中的“渲染 / 环境”命令，打开“环境和效果”对话框，在“公用参数”卷展栏中的“背景”选项区域中单击 无 按钮，给场景指定一个图片作为背景，如图 12-132 所示。

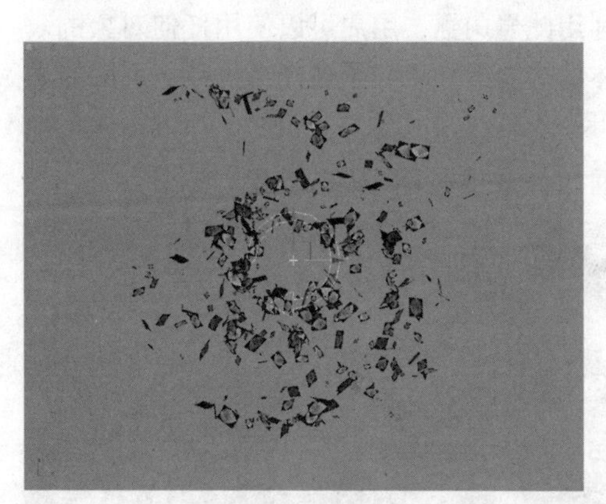

图 12-131 绑定效果

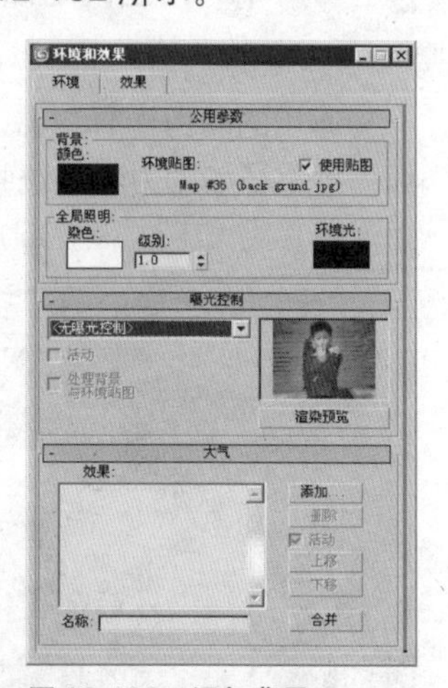

图 12-132 添加背景

Step 17 选择粒子系统，执行右键菜单中的“属性”命令，弹出“对象属性”对话框，在对话框的“常规”选项卡中的“运动模糊”选项区域中，选择“图像”选项，然后在“增倍”选项后面的文本框中输入 0.02 为运动模糊参数，最后渲染前视图效果如图 12-133 所示。

图 12-133 最后效果

09 在顶视图中创建如下图所示的矩形。

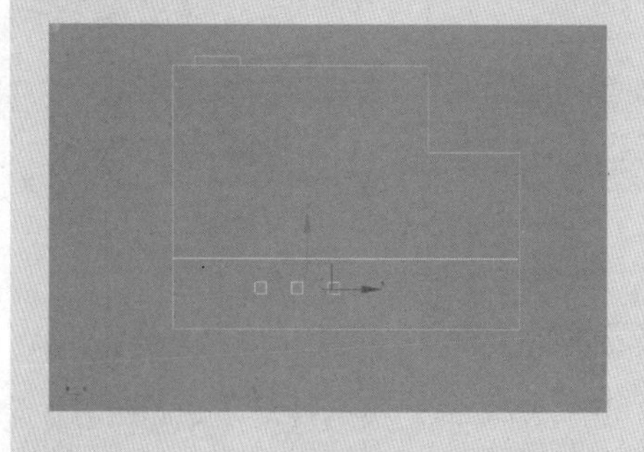

10 将其转换为可编辑样条线，然后将矩形附加为一个整体。给其添加一个“挤出”修改命令，设置挤出“数量”为 200，并将其调节到房体的顶部，如下图所示。

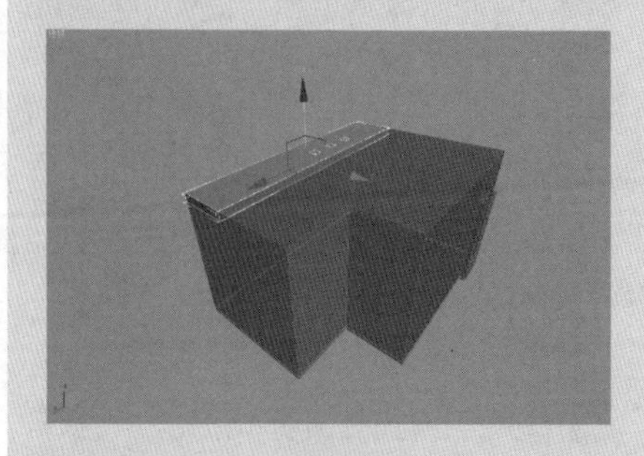

11 使用相同的创建方法创建矩形并进行挤出，设置挤出“数量”为 80，并将其高度放置在距房体顶部 60mm 的位置，如下图所示。

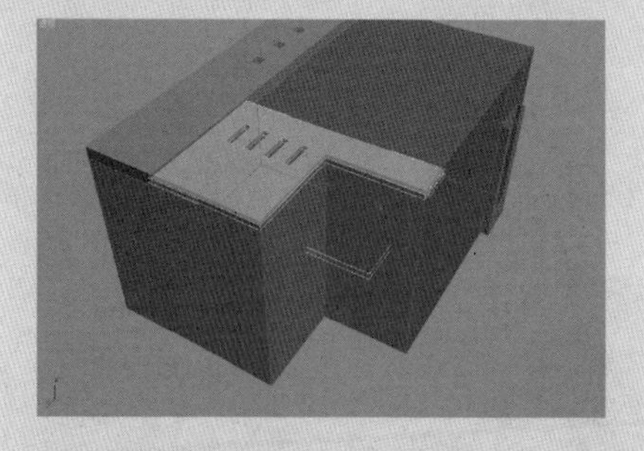

12 使用相同的创建方法创建另一侧的吊顶，设置厚度和高度，如下图所示。

⑬ 切换到房体的“边”子层级中选择房体另一侧的两条边进行连接，然后调节位置，切换到“多边形”子层级中将连接的边分割的一个多边形进行挤出，设置挤出“数量”为1200，如下图所示。

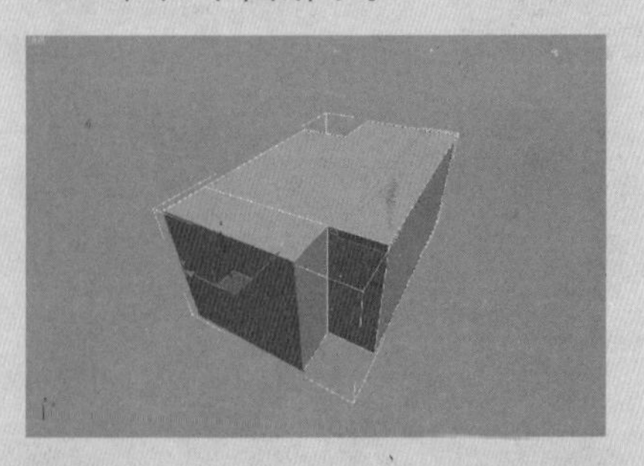

⑭ 使用三维捕捉开光捕捉房体的顶点创建一条沿着房体的样条线，切换到“样条线”子层级中，在其“几何体”卷展栏中 轮廓 按钮右侧数值框中输入数值－10，效果如下图所示。

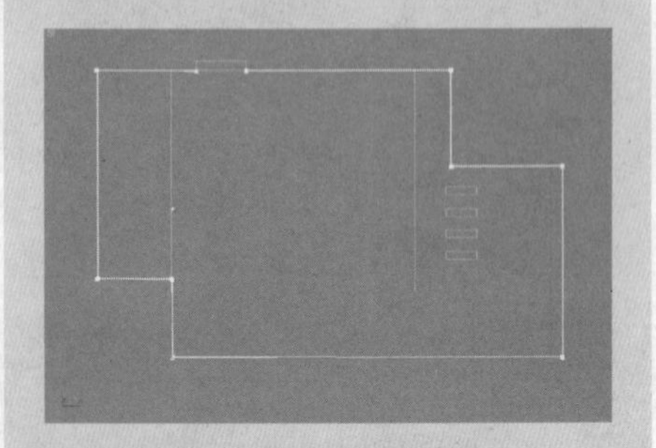

⑮ 给轮廓的样条线添加一个数量为80的“挤出”修改命令，将其命名为“踢脚线”并调节到房体的底部位置，如下图所示。

12.4.2 导向器

“导向器”空间扭曲包括“全动力学导向”、“全泛方向导向”、“动力学导向板”、“动力学导向球”等空间扭曲类型。

在“创建”命令面板，单击“空间扭曲”按钮，在空间扭曲类型下拉列表中选择“导向器”类型，其“对象类型”卷展栏如图12-134所示。

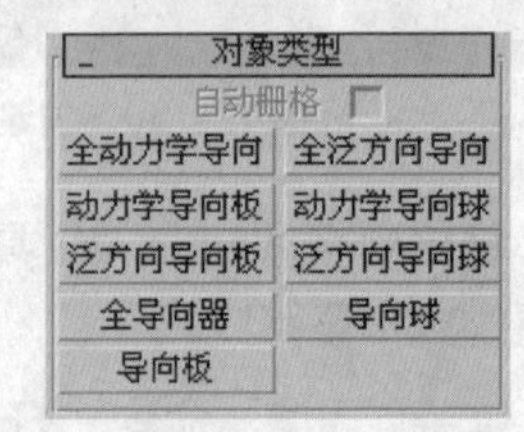

图12-134 导向器对象类型

全动力学导向空间扭曲

“全动力学导向”空间扭曲又可称为“通用动力学导向器”，是一种通用的动力学导向器。利用此导向器，用户可以使用任何对象的表面作为粒子和动力学系统物体的导向器和对粒子碰撞产生动态反应的表面，其图标如图12-135所示。

“全动力学导向器”空间扭曲效果如图12-136所示。

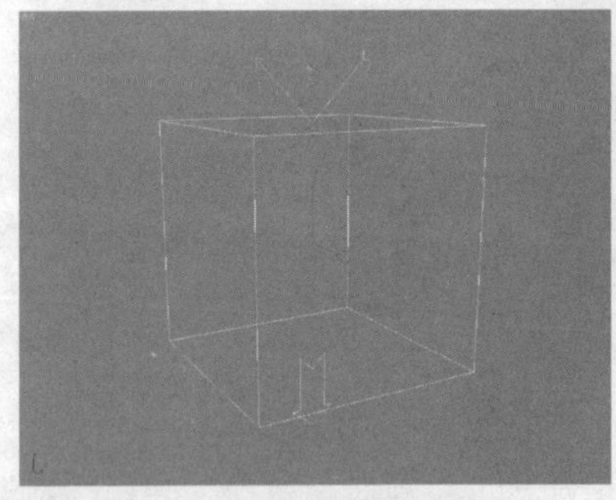

图12-135 全动力学导向器图标

图12-136 全动力学导向器效果

在“全动力学导向器”的“修改”命令面板中的“参数”卷展栏中，系统提供了空间扭曲基于对象的动力学导向器、计时、粒子反弹、物理属性及图标的显示等参数修改控件以供用户调节，如图12-137所示。

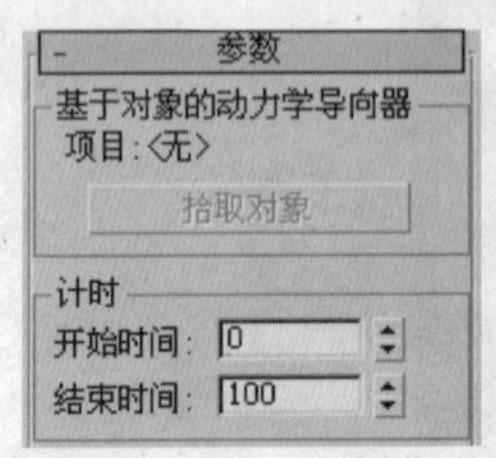

粒子反弹
反射：100.0 %
反弹：1.0
变化：0.0 %
混乱度：0.0 %
摩擦力：0.0 %
继承速度：1.0

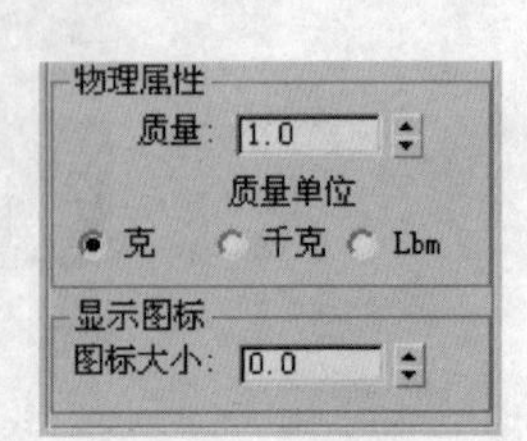

图12-137 “参数”卷展栏

- “基于对象的动力学导向器”选项区域：用户通过此选项区域中的选项可以指定要用做导向器的对象。
  - 项目：显示选定对象的名称。
  - 拾取对象按钮：用于指定要用做导向器的可渲染对象。
- 粒子反弹”选项区域：用于调节反射率、反弹力度、反弹变化、混乱度、摩擦力和继承速度参数。
- “物理属性”选项区域：此选项区域用于调节导向器的物理属性。
- 显示图标”选项区域：指定导向器图标的大小。

使用“全动力学导向器”时，必须使用“拾取对象”按钮指出影响粒子或者动力学场景的对象。

使用全动力学导向空间扭曲

Step 01 在“创建”命令面板中的“空间扭曲”面板中的“对象类型”卷展栏中单击全动力学导向按钮，在视图任意地方创建一个导向器。

Step 02 在“创建”命令面板中单击“几何体”按钮，将“几何体”类型设置为“粒子系统”，单击“对象类型”卷展栏中的暴风雪按钮，在顶视图中创建一个粒子系统。

Step 03 在视图中创建一个可渲染物体，并将物体放到粒子系统下面作为导向板，如图12-138所示。

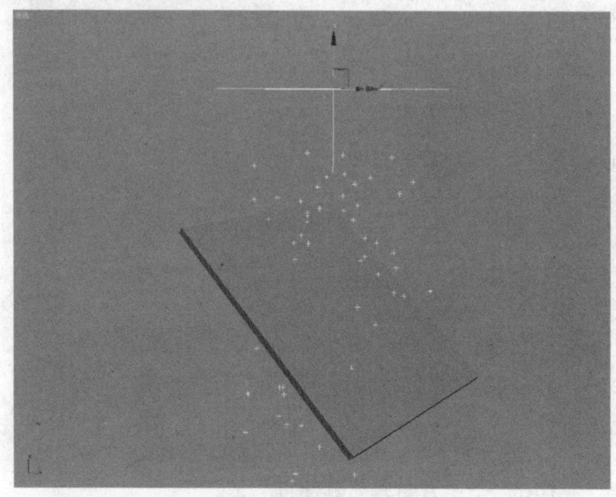

图12-138 创建可渲染物体

Step 04 单击工具栏中的“绑定到空间扭曲”按钮，将空间扭曲和粒子系统进行绑定操作。

Step 05 选择“全动力学导向”，在“修改”命令面板的“参数”卷展栏，单击“基于对象的动力学导向器”选项区域中的拾取对象按钮，拾取创建的可渲染物体对象，当粒子运动到创建的物体位置时就会以物体表面为参照而进行反射运动，效果如图12-139所示。

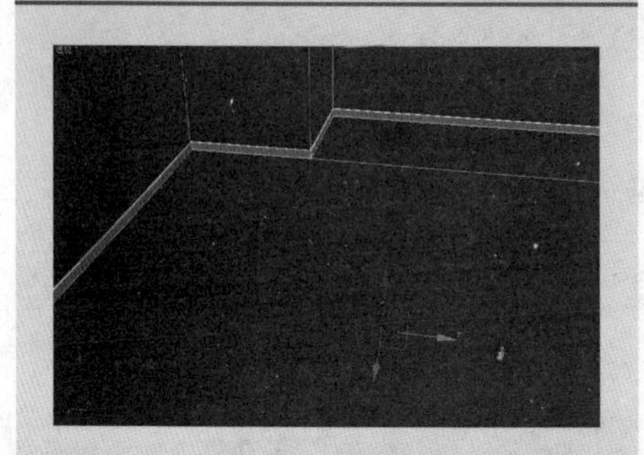

16 使用创建吊顶的方法创建其他部分的吊顶，效果如下图所示。

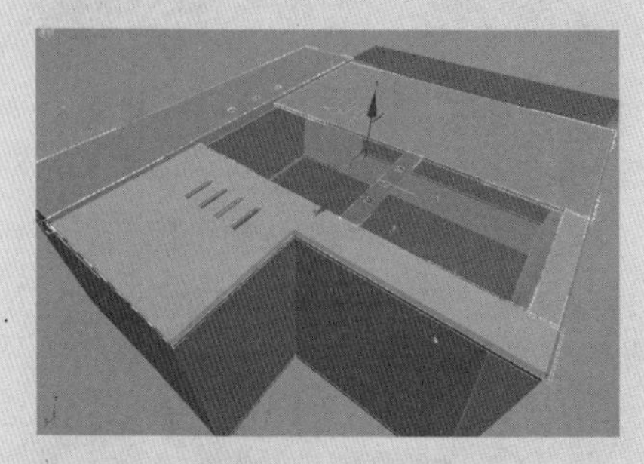

17 创建一个带有弧形的闭合样条线，然后挤出适当的厚度作为底层吊顶，并放置在吊顶的最底层，如下图所示。

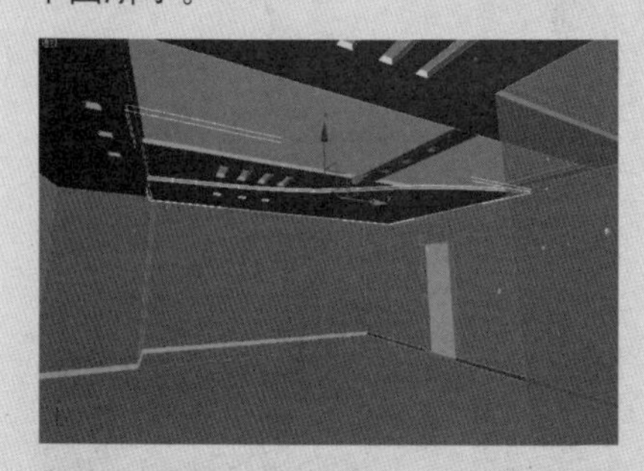

18 创建一个适当厚度的长方体作为电视墙，放置位置如下图所示。

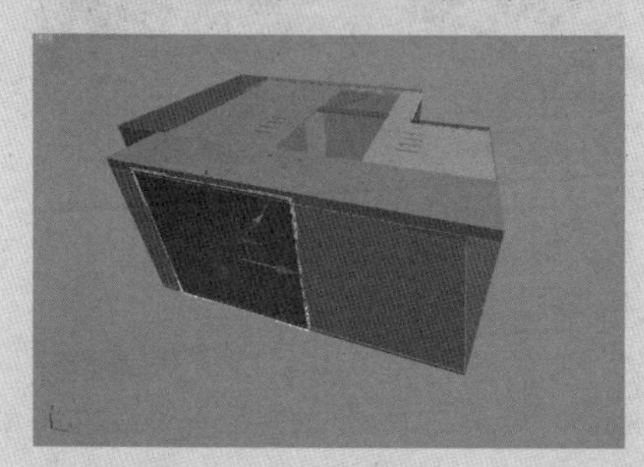

⑲ 在前视图中创建如下图所示的图形，然后将其附加为一个整体，并与电视墙对齐。

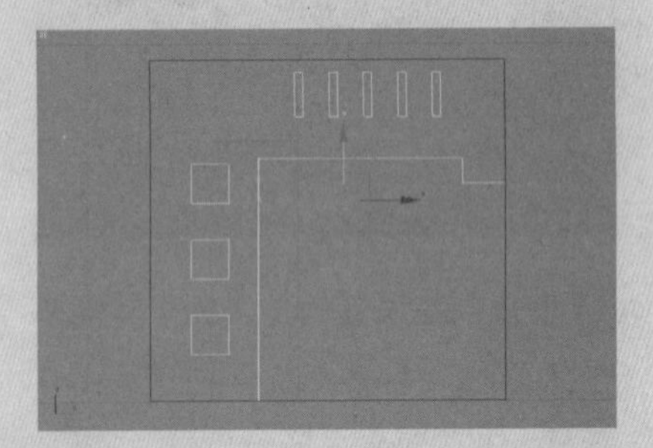

⑳ 给其添加一个“挤出”修改命令，设置挤出“数量”为120，并与电视墙进行对齐，如下图所示。

㉑ 使用相同的方法创建内部为圆形外部为矩形的图形，并将其附加为一个整体，然后进行挤出设置，并复制放置在适当的位置作为隔断，如下图所示。

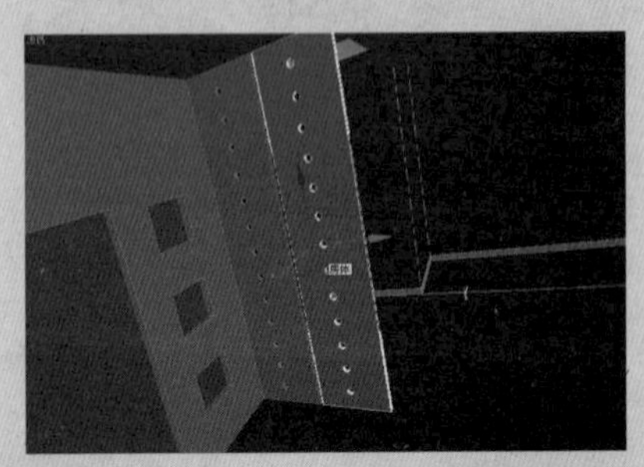

㉒ 创建一个“半径1”为25，“半径2”为3的圆环和一个“半径”为25的圆柱体，并将圆柱体与圆环对齐，作为筒灯模型，如下图所示。

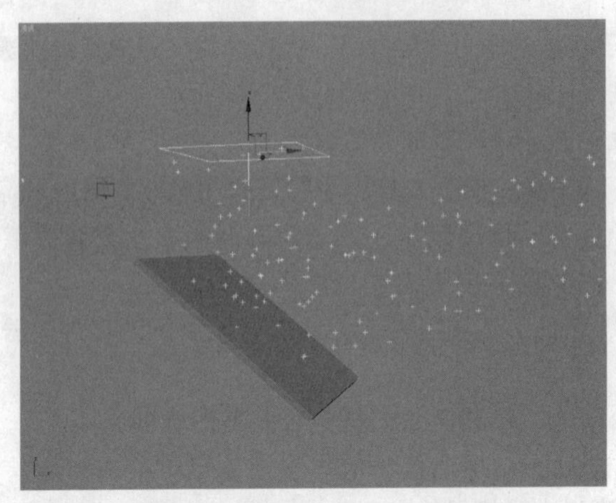

图12-139　拾取物体作为导向板

全泛方向导向空间扭曲

“全泛方向导向”提供的选项比原始的“全导向器”更多。该空间扭曲使用户能够使用其他任意几何对象作为粒子导向器。导向是精确到面的，所以几何体可以是静态的、动态的，甚至是随时间变形或扭曲的，都可以进行粒子导向。

这个导向器是粒子专用的，不支持动力学系统，其图标如图12-140所示。

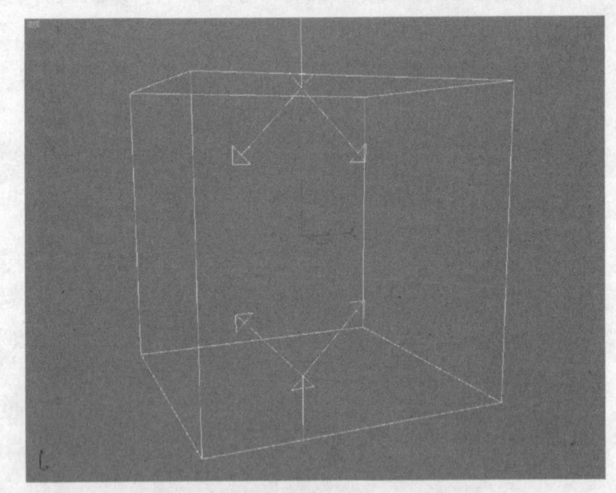

图12-140　全泛方向导向器图标

这种导向器可能会发生粒子泄漏，尤其是在使用很多粒子及复杂的导向器对象时。要避免这种情况的发生，应执行一次测试渲染，检查泄漏的粒子，然后添加“泛方向导向板”捕捉离群的粒子。

其用法和“全动力学导向”用法相同，都需要对用作导向板的物体进行拾取操作，其导向效果如图12-141所示。

图 12-141　全泛方向导向效果

在“全泛方向导向”空间扭曲的“修改”命令面板中的“参数”卷展栏中，在“全动力学导向”的基础上添加了“折射”、“公用”、“仅繁殖效果”选项区域修改控件以供用户调节，如图 12-142 所示。

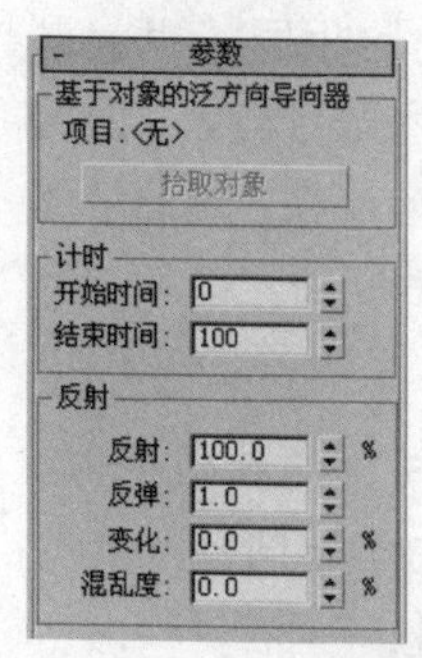

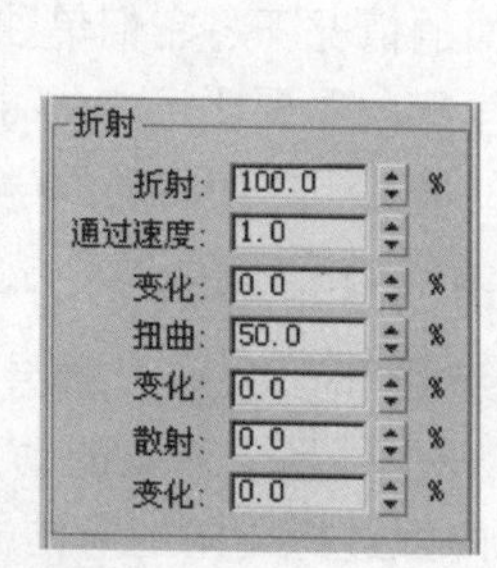

图 12-142　“参数”卷展栏

- “折射”选项区域：该选项区域中的参数设置和“反射”选项区域中的设置相似，但这里的设置会影响粒子在经过泛方向导向板时的折射，使粒子的方向发生改变。

  折射用来指定未反射的粒子中将被泛方向导向板折射的百分比。“折射”值仅影响那些未反射的粒子，因为反射粒子会在折射粒子之前被处理。这样，如果将“反射”设置为 50% 而“折射”设置为 50%，则不会将粒子对半分开。那么，一半粒子会被反射，而余数的一半（总数的 25%）会被折射。剩余的粒子要么未经折射地穿过，要么被传给“繁殖效果”。
- “公用”选项区域：“公用”选项区域是所有导向系统所共有的参数，用来调节粒子发射到导向系统位置时所受的摩擦力和继承速度。
- “仅繁殖效果”选项区域：该选项区域中的参数设置仅影响那些被设置为“碰撞后繁殖”的没有从泛方向导向器反射或折射的粒子。“繁殖”百分比数值框的工作方式类似于“反射”和“折射”百分比数值框，但前者是第 3 个被处理的对象。因此，如果设置“反射”或“折射”为 100%，则这些设置

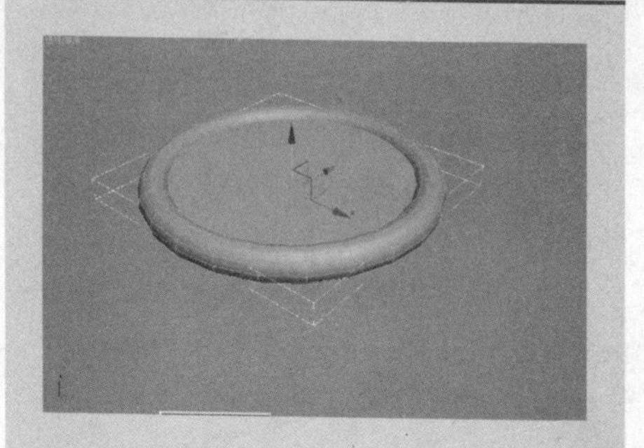

㉓ 复制筒灯模型并将其放置在电视装饰背景中的需要照明的位置，如下图所示。

㉔ 在靠内侧的筒灯下面创建一些细的长方体作为装饰，如下图所示。

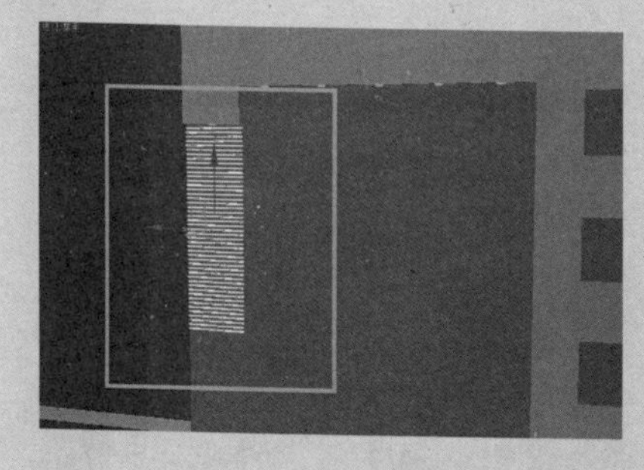

㉕ 创建一个“半径”为1600，“高度”为3000的圆柱体，在“参数”卷展栏中勾选“切片启用”复选框，设置切片从0到－90，将其命名为吧台墙并放置在门口，如下图所示。

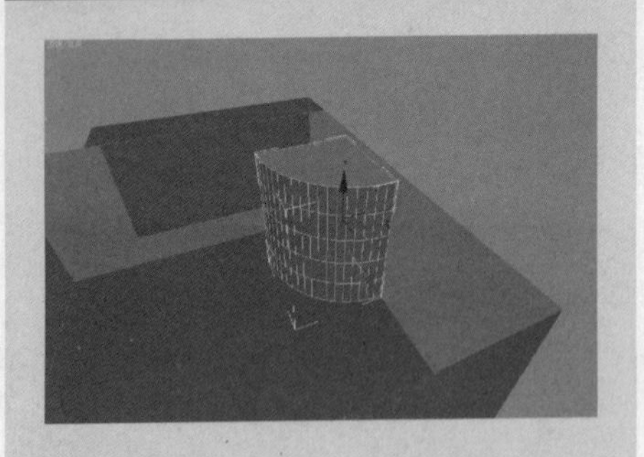

26 将吧台墙转换为可编辑多边形，然后选择其多边形面进行挤出设置，如下图所示。

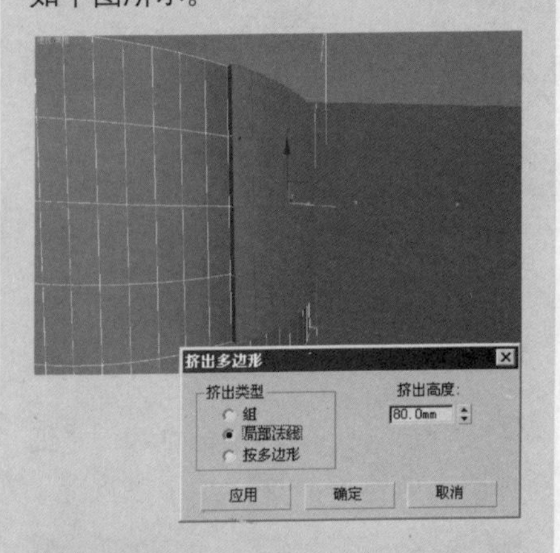

27 使用相同的方法挤出其旁边的多边形，并设置其"挤出高度"为-80，如下图所示。

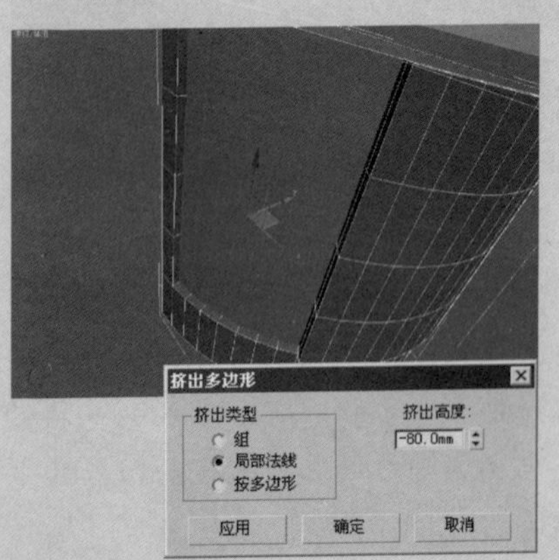

28 在此挤出多边形面，作为吧台的装饰块，如下图所示。

不会影响任何粒子。反射或折射的粒子在碰撞后繁殖，不管此选项区域中的设置如何。

◆ 繁殖数：用来指定可以使用繁殖效果的粒子百分比。
◆ 通过速度：用来指定粒子的初始速度中有多少在经过泛方向导向板后得以保持。
◆ 变化：用来指定应用到粒子范围上的"通过速度"设置的变化量。

动力学导向板空间扭曲

"动力学导向板"（平面动力学导向器）是一种平面的导向器，是一种特殊类型的空间扭曲，它能让粒子影响动力学状态下的对象。例如，如果想让一股粒子流撞击某个对象并打翻它，就好像消防水龙的水流撞击堆起的箱子那样，就应该使用动力学导向板。

"动力学导向板"的使用方法和"全泛方向导向"相同，也就是说，用户可以在没有动力学模拟的情况下将它们单独用做导向器。因为它们考虑到物理学，所以动力学导向器要比泛方向导向器慢。因此，建议用户仅在涉及到动力学模拟的情况下才使用动力学导向器。

动力学导向板视口图标如图12-143所示。

"动力学导向板"的很多参数和"全动力学导向"的参数相似。只是比"全动力学导向"少了一个"基于对象的动力学导向器"选项区域，此导向器是以图标为导向板进行导向的导向器。

创建或加载一个包含非事件驱动粒子系统，以及受这些粒子影响的对象（此后称为"对象"）的场景。根据需要调整二者的位置和方向，从而使粒子能撞击到对象。

将此导向器与粒子或者动力学物体进行空间扭曲的绑定，就可以实现空间扭曲，其效果如图12-144所示。

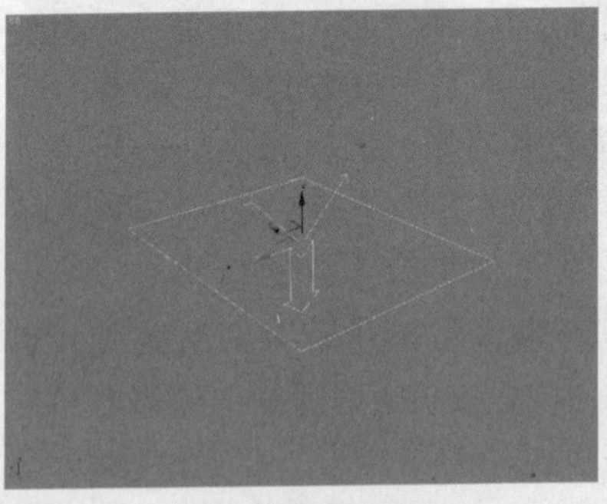

图12-143 动力学导向板图标

图12-144 动力学导向板效果

动力学导向球空间扭曲

"动力学导向球"空间扭曲是一种球形动力学导向器。它就像"动力学导向板"扭曲，只不过它是球形的，而且其"显示图标"数值指定的是图标的"半径"值，如图12-145所示。

"动力学导向球"与粒子系统进行绑定，效果如图 12-146 所示。

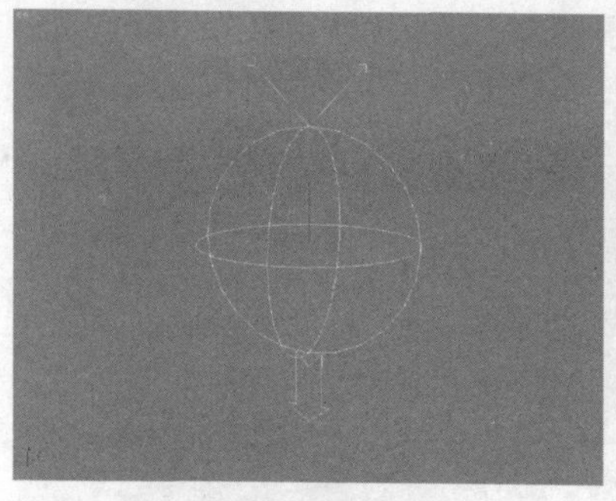

图 12-145 动力学导向球图标

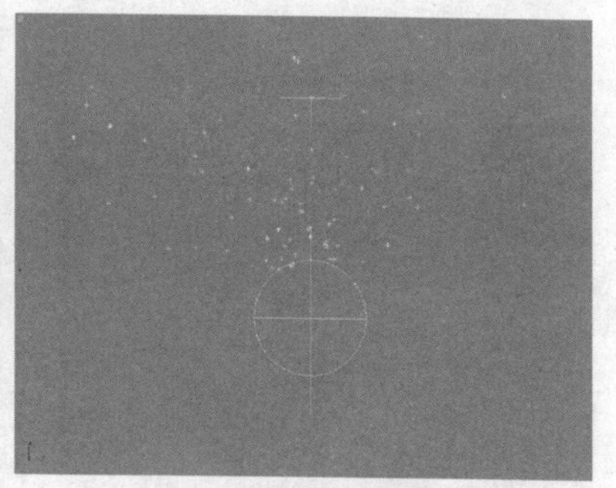

图 12-146 动力学导向球效果

泛方向导向板空间扭曲

"泛方向导向板"是空间扭曲的一种平面泛方向导向器类型。它能提供比原始导向器空间扭曲更强大的功能，包括折射和繁殖能力。

此空间扭曲是一个只能应用到粒子系统中的空间扭曲，不能应用到动力学模拟系统中，其图标如图 12-147 所示。

此空间扭曲的参数设置面板与"全泛方向导向"的参数设置面板相似。只是比"全泛方向导向"的参数面板少了一个"基于对象的泛方向导向器"选项区域。

"泛方向导向板"与粒子绑定后效果如图 12-148 所示。

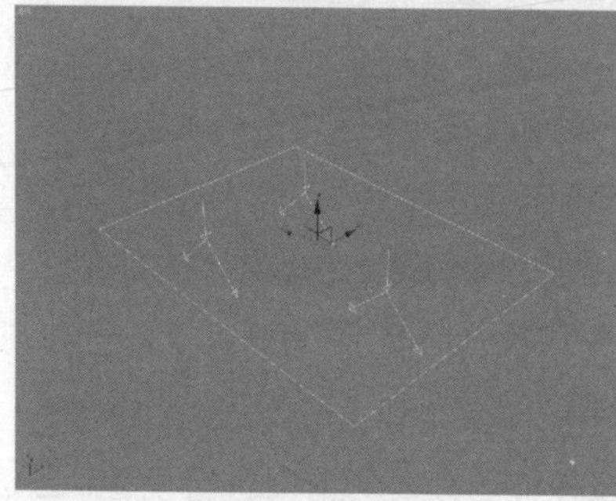

图 12-147 泛方向导向板图标

图 12-148 泛方向导向板效果

泛方向导向球空间扭曲

"泛方向导向球"是空间扭曲的一种球形泛方向导向器类型。它提供的选项比原始的导向球更多。大多数设置和"泛方向导向板"中的设置相同。不同之处在于该空间扭曲提供的是一种球形的导向表面而不是平面表面。惟一不同的设置在"显示图标"区域中，这里设置的是"半径"，而不是"宽度"和"高度"。

导向器的反面会反转扭曲效果，因此，经过"泛方向导向球"的折射粒子时首先击中它的外表面，然后再击中它的内表面。"扭曲"正值会使粒子朝垂直方向扭曲。之后，当粒子经过内表面时，相同的"扭曲"正值会使它们朝平行的方向扭曲。

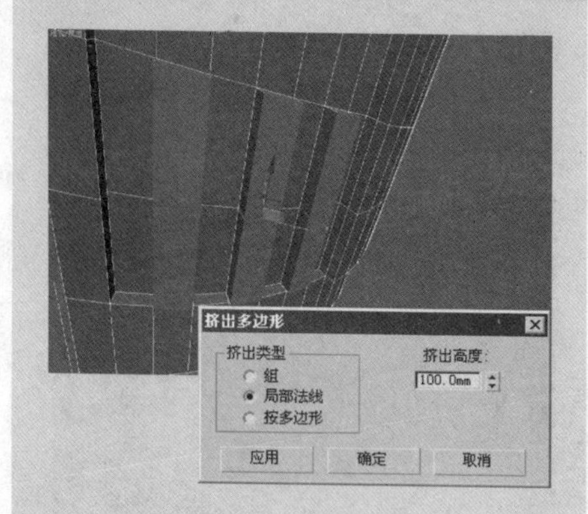

29 切换到多边形"边"子层级中，选择挤出多边形面的各个边，在"编辑边"卷展栏中单击 连接 按钮右侧的"设置"按钮□，在弹出的"连接边"对话框中设置"分段"为 24，如下图所示。

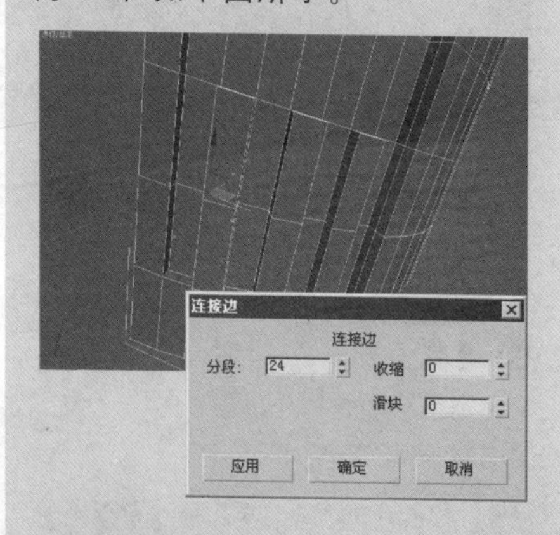

30 按数字键 4 切换到"多边形"子层级中间隔的选择连接产生的多边形面，并进行挤出修改，设置"挤出类型"为"局部法线"，"挤出高度"为 20，如下图所示。

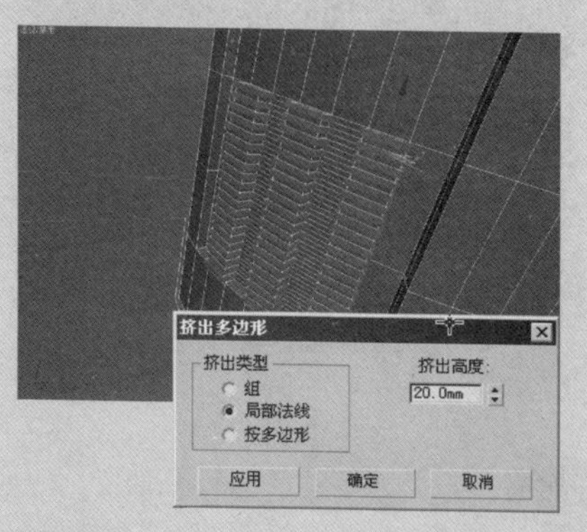

31 创建几个长方体，将其放置在贴近吧台的位置，作为放置饮料的搁置板，如下图所示。

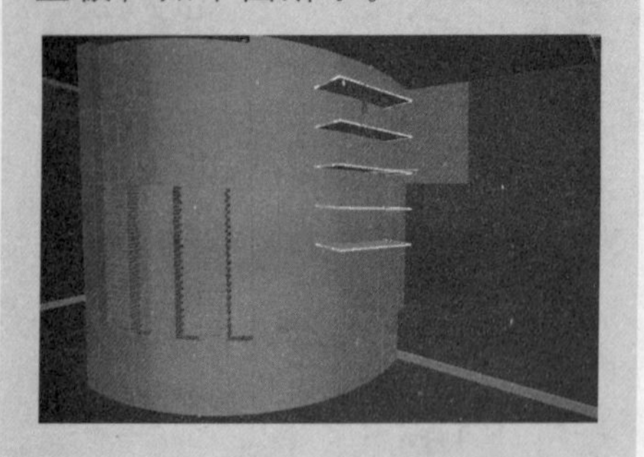

32 创建一个大小适当，有一定分段的长方体放置在吧台玻璃最下边，如下图所示。

33 给其添加一个“弯曲”修改命令，设置弯曲“角度”为－50，调节效果如下图所示。

34 创建4个尺寸大小适当的平面作为客厅装饰挂在内侧墙壁位置，如下图所示。

“泛方向导向球”空间扭曲只支持粒子系统，其图标如图12-149所示。

“泛方向导向球”空间扭曲和粒子绑定之后的效果如图12-150所示。

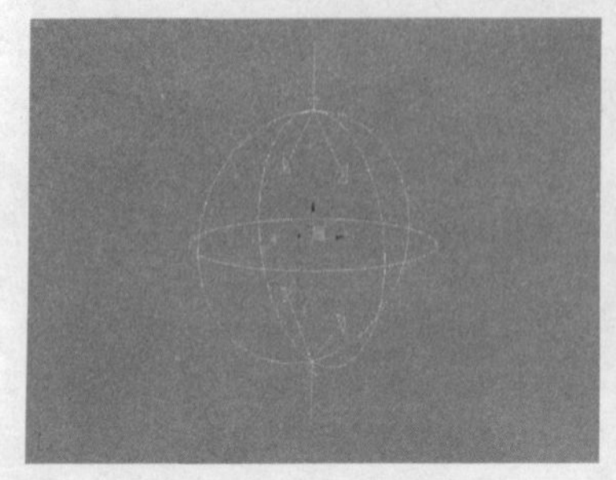

图12-149　泛方向导向球图标

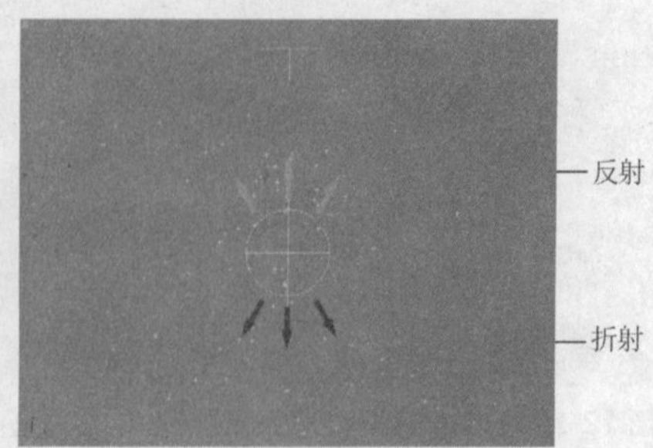

图12-150　泛方向导向球效果

全导向器空间扭曲

“全导向器”是一种能让用户使用任意对象作为粒子导向器的通用导向器，其图标如图12-151所示。

“全导向器”空间扭曲只支持粒子系统。用法与“全动力学导向”和“全泛方向导向”空间扭曲用法相同，其效果如图12-152所示。

图12-151　全导向器图标

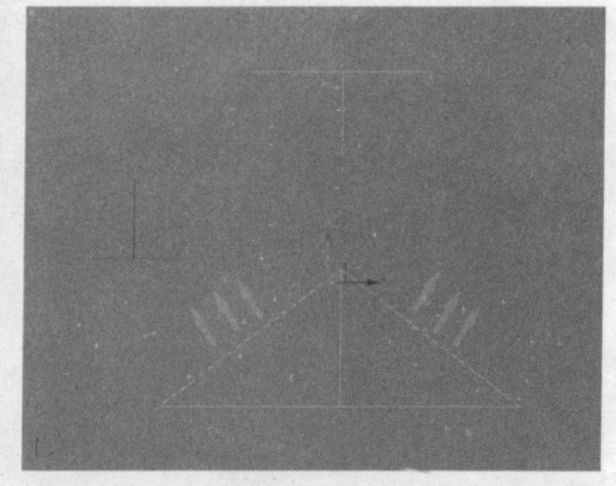

图12-152　全导向器效果

“全导向器”没有时间控件，只有“基于对象的导向器”、“粒子反弹”和“显示图标”3个选项区域控件可以对导向器进行设置，没有粒子折射参数。

导向球空间扭曲

“导向球”空间扭曲起着球形粒子导向器的作用。图标形状为球形，其效果如图12-153所示。

图12-153 导向球空间扭曲效果

“导向球”空间扭曲的“修改”面板中的“参数”卷展栏中的控件，只比“全导向器”的控件少了一个“基于对象的导向器”选项区域。“导向球”空间扭曲只支持粒子系统。

导向板空间扭曲

“导向板”空间扭曲起着平面防护板的作用，它能排斥由粒子系统生成的粒子。例如，使用导向器可以模拟被雨水敲击的公路。将“导向板”空间扭曲和“重力”空间扭曲结合在一起可以产生瀑布和喷泉效果。“导向板”与“重力”空间扭曲结合使用，效果如图12-54所示。

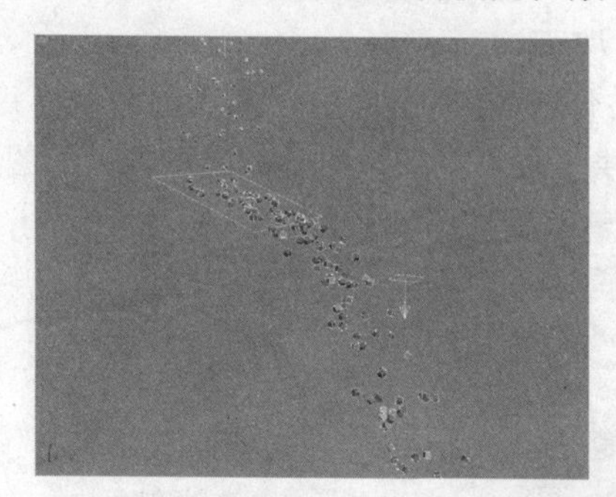

图12-154 “导向板”和“重力”混合效果

12.4.3 几何/可变形

“几何/可变形”空间扭曲是针对可渲染对象物体进行空间扭曲的变形工具。有一部分“几何/可变形”空间扭曲是可以在“修改”下拉列表中进行应用的。

在“创建”命令面板，单击“空间扭曲”按钮，将空间扭曲类型设置为“几何/可变形”类型，其“对象类型”卷展栏如图12-155所示。

对象类型	
自动栅格	
FFD(长方体)	FFD(圆柱体)
波浪	涟漪
置换	适配变形
爆炸	

图12-155 “几何”/可变形”对象类型

35 在房体中间创建一个“长度”为1400，“宽度”为2200的平面作为地毯，并将其放置在适当的位置，如下图所示。

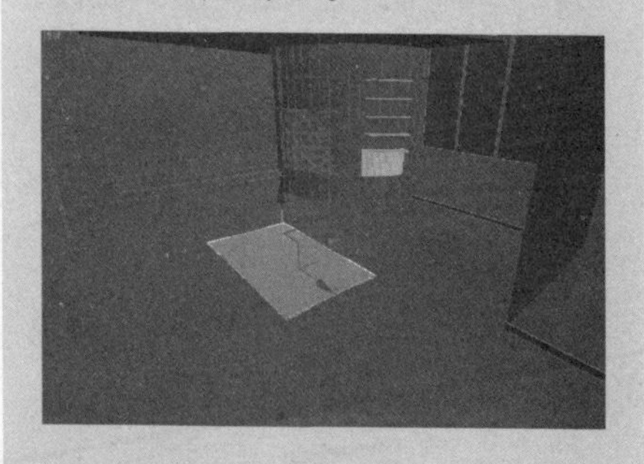

36 创建一个“长度”为2600，“宽度”为2160的长方体，并将其调节到门口处，然后转换为可编辑多边形，并将其边进行连接，如下图所示。

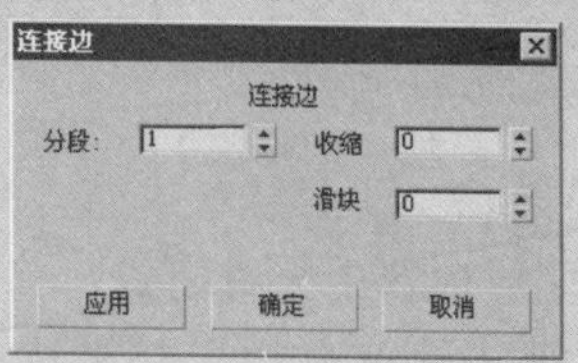

37 切换到“多边形”子层级中，分别挤出连接边而形成的多边形面，作为两层台阶，如下图所示。

其中的“FFD（长方体）”、“FFD（圆柱体）”、“波浪”、“涟漪”和“置换”这5种空间扭曲，在“修改”命令面板的“修改器列表”下拉列表中存在着与其功能相同的修改命令。

修改器只需要选中要变形的物体对象，然后执行修改命令即可。而空间扭曲则需要另外创建一个空间扭曲的图标，然后将图标和几何体进行绑定操作。

FFD(长方体)空间扭曲

自由形式变形（FFD）提供了一种通过调整晶格的控制点使对象发生变形的方法。控制点相对原始晶格源体积的偏移位置会引起受影响对象的扭曲。

“FFD（长方体）”空间扭曲是一种类似于原始FFD修改器的长方体形状的晶格FFD对象。该FFD既可以作为一种对象修改器，也可以作为一种空间扭曲。

用户将空间扭曲和可变形对象进行绑定之后，进入空间扭曲的子层级别可以选择空间扭曲的控制点进行移动、旋转和缩放等操作，与空间扭曲绑定的可变形物体对象就会跟随FFD空间扭曲的变化而进行变形，其效果如图12-156所示。

在“FFD(长方体)”空间扭曲的“修改”命令面板中的“参数”卷展栏中，系统提供了控制空间扭曲参数的控件，如图12-157所示。

图12-156　“FFD(长方体)”空间扭曲效果

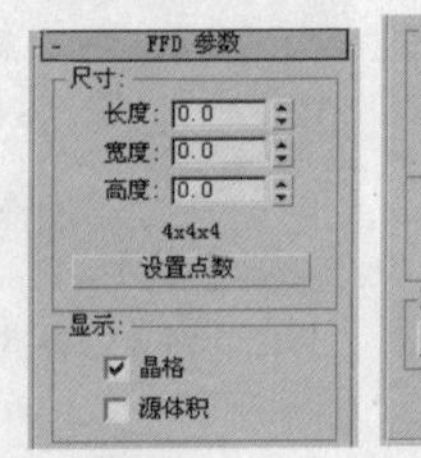

图12-157　“参数”卷展栏

- “尺寸”选项区域：该选项区域中的选项用来调整源体积的单位尺寸，并指定晶格中控制点的数目。
- “显示”选项区域：用来设置FFD在视口中的显示。
- “变形”选项区域：该选项区域中的选项所提供的控件用来指定哪些顶点受FFD影响。
- “选择”选项区域：“选择”选项区域中的这些选项提供了选择控制点的其他方法。用户可以切换3个按钮的任何组合状态来一次在1个、2个或3个维度上进行选择。

FFD(圆柱体)空间扭曲

“FFD（圆柱体）”空间扭曲在其晶格中使用柱形控制点阵列。此

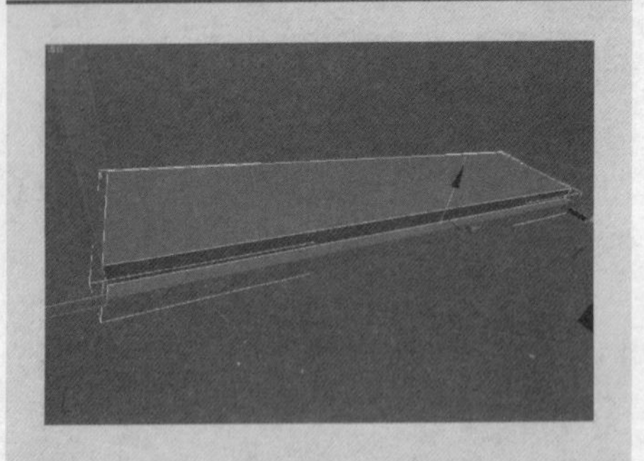

38 打开“创建”命令面板，在创建“几何体”命令面板中，将创建类型设置为“楼梯”，在其下面会出现一个“楼梯”创建命令面板，如下图所示。

楼梯
对象类型
自动栅格
L 型楼梯　U 型楼梯
直线楼梯　螺旋楼梯
名称和颜色

39 在“对象类型”卷展栏中单击 螺旋楼梯 按钮，在场景中的进门部位拖动鼠标创建螺旋楼梯，如下图所示。

40 在“参数”卷展栏中的“类型”选项区域中选中“封闭式”单选按钮，将其设置为封闭式楼梯，在“生成几何体”选项区域中勾选“侧弦”、“中柱”和“扶手路径”中的“内表面”和“外表面”复选框，在“布局”选项区域中

空间扭曲和上面所讲述的"FFD（长方体）"空间扭曲相似，只是其造型为圆柱体，其"修改"面板中的"参数"卷展栏中的"尺寸"选项区域用来设置圆柱的半径和高度，其效果如图12-158所示。

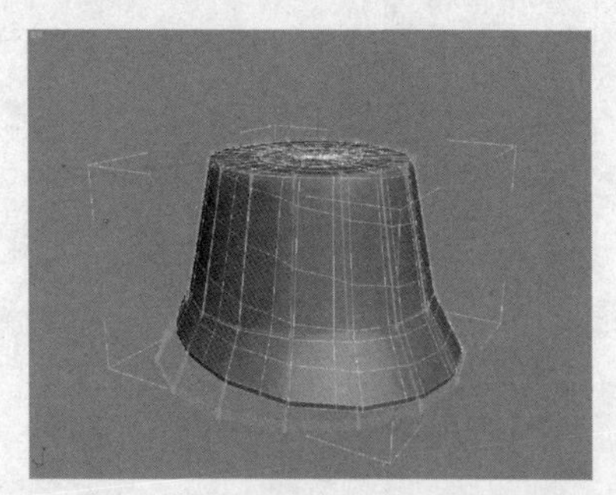

图12-158　"FFD(圆柱体)"空间扭曲效果

波浪空间扭曲

"波浪"空间扭曲可以在整个世界空间中创建线性波浪。它影响几何体和产生作用的方式与"波浪"修改器相同。当用户想让波浪影响大量对象，或想要相对于其在世界空间中的位置影响某个对象时，应该使用"波浪"空间扭曲。

使用"波浪"空间扭曲时要使用"绑定到空间扭曲"按钮，将变形对象物体和空间扭曲进行绑定，其效果如图12-159所示。

在"波浪"空间扭曲的"修改"命令面板中的"参数"卷展栏中，系统提供了控制空间扭曲参数的控件，如图12-160所示。

图12-159　波浪空间扭曲效果

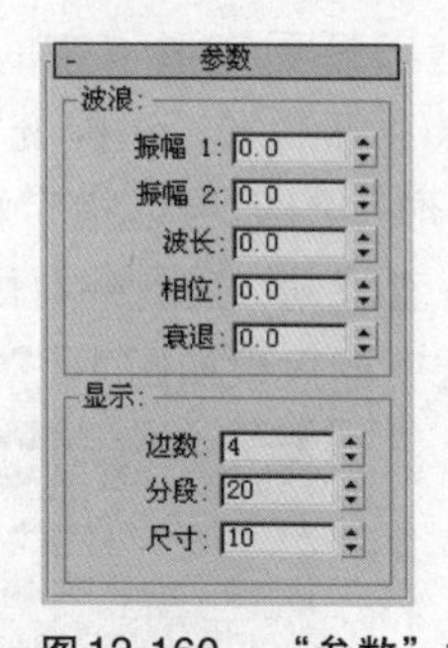

图12-160　"参数"卷展栏

- "波浪"选项区域：该选项区域中的选项控制波浪效果。用户可以通过这些选项指定波浪的振幅、波长、相位、衰退等参数。
- "显示"选项区域：该选项区域中的选项用来制定波浪扭曲图标线框的各种参数，这些参数会改变波浪的效果。

涟漪空间扭曲

"涟漪"空间扭曲可以在整个世界空间中创建同心波纹。它影响几何体和产生作用的方式与"涟漪"修改器相同。当用户想让涟漪影响大量对象，或想要相对于其在世界空间中的位置影响某个对象时应该使用"涟漪"空间扭曲。

选中"逆时针"单选按钮，设置"半径"为1200，"旋转"为1.2，"宽度"为600。在"阶梯"选项区域中设置"总高"为3200，如下图所示。

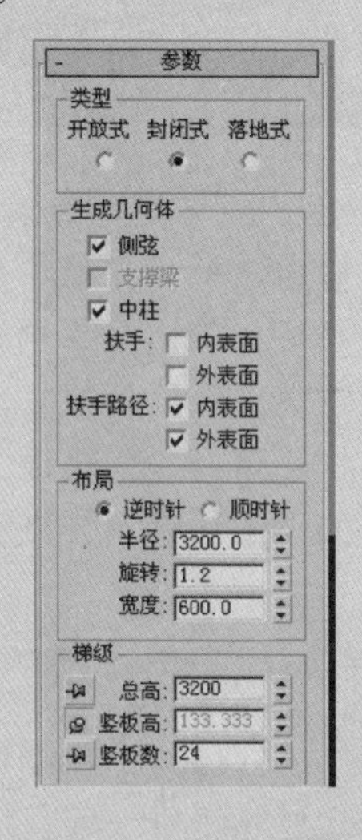

41 在"侧弦"卷展栏中设置"深度"为150，"宽度"为25.4，"偏移"为25.4，如下图所示。

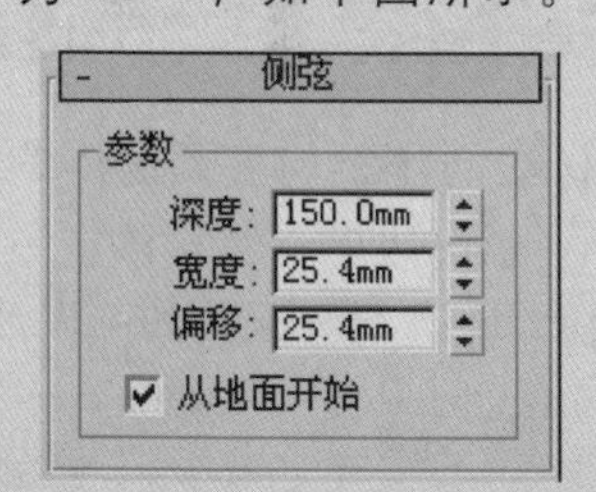

42 在"中柱"卷展栏中设置中柱"半径"为300，如下图所示。

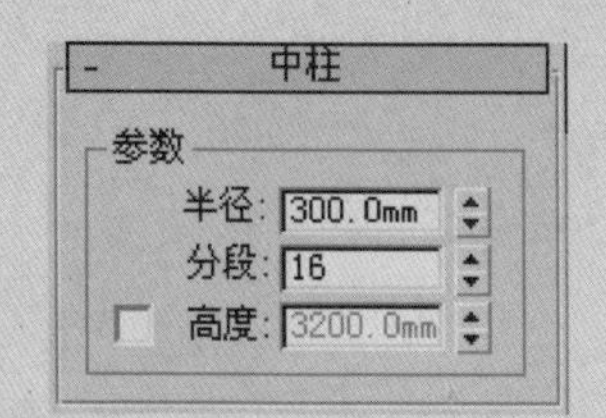

43 将楼梯模型调节到门口适当的位置，如下图所示。

44 将创建几何体命令面板中的创建类型设置为“AEC扩展”类型，创建一个栏杆，使用设置别墅栏杆相同的方法设置此处的栏杆，并拾取楼梯的扶手路径作为路径，最后设置效果如下图所示，详细设置方法在此不再赘述。

45 材质制作。切换到房体的“多边形”子层级中，将房体多边形面的材质ID进行分配，如下图所示。

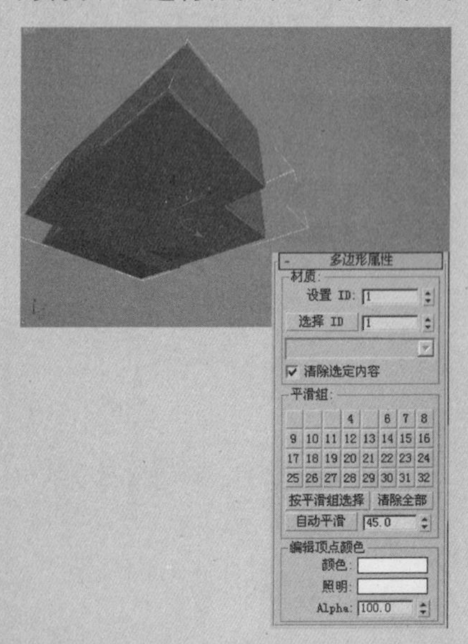

“涟漪”空间扭曲和“波浪”空间扭曲的用法相同，其效果如图12-161所示。

图12-161　涟漪空间扭曲效果

置换空间扭曲

“几何/可变形”空间扭曲类型中的“置换”空间扭曲和“力”空间扭曲类型中的“置换”用法相同。

适配变形空间扭曲

“适配变形”空间扭曲修改绑定对象的方法是按照空间扭曲图标所指示的方向推动其顶点，直至这些顶点碰到指定目标对象，或从原始位置移动到指定距离。

创建“适配变形”空间扭曲后，应在“适配变形”参数中指定目标对象，然后把“适配变形”和需要变形的对象绑定在一起。旋转“适配变形”图标可以指定移动方向（朝向目标对象）。变形物体的顶点会一直移动，直到碰到目标对象。一个球体在一个起伏不平的平面上的适配变形效果如图12-162所示。

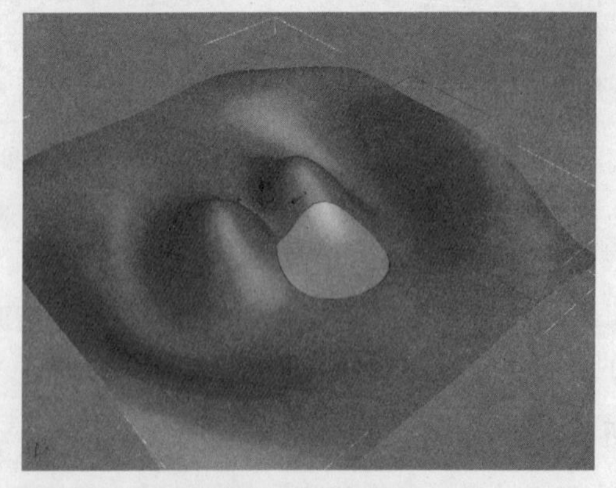

图12-162　适配变形空间扭曲效果

爆炸空间扭曲

“爆炸”空间扭曲能把对象炸成许多单独的面，是一个很实用的空间扭曲工具，其效果如图 12-163 所示。

在“爆炸”空间扭曲的“修改”命令面板中，系统提供了“爆炸”、“分形大小”和“常规”3 个选项区域控件对爆炸效果进行控制，如图 12-164 所示。

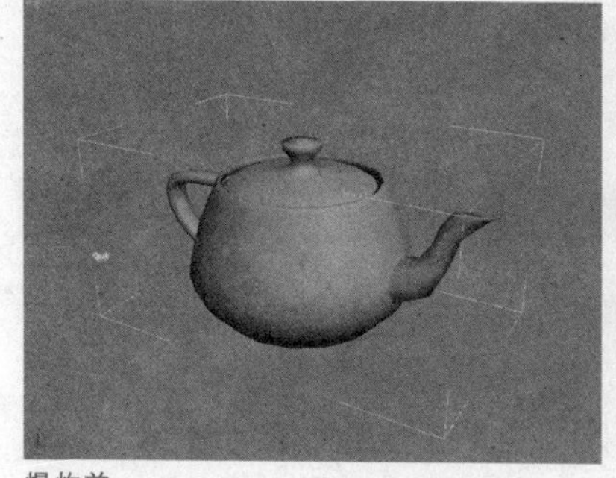

爆炸前　　爆炸后

图 12-163　爆炸空间扭曲效果

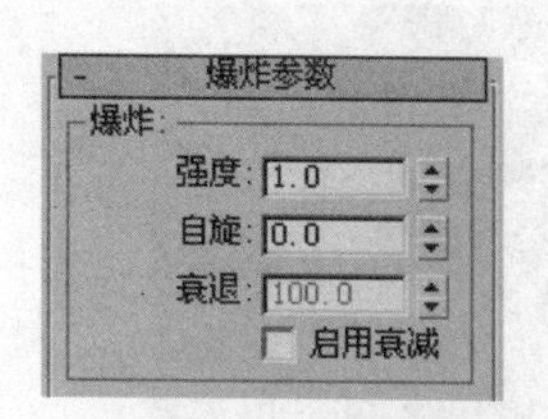

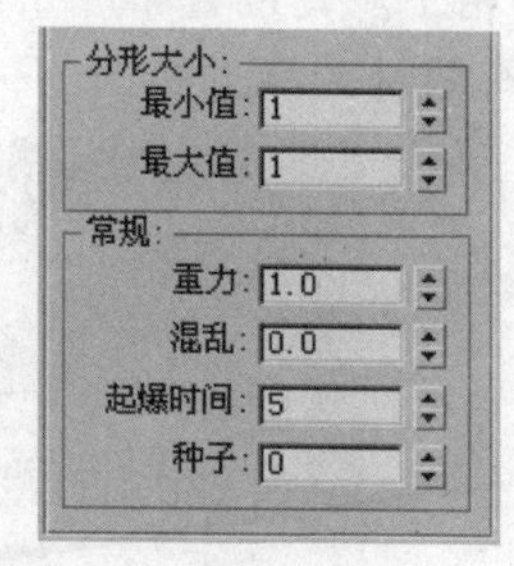

图 12-164　“爆炸参数”卷展栏

- “爆炸”选项区域：通过强度、自旋和衰退等参数对爆炸进行设置。
- “分形大小”选项区域：该选项区域中的“最小值”和“最大值”两个参数决定每个碎片的面数。任何给定碎片的面数都是在“最小值”和“最大值”之间随机确定。
- “常规”选项区域：此选项区域通过重力、混乱、起爆时间和种子等参数对爆炸进行设置。

12.4.4 基于修改器

“基于修改器”的空间扭曲和标准对象修改器的效果完全相同。和其他空间扭曲一样，它们必须和对象绑定在一起，并且它们是在世界空间中发生作用。当用户想对散布得很广的对象组应用诸如扭曲或弯曲等效果时，利用这些空间扭曲非常有用。

在“创建”命令面板，单击“空间扭曲”按钮，将空间扭曲类型设置为“基于修改器”类型，其“对象类型”卷展栏如图 12-165 所示。

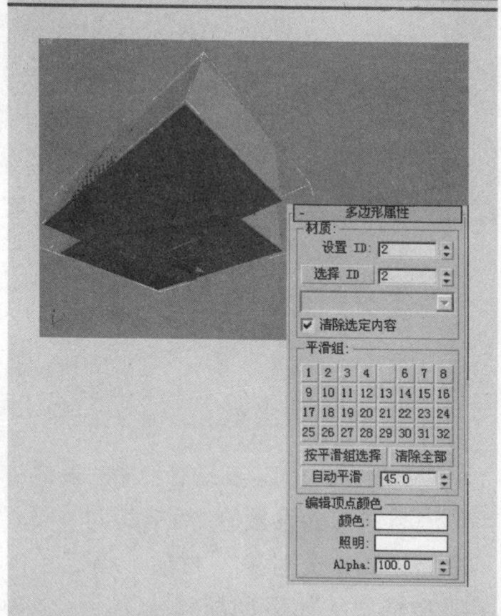

46 在材质编辑器中选择一个示例球，将其命名为“房体”，并将其材质类型设置为“多维/子对象”材质，将材质 ID 为 1 的子材质设置为纯白色，材质 ID 为 2 的子材质设置为方格带有一定反射的大理石材质，将该材质指定给房体模型，效果如下图所示。

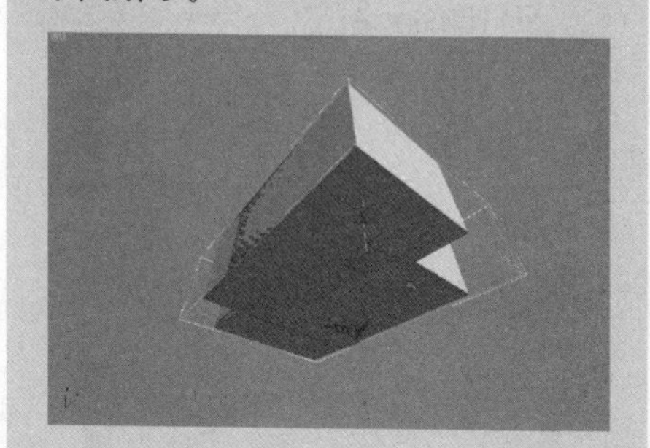

47 在材质编辑器中调节一个简单白色材质，将其指定给场景中的吊顶、楼梯、电视背景墙物体，如下图所示。

48 制作一个黑色金属材质指定给楼梯扶手，如下图所示。

49 使用相同的方法将吧台墙的多边形进行材ID的设置，然后给其调节一个"多维/子对象"材质，指定给吧台模型，如下图所示。

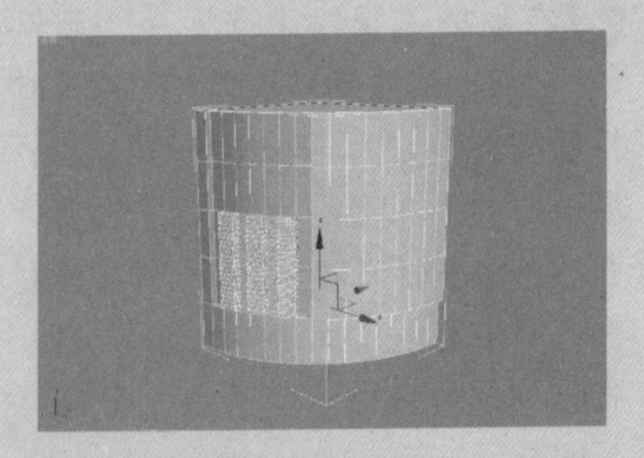

50 在材质编辑器中，制作一个玻璃材质，并指定给台吧玻璃，如下图所示。

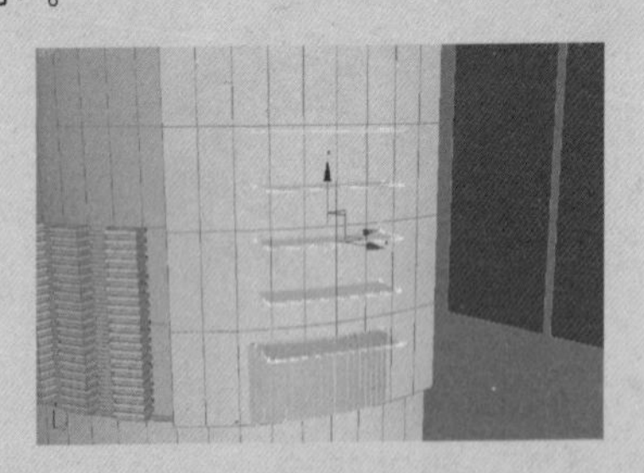

51 由于材质的制作方法在前面已经详细讲述，在此不再赘述，最后将材质指定完成，效果如下图所示。

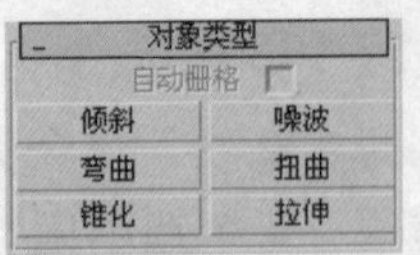

图12-165 "基于修改器"对象类型

由于"基于修改器"的空间扭曲和标准对象修改器的效果完全相同，所以在此不再赘述。

12.4.5 粒子和动力学

"粒子和动力学"空间扭曲中的"对象类型"卷展栏中，只有一个空间扭曲对象，即"向量场"。

"向量场"的创建方法和"FFD"空间扭曲的创建方法类似。单击 向量场 按钮，在视图中拖动即可创建该空间扭曲。这个小插件是个方框形的格子，其位置和尺寸可以改变，以便围绕要避开的对象。"向量场"有两种图标，如图12-166所示。

图12-166 向量场图标

"向量场"是一种特殊类型的空间扭曲，使用"向量场"空间扭曲可以使群组对象围绕不规则对象（如曲面和凹面）进行运动。用户可以将"向量场"用作空间扭曲行为、避免行为的源对象，或用作两者均可。

向量场包括强度、衰减和推拉效果的设置，以及显示格子、有效范围和矢量的选项。

晶格参数

"晶格参数"卷展栏主要用于设置"向量场"图标中的晶格数量及晶格大小，以便用户对对象进行控制。其卷展栏如图12-167所示。

障碍参数

该参数卷展栏主要用于设置"向量场"空间扭曲障碍对象的参数，其卷展栏如图12-168所示。

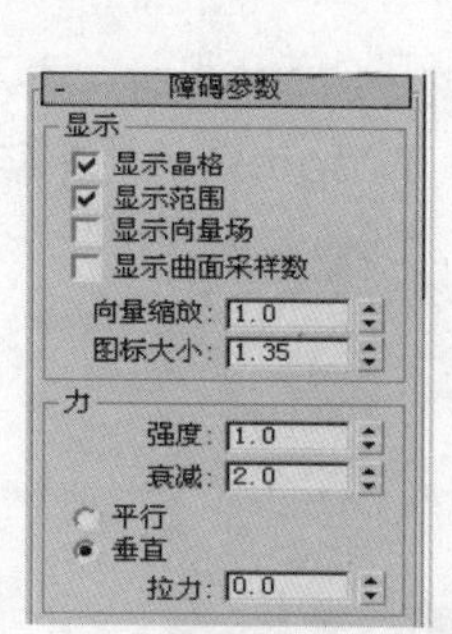

图12-167 “晶格参数”卷展栏　　图12-168 “障碍参数”卷展栏

只有使用群组对象并将对象绑定到“向量场”，它们才是该“向量场”的力的作用对象。

- “显示”选项区域：该选项区域中的选项用于控制是否显示“向量场”空间扭曲中的4个不同元素。
- “力”选项区域：该选项区域中的参数决定了“向量场”如何影响其体积内的对象。更改任何“力”选项区域设置都不需要重新计算“向量场”。
- “计算向量”选项区域：该选项区域中的设置用于设置“向量场”对象和空间扭曲采样的范围和精度。
- “混合向量”选项区域：使用“混合向量”参数可以减少相邻向量角度的突然变化。

12.4.6 Reactor

在“Reactor”空间扭曲中的“对象类型”卷展栏中也只有一个空间扭曲对象，“Water”。

Water在中文中的意义为“水”，在“Reactor”空间扭曲中的“Water”是模拟水的一个空间扭曲。

其创建方法和创建几何体中的“平面”创建方法类似，其图标如图12-69所示。

该空间扭曲主要应用到“Reactor”系统中，在“Reactor”中该扭曲可以模拟很真实的水面效果，如图12-170所示。

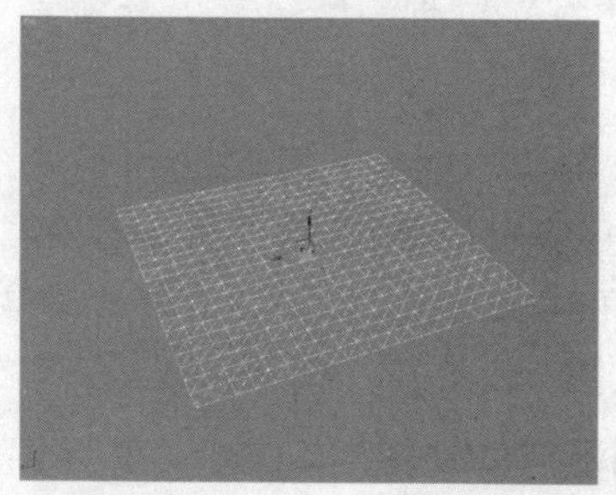

图12-169 “Water”空间扭曲效果

图12-170 “Water”模拟水效果

室内外设计> 客厅 23

52 执行菜单栏中的“文件>合并”命令，在弹出的“合并对象”对话框中指定搜集的电视组合模型，单击确定按钮，然后缩放其比例并将其放置在场景中电视背景墙前面，如下图所示。

53 在场景中合并沙发模型，调节其位置和大小，并放置在适当的位置，如下图所示。

54 将其他模型依次进行合并，如下图所示。

55 在顶视图中创建一个目标摄影机，并调节其位置和角度，如下图所示。

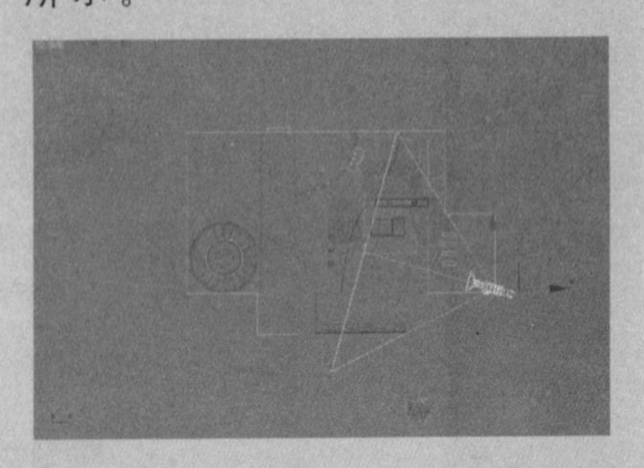

56 使用VR灯光中的 VRayLight 灯光创建灯槽灯光，并设置其颜色为偏冷色，放置如下图所示位置。

57 给场景中的中间位置添加一个适当的泛光灯作为主要照明光源并给筒灯添加灯光，如下图所示。

58 在“渲染场景”对话框中，开启GI全局光照明、设置光子贴图采样级别、抗锯齿类型以及天光参数等参数，如下图所示。

“properties”卷展栏

在“Water”的“Properties”卷展栏中提供了许多关于“Water”空间扭曲的参数，“Properties“卷展栏如图12-171所示。

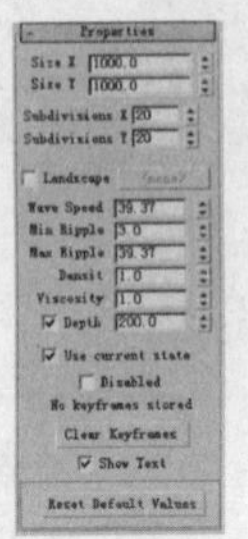

图12-171 “Properties”卷展栏

- Size X：X轴方向长度。
- Size Y：Y轴方向宽度。
- Subdivisions X：X轴方向分段。
- Subdivisions Y：Y轴方向分段。
- Landscape：河岸，勾选Landscape复选框可以启用河岸功能，其后面的 <none> 按钮用来指定作为河岸的物体对象。
- Wave Speed：水波速度。
- Min Ripple：最小波长。
- Max Ripple：最大波长。
- Density：密度。(水的标准密度为1.0)。
- Viscosity：粘稠度。
- Depth：深度。
- Use current state：使用当前设置。
- Disabled：使用最初设置。
- “Clear Keyframes”按钮：单击该按钮，清除帧设置。
- Show Text：显示文本。
- “Reset Default Values”按钮：单击该按钮，重新设置全部参数。

在“Reactor”系统中创建Water

Step 01 在“创建”命令面板中单击“空间扭曲”按钮，并将其类型设置为“Reactor”类型。

Step 02 在“对象类型”卷展栏中单击 Water 按钮，在顶视图中拖动创建Water。在其“Properties”卷展栏中设置“Size X”和“Size Y”均为300.0，并设置“Subdivisions X”分段和“Subdivisions Y”分段为60，“Max Ripple”(最大波长)为100.0，其图标如图12-172所示。

Step 03 在Water图标的上部创建一个小于Water图标的圆球，赋予木纹材质，如图12-173所示。

图 12-172 创建 Water 空间扭曲

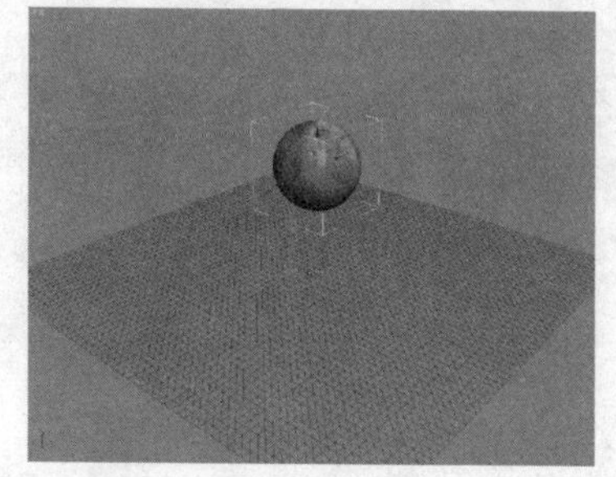
图 12-173 创建小球

Step 04 选择小球，在“Reacter”工具栏中单击“OpenProperty Editor”（设置钢体参数）按钮，在弹出的“Rigid Body Properties”（钢体属性）“对话框中设置“Mass”值为300.0。

Step 05 在视图中创建一个与Water等大的平面，并设置其“长度分段”和“宽度分段”均为60，调节一个光滑具有反射属性的材质赋予平面，并与Water空间扭曲图标对齐，如图12-174所示。

Step 06 选择场景中的圆球物体，在“Reactor”工具栏中单击“Create Rigid Body Collection”（创建刚体集合）按钮，系统自动将球体添加到刚体集合中，如图12-175所示。

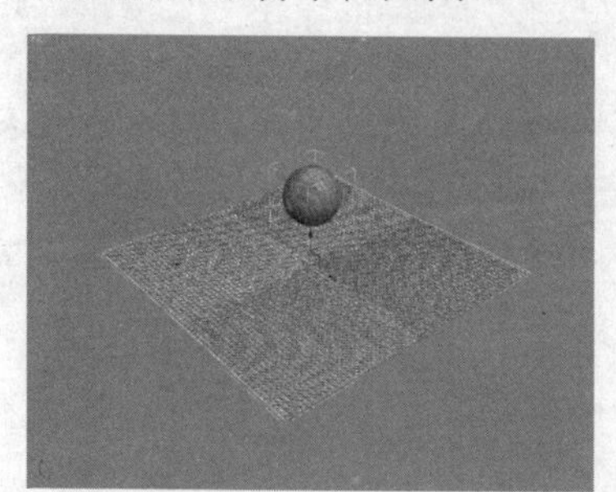
图 12-174 创建平面

图 12-175 添加刚体集合

Step 07 在主工具栏中单击“绑定到空间扭曲”按钮，将Water空间扭曲和平面进行绑定，如图12-176所示。

Step 08 在“Reactor”工具栏中单击“Create Animation”（在场景中生成逐帧动画）按钮，将“Reactor”中的动画在场景中生成动画，最终效果如图12-177所示。

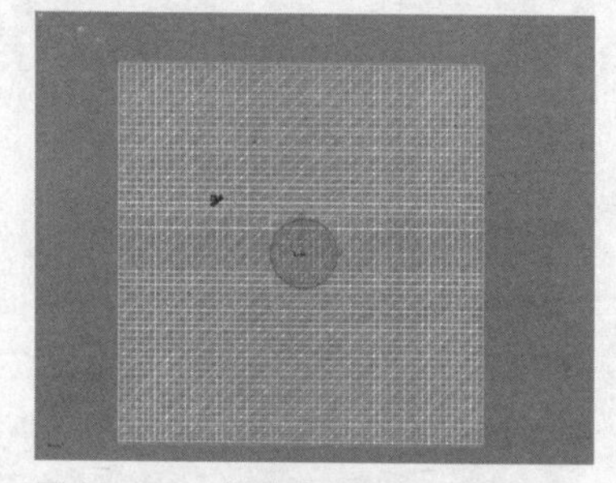
图 12-176 绑定空间扭曲和平面

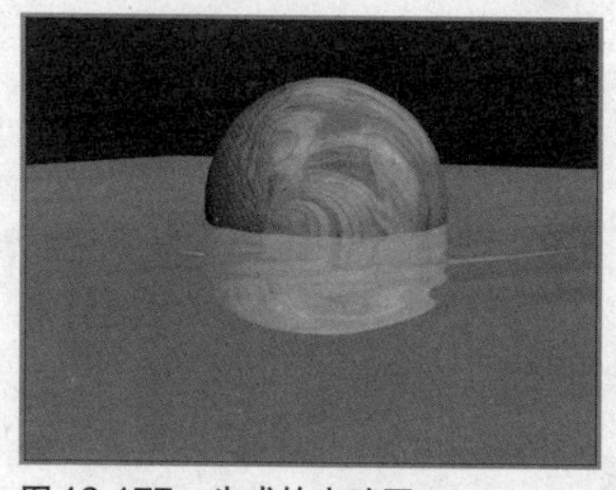
图 12-177 生成的水动画

59 设置输出尺寸后单击 渲染 按钮，进行最终渲染，最后效果如下图所示。

60 使用Photoshop软件调节图片，最后效果如下图所示。

[3ds Max 9]

完全手册+特效实例

13 [Chapter]

基础动画

3ds Max是一款为广大三维设计师们所公认和喜爱的效果图制作软件，能够制作出漂亮的效果图和盛大的三维静态场景。与此同时它还具有另外一个强大的功能，就是动画制作功能。

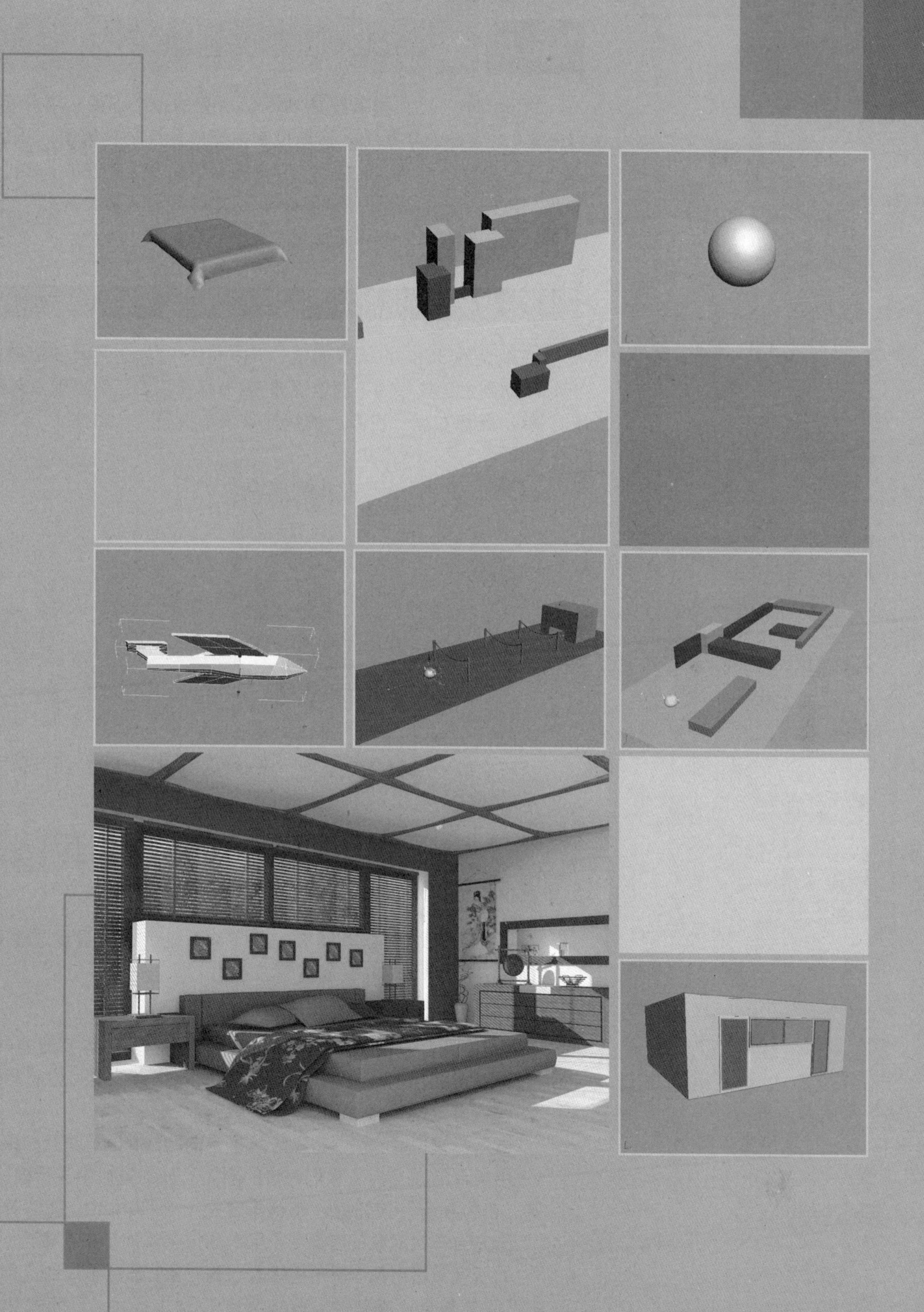

01 执行菜单栏中的"自定义>单位设置"命令，打开"单位设置"对话框，如下图所示。

02 在"显示单位比例"选项区域中选中"公制"单选按钮，并将其下边的"公制"单位设置为"毫米"，如下图所示。

03 在"单位设置"对话框中，单击 系统单位设置 按钮，在弹出的"系统单位设置"对话框中，将"系统单位比例"单位也设置为毫米，如下图所示。

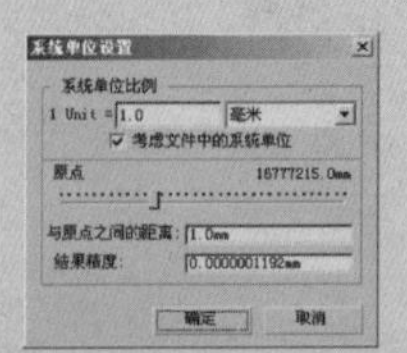

13.1 Reactor动力学基础知识

"Reactor"动力学系统是3ds Max里的一个插件，用户能够使用"Reactor"动力学系统轻松地控制并模拟复杂物理场景。"Reactor"支持完全整合的刚体和软体动力学、布料模拟及流体模拟。它可以模拟枢连物体的约束和关节，还可以模拟诸如风和马达之类的物理行为。用户可以使用所有这些功能来创建丰富的动态环境。

13.1.1 Reactor动力学工具栏

在默认的3ds Max界面中，"Reactor"的工具栏是隐藏的，将光标移动到主工具栏的下部边缘处，当光标箭头右下角出现白色图标时，单击鼠标右键，在弹出的快捷菜单中执行"Reactor"命令，如图13-1所示。

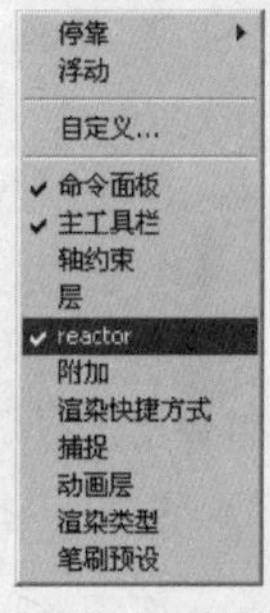

图13-1 右键菜单

执行完毕"Reactor"命令，就会打开"Reactor"动力学工具栏，如图13-2所示。

图13-2 Reactor动力学工具栏

也可以通过执行菜单栏中的"自定义>显示UI>显示浮动工具栏"命令，打开"Reactor"动力学工具栏。

此工具栏各选项的意义和用途如下。

- "刚体集合"按钮：刚体集合是一种作为刚体容器的Reactor辅助对象。一旦在场景中添加了刚体集合，就可以将场景中的任何有效刚体添加到集合中。
  当运行模拟时，软件将检查场景中的刚体集合，并且如果没有禁用集合的话，会将它们包含的刚体添加到模拟中进行模拟运算。
- "布料集合"按钮：布料集合是一个Reactor辅助对象，用于充当布料对象的容器。一旦在场景中添加了布料集合，场景中的所有布料对象（带布料修改器的对象）都可添加到该集合中。
- "软体集合"按钮：软体集合"Soft Body Collection"也

是一个 Reactor 辅助对象，用于充当软体的容器。将软体集合添加到场景中后，场景中的所有软体均可以添加到该集合中。

- “绳索集合”按钮：“绳索集合”用于充当绳索的容器。将绳索集合添加到场景中后，场景中的所有绳索均可以添加到该集合中。
- “变形网格集合”按钮：“变形网格集合”是一个 Reactor 辅助对象，可充当变形网格的容器。将变形网格集合添加到场景中后，场景中的所有变形网格均可以添加到该集合中。
- “平面”按钮：Reactor“平面”对象是一种刚体，在模拟操作中，它用作固定的无限平面。不应将它与标准的 3ds Max 平面相混淆，后者也可以用作刚体。
- “弹簧”按钮：“弹簧”辅助对象可用于在模拟中的两个刚体之间创建弹簧，或在刚体和空间中一点之间创建弹簧。在模拟过程中，弹簧会向相连的实体施加作用力，试图保持其静止长度。其物理属性和现实中的弹簧雷同。
- “线性缓冲器”按钮：利用“线性缓冲器”，可以在模拟中将两个刚体约束在一起，或将一个实体约束于世界空间中的一点。其行为方式与静止长度为0且阻尼很大的弹簧相似。可以指定缓冲器的强度和阻尼，以及是否禁止附着实体之间发生碰撞。
- “角度缓冲器”按钮：用户可以使用“角度缓冲器”来约束两个刚体的相对方向，或约束刚体在世界空间中的绝对方向。当模拟时，缓冲器将角冲量作用于其附着的实体，试图保持对象之间的指定旋转。
- “马达”按钮：“马达”辅助对象允许将旋转力应用于场景中任何非固定刚体。可以指定目标角速度以及马达用于实现此速度的最大角冲量。在默认情况下，场景中所有有效的马达都会添加到模拟，因此不必将马达显式添加到模拟。
- “风”按钮：可以向 Reactor 场景中添加“风”效果。
- “玩具车”按钮：Reactor“玩具车”是创建和模拟简单车型的快速而有趣的方法，使用此方法不必自己分别设置每个约束。
- “破裂”按钮：破裂功能可以模拟碰撞后刚体断裂为许多较小碎片的情形。为此，需要提供粘合在一起的碎片以创建整个对象。所提供的碎片不会再断裂为更小的碎片。
- “水空间扭曲”按钮：可以使用“Water”空间扭曲在 Reactor 场景中模拟液面的行为。可以指定水的大小及密度、波速和黏度等物理属性。
- “约束解算器”按钮：“约束解算器”在特定刚体集合中充当合作式约束的容器，并为约束执行所有必要的计算以协同工作。
- “碎布玩偶约束”按钮：“碎布玩偶约束”可用于模拟实际的实体关节行为，例如臀、肩和踝关节。一旦确定关节应具备的移动程度，就可通过指定碎布玩偶约束的限制值来进行建模。

04 在“创建”命令面板中单击“图形”按钮，在“对象类型”卷展栏中单击 矩形 按钮，在顶视图中创建一个“长度”为6400、“宽度”为6800的矩形，如下图所示。

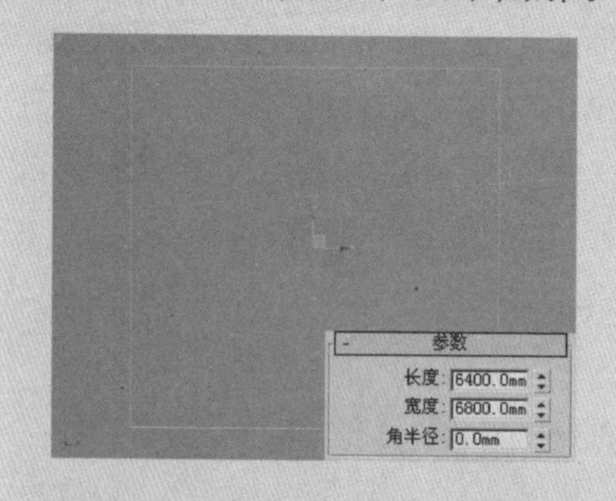

05 执行右键快捷菜单“转换为>转换为可编辑样条线”命令，将矩形转换为可编辑样条线，按数字键3切换到样条线的“样条线”子层级，选择样条线，在“修改”命令面板“几何体”卷展栏中的 轮廓 按钮后的数值框中输入260，效果如下图所示。

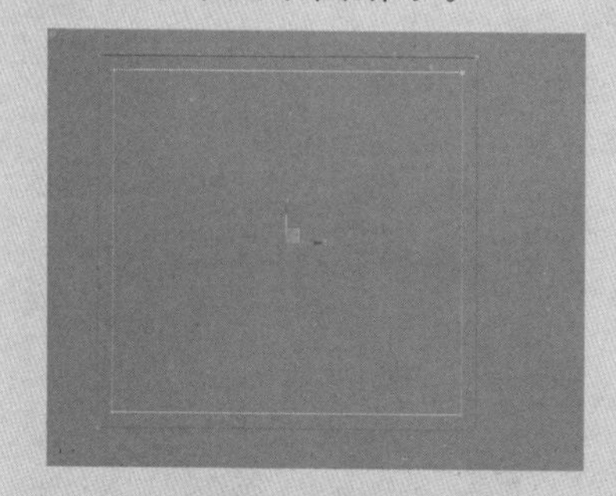

06 在前视图中创建一个“长度”为2100，“宽度”为4900，“高度”为600的长方体，如下图所示。

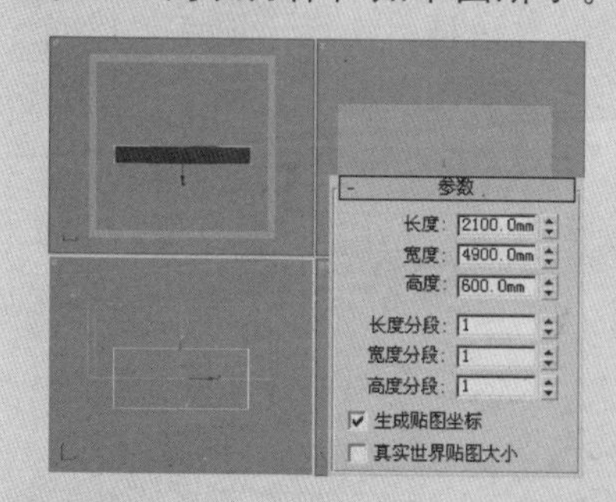

07 在前视图中右击在工具栏中的“选择并移动”工具按钮，打开“移动变换输入”对话框，在该对话框中的“偏移：屏幕”选项区域中的Y后面的数值框中输入1050，在Z后面的数值框中输入2800，其效果如下图所示。

08 在“创建”命令面板中单击“几何体”按钮，将几何体类型设置为“复合对象”，在“对象类型”卷展栏中单击 布尔 按钮，在“参数”卷展栏中单击“操作”选项区域中的“差集（B-A）”选项，然后单击“拾取布尔”卷展栏中的 拾取操作对象 B 按钮，在视图中拾取创建的墙体，效果如下图所示。

09 在工具栏中启用“捕捉开关”按钮，右击鼠标打开“栅格和捕捉设置”对话框，勾选“顶点”捕捉选项，如下图所示。

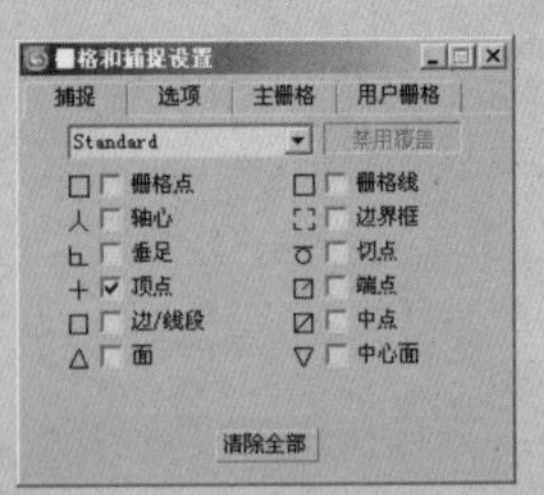

- “铰链约束”按钮：“铰链约束”允许在两个实体之间模拟类似铰链的动作。Reactor可在每个实体的局部空间中按位置和方向指定一根轴。
- “点到点约束”按钮：“点到点约束”可用于将两个对象连在一起，或将一个对象附着至世界空间的某点。它强制其对象设法共享空间中的一个公共点。对象可相对于彼此自由旋转，但始终共用一个附着点。
- “棱柱约束”按钮：“棱柱约束”是一种两个刚体之间、或刚体和世界之间的约束，它允许其实体相对于彼此仅沿一根轴移动。旋转与其余两根平移轴都被固定。
- “车轮约束”按钮：可以使用此约束将轮子附着至另一个对象，例如汽车底盘。也可将轮子约束至世界空间中的某个位置。模拟期间，轮子对象可围绕在每个对象空间中定义的自旋轴自由旋转。
- “点到路径约束”按钮：“点到路径约束”用于约束两个实体，以使子实体可以沿相对于父实体的指定路径自由移动。或者，可以创建一个单实体的约束，其中约束的实体可以沿世界空间中的路径移动。子实体的方向不受此约束的限制。
- “布料修改器”按钮：“布料修改器”可用于将任何几何体变为变形网格，从而可以模拟类似窗帘、衣物、金属片和旗帜等对象的行为。可以为布料对象指定很多特殊属性，包括刚度以及对象折叠的方式。
- “软体修改器”按钮：使用“软体修改器”可以将刚体转变为可变形的3D闭合三角网格，从而使用户在模拟过程中创建可伸缩、弯曲和挤压的对象。可以指定软体的物理属性，包括刚度、质量和摩擦。
- “绳索修改器”按钮：可以使用3ds Max中的任意样条线对象创建Reactor绳索。“绳索修改器”将对象转变为变形的一维顶点链。可以使用绳索对象模拟绳索以及头发、锁链、镶边和其他类似绳索的对象。
- “刚体属性”按钮：使用“Rigid Body Properties”（刚体属性）卷展栏或对话框为刚体指定物理属性、模拟几何体和显示属性。
- “检测”按钮：此工具从创建模拟开始。如果在建立模拟时发现任何错误（例如系统中的无效对象数或将使模拟停止运行的无效网格），这些错误会在对话框中报告。在创建模拟时，总是会执行这些错误检查，如果其中的任何测试失败，模拟将无法继续。
- “实时预览”按钮：Reactor提供的一项非常有用的功能是从3ds Max之中预览模拟。使用预览窗口可以实时查看Reactor模拟并进行交互。可以在预览中运行模拟、使用鼠标与场景中的对象交互，以及使用预览中的当前状态更新3ds Max中的对象。

- "在视图中创建动画"按钮：在Reactor模拟器中调节好动画之后，在场景中创建逐帧动画。模拟器根据几何体每一帧模拟运动的路径进行精确的记录动画并设置为关键帧。

Reactor动力学布料模拟

Step 01 在场景中创建一个平面和一个长方体，并适当增加平面对象的长宽分段数都为20。

Step 02 给平面添加一个布料材质，并调节平面位置到圆球的上方，如图13-3所示。

图13-3 创建模拟场景

Step 03 选中上面要作为布料的平面，单击"Reactor"工具栏中的"布料集合"按钮，修改平面添加布料，然后在"修改"命令面板中的"Properties"(属性)卷展栏中，勾选 Avoid Self-Intersections 选项，避免布料与自身的交叉。

Step 04 单击"Reactor"工具栏中的"布料集合"按钮将平面添加到"布料集合"中。

Step 05 选中平面，在"修改"命令面板中设置其重量，摩擦和反弹系数。

Step 06 选中圆球物体，单击工具栏中的"刚体集合"按钮，将圆球添加到"刚体集合"中。

Step 07 单击工具栏中的"实时浏览"按钮，"Reactor"动力学系统就会在新打开的面板中自动模拟布料落到圆球上的动画，如图13-4所示。

图13-4 布料模拟效果

Step 08 调节完毕后，单击工具栏中"创建动画"按钮，将动力学模拟的动画在视口中创建成逐帧动画。

⑩ 在"创建"命令面板中，将"几何体"类型设置为"标准基本体"在"对象类型"卷展栏中单击 长方体 按钮，在顶视图中捕捉墙体的对角，拖动创建出房顶长方体，并设置其"高度"为30，如下图所示。

⑪ 选择上一步所创建的长方体执行右键菜单"属性"命令，在弹出的"对象属性"对话框中，切换到"常规"选项卡，在选项卡中的"对象信息"选项区域中设置长方体的"名称"为"地板"，如下图所示。

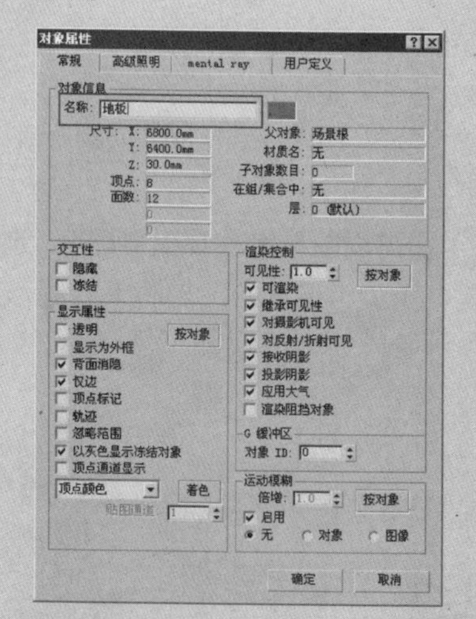

技巧 提示

为对象物体进行命名有利于用户对场景进行管理和对单个物体对象的选择和编辑。对对象物体的命名可以使场景更具条理性。也是初涉3D的初学者所必须养成的好习惯。

13.1.2 Reactor动力学菜单

“Reactor”菜单提供了许多“Reactor”功能的快捷方式，用户可以通过多种手段对“Reactor”动力学进行编辑和操作。“Reactor”下拉菜单，如图13-5所示。

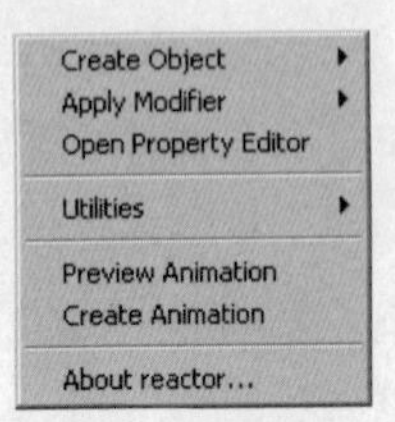

图13-5 “Reactor”下拉菜单

- Create Object：创建Reactor元素。
- Apply Modifier：动力学修改命令。
- Open Property Editor：打开刚体属性面板。
- Utilities：编辑。
- Preview Animation：模拟预览动画与前面工具栏中“实时预览”工具相同。
- Create Animation：在视图中创建动画与前面工具栏中“创建动画”工具相同。
- About reactor：关于Reactor动力学。

Create Object

“Create Object ”命令子菜单如图13-6所示。

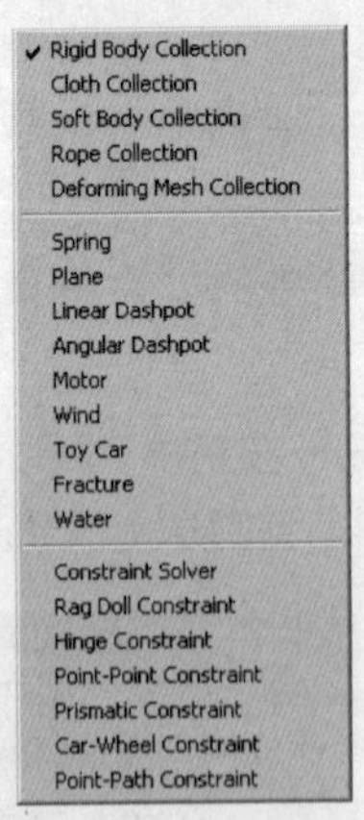

图13-6 “Create Object ”子菜单

- Rigid Body Collection：创建“刚体集合”。
- Cloth Collection：创建“布料集合”。
- Soft Body Cllection：创建“软体集合”。

⑫ 单击“选择并移动”工具按钮，选择上一步创建的“地板”长方体，执行右键菜单“克隆”命令，将上一步所创建的长方体进行原地复制，如下图所示。

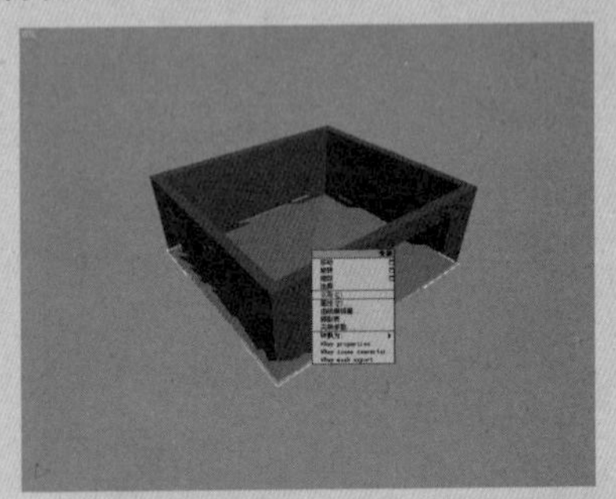

⑬ 在弹出的“克隆选项”对话框中的“对象”选项区域中选中“复制”单选按钮，在“名称”后面的文本框中输入“天花板”，将复制的长方体命名为“天花板”，如下图所示。

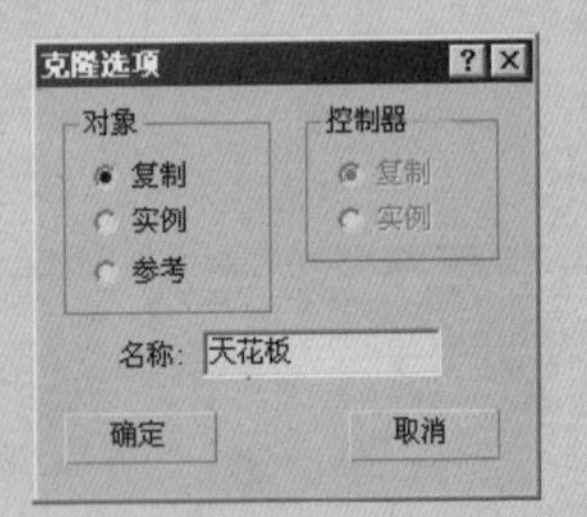

⑭ 在前视图或者左视图中配合“选择并移动”工具，沿轴将天花板移动到墙体的顶部，如下图所示。

⑮ 在左视图中创建一个“长度”为2000、“高度”为900、“宽度”为600的长方体，如下图所示。

- Rope Collection：创建“软体集合”。
- Deforming Mesh Collection：创建“变形网格集合”。
- Spring：创建“弹簧集合”。
- Plane：创建Reactor平面。
- Linear Dashpot：创建“线缓冲器”。
- Angular Dashpot：创建“角度缓冲器”。
- Motor：创建“马达”。
- Wind：创建“风”。
- Toy Car：创建“玩具车”。
- Fracture：创建“破裂效果”。
- Water：创建“水空间扭曲”。
- Constraint Solver：创建“约束解算器”。
- Rag Doll Constraint：创建“破布玩偶约束”。
- Hinge Constraint：创建“铰链”约束。
- Point-Point Constraint：创建“点到点约束”。
- Prismatic Constraint：创建“棱柱约束”。
- Car-Wheel Constraint：创建“车轮约束”。
- Point-Path Constraint：创建“点到路径约束”。

Apply Modifier

“Apply Modifier”命令子菜单，如图13-7所示。

Cloth Modifier
Soft Body Modifier
Rope Modifier

图13-7 “Apply Modifier”子菜单

- Cloth Modifier：添加“布料修改器”命令，同“修改”命令面板中的“Reactor Cloth”修改命令相同。
- Soft Body Modifier：添加“软体修改器”命令，同“修改”命令面板中的“Reactor Soft Body”修改命令相同。
- Rope Modifier：添加“绳索修改器”命令，同“修改”命令面板中的“Reactor Rope”修改命令相同。

在动力学命令面板中,提供了很多创建Reactor动力学元素的一些快捷方式。

在“创建”命令面板中单击“辅助对象”按钮，设置辅助对象类型为“Reactor”，系统会展开“Reactor”动力学面板，如图13-8所示。

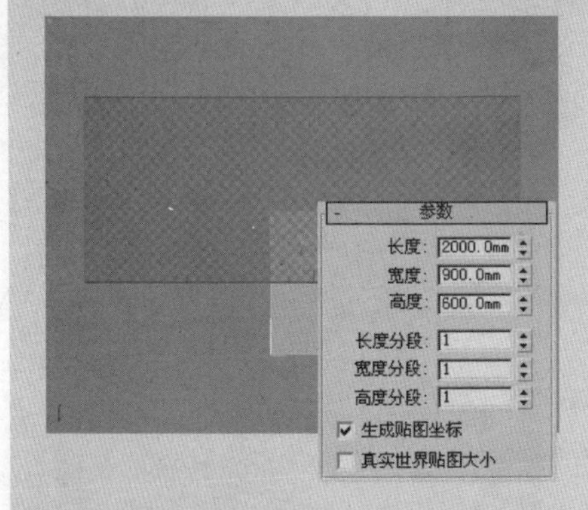

⑯ 单击左视图，在工具栏中右击“选择并移动”工具按钮，打开“移动变换输入”对话框，在对话框中的“偏移：屏幕”选项区域中的X后面的数值框中输入-1500，在Y后面的数值框中输入1000，在Z后面的数值框中输入-3500，其效果如下图所示。

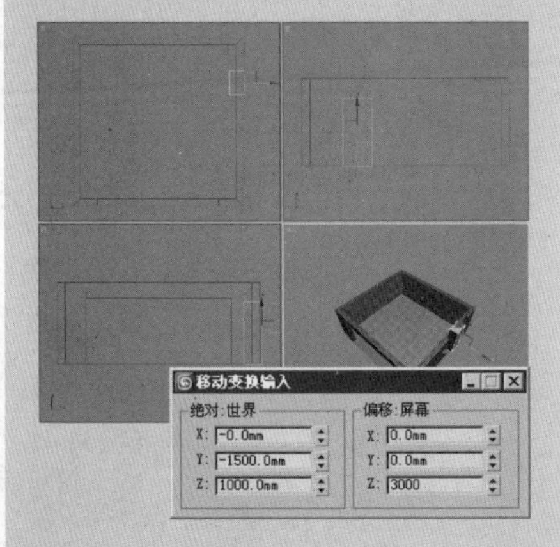

⑰ 使用与步骤8相同的方法，使用布尔运算将“墙体”中与步骤15创建的长方体重合的部分挖空，如下图所示。

⑱ 在透视图中，创建一个“长度”为400、“宽度”为2900、“高度”为1200的长方体，如下图所示。

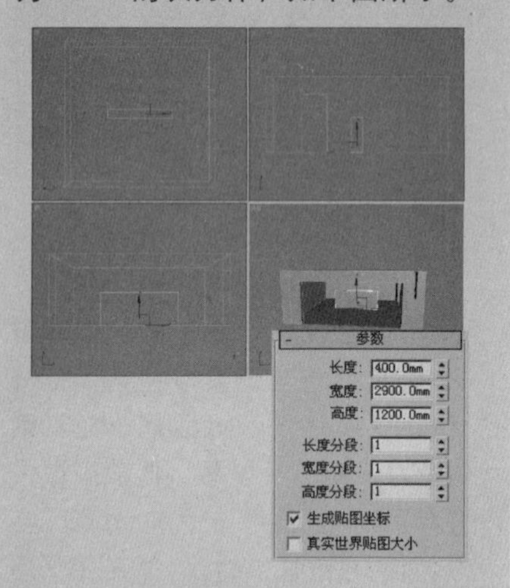

⑲ 执行右键菜单“对象属性”命令，打开“对象属性”对话框，将上一步中所创建的长方体命名为“窗台”，如下图所示。

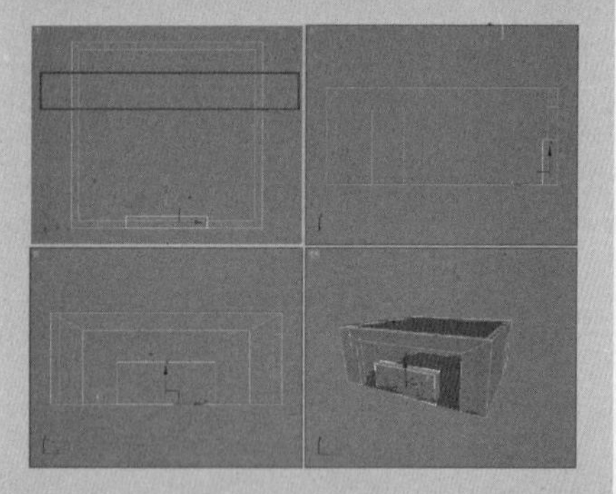

⑳ 在顶视图中，配合“选择并移动”工具，沿Y轴将窗台移动到如下图所示的位置。

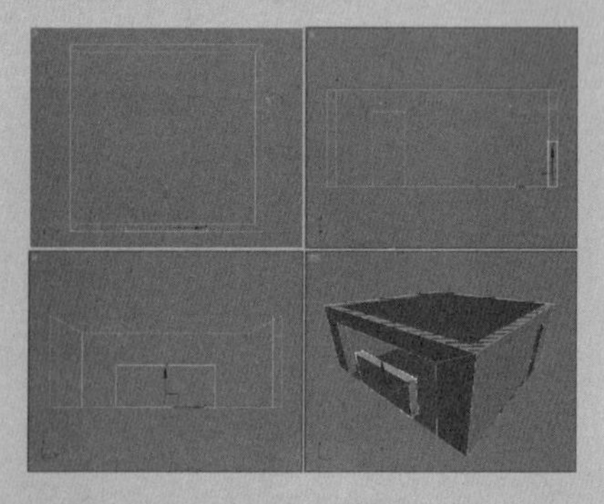

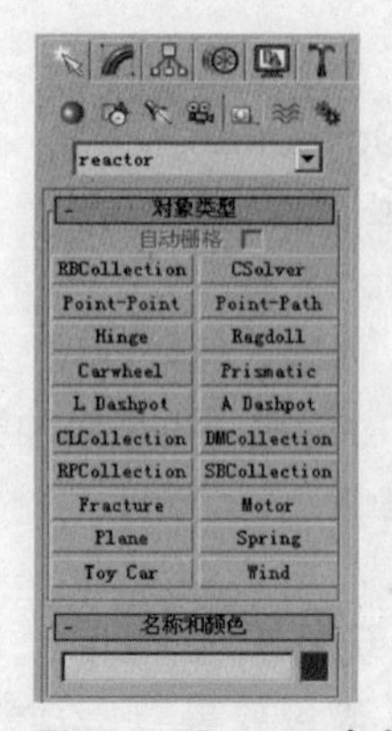

图13-8 Reactor命令面板

此面板元素与前面所介绍的“Reactor”动力学工具栏中的工具元素基本上是相互对应的，其对应如下。

RBCollection——刚体集合
CSolver——约束解算器
Point-Point——点到点约束
Point-Path——点到路径约束
Hinge——铰链
Ragdoll——破布玩偶约束
Carwheel——车轮约束
Prismatic——棱柱约束
L Dashpot——线性缓冲器
A Dashpot——角度缓冲器
CLCollection——布料集合
DMCollection——变形网格集合
RPCollection——绳索集合
SBCollection——软体集合
Fracture——破裂
Motor——马达
Plane——平面
Spring——弹簧集合
Toy Car——玩具车
Wind——风

13.1.3 Reactor动力学基础参数

在3ds Max中，不管是模型的创建，还是动画的设置，都离不开参数的设置。

单击“工具”命令面板中的 reactor 按钮，可以打开“Reactor”动力学基本参数面板，如图13-9所示。

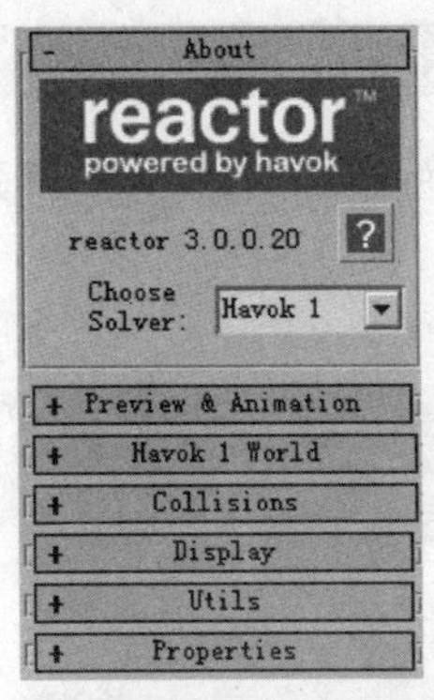

图 13-9 Reactor 动力学参数面板

通过该面板用户可以预览模拟、更改世界参数和显示参数，以及分析对象的凸度等。还可以查看和编辑与场景中的对象关联的刚体属性。

- About：此卷展栏只是关于“Reactor”版本和大体的概述，没有实用的意义。
- Preview & Animation：此卷展栏可以运行和预览“Reactor”动力学模拟，并指定模拟的计时参数。
- World：此卷展栏可以为模拟的世界设置一些常见的参数，例如重力的强度和方向、世界的比例以及对象相互碰撞的容易程度。
- Collisions：此卷展栏可以存储场景中的碰撞详细信息，并且可以启用和禁用对指定对象对的碰撞检测。
- Display：此卷展栏可以指定预览模拟时的显示选项，包括摄影机和照明。此卷展栏中的选项不会影响最终动画的实际行为，只是影响预览窗口的显示。
- Utils：此卷展栏提供了许多有用的工具，可以用于分析和优化模拟。例如，可以分析 Reactor 世界，检查是否存在可能造成模拟问题的异常物理状态。
- Properties：此卷展栏是刚体属性参数卷展栏，此卷展栏与前面介绍的工具栏中的“刚体属性”工具具有同样的功能，在此不再细述。

13.2 制作关键点动画

动画以人类视觉的原理为基础。如果快速查看一系列相关的静态图像，那么就会感觉到这是一个连续的运动。每一个单独图像称之为帧，画出了所有关键帧和中间帧之后，需要链接或渲染图像以产生最终图像，就生成了动画。动画是以时间为基础进行推进的，而动画时间又靠动画来充实，时间和动画相辅相成。

21 在“创建”命令面板中单击“图形”按钮，在“对象类型”卷展栏中单击 矩形 按钮，启用“捕捉开关”按钮并在该按钮上右击，打开“栅格和捕捉设置”对话框，将捕捉类型设置为“顶点”捕捉，捕捉“窗台”和“墙体”之间顶点创建矩形，如下图所示。

22 执行右键快捷菜单“转换为>转换为可编辑样条线”命令，将矩形转换为可编辑样条线，如下图所示。

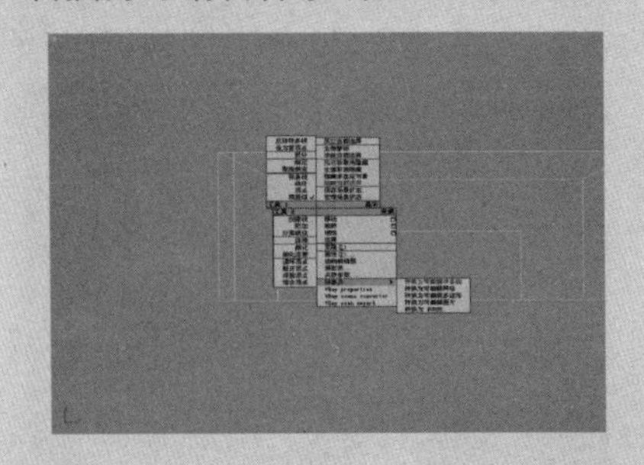

23 按数字键3切换到“样条线”子层级，选择创建的矩形样条线，在“修改”命令面板中的“几何体”卷展栏中的 轮廓 按钮后面的数值框中输入数值70，效果如下图所示。

24 在“修改”命令面板中的“修改器列表”下拉列表中选择“挤出”选项，给所创建的样条线添加“挤出”修改命令，并设置其挤出数值为-60，如下图所示。

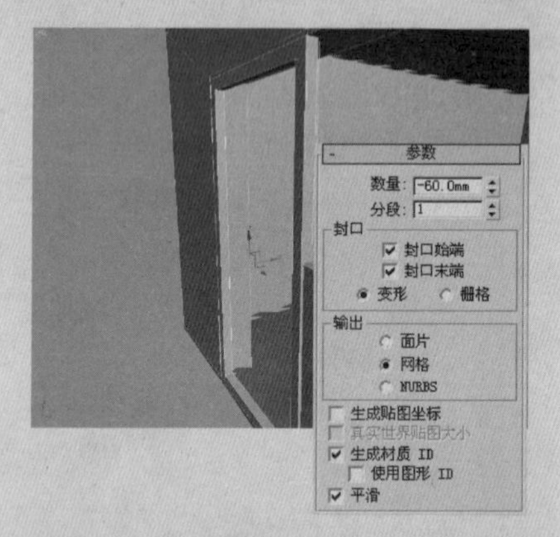

25 使用与步骤11相同的方法将挤出的物体命名为“窗框01”，使用与创建窗框01相同的方法在窗台的另一侧创建另一边的窗框，并命名为“窗框02”，如下图所示。

26 使用同样的方法在窗台上端的空缺处再次创建一个窗框，并命名为“窗框03”，如下图所示。

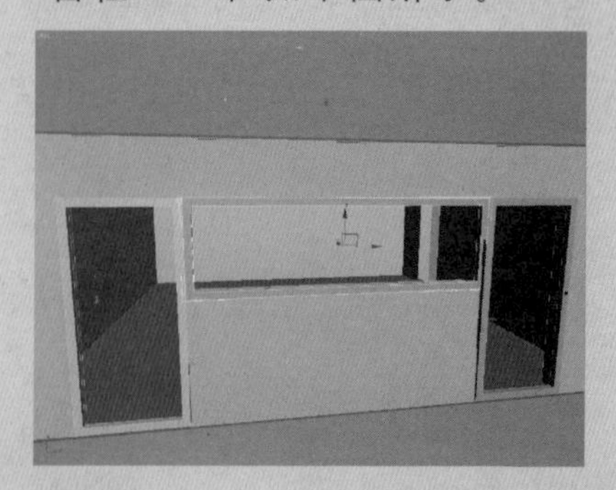

13.2.1 时间和动画控件

时间和动画控件主要分布在视口的下面“轨迹栏”部位，如图13-10所示。

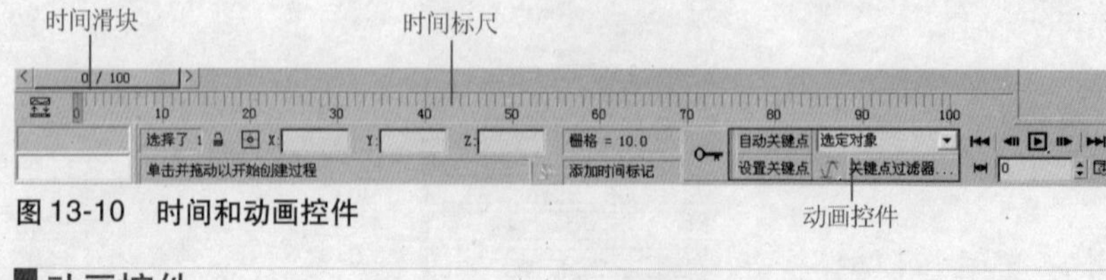

图13-10 时间和动画控件

动画控件

动画控件主要用于设置关键点，在场景中生成有效的动画，如图13-11所示。

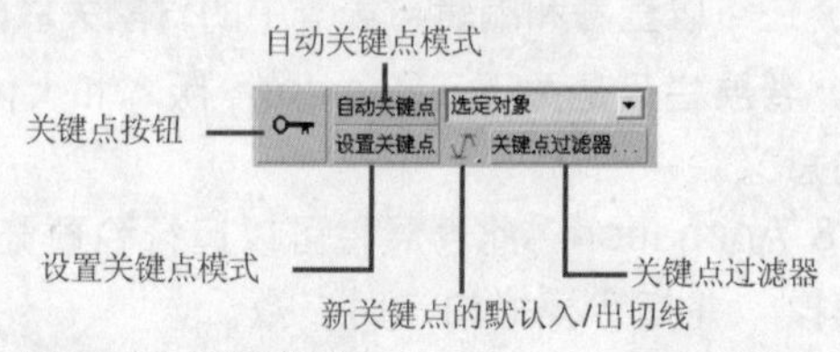

图13-11 动画控件

- 自动关键点：启用“自动关键点”模式时，“自动关键点”模式按钮、时间滑块和活动视口边框都变成红色以指示处于动画状态模式，此时改变一个对象物体的创建参数或执行变换，或改变材质或应用于此对象的修改器时，软件将自动创建关键帧。这时所有运动、旋转和缩放的更改都随着时间的变换记录在当前关键点上。
- 设置关键点：当设置关键点处于启动模式时，“设置关键点”按钮、时间滑块和活动视口边框都变成红色以指示处于动画模式。“设置关键点”模式可以控制关键点的内容及关键点的时间。它可以设置角色的姿势（或变换任何对象）。
- “设置关键点”按钮：此按钮主要用于设置关键点，当“设置关键点”按钮以红色闪烁表明已经设置了一个关键点，关键点出现在轨迹栏上。场景中物体的一些动作和属性也就会记录在设置的当前帧上。它检查轨迹是否可设置关键点，并检查“关键点过滤器”是否可以设置轨迹的关键点。如果这两个条件都满足，则设置关键点。“设置关键点”也可以在“自动关键点”模式和“布局”模式（当“自动关键点”和“设置关键点”模式都未启用时的一种模式）下设置关键点。该命令的默认键盘快捷键是K。
- 关键点过滤器：单击关键点过滤器...按钮系统将弹出“设置关键点过滤器”对话框，在该对话框中可以定义哪些类型的轨迹可以设置关键点，哪些类型不可以设置关键点。

时间控件

时间控件主要用于，动画时间的控制，可以对设置好的动画进行控制，如图13-12。

图13-12 时间控件

- “播放动画”按钮：单击此按钮可以对已经设置好的动画进行播放。
- 转至“上一帧”按钮：单击此按钮可以转到当前帧的前一帧上。
- 向转至“下一帧”按钮：单击此按钮可以转到当前帧的后一帧上。
- “转至开头”按钮：单击此按钮可以转到时间轴的第一个帧上。
- 转至结尾按钮：单击此按钮可以转到时间轴的最后一个帧上。
- “关键点模式切换”按钮：使用“关键点模式切换”按钮可以在动画中的关键帧之间直接跳转。

当“关键点模式切换”处于活动状态时，该按钮变为蓝色按钮。这时在“播放动画”按钮前后的“上一帧”按钮和“下一帧”按钮，将变成“上一关键点”按钮和“下一关键点”按钮。

- “上一关键点”按钮：单击此按钮可以从设置好的一个关键点转到所在关键点前面的一个关键点上。
- “下一关键点”按钮：单击此按钮可以从设置好的一个关键点转到所在关键点后面的一个关键点上。
- “配置时间”按钮：单击“时间配置”按钮或右键单击任何动画控制按钮，包括“关键点模式”按钮，就会弹出如图13-13所示对话框，可以对时间进行设置。

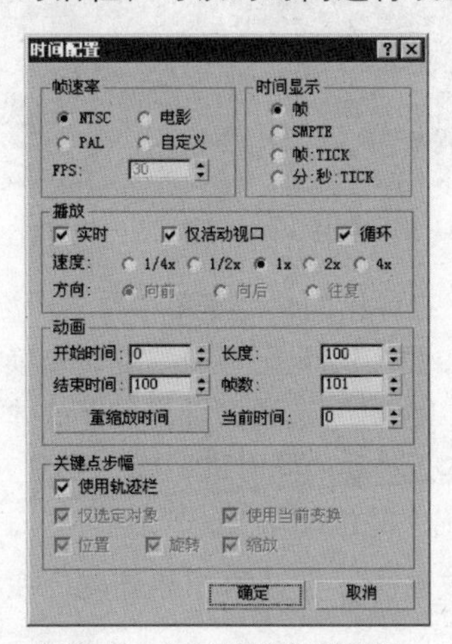

图13-13 “时间配置”对话框

27 在“创建”命令面板中单击“图形”按钮，在“对象类型”卷展栏中单击 矩形 按钮，启动“捕捉开关”按钮，并设置捕捉类型为“边/线段”，在前视图中的“窗台”和“墙体”之间捕捉创建一个“长度”为760，“宽度”为70的矩形，如下图所示。

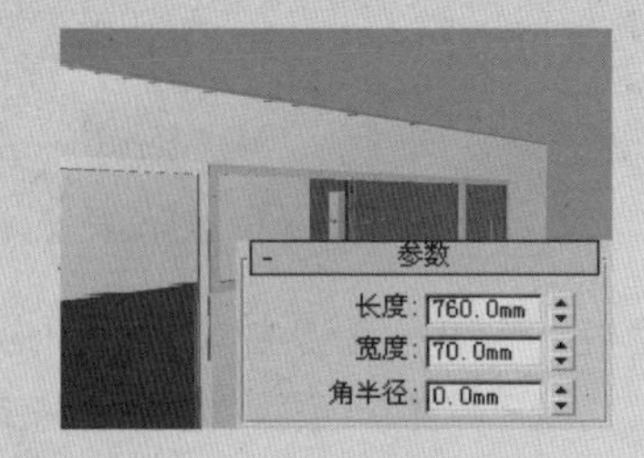

28 在“修改”命令面板中，打开“修改器列表”下拉列表，给在上一步中所创建的矩形添加一个“挤出”修改命令，并设置其挤出数值为-60，并将其命名为“窗框04”，效果如下图所示。

29 在前视图中，在选中“窗框04”的状态下，在工具栏中单击“对齐”按钮，然后单击“窗框03”，在弹出的“对齐当前选择”对话框中的“对齐位置（屏幕）”选项区域中勾选“X”复选框，并分别选中两个“中心”单选按钮，如下图所示。

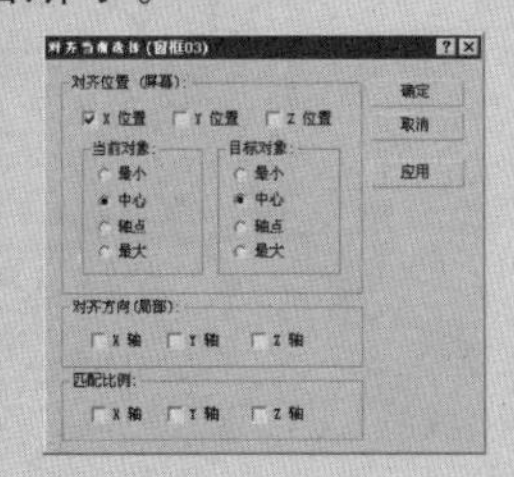

30 在执行了“对齐”命令之后，“窗框04”就会以轴对齐“窗框03”的中心，如下图所示。

31 在“创建”命令中单击“图形”按钮，在“对象类型”卷展栏中单击 矩形 工具按钮，在主工具栏中单击“捕捉开关”按钮，设置捕捉类型为“顶点”捕捉，在前视图中捕捉“窗框01”内部的对角创建矩形，如下图所示。

32 使用前面创建窗框的方法将矩形图形转换为“可编辑样条线”，切换到“样条线”子层级，设置其“轮廓量”值为30，效果如下图所示。

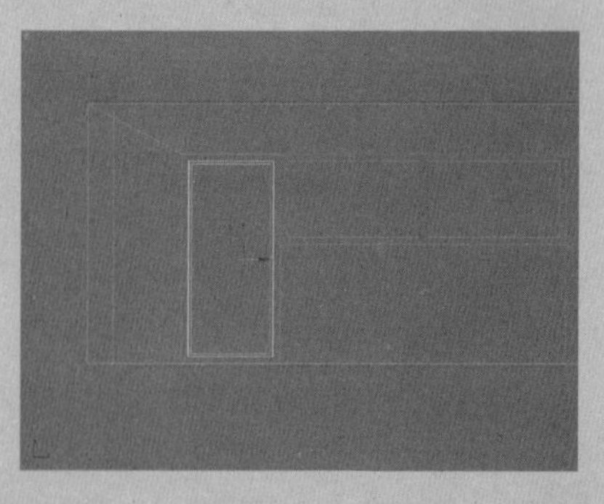

13.2.2 利用自动关键点模式创建动画

在自动关键点模式下，系统会自动在时间滑块所在的帧上，捕捉对象物体的动作而创建关键点来生成动画。

“自动关键点”模式动画创建步骤如下。

Step 01 创建一个简单场景，如图13-14所示。

图13-14　简单场景

Step 02 在场景中选中场景中的球体作为运动对象。

Step 03 在视口下面的“动画控件”中单击 自动关键点 按钮。

Step 04 将时间滑块拖动到100帧上。

Step 05 拖动球体改变它的位置，系统就会自动在最后一帧上设置一个关键点，将球体的位置变换进行记录并生成动画，如图13-15所示。

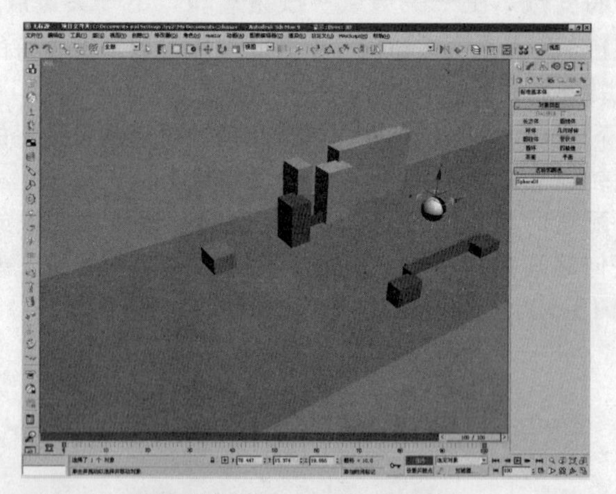

图13-15　拖动球体

Step 06 单击右键，在弹出的快捷菜单中单击“旋转”选项后面的“设置”按钮，弹出如图13-16所示的“旋转变换输入”对话框。在该对话框中的“偏移：世界”选项区域中的Y文本框中输入720，然后按Enter键，使球体在移动的同时进行旋转720°，此时系统就会自动将球体的旋转进行记录并生成动画。

Step 07 单击“播放动画”按钮，球体就会在视图中滚动着向前移动，如图13-17所示。

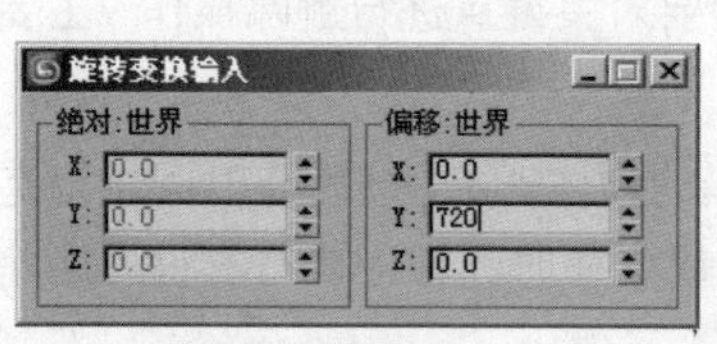

图 13-16 输入旋转参数

图 13-17 生成动画

13.2.3 利用设置关键点模式创建动画

“设置关键点”模式创建动画和“自动关键点”模式动画的设置很相似，但用“设置关键点”模式可以更仔细的捕捉选择物体的变化参数。“设置关键点”模式动画创建步骤如下。

Step 01 创建一个简单的场景，如图13-18所示。

Step 02 在场景中选中要进行动画的物体对象。

Step 03 单击设置关键点按钮，使场景处于设置关键点模式状态。

Step 04 单击“设置关键点”按钮，在第一帧设置一个关键点，也可以按键盘上的K键设置关键点。

Step 05 将时间滑块拖动要100帧上。

Step 06 拖动圆柱物体，并对其进行放缩和旋转，如图13-19所示。

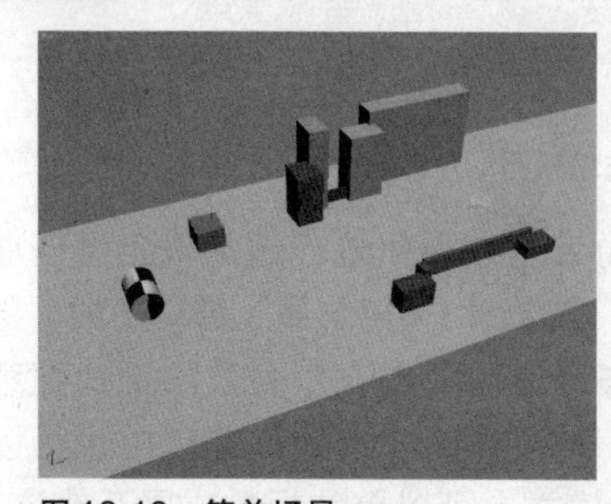

图 13-18 简单场景

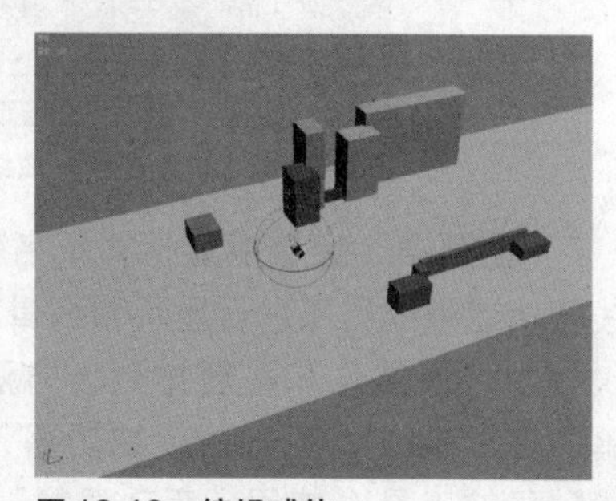

图 13-19 编辑球体

Step 07 单击“设置关键点”按钮设置关键点，系统便会生成圆柱向前滚动并变小的动画。

技巧 提示

“设置关键点”模式和“自动关键点”模式的设置不一样，“自动关键点”模式之所以是“自动”的，是因为系统会自动记录用户对物体的改变并设置为关键帧，而“设置关键点”模式则需要用户用手动进行设置，相比之下“自动关键点”模式较方便快捷，而“设置关键点”模式稍微灵活一些，两种模式各有所长，用户可以根据不同需求同时混合运用两种模式进行动画设置。

33 在“修改”命令面板中，单击“修改器列表”下拉列表中，给图形添加“挤出”修改器，设置挤出“数量”为30，并命名为“内窗框01”，效果如下图所示。

34 在顶视图中，在选中“内窗框01”的状态下单击“对齐”按钮，然后再按H键打开“拾取对象”对话框，如下图所示。

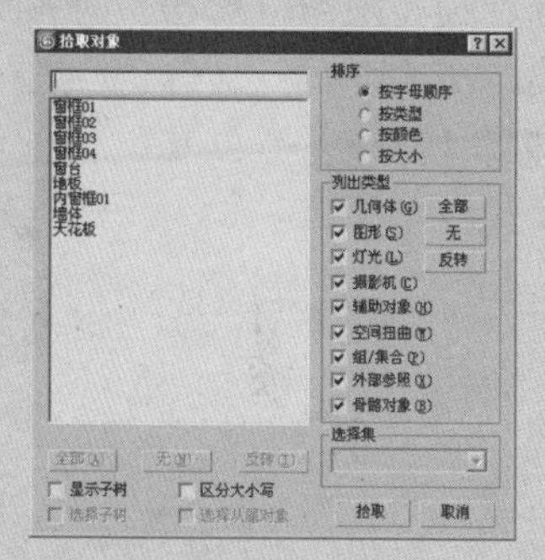

35 在“拾取对象”对话框中的列表中选择“窗框01”选项，在弹出的“对齐当前选择（窗框01）”对话框中的“对齐位置（屏幕）”选项区域中勾选“Y”复选框，在“当前对象”和“目标对象”选项区域中都选中“中心”选项，效果如下图所示。

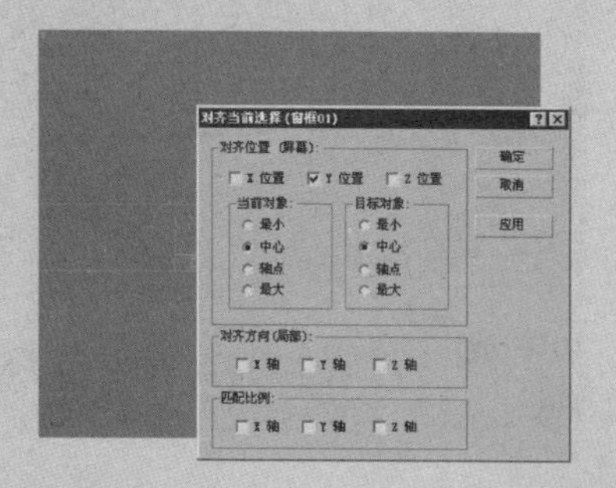

36 在“创建”命令面板中，单击“几何体”按钮，在“对象类型”卷展栏中单击 长方体 按钮，打开“捕捉开关”按钮，在“内窗框01”的内侧捕捉创建长方体，设置其高度为5，并命名为“玻璃01”，效果如下图所示。

37 在顶视图中，单击“对齐”按钮，将创建的“玻璃01”与“内窗框01”沿“Y位置”对齐，如下图所示。

38 使用创建“内窗框01”和“玻璃01”的方法分别为其他窗口创建内窗框和玻璃，创建后如下图所示。

13.2.4 删除关键点

当关键点设置出现错误时，需要对关键点进行删除操作，主要有两种操作方法。

第一种方法是选择关键点出错的物体对象，然后在时间轴上选择要删除的关键点所处的帧，按Del键或者在时间轴上执行右键“删除选定关键点”命令即可将关键点删除。

第二种方法是选择关键点出错的物体对象，然后单击主工具栏中的“曲线编辑器”工具按钮，在弹出的“曲线编辑器”对话框中的“关键点”窗口中选中要删除的关键点，按Del键将关键点删除。

13.3 轨迹视图

“轨迹视图”可以对场景中创建的所有关键点进行查看和编辑。用户可以指定动画控制器，以便控制场景对象的所有关键点和有关参数。“轨迹视图”工作空间的两个主要部分是“关键点”窗口和“控制器”窗口，如图13-20所示。

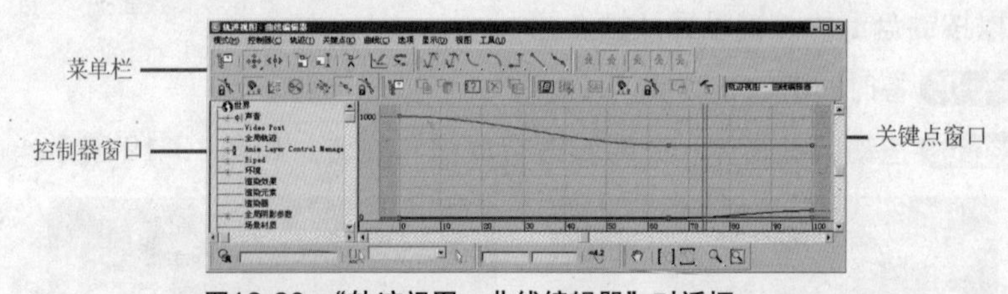

图13-20 “轨迹视图－曲线编辑器”对话框

“控制器”窗口能显示对象名称和控制器轨迹，还能确定哪些曲线和轨迹可以用来进行显示和编辑。需要时，“控制器”窗口中的“层次”项可以展开和重新排列，方法是使用“层次”列表右键快捷菜单。在“轨迹视图－曲线编辑器”对话框的“选项”菜单中也可以找到导航工具。使用“手动导航”模式，可以单独折叠或展开轨迹，或者按Alt＋右键单击，可以显示另一个菜单，来折叠和展开轨迹。“控制器”操作窗口，如图13-21所示。

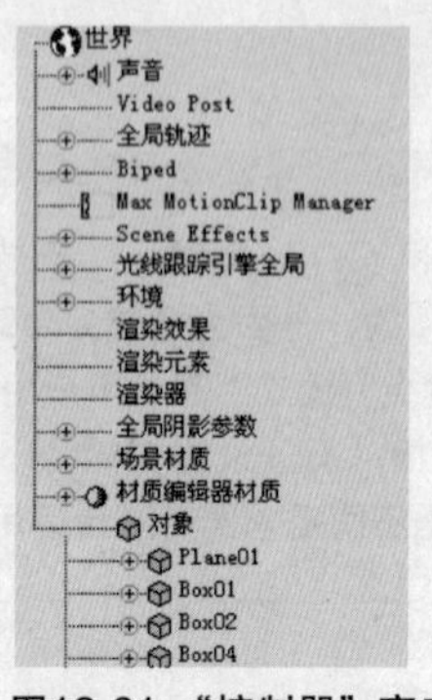

图13-21 “控制器”窗口

“关键点”窗口可以将关键点显示为曲线或轨迹。轨迹可以显示为关键点框图或范围栏。

“关键点”显示为功能曲线上的点，或者“摄影表”上的长方形方框。“摄影表”上的关键点是带颜色的代码，便于辨认。当一帧中为很多轨迹设置了关键点时，框会显示出相交颜色，来指示共用的关键点类型。关键点颜色还可以用来显示关键点的软选择。子帧关键点（帧与帧之间的关键帧）用框中的狭窄矩形标出。

“关键点”窗口如图13-22所示。

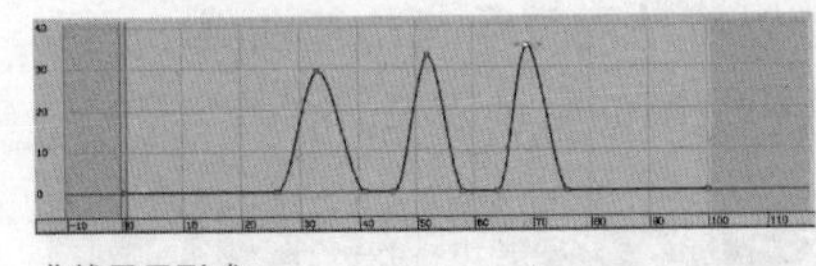

曲线显示形式　　表格显示形式

图13-22　关键点窗口

“关键点”创建有很多种方法。一种方法是启用“自动关键点”工具，移动时间滑块，然后变换对象或者调整它的参数。还可以右键单击视口时间滑块，弹出“创建关键点”对话框，以此来创建关键点。还可以在“轨迹视图”中，使用“添加关键点”工具，来直接创建关键点。最后，还可以启用“设置关键点”模式，移动到希望的帧，设置对象姿势。

在“轨迹视图－曲线编辑器”状态下，“功能曲线”可以把关键点的值，以及关键点间的插值，显示为曲线。这些曲线表示的是参数是怎样随时间变化的。只有动画轨迹才能显示功能曲线。可以使用关键点上的切线控制柄，来编辑曲线，以此更改曲线形状。其状态如图13-23所示。

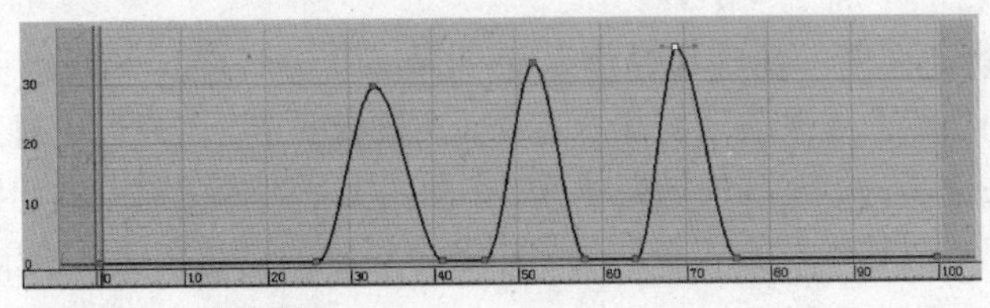

图13-23　功能曲线

功能曲线上显示的关键点具有切线类型。“关键点切线”工具栏上的切线工具按钮可以用来更改功能曲线上的关键点。

在“关键点”窗口的下部有一个时间标尺，用来显示时间，如图13-24所示。

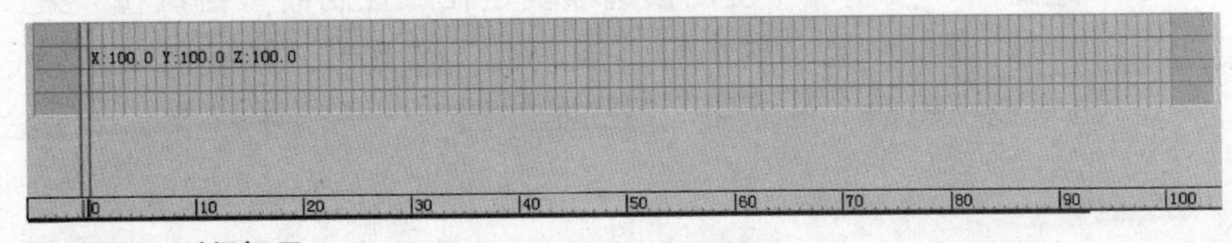

图13-24　时间标尺

时间标尺的作用是衡量时间。标尺上的标记反映的是“时间配置”

39 选择“墙体”多边形模型，按数字键2切换到多边形的“边”子层级，选择多边形内侧的两条边，如下图所示。

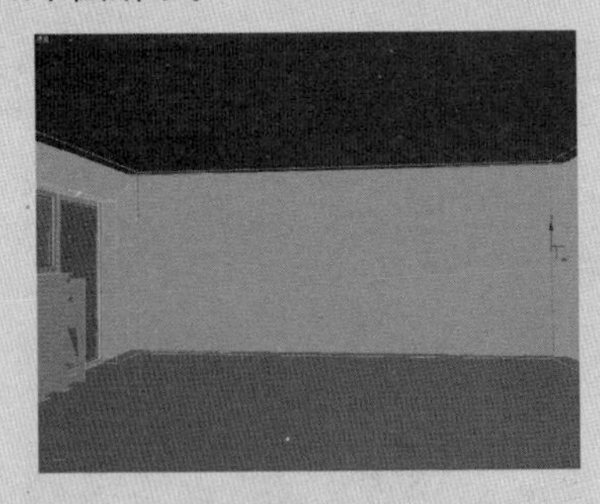

40 在“修改”命令面板中的“编辑多边形”卷展栏中单击 连接 按钮后面的“设置”按钮，在弹出的“连接边”对话框中设置连接“分段”值为2，“收缩”值为－46，“滑块”值为44，线段连接效果如下图所示。

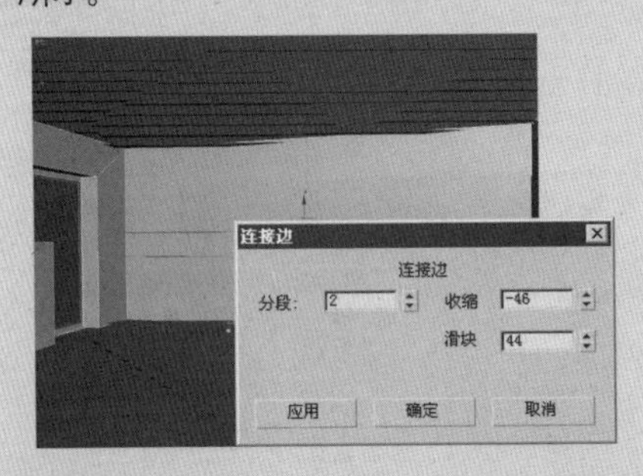

41 在“修改”命令面板中“编辑多边形”卷展栏中再次单击“连接”设置按钮，在“连接边”对话框中设置“分段”值为2，“收缩”值为-21，“滑块”值为104，连接效果如下图所示。

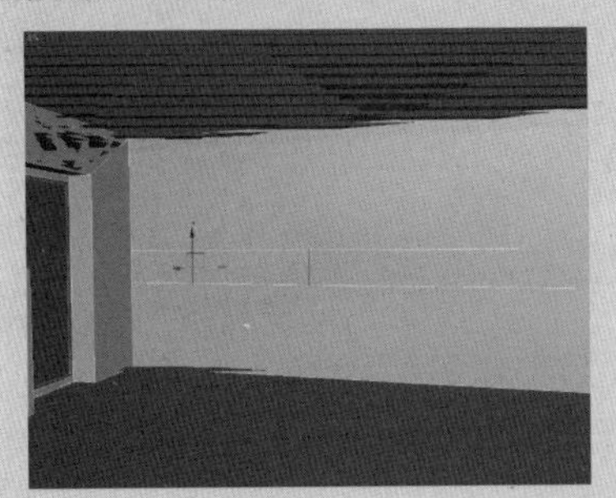

42 按数字键4切换到“多边形”子层级，选择在步骤40~步骤41中连接线段时，连接线段交叉划分的一块多边形面，如下图所示。

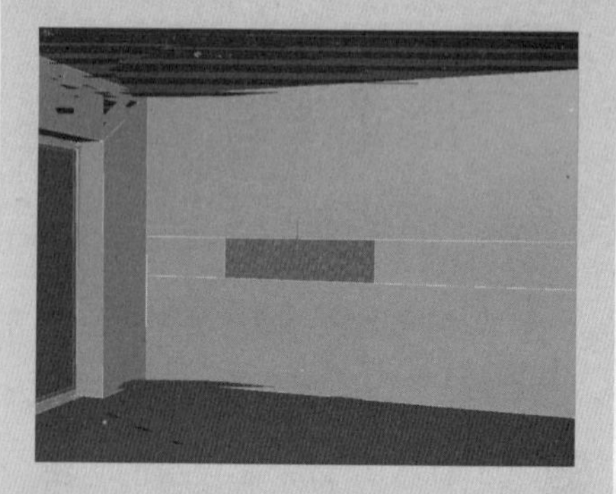

43 在“编辑多边形”卷展栏中单击 挤出 按钮后面的“设置”按钮，在弹出的“挤出多边形”对话框中设置“挤出高度”为−250.0mm，效果如下图所示。

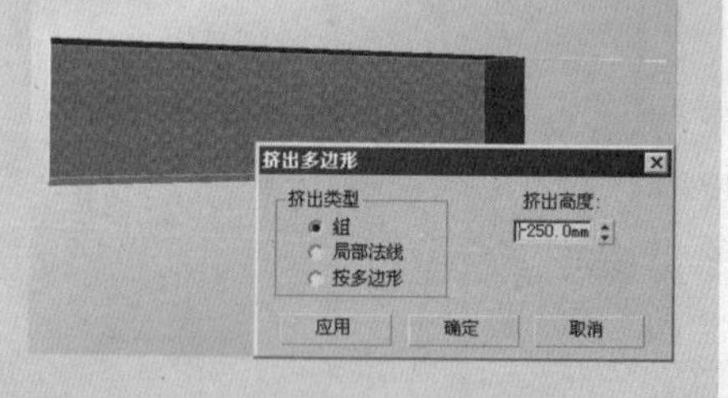

44 在创建“图形”命令面板中，使用“矩形”工具在左视图中配合“捕捉开关”工具，捕捉在上一步中挤出的方框创建矩形，如下图所示。

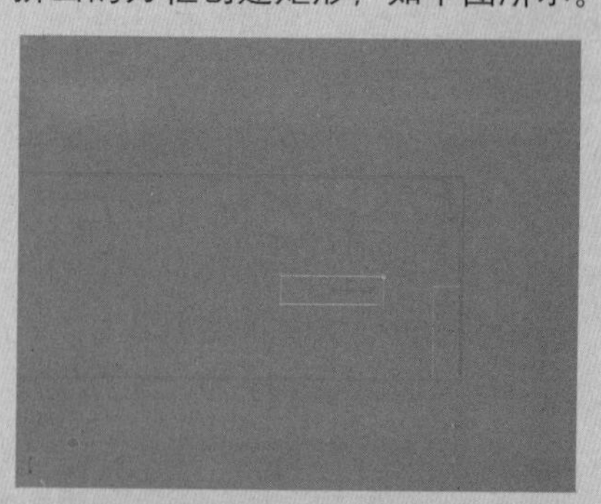

对话框中的设置。将时间标尺移动到关键点之上，可以更精确地放置关键点。

当前的时间，会由“轨迹视图”时间滑块表示出来，这显示为一组蓝色垂直线，它们与视口时间滑块的位置保持同步。可以移动“轨迹视图”时间滑块，方法是在“关键点”窗口中拖动它。不管移动哪个时间滑块，都能在视口中更新动画。当缩放时间关键点时，蓝色时间滑块也能作为缩放原点使用。

“轨迹视图”使用两种不同的模式，即“曲线编辑器”和“摄影表”模式。“曲线编辑器”模式可以将动画显示为功能曲线，“摄影表”模式可以将动画显示为关键点和范围的电子表格。

13.3.1 曲线编辑器

“轨迹视图－曲线编辑器”将动画显示为功能曲线，将控制器的值随时间发生的改变绘制成曲线。单击主工具栏中的“曲线编辑器”按钮，打开“轨迹视图－曲线编辑器”对话框，如图13-25所示。

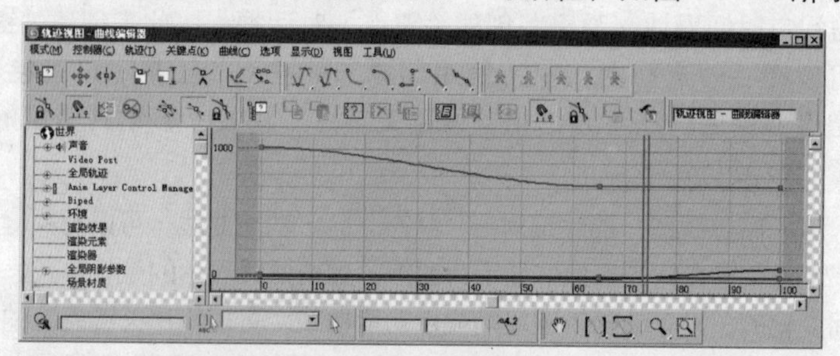

图13-25 “轨迹视图－曲线锦辑器”对话框

“轨迹视图－曲线编辑器”是一种“轨迹视图”编辑模式，以图表上的功能曲线来表示物体的运动。在该模式下，用户可以对运动的参数和关键帧进行直观的调整操作。在曲线上找到的关键点的切线控制柄，用户可以轻松查看和控制场景中各个对象的运动和动画效果。

“曲线编辑器”界面由菜单栏、工具栏、控制器窗口和关键点窗口组成。在界面的底部还拥有时间标尺、导航工具和状态工具等。

“关键点”工具栏

该工具栏主要应用于关键点的编辑，如图13-26所示。

- “过滤器”按钮：使用该选项确定在“控制器”窗口和“关键点”窗口中显示的内容。当单击“过滤器”按钮时，将弹出轨迹视图的“过滤器”对话框如图13-27所示。

图13-26 “关键点”工具栏　　图13-27 “过滤器”对话框

- “移动关键点”按钮：“移动关键点”用于将关键点在轨迹内的自由移动，如果没有关键点高亮显示，可以通过拖动移动任何关键点。如果有多个关键点高亮显示，可以通过拖动其一将它们移动相同的距离。利用此按钮可以对关键点进行各个方向的移动。用鼠标左键按住“移动关键点”按钮不动，会在“移动关键点”按钮下面弹出另外两个按钮，“水平移动关键点”按钮和“垂直移动关键点”按钮，在函数曲线图上仅在水平方向或者垂直方向移动关键点。
- “滑动关键点”按钮：“滑动关键点”按钮主要用来移动一组关键点。
- “缩放关键点”按钮：使用它可以在两个关键帧之间压缩或扩大关键帧的间隔，也就是时间量。在“摄影表”模型中也可以使用该工具。
- “缩放值”按钮：根据一定的比例增加或减小关键点的值，可以改变对象物体的运动幅度，而不是在时间上移动关键点。
- “添加关键点”按钮：用此工具可以在函数曲线图或“摄影表”中的物体运动曲线上添加关键点。
- “绘制曲线”按钮：此工具主要用来绘制对象物体的运动函数曲线，也可以通过直接在函数曲线上绘制草图来更改已存在的物体运动曲线，如图13-28所示。

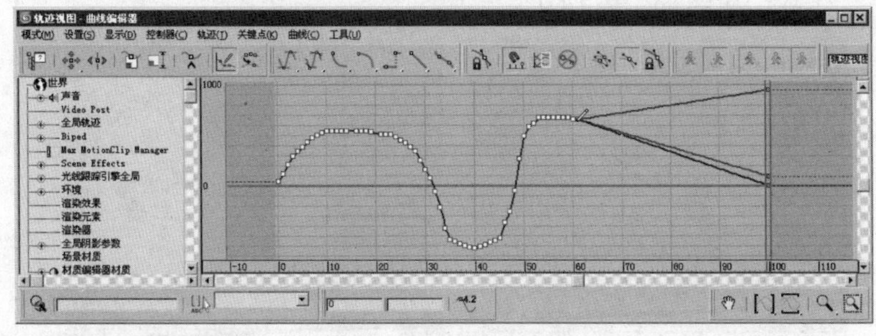

图13-28 绘制曲线

- “减少关键点”按钮：可以减少关键点密度，单击此按钮可以弹出如图13-29所示“减少关键点”对话框。其“阈值”越高，关键点就会越少。（使用反向运动学设置动画或创建任

室内外设计> 24
经典卧室

45 执行右键菜单“转换为>转换为可编辑样条线”命令，按数字键3切换到“样条线”子层级，在“几何体”卷展栏 轮廓 按钮后面的数值框中输入数值-100，效果如下图所示。

46 在“修改”命令面板中，单击打开“修改器列表”下拉列表选择“挤出”选项，给样条线添加一个“挤出”修改器，设置挤出“数量”为20，并命名为“搁置框”，效果如下图所示。

47 在顶视图中使用“选择并移动”工具，将挤出的“搁置框”位置沿X轴移动到墙面上，如下图所示。

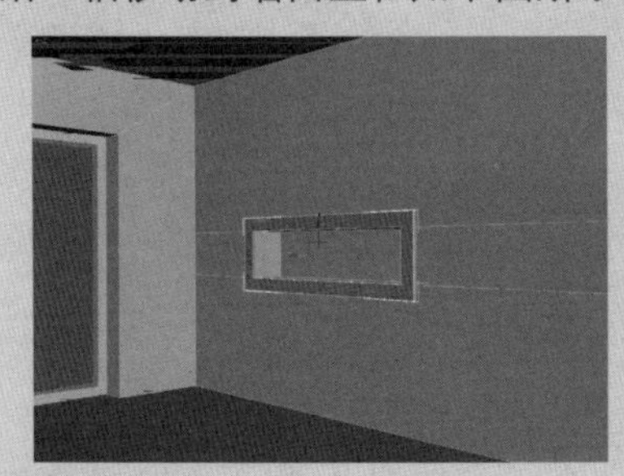

48 选择“天花板”，执行右键菜单“转换为>转换为可编辑多边形”命令，将其转换为可编辑多边形，如下图所示。

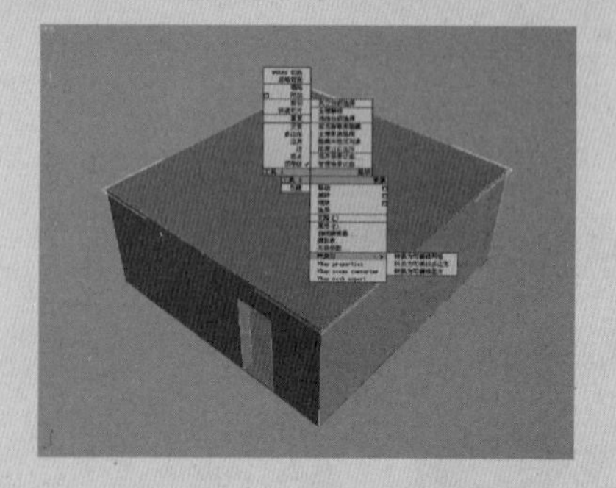

49 按数字键4切换到模型的“多边形”子层级，选择“天花板”底部的多边形面，如下图所示。

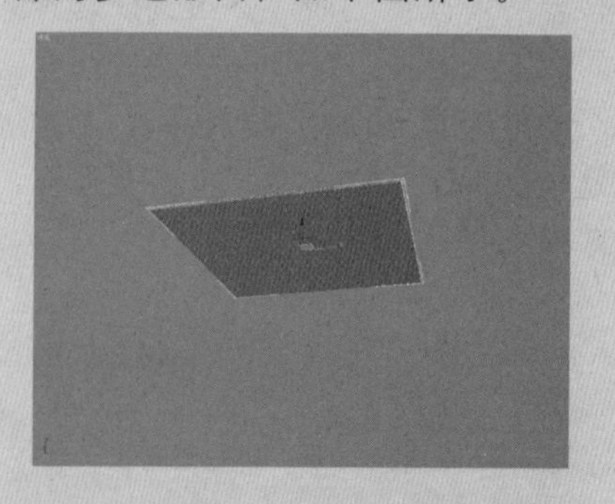

50 在“编辑多边形”卷展栏中，单击 倒角 按钮后面的“设置”按钮，在弹出的“倒角多边形”对话框中设置“高度”为0.0，“轮廓量”为-500，效果如下图所示。

51 在“编辑多边形”卷展栏中，单击 挤出 按钮后面的“设置”按钮。

何复杂的动画会导致生成许多关键点，这会增加编辑动画的难度。如果应用了反向运动学，该软件几乎在每个帧上都会生成一个关键点。在通常情况下，使用较少过的关键点也可以同样生成动画。轨迹中的关键点越少，调节动画就会变得容易)。

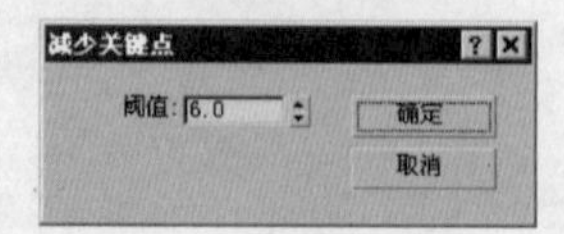

图13-29 “减少关键点”对话框

“关键点切线”工具栏

该工具栏主要用于设置“关键点切线”的类型。如图13-30所示。

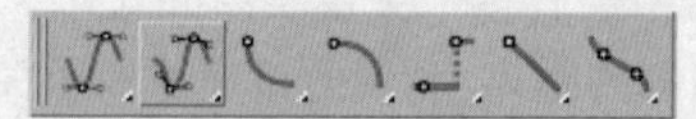

图13-30 “关键点切线”工具栏

- “将切线设置为自动”按钮：此工具主要功能是将曲线状态恢复到系统默认的一种标准平滑模式，其效果如图13-31所示。

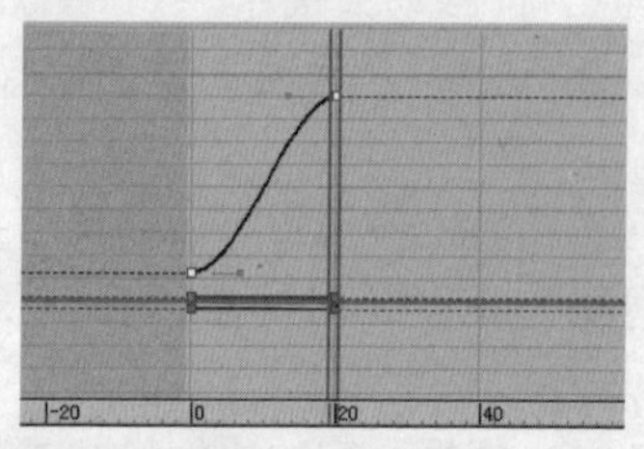

图13-31 将切线设置为自动效果

- “将切线设置为自定义”按钮：在关键点处于自定义状态时，关键点控制柄可用于编辑。在调节控制柄时配合Shift键，关键点控制柄以Bezier角点控制形式被编辑。
- “将切线设置为快速”按钮和“将切线设置为慢速”按钮：分别为将物体运动曲线设置的快加速和慢加速两种模式，如图13-32所示。

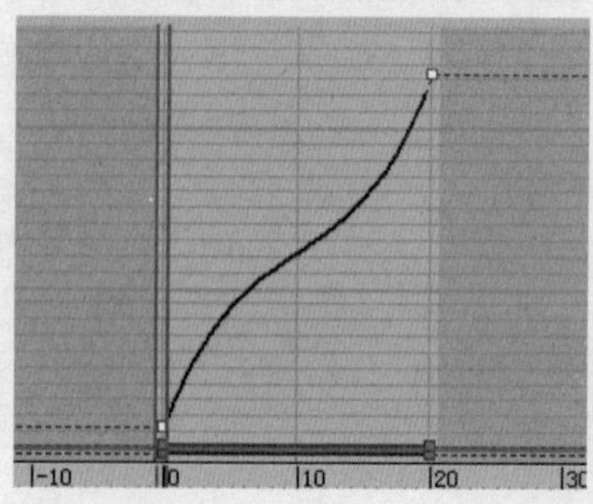

快速切线模式

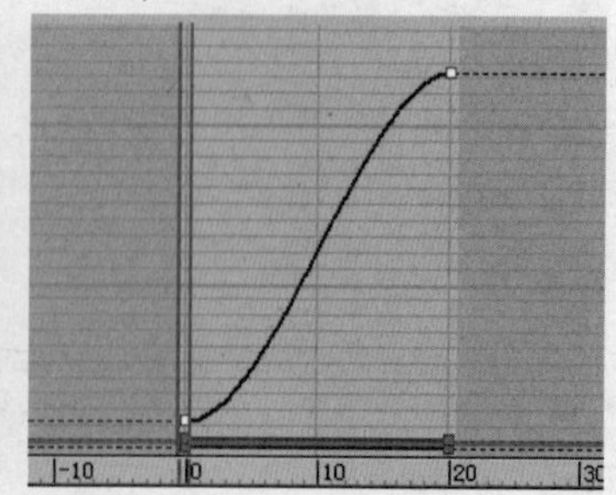

慢速切线模式

图13-32 快速切线和慢速切线对比

- “将切线设置为阶跃”按钮：本工具可以将本来平滑的函数曲线根据所选择的关键点设置为阶梯状的曲线模式。

- “将切线设置为平滑”按钮：本工具刚好与“将切线设置为阶跃”工具功能相反，可以将变形的不平滑的函数曲线进行平滑。

“曲线”工具栏

该工具栏中的工具主要用来控制和编辑曲线编辑器中的曲线，如图13-33所示。

图13-33 “曲线”工具栏

- “锁定当前选择”按钮：用于锁定选择的关键点，当此工具处于锁定状态时，用户只能对锁定的关键点进行编辑，而未锁定的关键点将不能被编辑，用此选项按钮可以避免不小心选择其他对象。
- “捕捉帧”按钮：在启用“捕捉帧”状态下，编辑关键点时，关键点将捕捉到最近的帧上。默认设置为启用状态。
- “参数曲线超出范围类型”按钮：此工具可将函数曲线进行重复延续模拟，模拟内容包括“循环”、“往复”、“周期”或“相对重复”等，并且包含很多循环的类型。单击此工具按钮会弹出如图13-34所示的对话框，以供用户选择合适的循环样式。

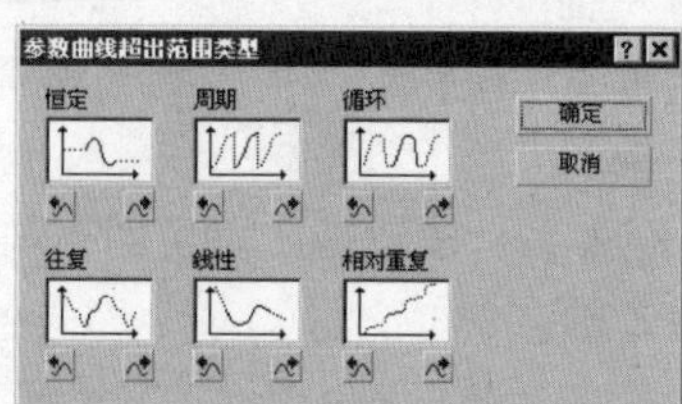

图13-34 “参数曲线超出范围类型”对话框

- “显示可设置关键点的图标”按钮：单击此工具按钮，在对话框中的“控制器”窗口中，可以设置关键点的对象，轨迹前面会出现一个红色钥匙图标，如图13-35所示。

在“显示可设置关键点的图标”状态下，用鼠标单击“控制器”窗口中轨迹前面的红色钥匙图标，红色钥匙形图标变成如图13-36所示样式图标。也就禁用了此项轨迹的可设置关键点属性，此项轨迹将不能再次设置关键点。

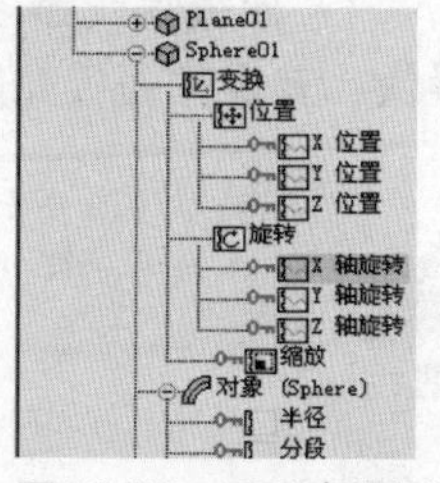

图 13-35 显示壳设置关键点

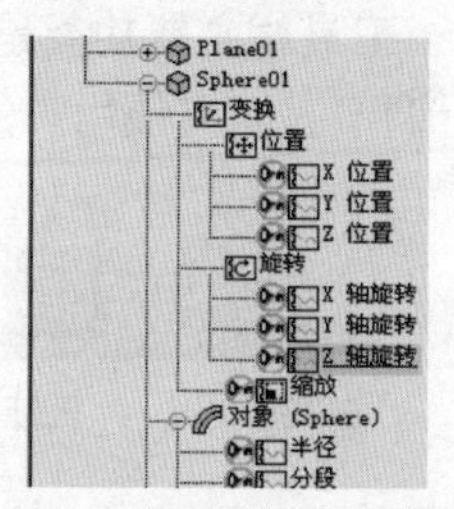

图 13-36 禁止设置关键点

在弹出的“挤出多边形”对话框中设置“挤出高度”值为200，效果如下图所示。

52 在“修改”命令面板中，单击“选择”卷展栏中黄色高亮显示的“多边形”按钮，使其取消激活状态。返回到模型父层级，选择墙体模型，按数字键4切换到“多边形”子层级，选择如下图所示的多边形面，在“修改”命令面板中的“多边形属性”卷展栏中“设置ID”文本框中输入数值1，将选择面的ID设置为1，如下图所示。

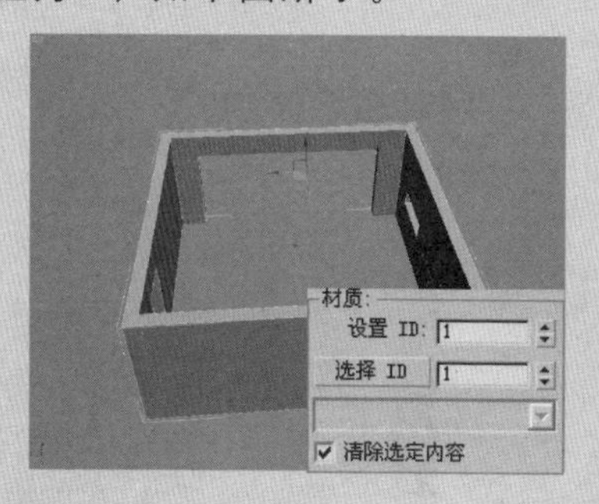

53 按Ctift+I组合键，反选多边形的其他面，并设置其ID为2，如下图所示。

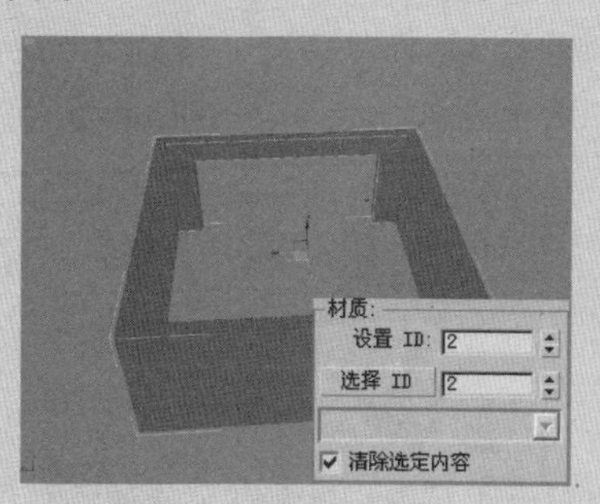

54 按M键打开“材质编辑器”对话框，在对话框中选择一个示例球，单击 Standard 按钮，在弹出的“材质/贴图浏览器”对话框中选择“多维/子对象”选项，将材质设置为“多维/子对象”材质，如下图所法。

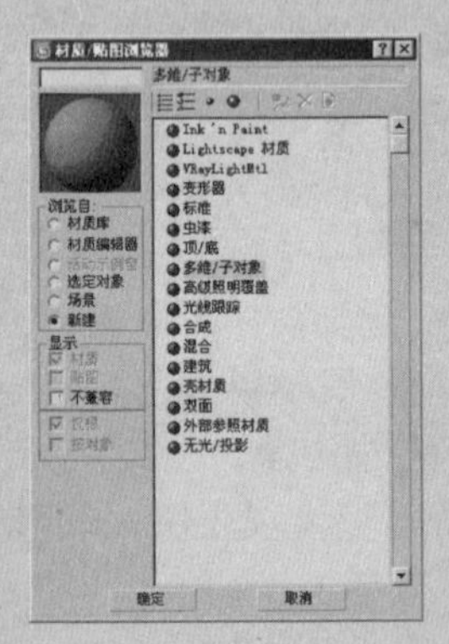

55 在“材质编辑器”对话框中的“多维/子对象参数”卷展栏中，进入ID为1的子材质，将其颜色设置为红色（红：170、绿：0、蓝：8），如下图所示。

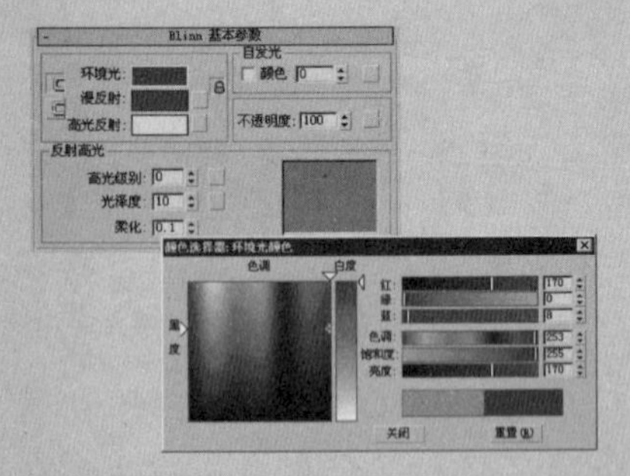

56 将ID为2的子材质颜色设置为纯白色（红：255、绿：255、蓝：255），并将“多维/子对象”材质赋予墙体，效果如下图所示。

- “显示所有切线”按钮：在曲线上隐藏或显示所有切线控制柄。
- “显示切线”按钮：在曲线上隐藏或显示所选中关键点的切线控制柄。
- “锁定切线”按钮：锁定选中的切线控制柄，可以一次性操作多个控制柄。当所选关键点处于锁定状态时，只可以对锁定关键点的控制柄进行编辑，而未锁定关键点的控制柄将不可编辑。

“Biped”工具栏

“曲线编辑器”中的“Biped”工具主要用于显示“Biped”的动画曲线。可以在位置和旋转曲线之间切换，也可以切换表示当前两足动物选择的X、Y和Z轴的单个曲线。其面板如图13-37所示。

图13-37 “Biped”工具栏

- “显示“Biped”位置曲线”按钮：显示选择的设置动画的两足动物物体的运动位置的曲线。
- “显示Biped旋转曲线”按钮：显示选择的设置动画的两足动物物体的旋转曲线。
- “显示Biped X曲线”按钮：切换到当前两足动物物体动画或位置曲线的X轴。
- “显示BipedY曲线”按钮：切换到当前两足动物物体动画或位置曲线的Y轴。
- “显示Biped Z曲线”按钮：切换到当前两足动物物体动画或位置曲线的Z轴。

“轨迹视图”工具栏

“轨迹视图”工具栏中只含有一个“名称”文本框，可用来命名“轨迹视图”的名字。通过在文本框中输入要创建的名称，就创建了一个已命名的“轨迹视图”，如图13-38所示。

轨迹视图 - 曲线编辑器

图13-38 “轨迹视图”工具栏

“轨迹导航”工具栏

“轨迹导航”工具栏主要功能是辅助用户对“曲线编辑器”的“关键点”窗口进行调节。以方便用户的各种操作，其操作面板如图13-39所示。

图13-39 “轨迹导航”工具栏

- “平移”按钮：利用此工具可以在“关键点”窗口中平移窗口以方便用户的操作，单击右键取消平移状态。
- “水平方向最大化显示”按钮：单击此工具按钮，函数轨迹会在“关键点”窗口中以水平方向最大化显示。
- “最大化显示值”按钮：单击此工具按钮，函数轨迹会在“关键点”窗口中以数值方向（也就是垂直方向）最大化显示。
- “缩放”按钮：单击此按钮后，在“关键点”窗口中按住鼠标左键，在显示器荧幕上下拖动，可以放大和缩小“关键点”窗口视图。
- “缩放区域”按钮：此工具可以区域放大“关键点”窗口视图。

“轨迹选择”工具栏

该工具栏主要应用于对物体轨迹选择，其面板如图13-40所示。

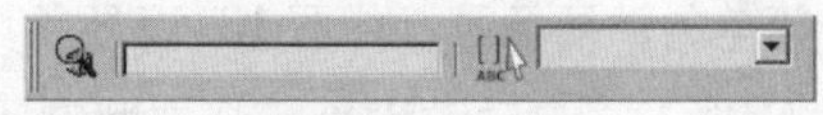

图13-40 “轨迹选择”工具栏

- 选择文本框：在文本框中输入场景物体的名称，或者在场景中选择该物体对象，在“控制器”窗口中，该物体轨迹图标 Box02 就会变为高亮显示图标 Box02 。
- 缩放选定对象”按钮：单击该按钮，用户所选定物体的对象轨迹图标会显示在“控制器”窗口的最顶端，如图13-41所示。

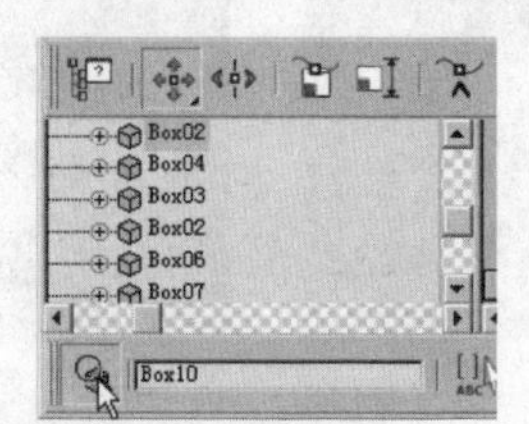

图13-41 缩放选定对象

- “编辑轨迹集”按钮：主要用于编辑轨迹集合。单击该按钮，弹出如图13-42所示的对话框，可以对轨迹集合进行添加、删除、展开和折叠轨迹等编辑。

图13-42 “轨迹集编辑器”对话框

- “编辑轨迹集”按钮后面的下拉列表框：其主要功能是在各个轨迹集合之间进行选择和切换，如图13-43所示。

57 在“材质编辑器”对话框中调节一个纯白色材质，其他参数不变，赋予房顶和窗台，如下图所示。

58 在“材质编辑器”对话框中选择一个材质球，在“Blinm 基本参数”卷展栏中单击“漫反射”选项后面灰色色块后面的“无”按钮，打开“材质/贴图浏览器”对话框给材质指定一个木材纹理贴图，如下图所示。

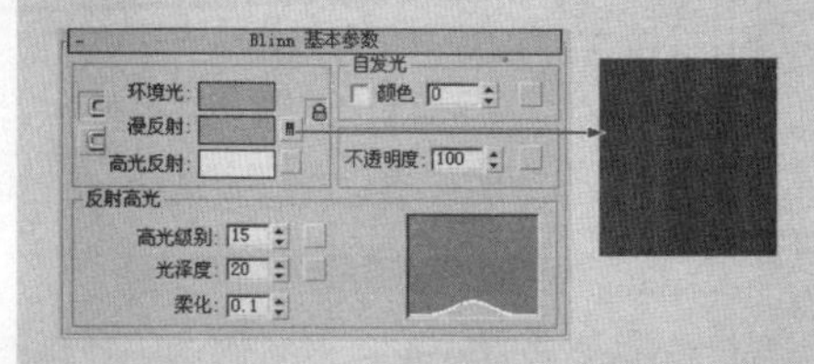

59 在视图中按H键，打开“选择对象”对话框，在列表中选择4个窗框、4个内窗框和搁置框，单击对话框中的 选择 按钮，如下图所示。

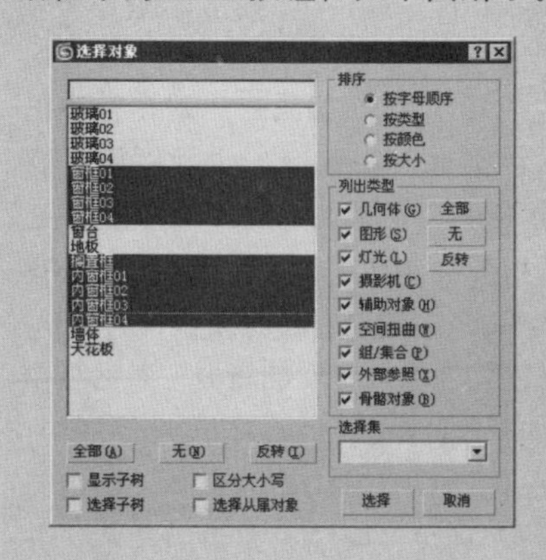

60 在“材质编辑器”对话框中选择调节出来的木纹材质示例球，在“示例框”下面单击“将材质指定给选定对象”按钮，将木纹材质赋予选择的各个窗框和搁置框，效果如下图所示。

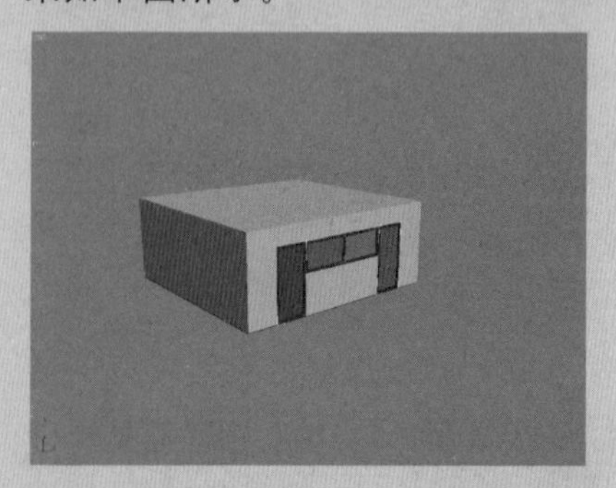

61 按F10键，打开“渲染场景：默认扫描线渲染器”对话框，在“指定渲染器”卷展栏中单击“产品级”选项后面的“选择渲染器”按钮，在弹出的“选择渲染器”对话框中选择“VRay Adv 1.47.03”选项，将渲染器指定为VRay渲染器，如下图所示。

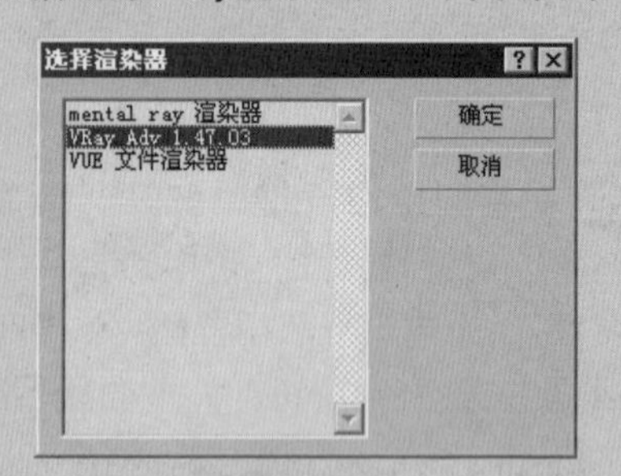

62 在“材质编辑器”对话框中的“示例框”中选择一个示例球，在示例框下面单击 Standard 按钮，在“材质/贴图浏览器”对话框中选择 VRayMtl 选项，将材质设置为VRay材质。在“材质编辑器”对话框中的“Basic parameters”卷展栏中，在“Reflection”选项区域中将“Reflect”颜色设置为纯白色，并勾选“Fresnel”复选框，在“Refraction”选项区域中也将

图 13-43 轨迹集选择框

“关键点状态”工具栏

其主要功能是显示所选择关键点所处的状态，如图 13-44 所示。

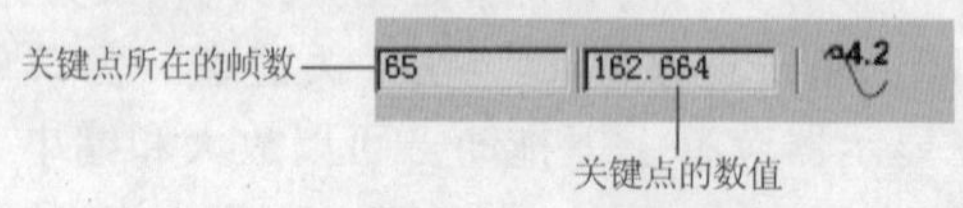

图13-44 “关键点状态”工具栏

- “显示选定关键点状态”按钮：在“关键点”窗口中显示关键点所处的状态，以便用户实时观察。

使用“轨迹视图－曲线编辑器”创建动画

Step 01 创建一个简单的动画场景，如图 13-45 所示。

Step 02 按快捷键 N 进入“自动关键点”模式状态。

Step 03 将时间滑块拖动到第 100 帧上。

Step 04 拖动茶壶到如图 13-46 所示的位置。

图 13-45 创建场景

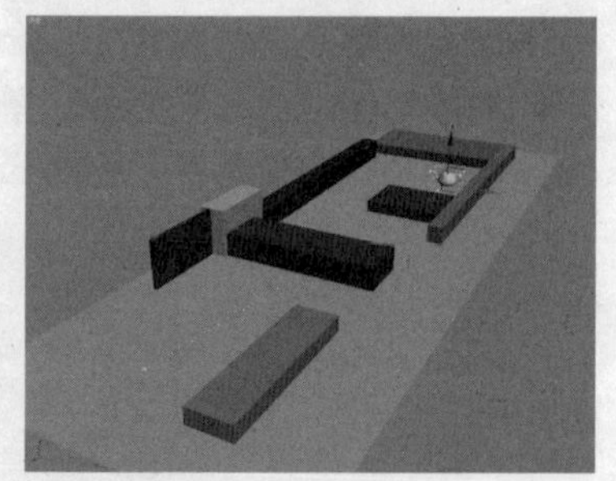

图 13-46 移动茶壶创建动画

Step 05 按 N 键关闭“自动关键点”模式状态。

Step 06 单击主工具栏中的“曲线编辑器（打开）”按钮，打开“轨迹视图—曲线编辑器”对话框。单击该对话框下面“轨迹选择”工具栏中的“缩放选定对象”按钮，在“控制器”窗口中找到所创建的茶壶（Teapot01）的属性选项。

Step 07 单击茶壶（Teapot01）选项的“变换”层级，然后单击“位置 > X 位置”层级。

Step 08 在右面的“关键点”窗口中会显示茶壶沿 X 轴运动的轨迹曲线，如图 13-47 所示。

Step 09 单击“Y 位置”层级，在右面的“关键点”窗口中会显示茶壶沿 Y 轴运动的轨迹，如图 13-48 所示。

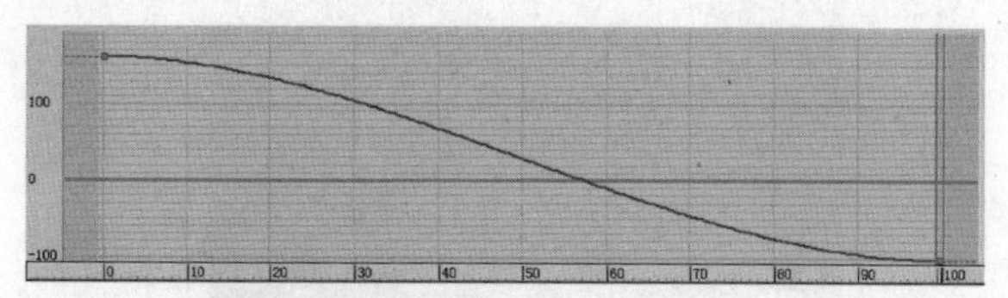

图 13-47 X 轴曲线

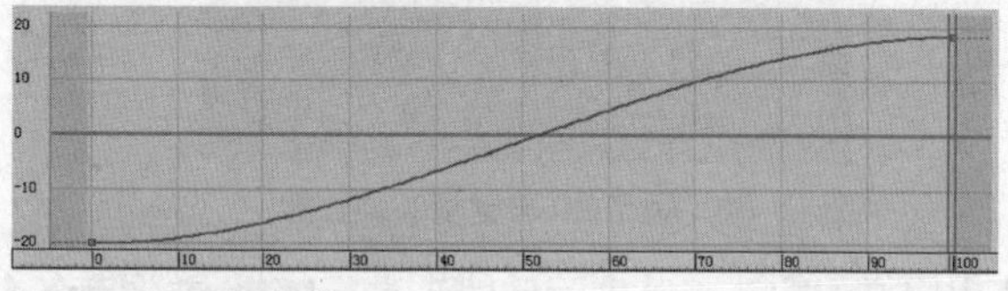

图 13-48 Y 轴曲线

Step 10 单击“关键点”工具栏中的“添加关键点”按钮，在Y轴曲线上添加一个关键点，然后在“关键点状态”工具栏中的“帧数”文本框中输入33，所创建的关键点就会自动移动到第33个关键帧上。

Step 11 单击“关键点”工具栏中的“缩放值”按钮，可以对关键点的数值进行随意缩放编辑。按T键将视口切换为顶视口，在调节关键点值的同时观察茶壶的位置，最后效果如图13-49所示。

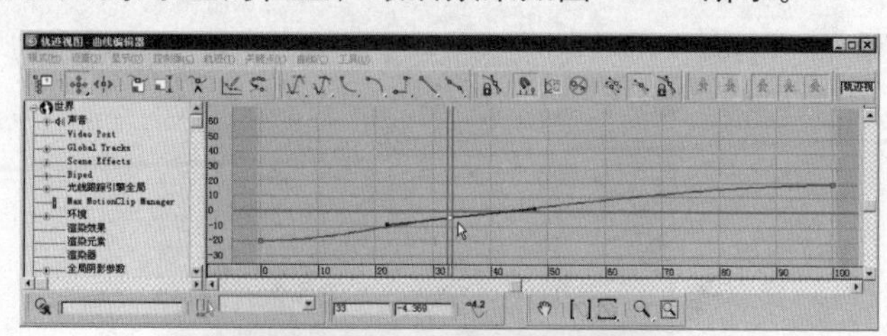

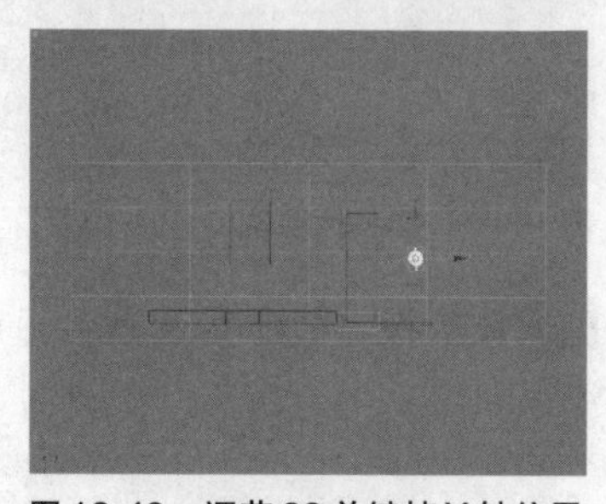

图 13-49 调节33关键帧Y轴位置

Step 12 在第40帧添加一个关键点并进行数值调节，如图13-50所示。

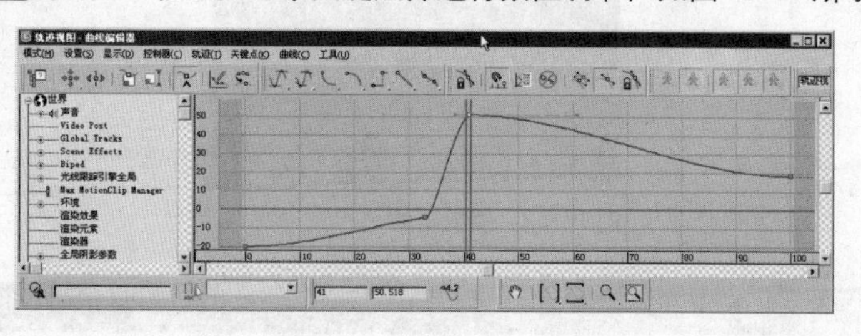

“Refract”的颜色设置为纯白色，在“Translucency”选项区域中勾选“Affect shadows”复选框，命名材质名称为“玻璃”，如下图所示。

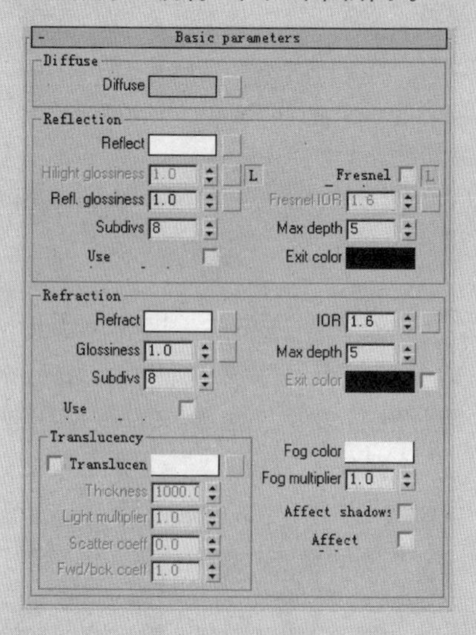

63 在视图中按H键，在弹出的“选择对象”对话框选择创建的4块玻璃选项，如下图所示。

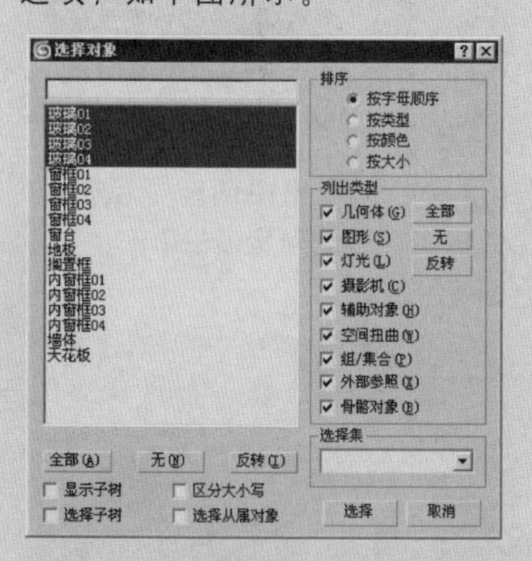

64 在“材质编辑器”对话框中的“示例框”下面单击“将材质指定给选定对象”按钮，将玻璃材质赋予玻璃模型，如下图所示。

65 在“材质编辑器”中调节一个木纹材质赋予“地板”，如下图所示。

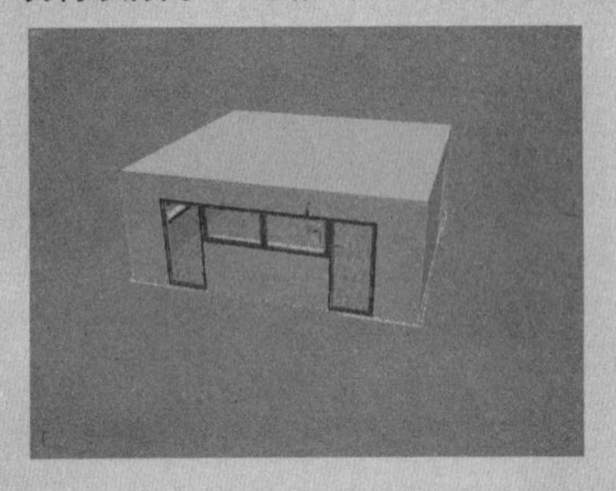

66 执行菜单栏中的“文件>合并”命令，打开“合并文件”对话框，打开附书光盘：“实例文件\室内外设计\经典卧室\模型与材质\天花板.max”文件，如下图所示。

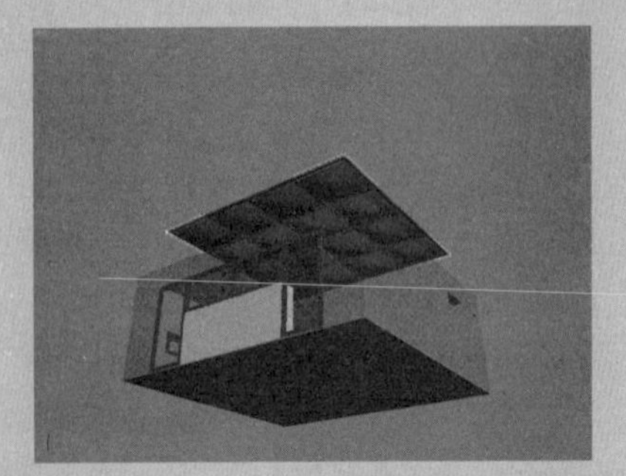

67 在各个视图中调节“天花板”的位置，移动到房顶的下部，如下图所示。

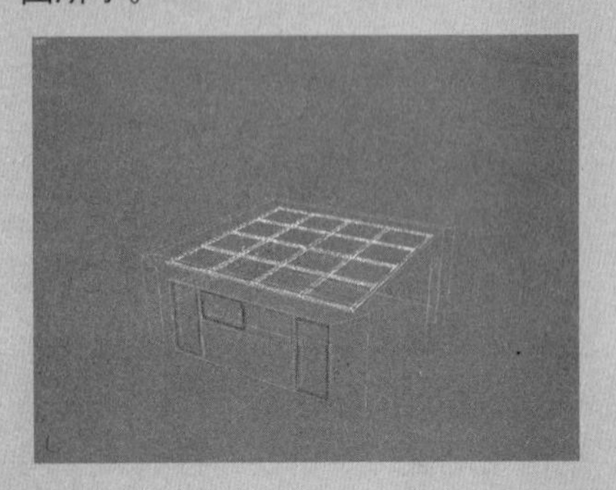

68 执行菜单栏中的“文件>合并”命令，在弹出的“合并文件”对话框中打开附书光盘：“实例文件\室内外设计\经典卧室\模型与材质\床.max”文件，在弹出的“合并一

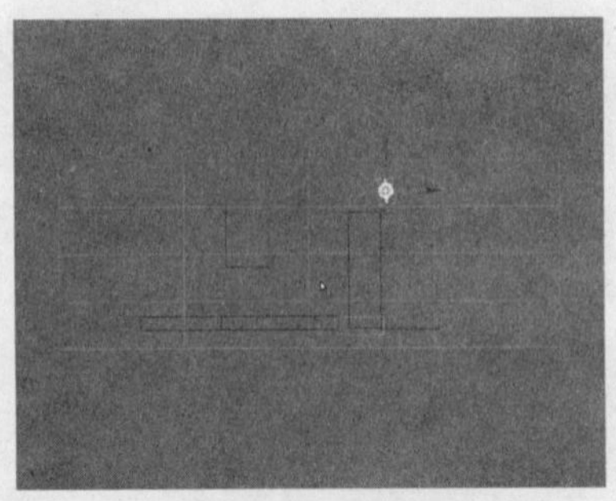

图 13-50　调节 40 关键帧 Y 轴位置

Step 13 使用同样的方法将茶壶运动轨迹进行编辑，并调节各个关键点的数值，使茶壶不与障碍几何体交叉，切换到“运动”命令面板在该面板中单击 轨迹 按钮，显示物体运动轨迹，如图 13-51 所示。

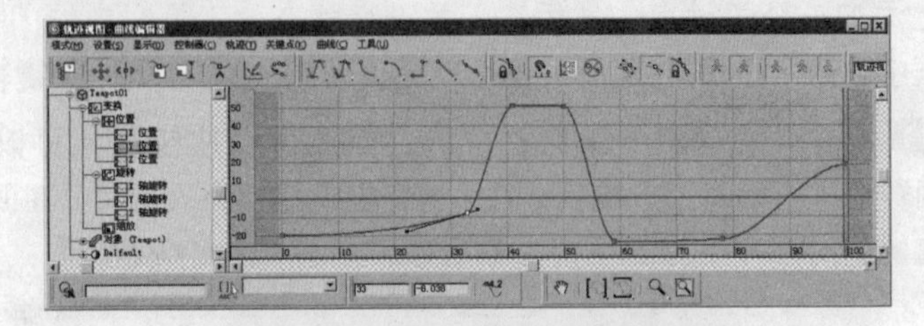

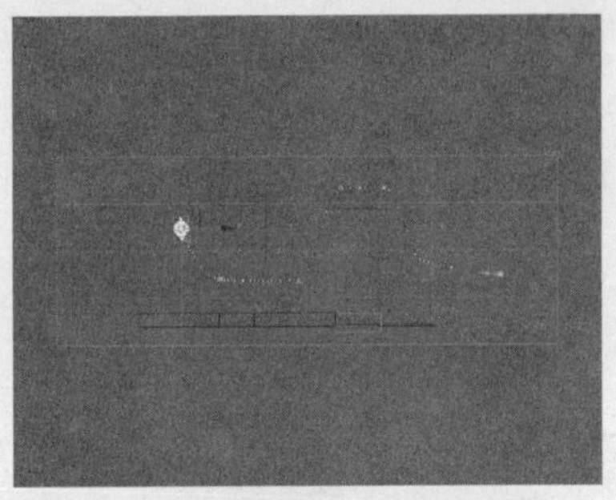

图 13-51　显示运动轨迹

Step 14 单击“动画播放”按钮，茶壶就会沿编辑好的轨迹进行运动，如图 13-52 所示。

图 13-52　播放动画

13.3.2 摄影表

“轨迹视图—摄影表”是“轨迹视图”的另一种编辑模式，该

模式将物体对象运动轨迹以表格形式显示在水平表格上。它可以看成是"轨迹编辑器"的简化显示方式，使在一个类似电子表格的操作面板中，可以观察到所有的关键点和其轨迹变化。打开"轨迹视图－曲线编辑器"对话框，执行菜单栏中的"模式>摄影表"命令，弹出如图13-53所示的"轨迹视图－摄影表"对话框。

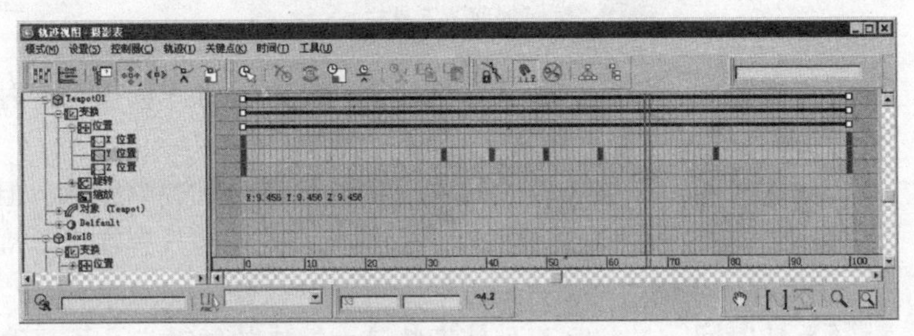

图13-53 "轨迹视图摄影表"对话框

"摄影表"编辑器与"曲线"编辑器的操作面板很相似，布局也很类似。"导航"工具栏、"轨迹选择"工具栏、"轨迹视图"工具栏和"关键点状态"工具栏都与"曲线"编辑器中的完全一样。"控制器"窗口也没有什么变化，只有部分工具栏和"关键点"窗口与"曲线"编辑器有所区别。

"轨迹视图－摄影表"有很强的角色交错肢体动画功能，能调节角色交错的肢体移动，使各个角色不会同时做同样的移动动作。如果拥有群体角色，可以使用"轨迹视图－摄影表"来切换移动，防止角色做一致的移动动作。

在"轨迹视图－摄影表"中，可以选择场景中任意或所有的关键点，并可以缩放、移动、复制或粘贴它们，或直接在关键点上进行修改设置，而不需要在视口中对物体对象进行编辑。

"关键点"工具栏

该工具栏和前面介绍的"轨迹视图—曲线编辑器"中的关键点有所不同，可用于关键点的编辑，如图13-54所示。

图13-54 "关键点"工具栏

- "编辑关键点"按钮：它将关键点在"关键点"窗口中的栅格上显示为长方体。用户可以使用此模式来插入、剪切和粘贴时间，在默认情况下，"轨迹视图－摄影表"编辑器启用"编辑关键点"。
- "编辑范围"按钮：将所有轨迹显示为范围栏。此模式适用于快速缩放和滑动完整的动画轨迹。

过滤器、移动关键点、滑动关键点、添加关键点和缩放关键点等按钮和"轨迹视图－曲线编辑器"中的功能是一样的，在此不再重复叙述。

床.max"对话框中选择"床"文件，如下图所示。

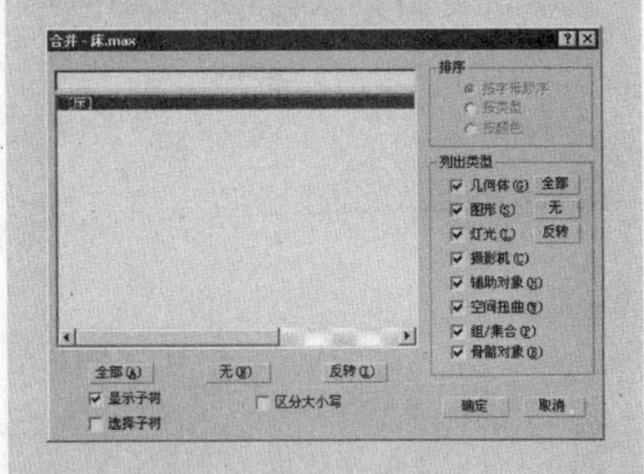

69 系统将合并模型"床.max"文件，如下图所示。

70 在顶视图中，单击"选择并移动"按钮和"选择并旋转"按钮，将床移动到窗台部位，如下图所示。

71 使用同样的合并方法，将床头柜和长柜进行合并，放置位置如下图所示。

72 单击“选择并移动”按钮，配合Shift键在顶视图中复制“床头柜”，并将复制的“床头柜”放置在“床”的另一侧，如下图所示。

73 使用类似的方法将“窗帘”进行合并，沿窗框内边放置窗帘，如下图所示。

74 使用同样的合并方法将其他装饰模型进行合并，并将装饰模型放置在恰当的位置，效果如下图所示。

“时间”工具栏

该工具栏中的工具主要用来控制和编辑摄影表中的时间，如图13-55所示。

图13-55 “时间”工具栏

- “选择时间”按钮：用来选择时间范围。时间选择包含时间范围内的任意关键点。
- “删除时间”按钮：将选中时间帧从选中轨迹中删除，但会留下“空白”帧对删除的帧进行填充。此按钮只有在运动轨迹上选择一定的时间帧之后才处于可操作状态。
- “反转时间”按钮：反转在轨迹上选中的关键点。不更改用户所选定时间块的位置，但反转所选时间块内关键点的顺序。此按钮只有在运动轨迹上选择一定的时间帧之后才处于可操作状态，其反转效果如图13-56所示。

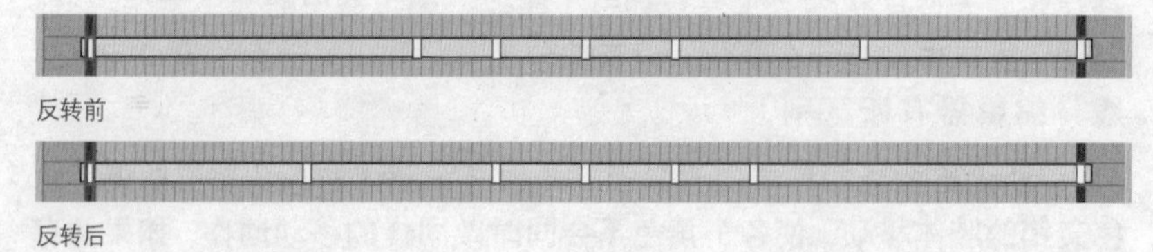

图13-56 反转时间前后对比

- “缩放时间”按钮：主要对轨迹上选中时间段上的关键点进行缩放操作。用户既可以缩小以适合较短的时间段，也可以扩大较长的时间段。其缩放始终以所选时间段的第一帧作为缩放参照进行缩放。
- “插入时间”按钮：以插入时间的方式插入一个范围的时间帧。
- “剪切时间”按钮：可以从一个或多个轨迹中删除时间块和关键帧，并将其放在剪贴板中。
- “复制时间”按钮：可将时间块和关键点从一个或多个轨迹复制到剪贴板中，然后可以再将其粘贴到其他轨迹或位置上。
- “粘贴时间”按钮：将剪切或复制的时间段和关键帧添加到选中轨迹中。

  “粘贴”又分为“相对粘贴”和“绝对粘贴”两种粘贴方式，如图13-57所示。

图13-57 “粘贴轨迹”对话框

- 绝对粘贴：使用剪切板上的动画参数覆盖当前动画参数。将原来存在的动画参数删除。
- 相对粘贴：将剪切板中的动画值添加到当前动画值。在已存在的动画效果参数的基础之上将剪切板中的动画参数添加到所在的轨迹中。

"显示"工具栏

该工具栏中的工具主要用来控制关键点的显示情况，如图13-58所示。

图13-58 "显示"工具栏

"锁定当前选择"、"捕捉帧"和"显示可设置关键点的图标"等按钮工具与"轨迹视图－曲线编辑器"中的功能是一样的，在此不再重复叙述。

- "修改子树"按钮：使用此工具可以在各个物体对象的轨迹上或轨迹的子轨迹上进行移动、缩放、编辑时间等功能。
- "修改子对象关键点"按钮：使用此工具可以在各个物体对象轨迹的子轨迹上进行移动、缩放、编辑时间和关键点等功能。也可以编辑整个链接的结构、组和控制角色的动作时间。

使用"轨迹视图－摄影表"编辑器创建动画

Step 01 创建一个简单场景，如图13-59所示。

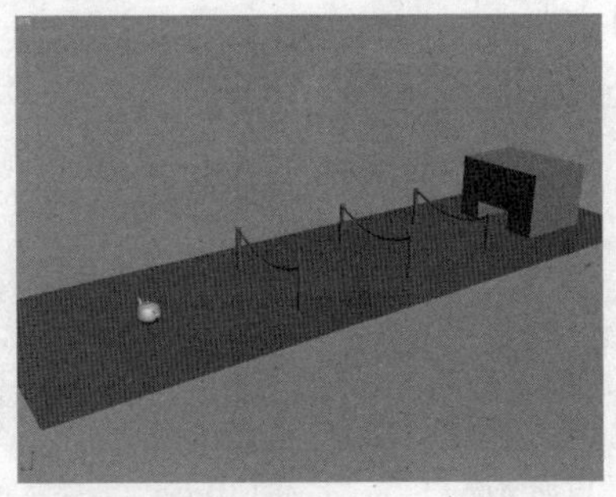

图13-59 初始场景

Step 02 选中要添加动画的物体对象—茶壶。

Step 03 单击主工具栏中的"曲线编辑器（显示）"工具按钮，弹出"轨迹视图－曲线编辑器"对话框。

Step 04 执行菜单栏中的"模式>摄影表"命令，弹出"轨迹视图－摄影表"编辑器对话框。

Step 05 在"控制器"窗口中单击所选物体项 Teapot01 前面的加号，将其展开，进入"变换>位置"层级。

Step 06 单击"关键点"工具栏中的"添加关键点"按钮，在"X位置"轨迹的第一帧上单击，添加第一个关键点。

75 在"创建"命令面板中，使用图形工具中的 线 工具，在顶视图中窗台的外部创建一条有弧度的样条线，如下图所示。

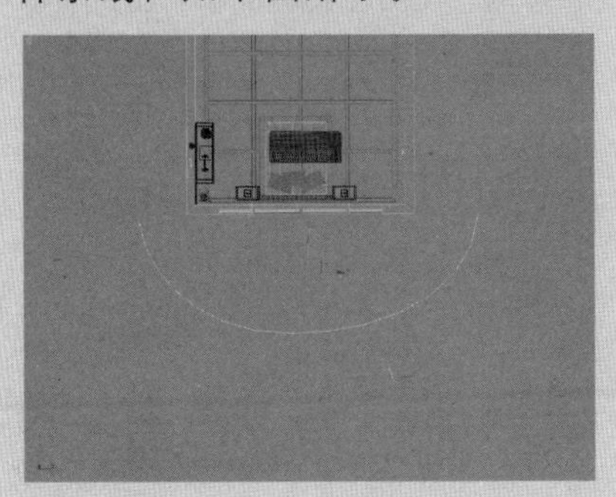

76 在"修改"命令面板中给样条线添加一个"挤出"修改命令，并设置挤出"数量"为3000，效果如下图所示。

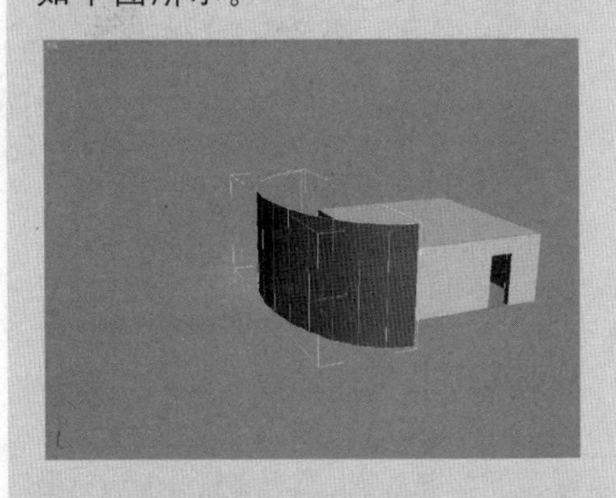

技巧·提示

该弧形面片用于模拟场景背景，弧形的曲面可以很好的将平面的材质图片显示为有一定立体效果的曲面，该效果胜于背景平面贴图。

77 按M键打开“材质编辑器”对话框，在编辑器中调节一个双面风景材质，在“Blinn 基本参数”卷展栏中将其自发光颜色值设置为100，赋予曲面，效果如下图所示。

78 在前视图中选择曲面，将曲面向下移动一定的距离，如下图所示。

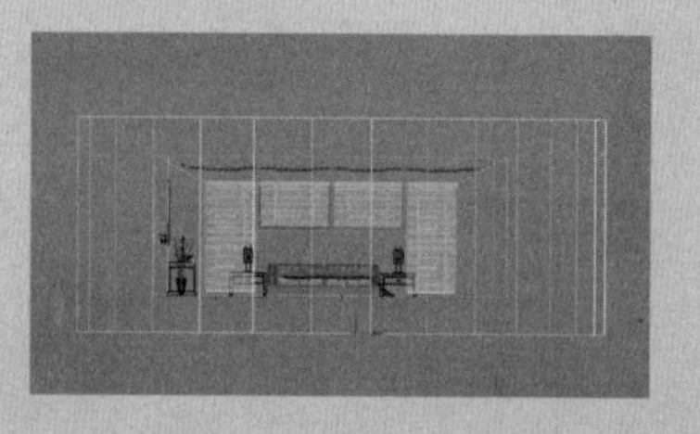

79 在“创建”命令面板，单击“灯光”按钮，在“对象类型”卷展栏中单击 目标平行光 按钮，在顶视图中创建目标平行光，如下图所示。

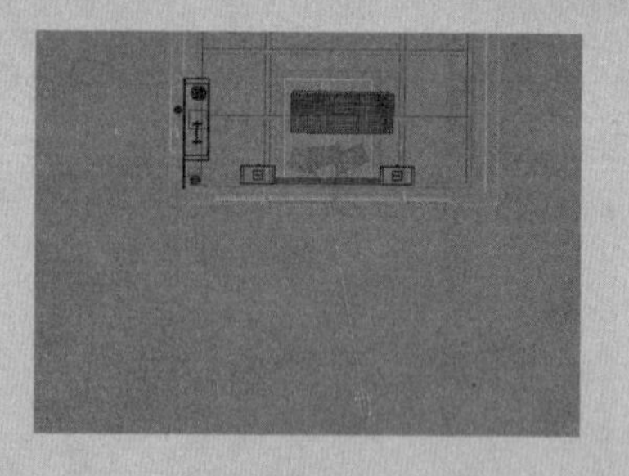

80 在“修改”命令面板中的“常规参数”卷展栏中的“阴影”选项区域中，勾选“启用”复选框，并设置阴影类型为“VRayShadow”类型，如下图所示。

Step 07 在“X 位置”轨迹的最后一帧上也添加一个关键点，在最后的关键点上单击右键，弹出如图 13-60 所示的参数对话框。

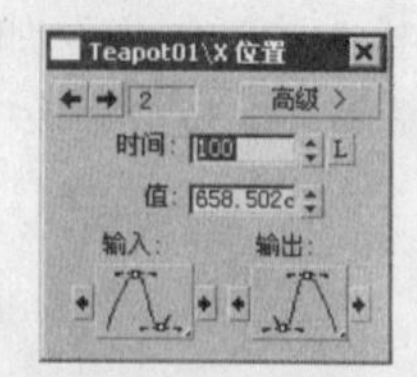

图 13-60 帧参数对话框

Step 08 在对话框中“值”后面的数值框中调节其数值，直到场景中茶壶位置如图 13-61 所示。

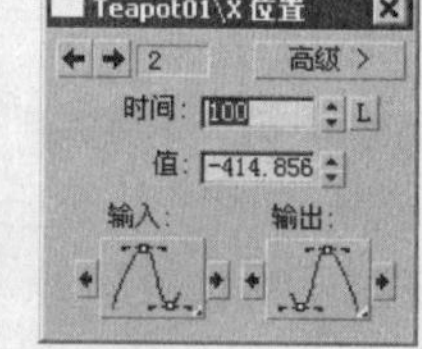

图 13-61 调节 X 位置的值

Step 09 切换到“运动”面板，单击 轨迹 按钮，将物体对象的运动轨迹显示出来，如图 13-62 所示。

Step 10 将时间滑块拖动到如图 13-63 所示位置。

图 13-62 显示运动轨迹

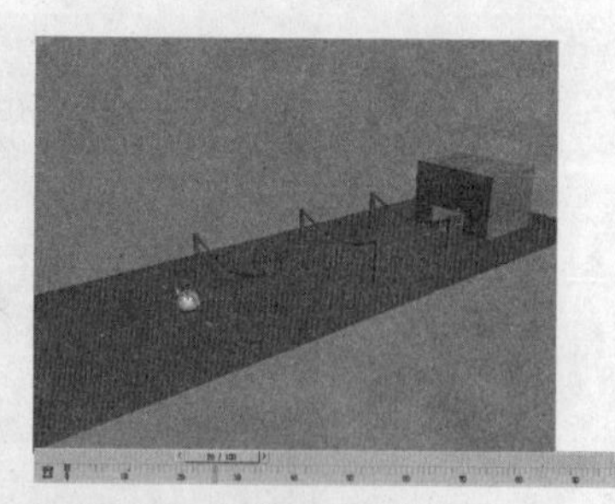

图 13-63 调整时间滑块位置

Step 11 在“轨迹视图－摄影表”编辑器中的“控制器”窗口中的“Z 位置”选项轨迹中，单击“添加关键点”按钮，给“Z 位置”轨迹上的第一帧和最后一帧分别添加一个关键帧。然后再在时间滑块所在的当前帧上添加一个关键点。

Step 12 拖动时间滑块使茶壶位置如图 13-64 所示，在“轨迹视图－摄影表”编辑器的“Z 位置”轨迹的当前帧上添加一个关键点，单击右键在弹出 Z 位置设置参数对话框中调节其参数，如图 13-65 所示。

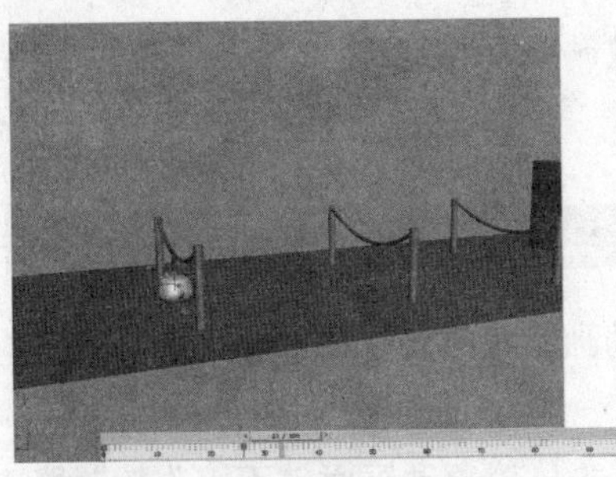

图 13-64 调整时间滑块

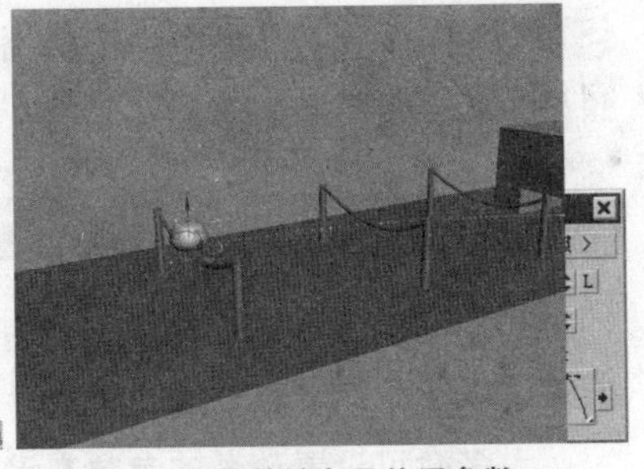

图 13-65 调整关键点 Z 位置参数

Step 13 调节时间滑块使茶壶移动到如图 13-66 所示位置，在“轨迹视图－摄影表”编辑器的“Z 位置”轨迹的当前帧上添加一个关键点，单击右键在弹出的 Z 位置参数对话框中调节其参数，如图 13-67 所示。

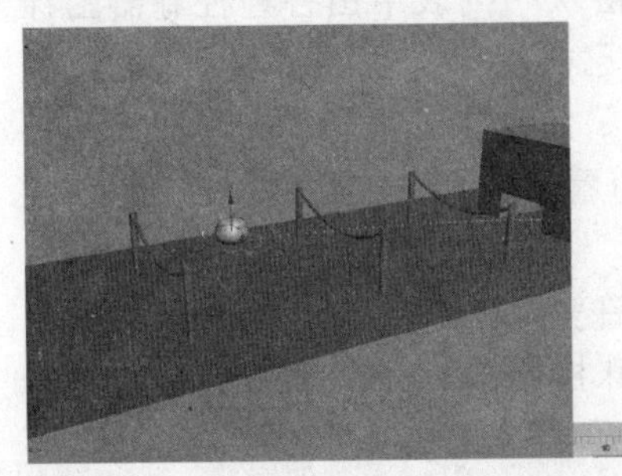

图 13-66 调整时间滑块

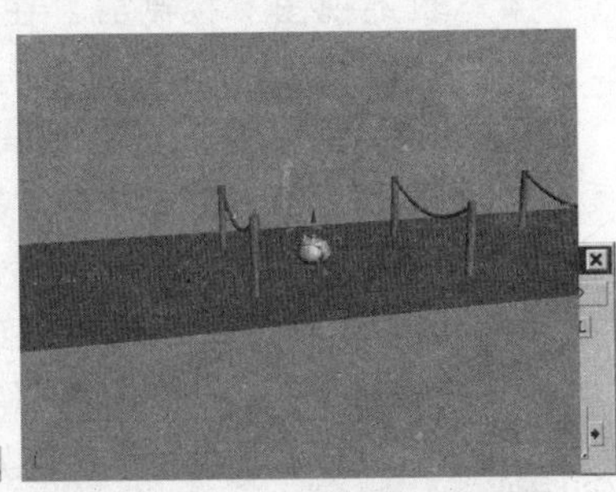

图 13-67 调整关键点 Z 位置参数

Step 14 使用同样的方法在“X 位置”轨迹上添加设置关键点，效果如图 13-68所示。

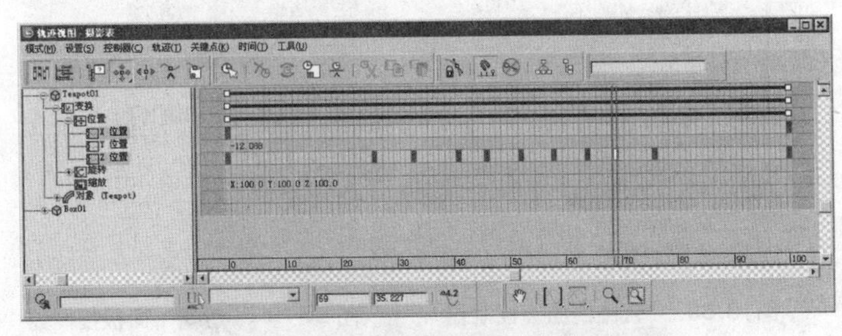

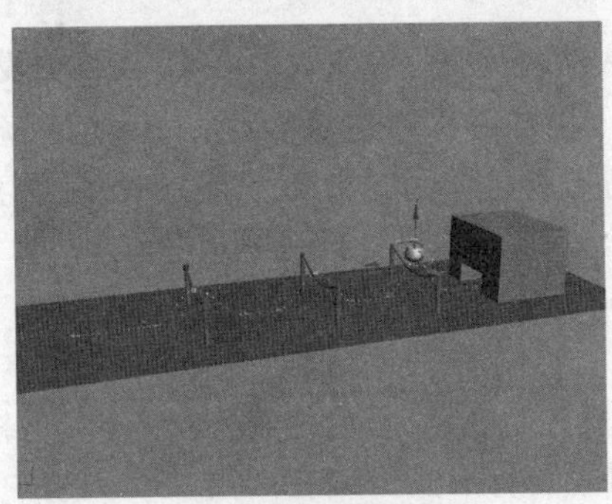

图 13-68 重复设置关键点和参数

81 在“强度／颜色／衰减”卷展栏中设置灯光“倍增”值为 5.0，灯光颜色设置为（红：250、绿：250、蓝：240、淡黄色），如下图所示。

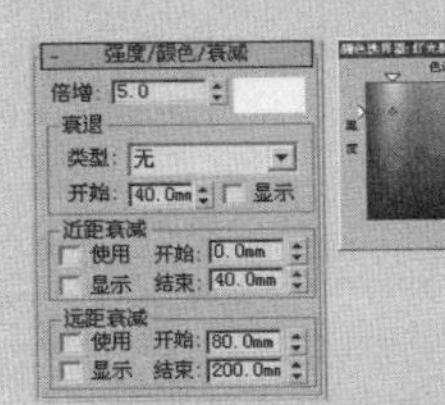

82 在“平行光参数”卷展栏中，将“聚光区／光束”设置为 20000.0，“衰减区／区域”设置为 20002.0，并在其他视图中调节其角度和位置如下图所示。

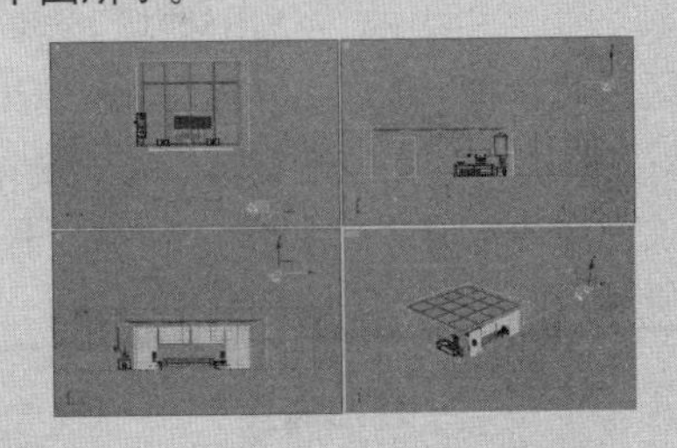

83 在“常规参数”卷展栏中，单击卷展栏下的 排除... 按钮，打开“排除／包含”对话框，将 4 块玻璃和背景面片排除光照和投影，如下图所示。

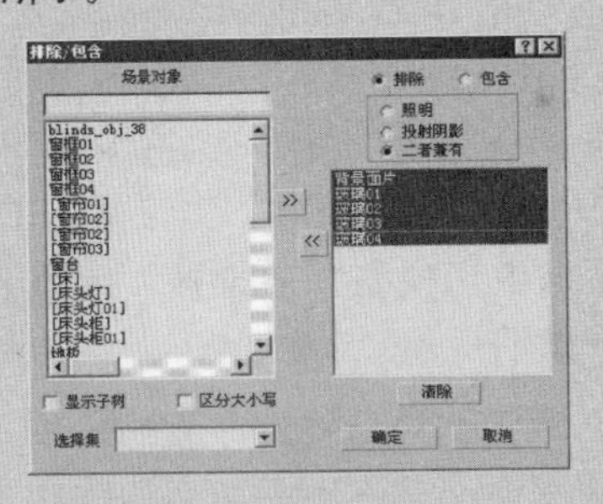

排除方法是在“排除／包含”对话框中，在左边列表框中选择要排除的对象，单击对话框中部的向右箭头 » 按钮，既可将选择的选项拾取到排除列表中进行排除。

84 在"创建"命令面板中，单击"摄影机"按钮，在"对象类型"卷展栏中单击 目标 按钮，在顶视图中创建一个摄影机，并在各个视图中调节摄影机到恰当的位置，如下图所示。

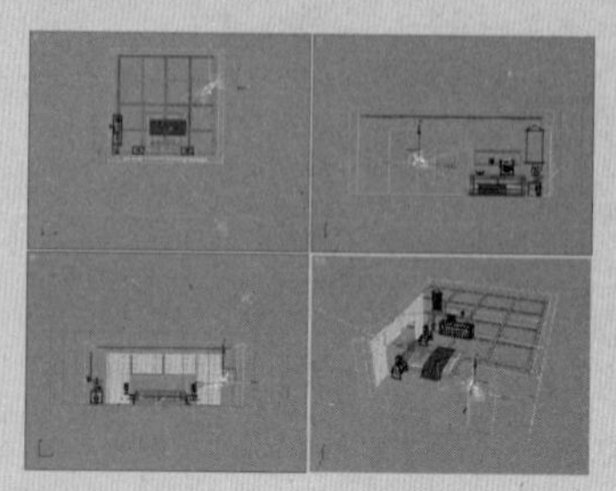

85 在"修改"命令面板中，在"参数"卷展栏中的"备用镜头"选项区域中单击 35mm 按钮，将摄影机镜头设置焦距为35mm的标准镜头，按快捷键C进入摄影机视图，效果如下图所示。

86 在工具栏中单击"渲染场景对话框"按钮，打开"渲染场景：VRay Adv 1.47.03"对话框，在对话框中切换到"渲染器"选项卡，下如图所示。

Step 15 在播放工具栏中单击"播放动画"按钮，茶壶就会按照编辑好的轨迹进行跨越障碍的动画。

13.3.3 动画控制器

控制器是 3ds Max 中处理所有动画任务的管理插件，可以对所在帧的关键点的参数进行调节和设置。

大多数可设置动画的参数在设置物体对象动画之前不接收控制器。在用户给物体对象添加动作关键点设置参数之后，默认控制器就立刻被指定给参数。

控制器有如下两种表现方式。

- "轨迹视图"控制器：在"层次"列表中由各种控制器图标指示。每个控制器都具有自己的图标。使用"轨迹视图"控制器，无论在"曲线编辑器"还是在"摄影表"模式中，都可以对所有对象和所有参数查看和使用控制器。"轨迹视图"控制器窗口如图 13-69 所示。
- "运动"面板控制器：它包含许多同样的控制器功能，例如"曲线编辑器"、"IK 解算器特殊控制器"等。使用"运动"面板可以查看和使用一个选定物体对象的变换控制器，"运动"面板控制器窗口如图 13-70 所示。

图13-69 "轨迹视图"控制器

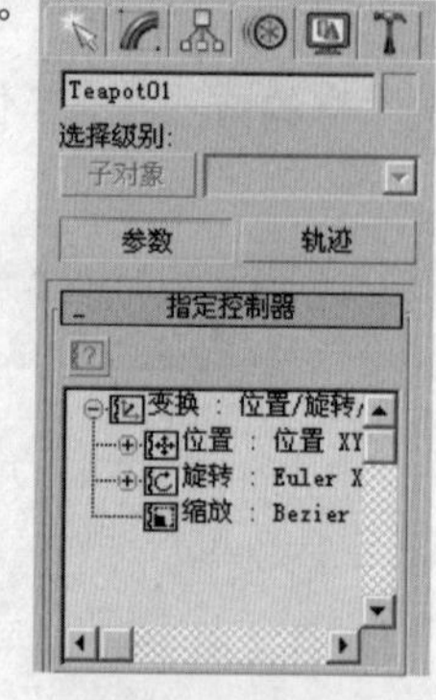

图13-70 "运动"面板控制器

控制器主要有两类："单参数"控制器和"复合"控制器。

- "单参数"控制器：控制单参数的动画值。无论参数是有一个组件，例如圆柱体面的数目，还是有多个组件，例如颜色的 RGB 值，控制器都只处理一个参数。
- "复合"控制器：合并或管理多个控制器。复合控制器包括高级"变换"控制器，例如 Euler XYZ 旋转控制器、变换脚本控制器和列表控制器等。复合控制器以带有其他控制器的附属级分支的控制器图标形式出现在"层次"列表中。

可以在"曲线编辑器"和"运动"面板中查看指定参数的控制器类型。

在“轨迹视图－曲线编辑器”的工具栏上，单击“过滤器”图标。然后在“过滤器”对话框的“显示”选项区域中，勾选“控制器类型”复选框，单击“确定”按钮。在“轨迹视图－曲线编辑器”对话框中的“层次”视图中，可以看到控制器类型名称，如图13-71所示。

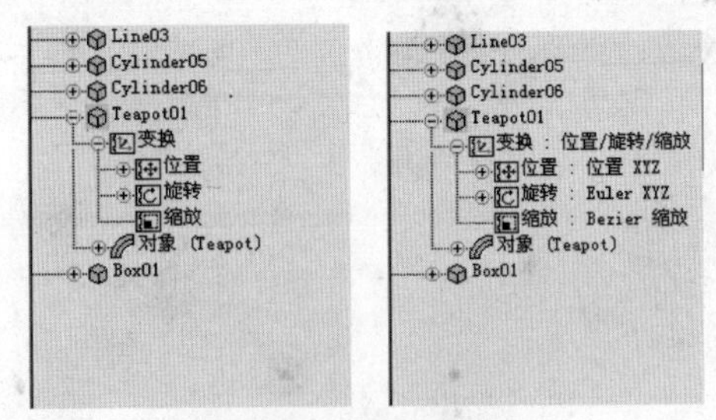

图13-71 编辑器显示控制器类型

“运动”面板的“参数”模式总是显示选定对象的变换控制器类型，如图13-72所示。

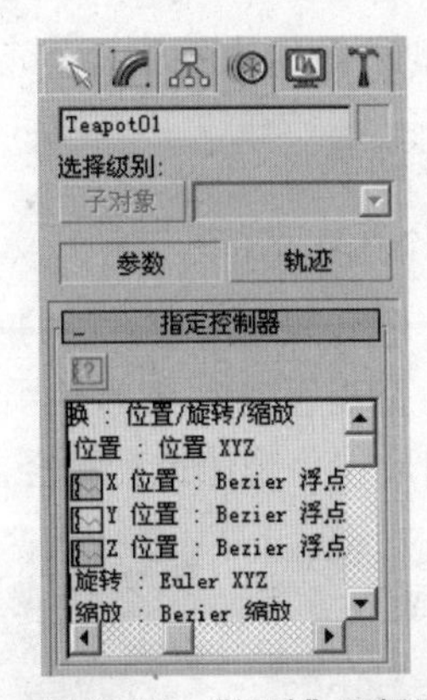

图13-72 “运动”面板显示控制器类型

为参数指定控制器，可以在“运动”面板的“指定控制器”卷展栏上执行此操作，或者在“轨迹视图”的“层次”列表中通过单击右键菜单执行“指定控制器”命令，如图13-73所示。

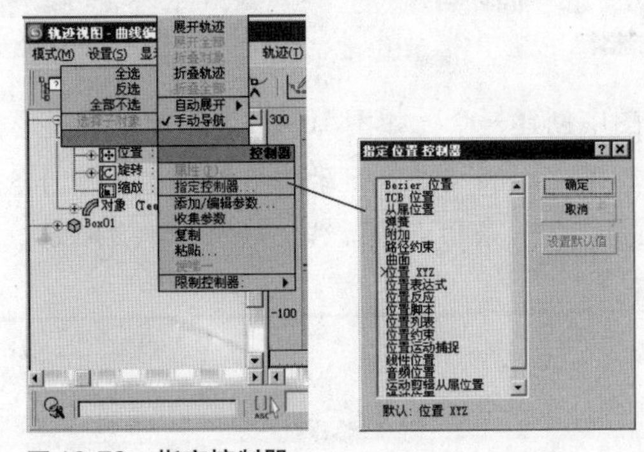

图13-73 指定控制器

87 在“VRay::Image sampler (Antialiasing)”卷展栏中，选中“Image sampler”选项区域中的“Adaptive subdivision”单选按钮。(该选项为出图模式，在该模式下渲染出的图片精度较高。) 并设置Max rate值为3。在“Antialiasing filtet ”选项区域中将过滤类型设置为“Catmull-Rom”，如下图所示。

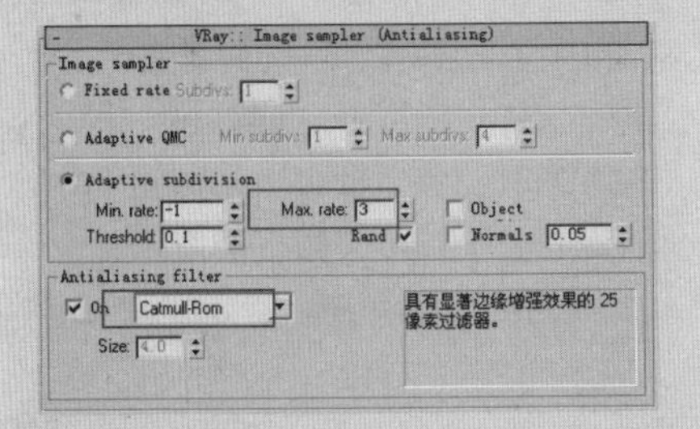

88 在“VRay::Indirect illumination (GI)”卷展栏中勾选“On”复选框，打开全局照明，如下图所示。

89 在“VRay::Environment”卷展栏中的“GI Environment (skylight)”选项区域中勾选“Override”复选框打开天空光照明，并设置天光“Multiplier”参数为8.0，如下图所示。

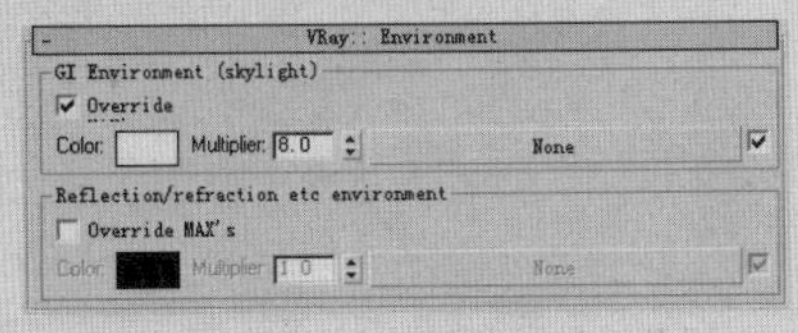

90 在“VRay::Irradiance map”卷展栏中，将“Built-in presets”选项区域中的“Curren preset”类型设置为“High”，如下图所示。

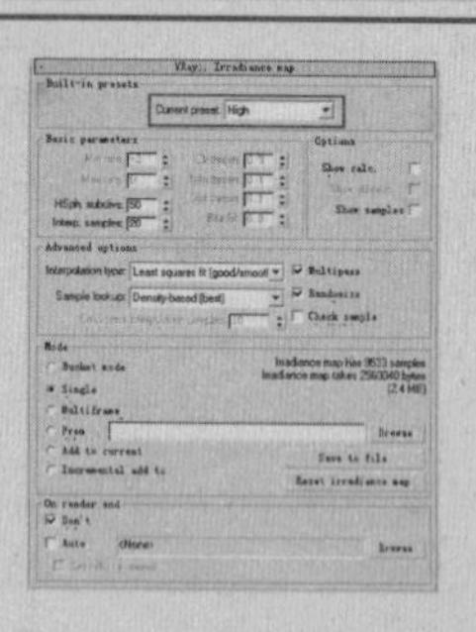

91 在“VRay::G-Buffer/Color mapping”卷展栏中，设置“Color mapping”选项区域中的“Type”类型为“Exponential”类型，将“Dark multiplier”和“Bright multiplier”值都设置为2.55，如下图所示。

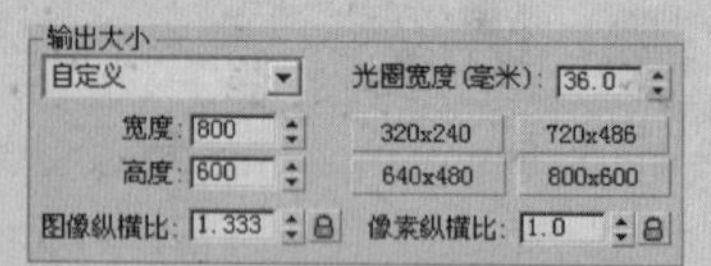

92 在“渲染场景：VRay Adv 1.47.03”对话框中切换到“公用”选项卡，在“公用参数”卷展栏中的“输出大小”选项区域中单击 800x600 按钮，设置渲染尺寸，如下图所示。

输出大小

自定义	光圈宽度(毫米): 36.0	
宽度: 800	320x240	720x486
高度: 600	640x480	800x600
图像纵横比: 1.333	像素纵横比: 1.0	

93 在“渲染场景：VRay Adv 1.47.03”对话框中单击 渲染 按钮，进行渲染，效果如下图所示。

94 打开Photoshop软件，使用Photoshop打开渲染出来的图片，如下图所示。

当在“运动”面板或者“轨迹视图”中指定控制器时，会看到这些约束出现在可用控制器的列表中。

在“运动”面板中的“指定控制器”卷展栏中，单击卷展栏左上角的“添加控制器”按钮，就会弹出“指定浮点控制器”对话框给场景物体对象指定适合的控制器，如图13-74所示。

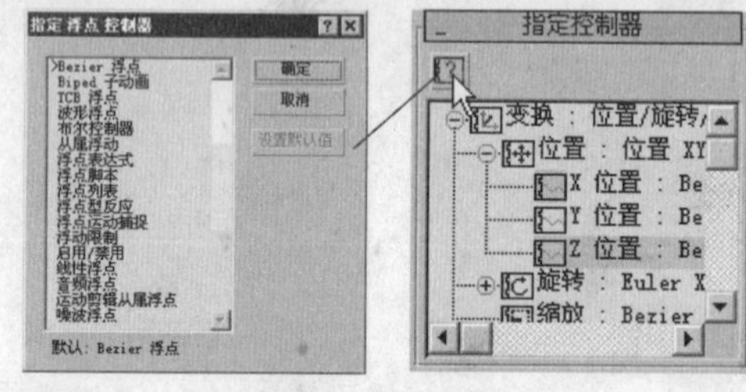

图13-74　在运动面板指定控制器

除了控制器之外，3ds Max软件还可以使用约束来设置动画，这些选项在“动画>约束”菜单中。约束包括：附着、曲面、路径、链接、位置、方向和注视约束等约束控制器。

使用动画约束控制创建动画

Step 01 在场景中创建一个如图13-75所示球体。

Step 02 切换到“创建”命令面板中的“图形”创建面板，在“对象类型”卷展栏中单击 圆 按钮，在视图中创建一个圆形并调节其位置，如图13-76所示圆形作为物体运动路径。

图13-75　创建球体

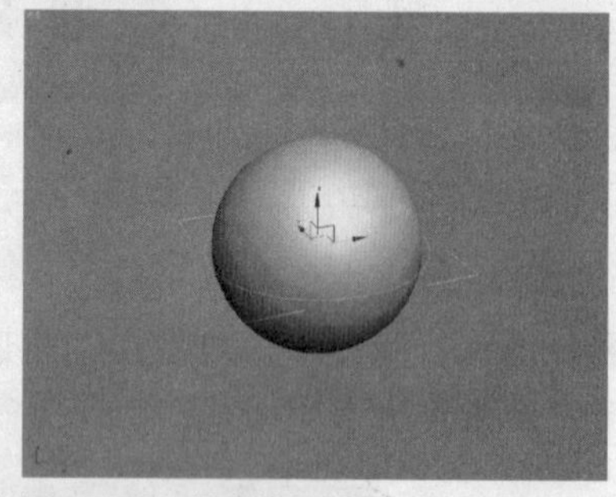

图13-76　创建线形路径

Step 03 在视图中创建一个，如图13-77所示简单多边形模型。

Step 04 执行菜单栏中的“动画>约束>路径约束”命令，由多边形模型到光标之间产生一条相连的虚线，如图13-78所示。

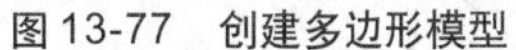

图13-77 创建多边形模型

图13-78 执行路径约束命令

Step 05 将鼠标移动到事先创建好的圆形图形上，当鼠标箭头变成加号时，单击鼠标。

Step 06 新创建的模型就会对齐到圆形图形上，并沿着图形运动，如图13-79所示。

Step 07 切换到“运动”面板中的“路径参数”卷展栏，在“路径选项”栏中复选“跟随”选项，效果如图13-80所示。

图13-79 路径约束效果

图13-80 跟随效果

Step 08 在“路径参数”卷展栏中的“路径选项”选项区域中，勾选“倾斜”复选框，效果如图13-81所示。

Step 09 缩放飞行器模型到合适大小，单击“播放动画”按钮，飞行器沿着圆形图形围绕圆球进行圆周运动，如图13-82所示。

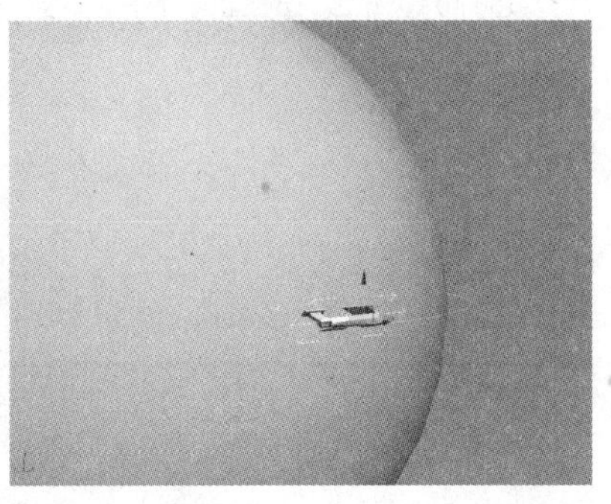

图13-81 倾斜效果

图13-82 缩放大小

95 执行菜单栏中的“图像>调整>色阶”命令，打开“色阶”对话框，如下图所示。

96 在对话框中的“通道”选项区域中将通道设置为RGB通道，在“输入色阶”选项后面的3个文本框中分别输入数值0、1.15、205，如下图所示。

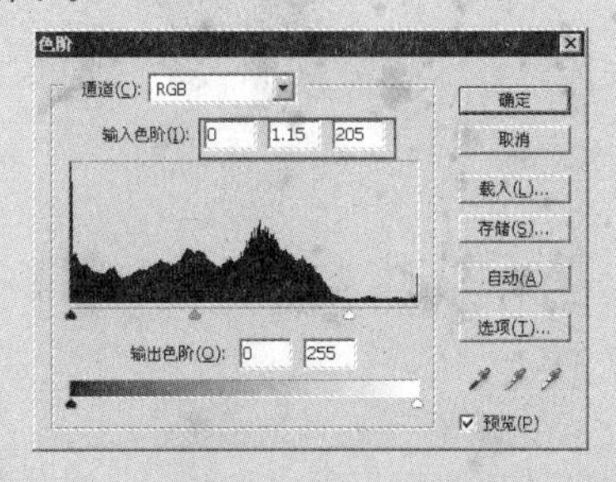

97 渲染场景图片会随着色阶的调节而提亮，效果如下图所示。